누구나 합격할 수 있는 방법,
동일출판사와 함께 하는 것.

54년간 전기만을 연구해 온 최고의 집필진이 만든책!
동일출판사와 함께 합격의 기쁨을 누리시길 기원합니다.

수험서의 기준을 만듭니다.
합격을 위한 지름길을 안내합니다.
전·현직 전기인들이 가장 선호하는 수험서로 인정받았으며,
최다 누적 판매와 최다 합격자 배출의 기록을 자랑하고 있습니다.
동일출판사의 핵심은 다년간 축적된 노하우에 있습니다.
수험 과목의 핵심 개념을 명확하고 효과적으로 전달하며,
풍부한 예제와 실전 모의고사로 실력을 향상시킬 수 있는
최상의 환경을 제공합니다.
동일출판사와 함께라면 수험 고난의 시련을 극복하고
합격의 문을 두드릴 수 있습니다.
지금 동일출판사를 통해 성공적인 미래를 준비하세요.

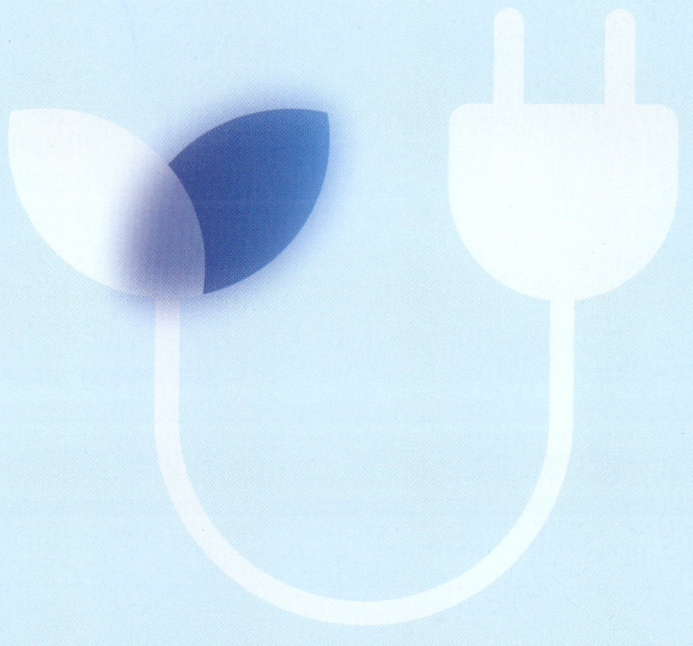

d 동일출판사

무료강의

www.dongilbook.com

무료 강의 제공

회원가입만으로 무료 강의 동영상을 제한 없이 이용할 수 있습니다.

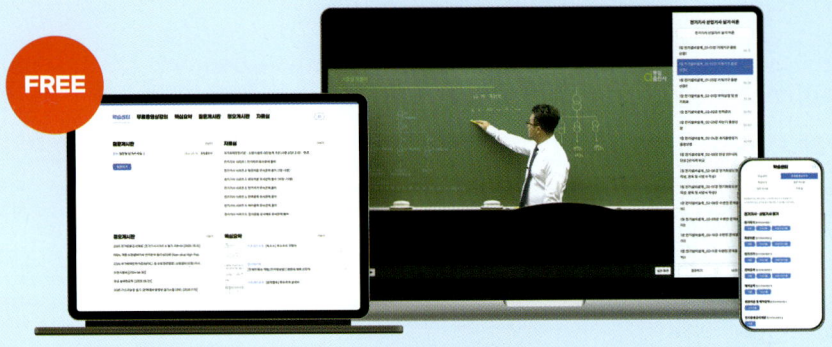

도서 구입만으로 무료강의까지! 합격하는 날까지 평생무료!
동일출판사 홈페이지 또는 ▶ YouTube 에서도 시청 가능합니다.

무료제공 동영상 강의목록

전기기사(산업기사) 이론	필기	전기자기 / 회로이론 / 전기기기 / 전력공학 제어공학 / 전기응용 공사재료 / 전기설비기술기준
	실기	전기설비설계 / 전기설비작업 전기설비의 운영관리 및 유지보수 시험점검 전기설비유지보수 및 점검 / 테이블스팩 / 감리
전기기사(산업기사) 기출문제 풀이	필기 기출문제 2007년 ~ 2025년	
	실기 기출문제 2014년 ~ 2025년	
전기기능사 이론	전기이론 / 전기기기 / 전기설비	
전기기능사 기출문제 풀이	필기 기출문제 2015년 ~ 2025년 (전기이론 / 전기기기)	

www.dongilbook.com　　　　　　　　　　　　　　　　　　　　학습센터

학습센터운영

홈페이지를 통한 학습센터를 운영하여
학습에 부족함이 없도록 지원합니다.

동영상강의 / 핵심요점정리 / 질문게시판 / 정오 및 자료실
회원가입만으로 무료로 이용가능합니다.

전기기사 필기

전기기사 필기 기본서 전기기사시리즈

전기자기 / 회로이론 / 전기기기 / 전력공학 / 제어공학 / 전기응용 공사재료 / 전기설비기술기준

`이론` `기출문제`

51년간 과년도 및 복원문제를 완석분석하여 CBT시험에 완벽대비
어떠한 문제유형에도 대응이 가능하도록 핵심 유사문제 수록
10년간 과년도 및 복원문제 풀이 동영상 제공

기출문제 + 동영상강의
20년간 전기기사 필기
20년간 전기산업기사 필기

`기출문제`

20년간 기출문제 수록
19년간 과년도 및 복원문제 풀이 동영상 제공
가장 많은 문제를 수록하여
CBT시험에 대응할 수 있도록 구성

답이보인다 30일 단기완성
전기기사·산업기사 필기
전기공사기사·산업기사 필기

`이론` `기출문제`

51년간 과년도 및 복원문제를 완전분석, 이론과 함께 수록
5년간 과년도 및 복원문제 수록
전기기사·전기산업기사 풀이 동영상 제공

과년도 문제 중심의
완벽대비 전기기사 필기
완벽대비 전기산업기사 필기

`이론` `기출문제`

28년간 과년도 및 복원문제를 엄선, 이론과 함께 수록
10년간 과년도 및 복원문제 수록, 풀이 동영상 제공

과년도 문제 중심의
완벽대비 전기공사기사 필기
완벽대비 전기공사산업기사 필기

`이론` `기출문제`

28년간 과년도 및 복원문제를 엄선, 이론과 함께 수록
10년간 과년도 및 복원문제 수록

최근 7년 과년도 문제
핵심 전기기사 필기
핵심 전기산업기사 필기

`이론` `기출문제`

과목별 핵심요점 및 문제
최근 7년 과년도 및 복원문제
과년도 및 복원문제 무료 동영상 제공

전기기사 실기

기출문제 + 동영상강의
30년간 전기기사 실기
`기출문제`

30년간 기출문제 수록
9년간 과년도 및 복원문제 풀이 동영상 제공

기출문제 + 동영상강의
30년간 전기산업기사 실기
`기출문제`

30년간 기출문제 수록
9년간 과년도 및 복원문제 풀이 동영상 제공

답이보인다 30일 단기완성
전기기사 · 산업기사 실기
`이론` `기출문제`

38년간 출제된 과년도 및 복원문제를 완전분석하여 이론과 함께 수록
15년간 과년도 및 복원문제를 연도별로 수록
9년간 과년도 및 복원문제 풀이 동영상 제공

답이보인다 30일 단기완성
전기공사기사 · 산업기사 실기
`이론` `기출문제`

38년간 출제된 과년도 및 복원문제를 완전분석하여 이론과 함께 수록
15년간 과년도 및 복원문제를 연도별로 수록

전기기능사 필기

CBT 완벽대비 전기기능사 필기

`이론` `기출문제`

시험에 반복적으로 나오는내용을 과목별로 정리
출제되었던 과년도 및 복원문제를 완전분석하여 내용별로 수록
과년도 및 복원문제 풀이 동영상 제공[전기이론, 전기기기]

무료동영상의 전기기능사 필기

`이론` `기출문제`

본문내용 전체를 무료 동영상 강의로 완벽 제공
(핵심요점정리 + 핵심예제 +출제예상문제)
8년간 과년도 및 복원문제 수록
과년도 및 복원문제 풀이 동영상 제공[전기이론, 전기기기]

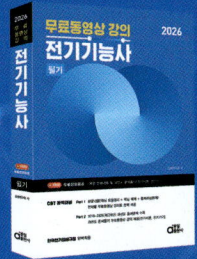

새로운 출제기준에 따른 전기기능사 필기

`이론` `기출문제`

상세한 이론, 기능사 필기의 바이블
10년간 과년도 및 복원문제 수록
출제기준에 따른 과목별 내용과 출제예상문제 수록
과년도 및 복원문제 풀이 동영상 제공[전기이론, 전기기기]

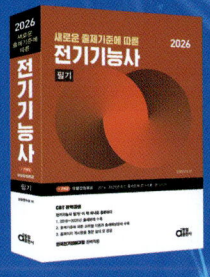

합격을 위한 지름길

동일출판사의 베스트셀러 수험서

기능장

    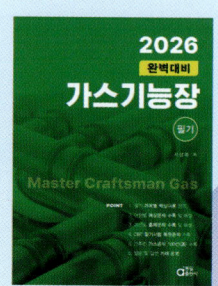

신재생

에너지관리

소방

전기기사 · 산업기사 전기공사기사 · 산업기사
전기직 공무원 군무원 공사 공단 시험대비

전기기사시리즈

03 전기기기

동일출판사 홈페이지 ▶ FREE 무료 강의제공

Preface
머리말

모든 산업의 기초가 되는 전기는 그 중요성에 의해 전문화된 기술을 필요로 하며 그에 따라 전기 설비의 유지 보수, 설계 및 시공 분야에서의 책임은 일정 자격을 취득한 사람에게 한정되는 추세이며 출제문제 또한 지금까지의 기 출제된 문제와 동일한 문제가 계속 반복 출제되고 있는 추세입니다.

따라서 최단 시간 내에 효과적으로 전기 분야 자격 취득을 위해서는 지금까지 출제된 문제를 집중 분석하고 출제 범위 및 난이도를 분석하여 공부하는 것이 바람직합니다.

본서는 이러한 출제 방향에 발맞추어 국가 기술 자격법이 처음으로 제정되고 시행된 1975년 이후 지금까지 출제된 문제를 총 망라하여 자격취득에 가장 효과적인 도서가 되도록 준비 하였습니다.

수험생 여러분들이 본 문제집을 조금 공부하다 보면 출제 방향 및 난이도를 용이하게 파악할 수 있으며, 또한 여러분 스스로 최단 시간 내에 자격증 취득을 위한 방향 설정 및 공부하는 방법을 습득할 수 있다고 생각하며 수험생 여러분들이 본 도서를 통하여 합격의 영광을 누리기 바랍니다.

編者 씀

이 책의 특징

과거 출제된 문제를 분야 및 유형별로 정리하여 알기 쉽고 완벽하게 풀이.

초보자도 쉽게 알 수 있도록 이론을 대폭 보강하여 시험에 나오는 내용만 공부할 수 있도록 각 내용마다 시험에 기출제 된 횟수 표기.

문제마다 출제된 빈도 표기 및 난이도 ★표시하여 출제 경향 및 출제 빈도가 높은 문제와 각 항목의 중요도를 쉽게 알 수 있게 정리. 단시간 내에 총정리 가능.

유사 기출 문제를 별도로 구성하여 학습효과를 극대화.

무료 동영상 강의를 제한 없이 이용.
(단, 공사기사 및 공사산업기사에 해당하는 각 년도 4회차 문제의 동영상은 미지원)

Contents

전기기기 FREE 무료 강의 제공

- 01 직류기 ·········· 006
- 02 동기기 ·········· 096
- 03 변압기 ·········· 157
- 04 유도기기 ·········· 238
- 05 교류 정류자기 ·········· 318
- 06 정류기 ·········· 328

2016~2025 과년도문제 및 CBT 복원문제  FREE 무료 강의 제공

전기기사 · 공사기사

2016년 전기기기	··· 374
2017년 전기기기	··· 389
2018년 전기기기	··· 404
2019년 전기기기	··· 419
2020년 전기기기	··· 436
2021년 전기기기	··· 449
2022년 전기기기	··· 465
2023년 전기기기_CBT	··· 481
2024년 전기기기_CBT	··· 503
2025년 전기기기_CBT	··· 514

전기산업기사 · 공사산업기사

2016년 전기기기	··· 526
2017년 전기기기	··· 542
2018년 전기기기	··· 558
2019년 전기기기	··· 573
2020년 전기기기	··· 588
2021년 전기기기_CBT	··· 599
2022년 전기기기_CBT	··· 614
2023년 전기기기_CBT	··· 628
2024년 전기기기_CBT	··· 643
2025년 전기기기_CBT	··· 654

전기기사시리즈 3
전기기기 출제기준

구 분	출 제 기 준	검정 종목
기 사	전문적인 지식이 요구되는 사항	전 기 전기공사 신호보안
	1. 직류기의 원리, 구조, 특성 계산 및 시험	
	2. 동기기의 원리, 구조, 특성 계산 및 시험	
	3. 정류기의 원리, 구조, 특성 계산 및 시험	
	4. 변압기의 원리, 구조, 특성 계산 및 시험	
	5. 교류 정류자기의 원리, 구조, 특성 계산 및 시험	
	6. 전압 조정기의 원리, 구조, 특성 계산 및 시험	
	7. 제어용 기기의 원리, 구조, 특성 계산 및 시험	
	8. 인버터(inverter) 및 컨버터(converter)의 원리, 구조, 특성 계산 및 시험	
	9. 농형, 권선형 및 특수 유도 전동기의 원리, 구조, 특성 계산 및 시험	
산업기사	일반적인 지식이 요구되는 사항	전 기 전기공사 신호보안
	1. 직류기의 원리, 구조, 특성 계산 및 시험	
	2. 동기기의 원리, 구조, 특성 계산 및 시험	
	3. 정류기의 원리, 구조, 특성 계산 및 시험	
	4. 변압기의 원리, 구조, 특성 계산 및 시험	
	5. 유도 기기 원리, 구조, 특성 계산 및 시험	
	6. 교류 정류자기의 원리, 구조, 특성 계산 및 시험	
	7. 전압 조정기의 원리, 구조, 특성 계산 및 시험	
	8. 제어용 기기의 원리, 구조, 특성 계산 및 시험	
	9. 전기 기기의 보호 방식	

전기기사시리즈 03 전기기기

01	직류기	006
02	동기기	096
03	변압기	157
04	유도기기	238
05	교류 정류자기	318
06	정류기	328

동일출판사 홈페이지에서 무료 동영상강의를 보실 수 있습니다.

CHAPTER 01 직류기

1 직류 발전기의 구조 및 원리

직류기는 직류발전기와 직류전동기의 총칭을 말하며, 발전기는 기계적인 에너지를 전기적인 에너지로, 전동기는 전기적인 에너지를 기계적인 에너지로 변환하는 장치를 말한다.
직류 발전기는 일반적으로 화학 공업용, 통신용, 전기 용접용 등에 사용되며, 직류전동기는 속도를 제어하기 쉽고 급격한 부하가 전동기에 걸려도 안전하게 운전할 수 있는 특징이 있어, 전기철도용, 제철용, 제지공업용, 엘리베이터, 시멘트 공업용 등에 사용된다.

1) 직류 발전기의 원리
직류 발전기란 원동기(발전기의 동력을 얻는 장치)로부터 동력을 전달받아 계자라 불리는 자장 중에서 전기자에 의해 도체를 회전시킴으로서 도체에 렌츠의 전자유도 법칙과 플레밍의 오른손법칙에 의해 기전력(전압을 발생)을 만들어 내는 장치를 말한다.

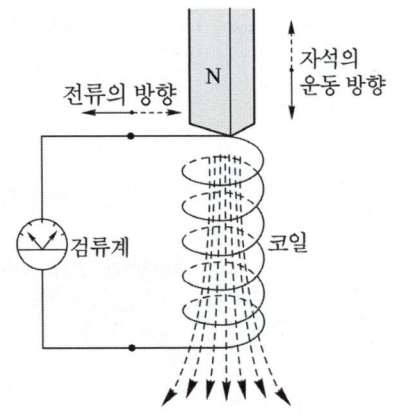

렌츠의 전자유도 법칙

그림과 같이 여러 번 감은 코일에 막대자석을 상하로 운동시킬 경우 검류계의 눈금이 움직이는 것을 볼 수 있다. 즉, 전류가 흐른다는 것을 알 수 있다. 이 전류의 크기는 움직이는 자석의 속도가 빠를수록 커진다. 또, 전류의 방향은 N극 또는 S극에서 반대가 되며, 막대자석을 가까이할 때와 멀리할 때도 반대가 된다. 이 현상은 자석을 고정하고, 코일을 상하로 움직여도 같은 현상이 나타난다.

즉, 자기장의 변화에 의해 도체의 기전력이 발생하는 현상을 전자유도법칙이라 하고, 1834년 렌츠는 유도기전력은 유도 전류의 발생 원인이 되는 자기력선속의 변화를 방해하려는 방향으로 발생한다는 것을 알게 되었다. 이것을 렌츠의 법칙이라 한다.

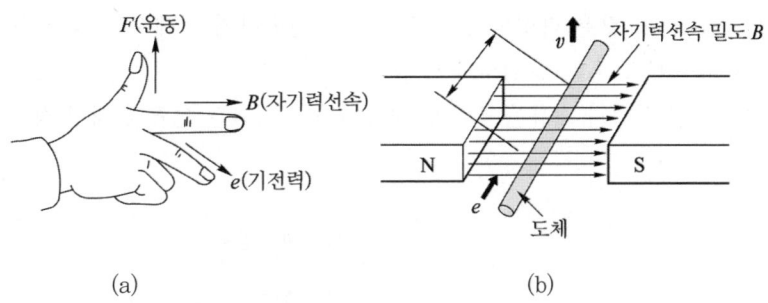

플레밍의 오른손 법칙

그림 (b)에서 도체를 v 만큼의 속도로 자력선을 끊으면 도체는 기전력을 유기하게 된다. 이때 기전력의 방향을 그림 (a)와 같이 적용시킬 수 있다. 즉, 엄지 F를 v에 적용시키고, 자력선 밀도 B를 검지로 N에서 S로 향하게 적용하면, 중지가 기전력의 방향을 가리킨다. 이것을 플레밍의 오른손 법칙이라 한다.

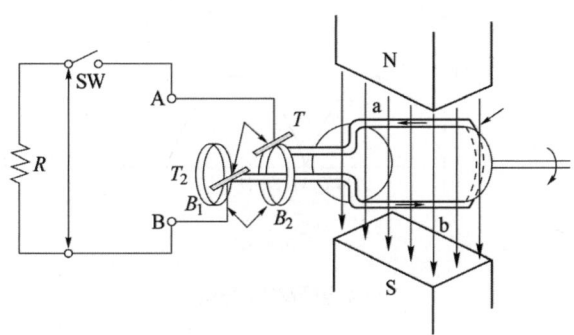

(a) 교류의 발생

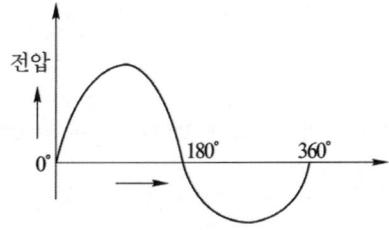

(b) 도체의 순시 위치에서의 유도 기전력

교류 발전기의 원리

그림은 교류 발전기의 원리를 나타낸 것이다. 자장 중에서 도체를 회전시키면 도체는 자속을 쇄교하게(끊게) 되고 이 도체는 플레밍의 오른손 법칙에 의해 기전력을 유기하게 된다. 여기서 유기된 기전력은 그림(b)와 같은 파형을 가지며, 이 파형을 sin 파 형태를 가지므로 정현파 교류라고 한다.

그림(a)에서 그림 (b)와 같은 파형의 전압을 외부로 전송하기 위해서는 슬립링이라는 것을 사용하는데 그림에서 B_1, B_2가 슬립링에 해당된다.

또, 여기서 만들어진 정현파 교류를 직류로 전송하기 위해서는 슬립링 대신 정류자와 브러시를 사용한다.

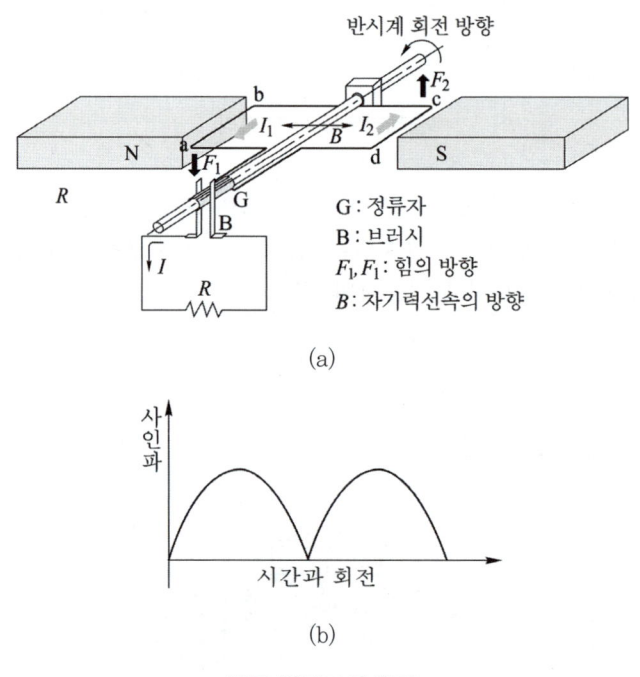

직류 발전기의 원리

그림에서 G를 정류자, B를 브러시라 하며 도체 a, b, c, d에서 만들어진 기전력을 외부로 연결하는 전송하는 역할을 한다.

2) 직류 발전기의 구조

직류기의 실제 구조는 그림과 같으며, 이를 구성하는 주요 부분은 계자, 전기자, 정류자로 이루어져 있다.

(1) 계자(Field magnet)

전기자를 통과하는 자속을 만드는 부분으로 자극과 계철로 구성되어 있다.
  ① 철심 두께 : 0.8~1.6[mm]
  ② 공극 : ·소형기 : 3[mm] ·대형기 : 6~8[mm]

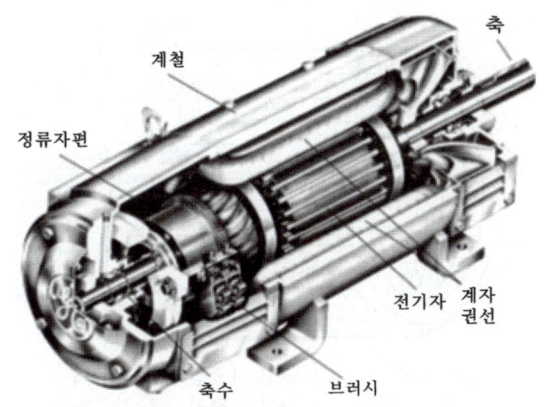

(2) 전기자(Armature)

기전력을 유기하는 부분으로 철심과 전기자 권선으로 되어 있다. 이 전기자 권선부분이 계자에서 만들어지는 자속을 쇄교하여(끊어) 기전력을 유기한다(만든다).

① 저규소강판 : 규소 함유율 1~1.4[%] 정도 ⇒ 히스테리시스손 감소   출제 산업 6번
② 철심 : 0.35~0.5[mm]의 저규소강판을 성층 ⇒ 와류손 감소   출제 산업 1번, 기사 1번

(3) 정류자(Commutator)

전기자에 의해 발전된 기전력을 직류로 변환하는 부분으로 브러시와 접촉하는 정류자편이 모여 있다.

① 브러시의 정류자면 접촉압력 : 0.15~0.25[kg/cm^2]   출제 산업 1번, 기사 1번
② 브러시를 중성축에서 이동시키는 것 : 로커   출제 기사 2번

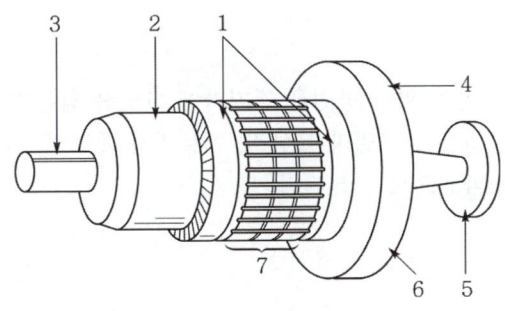

1. 바인드선(강선)   2. 정류자   3. 축
4. 통풍 날개   5. 커플링   6. 쐐기
7. 성층 철심

전기자의 구조

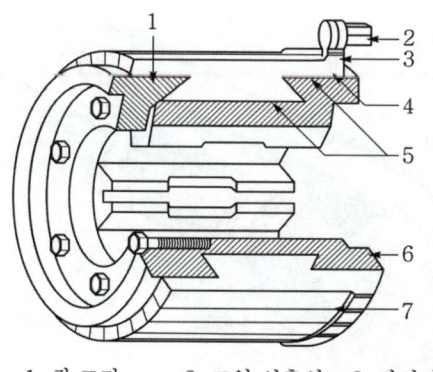

1. 죔 고리   2. 코일 인출선   3. 라이저
4. 정류자편 5. 마이카 절연   6. 정류자 통
7. 편간 마이카

정류자의 구조

(4) 브러시(Brush)

내부회로와 외부회로를 전기적으로 연결하는 부분이며, 탄소 브러시, 흑연 브러시, 금속브러시가 있다. 일반적으로 양호한 정류를 얻기 위해서는 탄소 브러시를 사용하는데, 이유는 접촉 저항이 크기 때문이다.

직류 발전기의 주요 3요소는 전기자, 계자, 정류자를 말한다.

2 - 전기자 권선

1) 전기자 권선법

직류 발전기의 기전력을 얻기 위한 방법은 전기자에 코일을 감는 방법에 따라 결정된다.
전기자에 코일을 감는 방법은 환상권과 고상권, 개로권과 폐로권, 단층권과 2층권으로 구분되며, 용도에 따라 중권과 파권으로 구분된다.

① 환상권
② 고상권 ┬ 개로권
         └ 폐로권 ┬ 단층권
                  └ 2층권 ┬ 중권(병렬권)
                          └ 파권(직렬권)

직류기의 전기자 권선법으로 이층권, 고상권, 폐로권을 채택한다. **출제** 기사 3번

2) 중권과 파권의 비교

비교 항목	단중 중권	단중 파권	
권선법	(그림)	(그림)	
전기자의 병렬 회로수(a)	$P(mP)$	$2(2m)$	출제 산업 4번 / 기사 5번
브러시 수(b)	P	2	출제 산업 4번 / 기사 5번
용도	저전압, 대전류	고전압, 소전류	
균압 접속	4극 이상이면 균압 접속을 하여야 한다.	균압 접속은 필요 없다.	출제 기사 1번

m : 다중도

여기서, 균압 접속이란 중권에서 전기자 권선이 국부적으로 과열하는 것을 방지하기 위하여 전기자 권선 등전위의 점을 저항이 적은 도선으로 접속하여 순환 전류가 브러시를 통해 흐르지 않도록 하여 권선이 파열되는 것을 막아주는 접속을 말한다.

3 - 직류 발전기의 유기기전력

1) 전기자 도체 1개에 유도되는 유기기전력(e)

$$e = Blv [\text{V}]$$

여기서, 전기자의 회전속도가 n[rps]일 때 전기자의 직선운동속도 v는

$$v = \pi Dn [\text{m/sec}]$$ 출제 산업 2번, 기사 1번

$$\therefore e = Bl\pi Dn [\text{V}]$$

자속밀도 $B = \dfrac{\text{전체 자속}}{\text{회전자 원통의 표면적}} = \dfrac{p\phi}{\pi Dl}$ 이므로 출제 산업 2번

$$e = \dfrac{p\phi}{\pi Dl} l\pi Dn = p\phi n [\text{V}] \text{가 된다.}$$

2) 도체 총 수가 Z인 발전기의 유기기전력(E)

$$E = p\phi n \times \dfrac{Z}{a} [\text{V}]$$ 출제 산업 5번, 기사 17번

여기서, D : 전기자 직경[m]　　l : 도체의 길이[m]　　n : 회전수[rps]
　　　　a : 내부 병렬회로 수　　z : 총 도체 수
　　　　p : 극수[극]　　　　　　ϕ : 매 극당 자속[Wb]

이 식에서 $E = k\phi n$ 이므로 기전력은 자속과 회전수의 곱에 비례한다.
즉, 자속이 0인 경우는 기전력이 발생할 수 없으며, 반드시 자속이 있어야 한다. 이것은 회전수만으로는 발전할 수 없음을 의미한다.
직류 발전기는 자여자 발전기와 타여자 발전기로 구분하는데, 자여자 발전기의 경우 스스로 자속을 만들므로 잔류자기가 있어야 발전이 가능하다는 것을 설명하는 식이다.

3) 전기각

$$\alpha_e[\text{rad}] = \text{기하학적 각도 } \alpha[\text{rad}] \times \frac{p}{2}$$

여기서, p : 극수

4 전기자 반작용 및 정류

전기자 반작용이란 전기자 전류에 의하여 발생 자속이 계자에 의해 발생 되는 주자속에 영향을 주는 현상을 전기자 반작용이라 한다.
전기자 반작용이 생기면, 주자속이 왜곡(일그러지는 현상)되고 감소하게 된다. 이로 인하여 발전기와 전동기에는 좋지 않은 영향을 준다.

1) 전기자 반작용의 영향
① 전기적 중성축 이동
　　• 발전기 : 회전 방향으로 이동
　　• 전동기 : 회전 방향과 반대 방향으로 이동
② 주자속 감소
③ 정류자 편간의 불꽃섬락 발생

2) 전기자 반작용에 대한 대책
전기자 반작용은 전기자 전류에 의해 생긴 자속(전기자 기자력)이 원인이므로 이를 상쇄하는 것이 방지대책이 된다.
계자극에 홈을 파고 권선을 감아 전기자와 직렬로 연결하여 반대방향의 전류를 흘려줌으로써 대부분의 전기자 반작용 기자력을 상쇄시킨다. 이 권선을 보상권선이라 한다. 그러나 중성축 부분의 전기자 반작용은 상쇄할 수 없으므로 별도의 자극을 설치하여 중성축 부분의 전기자 반작용을

상쇄시켜 전기자 반작용을 방지하는데, 이를 보극이라 한다. 출제 산업 1번

① 브러시를 새로운 중성축으로 이동
  • 발전기 : 회전 방향으로 이동
  • 전동기 : 회전 방향과 반대 방향으로 이동
② 보상권선 설치(가장 유효한 방법) 출제 산업 5번, 기사 1번
  보상권선은 전기자 전류의 기전력을 상쇄하기 위하여 주자극의 자극편에 슬롯을 만들어 그림과 같은 방향으로 전기자 전류를 통하게 한 권선이다.
  보상권선을 설치하면 브러시를 기하학적 중성축에 놓는다.

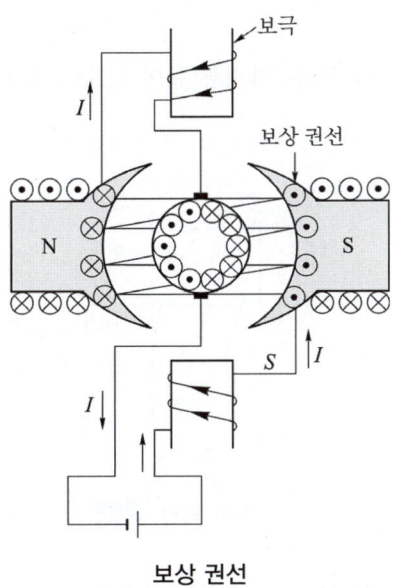

보상 권선

3) 전기자 기자력

그림과 같이 브러시를 기계적 중성축에서 $\alpha[\text{rad}]$만큼 이동했을 경우 기자력은 감자기자력과 교차기자력으로 구분된다.

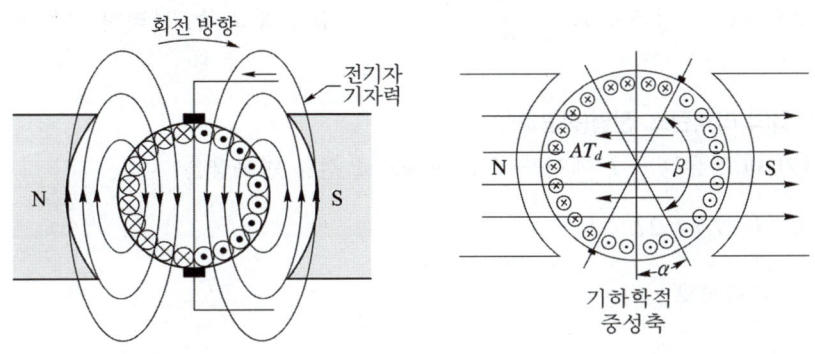

감자 기자력 $AT_d = \dfrac{Z}{a} \cdot I_a \cdot \dfrac{1}{p} \cdot \dfrac{2\alpha}{2\pi} = \dfrac{ZI_a}{2ap} \cdot \dfrac{2\alpha}{\pi}$ [AT/극]   출제 산업 4번, 기사 12번

교차 기자력 $AT_c = \dfrac{Z}{a} \cdot I_a \cdot \dfrac{1}{p} \cdot \dfrac{\beta}{2\pi} = \dfrac{ZI_a}{2ap} \cdot \dfrac{\beta}{\pi}$ [AT/극]

4) 정류

직류 발전기의 전기자 권선 안에 유기되는 기전력 교류를 직류로 변환하는 작용을 정류작용이라 한다.

(1) 정류곡선

직선정류, 정현파 정류, 부족정류, 과정류 등이 있으며 불꽃없는 정류는 직선 또는 정현파 정류이다.

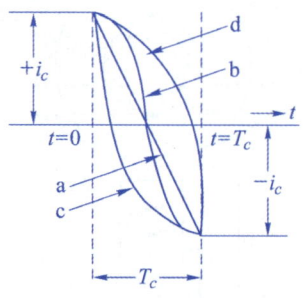

정류 곡선   출제 산업 3번, 기사 1번

① a(직선정류) : 전류가 직선적으로 균등하게 변환

② b(정현파 정류) : 정류 개시 및 종료시 전류변화는 $\dfrac{dI_c}{dt} = 0$으로 불꽃 발생 안함.

③ c(과정류) : 정류 개시 시 $\dfrac{dI_c}{dt}$ 가 매우커서 정류 초기 즉, 브러시 앞쪽에서 불꽃 발생

④ d(부족정류) : 정류 종료 시 $\dfrac{dI_c}{dt}$ 가 매우커서 정류 종료 즉, 브러시 뒤쪽에서 불꽃 발생

(2) 정류 코일의 리액턴스 전압(평균값)

정류주기 내 전류는 $+I_c$ 에서 $-I_c$로 변하므로 전류 변화량은

$$I_c - (-I_c) = 2I_c$$

가 된다. 그러므로

$$e_L = L\frac{di}{dt} = L\frac{2I_c}{T_c}$$ <출제 산업 1번, 기사 3번>

(3) 양호한 정류를 얻는 방법 <출제 산업 3번, 기사 3번>

불꽃없는 정류를 위한 조건 : 브러시 접촉면 전압강하 > 평균 리액턴스 전압 <출제 기사 3번>

① 저항 정류 : 접촉저항이 큰 탄소 브러시를 사용하여 정류 코일의 단락 전류를 억제해서 양호한 정류를 얻는 방법
② 전압 정류 : 보극을 설치하여 정류 코일 내에 유기되는 리액턴스 전압과 반대 방향으로 정류 전압을 유기시켜 양호한 정류를 얻는 방법 <출제 기사 3번>
③ 리액턴스 전압을 적게 한다 : 단절권 채택
④ 정류주기를 길게 한다 : 회전속도를 낮춘다.

(4) 정류자 편수(K)

$$K = \frac{u}{2}N_s$$ <출제 산업 3번, 기사 4번>

여기서, u : 슬롯 내부의 코일 변수, N_s : 슬롯 수

(5) 정류자 편간 평균전압

$$e_{sa} = \frac{pE}{K}[V]$$ <출제 산업 4번, 기사 4번>

여기서, e_{sa} : 정류자 편간 전압, E : 유기 기전력
K : 정류자 편수, p : 극수

5 직류 발전기의 특성과 운전

1) 직류 발전기의 종류

직류 발전기의 종류는 전기자와 계자의 연결방법에 따라 아래와 같이 구분된다.

- 타여자 발전기
- 자여자 발전기
  - 분권 발전기
  - 직권 발전기
  - 복권 발전기
    - 차동 복권 발전기
    - 가동 복권 발전기
      - 평복권
      - 과복권
      - 부족복권

2) 특성곡선

유기 기전력 E[V], 단자 전압 V[V], 전기자 전류 I_a[A], 부하 전류 I[A], 계자 전류 I_f[A], 속도 n[rps] 등의 상호 관계를 표시하는 곡선을 특성 곡선이라고 한다.

구 분	횡 축	종 축	조 건	
무부하 포화 곡선	I_f	$V(=E)$	$n=$일정	$I=0$
외부 특성 곡선	I	V	$n=$일정	$R_f=$일정
내부 특성 곡선	I	E	$n=$일정	$R_f=$일정
부하 특성 곡선	I_f	V	$n=$일정	$I=$일정
계자 조정 곡선	I	I_f	$n=$일정	$V=$일정

3) 타여자 발전기

외부의 독립된 직류 전원에 의해 계자권선에 여자전류를 공급하는 발전기를 타여자 발전기라 한다.

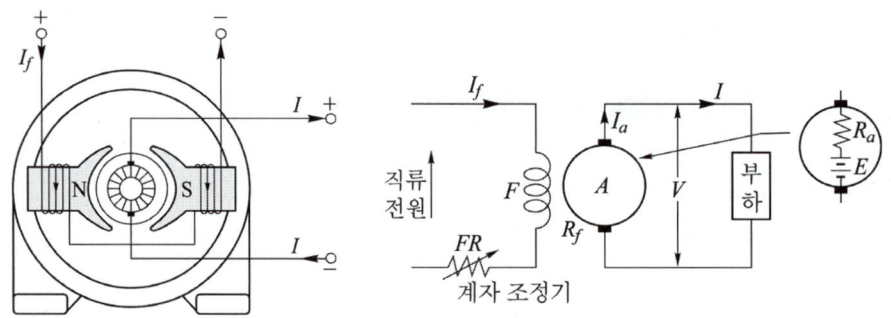

(1) 단자전압 및 전류

$$V = E - I_a R_a - e_a - e_b$$

여기서, E : 유기 기전력[V] V : 단자 전압[V]
I_a : 전기자 전류[A] I_f : 계자 전류[A]
I : 부하 전류[A] R_a : 전기자 권선 저항[Ω]
e_a : 전기자 반작용에 의한 전압 강하[V]
e_b : 브러시의 접촉저항에 의한 전압 강하[V]

(2) 특성곡선
① 무부하 특성 곡선

유기 기전력 E와 계자 전류 I_f의 관계 곡선을 무부하 특성곡선이라 한다.

그림에서 AB 구간은 계자전류에 비례하여 유도전압이 증가하게 되며, BC 구간에서는 철심의 자기포화현상으로 직선적으로 증가하지 못하며, 완만하게 증가하다 더 이상 전압이 증가하지 않게 된다. OA 구간은 계자 전류가 0이어도 잔류자기에 의해 유도되는 전압을 나타낸 것이다.

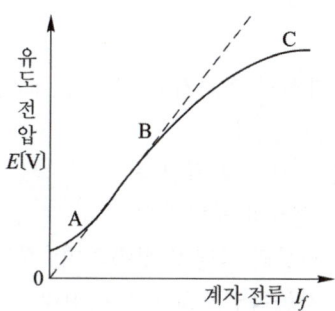

타여자 발전기의 경우에는 잔류자기가 없어도 발전이 가능하며, 원동기의 회전방향을 반대로 하면 +, - 극성이 반대로 발전하게 된다. 출제 기사 4번

② 외부 특성 곡선

단자 전압 V와 부하 전류 I의 관계 곡선을 외부특성곡선이라 한다.

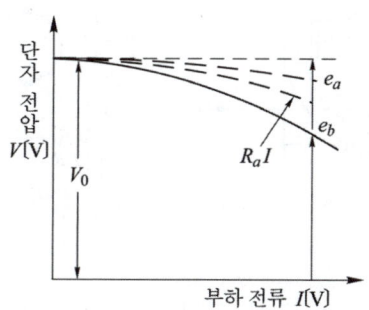

그림은 부하전류가 증가하면 전압강하 $R_a I_a$가 증가함에 따라 단자전압이 점차 감소하는 것을 보여준다. 타여자 발전기는 일반적으로 정격부하에서 전압변동이 적은 정전압 발전기로 분류된다. 타여자 발전기는 전기 화학 공업용의 저전압 대전류용, 실험실용 전원, 대형 교류발전기의 주여자기, 직류 전동기 속도 제어용 전원, 속도계용 발전 등에 사용된다.

(3) 특징
  ① 잔류 자기가 없어도 발전 가능
  ② 운전 중 전기자 회전 방향 반대 ⇒ +, − 극성이 반대로 발전

(4) 용도
  ① 일정한 전압이 필요한 경우의 시험기용 직류 전원
  ② 직류 전동기의 속도 조정 전원용 발전기
  ③ 교류 발전기의 주 여자기

4) 자여자 발전기

계자 권선의 여자 전류를 자기 자신의 전기자 유기 전압에 의해 공급하는 발전기로 분권 발전기, 직권 발전기 및 복권 발전기가 있다.
- 직권 발전기 : 전기자와 계자 권선의 직렬접속
- 분권 발전기 : 전기자와 계자 권선의 병렬접속
- 복권 발전기 : 전기자와 계자 권선의 직병렬 접속하며, 직권계자 자속과 분권계자 자속이 더해지는 가동복권과 상쇄되는 차동복권으로 나누어진다.

(1) 분권 발전기

전기자 권선과 계자 권선이 병렬로 접속   출제 기사 2번

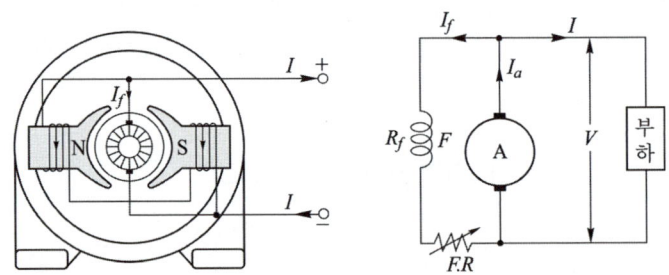

① 단자 전압과 전류

$$V = E - I_a R_a - e_a - e_b = E - (I_f + I)R_a - e_a - e_b$$
$$I_a = I_f + I$$
$$I_f = \frac{V}{R_f}$$
$$I = \frac{P}{V}$$

출제 산업 9번, 기사 10번
출제 산업 9번, 기사 3번

② 무부하 포화곡선
  유기 기전력 E와 계자 전류 I_f의 관계 곡선을 무부하 특성곡선이라 한다.

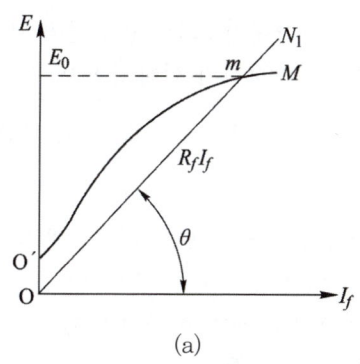
(a)

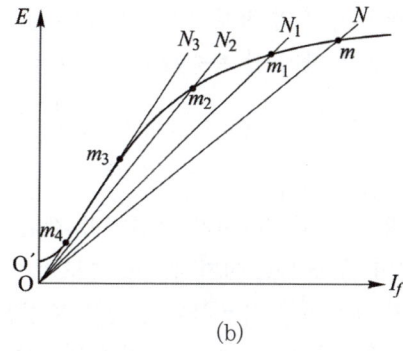
(b)

$$V = R_f I_f, \quad V = E - R_f I_f$$

그림 (a)에서 ON_1은 계자저항선으로 무부하 포화곡선인 $O'M$과 만나는 m에서 전압이 확립되며, 이점을 전압확립점이라 한다.

이 곡선에서 θ값의 증감으로 계자저항선의 변화에 대한 전압 확립점의 변화를 나타낸 것이 그림 (b)로 m_4에서부터 m_3까지는 일정전압을 유지할 수 없는 점으로 전압이 확립되지 않는다. 이러한 계자저항선 N_3를 임계저항선이라 한다.

③ 외부 특성곡선

단자 전압 V와 부하 전류 I의 관계 곡선을 외부특성곡선이라 한다.

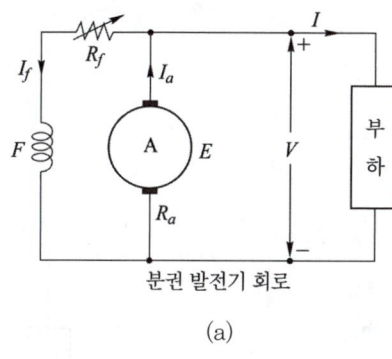
분권 발전기 회로
(a)

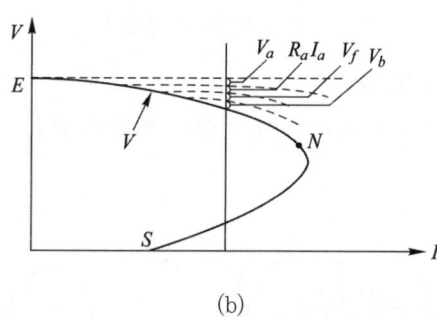
(b)

그림의 회로도에서 전압을 구하면

$$V = E - I_a R_a - V_f - V_b - V_a \text{이며, } I_a = I + I_f = I + \frac{V}{R_f} \text{가 된다.}$$

여기서, V_f : 계자 전압강하
$\qquad V_a$: 전기자 반작용에 의한 전압강하
$\qquad V_b$: 브러시에 의한 전압강하

이때 전압 V와 전류 I 사이를 관계를 그림으로 나타내면 그림 (b)와 같이 된다. 분권 발전기는 부하가 계속 증가하여 I가 커지게 되면 전압강하가 심하게 되어 V가 줄어들게 된다. 이에 따라 계자 전류 $I_f = \dfrac{V}{R_f}$가 줄어들어 자속이 감소하게 되며, 기전력 E 또한 줄어들게 된다.

분권 발전기는 타여자 발전기와 같이 전압변동률이 적으므로 정전압 발전기로 분류되며, 또한 스스로 여자하므로 별도의 여자 전원이 필요 없는 특징이 있다.

계자 저항기를 사용하여 전압을 조정할 수 있으므로 전기 화학 공업용 전원, 축전지의 충전용, 동기기의 여자용 및 일반 직류 전원용으로 사용된다.

④ 특징
- 잔류 자기가 없으면 발전 불가능
- 운전 중 전기자 회전방향을 반대 ⇒ 잔류자기를 소멸시켜 발전 불가능
- 운전 중 계자 회로를 갑자기 열면 ⇒ $e = -N\dfrac{d\phi}{dt}$ 에서 계자 권선의 권수 N이 크기 때문에 계자 권선에 고압을 유기하여 계자 권선의 절연을 파괴할 우려가 있다.
- 운전 중 서서히 단락 ⇒ 처음에는 큰 전류가 흐르나 종래에는 소전류가 흐른다.

  (초기의 큰 단락 전류에 의한 전압 강하($I_aR_a + e_a + e_b$)에서 단자 전압 감소
  ⇒ $I_f = \dfrac{V}{R_f}$ 에 의해 계자 전류 및 자속 감소 ⇒ $E = p\phi n\dfrac{Z}{a}$ 에서 유기 기전력 감소
  ⇒ 단자 전압 더욱 더 감소)

(2) 직권 발전기

전기자 권선과 계자 권선이 직렬로 접속

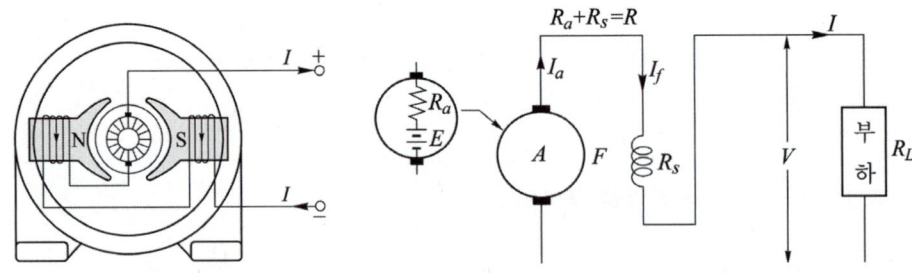

① 단자 전압과 전류
- $I_a = I_f = I$
- $V = E - I_aR_a - I_fR_s - e_a - e_b = E - IR_a - IR_s - e_a - e_b$
- $I = \dfrac{P}{V}$

② 외부 특성곡선

직권 발전기는 계자와 전기자가 직렬로 연결되어 있으므로 전류 부하 전류는

$$I = I_f = I_a$$

가 됨을 알 수 있다. 즉, 무부하 시 계자 전류가 0이 되어 자기 여자로 전압을 확립할 수 없는 특징이 있다. 따라서 직류 직권 발전기의 무부하 포화 곡선은 나타낼 수 없다.
직권 발전기의 외부특성곡선은 V와 I의 관계 곡선으로 그림 (b)와 같이 나타낼 수 있다.

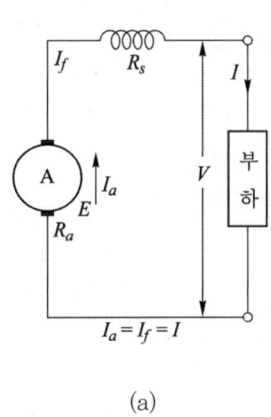

(a)

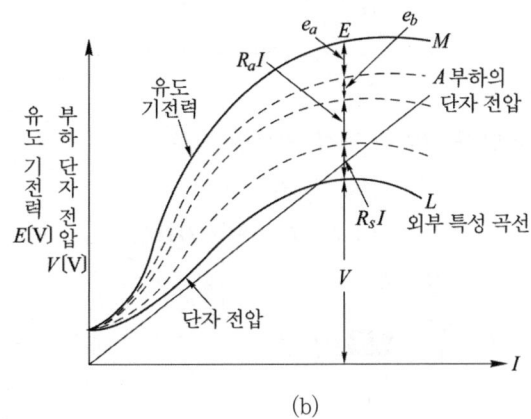

(b)

그림 (a)에서 특성식은

$$E = V + I_a(R_a + R_s)$$
$$I = I_f = I_a$$

가 된다.

그림 (b)는 외부 특성곡선을 나타낸 것으로 무부하시에는 부하전류가 거의 흐르지 않아 전압강하가 작게 된다. 그러나 점차 부하가 증가할수록 부하전류가 많이 흐르게 되며, 이 전류로 인하여 계자자속이 증가하고, 기전력이 증가한다. 또, 전압강하도 무부하 시보다 크게 된다.

③ 특징
- 잔류 자기가 없으면 발전 불가능
- 운전 중 전기자 회전 방향을 반대 ⇒ 잔류 자기를 소멸시켜 발전 불가능
- 무부하 시에는 자기여자로 전압을 확립할 수 없다.

(무부하 시 $I = 0 \Rightarrow I_f = 0 \Rightarrow \phi = 0 \Rightarrow E = p\phi n \dfrac{Z}{a}$에서 유기기전력 $E = 0$이 된다)

(3) 복권 발전기

전기자 권선과 직렬로 접속되어 있는 직권 계자 권선과 전기자 권선과 병렬로 접속되어 있는 분권 계자 권선이 설치되어 있다.

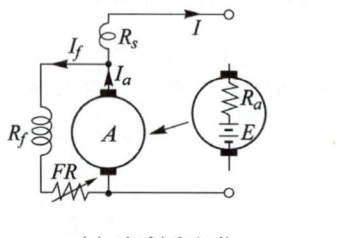 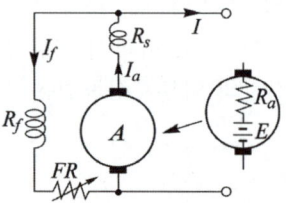

    (a) 복권(내분권)   (b) 복권(외분권)

① 단자 전압과 전류(외분권 기준)

$$V = E - I_a R_a - I_a R_s - e_a - e_b$$
$$= E - (I + I_f)R_a - (I + I_f)R_s - e_a - e_b$$
$$I_a = I_f + I$$
$$I = \frac{P}{V}$$ 출제 산업 2번

5) 전압 변동률

$$\epsilon = \frac{V_0 - V_n}{V_n} \times 100 [\%]$$ 출제 산업 14번, 기사 3번

여기서 V_n : 정격 전압[V]
    V_0 : 무부하 전압[V]

6 – 직류 발전기의 병렬운전

1) 병렬 운전의 목적
 ① 1대의 발전기로 용량이 부족할 때
 ② 경부하에 대해 효율 좋게 운전하기 위하여(즉 전부하시 두 대로 병렬 운전하고, 경부하시는 한 대만을 운전한다.)
 ③ 예비기로 설치할 때 (점검, 보수측면에서 유리)

2) 병렬 운전 조건
① 전압 및 극성이 같을 것
② 외부 특성 곡선이 어느 정도 수하 특성일 것
③ 용량이 같으면 각 발전기의 외부 특성 곡선이 같을 것
④ 용량이 다를 경우 [%]부하전류로 나타낸 외부 특성곡선이 거의 일치할 것 출제 산업 4번, 기사 4번

3) 분권 발전기 병렬 운전 시 부하의 분담   출제 산업 1번, 기사 9번
유기 전압 E와 전기자 회로의 저항 R_a에 의해서 결정된다. 즉, 두 발전기의 단자전압이 같아야 하므로
① 저항이 같으면 유기 전압이 큰 측이 부하를 많이 분담하며
② 유기 전압이 같으면 부하는 전기자 회로 저항에 반비례해서 분배된다.

$$E_1 - R_{a1}(I_1 + I_{f1}) = E_2 - R_{a2}(I_2 + I_{f2}) = V$$

단, E_1, E_2 : 각 기의 유기 전압[V]
R_{a1}, R_{a2} : 각 기의 전기자 저항[Ω]
I_1, I_2 : 각 기의 부하 분담 전류[A]
I_{f1}, I_{f2} : 각 기의 계자 전류[A]
V : 단자 전압[V]

4) 직권 발전기와 복권 발전기의 병렬운전
직권계자가 있는 직류 직권발전기와 직류 복권발전기는 병렬운전을 안정히 하기 위하여 균압선을 설치해야 한다.   출제 산업 6번, 기사 4번

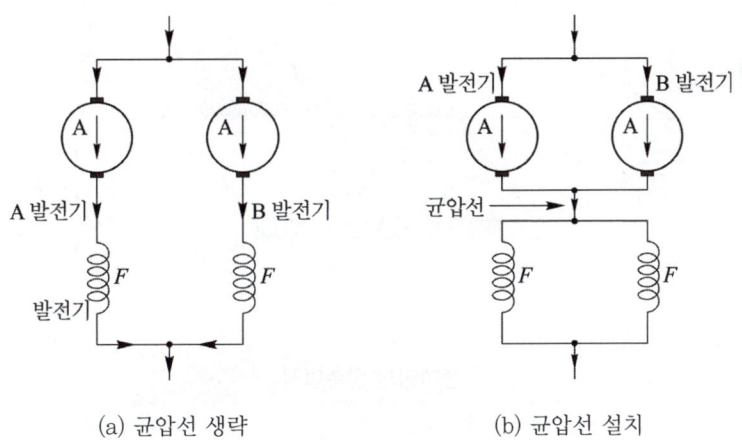

(a) 균압선 생략   (b) 균압선 설치

그림 (a)는 균압선이 없는 경우로 기전력과 전압강하 등이 모두 동일할 때 병렬운전이 가능하나 어느 발전기 하나가 기전력이 크게 되면 기전력이 큰 발전기가 모든 부하분담을 가지므로 병렬운전이 불가능하다. 따라서 직권계자의 전단에 균압선을 설치함으로서 병렬운전을 안정하게 할 수 있다.

7 직류 전동기의 구조 및 원리

1) 원리

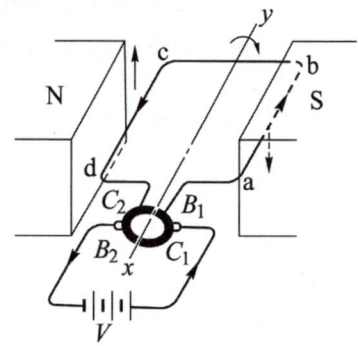

직류 전동기는 직류 전력을 기계적 동력으로 변환시키는 장치이며 구조는 직류 발전기와 같다. 그림과 같이 N, S 극 사이에 코일 a, b, c, d를 놓고 여기에 직류 전원으로부터 브러시 B_1, B_2를 통해 정류자편 C_1, C_2를 거쳐 전류를 흘리면 코일변 ab와 cd에는 각각 시계 방향의 토크가 생겨 코일 전체가 시계 방향으로 회전한다(플레밍의 왼손법칙을 적용한다).

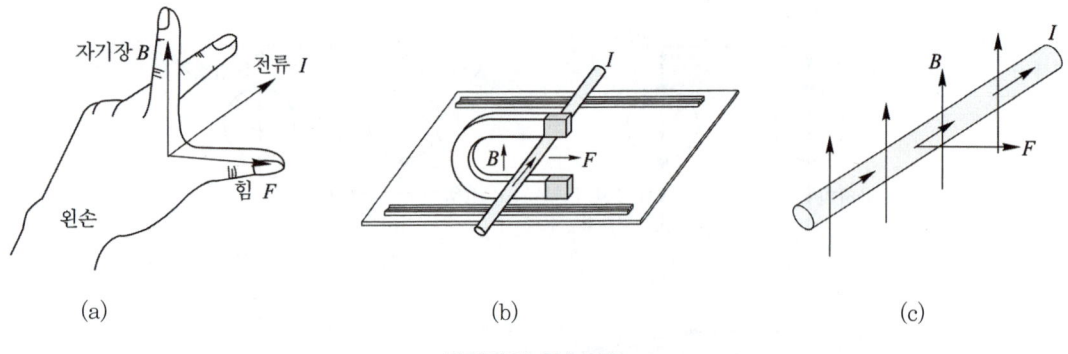

플레밍의 왼손법칙

2) 역기전력(E_c)

전동기가 정격 속도로 회전하면 도체는 자속을 끊어 발전기와 마찬가지로 기전력을 유기한다. 이 기전력의 방향은 플레밍의 오른손 법칙에 의해 공급해준 단자 전압과는 반대 방향이므로 역기전력이라고 한다.

- 발전기 : 플레밍의 오른손 법칙
- 전동기 : 플레밍의 왼손법칙
- 단자 전압 $V = E_c + I_a R_a$
- 역기전력 $E_c = p\phi n \dfrac{Z}{a}$

여기서, V : 단자 전압[V], E_c : 역기전력[V], p : 극수, ϕ : 자속[Wb]
I_a : 전기자 전류[A], R_a : 전기자 권선 저항[Ω]
n : 회전수[rps], Z : 전체 도체 수, a : 내부 병렬 회로 수

이 역기전력 E_c는 회전 속도에 비례 $\left(E_c = p\phi n \dfrac{Z}{a}\right)$ 하므로 전동기의 기계적 부하가 증가하여 속도가 감소하면 역기전력도 감소하게 되어 전기자 전류 I_a가 증가하게 된다. $\left(I_a = \dfrac{V - E_c}{R_a}\right)$ 즉, 기계적 부하의 증가에 대응하여 자동적으로 전기적 입력이 증가하게 된다.

3) 회전수와 토크

(1) 회전력

$$T = \frac{pZ}{2\pi a}\phi I_a = \frac{EI_a}{2\pi n} = K_2 \phi I_a [\text{N} \cdot \text{m}] \quad \left(\because K_2 = \frac{pZ}{2\pi a}\right)$$

$$T = \frac{EI_a}{\omega} = \frac{P_m}{\omega}[\text{N} \cdot \text{m}]$$

$$\omega = 2\pi n = 2\pi \frac{N}{60}$$

$$T = \frac{1}{9.8}K_2 \phi I_a [\text{kg} \cdot \text{m}] (\because 1[\text{kg} \cdot \text{m}] = 9.8[\text{N} \cdot \text{m}])$$

$$T = 0.975 \frac{P}{N}[\text{kg} \cdot \text{m}]$$

(2) 회전수

$$n = \frac{E}{K_1 \phi} = \frac{V - R_a I_a}{K_1 \phi}[\text{rps}] \quad \left(단, \ K_1 = \frac{pZ}{a}\right)$$

8 - 직류 전동기의 종류 및 특성

1) 타여자 전동기

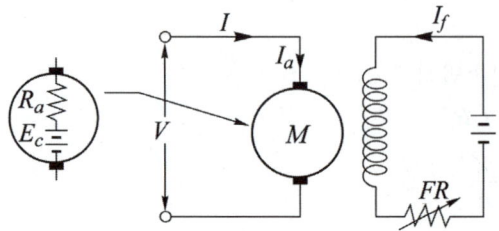

그림은 타여자 전동기의 등가회로를 나타낸 것이다.

① 역기전력(E_c)

$$E_c = p\phi n \frac{Z}{a} [\text{V}]$$

$$E_c = V - I_a R_a [\text{V}] \quad \text{출제 기사 1번}$$

② 회전 속도(n)

$$n = K \frac{E_c}{\phi} = K \frac{V - I_a R_a}{\phi} [\text{rps}] \ (\text{단}, \ K = \frac{a}{pZ})$$

속도 특성은 $n = \dfrac{E}{K_1 \phi} = \dfrac{V - R_a I_a}{K_1 \phi}$ [rps]식에서 자속 ϕ가 일정하므로 정속도 특성을 가지고 있다. 타여자 전동기에서 계자전류를 0으로 하면 자속 ϕ가 0이 되어 회전자 속도가 상승하여 위험하게 되므로 계자회로에는 퓨즈를 넣어서는 안 된다.

③ 출력

$$P = E_c I_a = 2\pi n T [\text{W}]$$

④ 토크

$$T = \frac{E_c I_a}{2\pi n} = \frac{p\phi n \frac{Z}{a} I_a}{2\pi n} = \frac{pZ}{2\pi a} \phi I_a = K_2 \phi I_a [\text{N} \cdot \text{m}] \ (\text{단}, \ K_2 = \frac{pZ}{2\pi a})$$

토크 특성은 $T = \dfrac{pZ}{2\pi a} \phi I_a = \dfrac{E I_a}{2\pi n} = K_2 \phi I_a$ [N·m]에서 자속 ϕ가 일정하므로 $I = I_a$의 관계로 토크는 부하전류에 비례하는 특성을 가지고 있다.

⑤ 회전 방향 : 공급 전원의 방향을 반대로 하며 회전방향은 반대로 된다.

2) 분권 전동기

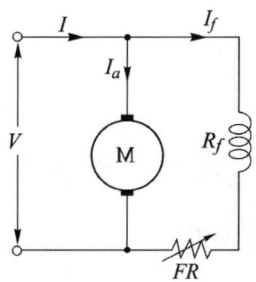

그림은 전기자 회로와 계자회로가 병렬로 연결된 것으로 분권전동기의 등가회로를 나타낸 것이다.

① 역기전력

$$E_c = p\phi n \frac{Z}{a} [\text{V}]$$ 출제 산업 1번

$$E_c = V - I_a R_a [\text{V}]$$ 출제 산업 3번, 기사 1번

② 계자 전류

$$I_f = \frac{V}{R_f}$$

③ 전원에서 흘러들어가는 전전류

$$I = I_a + I_f$$

일반적으로 계자 전류 I_f는 매우 적으므로 무시하면 $I ≒ I_a$가 된다.

④ 회전 속도

$$n = K \frac{E_c}{\phi} \;(\text{단,}\; K = \frac{a}{pZ})$$

$$n = K \frac{V - I_a R_a}{\phi} [\text{rps}]$$

분권 전동기는 전원전압이 일정할 경우 계자 전류가 일정하여, 자속이 일정하게 되므로

$$n = \frac{V - I_a R_a}{K_1 \phi} \propto (V - I_a R_a)[\text{rps}]$$

의 식에 의해 속도는 부하가 증가할수록 감소하는 특성을 나타낸다. 출제 산업 3번
이 감소는 크지 않아 타여자 전동기와 같이 정속도 특성을 나타낸다. 또, 분권 전동기는 운전 중 계자 저항을 증가하면 계자 자속이 감소하여 속도가 증가하는 특성이 있다. 출제 산업 9번
분권 전동기는 계자 회로가 단선이 되면 자속 ϕ가 0이 되어 경부하시에는 원심력에 의해 기계가 파괴될 정도의 과속도에 도달할 수 있으므로 주의하여야 한다. 출제 산업 5번, 기사 4번

⑤ 출력

$$P = E_c I_a = 2\pi n T [\text{W}]$$

⑥ 토크

$$T = \frac{E_c I_a}{2\pi n} = \frac{p\phi n \frac{Z}{a} I_a}{2\pi n} = \frac{pZ}{2\pi a}\phi I_a = K_2 \phi I_a [\text{N} \cdot \text{m}] \ (\text{단}, \ K_2 = \frac{pZ}{2\pi a})$$

$$T = \frac{P}{2\pi n}[\text{N} \cdot \text{m}] \quad \boxed{\text{출제 산업 1번}}$$

$$T = \frac{P}{2\pi \frac{N}{60}} \times \frac{1}{9.8} = 0.975 \times \frac{P}{N}[\text{kg} \cdot \text{m}] \quad \boxed{\text{출제 기사 1번}}$$

$$P = E_c I [\text{kW}] \quad \boxed{\text{출제 산업 2번, 기사 6번}}$$

다음 그림은 분권 전동기의 속도와 토크 특성을 표시한 것이다.

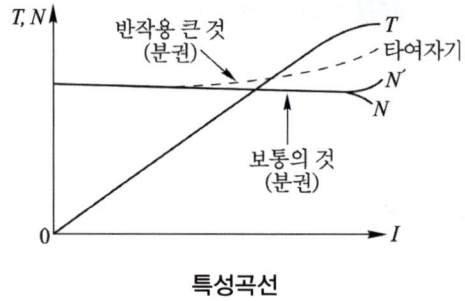

특성곡선

토크 특성 $T = K_2 \phi I_a \propto I_a [\text{N} \cdot \text{m}]$

에서 자속 ϕ가 일정하므로 토크는 부하전류에 비례하는 특성을 가지고 있다.
 $\boxed{\text{출제 산업 1번, 기사 3번}}$

⑦ 회전 방향

공급 전원의 방향을 반대로 하면 계자 전류와 전기자 전류의 방향이 동시에 반대로 되어 회전 방향은 바뀌지 않는다. $\boxed{\text{출제 산업 6번}}$

3) 직권 전동기

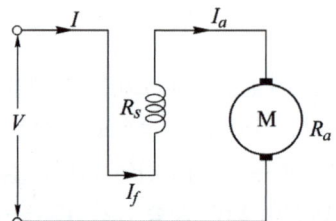

(1) 전기자 전류 = 계자 전류 = 부하 전류 ($I_a = I_f = I$)

(2) 단자 전압과 역기전력과의 관계

$$V = E_c + I_a(R_s + R_a)$$ 출제 산업 2번

(3) 회전속도 n

$$E_c = V - I_a(R_a + R_s), \quad E_c = p\phi n \frac{Z}{a}$$

$$\therefore n = \frac{a}{pZ} \cdot \frac{V - I_a(R_a + R_s)}{\phi} = K \cdot \frac{V - I_a(R_a + R_s)}{\phi} [\text{rps}]$$

(단, $K = \frac{a}{pZ}$)

(4) 회전 속도와 전기자 전류와의 관계 출제 산업 4번, 기사 3번

① 부하 전류가 적어 철심이 자기포화가 되지 않는 범위
$I_a = I = I_f \propto \phi$ 이므로

$$n = K \cdot \frac{V - I_a(R_a + R_s)}{\phi} = K \cdot \frac{V - I_a(R_a + R_s)}{I_a} [\text{rps}]$$ 출제 산업 7번, 기사 8번

또한 $I_a(R_a + R_s)$는 V에 비해 매우 적으므로 무시하면

$$n = K \cdot \frac{V}{I_a} [\text{rps}]$$

가 된다.
따라서 직권 전동기에서 잔류자기가 없는 경우 무부하가 되면 ($I = I_a = I_f = 0$, $\phi = 0$) 속도는 무한대가 되어 원심력 때문에 기계를 파괴할 염려가 있다. 이와 같이 위험한 속도를 무구속 속도(run away speed)라 한다.
따라서 직권 전동기는 벨트 운전을 하지 않는다. 출제 산업 6번, 기사 4번

② 부하 전류가 증가하여 철심이 자기 포화된 경우 자속 ϕ는 일정하게 되므로

$$n = K[V - I_a(R_a + R_s)] [\text{rps}]$$

(5) 토크

$P = E_c I_a = 2\pi n T$ 에서

$$T = \frac{E_c I_a}{2\pi n} = \frac{p\phi n \frac{Z}{a} I_a}{2\pi n} = \frac{pZ}{2\pi a} \phi I_a = K_2 \phi I_a (\text{단}, K_2 = \frac{pZ}{2\pi a})[\text{N} \cdot \text{m}]$$

① 부하 전류가 적어 철심의 자기포화가 되지 않는 범위

$I_f \propto \phi$ 이므로 $T = K_2 I_a^2 [\text{N} \cdot \text{m}]$ 출제 산업 5번, 기사 4번

위 식에 의하여 **부하 전류의 제곱에 비례**한다. 출제 기사 1번
즉, 부하가 증가할수록 토크는 크게 된다.

출제 산업 1번, 기사 2번

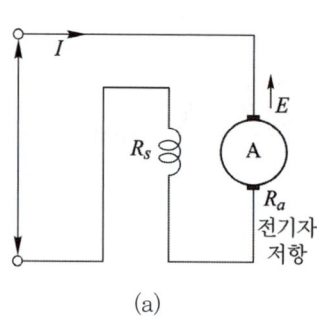

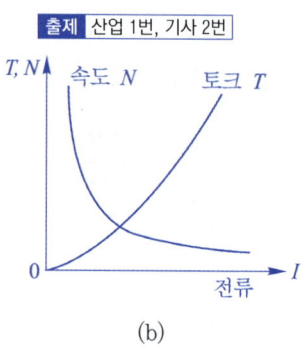

(a)　　　　　　　　　　(b)

② 부하 전류가 증가하여 철심이 자기포화 된 경우 철심이 자기포화 되면 자속 ϕ는 일정하므로

$T = K_2 I_a [\text{N} \cdot \text{m}]$

③ 토크와 속도와의 관계 (자기포화가 되지 않는 범위, 즉 $\Phi \propto I$)

$E_c = K_1 \phi N$ 에서 $N = K \dfrac{E_c}{\phi} = K \dfrac{E_c}{I_a}$

$\therefore N \propto \dfrac{1}{I_a}, \quad I_a \propto \dfrac{1}{N}$

$T = K_2 \phi I_a$ 에서 $T = K_2 I_a^2$

$\therefore T \propto I_a^2 \propto \dfrac{1}{N^2}$ 출제 산업 5번, 기사 3번

4) 속도 변동률 (ϵ)

$\epsilon = \dfrac{N_0 - N_n}{N_n} \times 100 [\%]$ 출제 산업 1번, 기사 3번

여기서, N_0 : 무부하 속도
　　　　N_n : 정격부하에서 정격속도

9 - 직류 전동기의 속도제어

1) 분권 전동기의 속도제어

회전속도 $n = K\dfrac{E_c}{\phi} = K\dfrac{V - I_a R_a}{\phi}$ [rps] (단, $K = \dfrac{a}{pZ}$)

(1) 계자제어법

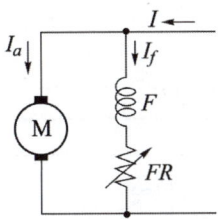

계자 권선에 직렬로 접속된 계자 권선에 직렬로 접속된 계자 저항기 FR을 조정하여 계자 전류를 변화시키면 자속 ϕ가 변화하여 속도 n이 변화된다.

[특징]
① 계자 저항기에 흐르는 전류가 적기 때문에 전력 손실도 적고 조작이 간편하다.
② 계자저항 FR을 아무리 감소시켜도 계자권선 자신의 저항과 자기 포화로 말미암아 속도를 어느 정도 이하로는 낮출 수 없다.
③ 계자 저항기의 저항을 지나치게 증가시켜 계자 전류가 매우 적게 되면 전기자 반작용 기자력이 계자 기자력보다 우세하게 되어 중성점의 이동이 심하게 된다.
④ 제어 방법은 간단하지만 너무 넓은 범위의 속도 제어는 곤란하다.

(2) 직렬저항 제어법

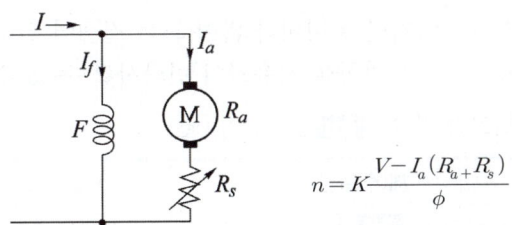

$$n = K\dfrac{V - I_a(R_a + R_s)}{\phi}$$

전기자 회로에 직렬저항 R_s를 넣어서 부하 전류에 의한 전압 강하를 증가시켜 속도를 조정하는 방법이다.

[특징]
① 저항기에 큰 전류가 흐르므로 열손실이 크고 효율이 떨어지므로 경제적인 방법이 아니다.
② $R_s = 0$일 때가 최고 속도이므로 R_s를 증가시키면 속도를 아주 낮은 데까지 변화시킬 수 있는 것이 특징이다.

(3) 전압 제어법

이 방법은 전동기의 공급전압 V를 조정하는 방법으로 워드 레오나드 방식과 일그너 방식이 있다.

① 워드 레오나드 방식

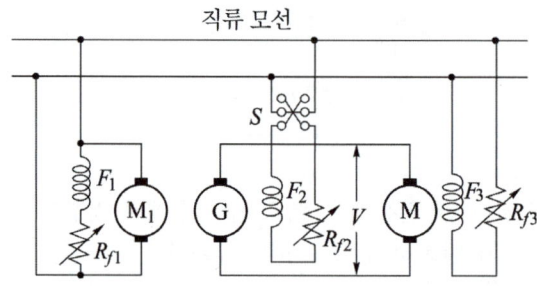

M : 주 전동기
G : 보조 발전기
M_1 : 보조 전동기
(직류 전동기)

② 일그너 방식

워드 레오나드 방식은 보조 전동기가 직류 전동기인 반면에 일그너 방식은 보조 전동기를 교류 전동기를 사용해도 된다.

따라서 일그너 방식은 보조 전동기로 유도 전동기를 사용하고 그 축에 큰 플라이 휘일을 붙인 것으로서 전동기 부하가 급변해도 전원에서 공급되는 전력의 변동이 적다는 것이 특징이며 큰 압연기나 권상기에 사용된다.

[특징]
- 제어 범위가 넓고 손실도 거의 없다.
- 제어법으로는 이상적이지만 설비비가 많이 드는 결점이 있다.
- 주 전동기의 속도와 회전 방향을 자유로이 변화시킬 수 있다.

(4) 직류 전동기의 속도 제어법 비교

구 분	제어 특성	특 징
계자 제어법	• 정출력 제어	• 속도제어 범위가 좁다.
전압 제어법	• 정토크 제어 – 워드 레오나드 방식 – 일그너 방식	• 제어범위가 넓다. • 손실이 매우 적다. • 정역운전이 가능 • 설비비가 많이 든다.
직렬 저항법		• 효율이 나쁘다.

2) 직권 전동기의 속도제어

(1) 계자 제어법

그림 (a)와 같이 계자 권선에 병렬로 접속한 저항 R_f를 조정해서 계자 전류를 변화시키는 방법과 그림 (b)와 같이 계자 권선의 중간에 내놓은 탭 접속을 바꾸어 계자를 조정하는 방법이 있다.

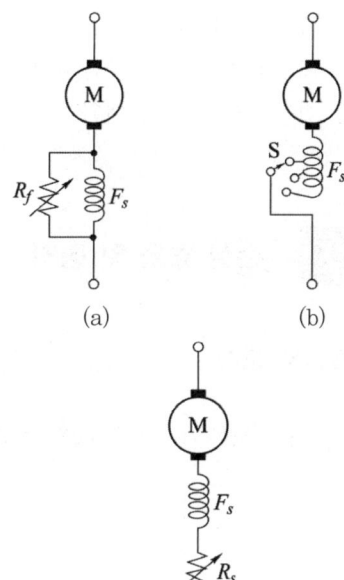

(2) 직렬 저항 제어법

전기자 회로에 저항을 넣어서 속도를 저하시키는 방법으로 효율이 나쁜 것이 결점이지만 직·병렬 제어법과 병용하여 많이 사용되는 방법이다.

(3) 직·병렬 제어법

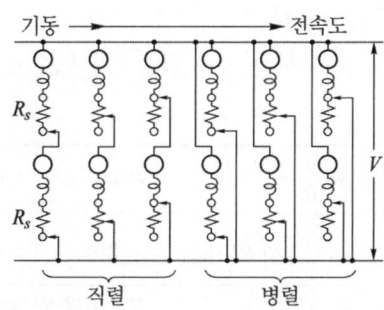

전압 제어법의 일종으로 정격이 같은 전동기를 직·병렬 접속하여 전동기에 인가되는 전압을 조정하여 속도를 제어하는 방법으로 이것만으로는 속도의 변화가 원활하지 못하므로 저항 제어법을 병용한다.

3) 전기적인 제동법

(1) 발전 제동

운전 중인 전동기를 전원에서 분리하면 발전기로 동작한다. 이때 발생된 전력을 열로 소비하는 제동법을 발전제동이라 한다.

(2) 회생 제동

운전 중인 전동기를 전원에서 분리하면 발전기로 동작한다. 이때 발생된 전력을 제동용 전원으로 사용하면 회생제동이라 한다. 이 경우는 언덕을 내려가는 전차 등에서 사용할 수 있다.

(3) 플러깅(plugging)제동

플러깅 제동은 급제동 시 사용하는 방법으로 역전제동이라 한다. 즉, 제동시 전동기를 역회전시켜 속도를 급감시킨 다음 속도가 0에 가까워지면 전동기를 전원에서 분리하는 제동법을 플러깅 제동이라 한다.

10 손실 효율 및 정격

1) 손실의 종류

```
총 손실 ┬ 무부하손 ┬ 철 손 ······ 분권 계자 권선 동손, 타여자 권선 동손
        │          │          히스테리시스손
        │          │          와류손
        │          └ 기계손 ······ 풍손, 베어링 마찰손, 브러시 마찰손
        └ 부하손 ┬ 전기자 저항손
                 ├ 계자 저항손 (분권 계자 권선 및 타여자 권선 제외)
                 ├ 브러시 손
                 └ 표유 부하손 ······ 철손, 기계손, 동손 이외의 손실
```

철손 P_i	히스테리시스손	$P_h = \alpha \dfrac{f}{100} B^2 [\text{W/kg}]$	$B[\text{Wb/m}^2]$, $f[\text{Hz}]$, α 정수
	와전류손	$P_e = \beta \left(\dfrac{f}{100} B\right)^2 [\text{W/kg}]$	β 정수
동손 P_c	전기자 동손	$P_{ca} = R_a I_a^2 [\text{W}]$	R_a, R_f의 저항값은 다음 기준 온도에 있어서의 값으로 한다. A, E, B종 절연 115[℃], F, H종 절연 155[℃]
	계자동손	$P_{ef} = R_f I_f^2 [\text{W}]$	
	브러시 전기손	$P_b = 2v_b I_a [\text{W}]$	V_b는 브러시 1개당 다음 값으로 한다. (1) 탄소 및 흑연 브러시 : (접속끈 부착) 1[V] (2) 탄소 및 흑연 브러시 : (접속끈 없음) 1.5[V] (3) 금속 흑연 브러시 : (접속끈 부착) 0.3[V]
기계손 P_m	마찰손 – 브러시 – 베어링		
	풍손		
표유 부하손 P_s	표유 부하손은 전류의 제곱으로 변화하는 것으로 하고 그 값은 최대의 정격 전류에 있어서 다음과 같이 정한다. – 보상 권선이 없는 직류기 : 기준 출력의 1[%] – 보상 권선이 있는 직류기 : 기준 출력의 0.5[%]		
전손실	$P_i + P_c + P_m + P_s$		

2) 효율

실측 효율 $\eta = \dfrac{출력}{입력} \times 100[\%]$

규약 효율 $\eta = \dfrac{출력}{출력 + 손실} \times 100[\%]$ (발전기) 출제 산업 5번, 기사 11번

$\eta = \dfrac{입력 - 손실}{입력} \times 100[\%]$ (전동기) 출제 산업 4번, 기사 1번

3) 정격

직류기기의 정격은 지정된 조건하에서의 기기를 사용할 수 있는 한도를 말한다. 회전전기기기에서는 출력에 대해서 사용한도가 정해져 있을 뿐만 아니라 전압·회전속도 등에 대해서도 정격이 정해지며, 각각 정격출력·정격전압 등이라 한다. 이와 같은 정격값은 기기에 명시하도록 되어 있다. 각 기기는 정격상태에서 가장 잘 동작할 수 있도록 설계된 것이므로 정격에 주의해서 사용해야 한다. 즉 전동기를 정격출력 이상의 출력으로 사용하면 권선(捲線)이나 철심의 온도가 허용값을 초과하여 절연물이 열화될 염려가 있다. 또 정격회전속도보다 높은 속도로 운전하면 베어링을 비롯하여 그 밖의 부분의 기계적 부담이 커지며, 심한 경우는 파손된다.

정격에는 단시간정격과 연속정격, 반복정격과 공칭정격이 있는데, 단시간정격은 지정된 시간, 예컨대 30분 또는 1시간의 범위에서 사용할 것을 조건으로 설계한 것이며, 연속정격은 몇 시간 또는 며칠간 연속하여 사용할 것을 조건으로 설계된 사용한도이므로, 단시간정격인 것을 장시간 연속해서 사용하는 것은 허용되지 않는다. 또, 반복정격은 주기적으로 반복하는 부하에 적합한 정격이며, 공칭정격은 전기철도용 전원기기에 적용되는 정격이다. 출제 산업 1번

① 연속 정격 ② 단시간 정격
③ 반복 정격 ④ 공칭 정격

11 - 특수 직류기

1) 전기 동력계

전기 동력계는 회전기, 내연기관, 펌프, 송풍기, 수차 등의 출력이나 동력 측정을 하기 위한 특수 직류기이다.

$$T = W \cdot L [\text{kg} \cdot \text{m}] = 9.8 W \cdot L [\text{N} \cdot \text{m}]$$

여기서, T : 토크[kg·m], [N·m], W : 힘[kg], L : 동력계 중심과의 거리[m]

$$P = 2\pi n T = 2\pi \dfrac{N}{60} \times 9.8 W \cdot L = 1.027 N \cdot W \cdot L [\text{W}]$$ 출제 산업 3번

여기서, P : 출력[W], N : 회전수[rpm]

2) 단극 발전기(單極 發電機)

일정 방향의 기전력을 발생하여 정류자가 필요 없는 구조의 발전기를 단극 발전기라고 하며 그 특징은

① 많은 도체를 직렬로 접속하기 위한 많은 슬립링이 필요하다.
② 3~15[V]의 저전압과 수 천[A] 이상의 대전류 발생용으로 화학공업이나 저항 용접 등에 사용된다.
③ 철손이 없으므로 전기 강판이 필요 없으며 효율이 높다.

3) 3선식 발전기

두 종류의 전압(220[V] / 110[V])을 하나의 발전기로 겸용시키는 경우에 사용된다.

4) 증폭기

작은 전력의 변화를 큰 전력의 변화로 증폭하는 것
① 앰플리다인(amplidyne)
② 로토트롤(rototrol)
③ HT 다이나모(Hitachi dynamo) 출제 산업 1번, 기사 1번

5) 앰플리다인 출제 기사 2번

증폭기로서 보통의 발전기에서는 계자 전력과 부하 전력의 비가 20~100이나 앰플리다인에서는 2단으로 증폭이 되므로 10,000 정도의 증폭률이 얻어진다.

6) 로젠베르그 발전기

분권식과 직권식이 있다.
① 분권식 : 정전압형으로 열차의 점등 전원으로 사용된다
② 직권식 : 정전류형으로 용접용 전원으로 사용된다.

12 시험법

1) 토크 측정시험

① 보조 발전기를 쓰는 방법
② 프로니 브레이크를 쓰는 방법
③ 전기 동력계를 쓰는 방법(대형 직류 전동기 토크 측정) 출제 산업 2번, 기사 8번

2) 온도 상승 시험
① 실부하법
② 반환 부하법

동일 정격의 두 대의 기기를 한쪽은 발전기, 한쪽은 전동기로 운전하여 상호 간에 전력과 동력을 주고받도록 하여 손실만을 공급함으로써 온도상승을 측정할 수 있는 방법을 반환 부하법이라 한다.
반환 부하법의 종류는 홉킨스법, 카프법, 블론델법 등이 있다. 출제 산업 8번

3) 절연물의 허용온도 출제 산업 1번, 기사 3번

전기 기기의 규격에서는 절연물을 그 내열성에 따라서 다음 표와 같이 7종으로 나누어 허용 최고 온도를 정해 놓았다.

절연의 종류	Y	A	E	B	F	H	C
허용 최고 온도[℃]	90	105	120	130	155	180	180 초과

CHAPTER 01 출제예상문제_직류기

직류발전기의 구조

01 ★☆ 【00. 10. 산업기사, ⊕ : 70. 기사】
브러시 홀더(brush holder)는 브러시를 정류자면의 적당한 위치에서 스프링에 의하여 항상 일정한 압력으로 정류자 면에 접촉하여야 한다. 가장 적당한 압력[kg/cm²]은?
① $1 \sim 2[kg/cm^2]$
② $0.5 \sim 1[kg/cm^2]$
③ $0.15 \sim 0.25[kg/cm^2]$
④ $0.01 \sim 0.15[kg/cm^2]$

02 ★★★ 【12. 기사, 76. 86. 91. 95. 00. 05. 산업기사】
전기 기계에 있어서 히스테리시스손을 감소시키기 위하여 어떻게 하는 것이 좋은가?
① 성층 철심 사용
② 규소 강판 사용
③ 보극 설치
④ 보상 권선 설치

[해설] 전기 기계에 규소 강판을 사용하는 이유는 규소를 넣으면 자기 저항이 크게 되어 와류손과 히스테리시스손이 감소하게 되지만 투자율이 낮아지고 기계적 강도가 감소되어 부서지기 쉬우며 가공이 곤란하게 된다. 성층하는 이유는 와류손을 적게 하기 위한 것이다.

03 ★ 【98. 04. 기사】
브러시를 중성축에서 이동시키는 것은?
① 로커
② 피그테일
③ 홀더
④ 라이저

[해설]
- 로커 : 브러시를 이동시킬 필요가 있을 때 브러시 홀더를 지지하는 장치
- 피그테일 : 전류가 스프링을 과열, 변질 시키는 것을 막기 위해 브러시의 전류를 직접 브러시 홀더로 흐르게 하는 장치
- 홀더 : 브러시를 스프링에 의하여 일정한 압력으로 정류자면에 접촉시키는 장치
- 라이저 : 전기자와 정류자 연결 시 지름차가 클 때 사용

04 ★☆ 【93. 기사, 76. 산업기사】
전기 기계의 철심을 성층하는 데 가장 적절한 이유는?
① 기계손을 적게 하기 위하여
② 와류손을 적게 하기 위하여
③ 히스테리시스손을 적게 하기 위하여
④ 표유 부하손을 적게 하기 위하여

[해설] 전기 기계의 전기자 철심은 규소 강판으로 성층하여 만드는데, 규소를 넣는 것은 자기 저항을 크게하여 와류손과 히스테리시스손을 감소하게 하지만 투자율이 낮아지고, 기계적 강도가 감소되어 부서지기 쉬우며, 가공이 곤란하게 된다. 성층하는 이유는 와류손을 적게 하기 위한 것이다.

답 1. ③ 2. ② 3. ① 4. ②

☆ 【69. 산업기사】
05 전기 분해 등에 사용되는 저전압 대전류의 직류기에는 어떤 질의 브러시가 가장 적당한가?
① 탄소질　　② 흑연질　　③ 금속 흑연질　　④ 금속

해설 ▸ 전기 분해에는 저전압 대전류 발전기가 적당하기 때문에 브러시 자체의 전압 강하가 작은 것이 좋다.

★ 【82. 기사】
06 극수 p인 전기 기계에서 전기 각도 α_e와 기하학적 각도 α 사이에는 어떤 관계가 있는가?
① $\alpha = \dfrac{\alpha_e}{p}$　　② $\alpha = \dfrac{2\alpha_e}{p}$　　③ $\alpha = \dfrac{\alpha_e}{2p}$　　④ $\alpha = 2p\alpha_e$

해설 ▸ 전기([rad])=(기하[rad])×$p/2$

★☆ 【82. 83. 98. 산업기사】
07 직류 발전기의 저주파 및 고주파 맥동을 감소시키기 위한 것이 아닌 것은?
① 공극의 길이를 균일하게 한다.
② 자극 간격을 균등히 한다.
③ 자기 저항을 전기자 주변에 대하여 균등히 한다.
④ 홈을 1홈절 이상의 사구(斜溝)로 하고 정류자 편수를 감소시킨다.

해설 ▸ 정류자 편수가 많을수록 출력의 파형은 더욱 직류에 근사하여 진다.

☆ 【00. 산업기사】
08 직류 발전기에서 브러시간에 유기되는 기전력의 파형의 맥동을 방지하는 대책이 될 수 없는 것은?
① 사구(斜溝, skewed slot)를 채용할 것　　② 갭의 길이를 균일하게 할 것
③ 슬롯폭에 대하여 갭을 크게 할 것　　④ 정류자 편수를 적게 할 것

유사문제

∥유사문제 원문 및 해설 : 동일출판사 홈페이지≫고객센터≫자료실

01. 전기 기기에서 전류 밀도 및 자속 밀도를 변화시키지 않고 각 부분의 치수를 2배로 하였을 때 출력은 몇 배로 되는가?
답 16배

02. 직류기의 전기자 철심의 두께는 대략 몇 [mm]인가?
답 0.35[mm]

03. 직류기의 계자와 전기자 사이의 공극은 대개 몇 [mm] 정도인가?
답 3~8[mm]

답 5.③　6.②　7.④　8.④

전기자 권선법

09 ★★★★★ 【91. 96. 99. 01. 기사, 78. 89. 97. 03. 산업기사】
직류 분권 발전기의 전기자 권선을 단중 중권으로 감으면?
① 병렬 회로수는 항상 2이다.
② 높은 전압, 작은 전류에 적당하다.
③ 균압선이 필요 없다.
④ 브러시 수는 극수와 같아야 한다.

해설) 전기자 권선을 중권과 파권에 대하여 비교하면

비교 항목	단중 중권	단중 파권
전기자의 병렬 회로수	극수와 같다.	항상 2이다.
브러시 수	극수와 같다.	2개로 되나, 극수만큼의 브러시를 둘 수도 있다.
전기자 도체의 굵기, 권수, 극수가 모두 같을 때	저전압, 대전류를 얻을 수 있다.	전류는 작지만 고전압을 얻을 수 있다.
균압 접속	4극 이상이면 균압 접속을 하여야 한다.	균압 접속은 필요 없다.

10 ★★★ 【79. 94. 09. 12. 14. 기사, ㉤ : 93. 기사】
다음 권선법 중에서 직류기에 주로 사용되는 것은?
① 폐로권, 환상권, 이층권
② 폐로권, 고상권, 이층권
③ 개로권, 환상권, 단층권
④ 개로권, 고상권, 이층권

해설) 이층권은 코일의 제작 및 권선 작업이 용이하므로 직류기에서는 거의 이층권만이 사용되고 있다. 단층권이나 환상권은 사용되지 않는다.

11 ★ 【94. 기사】
직류기의 권선법에 관한 설명으로 틀린 것은?
① 단중 파권으로 하면 단중 중권의 $p/2$배의 유기전압이 발생한다.
② 중권으로 하면 균압환이 필요없다.
③ 단중 중권의 병렬 회로수는 극수와 같다.
④ 중권이나 파권의 권선법에는 모두 진권(進卷) 및 여권(戾卷)을 할 수 있다.

해설) 중권 권선법에서는 반드시 균압환이 필요하다.

12 ★★★★★ 【76. 77. 90. 96. 04. 기사, 81. 86. 91. 00. 12. 산업기사, ㉤ : 91. 기사】
직류기의 다중 중권 권선법에서 전기자 병렬 회로수 a와 극수 p 사이에는 어떤 관계가 있는가? 단, 다중도는 m이다.
① $a = 2$
② $a = 2m$
③ $a = p$
④ $a = mp$

해설) 직류기의 다중 중권 권선법에서 전기자 병렬 회로수 a와 극수 p 사이에는 $a = mp$의 관계가 있다. $a = p$는 단중 중권의 경우이다.

답) 9. ④ 10. ② 11. ② 12. ④

13 ★ 【78. 기사】

6극기에서 슬롯(slot) 수 68인 경우 중권이 가능한가? 또, 69인 경우는 어떠한가?

① 68은 가능, 69는 불가능
② 69는 가능, 68은 불가능
③ 68, 69 모두 가능
④ 68, 69 모두 불가능

해설 극수를 p, 슬롯수를 N_s, 정수를 n, 다중도를 m이라 하면, 중권에서는
$$n = \frac{N_s}{p}, \ n = \frac{68}{6} = 11.33, \ n = \frac{69}{6} = 11.5$$
따라서 슬롯수 68, 69인 경우는 중권이 불가능하다.

14 ★★★★★ 【89. 91. 98. 99. 기사, 77. 89. 92. 산업기사】

자극수 4, 슬롯수 40, 슬롯 내부 코일 변수 4인 단중 중권 직류기의 정류자 편수는?

① 10　　② 20　　③ 40　　④ 80

해설 정류자 편수 $K = \frac{u}{2} N_s$ 식에서 $u = 4$(슬롯 내부의 코일 변수), $N_s = 40$(슬롯수)이므로
$$\therefore K = \frac{u}{2} N_s = \frac{4}{2} \times 40 = 80$$

15 ★ 【95. 11. 기사】

슬롯 수 32, 코일 변수 64, 극수 4극인 1구 단중 중권기를 같은 극수의 2구 2중 파권기로 변경하면 단자 전압은 약 몇 배가 되는가?

① 0.5　　② 1　　③ 1.5　　④ 2

유사문제

　　　　　　　　　　　　　　　　　　　　‖ 유사문제 원문 및 해설 : 동일출판사 홈페이지》고객센터》자료실

01. 전기자 도체의 굵기, 권수, 극수가 모두 동일할 때 단중파권은 단중중권에 비해 전류와 전압의 관계는?
　답 소전류, 고전압

02. 직류기의 파권 권선의 이점은?
　답 전압이 높아진다.

03. 단중중권의 극수 p인 직류기에서 전기자 병렬 회로수 a는 어떻게 되는가?
　답 $a = p$

04. 직류기의 전기자 권선을 중권(重卷)으로 하였을 때 해당되지 않는 조건은?
　답 브러시 수는 2개이다.

05. 직류기의 권선을 단중 파권으로 감으면?
　답 내부 병렬 회로수는 극수에 관계없이 언제나 2이다.

답　13. ④　14. ④　15. ④

유도 기전력

16 ★★ 【05. 기사, 92. 99. 02. 산업기사】
전기자 지름 0.2[m]의 직류 발전기가 1.5[kW]의 출력에서 1800[rpm]으로 회전하고 있을 때 전기자 주변 속도[m/sec]는?

① 18.84 ② 21.96 ③ 32.74 ④ 42.85

해설 $V = \pi D \dfrac{N}{60} = 3.14 \times 0.2 \times \dfrac{1800}{60} = 18.84 [\text{m/s}]$

17 ★★★★☆ 【85. 89. 94. 97. 11. 기사, 83. 산업기사】
정현 파형의 회전 자계 중에 정류자가 있는 회전자를 놓으면 각 정류자편 사이에 연결되어 있는 회전자 권선에는 크기가 같고 위상이 다른 전압이 유기된다. 정류자 편수를 K라 하면 정류자편 사이의 위상차는?

① π/K ② $2\pi/K$ ③ K/π ④ $K/2\pi$

해설 정류자의 모양은 원통형이므로 2π의 위상을 갖는다.

18 ★ 【94. 기사】
직류기 권선에서 m개의 기전력이 겹칠 경우 각 기전력 간의 위상차는?

① $2\pi/m$ ② π/m ③ m/π ④ $m/2\pi$

19 ★★★★ 【82. 85. 90. 96. 기사 ⊕ 03. 기사】
매극 유효 자속 0.035[Wb], 전기자 총도체수 152인 4극 중권 발전기를 매분 1200회의 속도로 회전할 때의 기전력[V]을 구하면?

① 약 106 ② 약 86 ③ 약 66 ④ 약 53

해설 중권이므로 $a = p = 4$
$E = \dfrac{pZ}{a} \phi n = \dfrac{pZ}{a} \phi \dfrac{N}{60} = \dfrac{4 \times 152}{4} \times 0.035 \times \dfrac{1200}{60} ≒ 106.4[\text{V}]$

20 ★★★★★【82. 83. 84. 88. 94. 98. 00. 기사, 85. 11. 산업기사, ⊕ : 85. 93. 기사, 87. 91. 97. 산업기사】
직류 발전기의 극수가 10이고, 전기자 도체수가 500이며, 단중 파권일 때 매극의 자속수가 0.01[Wb]이면 600[rpm]일 때의 기전력[V]은?

① 150 ② 200 ③ 250 ④ 300

해설 파권이므로 $a = 2$이다.
$\therefore E = \dfrac{pZ}{a} \phi \dfrac{N}{60} = \dfrac{10 \times 500}{2} \times 0.01 \times \dfrac{600}{60} = 250[\text{V}]$

답 16. ① 17. ② 18. ① 19. ① 20. ③

21 ★ 【80. 90. 산업기사】

전기자의 지름 D[m], 길이 l[m]가 되는 전기자에 권선을 감은 직류 발전기가 있다. 자극의 수 p, 각각의 자속수가 Φ[Wb]일 때 전기자 표면의 자속 밀도[Wb/m²]는?

① $\dfrac{\pi Dp}{60}$ ② $\dfrac{p\phi}{\pi Dl}$ ③ $\dfrac{\pi Dl}{p\phi}$ ④ $\dfrac{\pi Dl}{p}$

해설 πDl[m²]는 전기자 주변의 면적이므로 $B\pi Dl$[Wb]는 총자속이 된다.
자극수를 p, 한 극당의 자속이 ϕ[Wb]이고 한 극당의 면적은 $\dfrac{\pi D\, l}{p}$[m²]가 된다.
$\therefore B_a = \dfrac{\phi}{\dfrac{\pi Dl}{p}} = \dfrac{p\phi}{\pi Dl}$ [Wb/m²]

22 ★ 【03. 기사】

60[kW], 4극 직류 발전기가 중권으로 권선되고 48개의 전기자 홈을 가지고 있다. 그리고 각 홈에는 6개의 코일변(도체)이 들어 있다. 한 자극의 자속이 0.08[Wb]이고. 전기자 회전수가 1,040[rpm]일 때 유기전압 E[V]은?

① 110 ② 150 ③ 288 ④ 400

해설 $E = \dfrac{p}{a}Z\phi\dfrac{N}{60} = \dfrac{p}{a} \times (홈수 \times 홈내도체수) \times \phi \times \dfrac{N}{60} = \dfrac{4}{4} \times 48 \times 6 \times 0.08 \times \dfrac{1040}{60} = 400$[V]

23 ★ 【90. 03. 기사】

직류 분권 발전기의 극수 8, 전기자 총도체수 600으로 매분 800[rpm]으로 회전할 때 유기 기전력이 110[V]라 한다. 전기자 권선이 중권일 때 매극의 자속수[Wb]는?

① 0.03104 ② 0.02375 ③ 0.01014 ④ 0.01375

해설 $E = \dfrac{pZ}{a}\phi\dfrac{N}{60}$ 식에서 중권이므로 $a = p = 8$
$\therefore \phi = \dfrac{E \cdot a \cdot 60}{p \cdot Z \cdot N} = \dfrac{110 \times 8 \times 60}{8 \times 600 \times 800} = 0.01375$[Wb]

유사문제

■ 유사문제 원문 및 해설 : 동일출판사 홈페이지≫고객센터≫자료실

01. 전기자 도체의 총수 400, 10극 단중 파권으로 매극의 자속수가 0.02[Wb]인 직류 발전기가 1200[rpm]의 속도로 회전할 때, 그 유도 기전력[V]은?

답 $E = \dfrac{pZ}{a}\phi\dfrac{N}{60} = \dfrac{10 \times 400}{2} \times 0.02 \times \dfrac{1200}{60} = 800$[V]

02. 자극수 4, 전기자 도체수 400, 자극당 유효 자속 0.01[Wb], 600[rpm]으로 회전하는 파권 직류 발전기의 유기 기전력은?

답 $E = \dfrac{pZ}{a}\phi\dfrac{N}{60} = \dfrac{4 \times 400}{2} \times 0.01 \times \dfrac{600}{60} = 80$[V]

답 21. ② 22. ④ 23. ④

03. 극수 8, 중권 전기자의 도체수 960, 매극 자속 0.04[Wb], 회전수 400[rpm]되는 직류 발전기의 유기 기전력은 몇 [V]인가?

答 $E = \dfrac{pZ}{a}\phi\dfrac{N}{60} = \dfrac{8 \times 960}{8} \times 0.04 \times \dfrac{400}{60} = 256[V]$

04. 8극으로 된 직류 단중 파권 발전기의 한 극의 자속이 0.005[Wb]이고 전기자 도체수가 500이다. 1200[rpm]으로 회전시킬 때 유기되는 기전력[V]는?

答 $E = \dfrac{pZ}{a}\phi\dfrac{N}{60} = \dfrac{8 \times 500}{2} \times 0.005 \times \dfrac{1200}{60} = 200[V]$

05. 직류 발전기가 있다. 자극수 10, 전기자 도체수 600, 1자극당의 자속수 0.01[Wb], 회전수가 1200[rpm]일 때 유기되는 기전력[V]은? 단 권선은 단중 중권이다.

答 $E = \dfrac{pZ}{a}\phi\dfrac{N}{60} = \dfrac{10 \times 600}{10} \times 0.01 \times \dfrac{1200}{60} = 120[V]$

06. 4극의 직류 발전기가 있다. 축 방향의 길이가 0.6[m], 전기자 지름이 0.4[m], 전기자 코일수가 24, 한 개의 코일 권수가 18, 권선법은 단중 중권, 공극의 평균 자속 밀도 0.1[Wb/m²], 회전수 1800[rpm]일 때, 유기 기전력[V]은 얼마인가?

答 약 244[V]

07. 자극수 6, 파권 전기자 도체수 400의 직류 발전기를 600[rpm]의 회전 속도로 무부하 운전할 때 기전력 120[V]이다. 1극당 주자속[Wb]은?

答 0.01[Wb]

전기자 반작용

24 ★☆【89. 기사, 80. 20. 산업기사】
직류기에서 전기자 반작용이란 전기자 권선에 흐르는 전류로 인하여 생긴 자속이 무엇에 영향을 주는 현상인가?
① 모든 부문에 영향을 주는 현상   ② 계자극에 영향을 주는 현상
③ 감자 작용만을 하는 현상   ④ 편자 작용만을 하는 현상

해설, 전기자 반작용은 전기자 전류가 주자극의 자속 분포에 주는 영향이다.

25 ★【93. 10. 기사】
직류기의 전기자 반작용의 영향이 아닌 것은?
① 전기적 중성축이 이동한다.
② 주자속이 증가한다.
③ 정류자편 사이의 전압이 불균일하게 된다.
④ 정류 작용에 악영향을 준다.

答 24. ② 25. ②

해설) 전기자 반작용의 영향
① 전기자 중성축의 이동(발전기 : 회전 방향, 전동기 : 회전자 반대 방향) ② 주자속 감소
③ 정류자편 사이의 고르지 못한 국부적 전압 상승(flashover 현상)

★★ 【96. 기사, 91. 01. 11. 산업기사】
26 전기자 반작용이 직류 발전기에 영향을 주는 것을 설명한 것이다. 틀린 설명은?
① 전기자 중성축을 이동시킨다.
② 자속을 감소시켜 부하시 전압 강하의 원인이 된다.
③ 정류자 편간 전압이 불균일하게 되어 섬락의 원인이 된다.
④ 전류의 파형은 찌그러지나 출력에는 변화가 없다.

해설) 자속의 감소로 인하여 출력이 저하된다.

☆ 【83. 산업기사】
27 직류 발전기의 전기자 반작용을 줄이고 정류를 잘되게 하기 위하여는?
① 리액턴스 전압을 크게 할 것
② 보극과 보상 권선을 설치할 것
③ 브러시를 이동시키고 주기를 크게 할 것
④ 보상 권선을 설치하여 리액턴스 전압을 크게 할 것

해설) 정류를 좋게 하는 방법은
① 보극을 설치한다.
② 브러시 접촉 저항을 크게 한다.
③ 자속 분포를 줄이고 자기적으로 포화시킨다.
④ 보상 권선을 설치한다.

★★★☆ 【94. 기사, 82. 83. 90. 91. 94. 15. 산업기사】
28 직류 발전기의 전기자 반작용을 설명함에 있어서 그 영향을 없애는데 가장 유효한 것은?
① 균압환   ② 탄소 브러시   ③ 보상 권선   ④ 보극

해설) 보극은 중성대 부근의 반작용을 없애는 데는 유효하나, 전기자 전면에 분포되어 있는 보상 권선에는 비교가 되지 않는다. 균압환은 국부 전류가 브러시를 통하여 흐르지 못하게 하는 작용을 하는 것이며, 탄소 브러시는 저항 정류시에 쓰여지는 것이다.

☆ 【93. 20. 산업기사】
29 직류기에서 전기자 반작용을 방지하기 위한 보상 권선의 전류 방향은?
① 계자 전류의 방향과 같다.   ② 계자 전류의 방향과 반대이다.
③ 전기자 전류 방향과 같다.   ④ 전기자 전류 방향과 반대이다.

해설) 전기자 권선과 직렬로 접속하여 전기자 전류와 반대 방향으로 전류를 흐르게 해서 부하 변동시에 전기자 반작용 자속을 보상 권선의 자속으로 상쇄시킨다.

답 26. ④ 27. ② 28. ③ 29. ④

30 ★★ 【80. 83. 93. 산업기사, ㊌ : 82. 산업기사】
직류 발전기에서 기하학적 중성축과 α[rad]만큼 브러시의 위치가 이동되었을 때 극당 감자 기자력은 몇 [AT]인가? 단, 극수 p, 전기자 전류 I_a, 전기자 도체수 Z, 병렬 회로수 a이다.

① $\dfrac{I_a Z}{2pa} \cdot \dfrac{\alpha}{180}$ ② $\dfrac{2pa}{I_a Z} \cdot \dfrac{\alpha}{180}$ ③ $\dfrac{I_a Z}{2pa} \cdot \dfrac{2\alpha}{180}$ ④ $\dfrac{2pa}{I_a Z} \cdot \dfrac{2\alpha}{180}$

31 ★★★★★ 【76. 82. 83. 89. 95. 98. 00. 16. 기사, ㊌ : 77. 기사】
직류기에서 전기자 반작용에 의한 극의 짝수당의 감자 기자력[AT/pole pair]은 어떻게 표시되는가? 단, α는 브러시 이동각, Z는 전기자 도체수, I_a는 전기자 전류, A는 전기자 병렬 회로수이다.

① $\dfrac{\alpha}{180} \cdot Z \cdot \dfrac{I_a}{A}$ ② $\dfrac{90-\alpha}{180} \cdot Z \cdot \dfrac{I_a}{A}$

③ $\dfrac{180}{\alpha} \cdot Z \cdot \dfrac{I_a}{A}$ ④ $\dfrac{180}{90-\alpha} \cdot Z \cdot \dfrac{I_a}{A}$

32 ★★★ 【79. 83. 93. 기사】
도체수 500, 부하 전류 200[A], 극수 4, 전기자 병렬 회로수 2인 직류 발전기의 매극당 감자 기자력[AT]은 얼마인가? 단, 브러시의 이동각은 전기 각도 20°이다.

① 11100 ② 5550 ③ 2777 ④ 1388

해설 $p=4$, $Z=500$, $a=2$, $I_a=200$[A], $\alpha=20°$이므로 감자 기자력 AT_d는
$$AT_d = \dfrac{I_a Z}{2ap} \cdot \dfrac{2\alpha}{180} = \dfrac{200 \times 500}{2 \times 2 \times 4} \cdot \dfrac{2 \times 20}{180} = 1388.89 [AT/극]$$

유사문제

01. 전기자 반작용이 보상되지 않는 것은?
답 전기자 전류 증가

02. 직류기에서 전기자 반작용을 방지하는 것들 중에서 틀린 것은?
답 보극 설치

03. 직류기의 전기자 반작용 중 교차 자화 작용을 근본적으로 없애는 실제적인 방법은?
답 보상 권선 설치

04. 부하의 변화가 심할 때 직류기의 전기자 반작용 방지에 가장 유효한 것은?
답 보상 권선

05. 직류기의 전기자 반작용에 관한 사항으로 틀린 것은?
답 전기자 반작용을 보상하는 효과는 보상 권선보다 보극이 유리하다.

답 30. ③ 31. ① 32. ④

정류

33 직류기에 보극을 설치하는 목적이 아닌 것은? ★★★ 【76. 79. 91. 기사】
① 정류자의 불꽃 방지
② 브러시의 이동 방지
③ 정류 기전력의 발생
④ 난조의 방지

[해설] 주자극 사이의 중성점에 소자극을 설치한 것을 보극 또는 정류극이라 하며, 전기자 전류에 따라 필요한 정류 전압을 얻어 리액턴스 전압이 상쇄되므로 정류가 잘되고 중성점의 이동을 막을 수 있다.

34 보극이 없는 직류 발전기는 부하의 증가에 따라서 브러시의 위치는? ★★★★★ 【83. 87. 88. 94. 97. 기사, 68. 산업기사】
① 그대로 둔다.
② 회전 방향과 반대로 이동
③ 회전 방향으로 이동
④ 극의 중간에 놓는다.

[해설] 브러시는 항상 기전력 0인 도체에 접속되어 있는 정류자편에 접촉하도록 하여야 한다. 보극이 없는 발전기는 부하가 걸리면 중성축의 위치가 전기자 반작용 때문에 회전 방향으로 이동하므로 그 위치에 브러시를 옮겨 놓아야 한다.

35 직류기에서 양호한 정류를 얻는 조건이 아닌 것은? ★★★★★ 【91. 96. 97. 기사, 80. 86. 95. 04. 06. 08. 10. 11. 12. 20. 산업기사】
① 정류 주기를 크게 한다.
② 전기자 코일의 인덕턴스를 작게 한다.
③ 평균 리액턴스 전압을 브러시 접촉면 전압 강하보다 크게 한다.
④ 브러시의 접촉 저항을 크게 한다.

[해설] ① 정류 주기를 크게 하면 전류의 변화율, 즉 $\frac{di}{dt}$가 작아져서 불꽃 발생의 원인이 작아진다.
② L이 작아져도 역시 불꽃 발생의 근본 원인인 역기전력이 작아진다.
③ 리액턴스 전압은 $e_r = -L\frac{di}{dt}$로서 이것이 정류를 해치는 가장 큰 원인이 되는 것이다.
④ 브러시의 접촉 저항이 크면 저항 정류가 이루어져서 양호한 정류가 이루어진다.

36 보극이 없는 직류기에서 브러시를 부하에 따라 이동시키는 이유는? ★ 【03. 12. 기사】
① 정류 작용을 잘 되게 하기 위하여
② 전기자 반작용의 감자 분력을 없애기 위하여
③ 유기 기전력을 증가시키기 위하여
④ 공극 자속의 일그러짐을 없애기 위하여

[해설] 보극을 가지고 있지 않는 직류기에서는 정류를 잘 되게 하기 위하여 브러시를 전기적 중성축으로 이동시켜야 하는데 발전기의 경우에는 그의 회전 방향으로 브러시를 이동시키고, 전동기에서는 그의 회전과는 반대 방향으로 이동시킨다.

답 33. ④ 34. ③ 35. ③ 36. ①

37 직류기의 정류(整流) 불량이 되는 원인은 다음과 같다. 이중 틀린 것은 어느 것인가?
① 리액턴스 전압이 과대하다.　　② 보극 권선과 전기자 권선을 직렬로 한다.
③ 보극의 부적당　　　　　　　　④ 브러시 위치 및 재질이 나쁘다.

해설　보극, 보상 권선 및 전기자 권선은 모두 직렬로 연결하여야 한다.

38 다음은 직류 발전기의 정류 곡선이다. 이 중에서 정류 말기에 정류의 상태가 좋지 않은 것은?
① 1
② 2
③ 3
④ 4

해설　브러시의 뒤쪽에서 불꽃이 발생하는 부족 정류는 정류 말기에 정류의 상태가 좋지 않다.

39 그림과 같은 정류 곡선에서 양호한 정류를 얻을 수 있는 곡선은?
① a, b
② c, d
③ a, f
④ b, e

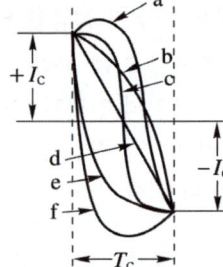

해설　a, b : 부족 정류(브러시의 뒤쪽에서 불꽃이 발생)
　　　c : 정현파 정류(전류의 변화가 정현파로 표시되는 것)
　　　d : 직선 정류(전류가 직선적으로 변화하는 것)
　　　e, f : 과정류(브러시의 앞쪽에서 불꽃이 발생)
　　　정현파 정류, 직선 정류가 양호한 정류에 속한다.

40 4극 직류 발전기가 있다. 정류자의 지름이 15[cm]이고, 정류자 권수 92개, 브러시의 두께 0.96[cm], 중권인 이 발전기가 1760[rpm]으로 운전되고 있을 때 1개 코일의 정류주기[s]를 구하면?
① 약 1.018×10^{-3}　　　② 약 3.76×10^{-3}
③ 약 1.08×10^{-4}　　　④ 약 3.25×10^{-4}

해설　브러시의 두께를 b[m], 정류자편 사이의 절연물의 두께를 δ[m], 정류자의 주변 속도를 v_c[m/s]라 하면 정류 주기 T_c는
$$T_c = \frac{b-\delta}{v_c}[s]$$

답　37. ②　38. ②　39. ②　40. ①

v_c는 주변 속도이지만 전기자의 회전수 N[rpm]과 정류자의 지름 D가 주어졌을 때는

$$T_c = \frac{b-\delta}{\pi DN} \times 60[s]$$

그런데 $b = 0.96$[cm], $D = 15$[cm], $N = 1760$[rpm], $d = b + \delta = \frac{\pi D}{92}$이므로

$$\therefore T_c = \frac{2b - \frac{\pi D}{92}}{\pi DN} \times 60 = \frac{2 \times 0.96 - \frac{15\pi}{92}}{15 \times 1760\pi} \times 60 = 0.0010184 = 1.0184 \times 10^{-3}$$

41 직류기에서 정류 코일의 자기 인덕턴스를 L이라 할 때 정류 코일의 전류가 정류 기간 T_c 사이에 I_c에서 $-I_c$로 변한다면 정류 코일의 리액턴스 전압(평균값)은?

① $L\dfrac{2I_c}{T_c}$ ② $L\dfrac{I_c}{T_c}$ ③ $L\dfrac{2T_c}{I_c}$ ④ $L\dfrac{T_c}{I_c}$

[해설] 전류의 변화는 $I_c - (-I_c) = 2I_c$이므로 $\therefore e_L = L\dfrac{di}{dt} = L\dfrac{2I_c}{T_c}$[V]

42 불꽃 없는 정류를 하기 위해 평균 리액턴스 전압(A)과 브러시 접촉면 전압 강하(B) 사이에 필요한 조건은?

① $A > B$ ② $A < B$ ③ $A = B$ ④ A, B에 관계없다.

43 6극 직류발전기의 정류자 편수가 132, 단자 전압이 220[V], 직렬 도체수가 132개이고 중권이다. 정류자 편간 전압[V]은?

① 10   ② 20   ③ 30   ④ 40

[해설] e_{sa} : 정류자 편간 전압, E : 유기 기전력, K : 정류자 편수, p : 극수라 하면,
$e_{sa} = \dfrac{pE}{K} = \dfrac{6 \times 220}{132} = 10$[V]

44 정류자와 브러시 간의 접촉 저항 R_b와 전류 I와의 관계는?

① ⓐ
② ⓑ
③ ⓒ
④ ⓓ

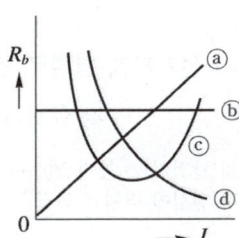

[해설] 전압 강하는 전류에 관계없이 1[V] 전후이므로 저항은 전류에 거의 반비례한다고 생각된다.
그러므로 좌표축을 점근선으로 한 직각 쌍곡선에 가까운 것이 된다.

[답] 41. ① 42. ② 43. ① 44. ④

유사문제

유사문제 원문 및 해설 : 동일출판사 홈페이지 〉 고객센터 〉 자료실

01. 직류 발전기에서 양호한 정류를 얻기 위한 방법이 아닌 것은?
    답 브러시의 접촉 저항을 적게 한다.

02. 직류기에서 정류(整流)를 양호하게 하는 조건이 아닌 것은?
    답 전절권으로 한다.

03. 직류 분권 전동기의 보극은 무엇 때문에 쓰이는가?
    답 정류 양호

04. 직류기에 있어서 불꽃없는 정류를 얻는 데 가장 유효한 방법은?
    답 보극과 탄소 브러시

05. 직류기 정류 작용에서 전압 정류의 역할을 하는 것은?
    답 보극

06. 직류기에 탄소 브러시를 사용하는 이유는 주로 어떻게 되는가?
    답 접촉 저항이 크다.

07. 직류 분권 발전기의 브러시를 중성대(中性帶)에서 회전 방향으로 이동하면 전압은?
    답 강하한다.

08. 보극이 없는 직류기에서 브러시를 부하에 따라 이동시키는 이유는?
    답 정류 작용을 잘 되게 하기 위하여

09. 직류 발전기에서 회전 속도가 빨라지면 정류가 힘든 이유는?
    답 리액턴스 전압이 커진다.

10. 직류기의 정류 작용에 관한 설명으로 틀린 것은?
    답 보상권선이 있으면 보극은 필요없다.

직류발전기의 종류

45 ★★ 【89. 95. 기사】
계자 권선이 전기자에 병렬로 연결된 직류기는?

① 분권기 ② 직권기 ③ 복권기 ④ 타여자

해설 분권기(발전기)는 계자 권선이 전기자 권선에 병렬로 연결

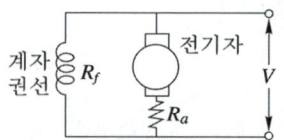

답 45. ①

46 ★ 【03. 기사, 89. 98. 산업기사】
무부하에서 자기 여자로서 전압을 확립하지 못하는 직류 발전기는?
① 타여자 발전기 ② 직권 발전기
③ 분권 발전기 ④ 차동 복권 발전기

해설 ▸ 직권 발전기는 무부하상태에서 발전불능이 된다.

47 ★★★ 【90. 93. 98. 03. 기사】
계자 철심에 잔류 자기가 없어도 발전되는 직류기는?
① 직권기 ② 타여자기
③ 분권기 ④ 복권기

해설 ▸ 타여자 발전기는 외부에서 계자에 직류 전원을 공급한다.

48 ★★★ 【83. 87. 98. 기사】
직류 분권 발전기의 무부하 특성 시험을 할 때 계자 저항기의 저항을 증감하여 무부하 전압을 증감시키면 어느 값에 도달하면 전압을 안정하게 유지할 수 없다. 그 이유는?
① 전압계 및 전류계의 고장 ② 잔류 자기의 부족
③ 임계 저항값으로 되었기 때문에 ④ 계자 저항기의 고장

해설 ▸ 무부하 특성 시험 시 일정 전압을 유지할 수 없는 계자 저항값을 임계 저항값이라고 한다.

49 ★ 【92. 기사】
직류 발전기의 부하 포화 곡선은 다음 어느 것의 관계인가?
① 단자 전압과 부하 전류 ② 출력과 부하 전력
③ 단자 전압과 계자 전류 ④ 부하 전류와 계자 전류

해설 ▸ 부하 포화 곡선은 정격 속도에서 부하 전류 I를 정격값으로 유지했을 때 계자 전류 I_f와 단자 전압 V와의 관계를 나타내는 곡선이다.

50 ★☆ 【83. 86. 91. 산업기사】
그림과 같은 직류 발전기의 포화 특성 곡선에서 그 포화율은?
① $\overline{OF}/\overline{OG}$
② $\overline{OE}/\overline{DE}$
③ $\overline{BC}/\overline{CD}$
④ $\overline{CD}/\overline{CO}$

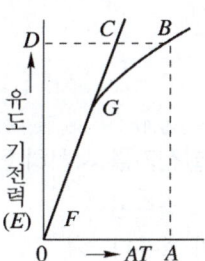

답 46. ② 47. ② 48. ③ 49. ③ 50. ③

51 ★★ 【92. 94. 기사】
직류 발전기의 단자 전압을 조정하려면 다음 어느 것을 조정하는가?
① 기동 저항　　　　　　　② 계자 저항
③ 방전 저항　　　　　　　④ 전기자 저항

해설, 직류 발전기의 단자 전압은 일반적으로 회전수는 일정하게 유지하고 계자 저항을 가감함으로 조정한다.

52 ★★ 【84. 91. 11. 20. 산업기사】
직류 분권 발전기를 역회전하면?
① 발전되지 않는다.　　　　② 정회전 때와 마찬가지이다.
③ 과대 전압이 유기된다.　　④ 섬락이 일어난다.

해설, 역회전에 의해서 잔류 자기에 의한 기전력의 극성이 반대로 된다. 그러므로 분권 회로의 여자 전류가 반대로 흘러서 잔류 자기를 소멸시키기 때문에 발전 불능이 된다.

53 ★ 【03. 기사】
3상 유도 전동기로 직류 분권 발전기를 구동하여 직류를 얻어 사용했었다. 유도기의 1차측 3선중 2선을 바꾸어 결선을 하고 운전하였다면 직류 분권 발전기의 전압은?
① 전압이 0이 된다.　　　　② 과전압이 유도된다.
③ +, − 극성이 바뀐다.　　　④ +, − 극성이 변함없다

해설, 유도 전동기의 1차측 3선중 2선을 바꾸어 결선할 경우 유도 전동기는 역회전하게 된다. 이 경우 자여자 발전기인 직류 분권 발전기는 잔류 자기가 소멸되어 발전하지 못하게 된다.

54 ★★★★★ 【79. 86. 90. 98. 00. 기사】
직류 분권 발전기에 대하여 설명한 것 중 옳은 것은?
① 단자 전압이 강하하면 계자 전류가 증가한다.
② 타여자 발전기의 경우보다 외부 특성 곡선이 상향으로 된다.
③ 분권 권선의 접속 방법에 관계없이 자기 여자로 전압을 올릴 수가 있다.
④ 부하에 의한 전압의 변동이 타여자 발전기에 비하여 크다.

해설, 단자 전압이 강하하면 계자 전류가 감소하여 전압이 더욱 떨어지므로 타여자 발전기보다 전압 강하가 크게 된다.

55 ★★★★★ 【80. 88. 95. 99. 기사, 90. 96. 산업기사】
직류 분권 발전기를 서서히 단락 상태로 하면 다음 중 어떠한 상태로 되는가?
① 과전류로 소손된다.　　　② 과전압이 된다.
③ 소전류가 흐른다.　　　　④ 운전이 정지된다.

답 51. ② 52. ① 53. ① 54. ④ 55. ③

해설 분권 발전기의 부하 전류가 증가하면 전기자 저항 강하와 전기자 반작용에 의한 감자 현상으로 단자 전압이 떨어지고 부하 전류가 어느 값 이상으로 증가하게 되면 단자 전압은 급격히 저하하여 매우 작은 단락 전류에 머무르게 된다.

★★★ 【82. 85. 96. 99. 05. 25. 산업기사】

56 포화하고 있지 않은 직류 발전기의 회전수가 $\frac{1}{2}$로 감소되었을 때 기전력을 전과 같은 값으로 하자면 여자를 속도 변화 전에 비해 얼마로 해야 하는가?

① $\frac{1}{2}$배　② 1배　③ 2배　④ 4배

해설 $E = k\phi N$에서 N이 $\frac{1}{2}$로 되면, ϕ가 2배가 되어야 E가 일정하다.

★ 【96. 기사】

57 직류 발전기에서 섬락이 생기는 가장 큰 원인은?
① 장시간 계속 운전　② 부하의 급변
③ 경부하 운전　④ 회전 속도가 지나치게 떨어졌을 때

★ 【97. 20. 기사】

58 용접용으로 사용되는 직류 발전기의 특성 중에서 가장 중요한 것은?
① 과부하에 견딜 것　② 경부하일 때 효력이 좋을 것
③ 전압 변동률이 작을 것　④ 전류에 대한 전압 특성이 수하특성일 것

해설 전기 기계 중 아크 부하의 전원으로 쓰이는 기계는 반드시 정전류 특성을 가져야 한다. 따라서 그것은 전류가 증가하면 전압이 저하하는 수하 특성을 가져야 한다.

★☆ 【86. 91. 96. 산업기사】

59 직류 분권 발전기의 계자 회로의 개폐기를 운전 중 갑자기 열면?
① 속도가 감소한다.　② 과속도가 된다.
③ 계자 권선에 고압을 유발한다.　④ 정류자에 불꽃을 유발한다.

해설 분권 계자 권선은 권수가 많고 자기 인덕턴스가 크므로 계자 회로를 열 때에 고전압을 유도하여 계자 회로의 절연을 파괴할 염려가 많으므로 이것을 방지하기 위하여 그림과 같이 계자 개폐기를 사용해서 계자 회로를 여는 동시에 분권 계자 권선에 병렬로 계자 방전 저항이 접속되도록 한다.

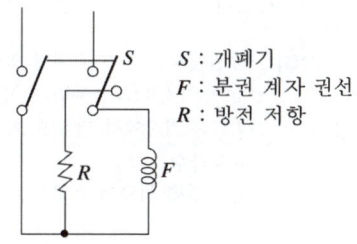

S : 개폐기
F : 분권 계자 권선
R : 방전 저항

답 56. ③　57. ②　58. ④　59. ③

☆【83. 산업기사】

60 복권 직류기에서 직권도(直捲度)란 정격 전압, 정격 전류, 정격 회전수에 있어서의 다음 중 어느 것과 어느 것의 비인가?

① 직권 권선의 기자력과 전기자 권선의 기자력의 비
② 직권 권선의 기자력과 기동 권선의 기자력의 비
③ 직권 권선의 기자력과 전 계자 권선의 기자력의 비
④ 직권 권선의 기자력과 보상 권선의 기자력의 비

유사문제

▮유사문제 원문 및 해설 : 동일출판사 홈페이지≫고객센터≫자료실

01. 분권 발전기의 회전 방향을 반대로 하면?

답 잔류 자기가 소멸된다.

02. 직류 발전기의 무부하 포화 곡선은 다음 중 어느 관계를 표시한 것인가?

답 계자 전류 대 유기 기전력

직류 발전기의 특성산정

☆【01. 산업기사】

61 단중 중권으로 된 직류 8극 분권 발전기의 전 전류가 I[A]일 때 각 권선에 흐르는 전류는?

① $4I$　② $8I$　③ $I/4$　④ $I/8$

해설 단중 중권에서는 $a=p$이므로 각 권선전류 $i_a = \frac{I}{a} = \frac{I}{8}$

☆【95. 03. 산업기사】

62 4극 전기자 권선이 단중 중권인 직류 발전기의 전기자 전류가 20[A]이면 각 전기자 권선의 병렬 회로에 흐르는 전류는?

① 10[A]　② 8[A]　③ 5[A]　④ 2[A]

해설 중권에서는 전기자 병렬 회로수 a는 p와 같다. $a=p$

$i_a = I_a/p[\text{A}] = 20/4 = 5[\text{A}]$

I_a : 전기자에서 외부에 흐르는 전류

p : 극수

i_a : 병렬 회로에 흐르는 전류

답 60. ③ 61. ④ 62. ③

63 타여자 발전기가 있다. 부하 전류 10[A] 때 단자 전압 100[V]이었다. 전기자 저항 0.2[Ω], 전기자 반작용에 의한 전압 강하가 2[V], 브러시의 접촉에 의한 전압 강하가 1[V]였다고 하면 이 발전기의 유기 기전력[V]은?

① 102 ② 103 ③ 104 ④ 105

해설: 타여자 발전기에서는 부하 전류($I=I_a$)가 흐르면, 전기자 회로의 저항 $R_a[\Omega]$에 의한 전압 강하 $R_aI_a[V]$와 브러시에서의 접촉 저항에 의한 전압 강하 $e_b[V]$, 전기자 반작용에 의한 전압 강하 $e_a[V]$가 발생한다. 따라서, 단자 전압 $V[V]$는
$V = E - R_aI_a - e_b - e_a$
$\therefore E = V + R_aI_a + e_b + e_a = 100 + 0.2 \times 10 + 1 + 2 = 105[V]$

64 어떤 타여자 발전기가 800[rpm]으로 회전할 때 120[V] 기전력을 유도하는 데 4[A]의 여자 전류를 필요로 한다고 한다. 이 발전기를 640[rpm]으로 회전하여 140[V]의 유도 기전력을 얻으려면 몇 [A]의 여자 전류가 필요한가? 단, 자기 회로의 포화 현상은 무시한다.

① 6.7 ② 6.4 ③ 5.98 ④ 5.8

해설: $E = KI_fN$ 식에서 $K = \dfrac{E}{I_fN} = \dfrac{120}{4 \times 800} = \dfrac{6}{160}$
$\therefore I_f = \dfrac{E}{KN} = \dfrac{140}{\dfrac{6}{160} \times 640} = \dfrac{140}{24} = 5.83[A]$

65 정격이 5[kW], 100[V], 50[A], 1800[rpm]인 타여자 직류 발전기가 있다. 무부하시의 단자 전압은 얼마인가? 단, 계자 전압은 50[V], 계자 전류 5[A], 전기자 저항은 0.2[Ω]이고 브러시의 전압 강하는 2[V]이다.

① 100[V] ② 112[V] ③ 115[V] ④ 120[V]

해설: $R_f = \dfrac{V_f}{I_f} = \dfrac{50}{5} = 10[\Omega]$
$I = I_a = \dfrac{P}{V} = \dfrac{5 \times 10^3}{100} = 50[A]$
$\therefore E = V + I_aR_a + e_b$
$= 100 + 50 \times 0.2 + 2 = 112[V]$

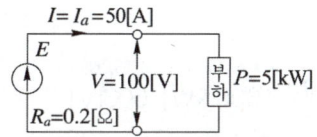

66 100[kW], 230[V] 자여자식 분권 발전기에서 전기자 회로 저항이 0.05[Ω]이고 계자 회로저항이 57.5[Ω]이다. 이 발전기가 정격 전압 전부하에서 운전할 때 유기 전압을 계산하면?

① 232[V] ② 242[V] ③ 252[V] ④ 262[V]

63. ④ 64. ④ 65. ② 66. ③

해설 $I = \dfrac{100 \times 10^3}{230} = 434.7[\text{A}]$, $I_f = \dfrac{230}{57.5} = 4[\text{A}]$, $I_a = I + I_f$ 이므로

$\therefore E = V + I_a R_a = V + (I + I_f) R_a = 230 + (434.7 + 4) \times 0.05 = 251.93[\text{V}]$

★ 【93. 기사】

67 어떤 직류 발전기의 유기 기전력이 206[V]이다. 이것에 1.25[Ω]의 부하 저항을 연결하였을 때의 단자 전압은 195[V]이었다. 전기자 저항은 몇 [Ω]인가?

① 0.0321 ② 0.0424 ③ 0.0705 ④ 0.0894

해설 $I = \dfrac{V}{R} = \dfrac{195}{1.25} = 156[\text{A}]$, $E = V + I r_a[\text{V}]$ 이므로

$\therefore r_a = \dfrac{E - V}{I} = \dfrac{206 - 195}{156} = 0.0705[\Omega]$

★☆ 【79. 83. 92. 09. 산업기사】

68 부하 전류가 50[A]일 때 단자 전압이 100[V]인 직류 직권 발전기의 부하 전류가 70[A]로 되면 단자 전압은 몇 [V]가 되겠는가? 단, 전기자 저항 및 직권 계자 권선의 저항은 각각 0.10[Ω]이고, 전기자 반작용과 브러시의 접촉 저항 및 자기 포화는 모두 무시한다.

① 110 ② 114 ③ 140 ④ 104

해설 전기자 전류 I_a, 부하 전류 I, 단자 전압 V, 유기 기전력 E, 전기자 저항 R_a, 직권 계자 저항 R_s 라고 하면, 직권 발전기에서는 다음의 관계가 있다.

$E = V + (R_a + R_s) I_a = V + (R_a + R_s) I$

그러므로, $I = 50[\text{A}]$일 때의 유기 기전력을 E_{50}이라 하면

$E_{50} = 100 + (0.10 + 0.10) \times 50 = 110[\text{V}]$

그런데 직권 발전기에 있어서 자로가 불포화일 때, 유기 기전력의 크기는 부하 전류에 비례하기 때문에 부하 전류 70[A]일 때의 유기 기전력을 E_{70}이라 하면

$E_{70} / E_{50} = 70/50 = 1.4$

$\therefore E_{70} = 1.4 \times E_{50} = 1.4 \times 110 = 154[\text{V}]$

이때의 단자 전압을 V_{70}이라 하면

$\therefore V_{70} = E_{70} - (R_a + R_s) \times 70 = 154 - 0.20 \times 70 = 140[\text{V}]$

★★★★★ 【79. 80. 95. 99. 기사, 99. 산업기사, ⊕ : 91. 기사】

69 1000[kW], 500[V]의 분권 발전기가 있다. 회전수 246[rpm]이며 슬롯수 192, 슬롯 내부 도체수 6, 자극수 12일 때 전부하 시의 자속수[Wb]는 얼마인가? 단, 전기자 저항은 0.006[Ω]이고, 단중 중권이다.

① 1.85 ② 0.11 ③ 0.0185 ④ 0.001

해설 전 부하 전류는

$I = \dfrac{P}{V} = \dfrac{1000 \times 10^3}{500} = 2000[\text{A}]$

$E = V + I_a R_a = 500 + (2000 \times 0.006) = 512[\text{V}]$

67. ③ 68. ③ 69. ②

전도체수 Z 는 $Z=$(슬롯수)$\times$(1슬롯의 도체수)$=192\times 6=1152$
단중 중권이므로 $a=p$이다.
$$E=\frac{pZ}{a}\phi n=\frac{pZ}{a}\phi\frac{N}{60}[V], \quad 512=1152\times\phi\times\frac{246}{60}$$
$$\therefore \phi=0.11[Wb]$$

★★★★ 【78. 93. 05. 기사, 82. 83. 01. 11. 산업기사, ㊥ : 83. 산업기사】

70 직류 분권 발전기의 무부하 포화 곡선이 $V=\dfrac{940I_f}{33+I_f}$ 이고, I_f 는 계자 전류[A], V 는 무부하 전압[V]으로 주어질 때 계자 회로의 저항이 20[Ω]이면 몇 [V]의 전압이 유기되는가?

① 140　　② 160　　③ 280　　④ 300

해설
$$V=\frac{940I_f}{33+I_f}$$
계자 권선의 저항이 20[Ω]이므로 $V=I_f R_f=20I_f$ $\therefore I_f=\dfrac{V}{20}$

이 식을 위 식에 대입하면 $V=\dfrac{940\frac{V}{20}}{33+\frac{V}{20}}$, $33V+\dfrac{V^2}{20}=940\times\dfrac{V}{20}$, $33+\dfrac{V}{20}=47$

$\therefore V=280[V]$

★★★★★ 【77. 81. 83. 92. 93. 94. 98. 01. 산업기사, ㊥ : 87. 92. 98. 기사】

71 정격 속도로 회전하고 있는 무부하의 분권 발전기가 있다. 계자 권선의 저항이 50[Ω], 계자 전류 2[A], 전기자 저항 1.5[Ω]일 때 유기 기전력[V]은?

① 97　　② 100　　③ 103　　④ 106

해설 단자 전압 V는 계자 회로의 전압 강하와 같으므로
$V=R_f I_f=50\times 2=100[V]$
$E=V+I_a R_a$ 식에서 $I_a=I_f$이므로(∵ 무부하이므로)
$\therefore$ 유기 기전력 $E=V+I_f R_a=100+2\times 1.5=103[V]$

★★★★ 【25. 기사, 79. 87. 93. 95. 97. 산업기사, ㊥ : 97. 기사, 92. 산업기사】

72 유기 기전력 210[V], 단자 전압 200[V]인 5[kW] 분권 발전기의 계자 저항이 500[Ω]이면 그 전기자 저항[Ω]은?

① 0.2　　② 0.4　　③ 0.6　　④ 0.8

해설
$I_f=\dfrac{V}{r_f}=\dfrac{200}{500}=0.4[A]$, $I=\dfrac{P}{V}=\dfrac{5\times 10^3}{200}=25[A]$
전기자 전류 I_a는 $I_a=I+I_f$이므로
$I_a=25+0.4=25.4[A]$
또한 $V=E-I_a R_a$ 식에서
$\therefore R_a=\dfrac{E-V}{I_a}=\dfrac{210-200}{25.4}=\dfrac{10}{25.4}≒0.4[Ω]$

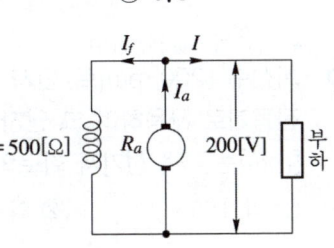

답 70. ③　71. ③　72. ②

73 전기자 권선의 저항 0.08[Ω], 직권 계자 권선 및 분권 계자 회로의 저항이 각각 0.07[Ω]과 100[Ω]인 외분권 가동 복권 발전기의 부하 전류가 18[A]일 때, 그 단자 전압이 $V=200$[V]라 하면 유기 기전력[V]은? 단, 전기자 반작용과 브러시 접촉 저항은 무시한다.

① 201.5   ② 203   ③ 205.4   ④ 207

해설
$I_f = \dfrac{V}{R_f} = \dfrac{200}{100} = 2[A]$
$I_a = I_f + I = 2 + 18 = 20[A]$
$\therefore E = V + (R_a + R_s)I_a$
$\quad = 200 + (0.08 + 0.07) \times 20$
$\quad = 200 + 0.15 \times 20 = 203[V]$

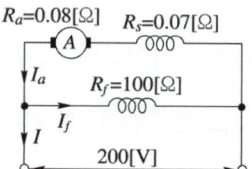

74 무부하전압 213[V], 정격전압 200[V], 정격출력 80[kW]인 분권 발전기가 있다. 계자 저항이 20[Ω], 전부하 때의 전기자 반작용에 의한 전압강하가 4.8[V]라면 그 전기자 회로의 저항[Ω]은?

① 0.02   ② 0.05   ③ 0.06   ④ 0.1

해설
$I_a = I + I_f = \dfrac{80 \times 10^3}{200} + \dfrac{200}{20} = 410[A]$, $E = V + I_a R_a + e_a$
$\therefore R_a = \dfrac{E - V - e_a}{I_a} = \dfrac{213 - 200 - 4.8}{410} = 0.02[\Omega]$

75 직류 분권 전동기의 정격 전압이 300[V], 전부하 전기자 전류 50[A], 전기자 저항 0.2[Ω]이다. 이 전동기의 기동 전류를 전부하 전류의 120[%]로 제한시키기 위한 기동 저항값은 몇 [Ω]인가?

① 3.5   ② 4.8   ③ 5.0   ④ 5.5

해설 기동 전류는 정격의 1.2배이므로 $50 \times 1.2 = 60[A]$
$R_a + R_s = \dfrac{300}{60} = 5$ $\therefore R_s = 5 - R_a = 5 - 0.2 = 4.8[\Omega]$

76 회전수 1200[rpm]로, 단자 전압 210[V]일 때 전기자 전류가 100[A]인 직류 분권 발전기를 전동기로 사용하여 그 단자 전압과 전기자 전류를 위와 같은 값으로 유지할 때의 회전수 [rpm]는? 단, 전기자 회로의 저항은 0.05[Ω]이고, 전기자 반작용은 무시한다.

① 약 1258   ② 약 1144   ③ 약 1140   ④ 약 1136

답 73. ② 74. ① 75. ② 76. ②

해설) $E = V + I_a R_a = K\phi N$

$K\phi = \dfrac{V + I_a R_a}{N} = \dfrac{210 + (100 \times 0.05)}{1200} = 0.179$

$E' = V - I_a R_a = K\phi N'$

$N' = \dfrac{V - I_a R_a}{K\phi} = \dfrac{210 - (100 \times 0.05)}{0.179} = 1144 [\text{rpm}]$

★ 【84. 98. 산업기사】

77 8극 50[kW], 220[V]의 평복권 발전기가 있다. 단중 병렬 권선을 가지고 있으며, 분권 여자 권선 내의 동손이 출력의 2[%]일 때 전 부하에서의 전기자 도체의 전류는 약 몇 [A]인가?

① 232 ② 222.8 ③ 29 ④ 27.8

해설) $I = \dfrac{P}{V} = \dfrac{50 \times 10^3}{220} = 227.3 [\text{A}]$

$I_a = I + I_f$

여자 전류에 의한 동손이 출력의 2[%]이므로

$VI_f = 50 \times 10^3 \times 0.02 [\text{W}]$

$I_f = \dfrac{VI_f}{V} = \dfrac{50 \times 10^3 \times 0.02}{220} = 4.55 [\text{A}]$

∴ $I_a = I + I_f = 227.3 + 4.55 = 231.9 [\text{A}]$

단중 중권이므로 $m = 1$, $a = p$

따라서 전기자 도체의 전류는 식 $i_a = \dfrac{I_a}{a}$ 에서

∴ $i_a = \dfrac{I_a}{a} = \dfrac{231.9}{8} ≒ 29 [\text{A}]$

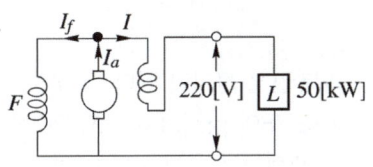

★☆ 【89. 93. 00. 산업기사】

78 25[kW], 125[V], 1200[rpm]의 타여자 발전기가 있다. 전기자 저항(브러시 포함)은 0.04 [Ω]이다. 정격 상태에서 운전하고 있을 때 속도를 200[rpm]으로 늦추었을 경우 부하 전류 [A]는 어떻게 변화하는가? 단, 전기자 반작용은 무시하고 전기자 회로 및 부하 저항은 변하지 않는다고 한다.

① 33.3 ② 200 ③ 12000 ④ 3125

해설) 1200[rpm], 200[rpm]일 때의 유기 기전력을 E, E'라고 하면 $E = K\phi N$ 식에서

$E = K\phi N$, $E' = K\phi N'$

여기서 $E' = \dfrac{N'}{N} \times E = \dfrac{200}{1200} \times E = \dfrac{1}{6} E$

즉, 속도가 $\dfrac{1}{6}$이 되면 유기 기전력도 $\dfrac{1}{6}$이 되고, 또한 부하 전류도 $\dfrac{1}{6}$이 된다.

따라서 단자 전압도 $\dfrac{1}{6}$이 된다.

$I' = \dfrac{1}{6} I = \dfrac{1}{6} \times \dfrac{25 \times 10^3}{125} = 33.3 [\text{A}]$, $V' = \dfrac{1}{6} V = \dfrac{1}{6} \times 125 = 20.8 [\text{V}]$

답) 77. ③ 78. ①

79 ☆ 【95. 03. 산업기사】

25[kW], 125[V], 1200[rpm]의 직류 타여자 발전기가 있다. 전기자 저항(브러시 저항 포함)은 0.4[Ω]이다. 이 발전기를 정격 상태에서 운전하고 있을 때 속도를 200[rpm]으로 저하시켰다면 발전기의 유도 기전력은 어떻게 변화하겠는가? 단, 정상 상태에서 유기 기전력을 E라 한다.

① $\dfrac{1}{2}E$ ② $\dfrac{1}{4}E$ ③ $\dfrac{1}{6}E$ ④ $\dfrac{1}{8}E$

[해설] 1200[rpm], 200[rpm]일 때의 유기 기전력을 E, E'라고 하면
$E = K\phi N$ 식에서 $E = K\phi N$, $E' = K\phi N'$
$\therefore E' = \dfrac{N'}{N} \times E = \dfrac{200}{1200} \times E = \dfrac{1}{6}E$

80 ☆ 【94. 산업기사】

과복권 발전기가 있다. 무부하 때 속도 800[rpm]에서 단자 전압이 108[V]로 되고 전부하 때 속도 780[rpm]에서 단자 전압이 112[V]로 된다. 전기자 철심 내의 자속은 전부하 때가 무부하 때보다 12[%] 크다고 한다. 전기자, 브러시, 직권 여자 권선의 총 전압 강하는 얼마인가?

① 2[V] ② 4[V] ③ 6[V] ④ 8[V]

[해설] 무부하 시의 유도 기전력 E_0, 자속 ϕ_0, 회전속도를 N_0
전부하 시의 유도 기전력 E, 자속 ϕ, 회전속도를 N이라 하면
$E_0 = V_0 = K\phi_0 N_0$, $K = \dfrac{V_0}{\phi_0 N_0}$
$E = K\phi N = \dfrac{V_0}{\phi_0 n_0} \times \phi \times N = \dfrac{\phi}{\phi_0} \times \dfrac{N}{N_0} \times V_0$
문제에서 $\phi = 1.12\phi_0$이므로
$E = \dfrac{1.12\phi_0}{\phi_0} \times \dfrac{780}{800} \times 108 = 118[V]$
그러므로 $\triangle V = 118 - 112 = 6[V]$

유사문제

01. 단자 전압 220[V], 부하 전류 50[A]인 분권 발전기의 유기 기전력[V]은? 단, 전기자저항 0.2[Ω], 계자 전류 및 전기자 반작용은 무시한다.
    답 $E = V + I_a R_a = 220 + 50 \times 0.2 = 230[V]$

02. 정격 속도로 회전하고 있는 분권 발전기가 있다. 단자 전압 100[V], 권선의 저항은 50[Ω], 계자 전류 2[A], 부하 전류 50[A], 전기자 저항 0.1[Ω]이다. 이 때 발전기의 유기 기전력은 몇 [V]인가? 단, 전기자 반작용은 무시한다.
    답 $E = V + I_a R_a = 100 + 52 \times 0.1 = 105.2[V]$

답 79. ③ 80. ③

03. 전기자 권선의 저항 0.06[Ω], 직권 계자 권선 및 분권 계자 회로의 저항이 각각 0.05[Ω]과 100[Ω]인 외분권 가동 복권 발전기의 부하 전류가 18[A]일 때, 그 단자 전압이 V=200[V]라 하면 유기 기전력[V]은? 단, 전기자 반작용과 브러시 접촉 저항은 무시한다.

   답 $E = 200 + (0.05 + 0.06) \times 20 = 202[V]$

04. 정격이 5[kW], 100[V], 50[A], 1500[rpm]의 타여자 직류 발전기가 있다. 계자 전압 50[V], 계자 전류 5[A], 전기자 저항 0.2[Ω]이고 브러시에서의 전압 강하는 2[V]이다. 무부하시와 정격 부하시의 전압차는 몇 [V]인가?

   답 $E = V + I_a R_a + e_b = 100 + \frac{5 \times 10^3}{100} \times 0.2 + 2 = 112[V] \, (V_0 = E)$ 이므로

   전압차 $\triangle V = E - V = 112 - 100 = 12[V]$

05. 정격 200[V], 20[kW] 직권 발전기의 유도 기전력[V]은? 단, $R_a = R_s = 0.05[\Omega]$이다.

   답 $E = V + I_a(R_a + R_s) = 200 + \frac{20 \times 10^3}{200}(0.05 + 0.05) = 210[V]$

06. 정격 출력 4.8[kW], 정격 전압 200[V], 무부하 전압 210[V]인 분권 발전기가 있다. 계자 저항이 200[Ω]이면, 전기자 저항[Ω]은?

   답 $R_a = \frac{E - V}{I_a} = \frac{210 - 200}{25} = 0.4[\Omega]$

07. 정격 전압 220[V], 무부하 단자 전압 230[V], 정격 출력이 44[kW]인 직류 분권 발전기의 계자 저항이 22[Ω], 전기자 반작용에 의한 전압 강하가 5[V]라면 전기자 회로의 저항은?

   답 $R_a I_a = E - V - e_a = 230 - 220 - 5 = 5$ 에서 $R_a = \frac{5}{210} = 0.024[\Omega]$

08. 100[V], 10[A], 1500[rpm]인 직류 분권 발전기의 정격시의 계자 전류는 2[A]이다. 이 때 계자 회로에는 10[Ω]의 외부 저항이 삽입되어 있다. 계자 권선의 저항[Ω]은?

   답 $R_f = \frac{V}{I_f} - R = \frac{100}{2} - 10 = 40[\Omega]$

09. 정격 220[V], 95[kW]의 내분권 가동복권 발전기가 있다. 정격 전압에서 부하 전류가 40[A]일 때의 유기 기전력을 구하면? 단, 전기자 권선 저항 $R_a = 0.1[\Omega]$, 직권 계자 권선 저항 $R_s = 0.05[\Omega]$, 분권 계자 회로의 저항 $R_f = 55.5[\Omega]$이고, 전기자 반작용은 무시한다.

   답 $I_f = \frac{220 + 40 \times 0.05}{55.5} = 4, \, I_a = 40 + 4 = 44$

   $E = V + I_a R_a + I R_s = 220 + 0.1 \times 44 + 40 \times 0.05 = 226.4[V]$

10. 타여자 발전기가 있다. 여자 전류 2[A]로 매분 600 회전할 때 120[V]의 기전력을 유기한다. 여자 전류 2[A]는 그대로 두고 매분 500 회전할 때의 유기 기전력은 얼마인가?

    답 100[V]

11. 전기자 저항이 0.3[Ω]이며, 단자 전압이 210[V], 부하 전류가 95[A], 계자 전류가 5[A]인 직류 분권 발전기의 유기 기전력[V]은?

    답 $E = V + I_a R_a = 210 + 100 \times 0.3 = 240[V]$

12. 550[V], 2090[A], 8극 735[rpm]이고 전기자 권선이 단중중권인 직류 발전기의 전기자도체 총수가 464이다. 정격 전류가 흐를 때 단자 전압을 550[V]로 유지하는데 필요한 매극 유효 자속은 몇 [Wb]인가? 단, 전기자 회로의 저항은 0.0053[Ω], 브러시의 전압 강하는 2[V]이며, 전기자 반작용은 무시한다.
    답 약 0.0995[Wb]

13. 정격 전압 225[V], 전부하 전기자 전류 30[A], 전기자 저항 0.2[Ω]되는 직류 분권 전동기가 있다. 이 전동기에 정격 전압을 걸어서 기동시킬 때 전기자 회로에 몇 [Ω]의 저항을 넣어야 하는가? 단, 기동 전류는 전부하 전류의 1.5배로 제한하는 것으로 하고 계자 전류는 무시한다.
    답 4.8[Ω]

14. 전부하로 운전 중인 출력 4[kW], 전압 100[V], 회전수 1500[rpm]인 분권 발전기의 여자 전류를 일정하게 유지하고 회전수를 1200[rpm]으로 하면 단자 전압[V]과 부하 전류[A]는? 단, 전기자 저항은 0.15[Ω], 전기자 반작용은 무시한다.
    답 80[V], 32[A]

전압변동률

81 ★★☆ 【77. 96. 기사, 91. 산업기사】
정격 전압 200[V], 정격 출력 10[kW]의 직류 분권 발전기의 전기자 및 분권 계자의 각 저항은 각각 0.1[Ω] 및 100[Ω]이다. 전압 변동률은 몇 [%]인가?
① 2   ② 2.6   ③ 3   ④ 3.6

해설 $I_a = I + I_f = \dfrac{P}{V} + \dfrac{V}{R_f} = \dfrac{10 \times 10^3}{200} + \dfrac{200}{100} = 52[A]$

전압 변동률 ϵ 은

$\therefore \epsilon = \dfrac{V_0 - V_n}{V_n} \times 100 = \dfrac{I_a R_a}{V_n} \times 100[\%] = \dfrac{52 \times 0.1}{200} \times 100[\%] = 2.6[\%]$

82 ★☆ 【77. 98. 25. 산업기사】
200[kW], 200[V]의 직류 분권 발전기가 있다. 전기자 권선의 저항이 0.025[Ω]일 때 전압 변동률은 몇 [%]인가?
① 6.0   ② 12.5   ③ 20.5   ④ 25.0

해설 무부하 단자 전압 V_0 는

$V_0 = V_n + R_a I_a = 200 + 0.025 \times \dfrac{200 \times 10^3}{200} = 225[V]$

그러므로 전압 변동률 ϵ 은

$\therefore \epsilon = \dfrac{V_0 - V_n}{V_n} \times 100 = \dfrac{225 - 200}{200} \times 100 = 12.5[\%]$

답 81. ② 82. ②

83 ★★ 【91. 기사, 98. 00. 산업기사】
무부하 전압 250[V], 정격 전압 210[V]인 발전기의 전압 변동률[%]은?

① 16 ② 17 ③ 19 ④ 22

해설 전압 변동률 $\epsilon = \dfrac{V_0 - V_n}{V_n} \times 100$

$\therefore \epsilon = \dfrac{250-210}{210} \times 100 = 19.05[\%]$

84 ★★ 【78. 93. 97. 01. 03. 산업기사】
무부하에서 119[V]되는 분권 발전기의 전압 변동률이 6[%]이다. 정격 전 부하 전압[V]은?

① 11.22 ② 112.3 ③ 12.5 ④ 125

해설 전압 변동률을 나타내는 식에 의하여

$\epsilon = \dfrac{V_0 - V_n}{V_n} \times 100[\%]$

여기서 $V_0 = 119[V]$, $\epsilon = 6[\%]$이므로

$6 = \dfrac{119 - V_n}{V_n} \times 100$, $\dfrac{6 V_n}{100} = 119 - V_n$, $V_n + 0.06 V_n = 119$

$V_n \fallingdotseq 112.3[V]$

85 ★★ 【80. 89. 98. 00. 산업기사】
직류기에서 전압 변동률이 (+)값으로 표시되는 발전기는?

① 과복권 발전기 ② 직권 발전기
③ 평복권 발전기 ④ 분권 발전기

해설 타여자, 분권 및 부족 복권 발전기에서는 전압 변동률이 (+)이고, 과복권 발전기에서는 (-)가 된다.

유사문제

01. 직류 분권 발전기의 정격 전압 200[V], 정격 출력 10[kW], 이 때의 계자 전류는 2[A], 전압 변동률은 4[%]라고 한다. 발전기의 무부하 전압[V]은?

답 $V_0 = \left(1 + \dfrac{\epsilon}{100}\right) V_n = \left(1 + \dfrac{4}{100}\right) \times 200 = 208[V]$

02. 정격 전압 100[V], 정격 전류 200[A], 전압 변동률 6[%]인 직류 분권 발전기의 부하 전류가 150[A]일 때의 단자 전압[V]은?

답 $e' = 6 \times \dfrac{150}{200} = 4.5[V]$

$\therefore E' = 106 - 4.5 = 101.5[V]$

답 83. ③ 84. ② 85. ④

직류 발전기의 병렬운전

86 ★★ 【91. 기사, 91. 99. 산업기사】
직류 발전기의 병렬 운전 조건 중 잘못된 것은?
① 단자 전압이 같을 것
② 외부 특성이 같을 것
③ 극성을 같게 할 것
④ 유도 기전력이 같을 것

[해설] 병렬 운전 조건
① 정격 전압 및 극성이 같을 것
② 외부 특성 곡선이 어느 정도 수하 특성일 것
③ 용량이 다를 경우[%] 부하 전류로 나타낸 외부 특성 곡선이 거의 일치할 것

87 ★★★★ 【86. 91. 99. 07. 기사, 90. 97. 11. 산업기사】
직류 분권 발전기를 병렬 운전하기 위해서는 발전기 용량 P와 정격 전압 V는?
① P는 임의, V는 같아야 한다.
② P와 V가 임의
③ P는 같고 V는 임의
④ P와 V가 모두 같아야 한다.

[해설] 병렬 운전하려면 정격 전압은 같아야 하지만 용량은 달라도 된다.

88 ★★★★ 【69. 85. 93. 98. 산업기사, ⊕ : 82. 92. 기사】
직류 복권 발전기를 병렬 운전할 때 반드시 필요한 것은?
① 과부하 계전기
② 균압선
③ 용량이 같을 것
④ 외부 특성 곡선이 일치할 것

[해설] 복권 발전기는 직권 계자 권선이 있으므로 균압선 없이는 안정된 병렬 운전을 할 수 없다.

89 ★★★ 【89. 01. 기사, 93. 95. 산업기사】
직류 복권 발전기의 병렬 운전에 있어 균압선을 붙이는 목적은 무엇인가?
① 운전을 안정하게 한다.
② 손실을 경감한다.
③ 전압의 이상 상승을 방지한다.
④ 고조파의 발생을 방지한다.

[해설] 복권 발전기는 직권 계자 권선이 있으므로 균압선 없이는 안정된 병렬 운전을 할 수 없다.

90 ★★★ 【83. 90. 99. 기사】
직류 발전기의 병렬 운전에서는 계자 전류를 변화시키면 부하 분담은?
① 계자 전류를 감소시키면 부하 분담이 적어진다.
② 계자 전류를 증가시키면 부하 분담이 적어진다.
③ 계자 전류를 감소시키면 부하 분담이 커진다.
④ 계자 전류와는 무관하다.

[답] 86. ④ 87. ① 88. ② 89. ① 90. ①

해설 부하의 분담을 변화시키려면 부하를 증가시키려고 하는 발전기의 계자 조정기를 조정해서 계자 전류를 증가시키거나, 부하 분담을 줄이려고 하는 발전기의 계자 전류를 감소시키면 된다.

★ 【77. 94. 14. 산업기사】
91 가동 복권 발전기의 내부 결선을 바꾸어 분권 발전기로 하자면?
① 내분권 복권형으로 해야 한다. ② 외분권 복권형으로 해야 한다.
③ 분권 계자를 단락시킨다. ④ 직권 계자를 단락시킨다.

해설 직권 계자 권선을 단락시킨다. 외분권, 내분권들은 어느 것이나 복권 발전기의 일종이다.

★ 【94. 기사】
92 병행 운전하고 있는 A, B 2대의 분권 발전기의 전기자 저항이 각각 0.1[Ω], 0.2[Ω], 유기 기전력이 110[V], 108[V] 여자 전류가 4[A], 2[A]일 때 A 발전기의 전기자 전류가 100[A]이면 부하 전류는 얼마인가?
① 146[A] ② 140[A] ③ 134[A] ④ 128[A]

해설 병렬 운전 시 단자전압이 같아야 하므로
$$V = E_A - I_A R_A = E_B - I_B R_B = 110 - 100 \times 0.1 = 100[V]$$
$$100 = 108 - I_B \cdot 0.2, \quad I_B = \frac{108-100}{0.2} = 40[A]$$
A발전기의 정격 전류 $I_1 = 100 - 4 = 96$, B발전기의 정격 전류 $I_2 = 40 - 2 = 38$
∴ 부하 전류 $I = I_1 + I_2 = 96 + 38 = 134[A]$

★★★★★ 【78. 90. 98. 00. 01. 기사, 88. 산업기사】
93 종축에 단자 전압, 횡축에 정격 전류의 [%]로 눈금을 적은 외부 특성 곡선이 겹쳐지는 두 대의 분권 발전기가 있다. 각각의 정격이 100[kW]와 200[kW]이고, 부하 전류가 150[A]일 때 각 발전기의 분담 전류[A]는?
① $I_1 = 77$, $I_2 = 75$ ② $I_1 = 50$, $I_2 = 100$
③ $I_1 = 100$, $I_2 = 50$ ④ $I_1 = 70$, $I_2 = 80$

해설 두 발전기는 외부 특성 곡선이 같으므로 용량에 비례하는 부하를 분담한다.
100[kW] 발전기 전류를 I_1, 200[kW] 발전기 전류를 I_2라 하면 $100:200 = I_1:(150-I_1)$
∴ $I_1 = 150 \times \frac{1}{3} = 50[A]$ ∴ $I_2 = 150 - 50 = 100[A]$

★★ 【99. 00. 기사】
94 A, B 두 대의 직류 발전기를 병렬 운전하여 부하에 100[A]를 공급하고 있다. A 발전기의 유기 기전력과 내부 저항은 110[V]와 0.04[Ω]이고 B 발전기의 유기 기전력과 내부 저항은 112[V]와 0.06[Ω]이다. 이때 A 발전기에 흐르는 전류[A]는?
① 4 ② 6 ③ 40 ④ 60

답 91. ④ 92. ③ 93. ② 94. ③

해설, $E_A = 110[V]$, $R_A = 0.04[\Omega]$, $E_B = 112[V]$, $R_B = 0.06[\Omega]$

$V = E_A - I_A R_A = E_B - I_B R_B$

$110 - 0.04\,I_A = 112 - 0.06\,I_B$

$-0.04\,I_A + 0.06\,I_B = 2$ ········· ①

$I_A + I_B = 100$ ········· ②

식 ①과 ②에서 $I_A = 40[A]$, $I_B = 60[A]$

★★ 【84, 93, 기사】

95 2개의 직류 분권 발전기가 있다. 각각의 정격은 A기가 200[V] 200[kW], B기가 200[V] 300[kW]로서 전압 변동률은 모두 5[%]이다. 지금 이 발전기를 무부하에서 210[V]로 여자 하여 병렬 운전시켜 1500[A]인 부하를 걸면 단자 전압[V]은 얼마인가? 단, 외부 특성은 직 선이라고 한다.

① 222 ② 218 ③ 210 ④ 204

해설, 분권 발전기는 용량에 비례하는 부하를 분담하므로 부하 전류를 각각 I_A, $I_B = (1500 - I_A)$라 하면

$200 : 300 = I_A : (1500 - I_A)$, ∴ $I_A = 600[A]$, $I_B = 900[A]$

A기의 정격 전류 $= \dfrac{200 \times 10^3}{200} = 1000[A]$

외부 특성 곡선이 직선이므로 전압 강하는 전류에 비례한다.

그러므로 A기의 전압 강하 $\triangle V$는 $\triangle V = 200 \times 0.05 \times \dfrac{600}{1000} = 6[V]$

전압 변동률 $\epsilon = \dfrac{V_0 - V_n}{V_n} \times 100[\%]$, ∴ $V_0 = \epsilon V_n + V_n = 0.05 \times 200 + 200 = 210[V]$

따라서 단자 전압 V_t는

∴ $V_t = V_0 - \triangle V = 210 - 6 = 204[V]$

유사문제

‖유사문제 원문 및 해설 : 동일출판사 홈페이지》고객센터》자료실

01. 2대의 직류 발전기를 병렬 운전할 때 필요 조건 중 틀린 것은?
답 주파수가 같을 것

02. 직류 발전기의 병렬 운전에서 균압 모선을 필요로 하지 않는 것은?
답 분권 발전기

03. 직류 복권 발전기를 병렬로 운전할 때 필요한 것은?
답 균압모선

04. 직류 발전기를 병렬 운전할 때 균압선이 필요한 직류기는?
답 직권 발전기, 복권 발전기

답 95. ④

05. 2대의 직류 발전기를 병렬 운전하여 부하에 100[A]를 공급하고 있다. 각 발전기의 유기 기전력과 내부 저항이 각각 110[V], 0.04[Ω] 및 112[V], 0.06[Ω]이다. 각 발전기에 흐르는 전류[A]는?
답 40[A], 60[A]

06. 전기자 저항이 각각 $R_A = 0.1[\Omega]$과 $R_B = 0.2[\Omega]$인 100[V], 10[kW]의 두 분권 발전기의 유기 기전력을 같게 해서 병렬 운전하여 정격 전압으로 135[A]의 부하 전류를 공급할 때 각기의 분담 전류[A]는?
답 $I_A = 90[A]$, $I_B = 45[A]$

직류 전동기의 특성

96 ★☆ 【93. 기사, ㈜ : 95. 산업기사】
다음 그림은 속도 특성 곡선 및 토크(torque) 특성 곡선을 나타낸다. 어느 전동기인가?
① 직류 분권 전동기
② 직류 직권 전동기
③ 직류 복권 전동기
④ 유도 전동기

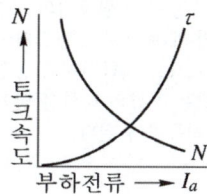

해설 직권전동기에서 자기 포화가 없을때는 $\phi \propto I_a$가 되어 다음 식이 성립한다.
$$N \propto \frac{V}{\phi} \propto \frac{V}{I_a}, \quad T \propto \phi I_a \propto I_a^2$$
즉, 회전속도 N은 전기자전류 I_a(부하전류)에 반비례하고 토크 T는 I_a^2에 비례하게 된다.

97 ★ 【96. 기사】
타여자 직류 전동기의 토크 특성 곡선은? 단, 전기자 반작용은 거의 없다고 한다.

① 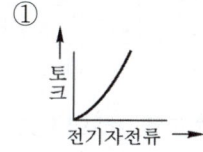 ② 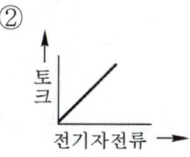 ③ 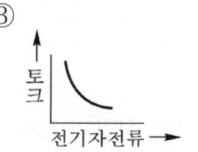 ④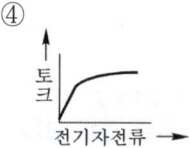

해설 $T = \dfrac{P\phi Z I_a}{2\pi a} = K\phi I_a \propto I_a$

답 96. ② 97. ②

★★★☆ 【93. 기사, 69. 산업기사, ㉦ : 89. 95. 기사】

98 직류 분권 전동기에서 단자 전압이 일정할 때, 부하 토크가 $\frac{1}{2}$이 되면 부하 전류는 몇 배가 되는가?

① 2배 ② $\frac{1}{2}$배 ③ 4배 ④ $\frac{1}{4}$배

해설, 토크 $\tau = K\phi I_a$에서 단자 전압이 일정하므로 ϕ는 일정. 따라서 부하전류는 $\frac{1}{2}$이 된다.

★★★ 【88. 95. 03. 20. 기사, 69. 90. 산업기사】

99 직류 가동 복권 발전기를 전동기로 사용하자면?

① 가동 복권 전동기로 사용 가능
② 차동 복권 전동기로 사용 가능
③ 속도가 급상승해서 사용 불능
④ 직권 코일의 분리가 필요

해설, 가동 복권 발전기 ⇌ 차동 복권 전동기, 차동 복권 발전기 ⇌ 가동 복권 전동기, 발전기로서 다른 발전기와 병렬 운전 중에 원동기의 고장으로 토크가 가해지지 못하면, 분권 계자 코일에는 운전시와 같은 방향의 전류가 계속 흐르나 전기자에는 기전력이 모선 전압 이하로 떨어지면 곧 운전시와 반대 방향으로 전류가 흐르므로, 지금까지와 동일 방향으로 원동기를 부하로 하여 회전을 계속한다. 이 때, 직권 계자 코일에 흐르는 전류의 방향은 당연히 반대 방향으로 되므로 분권 권선과 기자력의 방향이 반대가 되어 차동 복권 전동기가 된다.

★ 【02. 기사】

100 정격 속도에 비하여 기동 회전력이 가장 큰 전동기는?

① 타여자기 ② 직권기 ③ 분권기 ④ 복권기

☆ 【69. 산업기사】

101 직류 복권 전동기 중에서 무부하 속도와 전부하 속도가 같도록 만들어진 것은?

① 평복권 ② 과복권 ③ 부족 복권 ④ 차동 복권

☆ 【93. 산업기사】

102 직류 분권 전동기의 단자 전압과 계자 전류는 일정히 하고, 2배의 속도로 2배의 토크를 발생하는 데 필요한 전력은 처음 전력의 몇 배인가?

① 불변 ② 2배 ③ 4배 ④ 8배

해설, $P = w\tau = 2\pi \times \frac{N}{60} \times \tau \propto N\tau$ 이므로
$P' = 2N \times 2\tau = 4N\tau$

답 98. ② 99. ② 100. ② 101. ① 102. ③

103 그림과 같은 여러 직류 전동기의 속도 특성 곡선을 나타낸 것이다. ①부터 ④까지 차례로 맞는 것은?

① 차동 복권, 분권, 가동 복권, 직권
② 분권, 직권, 가동 복권, 차동 복권
③ 가동 복권, 차동 복권, 직권, 분권
④ 직권, 가동 복권, 분권, 차동 복권

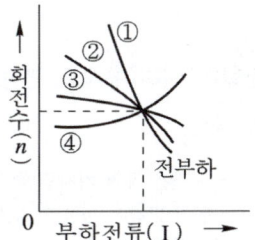

104 직류 전동기의 설명 중 바르게 설명한 것은?

① 전동차용 전동기는 차동 복권 전동기이다.
② 직권 전동기가 운전 중 무부하로 되면 위험 속도가 된다.
③ 부하 변동에 대하여 속도 변동이 가장 큰 직류 전동기는 분권 전동기이다.
④ 직류 직권 전동기는 속도 조정이 어렵다.

해설, 직권 전동기 운전 중 무부하가 되면 원심력 때문에 기계가 파괴될 우려가 있다.

105 직류 전동기의 회전수는 자속이 감소하면 어떻게 되는가?

① 불변이다.   ② 정지한다.   ③ 저하한다.   ④ 상승한다.

해설, $n = k\dfrac{V - I_a R_a}{\Phi}$ [rps] 즉, n은 Φ에 반비례한다.

106 다음 설명이 잘못된 것은?

① 전동차용 전동기는 저속에서 토크가 큰 직권 전동기를 쓴다.
② 승용 엘리베이터는 워드–레오나드 방식이 사용된다.
③ 기중기용으로 사용되는 전동기는 직류 분권 전동기이다.
④ 압연기는 정속도 가감 속도 가역 운전이 필요하다.

해설, 기중기용 전동기는 직류 직권 전동기가 쓰인다.

107 직류 직권 전동기가 전차용에 사용되는 이유는?

① 속도가 클 때 토크가 크다.   ② 토크가 클 때 속도가 적다.
③ 기동 토크가 크고 속도는 불변이다.   ④ 토크는 일정하고 속도는 전류에 비례한다.

답 103. ④ 104. ② 105. ④ 106. ③ 107. ②

해설 직권 전동기는 포화하기 전에는 ϕ는 I에 비례하므로 I가 증가하면 토크는 현저하게 증가하나 ϕ가 증가되어 N은 감소한다.

108 【91. 98. 99. 00. 기사】
부하 변화에 대하여 속도 변동이 가장 작은 전동기는?
① 차동 복권 ② 가동 복권 ③ 분권 ④ 직권

해설 차동 복권은 직권 기자력(Φ_{se})을 분권 기자력(Φ_{sh})과 반대 방향으로 해서 부하에 따라 자속을 분자의 비율과 거의 같은 비율로 감소시키면 분모, 분자의 감소 비율이 같아져서 회전 속도는 부하에 관계없이 거의 일정하게 된다.
$$N = \frac{V-(R_a+R_{se})I_a}{k(\phi_{sh}-\phi_{se})} [\text{rpm}] (\text{차동 복권})$$

109 【98. 00. 05. 기사, 87. 91. 94. 95. 02. 11. 산업기사】
부하가 변하면 심하게 속도가 변하는 직류 전동기는?
① 직권 전동기 ② 분권 전동기
③ 차동 복권 전동기 ④ 가동 복권 전동기

해설 직권 전동기는 전기자 권선과 계자 권선이 직렬로 되어 $I = I_a = I_f$[A]가 된다. 따라서 부하 전류 I의 증감에 따라서 자속 Φ도 증감한다. 속도는 자속에 반비례하므로 부하 전류가 변화하면 직권 전동기는 속도가 현저하게 변하는 특성이 있다.

110 【88. 01. 기사】
직류 분권 전동기를 무부하로 운전 중 계자 회로에 단선이 생겼다. 다음 중 옳은 것은?
① 즉시 정지한다. ② 과속도로 되어 위험하다.
③ 역전한다. ④ 무부하이므로 서서히 정지한다.

해설 $n = k\dfrac{V-I_aR_a}{\phi}$ 에서 계자 회로가 단선되면 ϕ가 0이 되므로 과속도로 되어 위험하다.

111 【94. 96. 기사, 82. 83. 90. 산업기사】
직류 직권 전동기에서 토크 T와 회전수 N과의 관계는?
① $T \propto N$ ② $T \propto N^2$ ③ $T \propto \dfrac{1}{N}$ ④ $T \propto \dfrac{1}{N^2}$

해설 역기전력 E_c를 일정하다고 하고 자기 포화를 무시하면 속도 N은
$$N \propto \frac{E_c}{\phi} \propto \frac{1}{I_a} (\because \phi = KI_a), \quad T \propto \phi I_a$$
또한 ϕ는 I_a에 비례하므로 $T \propto I_a^2 \propto \left(\dfrac{1}{N}\right)^2$

답 108. ① 109. ① 110. ② 111. ④

112 정전압 직류 직권 전동기의 전류 대 회전수 특성은?

① ⓐ
② ⓑ
③ ⓒ
④ ⓓ

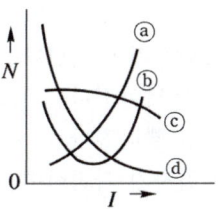

해설) 역기전력과 공급 전압이 거의 같다고 하면 회전 속도는 자속(직권에서는 전기자 전류)에 반비례한다. 따라서, 좌표축을 점근선으로 하는 직각 쌍곡선이 된 다. ⓒ는 분권 전동기의 속도-토크 특성 곡선이다.

113 직류 직권 전동기에서 벨트(belt)를 걸고 운전하면 안 되는 이유는?

① 손실이 많아진다.
② 직결하지 않으면 속도제어가 곤란하다.
③ 벨트가 벗겨지면 위험속도에 도달한다.
④ 벨트가 마모하여 보수가 곤란하다.

해설) 벨트가 벗겨지는 순간 무부하로 되어 전기자 전류, 즉 여자 전류가 거의 0이 되므로 일주 속도(逸走速度)가 된다.

114 직류 분권 전동기의 공급 전압의 극성을 반대로 하면 회전 방향은?

① 변하지 않는다.   ② 반대로 된다.
③ 회전하지 않는다.   ④ 발전기로 된다.

해설) 공급 전압의 극성이 반대로 되면, 계자 전류와 전기자 전류의 방향이 동시에 반대로 된다. 따라서, 회전 방향은 변하지 않는다.

115 직권 전동기에서 위험 속도가 되는 경우는?

① 저전압, 과여자   ② 정격 전압, 무부하
③ 정격 전압, 과부하   ④ 전기자에 저저항 접속

해설) 직류 직권 전동기는 부하가 변화하면 속도가 현저하게 변하는 특성(직권 특성)을 가지므로 무부하에 가까워지면 속도가 급히 상승하여 원심력으로 파괴될 우려가 있다. 그러므로, 직권 전동기로 다른 기계를 운전하려면, 반드시 직결하거나 기어(gear)를 사용하여야 한다.

답) 112. ④ 113. ③ 114. ① 115. ②

116 ★★★ 【79. 94. 기사, 68. 80. 산업기사】

무부하로 운전하고 있는 분권 전동기의 계자 회로가 갑자기 끊어졌을 때의 전동기의 속도는?

① 전동기가 갑자기 정지한다.
② 속도가 약간 낮아진다.
③ 속도가 약간 빨라진다.
④ 전동기가 갑자기 가속하여 고속이 된다.

해설 $n = K\dfrac{V - R_a I_a}{\phi}$ 에서 계자 회로가 끊어지면 자속 ϕ가 0이 되어 전동기 속도가 고속으로 되어서 위험하다.

117 ★★★★☆ 【77. 88. 89. 92. 95. 98. 00. 03. 05. 11. 산업기사】

직류 분권 전동기에서 운전 중 계자 권선의 저항을 증가하면 회전 속도의 값은?

① 감소한다.   ② 증가한다.
③ 일정하다.   ④ 관계없다.

해설 계자 저항을 증가하는 것은 계자 코일과 직렬로 접속되어 있는 속도 조정기의 저항을 증가시킨다는 뜻이다. 그러면 공급 전압을 이것으로 나눈 여자 전류가 감소하고 따라서 계자 자속도 감소한다.
그러므로 $n = k\dfrac{V - I_a R_a}{\phi}$ 에서 자속 ϕ가 감소(여자전류감소)하면 회전속도 n은 증가하게 된다.

유사문제

▮유사문제 원문 및 해설 : 동일출판사 홈페이지≫고객센터≫자료실

01. 직류 전동기의 회전수를 1/2로 하자면 계자 자속을 몇 배로 해야 하는가?
답 $n = K\dfrac{V - I_a R_a}{\Phi}$ 이므로 n을 $\dfrac{1}{2}$로 하자면 자속 Φ는 2배가 되어야 한다.

02. 직류 전동기의 회전 속도를 나타내는 것 중 틀린 것은?
답 계자 전류가 증가하면 회전 속도는 증가한다.

03. 직류 전동기에서 정속도(constant speed) 전동기라고 볼 수 있는 전동기는?
답 직류 타여자 전동기

04. 분권 전동기의 설명 중 가장 옳은 것은? 단. 무부하의 경우
답 공급 전압을 증가시키면 회전 속도는 별로 변하지 않는다.

05. 직류 전동기 중 전기 철도에 주로 사용되는 전동기는?
답 직권 전동기

06. 직류 직권 전동기의 전원 극성을 반대로 하면?
답 회전 방향이 변하지 않는다.

답 116. ④ 117. ②

07. 직류 분권 전동기의 계자 전류를 감소시키면 회전수는 어떻게 변하는가?
📄 증가

08. 직류 분권 전동기의 기동 시 계자 전류는?
📄 큰 것이 좋다.

09. 직류 분권 전동기의 기동 시에는 계자 저항기의 저항값은 어떻게 해 두는가?
📄 0(영)으로 해둔다.

10. 직류 분권 전동기에서 위험한 상태로 놓인 것은?
📄 정격 전압, 무여자

11. 직류 분권 전동기의 기동 전류의 일반적 평균값은 전부하 전류의 몇 [%]인가?
📄 150[%]

12. 다음 중 옳은 것은?
📄 분권 전동기의 운전 중 계자 회로만이 단선되면 위험 속도가 된다.

직류 전동기의 특성산정

118 ★★★★★ 【94. 기사, ㉮ : 78. 90. 92. 기사, 93. 94. 97. 산업기사】
전기자 저항이 0.02[Ω]인 직류 분권 발전기가 있다. 회전수가 1000[rpm]이고 단자 전압이 220[V]일 때 전기자 전류가 100[A]를 나타내었다. 지금 이것을 전동기로서 사용하여 그 단자 전압과 전기자 전류가 위의 값과 같을 때의 회전수는? 단, 전기자 반작용은 무시한다.
① 956[rpm]   ② 982[rpm]   ③ 1018[rpm]   ④ 1047[rpm]

해설 발전기의 경우 $E = V + I_a R_a = 220 + (100 \times 0.02) = 222[V]$

$E = K_1 \phi N$ 식에서 $K_1 \phi = \dfrac{E}{N} = \dfrac{222}{1000}$

전동기에서 단자 전압, 회전 속도 및 전기자 전류가 같으므로

$N = \dfrac{V - I_a R_a}{K_1 \phi} = \dfrac{220 - (100 \times 0.02)}{\dfrac{222}{1000}} = 982[rpm]$

119 ★★ 【93. 01. 기사】
직류 직권 발전기가 있다. 정격 출력 10[kW], 정격 전압 100[V], 정격 회전수 1500[rpm]이라 한다. 지금 정격 상태로 운전하고 있을 때의 회전수를 1200[rpm]으로 내리고 먼저와 같은 부하 전류를 흘렸을 경우에 단자 전압은 얼마인가? 단, 전기자 회로의 저항은 0.05[Ω]이라 하고 전기자 반작용은 무시한다.
① 105[V]   ② 84[V]   ③ 80[V]   ④ 79[V]

📄 118. ② 119. ④

해설 $I = \dfrac{P}{V} = \dfrac{10000}{100} = 100[A]$, $E = V + R_a I_a = 100 + 0.05 \times 100 = 105[V]$

속도 변화 후의 기전력을 E'라 하면,

$$E' = K_1 \phi n = K_1 \phi \times \dfrac{1200}{60}, \quad E = K_1 \phi \times \dfrac{1500}{60}$$

$$\therefore E' = E \times \dfrac{1200}{1500} = \dfrac{4}{5} E = \dfrac{4}{5} \times 105 = 84[V]$$

단자 전압 $V = E' - IR_a = 84 - (100 \times 0.05) = 79[V]$

120 ★ 【98. 기사】

정격 5[kW], 100[V]의 타여자 직류 전동기가 어떤 부하를 가지고 1500[rpm]로 회전하고 있다. 전기자 저항이 0.2[Ω]이고 전기자 전류는 20[A]이다. 역기전력(counter e. m. f)은 몇 [V]인가?

① 96 ② 98 ③ 100 ④ 102

해설 $E_c = V - R_a I_a = 100 - 0.2 \times 20 = 96[V]$

121 ★☆ 【81. 84. 94. 산업기사, 05 기사】

100[HP], 600[V], 1200[rpm]의 직류 분권 전동기가 있다. 분권 계자 저항 400[Ω], 전기자 저항 0.22[Ω]이고 정격 부하에서의 효율이 90[%]이면 전부하시의 역기전력은 약 몇 [V]인가? 단, 1[HP]은 746[W]이다.

① 560 ② 570 ③ 580 ④ 590

해설 전동기의 입력을 P라고 하면 $P = \dfrac{100 \times 746}{0.9} = 82888[W]$

전부하 전류 $I = \dfrac{82888}{600} = 138[A]$

계자 전류 $I_f = \dfrac{600}{400} = 1.5[A]$

전기자 전류 $I_a = I - I_f = 138 - 1.5 = 136.5[A]$

$\therefore E = V - I_a R_a = 600 - 136.5 \times 0.22 ≒ 570[V]$

122 ☆ 【97. 산업기사】

4극 직류 분권 전동기의 전기자에 단중 파권 권선으로 된 420개의 도체가 있다. 1극당 0.025[Wb]의 자속을 가지고 1400[rpm]으로 회전시킬 때 몇 [V]의 역기전력이 생기는가? 또, 전기자 저항을 0.2[Ω]이라 하면 전기자 전류 50[A]일 때 단자 전압은 몇 [V]인가?

① 490, 500 ② 490, 480 ③ 245, 500 ④ 245, 480

해설 $p = 4$, $a = 2$, $Z = 420$, $\phi = 0.025$, $N = 1400$이므로

$E = \dfrac{pZ}{a} \phi \dfrac{N}{60} = \dfrac{4 \times 420}{2} \times 0.025 \times \dfrac{1400}{60} = 490[V]$

$V = E + R_a I_a = 490 + 0.2 \times 50 = 500[V]$

답 120. ① 121. ② 122. ①

123 ★★★★ 【90. 98. 99. 00. 기사】
120[V] 전기자 전류 100[A], 전기자 저항 0.2[Ω]인 분권 전동기의 발생 동력[kW]은?

① 10 ② 9 ③ 8 ④ 7

해설 $P = E_c I$, $E_c = V - R_a I_a = 120 - 0.2 \times 100 = 100[V]$
∴ $P = 100 \times 100 = 10[kW]$

124 ★★★☆ 【82. 96. 기사, 80. 82. 95. 산업기사】
분권 전동기가 120[V]의 전원에 접속되어 운전되고 있다. 부하시에는 53[A]가 유입되고 무부하로 하면 4.25[A]가 유입된다. 분권 계자 회로의 저항은 40[Ω], 전기자 회로 저항은 0.1[Ω]일 때 부하 운전 시의 출력은 몇 [kW]인가? 단, 브러시의 전압 강하는 2[V]이다.

① 약 6.0 ② 약 6.51 ③ 약 5.51 ④ 약 5.0

해설 무부하 시의 전기자 전류를 I_{a0}라 하면 전기자 전류 I_a일 때의 출력은
$P = E(I_a - I_{a0}) = (V - R_a I_a - v_b)(I_a - I_{a0})$
계자 전류 I_f는
$I_f = \frac{120}{40} = 3[A]$, $I_a = 53 - 3 = 50[A]$
$I_{a0} = 4.25 - 3 = 1.25[A]$
∴ $P = (120 - 0.1 \times 50 - 2)(50 - 1.25) = 5509[W] = 5.51[kW]$

125 ★★ 【89. 01. 기사】
100[V], 10[A], 전기자 저항 1[Ω], 회전수 1800[rpm]인 전동기의 역기전력[V]은?

① 120 ② 110 ③ 100 ④ 90

해설 $E = V - I_a R_a = 100 - 10 \times 1 = 90[V]$

126 ★★ 【82. 85. 92. 97. 산업기사】
정격 전압 100[V], 전기자 전류 50[A]일 때 1500[rpm]인 직류 분권 전동기의 무부하 속도는 몇 [rpm]인가? 단, 전기자 저항은 0.1[Ω]이고 전기자 반작용은 무시한다.

① 약 1382 ② 약 1421
③ 약 1579 ④ 약 1623

해설 $I_a = 50[A]$일 때의 역기전력 $E = V - I_a R_a = 100 - (50 \times 0.1) = 95[V]$
$I_a = 0[A]$일 때의 역기전력 $E_0 = 100[V] (\because I_a = 0)$
전기자 반작용을 무시하면 $E = k\phi N$에서 ϕ=일정하므로 $E \propto N$이다.
$\frac{E}{E_0} = \frac{N}{N_0}$ → $\frac{95}{100} = \frac{1500}{N_0}$
따라서 무부하 속도 $N_0 = 1500 \times \frac{100}{95} ≒ 1579[rpm]$

답 123. ① 124. ③ 125. ④ 126. ③

127 ★★★ 【83. 87. 95. 01. 산업기사, ㊥ : 78. 80. 산업기사】

2.2[kW]의 분권 전동기가 있다. 전압 110[V], 전기자 전류 42[A], 속도 1800[rpm]으로 운전 중에 계자 전류 및 부하 전류를 일정하게 두고 단자 전압을 120[V]로 올리면 회전수 [rpm]는? 단, 전기자 회로의 저항은 0.1[Ω]으로 하고 전기자 반작용은 무시한다.

① 1440　　② 1870　　③ 1970　　④ 2070

해설　$N = \dfrac{V - I_a R_a}{K_1 \phi} = \dfrac{110 - 42 \times 0.1}{K_1 \phi} = 1800 [\text{rpm}]$,　$K_1 \phi = \dfrac{105.8}{1800}$

부하 및 계자 전류가 일정하므로

$\therefore N' = \dfrac{V' - I_a R_a}{K_1 \phi} = \dfrac{120 - 42 \times 0.1}{\dfrac{105.8}{1800}} = 1970 [\text{rpm}]$

128 ★★★ 【85. 94. 98. 00. 05. 산업기사 ㊥ : 05. 기사】

직류 직권 전동기가 있다. 공급 전압이 525[V], 전기자 전류가 50[A]일 때 회전 속도는 1500[rpm]이라고 한다. 공급 전압을 400[V]로 낮추었을 때 같은 전기자 전류에 대한 회전 속도[rpm]를 구하여라. 단, 전기자 권선 및 계자 권선의 전저항은 0.5[Ω]이라 한다.

① 1000　　② 1125　　③ 1250　　④ 1375

해설　$N = \dfrac{V - I_a R_a}{K_1 \phi}$ 이므로

$N_1 = \dfrac{V - I_a R_a}{K_1 \phi} = \dfrac{525 - 50 \times 0.5}{K_1 \phi} = \dfrac{500}{K_1 \phi} = 1500 [\text{rpm}]$

$\therefore K_1 \phi = \dfrac{500}{1500} = \dfrac{1}{3}$

따라서 전압 400[V]일 때의 회전 속도 N_2는 I_a와 I_f가 정수이므로

$\therefore N_2 = \dfrac{V' - I_a R_a}{K_1 \phi} = \dfrac{400 - 50 \times 0.5}{\dfrac{1}{3}} = 1125 [\text{rpm}]$

129 ☆ 【93. 산업기사】

정격 출력 5[kW], 정격 전압이 110[V]의 직류 발전기가 있다. 500[V]의 메거를 사용하여 절연 저항을 측정할 때 절연 저항은 약 최저 몇 [Ω] 이상이어야 양호한 절연이라 할 수 있을까?

① $R = 0.11 [\text{M}\Omega]$　　② $R = 0.50 [\text{M}\Omega]$
③ $R = 0.0045 [\text{M}\Omega]$　　④ $R = 2.42 [\text{M}\Omega]$

해설　절연 저항의 최저값 $R = \dfrac{\text{정격전압[V]}}{\text{정격출력[kW]} + 1000} [\text{M}\Omega]$

$\therefore R = \dfrac{110 [\text{V}]}{5 [\text{kW}] + 1000} = 0.11 [\text{M}\Omega]$

답　127. ③　128. ②　129. ①

130 ★ 【98. 00. 산업기사】

220[V], 50[kW]인 직류 직권 전동기를 운전하는데 전기자 저항(브러시의 접촉 저항 포함)이 0.05[Ω]이고 기계적 손실이 1.7[kW], 표유손이 출력의 1[%]이다. 부하 전류가 100[A]일 때의 출력[kW]은?

① 약 19.6[kW]　　② 약 18.2[kW]
③ 약 16.7[kW]　　④ 약 14.5[kW]

[해설] $E_c = V - (R_a + R_s)I = 220 - 0.05 \times 100 = 215[V]$
∴ $P = E_c I = 215 \times 100 = 21500[kW] = 21.5[kW]$
∴ $P' = 21.5 - 1.7 - (21.5 \times 0.01) = 19.585[kW]$

---

131 ★ 【97. 11. 기사】

직류 분권 전동기가 있다. 그 출력이 9[kW]일 때, 단자 전압은 220[V], 입력 전류는 51.5[A], 계자 전류는 1.5[A], 회전 속도는 1500[rpm]이었다. 이때 발생토크[kg·m]와 효율[%]은? 단, 전기자 저항은 0.1[Ω]이다.

① 6.98, 79.4　　② 6.98, 94.8
③ 86.74, 79.4　　④ 59.33, 94.8

[해설] 전기자 전류 $I_a = I - I_f = 51.5 - 1.5 = 50[A]$
전기자 역기전력 $E = V - R_a I_a = 220 - 0.1 \times 50 = 215[V]$
기계적 동력 $P = E I_a = 215 \times 50 = 10750[W]$
발생 토크 $\tau = 0.975 \dfrac{P}{N} = 0.975 \times \dfrac{10750}{1500} = 6.98[kg \cdot m]$
효율 $\eta = \dfrac{출력}{입력} \times 100 = \dfrac{P}{VI} \times 100 = \dfrac{9 \times 10^3}{220 \times 51.5} \times 100 = 79.43[\%]$

유사문제

01. 100[V], 10[kW], 1000[rpm]의 분권 전동기를 부하 전류 102[A]의 정격 속도로 운전하고 있다. 지금 전기자에 직렬 저항 0.4[Ω]를 접속하고 전과 동일한 토크로 운전하려면 몇 회전하겠는가? 단, 전기자 및 분권 계자 회로의 저항은 각각 0.05[Ω]과 50[Ω]이다.
答 약 579[rpm]

02. 계자 권선 및 전기자 권선의 저항이 각각 0.1[Ω] 및 0.12[Ω]인 직류 직권 전동기가 있다. 이 전동기를 230[V]의 전원에 접속한 경우 부하 전류가 80[A]일 때의 회전수가 750[rpm]이라고 하면, 부하 전류가 20[A]일 때의 회전수[rpm]는 얼마인가? 여기서, 부하 전류 20[A]일 때의 계자속은 80[A]일 때의 45[%]라고 한다.
答 1770[rpm]

답 130. ①　131. ①

03. 100[kW], 250[V], 전기자 회로 저항 0.025[Ω]인 직류 분권 전동기의 무부하 속도가 1100[rpm]이 되도록 계자 저항을 조정한 후에 전기자 전류를 400[A]로 하면 회전 속도[rpm]와 출력[kW]은 얼마인가? 단, 브러시의 서항과 무부하 전류 및 손실은 무시한다.

답 1056[rpm], 96[kW]

04. 직류 직권 전동기가 있다. 전기자 저항 및 계자 권선 저항은 공히 0.8[Ω]이고 그 자화 곡선은 1분간 회전수 200, 전류 30[A]에 대해서 전압 300[V]를 나타낸다. 이 전동기를 500[V]에서 사용하여 전류가 앞에서와 같이 30[A]를 취할 때의 속도[rpm]를 계산하여라. 단, 전기자 반작용, 마찰손, 풍손 및 철손은 무시한다.

답 $E' = 500 - (0.8 + 0.8) \times 30 = 452[V]$ ∴ $N' = 200 \times \dfrac{452}{300} = 301.3[rpm]$

05. 단자 전압 220[V]에서 전기자 전류 30[A]가 흐르는 직권 전동기의 회전수는 500[rpm]이다. 전기자 전류 20[A]일 때의 회전수는 몇 [rpm]인가? 단, 전기자 저항과 계자 권선의 저항의 합은 0.8[Ω]이고 자기 포화와 전기자 반작용은 무시한다.

답 780[rpm]

06. 10[kW], 200[V], 전기자 저항 0.15[Ω]의 타여자 발전기를 전동기로 사용하여 발전기의 경우와 같은 전류를 흘렸을 때 단자 전압은 몇 [V]로 하면 되는가? 단, 여기서 전기자 반작용은 무시하고 회전수는 같도록 한다.

답 $V = E + R_a I_a = 207.5 + 0.15 \times 50 = 215[V]$

07. 단자전압 220[V]에서 전기자 전류 30[A]가 흐르는 직권전동기의 회전수는 500[rpm]이다. 전기자 전류 20[A]일 때의 회전수는 몇 [rpm]인가? 단, 전기자 저항과 계자권선의 저항의 합은 0.8[Ω]이고 자기포화와 전기자 반작용은 무시한다.

답 780[rpm]

08. 직류 발전기에 직결한 3상 유도 전동기가 있다. 발전기의 부하 10[kW], 효율 90[%]이며, 전동기 단자 전압 3300[V], 효율 90[%], 역률 90[%]이다. 전동기에 흘러 들어가는 전류의 값[A]은?

답 2.4[A]

토크

132 ★★ 【97. 98. 기사】
직류 직권 전동기의 회전수를 반으로 줄이면 토크는 약 몇 배인가?

① 1/4　　　② 1/2　　　③ 4　　　④ 2

해설 $T \propto \dfrac{1}{N^2}$ 이므로 회전수를 $\dfrac{1}{2}$로 줄이면 토크 T는 4배로 된다.

답 132. ③

133 직류 전동기에 있어서 공극의 평균 자속 밀도가 일정할 때 회전력(T)과 전기자 전류(I)와의 관계는?

① $T \propto I$ ② $T \propto \sqrt{I}$ ③ $T \propto I^2$ ④ $T \propto I^{2/3}$

해설 $T = \dfrac{EI_a}{2\pi n} = \dfrac{pZ}{2\pi a}\phi I_a = K\phi I_a \left(\therefore K = \dfrac{pZ}{2\pi a}\right)$
즉, $T \propto \phi I_a$에서 ϕ가 일정하므로 $T \propto I_a$

134 직류 전동기에서 전기자 전도체수 Z, 극수 p, 전기자 병렬 회로수 a, 1극당의 자속 Φ[Wb], 전기자 전류가 I_a[A]일 경우, 토크[N·m]를 나타내는 것은?

① $\dfrac{aZ\phi I_a}{2\pi p}$ ② $\dfrac{pZ\phi I_a}{2\pi a}$ ③ $\dfrac{apZI_a}{2\pi\phi}$ ④ $\dfrac{apZ\phi}{2\pi I_a}$

해설 $\tau = \dfrac{pZ\phi I_a}{2\pi a} = 0.975\dfrac{P}{N} \times 9.8$[N·m] (단, P: 출력[W], N: 회전속도[rpm])

135 직류 분권 전동기의 전체 도체수는 100, 단중 중권이며 자극수는 4, 자속수는 극당 0.628[Wb]이다. 부하를 걸어 전기자에 5[A]가 흐르고 있을 때의 토크[N·m]는?

① 약 12.5 ② 약 25 ③ 약 50 ④ 약 100

해설 중권이므로 내부 회로수 $a = p = 4$이다.
$\therefore \tau = \dfrac{pZ\phi I_a}{2\pi a} = \dfrac{4 \times 100 \times 0.628 \times 5}{2 \times 3.14 \times 4} = 50$[N·m]

136 전기자의 도체수 360, 6극 중권의 직류전동기가 있다. 전기자 전류가 60[A]일 때, 발생 토크는 몇 [kg·m]인가?(단, 1극당 자속수는 0.06[Wb]이다.)

① 12.3 ② 21.1 ③ 32.5 ④ 43.2

해설 $\tau = \dfrac{pZ\phi I_a}{2\pi a} = \dfrac{6 \times 360 \times 0.06 \times 60}{2 \times 3.14 \times 6} = 206.4$[N·m] $\therefore \dfrac{206.4}{9.8} = 21.1$[kg·m]

137 직류 분권 전동기가 있다. 총 도체수 100, 단중 파권으로 자극수는 4, 자속수 3.14[Wb], 부하를 가하여 전기자에 5[A]가 흐르고 있으면 이 전동기의 토크[N·m]는?

① 400 ② 450 ③ 500 ④ 550

답 133. ① 134. ② 135. ③ 136. ② 137. ③

해설 자극 $p=4$, 총도체수 $Z=100$, 자속수 $\phi=3.14$[Wb], 전기자 전류 $I_a=5$[A], 파권이므로 내부 회로수 $a=2$이다. 토크 τ는

$$\therefore \tau = \frac{pZ\phi I_a}{2\pi a} = \frac{4 \times 100 \times 3.14 \times 5}{2 \times 3.14 \times 2} = 500[\text{N} \cdot \text{m}]$$

138 ★★★★ 【92. 기사, ⊕ : 82. 83. 88. 89. 92. 98. 산업기사】
직류 분권 전동기가 있다. 단자 전압이 215[V], 전기자 전류가 50[A], 전기자의 전저항이 0.1[Ω], 회전 속도 1500[rpm]일 때 발생 토크[kg·m]를 구하여라.

① 6.82[kg·m] ② 6.68[kg·m]
③ 68.2[kg·m] ④ 66.8[kg·m]

해설 $\tau = 0.975 \dfrac{P}{N} = 0.975 \times \dfrac{(215 - 50 \times 0.1) \times 50}{1500} = 6.82[\text{kg} \cdot \text{m}]$

139 ★★★ 【82. 83. 85. 89. 95. 99. 산업기사 ⊕ 05. 기사】
직류 분권 전동기가 있다. 단자 전압 215[V], 전기자 전류 100[A], 1500[rpm]으로 운전되고 있을 때 발생 토크[N·m]는? 단, 전기자 저항 $r_a=0.1$[Ω]이다.

① 120.6 ② 130.6 ③ 191.1 ④ 291.1

해설 $V=215$[V], $I_a=100$[A], $N=1500$[rpm], $r_a=0.1$[Ω]이므로
$E = V - I_a R_a = 215 - (100 \times 0.1) = 205$[V]

$\therefore \tau = 0.975 \dfrac{P}{N} \times 9.8 = 0.975 \dfrac{E \cdot I_a}{N} \times 9.8 = 0.975 \times \dfrac{205 \times 100}{1500} \times 9.8 = 130.6[\text{N} \cdot \text{m}]$

140 ★★★☆ 【77. 99. 05. 11. 기사, 88. 94. 98. 산업기사】
P[kW], N[rpm]인 전동기의 토크[kg·m]는?

① $0.01625 \dfrac{P}{N}$ ② $716 \dfrac{P}{N}$ ③ $956 \dfrac{P}{N}$ ④ $975 \dfrac{P}{N}$

해설 $\tau = \dfrac{1}{9.8} \cdot \dfrac{P}{\omega} = \dfrac{1}{9.8} \cdot \dfrac{P \times 10^3}{2\pi \times \dfrac{N}{60}} = 975 \dfrac{P}{N}[\text{kg} \cdot \text{m}]$

141 ★ 【92. 기사】
전동기가 628[W]의 출력으로 매분 1840회 회전할 때 토크[dyne·cm]는 얼마인가?

① 4.33×10^7 ② 3.55×10^7 ③ 3.26×10^7 ④ 4.55×10^7

해설 $P = 2\pi \dfrac{N}{60} \tau \times 10^{-7}$[W]에서

$\tau = \dfrac{60P}{2\pi N} \times 10^7 = \dfrac{60 \times 628}{2\pi \times 1840} \times 10^7 = 3.26 \times 10^7 [\text{dyne} \cdot \text{cm}]$

답 138. ① 139. ② 140. ④ 141. ③

142 ★★★★★ 【77. 78. 85. 88. 96. 97. 98. 99. 00. 기사, 99. 산업기사】
출력 3[kW], 1500[rpm]인 전동기의 토크[kg·m]는?

① 1.5   ② 2   ③ 3   ④ 15

해설) $\tau = 0.975 \frac{P}{N} = 0.975 \times \frac{3 \times 10^3}{1500} = 1.95 ≒ 2\,[\text{kg} \cdot \text{m}]$

143 ★★★★★ 【89. 11. 05. 기사, 88. 98. 00. 03. 07. 산업기사, ㊉ : 70. 80. 85. 89. 91. 96. 기사】
어떤 직류 전동기의 역기전력이 210[V], 매분 회전수가 1200[rpm]으로 토크 16.2[kg·m]를 발생하고 있을 때의 전류 I[A]는?

① 약 65   ② 약 75   ③ 약 85   ④ 약 95

해설) $\tau = 0.975 \frac{P}{N} = 0.975 \frac{E_c I}{N}$ [kg·m], $16.2 = 0.975 \times \frac{210 \times I}{1200}$ 에서 $I = \frac{16.2 \times 1200}{0.975 \times 210} = 94.94\,[\text{A}]$

144 ★★ 【92. 기사, 67. 80. 산업기사】
1[kg·m]의 회전력으로 매분 1000 회전하는 직류 전동기의 출력[kW]은 다음의 어느 것에 가장 가까운가?

① 0.1   ② 1   ③ 2   ④ 5

해설) $P = 1.026 N\tau\,[\text{W}] = 1.026 \times 1000 \times 1 = 1026\,[\text{W}] ≒ 1\,[\text{kW}]$

145 ★★ 【92. 01. 기사】
직류 직권 전동기의 발생 토크는 전기자 전류를 변화시킬 때 어떻게 변하는가? 단, 자기 포화는 무시한다.

① 전류에 비례한다.   ② 전류의 제곱에 비례한다.
③ 전류에 역비례한다.   ④ 전류의 제곱에 역비례한다.

해설) 직권 전동기의 토크는 $T = \frac{pZ}{2\pi a}\phi I_a = k\phi I_a = k I_a^2$
그러므로 자기 포화를 무시하면 T는 I_a의 제곱에 비례한다.

146 ★★ 【92. 96. 12. 16. 18. 산업기사, ㊉ : 78. 96. 산업기사】
직류 직권 전동기를 정격 전압에서 전부하 전류 50[A]로 운전할 때, 부하 토크가 1/2로 감소하면 그 부하 전류는 약 몇 [A]로 되겠는가? 단, 자기 포화는 무시한다.

① 20   ② 25   ③ 30   ④ 35

해설) 직권 전동기의 토크는 자로가 포화되지 않은 범위 안에서는 전기자 전류의 제곱에 비례하므로 토크가 1/2로 되면
$\frac{T'}{T} = \frac{T/2}{T} = \frac{I_a'^2}{I_a^2}$, ∴ $I_a' = \sqrt{(1/2)} \times I_a = \sqrt{(1/2)} \times 50 = 35.3\,[\text{A}]$

답) 142. ② 143. ④ 144. ② 145. ② 146. ④

147 ☆ 【91. 산업기사】
직류 전동기가 부하 전류 100[A]일 때, 1000[rpm]으로 12[kg·m]의 토크를 발생하고 있다. 부하를 감소시켜 60[A]로 되었을 때 토크[kg·m]는 얼마인가? 단, 직류 전동기는 직권이다.

① 4.3   ② 7.2   ③ 20   ④ 33.3

[해설] $T \propto I_a^2$, $\dfrac{12}{x} = \dfrac{100^2}{60^2}$

$x = 12 \times 0.6^2 = 4.32 [\text{kg} \cdot \text{m}]$

유사문제
∥유사문제 원문 및 해설 : 동일출판사 홈페이지≫고객센터≫자료실

01. 4극, 중권 직류 전동기의 전기자 전도체수 160, 1극당 자속수 0.01[Wb], 부하 전류 100[A]라면 발생 토크는 얼마인가?

[답] $\tau = \dfrac{PZ}{2\pi a}\phi I_a = \dfrac{4 \times 160}{2 \times 3.14 \times 4} \times 0.01 \times 100 ≒ 25.5[\text{N} \cdot \text{m}]$

02. 전기자 총도체수 500, 6극, 중권의 직류 전동기가 있다. 전기자 전전류가 100[A]일 때의 발생 토크는 얼마인가? 단, 1극당 자속수는 0.01[Wb]이다.

[답] $\tau = \dfrac{P\phi Z I_a}{2\pi a \times 9.8} = \dfrac{6 \times 0.01 \times 500 \times 100}{2\pi \times 6 \times 9.8} = 8.12 [\text{kg} \cdot \text{m}]$

03. 100[V], 2[kW]의 직류 분권 전동기의 단자 유입 전류가 7.5[A]일 때 4[N·m]의 토크를 발생하였다. 부하가 증가해서 단자 유입 전류가 22.5[A]로 되었을 때의 토크는? 단, 전기자 저항과 계자 저항은 각각 0.2[Ω]과 40[Ω]이다.

[답] $\tau = 12[\text{N} \cdot \text{m}]$

04. 직류 분권 전동기가 있다. 도체수는 100, 단중 파권, 자극수 4, 극당 자속수는 0.314[Wb], 전기자 전류 5[A]가 흐를 때 이 전동기의 토크는?

[답] $\tau = \dfrac{pZ}{2\pi a}\phi I_a = \dfrac{4 \times 100}{2 \times 3.14 \times 2} \times 0.314 \times 5 = 50[\text{N} \cdot \text{m}]$

05. 전부하 시에 전류가 0.88[A], 역률 89[%], 속도 7000[rpm], 60[Hz], 115[V]인 2극 단상 직권 전동기가 있다. 회전자와 직권 계자 권선의 실효 저항의 합은 58[Ω]이다. 이 전동기의 기계손을 10[W]라고 하면 전부하시에 부하에 전달되는 토크는? 단, 여기서 계자의 자속은 정현파 변화를 한다고 하고 브러시는 중성축에 놓여 있다.

[답] $4.9[\text{g} \cdot \text{m}]$

06. 정격 5[kW], 100[V]의 타여자 직류 전동기가 어떤 부하를 가지고 회전하고 있다. 전기자 전류 20[A], 회전수 1500[rpm], 전기자 저항이 0.2[Ω]이다. 발생 토크[kg·m]는 얼마인가?

[답] $\tau = \dfrac{1}{9.8} \cdot \dfrac{P}{\omega} = \dfrac{1}{9.8} \cdot \dfrac{EI_a}{\omega} = \dfrac{1}{9.8} \cdot \dfrac{(100-20\times 0.2)\times 20}{2\pi \dfrac{1500}{60}} = 1.247[\text{kg} \cdot \text{m}]$

[답] 147. ①

07. 단자 전압 100[V], 전기자 전류 10[A], 전기자 회로의 저항 1[Ω], 정격 속도 1800[rpm]으로 전부하에서 운전하고 있는 직류 분권 전동기의 토크[N · m]는 약 얼마인가?

답 $\tau = \dfrac{P}{\omega} = \dfrac{E_c I_a}{2\pi n} = \dfrac{90 \times 10}{2 \times 3.14 \times \dfrac{1800}{60}} = 4.77[\text{N} \cdot \text{m}]$

08. 50[kW], 610[V], 1200[rpm]의 직류 분권 전동기가 있다. 70[%] 부하 때 부하 전류 100[A], 회전 속도 1220[rpm]이다. 전기자 발생 토크[kg · m]는? 단, 전기자 저항은 0.1[Ω]이고, 계자 전류는 전기자 전류에 비해 현저히 작다.

답 $\tau = 0.975 \times \dfrac{60,000}{1220} = 47.95[\text{kg} \cdot \text{m}]$

09. 중권으로 감긴 직류 전동기의 극수 2, 매극의 자속수 0.09[Wb], 총 도체수 80, 부하 전류 12[A]일 때, 발생 토크[kg · m]를 계산하면?

답 $1.40[\text{kg} \cdot \text{m}]$

10. 출력 10[HP], 600[rpm]인 전동기의 토크(Torque)는 약 몇 [kg · m]인가?

답 $12.1[\text{kg} \cdot \text{m}]$

11. 부하 전류가 100[A]일 때 1000[rpm]으로 15[kg · m]의 토크를 발생하는 직류 직권 전동기가 80[A]의 부하 전류로 감소되었을 때의 토크는 몇 [kg · m]인가?

답 $9.6[\text{kg} \cdot \text{m}]$

12. 출력 4[kW], 1400[rpm]인 전동기의 토크[kg · m]는?

답 $\tau = 0.975 \times \dfrac{P_2}{N_2} = 0.975 \times \dfrac{4000}{1400} = 2.78[\text{kg} \cdot \text{m}]$

13. 10[kW], 230[V], 1150[rpm]인 4극 분권 전동기의 전기자 회로의 전저항은 0.26[Ω], 단중 파권이고, 도체 총수 5400이다. 정격 시의 전기자 전류는 49[A], 계자 전류는 1.5[A]이다. 발생 토크[N · m]는?

답 $\tau = \dfrac{pZ}{2\pi a}\phi I_a = \dfrac{4 \times 540}{2\pi \times 2} \times 0.0105 \times 49 = 88.4[\text{N} \cdot \text{m}]$

14. 정격 부하를 걸고 16.3[kg · m]의 토크를 발생하고 600[rpm]으로 회전하는 어떤 직류 분권 전동기의 역기전력이 50[V]라고 한다. 그 전류[A]는 얼마인가?

답 $16.3 = 0.975 \dfrac{50 \times I}{600}$ 에서 $I = \dfrac{16.3 \times 600}{0.975 \times 50} = 200.61[\text{A}]$

속도

148 ★★★★★ 【83. 86. 88. 95. 99. 03. 05. 기사, 89. 91. 산업기사】
전기자 저항 0.3[Ω], 직권 계자 권선의 저항 0.7[Ω]의 직권 전동기에 110[V]를 가하였더니 부하 전류가 10[A]이었다. 이때 전동기의 속도[rpm]는? 단, 기계 정수는 2이다.

① 1200   ② 1500   ③ 1800   ④ 3600

[해설] 직류 직권 전동기의 속도 $N = K\dfrac{V - I_a(R_a + R_s)}{I_a}$ [rps]×60[rpm]이므로
$V = 110$[V], $I_a = 10$[A], $R_a = 0.3$[Ω], $R_s = 0.7$[Ω], $K = 2$를 대입하면
$\therefore N = 2 \times \dfrac{110 - 10(0.3 + 0.7)}{10} \times 60 = 1200$[rpm]

149 ★ 【84. 91. 03. 산업기사】
직류 전동기의 공급 전압을 V[V], 자속을 ϕ[Wb], 전기자 전류를 I[A], 전기자 저항을 R_a[Ω], 속도를 N[rps]라 할 때 속도식은? 단, k는 상수이다.

① $N = k\dfrac{V + R_a I_a}{\phi}$ ② $N = k\dfrac{V - R_a I_a}{\phi}$

③ $N = k\dfrac{\phi}{V + R_a I_a}$ ④ $N = k\dfrac{\phi}{V - R_a I_a}$

[해설] $E = K\phi N$, $E = V - R_a I_a$
$\therefore N = \dfrac{E}{K\phi} = \dfrac{V - R_a I_a}{K\phi} = k\dfrac{V - R_a I_a}{\phi}$ [rps]

150 ★★★☆ 【89. 91. 96. 11. 기사, 93. 11. 산업기사】
어느 분권 전동기의 정격 회전수가 1500[rpm]이다. 속도 변동률이 5[%]이면 공급 전압과 계자 저항의 값을 변화시키지 않고 이것을 무부하로 하였을 때의 회전수[rpm]는?

① 3257   ② 2360   ③ 1575   ④ 1165

[해설] $\epsilon = \dfrac{N_0 - N_n}{N_n} \times 100$[%]
$5 = \dfrac{N_0 - 1500}{1500} \times 100$ (단, N_0 : 무부하 속도, N_n : 정격 속도)
$\therefore N_0 = 1575$[rpm]

151 ★★ 【92. 기사, 93. 99. 산업기사】
정격 속도 1732[rpm]의 직류 직권 전동기의 부하 토크가 3/4으로 되었을 때의 속도[rpm]는 대략 얼마로 되는가? 단, 자기 포화는 무시한다.

① 1155[rpm]   ② 1500[rpm]   ③ 1750[rpm]   ④ 2000[rpm]

답 148. ①   149. ②   150. ③   151. ④

해설 $\tau \propto I_a^2 \propto \dfrac{1}{N^2}$ 이므로 $N = \sqrt{\dfrac{4}{3} \times (1732)^2} = 1999.9 \text{[rpm]}$

★ 【78. 99. 03. 05. 산업기사】

152 회전수 N[rpm]으로 단자 전압이 E_t[V]일 때, 정격 부하에서 I_a[A]의 전기자 전류가 흐르는 직류 분권 전동기의 전기자 저항이 R_a[Ω]이라고 한다. 이 전동기를 같은 전압으로 무부하 운전할 때 그 속도 N'[rpm]는? 단, 그 전기자 반작용 및 자기 포화 현상 등은 일체 무시한다.

① $\dfrac{N}{E_t - I_a R_a}$

② $\left(\dfrac{E_t}{E_t - I_a R_a}\right) N$

③ $\left(\dfrac{E_t - I_a R_a}{E_t}\right) N$

④ $\left(\dfrac{E_t + I_a R_a}{E_t}\right) N$

해설 정격 부하 시의 역기전력 $E_b = E_t - I_a R_a$, Φ는 단자 전압에 비례하고 무부하 시의 역기전력 $E_b' = E_t$이다. 무부하 시의 회전수 N'는 역기전력에 비례하므로
$N' = N \dfrac{E_b'}{E_b} = \left(\dfrac{E_t}{E_t - I_a R_a}\right) N$

유사문제
‖ 유사문제 원문 및 해설 : 동일출판사 홈페이지≫고객센터≫자료실

01. 직류 분권 전동기에서 전기자 회로의 전저항 r[Ω], 전압 V[V]에서 I_a[A]의 부하 전류가 흐르고 있을 때 회전수는 n[rpm]이었다. 무부하 때의 속도는 몇 [rpm]인가? 단, 포화 현상은 무시한다.

답 $\dfrac{nV}{V - rI_a}$ [rpm]

02. 정격 속도 1000[rpm]의 직류 직권 전동기의 부하가 3/4으로 감소하면 회전수는 대략 몇 [rpm]인가?

답 $N = 1000 \times \dfrac{4}{3} = 1333$[rpm]

03. 자극수 4, 전기자 도체수 50, 전기자 저항 0.1[Ω]의 중권 타여자 전동기가 있다. 정격 전압 105[V], 정격 전류 50[A]로 운전하던 것을 전압 및 계자 회로를 일정히 하고 무부하로 운전했을 때 속도 변동률은? 단, 매극의 자속은 0.05[Wb]라 한다.

답 속도 변동률 $= \dfrac{N_0 - N}{N} \times 100[\%] = \dfrac{2520 - 2400}{2400} \times 100 = 5[\%]$

04. 전기자 저항 0.2[Ω], 직권 계자 권선 저항 0.3[Ω]의 직권 전동기에 100[V]를 가하였더니 부하 전류 10[A]이었다. 이때 전동기의 속도[rpm]는 약 얼마인가? 단, 기계 정수는 2.61이다.

답 1500[rpm]

152. ②

속도제어

153 다음 중에서 직류 전동기의 속도 제어법이 아닌 것은?　★★★【76. 85. 99. 20. 기사, 05. 산업기사】
① 계자 제어법
② 전압 제어법
③ 저항 제어법
④ 2차 여자법

해설　직류 전동기 속도 제어법
① 계자 제어법　② 직렬 저항 제어법　③ 전압 제어법

154 워드 레오나드 방식과 일그너 방식의 차이점은?　★【91. 기사】
① 플라이휠을 이용하는 점이다.
② 직류 전원을 이용하는 점이다.
③ 전동 발전기를 이용하는 점이다.
④ 권선형 유도 발전기를 이용하는 점이다.

해설　일그너 방식은 워드 레오나드 방식에 있어서 직류 발전기의 구동에 유도 전동기를 사용하고 다시 이 전동 발전기에 플라이휠을 부속시켜서 부하가 급증한 경우에는 유도 전동기의 2차측에 저항을 넣어서 속도를 저하시켜 이때 방출되는 플라이휠의 에너지를 이용하는 방법이다.

155 워드 레오나드 속도 제어는?　★★★【90. 94. 98. 02. 12. 기사】
① 전압 제어
② 직병렬 제어
③ 저항 제어
④ 계자 제어

해설　워드 레오나드 방식은 역전을 포함해서 가장 광범위하게 속도 조정을 할 수 있는 방식으로 널리 사용하고 있으며 전압 제어의 대표적 방식이다.

156 직류 전동기의 속도 제어 방법 중 광범위한 속도 제어가 가능하며 운전 효율이 좋은 방법은?　★★★★★【83. 89. 96. 기사, 80. 81. 82. 85. 92. 05. 18. 산업기사】
① 계자 제어
② 직렬 저항 제어
③ 병렬 저항 제어
④ 전압 제어

해설　전압 제어법은 전동기의 공급 전압을 조정하는 방법으로 제어 범위가 넓고 손실도 거의 없으며, 제어법으로는 이상적이지만, 설비비가 많이 드는 것이 결점이다.

157 직류 전동기의 속도 제어법에서 정출력 제어에 속하는 것은?　★★★★★【82. 83. 84. 88. 89. 92. 93. 95. 97. 10. 16. 기사, 88. 91. 94. 96. 98. 00. 산업기사】
① 전압 제어법
② 계자 제어법
③ 워드 레오나드 제어법
④ 전기자 저항 제어법

답　153. ④　154. ①　155. ①　156. ④　157. ②

해설 ▶ 전동기의 출력 P와 토크 τ, 회전수 N과의 사이에는 $P \propto \tau N$의 관계가 있고, Φ가 변화할 경우 토크 τ는 Φ에 비례하나 회전수 N은 Φ에 반비례하므로, 계자 제어법은 정출력 제어로 된다. 또, 전압 제어법에서는 계자 자속은 거의 일정하고 전기자 공급 전압만을 변화시키므로 정토크 제어법이 된다.

158 ☆ 【91. 산업기사】
계자 제어에 의한 분권 전동기의 속도 제어 조정 범위 중 속도비가 가장 큰 것은?
① 보극이 없을 때　　　　　　　② 보극이 있을 때
③ 보극과 보상 권선이 있을 때　　④ 균압선이 있을 때

해설 ▶ 분권 전동기의 계자 제어에 의한 속도 조정 범위
① 보극이 없는 경우 1 : 1.5
② 보극이 있는 경우 1 : 2.5
③ 보상 권선이 있는 경우 1 : 4

159 ★★★☆ 【88. 98. 기사, 76. 90. 99. 산업기사】
워드 레오나드 방식의 목적은 직류기의?
① 정류 개선　　　　　　　　② 계자 자속 조정
③ 속도 제어　　　　　　　　④ 병렬 운전

해설 ▶ 워드 레오나드 방식은 역전을 포함해서 가장 광범위하게 속도 조정을 할 수 있는 방식으로 널리 사용하고 있다.

유사문제
∥유사문제 원문 및 해설 : 동일출판사 홈페이지》고객센터》자료실

01. 속도 조정이 가능하며, 각 속도에서는 거의 일정한 속도를 유지하도록 하는 부하에는 어떤 전동기 또는 제어 시스템이 적당한가?
답 직류 분권 전동기의 레오나드 방식

02. 직류 전동기의 속도 제어 방식 중 직·병렬 제어법을 사용할 수 있는 전동기는?
답 직류 직권 전동기

03. 분권 직류 전동기에서 부하의 변동이 심할 때 광범위하게 또한 안정되게 속도를 제어하는 가장 적당한 방식은?
답 일그너 방식

답 158. ③　159. ③

효율

160 ★☆ 【03. 기사, 82. 88. 95. 05. 산업기사】
직류 전동기의 규약 효율은 어떤 식으로 표시된 식에 의하여 구하여진 값인가?

① $\eta = \dfrac{출력}{입력} \times 100[\%]$
② $\eta = \dfrac{출력}{출력+손실} \times 100[\%]$
③ $\eta = \dfrac{입력-손실}{입력} \times 100[\%]$
④ $\eta = \dfrac{입력}{출력+손실} \times 100[\%]$

[해설] 규약 효율 η는
전동기 $\eta = \dfrac{입력-손실}{입력} \times 100[\%]$, 발전기 $\eta = \dfrac{출력}{출력+손실} \times 100[\%]$

161 ★★★★★ 【84. 89. 94. 03. 기사, 76. 80. 83. 88. 90. 산업기사】
일정 전압으로 운전하고 있는 직류 발전기의 손실이 $\alpha + \beta I^2$으로 표시될 때 효율이 최대가 되는 전류는? 단, α, β는 정수이다.

① $\dfrac{\alpha}{\beta}$
② $\dfrac{\beta}{\alpha}$
③ $\sqrt{\dfrac{\alpha}{\beta}}$
④ $\sqrt{\dfrac{\beta}{\alpha}}$

[해설] 손실 $\alpha + \beta I^2$ 중에서 α는 부하 전류에 관계없는 고정손이고, βI^2는 전류의 제곱에 비례하는 가변손이다. 최대 효율 조건은 고정손 = 가변손이므로, 즉 $\alpha = \beta I^2$이 되는 부하 전류 I는 $I = \sqrt{\dfrac{\alpha}{\beta}}$에서 최대 효율이 된다.

162 ★★★★★ 【90. 95. 기사, 79. 88. 산업기사, ㉮ : 85. 97. 기사, 83. 05. 산업기사】
효율 80[%], 출력 10[kW] 직류 발전기의 전손실[kW]은?

① 1.25   ② 1.5   ③ 2.0   ④ 2.5

[해설] 손실을 p[kW]라 하면 $0.8 = \dfrac{10}{10+p}$
∴ $p = \dfrac{10}{0.8} - 10 = 12.5 - 10 = 2.5$[kW]

163 ★★★ 【77. 85. 92. 10. 18. 기사】
전부하 효율이 88[%]되는 분권 직류 전동기가 있다. 80[%] 부하에서 최대 효율이 된다면 이 전동기의 전부하에 있어서의 고정손과 부하손의 비는?

① 1.25   ② 1   ③ 0.8   ④ 0.64

[해설] 직류 분권 전동기가 최대 효율이 되는 것은 고정손과 부하손이 서로 같은 경우로서, 지금 전부하 전류를 I[A]라고 하면, 문제의 조건에서
$P_k = (0.8I)^2 R_a$

답 160. ③   161. ③   162. ④   163. ④

단, P_k=고정손, R_a=전기자 회로의 저항
따라서, 전부하인 경우의 고정손과 부하손의 비율은 다음과 같다.
$$\frac{P_k}{I^2 R_a} = \frac{(0.8I)^2 R_a}{I^2 R_a} = 0.8^2 = 0.64$$

164 ★ 【81. 94. 산업기사】
500[V] 분권 전동기의 무부하 전류가 4[A], 브러시 접촉 저항을 포함한 전기자 저항이 0.2[Ω], 계자 전류가 1[A]인 경우 입력 전류가 20[A]일 때의 출력[W]은?

① 7930 ② 9928 ③ 9949 ④ 9955

해설, 고정손 : $P_h = 500 \times 4 - (4-1)^2 \times 0.2 = 1998.2[W]$
가변손 : $I^2 R = (20-1)^2 \times 0.2 = 72.2[W]$
출력 : $P = 500 \times 20 - 1998.2 - 72.2 = 7929.6 ≒ 7930[W]$

165 ★★★☆ 【78. 80. 95. 기사, 92. 산업기사】
정격 출력 시(부하손/고정손)는 2이고, 효율 0.8인 어느 발전기의 1/2 정격 출력 시의 효율은?

① 0.7 ② 0.75 ③ 0.8 ④ 0.83

해설, 부하손을 P_c, 고정손을 P_i, 출력을 P라 하면 정격 출력시에는 $P_c = 2P_i$로 되므로
$\frac{P_c}{P_i} = 2$에서 $p_c = 2P_i$이고 $\eta = 0.8$일 때
$$\frac{P}{P + P_i + P_c} = \frac{P}{P + P_i + 2P_i} = \frac{P}{P + 3P_i}$$
$$\eta_{\frac{1}{2}} = \frac{\frac{1}{2}P}{\frac{1}{2}P + P_i + \left(\frac{1}{2}\right)^2 P_c} = \frac{P}{P + 3P_i} = 0.8$$

166 ★★ 【91. 98. 03. 10. 산업기사】
직류기의 효율이 최대가 되는 경우는 다음 중 어느 것인가?

① 와류손 = 히스테리시스손   ② 기계손 = 전기자 동손
③ 전부하 동손 = 철손   ④ 고정손 = 부하손

해설, 직류기의 최대 효율은 고정손과 부하손이 같을 경우이다.

167 ★ 【97. 기사】
200[V], 10[kW]의 직류 분권 발전기가 있다. 전부하에서 운전하고 있을 때 전 손실이 500[W]이다. 이때의 규약 효율은?

① 97.0 ② 95.2 ③ 94.3 ④ 92

164. ① 165. ③ 166. ④ 167. ②

[해설] 규약 효율은

발전기 $\eta_G = \dfrac{출력}{출력+손실} \times 100[\%]$, 전동기 $\eta_M = \dfrac{입력-손실}{입력} \times 100[\%]$

$\therefore \eta_G = \dfrac{10 \times 10^3}{10 \times 10^3 + 500} \times 100 = 95.23[\%]$

168 ★★ 【91. 99. 기사】
110[V], 5[kW], 1250[rpm]의 분권 발전기의 전기자 저항이 0.22[Ω], 계자 전류 1[A], 철손 및 기계손의 합이 350[W]라면 전부하 효율[%]은 얼마인가?

① 82.3　　② 84.2　　③ 85.1　　④ 86.4

[해설] 부하전류 $I = \dfrac{P}{V} = \dfrac{5000}{110} = 45.4[A]$, 전기자 전류 $I_a = I + I_f = 45.4 + 1 = 46.4[A]$

발전기의 효율 $\eta_g = \dfrac{VI}{VI + 철손 + 기계손 + VI_f + I_a^2 r_a} \times 100[\%]$

$= \dfrac{5000 \times 100}{5000 + 350 + 110 \times 1 + 46.4^2 \times 0.22} = 84.2[\%]$

169 ★ 【99. 기사】
효율 80[%], 출력 10[kW]인 직류 발전기의 고정 손실이 1300[W]라 한다. 이때 이 발전기의 가변 손실은?

① 1000[W]　　② 1200[W]　　③ 1500[W]　　④ 2500[W]

[해설] $\eta = \dfrac{출력}{출력+손실}$

손실 $= \dfrac{출력}{\eta} - 출력 = \dfrac{10000}{0.8} - 10000 = 2500[W]$

∴ 가변 손실 $= 2500 - 1300 = 1200[W]$

유사문제
▮유사문제 원문 및 해설 : 동일출판사 홈페이지》고객센터》자료실

01. 일정 전압으로 운전하는 직류 전동기의 손실이 $x + yI^2$으로 될 때 어떤 전류에서 효율이 최대가 되는가? 단, x, y는 정수이다.

답 $I = \sqrt{\dfrac{x}{y}}$

02. 직류 발전기가 90[%] 부하에서 최대 효율인 발전기의 전부하에 있어서 고정손과 부하손의 비는 얼마인가?

답 $\dfrac{P_k}{I^2 R_a} = \dfrac{(0.9I)^2 R_a}{I^2 R_a} = 0.9^2 = 0.81$

답 168. ② 169. ②

03. 25[HP], 250[V], 1500[rpm]의 직류 분권 전동기가 있다. 무부하 정격 속도에서 6.8[A]가 흐른다. 분권 계자 저항 200[Ω], 전기자 저항 0.118[Ω]일 때 철손과 기계손의 합[W]을 구하면?

답 $P_i + P_m = P_0 - P_{c0} = 250 \times 5.55 - 3.6347 = 1383.87[W]$

04. 출력 100[kW], 전압 500[V], 철손 2.4[kW], 마찰손 1.2[kW], 여자 전류 2[A]인 직류 분권 발전기의 전기자 회로 저항 0.2[Ω]인 경우 최고 효율에서 부하는 몇 [kW]인가?

답 $P = VI = V(I_a - I_f) = 500 \times (152 - 2) = 75[kW]$

손실

170 ★★ 【86. 96. 기사】
직류기의 다음 손실 중에서 기계손에 속하는 것은 어느 것인가?
① 풍손　　　　　　　　　② 와류손
③ 브러시의 전기손　　　　④ 표유 부하손

해설 기계손은 브러시 마찰손, 베어링 마찰손, 풍손 등이다. 또한 다른 항은 다음과 같다.
　② 와류손 : 철손
　③ 브러시의 전기손 : 동손
　④ 표유 부하손 : 철손, 동손, 기계손 이외의 손실

171 ★ 【88. 94. 산업기사】
직류기의 손실 중에서 부하의 변화에 따라서 현저하게 변하는 손실은 다음 중 어느 것인가?
① 표유 부하손　② 철손　③ 풍손　④ 기계손

해설 표유 부하손은 전류의 제곱으로 변화하는 것으로 하고 그 값은 최대 정격 전류에 있어서 다음과 같다.
　• 보상 권선이 없는 직류기 : 기준 출력의 1[%]
　• 보상 권선이 있는 직류기 : 기준 출력의 0.5[%]

172 ★ 【03. 기사】
직류기의 철손에 관한 설명으로 옳지 않은 것은?
① 철손에는 풍손과 와전류손 및 저항손이 있다.
② 전기자 철심에는 철손을 작게 하기 위하여 규소강판을 사용한다.
③ 철에 규소를 넣게 되면 히스테리시스손이 감소한다.
④ 철에 규소를 넣게 되면 전기 저항이 증가하고 와전류손이 감소한다.

해설 철손은 무부하손으로 히스테리시스손과 와전류손이 있다. 저항손은 부하손에 해당된다.

답 170. ①　171. ①　172. ①

정격

173 회전기의 정격 중에서 전기 철도용 전원 기기에만 적용되는 정격은?

① 공칭 정격 ② 단시간 정격 ③ 반복 정격 ④ 연속 정격

해설 공칭 정격은 전기 철도용의 전원 기기에만 적용되는 특수 정격으로 정격 부하에서 계속 사용하여도 지장이 없는 정격이다.

174 E종 절연물의 최고 허용 온도[℃]는?

① 105 ② 130 ③ 90 ④ 120

해설 전기 기기의 규격에서는 절연물을 그 내열성에 따라서 다음 표와 같이 7종으로 나누어 허용 최고 온도를 정해 놓았다.

절연의 종류	Y	A	E	B	F	H	C
허용 최고 온도[℃]	90	105	120	130	155	180	180 초과

시험법

175 직류기의 특성 시험법 중 반환 부하법이 아닌 것은?

① Blondel 법 ② Kapp 법
③ Hopkinson 법 ④ Meyer 법

해설 반환 부하법
① 블론델법 : 발전기와 전동기의 무부하손을 보조 전동기에 의하여 보급하고, 동손을 승압기에 의하여 공급하는 방법
② 홉킨슨법 : 전손실이 기계적으로 공급되는 방법
③ 카프법 : 전손실을 전기적으로 공급하는 방법

176 대형 직류 전동기의 토크를 측정하는 데 가장 적당한 방법은?

① 와전류 제동기 ② 프로니 브레이크법
③ 전기 동력계 ④ 반환 부하법

해설 와전류 제동기와 프로니 브레이크법은 소형의 전동기 토크를 측정하는 데 적합하고, 반환 부하법은 온도 시험을 하는 방법이다.

답 173. ① 174. ④ 175. ④ 176. ③

177 ★★ 【83. 86. 92. 96. 산업기사】
직류기의 반환 부하법에 의한 온도 시험이 아닌 것은?

① 키크법　　　② 블론델법　　　③ 홉킨슨법　　　④ 카프법

해설　키크법(Kick method)은 직류기의 중성축을 결정하는 방법이다.

178 ★☆ 【83. 92. 99. 산업기사】
정격 출력 6[kW], 전압 100[V]의 직류 분권 전동기를 전기 동력계로 시험하였더니 전기 동력계의 저울이 10[kg]을 가리켰다. 이 전동기의 출력 P[kW]와 토크 τ는 몇 [kg·m]인가? 단, 동력계의 암의 길이는 0.4[m], 전동기의 회전수는 1600[rpm]이다.

① $P = 6$, $\tau = 3.7$　　　　② $P = 6.56$, $\tau = 4$
③ $P = 4.2$, $\tau = 3.7$　　　④ $P = 7.4$, $\tau = 4$

해설　전기 동력계에 의한 전동기의 토크 $\tau = WL = 10 \times 0.4 = 4$[kg·m]이며,
또한 토크 $\tau = 0.975 \dfrac{P}{N}$[kg·m]이므로
∴ $P = 1.026 N\tau = 1.026 \times 1600 \times 4 \times 10^{-3} = 6.56$[kW]

179 ★★ 【91. 99. 기사】
직류기의 권선 저항을 운전 전에 측정하니 0.125[Ω]이고, 운전 후에 측정하니 0.146[Ω]이었다. 권선의 온도 상승은 몇 [℃]인가? 단, 도체의 권선의 온도 계수는 0.0041이다.

① 39　　　　② 30　　　　③ 41　　　　④ 47

해설　$R = R_0(1 + \alpha_0 t)$
$R_0 = \dfrac{R}{1 + \alpha_0 t} = \dfrac{0.146}{1 + 0.0041 \times t} = 0.125$
$0.0041 t = \dfrac{0.146}{0.125} - 1 = 0.168$
$t = \dfrac{0.168}{0.0041} = 40.97$[℃]

180 ★ 【82. 83. 16. 산업기사】
2대의 같은 정격의 타여자 직류 발전기가 있다. 그 정격은 출력 10[kW], 전압 100[V], 회전속도 1500[rpm]이다. 지금 이 2대를 카프법에 의해서 반환 부하 시험을 하니 전원에서 흐르는 전류는 22[A]이었다. 이 결과에서 발전기의 효율[%]은? 단, 각 기의 계자 저항손은 각각 200[W]라고 한다.

① 88.5　　　　② 87　　　　③ 80.6　　　　④ 76

해설　전기자 동손 + 기계손 + 철손 + 표유 부하손 = $VI_0 = 100 \times 22 = 2200$[W] = 2.2[kW]
각 기의 계자 저항손 $R_f I_f^2 = 200$[W] = 0.2[kW]
발전기의 효율 η_g는
∴ $\eta_g \fallingdotseq \dfrac{VI}{VI + \frac{1}{2}VI_0 + R_f I_f^2} \times 100 = \dfrac{10}{10 + \frac{1}{2} \times 2.2 + 0.2} \times 100 = 88.5$[%]

답　177. ①　178. ②　179. ③　180. ①

유사문제

‖유사문제 원문 및 해설 : 동일출판사 홈페이지≫고객센터≫자료실

01. 정격 출력 5[kW], 정격 전압 100[V]의 직류 분권 전동기는 전기 동력계를 사용하여 시험하였더니 전기 동력계의 저울이 5[kg]을 나타내었다. 이 때, 전동기의 출력[kW]은 얼마인가? 단, 동력계의 암의 길이는 0.6[m], 전동기의 회전수는 1500[rpm]으로 한다.

답 $P = \dfrac{1}{975} \times 1500 \times 5 \times 0.6 \fallingdotseq 4.62 \text{[kW]}$

02. 정격 출력 3[kW], 정격 전압 100[V]의 직류 분권 전동기를 전기 동력계로 측정하였더니 3.5[kg]를 나타내었다. 이때의 전동기의 출력[kW] 및 토크[kg·m]는 약 얼마나 되는가? 단, 전기 동력계의 암의 길이는 0.5[m], 전동기의 회전수는 1500[rpm]으로 한다.

답 2.7[kW], 1.75[kg·m]

특수 직류기

181 ★【79. 기사】 정속도 운전의 직류 발전기로 작은 전력의 변화를 큰 전력의 변화로 증폭하는 발전기가 아닌 것은?

① 앰플리다인(amplidyne)
② 로토트롤(rototrol)
③ HT 다이나모(Hitachi turning dynamo)
④ 로젠베르그 발전기(Rosenberg generator)

해설 특수 직류기인 로젠베르그 발전기는 분권식과 직권식이 있으며, 분권식은 정전압형이며 열차의 점등 전원으로 사용되고, 직권식은 정전류형이며 용접용 전원으로 사용한다. 또한 어느 형이나 10[kW] 정도 이하이다.

182 ☆【94. 산업기사】 증폭 특성을 이용하여 발전기의 전압이나 전동기의 속도를 제어하는 특수 직류기는?

① 승압기
② 전기동력계
③ 앰플리다인
④ 전동발전기

183 ☆【93. 09. 산업기사】 다음 중 정전압형 발전기가 아닌 것은?

① Rosenberg Generator
② Third Brush Generator
③ Bergmann Generator
④ Rototrol

해설 Rototrol : 정속도 발전기로서 증폭기로 사용된다.

답 181. ④ 182. ③ 183. ④

184 ★★ 【99. 00. 기사】
앰플리다인(Amplidyne)에 대하여 틀린 것은?

① 미소한 전력변화를 수백~수천 배로 증폭한다.
② 브러시는 출력축과 단락축에 각 1조씩 있다.
③ 부하전류에 의한 반작용 자속은 생기지 않는다.
④ 단락전류에 의한 전기자 반작용 자속에 의하여 전압을 얻는다.

[해설] 앰플리다인의 증폭도는 5,000~15,000배이다.

184. ①

CHAPTER 02 동기기

1 동기 발전기의 원리

동기 발전기는 직류발전기와 같이 플레밍의 오른손 법칙에 따라 기전력을 유기한다. 동기기의 대표적인 것은 3상 교류 발전기로 회전계자형의 구조를 하고 있다. 그림 (b)는 2극 회전 계자형 3상 교류 발전기를 나타낸 것이며, 그림 (c)는 이때 기전력의 파형을 나타낸 것이다.

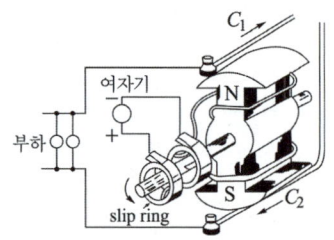

(a) 교류 발전기 회전계자형의 원리

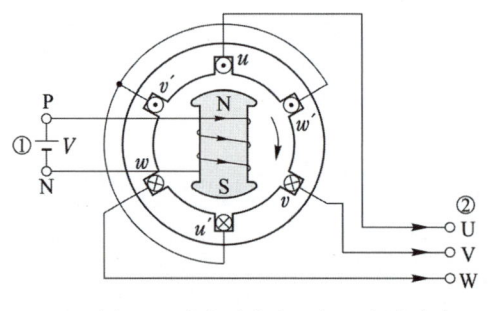

(b) 2극 회전 계자형 3상 동기 발전기

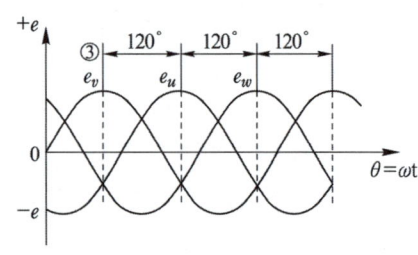

(c) 3상 교류 기전력

이때 회전하는 속도와 주파수의 관계를 나타낸 식은 다음과 같다.

동기 속도 : $n_s = \dfrac{2f}{p}$ [rps], $N_s = \dfrac{120f}{p}$ [rpm] **출제** 산업 6번, 기사 8번

주파수 : $f = \dfrac{pN_s}{120}$ [Hz]

단, n_s : 동기 속도[rps]　　N_s : 동기 속도[rpm]
　　p : 극수　　　　　　　K_w : 권선 계수
　　w : 1상의 전권수　　　Φ : 1극당의 자속수[Wb]

2 동기 발전기의 분류

1) 회전자에 의한 분류

(1) 회전 계자형 〔출제〕 산업 4번, 기사 1번

전기자를 고정자로 하고 계자극을 회전자로 한 것으로 회전계자형을 사용하는 이유로는

① 전기자 권선은 전압이 높고 결선이 복잡하며, 대용량으로 되면 전류도 커지고, 3상 권선의 경우에는 4개의 도선을 인출하여야 한다.
② 계자 회로는 직류의 저압 회로이므로 소요 동력도 작으며, 인출 도선이 2개만 있어도 되기 때문이다.
③ 계자극은 기계적으로 튼튼하게 만드는 데 용이하기 때문이다.
④ 고장시의 과도 안정도를 높이기 위하여 회전자의 관성을 크게 하기 쉽기 때문이기도 하다. 〔출제〕 산업 4번, 기사 1번

(2) 회전 전기자형

계자극을 고정자로 한 것으로 특수용도 및 극히 소용량에 적용

(3) 유도자형

계자극과 전기자를 함께 고정시키고 그 중앙에 유도자라고 하는 권선이 없는 회전자를 갖춘 것으로 수백~수만[Hz] 정도의 고주파 발전기로 사용된다. 〔출제〕 기사 2번

2) 원동기에 의한 분류

(1) 수차 발전기 : 수차에 의해 회전

(2) 터빈 발전기 : 증기 터빈 또는 가스 터빈에 의해 운전 되는 것으로 원통형 즉, 비돌극형이 많이 사용된다. 〔출제〕 산업 2번

(3) 엔진 발전기 : 내연 기관에 의해 운전

3) 냉각 방식에 의한 분류

(1) 공기 냉각 방식 : 소형기, 중형기, 대형 저속기에 적용

(2) 수냉각 방식 : 대형 고속기에 적용

(3) 유냉각 방식 : 대형 고속기에 적용

(4) 가스 냉각 방식 : 대형 고속기에 적용
　① 수소 냉각 발전기의 장점
　　• 비중이 공기의 약 7[%]로 가볍고 풍손은 공기의 약 1/10로 감소

- 비열이 공기의 약 14배로 열전도성이 좋고, 공기냉각 발전기에 비하여 약 25[%]의 출력이 증가
- 가스 냉각기가 적어도 된다.
- 코로나 발생전압이 높고 절연물의 수명이 길어진다.
- 공기에 비해 대류율이 1.3배이고 운전 중 소음이 적다.

② 수소 냉각 발전기의 단점
- 공기와 적당히 혼합하면 폭발할 우려가 있다.
- 폭발 예방을 위한 부속설비가 필요하며 설비비가 증가

3 여자기(exciter)

동기 발전기의 계자 권선에 여자 전류를 공급하는 직류 전원 공급 장치를 여자기라 한다.

1) 여자 방식 [출제] 기사 1번

(1) 직류 여자기

동기 발전기와 별개로 동일 축에 직결하여 사용
① 소용량기용 : 직류 분권 발전기
② 중용량기 이상 : 복식 여자 방식이 사용
③ 복식여자방식
- 주 여자기 : 복권 발전기, 타여자 발전기
- 부 여자기 : 분권 발전기

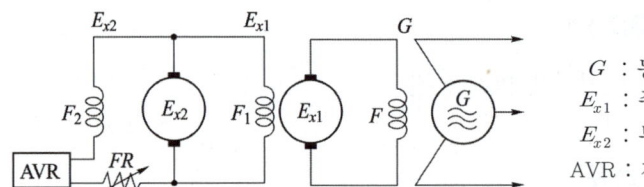

G : 동기 발전기
E_{x1} : 주여자기
E_{x2} : 부여자기
AVR : 자동 전압 조정기

(2) 정류기 여자법

주 발전기가 발생한 전력의 일부를 반도체 정류기를 사용하여 정류한 후 이것을 계자 권선에 공급하는 방식으로 정지형 여자 장치라 하고 이 방식을 사용한 기계를 자여교류발전기(self excited alternator)라 한다.

(3) 브러시레스 여자기(brushless exciter)

이 방식은 동기 발전기의 축단에 필요한 용량의 회전전기자형의 교류발전기를 사용하고 이 발생된 교류를 회전자상에 설치된 반도체 정류기로 정류하여 계자권선에 공급하는 방식

2) 여자기 용량

발전기 용량	여자기 용량
대용량기(100,000[kVA] 이상)	발전기 용량의 0.5~0.7[%]
중용량기(15,000[kVA]급)	발전기 용량의 1[%]
소용량기(2,000[kVA]급 이하)	발전기 용량의 1.5[%]

4 전기자 권선법

1) 집중권과 분포권

(1) 집중권 : 1극, 1상의 코일이 차지하는 슬롯수가 1개인 것

(2) 분포권 : 1극, 1상의 코일이 차지하는 슬롯수가 2개 이상인 것으로 다음과 같은 장·단점이 있어 동기기에서는 분포권을 많이 채택한다.
  ① 장점
    ㉠ 기전력의 파형이 좋아진다.
    ㉡ 권선의 누설리액턴스가 감소
    ㉢ 전기자에 발생되는 열을 골고루 분포시켜 과열을 방지
  ② 단점
    집중권에 비해 합성 유기 기전력이 감소

(3) 분포권 계수 K_d

$$K_d = \frac{\sin\frac{\pi}{2m}}{q\sin\frac{\pi}{2mq}} (기본파) \qquad K_{dn} = \frac{\sin\frac{n\pi}{2m}}{q\sin\frac{n\pi}{2mq}} (n차 고조파)$$

(4) 매극 매상 당 슬롯 수 $= \dfrac{총\ 슬롯\ 수}{상수 \times 극수}$

(5) 총 코일 수 $= \dfrac{총\ 슬롯\ 수 \times 층수}{2}$

2) 전절권과 단절권

(1) 전절권 : 코일 간격이 극 간격과 같은 것

(2) 단절권 : 코일 간격이 극 간격보다 작은 것을 말하며 다음과 같은 특징이 있다.
① 고조파를 제거하여 기전력의 파형을 개선하고
② 코일 단부가 짧게 되어 기계 전체 길이가 축소되어 동의 양이 적게 되는 이점이 있어 동기기에서는 단절권을 채택한다.
③ 전절권에 비해 합성 유기기전력이 감소
④ 단절권 계수 K_p

$$K_p = \sin\frac{\beta\pi}{2}(\text{기본파}), \quad \beta = \frac{\text{권선 피치}}{\text{자극 피치}}$$

출제 산업 9번, 기사 5번

$$K_{pn} = \sin\frac{n\beta\pi}{2}(n\text{차 고조파})$$

출제 산업 8번, 기사 2번

3) 권선 계수

$$K_w = K_d \cdot K_p$$

4) 중권, 파권, 쇄권

전기자 권선을 감는 방법에 따라 분류하면 중권, 파권, 쇄권이 있으며 동기기에서는 주로 중권이 사용되고 파권은 특수한 경우에만 사용되고 쇄권은 고압의 기계에 적당하나 특수한 경우 외는 사용되지 못한다.

5) 단층권과 2층권

(1) 단층권 : 전기자 철심의 1개의 슬롯에 코일변 1개를 넣은 것

(2) 이층권 : 전기자 철심의 1개의 슬롯에 코일변 2개를 포개어 넣은 것으로 동기기에서는 주로 2층권이 사용된다.

6) 전기자 권선을 Y결선으로 하는 이유   출제 산업 6번

① 중성점을 접지할 수 있으므로 권선보호 장치의 시설이 용이
② 이상전압의 방지대책이 용이
③ 권선의 불평형 및 제3고조파에 의한 순환전류가 흐르지 않는다.
④ 상전압은 선간 전압의 $\frac{1}{\sqrt{3}}$이 되어 코일의 절연이 용이하고 코로나 발생을 억제

5 유기 기전력

1) 1개의 도체에 유기되는 기전력의 순시치 e

$$e = Blv[\text{V}]$$

그런데 $v = \pi D \dfrac{N}{60}$, $N = \dfrac{120f}{p}$ 이므로

$$v = \pi D \dfrac{1}{60} \cdot \dfrac{120f}{p} = 2\pi D \cdot \dfrac{f}{p}$$

$$\therefore e = 2f \dfrac{\pi D\, l \cdot B}{p}$$

2) 기전력의 평균치 E_{mean}

기전력의 평균치는 순시치

$$e = 2f\dfrac{\pi D\, l \cdot B}{p} \text{에서 } E_{mean} = 2f\dfrac{\pi D\, l \cdot B_{mean}}{p}[\text{V}]$$

가 된다. 또한, $\dfrac{\pi D\, l}{p}$ 은 1자극 밑의 전기자 표면적이므로

$$\phi = \dfrac{\pi D\, l}{p} \cdot B_{mean}$$

$$\therefore E_{meam} = 2\phi f$$

여기서, f : 주파수[Hz] D : 전기자 직경[m]
    l : 도체의 길이[m] B : 자속밀도[Wb/m^2]
    p : 극수 ϕ : 매극당 자속[Wb]

3) 실효치 E

$$\text{실효치 } E = \text{파형률} \times E_{mean} = 1.11 E_{mean} = 2.22\phi f[\text{V}]$$

가 된다.
또한, 코일 권수 1개에 코일변이 2개 있으므로 권수 W에 유기되는 기전력은

$$E = 4.44 K_w f W \phi [\text{V}]$$

여기서, K_w : 권선계수($K_w = K_d \times K_p$), K_d : 분포계수, K_p : 단절계수

이때, 발전기 단자 전압은 $V = \sqrt{3}\, E[\text{V}]$가 된다.

4) 동기 발전기의 기전력의 파형을 정현파로 하기 위해 채용되는 방법
   ① 매극 매상의 슬롯수를 크게 한다.
   ② 단절권 및 분포권으로 한다.
   ③ 전기자 철심을 사(skewed slot)슬롯으로 한다.
   ④ 공극의 길이를 크게 한다.

6 - 동기 발전기의 출력

1) 비돌극기(원통형)의 출력

① 단상 발전기 $P ≒ \dfrac{EV}{x_s} \sin\delta$

② 3상 발전기 $P ≒ \dfrac{3EV}{x_s} \sin\delta$ [출제] 산업 4번, 기사 3번

③ 최대 출력 : 부하각 $\delta = 90°$에서 발생 [출제] 기사 3번

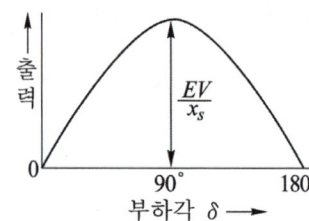

E : 유기 기전력
V : 단자 전압
δ : 부하각

2) 돌극기의 출력

① 출력 $P = \dfrac{EV}{x_d} \sin\delta + \dfrac{V^2(x_d - x_q)}{2x_d x_q} \sin 2\delta$

② 최대 출력 : 부하각 $\delta ≒ 60°$에서 발생

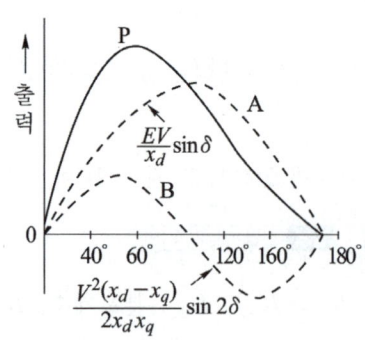

7 전기자 반작용

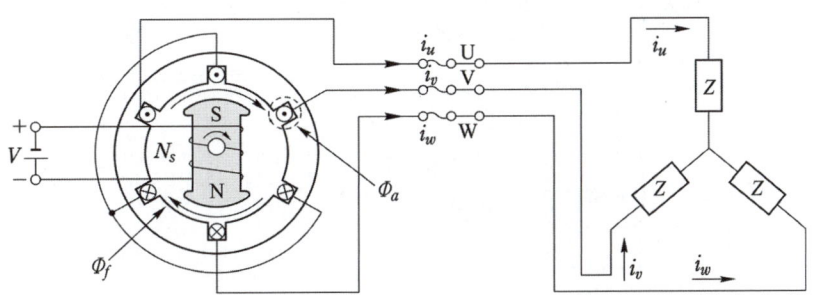

그림과 같은 발전기에 부하가 접속된 경우 전류가 흐르게 되며, 이때 흐르는 전류로 인하여 생긴 전기자 자속이 계자 자속에 영향을 주는 현상을 말한다.

이때 흐르는 전류는 전압과 전류가 동상인 전류, 진상전류, 지상전류가 흐를 수 있으며, 각 전류에 따라 전기자 반작용이 달라진다.

- 전압과 전류가 동상인 전류 : 횡축반작용(교차자화작용)
- 진상인 전류 : 직축반작용(증자작용)
- 지상인 전류 : 직축반작용(감자작용)

이 반작용은 부하의 역률에 따라 그 작용이 다르게 된다.

역 률	부 하	전류와 전압과의 위상	작 용
역률 1	저항	I_a가 E와 동상인 경우	교차 자화 작용(횡축 반작용)
뒤진 역률 0	유도성 부하	I_a가 E보다 $\pi/2$ 뒤지는 경우	감자 작용(직축 반작용)
앞선 역률 0	용량성 부하	I_a가 E보다 $\pi/2$ 앞서는 경우	증자 작용(자화 작용)

여기서, I_a : 전기자 전류, E : 유기 기전력

8 동기 발전기의 특성

1) 무부하 포화 곡선
무부하 포화 곡선은 계자 전류 I_f와 무부하 단자 전압 V와의 관계 곡선을 말한다.

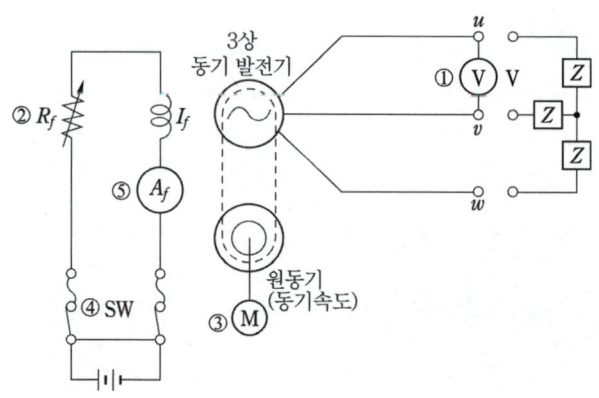

(a) 무부하 포화시험

그림과 같이 동기 발전기의 부하를 분리하고 ③의 원동기를 동기속도로 발전기를 구동한다. ④의 스위치를 투입하고, ②의 계자저항을 서서히 감소시켜 계자전류 I_f를 증가시키면서 ①의 전압계 지시치를 측정하여 그림 (b)에 나타낸 것을 무부하 포화 곡선이라 한다.

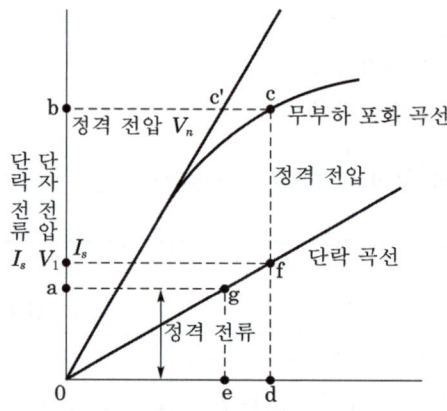

(b) 무부하 포화곡선과 3상 단락곡선

이 무부하 포화곡선에서 0c를 공극선이라 하며, 이 공극선과 무부하 포화곡선의 정격전압을 유기하는 cc'와 만나는 점에서 포화율을 산출한다. `출제` `기사 3번`

포화율 $\delta = \dfrac{cc'}{bc'}$ `출제` `산업 2번`

2) 3상 단락곡선과 단락비

3상 단락곡선은 계자 전류 I_f와 단락 전류 I_s와의 관계 곡선을 말한다.

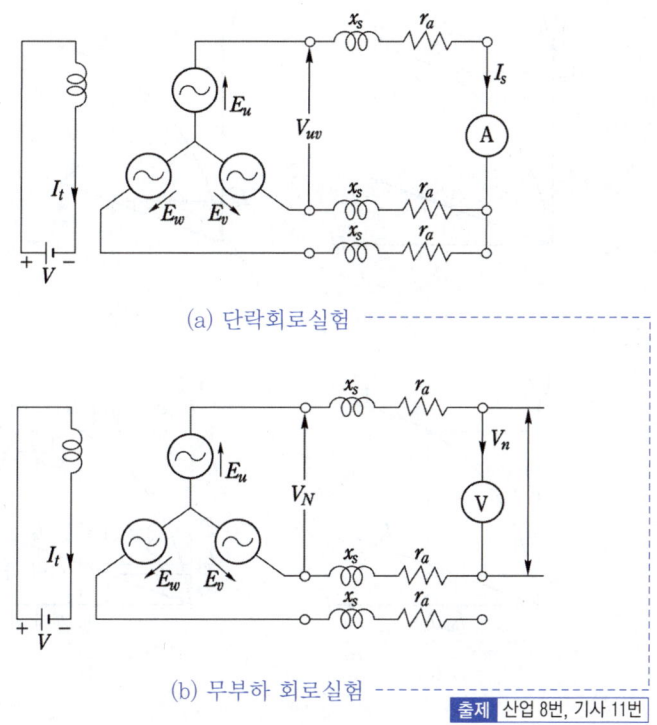

(a) 단락회로실험

(b) 무부하 회로실험

그림 (a)와 같이 동기 발전기 단자를 단락하고 서서히 계자전류를 증가하면 3상 단락전류가 흐른다. 이때 흐르는 단락전류의 크기는 다음과 같다.

$$I_s = \frac{E}{Z_s} = \frac{E}{\sqrt{r_a^2 + x_s^2}} \fallingdotseq \frac{E}{jx_s}[A]$$

여기서, r_a : 전기자 저항, x_s : 동기 리액턴스, E : 발전기의 유도기전력
I_s : 3상 단락전류, Z_s : 동기 임피던스

단락전류는 전기자 저항을 무시하면 동기리액턴스에 의해 그 크기가 결정된다.
즉, 동기리액턴스에 의해 흐르는 전류는 90° 늦은 전류가 크게 흐르게 되며, 이 전류에 의한 전기자 반작용이 감자 작용이 되므로 3상 단락곡선은 직선이 된다.

또, 정상 운전중인 3상 동기 발전기를 갑자기 단락하면 이때 단락전류는 단락초기에 전기자 반작용이 순간적으로 나타나지 않기 때문에 막대한 과도전류가 흐르고, 수초 후에 영구 단락전류에 이르게 된다.

막대한 과도전류를 돌발 단락전류라 하며 누설 리액턴스에 의해 결정된다.

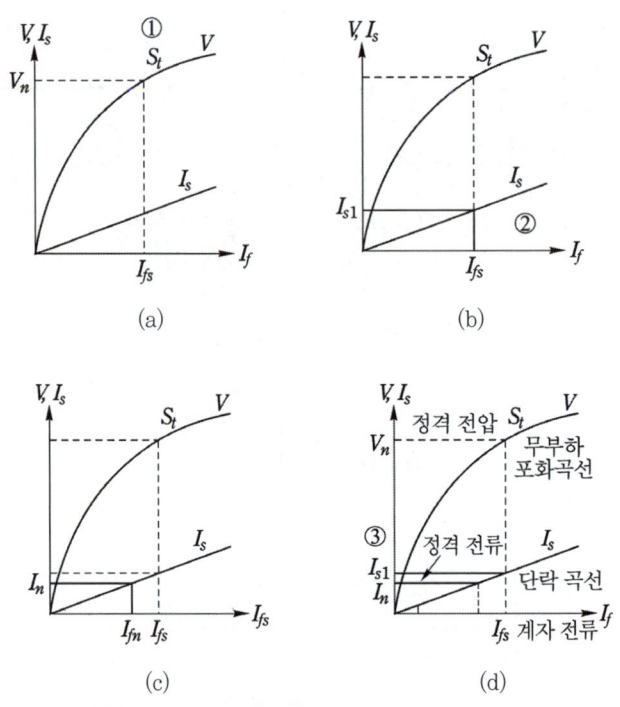

그림 (a)의 ①은 무부하 포화곡선을 나타내며, 그림 (b)의 ②는 3상 단락곡선을 나타낸다. 그림 (c)는 단락시험에서 정격전류를 흘리는데 필요한 계자전류를 나타낸 것이며, 그림 (d)는 무부하 정격전압을 유기하는 데 필요한 계자전류를 나타낸 것이다.

이 비를 단락비(short circuit ratio) K_s라 한다.

$$K_s = \frac{\text{무부하에서 정격전압을 유기하는 데 필요한 계자전류}}{\text{정격전류와 같은 단락전류를 흘리는 데 필요한 계자전류}}$$

$$\%Z_s = \frac{Z_s I_n}{E_n} \times 100 = \frac{Z_s I_n}{\frac{V_n}{\sqrt{3}}} \times 100 = \frac{I_f''}{I_f'} \times 100$$

$$= \frac{1}{K_s} \times 100[\%]$$

$$\therefore Z_s[\text{PU}] = \frac{1}{K_S}$$

단락비의 크기는 기계적 특성을 잘 나타내는 수치로서 철기계와 동기계에서 다르게 나타난다. K_s의 값은 터빈 발전기에서는 0.6~1.0, 수차 발전기에서는 0.9~1.2 정도이다.

(1) 철기계의 특징
① 단락비가 크다.
② 동기 임피던스가 적다.
  ($K_s = \dfrac{1}{Z_s}$에서 동기 임피던스가 적어진다.)
③ 반작용 리액턴스 x_a가 적다.
  ($Z_s = r_a + j(x_a + x_l)$에서 Z_s가 적다는 것은 반작용 리액턴스 x_a가 적다는 것을 의미한다.)
④ 계자 기자력이 크다.
  (전기자 기자력에 비해 상대적으로 계자 기자력이 크므로 전기자 반작용에 의한 영향이 적게 되고, 전압 변동률이 양호해진다.)
⑤ 기계의 중량이 크다.
  (계자 기자력이 크다는 것은 계자 권회수가 많고 계자철심 즉, 회전자의 직경이 크게 되므로 기계의 중량이 큰 철기계를 의미한다)
⑥ 과부하 내량이 증대되고, 송전선의 충전 용량이 큰 여유가 있는 기계이나 반면에 기계의 가격이 상승한다.

(2) 동기계의 특징
① 단락비가 적다.
② 동기 임피던스가 크다.
③ 전기자 반작용이 크다.
④ 공극이 적다.
⑤ 중량이 가볍고 재료가 적게 들어 가격이 싸다.

3) 동기 임피던스 Z_s

동기 임피던스는 전기자저항과 전기자 반작용 리액턴스, 누설 리액턴스의 합으로 표현된다. 이때 전기자 반작용 리액턴스와 누설 리액턴스의 합을 동기 리액턴스라 한다.

$$Z_s = r_a + j\,x_s\,[\Omega]$$
$$x_s = x_a + x_l\,[\Omega]$$
$$Z_s = r_a + j\,x_s = r_a + j\,(x_a + x_l)\,[\Omega]$$

여기서, x_a : 전기자 반작용 리액턴스
  x_l : 누설 리액턴스

일반적으로 전기자 저항의 크기는 동기 리액턴스에 비하여 무시할 수 있을 정도로 작으며, 이를 무시하면 동기 임피던스의 값은 실용상 동기 리액턴스의 값과 같이 된다.
또 동기임피던스는 단락전류에 의해 산출할 수 있다.

동기 임피던스 $Z_s = \dfrac{E_n}{I_s} = \dfrac{V_n}{\sqrt{3}\,I_s}\,[\Omega]$

여기서, E_n : 정격 상전압[V], I_s : 3상 단락 전류[A], V_n : 정격 단자 전압[V]

4) %동기 임피던스

정격 전류 I_n에 대한 임피던스 강하와 정격 상전압(E_n)의 비에 대한[%] 값을 말하며 다음과 같이 표현할 수 있다.

$$\%Z_s = \dfrac{Z_s I_n}{E} \times 100\,[\%]$$ 출제 산업 2번

여기서, I_n : 정격 전류
Z_s : 동기 임피던스
E : 동기 발전기의 유도 기전력으로 단자전압을 $\sqrt{3}$으로 나눈값

위 식에 정격전류와 유도 기전력을 대입하면 다음과 같다.

$$\%Z_s = \dfrac{P_n Z}{10\,V^2}\,[\%]$$

여기서, $I_n = \dfrac{P \times 10^3}{\sqrt{3}\,V \times 10^3}$, $E = \dfrac{V \times 10^3}{\sqrt{3}}$

5) 전압 변동률(ε)

$$\epsilon = \dfrac{V_0 - V_n}{V_n} \times 100\,[\%]$$ 출제 산업 3번. 기사 1번

여기서, V_0 : 무부하 단자 전압[V], V_n : 정격 단자 전압[V]

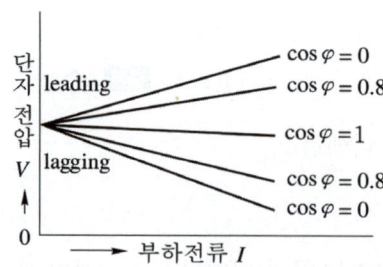

전압 변동률은 부하 전류의 대소에 따라서 달라질 뿐만 아니라 같은 부하 전류에 대해서도 역률이 상이하면 그 값이 달라진다. 위의 외부 특성 곡선은 이 관계를 표시한다. 유도 부하의 경우에 ϵ은 $+(V_0 > V_n)$, 용량 부하의 경우에 ϵ은 $-(V_0 < V_n)$로 된다. 출제 산업 2번

6) 자기 여자

동기 발전기에 콘덴서와 같은 용량성 부하를 접속 시키면 진상 전류가 전기자 권선에 흐르게 되며, 이때 전기자 전류에 의한 전기자 반작용은 자화작용이 되므로 발전기에 직류 여자를 가하지 않아도 전기자 권선에 기전력이 유기된다.

이와 같이 앞선 전류에 의해 전압이 점차 상승되어 정상 전압까지 확립되어 가는 현상을 동기 발전기의 자기 여자 작용(self excitation)이라 한다.

이것을 방지하기 위한 방법은 다음과 같다.

① 발전기 2대 또는 3대를 병렬로 모선에 접속한다.
② 수전단에 동기 조상기를 접속하고 이것을 부족 여자로 하여 송전선에서 지상 전류를 취하게 하면 충전 전류를 그만큼 감소시키는 것이 된다.
③ 송전 선로의 수전단에 변압기를 접속한다.
④ 수전단에 리액턴스를 병렬로 접속한다.
⑤ 발전기의 단락비를 크게 한다. 출제 산업 1번, 기사 3번

9 - 동기 발전기의 병렬 운전

1) 발전기의 병렬운전 조건 출제 산업 4번, 기사 3번

① 기전력의 크기가 같을 것
② 기전력의 위상이 같을 것
③ 기전력의 주파수가 같을 것
④ 기전력의 파형이 같을 것

이 외에도 3상 동기 발전기의 병렬 운전 시에는 상회전 방향이 같아야 한다.

2) 병렬 운전 조건 불만족 시 현상

(1) 기전력의 크기가 같지 않은 경우(여자의 변화) 출제 산업 4번, 기사 3번

$$I_c = \frac{E_1 - E_2}{2Z_s} = \frac{E_r}{2Z_s} [A]$$ 출제 산업 3번

$$\theta = \tan^{-1}\frac{2x_s}{2r_a} = \tan^{-1}\frac{x_s}{r_a} ≒ \frac{\pi}{2}(x_s \gg r_a \text{이므로})$$

인 무효 순환 전류가 흐른다. 출제 기사 3번
A, B 두 대의 발전기가 병렬 운전 중에 A기의 여자를 증대하면 A기의 역률이 저하 하며 B기의 역률이 향상된다. 출제 산업 5번, 기사 3번

(2) 기전력의 위상이 다른 경우(원동기 출력의 변화) 출제 산업 3번, 기사 2번
동기화 전류가 흘러 G_1 발전기의 기전력 E_1과 G_2 발전기의 기전력 E_2의 위상을 동일하게 한다. 출제 기사 5번

① 동기화 전류 $I_s = \dfrac{E_1}{x_s} \sin \dfrac{\delta}{2}$ 출제 기사 1번

② 수수전력 $P_s = \dfrac{E_1^{\,2}}{2x_s} \sin \delta$ 출제 기사 3번

(3) 기전력의 주파수가 다른 경우
동기화 전류가 교대로 주기적으로 흐른다. 즉 난조의 원인이 된다.
난조방지법으로는 제동권선이 사용된다. 출제 산업 6번, 기사 5번

(4) 기전력의 파형이 같지 않은 경우
각 순시의 기전력의 크기가 다르기 때문에 고조파 무효 순환 전류가 흐른다.

3) 원동기에 필요한 조건
① 균일한 각속도를 가질 것
② 적당한 속도 조정률을 가질 것
③ 조속기가 적당한 불감도를 가질 것

4) 동기 발전기 병렬 운전 시 서로 같지 않아도 되는 사항
① 발전기 용량
② 부하 전류
③ 임피던스

5) 부하의 분담

(1) 유효 전력의 분담
원동기의 속도 특성에 따라 정해진다. 즉, 어떠한 부하에 대해서나 부하 분담을 같게 하려면 속도 변동률이 같아야 한다.

(2) 무효 전력의 분담
기전력의 크기. 즉, 계자 전류의 크기에 의해 결정된다. 따라서 무효 전력을 분담시키고자 할 때는 계자 전류를 조정하면 되는데 계자 전류가 증대된 발전기의 역률은 저하되고 반대로 다른 발전기의 역률이 증가하게 된다.

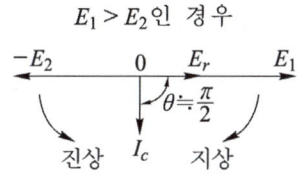

(3) 계자 전류 변화에 따른 특성 변화

[조건]

G_1 발전기의 계자 전류 I_{f1}을 증가시키고, G_2 발전기의 계자 전류 I_{f2}는 불변
즉, G_1 발전기의 유기 기전력 E_1 > G_2 발전기의 유기 기전력 E_2

항 목	G_1 발전기	G_2 발전기
자속 ϕ	ϕ_1 증가	ϕ_2 불변
유기기전력	E_1 증가	E_2 불변
유효분전류	불 변	불 변
무효분전류	지상분 무효전류 증가	진상분 무효전류 증가
유 효 전 력	불 변	불 변
무 효 전 력	지상분 무효전력 증가	진상분 무효전력 증가
역 률	$\cos\theta_1$ 저하	$\cos\theta_2$ 상승

10 동기 발전기의 안정도

1) 정태 안정도

여자를 일정하게 유지하고 부하를 서서히 증가하는 경우 탈조하지 않고 어느 범위까지 안정하게 운전할 수 있는 정도를 말하는 것으로 그 극한에 있어서의 전력을 정태안정 극한 전력이라고 한다.

$$P = \frac{EV}{X} \sin\delta$$

2) 동태 안정도

발전기를 송전선에 접속하고 자동 전압 조정기(AVR)로 여자 전류를 제어하며 발전기 단자 전압이 정전압으로 안정하게 운전할 수 있는 정도를 말한다.

3) 과도 안정도

부하의 급변, 선로의 개폐, 접지, 단락 등의 고장 또는 기타의 원인에 의해서 운전 상태가 급변하여도 계통이 안정을 유지하는 정도를 말한다.

4) 안정도 향상대책

① 동기 임피던스를 작게 한다.
② 속응 여자 방식을 채택한다.
③ 회전자에 플라이 휠을 설치하여 관성 모멘트를 크게 한다.
④ 정상 임피던스는 작고, 영상, 역상 임피던스를 크게 한다.
⑤ 단락비를 크게 한다.
⑥ 동기 탈조 계전기를 사용한다. 출제 산업 5번

11 동기전동기

1) 토크

$$\tau = \frac{V_l E_l}{\omega x_s} \sin\delta [\text{N} \cdot \text{m}]$$

$$P = \omega\tau = \frac{E_l V_l}{x_s}[\text{N} \cdot \text{m}]$$

$$\tau' = \frac{\tau}{9.8}[\text{kg} \cdot \text{m}]$$

$$\therefore 1[\text{kg} \cdot \text{m}] = 9.8[\text{N} \cdot \text{m}]$$

여기서, V_l : 선간 전압 E_l : 선간 기전력
        ω : 각속도($2\pi N_s/60[\text{rad}]$) δ_m : 부하각

2) 위상 특성 곡선(V곡선)

정 출력에서 유기 기전력 E(또는 계자 전류 I_f)를 변화시킬 때 E(또는 I_f)와 전기자 전류 I_a의 관계를 나타내는 곡선을 말한다.
동기 전동기는 그림에서 알 수 있는 바와 같이 계자 전류를 가감하여 전기자 전류의 크기와 위상을 조정할 수 있다. 이 곡선은 부하가 클수록 V 곡선은 위로 이동한다.

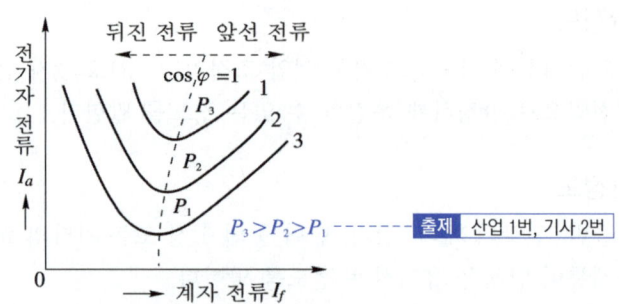

① V곡선에서 역률이 1인 경우 전기자 전류가 최소로 된다. 출제 기사 5번
② V곡선에서 여자 전류의 변화는 전기자 전류와 역률의 변화가 생긴다. 출제 산업 1번, 기사 16번

3) 동기 전동기의 기동

(1) 기동 토크

동기 전동기의 기동 토크는 영(0)이므로 기동할 때에는 제동 권선을 기동 권선으로 이용하여 기동 토크를 얻는다.

(2) 인입 토크

전동기 자체와 이것과 연결된 부하의 관성에 맞서 동기로 돌아갈 수 있는 최대 부하 토크

(3) 동기 인입 조건

$$s < \frac{242}{N} \sqrt{\frac{P_m}{(GD^2)f}}$$

여기서, s : 직류 여자를 가할 때의 슬립, N : 회전수[rpm]
P_m : 그 여자에 대한 탈출 토크에 상당하는 출력[kW]
GD^2 : 플라이휠 효과[kg·m²], f : 주파수[Hz]

(4) 탈출 토크

전동기가 정격 주파수, 정격 전압 및 규정의 여자 상태에서 동기 운전할 수 있는 최대 토크로서 공급 전압과 여자의 크기에 따라 다르다.

(5) 전기자 반작용

역률	부하	전류와 위상의 관계	작용
역률 1	저항	I_a와 V가 동상	교차자화작용(횡축반작용)
뒤진 역률 0	유도성	I_a가 V보다 $\pi/2$ 뒤진 경우	증자작용(직축반작용)
앞선 역률 0	용량성	I_a가 V보다 $\pi/2$ 앞선 경우	감자작용(직축반작용) 출제 기사 4번

4) 동기 전동기의 특징

(1) 장점
- 속도가 일정, 불변이다.
- 항상 역률 1로 운전할 수 있다. 출제 산업 2번, 기사 2번
- 필요 시 앞선 전류를 통할 수 있다.
- 유도 전동기에 비하여 효율이 좋다. 출제 산업 1번, 기사 1번

(2) 단점
- 보통 구조의 것은 기동 토크가 적고 속도 조정을 할 수 없다.

- 난조를 일으킬 염려가 있다.
- 여자용의 직류 전원을 필요로 하여 설비비가 많이 든다.

(3) 용도
- 저속도 대용량 : 시멘트 공장의 분쇄기, 각종 압축기, 송풍기, 제지용 쇄목기, 동기 조상기
- 소용량 : 전기 시계, 오실로그래프, 전송 사진 출제 기사 4번

5) 동기기의 입력과 출력

(1) 입력

$$P_1' = VI\cos\phi = \frac{V^2}{Z_s^2}\cos\alpha - \frac{VE_0}{Z_s}\cos(\alpha+\delta)[\text{W}]$$

(2) 출력

$$P_2 = E_0 I\cos\phi = \frac{VE_0}{Z_s}\cos(\alpha-\delta) - \frac{E_0^2}{Z_s}\cos\alpha \fallingdotseq \frac{VE_0}{Z_s}\sin\delta[\text{W}]$$

$$\left(\alpha = \tan^{-1}\frac{x_s}{r_a}\text{로 } x_s \gg r_a\text{이므로 } \alpha \fallingdotseq \frac{\pi}{2}\right)$$

12 시험 및 측정

측정 항목	시험의 종류
철 손	무부하 시험
기 계 손	무부하 시험
동 기 임 피 던 스	단락 시험
동 기 리 액 턴 스	단락 시험
단 락 비	무부하(포화)시험, 단락 시험

CHAPTER 02 출제예상문제_동기기

유도 기전력

01 ★★★★★ 【87. 88. 95. 97. 기사, 82. 83. 85. 93. 97. 05. 산업기사】

극수 6, 회전수 1200[rpm]의 교류 발전기와 병행 운전하는 극수 8의 교류 발전기의 회전수는 몇 [rpm]이라야 되는가?

① 800 ② 900 ③ 1050 ④ 1100

해설 $N_s = \dfrac{120f}{p}$ 에서 주파수를 구하면 $1200 = \dfrac{120f}{6}$

∴ $f = \dfrac{1200 \times 6}{120} = 60[\text{Hz}]$ ∴ $N = \dfrac{120 \times 60}{8} = 900[\text{rpm}]$

02 ★ 【87. 기사】

동기 발전기에서 동기 속도와 극수와의 관계를 표시한 것은 어느 것인가? 단, N : 동기 속도, p : 극수

① (N-P 그래프: 증가 곡선) ② (N-P 그래프: 감소 쌍곡선) ③ (N-P 그래프: 직선) ④ (N-P 그래프: 포물선)

해설 $N_s = \dfrac{120f}{p} \propto \dfrac{1}{p}$

즉, 동기 속도는 극수 p에 반비례하므로 쌍곡선이 된다.

03 ★ 【02. 25. 기사】

자속 밀도를 0.6[Wb/m²], 도체의 길이를 0.3[m], 속도를 10[m/s]라 할 때, 도체 양단에 유기되는 기전력은?

① 0.9[V] ② 1.8[V] ③ 9[V] ④ 18[V]

해설 $e = Blv = 0.6 \times 0.3 \times 10 = 1.8[\text{V}]$

04 ★★★★ 【85. 92. 00. 20. 기사, ⊕ : 94. 기사】

3상 20,000[kVA]인 동기 발전기가 있다. 이 발전기는 60[c/s]인 때는 200[rpm], 50[c/s]인 때는 167[rpm]으로 회전한다. 이 동기 발전기의 극수는?

① 18극 ② 36극 ③ 54극 ④ 72극

답 1. ② 2. ② 3. ② 4. ②

해설 $f=60[\text{Hz}]$, $N_s=200[\text{rpm}]$의 경우 $p=\dfrac{120f}{N_s}=\dfrac{120\times 60}{200}=36[극]$

$f=50[\text{Hz}]$, $N_s=167[\text{rpm}]$의 경우 $p=\dfrac{120f}{N_s}=\dfrac{120\times 50}{167}=35.9[극] ≒ 36[극]$

★ 【92. 기사】
05 3상 교류 발전기에서 권선 계수 k_w, 주파수 f, 1극당의 자속수 $\phi[\text{Wb}]$, 직렬로 접속된 1상의 코일 권수 W를 △결선으로 하였을 때의 선간 전압은?

① $\sqrt{3}\,k_w \cdot f \cdot W \cdot \phi$
② $4.44 k_w \cdot f \cdot W \cdot \phi$
③ $\sqrt{3} \cdot 4.44 k_w \cdot f \cdot W \cdot \phi$
④ $4.44 k_w \cdot f \cdot W \cdot \phi / \sqrt{3}$

해설 자속 밀도의 분포가 정현파인 경우 그 평균값은 $B_a=(2/\pi)B_m$이므로 매극의 자속은
$\phi = B_a \tau l = (2/\pi) B_m \tau l$
$\therefore E_m = \pi f \phi [\text{V}]$ (τ는 극간격이다.)
실효값 $E' = \dfrac{E_m}{\sqrt{2}} = \dfrac{\pi}{\sqrt{2}} f\phi = 2.22 f\phi[\text{V}]$,
한 개의 코일에는 두 코일변이 있으므로 $E=4.44 f W \phi$, 권선 계수를 $k_w = k_d \cdot k_s$라면
△결선에서는 선간 전압=상전압이므로
$\therefore E = 4.44 k_w \cdot f \cdot W \cdot \phi [\text{V}]$

★★★★☆【93. 94. 00. 기사, 98. 산업기사, ⊕ : 93. 기사】
06 6극 60[Hz] Y결선 3상 동기 발전기의 극당 자속이 0.16[Wb], 회전수 1200[rpm], 1상의 권수 186, 권선 계수 0.96이면 단자 전압은?

① 13183[V] ② 12254[V] ③ 26366[V] ④ 27456[V]

해설 코일의 유기 기전력 E는 $E = 4.44 f W k_w \phi = 4.44\times 60\times 186\times 0.96\times 0.16 = 7610.94[\text{V}]$
단자 전압(선간 전압) $= \sqrt{3}\,E = \sqrt{3}\times 7610.94 = 13183[\text{V}]$

★★【89. 97. 기사】
07 3상 동기 발전기의 3상의 유도 기전력 120[V], 반작용 리액턴스 0.2[Ω]이다. 90° 진상 전류 20[A]일 때 발전기 단자 전압[V]은? 단, 기타는 무시한다.

① 116 ② 120 ③ 124 ④ 140

해설 $V = E - (-I_a R_a)$ $\therefore V = 120 + 20\times 0.2 = 124[\text{V}]$

★★★★★【90. 95. 기사, 85. 93. 97. 03. 04. 07. 12. 산업기사, ⊕ : 97. 산업기사】
08 60[Hz] 12극 회전자 외경 2[m]의 동기 발전기에 있어서 자극면의 주변 속도[m/s]는?

① 30 ② 40 ③ 50 ④ 60

해설 $N_s = \dfrac{120f}{p} = \dfrac{120\times 60}{12} = 600[\text{rpm}]$ $\therefore v = \pi D \cdot \dfrac{N_s}{60} = \pi \times 2 \times \dfrac{600}{60} = 62.8[\text{m/s}]$

답 5. ② 6. ① 7. ③ 8. ④

09 ★★ 【82. 85. 93. 00. 산업기사】

20극, 360[rpm]의 3상 동기 발전기가 있다. 전 슬롯수 180, 2층권 각 코일의 권수 4, 전기자 권선은 성형으로, 단자 전압 6600[V]인 경우 1극의 자속[Wb]은 얼마인가? 단, 권선 계수는 0.9라 한다.

① 0.0375　　② 0.3751　　③ 0.0662　　④ 0.6621

해설 $E = 4.44 k_w f W \phi$[V]식을 이용한다.
1상의 기전력은

$E = \dfrac{6600}{\sqrt{3}} = 3810.6$[V], $f = \dfrac{pN_s}{120} = \dfrac{20 \times 360}{120} = 60$[Hz], $W = \dfrac{180 \times 4}{3} = 240$

∴ $\phi = \dfrac{3810.6}{4.44 \times 0.9 \times 60 \times 240} = 0.0662$[Wb]

유사문제

‖유사문제 원문 및 해설 : 동일출판사 홈페이지≫고객센터≫자료실

01. 60[Hz], 12극의 동기 전동기 회전 자계의 주변 속도[m/s]는? 단, 회전 자계의 극 간격은 1[m]이다.

답 $v = 12 \times \dfrac{600}{60} = 120$[m/s]

02. 4극 60[Hz]의 3상 동기 발전기가 있다. 회전자의 주변 속도를 200[m/s] 이하로 하려면 회전자의 최대 지름을 약 몇 [m]로 하여야 하는가?

답 $D = \dfrac{60v}{\pi N_s} = \dfrac{60 \times 200}{3.14 \times 1800} = 2.12$[m]

03. 3상 동기 발전기의 단자 전압이 6600[V], 자극수 20, 슬롯수 180, 2층권이고 코일의 권수가 4라면 발전기의 1극당의 자속수[Wb]는? 단, 권선 계수가 0.9이고 회전수는 360[rpm]이며 전기자 권선은 성형이다.

답 $\phi = \dfrac{6600}{\sqrt{3} \times 4.44 \times 0.9 \times 240 \times 60} ≒ 66 \times 10^{-3}$[Wb]

04. 동기 발전기에서 극수 4, 1극의 자속수 0.062[Wb], 1분간의 회전 속도를 1800, 코일의 권수를 100이라고 하고, 이때 코일의 유기 기전력의 실효값[V]은? 단, 권선 계수는 1.0이라 한다.

답 $E = 4.44 f W k_w \phi = 4.44 \times 60 \times 100 \times 1 \times 0.062 = 1651.6$[V]

구조 및 원리

10 ★ 【02. 기사】

전기 기기에서 초전도 도체(super conductor)는 주로 어느 부분에 이용되는가?

① 전기자 권선　　② 계자 권선　　③ 접지선　　④ 변압기의 저압 권선

해설 계자 권선에 초전도 도체를 사용하면 전기기기의 자속 밀도를 크게 할 수 있다.

답 9. ③　10. ②

11 다음 중 동기발전기의 여자방식이 아닌 것은?

① 직류여자기방식　　　　　② 브러시레스 여자방식
③ 정류기 여자방식　　　　　④ 회전계자방식

해설) 회전계자방식은 동기발전기의 회전자에 의한 분류로 전기자를 고정자로 하고 계자극을 회전자로 한 방식이다.

12 원통형 회전자를 가진 동기 발전기는 부하각 δ가 몇 도일 때 최대 출력을 낼 수 있는가?

① 0°　　　② 30°　　　③ 60°　　　④ 90°

해설) 돌극형은 부하각 $\delta=60°$ 부근에서 최대 출력이 되고, 정격 운전 시는 20° 부근이다. 또, 비돌극기(원통형 회전자)는 $\delta=90°$에서 최대가 된다.

13 동기 발전기에 회전 계자형을 사용하는 경우가 많다. 그 이유로 적합하지 않은 것은?

① 기전력의 파형을 개선한다.
② 전기자보다 계자극을 회전자로 하는 것이 기계적으로 튼튼하다.
③ 전기자 권선은 고전압으로 결선이 복잡하다.
④ 계자 회로는 직류 저전압으로 소요 전력이 작다.

해설) 회전 계자형을 사용하는 이유
① 전기자 권선은 전압이 높고 결선이 복잡하며, 대용량으로 되면 전류도 커지고, 3상 권선의 경우에는 4개의 도선을 인출하여야 한다.
② 계자 회로는 직류의 저압 회로이므로 소요 동력도 작으며, 인출 도선이 2개만 있어도 되기 때문이다.
③ 계자극은 기계적으로 튼튼하게 만드는 데 용이하기 때문이다.
④ 고장시의 과도 안정도를 높이기 위하여 회전자의 관성을 크게 하기 쉽기 때문이기도 하다.

14 보통 회전 계자형으로 하는 전기 기계는?

① 직류 발전기　　　　　② 회전 변류기
③ 동기 발전기　　　　　④ 유도 발전기

해설) 회전 계자형은 전기자를 고정자로 하고, 계자극을 회전자로 한 것으로 현재 가장 많이 사용하고 있으며, 동기 발전기는 회전 계자형으로 되어 있다.

15 철극형(凸극형) 발전기의 특징은?

① 형이 커진다.　　　　　② 회전이 빨라진다.
③ 소음이 많다.　　　　　④ 전기자 반작용 자속 수가 역률의 영향을 받는다.

답) 11. ④　12. ④　13. ①　14. ③　15. ④

해설, 철극형은 극의 중앙(직축)과 극간(횡축)에서의 자기 저항이 큰 차이가 있으므로 반작용 리액턴스는 횡축이 작다.

16 ★ 【89. 96. 산업기사】
터빈 발전기의 특징 중 틀린 것은?
① 회전자는 지름을 크게 하고 축 방향으로 길게 하여 원심력을 크게 한다.
② 회전자는 원통형 회전자로 하여 풍손을 작게 한다.
③ 회전자의 계자 철심, 계철 및 축은 강도가 큰 특수강으로 한다.
④ 수소 냉각 방식을 써서 풍손을 줄인다.

해설, 터빈 발전기는 고속 기계이므로 회전자는 지름을 작게 하고 축 방향으로 길게 하여 원심력을 작게 해야 한다.

17 ★★ 【91. 00. 기사】
동기 발전기에서 전기자와 계자의 권선이 모두 고정되고 유도자가 회전하는 것은?
① 수차 발전기   ② 고주파 발전기
③ 터빈 발전기   ④ 엔진 발전기

해설, 고주파 발전기에는 회전자의 구조에 따라서 돌극형, 원통극형, 유도자형의 3종류가 있다. 특히 높은 주파수에는 유도자형이 대부분이다.

18 ★☆ 【82. 83. 88. 산업기사】
동기 발전기의 직접 냉각 방식의 설명으로 옳은 것은?
① 적용 한계 출력은 20만[kVA]까지이다.
② 고정자 철심의 내부에 덕트를 설치하고 냉각 매체를 흘려 냉각시킨다.
③ 고정자 코일의 내부에 덕트를 설치하고 냉각 매체를 흘려 냉각시킨다.
④ 회전자 철심의 내부에 덕트를 설치하고 냉각 매체를 흘려 냉각시킨다.

해설, 직접 냉각 방식은 고정자 및 회전자 코일의 내부에 덕트를 설치하고 냉각 가스 또는 냉각수를 흘려 직접 냉각시키는 것이다.

19 ★★★ 【81. 88. 90. 92. 98. 01. 20. 산업기사】
3상 동기 발전기의 전기자 권선을 Y결선으로 하는 이유로서 적당하지 않은 것은?
① 고조파 순환 전류가 흐르지 않는다.
② 이상 전압 방지의 대책이 용이하다.
③ 전기자 반작용이 감소한다.
④ 코일의 코로나, 열화 등이 감소된다.

해설, 3상 동기 발전기의 전기자 권선을 Y결선으로 하면
① 권선의 불평형 및 제3고조파(그 배수 포함) 등에 의한 순환 전류가 흐르지 않는다.

답 16. ① 17. ② 18. ③ 19. ③

② 중성점을 이용할 수 있으므로 권선 보호 장치의 시설이나 중성점 접지에 의한 이상 전압의 방지 대책이 용이하다.
③ 상전압이 낮기 때문에 코일의 코로나, 열화 등이 작다. 그러나 동일 전압에 대하여 상전압이 낮기 때문에 발전기 권선의 전류는 커진다고 볼 수 있다.

20 ★★★★★ 【90. 98. 00. 01. 기사, ㊌ : 94. 기사】
3상 66000[kVA], 22900[V] 터빈 발전기의 정격 전류[A]는?
① 2882 ② 962 ③ 1664 ④ 431

[해설] $I = \dfrac{P}{\sqrt{3}\,V} = \dfrac{66000 \times 10^3}{\sqrt{3} \times 22900} \fallingdotseq 1664[A]$

21 ★★★ 【76. 77. 96. 기사】
일반적으로 20극 5000[kVA]인 수차 발전기의 주여자기 용량[kW]은?
① 50 ② 100 ③ 200 ④ 1000

[해설] 동기 발전기의 주여자기 용량은 발전기의 용량, 극수 등에 따라 다르나, 대용량기(100,000[kVA] 이상)에서는 발전기 용량의 0.5~0.7[%], 중용량기(15,000[kVA]급)에서는 1.0[%], 2000[kVA] 이하는 1.5[%] 정도이다. 5000[kVA] 급에서는 4극 : 25[kW], 10극 : 35[kW], 20~28극 : 50[kW], 50극 : 70[kW]이다.

22 ★★★★★ 【90. 92. 93. 94. 97. 기사】
고정자에 3상 권선을 시행하여 회전 자계가 발생하고 있을 때 6개의 브러시를 등간격으로 배치한 정류자를 가진 회전자를 놓았다. 브러시 사이에 유기되는 전압의 상수는?
① 3상 ② 6상
③ 4상 ④ 1, 2차가 맞지 않으므로 불가능

유사문제

∥유사문제 원문 및 해설 : 동일출판사 홈페이지 ≫ 고객센터 ≫ 자료실

01. 대형 수차 발전기를 회전 계자형으로 하는 이유는?
답 절연이 용이하다.

02. 터빈 발전기(turbine generator)는 주로 2극의 원통형 회전자를 가지는 고속 발전기로서 발전기를 전폐형으로 하며, 냉각 매체로써 수소 가스를 기내에서 순환시키고 있다. 공기 냉각인 경우와 비교해서 다음과 같은 이점이 있다. 옳지 않은 것은?
답 운전 중 소음이 매우 크다.

03. 3상 동기 발전기의 전기자 권선을 Y결선으로 하는 이유 중 △결선과 비교할 때 장점이 아닌 것은?
답 출력을 더욱 증대할 수 있다.

04. 돌극(凸極)형 동기 발전기의 특성이 아닌 것은?
답 최대 출력의 출력각이 90°이다.

답 20. ③ 21. ① 22. ①

전기자 권선법

23 ★★★ 【77. 92. 97. 기사】
교류기에서 집중권이란 매극, 매상의 홈(slot) 수가 몇 개인 것을 말하는가?

① $\frac{1}{2}$개 ② 1개 ③ 2개 ④ 5개

[해설] 매극, 매상의 슬롯수가 1개가 되는 권선을 집중권(concentrated winding), 2개 이상인 것을 분포권(distributed winding)이라고 한다.

24 ★★★ 【88. 93. 00. 08. 11. 기사】
동기 발전기에서 기전력의 파형을 좋게 하고 누설 리액턴스를 감소시키기 위하여 채택한 권선법은?

① 집중권 ② 분포권 ③ 단절권 ④ 전절권

[해설] 1극 1상의 코일이 차지하는 슬롯수가 1개가 되는 권선을 집중권이라 하고, 2개 이상에 분포된 것을 분포권이라 하는데, 분포권으로 하면 기전력의 파형이 좋아지고 누설 리액턴스는 감소되고 과열방지의 이점이 있다.

25 ★ 【01. 11. 기사】
슬롯수가 48인 고정자가 있다. 여기에 3상 4극의 2층권을 시행할 때에 매극 매상의 슬롯수와 총 코일수는?

① 4, 48 ② 12, 48 ③ 12, 24 ④ 9, 24

[해설] 매극 매상 슬롯수 $= \dfrac{\text{총 슬롯수}}{\text{상수} \times \text{극수}} = \dfrac{48}{3 \times 4} = 4$

코일수 $= \dfrac{\text{총 슬롯수} \times \text{층수}}{2} = \dfrac{48 \times 2}{2} = 48$

26 ★★★★★ 【88. 89. 91. 94. 95. 01. 05. 18. 기사, 89. 91. 96. 11. 산업기사, ⊕ : 89. 96. 산업기사】
동기 발전기의 권선을 분포권으로 하면?

① 파형이 좋아진다.
② 권선의 리액턴스가 커진다.
③ 집중권에 비하여 합성 유도 기전력이 높아진다.
④ 난조를 방지한다.

[해설] 분포권의 특징
① 분포권은 집중권에 비하여 합성 유기 기전력이 감소한다.
② 기전력의 고조파가 감소하여 파형이 좋아진다.
③ 권선의 누설 리액턴스가 감소한다.
④ 전기자 권선에 의한 열을 고르게 분포시켜 과열을 방지한다.

답 23. ② 24. ② 25. ① 26. ①

27 교류 발전기의 고조파 발생을 방지하는 데 적합하지 않은 것은?

① 전기자 슬롯을 스큐 슬롯(斜溝)으로 한다.
② 전기자 권선의 결선을 성형으로 한다.
③ 전기자 반작용을 작게 한다.
④ 전기자 권선을 전절권으로 감는다.

해설 기전력의 파형을 좋게 하고, 고조파를 제거하기 위해서는 단절권으로 하여야 한다.

28 동기 발전기에서 기전력의 파형을 좋게 하는 데 필요한 권선은?

① 전절권, 집중권
② 단절권, 집중권
③ 집중권, 분포권
④ 분포권, 단절권

해설 (1) 단절권의 장점
① 고조파를 제거하여 기전력의 파형을 좋게 한다.
② 코일 끝부분의 길이가 단축되어 기계 전체의 길이가 축소된다.
③ 구리의 양이 적게 든다.
(2) 분포권의 장점
① 기전력의 고조파가 감소하여 파형이 좋아진다.
② 권선의 누설 리액턴스가 감소한다.
③ 전기자 권선에 의한 열을 고르게 분포시켜 과열을 방지한다.

29 교류 발전기의 고조파 발생을 방지하는 데 적합하지 않은 것은?

① 전기자 권선의 결선을 성형으로 한다.
② 전기자 권선을 단절권으로 감는다.
③ 전기자 반작용을 크게 한다.
④ 전기자 슬롯을 스큐 슬롯으로 한다.

해설 고조파 발생을 방지하기 위하여는 전기자 반작용을 작게 하여야 한다.

30 상수 m, 매극, 매상당 슬롯수 q인 동기 발전기에서 n차 고조파분에 대한 분포 계수는?

① $\left(\sin \dfrac{\pi}{2m}\right) / \left(q \sin \dfrac{n\pi}{2mq}\right)$
② $\left(q \sin \dfrac{n\pi}{mq}\right) / \left(\sin \dfrac{n\pi}{m}\right)$
③ $\left(\sin \dfrac{n\pi}{m}\right) / \left(q \sin \dfrac{n\pi}{mq}\right)$
④ $\left(\sin \dfrac{n\pi}{2m}\right) / \left(q \sin \dfrac{n\pi}{2mq}\right)$

답 27. ④ 28. ④ 29. ③ 30. ④

31 3상 동기 발전기의 매극, 매상의 슬롯수를 3이라 할 때 분포권 계수를 구하면?

① $6\sin\dfrac{\pi}{18}$ ② $3\sin\dfrac{\pi}{9}$ ③ $\dfrac{1}{6\sin\dfrac{\pi}{18}}$ ④ $\dfrac{1}{3\sin\dfrac{\pi}{18}}$

해설) 분포권 계수 K_d는 $K_d = \dfrac{\sin\dfrac{n\pi}{2m}}{q\sin\dfrac{n\pi}{2mq}}$ 에서 $n=1$, 상수 $m=3$,

매극, 매상의 슬롯수 $q=3$이므로

∴ $K_d = \dfrac{\sin\dfrac{\pi}{6}}{3\sin\dfrac{\pi}{2\times3\times3}} = \dfrac{\dfrac{1}{2}}{3\sin\dfrac{\pi}{18}} = \dfrac{1}{6\sin\dfrac{\pi}{18}}$

32 3상 4극의 24개의 슬롯을 갖는 권선의 분포 계수는?

① 0.966 ② 0.801 ③ 0.866 ④ 0.912

해설) $q = \dfrac{24}{3\times4} = 2$, $K_d = \dfrac{\sin\dfrac{\pi}{2m}}{q\sin\dfrac{\pi}{2mq}} = \dfrac{\sin\dfrac{\pi}{2\times3}}{2\sin\dfrac{\pi}{2\times3\times2}} = 0.9659$

33 동기 발전기의 기전력의 파형을 정현파로 하기 위해 채용되는 방법이 아닌 것은?

① 매극 매상의 슬롯수를 크게 한다. ② 단절권 및 분포권으로 한다.
③ 전기자 철심을 사(斜)슬롯으로 한다. ④ 공극의 길이를 작게 한다.

해설) 공극의 길이를 크게 하여야 한다.

34 동기기의 기전력의 파형 개선책이 아닌 것은?

① 단절권 ② 공극 조정 ③ 집중권 ④ 자극 모양

해설) 기전력을 정현파로 하기 위해 단절권 및 분포권으로 한다.

35 3상 동기 발전기의 각 상의 유기 기전력 중에서 제5고조파를 제거하려면 코일 간격/극 간격을 어떻게 하면 되는가?

① 0.8 ② 0.5 ③ 0.7 ④ 0.6

답) 31. ③ 32. ① 33. ④ 34. ③ 35. ①

해설 제n고조파에 대한 단절 계수(코일 간격/극 간격)는 $K_{pn} = \sin n\beta\pi/2$가 된다.

따라서 제5고조파에 대해서는 $K_{p5} = \sin\dfrac{5\beta\pi}{2}$

$K_{p5} = 0$이 되므로 $\beta = 0,\ 0.4,\ 0.8,\ 1.2,\ \cdots$가 구해지나 이 중에서 1보다 작고 가장 가까운 $\beta = 0.8$이 제일 적당하다.

★★★★★ 【92. 10. 기사, 81. 82. 86. 89. 98. 02. 04. 08. 12. 20. 산업기사】

36 3상, 6극, 슬롯 수 54의 동기 발전기가 있다. 어떤 전기자 코일의 두 변이 제1 슬롯과 제8 슬롯에 들어 있다면 단절권 계수는 얼마인가?

① 0.9397 ② 0.9567 ③ 0.9337 ④ 0.9117

해설 극 간격은 $\dfrac{54}{6} = 9$, 슬롯으로 표시된 코일 피치는 7이므로 극 간격으로 표시한 코일 피치 β는 $\beta = \dfrac{7}{9}$이고, 단절권 계수 $K_{pn} = \sin\dfrac{n\beta\pi}{2}$ (n : 고조파의 차수)이므로, 단절권 계수 K_{p1}은

∴ $K_{p1} = \sin\dfrac{7\pi}{2\times 9} = \sin\dfrac{21.98}{18} = \sin 1.221 = 0.9397$

★★★★★ 【90. 96. 98. 00. 기사, 81. 83. 89. 00. 02. 11. 산업기사】

37 3상 동기 발전기에서 권선 피치와 자극 피치의 비를 $\dfrac{13}{15}$의 단절권으로 하였을 때의 단절권 계수는 얼마인가?

① $\sin\dfrac{13}{15}\pi$ ② $\sin\dfrac{15}{26}\pi$ ③ $\sin\dfrac{13}{30}\pi$ ④ $\sin\dfrac{15}{13}\pi$

해설 단절권 계수 $K_s = \sin\dfrac{\beta\pi}{2} = \sin\left(\dfrac{13}{15}\times\dfrac{\pi}{2}\right) = \sin\dfrac{13}{30}\pi$

유사문제

■ 유사문제 원문 및 해설 : 동일출판사 홈페이지>고객센터>자료실

01. 슬롯수 36의 고정자 철심이 있다. 여기에 3상, 4극의 2층권을 시행할 때 매극 매상의 슬롯수와 총 코일수는?
답 3과 36

02. 동기기의 전기자 권선법이 아닌 것은?
답 전절권

03. 교류 발전기에서 권선을 절약할 뿐 아니라 특성 고조파분이 없는 권선은?
답 단절권

04. 동기기에서 집중권에 비해 분포권의 이점에 속하지 않는 것은?
답 기전력을 높인다.

답 36. ① 37. ③

05. 동기 발전기의 전기자 권선을 단절권으로 하면?

답 고조파를 제거한다.

06. 매극 매상의 슬롯수 4인 3상 동기 발전기가 있다. 분포 계수 K_d를 구한 값은? 단, $\sin 5° = 0.087$, $\sin 7.5° = 0.1305$, $\sin 15° = 0.2588$, $\sin 22.5° = 0.3827$

답 0.958

07. 3상 터빈 발전기가 있다. 매극·매상의 홈(slot)이 10이다. 분포 계수 K_d는 얼마인가?

답 0.955

08. 6극 슬롯수 54의 동기기가 있다. 전기자 코일은 제 1 슬롯과 제 9 슬롯에 연결된다고 한다. 기본파에 대한 단절계수를 구하시오.

답 약 0.985

09. 코일 피치와 극간격의 비를 β라 하면 동기기의 기본파 기전력에 대한 단절 계수는 다음의 어느 것인가?

답 $K_p = \sin\dfrac{\beta\pi}{2}$ (기본파), $K_{pn} = \sin\dfrac{n\beta\pi}{2}$ (n차 고조파)

10. 매극 매상의 슬롯 수 3, 상수 3인 권선의 분포 계수를 구하면?

답 $K_d = \dfrac{\sin\dfrac{n\pi}{2m}}{q\sin\dfrac{n\pi}{2mq}} = \dfrac{\sin\dfrac{1\times\pi}{2\times 3}}{3\sin\dfrac{1\times\pi}{2\times 3\times 3}} = 0.96$

전기자 반작용

38 ★★ 【93. 03. 12. 산업기사】
3상 동기 발전기의 전기자 반작용은 부하의 성질에 따라 다르다. 다음 성질 중 잘못 설명한 것은?

① $\cos\theta ≒ 1$일 때, 즉 전압, 전류가 동상일 때는 실제적으로 감자 작용을 한다.
② $\cos\theta ≒ 0$일 때, 즉 전류가 전압보다 90° 뒤질 때는 감자 작용을 한다.
③ $\cos\theta ≒ 0$일 때, 즉 전류가 전압보다 90° 앞설 때는 증자 작용을 한다.
④ $\cos\theta = \phi$일 때, 즉 전류가 전압보다 ϕ만큼 뒤질 때 증자 작용을 한다.

해설 동기 발전기는 전류가 전압보다 뒤질 때 감자 작용을 한다.

39 ★★☆ 【68. 03. 기사, 77. 90. 99. 산업기사】
동기 발전기에서 앞선 전류가 흐를 때 어떤 작용을 하는가?

① 감자 작용　　　　　　　② 증자 작용
③ 교차 자화 작용　　　　　④ 아무 작용도 하지 않음

답 38. ④　39. ②

해설 ① 전기자 전류가 유기 기전력과 동상인 경우(역률 100[%])는 교차 자화 작용으로 주자속을 편자하도록 하는 횡축 반작용을 한다.
② 전기자 전류가 유기 기전력보다 π/2 뒤질 때, 즉 뒤진 역률(π/2 lagging)인 경우에는 감자 작용에 의하여 주자속을 감소시키는 직축 반작용을 한다.
③ 전기자 전류가 유기 기전력보다 π/2 앞선 위상일 때, 즉 앞선 역률(π/2 leading)인 경우는 증자 작용을 하여 단자 전압을 상승시키는 직축 반작용을 한다.

★★★ 【85. 88. 93. 02. 15. 기사】
40 동기 발전기에서 유기 기전력과 전기자 전류가 동상인 경우의 전기자 반작용은?
① 교차 자화 작용
② 증자 작용
③ 감자 작용
④ 직축 반작용

해설 계자에 의한 기전력과 전기자 권선에 흐르는 부하 전류가 동상(역률 100[%])인 경우의 전기자 반작용은 횡축 반작용 혹은 교차 자화 작용이라 한다.

★★★☆ 【92. 93. 00. 기사, 68. 산업기사】
41 교류 발전기의 동기 임피던스는 철심이 포화하면?
① 감소한다.
② 증가한다.
③ 관계없다.
④ 증가, 감소가 불명

해설 변화하는 것은 동기 리액턴스 중의 전기자 반작용이다. 철심이 포화하면 기자력은 생겨도 반작용 자속은 충분히 생기지 않는다고 생각된다. 즉, 포화하면 동기 임피던스는 감소한다.

★★★☆ 【90. 95. 05. 15. 기사, 80. 85. 96. 산업기사】
42 동기 발전기에서 전기자 전류를 I, 유기 기전력과 전기자 전류와의 위상각을 θ라 하면 횡축 반작용을 하는 성분은?
① $I\cot\theta$
② $I\tan\theta$
③ $I\sin\theta$
④ $I\cos\theta$

해설 $I\cos\theta$는 기전력과 같은 위상의 전류 성분으로서 횡축 반작용을 하며 무효분 $I\sin\theta$는 π/2[rad]만큼 뒤지거나 앞서기 때문에 직축 반작용을 한다.

유사문제

▌유사문제 원문 및 해설 : 동일출판사 홈페이지>고객센터>자료실

01. 2극 3상 60[Hz], Y결선 동기 발전기의 슬롯수는 36이며, 1개의 슬롯에는 2개의 코일변이 있고 코일의 권수는 1이다. 매극의 기본파 자속은 2.0[Wb]이고, 코일 피치는 $\frac{2}{3}$이다. 한편 1상의 기본파 유도 기전력은 53,000[V]이고, 제5고조파 기전력은 2180[V]이면 제5고조파 자속 밀도는 기본파의 몇 [%]인가?

답 $\frac{B_{m5}}{B_{m1}} = \frac{2180}{53,000} \times \frac{0.956}{0.197} = 0.199 ≒ 20[\%]$

답 40. ① 41. ① 42. ④

02. 동기 발전기의 부하에 콘덴서를 달아서 앞서는 전류가 흐르고 있다. 다음 중 옳은 것은?
🔲 단자 전압 상승

03. 3상 교류 발전기의 기전력에 대하여 90° 늦은 전류가 흐를 때의 반작용 기자력은?
🔲 자극축과 일치하는 감자 작용

04. 3상 동기 발전기에 무부하 전압보다 90° 뒤진 전기자 전류가 흐를 때 전기자 반작용은?
🔲 감자 작용을 한다.

동기 임피던스

43 ★★★★ 【06. 08. 기사, 96. 98. 10. 12. 15. 산업기사】
동기기의 전기자 저항을 r, 반작용 리액턴스를 x_a, 누설 리액턴스를 x_l이라 하면 동기 임피던스는?

① $\sqrt{r^2 + \left(\dfrac{x_a}{x_l}\right)^2}$
② $\sqrt{r^2 + x_l^2}$
③ $\sqrt{r^2 + x_a^2}$
④ $\sqrt{r^2 + (x_a + x_l)^2}$

44 ★★★ 【68. 82. 83. 기사】
제동 권선을 가진 교류 동기 발전기의 정태 리액턴스를 x, 과도 리액턴스를 x', 초기 과도 리액턴스를 x''로 한다면 보통?

① $x < x' < x''$
② $x > x' > x''$
③ $x > x'' > x'$
④ $x < x'' < x'$

해설》 정태 리액턴스는 동기 리액턴스와 같다. 즉, $x = x_d$, 과도 리액턴스는 근사적으로 전기자 누설 리액턴스 x_l와 계자 누설 리액턴스 x_F'와의 합 $x' = x_l + x_F'$이다. 초기 과도 리액턴스는 전기자 누설 리액턴스와 제동 권선의 누설 리액턴스의 합 $x'' = x_l + x_d'$이다. 이들 사이에는 일반적으로 $x > x' > x''$의 관계가 있다.

45 ★☆ 【77. 78. 99. 산업기사】
동기기에서 동기 임피던스 값과 실용상 같은 것은? 단, 전기자 저항은 무시한다.
① 전기자 누설 리액턴스
② 동기 리액턴스
③ 유도 리액턴스
④ 등가 리액턴스

해설》 일반적으로 동기기에는 전기자 저항 r_a는 리액턴스에 비하여 무시할 정도이므로 실용상 $Z_s ≒ x_s$라 해도 좋다.

🔲 43. ④ 44. ② 45. ②

$$Z_s = r_a + jx_s = r_a + j(x_a + x_l) ≒ x_s$$

단, r_a : 전기자 저항, x_a : 전기자 반작용 리액턴스,
x_l : 전기자 누설 리액턴스, x_s : 동기 리액턴스이다.

유사문제

‖유사문제 원문 및 해설 : 동일출판사 홈페이지≫고객센터≫자료실

01. 凸극형 동기 발전기에서 직축 동기 리액턴스를 x_d, 횡축 동기 리액턴스를 x_q라 할 때의 관계는 다음 중 어느 것인가?

답 $x_d > x_q$

%동기 임피던스

46 【77. 90. 산업기사】
정격 전압을 E[V], 정격 전류를 I[A], 동기 임피던스를 Z_s[Ω]이라 할 때 퍼센트 동기 임피던스 $Z_s{'}$는? 이 때, E[V]는 선간 전압이다.

① $\dfrac{I \cdot Z_s}{\sqrt{3}\,E} \times 100$ ② $\dfrac{I \cdot Z_s}{3E} \times 100$

③ $\dfrac{\sqrt{3} \cdot I \cdot Z_s}{E} \times 100$ ④ $\dfrac{I \cdot Z_s}{E} \times 100$

[해설] % 동기 임피던스 $Z_s{'}$는

$$\therefore Z_s{'} = \dfrac{IZ_s}{E_n} \times 100[\%] = \dfrac{IZ_s}{E/\sqrt{3}} \times 100[\%] = \dfrac{\sqrt{3}\,IZ_s}{E} \times 100[\%]$$

47 【81. 88. 20. 산업기사, ⊕ : 82. 83. 93. 산업기사】
8000[kVA], 6000[V]인 3상 교류 발전기의 % 동기 임피던스가 80[%]이다. 이 발전기의 동기 임피던스는 몇 [Ω]인가?

① 3.6 ② 3.2 ③ 3.0 ④ 2.4

[해설] $\%Z_s = \dfrac{I_n Z_s}{E_n} \times 100[\%]$ 이므로

$$Z_s = \dfrac{\%Z_s \cdot E_n}{100 I_n} = \dfrac{80 \times \dfrac{6000}{\sqrt{3}}}{100 \times \dfrac{8000 \times 10^3}{\sqrt{3} \times 6000}} = 3.6[\Omega]$$

답 46. ③ 47. ①

48 정격 용량 10,000[kVA], 정격 전압 6000[V], 극수 24, 주파수 60[Hz], 단락비 1.2 되는 3상 동기 발전기 1상의 동기 임피던스[Ω]는?

① 3.0　　　② 3.6　　　③ 4.0　　　④ 5.2

[해설]
$$\%Z_s = \frac{1}{K_s} \times 100 = \frac{1}{1.2} \times 100 = 83.33[\%], \quad I_n = \frac{10,000 \times 10^3}{\sqrt{3} \times 6000} = 962.25[A]$$

$$\therefore Z_s = \frac{\%Z_s \cdot E_n}{100 I_n} = \frac{83.33 \times \frac{6000}{\sqrt{3}}}{100 \times 962.25} \fallingdotseq 3[\Omega]$$

단락비

49 동기 발전기의 단락비를 계산하는 데 필요한 시험의 종류는?

① 동기화 시험, 3상 단락 시험　　② 부하 포화 시험, 동기화 시험
③ 무부하 포화 시험, 3상 단락 시험　　④ 전기자 반작용 시험, 3상 단락 시험

[해설] 단락비 $K_s = \dfrac{\text{무부하에서 정격전압을 유기하는 데 필요한 계자전류}}{\text{정격전류와 같은 3상단락전류를 흘리는 데 필요한 계자전류}}$

50 동기 발전기의 단락 시험, 무부하 시험으로부터 구할 수 없는 것은?

① 철손　　② 단락비　　③ 전기자 반작용　　④ 동기 임피던스

[해설] 단락 시험에서는 동기 임피던스, 동기 리액턴스, 무부하 시험에서는 철손, 기계손 등을, 단락비 산출에는 무부하(포화) 시험과 단락(3상) 시험 등이 필요하다.

51 동기기에 있어서 동기 임피던스와 단락비와의 관계는?

① 동기 임피던스[Ω] $= \dfrac{1}{(\text{단락비})^2}$　　② 단락비 $= \dfrac{\text{동기 임피던스}[\Omega]}{\text{동기 각속도}}$

③ 단락비 $= \dfrac{1}{\text{동기 임피던스}[p \cdot u]}$　　④ 동기 임피던스[p·u] = 단락비

[해설] %동기 임피던스는 전부하 시 임피던스 전압 강하와 정격 상전압의 비로 나타내므로
$$\%Z_s = \frac{I_n Z_s}{E_n} \times 100 = \frac{I_n}{E_n} \cdot \frac{E_n}{I_s} \times 100 = \frac{I_n}{I_s} \times 100 = \frac{1}{K_s} \times 100$$

$$\therefore K_s = \frac{1}{\%Z_s} \times 100[\%]$$

답 48. ①　49. ③　50. ③　51. ③

52 단락비가 큰 동기 발전기를 설명하는 말 중 틀린 것은?

① 전기자 반작용이 작다.
② 과부하 용량이 크다.
③ 전압 변동률이 크다.
④ 동기 임피던스가 작다.

[해설] 단락비가 큰 기계를 철기계, 단락비가 작은 기계를 동기계라 하며, 철기계는 부피가 커지며 값이 비싸고, 철손, 기계손 등의 고정손이 커서 효율은 나빠지나 전압 변동률이 작고 안정도 및 선로 충전 용량이 커지는 이점이 있다.

53 동기 발전기에서 단락비 K_s는?

① 수차 발전기가 터빈 발전기보다 작다
② 수차 발전기가 터빈 발전기보다 크다
③ 수차 발전기나 터빈 발전기 어느 것이나 차이가 없다
④ 엔진 발전기가 제일 적다

[해설] 수차 발전기 : 0.9~1.2, 터빈 발전기 : 0.6~0.9 정도이다.

54 3상 교류 동기 발전기를 정격 속도로 운전하고 무부하 정격 전압을 유기하는 계자 전류를 i_1, 3상 단락에 의하여 정격 전류 I를 흘리는 데 필요한 계자 전류를 i_2라 할 때 단락비는?

① $\dfrac{I}{i_1}$ ② $\dfrac{i_2}{i_1}$ ③ $\dfrac{I}{i_2}$ ④ $\dfrac{i_1}{i_2}$

[해설] 단락비 $K_s = \dfrac{\text{무부하에서 정격전압을 유기하는 데 필요한 계자전류}}{\text{정격전류와 같은 3상 단락전류를 흘리는 데 필요한 계자전류}}$
$= \dfrac{I_s}{I_n} = \dfrac{i_1}{i_2}$

55 정격 전압 6000[V], 용량 5000[kVA]의 Y결선 3상 동기 발전기가 있다. 여자 전류 200[A]에서의 무부하 단자 전압 6000[V], 단락 전류 600[A]일 때, 이 발전기의 단락비는?

① 0.25 ② 1 ③ 1.25 ④ 1.5

[해설] 정격 전류 $I_n = \dfrac{P}{\sqrt{3}\,V} = \dfrac{5000 \times 10^3}{\sqrt{3} \times 6000} = 481.23[A]$

정격 전류(481.23[A])와 같은 단락 전류를 통하는 데 필요한 여자 전류 I_f''는

$I_f'' = 200 \times \dfrac{481.23}{600} = 160.41[A]$

∴ 단락비 $K_s = \dfrac{I_f'}{I_f''} = \dfrac{200}{160.41} = 1.25$

52. ③ 53. ② 54. ④ 55. ③

56 정격 출력 10,000[kVA], 정격 전압이 6600[V], 동기 임피던스가 매상 3.6[Ω]인 3상 동기 발전기의 단락비는?

① 1.3   ② 1.25   ③ 1.21   ④ 1.15

[해설] 단락 전류 $I_s = \dfrac{E}{\sqrt{3}\,Z_s} = \dfrac{6600}{\sqrt{3} \times 3.6} = 1058.5[A]$, 정격 전류 $I_n = \dfrac{P}{\sqrt{3}\,V} = \dfrac{10,000 \times 10^3}{\sqrt{3} \times 6600} = 874.8[A]$

∴ 단락비 $K_s = \dfrac{I_s}{I_n} = \dfrac{1058.5}{874.8} = 1.21$

57 동기 발전기의 퍼센트 동기 임피던스가 83[%]일 때 단락비는 얼마인가?

① 1.0   ② 1.1   ③ 1.2   ④ 1.3

[해설] $K_s = \dfrac{1}{\%Z} \times 100 = \dfrac{1}{83} \times 100 = 1.2$

58 동기 발전기의 단락비는 기계의 특성을 단적으로 잘 나타내는 수치로서, 동일 정격에 대하여 단락비가 큰 기계는 다음과 같은 특성을 가진다. 옳지 않은 것은?

① 과부하 내량이 크고, 안정도가 좋다.
② 동기 임피던스가 작아져 전압 변동률이 좋으며, 송전선 충전 용량이 크다.
③ 기계의 형태, 중량이 커지며, 철손, 기계 철손이 증가하고 가격도 비싸다.
④ 극수가 적은 고속기가 된다.

59 전압 변동률이 작은 동기 발전기는?

① 동기 리액턴스가 크다.   ② 전기자 반작용이 크다.
③ 단락비가 크다.   ④ 값이 싸진다.

[해설] 전압 변동률은 작을수록 좋으며, 변동률이 작은 발전기는 동기 리액턴스가 작다. 즉, 전기자 반작용이 작고 단락비가 큰 기계가 되어 값이 비싸다.

60 단락비가 큰 동기기의 설명에서 옳지 않은 것은?

① 계자 자속이 비교적 크다.   ② 전기자 기자력이 작다.
③ 공극이 크다.   ④ 송전선의 충전 용량이 작다.

[해설] 단락비가 큰 동기기는 전기자 반작용이 작고(동기 임피던스가 작기 때문에), 계자 자속이 크며 기전력을 유도하는 데 필요한 계자 전류가 커진다. 따라서 기계의 중량이 무겁고 가격도 비싸다. 그러나, 기계에 여유가 있고 전압 변동률이 양호하며 과부하 내량이 크고 송전 선로의 충전 용량이 크다.

[답] 56. ③ 57. ③ 58. ④ 59. ③ 60. ④

유사문제

01. 정격 전압 6000[V], 용량 5000[kVA]의 3상 동기 발전기에 있어서 여자 전류 200[A]에 상당하는 무부하 단자 전압은 6000[V]이고, 단락 전류는 600[A]이다. 이 발전기의 단락비 및 동기 리액턴스 (per unit, [p·u])는?

답 단락비 1.25, 동기 리액턴스 0.80

02. 정격이 10,000[V], 500[A], 역률 0.9인 3상 동기 발전기의 단락비가 1.3이라면 그 전압 변동률은 몇 [%]인가? 단, 정격 전압까지의 무부하 포화 곡선은 직선으로 표시하고 전기자 저항은 무시한다.

답 $\epsilon = \dfrac{E_0 - E}{E} = \dfrac{15,040 - 10,000}{10,000} \times 100 = 50.4[\%]$

03. 정격 용량 10,000[kVA], 정격 전압 6000[V], 극수 24, 주파수 60[Hz], 1상의 동기 임피던스 3[Ω]인 3상 동기 발전기가 있다. 이 발전기의 단락비를 구하여라.

답 $K_s = \dfrac{1}{Z_s'} = \dfrac{1}{\frac{30}{36}} = \dfrac{36}{30} = 1.2$

04. 단락비 1.2인 발전기의 퍼센트 동기 임피던스[%]는 약 얼마인가?

답 $\%Z = \dfrac{1}{1.2} \times 100 = 83[\%]$

05. 동기기의 구성 재료로 철이 비교적 적고 동이 비교적 많은 동기계는?

답 전기자 반작용이 크다.

06. 단락비가 큰 동기발전기에 관한 다음 기술 중 옳지 않은 것은?

답 효율이 좋다.

07. 정격 용량 12000[kVA], 정격 전압 6600[V]의 3상 교류 발전기가 있다. 무부하 곡선에서의 정격 전압에 대한 계자 전류는 280[A], 3상 단락 곡선에서의 계자 전류 280[A]에서의 단락 전류는 920[A]이다. 이 발전기의 단락비와 동기 임피던스[Ω]는 얼마인가?

답 단락비 0.876, 동기 임피던스 4.14[Ω]

원선도

★☆ 【82. 84. 93. 산업기사】

61 블론델(Blondel)의 원선도에 대하여 적은 것이다. 잘못된 것은?

① 여자 전류를 변화시키면, 전기자 전류의 벡터 궤적은 원으로 된다.
② 부하를 변화시킨 경우의 V곡선을 구할 수가 있다.
③ 여자를 일정하게 하고 부하를 변화시켰을 경우 역률을 구할 수 있다.
④ 부하의 조정에 의하여 역률을 조정, 1로 할 수 있는 것이 큰 이점이다.

답 61. ②

[해설] 위상 특성 곡선(V곡선)이란 단자 전압과 부하를 일정하게 유지하고, 여자 전류를 변화시킬 경우 여자 전류와 전기자 전류와의 관계를 표시한 것으로 그 형상이 V자와 같으므로 V곡선이라고도 한다.

62 다음의 특성 산정 선도에서 동기기와 관계없는 것은?
① 벡터 선도
② 블론델(Blondel) 선도
③ 포셔(Potier)의 3각형
④ 헤일랜드(Heyland) 선도

[해설] 헤일랜드 선도는 유도 전동기의 L형 등가 회로에서 특성 산출을 구하기 위하여 그리는 원선도이다.

특성 곡선

63 동기 발전기의 부하 포화 곡선은 발전기를 정격 속도로 돌려 이것에 일정 역률, 일정 전류의 부하를 걸었을 때 어느 것의 관계를 표시하는 것인가?
① 부하 전류와 계자 전류
② 단자 전압과 계자 전류
③ 단자 전압과 부하 전류
④ 출력과 부하 전류

[해설] 무부하 포화곡선은 유기기전력과 계자전류와의 관계를 표시한 것이며, 부하포화곡선은 단자전압과 계자전류와의 관계를 표시한 것이다.

64 그림은 3상 동기 발전기의 무부하 포화 곡선이다. 이 발전기의 포화율은 얼마인가?
① 0.5
② 0.67
③ 0.8
④ 1.5

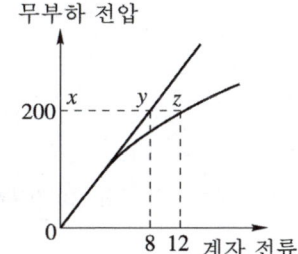

[해설] 포화율 $\sigma = \dfrac{yz}{xy} = \dfrac{12-8}{8} = 0.5$

65 무부하 포화 곡선과 공극선을 써서 산출할 수 있는 것은?
① 동기 임피던스
② 단락비
③ 전기자 반작용
④ 포화율

답 62. ④ 63. ② 64. ① 65. ④

해설, 동기 발전기의 포화 정도를 나타내는 데는 포화율(saturation factor)이 사용된다. 동기기의 무부하 포화 곡선상에 정격 전압 V_n의 1.2배가 되는 점 c를 잡고 점 c에서 횡축에 평행선을 그어 종축에 만나는 점을 b라고 한다. 다음에 원점 O에서 무부하 포화 곡선 OM에 접선(공극선)을 긋고, 선 bc와 만나는 점을 c'라고 하면, 포화율 σ는

$$\sigma = \frac{cc'}{bc'}$$

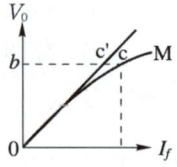

☆ 【80. 산업기사】

66 다음 그림은 동기기의 무부하 충전시 나타나는 자기 여자 작용을 설명한 그림이다. 이때 충전 특성 곡선을 나타낸 것은?

① OA
② $O'B$
③ $O''C$
④ $O''D$

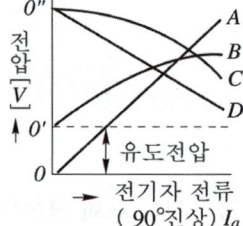

해설, 정전 용량 C[F]에 주파수 f[Hz]의 교류 전압 V[V]를 가하면 다음과 같은 앞선 전류 I_c[A]가 흐른다.
$I_c = 2\pi fCV$[A]
전류를 횡축에, 전압을 종축으로 잡고 이 관계를 나타내면 그림 OA와 같은 충전 특성 곡선을 얻을 수 있다.

★ 【11. 기사, 94. 산업기사】

67 동기 발전기의 전부하 포화 곡선은 그림에서 I_f를 여자 전류로 하면 어느 것인가? 단, V는 단자전압, I는 정격 전류이다.

① (1)
② (2)
③ (3)
④ (4)

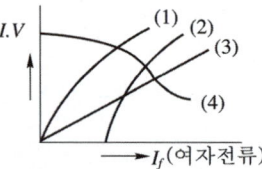

해설, (1) 무부하 포화 곡선 (2) 전부하 포화 곡선 (3) 단락 곡선 (4) 외부 특성 곡선

★★☆ 【91. 03. 기사, 91. 93. 99. 산업기사】

68 동기기의 3상 단락 곡선이 직선이 되는 이유는?

① 무부하 상태이므로
② 자기 포화가 있으므로
③ 전기자 반작용으로
④ 누설 리액턴스가 크므로

답 66. ① 67. ② 68. ③

동기발전기의 출력

69 ★★★☆ 【96. 98. 기사, 78. 91. 95. 10. 산업기사】

비돌극형 동기 발전기의 단자 전압(1상)을 V, 유도 기전력(1상)을 E, 동기 리액턴스를 x_s, 부하각을 δ라고 하면 1상의 출력은 대략 얼마인가?

① $\dfrac{E^2 V}{x_s}\sin\delta$ ② $\dfrac{EV^2}{x_s}\sin\delta$ ③ $\dfrac{EV}{x_s}\sin\delta$ ④ $\dfrac{EV}{x_s}\cos\delta$

해설 비돌극기의 출력은 다음과 같다.
$$P = \dfrac{EV}{Z_s}\sin(\alpha+\delta) - \dfrac{V^2}{Z_s}\sin\alpha$$
전기자 저항 r_a는 매우 작으므로 이것을 무시하고 $Z_s \fallingdotseq x_s$, $\alpha \fallingdotseq 0$이라 하면
$$\therefore P \fallingdotseq \dfrac{EV}{x_s}\sin\delta\,[W]$$

---

70 ★ 【91. 기사】

동기 리액턴스 $x_s = 10[\Omega]$, 전기자 권선 저항 $r_a = 0.1[\Omega]$, 유도 기전력 $E = 6400[V]$, 단자 전압 $V = 4000[V]$, 부하각 $\delta = 30°$이다. 3상 동기 발전기의 출력[kW]은? 단, 1상 값이다.

① 1280 ② 3840 ③ 5560 ④ 6650

해설 $P = \dfrac{EV}{x_s}\sin\delta = \dfrac{6400 \times 4000}{10} \times \sin 30 \times 10^{-3} = 1280[kW]$

---

71 ☆ 【97. 산업기사】

여자 전류 및 단자 전압이 일정한 비철극형 동기 발전기 출력과 부하각 δ와의 관계를 나타낸 것은? (단, 전기자 저항은 무시한다.)

① δ에 비례 ② δ에 반비례
③ $\cos\delta$에 비례 ④ $\sin\delta$에 비례

해설 $P = \dfrac{EV}{x_s}\sin\delta[W]$ 이므로 $P \propto \sin\delta$

유사문제

01. 동기 전동기에서 인가 전압 V, 계자 전류 I_f, 전기자 유효 저항 r_a, 동기 리액턴스 x_s가 일정한 경우 최대 출력 발생 조건은? 단, d를 부하각으로 한다.

답 부하각 $d = \beta = \tan^{-1}\dfrac{x_s}{r_a}$

답 69. ③ 70. ① 71. ④

02. 단락비가 1.3인 어떤 3상 동기 발전기가 역률 90[%]에서 정격 전류가 50[A], 정격 전압이 1000[V]라 한다. 이 발전기의 정격 출력을 구하면 다음 어느 것인가?

답 $P = \sqrt{3}\,VI\cos\theta = \sqrt{3} \times 1000 \times 50 \times 0.9 = 77942.3 ≒ 77.9[\text{kW}]$

03. 돌극형 동기 전동기에서 자기저항 출력(reluctance power)는 어떻게 표시되는가? 단, 직축 리액턴스 x_d, 횡축 리액턴스 x_q, 부하각 δ이고 인가 전압은 V이다.

답 $\dfrac{V^2(x_d - x_q)}{2x_d x_q}\sin 2\delta$

04. 동기 리액턴스 $x_s = 10[\Omega]$, 전기자 저항 $r_a = 0.1[\Omega]$인 Y결선의 3상 동기 발전기가 있다. 3상 중 1상의 단자 전압은 $V = 4000[\text{V}]$이고 유도 기전력은 $E = 6400[\text{V}]$이다. 부하각 $\delta = 30°$라 하면 발전기의 출력[kW]은 얼마인가?

답 $P = 3 \times \dfrac{EV}{x_s}\sin\delta = 3 \times \dfrac{6400 \times 4000}{\sqrt{10^2 + 0.1^2}}\sin 30° \times 10^{-3} = 3840[\text{kW}]$

동기발전기의 병렬운전

72 ★★★★★ 【89. 99. 01. 기사, 76. 85. 90. 92. 산업기사】
3상 동기 발전기를 병렬 운전시키는 경우 고려하지 않아도 되는 조건은?
① 발생 전압이 같을 것　　② 전압 파형이 같을 것
③ 회전수가 같을 것　　　④ 상회전이 같을 것

해설 동기 발전기의 병렬 운전 조건은 다음과 같다.
　　① 기전력의 크기가 같을 것　② 기전력의 위상이 같을 것　③ 기전력의 주파수가 같을 것
　　④ 기전력의 파형이 같을 것　⑤ 상회전 방향이 같을 것

73 ★ 【96. 기사】
동기 발전기의 병렬 운전 중 계자를 변화시키면 어떻게 되는가?
① 무효 순환 전류가 흐른다.　　② 주파수 위상이 변한다.
③ 유효 순환 전류가 흐른다.　　④ 속도 조정률이 변한다.

해설 계자 전류(I_f)를 변화시키면 기전력의 크기가 달라지며 무효 순환 전류가 흐른다.

74 ★★ 【83. 97. 09. 기사, 16. 산업기사】
정전압 계통에 접속된 동기 발전기는 그 여자를 약하게 하면?
① 출력이 감소한다.　　② 전압이 강하한다.
③ 앞선 무효 전류가 증가한다.　　④ 뒤진 무효 전류가 증가한다.

답 72. ③　73. ①　74. ③

해설 ▶ 동기 발전기의 여자 전류를 약하게 하면 앞선(지상)무효전류가 흘러 역률이 높아지고, 여자전류를 강하게 하면 뒤진(지상)무효전류가 흘러 역률이 낮아지게 된다.

75 ★★★☆ 【86. 90. 96. 12. 기사, 91. 12. 산업기사】
병렬 운전 중의 동기 발전기의 여자 전류를 증가시키면 그 발전기는?
① 전압이 높아진다. ② 출력이 커진다.
③ 역률이 좋아진다. ④ 역률이 나빠진다.

해설 ▶ 여자 전류를 증가시키면
① 역률 저하 ② 전류 증가 ③ 무효 전력 증가 ④ 전력 불변

76 ★★★★★ 【91. 97. 99. 00. 05. 기사】
동기 발전기의 병렬 운전 중 위상차가 생기면?
① 무효 횡류가 흐른다. ② 무효 전력이 생긴다.
③ 유효 횡류가 흐른다. ④ 출력이 요동하고 권선이 가열된다.

해설 ▶ 기전력의 위상이 다르면 동기화 전류가 흘러 위상을 동일하게 한다.

77 ★★★★★ 【83. 95. 03. 04. 06. 기사, 83. 90. 92. 00. 06. 08. 11. 18. 산업기사】
병렬 운전을 하고 있는 두 대의 3상 동기 발전기 사이에 무효 순환 전류가 흐르는 경우는?
① 여자 전류의 변화 ② 원동기의 출력 변화
③ 부하의 증가 ④ 부하의 감소

해설 ▶ 두 발전기의 기전력의 크기에 차가 있을 때 무효 순환 전류가 흐른다.

78 ★★★★☆ 【92. 00. 기사, 83. 91. 95. 18. 산업기사】
2대의 동기 발전기가 병렬 운전하고 있을 때 동기화 전류가 흐르는 경우는?
① 기전력의 크기에 차가 있을 때 ② 기전력의 위상에 차가 있을 때
③ 부하 분담에 차가 있을 때 ④ 기전력의 파형에 차가 있을 때

해설 ▶ 기전력의 위상이 다른 경우에는 위상각 차를 처음 상태로 돌리려고 작용하는 유효 전류로 동기화 전류가 흐르며, 자속 단락 전류에 의하여 발전기가 접수하는 전력을 동기화력이라 한다.

79 ★ 【83. 기사】
기전력(1상)이 E_0이고 동기 임피던스(1상)가 Z_s인 2대의 3상 동기 발전기를 무부하로 병렬 운전시킬 때 대응하는 기전력 사이에 δ_s의 상차가 있으면 한쪽 발전기에서 다른 쪽 발전기에 공급되는 전력은?

① $\dfrac{E_0}{Z_s}\sin\delta_s$ ② $\dfrac{E_0}{Z_s}\cos\delta_s$ ③ $\dfrac{E_0^2}{2Z_s}\sin\delta_s$ ④ $\dfrac{E_0^2}{2Z_s}\cos\delta_s$

답 75. ④ 76. ③ 77. ① 78. ② 79. ③

해설> 수수 전력 $P = E_0 I_s \cos\frac{\delta_s}{2} = E_0 \frac{E_s}{2Z_s}\cos\frac{\delta_s}{2} = \frac{E_0^2}{2Z_s}\sin\delta_s \fallingdotseq \frac{E_0^2}{2x_s}\sin\delta_s$
단, $E_s = E_A - E_B$, I_s : 순환 전류, $E_0 = E_A = E_B$

80 ★★ 【78. 90. 93. 05. 25. 산업기사】
A, B 2대의 동기 발전기를 병렬 운전 중 계통 주파수를 바꾸지 않고 B기의 역률을 좋게 하는 것은?
① A기의 여자 전류를 증대
② A기의 원동기 출력을 증대
③ B기의 여자 전류를 증대
④ B기의 원동기 출력을 증대

해설> 동기 발전기의 병렬 운전에서 여자의 변화는 역률의 변화로 나타난다. 여자를 증가하면 그 발전기의 역률은 낮아지고, 다른 발전기의 역률은 반대로 좋아진다.

81 ★★ 【93. 01. 기사】
3상 동기 발전기 2대를 무부하로 병렬 운전하고 있을 때 두 발전기의 유기 기전력 사이에 60°의 위상차가 생겼다면 두 발전기 사이에 주고 받은 전력은 몇 [kW]인가? 단, 두 발전기의 기전력은 2000[V], 동기 임피던스는 5[Ω]이다. 그리고 여기의 모든 값은 1상에 대한 값이다.
① 200[kW]
② $\sqrt{3} \times 200$[kW]
③ 300[kW]
④ $\sqrt{3} \times 300$[kW]

해설> $P = \frac{E^2}{2x_s}\sin\delta$[W]에서 $P = \frac{2000^2}{2 \times 5} \times \frac{\sqrt{3}}{2} \times 10^{-3} = 200\sqrt{3}$ [kW]

82 ★☆ 【83. 92. 00. 산업기사】
3상 동기 발전기의 정격 출력이 10,000[kVA], 정격 전압은 6600[V], 정격 역률은 0.8이다. 1상의 동기 리액턴스를 1.0[p·u]라고 할 때 정태 안정 극한 전력[kW]을 구하면?
① 약 8000
② 약 14,240
③ 약 17,800
④ 약 22,250

해설> 단위법으로 그린 1상의 벡터도는 다음과 같으므로
$e_0 = \sqrt{0.8^2 + (0.6+1.0)^2} = 1.78$
$P_{\max} = \frac{EV}{x_s}\sin\delta = \frac{1.78 \times 1}{1.0} \times 1 = 1.78$
∴ $P = 1.78 \times 10000 = 17800$[kW]

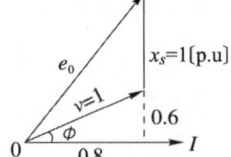

83 ★★★ 【10. 11. 기사, 82. 83. 97. 25. 산업기사】
3000[V], 1500[kVA], 동기 임피던스 3[Ω]인 동일 정격의 두 동기 발전기를 병렬 운전하던 중 한 쪽 계자 전류가 증가해서 각 상 유도 기전력 사이에 300[V]의 전압차가 발생했다면 두 발전기 사이에 흐르는 무효 횡류는 몇 [A]인가?
① 20
② 30
③ 40
④ 50

답> 80. ① 81. ② 82. ③ 83. ④

해설 $I_c = \dfrac{E_c}{2Z_s} = \dfrac{300}{2\times 3} = 50[A]$

★ 【92. 11. 산업기사】
84 동기 발전기의 병렬 운전 시 동기화력은 부하각 δ와 어떠한 관계가 있는가?
① $\sin\delta$에 비례
② $\cos\delta$에 비례
③ $\sin\delta$에 반비례
④ $\cos\delta$에 반비례

해설 $P = \dfrac{E_0^2}{2Z_0}\cos\delta$ 이므로 동기화력 P는 $\cos\delta$에 비례

★ 【98. 기사】
85 두 동기 발전기의 유도 기전력이 2000[V], 위상차 60°, 동기 리액턴스 100[Ω] 식이다. 유효 순환 전류[A]는?
① 5 ② 10 ③ 20 ④ 30

해설 위상의 차가 생기면 동기화 전류가 흐른다.
동기화 전류는 $I_C = \dfrac{2E\sin\frac{\delta}{2}}{2Z_s} = \dfrac{2\times 2000 \times \sin\frac{60}{2}}{2\times 100} = 10[A]$가 된다.

☆ 【93. 산업기사】
86 동기 발전기의 병행 운전 시에 발생하는 동기화력에 대한 전기자 저항 r의 영향은 전기자 저항이 크게 되면 동기화력은?
① 작게 된다.
② 크게 된다.
③ 관계없다.
④ 돌극기에서만 크게 된다.

해설 임피던스와 동기화력은 반비례하므로 전기자 저항이 크게 되면 동기화력은 작게된다.
($\because P = \dfrac{E_0^2}{2Z_0}\cos\delta[W]$)

★★ 【80. 85. 98. 00. 산업기사】
87 정격 출력 1000[kVA], 정격 전압 3300[V], 정격 역률 0.8인 동기 발전기 두 대가 병행 운전하여 정격 상태로 동작하고 있을 때 한 쪽 발전기의 여자를 감소하여 그 역률을 1로 하였을 때 다른 쪽 발전기의 전류[A] 및 역률은 얼마인가? 단, 부하에는 변화가 없는 것으로 한다.
① 약 258, 약 0.65
② 약 258, 약 0.55
③ 약 252, 약 0.65
④ 약 252, 약 0.55

해설 정격 상태에서 두 대로 $2\times 1000 \times 0.8 = 1600[kW]$
피상 전력은 두 대로 2000[kVA], 역률이 0.8이므로 다음과 같은 벡터 그림을 그릴 수 있다.

단, V는 선간 전압으로 한다.
A기의 여자 전류를 감소해서 그 역률이 1이 되었을 때 그 전류가 I_A로 되고, B기의 전류가 I_B로 되었다면 여자 전류의 변화에 의한 부하의 유효분의 배분에는 변화가 없으므로

유효분 A기 $\sqrt{3}\,I_A V = 800$
　　　　　B기 $\sqrt{3}\,I_B V\cos\theta = 800$
무효분 A기 0
　　　　　B기 $\sqrt{3}\,I_B V\sin\theta = \sqrt{2000^2 - 1600^2} = 1200$

$\therefore\ \tan\theta = \dfrac{\sin\theta}{\cos\theta} = \dfrac{1200}{\sqrt{3}\,I_B V} \times \dfrac{\sqrt{3}\,I_B V}{800} = \dfrac{1200}{800} = 1.5$

$\theta = 56°\,20'\ \therefore\ \cos\theta = 0.5544$

$\therefore\ I_B = \dfrac{800 \times 10^3}{\sqrt{3}\,V\cos\theta} = \dfrac{800 \times 10^3}{\sqrt{3} \times 3300 \times 0.544} = 252.5[\text{A}]$

$I_A = \dfrac{800 \times 10^3}{\sqrt{3}\,V} = \dfrac{800 \times 10^3}{\sqrt{3} \times 3300} = 140[\text{A}]$

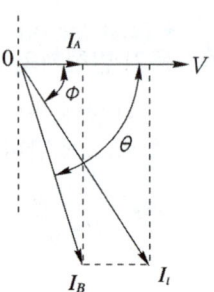

★★★ 【95. 기사, 82. 83. 91. 95. 산업기사】
88 2대의 3상 동기 발전기를 병렬 운전하여 역률 0.8, 1000[A]의 부하 전류를 공급하고 있다. 각 발전기의 유효 전류는 같고, A기의 전류가 667[A]일 때 B기의 전류는 몇 [A]인가?

① 약 385   ② 약 405   ③ 약 435   ④ 약 455

해설 부하 전류의 유효분 $I' = I\cos\theta = 1000 \times 0.8 = 800[\text{A}]$

$I_A,\ I_B$의 유효분 $I_A' = I_B' = \dfrac{I'}{2} = \dfrac{800}{2} = 400[\text{A}]$

A기의 역률 $\cos\theta_1 = \dfrac{I_A'}{I_A} = \dfrac{400}{667} ≒ 0.6$

I_B의 무효분 $I_B\sin\theta_2 = I\sin\theta - I_A\sin\theta_1 = 1000 \times \sqrt{1-0.8^2} - 667 \times \sqrt{1-0.6^2} = 600 - 534 = 66[\text{A}]$

따라서 $I_B = \sqrt{(I_B\sin\theta_2)^2 + (I_B')^2} = \sqrt{66^2 + 400^2} ≒ 405[\text{A}]$

★☆ 【79. 기사, 99. 산업기사】
89 병렬 운전하는 두 동기 발전기 사이에 그림과 같이 동기 검정기가 접속되었을 때 상회전 방향이 일치되어 있다면?

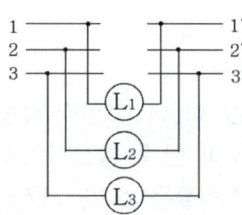

① $L_1,\ L_2,\ L_3$ 모두 어둡다.
② $L_1,\ L_2,\ L_3$ 모두 밝다.
③ $L_1,\ L_2,\ L_3$ 순서대로 명멸한다.
④ $L_1,\ L_2,\ L_3$ 모두 점등되지 않는다.

해설 상회전 방향이 서로 반대되면 $L_1,\ L_2,\ L_3$의 순서로 명멸한다.

답 88. ②   89. ④

유사문제

01. 동기 발전기의 병렬 운전에서 일치하지 않아도 되는 것은?
  답 부하 전류

02. 2대의 발전기가 병렬 운전되고 있을 때 B기의 원동기의 조속기를 조정하여 B기의 입력을 증가시키면 B기에는?
  답 부하 전류가 증가한다.

03. 대용량 모선에 연결되어 병렬 운전하고 있는 교류 발전기의 여자를 증가시키면 전압, 전류, 전력은 어떻게 변하는가?
  답 전압 불변, 전류 증가, 전력 불변

04. 동기 발전기의 병렬 운전 조건에서 같지 않아도 되는 것은?
  답 용량

05. 동기 발전기의 병렬 운전에서 특히 같게 할 필요가 없는 것은?
  답 임피던스

06. 2대의 동기 발전기를 병렬 운전할 때 무효 횡류(무효 순환 전류)가 흐르는 경우는?
  답 기전력 크기에 차가 있을 때

07. 3상 비철극 동기 발전기가 있다. 정격 출력 10,000[kVA], 정격 전압 6600[V], 정격 역률 $\cos\phi = 0.8$이다. 여자를 정격 상태로 유지할 때 이 발전기의 최대 출력[kW]은? 단, 1상의 동기 리액턴스는 0.9(단위법)이며 저항은 무시한다.
  답 $P = P_{\max} \times 3VI = 1.8889 \times 10,000 = 18,889$ [kW]

08. 2대의 3상 동기 발전기가 무부하 병렬 운전하고 있을 때 대응하는 기전력 사이에 60°의 위상차가 있다면 한 쪽 발전기에서 다른 쪽 발전기에 공급되는 전력은 몇 [kVA]인가? 단, 각 발전기의 기전력(선간)은 3300[V], 동기 리액턴스는 5[Ω]이고 전기자 저항은 무시한다.
  답 $P = \dfrac{E^2}{2x_s}\sin\delta_s = \dfrac{(3300/\sqrt{3})^2}{2\times 5}\sin 60° = \dfrac{(3300/\sqrt{3})^2}{2\times 5} \times \dfrac{\sqrt{3}}{2} \times 10^{-3} = 314$ [kVA]

09. 2대의 3상 동기 발전기를 무부하로 병렬 운전할 때 대응하는 기전력 사이에 30°의 위상차가 있다면 한 쪽 발전기에서 다른 쪽 발전기에 공급되는 전력은 1상당 몇 [kW]인가? 단, 발전기의 1상 기전력은 2000[V], 동기 리액턴스는 10[Ω], 전기자 저항은 무시한다.
  답 $P = \dfrac{2000^2}{2\times 10}\sin 30° = \dfrac{2000^2}{20} \times \dfrac{1}{2} \times 10^{-3} = 100$ [kW]

10. 8000[kVA], 6000[V], 동기 임피던스 6[Ω]인 2대의 교류 발전기를 병렬 운전 중 A기의 유기 기전력의 위상이 20° 앞서는 경우의 동기화 전류[A]를 구하여라. 단, $\cos 5° = 0.996$, $\sin 10° = 0.174$이다.
  답 $I_c = \dfrac{E_c}{2Z_s} = \dfrac{1205.54}{2\times 6} = 100.46$ [A]

11. 1[MVA], 3300[V], 동기 임피던스 5[Ω]의 2대의 3상 교류 발전기를 병렬 운전 중 한 발전기의 계자를 강화해서 두 유도 기전력(상전압) 사이에 200[V]의 전압차가 생기게 했을 때 두 발전기 사이에 흐르는 무효 횡류는 몇 [A]인가?

답 $I_c = \dfrac{E_c}{2Z_s} = \dfrac{200}{2\times 5} = \dfrac{200}{10} = 20[A]$

12. 같은 정격인 2대의 동기 발전기가 병렬 운전하여 뒤진 역률 0.8, 전류 350[A]를 취하는 부하에 전력을 공급하고 있다. 각 발전기가 분담하는 유효 전력이 같고 한 발전기의 역률이 0.7(뒤짐)일 때 다른 발전기의 전류는 대략 몇 [A]인가?
   답 156[A]

13. 동일 정격의 2대의 동기 발전기를 병렬 운전시켜 지상(遲相) 역률 0.8, 전류 400[A]의 부하에 전력을 공급하고 있다. 그 중 1대의 여자를 증가시켜 그 분담 전류를 250[A]로 증가했을 때, 각 발전기의 역률은? 단, 부하는 변하지 않은 것으로 한다.
   답 A기의 역률 = 0.64, B기의 역률 = 0.958

14. 병렬 운전을 하고 있는 3상 동기 발전기에 동기화 전류가 흐르는 경우는 어느 때인가?
   답 원동기의 출력이 변화할 때

15. 병렬 운전 중의 A, B 두 발전기 중에서 A발전기의 여자를 B기보다 강하게 하면 A발전기는?
   답 90° 지상 전류가 흐른다.

16. 무부하로 병렬운전하는 동일 정격의 2대의 3상 동기 발전기에 대응하는 두 기전력 사이에 30°의 위상차가 있을 때 한 발전기에서 다른 발전기에 공급되는 (1상의) 유효전력은 몇 [kW]인가?(단, 각 발전기의 (1상의) 기전력은 1000[V], 동기 리액턴스는 4[Ω]이고, 전기자 저항은 무시한다.)
   답 $P = \dfrac{E^2}{2Z_s}\sin\delta = \dfrac{1000^2}{2\times 4}\times \sin 30°\times 10^{-3} = 62.5[kW]$

전압 변동률

★【78. 산업기사, ⊕ : 77. 산업기사】
90 동기기의 전압 변동률이 용량 부하이면 어떻게 되는가? 단, V_0 : 무부하로 하였을 때의 전압, V : 정격 단자 전압이다.
① $-(V_0 < V)$ ② $+(V_0 > V)$
③ $-(V_0 > V)$ ④ $+(V_0 < V)$

해설 $\epsilon = \dfrac{V_0 - V}{V}\times 100[\%]$

전압 변동률은 부하 전류의 대소에 따라서 달라질 뿐만 아니라 같은 부하 전류에 대해서도 역률이 상이하면 그 값이 달라진다. 위의 외부 특성 곡선은 이 관계를 표시한다. 유도 부하의 경우에 ϵ은 $+(V_0 > V)$, 용량 부하의 경우에 ϵ은 $-(V_0 < V)$로 된다.

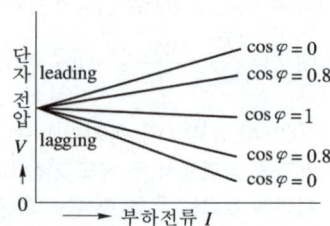

답 90. ①

91 동기기에서 동기 리액턴스가 커지면 동작 특성이 어떻게 되는가?

① 전압 변동률이 커지고 병렬 운전시 동기화력이 커진다.
② 전압 변동률이 커지고 병렬 운전시 동기화력이 작아진다.
③ 전압 변동률이 작아지고 지속 단락 전류도 감소한다.
④ 전압 변동률이 작아지고 지속 단락 전류도 증가한다.

[해설] 동기 리액턴스(동기 임피던스)가 커지면 전압 변동률이 커지고 단락비가 작아진다. 또한 동기화력은 동기 리액턴스에 반비례한다.

92 정격 출력 10,000[kVA], 정격 전압 6600[V], 정격 역률 0.8인 3상 동기 발전기가 있다. 동기 리액턴스 0.8[p·u]인 경우의 전압 변동률[%]은?

① 13　　② 20　　③ 25　　④ 61

[해설] 단위법으로 1상의 벡터도를 그리면 그림과 같다.
$OA = 1 \times \cos\phi = 0.8$
$AD = 1 \times \sin\phi = \sqrt{1-\cos^2\phi} = 0.6$
$AC = AD + CD = 0.6 + 0.8 = 1.4$
$OC = \sqrt{0.8^2 + 1.4^2} = 1.61$
$\therefore \epsilon = \dfrac{1.61-1}{1} = 0.61 = 61[\%]$

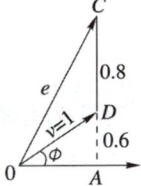

유사문제

01. 정격 출력 5000[kVA], 정격 전압 6600[V], 정격 역률 0.8의 3상 교류 동기 발전기가 있다. 이 발전기의 동기 리액턴스를 0.8[per-unit]으로 한 경우, 전압 변동률[%]은?
[답] 약 61[%]

동기발전기의 특성

93 동기 발전기의 자기 여자 현상의 방지법이 되지 않는 것은?

① 수전단에 리액턴스를 병렬로 접속한다.
② 수전단에 변압기를 병렬로 접속한다.
③ 발전기 여러 대를 모선에 병렬로 접속한다.
④ 발전기의 단락비를 적게 한다.

[답] 91. ② 92. ④ 93. ④

[해설] 장거리 고압 송전선을 무부하로 충전하는 발전기는 전기자 반작용이 작고 단락비가 큰 발전기를 사용하든가 발전기를 여러 대 병렬로 연결한다. 그렇지 않으면 송전선 말단에 뒤진 전류를 취할 수 있도록 변압기나 동기 조상기를 접속하여 충전 전류를 감소시킨다.

유사문제
‖유사문제 원문 및 해설 : 동일출판사 홈페이지≫고객센터≫자료실

01. 발전기의 자기 여자 현상을 방지하는 방법이 아닌 것은?
[답] 단락비가 작은 발전기로 충전한다.

02. 동기 발전기의 자기 여자 작용은 부하전류의 위상이 다음 중 어느 때 일어나는가?
[답] 빠른 역률 0일 때

단락 현상

94 ★★ 【92. 93. 11. 기사, 11. 산업기사】
동기 전동기의 자기 기동에서 계자 권선을 단락하는 이유는?
① 고전압이 유도된다. ② 전기자 반작용을 방지한다.
③ 기동 권선으로 이용한다. ④ 기동이 쉽다.

[해설] 보통 기동 시에는 계자 권선 중에 고전압이 유도되어 절연을 파괴하므로 방전 저항을 접속하여 단락 상태로 기동한다. 이 때 계자 권선은 일종의 단상 2차 권선으로서 토크를 발생하기 때문에 계자 권선의 저항값의 3~7배 정도의 방전 저항을 사용한다.

95 ★★★★★ 【82. 84. 94. 99. 03. 05. 11. 20. 기사, 82. 83. 86. 91. 95. 산업기사】
발전기의 단자 부근에서 단락이 일어났다고 하면 단락 전류는?
① 계속 증가한다. ② 처음은 큰 전류이나 점차로 감소한다.
③ 일정한 큰 전류가 흐른다. ④ 발전기가 즉시 정지한다.

[해설] 평형 3상 전압을 유기하고 있는 발전기의 단자를 갑자기 단락하면 단락 초기에 전기자 반작용이 순간으로 나타나지 않기 때문에 막대한 과도 전류가 흐르고, 수초 후에는 영구 단락 전류값에 이르게 된다.

96 ★★★★★ 【67. 83. 85. 88. 89. 95. 96. 03. 기사, 98. 00. 산업기사】
동기 발전기의 돌발 단락 전류를 주로 제한하는 것은?
① 동기 리액턴스 ② 누설 리액턴스
③ 권선 저항 ④ 역상 리액턴스

[해설] 동기기에서 저항은 누설 리액턴스에 비하여 작으며 전기자 반작용은 단락 전류가 흐른 뒤에 작용하므로 돌발 단락 전류를 제한하는 것은 누설 리액턴스이다. 역상 리액턴스는 역상 전류에 대응하는 것으로 3상

[답] 94. ① 95. ② 96. ②

평형 단락이 되면 역상 전류는 흐르지 않는다.
동기 리액턴스 = 누설 리액턴스 + 반작용 리액턴스

97 ★ 【88. 96. 산업기사】
1상의 유기 전압 E[V], 1상의 누설 리액턴스 X[Ω], 1상의 동기 리액턴스 X_s[Ω]인 동기 발전기의 지속 단락 전류는?

① $\dfrac{E}{X}$ ② $\dfrac{E}{X_s}$ ③ $\dfrac{E}{X+X_s}$ ④ $\dfrac{E}{X-X_s}$

해설 영구 단락 전류(= 지속 단락 전류) I_s는 $I_s = \dfrac{E}{Z_s} ≒ \dfrac{E}{X_s}$

98 ★★★★★ 【70. 99. 01. 05. 09. 12. 기사, 78. 83. 90. 92. 96. 97. 98. 산업기사】
발전기 권선의 층간 단락 보호에 가장 적합한 계전기는?

① 과부하 계전기 ② 온도 계전기
③ 접지 계전기 ④ 차동 계전기

해설 과부하 계전기 : 선로의 과부하 및 단락 검출용
온도 계전기 : 절연유 및 권선의 온도 상승 검출용
접지 계전기 : 선로의 접지 검출용
차동 계전기 : 발전기 및 변압기의 층간 단락 등 내부 고장 검출용에 사용된다.

99 ★★★★ 【83. 94. 99. 00. 기사】
그림과 같은 동기 발전기의 동기 리액턴스는 3[Ω]이고 무부하 시의 선간 전압이 220[V]이다. 그림과 같이 3상 단락되었을 때 단락 전류[A]는?

① 24
② 42.3
③ 73.3
④ 127

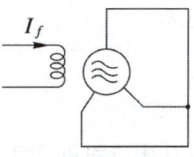
동기발전기의 3상 단락

해설 $I_s = \dfrac{E_0}{Z_s} = \dfrac{V/\sqrt{3}}{x_s} = \dfrac{220/\sqrt{3}}{3} = 42.34$[A]

100 ★★★★★ 【69. 79. 85. 88. 90. 93. 96. 기사, 85. 93. 산업기사, ⊕ : 96. 기사】
3상 동기 발전기가 있다. 이 발전기의 여자 전류 5[A]에 대한 1상의 유기 기전력이 600[V]이고 그 3상 단락 전류는 30[A]이다. 이 발전기의 동기 임피던스[Ω]는 얼마인가?

① 2 ② 3 ③ 20 ④ 30

해설 $Z_s = \dfrac{E_n}{I_s} = \dfrac{600}{30} = 20$[Ω]

답 97. ② 98. ④ 99. ② 100. ③

101 발전기는 부하가 불평형이 되어 발전기의 회전자가 과열 소손되는 것을 방지하기 위하여 설치하는 계전기는?

① 접지 계전기
② 역상 과전류 계전기
③ 계자 상실 계전기
④ 비율 차동 계전기

[해설] 역상과 부하 보호 계전기는 동기 발전기가 접속되어 있는 계통에 불평형 고장이 발생하면 발전기에 역상 전류가 흐른다. 이 역상 전류는 회전자와 반대 방향으로 회전하는 자계를 만들어 회전자에 2배의 주파수(제2고조파)의 전류를 유기한다. 이에 의해서 회전자 표면에는 맴돌이 전류가 발생, 그 끝부분에서는 국부 과열이 일어나 기계적 강도를 위협하게 되므로 이것을 방지하기 위하여 설치하는 것이다.

102 그림에서 동기기의 영상 임피던스 값[Ω]은?

① $Z_0 = \dfrac{E_p}{I}$

② $Z_0 = \dfrac{E_p}{3I}$

③ $Z_0 = \dfrac{3E_p}{I}$

④ $Z_0 = \dfrac{2E_p}{3I}$

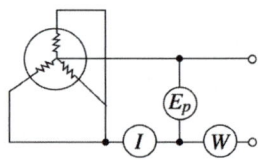

[해설] 3상 동기 발전기를 무여자로 운전하고 3단자를 일괄한 것과 중성점 사이에 정격 주파수의 정격 전압을 가하면 그 계기의 지시로부터 영상 임피던스 Z_0는

$$Z_0 = \dfrac{3E_p}{I}$$

W는 저항분을 측정하기 위한 것이고 Z_0의 값은 매우 작고 역률도 상당히 낮으므로 측정에는 세심한 주의가 필요하다.

103 3상 동기 발전기가 그림과 같이 1선 접지를 발생하였을 경우 영구 단락 전류 I_0를 구하는 식은? 단, E_a는 무부하 유기 기전력의 상전압, Z_0, Z_1, Z_2는 영상, 정상, 역상 임피던스이다.

① $I_0 = \dfrac{3E_a}{Z_0 \times Z_1 \times Z_2}$

② $I_0 = \dfrac{E_a}{Z_0 \times Z_1 \times Z_2}$

③ $I_0 = \dfrac{3E_a}{Z_0 + Z_1 + Z_2}$

④ $I_0 = \dfrac{3E_a}{Z_0 + Z_1^2 + Z_2^3}$

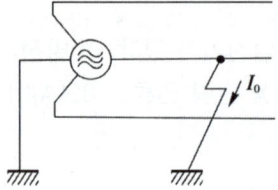

[답] 101. ② 102. ③ 103. ③

유사문제

01. 동기 발전기가 운전 중 갑자기 3상 단락을 일으켰을 때 그 순간 단락 전류를 제한하는 것은?
  답 전기자 누설 리액턴스와 계자 누설 리액턴스

02. 3상 동기 발전기에 단상 부하를 걸 때 전기자 권선 및 계자 권선에 유기되는 고조파 기전력의 차수를 각각 n_a 및 n_f라 하면 옳은 것은?
  답 $\begin{cases} n_a = 3, 5, 7, \cdots \\ n_f = 2, 4, 6, \cdots \end{cases}$

동기 전동기

104 ★☆ 【95. 기사, 76. 산업기사】
동기 전동기의 위상 특성이란? 여기서 P를 출력, I_f를 계자 전류, I를 전기자 전류, $\cos\theta$를 역률이라 하면?
① $I_f - I$ 곡선, $\cos\theta$ 는 일정
② $P - I$ 곡선, I_f 는 일정
③ $P - I_f$ 곡선, I 는 일정
④ $I_f - I$ 곡선, P 는 일정

해설, 전압, 주파수, 출력이 일정할 때 계자 전류 I_f 와 전기자 전류 I_a의 관계를 나타내는 곡선(V 곡선)을 위상 특성 곡선이라 한다.

105 ★★★★ 【86. 90. 96. 00. 기사】
동기 전동기에서 위상에 관계없이 감자 작용을 할 때는 어떤 경우인가?
① 진전류가 흐를 때
② 지전류가 흐를 때
③ 동상 전류가 흐를 때
④ 전류가 흐르면

106 ★★ 【98. 09. 10. 25. 기사】
동기 전동기의 전기자 전류가 최소일 때 역률은?
① 0
② 0.707
③ 0.866
④ 1

해설, 역률 1에서 전기자 전류가 최소가 된다.

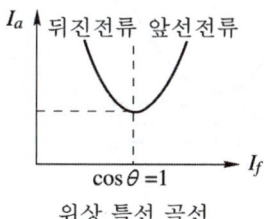

위상 특성 곡선

답 104. ④ 105. ① 106. ④

107 동기 전동기의 V 곡선(위상 특성 곡선)에서 부하가 가장 큰 경우는?

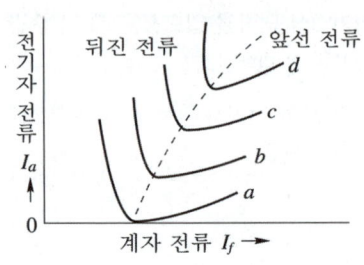

① a ② b ③ c ④ d

해설 ▸ 동기 전동기는 계자 전류를 가감하여 전기자 전류의 크기와 위상을 조정할 수 있다. 부하가 클수록 V 곡선은 위로 이동한다. a는 무부하 곡선이다.

108 동기 전동기의 여자전류를 증가하면 어떤 현상이 생기나?

① 전기자 전류의 위상이 앞선다.
② 난조가 생긴다.
③ 토크가 증가한다.
④ 앞선 무효 전류가 흐르고 유도 기전력은 높아진다.

해설 ▸ 발전기의 경우 위상이 뒤지며, 전동기의 경우 위상이 앞선다.

109 전압이 일정한 도선에 접속되어 역률 1로 운전하고 있는 동기 전동기의 여자 전류를 증가시키면 이 전동기의 역률과 전기자전류는 어떻게 되는가?

① 역률은 앞서고 전기자 전류는 증가한다.
② 역률은 앞서고 전기자 전류는 감소한다.
③ 역률은 뒤지고 전기자 전류는 증가한다.
④ 역률은 뒤지고 전기자 전류는 감소한다.

해설 ▸ 위상 특성 곡선(V곡선)에서 보는 바와 같이 여자 전류를 증가시키면 역률은 앞서고 전기자 전류는 증가한다.

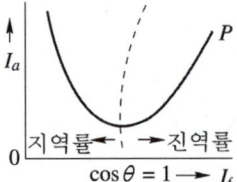

답 107. ④ 108. ① 109. ①

110 6600[V], 200[A]의 3상 동기 전동기(Y결선)가 있다. 그 저항이 0.02[pu], 동기 리액턴스 1.00[pu]이다. 역률을 100[%]로 했을 때의 부하각이 30°라면 부하 전류[A]는 얼마이며 또 유기 기전력[V]은?

① 약 43, 약 5750
② 약 86, 약 6850
③ 약 114, 약 7530
④ 약 244, 약 8450

해설) 그림과 같은 벡터도에서

$$\tan 30° = \frac{1}{\sqrt{3}} = \frac{i}{1-0.02i}$$

$$\therefore i = \frac{1-0.02i}{\sqrt{3}} = \frac{1}{1.752} = 0.57[\text{pu}]$$

그러므로 실제의 부하 전류 I는

$$\therefore I = 0.57 \times 200 = 114[\text{A}]$$

유도 기전력 e_0는

$$e_0 = \sqrt{(1-0.02i)^2 + i^2} = \sqrt{(1-0.02 \times 0.57)^2 + 0.57^2} = 1.141[\text{pu}]$$

실제의 유도 기전력 E_0는, $E_0 = 1.141 \times 6600 = 7530.6[\text{V}]$

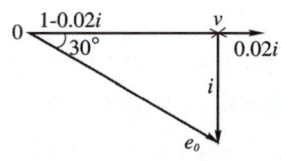

111 동기 전동기의 용도가 아닌 것은?

① 크레인
② 분쇄기
③ 압축기
④ 송풍기

해설) 대용량인 것은 시멘트 공장의 분쇄기나 각종 압연기와 송풍기, 제지용 쇄목기, 소형기의 것은 전기 시계, 오실로그래프 등에 사용된다. 크레인의 운전용 전동기로는 3상 권선형 유도 전동기가 사용된다.

112 동기 전동기에 관한 말 중 옳지 않은 것은?

① 기동 토크가 작다.
② 난조가 일어나기 쉽다.
③ 여자기가 필요하다.
④ 역률을 조정할 수 없다.

해설) 동기 전동기의 우수한 점은 역률을 1로 개선할 수 있고 속도가 불변, 결점은 기동 토크가 작은 점이다.

113 동기 전동기는 유도 전동기에 비하여 어떤 장점이 있는가?

① 기동 특성이 양호하다
② 전 부하 효율이 양호하다
③ 속도를 자유롭게 제어할 수 있다
④ 구조가 간단하다

해설) 동기 전동기의 장점은 위상 특성 곡선에서 알 수 있는 바와 같이 여자 전류를 가감함으로써 전기자 전류의 크기와 위상을 조정할 수 있으므로 유도 전동기에 비하여 효율이 양호하다.

답 110. ③ 111. ① 112. ④ 113. ②

유사문제

01. 동기 전동기의 토크는 공급 전압의 변화에 대하여 어떠한가?
   답 정비례

02. 동기 전동기가 안전 운전의 범위 내에서 운전하려면 어떠한 조건이 되어야 하는가? 단, P_2는 발생 토크, δ는 부하각, $P_2 > 0$의 범위에서이다.
   답 $\dfrac{dP_2}{d\delta} > 0$

03. 동기 전동기의 전기자 반작용에 있어서 다음 것 중 맞는 것은?
   답 전압보다 90° 앞선 전류는 주자극을 감자한다.

04. 동기 전동기의 진상 전류는 어떤 작용을 하는가?
   답 감자 작용

05. 일정 여자로 운전하는 동기 전동기가 있다. 최대 토크는 전 부하 토크의 2배이고 부하각 30°에서 생긴다. 전 부하 토크를 발생할 때의 부하각 δ는 얼마인가? 단, 동기 리액턴스는 전기자 저항보다 매우 크다.
   답 $\sin^{-1}(0.25)$

06. 동기 전동기에서 옳은 것은?
   A : 부하의 변화(용량의 한도 내에서)에 의하여 속도가 변동한다.
   B : 부하의 변화(용량의 한도 내에서)에 관계없이 속도가 일정하다.
   C : 역률 개선을 할 수 있다.
   D : 역률 개선을 할 수 없다.
   답 B, C

07. 지상 용량이 진상 용량의 50[%]인 동기 조상기의 단락비는 대략 얼마인가?
   답 0.7

08. 다음은 자기 기동 동기 전동기 중의 하나를 설명하고 있다. 여기에 해당되는 동기 전동기는 어느 것인가?
   "기동 토크가 크고 기동 전류가 적은 것이 특징이며, 단점으로는 2중 베어링 장치와 브레이크 밴드 등의 특수 구조가 있어 고속 운전에는 부적당하다."
   답 초동기 전동기

09. 반동 전동기(reaction motor)의 특성으로 가장 옳은 것은?
   답 여자 권선없이 동기 속도로 회전하는 전동기

10. 역률이 가장 좋은 전동기는?
   답 동기 전동기

11. 동기 주파수 변환기의 주파수 f_1 및 f_2 계통에 접속되는 양극을 P_1, P_2라 하면 다음 어떤 관계가 성립되는가?

답 $\dfrac{f_1}{f_2} = \dfrac{P_1}{P_2}$

12. 인가 전압과 여자가 일정한 동기 전동기에서 전기자 저항과 동기 리액턴스가 같으면 최대 출력을 내는 부하각은 몇 도인가?

답 45°

13. 3상 동기 발전기에 3상 전류(평형)가 흐를 때 전기자 반작용은 이 전류가 기전력에 대하여 A일 때 감자 작용이 되고 B일 때 자화 작용이 된다. A, B의 적당한 것은?

답 A : 90° 뒤질 때, B : 90° 앞설 때

14. 동기 전동기에 관한 다음 기술 사항 중 틀린 것은?

답 역률을 조정할 수 없다.

15. 동기 와트로 표시되는 것은?

답 토크

16. 동기 전동기의 공급 전압, 주파수 및 부하를 일정하게 유지하고 여자 전류만을 변화시키면?

답 부하각이 변화한다.

17. 동기 와트는?

답 동기 속도로 회전할 때의 기계적 출력을 토크로 표시하는 것이다.

난조

114 ★★★★★ 【67. 82. 88. 91. 93. 기사, 69. 70. 90. 97. 03. 05. 18. 산업기사】

3상 동기기의 제동 권선의 효용은?

① 출력 증가　　　　　　　② 효율 증가
③ 역률 개선　　　　　　　④ 난조 방지

해설 회전 자극 표면에 설치한 유도 전동기의 농형 권선과 같은 권선으로서 회전자가 동기 속도로 회전하고 있는 동안에는 전압을 유도하지 않으므로 아무런 작용이 없다. 그러나, 조금이라도 동기 속도를 벗어나면 전기자 자속을 끊어 전압이 유도되어 단락 전류가 흐르므로 동기 속도로 되돌아가게 된다. 즉, 진동 에너지를 열로 소비하여 진동을 방지한다. 이 제동 권선은 난조 방지에 쓰인다.

115 ★ 【68. 91. 산업기사 ⊕ 05. 산업기사】

동기 전동기의 난조 방지에 가장 유효한 방법은?

① 회전자의 관성을 크게 한다.
② 자극면에 제동 권선을 설치한다.
③ 동기 리액턴스 x_s를 작게 하고, 동기 화력을 크게 한다.
④ 자극수를 적게 한다.

답 114. ④　115. ②

해설 회전자의 관성을 크게 하면 난조의 발생 방지에는 유효하나 난조가 일어난 후에는 오히려 그 정지를 저해할 우려가 있다. 동기 화력도 이와 같다. 자극수의 감소도 효과가 있으나 이것은 원동기 조건으로 정해지는 것으로서 이 목적에는 맞지 않는다.

116 ★ 【20. 기사】
동기발전기에 설치된 제동권선의 효과로 틀린 것은?
① 난조방지
② 과부하 내량의 증대
③ 송전선의 불평형 단락 시 이상전압 방지
④ 불평형 부하 시의 전류, 전압파형의 개선

해설 제동권선을 설치하면 난조방지, 기동 토크 발생, 파형개선, 이상전압 방지의 효과가 있다.

117 ★☆ 【81. 83. 99. 산업기사】
무부하 운전 중의 동기 전동기에 일정 부하를 거는 경우에 발생하는 속도 N의 변화를 나타내는 곡선은?

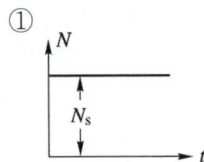 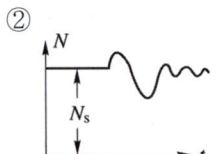 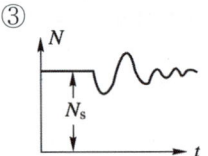 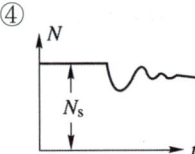

해설 부하가 증가하면 난조가 일어나 진동하나 곧 동기 속도로 안정된다.

118 ★★★☆ 【89. 기사, 80. 82. 88. 98. 00. 산업기사】
무부하 운전 중의 동기 전동기에 일정 부하를 걸었을 때 부하각 δ의 변화를 나타내는 곡선은?

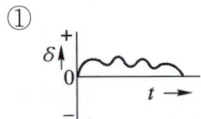 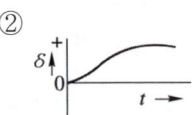 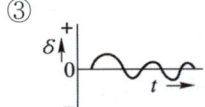 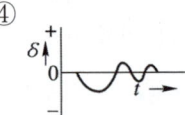

> **유사문제**
>
> **01.** 동기 전동기에 설치한 제동 권선의 역할에 해당되지 않는 것은?
> 답 단상 혹은 3상의 불평형 부하 시 역상분에 의한 역회전의 전기자 반작용을 흡수하지 못함.
>
> **02.** 동기 전동기의 제동 권선의 효과는?
> 답 기동 토크의 발생

답 116. ② 117. ③ 118. ①

안정도

119 동기기의 과도 안정도를 증가시키는 방법이 아닌 것은?

① 회전자의 플라이휠 효과를 작게 할 것
② 동기화 리액턴스를 작게 할 것
③ 속응 여자 방식을 채용할 것
④ 발전기의 조속기 동작을 신속하게 할 것

해설 안정도 증진법은
① 동기화 리액턴스를 작게 할 것
② 회전자의 플라이휠 효과를 크게 할 것
③ 속응 여자 방식을 채용할 것
④ 발전기의 조속기 동작을 신속히 할 것
⑤ 동기 탈조 계전기를 사용할 것

120 동기 조상기를 부족 여자로 사용하면?

① 리액터로 작용
② 저항손의 보상
③ 일반 부하의 뒤진 전류의 보상
④ 콘덴서로 작용

해설 동기 조상기의 여자를 과여자로 운전하면 선로에 앞선 전류가 흘러 일종의 콘덴서로 작용해서 보통 부하의 뒤진 전류를 보상하여 송전 선로의 역률을 양호하게 하고, 전압 강하를 보상한다. 또, 부족 여자로 운전하면 뒤진 전류가 흘러서 일종의 리액터로 작용하여 무부하의 장거리 송전 선로에 흐르는 충전 전류에 의하여 발전기의 자기 여자 작용으로 일어나는 단자 전압의 이상 상승을 방지할 수 있다.

121 3상 송전선의 수전단에서 전압 3,300[V], 전류 800[A], 역률 0.8의 지상 전력을 수전하는 경우 동기 조상기를 사용해서 역률을 100[%]로 개선하고자 한다. 필요한 동기 조상기의 용량[kVA]은?

① 1,452 ② 1,584 ③ 2,743 ④ 3,200

해설 $Q = P(\tan\theta_1 - \tan\theta_2)[kVA]$, $P = \sqrt{3}\,VI\cos\theta[kW]$이므로
∴ $Q = \sqrt{3} \times 3300 \times 800 \times 0.8\{\tan(\cos^{-1}0.8) - \tan(\cos^{-1}1)\} \times 10^{-3} = 2743.56[kVA]$

122 50[kW]를 소비하는 동기 전동기가 역률 0.8의 부하 200[kW]와 병렬로 접속되고 있을 때 합성 부하에 0.9의 역률을 가지게 하려면 전동기의 진상 무효 전력[kVar]은?

① 18 ② 28 ③ 35 ④ 45

해설 $\cos\theta = \dfrac{\text{유효전력}}{\text{피상전력}} = \dfrac{200+50}{\sqrt{(200+50)^2 + \left(\dfrac{200\times 0.6}{0.8} - Q\right)^2}} = 0.9$

∴ $Q = 28.92[kVar]$

답 119. ① 120. ① 121. ③ 122. ②

123 ★☆ 【03. 기사, 89. 산업기사, ⊕ : 95. 기사】
역률 0.8의 부하 300[kW]에 50[kW]를 소비하는 동기 전동기를 병렬로 접속하여 합성 부하의 역률을 0.9로 하려면 전동기의 진상 무효 전력은 얼마인가?

① 20[kVA] ② 55.5[kVA]
③ 40.2[kVA] ④ 151[kVA]

[해설] 개선 전 무효 전력 : $300 \times \frac{0.6}{0.8} = 225$[kVar]

개선 후 무효 전력 : $350 \times \frac{\sqrt{1-0.9^2}}{0.9} = 169.5$[kVar]

∴ 전동기의 진상 무효 전력 : 225 − 169.51 = 55.49[kVA]

124 ★ 【95. 12. 기사】
동기 조상기의 회전수는 무엇에 의하여 결정되는가?

① 효율 ② 역률
③ 토크 속도 ④ $N_s = \frac{120f}{P}$ 의 속도

[해설] 동기 조상기는 동기 전동기와 같은 것이므로 전원 주파수와 극수에 의해서 정해지는 동기 속도, 즉 $N_s = \frac{120f}{p}$[rpm]의 속도로 회전하는 기계이다.

125 ★★ 【81. 82. 83. 94. 산업기사】
싱크로 제동륜의 목적에 가장 적합한 것은?

① 위치 표시에서 관성을 주기 위해서
② 입력 임피던스를 증가시키기 위해서
③ 자전 현상을 방지하기 위해서
④ 제어 동작을 시키기 위해서

유사문제

01. 동기기 안정도를 증진시키는 방법이 아닌 것은?
    답 회전부의 플라이휠 효과를 작게 한다.

02. 동기 발전기의 안정도를 증진시키기 위하여 설계상 고려할 점으로서 틀린 것은?
    답 정상 과도 리액턴스 및 단락비를 작게 한다.

03. 동기기의 안정도 향상에 유효하지 못한 것은?
    답 동기 임피던스를 크게 할 것

답 123. ② 124. ④ 125. ③

손실 및 효율

126 ★★★★ 【70. 77. 92. 93. 기사】

3상 교류 발전기의 손실은 단자 전압 및 역률이 일정하면 $P = P_0 + \alpha I + \beta I^2$으로 된다. 부하 전류 I가 어떤 값일 때 발전기 효율이 최대가 되는가? 단, P_0는 무부하손이며, α, β는 계수이다.

① $I = \sqrt{\dfrac{P_0}{\beta}}$ ② $I = \dfrac{\alpha}{\beta}$ ③ $I = \dfrac{P_0}{2\alpha}$ ④ $I = \dfrac{P_0}{2\beta}$

[해설] αI는 부하 전류에 의한 누설 자속 때문에 생기는 와류손, 즉 표유 부하손으로 직접 측정할 수 없는 손실이다. 일반적으로 전기 기계에서는 무부하손 P_0와 βI^2이 같을 때, 즉 $\beta I^2 = P_0$일 때 최대 효율이 된다.
∴ $I = \sqrt{\dfrac{P_0}{\beta}}$

127 ★★★★ 【82. 84. 96. 05. 기사, ⊕: 70. 89. 산업기사】

450[kVA], 역률 0.85, 효율 0.9되는 동기 발전기 운전용 원동기의 입력[kW]은? 단, 원동기의 효율은 0.85이다.

① 450 ② 500 ③ 550 ④ 600

[해설] 발전기의 입력은 $P_G = \dfrac{450 \times 0.85}{0.9} = 425[\text{kW}]$
이것은 원동기의 출력이므로 원동기의 효율을 0.85로 하면 원동기의 입력은
∴ $P = \dfrac{P_G}{0.85} = \dfrac{425}{0.85} = 500[\text{kW}]$

128 ★ 【78. 94. 산업기사】

정격 용량 1000[kVA]인 교류 발전기가 뒤진 역률 0.75, 출력 500[kW]의 유도 전동기에 전력을 공급하고 있다. 이 발전기가 정격 상태가 될 때까지는 몇 개의 50[W] 전구를 켤 수 있는가? 단, 유도 전동기의 효율은 0.88이다.

① 3000개 ② 4000개 ③ 5000개 ④ 6000개

[해설] 유도 전동기의 유효 전력을 P_m[kW], 무효 전력을 Q_m[kVar], 전구의 소비 전력을 P_l[kW]라 하면

$P_m = \dfrac{500}{0.88} = 568$

$Q_m = \dfrac{568}{0.75} \sin\phi = 757\sqrt{1-0.75^2} = 501$

$(P_m + P_l)^2 + Q_m^2 = 1000^2$

∴ $P_l = \sqrt{1000^2 - 501^2} - 568 = 297.4[\text{kW}]$

∴ 전구의 개수 $= \dfrac{297.4}{50 \times 10^{-3}} = 5948$개

[답] 126. ① 127. ② 128. ④

129 ☆ 【99. 산업기사】
영월 제1발전소의 터빈 발전기의 출력은 1350[kVA]의 2극 3600[rpm] 11[kV]로 되어 있다. 역률 80[%]에서 전부하 효율이 96[%]라 하면 이때의 손실은 약 몇 [kW]인가?

① 36.6 ② 45 ③ 56.6 ④ 65

해설 출력 $P = 1350 \times 0.8 = 1080[\text{kW}]$

효율 $\eta = \dfrac{\text{출력}}{\text{출력} + \text{손실}} = \dfrac{P}{P + P_l}$

$0.96 = \dfrac{1080}{1080 + P_l}$, ∴ $P_l = \dfrac{1080}{0.96} - 1080 = 45[\text{kW}]$

130 ★ 【97. 산업기사, ⊕ : 92. 산업기사】
34극 60[MVA], 역률 0.8, 60[Hz], 22.9[kV] 수차 발전기의 전부하 손실이 1600[kW]이면 전부하 효율[%]은?

① 92 ② 94 ③ 96 ④ 98

해설 발전기의 규약 효율

$\eta = \dfrac{\text{출력}}{\text{출력} + \text{손실}} \times 100 = \dfrac{60 \times 10^3 \times 0.8}{60 \times 10^3 \times 0.8 + 1600} \times 100 = 96.77[\%]$

답 129. ② 130. ③

CHAPTER 03 변압기

1 변압기의 원리

그림과 같이 자기회로를 가진 1개의 철심에 두 개의 코일을 감고 한쪽 권선에 교류 전압을 가하면 철심에 교번 자계에 의한 자속이 흘러 다른 권선을 지나가면 전자유도작용에 의해 그 권선에 비례하여 유도 기전력이 발생한다. 이것을 변압기(transformer)라 한다.

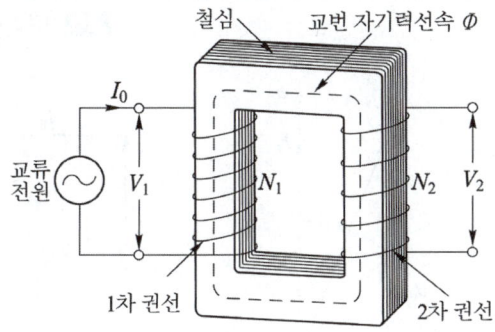

1) 여자전류

누설자속이 없는 이상변압기로 생각하고 1차측에 정격주파수 $f[\text{Hz}]$, 정격전압 V_1의 전압을 인가하면

(1) 1차 전압의 순시값 v_1

$$v_1 = \sqrt{2}\, V_1 \sin\omega t [\text{V}]$$

(2) 2차 단자를 열고 1차 단자 A, B 양단에 실효값 $V_1[\text{V}]$를 인가하면 이때 흐르는 전류의 순시치 i_0

$$i_0 = \frac{\sqrt{2}\, V_1}{\omega L_1} \sin\left(\omega t - \frac{\pi}{2}\right) = \sqrt{2}\, I_0 \sin\left(\omega t - \frac{\pi}{2}\right)[\text{A}]$$

여기서 $I_0 = \dfrac{V_1}{\omega L_1}$

이 I_0를 여자전류라 하며 전압 V_1보다 위상이 90° 뒤진다.

(3) 자속 ϕ

$$\phi = \frac{\sqrt{2}\,V_1}{\omega N_1}\sin\left(\omega t - \frac{\pi}{2}\right) = \sqrt{2}\,\phi\sin\left(\omega t - \frac{\pi}{2}\right) = \phi_m\sin\left(\omega t - \frac{\pi}{2}\right)[\text{Wb}]$$

여기서, $\phi = \dfrac{V_1}{\omega N_1} = \dfrac{V_1}{2\pi f N_1}[\text{Wb}]$

식에서 알 수 있듯이 자속 ϕ는 전압 V_1보다 위상이 90° 뒤지고 여자전류 i_0와는 동상이며 동일한 V_1에 대해서는 주파수가 높아지면 ϕ_m이 작아지므로, 철심의 단면적이 작아도 되며 무선주파수가 되면 철심은 필요없게 된다.

2) 철손 전류(철손을 만드는 전류) 및 자화 전류(자속을 만드는 전류)와 여자 전류와의 관계

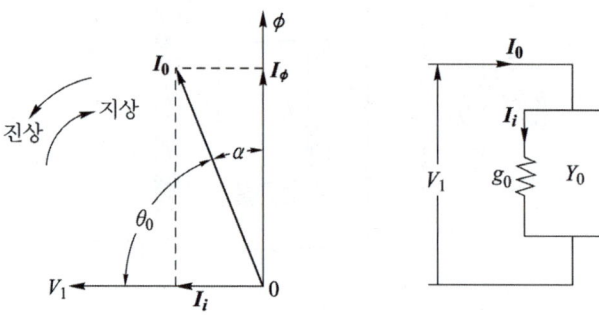

여자 회로 및 여자 전류의 벡터도

$$\boldsymbol{I}_0 = \boldsymbol{I}_\phi + \boldsymbol{I}_i = \sqrt{I_\phi^{\,2} + I_i^{\,2}}$$

$I_i = \dfrac{P_i}{V_1}[\text{A}]$

여기서, I_0 : 여자 전류, I_ϕ : 자화 전류, I_i : 철손 전류, P_i : 철손

또한 철심에는 자기포화 및 히스테리시스 현상이 있으므로 변압기 여자전류에는 제3고조파가 가장 많이 포함되어 있다.

3) 여자 어드미턴스

① $Y_0 = \sqrt{g_0^2 + b_0^2} = \dfrac{I_0}{V_1}[\mho]$

② $g_o = \dfrac{I_i}{V_1} = \dfrac{P_i}{V_1^{\,2}}[\mho]$

③ $b_0 = \sqrt{Y_0^2 - g_0^2} = \sqrt{\left(\dfrac{I_0}{V_1}\right)^2 - \left(\dfrac{P_i}{V_1^2}\right)^2}$ [℧]

4) 변압기의 누설리액턴스

$L\dfrac{di}{dt} = N\dfrac{d\phi}{dt}$ 에서 $L = \dfrac{N\phi}{I}$, $\phi = \dfrac{F}{R} = \dfrac{NI}{\dfrac{l}{\mu A}} = \dfrac{\mu ANI}{l}$ 이므로

$$L = \dfrac{N \cdot \dfrac{\mu ANI}{l}}{I} = \dfrac{\mu AN^2}{l} \propto N^2$$ 출제 산업 3번, 기사 2번

여기서, L : 인덕턴스[H], A : 철심의 단면적[m²]
N : 코일의 권수[회], l : 자로의 길이[m]

5) 자속 밀도와 주파수와의 관계

① $\phi = \dfrac{V_1}{\omega N_1} = \dfrac{V_1}{2\pi f N_1}$

② 단자 전압 V_1이 일정한 경우 $\phi \propto \dfrac{1}{f}$

③ $\phi = B \cdot A$ 에서 $\phi \propto B \propto \dfrac{1}{f}$

6) 1차 및 2차 유기 기전력

$E_1 = 4.44 f N_1 \phi_m$ [V]
$E_2 = 4.44 f N_2 \phi_m$ [V] 출제 산업 2번, 기사 5번

7) 권수비(전압비)

(1) 단상 변압기

$$\dfrac{E_1}{E_2} = \dfrac{N_1}{N_2} = a$$

여기서, 1차 및 2차 유기기전력의 비는 권수비와 같게 된다.
또한 1차 및 2차권선 중에 함유된 임피던스를 무시하면 1차, 2차의 단자전압 V_1, V_2와 1차, 2차의 유기기전력 E_1, E_2는 같게 된다. 즉,

$\dfrac{E_1}{E_2} = \dfrac{N_1}{N_2} \fallingdotseq \dfrac{V_1}{V_2} \fallingdotseq a$ 출제 산업 4번, 기사 2번

(2) 3상 결선

변압기의 전압비 = $\dfrac{1차측\ 상전압}{2차측\ 상전압}$, $\dfrac{V_{p1}}{V_{p2}} = \dfrac{E_1}{E_2} = a$

※ 전압비는 선간전압이 아니고 반드시 상전압이 되어야 한다.

8) 1차 및 2차 전류

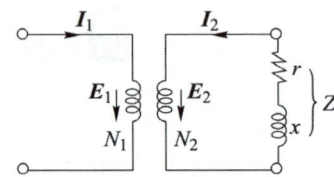

① 2차 전류 $I_2 = \dfrac{E_2}{Z} = \dfrac{E_2}{r+jx}$ [A]

② 1차 부하 전류 $I_1' = -\dfrac{N_2}{N_1}I_2 = -\dfrac{1}{a}I_2$ [A]

③ 1차 전류 $I_1 = I_0 + I_1' = I_0 + \dfrac{-N_2}{N_1}I_2 = \dfrac{-N_2}{N_1}I_2$ [A]

($I_0 \ll I_1'$이므로 I_0를 무시)

9) 전류비

(1) 단상 변압기

변압기에 부하를 연결하면 전원으로부터 1차 권선에 공급되는 전력 V_1I_1은 철심이나 권선에서의 손실을 무시하면 대부분 2차로 변환되어 V_2I_2의 전력을 얻을 수 있다. 이 두 전력은

$V_1I_1 = V_2I_2$ 출제 산업 2번

의 관계가 있으므로 이식에서 전류비는

$a = \dfrac{I_2}{I_1} = \dfrac{V_1}{V_2}$ 출제 기사 7번

(2) 3상 결선

변압기의 전류비 = $\dfrac{1차측\ 상전류}{2차측\ 상전류}$, $\dfrac{I_{p1}}{I_{p2}} = \dfrac{1}{a}$

※ 전류비는 선전류가 아니고 반드시 상전류가 되어야 한다.

2 변압기의 등가회로

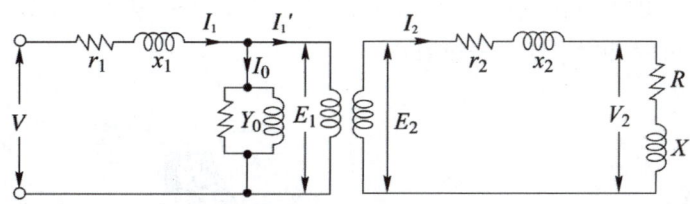

1) 2차측에서 1차측으로 환산 출제 기사 6번

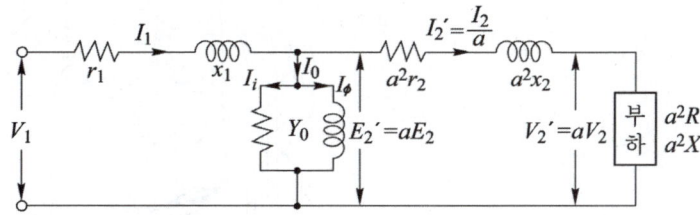

$$V_2' = aV_2,\ E_2' = aE_2,\ I_2' = \frac{I_2}{a}$$

$$Z_2' = a^2 Z_2 = a^2(r_2 + jx_2)$$

$$Z' = a^2 Z = a^2(R + jX) \quad \text{출제 산업 7번, 기사 1번}$$

2) 1차측에서 2차측으로 환산

$$V_1' = \frac{V_1}{a},\ E_1' = \frac{E_1}{a},\ I_1' = aI_1,\ I_0' = aI_0$$

$$Z_1' = \frac{Z_1}{a^2} = \frac{r_1 + jx_1}{a^2}$$

$$Y_0' = a^2 Y_0 = a^2(g_0 - jb_0)$$

3 변압기의 구조

변압기는 그림과 같이 외함, 권선, 철심, 부싱, 절연유 등으로 이루어 구성되어 있다. 철심의 형태에 따라 변압기를 분류하면

① 내철형
② 외철형
③ 분포 철심형
④ 권철심형

등으로 분류할 수 있다.

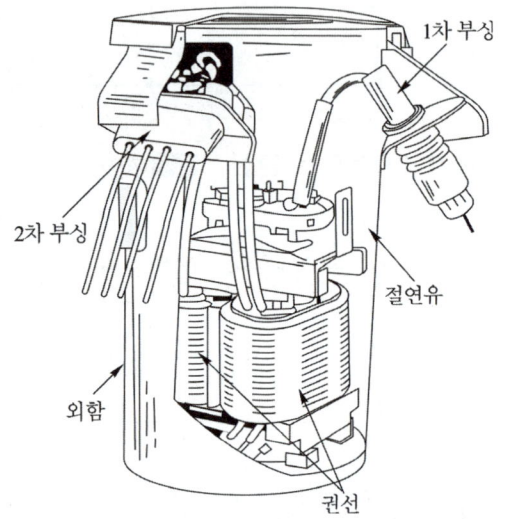

변압기 철심(core)에는 두께 0.3~0.35[mm]의 규소 강판(규소 함유량 4~4.5[%] 정도)를 사용한다.
규소를 사용하는 이유는 히스테리시스손을 감소 시기키 위한 것이며, 성층하는 이유는 와류손을 감소키기 위한 것이다. 이것은 직류발전기 및 교류발전기도 이와 같다.
최근에는 철심의 제조과정에서 레이저 가공을 한 자구 미세화 변압기 등이 개발되어 변압기 손실을 줄이는 데 일조를 하고 있다.

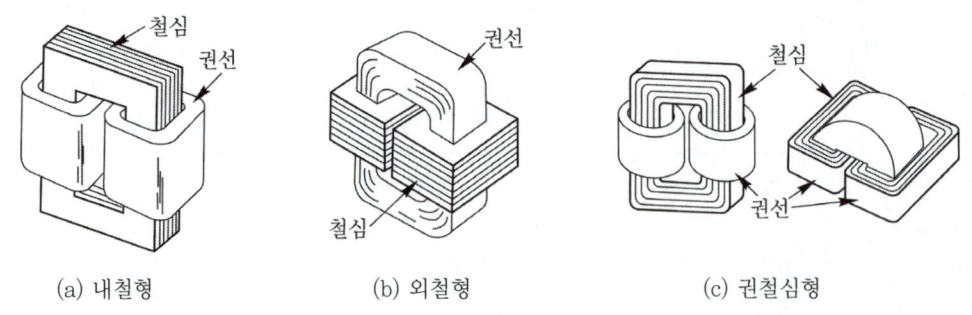

(a) 내철형　　　　(b) 외철형　　　　(c) 권철심형

1) 절연의 종류

종 류	최고사용온도[℃]	종 류	최고사용온도[℃]
Y종	90	F종	155
A종	105	H종	180
E종	120	C종	180 초과
B종	130		

2) 철심(core)

① 비 투자율과 저항률이 크고 히스테리시스손이 적은 규소강판 사용
② 규소 함유량 : 4~4.5[%]
③ 강판의 두께 : 0.3~0.35[mm]   출제 산업 1번, 기사 1번

3) 변압기의 기름

(1) 변압기의 기름으로서 갖추어야 할 조건

① 절연 저항 및 절연내력이 클 것 (30[kV] / 2.5[mm] 이상)
② 절연 재료 및 금속에 화학 작용을 일으키지 않을 것
③ 인화점이 높고(130[℃] 이상), 응고점이 낮을 것(-30[℃] 이하)
④ 점도가 낮고(유동성이 풍부), 비열이 커서 냉각 효과가 클 것
⑤ 고온에서도 석출물이 생기거나 산화하지 않을 것
⑥ 열전도율이 클 것
⑦ 열 팽창계수가 작고 증발로 인한 감소량이 적을 것   출제 산업 5번, 기사 3번

(2) 절연유의 열화

변압기에 사용되는 절연유는 변압기외부 온도와 내부에서 발생하는 열에 의해 부피가 팽창하고 수축하게 된다. 이를 변압기 호흡작용이라 하며, 이 작용에 의해 공기 중의 수분과 산소를 흡수하게 되어 절연유가 산화되고, 침전물이 생기게 된다. 이것을 절연유의 열화라 하며, 이것을 방지하기 위해 콘서베이터를 설치한다.

콘서베이터는 변압기의 상부에 설치된 원통형의 유조(기름통)로서, 그 속에는 $\frac{1}{2}$ 정도의 기름이 들어 있고, $\frac{1}{2}$ 정도의 질소가스가 봉입되어 있다. 또 주변압기 외함 내의 기름과는 가는 U자형 파이프로 연결되어 있다.

변압기 부하의 변화에 따르는 호흡 작용에 의한 변압기 기름의 팽창, 수축이 콘서베이터의 상부에서 행하여지게 되므로 높은 온도의 기름이 직접 공기와 접촉하는 것을 방지하여 기름의 열화를 방지하는 것이다.   출제 산업 5번, 기사 5번

그림은 개방형 콘서베이터로 질소가스가 봉입되어 있지 않은 형태이다.

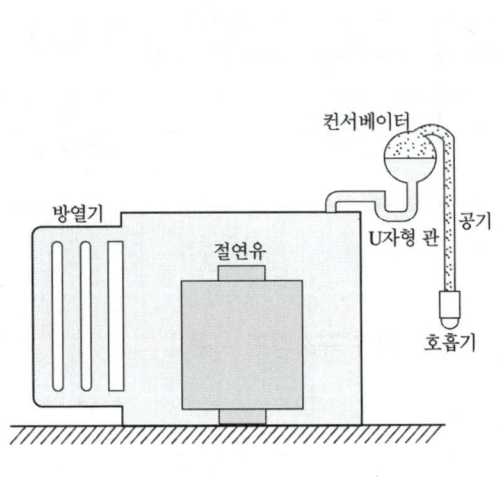

개방형 콘서베이터   흡습 호흡기

① 열화 원인 : 변압기의 호흡작용에 의해 고온의 절연유가 외부 공기와의 접촉에 의해 열화 발생
② 열화영향 : 절연내력의 저하, 냉각효과 감소, 침식작용 출제 산업 4번
③ 열화 방지설비 : 브리더, 질소봉입, 콘서베이터

4) 냉각 방식

(1) 건식
① 공냉식(air cooled type) : AA
　공기의 대류 작용에 의해 냉각 시키는 방식
② 풍냉식(air blast type) : AFA
　송풍기에 의해 강제통풍을 시켜 냉각시키는 방식

(2) 유입식(oil immersed cooled type)
① 유입 자냉식(oil immersed self cooled type) : OA
　변압기의 본체를 절연유로 채워진 외함 내에 넣어 대류 작용에 의해 발생된 열을 외기 중으로 방산시키는 방식
② 유입 수냉식(oil immersed water cooled type) : OW
　상부 기름 중에 냉각관을 두어 이것에 냉각수를 순환시켜 냉각하는 방식
③ 유입 송유식(oil immersed forced oil circulating type) : FOA, FOW
　외함 내에 있는 가열된 기름을 순환펌프에 의해 외부의 수냉식 냉각기 및 풍냉식 냉각기에 의해 냉각시켜 다시 외함 내에 유입 시키는 방식
④ 유입 풍냉식(oil immersed air blast type) : FA
　유입 변압기에 방열기를 부착 시키고 송풍기에 의해 강제 통풍시켜 냉각 효과를 증대시킨 방식

4 변압기의 특성

1) 단락 전류

(1) $I_{1s} = \dfrac{V_1}{Z_1 + Z_2'}$ [A], $\quad I_{1s} = \dfrac{100}{\%Z} \times I_{1n}$

(2) $I_{2s} = aI_{1s}$ [A]

여기서, I_{1s} : 1차 단락 전류, I_{2s} : 2차 단락 전류

$Z_1 = r_1 + jx_1$, $Z_2' = a^2 Z_2 = a^2(r_2 + jx_2) = r_2' + jx_2'$

2) 백분율 전압 강하

(1) 임피던스 전압 및 임피던스 와트

변압기 2차를 단락하고 1차에 저전압을 가하여 1차 단락전류를 측정한다. 이때 1차 단락전류가 1차 정격전류와 같게 될 때 1차에 가한 전압을 임피던스 전압이라 한다. 임피던스 전압은 변압기 내의 전압강하를 의미한다.

또 이때 입력을 임피던스와트(전부하 동손)라 한다.

임피던스 전압 : $V_s = Z_{21} I_{1n} = \sqrt{(r_{21})^2 + (x_{21})^2}\, I_{1n}$ [V]

임피던스 와트 : $P_s = (r_{21}) I_{1n}^2 = (r_1 + a^2 r_2) I_{1n}^2$ [W]

여기서, $r_{21} = r_1 + a^2 r_2$, $x_{21} = x_1 + a^2 x_2$

① % 저항 강하

$$p = \dfrac{r_{21} I_{1n}}{V_{1n}} \times 100 = \dfrac{r_{21} I_{1n}^2}{V_{1n} I_{1n}} \times 100 = \dfrac{P_s}{V_{1n} I_{1n}} \times 100 \, [\%]$$

② % 리액턴스 강하

$$q = \dfrac{x_{21} I_{1n}}{V_{1n}} \times 100 \, [\%]$$

③ % 임피던스 강하

$$z = \dfrac{z_{21} I_{1n}}{V_{1n}} \times 100 = \dfrac{V_s}{V_{1n}} \times 100 = \sqrt{p^2 + q^2} = \dfrac{PZ}{10 V^2} \, [\%]$$

여기서, I_{1n} : 1차 정격 전류, V_{1n} : 1차 정격 전압

④ 정격전류에 대한 단락전류의 비

$$\frac{I_{1s}}{I_{1n}} = \frac{V_{1n}}{I_{1n}\sqrt{(r_{21})^2 + (x_{21})^2}} = \frac{100}{\%Z}$$

3) 전압 변동률

변압기의 전압 변동률은 2차측의 전압의 변화를 기준으로 산출한다.

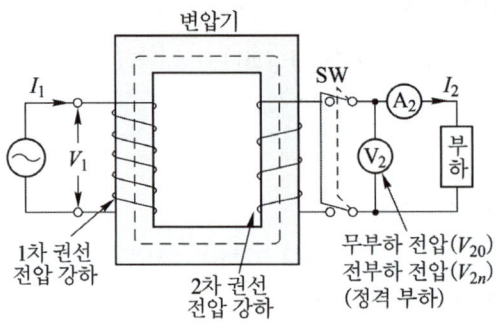

$$\epsilon = \frac{V_{20} - V_{2n}}{V_{2n}} \times 100[\%]$$ 출제 산업 5번, 기사 15번

여기서, V_{20} : 무부하 2차 단자 전압, V_{2n} : 정격 2차 단자 전압

여기서, 백분율 저항강하를 p, 백분율 리액턴스강하를 q라고 하면, 전압 변동률은 다음과 같이 나타낼 수 있다.

$$\epsilon = p\cos\theta + q\sin\theta + \frac{1}{200}(q\cos\theta - p\sin\theta)^2 [\%]$$
$$\fallingdotseq p\cos\theta + q\sin\theta \quad (\theta : 부하\ Z의\ 위상각)$$

또, 역률이 100[%]일 때 $\cos\theta = 1$, $\sin\theta = 0$이므로

$$\epsilon \fallingdotseq p = \frac{I_{2n}r}{V_{2n}} \times 100 = \frac{I_{2n}^2 r}{V_{2n}I_{2n}} \times 100 = \frac{전부하\ 동손}{정격\ 용량} \times 100[\%]$$

가 된다.

(1) 지상 부하 시 전압변동률

$$\epsilon = p\cos\theta + q\sin\theta + \frac{1}{200}(q\cos\theta - p\sin\theta)^2 [\%]$$
$$\epsilon \fallingdotseq p\cos\theta + q\sin\theta (\theta : 부하\ Z의\ 위상각)$$ 출제 산업 8번, 기사 8번

(2) 진상 부하 시 전압 변동률

$$\epsilon \fallingdotseq p\cos\theta - q\sin\theta$$ 출제 산업 6번, 기사 2번

(3) 역률이 100[%]일 때 전압 변동률

$\cos\theta = 1$, $\sin\theta = 0$이므로

$$\epsilon \fallingdotseq p = \frac{I_{2n}\,r}{V_{2n}}\times 100 = \frac{I_{2n}^{\,2}\,r}{V_{2n}\,I_{2n}}\times 100 = \frac{\text{전부하 동손}}{\text{정격 용량}}\times 100[\%]$$ 출제 기사 4번

(4) 최대 전압변동률

$$\epsilon_{\max} = \sqrt{p^2 + q^2}$$

(5) 최대 전압변동률을 발생하는 역률

$$\cos\theta_{\max} = \frac{p}{\sqrt{p^2 + q^2}}$$ 출제 산업 3번, 기사 3번

4) 변압기의 손실

(1) 히스테리시스손

$$P_h = K_h\, f\, B_m^{\,2}\,[\text{W/kg}]$$

$V = 4.44 f\, N\phi_m$ 에서

$$\phi_m \propto B_m \propto \frac{V}{f}$$

$$\therefore P_h = K \cdot f \cdot \left(\frac{V}{f}\right)^2 = K\frac{V^2}{f}$$ 출제 산업 5번, 기사 3번

여기서, B_m : 최대 자속 밀도[Wb/m^2], K_h : 히스테리시스 계수, f : 주파수[Hz]

(2) 와류손

$$P_e = K_e\,(t \cdot f \cdot K_f \cdot B_m)^2$$ 출제 산업 1번, 기사 1번

$$\therefore P_e = K\left(f \cdot \frac{V}{f}\right)^2 = K V^2$$ 출제 산업 7번, 기사 3번

여기서, K_e : 재료에 따라 정해지는 상수, t : 철심의 두께[m]

K_f : 파형률$\left(\dfrac{\text{실효치}}{\text{평균치}} = 1.11\right)$ 출제 산업 2번, 기사 1번

(3) 부하손(동손)

$$P_c = I^2 R$$ 출제 기사 2번

여기서 I : 부하전류, R : 등가환산저항

(4) 전손실

$$P_l = P_i + m^2 P_c, \quad P_i = P_h + P_e$$

여기서, P_i : 철손[W], P_h : 히스테리시스손[W], P_e : 와류손[W], m : 부하율

5 변압기의 극성

변압기의 극성이란 어느 순간에 1차와 2차 양단자에 나타나는 유기기전력의 방향을 나타내는 것으로서 감극성과 가극성이 있으며 우리 나라는 감극성이 표준이다.

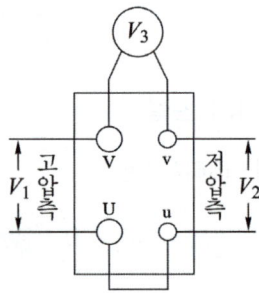

1) 감극성 : $V_3 = V_1 - V_2$ 출제 기사 2번

- 외함의 우측에서 보아 U 단자가 높도록 되어있다.
- U와 u가 외함의 같은 쪽에 있다.

 출제 산업 7번

2) 가극성 : $V_3 = V_1 + V_2$

- 외함의 우측에서 보아 U 단자가 높도록 되어있다.
- U와 u가 대각선상에 있다.

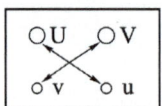

6 - 변압기 결선

1) △-△ 결선
(1) 결선도

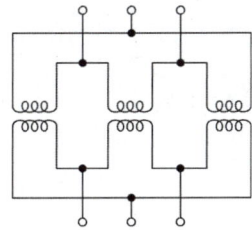

(2) 전압, 전류
① 선간 전압(V_l), 상전압(V_p)
선간 전압과 상전압은 크기가 같고 동상이 된다.
$V_l = V_p \angle 0°$

② 선전류(I_l), 상전류(I_p)
선전류는 상전류에 비해 크기가 $\sqrt{3}$ 배이고 위상은 30° 뒤진다.
$I_l = \sqrt{3}\, I_p \angle -30°$

(3) 장·단점
① 장점
- 제3고조파 전류가 △결선 내를 순환하므로 정현파 교류 전압을 유기하여 기전력의 파형이 왜곡되지 않는다.
- 1상분이 고장이 나면 나머지 2대로써 V결선 운전이 가능하다.
- 각 변압기의 상전류가 선전류의 $1/\sqrt{3}$ 이 되어 대전류에 적당하다.

② 단점
- 중성점을 접지할 수 없으므로 지락 사고의 검출이 곤란하다.
- 권수비가 다른 변압기를 결선 하면 순환 전류가 흐른다.
- 각 상의 임피던스가 다를 경우 3상 부하가 평형이 되어도 변압기의 부하 전류는 불평형이 된다.

2) Y-Y 결선
(1) 결선도

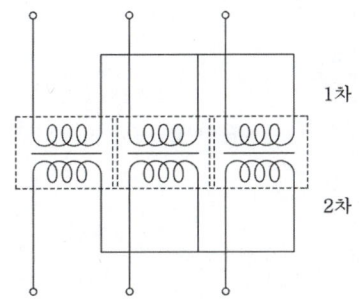

(2) 전압, 전류

① 선간 전압(V_l), 상전압(V_p)

선간 전압은 상전압에 비해 크기가 $\sqrt{3}$ 배이고 위상은 30° 앞선다.

$V_l = \sqrt{3}\, V_p \angle 30°$

② 선전류(I_l), 상전류(I_p)

선전류는 상전류와 크기가 같고 위상이 동상이 된다.

$I_l = I_p \angle 0°$

(3) 장·단점

① 장점
- 1차 전압, 2차 전압 사이에 위상차가 없다.
- 1차, 2차 모두 중성점을 접지할 수 있으며 고압의 경우 이상 전압을 감소시킬 수 있다.
- 상전압이 선간 전압의 $1/\sqrt{3}$ 배이므로 절연이 용이하여 고전압에 유리하다.
  출제 산업 1번

② 단점
- 제3고조파 전류의 통로가 없으므로 기전력의 파형이 제3고조파를 포함한 왜형파가 된다. 출제 산업 3번, 기사 1번
- 중성점을 접지하면 제3고조파 전류가 흘러 통신선에 유도 장해를 일으킨다.
- 부하의 불평형에 의하여 중성점 전위가 변동하여 3상 전압이 불평형을 일으키므로 송·배전 계통에 거의 사용하지 않는다.

※ Y-Y-△의 3권선 변압기에서 3권선의 용도는
- 제3고조파 제거
- 조상 설비 설치
- 소내 전력 공급용으로 쓰인다.

3) Y-△, △-Y 결선   출제 산업 8번, 기사 3번

(1) 결선도(△-Y)

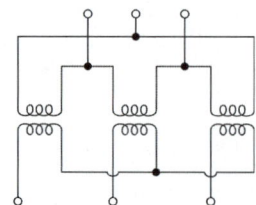

(2) 장·단점
　① 장점
　　• 한 쪽 Y결선의 중성점을 접지 할 수 있다.
　　• Y결선의 상전압은 선간 전압의 $1/\sqrt{3}$ 이므로 절연이 용이하다.
　　• 1, 2차 중에 △결선이 있어 제3고조파의 장해가 적고, 기전력의 파형이 왜곡되지 않는다.
　　• Y-△ 결선은 강압용으로, △-Y 결선은 승압용으로 사용할 수 있어서 송전 계통에 융통성 있게 사용된다.
　② 단점
　　• 1, 2차 선간전압 사이에 30°의 위상차가 있다.　[출제] 기사 2번
　　• 1상에 고장이 생기면 전원 공급이 불가능해진다.
　　• 중성점 접지로 인한 유도 장해를 초래한다.

4) 3상 출력

$$P = \sqrt{3}\, V_l I_l = 3 V_p I_p = 3 \times 단상\ 출력$$

단, V_{p1}, V_{p2} : 1차, 2차 상전압, I_{p1}, I_{p2} : 1차, 2차 상전류
　　V_l, I_l : 선간 전압, 선전류, V_p, I_p : 상전압, 상전류

5) V-V 결선

(1) 결선도

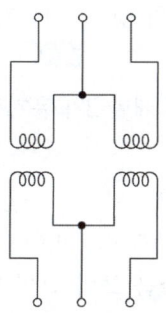

(2) V결선과 Y결선 및 △결선과의 비교

결선법	선간전압 V_l	선전류 I_l	출 력	
Y결선	$\sqrt{3}\, V_p$	I_p	$\sqrt{3}\, V_l I_l$	$3 V_p I_p$
△결선	V_p	$\sqrt{3}\, I_p$	$\sqrt{3}\, V_l I_l$	$3 V_p I_p$
V결선	V_p	I_p	$\sqrt{3}\, V_l I_l$	$\sqrt{3}\, V_p I_p$

여기서, V_l : 선간전압, I_l : 선로전류, V_p : 정격전압, I_p : 상전류　　[출제] 기사 2번

(3) 출력의 비 $= \dfrac{V결선\ 출력}{3상\ 출력} = \dfrac{\sqrt{3}\,VI}{3\,VI} = \dfrac{1}{\sqrt{3}} ≒ 0.577 = 57.7[\%]$ 출제 산업 6번, 기사 2번

(4) 이용률 $= \dfrac{3상\ 출력}{설비용량} = \dfrac{\sqrt{3}\,VI}{2\,VI} = \dfrac{\sqrt{3}}{2} = 0.866 = 86.6[\%]$ 출제 산업 1번, 기사 4번

(5) 장·단점
  ① 장점
    • △-△ 결선에서 1대의 변압기 고장시 2대만으로도 3상 부하에 전력을 공급할 수 있다.
    • 설치 방법이 간단하고, 소용량이면 가격이 저렴하므로 3상 부하에 널리 이용된다.
  ② 단점
    • 설비의 이용률이 86.6[%]로 저하된다.
    • △결선에 비해 출력이 57.7[%]로 저하된다.
    • 부하의 상태에 따라서, 2차 단자 전압이 불평형이 될 수 있다.

7 - 3상 변압기의 병렬운전

1) 병렬 운전의 조건
  ① 각 변압기의 극성이 같을 것
  ② 각 변압기의 권수비가 같고, 1차와 2차의 정격 전압이 같을 것
  ③ 각 변압기의 % 임피던스 강하가 같을 것
  ④ 3상식에서는 위의 조건 외에 각 변압기의 상회전 방향 및 각 변위가 같을 것
  출제 산업 6번, 기사 6번

각 변위(위상변위)란 1차 유기전압을 기준으로 하고 이에 대한 2차 유기전압의 뒤진각을 말한다.

2) 3상 변압기의 병렬 운전 결선
3상 변압기의 병렬운전 조건은 단상의 조건과 더불어 상회전과 변위가 같아야 합니다. 따라서 병렬운전이 가능한 결선과 불가능한 결선이 있으며, 다음 표와 같이 나타낼 수 있다.

병렬 운전 가능	병렬 운전 불가능
△-△와 △-△	
Y-△와 Y-△	△-△와 △-Y
Y-Y와 Y-Y	△-△와 Y-△
△-Y와 △-Y	△-Y와 Y-Y
△-△와 Y-Y	Y-△와 Y-Y
△-Y와 Y-△	

출제 산업 2번, 기사 6번

3) 부하 분담

변압기 병렬운전 시 부하 분담은 누설임피던스에 역비례하며, 변압기의 용량에 비례한다.
이를 식으로 표현하면 다음과 같다.

$$\%Z_a = \frac{Z_a I_A}{V_n} \times 100 \qquad Z_a = \frac{\%Z_a V_n}{I_A \times 100}$$

$$\%Z_b = \frac{Z_b I_B}{V_n} \times 100 \qquad Z_b = \frac{\%Z_b V_n}{I_B \times 100}$$

여기서, I_A : a 변압기의 정격 전류, I_B : b 변압기의 정격 전류
V_n : 정격 전압, $\%Z_a$: $\%I_A Z_a$, $\%Z_b$: $\%I_B Z_b$

병렬 운전 시의 전류를 I_a, I_b라고 하면

$$\frac{I_a}{I_b} = \frac{Z_b}{Z_a} = \frac{\%Z_b \cdot V_n}{I_B} \times \frac{I_A}{z_a V_n} = \frac{P_A \cdot \%Z_b}{P_B \cdot \%Z_a}$$

여기서, P_A : a 변압기의 정격 용량
P_B : b 변압기의 정격 용량

$P_A = mP_B$라고 하면

$$\frac{I_a}{I_b} = m\frac{\%Z_b}{\%Z_a}$$

또는

$$\frac{V_n I_a}{V_n I_b} = \frac{P_a}{P_b} = m\frac{\%Z_b}{\%Z_a}$$

여기서 P_a : a 변압기의 부하 용량
P_b : b 변압기의 부하 용량

a, b 변압기의 저항과 리액턴스의 비($r_a/x_a = r_b/x_b$)가 같으면

$$I_1 = I_a + I_b$$

$$I_a = I_1 \frac{m\%Z_b}{\%Z_a + m\%Z_b}$$

$$I_b = I_1 \frac{\%Z_a}{\%Z_a + m\%Z_b}$$

8 상수의 변환

1) 3상-2상간의 상수 변환
  ① 스코트 결선(T결선)   ② 메이어 결선   ③ 우드 브리지 결선   출제 산업 4번, 기사 4번

2) 3상-6상간의 상수 변환
  ① 환상 결선   ② 2중 3각 결선   ③ 2중 성형 결선
  ④ 대각 결선   ⑤ 포크 결선   출제 산업 2번, 기사 4번

3) 스코트 결선

(1) 결선

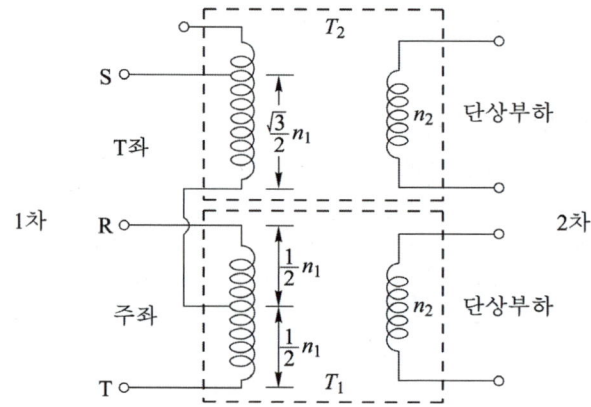

(2) 결선 방법

주좌변압기 T_1의 1차 권선의 $\frac{1}{2}$ 되는 점. 즉, $\frac{1}{2}n_1$에서 탭을 인출하여 T좌 변압기 T_2의 한 단자에 접속하고 T좌 변압기의 $\frac{\sqrt{3}}{2}$ 되는 점. 출제 기사 2번

즉, $\frac{\sqrt{3}}{2}n_1$에서 탭을 인출하여 전원 전압을 공급

(3) 권선비

① 주좌변압기 $\alpha_M = \dfrac{n_1}{n_2}$

② T좌변압기 $\alpha_T = \dfrac{\frac{\sqrt{3}}{2}n_1}{n_2} = \dfrac{\sqrt{3}}{2}\alpha_M$ 출제 산업 4번, 기사 1번

(4) 이용률

$$이용률 = \frac{\sqrt{3}\,VI}{2\,VI} = 0.866 = 86.6[\%]$$ 출제 기사 1번

9 3상 변압기의 장단점

변압기 1대로 3상 변압을 할 수 있는 변압기를 3상 변압기라 하며 외철형과 내철형으로 구분된다.

1) 3상 변압기의 장·단점

(1) 장점
① 사용 철량이 적고 철손도 적어지므로 효율이 좋다.
② 전반적으로 사용 재료가 경감되고, 중량이 감소되며, 값이 싸지고 설치 면적이 절약된다.
③ Y 또는 △의 고전압 결선을 외함 내에서 하므로 부싱이 절약된다.

(2) 단점
① 1상에만 고장이 생겨도 그 변압기를 사용할 수 없게 된다.
② 설치 뱅크가 적을 때는 예비기의 설치비용이 크다.

2) 외철형 및 내철형

① 외철형 : 각 상마다 독립된 자기 회로를 가지고 있으므로 단상 변압기로 사용 가능
② 내철형 : 각 권선마다 독립된 자기 회로가 없기 때문에 단상 변압기로 사용할 수 없다.

출제 산업 2번

10 변압기 효율

1) 실측효율 η

$$\eta = \frac{출력}{입력} \times 100[\%]$$

2) 규약효율 η

$$\eta = \frac{출력}{출력 + 철손 + 동손} \times 100[\%]$$

(1) 정격 부하 시

$$\eta = \frac{V_{2n} I_{2n} \cos\theta}{V_{2n} I_{2n} \cos\theta + P_i + I_{2n}^2 r_{21}} \times 100[\%]$$ 출제 산업 1번

여기서, P_i : 무부하손(철손)

$P_c = I_{2n}^2 r_{21}$

V_{2n}, I_{2n} : 정격 2차 전압 및 전류

$\cos\theta$: 부하 역률

정격 부하 시 최대 효율은 "철손=동손"의 경우 최대 효율이 된다.

$$\eta_m = \frac{최대\ 효율시의\ 출력}{최대\ 효율시의\ 출력 + 2 \times 무부하손} \times 100[\%]$$

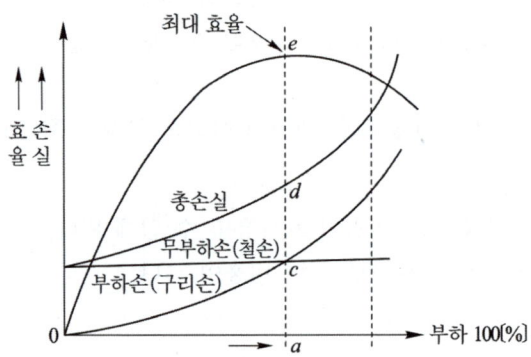

그림에서 c 점이 무부하손(철손)과 부하손(동손)같아지는 지점으로 효율이 최대가 되는 점이다.

(2) 전부하시의 m 부하로 운전 시

$$\eta = \frac{m V_{2n} I_{2n} \cos\theta}{m V_{2n} I_{2n} \cos\theta + P_i + m^2 I_{2n}^2 r_{21}} \times 100[\%]$$ 출제 산업 8번, 기사 8번

m부하 운전시 최대 효율은 "철손 = 동손"일 때 최대 효율로 운전 가능하다. 출제 산업 2번, 기사 1번

즉, $P_i = m^2 P_c$이므로 $m = \sqrt{\dfrac{P_i}{P_c}}$ 의 부하로 운전 시 최대 효율로 운전된다. 출제 산업 12번, 기사 5번

이때, 전손실은 $P_i + m^2 P_c$가 된다. 출제 산업 12번, 기사 5번

11 특수 변압기

1) 3권선 변압기

(1) 전압비 및 전류비

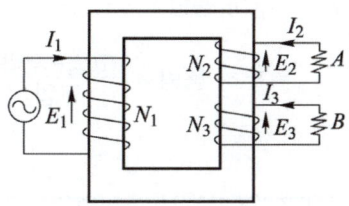

한 변압기의 철심에 3개의 권선이 있는 변압기를 3권선 변압기라고 한다. 1차, 2차 및 3차 기전력을 E_1, E_2, E_3, 1차, 2차 및 3차 권선수를 N_1, N_2, N_3라고 하면

- $E_2 = \dfrac{N_2}{N_1} E_1$ • $E_3 = \dfrac{N_3}{N_1} E_1$ • $I_1 = \dfrac{N_2}{N_1} I_2 + \dfrac{N_3}{N_1} I_3$

(2) Y-Y-△의 3권선 변압기의 제3차 권선(△)의 용도
① 소내용 전력공급 ② 조상설비 설치 ③ 제3고조파 억제 출제 산업 1번

2) 단권 변압기

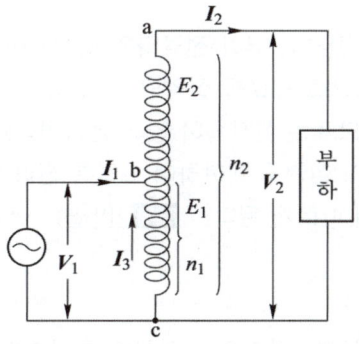

단권 변압기는 승압기 또는 강압기로 사용되는 것으로 전압비와 전류비는 다음과 같다.
단권 변압기를 이해하기 위해 단상변압기를 단권 결선한 것이다.

(1) 전압비 $\dfrac{V_1}{V_2} = \dfrac{E_1}{E_1 + E_2} = \dfrac{n_1}{n_2} = a$

(2) 전류비 $\dfrac{I_1}{I_2} = \dfrac{n_2}{n_1} = \dfrac{1}{a}$

(3) 자기 용량과 부하 용량

- $\dfrac{\text{자기 용량}}{\text{부하 용량}} = \dfrac{\text{직렬 권선 부분의 전류} \times \text{승압(강압) 전압}}{\text{출력}}$

  $= \dfrac{(V_2 - V_1)I_2}{V_2 I_2} = 1 - \dfrac{V_1}{V_2} = 1 - a$

- 단권 변압기 용량 (자기 용량) $= \text{부하 용량} \times \dfrac{V_2 - V_1}{V_2}$

  $= \text{부하 용량} \times \dfrac{\text{고압}-\text{저압}}{\text{고압}}$ **출제** 산업 10번, 기사 4번

(4) 단권 변압기의 3상 결선

결선 방식	Y결선	△결선	V결선	변연장 △결선
$\dfrac{\text{자기 용량}}{\text{부하 용량}}$	$1 - \dfrac{V_l}{V_h}$	$\dfrac{V_h^2 - V_l^2}{\sqrt{3}\, V_h V_l}$	$\dfrac{2}{\sqrt{3}}\left(1 - \dfrac{V_l}{V_h}\right)$	$-\dfrac{\sqrt{3}}{2}\left(\dfrac{V_l}{V_h}\right) + \sqrt{1 - \dfrac{1}{4}\left(\dfrac{V_l}{V_h}\right)^2}$

출제 산업 2번   **출제** 산업 5번, 기사 6번

(5) 단권 변압기와 보통 변압기와의 비교

고압/저압의 비가 10 이상일 때는 단권 변압기의 용량이 거의 부하 용량과 같게 되지만 그 이하에서는 단권 변압기의 용량이 부하 용량보다 매우 적게 된다. 즉, 고압/저압의 비가 10 이하에서는 단권 변압기가 유리하지만 그 이상에서는 장점이 없다.

[특징]
- 분로 권선의 전류는 1차 전류와 부하 전류와의 차전류이므로 분로 권선은 가늘어도 되며 그에 따라 자로가 단축되므로 재료를 절약할 수 있다.
- 분로 권선은 공통선로이므로 누설자속이 없어 전압변동률이 작다.
- 저압측에도 고압측과 같이 절연을 해야하며 고압측 전압이 높아지면 저압측에도 고전압을 받게 되므로 위험이 크게 따르게 된다.   **출제** 기사 3번

3) 정전류 변압기

1차측에는 일정 전압을 가해 놓고 2차측의 부하를 변화시켜도 2차 전류가 항상 일정하여야 한다. 이러한 목적에 사용하는 변압기를 정전류 변압기 또는 누설 변압기라고 하며 아아크등, 네온관등, 전기 용접기 등에 사용된다.

4) 계기용 변성기

교류 고전압 대전류 등의 전기량을 측정하려고 하는 경우 전압계나 전류계를 직접 접속하여 측정하려면 대단히 위험하다. 이런 경우 안전하게 전기량을 측정하기 위한 장치로 계기용 변압기와 변류기가 있다.

(1) 계기용 변압기

$$공칭\ 전압비 : K_{np} = \frac{V_1}{V_2}$$

일반적으로 계기용 변압기의 1차 전압이 정격 전압일 때 2차 전압은 110[V]가 정격이다.

(2) 변류기

$$공칭\ 전류비 : K_{nc} = \frac{I_1}{I_2}$$

일반적으로 1차측에 정격 전류가 흐를 때 2차 전류가 5[A]이다.
변류기는 2차측 절연보호를 위하여 수리 및 점검시 2차측을 단락한다. 출제 산업 4번, 기사 7번

① 가동 접속

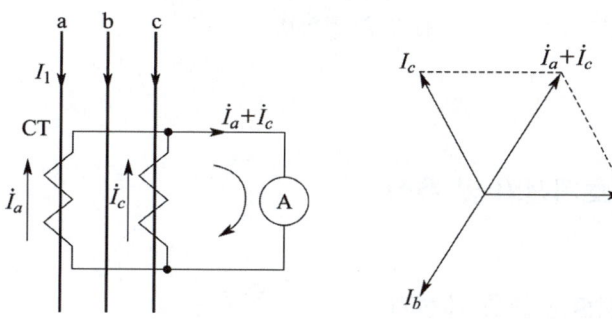

여기서, I_1 : 부하 전류
    $\dot{I}_a, \dot{I}_b, \dot{I}_c$: CT 2차 전류
    $\dot{I}_a + \dot{I}_c$: 전류계 Ⓐ의 지시값, 즉 Ⓐ의 지시는 CT 2차 전류와 같은 크기의 전류 값 지시(I_b상) 출제 기사 2번

② 차동 접속 (교차 접속)

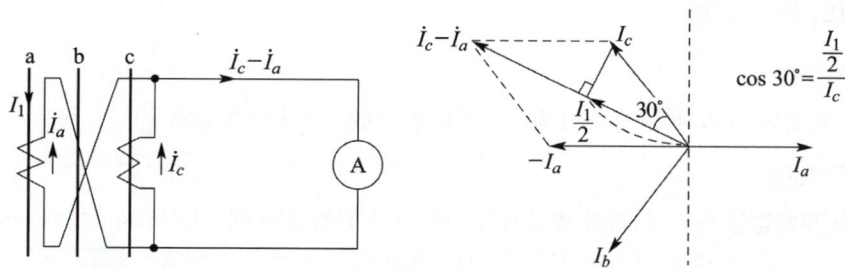

여기서, $\dot{I}_c - \dot{I}_a$: 전류계 Ⓐ 지시값, 즉 Ⓐ 의 지시는 CT 2차 전류의 $\sqrt{3}$ 배 지시

$$(\dot{I}_c - \dot{I}_a = \sqrt{3}\,I_a = \sqrt{3}\,I_c)$$

1차 전류 I_1 = 전류계 Ⓐ 지시값 × $\dfrac{1}{\sqrt{3}}$ × CT비   출제 산업 4번, 기사 1번

5) 몰드 변압기

몰드 변압기란 변압기 코일을 직접 에폭시 수지로 몰드하는 고체 절연 방식의 변압기를 말하며 절연 방식에 따라 금형방식과 무금형방식이 있다.

(1) 금형방식
① 주형법
② 함침법
③ 함침 주형법
④ FRP 주형법

(2) 무금형 방식
① 프리프레그 절연법
② 디핑법
③ 필라멘트 와인딩법
④ 부유 경화법

12 - 변압기 보호계전기 및 측정

1) 변압기 내부고장 검출용 보호 계전기

① 차동 계전기 (비율 차동 계전기)   출제 산업 8번, 기사 1번
② 압력 계전기
③ 부흐홀쯔 계전기   출제 산업 18번
④ 가스 검출 계전기

출제 산업 4번, 기사 3번

2) 변압기 권선온도 측정 : 열동 계전기   출제 산업 3번

3) 변압기의 온도 시험

(1) 실 부하법
전력손실이 크기 때문에 소용량 이외의 경우에는 적용하지 않음

(2) 반환부하법
반환 부하법은 동일 정격의 변압기가 2대 이상 있을 경우에 채용되며, 전력 소비가 적고 철손과 동손을 따로 공급하는 것으로 현재 가장 많이 사용하고 있다.   출제 산업 4번, 기사 2번

4) 변압기의 시험

(1) 개방회로 시험으로 측정 할 수 있는 항목
   ① 무부하전류
   ② 히스테리시스손
   ③ 와류손
   ④ 여자어드미턴스
   ⑤ 철손 출제 산업 5번

(2) 단락시험으로 측정 할 수 있는 항목
   ① 동손
   ② 임피던스와트
   ③ 임피던스전압 출제 산업 5번, 기사 3번

(3) 등가회로 작성시험
   ① 단락시험
   ② 무부하시험
   ③ 저항 측정시험 출제 산업 11번, 기사 6번

CHAPTER 03 출제예상문제_변압기

변압기의 원리

01 ★★ 【85. 96. 기사】
변압기 철심의 자기 포화와 자기 히스테리시스 현상을 무시한 경우, 리액터에 흐르는 전류에 대해 옳은 것은?
① 자기 회로의 자기 저항값에 비례한다.   ② 권선수에 반비례한다.
③ 전원 주파수에 비례한다.   ④ 전원 전압 크기 제곱에 비례한다.

[해설] $i = \dfrac{R}{N_1} \cdot \dfrac{\sqrt{2}\,V_1}{\omega N_1} \sin\left(\omega t - \dfrac{\pi}{2}\right)$

i의 실효값을 I라 하면 $I = \dfrac{V_1}{\dfrac{\omega N_1^{\,2}}{R}}$ [A]

02 ★★★★★ 【91. 92. 95. 99. 15. 기사, 67. 75. 76. 산업기사】
일반 변압기의 여자에 필요한 피상 전력은?

① $\dfrac{\pi}{\mu} f B_m^2 \times$ 철심 체적   ② $\dfrac{\pi}{f} \mu B_m^2 \times$ 철심 체적
③ $\dfrac{f}{\mu} \mu B_m^2 \times$ 철심 체적   ④ $\dfrac{\pi}{f \cdot \mu} B_m^2 \times$ 철심 체적

[해설] 자기 회로의 평균 길이를 l, 단면적을 A, 투자율을 μ라 하면
$\phi_m = \sqrt{2}\,N_1 I_0 \mu A / l$, $V_l = \sqrt{2}\,\pi f N_1 \phi_m$
$\therefore V_1 I_0 = \dfrac{f}{\mu} \pi B_m^2 V_c$

03 ★★★☆ 【98. 01. 기사, 67. 75. 76. 산업기사】
변압기의 누설 리액턴스는? 여기서, N은 권수이다.
① N에 비례한다.   ② N^2에 비례한다.
③ N에 무관하다.   ④ N에 반비례한다.

[해설] $L\dfrac{di}{dt} = N\dfrac{d\phi}{dt}$ $\therefore L = \dfrac{N\phi}{I}$

그런데 자속 ϕ는 $\phi = \dfrac{\mu A N I}{l}$

따라서 $\therefore L = \dfrac{N \cdot \dfrac{\mu A N I}{l}}{I} = \dfrac{\mu A N^2}{l} \propto N^2$

답 1. ① 2. ① 3. ②

04 ★ 【84. 기사, ⊕ : 20. 기사】
그림과 같은 철심에 200회의 권선을 하여 여기에 60[Hz] 60[V]인 정현파 전압을 인가하였을 때 철심의 자속 ϕ_m[Wb]은?

① 약 1.126×10^{-3}
② 약 2.25×10^{-3}
③ 약 1.126
④ 약 2.25

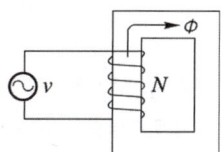

해설) $E_1 = 4.44fN_1\phi_m$[V]에서 $\therefore \phi_m = \dfrac{E_1}{4.44fN_1} = \dfrac{60}{4.44 \times 60 \times 200} = 1.126 \times 10^{-3}$[Wb]

05 ★★ 【93. 00. 14. 20. 산업기사, ⊕ : 95. 기사】
1차 전압 6900[V], 1차 권선 3000회, 권수비 20의 변압기가 60[Hz]에 사용할 때 철심의 최대 자속[Wb]은?

① 0.86×10^{-4} ② 8.63×10^{-3} ③ 86.3×10^{-3} ④ 863×10^{-3}

해설) 1차 유기기전력 $E_1 = 4.44f\phi_m N_1$[V] 이므로
최대 자속 $\phi_m = \dfrac{E_1}{4.44fN_1} = \dfrac{6900}{4.44 \times 60 \times 3000} = 0.00863 = 8.63 \times 10^{-3}$[Wb]

06 ★ 【93. 11. 기사】
권수비 $a = 6600/220$, 60[Hz] 변압기의 철심의 단면적 0.02[m²] 최대 자속 밀도 1.2 [Wb/m²]일 때 1차 유기 기전력[V]은 약 얼마인가?

① 1407 ② 3521 ③ 42198 ④ 49814

해설) $E = 4.44f\phi N_1 = 4.44 \times 60 \times 1.2 \times 0.02 \times 6600 ≒ 42198$[V]

07 ★★ 【67. 77. 86. 94. 산업기사】
변압기 여자 전류에 많이 포함된 고조파는?

① 제2조파 ② 제3조파 ③ 제4조파 ④ 제5조파

해설) 일반적으로 자기 포화 및 히스테리시스 현상이 있으므로 제3고조파가 가장 많이 포함된다.

08 ★★ 【93. 10. 기사, 09. 산업기사, ⊕ : 77. 기사】
60[Hz]의 변압기에 50[Hz]의 동일 전압을 가했을 때의 자속 밀도는 60[Hz] 때의 몇 배인가?

① $\dfrac{6}{5}$ ② $\dfrac{5}{6}$ ③ $\left(\dfrac{5}{6}\right)^{1.6}$ ④ $\left(\dfrac{6}{5}\right)^2$

해설) $E = 4.44fN\phi_m$, $\phi_m = B_m A$ 여기서, B_m는 f에 반비례(전압 이동분)
즉, $50B_{50} = 60B_{60}$ $\therefore B_{50} = \dfrac{6}{5}B_{60}$

답 4. ① 5. ② 6. ③ 7. ② 8. ①

09 1차 전압 3300[V], 권수비 30인 단상 변압기가 전등 부하에 20[A]를 공급할 때의 입력[kW]은?

① 6.6　　② 5.6　　③ 3.4　　④ 2.2

해설 $I_1 = \dfrac{I_2}{a} = \dfrac{20}{30} = \dfrac{2}{3}[A]$

전등 부하에서 역률 $\cos\theta = 1$이므로 입력 P_1은

$P_1 = V_1 I_1 \cos\theta = 3300 \times \dfrac{2}{3} \times 1 = 2200[W] = 2.2[kW]$

10 전력용 변압기에서 1차에 정현파 전압을 인가하였을 때, 2차에 정현파 전압이 유기되기 위하여서는 1차에 흘러들어가는 여자 전류는 기본파 전류 외에 주로 몇 고조파 전류가 포함되는가?

① 제2고조파　　② 제3고조파　　③ 제4고조파　　④ 제5고조파

11 부하에 관계없이 변압기에 흐르는 전류로서 자속만을 만드는 것은?

① 1차 전류　　② 철손 전류　　③ 여자 전류　　④ 자화 전류

12 1차 전압이 2200[V], 무부하 전류가 0.088[A], 철손이 110[W]인 단상 변압기의 자화 전류[A]는?

① 0.05　　② 0.038　　③ 0.072　　④ 0.088

해설 철손 전류 $I_w = \dfrac{P_i}{V_1} = \dfrac{110}{2200} = \dfrac{1}{20} = 0.05[A]$

따라서, 자화 전류 I_u는 $I_u = \sqrt{I_0^2 - I_w^2}$ 식에서

∴ $I_u = \sqrt{0.088^2 - 0.05^2} = 0.072[A]$

13 2[kVA], 3000/100[V]인 단상 변압기의 철손이 200[W]이면 1차에 환산한 여자 컨덕턴스[℧]는?

① 66.6×10^{-3}　　② 22.2×10^{-6}　　③ 2×10^{-2}　　④ 2×10^{-6}

해설 $P_i = \dfrac{(V_1')^2}{r_0} = (V_1')^2 g_0 [W]$이므로

∴ $g_0 = \dfrac{P_i}{(V_1')^2} = \dfrac{200}{3000^2} = 22.2 \times 10^{-6}[℧]$

답 9. ④　10. ②　11. ④　12. ③　13. ②

14 ★★ 【77. 99. 기사】 단상 변압기, 무부하 상태에서 $v_1 = 200 \sin(\omega t + 30°)$[V]의 전압이 인가되었을 때, $i_0 = 3\sin(\omega t + 60°) + 0.7\sin(3\omega t + 180°)$[A]의 전류가 흘렀다. 무부하손[W]은?

① 150   ② 259.8   ③ 415.2   ④ 512

해설 주파수가 다른 전압과 전류 사이의 전력은 0이 되므로 기본파에 의한 전력만을 계산하면

$$\therefore P = 200\sin(\omega t + 30°) \times 3\sin(\omega t + 60°)$$
$$= \frac{200}{\sqrt{2}} \times \frac{3}{\sqrt{2}} \times \cos(60° - 30°) = \frac{600}{2} \times \frac{\sqrt{3}}{2} = 259.8[\text{W}]$$

유사문제

∥유사문제 원문 및 해설 : 동일출판사 홈페이지≫고객센터≫자료실

01. 50[kVA], 3300/210[V], 60[Hz]의 단상 변압기가 있다. 1차 권수 660, 철심 단면적 161[cm²]이다. 자속 밀도는 몇 [Wb/m²]인가?
답 1.16

02. 단면적 10[cm²]인 철심에 200[회]의 권선을 하여, 이 권선에 60[Hz], 60[V]인 교류 전압을 인가하였을 때 철심의 자속 밀도는?
답 1.126[Wb/m²]

03. 1차 공급 전압이 일정할 때 변압기의 1차 코일의 권수를 두 배로 하면 여자 전류와 최대 자속은 어떻게 변하는가? 단, 자로는 포화 상태가 되지 않는다.
답 여자 전류 1/4 감소, 최대 자속 1/2 감소

04. 1차 전압 6600[V], 권수비 30인 단상 변압기로 전등 부하에 20[A]를 공급할 때의 입력[kW]은? 단, 변압기의 손실은 무시한다.
답 $P_1 = V_1 I_1 \cos\theta = 6600 \times \frac{2}{3} \times 1 = 4400[\text{W}] = 4.4[\text{kW}]$

05. 전압 3000[V], 무부하 전류 0.1[A], 철손 150[W]인 변압기의 자화 전류[A]는 대략 얼마인가?
답 0.087[A]

06. 50[kVA], 3300/110[V]의 변압기가 있다. 무부하일 때 1차 전류 0.5[A], 입력 600[W]이다. 자화 전류의 크기는?
답 0.466[A]

07. 변압기의 1차 권선에 $v_1 = \sqrt{2} \cdot 220\cos\omega t$[V]의 전압을 가하면 철심 자속은 $\phi = 9 \times 10^{-3} \sin\omega t$[Wb], 여자 전류의 순시치 $i_0 = \sqrt{2}(5.0\sin\omega t - 2.0\sin3\omega t + 1.0\cos\omega t - 0.5\cos3\omega t)$이다. 이때 철손[W]은?
답 220[W]

답 14. ②

권수비

15 ★ 【96. 03. 기사】
그림과 같은 변압기에서 1차 전류는 얼마인가?
① 0.8[A]
② 8[A]
③ 10[A]
④ 20[A]

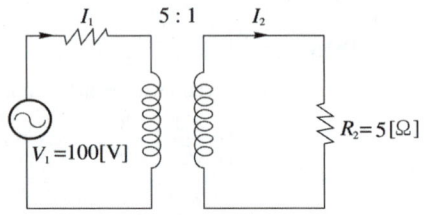

해설) $a = \dfrac{V_1}{V_2} = \dfrac{N_1}{N_2} = \dfrac{I_2}{I_1}$ 에서 $I_1 = \dfrac{I_2}{a} = \dfrac{\frac{100}{25}}{5} = \dfrac{4}{5} = 0.8[A]$

16 ★★★★ 【83. 86. 95. 00. 05. 기사】
그림과 같은 변압기 회로에서 부하 R_2에 공급되는 전력이 최대로 되는 변압기의 권수비 a는?
① 5
② $\sqrt{5}$
③ 10
④ $\sqrt{10}$

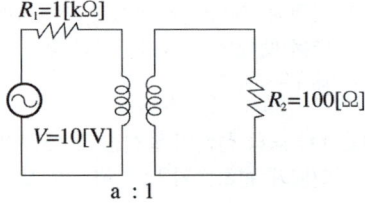

해설) $R_1 = a^2 R_2$, ∴ $a = \sqrt{\dfrac{R_1}{R_2}} = \sqrt{\dfrac{1000}{100}} = \sqrt{10}$

17 ★ 【79. 92. 산업기사】
1차측 권수가 1500인 변압기의 2차측에 접속한 16[Ω]의 저항은 1차측으로 환산했을 때 8[kΩ]으로 되었다고 한다. 2차측 권수를 구하면?
① 75   ② 70   ③ 67   ④ 64

해설) 권수비 $a = \sqrt{\dfrac{R_1}{R_2}} = \sqrt{\dfrac{8000}{16}} = 10\sqrt{5}$, ∴ $N_2 = \dfrac{N_1}{a} = \dfrac{1500}{10\sqrt{5}} = 67$회

18 ★★★☆ 【93. 기사, 83. 91. 95. 96. 01. 02. 11. 산업기사】
단상 주상 변압기의 2차측(105[V] 단자)에 1[Ω]의 저항을 접속하고 1차측에 1[A]의 전류가 흘렀을 때 1차 단자 전압이 900[V]였다. 1차측 탭 전압[V]과 2차 전류[A]는 얼마인가? 단, 변압기는 이상 변압기, V_T는 1차 탭 전압, I_2는 2차 전류이다.
① $V_T = 3150$, $I_2 = 30$
② $V_T = 900$, $I_2 = 30$
③ $V_T = 900$, $I_2 = 1$
④ $V_T = 3150$, $I_2 = 1$

답) 15. ① 16. ④ 17. ③ 18. ①

해설 $R_1 = a^2 R_2 = a^2 \times 1 = a^2 [\Omega]$, $I_1 = \dfrac{V_1}{R_1} = \dfrac{V_1}{a^2} = \dfrac{900}{a^2} = 1[A]$

$a^2 = 900$ 이므로, $a = 30$

∴ $V_T = aV_2 = 30 \times 105 = 3150[V]$, $I_2 = aI_1 = 30 \times 1 = 30[A]$

유사문제

▍유사문제 원문 및 해설 : 동일출판사 홈페이지≫고객센터≫자료실

01. $E_1 = 2000[V]$, $E_2 = 100[V]$의 변압기에서 $r_1 = 0.2[\Omega]$, $r_2 = 0.0005[\Omega]$, $x_1 = 2[\Omega]$, $x_2 = 0.005[\Omega]$이라 한다. 권수비 a값은?

답 $a = \dfrac{2000}{100} = \sqrt{\dfrac{0.2}{0.0005}} = \sqrt{\dfrac{2}{0.005}} = 20$

02. 1차 저항이 1000[Ω], 2차 저항이 100[Ω]인 정합 변압기(matching transformer)가 있다. R_2에 주어지는 전력이 최대가 되는 권선비 a는?

답 $R_1 = a^2 R_2$ ∴ $a = \sqrt{\dfrac{R_1}{R_2}} = \sqrt{\dfrac{1000}{100}} = \sqrt{10} = 3.16$

03. 변압기의 2차측 부하 임피던스 Z가 20[Ω]일 때 1차측에서 보아 18[kΩ]이 되었다면 이 변압기의 권수비는 얼마인가? 단, 변압기의 임피던스는 무시한다.

답 $a^2 Z_2 = Z_1$ ∴ $a = \sqrt{\dfrac{Z_1}{Z_2}} = \sqrt{\dfrac{18,000}{20}} = 30$

04. 1차 전압 3300[V], 2차 전압 100[V]의 변압기에서 1차측에 3500[V]의 전압을 가했을 때의 2차측 전압은? 단, 권선의 임피던스는 무시한다.

답 $V_2' = \dfrac{V_1'}{a} = \dfrac{3500}{33} = 106.1[V]$

05. 어떤 변압기의 1차 환산 임피던스 $Z_{12} = 225[\Omega]$이고 이것을 2차로 환산하면 $Z_{21} = 1[\Omega]$이다. 2차 전압이 400[V]이면 1차 전압[V]은?

답 $Z_1 = a^2 Z_2$에서 $a = 15$이므로 $E_1 = aE_2 = 15 \times 400 = 6000[V]$

06. 3000/200[V] 변압기의 1차 임피던스가 225[Ω]이면 2차 환산은 몇 [Ω]인가?

답 1.0[Ω]

등가회로

★★ 【85. 99. 기사】
19 3상 변압기 5000[kVA], 77000/20000[V]에 있어서 저압측에 전원을 공급하여 단락 시험을 한 결과 임피던스 와트는 60[kW]이었다. 저압측에서 본 1상의 저항값[Ω]은?

① 0.96　　② 0.67　　③ 0.32　　④ 0.16

답 19. ①

해설 저압측(2000[V]측)의 정격 전류는 Y 접속한 것으로 하여
$$I_{2n} = \frac{5000 \times 10^3}{\sqrt{3} \times 20000} = 144.34[A]$$
$$\therefore r_1' + r_2 = \frac{P_s}{3I_{2n}^2} = \frac{60 \times 10^3}{3 \times (144.34)^2} = 0.96[\Omega]$$

★★★ 【82. 94. 01. 기사】
20 변압기에서 등가 회로를 이용하여 단락 전류를 구하는 식은?

① $I_{1s} = V_1/(Z_1 + a^2 Z_2)$ ② $I_{1s} = V_1/(Z_1 \times a^2 Z_2)$
③ $I_{1s} = V_1/(Z_1^2 + a^2 Z_2)$ ④ $I_{1s} = V_1/(Z_1^2 - a^2 Z_2)$

해설 $I_{1s} = \dfrac{V_1}{Z_1 + Z_2'} = \dfrac{V_1}{Z_1 + a^2 Z_2}$

★ 【97. 기사】
21 200[kVA], 6350/660[V]의 단상 변압기의 권선 저항과 리액턴스는 다음과 같다. 무부하 때 역률 0.263에서 0.96[A]의 전류가 흐른다. 그림의 등가 회로에서 자화 병렬 회로의 정수 R_m, X_m은 대략 얼마인가? 단, $R_1 = 1.56[\Omega]$, $R_2 = 0.016[\Omega]$, $X_1 = 4.76[\Omega]$, $X_2 = 0.048$ [Ω]이다.

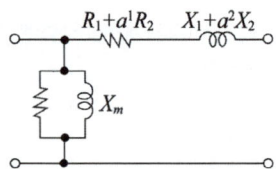

① $R_m = 20.6[k\Omega]$, $X_m = 4.85[k\Omega]$ ② $R_m = 22.2[k\Omega]$, $X_m = 5.85[k\Omega]$
③ $R_m = 25.2[k\Omega]$, $X_m = 6.85[k\Omega]$ ④ $R_m = 28.2[k\Omega]$, $X_m = 7.85[k\Omega]$

해설 $R_m = \dfrac{V_1}{I_w} = \dfrac{V_1}{I_0 \cos\theta} = \dfrac{6350}{0.96 \times 0.263} = 25150[\Omega] \fallingdotseq 25.2[k\Omega]$

$X_m = \dfrac{V_1}{I_u} = \dfrac{V_1}{I_0 \sin\theta} = \dfrac{6350}{0.96 \times \sqrt{1 - 0.263^2}} = 6850[\Omega] = 6.85[k\Omega]$

★ 【95. 기사】
22 20[kVA], 2200/220[V], 60[cycle] 단상 변압기의 저압측을 단락하여 고압측에 86[V]를 가할 때 전력계 360[W], 전류계 10.5[A]를 나타낸다면 고압측에 환산한 전 등가 리액턴스를 구하면?

① 1.31[Ω] ② 3.31[Ω] ③ 5.51[Ω] ④ 7.51[Ω]

답 20. ① 21. ③ 22. ④

해설 $z_{21} = \dfrac{V_s}{I_{1s}} = \dfrac{86}{10.5} = 8.19[\Omega]$, $r_{21} = \dfrac{P_s}{I_{1s}^2} = \dfrac{360}{10.5^2} = 3.265[\Omega]$

$\therefore x_{21} = \sqrt{z_{21}^2 - r_{21}^2} = \sqrt{8.19^2 - 3.265^2} = 7.51[\Omega]$

★ 【01. 05. 산업기사】

23 변압기에서 2차를 1차로 환산한 등가회로의 부하 소비전력 $P_2'[W]$는, 실제의 부하의 소비전력 $P_2[W]$에 대하여 어떠한가? 단, a는 변압비이다.

① a배 ② a^2배 ③ $1/a$ ④ 변함없다.

해설 등가회로의 부하전력이나 실제의 부하전력에는 변함이 없다.

★★ 【90. 99. 16. 기사】

24 변압비 3000/100[V]인 단상 변압기 2대의 고압측을 그림과 같이 직렬로 3300[V] 전원에 연결하고, 저압측에서 각각 5[Ω], 7[Ω]의 저항을 접속하였을 때, 고압측의 단자 전압 E_1은 대략 몇 [V]인가?

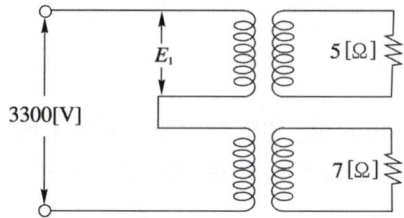

① 471[V] ② 660[V] ③ 1375[V] ④ 1925[V]

해설 $E_1 = \dfrac{Z_1}{Z_1 + Z_2} \cdot E = \dfrac{5}{5+7} \times 3300 = 1375[V]$

$E_2 = \dfrac{Z_2}{Z_1 + Z_2} \cdot E = \dfrac{7}{5+7} \times 3300 = 1925[V]$

유사문제

∥유사문제 원문 및 해설 : 동일출판사 홈페이지≫고객센터≫자료실

01. 전압비 3300/105[V], 1차 누설 임피던스 $Z_1 = 12 + j13[\Omega]$, 2차 누설 임피던스 $Z_2 = 0.015 + j0.013[\Omega]$의 변압기가 있다. 1차로 환산한 등가 임피던스[Ω]는?

답 $26.82 + j25.84[\Omega]$

02. 정격 출력 2[kVA], 200/100[V], 50[Hz]인 변압기의 2차 단락 시험 결과 임피던스 전압 6.8[V], 임피던스 와트 60[W]를 얻었다. 이 변압기의 2차를 1차로 환산한 저항과 리액턴스는?

답 $r_{21} = 0.6[\Omega]$, $x_{21} = 0.32[\Omega]$

답 23. ④ 24. ③

03. 단상 변압기의 1차 전압 E_1, 1차 저항 r_1, 2차 저항 r_2, 1차 누설 리액턴스 x_1, 2차 누설 리액턴스 x_2, 권수비 a라고 하면 2차 권선을 단락했을 때 1차 단락 전류는 몇 [A]인가?

답 $I_{2s} = \dfrac{E}{\sqrt{(r_1 + a^2 r_2)^2 + (x_1 + a^2 x_2)^2}}$

04. 3300/100[V], 1[kVA]인 단상 변압기의 2차를 단락하고 10[A]를 통하려면, 1차에 몇 [V]를 가해야 하는가? 단, $r_1 = 160[\Omega]$, $r_2 = 0.16[\Omega]$, $x_1 = 300[\Omega]$, $x_2 = 0.30[\Omega]$이다.

답 약 215[V]

05. 전압을 낮추기 위하여 권수비 15:1, 정격 50[kVA], 3300/220[V], 60[Hz]의 3상 변압기를 사용하고 있다. 이 변압기의 저압측이 전부하 상태로 되는 부하 임피던스를 고압측으로 환산한 값[Ω]을 구하면? 단, 변압기를 이상 변압기라 가정한다.

답 218[Ω]

변압기의 구조

☆ 【03. 산업기사】

25 몰드 변압기(mold transformer)는 변압기 코일을 직접 에폭시(Epoxy) 수지로 몰드하는 고체 절연 방식의 변압기로 그 절연 방식 중 금형을 사용하는 금형 방식의 종류는?

① 프리 프레그 절연법 ② 디핑법
③ 부유 경화법 ④ 함침법

해설 금형 방식(주형 몰드)으로는 주형법, 함침법, 함침주형법, FRP 주형법(신뢰성이 높고, 양산성이 우수하다.) 등이 있으며, 금형 방식의 단점을 보완하기 위한 방식으로 무 금형 방식(함침 몰드)가 있다.

☆ 【92. 산업기사】

26 변압기에서 철심만을 서서히 빼면 권선에 흐르는 전류의 변화는?

① 불변 ② 감소
③ 증가 ④ 감소 후 증가

해설 자속의 감소로 역기전력이 감소되므로 여자 전류가 점차 증가된다.

★ 【97. 기사, 12. 산업기사】

27 변압기의 철심으로 갖추어야 할 성질로 맞지 않는 것은?

① 투자율이 클 것 ② 전기 저항이 작을 것
③ 히스테리시스 계수가 작을 것 ④ 성층 철심으로 할 것

해설 변압기의 철심에는 투자율과 저항률이 크고, 히스테리시스손이 작은 규소 강판을 성층하여 사용한다.

답 25. ④ 26. ③ 27. ②

28 주상 변압기의 고압측에는 몇 개의 탭을 내놓았다. 그 이유는?

① 예비 단자용
② 수전점의 전압을 조정하기 위하여
③ 변압기의 여자 전류를 조정하기 위하여
④ 부하 전류를 조정하기 위하여

해설, 전원 전압의 변동이나 부하에 의해 변압기 2차측에 전압변동이 생긴다.
전압변동을 보상하려면 변압기의 권수비(변압비)를 바꾸어야 하는데, 이를 위해 2차측에 몇 개의 탭을 설치한다.

29 변압기의 누설 리액턴스를 줄이는 가장 효과적인 방법은 어느 것인가?

① 권선을 분할하여 조립한다.
② 권선을 동심 배치한다.
③ 코일의 단면적을 크게 한다.
④ 철심의 단면적을 크게 한다.

해설, 변압기의 설계에서 권선을 분할하여 조립하면 누설 리액턴스는 절반 이상 감소된다.
즉, 교호(서로 어긋나게 맞춤) 배치한다.

30 변압기 철심용 강판의 규소 함유량은 대략 몇 [%]인가?

① 2 ② 3 ③ 4 ④ 7

해설, 변압기용 철심은 규소 함유량 4[%]인 T급 강판, 회전기는 이보다 함유량이 적은 B급 강판이다.

31 변압기유로 쓰이는 절연유에 요구되는 특성이 아닌 것은?

① 응고점이 낮을 것
② 절연 내력이 클 것
③ 인화점이 높을 것
④ 점도가 클 것

해설, 점도가 낮고, 비열이 커서 냉각 효과가 클 것

32 변압기의 1, 2차 권선 간의 절연에 사용되는 것은?

① 에나멜 ② 무명실 ③ 종이 테이프 ④ 크래프트지

해설, 변압기의 1, 2차 권선 간의 절연으로는 크래프트지 또는 프레스 보드를 사용한다.

33 변압기에 콘서베이터(conservator)를 설치하는 목적은?

① 열화 방지 ② 통풍 장치 ③ 코로나 방지 ④ 강제 순환

답 28. ② 29. ① 30. ③ 31. ④ 32. ④ 33. ①

해설, 변압기의 상부에 설치된 원통형의 유조(기름통)로서, 그 속에는 $\frac{1}{2}$ 정도의 기름이 들어 있고 주변압기 외함 내의 기름과는 가는 파이프로 연결되어 있다. 변압기 부하의 변화에 따르는 호흡 작용에 의한 변압기 기름의 팽창, 수축이 콘서베이터의 상부에서 행하여지게 되므로 높은 온노의 기름이 직접 공기와 집촉하는 것을 방지하여 기름의 열화를 방지하는 것이다.

34 ★★★ 【75. 91. 94. 01. 11. 산업기사】
변압기의 유열화 방지 방법 중 옳지 않은 것은?
① 개방형 콘서베이터 ② 수소 봉입 방식
③ 밀봉 방식 ④ 흡착제 방식

해설, 절연유 열화의 원인은 절연유의 온도 상승과 공기와의 접촉에 의해 발생하며 기름의 열화 방지로는 콘서베이터, 브리더, 질소 봉입이 있다.

35 ★☆ 【82. 93. 99. 05. 산업기사】
변압기 기름의 열화 영향에 속하지 않는 것은?
① 냉각 효과의 감소 ② 침식 작용
③ 공기 중 수분의 흡수 ④ 절연 내력의 저하

해설, 변압기 기름의 열화의 영향은 ① 절연 내력의 저하 ② 냉각 효과의 감소 ③ 침식 작용

36 ★ 【93. 기사】
변압기의 1차 전압으로 3각파를 인가하면 2차 유도 기전력은 어떤 파형의 전압이 발생하는가?
① 전압이 전혀 나타나지 않는다. ② 정현파
③ 찌그러진 정현파 ④ 구형파

37 ★ 【93. 16. 기사】
철심에 히스테리시스가 있으므로 변압기에 정현파 기전력이 일어나는 여자 전류의 파형은?
① 정현파이다. ② 편평(偏平)파이다.
③ 첨두(尖頭)파이다. ④ 반[cycle/sec]로 다르다.

해설, 자기 포화와 히스테리시스 현상으로 홀수 고조파를 포함하는 첨두파이다.

유사문제

유사문제 원문 및 해설 : 동일출판사 홈페이지》고객센터》자료실

01. 변압기의 자속에 대하여 옳은 것은?
답 전압에 비례, 주파수와 권수에 반비례한다.

답 34. ② 35. ③ 36. ③ 37. ③

02. 변압기 철심용 강판의 두께는 대략 몇 [mm]인가?
답 0.35[mm]

03. 변압기의 기름 중 아크 방전에 의하여 생기는 가스 중 가장 많이 발생하는 가스는?
답 수소

04. 변압기 기름이 가져야 할 성능이 아닌 것은?
답 절연 내력이 작을 것

05. 변압기에서 발생하는 소음을 적게 하려면 다음 중 어느 것이 가장 적당한가?
답 철심을 단단히 조인다.

%전압강하

38 ★【03. 기사】
기중 차단기와 배선용 차단기의 보호 협조시에 단락, 과전류 보호 방식이 아닌 것은?
① 전용량 차단 방식
② 캐스케이드(Cascade) 차단 방식
③ 선택 차단 방식
④ 한류 차단 방식

해설 한류 : 전류를 제한하는 방식을 말함

39 ★★★★★【88. 89. 95. 11. 기사, 80. 85. 88. 90. 92. 96. 00. 산업기사】
변압기의 임피던스 전압이란?
① 정격 전류가 흐를 때의 변압기 내의 전압 강하
② 여자 전류가 흐를 때의 2차측 단자 전압
③ 정격 전류가 흐를 때의 2차측 단자 전압
④ 2차 단락 전류가 흐를 때의 변압기 내의 전압 강하

해설 변압기의 임피던스 전압이란, 변압기의 임피던스와 정격 전류와의 곱을 말한다.

40 ★★★★★【80. 86. 90. 92. 기사, 75. 83. 90. 91. 98. 00. 05. 18. 20. 산업기사】
임피던스 강하가 5[%]인 변압기가 운전 중 단락되었을 때 그 단락 전류는 정격 전류의 몇 배인가?
① 15배   ② 20배   ③ 25배   ④ 30배

답 38. ④ 39. ① 40. ②

[해설] 단락 전류 I_{1s}는 $I_{1s} = \dfrac{100}{\%Z}I_{1n} = \dfrac{100}{5} \times I_{1n} = 20I_{1n}$

★ 【01. 기사】
41 30[kVA], 3300/200[V], 60[Hz]의 3상 변압기 2차측에 3상 단락이 생겼을 경우 단락전류는 약 몇 [A]인가?(단, %임피던스 전압은 3[%]이다.)

① 2250　　② 2620　　③ 2730　　④ 2886

[해설] $I_s = \dfrac{100}{\%Z}I_n = \dfrac{100}{3} \times \dfrac{30 \times 10^3}{\sqrt{3} \times 200} = 2886[A]$

★ 【87. 91. 03. 15. 산업기사】
42 3상 변압기의 임피던스가 $Z[\Omega]$이고, 선간 전압이 $V[kV]$, 정격 용량이 $P[kVA]$일 때 $\%Z$(% 임피던스)는?

① $\dfrac{PZ}{V}$　　② $\dfrac{10PZ}{V}$　　③ $\dfrac{PZ}{10V^2}$　　④ $\dfrac{PZ}{100V^2}$

[해설] $\%Z = \dfrac{\text{임피던스}}{\text{정격 임피던스}} \times 100 = \dfrac{Z}{\dfrac{(V \times 1000)^2}{kVA \times 1000}} \times 100$

$= \dfrac{Z \cdot kVA}{V^2 \times 10} = \dfrac{Z \cdot P}{10V^2}$

★★★★★ 【83. 88. 92. 95. 96. 01. 20. 기사, 85. 96. 산업기사】
43 5[kVA], 3000/200[V]의 변압기의 단락 시험에서 임피던스 전압= 120[V], 동손= 150[W]라 하면 %저항강하는 몇 [%]인가?

① 2　　② 3　　③ 4　　④ 5

[해설] $p = \dfrac{I_{1n}r}{V_{1n}} \times 100 = \dfrac{I_{1n}^2 r}{V_{1n}I_{1n}} \times 100 = \dfrac{P_c}{kVA} \times 100 = \dfrac{150}{5000} \times 100 = 3[\%]$

★★★★★ 【82. 84. 85. 87. 89. 94. 기사, 83. 85. 00. 산업기사】
44 10[kVA], 2000/100[V] 변압기에서 1차에 환산한 등가 임피던스는 $6.2 + j7[\Omega]$이다. 이 변압기의 % 리액턴스 강하는?

① 3.5　　② 1.75　　③ 0.35　　④ 0.175

[해설] $I_{1n} = \dfrac{P}{V_1} = \dfrac{10 \times 10^3}{2000} = 5[A]$

$q = \dfrac{I_{1n}x}{V_{1n}} \times 100 = \dfrac{5 \times 7}{2000} \times 100 = 1.75[\%]$

[답] 41. ④　42. ③　43. ②　44. ②

03. 변압기　**195**

45 ★★★★★ 【88. 93. 98. 기사, 81. 82. 85. 89. 93. 산업기사】
3300/200[V], 10[kVA]인 단상 변압기의 2차를 단락하여 1차측에 300[V]를 가하니 2차에 120[A]가 흘렀다. 이 변압기의 임피던스 전압[V]과 백분율 임피던스 강하[%]는?

① 125, 3.8　　② 200, 4　　③ 125, 3.5　　④ 200, 4.2

해설　1차 정격 전류 $I_{1n} = \dfrac{P}{V_1} = \dfrac{10 \times 10^3}{3300} = 3.03[A]$

1차 단락 전류 $I_{1s} = \dfrac{1}{a} I_{2s} = \dfrac{200}{3300} \times 120 = 7.27[A]$

2차를 1차로 환산한 등가 누설 임피던스 $Z_{21} = \dfrac{V_s'}{I_{1s}} = \dfrac{300}{7.27} = 41.26[\Omega]$

임피던스 전압 V_s는
∴ $V_s = I_{1n} Z_{21} = 3.03 \times 41.26 = 125.02[V]$

백분율 임피던스 강하 $\%Z$는
∴ $\%Z = \dfrac{V_s}{V_{1n}} \times 100 = \dfrac{125.02}{3300} \times 100 = 3.8[\%]$

46 ★★★ 【89. 기사, 88. 98. 00. 01. 산업기사】
3300/210[V], 5[kVA] 단상 변압기가 퍼센트 저항 강하 2.4[%], 리액턴스 강하 1.8[%]이다. 임피던스 전압[V]는?

① 99　　② 66　　③ 33　　④ 21

해설　$p = 2.4[\%]$, $q = 1.6[\%]$이므로 % 임피던스를 z라 하면
$z = \sqrt{p^2 + q^2} = \sqrt{2.4^2 + 1.8^2} = 3[\%]$
$z = \dfrac{V_s}{V_{1n}} \times 100[\%]$에서 ∴ $V_s = \dfrac{z \cdot V_{1n}}{100} = \dfrac{3 \times 3300}{100} = 99[V]$

47 ☆ 【96. 03. 산업기사】
3300/210[V], 5[kVA] 단상 변압기의 퍼센트 저항 강하 2.4[%], 리액턴스 강하 1.8[%]이다. 임피던스 와트[W]는?

① 320　　② 240　　③ 120　　④ 90

해설　$\%R = \dfrac{P_s}{P_n} \times 100$에서 $P_s = \dfrac{\%R \cdot P_n}{100} = \dfrac{2.4 \times 5 \times 10^3}{100} = 120[W]$

48 ★★★☆ 【90. 97. 기사, 88. 97. 99. 산업기사】
임피던스 전압을 걸 때의 입력은?

① 정격 용량　　　　　　② 철손
③ 임피던스 와트　　　　④ 전부하 시의 전손실

해설　단락 시험에서 정격 전류를 흘릴 때의 전압이 임피던스 전압이며 이때의 입력이 임피던스 와트로서 부하손을 나타낸다.

답 45. ①　46. ①　47. ③　48. ③

유사문제

01. 3300/100[V], 5[kVA] 단상 변압기의 임피던스 전압[V]은? 단, 변압기의 1차측, 2차측의 저항 및 리액턴스는 $r_1 = 108.9[\Omega]$, $r_2 = 0.2[\Omega]$, $x_1 = 217.8[\Omega]$, $x_2 = 0.2[\Omega]$이다.
답 827.6[V]

02. 6000/200[V], 10[kVA]인 단상 변압기의 1차측에 600[V]를 가하고 2차를 단락하니 2차 단락 전류가 100[A] 흘렀다. 이 변압기의 임피던스 강하는 몇 [%]인가?
답 5[%]

03. 변압기의 임피던스 전압이란?
답 변압기 누설 임피던스와 정격 전류와의 곱인 내부전압 강하이다.

04. 3300/200[V], 50[kVA]인 단상 변압기의 퍼센트(%) 저항, 퍼센트(%) 리액턴스를 각각 2.4[%], 1.6[%]라 하면, 이때의 임피던스 전압은 몇 [V]인가?
답 95[V]

05. 변압기의 전압 변동률을 구하는 식은? 단, V_{20}는 무부하 시 2차 단자 전압, V_{2n}은 정격 부하시 2차 단자 전압이다.
답 $\frac{V_{20} - V_{2n}}{V_{2n}} \times 100[\%]$

06. 100[kVA], 6000/200[V], 60[Hz]의 3상 변압기가 있다. 저압측에서는 단락(3상 단락)이 생긴 경우 단락 전류[A]는? 단, % 임피던스 전압은 3[%]이다.
답 9623[A]

07. 2000/100[V], 10[kVA] 변압기의 1차 환산 등가 임피던스가 $6.2 + j7[\Omega]$이라면 % 임피던스 강하는 약 몇 [%]인가?
답 2.35[%]

08. 75[kVA], 6000/200[V]의 단상 변압기의 % 임피던스 강하가 4[%]이다. 1차 단락 전류는?
답 312.5[A]

09. 정격 용량 20[kVA], 정격 전압 1차 6.3[kV], 2차 210[V], 퍼센트 임피던스 4[%]의 단상 변압기가 있다. 2차측이 단락되었을 때 1차 단락 전류는 몇 [A]인가?
답 79.3[A]

전압변동률

49 ★★★★★ 【89. 91. 96. 99. 01. 10. 기사, 76. 산업기사】
어떤 단상 변압기의 2차 무부하 전압이 240[V]이고 정격 부하시의 2차 단자 전압이 230[V]이다. 전압 변동률[%]은?

① 2.35 ② 3.35 ③ 4.35 ④ 5.35

[해설] 2차 무부하 전압 V_{20}가 240[V], 정격 부하시의 2차 단자 전압 V_{2n}이 230[V]일 때, 전압 변동률 ϵ은
$$\therefore \epsilon = \frac{V_{20} - V_{2n}}{V_{2n}} \times 100 = \frac{240 - 230}{230} \times 100 = \frac{10}{230} \times 100 = 4.35[\%]$$

50 ★★★ 【93. 99. 00. 03. 기사】
역률 100[%]인 때의 전압 변동률 ϵ은 어떻게 표시되는가?

① % 저항 강하 ② % 리액턴스 강하
③ % 서셉턴스 강하 ④ % 임피던스 전압

[해설] $\epsilon = p\cos\theta + q\sin\theta$에서 역률 100[%]일 경우 $\cos\theta = 1$, $\sin\theta = 0$이므로
$\epsilon = p$ 즉, 전압변동률 = %저항 강하이다.

51 ★★★★★ 【77. 83. 88. 91. 95. 98. 99. 00. 기사】
어느 변압기의 전압비가 무부하시에는 14.5 : 1이고 정격 부하의 어느 역률에서는 15 : 1이다. 이 변압기의 동일 역률에서의 전압 변동률을 구하면?

① 3.5 ② 3.7 ③ 4.0 ④ 4.3

[해설] 권수비는 무부하시의 전압비와 같으므로 $\frac{V_1}{V_{20}} = 14.5$, $\frac{V_1}{V_{2n}} = 15$

따라서 $V_{20} = \frac{V_1}{14.5}$, $V_{2n} = \frac{V_1}{15}$, $\frac{V_{20}}{V_{2n}} = \frac{\frac{V_1}{14.5}}{\frac{V_1}{15}} = \frac{15}{14.5}$

그러므로 전압 변동률 ϵ은
$$\therefore \epsilon = \frac{V_{20} - V_{2n}}{V_{2n}} \times 100 = \left(\frac{V_{20}}{V_{2n}} - 1\right) \times 100 = \left(\frac{15}{14.5} - 1\right) \times 100 = 3.45[\%] ≒ 3.5[\%]$$

52 ★★★★☆ 【85. 98. 기사, 88. 90. 95. 00. 산업기사, ⊕ : 85. 산업기사】
단상 변압기가 있다. 전부하에서 2차 전압은 115[V]이고, 전압 변동률은 2[%]이다. 1차 단자 전압을 구하여라. 단, 1차, 2차 권선비는 20 : 1이다.

① 2356[V] ② 2346[V] ③ 2336[V] ④ 2326[V]

답 49. ③ 50. ① 51. ① 52. ②

해설 $\epsilon = \dfrac{V_0 - V_n}{V_n} \times 100$이므로

$V_{10} = V_{1n}\left(1 + \dfrac{\epsilon}{100}\right) - aV_{2n}\left(1 + \dfrac{\epsilon}{100}\right) = 20 \times 115 \times \left(1 + \dfrac{2}{100}\right) = 2346[V]$

53 ☆ 【67. 산업기사】
용량 15[kVA]인 주상 변압기의 전압 변동률[%]은 역률 100[%] 부하에서는 대략?

① 2 ② 4 ③ 6 ④ 8

해설 1[kVA] : 4.0 이하, 7.5[kVA] : 2.3 이하, 10[kVA] : 2.3 이하, 15[kVA] : 2.1 이하, 20[kVA] : 2.1 이하, 30[kVA] : 1.9 이하, 50[kVA] : 1.6 이하

54 ★★ 【79. 기사, 89. 95. 산업기사】
어떤 변압기의 단락 시험에서 %저항 강하 1.5[%]와 %리액턴스 강하 3[%]를 얻었다. 부하 역률이 80[%] 앞선 경우의 전압 변동률[%]은?

① −0.6 ② 0.6 ③ −3.0 ④ 3.0

해설 앞선 역률이므로 $\epsilon = p\cos\theta - q\sin\theta = 1.5 \times 0.8 - 3 \times 0.6 = -0.6[\%]$

55 ★★★★★ 【83. 84. 90. 07. 기사, 83. 90. 94. 98. 03. 11. 산업기사, ㊙ : 85. 94. 기사】
어느 변압기의 백분율 저항 강하가 2[%], 백분율 리액턴스 강하가 3[%]일 때 역률(지역률) 80[%]인 경우의 전압 변동률[%]은?

① −0.2 ② 3.4 ③ 0.2 ④ −3.4

해설 뒤진 역률(지역률)이므로 $\epsilon = p\cos\theta + q\sin\theta = 2 \times 0.8 + 3 \times 0.6 = 3.4[\%]$

56 ★★★★☆ 【85. 96. 97. 기사, 80. 83. 99. 15. 산업기사】
5[kVA], 2000/200[V]의 단상 변압기가 있다. 2차에 환산한 등가 저항과 등가 리액턴스는 각각 0.14[Ω], 0.16[Ω]이다. 이 변압기에 역률 0.8(뒤짐)의 정격 부하를 걸었을 때의 전압 변동률[%]은?

① 약 0.026 ② 약 0.26 ③ 약 2.60 ④ 약 26.00

해설 $I_{1n} = \dfrac{P}{V_1} = \dfrac{5000}{2000} = 2.5[A]$, $I_{2n} = \dfrac{P}{V_2} = \dfrac{5000}{200} = 25[A]$

% 저항 강하 $p = \dfrac{I_{2n} r_2}{V_{2n}} \times 100 = \dfrac{25 \times 0.14}{200} \times 100 = 1.75[\%]$

% 리액턴스 강하 $q = \dfrac{I_{2n} x_2}{V_{2n}} \times 100 = \dfrac{25 \times 0.16}{200} \times 100 = 2[\%]$

$\epsilon = p\cos\theta + q\sin\theta = 1.75 \times 0.8 + 2 \times 0.6 = 2.6[\%]$

답 53. ① 54. ① 55. ② 56. ③

57. ★★ 【87. 기사, 87. 90. 산업기사】

%저항 강하 1.8, %리액턴스 강하가 2.0인 변압기의 전압 변동률의 최댓값과 이때의 역률은 각각 몇 [%]인가?

① 7.24, 27   ② 2.7, 1.8   ③ 2.7, 67   ④ 1.8, 3.8

해설
$\epsilon_{\max} = \sqrt{p^2 + q^2} = \sqrt{1.8^2 + 2^2} = 2.7 [\%]$

$\cos\theta_m = \dfrac{p}{\sqrt{p^2 + q^2}} = \dfrac{1.8}{2.7} = 0.67 = 67 [\%]$

58. ★☆ 【97. 기사, 85. 25. 산업기사】

어떤 변압기의 부하 역률이 60[%]일 때 전압 변동률이 최대라고 한다. 지금 이 변압기의 부하 역률이 100[%]일 때 전압 변동률을 측정했더니 3[%]였다. 이 변압기의 부하 역률 80[%]에서의 전압 변동률은 몇 [%]인가?

① 4.8   ② 5.0   ③ 6.2   ④ 6.4

해설
부하 역률 100[%]일 때 $\epsilon_{100} = p = 3 [\%]$

최대 전압 변동률 $\epsilon_{\max}$는 부하 역률 $\cos\theta_m$일 때이므로

$\cos\theta_m = \dfrac{p}{\sqrt{p^2 + q^2}} = 0.6$, $\dfrac{3}{\sqrt{3^2 + q^2}} = 0.6$ ∴ $q = 4 [\%]$

부하 역률이 80[%]일 때

∴ $\epsilon_{80} = p\cos\theta + q\sin\theta = 3 \times 0.8 + 4 \times 0.6 = 4.8 [\%]$

또한 최대 전압 변동률 $\epsilon_{\max}$는

∴ $\epsilon_{\max} = \sqrt{p^2 + q^2} = \sqrt{3^2 + 4^2} = 5 [\%]$

59. ★★★ 【92. 기사, 76. 86. 94. 97. 산업기사】

변압기 리액턴스 강하가 저항 강하의 3배이고 정격 전류에서 전압 변동률이 0이 되는 앞선 역률의 크기[%]는?

① 88   ② 90   ③ 92   ④ 95

해설
전압 변동률 $\epsilon = p\cos\theta - q\sin\theta = 0$ 식에서 $\dfrac{p}{q} = \dfrac{\sin\theta}{\cos\theta} = \tan\theta = \dfrac{1}{3}$

따라서 역률 $\cos\theta = \dfrac{1}{\sqrt{1 + \tan^2\theta}} = \dfrac{1}{\sqrt{1 + \left(\dfrac{1}{3}\right)^2}} = \dfrac{3}{\sqrt{10}} = 0.95 = 95 [\%]$

⁂ 유사문제

▮유사문제 원문 및 해설 : 동일출판사 홈페이지》고객센터》자료실

01. 전압비가 무부하에서는 33:1, 정격 부하에서는 33.6:1인 변압기의 전압 변동률[%]은?
 약 1.8[%]

답 57. ③ 58. ① 59. ④

02. 3300/210[V], 10[kVA]의 단상 변압기가 있다. % 저항 = 3[%], % 리액턴스 = 4[%]이다. 이 변압기가 무부하인 경우의 2차 단자 전압은 얼마인가? 단, 변압기가 지역률 80[%]일 때 정격 출력을 낸다.

답 $V_{20} = \left(1+\dfrac{\epsilon}{100}\right)V_{2n} = \left(1+\dfrac{4.8}{100}\right)\times 210 = 220.08[V]$

03. 단상 변압기에 있어서 부하 역률 80[%]의 지역률에서 전압 변동률 4[%], 부하 역률 100[%]에서는 전압 변동률 3[%]라고 한다. 이 변압기의 퍼센트 리액턴스는 몇 [%]인가?

답 $q = \dfrac{4-2.4}{0.6} = \dfrac{1.6}{0.6} = 2.7[\%]$

04. 전부하에 있어서 2차 전압이 120[V]이고 전압 변동률이 2[%]인 단상 변압기가 있다. 1차 단자 전압[kV]은? 단, 1차 권선과 2차 권선의 권수비는 20 : 1이다.

답 $V_{10} = V_{1n}\left(1+\dfrac{\epsilon}{100}\right) = aV_{2n}\left(1+\dfrac{\epsilon}{100}\right) = 20\times 120\left(1+\dfrac{2}{100}\right) = 2448[kV]$

05. 정격 부하에서 역률 0.8(뒤짐)로 운전될 때, 전압 변동률이 10[%]인 변압기가 있다. 이 변압기에 역률 100[%]의 정격 부하를 걸고 운전할 때의 전압 변동률[%]은? 단, % 저항 강하는 % 리액턴스 강하의 1/10이라고 한다.

답 1.47[%]

06. 퍼센트 저항 전압 강하가 0.85[%], 퍼센트 리액턴스 전압 강하가 9.30[%]인 변압기가 있다. 퍼센트 임피던스 전압 강하 및 역률 80[%] 경우의 전압 변동률은?

답 9.32[%], 6.26[%]

07. 60[Hz], 6300/210[V], 15[kVA]의 단상 변압기에 있어서 임피던스 전압은 185[V], 임피던스 와트는 250[W]이다. 이 변압기를 5[kVA], 지역률 0.8의 부하를 건 상태에서의 전압 변동률[%]은?

답 약 0.93[%]

08. 3300/200[V], 50[kVA]인 변압기의 임피던스 전압이 132[V]이다. 이 변압기의 부하 역률 0.8(뒤짐)일 때의 전압 변동률은? 단, 이 변압기의 최대 전압 변동률을 발생하는 부하 역률은 0.45이다.

답 3.6[%]

09. 권수비 60인 단상 변압기의 전부하 2차 전압 200[V], 전압 변동률 3[%]일 때 1차 단자전압[V]은?

답 12360[V]

10. 변압기 내부의 저항과 누설 리액턴스의[%]강하는 3[%], 4[%]이다. 부하의 역률이 지상 60[%]일 때 이 변압기의 전압 변동률[%]은?

답 5[%]

11. 변압기의 정격 전류에 대한 백분율 저항 강하 1.5[%], 백분율 리액턴스 강하가 4[%]이다. 이 변압기에 정격 전류를 통하여 전압 변동률이 최대로 되는 부하 역률은 얼마인가?

답 0.351[%]

12. 어떤 변압기에 있어서 그 전압 변동률은 부하 역률 100[%]에 있어서 2[%], 부하 역률 80[%]에서 3[%]라고 한다. 이 변압기의 최대 전압 변동률[%] 및 그 때의 부하 역률[%]은?

답 3.07[%], 65[%]

시험법

60 단상 변압기가 감극성일 때의 단자 부호는?

① 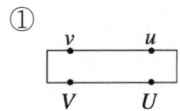 ② 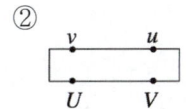 ③ 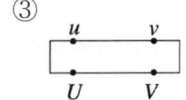 ④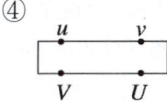

해설: 고압측에서 보아 외함의 우측 단자를 U로 하고, 감극성의 경우는 U와 저압측 u 단자와 외함의 같은 쪽에 있도록 하고, 가극성일 때는 대각선상에 있도록 한다.

61 210/105[V]의 변압기를 그림과 같이 결선하고 고압측에 200[V]의 전압을 가하면 전압계의 지시는 몇 [V]인가?

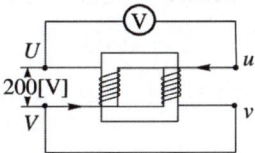

① 100 ② 200 ③ 300 ④ 400

해설: 권수비 $a = \dfrac{210}{105} = 2$

$E_1 = 200[V]$일 때,

$E_2 = \dfrac{E_1}{a} = \dfrac{200}{2} = 100[V]$

그러므로 전압계의 지시 V는

V의 지시 $= E_1 - E_2 = 200 - 100 = 100[V]$(감극성)

V의 지시 $= E_1 + E_2 = 200 + 100 = 300[V]$(가극성)

KS C에서는 감극성이 표준이므로 ①번이 정답이다.

62 역률 80[%](지상)로 전부하 운전 중인 3상 100[kVA], 3000/200[V] 변압기의 저압측 선전류의 무효분은 대략 몇 [A]인가?

① 98 ② 125 ③ 173 ④ 212

해설: 출력 $P = \sqrt{3}\, V_2 I_2$ 식에서

$I_2 = \dfrac{P}{\sqrt{3}\, V_2} = \dfrac{100 \times 10^3}{\sqrt{3} \times 200} = \dfrac{1000}{2\sqrt{3}}[A]$

무효 전류 $I_c = I_2 \sin\theta$ 식에서

$\therefore I_c = I_2 \sin\theta = \dfrac{1000}{2\sqrt{3}} \times \sqrt{1 - 0.8^2} = 173[A]$

답 60. ① 61. ① 62. ③

유사문제

유사문제 원문 및 해설 : 동일출판사 홈페이지≫고객센터≫자료실

01. 3300/110[V] 주상 변압기를 극성 시험을 하기 위하여 그림과 같이 접속하고 1차측에 120[V]의 전압을 가하였다. 이 변압기가 감극성이라면 전압계 지시는?

답 V의 지시 = $E_1 - E_2$ = 120 - 4 = 116[V]

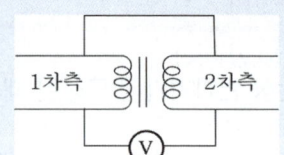

단상 변압기의 3상결선

63 ☆ 【92. 산업기사】
변압기 결선에서 부하 단자에 제3고조파 전압이 발생하는 것은?
① △-△ ② △-Y ③ Y-△ ④ Y-Y

해설 Y-Y결선은 제3조파의 여자 전류 통로가 없으므로 유기기전력에 제3조파 전압이 포함된다.

64 ☆ 【89. 산업기사】
단상 변압기의 3상 Y-Y결선에서 잘못된 것은?
① 3조파 전류가 흐르며 유도 장애를 일으킨다.
② 역 V결선이 가능하다.
③ 권선 전압이 선간 전압의 3배이므로 절연이 용이하다.
④ 중성점 접지가 된다.

해설 권선 전압(상전압)은 선간 전압의 $\frac{1}{\sqrt{3}}$배

65 ★ 【03. 기사 92. 93. 산업기사】
"절연이 용이하나 제3고조파의 영향으로 통신 장애를 일으키므로 3권선 변압기를 설치 할 수 있다."라는 설명은 변압기의 3상 결선법의 어느 것을 말하는가?
① △-△ ② Y-△ 또는 △-Y ③ Y-Y ④ Y결선

해설 Y-Y결선은 제3고조파 여자 전류에 의한 제3고조파가 기전력에 포함되며 중성점 접지 시 유도 장애를 일으키므로 Y-Y-△의 3권선 변압기로 하여 송전용으로 사용된다.

66 ★ 【92. 99. 산업기사】
전압비 30:1의 단상 변압기 3대를 1차 △, 2차 Y로 결선하고 1차에 선간 전압 3300[V]를 가했을 때의 무부하 2차 선간 전압은?
① 250 ② 220 ③ 210 ④ 190

답 63. ④ 64. ③ 65. ③ 66. ④

해설) $V_2 = \sqrt{3} \times \dfrac{V_1}{a} = \sqrt{3} \times \dfrac{3300}{30} = 190.5[V]$

67 ★★ 【91. 98. 18. 25. 기사】
변압기의 1차측을 Y결선, 2차측을 △결선으로 한 경우 1차와 2차간의 전압의 위상 변위는?
① 0°   ② 30°   ③ 45°   ④ 60°

해설) 1차 선간 전압은 2차 선간 전압보다 30° 위상이 빠르게 된다.

68 ★★ 【00. 02. 04. 기사, 81. 11. 산업기사】
1차 Y, 2차 △로 결선한 권수비 20:1로 되는 서로 같은 단상 변압기 3대가 있다. 이 변압기 군에 2차 단자 전압 200[V], 30[kVA]의 평형 부하를 걸었을 때 각 변압기의 1차 전류[A]는?
① 50   ② 25   ③ 5   ④ 2.5

해설) 각 변압기에 $\dfrac{30}{3} = 10[kVA]$의 부하가 걸리므로 2차 상전류

$I_{2p} = \dfrac{10 \times 10^3}{200} = 50[A]$

1차 상전류는 변압비가 20이므로

∴ $I_{1p} = \dfrac{I_{2p}}{a} = \dfrac{50}{20} = 2.5[A]$

69 ★★ 【82. 98. 00. 01. 03. 산업기사】
6600/210[V]의 단상 변압기 3대를 △-Y로 결선하여 1상 18[kW] 전열기의 전원으로 사용하다가 이것을 △-△로 결선했을 때 이 전열기의 소비 전력[kW]은 얼마인가?
① 31.2   ② 10.4   ③ 2.0   ④ 6.0

해설) $P \propto V^2$, △-Y결선을 △-△결선으로 하면
상전압(2차측 전압)은 $\dfrac{1}{\sqrt{3}}$배가 되므로 전력은 $\left(\dfrac{1}{\sqrt{3}}\right)^2$이 된다.

∴ $18 \times \left(\dfrac{1}{\sqrt{3}}\right)^2 = 6[kW]$

70 ★★ 【86. 91. 기사】
권선비 a : 1인 3개의 단상 변압기를 △-Y로 하고, 1차 단자 전압 V_1, 1차 전류 I_1이라 하면 2차의 단자 전압 V_2 및 2차 전류 I_2값은? 단, 저항, 리액턴스 및 여자 전류는 무시한다.

① $V_2 = \sqrt{3}\dfrac{V_1}{a},\ I_1 = I_2$
② $V_2 = V_1,\ I_2 = I_1 \dfrac{a}{\sqrt{3}}$
③ $V_2 = \sqrt{3}\dfrac{V_1}{a},\ I_2 = I_1 \dfrac{a}{\sqrt{3}}$
④ $V_2 = \sqrt{3}\dfrac{V_1}{a},\ I_2 = \sqrt{3}\,aI_1$

답) 67. ② 68. ④ 69. ④ 70. ③

해설 저항, 리액턴스 및 여자 전류를 무시하면 2차 상전압 $V_2' = \dfrac{V_1}{a}$

2차는 Y결선이므로 선간 전압 $V_2 = \sqrt{3}\, V_2' = \sqrt{3}\, \dfrac{V_1}{a}$

또한 1차 출력=2차 출력이므로 $\sqrt{3}\, V_1 I_1 = \sqrt{3}\, V_2 I_2$

$\therefore I_2 = \dfrac{V_1}{V_2} I_1 = \dfrac{a}{\sqrt{3}} I_1$

71 ★★ 【90. 91. 96. 00. 산업기사】
단상 100[kVA], 13200/200[V] 변압기의 저압측 선전류의 유효분[A]은? 단, 역률 0.8 지상 이다.

① 300   ② 400   ③ 500   ④ 700

해설 $P = V_2 I_2$에서 $I_2 = \dfrac{P}{V_2} = \dfrac{100 \times 10^3}{200} = 500[A]$

$\therefore I_r = I_2 \cos\theta = 500 \times 0.8 = 400[A]$

72 ★★ 【85. 96. 기사】
정격이 같은 50[kVA]의 주상 변압기 3대를 △−△로 결선하여 역률 100[%], 전압 200[V]의 평형 3상 부하에 114[kW]의 전력을 공급하고 있다. 지금 이 중에 변압기의 중성점과 한 단자와의 사이에 변압기의 정격 전류의 범위 내에서 100[V]의 전등 부하를 걸려고 한다. 전등 부하는 몇 [kW]까지 걸 수 있겠는가?

① 6   ② 7.2   ③ 7.8   ④ 8.8

해설 3상 부하에 의한 전류
$I = \dfrac{P}{V} = \dfrac{114 \times 10^3}{3} \times \dfrac{1}{200} = 190[A]$

변압기의 정격 전류
$I_n = \dfrac{P_1}{V} = \dfrac{50 \times 10^3}{200} = 250[A]$

즉, 250−190=60[A]의 여유가 있다.

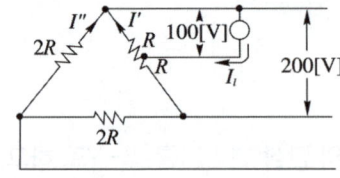

전등 부하의 전류 I'는 변압기군 내부를 그림과 같이 내부 임피던스에 반비례해서 분류하므로

$I' = I_l \times \dfrac{5}{6} = 60[A]$

$\therefore I_l = 60 \times \dfrac{6}{5} = 72[A]$

$\therefore P = 100 \times 72 = 7200[W] = 7.2[kW]$
까지 전등 부하를 걸 수 있다.

답 71. ② 72. ②

★ 【83. 92. 산업기사】
73 단상 변압기 $\frac{1732}{200}$[V]의 고압측에서의 여자 전류는 $i_0 = 3\sin\omega t + 0.8\sin(3\omega t + \alpha)$[A] 로 표시된다. 이 변압기 3대를 Y-△결선하여 고압 1차측에 $\sqrt{3}\times 1732 = 3000$[V]를 가하여 저압측 무부하일 때 저압 2차측 △회로 내의 실효값 순환 전류[A]는?

① 2.85
② 3.44
③ 4.89
④ 6.93

해설 무부하 시 2차측 △회로 내에는 제3고조파 순환전류가 흐르므로
$$\therefore I_2 = aI_1 = \frac{1732}{200} \times \frac{0.8}{\sqrt{2}} = 4.89[A]$$

유사문제

‖ 유사문제 원문 및 해설 : 동일출판사 홈페이지≫고객센터≫자료실

01. 정격이 같고, 변압비가 10:1인 3대의 단상 변압기를 Y-△로 접속하여 3상 변압을 하고자 한다. 2차에 단자 전압 200[V]의 평형 부하 75[kVA]를 걸었을 때, 각 변압기의 1차 및 2차 권선의 전류와 1차 선간 전압을 구하여라. 단, 여자 전류와 임피던스는 무시한다.
답 3464[V]

02. 변압기를 △-Y로 결선했을 때의 1차, 2차의 전압 위상차는?
답 30°

03. 단상 15[kVA] 변압기 3대를 1차 Y, 2차를 △로 접속하여 사용하고 있다. 야간 전등용으로서 한 상에 부하를 걸 때 야간 전등은 몇 [kW]까지 걸 수 있는가?
답 22.5[kW]

V 결선

★★★★☆ 【77. 90. 95. 96. 06. 12. 기사, 70. 10. 산업기사】
74 2대의 변압기로 V결선하여 3상 변압하는 경우 변압기 이용률[%]은?

① 57.8
② 66.6
③ 86.6
④ 100

해설 V결선에는 변압기 2대를 사용하였으므로 그 정격 출력의 합은 $2VI$가 되기 때문에 V결선으로 하면
$$이용률 = \frac{\sqrt{3}\,VI}{2VI} = \frac{\sqrt{3}}{2} = 0.866(86.6[\%])$$

답 73. ③ 74. ③

75 ★★★★☆ 【92. 98. 기사, 82. 84. 90. 93. 97. 03. 11. 12. 18. 산업기사】
△결선 변압기의 한 대가 고장으로 제거되어 V결선으로 공급할 때 공급할 수 있는 전력은 고장 전 전력에 대하여 몇 [%]인가?

① 86.6 ② 75.0 ③ 66.7 ④ 57.7

해설) 1대의 단상 변압기 용량을 K라 하면 그 출력비는
$$\frac{\text{V결선의 출력}}{\triangle \text{결선의 출력}} = \frac{\sqrt{3}K}{3K} = \frac{\sqrt{3}}{3} = 0.577 = 57.7[\%]$$

76 ★★★ 【88. 89. 94. 기사】
용량 100[kVA]인 동일 정격의 단상 변압기 4대로 낼 수 있는 3상 최대 출력 용량[kVA]은?

① $200\sqrt{3}$ ② $200\sqrt{2}$ ③ $300\sqrt{2}$ ④ 400

해설) 2대로 V결선으로 했을 경우의 출력 $\sqrt{3}P$, 4대일 때는 $2\sqrt{3}P$이므로
$2\sqrt{3}P = 2\sqrt{3} \times 100 = 200\sqrt{3}$ [kVA]

77 ★☆ 【78. 83. 99. 산업기사】
같은 정격 30[kVA], 3300/200[V]의 변압기 2대를 그림과 같이 V결선으로 하고 여기에 전부하 전류를 통하는 저항 R을 Y결선으로 해서 연결했을 때, 이 저항 $R[\Omega]$의 값은?

① 1.15
② 1.07
③ 0.85
④ 0.77

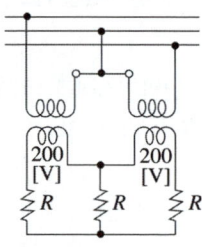

해설) 정격 전류 $I_2 = \dfrac{P}{V_2} = \dfrac{30 \times 10^3}{200} = 150$[A]
$\therefore R = \dfrac{V}{I} = \dfrac{200/\sqrt{3}}{150} = 0.77[\Omega]$

78 ★★★★ 【11. 기사, 81. 83. 88. 96. 산업기사, ⊕ : 77. 산업기사】
2[kVA]의 단상 변압기 3대를 써서 △결선하여 급전하고 있는 경우 1대가 소손되어 나머지 2대로 급전하게 되었다. 이 2대의 변압기는 과부하를 20[%]까지 견딜 수 있다고 하면 2대가 부담할 수 있는 최대 부하[kVA]는?

① 약 3.46 ② 약 4.15 ③ 약 5.16 ④ 약 6.92

해설) 최대 부하를 P라 하면 부하율은 $\dfrac{P}{2\sqrt{3}} = 1.2$ ($\because P_V = \sqrt{3}P_1$)
$\therefore P = 1.2 \times 2\sqrt{3} = 4.15$[kVA]

답) 75. ④ 76. ① 77. ④ 78. ②

79 30[kW]의 3상 유도 전동기에 전력을 공급할 때 2대의 단상 변압기를 사용하는 경우의 변압기의 표준 용량은? 단, 전동기의 역률과 효율은 각각 84[%]와 86[%]라 한다. 【89. 94. 20. 산업기사】

① 21[kVA] ② 24[kVA] ③ 25[kVA] ④ 30[kVA]

해설 변압기 1대의 출력을 K[kVA], V결선의 출력을 $\sqrt{3}K$[kVA]라 하면

전동기 입력 $= \dfrac{P}{0.84 \times 0.86}$

$\therefore \sqrt{3}K = \dfrac{P}{0.84 \times 0.86}$

$K = \dfrac{30}{\sqrt{3} \times 0.84 \times 0.86} = 23.976$

유사문제

유사문제 원문 및 해설 : 동일출판사 홈페이지≫고객센터≫자료실

01. 용량 P[kVA]인 동일 정격의 단상 변압기 4대로 낼 수 있는 3상 최대 출력 용량은?

답 $2\sqrt{3}P$

02. 변압기를 V결선했을 때의 전용량은 변압기 1대의 용량의 약 몇 배인가?

답 $\sqrt{3}$ 배

03. 3상 배전선에 접속된 V결선의 변압기에서 전부하시의 출력을 P[kVA]라 하면 같은 변압기 한 대를 증설하여 △결선하였을 때의 정격 출력[kVA]은?

답 $\sqrt{3}P$

04. 정격 출력 P[kW], 역률 0.8, 효율 0.82로 운전하는 3상 유도 전동기에 V결선의 변압기로 전원을 공급할 때 변압기 1대의 최소 용량[kVA]은?

답 $K = \dfrac{P}{\sqrt{3} \times 0.8 \times 0.82}$

상수의 변환

80 중성점이 있는 같은 변압기 2대를 사용하여 T결선으로 3상 변압을 하려고 한다. 이때의 변압기 이용률은 얼마인가? 【92. 기사】

① 47.6[%] ② 57.8[%] ③ 66.6[%] ④ 86.6[%]

해설 Scott 결선(T결선)의 이용률 $= \dfrac{\sqrt{3}\,VI}{2\,VI} = 0.866 = 86.6[\%]$

답 79. ② 80. ④

81 ★★ 【92. 99. 12. 기사】
같은 권수의 2대의 단상 변압기의 3상 전압을 2상으로 변압하기 위하여 스코트 결선을 할 때 T좌 변압기의 권수는 전 권수의 어느 점에서 택해야 하는가?

① $\dfrac{1}{\sqrt{2}}$ ② $\dfrac{1}{\sqrt{3}}$ ③ $\dfrac{2}{\sqrt{3}}$ ④ $\dfrac{\sqrt{3}}{2}$

[해설] T좌 변압기는 1차 권선이 주좌 변압기와 같다면 $\sqrt{3}/2$ 지점에서 인출한다.

82 ★★ 【03. 기사, 83. 85. 93. 산업기사, ㊙ : 94. 산업기사】
T-결선에 의하여 3300[V]의 3상으로부터 200[V], 40[kVA]의 전력을 얻는 경우 T좌 변압기의 권수비는?

① 약 16.5 ② 약 14.3 ③ 약 11.7 ④ 약 10.2

[해설] 주좌 변압기의 권수비를 a_M, T좌 변압기의 권수비를 a_T 라 하면
$a_T = a_M \times \dfrac{\sqrt{3}}{2} = \dfrac{3300}{200} \times \dfrac{\sqrt{3}}{2} = 16.5 \times 0.866 = 14.29$

83 ★★★ 【77. 97. 기사, 75. 76. 산업기사, ㊙ : 82. 기사】
3상 전원에서 6상 전압을 얻을 수 없는 변압기의 결선 방법은?

① 스코트 결선 ② 2중 3각 결선
③ 2중 성형 결선 ④ 포크 결선

[해설] 스코트(T) 결선은 3상에서 2상을 얻는 결선이다.

84 ★ 【87. 94. 산업기사】
변압기의 결선 중에서 6상 측의 부하가 수은 정류기일 때 주로 사용되는 결선은?

① 포크 결선(Fork connection)
② 환상 결선(ring connection)
③ 2중 3각 결선(double star connection)
④ 대각 결선(diagonal connection)

[해설] 수은 정류기, 회전 변류기 다같이 6상을 쓰나 수은 정류기일 때는 포크 결선이다.

85 ★★★★★ 【86. 91. 98. 00. 11. 기사, 89. 산업기사, ㊙ : 77. 78. 89. 18. 산업기사】
3상 전원을 이용하여 2상 전압을 얻고자 할 때 사용할 결선 방법은?

① Scott 결선 ② Fork 결선
③ 환상 결선 ④ 2중 3각 결선

[해설] ②, ③, ④는 3상 전원을 이용하여 6상 전압을 얻고자 할 때 사용하는 결선이다.

[답] 81. ④ 82. ② 83. ① 84. ① 85. ①

유사문제

‖ 유사문제 원문 및 해설 : 동일출판사 홈페이지》고객센터》자료실

01. 같은 용량의 변압기로 스콧 결선하여 3300[V]의 3상 회로에서 220[V], 40[kVA]의 2상 전력을 얻으려면 1차 전류는 몇 [A]인가?
답 7[A]

01. 3상 전원에서 2상 전압을 얻고자 할 때 다음 결선 중 틀린 것은?
답 Fork 결선

병렬 운전

★★★★★【70. 94. 95. 97. 00. 05. 11. 기사, 85. 05. 12. 산업기사】

86 변압기의 병렬 운전이 불가능한 것은?

① △-△와 △-△
② △-△와 Y-Y
③ △-△와 △-Y
④ △-Y와 △-Y

해설, 3상 변압기의 병렬 운전의 결선 조합

병렬 운전 가능	병렬 운전 불가능
△-△와 △-△	△-△와 △-Y
Y-Y와 Y-Y	△-△와 Y-△
Y-△와 Y-△	△-Y와 Y-Y
△-Y와 △-Y	Y-△와 Y-Y
△-△와 Y-Y	
△-Y와 Y-△	

* 이유 : 3개의 △, 3개의 Y는 2차간에 정격 전압이 다르며 30°의 변위가 생겨 순환 전류가 흐른다.

★★★【82. 97. 산업기사, ⊕ : 87. 94. 기사】

87 다음 중에서 변압기의 병렬 운전 조건에 필요하지 않은 것은?

① 극성이 같을 것
② 용량이 같을 것
③ 권수비가 같을 것
④ 저항과 리액턴스의 비가 같을 것

해설, 용량은 반드시 같지 않아도 된다.

답 86. ③ 87. ②

88 ★ 【16. 기사, 84. 92. 18. 산업기사】
단상 변압기를 병렬 운전하는 경우 부하 전류의 분담은 어떻게 되는가?

① 용량에 비례하고 누설 임피던스에 비례한다.
② 용량에 비례하고 누설 임피던스에 역비례한다.
③ 용량에 역비례하고 누설 임피던스에 비례한다.
④ 용량에 역비례하고 누설 임피던스에 역비례한다.

해설, 각 변압기의 임피던스가 정격 용량에 반비례 될 것. 즉 부하 분담은 내부 임피던스(퍼센트 강하)에 반비례하여 분담한다.

89 ★★★★★ 【90. 91. 97. 00. 기사, 91. 98. 00. 05. 산업기사】
변압기 병렬 운전에서 필요하지 않은 것은?

① 극성이 같을 것
② 전압이 같을 것
③ 출력이 같을 것
④ 임피던스 전압이 같을 것

해설, 병렬 운전의 조건
① 각 변압기의 극성이 같을 것
② 각 변압기의 권수비가 같고, 1차와 2차의 정격 전압이 같을 것
③ 각 변압기의 % 임피던스 강하가 같을 것
④ 3상식에서는 위의 조건 외에 각 변압기의 상회전 방향 및 위상 변위가 같을 것

90 ★★★★★ 【77. 88. 89. 93. 94. 기사, 78. 92. 98. 산업기사】
단상 변압기를 병렬 운전하는 경우 부하 전류의 분담은 무엇에 관계되는가?

① 누설 리액턴스에 비례한다.
② 누설 리액턴스 제곱에 반비례한다.
③ 누설 임피던스에 비례한다.
④ 누설 임피던스에 반비례한다.

해설, 무부하 전압이 같다고 생각하면 무부하 전류에 의한 내부 강하가 같아야 하므로 $I_A Z_A = I_B Z_B$

$$\therefore \frac{I_A}{I_B} = \frac{Z_B}{Z_A}$$

그러므로 누설 임피던스에 반비례한다.

91 ★☆ 【82. 96. 98. 12. 산업기사】
두 대의 변압기를 병렬 운전하고 있다. 다른 정격은 모두 같고 1차 환산 누설 임피던스만이 $2+j3[\Omega]$과 $3+j2[\Omega]$이다. 이 경우 변압기에 흐르는 부하 전류를 50[A]라면 순환 전류 [A]는 얼마인가?

① 10
② 8
③ 5
④ 3

해설, 순환 전류 I_c는
$$I_c = \frac{25(3+j2) - 25(2+j3)}{(2+j3)+(3+j2)} = \frac{75+j50-50-j75}{5+j5} = \frac{25-j25}{5+j5} = \frac{(25-j25)(5-j5)}{(5+j5)(5-j5)}$$
$$= \frac{125-j125-j125+j^2 125}{5^2+5^2} = \frac{-j250}{50} = -j5 = 5\angle -90°[A]$$

답 88. ② 89. ③ 90. ④ 91. ③

92 ★☆ 【80. 기사, 89. 산업기사】

2차로 환산한 임피던스가 각각 $0.03+j0.02[\Omega]$, $0.02+j0.03[\Omega]$인 단상 변압기 2대를 병렬로 운전시킬 때 분담 전류는?

① 크기는 같으나 위상이 다르다.　② 크기와 위상이 같다.
③ 크기는 다르나 위상이 같다.　④ 크기와 위상이 다르다.

[해설] 임피던스는 같으나 유효분과 무효분이 다르기 때문이다.

93 ★★☆ 【02. 03. 기사】

2대의 정격이 같은 1000[kVA]의 단상 변압기의 임피던스 전압이 8[%]와 9[%]이다. 이것을 병렬로 하면 몇 [kVA]의 부하를 걸 수 있는가?

① 2100　② 2200　③ 1889　④ 2125

[해설] $\dfrac{P_a[\text{kVA}]}{Z_b}=\dfrac{P_b[\text{kVA}]}{Z_a}=\dfrac{P_a+P_b}{Z_a+Z_b}$ 이므로 $\dfrac{P_a}{9}=\dfrac{P_b}{8}=\dfrac{P}{17}$

임피던스가 작은 변압기 즉 P_a가 큰 부하를 분담하므로

$P=1000\times\dfrac{17}{9}=1889[\text{kVA}]$

94 ★★★ 【82. 85. 01. 11. 기사】

3150/210[V]인 변압기의 용량이 각각 250[kVA], 200[kVA]이고, % 임피던스 강하가 각각 2.5[%]와 3[%]일 때 그 병렬 합성 용량[kVA]은?

① 389　② 417　③ 435　④ 450

[해설] $m=\dfrac{P_A}{P_B}=\dfrac{(\text{kVA})_A}{(\text{kVA})_B}=\dfrac{250}{200}=\dfrac{5}{4}$

$\dfrac{P_a}{P_b}=\dfrac{(\text{kVA})_A}{(\text{kVA})_B}=m\times\dfrac{(\%I_BZ_B)}{(\%I_AZ_A)}=\dfrac{5}{4}\times\dfrac{3}{2.5}=\dfrac{3}{2}$

$P_b=P_a\cdot\dfrac{2}{3}=250\times\dfrac{2}{3}=166.67[\text{kVA}]$

따라서 합성 용량 $=250+166.67=416.67[\text{kVA}]\fallingdotseq 417[\text{kVA}]$

95 ★★ 【80. 84. 98. 00. 산업기사】

Y-△ 결선의 3상 변압기군 A와 △-Y 결선의 3상 변압기군 B를 병렬로 사용할 때 A군의 변압기 권수비가 30이라면 B군 변압기의 권수비는?

① 30　② 60　③ 90　④ 120

[해설] A, B 변압기군의 권수비를 각각 a_1, a_2

1차, 2차의 유도 기전력과 선간 전압을 각각 E_1, E_2, V_1, V_2라고 하면

$a_1=\dfrac{E_1}{E_2}=\dfrac{V_1/\sqrt{3}}{V_2}$, $a_2=\dfrac{E_1'}{E_2'}=\dfrac{V_1}{V_2/\sqrt{3}}$

 92. ①　93. ③　94. ②　95. ③

$$\frac{a_2}{a_1} = \frac{V_1/\frac{V_2}{\sqrt{3}}}{\frac{V_1}{\sqrt{3}}/V_2} = \frac{V_1 V_2}{\frac{V_1}{\sqrt{3}} \cdot \frac{V_2}{\sqrt{3}}} = 3$$

$$\therefore a_2 = 3a_1 = 3 \times 30 = 90$$

★ 【98. 기사】

96 6600/220[V]인 두 대의 단상 변압기 A, B가 있다. A는 30[kVA]로서 2차로 환산한 저항과 리액턴스의 값은 $r_A = 0.03[\Omega]$, $x_A = 0.04[\Omega]$이고, B의 용량은 20[kVA]로서 2차로 환산한 값은 $r_B = 0.03[\Omega]$, $x_B = 0.06[\Omega]$이다. 이 두 변압기를 병렬 운전해서 40[kVA]의 부하를 건 경우, A기의 분담 부하[kVA]는 대략 얼마인가?

① 20　　　② 21　　　③ 23　　　④ 28

해설
$$\%Z_A = \frac{PZ_{21}}{10V_2^2} = \frac{30 \times \sqrt{0.03^2 + 0.04^2}}{10 \times 0.22^2} = 3.1[\%]$$

$$\%Z_B = \frac{PZ_{21}}{10V_2^2} = \frac{20 \times \sqrt{0.03^2 + 0.06^2}}{10 \times 0.22^2} = 2.77[\%]$$

$$\frac{P_A'}{P_B'} = \frac{\%Z_B \cdot P_A}{\%Z_A \cdot P_B} \text{에서 } \frac{P_A'}{P_B'} = \frac{2.77}{3.1} \times \frac{30}{20} = 1.34$$

$\therefore P_A' + P_B' = 40[kVA]$이며, $P_A' = 1.34 P_B'$이므로 $1.34 P_B' + P_B' = 40$

$\therefore P_B' = 17.1[kVA]$, $P_A' = 22.9[kVA]$

★★ 【99. 01. 기사】

97 특성이 다음과 같은 2대의 변압기 A, B를 병렬 운전하여 22[kVA], 역률 1인 부하를 걸었을 때 변압기 A, B의 전류분담 I_A, I_B는 얼마인가?

변압기 A : 3000/100[V], 7.5[kVA], $25 + j26[\Omega]$ (1차 등가치)
변압기 B : 3000/100[V], 15[kVA], $10 + j19[\Omega]$ (1차 등가치)

① $I_A = 139.2[A]$, $I_B = 139.2[A]$　　② $I_A = 139.2[A]$, $I_B = 82.7[A]$
③ $I_A = 82.7[A]$, $I_B = 139.2[A]$　　④ $I_A = 87.2[A]$, $I_B = 87.2[A]$

해설 전부하 전류 $I_2 = \frac{22 \times 10^3}{100} = 220[A]$

$$I_A = \frac{Z_b}{Z_a + Z_b} I_2, \ I_B = \frac{Z_a}{Z_a + Z_b} I_2$$

$$I_A = \frac{10 + j19}{35 + j45} \times 220 = \sqrt{\frac{10^2 + 19^2}{35^2 + 45^2}} \times 220 = 82.7[A]$$

$$I_B = \frac{25 + j26}{35 + j45} \times 220 = \sqrt{\frac{25^2 + 26^2}{35^2 + 45^2}} \times 220 = 139.2[A]$$

답 96. ③　97. ③

98 ★★★ 【83. 98. 01. 기사】
60[Hz], 1328/230[V]의 단상 변압기가 있다.

$$무부하\ 전류\ i = 3\sin\omega t + 1.1\sin(3\omega t + \alpha_3) 이다.$$

지금 위와 똑같은 변압기 3대로 Y-△결선하여 1차에 2300[V]의 평형 전압을 걸고 2차를 무부하로 하면 △회로를 순환하는 전류(실효값)[A]는 약 얼마인가?

① 0.77 ② 1.10 ③ 4.48 ④ 6.35

해설 1차측 선간 전압 2300[V], 상전압 1328[V]를 가하여 여자 전류 $i = 3\sin\omega t + 1.1\sin(3\omega t + \alpha_3)$가 흐르지 않으면 안 되나, Y-△결선이므로 제3고조파 전류는 회로에 흐를 수가 없고 2차 △회로에 순환 전류로 되어 흐르게 된다. 그 크기는 권수비를 곱하여 2차로 환산한 값이 된다. 실효값으로 표시하면
$$1.1 \times \frac{1328}{230} \times \frac{1}{\sqrt{2}} = 4.48[A]$$

유사문제

∥유사문제 원문 및 해설 : 동일출판사 홈페이지≫고객센터≫자료실

01. 3상 변압기의 병렬 운전이 불가능한 결선 조합은?
답 △-Y와 △-△

02. A, B 2대의 단상 변압기의 병렬 운전 조건이 안 되는 것은?
답 절연 저항이 같을 것

03. 두 대 이상의 변압기를 이상적으로 병렬 운전하려고 할 때 필요없는 것은?
답 각 변압기의 손실비가 같을 것

04. 변압기의 병렬 운전에서 필요한 조건은? (단, A. 극성을 고려하여 접속할 것, B. 권수비가 상등하면 1차, 2차의 정격 전압이 상등할 것, C. 용량이 꼭 상등할 것, D. 퍼센트 임피던스 강하가 같을 것, E. 권선의 저항과 누설 리액턴스의 비가 상등할 것)
답 A, B, D, E

05. 3상 변압기의 병렬 운전 조건으로 틀린 것은?
답 각 군의 임피던스가 용량에 비례할 것

06. 변압기의 병렬 운전 시 필요하지 않은 것은?
답 정격 출력이 같을 것

07. 두 대의 변압기 A, B가 있으며 그 특성은 아래와 같다. A:3000/100[V], 7.5[kVA], $Z_A = 25 + j26$ [Ω], B:3000/100[V], 15[kVA], $Z_B = 10 + j19$[Ω] 이들을 병렬로 하여 22[kVA], 역률 1.0의 부하를 걸었을 때 각 변압기의 부담 P_A, P_B[kVA]는 얼마인가?
답 $P_A = 8.27$, $P_B = 13.92$

08. 1차 및 2차 정격 전압이 같은 2대의 변압기가 있다. 그 용량 및 임피던스 강하가 A는 5[kVA], 3[%], B는 20[kVA], 2[%]일 때 이것을 병렬 운전하는 경우 부하를 분담하는 비는?
답 1 : 6

답 98. ③

09. 500[kVA], 73.5/22[kV]의 단상 변압기 두 대가 있다. 임피던스 볼트(백분율 임피던스)가 각각 8.414[%], 6.91[%]이다. 이 두 변압기를 병렬로 운전할 때 최대 허용 출력[kVA]은? 단, 변압기 저항과 리액턴스의 비는 두 대가 같다.
답 910[kVA]

10. 변압기의 병렬 운전에 있어서 각 변압기가 그 용량에 비례해서 전류를 분담하고 상호간에 순환 전류가 흐르지 않기 위하여, 다음 중에서 틀린 것은?
답 % 저항 강하 및 % 리액턴스 강하가 용량에 반비례 할 것

11. 정격이 같은 2대의 단상 변압기 1000[kVA]의 임피던스 전압은 각각 8[%]와 7[%]이다. 이것을 병렬로 하면 몇 [kVA]의 부하를 걸 수가 있는가?
답 1875[kVA]

12. 2대의 정격이 같은 1000[kVA]의 단상 변압기의 임피던스 전압이 8[%]와 9[%]이다. 이것을 병렬로 하면 몇 [kVA]의 부하를 걸 수 있는가?
답 $P = 1000 \times \dfrac{17}{9} = 1889[kVA]$

특수 변압기

99 【92. 산업기사】
3권선 변압기의 3차 권선의 용도가 아닌 것은?
① 소내용 전압 공급　② 승압용
③ 조상 설비　　　　 ④ 3고조파 제거

해설　Y-Y-△에서 △의 제3권선은 일반 전열등 소내용 전압 공급, 또는 조상 설비로 사용, △결선은 제3고조파 제거

100 【91. 00. 09. 12. 산업기사】
내철형 3상 변압기를 단상 변압기로 사용할 수 없는 이유는?
① 1차, 2차간의 각변위가 있기 때문에
② 각 권선마다의 독립된 자기 회로가 있기 때문에
③ 각 권선마다의 독립된 자기 회로가 없기 때문에
④ 각 권선이 만든 자속이 $\dfrac{3\pi}{2}$ 위상차가 있기 때문에

해설　외철형 3상 변압기는 각 상마다 독립된 자기 회로를 가지고 있으므로 단상 변압기로 사용할 수 있지만 내철형 3상 변압기는 각 권선마다 독립된 자기 회로가 없기 때문에 각 권선을 단상으로 사용할 수 없다.

답 99. ②　100. ③

101 ★ 【81. 84. 산업기사】
단상 3권선 변압기가 있다. 1차 전압은 100[kV], 2차 전압은 20[kV], 3차 전압은 10[kV]이다. 2차에 10,000[kVA] 유도 역률 80[%]의 부하에, 3차에 6000[kVA]의 진상 무효 전력이 걸렸을 때의 1차 전류[A]를 구하면? 단, 변압기 손실 및 여자 전류는 무시한다.
① 60 ② 80 ③ 100 ④ 120

해설) 1차 전력은 2차, 3차의 부하 전력의 합이다.
$10,000(0.8+j0.6)-j6000 = 8000[\text{kVA}]$
$\therefore I_1 = \dfrac{8000}{100} = 80[\text{A}]$

102 ★ 【93. 기사】
같은 출력에 대하여 단권 변압기를 표시한 글이다. 잘못 표시된 것은 어느 것인가?
① 사용 재료가 적게 들고 손실도 적다. ② 효율이 높다.
③ % 임피던스 강하가 적다. ④ 3상에는 사용할 수 없다.

해설) 단권변압기도 3상 결선(Y결선, △결선, V결선)이 가능하다.

103 ★ 【01. 25. 기사】
다음은 단권 변압기를 설명한 것이다. 틀린 것은?
① 소형에 적합하다. ② 누설 자속이 적다.
③ 손실이 적고 효율이 좋다. ④ 재료가 절약되어 경제적이다.

해설) 단권 변압기는 소형뿐만 아니라 대형에도 널리 사용된다.

104 ★★ 【80. 93. 기사】
단권 변압기에서 고압측 V_h, 저압측을 V_l, 2차 출력을 P, 단권 변압기의 용량을 P_{1n}이라 하면 P_{1n}/P는?

① $\dfrac{V_l+V_h}{V_h}$ ② $\dfrac{V_h-V_l}{V_h}$ ③ $\dfrac{V_l+V_h}{V_l}$ ④ $\dfrac{V_h-V_l}{V_l}$

해설) $\dfrac{\text{자기 용량}}{\text{부하 용량(2차 출력)}} = \dfrac{V_h-V_l}{V_h} = 1-\dfrac{V_l}{V_h}$

105 ★☆ 【11. 기사, 78. 99. 산업기사】
1차 전압 100[V], 2차 전압 200[V], 선로 출력 50[kVA]인 단권 변압기의 자기 용량은 몇 [kVA]인가?
① 25 ② 50 ③ 250 ④ 500

답) 101. ② 102. ④ 103. ① 104. ② 105. ①

해설) $\dfrac{\text{자기 용량}}{\text{부하 용량}} = \dfrac{V_h - V_l}{V_h}$

∴ 자기 용량 = 부하 용량 $\times \dfrac{V_h - V_l}{V_h} = 50 \times \dfrac{200-100}{200} = 25[\text{kVA}]$

☆ 【99. 03. 산업기사】

106 3300/210[V], 5[kVA]의 단상 주상 변압기를 승압용 단권 변압기로 접속하고, 1차에 3000[V]를 가할 때의 출력[kVA]은?

① 약 69   ② 약 76   ③ 약 82   ④ 약 84

해설) $V_h = V_l\left(1 + \dfrac{1}{a}\right) = 3000\left(1 + \dfrac{1}{3300/210}\right) = 3190[\text{V}]$

$I_2 = \dfrac{P}{V_2} = \dfrac{5000}{210} = 23.8[\text{A}]$

$P = V_h I_2 = 3190 \times 23.8 \times 10^{-3} = 75.92[\text{kVA}]$

★★ 【94. 기사, 81. 82. 05. 산업기사】

107 용량 10[kVA]의 단권 변압기를 그림과 같이 접속하면 역률 80[%]의 부하에 몇 [kW]의 전력을 공급할 수 있는가?

① 55
② 66
③ 77
④ 88

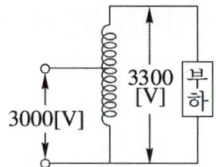

해설) $\dfrac{\text{자기 용량}}{\text{부하 용량}} = \dfrac{V_h - V_l}{V_h}$ 에서

부하 용량 = 자기 용량 $\times \left(\dfrac{V_h}{V_h - V_l}\right) = 10 \times \dfrac{3300}{3300-3000} = 110[\text{kVA}]$

$\cos\phi = 0.8$이므로 공급되는 부하 전력 P는
∴ $P = 110 \times 0.8 = 88[\text{kW}]$

★ 【97. 11. 기사】

108 다음 그림은 단권 변압기이다. W_2 권선에 흐르는 전류의 크기는?

① 20[A]
② 15[A]
③ 10[A]
④ 5[A]

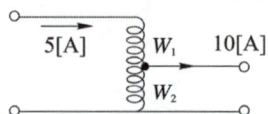

해설) W_2 권선에는 부하전류 I_2와 W_1에 흐르는 전류의 차에 의해 구해지며, 그 방향은 W_1과 반대이다.
∴ $I = 10 - 5 = 5[\text{A}]$

답) 106. ② 107. ④ 108. ④

109 그림과 같이 1차 전압 V_1, 2차 전압 V_2인 단권 변압기를 V결선했을 때 변압기의 등가 용량과 부하 용량과의 비를 나타내는 식은? 단, 손실은 무시한다.

① $\dfrac{2}{\sqrt{3}} \cdot \dfrac{V_1 - V_2}{V_1}$

② $\dfrac{\sqrt{3}}{2} \cdot \dfrac{V_1 - V_2}{V_1}$

③ $\dfrac{1}{2} \cdot \dfrac{V_1 - V_2}{V_1}$

④ $\dfrac{2(V_1 - V_2)}{V_1}$

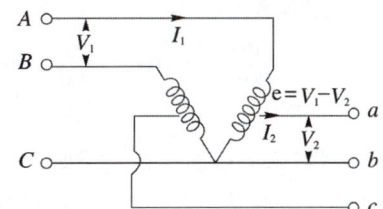

[해설] 단권 변압기의 3상 결선

결선 방식	Y결선	△결선	V결선
$\dfrac{\text{자기 용량}}{\text{부하 용량}}$	$1 - \dfrac{V_l}{V_h}$	$\dfrac{V_h^2 - V_l^2}{\sqrt{3}\,V_h V_l}$	$\dfrac{2}{\sqrt{3}}\left(1 - \dfrac{V_l}{V_h}\right)$

110 단권 변압기 2대를 V결선하여 선로 전압 3000[V]를 3300[V]로 승압하여 300[kVA]의 부하에 전력을 공급한다. 단권 변압기의 자기 용량[kVA]은?

① 약 27.20[kVA] ② 약 21.72[kVA]
③ 약 15.75[kVA] ④ 약 9.09[kVA]

[해설] $eI_2 = (3300 - 3000) \times \dfrac{300 \times 10^3}{\sqrt{3} \times 3300} \fallingdotseq 15.75\,[\text{kVA}]$

111 단권 변압기의 3상 결선에서 △결선인 경우, 1차측 선간 전압 V_1, 2차측 선간 전압 V_2일 때 단권 변압기 용량/부하 용량은? 단, $V_1 > V_2$인 경우이다.

① $\dfrac{V_1 - V_2}{V_1}$

② $\dfrac{V_1^2 - V_2^2}{\sqrt{3}\,V_1 V_2}$

③ $\dfrac{\sqrt{3}(V_1^2 - V_2^2)}{V_1 V_2}$

④ $\dfrac{V_1 - V_2}{\sqrt{3}\,V_1}$

[해설] △결선에서 고압측 전압 V_h, 저압측 전압 V_l이라고 하면

$\dfrac{\text{자기 용량(등가 용량)}}{\text{부하 용량}} = \dfrac{V_h^2 - V_l^2}{\sqrt{3}\,V_h V_l} = \dfrac{V_1^2 - V_2^2}{\sqrt{3}\,V_1 V_2}$

[답] 109. ① 110. ③ 111. ②

112 ★【88. 98. 03. 산업기사】
용량 3[kVA], 3000/100[V]의 단상 변압기를 승압기로 연결하고 1차측에 3000[V]를 가했을 때 그 부하 용량[kVA]는?

① 68　　　② 85　　　③ 93　　　④ 127

해설 감극성이므로
$$V_2 = V_1 + \frac{100}{3000}V_1 = 3000 + \frac{100}{3000} \times 3000$$
$$= 3100[V]$$
2차 정격 전류 $I_{2n} = \frac{3 \times 10^3}{100} = 30[A]$
따라서 2차에 부하할 수 있는 부하 용량[kVA]은
$$\therefore P = 3100 \times 30 \times 10^{-3} = 93[kVA]$$

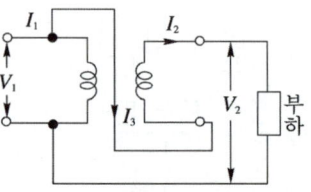

113 ★★☆【81. 82. 83. 88. 98. 산업기사】
정격이 300[kVA], 6600/2200[V]인 단권 변압기 2대를 V결선으로 해서, 1차에 6600[V]를 가하고, 전부하를 걸었을 때의 2차측 출력[kVA]은? 단, 손실은 무시한다.

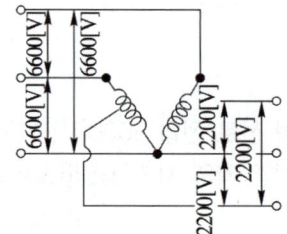

① 약 519　　② 약 487　　③ 약 425　　④ 약 390

해설
$$\frac{변압기\ 용량}{2차측\ 출력} = \frac{2}{\sqrt{3}} \times \frac{V_h - V_l}{V_h} = \frac{1}{0.866}\left(1 - \frac{V_l}{V_h}\right)$$
$$\therefore 2차측\ 출력 = 변압기\ 용량 \times \frac{\sqrt{3}}{2} \times \frac{V_h}{V_h - V_l}$$
$$= 300 \times \frac{\sqrt{3}}{2} \times \frac{6600}{6600 - 2200} = 389.7 ≒ 390[kVA]$$

114 ★【94. 03. 기사, ㉮ : 11. 산업기사】
단권 변압기(Auto transformer)에 대한 말이다. 옳지 않은 것은?

① 1차 권선과 2차 권선의 일부가 공통으로 되어 있다.
② 동일 출력에 대하여 사용 재료 및 손실이 적고 효율이 높다.
③ 3상에는 사용할 수 없는 단점이 있다.
④ 단권 변압기는 권선비가 1에 가까울수록 보통 변압기에 비하여 유리하다.

해설 단권 변압기는 단상 및 3상에서 사용이 가능하다.

답　112. ③　113. ④　114. ③

115 ★★★ 【80, 84, 92. 기사】
전류 변성기 사용 중에 2차를 개방해서는 안 되는 이유는 다음과 같다. 틀린 것은?

① 철손의 급격한 증가로 소손의 우려가 있다.
② 포화 자속으로 인한 첨두 기전압이 발생하여 절연 파괴의 우려가 있다.
③ 계기와 계전기의 정상적 작용을 일시 정지시키기 때문이다.
④ 일단 크게 작용한 히스테리시스 루프의 영향으로 계기의 오차 발생

해설 2차를 개방하면, 1차 선전류가 모두 여자 전류로 되므로 많은 자속이 생겨 고전압이 유기되며, 자속 밀도 증가로 철손이 증가하여 과열되며 절연 파괴가 되기 때문이다.

116 ★ 【94. 기사】
변압기에 관한 다음 말 중 틀린 것은 어느 것인가?

① 변류기(CT)는 사용 중 2차 회로를 개방하여서는 안 된다.
② 배전용 변압기는 철손이 큰 것을 사용하여 전일 효율이 높아지도록 한다.
③ 변압기의 효율은 철손과 동손이 같을 때에 최고이다.
④ 피크파 변압기는 자기포화를 이용한 것이다.

해설 전일효율 $\eta = \dfrac{\Sigma h \times P}{\Sigma h \times P + 24P_i + \Sigma h \times P_c} \times 100$ 이므로
철손이 큰 변압기는 철손이 작은 변압기 보다 전일 효율이 낮다.

117 ★★★ 【83. 기사, 83. 90. 94. 97. 산업기사】
평형 3상 전류를 측정하려고 변류비 60/5[A]의 변류기 두 대를 그림과 같이 접속했더니 전류계에 2.5[A]가 흘렀다. 1차 전류는 몇 [A]인가?

① 약 12.0
② 약 17.3
③ 약 30.0
④ 약 51.9

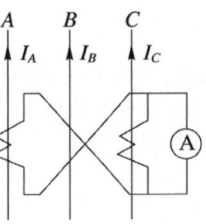

해설 $I_a - I_c = I_A \times \dfrac{5}{60} - I_C \times \dfrac{5}{60} = \dfrac{I_A - I_C}{12} = \dfrac{\sqrt{3}\,I_B}{12} = 2.5$

∴ $I_B = \dfrac{12 \times 2.5}{\sqrt{3}} = 10\sqrt{3} = 17.3[A]$

118 ★★ 【89. 97. 기사】
평형 3상 회로의 전류를 측정하기 위해서 변류비 200:5의 변류기를 그림과 같이 접속하였더니 전류계의 지시가 1.5[A]이었다. 1차 전류는 몇 [A]인가?

① 60
② $60\sqrt{3}$
③ 30
④ $30\sqrt{3}$

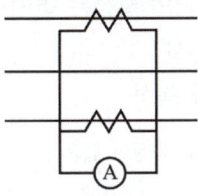

답 115. ③ 116. ② 117. ② 118. ①

해설) $1.5 \times \dfrac{200}{5} = 60[A]$

119 ★★★ 【89. 기사, 88. 98. 00. 01. 산업기사】
평형 3상 3선식 선로에 2개의 PT와 3개의 전압계 V_1, V_2, V_3를 그림과 같이 접속하고, 선간 전압을 측정하고 있을 때 퓨즈 F_B가 절단되었다고 하면 각 전압계의 지시는 몇 [V]가 되는가? 단, 3상 선간 전압은 3000[V]이다.

① $V_1 = V_2 = 3000[V]$, $V_3 = 6000[V]$
② $V_1 = V_2 = V_3 = 3000[V]$
③ $V_1 = V_2 = 1500[V]$, $V_3 = 3000[V]$
④ $V_1 = V_2 = V_3 = 1500[V]$

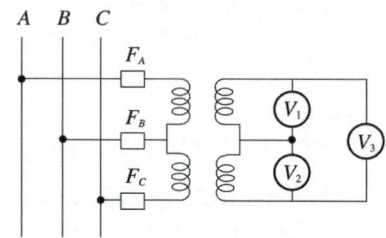

해설) 퓨즈 F_B가 절단되면 오른쪽 그림과 같이 되므로 양 변성기의 1차가 직렬이 되어 AC 간의 단상 전압을 받으므로 1개의 PT에 가해지는 전압은 전의 1/2로 된다.
$V_1 = V_2 = 1500[V]$
$V_3 = 3000[V]$

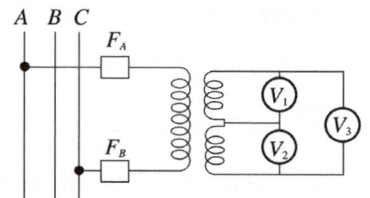

120 ★★★★☆ 【94. 98. 99. 기사, 75. 76. 78. 05. 산업기사】
변류기 개방 시 2차측을 단락하는 이유는?
① 2차측 절연 보호   ② 2차측 과전류 보호
③ 측정 오차 방지   ④ 1차측 과전류 방지

해설) 2차측을 개방하면 1차측의 부하 전류가 전부 여자 전류로 사용되어 2차측에 고전압이 유기되어 절연이 파괴될 우려가 있다. 또, 철심 중의 자속이 급격히 증가하여 철손이 증가하므로 열이 발생하여 소손될 우려가 있다.

121 ★ 【91. 94. 산업기사】
변압기의 2차측을 개방하였을 경우 1차측에 흐르는 전류는 무엇에 의하여 결정되는가?
① 여자 어드미턴스   ② 누설 리액턴스
③ 저항   ④ 임피던스

122 ★ 【03. 기사, 92. 01. 산업기사】
누설 변압기의 특성은 어떤 것인가?
① 수하 특성   ② 정전압 특성
③ 저 저항 특성   ④ 저 임피던스 특성

해설) 정전류 특성이 필요하며, 전류가 증가하면 전압이 저하하는 수하 특성이 필요하다.

답) 119. ③ 120. ① 121. ① 122. ①

123 ★★ 【78. 95. 기사】
아크 용접용 변압기가 전력용 일반 변압기보다 다른 점이 있다면?

① 권선의 저항이 크다.　　② 누설 리액턴스가 크다.
③ 효율이 높다.　　　　　④ 역률이 좋다.

해설, 1차측에 일정 전압을 가해 놓고 2차측의 부하를 변화시켜도 2차 전류가 항상 일정하게 유지되어야 하는데, 이러한 특성을 갖도록 하기 위해서는 부하의 임피던스에 비하여 변압기의 누설 리액턴스를 월등히 더 크게 하면 된다.

124 ★☆ 【85. 91. 95. 06. 산업기사】
부하 시 전압 조정 변압기의 설명이 잘못된 것은?

① 부하 전류를 끊지 않고 권수를 변환할 수 있는 변압기를 말한다.
② 전력 계통 사이에 무효 전력 또는 유효 전력을 자유 이동시킬 수 있다.
③ 전력 계통의 전압 또는 부하 부담을 희망하는 값으로 유지하기 위하여 사용된다.
④ 부하 시 신속하고 정확한 탭 변환 장치를 하나, 변환용 보조 변압기를 시설할 필요가 없다.

유사문제

01. 3상 변압기의 장점에 해당되지 않는 것은?
답 고장 시 수리하기가 쉽다.

02. 3상 외철형 변압기의 권선 A, B, C 중 중앙 권선의 접속을 반대로 하는 이유는?
답 중앙 자기 통로가 절약된다.

03. 90/100[V]용 승압 단권 변압기로서 50[kVA]의 부하 전력을 공급하고자 할 때 필요한 단권 변압기의 자기 용량[kVA]은?
답 5[kVA]

04. 3000[V]의 단상 배전선 전압을 3300[V]로 승압하는 단권 변압기의 자기 용량[kVA]을 구하면? 단, 부하 용량은 100[kVA]이다.
답 자기 용량 $= 100 \times \dfrac{3300-3000}{3300} ≒ 9.09 [\text{kVA}]$

05. 자기 용량 20[kVA]의 단권 변압기를 사용하여 배전선 전압 6000[V]를 6600[V]로 승압할 때 역률 80[%]의 부하 몇 [kW]까지 걸 수 있는가?
답 176[kW]

06. 1차 전압 V_1, 2차 전압 V_2인 단권 변압기를 V결선했을 때 변압기 용량(등가 용량)과 2차측 출력(부하 용량)과의 비는?
답 $\dfrac{2}{\sqrt{3}} \cdot \dfrac{V_1 - V_2}{V_1}$

답 123. ②　124. ②, ④

07. 단권 변압기에서 변압기 용량(등가 용량)과 부하 용량(2차 출력)은 다른 값이다. 1차 전압 100[V], 2차 전압 110[V]인 단상 단권 변압기의 용량과 부하 용량의 비는?

답 $\dfrac{\text{자기 용량}}{\text{부하 용량}} = \dfrac{V_h - V_l}{V_h} = \dfrac{110 - 100}{110} = \dfrac{1}{11}$

08. 6000/200[V], 5[kVA]의 단상 변압기를 승압기로 연결하여 1차측에 6000[V]를 가할 때 2차측에 걸을 수 있는 최대 부하 용량[kVA]은?

답 부하 용량 = 자기 용량 $\times \dfrac{V_h}{V_h - V_l} = 5 \times \dfrac{6200}{6200 - 6000} = 155[\text{kVA}]$

09. V결선의 단권 변압기를 사용하여 선로 전압 V_1에서 V_2로 변압하여 전력 P[kVA]를 송전하는 경우 단권 변압기의 자기 용량 P_s는 얼마인가? 단, 강압 송전한다. 그리고, 임피던스 및 여자 전류는 무시한다.

답 $P_s = \dfrac{2}{\sqrt{3}}\left(1 - \dfrac{V_2}{V_1}\right)P$

10. 1차 전압 V_1, 2차 전압 V_2인 단권 변압기를 Y결선했을 때, 등가 용량과 부하 용량의 비는?

답 $\dfrac{V_H - V_L}{V_H} = \dfrac{V_1 - V_2}{V_1}$

11. 변류기의 특성을 개량하려면 다음과 같은 방법을 사용하는데, 옳지 않은 것은?

답 2차 부담을 될 수 있는 대로 크게 할 것

12. 자기 누설 변압기의 특징은?

답 전압 변동률이 크다.

13. 어떤 변류기의 2차 부담의 임피던스가 1.5[Ω]이라면 2차 부담은 몇 [VA]의 변류기를 선택하는 것이 가장 적당한가?

답 40[VA]

14. 용량 1[kVA], 3000/200[V]의 단상 변압기를 단권 변압기로 결선해서 3000/3200[V]의 승압기로 사용할 때 그 부하 용량[kVA]은?

답 16[kVA]

15. 100[V]의 전압을 120[V]로 승압하는 단권 변압기의 자기 용량(등가 용량)은? 단, 부하 용량은 6[kVA]이다.

답 1.0[kVA]

16. 정격 용량 5[kVA], 3300/210[V]의 단상 변압기를 그림과 같이 승압 변압기로 접속하여, 1차에 3000[V]를 가하면, 2차측에는 최대 몇 [kVA]까지 부하할 수 있겠는가?

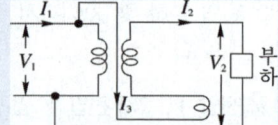

답 76[kVA]

손실 및 효율

125 ★★ 【96. 99. 16. 25. 산업기사】
변압기의 정격을 정의한 다음 중에서 옳은 것은?
① 2차 단자 간에서 얻을 수 있는 유효 전력을[kW]로 표시한 것이 정격 출력이다.
② 정격 2차 전압은 명판에 기재되어 있는 2차 권선의 단자 전압이다.
③ 정격 2차 전압을 2차 권선의 저항으로 나눈 것이 정격 2차 전류이다.
④ 전부하의 경우는 1차 단자 전압을 정격 1차 전압이라 한다.

126 ★ 【03. 기사】
변압기에서 발생하는 손실중 1차측 전원에 접속되어 있으면 부하의 유무에 관계없이 발생하는 손실은?
① 동손 ② 표유부하손 ③ 철손 ④ 부하손

[해설] 무부하손 {(a) 철손 {히스테리시스손, 와류손}, (b) 여자 전류에 의한 권선의 저항손, (c) 절연물 중의 유전체손}
(b), (c)는 (a)에 비하여 매우 적으므로 무부하손은 철손이라고 보는 것이 보통이다.

127 ★★ 【96. 99. 기사】
변압기의 동손은 부하의 몇 제곱에 비례하는가?
① 4 ② 2 ③ 1 ④ 0.5

[해설] $P_c = I^2 R [\text{W}] \propto I^2$

128 ★ 【99. 11. 기사】
같은 정격 전압에서 변압기의 주파수만 높으면 가장 많이 증가하는 것은?
① 여자 전류 ② 온도 상승 ③ 철손 ④ % 임피던스

[해설] 정격 전압에서 주파수만 증가하면 철손, 여자 전류, 온도 상승은 주파수에 반비례하므로 감소하지만 % 임피던스, 즉 %리액턴스는 주파수에 비례하므로 증가한다.

129 ★☆ 【01. 09. 기사, 94. 산업기사】
변압기의 부하가 증가할 때의 현상으로서 옳지 않은 것은?
① 동손이 증가한다. ② 여자 전류는 변함없다.
③ 온도가 상승한다. ④ 철손이 증가한다.

[답] 125. ② 126. ③ 127. ② 128. ④ 129. ④

130 ★☆ 【90. 기사, 96. 산업기사】
변압기에서 생기는 철손 중 와류손(eddy current loss)은 철심의 규소 강판 두께와 어떤 관계에 있는가?

① 두께에 비례　　　　　　　　② 두께의 2승에 비례
③ 두께의 1/2승에 비례　　　　④ 두께의 3승에 비례

해설 변압기 철손은 히스테리시스손과 와류손이 있으며 그 공식은
히스테리시스손 : $P_h = \delta_h f B_m^2$ [W/kg]이고,
와류손 : $P_e = \delta_e (t f k_f B_m)^2$ [W/kg]이다.
여기서, δ_h : 히스테리시스 정수, δ_e : 재료에 의한 정수, f : 주파수[Hz]
　　　B_m : 자속 밀도의 최댓값[Wb/m²], t : 철판의 두께[m]
　　　k_f : 파형률
그러므로 와전류손(와류손)은 t^2에 비례한다.

131 ★★★★★ 【88. 94. 03. 기사, 80. 83. 86. 91. 95. 96. 01. 산업기사, ⊕ : 78. 산업기사】
3300[V], 60[Hz]용 변압기의 와류손이 720[W]이다. 이 변압기를 2750[V], 50[Hz]의 주파수에 사용할 때 와류손[W]은?

① 250　　　　② 350　　　　③ 425　　　　④ 500

해설 와류손은 주파수와는 무관하고 전압의 제곱에 비례하므로
∴ $P_e' = P_e \times \left(\dfrac{V'}{V}\right)^2 = 720 \times \left(\dfrac{2750}{3300}\right)^2 = 500$ [W]

132 ★ 【87. 04 기사】
다음 손실 중 변압기의 온도 상승에 관계가 가장 적은 요소는?

① 철손　　　② 동손　　　③ 유전체손　　　④ 와류손

해설 유전체손은 절연물 중에서 발생하는 손실로 그 값이 매우적어 일반적으로 무시된다.

133 ★★ 【97. 기사, 81. 93. 산업기사】
변압기의 철손은 히스테리시스손과 와전류손의 합을 말한다. 와전류손은 많은 실험 결과 $P_e = \sigma_e (t f k_f B_m)^2$ [W/kg]이다. 여기서, σ_e는 재료에 의한 상수, t는 철판의 두께[m], f는 주파수[Hz], B_m은 자속 밀도의 최댓값[Wb/m²]일 때 k_f는 무엇을 가리키는가?

① 파고율　　　　　　　　② 투자율
③ 파형률　　　　　　　　④ 점적률(space factor)

해설 자속 밀도가 정현파이면 $k_f = \dfrac{\pi}{2\sqrt{2}}$ 이다.
$P_e = \sigma_e (t f k_f B_m)^2$ [W/kg]이므로
∴ $P_e \propto f^2 B_m^2 t^2$

정답 130. ②　131. ④　132. ③　133. ③

134 변압기를 설명하는 다음 말 중 틀린 것은?

① 사용 주파수가 증가하면 전압 변동률은 감소한다.
② 전압 변동률은 부하의 역률에 따라 변한다.
③ △−Y결선에서는 고주파 전류가 흘러서 통신선에 대한 유도 장해는 없다.
④ 효율은 부하의 역률에 따라 다르다.

해설 ① 주파수가 증가하면 리액턴스가 증가하므로 $(x = \omega L = 2\pi f L \propto f)$ 전압 변동률은 증가한다.
② $\epsilon = p\cos\theta + q\sin\theta$ 이므로 $\cos\theta$에 따라 ϵ은 변한다.
③ △−Y결선에서는 △결선이 있어 제3고조파에 여자 전류의 통로가 있으므로 전압 파형은 일그러지지 않고 제3고조파에 의한 장해가 적다.
④ $\eta = V_2 I_2 \cos\theta / (V_2 I_2 \cos\theta + P_i + P_c)$ 이므로 $\cos\theta$에 따라 η가 다르다.

135 일정 전압 및 일정 파형에서 주파수가 상승하면 변압기 철손은 어떻게 변하는가?

① 증가한다.
② 불변이다.
③ 감소한다.
④ 어떤 기간 동안 증가한다.

해설 정격 전압이 일정하므로 와전류손은 일정, 히스테리시스손은 감소하므로 결국 철손은 감소한다.

136 정격 주파수 50[Hz]의 변압기를 일정 전압 60[Hz]의 전원에 접속하여 사용했을 때 1차 전류, 철손 및 리액턴스 강하는?

① 여자 전류와 철손은 $\frac{5}{6}$ 감소, 리액턴스 강하 $\frac{6}{5}$ 증가
② 여자 전류와 철손은 $\frac{5}{6}$ 감소, 리액턴스 강하 $\frac{5}{6}$ 감소
③ 여자 전류와 철손은 $\frac{6}{5}$ 증가, 리액턴스 강하 $\frac{6}{5}$ 증가
④ 여자 전류와 철손은 $\frac{6}{5}$ 증가, 리액턴스 강하 $\frac{5}{6}$ 감소

해설 $P_h \propto \frac{1}{f}$, $x \propto f$

137 변압기의 철손이 P_i[kW], 전부하 동손이 P_c[kW]일 때 정격 출력의 $\frac{1}{m}$의 부하를 걸었을 때 전손실[kW]은 얼마인가?

① $(P_i + P_c)\left(\frac{1}{m}\right)^2$
② $P_i \left(\frac{1}{m}\right)^2 + P_c$
③ $P_i + P_c \left(\frac{1}{m}\right)^2$
④ $P_i + P_c \left(\frac{1}{m}\right)$

답 134. ① 135. ③ 136. ① 137. ③

해설 철손은 부하에 관계없이 일정하고 동손은 $I_2^2 r$ 로서

부하 전류의 제곱에 비례하므로 $\dfrac{1}{m}$로 부하가 감소하면 P_c는 $\left(\dfrac{1}{m}\right)^2$으로 감소한다.

따라서, $\dfrac{1}{m}$ 부하 효율 $= \dfrac{\dfrac{1}{m}V_2 I_2 \cos\theta}{\dfrac{1}{m}V_2 I_2 \cos\theta + P_i + \left(\dfrac{1}{m}\right)^2 P_c}$ 이므로 전손실은 $P_i + \left(\dfrac{1}{m}\right)^2 P_c$

☆ 【93. 산업기사】
138 변압기의 손실 중 온도 상승에 따르는 변화를 옳게 말한 것은?
① 저항손은 감소한다. ② 표유 부하손은 증가한다.
③ 와전류손은 감소한다. ④ 히스테리시스손은 증가한다.

해설 주위 온도 40[℃] 이하, 표준 높이 1000[m] 이하에서 사용할 때 변압기 각부의 측정 온도와 주위 온도와의 차를 온도 상승이라 하고, 히스테리시스손은 온도를 상승시킨다.

★ 【88. 94. 산업기사】
139 전부하에서 동손 100[W], 철손 50[W]인 변압기가 최대 효율을 나타내는 부하[%]는?
① 50　　② 67　　③ 70　　④ 86

해설 최대 효율은 철손과 동손이 같을 때이므로
$P_i = m^2 P_c$, ∴ $m = \sqrt{\dfrac{P_i}{P_c}} = \sqrt{\dfrac{50}{100}} = 0.7 = 70[\%]$

★ 【89. 94. 16. 산업기사】
140 변압기의 철손이 전부하 동손보다 크게 설계되었다면 이 변압기의 최대 효율은 어떤 부하에서 생기는가?
① 1/2 부하　　② 3/4 부하　　③ 전부하　　④ 과부하

해설 $P_i > P_c$이므로 $P_i = m^2 P_c$에서 최대 효율이 되므로 $m > 1$
즉, 과부하에서 최대 효율 발생

★☆ 【89. 91. 98. 산업기사】
141 변압기의 손실비와 최대 효율을 나타내는 부하 전류와의 관계는?
① 손실비가 커지면 부하 전류가 적어진다.
② 손실비가 커지면 부하 전류가 많아진다.
③ 손실비가 커지면 그 제곱에 비례하여 부하 전류가 커진다.
④ 부하 전류는 손실비에 관계없다.

해설 손실비 $LR = \dfrac{P_c}{P_i}$, 최고 효율은 $m^2 P_c = P_i$, 즉 $m = \sqrt{\dfrac{P_i}{P_c}}$ 일 때 발생
그러므로 손실비가 크다는 것은 P_c가 P_i에 비해 크다는 것을 의미하며 또한 m이 적다는 것을 의미하므로 부하 전류가 적어진다는 것을 의미함.

답 138. ④　139. ③　140. ④　141. ①

142 변압기의 효율이 가장 좋을 때의 조건은?

① 철손=$\frac{1}{2}$ 동손　② $\frac{1}{2}$ 철손=동손　③ 철손=동손　④ 철손=$\frac{2}{3}$ 동손

[해설] 효율이라 함은 변압기에 부하를 걸었을 때 입력과 출력의 비를 말하며, 최대 효율은 고정손인 철손과 가변손인 동손이 같게될 때 발생한다.

143 변압기의 효율이 회전기기의 효율보다 좋은 이유는?

① 철손이 적다.　　　　　　② 동손이 적다.
③ 동손과 철손이 적다.　　　④ 기계손이 없고, 여자 전류가 적다.

144 150[kVA]의 변압기 철손이 1[kW], 전부하 동손이 2.5[kW]이다. 이 변압기의 최대 효율은 몇 [%] 전부하에서 나타나는가?

① 약 50　② 약 58　③ 약 63　④ 약 72

[해설] 변압기 효율은 $m^2 P_c = P_i$ 일 때 최대이므로 $m^2 \times 2.5 = 1$ ∴ $m = \sqrt{\frac{1}{2.5}} = 0.632$

즉, 63.2[%] 부하에서 최대 효율이 된다.

145 어떤 주상 변압기가 4/5 부하일 때, 최대 효율이 된다고 한다. 전부하에 있어서의 철손과 동손의 비 P_c/P_i는?

① 약 1.25　② 약 1.56　③ 약 1.64　④ 약 0.64

[해설] $\frac{4}{5} = 0.8$ 부하 시의 동손을 P_{c8}, 전부하 동손을 P_{c0}라 하면

$P_{c8} = P_i$ 또 $P_{c8} = \left(\frac{4}{5}\right)^2 P_c$, $P_c = \left(\frac{5}{4}\right)^2 P_{c8}$

∴ $\frac{P_c}{P_i} = \left(\frac{5}{4}\right)^2 = \frac{25}{16} = 1.563$

146 변압기 운전에 있어 효율이 최고가 되는 부하는 전부하의 70[%]였다고 하면 전부하에 있어 이 변압기의 철손과 동손의 비율은?

① 1 : 1　② 1 : 2　③ 1 : 3　④ 1 : 5

[해설] $(0.7)^2 P_c = P_i$ ∴ $\frac{P_i}{P_c} = \frac{(0.7)^2}{1} = \frac{0.49}{1} ≒ \frac{1}{2}$

답 142. ③　143. ④　144. ③　145. ②　146. ②

147 주상 변압기에서 보통 동손과 철손의 비는 (a)이고 최대 효율이 되기 위하여는 동손과 철손의 비는 (b)이다. ( )의 알맞은 것은?

① a=1 : 1, b=1 : 1
② a=2 : 1, b=1 : 1
③ a=1 : 1, b=2 : 1
④ a=3 : 1, b=1 : 1

해설) 변압기의 효율이 최대일 경우 철손=동손이다.

148 50[kVA], 전부하 동손 1200[W], 무부하손 800[W]인 단상 변압기의 부하 역률 80[%]에 대한 전부하 효율은?

① 95.24[%] ② 96.15[%] ③ 96.65[%] ④ 97.53[%]

해설)
$$\eta = \frac{P_a \cos\theta}{P_a \cos\theta + P_i + P_c} \times 100$$
$$= \frac{50 \times 10^3 \times 0.8}{50 \times 10^3 \times 0.8 + 800 + 1200} \times 100 = 95.24[\%]$$

149 출력 10[kVA], 정격 전압에서의 철손이 85[W], 뒤진 역률 0.8, 3/4 부하에서 효율이 가장 큰 단상 변압기가 있다. 역률 1일 때의 최대 효율은?

① 96[%] ② 97.8[%] ③ 98.8[%] ④ 99[%]

해설) 변압기의 최대 효율은 철손=동손일 때이며, 역률이 변해도 손실의 변동은 없으므로
$$\eta_{\frac{3}{4}} = \frac{\frac{1}{m}P_a \cos\theta}{\frac{1}{m}P_a \cos\theta + P_i + \left(\frac{1}{m}\right)^2 P_c} \times 100 = \frac{\frac{3}{4} \times 10 \times 10^3 \times 1}{\frac{3}{4} \times 10 \times 10^3 \times 1 + 85 \times 2} \times 100 = 97.8[\%]$$

150 역률 1일 때, 출력 2[kW] 및 8[kW]에서의 효율이 96[%]가 되는 단상 주상 변압기가 있다. 출력 8[kW], 역률 1에 있어서의 철손 P_i[W]와 동손 P_c[W]를 구하여라.

① $P_i = 27.3$, $P_c = 277$
② $P_i = 66.3$, $P_c = 277$
③ $P_i = 27.3$, $P_c = 267$
④ $P_i = 66.3$, $P_c = 267$

해설) 철손을 P_i, 출력 8[kW]와 2[kW]일 때의 동손을 P_c, P_c'라고 하면
$$P_c' = \left(\frac{1}{4}\right)^2 P_c \text{ 이므로 } \eta = \frac{2000}{2000 + P_i + \left(\frac{1}{4}\right)^2 P_c} = \frac{8000}{8000 + P_i + P_c} = 0.96$$

따라서 $P_i + \frac{1}{16}P_c = 83.3$, $P_i + P_c = 333.3$

위의 두 식을 풀면 ∴ $P_i = 66.3$[W], $P_c = 267$[W]

답) 147. ② 148. ① 149. ② 150. ④

151 ★★★☆ 【83. 89. 97. 05. 11. 산업기사, ⊕ : 92. 94. 기사】
정격 150[kVA], 철손 1[kW], 전부하 동손이 4[kW]인 단상 변압기의 최대 효율[%]과 최대 효율시의 부하[kVA]를 구하면?

① 96.8, 125　　② 97.4, 75　　③ 97, 50　　④ 97.2, 100

해설 변압기 효율은 $m^2 P_c = P_i$ 일 때 최대이므로 $m^2 \times 4 = 1$

$$\therefore m = \sqrt{\frac{1}{4}} = \frac{1}{2}$$

따라서 $150 \times \frac{1}{2} = 75$[kVA]에서 최대 효율이 된다.

$$\therefore \eta_m = \frac{150 \times \frac{1}{2}}{150 \times \frac{1}{2} + 1 \times 2} \times 100 = 97.4[\%]$$

152 ★ 【01. 기사】
100[kVA], 2200/110[V], 철손 2[kW], 전부하 동손이 3[kW]인 단상 변압기가 있다. 이 변압기의 역률이 0.9일 때 전부하 시의 효율[%]은?

① 94.7　　② 95.8　　③ 96.8　　④ 97.7

해설 $\eta = \dfrac{P_a \cos\theta}{P_a \cos\theta + P_i + P_c} \times 100 = \dfrac{100 \times 0.9}{100 \times 0.9 + 2 + 3} \times 100 = 94.7[\%]$

153 ★★★★ 【77. 79. 85. 97. 기사】
5[kVA] 단상 변압기의 무유도 전부하에서의 동손은 120[W], 철손은 80[W]이다. 전부하의 $\frac{1}{2}$ 되는 무유도 부하에서의 효율[%]은?

① 98.3　　② 97.0　　③ 95.8　　④ 93.6

해설
$$\eta_{\frac{1}{m}} = \frac{\frac{1}{m} VI \cos\phi}{\frac{1}{m} VI \cos\phi + P_i + \left(\frac{1}{m}\right)^2 P_c} \times 100$$

$$\therefore \eta_{\frac{1}{2}} = \frac{\frac{1}{2} \times 5 \times 10^3}{\frac{1}{2} \times 5 \times 10^3 + 80 + \left(\frac{1}{2}\right)^2 \times 120} \times 100 = \frac{2500}{2500 + 80 + 30} \times 100 = 95.8[\%]$$

154 ★★★ 【16. 기사, 85. 89. 95. 99. 03. 20. 산업기사】
변압기의 전일 효율을 최대로 하기 위한 조건은?
① 전부하 시간이 짧을수록 무부하손을 적게 한다.
② 전부하 시간이 짧을수록 철손을 크게 한다.
③ 부하 시간에 관계없이 전부하 동손과 철손을 같게 한다.
④ 전부하 시간이 길수록 철손을 적게 한다.

답 151. ②　152. ①　153. ③　154. ①

해설, 전일 효율이 최대가 되려면
$$24P_i = \sum hP_c \quad \therefore P_i = (\sum h/24)P_c$$
즉, 전부하 시간이 길수록 철손 P_i를 크게 하고 짧을수록 철손 P_i를 작게 한다.

★ 【92. 98. 00. 산업기사】

155 용량 10[kVA], 철손 120[W], 전부하 동손 200[W]인 단상 변압기 2대를 V결선하여 부하를 걸었을 때, 전부하 효율은 몇[%]인가? 단, 부하의 역률은 $\sqrt{3}/2$이라 한다.

① 98.3 ② 97.9 ③ 99.2 ④ 96.0

해설,
$$\eta = \frac{\sqrt{3}\,V_2I_2\cos\theta_2}{\sqrt{3}\,V_2I_2\cos\theta_2 + 2P_i + 2P_c} \times 100 = \frac{\sqrt{3}\times 10 \times \frac{\sqrt{3}}{2}}{\sqrt{3}\times 10 \times \frac{\sqrt{3}}{2} + 2\times 0.12 + 2\times 0.2} \times 100$$
$$= \frac{15}{15 + 0.24 + 0.4} \times 100 = 95.9 \fallingdotseq 96[\%]$$

★ 【77. 99. 산업기사】

156 사용시간이 짧은 변압기의 전일효율을 좋게 하기 위해서는 P_i(철손)와 P_c(동손)와의 관계는?

① $P_i > P_c$ ② $P_i < P_c$ ③ $P_i = P_c$ ④ 무관계

해설, 전일 효율을 최대로 하자면 $24P_i = hP_c$, 그런데 부하 시간 h는 $24 > h$이고, 경부하 시간이 많으므로 $P_c > P_i$로 해야 된다.

☆ 【75. 산업기사】

157 15,000[kVA], 169[kV] 변압기의 전부하 효율은 대략 몇 [%]인가?

① 99 ② 98 ③ 95 ④ 93

해설,

전 압	변압기 용량	전부하 효율
3.3[kV]	1[kVA]	93.8[%]
	15[kVA]	97.3[%]
11[kV]	100[kVA]	97.6[%]
66[kV]	3,300[kVA]	97.8[%]
169[kV]	15,000[kVA]	99.0[%]

☆ 【03. 기사】

158 변압기의 규약 효율 산출에 필요한 기본 요건이 아닌 것은?

① 파형은 정현파를 기준으로 한다.
② 별도의 지정이 없는 경우 역률은 100[%] 기준이다.
③ 손실은 각권선의 부하손의 합과 무부하손의 합이다.
④ 부하손은 40[℃]를 기준으로 보정한 값을 사용한다.

해설, 별도의 지정이 없을 경우 역률은 100[%], 온도는 75[℃] 기준한다.

답 155. ④ 156. ② 157. ① 158. ④

유사문제

유사문제 원문 및 해설 : 동일출판사 홈페이지≫고객센터≫자료실

01. 변압기의 무부하손으로 대부분을 차지하는 것은?
　답 철손

02. 전력용 변압기에 쓰이는 규소 강판의 히스테리시스손과 와전류손과의 비는?
　답 3~4 : 1

03. 인가 전압이 일정할 때 변압기의 와류손은?
　답 주파수에 무관계

04. 변압기의 철심으로 열간 압연 규소 강판을 사용하였을 때 히스테리시스손은 다음과 같다. 어느것인가? 단, f는 주파수, B_m은 최대 자속 밀도이다.
　답 $kfB_m^{1.6}$

05. 변압기의 부하 전류 및 전압은 일정하고, 주파수가 낮아지면?
　답 철손이 증가

06. 주파수가 정격보다 3[%] 상승하고 동시에 전압이 정격보다 3[%] 저하한 전원에서 운전되는 변압기가 있다. 철손이 fB_m^2 (f : 주파수, B_m : 자속 밀도 최댓값)에 비례한다면 이 변압기 철손은 정격 상태에 비하여 어떻게 달라지는가?
　답 철손은 8.7[%] 감소한다.

07. 변압기의 규약 효율이란?
　답 $\eta = \dfrac{출력}{출력+손실} \times 100 = \dfrac{입력-손실}{입력} \times 100 [\%]$

08. 역률 100[%], $\dfrac{1}{m}$ 전부하에서 최대 효율이 되는 단상 변압기의 백분율 저항 강하는 얼마인가? 단, 이 변압기의 정격 용량과 철손은 각각 p[VA], p_i[W]이다.
　답 $\%R = \dfrac{I_n R}{V_n} \times 100 = \dfrac{I_n^2 R}{V_n I_n} \times 100 = \dfrac{p_c}{p} \times 100 = m^2 \left(\dfrac{p_i}{p}\right) \times 100 [\%]$

09. 100[kVA] 변압기의 역률이 0.8, 전부하에서 효율이 98[%]이면 역률 0.5, 전부하에서의 효율[%]은?
　답 97[%]

10. 철손 1[kW], 전부하에서의 동손 1.25[kW]인 변압기가 있다. 이 변압기가 매일 무부하로 10시간, $\dfrac{1}{2}$정격으로 8시간, 전부하로 6시간 운전되고 있다. 1일 중의 총 손실은 몇 [kWh]인가?
　답 34[kWh]

11. 변압기의 철손과 전부하 동손을 같게 설계하면 최대 효율은?
　답 전부하 시

12. 200[kVA]의 단상 변압기가 있다. 철손 1.6[kW], 전부하 동손 3.2[kW]이다. 이 변압기의 최고 효율은 몇 배의 전부하에서 생기는가?

답 $m = \sqrt{\dfrac{P_i}{P_c}} = \sqrt{\dfrac{1.6}{3.2}} = \sqrt{\dfrac{1}{2}} = \dfrac{1}{\sqrt{2}}$

13. 어떤 변압기의 전부하 동손이 270[W], 철손이 120[W]일 때 이 변압기를 최고 효율로 운전하는 출력은 정격 출력의 몇 [%]가 되는가?

답 $m = \sqrt{\dfrac{P_i}{P_c}} = \sqrt{\dfrac{120}{270}} = 0.666 ≒ 66.7[\%]$

14. 3/4 부하에서 효율이 최대인 주상 변압기는 전부하시에 있어서의 철손과 동손의 비는?

답 9 : 16

15. 어느 변압기의 무유도 전부하의 효율이 96[%], 그 전압 변동률은 3[%]이다. 이 변압기의 최대 효율은 얼마인가?

답 약 96.3[%]

16. 3150/210[V] 5[kVA]의 단상 변압기가 있다. 2차를 개방하고 정격 1차 전압을 가할 때의 입력은 60[W], 2차를 단락하고 여기에 정격 2차 전류가 흐르도록 1차측에 저전압을 가했을 때의 입력은 120[W]이었다. 역률 100[%]에서의 전부하 효율[%]은?

답 $\eta = \dfrac{VI\cos\theta}{VI\cos\theta + P_i + P_c} \times 100$
$= \dfrac{5 \times 10^3}{5 \times 10^3 + 60 + 120} \times 100 = 96.5[\%]$

17. 20[kVA]의 단상 변압기가 역률 1일 때 전부하 효율이 97[%]이다. 3/4 부하일 때 이 변압기는 최고 효율을 나타낸다. 전부하에서 철손 P_i와 동손 P_c는 몇 [W]인가?

답 $P_i = 222[W]$, $P_c = 396[W]$

18. 50[kVA], 2200/110[V], 철손 500[W], $R_1 = 1.2[\Omega]$, $R_2 = 0.011[\Omega]$ 되는 변압기의 부하 역률 60[%]에 대한 전부하 효율[%]을 구하면?

답 $\eta = \dfrac{30 \times 100}{30 + 2.892 + 0.5} = \dfrac{3000}{33.39} ≒ 89.8[\%]$

19. 용량 20[kVA]인 어떤 변압기의 무부하, 전부하에 있어서의 철손이 0.5[%], 동손은 1.0[%]라 한다. 지금 이 변압기를 전부하로 5시간, 무부하로 19시간 사용하면 최대 전일 효율은 얼마인가?

답 97[%]

20. 100[kVA], 2300/115[V], 철손 1[kW], 전부하 동손 1.25[kW]의 변압기가 있다. 이 변압기는 매일 무부하로 10시간, 1/2 정격 부하 역률 1에서 8시간, 전부하 역률 0.8(지상)에서 6시간 운전하고 있다. 전일 효율을 구하여라.

답 약 96.3[%]

21. 전부하에 있어 철손과 동손의 비율이 1 : 2인 변압기의 효율이 최대인 부하는 전부하의 대략 몇 [%]인가?

답 70[%]

22. 전부하에서 동손 100[W], 철손 40[W]인 변압기가 최대 효율로 되는 부하[%]는?
   답 약 63[%]

23. 용량 100[kVA]의 단상 변압기가 역률 80[%]에서 전부하 효율이 95[%]이면 역률 0.5의 전부하에서의 효율[%]은?
   답 92[%]

24. 200[kVA]의 단상 변압기가 있다. 철손이 1.6[kW]이고 전부하 동손이 2.4[kW]이다. 이 변압기의 역률이 0.8일 때 전부하 시의 효율[%]은?
   답 97.6[%]

25. 50[Hz], 6.3[kV]/210[V], 50[kVA], 정격 역률 0.8(지상)의 단상 변압기에 있어서 무부하손은 0.65[%], % 저항 강하는 1.4[%]라 하면 이 변압기의 전부하 효율[%]은?
   답 약 97.7[%]

보호 계전기

159 ★★★★★ 【82. 83. 85. 88. 91. 92. 94. 95. 96. 97. 98. 99. 00. 01. 11. 20. 산업기사】
부흐홀쯔 계전기로 보호되는 기기는?
① 변압기   ② 발전기   ③ 동기 전동기   ④ 회전 변류기

해설 부흐홀쯔 계전기는 변압기의 내부 고장으로 발생하는 기름의 분해 가스 증기 또는 유류를 이용하여 부저를 움직여 계전기의 접점을 닫는 것이므로 변압기의 주탱크와 콘서베이터와의 연결관 도중에 설치한다.

160 ★☆ 【78. 93. 01. 산업기사】
가포화 리액터와 저항을 직렬로 접속한 회로에 교류 전압을 가할 때, 이 리액터를 따로 직류로 여자하여 그 여자 전류가 철심이 포화되기 전까지 차차 증가하면 교류 회로의 전류는?
① 증가한다.   ② 감소한다.   ③ 변화 없다.   ④ 증가한 후 감소한다.

해설 가포화 리액터가 포화 상태에 가까워질수록 리액턴스 X_L이 감소된다. 따라서 철심이 포화되기 전까지 여자 전류 I_d가 증가하면 교류 회로의 전류도 증가한다.

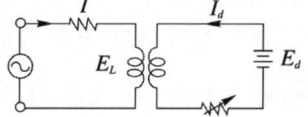

161 ★★★ 【82. 83. 96. 기사】
변압기의 내부 고장을 검출하기 위하여 사용되는 보호 계전기가 아닌 것을 고르면?
① 저전압 계전기   ② 차동 계전기   ③ 가스 검출 계전기   ④ 압력 계전기

해설 변압기의 내부 고장 보호에는 차동 계전기나 부흐홀쯔 계전기 등이 사용된다.

답 159. ① 160. ① 161. ①

162 ★☆ 【84. 94. 97. 05. 산업기사】
아래 계전기 중 변압기의 보호에 사용되지 않는 계전기는?
① 비율 차동 계전기　　　　② 차동 전류 계전기
③ 부흐홀쯔 계전기　　　　④ 임피던스 계전기

해설) 변압기 보호에 사용되는 계전기는 과전류 계전기, 차동 계전기, 부흐홀쯔 계전기, 압력 계전기, 지락 방향 계전기 등이 사용된다.

163 ★★★★★ 【98. 00. 기사, 82. 83. 85. 88. 91. 92. 97. 98. 산업기사】
변압기의 내부 고장 보호에 쓰이는 계전기로서 가장 적당한 것은?
① 과전류 계전기　　　　② 차동 계전기
③ 접지 계전기　　　　　④ 역상 계전기

해설) 차동 계전기는 변압기의 단락 사고가 생기면, 1차와 2차의 전류값이 달라지고 이들 값의 차이에 해당하는 전류가 계전기에 흘러 계전기가 동작하는 것이다.

164 ★★ 【85. 91. 93. 99. 산업기사】
수은 접점 2개를 사용하여 아크 방전 등의 사고를 검출하는 계전기는?
① 과전류 계전기　　　　② 가스 검출 계전기
③ 부흐홀쯔 계전기　　　　④ 차동 계전기

165 ★★★ 【79. 93. 98. 03. 기사】
보호 계전기 구성 요소의 기본 원리에 속하지 않는 것은?
① 전자 흡인　　　　　　② 전자 유도
③ 정지형 스위칭 회로　　④ 광전관

해설) 광전 효과를 이용하여 빛의 변화를 전류의 변화로 바꾸는 것을 광전관이라 한다.

166 ★☆ 【79. 89. 93. 산업기사】
무부하의 변압기를 회로에 투입할 때 과전류 계전기가 들어 있어 투입되지 않는 이유는?
① 선로의 충전 전류 때문에　　② 이상 전압 발생 때문에
③ 과도 돌입 여자 전류 때문에　④ 전압이 동요하기 때문에

해설) 투입되지 않는 것은 과전류 때문이다. 무부하 상태의 변압기를 투입하면 그 순간에 과도 여자 전류가 흐르고, 자기 회로가 정상 상태로 된 후에야 비로소 정상 전류가 흐른다.

167 ★☆ 【75. 93. 01. 산업기사】
다음 온도 측정 장치 중 변압기의 권선 온도 측정 장치로 쓸 수 있는 것은?
① 탐지 코일(search coil)　② 열동 계전기
③ 다이얼 온도계　　　　　④ 봉상 온도계

답) 162. ④　163. ②　164. ③　165. ④　166. ③　167. ②

[해설] 권선의 온도는 직접 측정이 곤란하다.

168 ★★☆ 【91. 05. 기사, 89. 98. 01. 03. 산업기사】
변압기의 온도 시험을 하는 데 가장 좋은 방법은?
① 실부하법　　　　　　　② 반환 부하법
③ 단락 시험법　　　　　　④ 내전압법

[해설] 실부하법은 전력 손실이 크기 때문에 소용량 이외에는 별로 적용되지 않는다. 반환 부하법은 동일 정격의 변압기가 2대 이상 있을 경우에 채용되며, 전력 소비가 적고 철손과 동손을 따로 공급하는 것으로 현재 가장 많이 사용하고 있다.

169 ★★☆ 【77. 89. 91. 98. 00. 11. 산업기사】
변압기의 개방 회로 시험으로 구할 수 없는 것은?
① 무부하 전류　　　　　　② 동손
③ 철손　　　　　　　　　　④ 여자 임피던스

[해설] 변압기 개방 회로 시험은 무부하 전류, 히스테리시스손, 와류손 등을 구할 수 있다. 동손은 폐회로 시험으로 구할 수 있다.

170 ★ 【03. 산업기사 ⊕ : 05. 기사】
변압기의 등가회로 작성을 하기 위한 시험 중 무부하시험으로 알 수 있는 것은?
① 어드미턴스, 철손　　　　② 임피던스 전압, 임피던스 와트
③ 권선의 저항, 임피던스 전압　　④ 철손, 임피던스 와트

[해설] 변압기의 단락 시험으로는 임피던스 와트, 임피던스 전압 및 입력 전류를 측정하여 누설 임피던스, 누설 리액턴스, 권선의 저항 등을 산출하고, 여자 어드미턴스는 무부하 시험으로 계산한다.

171 ☆ 【92. 18. 산업기사】
단락 시험과 관계없는 것은?
① 여자 어드미턴스　　　　② 임피던스 와트
③ 전압 변동률　　　　　　④ 임피던스 전압

[해설] 변압기의 단락 시험으로는 임피던스 와트, 임피던스 전압 및 입력 전류를 측정하여 누설 임피던스, 누설 리액턴스, 권선의 저항 등을 산출하고, 여자 어드미턴스는 무부하 시험으로 계산한다.

172 ★★★★★ 【88. 90. 91. 94. 03. 기사, 82. 83. 84. 90. 94. 95. 98. 산업기사, ⊕ : 70. 91. 산업기사】
변압기의 등가 회로 작성에 필요 없는 시험은?
① 단락 시험　　　　　　　② 반환 부하법
③ 무부하 시험　　　　　　④ 저항 측정 시험

[답] 168.② 169.② 170.① 171.① 172.②

해설, 등가 회로 작성에는 권선의 저항을 알아야 하고, 철손을 측정하는 무부하 시험, 동손을 측정하는 단락 시험이 필요하다.

173 ★★★★【83. 90. 97. 10. 기사, ㉑ : 91. 94. 산업기사】
단상 변압기의 임피던스 와트(impedance watt)를 구하기 위하여는 다음 중 어느 시험이 필요한가?
① 무부하 시험 ② 단락 시험
③ 유도 시험 ④ 반환 부하법

해설, 변압기의 시험
① 개방 회로 시험(무부하 시험)으로 측정할 수 있는 항목 : 무부하 전류, 히스테리시스손, 와류손, 여자 어드미턴스, 철손
② 단락 시험으로 측정할 수 있는 항목 : 동손, 임피던스 와트, 임피던스 전압

174 ★☆【86. 94. 97. 15. 산업기사】
권선의 층간 단락 사고를 검출하는 계전기는?
① 접지 계전기 ② 과전류 계전기
③ 역상 계전기 ④ 차동 계전기

해설, 발전기 및 변압기의 층간 단락 등 내부 고장 검출에 사용되는 계전기는 차동 계전기이다.

175 ★★【86. 91. 93. 95. 산업기사】
변압기의 층간 절연 내력을 시험하는 데 가장 적당한 방법은?
① 상용주파 가압 시험 ② 비접지의 충격 전압 시험
③ $\tan\delta$ 측정 ④ 1단 접지 충격 전압 시험

176 ☆【93. 산업기사】
변압기의 제조 과정에서 건조가 완전히 되었는가 판단하는 데 가장 정확한 측정 방법은?
① 구속 시험 ② $\tan\delta$ 측정
③ 직류 저항 측정 ④ 충격 전압 시험

177 ★【03. 기사, 92. 99. 산업기사】
변압기 권선을 건조하는 데 맞지 않은 것은?
① 진공법 ② 단락법
③ 반환 부하법 ④ 열풍법

해설, 반환 부하법은 변압기의 온도 상승 시험 방법이다.

답 173. ② 174. ④ 175. ④ 176. ② 177. ③

178 ★ 【98. 기사】
공장에서 행하는 방법으로 변압기를 탱크 속에 넣어 밀폐하고 탱크 속에 있는 파이프를 통하여 고온의 증기를 보내어 가열하는 건조 방법은?
① 진공법
② 열풍법
③ 단락법
④ 반환 부하법

유사문제

∥유사문제 원문 및 해설 : 동일출판사 홈페이지》고객센터》자료실

01. 변압기의 무부하 시험, 단락 시험에서 구할 수 없는 것은?
답 절연 내력

02. 변압기의 주요 시험 항목 중에서 전압 변동률 계산에 필요한 수치를 얻기 위한 필수적 시험은?
답 단락 시험

03. 다음 시험 중 변압기의 절연 내력 시험을 하기 위한 것은? 단, A : 온도 상승 시험, B : 유도 시험, C : 가압 시험, D : 단락 시험, E : 충격 전압 시험, F : 권선 저항 측정 시험이다.
답 B, C, E

04. 보호하려는 회로의 전압이 정상치 이상으로 되었을 때에 동작하는 것으로 기기 설비의 보호에 사용되는 계전기는?
답 과전압 계전기

05. 발전기 또는 주변압기의 내부 고장 보호용으로 가장 널리 쓰이는 계전기는?
답 비율 차동 계전기

06. 변압기의 내부 고장 보호에 쓰이는 계전기는?
답 부흐홀쯔 계전기

07. 변압기의 보호 방식 중 비율 차동 계전기를 사용하는 경우는?
답 변압기의 상간 단락 보호

08. 변압기 권선의 층간 절연 시험은?
답 유도 시험

09. 변압기 여자 전류 철손을 알 수 있는 시험은?
답 무부하 시험

10. 변압기의 등가 회로 작성에 필요한 시험은?
답 단락 시험

답 178. ①

CHAPTER 04 유도기기

1 유도 전동기의 원리

그림 (a)와 같이 구리판에 영구자석을 넣고 회전시키면 구리판이 따라 도는 것을 알수 있다. 구리판이 따라 도는 원리는 플레밍의 오른손 법칙과 플레밍의 왼손 법칙이 적용된다.

영구자석을 회전시키면 구리판이 영구자석의 자속을 끊으며 플레밍의 오른손 법칙에 의해 기전력이 만들어진다. 이 기전력에 의해 구리판 표면에는 맴돌이 전류(소용돌이 전류)가 흐르게 된다. 이 전류는 자속을 만들게 되는데 이 자속은 플레밍의 왼손 법칙에 의해 힘이 발생하여 회전하게 된다. 이 방향은 영구자석을 회전시키는 방향으로 회전하게 된다.

이것은 만일 원판이 자석과 같은 회전속도가 되면 원판과 자석간의 상대 속도가 없어져서 맴돌이 전류를 유도하지 않게 되어 힘이 생기지 않는다.

즉, 원판이 자석에 유도되어 회전하려면 반드시 자석보다 느리게 회전 하여야 한다.

이것을 아라고의 원판 실험이라 한다.

구리판에 회전자계를 가하면 동일한 현상이 발생하며, 이것이 유도전동기의 원리가 된다.

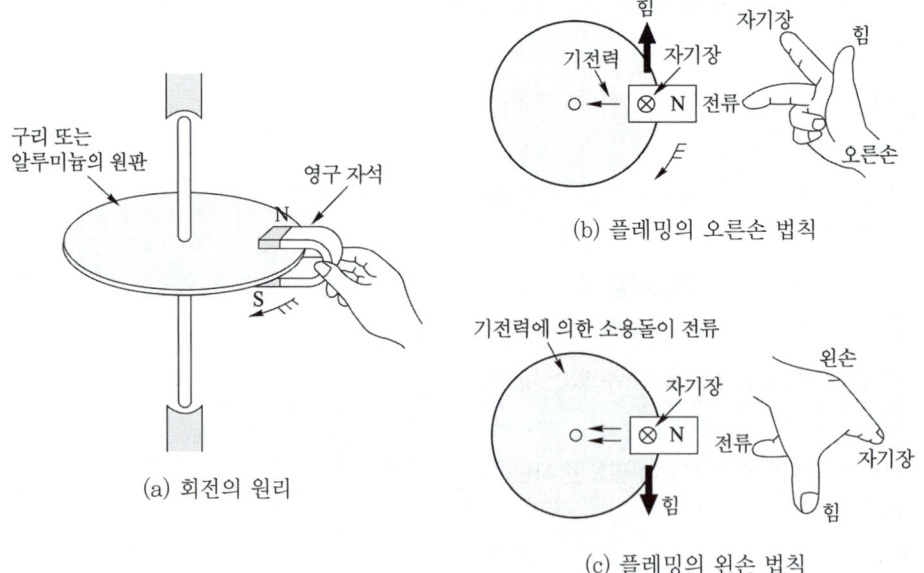

(a) 회전의 원리

(b) 플레밍의 오른손 법칙

(c) 플레밍의 왼손 법칙

1) 유도 전동기 회전원리

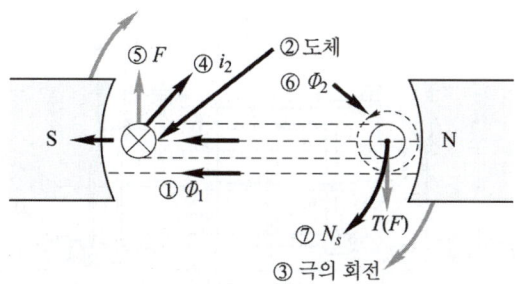

① 영구 자석을 그림과 같이 설치하고 자속 Φ_1을 만들며,
② 도체를 영구자석의 자기장 속에 넣고
③ 영구 자석을 그림과 같은 방향으로 회전하면
④ 도체에는 렌츠의 전자유도 법칙에 의해서 유도전류 i_2가 흐르며 그림과 같은 방향으로 전류가 흐른다.
⑤ 도체는 플레밍의 왼손 법칙에 의해 힘 F가 생긴다.
⑥ 단락 순환 전류 i_2는 스스로 자속 Φ_2를 만들며 주자속 Φ_1 사이에 토크 T가 발생된다.
⑦ 자극의 회전방향으로 도체는 추종하여 회전하게 된다.
   (회전자계의 회전방향으로 회전한다.) 출제 기사 4번

이와 같은 이유 때문에 전동기는 동기속도보다는 항상 늦게 회전하게 되는데, 이것이 유도전동기의 슬립이 생기는 이유가 된다.

① 동기 속도 : $N_s = \dfrac{120f}{p}$[rpm]

② 슬립 : $s = \dfrac{N_s - N}{N_s}$

여기서, f : 주파수, p : 극수, N : 회전 속도[rpm]
  $N = (1-s)N_s$[rpm]
  N_s : 동기 속도, N : 회전자 회전 속도
  전 부하 시의 슬립 : 소용량기 10~5[%]
  중·대용량기 5~2.5[%]
  회전자 정지 시 : $s=1$, 동기 속도일 때 : $s=0$
  $s\begin{cases}\text{유도 전동기} : 1 > s > 0 \\ \text{유도 발전기} : 0 > s\end{cases}$ 출제 산업 2번, 기사 1번

2 유도 전동기의 구조

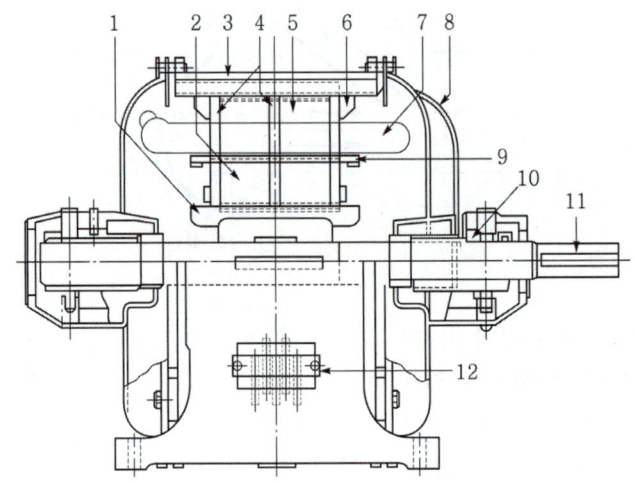

1. 회전자 스파이더
2. 회전자 철심
3. 고정자 프레임
4. 통풍 덕트
5. 고정자 철심
6. 철심을 죈 부품
7. 1차 권선
8. 베어링 브래킷
9. 농형 도체와 단락 고리
10. 베어링 메탈
11. 축
12. 단자

1) 고정자

자속이 통과하는 자기회로로 규소 강판을 수십겹 성층하여 3상 코일을 감은 것이다. 고정자 내부에 회전자가 위치하게 된다.

① 유도 전동기의 회전하지 않는 부분을 말한다.
② 일반적으로 1차권선은 고정자에 있게 된다.
③ 철심은 두께 0.35[mm] 또는 0.5[mm]의 규소강판을 사용

2) 회전자

농형 회전자, 권선형 회전자가 있다. 다음 그림은 농형회전자를 나타낸 것이다.

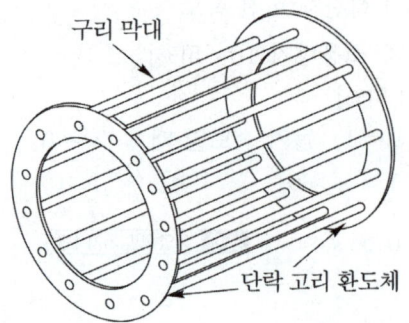

농형 회전자는 구조가 간단하며, 튼튼하다.
중, 소형 유도 전동기에 널리 사용되며, 대형이 되면 기동토크가 작아 기동이 곤란하게 된다.
다음 그림은 고정자 철심속의 권선형 회전자를 나타낸 것이다.

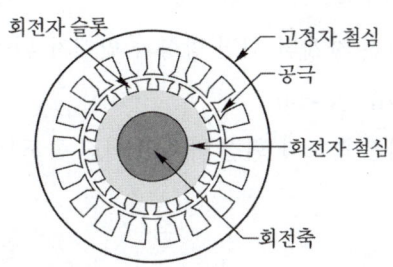

권선형 회전자는 대형 유도전동기에 적합하며, 기동토크가 큰 특성이 있으며, 2차 회로에 저항을 삽입할 수 있어 비례추이가 가능한 구조를 가지고 있다.

① 유도 전동기의 회전하는 부분을 말한다.
② 일반적으로 2차 권선은 회전자에 있게 된다.
③ 시동중의 이상현상을 개선하기 위하여 스큐(skew) 슬롯을 채택한다.
   (스큐는 일반적으로 1슬롯만큼 경사지게 한다)

3 - 유도 전동기의 이론

1) 동기속도

① $n_s = \dfrac{2f}{p}$ [rps]

② $N_s = \dfrac{120f}{p}$ [rpm]

2) 슬립(slip)

슬립 $s = \dfrac{N_s - N}{N_s} \times 100[\%]$　출제 산업 6번, 기사2번

∴ $N = (1-s)N_s$ [rpm]　출제 산업 2번, 기사 4번

∴ $N = \dfrac{120f}{p}(1-s)$ [rpm]　출제 기사 1번

여기서, N_s : 회전자계의 속도(동기 속도)[rpm]
　　　　N : 전동기의 실제 회전 속도[rpm]

(1) 유도 전동기의 슬립 : $0 < s < 1$
  ① $s = 1$이면 $N = 0$이고 전동기는 정지 상태
  ② $s = 0$이면 $N = N_s$가 되어 전동기가 동기속도로 회전
(2) 유도 제동기의 슬립 : $s > 1$
  회전자의 회전 방향이 회전 자계의 회전 방향과 반대가 되어 제동기로 작용
(3) 유도 발전기(비동기 발전기) : $s < 0$
  $N > N_s$ 즉, 회전자의 회전 속도가 회전 자계의 회전 속도보다 빠르게 회전하여 비동기 발전기로 작용

4 - 유도 기전력 및 전류

1) 전동기가 정지하고 있는 경우
① 1차 유도 기전력 : $E_1 = 4.44 K_{w1} w_1 f \phi [\text{V}]$
② 2차 유도 기전력 : $E_2 = 4.44 K_{w2} w_2 f \phi [\text{V}]$
③ 1차, 2차 권수비 : $\dfrac{w_1 K_{w1}}{w_2 K_{w2}} = \dfrac{E_1}{E_2} = a$

여기서, K_w : 권선 계수, w : 1상 권수, ϕ : 자속, f : 주파수

2) 전동기가 슬립 s로 회전하고 있는 경우
회전자가 슬립 s로 회전하고 있는 경우에 2차 도체와 회전자계와의 상대 속도는

상대 속도 = 회전 자계 속도 − 회전자 속도 = $N_s - N = s N_s$ 가 된다.

즉, 회전자가 회전하고 있을 때의 상대속도는 회전자가 정지하고 있을 때의 s 배가 되므로 2차 유도기전력 $E_2{'}$ 및 2차 주파수 $f{'}$는

$$f{'} = sf \text{이므로 } E_2{'} = 4.44 K_{w2} sf w_2 \phi = s E_2 [\text{V}]$$ 출제 산업 11번, 기사 8번

또, 전압비는 $\dfrac{E_1}{E_2{'}} = \dfrac{E_1}{sE_2} = \dfrac{a}{s} = \dfrac{K_{w1} w_1}{s K_{w2} w_2}$ 출제 산업 3번, 기사 5번

가 된다. 또 이때 흐르는 2차 전류는

$$I_2 = \dfrac{E_2{'}}{Z_2{'}} = \dfrac{sE_2}{\sqrt{r_2^2 + (sx_2)^2}} = \dfrac{E_2}{\sqrt{\left(\dfrac{r_2}{s}\right)^2 + x_2^2}} [\text{A}]$$ 출제 산업 8번, 기사 2번

이며, 역률은

$$\cos\theta_2 = \frac{r_2}{\sqrt{r_2^2+(sx_2)^2}}, \quad \theta = \tan^{-1}\frac{sx_2}{r_2}$$

단, r_2 : 2차권선 1상의 저항
  x_2 : 전동기가 정지하고 있을 때의 2차 1상의 리액턴스
  x_2' : 전동기가 슬립 s로 회전할 때의 2차 권선 1상의 리액턴스
  Z_2' : 전동기가 슬립 s로 회전할 때의 2차 1상의 임피던스

5 유도 전동기의 등가회로 및 변환

1) 유도 전동기의 간이등가회로

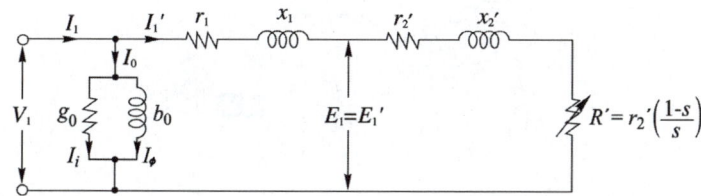

(1) 기계적 출력을 대표하는 부하 저항

$$\frac{r_2'}{s} = r_2' + \frac{r_2'}{s} - r_2' = r_2' + r_2'\left(\frac{1-s}{s}\right)$$

여기서, $r_2'\left(\dfrac{1-s}{s}\right)$를 기계적 출력을 대표하는 부하 저항이라 한다.   출제 산업 3번

(2) 출력 P

$$P = 3{I_1'}^2 R'$$

여기서, $R' = r_2'\left(\dfrac{1-s}{s}\right)$ 출제 산업 8번, 기사 1번

2) 1차, 2차 환산

(1) 2차 전압의 1차 환산 E_2'

$$E_1 = \frac{K_{w1}w_1}{K_{w2}w_2}E_2 = \alpha E_2, \quad E_2' = E_1 = \alpha E_2\,[\text{V}]$$

여기서, 권선비 $\alpha = \dfrac{K_{w1}w_1}{K_{w2}w_2}$

(2) 2차 전류의 1차 환산 $I_2{'}$

$$I_1 = \dfrac{m_2 K_{w2} w_2}{m_1 K_{w1} w_1} I_2 = \dfrac{1}{\alpha\beta} I_2, \quad I_2{'} = I_1 = \dfrac{1}{\alpha\beta} I_2 [\text{A}]$$

여기서, 상수비 $\beta = \dfrac{m_1}{m_2}$

(3) 2차 임피던스의 1차 환산 $Z_2{'}$

$$Z_2{'} = \dfrac{E_2{'}}{I_2{'}} = \dfrac{\alpha E_2}{\dfrac{I_2}{\alpha\beta}} = \alpha^2 \beta Z_2 [\Omega]$$

(4) 여자 컨덕턴스 g_0

$$P_i = 3V_1 I_i, \quad g_0 = \dfrac{I_i}{V_1} = \dfrac{\dfrac{P_i}{3V_1}}{V_1} = \dfrac{P_i}{3V_1^{\,2}}$$

출제 산업 4번

6. 전력의 변환

유도전동기의 입력은 1차 저항손, 철손, 2차 저항손, 풍손, 기계적 출력의 합으로 나타낸다.

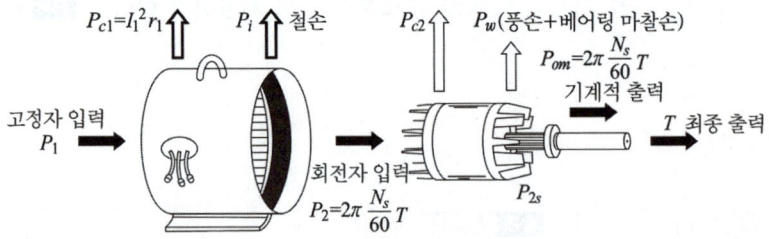

여기서, 2차 입력은 1차 출력과 같으므로 유도 전동기 입력은 1차 저항손, 철손, 2차 입력(1차 출력)의 합으로도 나타낼 수 있다.
또 2차 입력은 "2차 입력=1차 출력=1차 입력-1차 저항손-1차 철손"으로 된다.

(1) 2차 저항손

$$P_{c2} = I_2{}^2 r_2 \text{에서 } I_2 = \frac{E_2{}'}{Z_2{}'} = \frac{sE_2}{\sqrt{r_2^2 + (sx_2)^2}} \text{이므로}$$

$$P_{c2} = I_2 r_2 \frac{sE_2}{\sqrt{r_2{}^2 + (sx_2)^2}} = sE_2 I_2 \cos\theta = sP_2$$

즉, $P_{c2} = sP_2$ 가 된다. 출제 기사 4번

(2) 기계적 출력 P_0

기계적 출력 = 2차 입력 − 2차 저항손이므로

$$P_0 = P_2 - P_{c2} = P_2 - sP_2 = P_2(1-s)$$ 출제 산업 2번, 기사 8번

(3) 2차 효율 η_2

$$\eta_2 = \frac{\text{기계적출력}}{\text{2차입력}} = \frac{P_0}{P_2} = \frac{P_2(1-s)}{P_2} = (1-s)$$ 출제 산업 6번, 기사 5번

(4) 유도 전동기 비례식

$$P_2 : P_{c2} : P_0 = 1 : s : 1-s$$ 출제 산업 13번, 기사 14번

7 - 3상 유도 전동기의 특성

1) 슬립과 전류의 관계 $I_2 = \frac{sE_2}{\sqrt{r_2{}^2 + (sx_2)^2}}$

2) 슬립과 토크 $T = K_0 \frac{sE_2{}^2 r_2}{r_2^2 + (sx_2)^2}$ 출제 기사 1번

3) 토크

① $T = \dfrac{P_0}{\omega} = \dfrac{P_0}{2\pi n} = \dfrac{(1-s)P_2}{2\pi(1-s)n_s} = \dfrac{P_2}{2\pi n_s} = \dfrac{P_2}{\omega_s}$ [N · m] 출제 산업 4번, 기사 5번

$= \dfrac{60}{2\pi} \cdot \dfrac{P_2}{N_s}$ [N · m] $= \dfrac{1}{9.8} \cdot \dfrac{60}{2\pi} \cdot \dfrac{P_2}{N_s}$ [kg · m]

$T = 0.975 \dfrac{P_2}{N_s} = 0.975 \dfrac{P_0}{N}$ [kg · m] 출제 산업 3번, 기사 15번

② $T = F \times r$ ∴ $F = \dfrac{T}{r}$ 출제 산업 3번, 기사 2번

③ $T \propto K\phi I$ 에서 $\phi \propto V$, $I \propto V$ 이므로
$T \propto V^2$, 혹은 $T \propto I^2$ 출제 산업 14번, 기사 8번

④ 동기 와트 P_2
동기와트란 동기속도로 회전할 때 2차 입력을 토크로 표시한 것을 말한다.

출제 산업 2번, 기사 2번

$$T = \dfrac{P_0}{\omega} = \dfrac{P_0}{2\pi n} = \dfrac{(1-s)P_2}{2\pi(1-s)n_s} = \dfrac{P_2}{2\pi n_s} = \dfrac{P_2}{\omega_s}[\text{N} \cdot \text{m}]$$

$$= \dfrac{60}{2\pi} \cdot \dfrac{P_2}{N_s}[\text{N} \cdot \text{m}] \text{에서}$$

동기 와트 $P_2 = 2\pi \cdot \dfrac{N_s}{60} \cdot T$

동기 와트 $P_2 = P_0 + P_{c2} + P_m$ = 출력 + 2차 동손 + 기계손

⑤ 기계적 출력
기계적 출력이란 전동기가 슬립 s로 회전 시 출력을 토크로 표시한 것을 말한다.

$$\tau = 0.975 \dfrac{P}{N}[\text{kg} \cdot \text{m}]$$

4) 최대 토크

$$T_m = K_0 \dfrac{E_2^{\ 2}}{2x_2}[\text{N} \cdot \text{m}]$$

(1) 3상 유도 전동기
2차 저항의 크기를 변화 시키면 최대 토크의 크기는 변하지 않으나 최대 토크를 발생하는 슬립점이 2차 회로의 저항에 비례하여 이동한다.

(2) 단상 유도 전동기
2차 저항의 크기를 변화시키면 최대 토크를 발생하는 슬립점 뿐만 아니라 최대 토크의 크기까지 변화한다.

5) 최대 토크 시 슬립

$s_m = \dfrac{r_2{'}}{\sqrt{r_1^2 + (x_1 + x_2{'})^2}} \fallingdotseq \dfrac{r_2{'}}{x_1 + x_2{'}} \fallingdotseq \dfrac{r_2}{x_2}$ 출제 산업 4번

6) 최대 출력

$P_m = \dfrac{V^2}{2\{(r_1 + r_2{'}) + \sqrt{(r_1 + r_2{'})^2 + (x_1 + x_2{'})^2}\}}$

$\fallingdotseq \dfrac{V^2}{2(r_1 + r_2{'} + x_1 + x_2{'})}[\text{W}]$

7) 기동 시 최대 토크를 발생시키기 위하여 삽입하여야 하는 저항의 크기

(1) $s_m = \dfrac{r_2'}{\sqrt{r_1^2 + (x_1 + x_2')^2}}$

(2) 기동 시 $s_t = 1$

(3) $\dfrac{r_2'}{s_m} = \dfrac{r_2' + R_s'}{1}$

$\therefore R_s' = \dfrac{r_2'}{s_m} - r_2' = \sqrt{r_1^2 + (x_1 + x_2')^2} - r_2'$ 출제 산업 12번, 기사 3번

$\therefore R_s' = \dfrac{1 - s_m}{s_m} r_2' [\Omega]$ 출제 산업 5번, 기사 1번

8) 최대 출력 시 슬립

$s_p = \dfrac{r_2'}{r_2' + \sqrt{(r_1 + r_2')^2 + (x_1 + x_2')^2}}$

9) 공급전압 V와 슬립 s와의 관계

$\dfrac{s'}{s} = \dfrac{\dfrac{1}{V'^2}}{\dfrac{1}{V^2}} = \left(\dfrac{V}{V'}\right)^2$ 출제 산업 6번

10) 기계적 출력과 토크와의 관계

$P_0 = \omega T = 2\pi n T$

$n = n_s(1-s) = \dfrac{2f}{P}(1-s)$

$\therefore P_0 = 2\pi \cdot \dfrac{2f}{P}(1-s)T = T \cdot \dfrac{4\pi f}{P}(1-s)[\mathrm{W}]$

11) 주파수 변화에 따른 유도 전동기의 특성 변화

주파수가 60[Hz]에서 50[Hz]로 감소한 경우(주파수가 수 % 감소하는 경우)

(1) 속도감소 $N_s = \dfrac{120f}{P}$ 에서 $N_s \propto f$

(2) 자속 ϕ 증가 $\phi = \dfrac{V}{4.44 K_w n f} \propto \dfrac{1}{f}$

(3) 역률 $\cos\theta$ 저하

주파수가 떨어지면 속도가 하강($N_s \propto f$)하고 출력이 감소하여 유효 전류는 감소하고 역률이 낮아진다.

(4) 온도 상승

히스테리시스 손실 $P_h \propto \dfrac{1}{f}$ 로 손실 증가, 반면에 전동기 속도 감소에 따른 냉각 Fan 속도가 감소하여 전체적으로 온도 상승

(5) 최대 토크 증가

$T = K_0 \dfrac{E_2{}^2}{2 x_2}$ 에서 $x_2 \propto f$ 이므로 f 가 감소하면 x_2 가 감소하고 최대 토크 T 는 증가

(6) 기동 전류 약간 증가

f 가 감소하면 리액턴스가 감소하고 기동 전류는 약간 증가   출제 산업 7번, 기사 1번

8 - 비례추이

출제 산업 15번

비례추이란 2차 회로 저항의 크기를 조정함으로써 그 크기를 제어할 수 있는 요소를 말하며 비례추이를 할 수 있는 것은 $\dfrac{r_2}{s}$ 의 함수로 표시된다. 따라서 비례추이는 2차 저항의 크기를 변화시킬 수 있는 권선형 유도 전동기에서 사용된다. 다음 식은 2차 삽입저항의 크기를 나타낸 것이다.   출제 산업 2번, 기사 1번

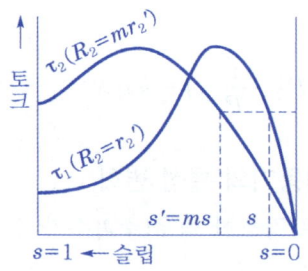

비례추이   출제 산업 2번

$$\dfrac{r_2}{s_m} = \dfrac{r_2 + R_s}{s_t}$$

여기서, r_2 : 2차 권선의 저항, s_m : 최대 토크 시 슬립
s_t : 기동 시 슬립(정지상태에서 기동시 $s_t = 1$)
R_s : 2차 외부회로 저항

비례추이를 하면

① 2차 저항 r_2'를 변화해도 최대 토크는 변하지 않는다.
② r_2'를 크게 하면 s_m도 커진다.
③ r_2'를 크게 하면 기동 전류는 감소하고 기동 토크는 증가한다.

그러므로 비례추이는 권선형 유도 전동기의 기동법 및 속도제어의 원리가 된다.

비례추이를 하는 제량 다음과 같다.
① 토크 τ ② 1차 전류 I_1 ③ 2차 전류 I_2
④ 역률 $\cos\theta$ ⑤ 1차 입력 P_1

비례추이를 할 수 없는 것은 다음과 같다.
① 출력 P_0 ② 효율 η, η_2 ③ 2차 동손 P_{c2}

9. 원선도

유도 전동기의 실부하 시험을 하지 않고서도 유도 전동기에 대한 간단한 시험의 결과로부터 전동기의 특성을 쉽게 구 할 수 있도록 한 것으로, 유도 전동기의 1차 부하 전류의 벡터의 자취가 항상 반 원주 위에 있는 것을 이용하여, 간이 등가 회로의 해석에 이용한 것을 헤일랜드 원선도(Heyland circle diagram)라 한다.

유도 전동기는 일정값의 리액턴스와 부하에 의하여 변하는 저항(r_2/s)의 직렬 회로라고 생각되므로 부하에 의하여 변화하는 전류 벡터의 궤적, 즉 원선도의 지름은 전압에 비례하고 리액턴스에 반비례한다.

그림은 헤일랜드 원선도로

$\overline{ST}$: 철손
$\overline{RS}$: 1차저항손
$\overline{QR}$: 2차저항손
$\overline{PQ}$: 출력

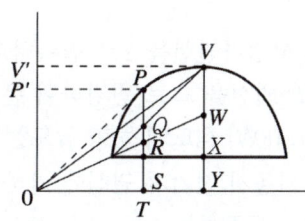

을 나타낸다.

따라서 동기와트는 출력과 2차 저항손의 합이 되므로 $\overline{PR}$ 이 된다.

슬립은 $s = \dfrac{P_{c2}}{P_2}$ 이므로 $s = \dfrac{\overline{QR}}{\overline{PR}}$ 이 된다.

원선도 작성에는 다음 실험이 필요하다.
① 저항측정
② 무부하시험(no load test)
③ 구속시험(lock test) 출제 산업 5번, 기사 9번

10 유도 전동기의 기동 및 제동

1) 농형 유도 전동기의 기동법 출제 산업 3번

농형 유도 전동기의 기동 토크 T_s는 전압의 제곱에 비례한다. 따라서 단자전압을 감소시키면 전류는 감소하고 기동 토크도 감소하게 된다.

(1) 전 전압 기동법

전동기에 별도의 기동장치를 사용하지 않고 직접 정격전압을 인가하여 기동하는 방법
① 5[kW] 이하의 소용량 농형 유도 전동기에 적용
② 기동 전류가 정격 전류의 4~6배 정도이다.

(2) Y-△ 기동 방법

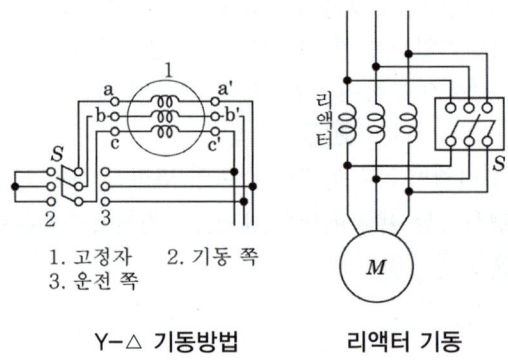

1. 고정자 2. 기동 쪽
3. 운전 쪽

Y-△ 기동방법   리액터 기동

기동 시 고정자권선을 Y로 접속하여 기동함으로써 기동전류를 감소시키고 운전속도에 가까워지면 권선을 △로 변경하여 운전하는 방식
① 5~15[kW] 정도의 농형 유도전동기 기동에 적용 출제 기사 1번
② Y로 기동시 전기자 권선에 가하여 지는 전압은 정격전압의 $1/\sqrt{3}$ 이므로 △ 기동 시에 비해 기동전류는 1/3, 기동 토크도 1/3로 감소한다.
  출제 산업 1번, 기사 1번   출제 산업 2번, 기사 4번

(3) 리액터 기동방법

전동기의 1차측에 직렬로 철심이 든 리액터를 설치하고 그 리액턴스의 값을 조정하여 전동기에 인가되는 전압을 제어함으로써 기동전류 및 토크를 제어 하는 방식

(4) 기동보상기법

3상 단권변압기를 이용하여 전동기에 인가되는 기동전압을 감소시킴으로써 기동전류를 감소시키는 기동방식(3개의 탭(50, 65, 80%)을 용도에 따라 선택한다.)
① 15[kW] 이상의 농형 유도전동기 기동에 적용
② 기동 보상기 2차측 전류 = 기동 전류 × 기동 보상기 탭
③ 기동 보상기 1차측 전류 = 기동 보상기 2차측 전류 / 권수비
　　　　　　　　　　　 = 기동 보상기 2차측 전류 × 기동 보상기 탭

(5) 콘도로퍼법

이 방법은 기동보상기법과 리액터기동 방식을 혼합한 방식으로 기동시에는 단권변압기를 이용하여 기동한 후 단권 변압기의 감전압탭 으로부터 전원으로 접속을 바꿀 때 큰 과도전류가 생기는 경우가 있는데 이 전류를 억제하기 위하여 기동된 후에 리액터를 통하여 운전한 후 일정한 시간 후 리액터를 단락하여 전원으로 접속을 바꾸는 기동방식으로 원활한 기동이 가능하지만 가격이 비싸다는 단점이 있다.

2) 권선형 유도 전동기의 기동법

2차 저항법으로 2차 회로에 가변 저항기를 접속하고 비례 추이의 원리에 의하여 큰 기동 토크를 얻고 기동 전류도 억제한다. 　출제 산업 1번, 기사 3번

3) 이상기동현상

(1) 차동기 운전(크로우링 현상) 　출제 산업 2번, 기사 1번

3상 유도 전동기에서 고조파에 의해 낮은 속도에서 안정상태가 되어 더 이상 가속하지 않는 현상을 차동기운전(crawling)이라 한다.
방지대책으로는 경사슬롯(skewed slot)을 채용한다.

(2) 고조파의 회전자계 방향 및 속도

① 회전 자계 방향

$h=2nm+1$	$h=3n$	$h=2nm-1$
기본파와 같은 방향의 회전 자계 발생 7차, 13차, …	회전자계를 발생하지 않는다. 3차, 9차, …	기본파와 반대 방향의 회전자계 발생 5차, 11차, …
출제 기사 2번	출제 기사 5번	

여기서, h : 고조파 차수, n : 1, 2, 3, …, m : 상수

② 회전속도 = $\dfrac{1}{고주파\ 차수}$

(3) 게르게스 현상

3상 권선형 유도 전동기의 2차 회로가 한 개 단선된 경우 $s=50[\%]$ 부근에서 더 이상 가속되지 않는 현상 　출제 산업 2번

4) 유도 전동기의 제동법

(1) 전기적 제동

① 회생 제동 : 유도 전동기를 유도 발전기로 동작시켜 그 발생 전력을 전원에 반환하면서 제동하는 방법 `출제` 기사 1번

② 발전 제동 : 전동기를 전원으로부터 분리한 후 1차측에 직류전원을 공급하여 발전기로 동작시킨 후 발생된 전력을 저항에서 열로 소비시키는 방법

③ 역전 제동 : 회전중인 전동기의 1차 권선 3단자 중 임의의 2단자의 접속을 바꾸면 역방향의 토크가 발생되어 제동하는 방법으로 이 방법은 급속하게 정지 시키고자 하는 경우에 사용된다. `출제` 산업 3번, 기사 1번

④ 단상 제동 : 권선형 유도전동기의 1차측을 단상교류로 여자하고 2차측에 적당한 크기의 저항을 넣으면 전동기의 회전과는 역방향의 토크가 발생되므로 제동된다.

(2) 기계적 제동

회전 부분과 정지 부분 사이의 마찰을 이용하여 제동하는 방법

11 유도 전동기의 속도제어

1) 극수 변환법

① $N_s = \dfrac{120f}{p}$ 에서 극수 p를 변환시켜 속도를 변환시키는 방법

② 비교적 효율이 좋다.

③ 연속적인 속도제어가 아니라 단계적인 속도제어 방법

2) 주파수 변환법

① 인버터 시스템을 사용하여 $N_s = \dfrac{120f}{p}$ 에서 주파수 f를 변환시켜 속도를 제어하는 방법

② 자속을 일정하게 유지하기 위하여 V_1/f = 일정 `출제` 산업 8번, 기사 1번

③ 선박추진기, 포트모터(방사용 전동기) 등에 사용된다. `출제` 산업 6번, 기사 3번

3) 전원 전압 제어법 `출제` 산업 4번, 기사 4번

유도전동기의 토크가 전압의 자승에 비례하는 성질을 이용하여 부하시에 운전하는 슬립을 변화시키는 방법(선풍기의 속도 제어)

4) 저항 제어법

권선형 유도 전동기에서만 사용할 수 있는 방법으로 2차회로의 저항의 변화에 의한 토크 속도 특성의 비례추이를 응용한 것이다. `출제` 산업 7번, 기사 1번

5) 2차 여자법

유도전동기의 회전자 권선에 2차 기전력 sE_2와 동일 주파수의 전압 E_c를 가해 그 크기를 조절함으로써 속도를 제어하는 방법.

(1) E_c를 2차 기전력과 반대 방향으로 인가

$I_2 = \dfrac{sE_2 - E_c}{r_2}$에서 I_2 및 r_2가 일정하면 $sE_2 - E_c$도 일정하고 E_c를 증가시키면 sE_2도 증가, 즉 슬립 s도 증가하게 되며 반면에 속도는 감소하게 된다.

반대로 E_c를 감소시키면 sE_2도 감소, 즉, 슬립 s도 감소하게 되며 반면에 속도는 증가하게 된다.

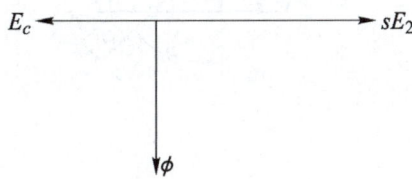

(2) E_c를 2차 기전력과 같은 방향으로 인가

$I_2 = \dfrac{sE_2 + E_c}{r_2}$에서 I_2 및 r_2가 일정하면 $sE_2 + E_c$도 일정하고 E_c를 증가시키면 sE_2는 감소, 즉, 슬립 s도 감소하게 되며 반면에 속도는 증가하게 된다.

반대로 E_c를 감소시키면 sE_2는 증가, 즉, 슬립 s도 증가하게 되며 반면에 속도는 감소하게 된다.

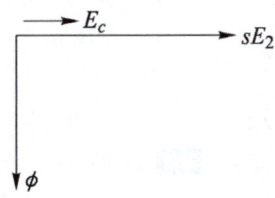

6) 종속 접속법

① 직렬 종속법 : $N = \dfrac{120f}{p_1 + p_2}$ [rpm]

② 차동 종속법 : $N = \dfrac{120f}{p_1 - p_2}$ [rpm]

③ 병렬 종속법 : $N = \dfrac{2 \times 120f}{p_1 + p_2}$ [rpm]

여기서, p_1 : M_1의 극수, p_2 : M_2의 극수

12 유도 전압조정기

1) 단상유도 전압조정기
① 1차 권선 : 회전자
② 2차 권선 : 고정자

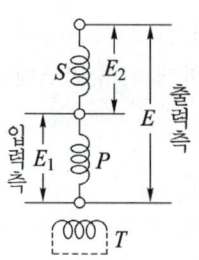 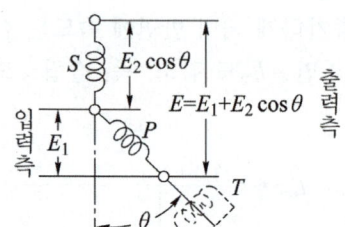

P : 분로 권선
S : 직렬 권선
T : 단락 권선

(1) 원리

분로권선과 직렬권선의 축이 이루는 각 θ가 0일 때 분로권선이 만드는 교번자속 ϕ는 누설자속을 무시하면 모두가 직렬권선과 쇄교하기 때문에 직렬권선의 유도전압은 가장 크며 그 값을 조정전압 E_2[V]라고 하면 출력측 전압

$$E = E_1 + E_2 \cos\theta$$

으로 나타낸다.
따라서 분로권선의 위치를 연속적으로 조정하여 θ를 변화 시키면 출력 측 전압을 연속적으로 조정할 수 있다.

① $\theta = 0°$일 때 : $E = E_1 + E_2$
② $\theta = 90°$일 때 : $E = E_1$
③ $\theta = 180°$일 때 : $E = E_1 - E_2$

(2) 단락권선
① 분로권선과 직각으로 설치
② 직렬권선의 누설 리액턴스를 감소시켜 전압강하를 감소시킨다.

(3) 정격출력

$$P_a = E_2 I_2 \times 10^{-3} [\text{kVA}]$$

(4) 입력 전압과 출력 전압 사이에 위상차가 없다.

2) 3상 유도 전압조정기
① 1차 권선 : 회전자
② 2차 권선 : 고정자

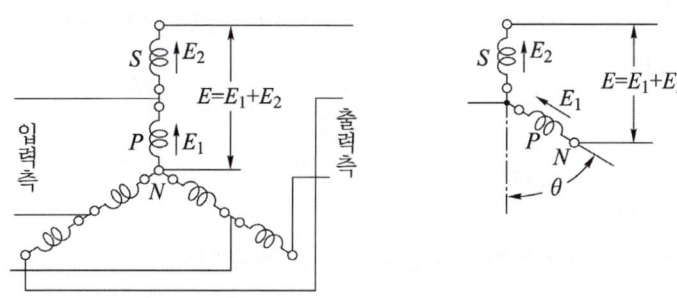

권선형 3상 유도 전동기의 1차 권선 P와 2차 권선 S를 3상 성형 단권변압기와 같이 접속하고 회전자를 구속하고 사용하는 것과 같다.

(1) 원리
분로권선에 3상 전압을 가하면 여자전류가 흐르고 3상 유도전동기와 같이 회전자속이 생긴다. 출제 기사 6번

이 회전자속에 의하여 직렬권선의 1상에 유도되는 기전력을 조정전압이라고 하고 이것을 E_2[V]라고 하면 E_2는 일정한 크기의 회전자속에 의하여 생기는 것이므로 회전자와 고정자와의 관계위치에 관계없이 항상 그 크기는 일정하다. 출제 산업 4번, 기사 1번

그러나 회전자와 고정자의 관계위치의 변화에 따라 분로권선전압 E_1에 대한 E_2의 위상이 변화한다.

$$E = \sqrt{(E_1 + E_2\cos\theta)^2 + (E_2\sin\theta)^2}$$

(2) 단락권선
3상 유도 전압조정기에서는 직렬권선에 의한 기자력은 회전자의 위치에 관계없이 항상 1차 부하전류에 의한 분로권선 기전력에 의해 상쇄되므로 단상에서와 같은 단락권선을 필요로 하지 않는다.

(3) 정격출력
① $V_2 = \sqrt{3}\,(E_1 \pm E_2)$[V] 출제 산업 3번
② $P_a = \sqrt{3}\,E_2 I_2 \times 10^{-3}$[kVA] 출제 산업 11번, 기사 5번

(4) 입력 전압과 출력 전압 사이에 위상차가 있다.

13 - 3상 유도전동기의 시험

1) 부하시험
3상 유도전동기의 특성은 원선도에 의하여 구하는 것이 보통이지만 실부하법이 편리한 경우에는 실부하법을 사용한다.
실부하법으로는

① 전기동력계법
② 프로니브레이크법
③ 손실을 알고 있는 직류발전기를 사용하는 방법 등이 있다.

2) 슬립의 측정 출제 산업 8번, 기사 2번
① 회전계법 : 회전계로 직접 회전수를 측정해서 s를 구하는 방법
② 직류 밀리볼트계법 : 권선형 유도전동기에 사용
③ 수화기법
④ 스트로보스코프

14 - 특수 유도기

1) 2중 농형 유도 전동기 출제 산업 8번, 기사 5번
① 회전자의 농형권선을 내외 이중으로 설치한 것
② 도체
  - 외측도체 : 저항이 높은 황동 또는 동니켈 합금의 도체를 사용
  - 내측도체 : 저항이 낮은 전기동 사용
③ 기동 시에는 저항이 높은 외측 도체로 흐르는 전류에 의해 큰 기동 토크를 얻고 기동완료 후에는 저항이 적은 내측 도체로 전류가 흘러 우수한 운전 특성을 얻는 전동기

2) 디이프슬롯 농형 유도전동기
2차 도체로써 회전자의 반경 방향 길이가 두께에 비하여 대단히 큰 단면으로 된 것을 사용하는 전동기
① 기동 시 : 슬롯 밑 부분에 가까운 도체 부분은 누설 리액턴스가 커 전류는 회전자 표면 부분의 도체에 집중되어(표피효과) 기동특성이 향상되고
② 기동완료 후 : 전류분포는 전 도체에 균일하게 분포
③ 이중농형에 비해 냉각효과가 크다.
④ 2중농형에 비해 기동특성은 떨어지나 운전특성은 우수하다.

3) 유도 발전기

3상 유도 전동기의 고정자를 전원에 접속한 대로 다른 원동기에 의해 회전자를 고정자가 만드는 회전자계의 회전 방향과 같은 방향으로 동기속도 이상으로 회전시키면 슬립 s는 음(-)의 값이 되어 회전자권선은 전동기의 경우와 반대 방향으로 회전자속을 자르고 이때의 유기 기전력 및 전류의 방향은 전동기의 경우와 반대로 되어 발전기가 된다.

(1) 장점   출제 산업 3번, 기사 2번
① 동기발전기와 달리 가격이 싸다.
② 기동과 취급이 간단하며 고장이 적다.
③ 동기발전기와 같이 동기화할 필요가 없으며 난조 등의 이상현상도 생기지 않는다.
④ 단락전류는 동기기에 비해 적으며 지속 시간도 짧다.

(2) 단점
① 병렬로 운전되는 동기기에서 여자전류를 취해야 한다.
② 공극의 치수가 작기때문에 운전시 주의해야 한다.
③ 효율과 역률이 낮다.

4) 유도 주파수 변환기

권선형 전동기를 주파수 f_1의 전원에 연결하고 동기속도 n_s의 회전자속을 만들고 2차측을 개로한 상태에서 회전자에 외력을 가하여 임의의 속도 n으로 회전시키면 슬립링에 나타나는 2차 주파수 f_2는 다음과 같다.

$$f_2 = sf_1 = \frac{n_s - n}{n_s}f_1$$

① 회전자계와 같은 방향으로 회전 : $s < 1$이므로 $f_2 < f_1$인 교류를 얻을 수 있다.
② 회전자계와 반대 방향으로 회전 : $s > 1$이므로 $f_2 > f_1$인 교류를 얻을 수 있다.

5) 셀신장치(지시용 싱크로)

기계적인 각도의 변화를 전기적인 방법으로 먼 거리에 있는 장소에 전달해서 원격지시 원격 측정하는 데 사용되는 장치이다.

(1) 용도
원격신호, 원격제어 등 각 방면에 널리 사용되며 수위계나 발전용 수차 입구 개구도의 원격지시, 자동급탄장치 등에 사용된다.

6) 리니어 모터

회전기의 회전자 접속 방향에 발생하는 전자력을 직선적인 기계 에너지로 변환시키는 장치이다.

(1) 장점
　① 모터 자체의 구조가 간단하여 신뢰성이 높고 보수가 용이하다.
　② 기어, 벨트 등 동력 변환 기구가 필요없고 직접 직선 운동이 얻어진다.
　③ 마찰을 거치지 않고 추진력이 얻어진다.
　④ 원심력에 의한 가속제한이 없고 고속을 쉽게 얻을 수 있다.

(2) 단점
　① 회전형에 비하여 역률, 효율이 낮다.
　② 저속도를 얻기 어렵다.
　③ 부하관성의 영향이 크다.

7) 스텝모터

스텝모터는 디지털 신호에 비례하여 일정 각도만큼 회전하는 모터로 그 총회전각은 입력펄스의 수로, 회전속도는 입력펄스의 빠르기로 쉽게 제어가 가능한 특징이 있다.

(1) 장점
　① 피드백루프가 필요 없어 오픈 루프로 손쉽게 속도 및 위치제어를 할 수 있다.
　② 디지털 신호로 직접제어 할 수 있으므로 별도의 D/A, A/D 컨버터가 필요없다.
　③ 가속, 감속이 용이하며 정·역전 및 변속이 용이하다.
　④ 속도제어 범위가 광범위하며, 초 저속에서 큰 토크를 얻을 수 있다.
　⑤ 위치제어를 할 때 각도오차가 적고 누적되지 않는다.
　⑥ 유지보수가 용이

(2) 단점
　① 분해조립, 또는 정지위치가 한정된다.
　② DC, AC 서보에 비해 효율이 나쁘다.
　③ 큰 관성부하에 적용하기는 부적합하다.
　④ 마찰 부하의 경우 위치오차가 크다(단, 오차가 누적되지는 않는다).
　⑤ 오버슈트 및 진동의 문제가 있고 공진이 일어나면 전체 시스템이 불안정하게 될 수도 있다.
　⑥ 대용량의 대용량기는 제작이 어렵다.

15 단상 유도전동기

단상 유도전동기는 기동방법에 따라 분류된다.

- 분상 기동형(저항 분상, 리액터 분상, 콘덴서 분상)
- 콘덴서 기동형
- 콘덴서 운전형
- 반발 기동형
- 반발 유도형
- 셰이딩 코일형
- 모노사이클릭 기동형

1) 분상 기동형

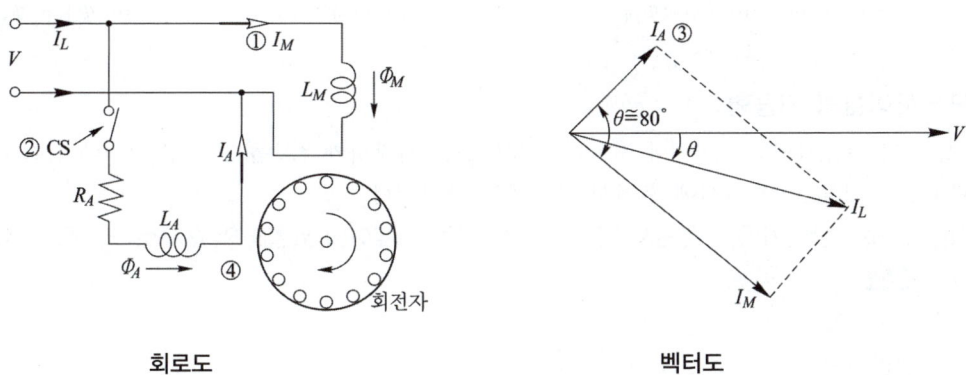

회로도   벡터도

단상 전동기에 보조 권선(기동 권선)을 설치하여 단상 전원에 주권선(운동권선)과 보조 권선에 위상이 다른 전류를 흘려서 불평형 2상 전동기로서 기동하는 방법이다.

2) 반발 기동형

기동시에 반발 전동기로서 기동하고 기동 후 원심력 개폐기로 정류자를 자동적으로 단락하여 농형 회전자로 하는 방법이다.

3) 반발 유도형

농형 권선과 반발형 전동기 권선을 가져서 운전중 그대로 사용한다. 반발 기동형과 비교하면 기동 토크는 반발 유도형이 작지만, 최대 토크는 크고 부하에 의한 속도의 변화는 반발 기동형보다 크다.

4) 셰이딩 코일형

돌극형 자극의 고정자와 농형 회전자로 구성된 전동기로 자극에 슬롯을 만들어서 단락된 셰이딩 코일을 끼워 넣은 것이다. 구조가 간단하나 기동 토크가 매우 작고 효율과 역률이 떨어지며, 회전 방향을 바꿀 수 없는 큰 결점이 있다.

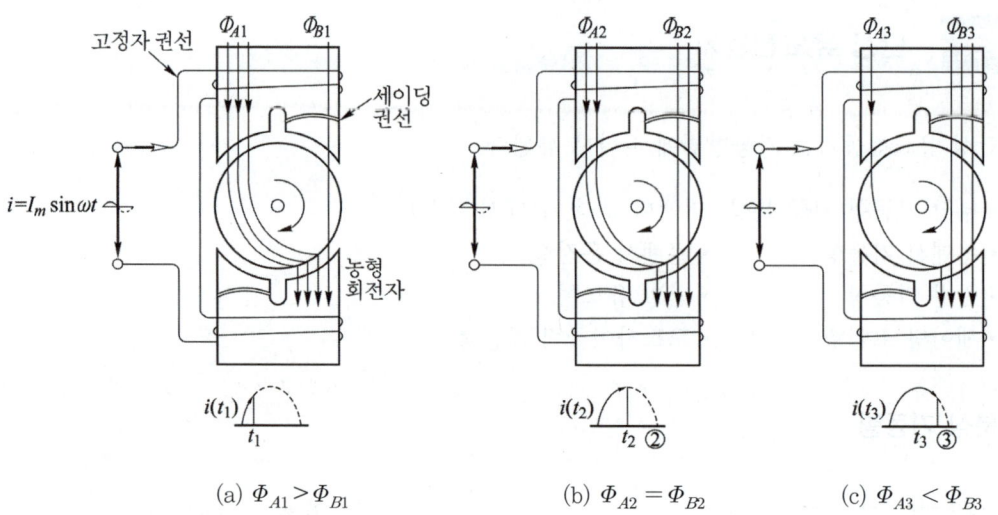

(a) $\Phi_{A1} > \Phi_{B1}$ (b) $\Phi_{A2} = \Phi_{B2}$ (c) $\Phi_{A3} < \Phi_{B3}$

5) 모노사이클릭 기동형

3상 농형 전동기의 3상 권선에 저항과 리액턴스를 적당하게 접속하고 단상 전원에 접속하여 불평형 3상 교류를 각 권선에 흘려서 기동하는 방법이다.

기동 토크는 반발기동 – 콘덴서 기동 – 분상 기동 – 세이딩 코일형의 순서로 크기를 가지고 있다. 　출제　 산업 6번, 기사 4번

CHAPTER 04 출제예상문제_유도기기

유도 전동기의 원리

01 ★★★ 【85. 95. 01. 04. 12. 기사 ㉠ : 05. 기사】
3상 유도 전동기의 회전 방향은 이 전동기에서 발생되는 회전 자계의 회전 방향과 어떤 관계가 있는가?

① 아무 관계도 없다.
② 회전 자계의 회전 방향으로 회전한다.
③ 회전 자계의 반대 방향으로 회전한다.
④ 부하 조건에 따라 정해진다.

해설 대칭 3상 권선에 3상 교류 전압을 공급하여 회전 자계가 발생하면 회전자는 회전 자계보다 느리게 회전 자계와 같은 방향으로 회전한다.

02 ★ 【78. 10. 기사】
유도 전동기로 동기 전동기를 기동하는 경우, 유도 전동기의 극수는 동기기의 그것보다 2극 적은 것을 사용한다. 옳은 이유는? 단, s는 슬립, N_s는 동기속도이다.

① 같은 극수로는 유도기는 동기 속도보다 sN_s만큼 늦으므로
② 같은 극수로는 유도기는 동기 속도보다 $(1-s)$만큼 늦으므로
③ 같은 극수로는 유도기는 동기 속도보다 s만큼 빠르므로
④ 같은 극수로는 유도기는 동기 속도보다 $(1-s)$만큼 빠르므로

해설 유도 전동기의 회전 속도는 $N=(1-s)N_s$이고 동기 속도는 $N_s = \dfrac{120f}{p} = sN_s + (1-s)N_s$이므로 회전 속도는 N_s보다 sN_s만큼 떨어진다.

03 ★★★★★ 【85. 87. 93. 02. 04. 07. 11. 25. 기사, 93. 96. 03. 08. 13. 25. 산업기사】
50[Hz], 슬립 0.2인 경우의 회전자 속도가 600[rpm]일 때에 3상 유도 전동기의 극수는?

① 16   ② 12   ③ 8   ④ 4

해설 $N=(1-s)N_s$에서, $N_s = \dfrac{N}{1-s} = \dfrac{600}{1-0.2} = 750$[rpm]

∴ $p = \dfrac{120f}{N_s} = \dfrac{120 \times 50}{750} = 8$[극]

답 1. ② 2. ① 3. ③

☆ 【85. 산업기사】
04 60[Hz] 8극인 3상 유도 전동기의 전부하에서 회전수가 855[rpm]이다. 이때 슬립은?

① 4[%]   ② 5[%]   ③ 6[%]   ④ 7[%]

[해설] $f=60[Hz]$, $p=8$, $N=855[rpm]$이므로

$$N_s = \frac{120f}{p} = \frac{120 \times 60}{8} = 900[rpm]$$

$$\therefore s = \frac{N_s - N}{N_s} = \frac{900-855}{900} = 0.05 = 5[\%]$$

★★★★ 【98. 85. 기사, 85. 산업기사, ⊕ : 11. 기사, 76. 80. 85. 산업기사】
05 50[Hz], 4극의 유도 전동기의 슬립이 4[%]인 때의 매분 회전수는?

① 1410[rpm]   ② 1440[rpm]   ③ 1470[rpm]   ④ 1500[rpm]

[해설] $N_s = \frac{120f}{p} = \frac{120 \times 50}{4} = 1500[rpm]$

$\therefore N = (1-s)N_s = (1-0.04) \times 1500 = 1440[rpm]$

★ 【03. 기사】
06 8극 60[Hz], 500[kW] 3상 유도 전동기의 전부하 슬립이 2.5[%]라 한다. 이때의 회전수[rps]는?

① 877   ② 900   ③ 14.6   ④ 15

[해설] $n = \frac{2f}{p}(1-s) = \frac{2 \times 60}{8} \times (1-0.025) = 14.625[rps]$

★★★ 【80. 81. 94. 기사】
07 3상 권선형 유도 전동기에서 2차를 개방하고 그림 (a), (b)와 같이 전압을 인가하였을 때의 여자 전류비는?

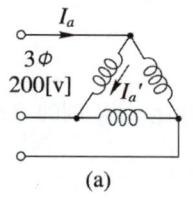
(a)
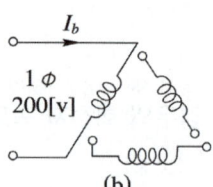
(b)

① $\frac{I_a}{I_b} = \frac{2}{3}$ ② $\frac{I_a}{I_b} = \frac{2}{\sqrt{3}}$ ③ $\frac{I_a}{I_b} = \sqrt{3}$ ④ $\frac{I_a}{I_b} = 2$

[해설] 그림 (a)의 경우 선전류가 흐르며, 그림 (b)의 경우 상전류가 흐른다. 즉, 델타결선에서는 상전류가 선전류에 비하여 $\frac{1}{\sqrt{3}}$ 배로 된다.

[답] 4. ② 5. ② 6. ③ 7. ③

08 200[V], 50[Hz]인 3상 유도 전동기의 1차 권선이 △결선이다. 이것을 200[V], 60[Hz]용으로 하기 위해서 권선은 그대로 하고 접속을 2Y로 변경했다고 하면 자속의 양은 어떻게 변하는가? 단, $\dfrac{\phi_{60}}{\phi_{50}}$으로 계산한다.

① 약 0.962   ② 약 0.942   ③ 약 0.843   ④ 약 0.812

해설 w를 1상의 권선, k_w를 권선 계수라고 하면

$$\phi_{50} = \dfrac{V}{4.44 f k_w w} = \dfrac{200}{4.44 \times 50 \times k_w \times w}$$

$$\phi_{60} = \dfrac{200/\sqrt{3}}{4.44 f k_w w/2} = \dfrac{200 \times 2}{4.44 \times 60 \times \sqrt{3} \times k_w \times w} \quad (\because 2Y이므로)$$

$$\therefore \dfrac{\phi_{60}}{\phi_{50}} = \dfrac{2}{\sqrt{3}} \cdot \dfrac{50}{60} = 0.962$$

09 유도 전동기의 여자 전류(excitation current)는 극수가 많아지면 정격 전류에 대한 비율이 어떻게 되는가?

① 적어진다.   ② 원칙적으로 변화하지 않는다.
③ 거의 변화하지 않는다.   ④ 커진다.

해설 유도 전동기의 자기 회로에는 갭(gap)이 있기 때문에 정격 전류 I_1에 대한 여자 전류 I_0의 비율이 매우 커서, 일반적으로 전부하 전류의 25~50[%]에 이른다. 또한 I_0의 값은 용량이 작은 것일수록 크고, 같은 용량의 전동기에서는 극수가 많을수록 크다. 그리고 I_0의 대부분을 차지하고 있는 자화 전류 I_μ는 $\dfrac{\pi}{2}$ 뒤진 전류이기 때문에 유도 전동기는 역률이 낮고 경부하일 경우에는 더욱 역률은 낮아지게 된다.

유사문제

01. 유도 전동기의 동기 속도를 N_s, 회전 속도를 N이라 하면 슬립(slip)은 어떻게 되는가?

답 $\dfrac{N_s - N}{N_s}$

02. 유도 전동기를 60[Hz], 600[rpm]인 동기 전동기에 직결하여 동기 전동기를 기동하는 경우 유도 전동기의 적당한 극수는?

답 10극

03. 4극, 60[Hz]인 3상 유도기가 1750[rpm]으로 회전하고 있을 때 전원의 b상, c상과를 바꾸면 이때의 슬립은?

답 1.97

8. ①   9. ④

04. 유도 전동기에서 공간적으로 본 고정자에 의한 회전 자계와 회전자에 의한 회전 자계는?
   답 항상 동상으로 회전한다.

05. 주파수 60[Hz]의 유도 전동기가 있다. 전부하에서의 회전수가 매분 1164회이면 극수는? 단, s는 3[%]이다.
   답 6극

06. 공극의 자속 분포가 정현파일 때 최대 자속 밀도를 B_m[Wb/m²], 자극 피치를 τ[m], 도체의 유효 길이를 l[m]라 하면 1극당의 자속 Φ[Wb]은?
   답 $\Phi = l \int_{-\pi/2}^{\pi/2} \frac{\tau}{\pi} B_m \cos\theta \, d\theta = \frac{2}{\pi} B_m \tau l$ [Wb]

07. 200[V], 60[Hz]인 3상 유도 전동기의 1차 권선이 △결선이다. 이것을 Y결선으로 하여 같은 주파수, 전압으로 운전할 때 공극 자속은 대략 △결선 시의 몇 배나 되는가?
   답 0.577배

슬립 s로 운전 시 특성

☆ 【93. 산업기사】
10 유도 전동기의 회전자의 슬립이 s로 회전할 때 2차 주파수를 f_2[Hz], 2차측 유기 전압을 E_2'[V]라 하면 이들과 슬립 s와의 관계는? 단, 1차 주파수를 f라고 함

① $E_2' \propto s$, $E_2 \propto (1-s)$
② $E_2' \propto s$, $f_2 \propto \frac{1}{s}$
③ $E_2' \propto s$, $f_2 \propto \frac{f}{s}$
④ $E_2' \propto s$, $f_2 \propto sf$

해설 $E_2' = sE_2$, $f_2 = sf_1$

★★ 【79. 94. 02. 12. 산업기사】
11 1차 권수 N_1, 2차 권수 N_2, 1차 권선 계수 K_{W1}, 2차 권선 계수 K_{W2}인 유도 전동기가 슬립 s로 운전하는 경우 전압비는?

① $\dfrac{K_{W1}N_1}{K_{W2}N_2}$
② $\dfrac{K_{W2}N_2}{K_{W1}N_1}$
③ $\dfrac{K_{W1}N_1}{sK_{W2}N_2}$
④ $\dfrac{sK_{W1}N_2}{K_{W1}N_1}$

해설 $\dfrac{E_1}{E_2'} = \dfrac{a}{s} = \dfrac{N_1 K_{W1}}{s N_2 K_{W2}}$

답 10. ④ 11. ③

12 회전자가 슬립 s로 회전하고 있을 때 고정자, 회전자의 실효 권수비를 α라 하면, 고정자 기전력 E_1과 회전자 기전력 E_2와의 비는?

① $\dfrac{\alpha}{s}$ ② $s\alpha$ ③ $(1-s)\alpha$ ④ $\dfrac{\alpha}{1-s}$

해설) 정지 시 : $\dfrac{E_1}{E_2}=\alpha$ ∴ $E_2=\dfrac{E_1}{\alpha}$

운전 시 : $E_2{}'=sE_2=\dfrac{sE_1}{\alpha}$ ∴ $\dfrac{E_1}{E_2{}'}=\dfrac{E_1}{sE_1/\alpha}=\dfrac{\alpha}{s}$

13 3상 유도 전동기의 1상에 200[V]를 가하여 운전하고 있을 때 2차측의 전압을 측정하였더니 6[V]로 나타났다. 이때의 슬립은 얼마인가?

① 0.01 ② 0.03 ③ 0.05 ④ 0.07

해설) 2차 유기 기전력을 $E_2{}'$, 정지 시의 2차 유기 기전력을 E_2라 하면 $E_2{}'=sE_2$

∴ $s=\dfrac{E_2{}'}{E_2}=\dfrac{6}{200}=0.03$

14 그림에서 고정자가 매초 50 회전하고, 회전자가 45회전하고 있을 때 회전자의 도체에 유기되는 기전력의 주파수[Hz]는?

① $f=45$ ② $f=95$
③ $f=5$ ④ $f=50$

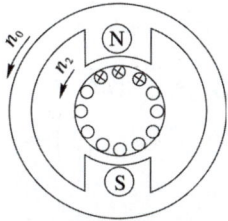

$n_0 = 50$ [rps]
$n_2 = 45$ [rps]

해설) $s=\dfrac{n_0-n_2}{n_0}=\dfrac{50-45}{50}=0.1$

∴ $f_2=sf_1=0.1\times50=5[\text{Hz}]$

15 정지 시에 있어서의 회전자 상기전력이 100[V], 60[Hz] 6극 3상 권선형 유도 전동기가 있다. 회전자 기전력과 동일 주파수 및 동일 위상의 20[V] 상전압을 회전자에 공급하면 무부하 속도[rpm]는?

① 1920 ② 1440 ③ 1350 ④ 960

해설) $E_2{}'=sE_2=s\times100=20[\text{V}]$

$s=E_2{}'/E_2=\dfrac{20}{100}=0.2$

$N=(1-s)N_s=(1-0.2)\dfrac{120\times60}{6}=960[\text{rpm}]$

12. ① 13. ② 14. ③ 15. ④

16 6극, 3상 유도 전동기가 있다. 회전자도 3상이며 회전자 정지시의 1상의 전압은 200[V]이다. 전부하시의 속도가 1152[rpm]이면 2차 1상의 전압은 몇 [V]인가? 단, 1차 주파수는 60[Hz]이다.

① 8.0　　　② 8.3　　　③ 11.5　　　④ 23.0

해설 $N_s = \dfrac{120 \times 60}{6} = 1200[\text{rpm}]$, $s = \dfrac{1200-1152}{1200} = 0.04$

∴ $E_2' = sE_2 = 0.04 \times 200 = 8[\text{V}]$

17 6극 60[Hz], 200[V], 7.5[kW]의 3상 유도 전동기가 960[rpm]으로 회전하고 있을 때 회전자 전류의 주파수[Hz]는?

① 8　　　② 10　　　③ 12　　　④ 14

해설 $N_s = \dfrac{120f}{P} = \dfrac{120 \times 60}{6} = 1200[\text{rpm}]$, $s = \dfrac{N_s - N}{N_s} = \dfrac{1200-960}{1200} = 0.2$

∴ $f_2 = sf_1 = 0.2 \times 60 = 12[\text{Hz}]$

18 220[V], 3상 유도 전동기의 전부하 슬립이 4[%]이다. 공급 전압이 10[%] 저하된 경우의 전부하 슬립[%]은?

① 4　　　② 5　　　③ 6　　　④ 7

해설 공급 전압이 10[%] 저하된 경우의 전부하 슬립을 s'라 하면

$s' = s \times \left(\dfrac{V_1}{V_1'}\right)^2 = s \times \left(\dfrac{V_1}{V_1 \times 0.9}\right)^2 = 0.04 \times \left(\dfrac{220}{220 \times 0.9}\right)^2 = 0.05 = 5[\%]$

유사문제

01. 60[Hz], 6극인 권선형 유도 전동기의 2차 유도 전압이 정지 시에 1000[V]라 한다. 슬립 3[%]일 때의 2차 전압은 몇 [V]인가?

답 $E_2' = sE_2 = 0.03 \times 1000 = 30[\text{V}]$

02. 10극, 50[Hz] 3상 유도 전동기가 있다. 회전자도 3상이고 회전자가 정지할 때 2차 1상간의 전압이 150[V]이다. 이것을 회전 자계와 같은 방향으로 400[rpm]으로 회전시킬 때 2차 전압[V]은?

답 $E_2' = sE_2 = 0.333 \times 150 = 49.95[\text{V}]$

03. 10극, 3상 유도 전동기가 있다. 회전자도 3상이고, 정지시의 2차 1상의 전압이 150[V]이다. 이 회전자를 회전 자계와 반대 방향으로 400[rpm] 회전시키면 2차 전압[V]은 약 얼마인가? 단, 1차 전원 주파수는 50[Hz]이다.

답 $E_2' = sE_2 = 1.667 \times 150 = 250[\text{V}]$

답 16. ①　17. ③　18. ②

04. 4극, 50[Hz]의 3상 유도 전동기가 1410[rpm]으로 회전하고 있을 때 회전자 전류의 주파수[Hz]는?

📖 $f_2 = sf_1 = 0.06 \times 50 = 3[\text{Hz}]$

05. 4극 60[Hz]의 3상 유도 전동기가 있다. 1725[rpm]으로 회전하고 있을 때 2차 기전력의 주파수[Hz]는?

📖 $f_2 = sf_1 = 0.0417 \times 60 = 2.5[\text{Hz}]$

06. 380[V], 3상 유도 전동기의 전부하 슬립이 3[%]이다. 공급 전압이 20[%] 저하했을 때의 전부하 슬립[%]은 약 얼마인가?

📖 $s' = s \times \left(\dfrac{V}{V'}\right)^2 = 0.03 \times \left(\dfrac{380}{380 \times 0.8}\right)^2 = 0.03 \times (1.25)^2 = 0.0468 ≒ 4.7[\%]$

07. 슬립 4[%]인 유도 전동기의 정지 시 2차 1상의 전압이 150[V]이면 운전 시 2차 1상 전압[V]은?

📖 6[V]

08. 220[V], 3상 4극, 60[Hz]인 3상 유도 전동기가 정격 전압 주파수에서 최대 회전력을 내는 슬립은 16[%]이다. 지금 200[V], 50[Hz]로 사용할 때의 최대 회전력 발생 슬립은 몇 [%]가 되는가?

📖 19.2[%]

등가회로

19 ★★ 【76. 78. 81. 96. 산업기사】

3300[V], 60[Hz]인 Y결선의 3상 유도 전동기가 있다. 철손을 1020[W]라 하면 1상의 여자 컨덕턴스[℧]는?

① 56.1×10^{-5} ② 18.7×10^{-5} ③ 9.37×10^{-5} ④ 6.12×10^{-5}

해설, 여자 컨덕턴스 g_0는 $g_0 = \dfrac{P_i}{3V_1^2} = \dfrac{1020}{3 \times \left(\dfrac{3300}{\sqrt{3}}\right)^2} ≒ 9.37 \times 10^{-5}[\text{℧}]$

20 ★★★★ 【83. 01. 기사, 67. 80. 94. 97. 03. 산업기사】

권선형 유도 전동기의 슬립 s에 있어서의 2차 전류는? 단, E_2, X_2는 전동기 정지 시의 2차 유기 전압과 2차 리액턴스로 하고 R_2는 2차 저항으로 한다.

① $\dfrac{E_2}{\sqrt{(R_2/s)^2 + X_2^2}}$ ② $sE_2 / \sqrt{R_2^2 + \dfrac{X_2^2}{s}}$

③ $E_2 / \left(\dfrac{R_2}{1-s}\right)^2 + X_2$ ④ $E_2 / \sqrt{(sR_2)^2 + X_2^2}$

📖 19. ③ 20. ①

해설 $I_2 = \dfrac{sE_2}{\sqrt{R_2^2 + (sX_2)^2}} = \dfrac{E_2}{\sqrt{\left(\dfrac{R_2}{s}\right)^2 + X_2^2}}$

21 ★☆ 【81. 83. 92. 산업기사】
다상 유도 전동기의 등가 회로에서 기계적 출력을 나타내는 정수는?

① $\dfrac{r_2'}{s}$ ② $(1-s)r_2'$ ③ $\dfrac{s-1}{s}r_2'$ ④ $\left(\dfrac{1}{s}-1\right)r_2'$

해설 슬립 s일 때의 회전자 전류 I_2'는
$$I_2' = \dfrac{sE_2'}{\sqrt{r_2'^2 + (sx_2')^2}} = \dfrac{E_2'}{\sqrt{\left(\dfrac{r_2'}{s}\right)^2 + x_2'^2}}$$

$\cos\theta_2 = \dfrac{\dfrac{r_2'}{s}}{\sqrt{\left(\dfrac{r_2'}{s}\right)^2 + x_2'^2}}$, 2차 동손 $P_{c2} = (I_2')^2 r_2$

회전자 입력 $P_2 = E_2' I_2' \cos\theta_2 = I_2'^2 \dfrac{r_2'}{s}$

∴ 출력 $P = P_2 - I_2'^2 r_2' = I_2'^2 \left(\dfrac{r_2'}{s} - r_2'\right) = I_2'^2 r_2' \dfrac{1-s}{s} = I_2'^2 r_2' \left(\dfrac{1}{s}-1\right)$

22 ★☆ 【82. 95. 00. 산업기사】
220[V], 6극, 60[Hz], 10[kW]인 3상 유도 전동기의 회전자 1상의 저항은 0.1[Ω], 리액턴스는 0.5[Ω]이다. 정격 전압을 가했을 때 슬립이 4[%]이었다. 회전자 전류[A]는 얼마인가? 단, 고정자와 회전자는 3각 결선으로서 각각 권수는 300회와 150회이며 각 권선 계수는 같다.

① 27 ② 36 ③ 43 ④ 52

해설 $k_{w1} = k_{w2}$라 하면
권수비 : $a = \dfrac{w_1}{w_2} = \dfrac{300}{150} = 2$

2차 유기 전압 : $E_2 = \dfrac{E_2'}{a} ≒ \dfrac{V_1}{a} = \dfrac{220}{2} = 110[V]$

∴ 회전자 전류 : $I_2 = \dfrac{sE_2}{\sqrt{r_2^2 + (sx_2)^2}} = \dfrac{0.04 \times 110}{\sqrt{0.1^2 + (0.04 \times 0.5)^2}} = 43[A]$

23 ★★★ 【79. 기사, 85. 98. 00. 01. 03. 산업기사】
2차 저항 0.02[Ω], $s=1$에서 2차 리액턴스 0.05[Ω]인 3상 유도 전동기가 있다. 이 전동기의 슬립이 5[%]일 때, 1차 부하 전류가 12[A]라면, 그 기계적 출력[kW]은? 단, 권수비 $a=10$, 상수비 $m=1$이다.

① 12.5 ② 13.7 ③ 15.6 ④ 16.4

답 21. ④ 22. ③ 23. ④

해설 $r_2 = 0.02[\Omega]$이므로 $r_2' = a^2mr_2 = 10^2 \times 1 \times 0.02 = 2[\Omega]$
기계적 출력을 대표하는 부하 저항의 1차 환산값 R'은
$R' = \dfrac{1-s}{s}r_2' = \dfrac{1-0.05}{0.05} \times 2 = 38[\Omega]$
$\therefore P = 3(I_1')^2 R' = 3 \times 12^2 \times 38 = 16,416[W] = 16.4[kW]$

유도 전동기의 등가변환

24 ★ 【83. 기사】
3상 유도기에서 출력의 변환식이 맞는 것은?

① $P_0 = P_2 - P_{2c} = P_2 - sP_2 = \dfrac{N}{N_s}P_2 = (1-s)P_2$

② $P_0 = P_2 + P_{2c} = P_2 + sP_2 = \dfrac{N_s}{N}P_2 = (1+s)P_2$

③ $P_0 = P_2 + P_{2c} = \dfrac{N}{N_s}P_2 = (1-s)P_2$

④ $(1-s)P_2 = \dfrac{N}{N_s}P_2 = P_0 - P_{2c} = P_0 - sP_2$

해설 2차 효율 $\eta_2 = \dfrac{P_0}{P_2} = (1-s) = \dfrac{N}{N_s}$ 이므로
$\therefore P_0 = P_2 - P_{2c} = P_2 - sP_2 = \dfrac{N}{N_s}P_2 = (1-s)P_2$

25 ★★ 【94. 03. 12. 기사】
3상 유도 전동기의 회전자 입력 P_2, 슬립 s이면 2차 동손은?

① $(1-s)P_2$ ② P_2/s ③ $(1-s)P_2/s$ ④ sP_2

해설 $P_2 = I_2^2 \cdot \dfrac{r_2}{s} = \dfrac{P_c}{s}$ $\therefore s = \dfrac{P_c}{P_2}$ 또는 $P_c = sP_2$

26 ★☆ 【82. 88. 00. 산업기사】
그림은 3상 유도 전동기의 1차에 환산한 1상당 등가 회로이다. 2차 저항은 $r_2 = 0.02$, 2차 리액턴스 $x_2 = 0.06[\Omega]$이다. 슬립 5[%]일 때 등가 부하 저항 R'의 값[Ω]은? 단, 권수비 $\alpha = 4$, 상수비 $\beta = 1$이다.

① 4.23
② 6.08
③ 7.25
④ 8.22

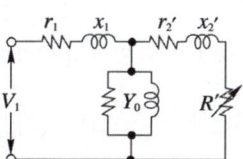

답 24. ① 25. ④ 26. ②

해설 $R' = \dfrac{1-s}{s}r_2' = \dfrac{1-s}{s}(\alpha^2\beta r_2) = \dfrac{1-0.05}{0.05}\times(4^2\times 0.02) = 6.08[\Omega]$

★ 【92. 03. 기사】
27 15[kW], 60[Hz], 4극의 3상 유도 전동기가 있다. 전부하가 걸렸을 때의 슬립이 4[%]라면 이 때의 2차(회전자) 측 동손 및 2차 입력은?

① 0.4[kW], 136[kW]　　② 0.62[kW], 15.6[kW]
③ 0.06[kW], 156[kW]　　④ 0.8[kW], 13.6[kW]

해설 $P_0 = (1-s)P_2$에서
$P_2 = \dfrac{P}{1-s} = \dfrac{15}{1-0.04} = 15.625[kW]$
$P_{c2} = sP_2 = 0.04\times 15.625 = 0.625[kW]$

★★ 【92. 99. 10. 기사】
28 정격 출력이 7.5[kW]의 3상 유도 전동기가 전부하 운전에서 2차 저항손이 300[W]이다. 슬립은 약 몇 [%]인가?

① 18.9　　② 4.85　　③ 23.6　　④ 3.85

해설 $P_2 = P + P_{c2} = 7500 + 300 = 7800[W]$
$s = \dfrac{P_{c2}}{P_2}\times 100 = \dfrac{300}{7800}\times 100 ≒ 3.85[\%]$

★★★★ 【76. 78. 84. 87. 88. 94. 기사, ⊕ : 86. 기사, 86. 92. 산업기사】
29 3상 유도 전동기의 출력이 10[kW], 슬립이 4.8[%]일 때의 2차 동손[kW]은?

① 0.4　　② 0.45　　③ 0.5　　④ 0.55

해설 2차 입력 : P_2, 출력 : P, 2차 동손 : P_{c2}라 하면
$P_2 = \dfrac{P}{1-s} = \dfrac{10}{1-0.048} = 10.5[kW]$
∴ $P_{c2} = sP_2 = 0.048\times 10.5 = 0.5[kW]$
또는 $P_{c2} = P_2 - P = 10.5 - 10 = 0.5[kW]$

★★★★★ 【93. 96. 98. 99. 01. 기사, 90. 98. 03. 산업기사】
30 3000[V], 60[Hz], 8극, 100[kW]의 3상 유도 전동기가 있다. 전부하에서 2차 동손이 3.0[kW], 기계손이 2.0[kW]라고 한다. 전부하 회전수[rpm]를 구하면?

① 674　　② 774　　③ 874　　④ 974

해설 $P_2 = P + P_m + P_{c2} = 100 + 2.0 + 3.0 = 105[kW]$, $s = \dfrac{P_{c2}}{P_2} = \dfrac{3.0}{105} = \dfrac{1}{35}$
∴ $N = (1-s)N_s = \left(1-\dfrac{1}{35}\right)\times\dfrac{120\times 60}{8} = 874[rpm]$

답 27. ②　28. ④　29. ③　30. ③

31 15[kW] 3상 유도 전동기의 기계손이 350[W], 전부하 시의 슬립이 3[%]이다. 전부하 시의 2차 동손[W]은?

① 395 ② 411 ③ 475 ④ 524

해설 $P_2 : P : P_{c2} = 1 : (1-s) : s$

$\therefore P_{c2} = sP_2 = \frac{s}{1-s}P = \frac{s}{1-s}(P_k + P_m) = \frac{0.03}{1-0.03}(15{,}000 + 350) = 475[W]$

(단, P_k : 전동기 출력, P_m : 기계손)

32 정격 출력 50[kW]의 정격 전압 220[V], 주파수 60[Hz], 극수 4의 3상 유도 전동기가 있다. 이 전동기가 전부하에서 슬립 $s = 0.04$, 효율 90[%]로 운전하고 있을 때 다음과 같은 값을 갖는다. 이 중 틀린 것은?

① 1차 입력=55.56[kW] ② 2차 효율=96[%]
③ 회전자 입력=47.9[kW] ④ 회전자 동손=2.08[kW]

해설 1차 입력 $P_1 = \frac{P_0}{\eta} = \frac{50}{0.9} = 55.56[kW]$

2차 효율 $\eta_2 = (1-s) = 1 - 0.04 = 0.96 = 96[\%]$

회전자 입력 $P_2 = \frac{1}{1-s}P_0 = \frac{1}{1-0.04} \times 50 = 52.08[kW]$

회전자 동손 $P_{c2} = sP_2 = \frac{s}{1-s}P_0 = \frac{0.04}{1-0.04} \times 50 = 2.08[kW]$

또는 $P_{c2} = sP_2 = 0.04 \times 52.08 = 2.08[kW]$

33 동기 각속도 ω_0, 회전자 각속도 ω인 유도 전동기의 2차 효율은?

① $\frac{\omega_0 - \omega}{\omega}$ ② $\frac{\omega_0 - \omega}{\omega_0}$ ③ $\frac{\omega_0}{\omega}$ ④ $\frac{\omega}{\omega_0}$

해설 $\eta_2 = \frac{P}{P_2} = \frac{(1-s)P_2}{P_2} = \frac{n}{n_0} = \frac{\omega}{\omega_0}$

34 3상 유도 전동기가 슬립 s의 상태로 운전하고 있을 때 2차 (가)에 대한 2차 (나)손의 비는 (다)와 같고, 또한 (라)는 $(1-s)$에 해당한다. 괄호 안에 알맞은 말은?

① (가) 출력, (나) 동, (다) $1-s$, (라) 2차 입력
② (가) 입력, (나) 동, (다) s, (라) 2차 효율
③ (가) 출력, (나) 철, (다) $1-s$, (라) 2차 효율
④ (가) 입력, (나) 동, (다) s, (라) 동기 와트

답 31. ③ 32. ③ 33. ④ 34. ②

해설 $P_{c2} = sP_2$, $s = \dfrac{P_{c2}}{P_2}$, $\eta_2 = \dfrac{P_0}{P} = \dfrac{n}{n_s} = 1-s = \dfrac{\omega}{\omega_s}$

35 ★★ 【81. 82. 83. 94. 산업기사 ⊕ : 05 산업기사】
4극, 7.5[kW], 200[V], 60[Hz]인 3상 유도 전동기가 있다. 전부하에서의 2차 입력이 7950[W]이다. 이 경우의 슬립을 구하면? 단, 기계손은 130[W]이다.

① 0.04 ② 0.05 ③ 0.06 ④ 0.07

해설 2차 출력 : $P_k = 7500 + 130 = 7630[W]$
2차 동손 : $P_{c2} = P_2 - P_k = 7950 - 7630 = 320[W]$
∴ 슬립 $s = \dfrac{P_{c2}}{P_2} = \dfrac{320}{7950} = 0.04 = 4[\%]$

또한 2차 효율
$\eta_2 = \dfrac{P_k}{P_2} = \dfrac{7630}{7950} = 0.96 = 96[\%]$

36 ★★ 【88. 05. 12. 18. 기사】
3상 유도 전동기가 있다. 슬립 $s[\%]$일 때 2차 효율은 얼마인가?

① $1-s$ ② $2-s$ ③ $3-s$ ④ $4-s$

해설 $\eta_2 = \dfrac{P}{P_2} = \dfrac{(1-s)P_2}{P_2} = 1-s = \dfrac{N}{N_s}$

유사문제

‖ 유사문제 원문 및 해설 : 동일출판사 홈페이지≫고객센터≫자료실

01. 유도 전동기의 2차 동손, 2차 입력, 슬립을 각각 P_c, P_2, s라 하면 관계식은?
답 $P_c = sP_2$

02. 60[Hz], 200[V], 7.5[kW]인 3상 유도 전동기의 전부하 시 회전자 동손이 0.485[kW], 기계손이 0.404[kW]일 때 슬립은 몇 [%]인가?
답 $s = \dfrac{P_{c2}}{P_2} \times 100 = \dfrac{0.485}{8.389} = 0.058 = 5.8[\%]$

03. 3상 유도 전동기의 입력이 60[kW]이고, 고정자 철손이 1[kW]일 때 3[%] 슬립으로 회전하고 있다면 기계적 출력[kW]과 1상의 회전자 동손[kW/상]은 얼마인가?
답 57.2[kW], 0.59[kW/상]

04. 6극, 1000[kW], 3000[V], 50[Hz]인 농형 유도 전동기의 전부하시의 회전수[rpm]를 구하면? 단, 구속 시험에 있어서 1000[kW]의 유효 전류를 1차에 흘렸을 때의 입력은 16[kW]로서 그 때의 1차 1상의 저항은 0.081[Ω]이다.
답 $N = (1-s)N_s = (1-0.007) \times 1000 = 993[rpm]$

답 35. ① 36. ①

05. 60[Hz], 4극, 3상 유도 전동기의 2차 효율이 0.95일 때 회전 속도[rpm]는? 단, 기계손은 무시한다.

🖺 1710[rpm]

06. 15[kW], 380[V], 60[Hz]의 3상 유도 전동기가 있다. 이 전동기의 전부하 때의 2차 입력은 15.5[kW]라 한다. 이 경우의 2차 효율[%]은?

🖺 $\eta_2 = 1 - s = 1 - 0.0323 = 0.9672 = 96.72[\%]$

07. 60[Hz], 8극 15[HP]인 3상 유도 전동기가 855[rpm]으로 회전하면 회전자 동손[W]과 회전자 효율 [%]은 얼마인가? 단, 기계손은 무시한다.

🖺 589[W], 95[%]

08. 유도 전동기에 있어서 2차 입력 P_2, 출력 P_0, 슬립(slip) s 및 2차 동손 P_{c2}와의 관계를 선정하면?

🖺 $P_2 : P_0 : P_{c2} = 1 : (1-s) : s$

09. 3상 권선형 유도 전동기에서 1차와 2차간의 상수비, 권수비가 β, α이고 2차 전류가 I_2일 때 1차 1상으로 환산한 I_2'는?

🖺 $\dfrac{I_2'}{I_2} = \dfrac{m_2}{m_1} \cdot \dfrac{N_2 k_{w2}}{N_1 k_{w1}} = \dfrac{1}{\beta\alpha}$

10. 200[V], 50[Hz], 8극 15[kW]의 3상 유도 전동기의 전부하 회전수가 720[rpm]이면 이 전동기의 2차 동손[W]은?

🖺 625[W]

11. 슬립 6[%]인 유도 전동기의 2차측 효율[%]은?

🖺 94[%]

12. 200[V], 60[Hz], 4극 20[kW]의 3상 유도 전동기가 있다. 전부하일 때의 회전수가 1728[rpm]이라 하면 2차 효율[%]은?

🖺 96[%]

13. 50[Hz], 12극의 3상 유도 전동기가 정격 전압으로 정격 출력 10[HP]를 발생하며 회전하고 있다. 이때의 회전수는 몇 [rpm]인가? 단, 회전자 동손은 350[W], 회전자 입력은 출력과 회전자 동손과 합이다.

🖺 478[rpm]

14. 220[V], 50[Hz], 8극, 15[kW]의 3상 유도 전동기가 있다. 전부하 회전수가 720[rpm]이면 이 전동 기의 2차 동손과 2차 효율은 약 얼마인가?

🖺 625[W], 96[%]

토크

37 3상 유도 전동기를 불평형 전압으로 운전하면 토크와 입력과의 관계는?

① 토크는 증가하고 입력은 감소 ② 토크는 증가하고 입력도 증가
③ 토크는 감소하고 입력은 증가 ④ 토크는 감소하고 입력도 감소

해설 전압이 불평형이 되면 불평형 전류가 흘러 전류는 증가하나 토크는 감소한다.

38 3상 유도 전동기에서 $s=1$일 때의 2차 유기 기전력을 E_2[V], 2차 1상의 리액턴스를 x_2 [Ω], 저항을 r_2[Ω], 슬립을 s, 비례 상수를 K_0라고 하면 토크는?

① $K_0 \dfrac{E_2^2}{r_2^2 + x_2^2}$ ② $K_0 \dfrac{sE_2^2 r_2}{r_2^2 + sx_2^2}$

③ $K_0 \dfrac{E_2^2 + r_2}{r_2^2 + (sx_2)^2}$ ④ $K_0 \dfrac{sE_2^2 r_2}{r_2^2 + (sx_2)^2}$

해설 $\tau = K_0 \dfrac{sE_2^2 r_2}{r_2^2 + (sx_2)^2} = K_0 E_2^2 \dfrac{r_2}{\dfrac{r_2^2}{s} + sx_2^2}$ 에서 E_2, r_2, x_2는 일정하므로

$\dfrac{r_2^2}{s} = sx_2^2$, $r_2 = sx_2$일 때 최대 토크 τ_m이 된다.
$r_2 = sx_2$를 위 식에 대입하면

$\therefore \tau_m = K_0 \dfrac{sE_2^2 r_2}{r_2^2 + (sx_2)^2} = K_0 \dfrac{E_2^2 s^2 x_2}{2s^2 x_2^2} = K_0 \dfrac{E_2^2}{2x_2}$

39 3상 유도 전동기의 전압이 10[%] 낮아졌을 때 기동 토크는 약 몇 [%] 감소하는가?

① 5   ② 10   ③ 20   ④ 30

해설 기동 토크는 전압의 2승에 비례하므로 토크는 $(1-0.1)^2 = 0.81$로 저하한다.
따라서 $1-0.81 ≒ 0.2$, 즉 20[%] 감소한다.

40 유도 전동기의 회전력은?

① 단자 전압에 무관 ② 단자 전압에 비례
③ 단자 전압의 $\dfrac{1}{2}$승에 비례 ④ 단자 전압의 2승에 비례

해설 $T \propto k\Phi I_2$, $\Phi \propto V_1$ 또는 $I_2 \propto V_1$ $\therefore T \propto k V_1^2$

답 37. ③ 38. ④ 39. ③ 40. ④

41 극수 p인 3상 유도 전동기가 주파수 f[Hz], 슬립 s, 토크 T[N·m]로 회전하고 있을 때 기계적 출력[W]은?

① $T \cdot \dfrac{4\pi f}{p}(1-s)$ ② $T \cdot \dfrac{4pf}{\pi}(1-s)$

③ $T \cdot \dfrac{4\pi f}{p}s$ ④ $T \cdot \dfrac{\pi f}{2p}(1-s)$

해설 $P = T\omega$

$n = \dfrac{2f}{p}(1-s)$[rps] (여기서, p는 극수)

$\omega = 2\pi n = \dfrac{4\pi f}{p}(1-s)$[rad/s]

∴ $P = T\omega = T \cdot \dfrac{4\pi f}{p}(1-s)$[W]

42 3상 유도 전동기에서 동기 와트로 표시되는 것은?

① 토크 ② 동기 각속도 ③ 1차 입력 ④ 2차 출력

해설 슬립 s, 토크 T를 발생하며 회전하는 유도 전동기가 같은 토크 T를 발생하며 동기 속도로 회전하는 것으로 가정하는 때의 출력 P_2를 말한다. 2차 입력(동기 와트) P_2, 회전 각속도 ω, 동기 각속도 ω_s라 하면

$T = \dfrac{P}{\omega} = \dfrac{P_2(1-s)}{\omega_s(1-s)} = \dfrac{P_2}{\omega_s}$ ∴ $P_2 = \omega_s T$ [동기 와트]

43 유도 전동기의 특성에서 토크 τ와 2차 입력 P_2, 동기 속도 n_s의 관계는?

① 토크는 2차 입력에 비례하고, 동기 속도에 반비례한다.
② 토크는 2차 입력과 동기 속도의 곱에 비례한다.
③ 토크는 2차 입력에 반비례하고, 동기 속도에 비례한다.
④ 토크는 2차 입력의 자승에 비례하고, 동기 속도의 자승에 반비례한다.

해설 $\tau = \dfrac{P_2}{2\pi n_s}$ 즉, P_2에 비례하고 n_s에 반비례한다.

44 50[Hz], 4극 20[kW]인 3상 유도 전동기가 있다. 전부하 시의 회전수가 1450[rpm]이라면 발생 토크는 몇 [kg·m]인가?

① 약 13.45 ② 약 11.25 ③ 약 10.02 ④ 약 8.75

해설 $T = \dfrac{P}{9.8\omega} = \dfrac{P}{9.8 \times 2\pi \dfrac{N}{60}} = 0.975 \times \dfrac{P}{N} = 0.975 \times \dfrac{20 \times 10^3}{1450} = 13.45$[kg·m]

답 41. ① 42. ① 43. ① 44. ①

45 4극 60[Hz]의 3상 유도 전동기에서 1[kW]의 동기 와트 토크(synchronous watt torque)는 몇 [kg·m]인가?

① 0.54　　② 0.50　　③ 0.48　　④ 0.46

해설

$$N_s = \frac{120f}{p} = \frac{120 \times 60}{4} = 1800[\text{rpm}]$$

$$\therefore T = 0.975 \frac{P}{N} = 0.975 \times \frac{1 \times 10^3}{1800} = 0.5417[\text{kg}\cdot\text{m}]$$

46 20[HP], 4극 60[Hz]인 3상 유도 전동기가 있다. 전부하 슬립이 4[%]이다. 전부하 시의 토크 [kg·m]는? 단, 1[HP]은 746[W]이다.

① 8.41　　② 9.41　　③ 10.41　　④ 11.41

해설

$$N_s = \frac{120f}{p} = \frac{120 \times 60}{4} = 1800[\text{rpm}]$$

$$N = (1-s)N_s = (1-0.04) \times 1800 = 1728[\text{rpm}]$$

$$P = 20 \times 746 = 14920[\text{W}]$$

$$\therefore T = 0.975 \times \frac{P}{N} = 0.975 \times \frac{14920}{1728} = 8.41[\text{kg}\cdot\text{m}]$$

47 4극 60[Hz]의 유도 전동기가 슬립 5[%]로 전부하 운전하고 있을 때 2차 권선의 손실이 94.25[W]라고 하면 토크[N·m]는?

① 1.02　　② 2.04　　③ 10.00　　④ 20.00

해설

$$N_s = \frac{120f}{p} = \frac{120 \times 60}{4} = 1800[\text{rpm}]$$

$$P_2 = \frac{P_{c2}}{s} = \frac{94.25}{0.05} = 1885[\text{W}]$$

$$\therefore \tau = 0.975 \frac{P_2}{N_s} \times 9.8 = 0.975 \times \frac{1885}{1800} \times 9.8 = 10[\text{N}\cdot\text{m}]$$

48 60[Hz], 20극 11400[W]의 유도 전동기가 슬립 5[%]로 운전될 때 2차의 동손이 600[W]이다. 이 전동기의 전부하 시의 토크는 약 몇 [kg·m]인가?

① 25　　② 28.5　　③ 43.5　　④ 32.5

해설

$$P_2 = 출력 + 동손 = 11400 + 600 = 12000[\text{W}]$$

$$N_s = \frac{120f}{p} = \frac{120 \times 60}{20} = 360[\text{rpm}]$$

$$T = \frac{P_2}{9.8\omega_s} = \frac{1}{9.8} \times \frac{60}{2\pi} \times \frac{P_2}{N_s} = 0.975 \times \frac{12000}{360} \fallingdotseq 32.5[\text{kg}\cdot\text{m}]$$

답　45. ①　46. ①　47. ③　48. ④

49 ★★★★ 【84. 92. 01. 기사, 16. 산업기사, ㉮ : 91. 기사】

8극 60[Hz]의 유도 전동기가 부하를 걸고 864[rpm]으로 회전할 때 54.134[kg·m]의 토크를 내고 있다. 이때의 동기 와트[kW]는?

① 약 48 ② 약 50 ③ 약 52 ④ 약 54

해설
$$N_s = \frac{120f}{p} = \frac{120 \times 60}{8} = 900[\text{rpm}]$$
$$T = 0.975 \frac{P}{N} = 0.975 \frac{P_2}{N_s}[\text{kg}\cdot\text{m}]$$이므로
$$\therefore P_2 = 1.026 N_s T = 1.026 \times 900 \times 54.134 \times 10^{-3} = 49.99[\text{kW}]$$

50 ★★★ 【88. 98. 03. 기사, 82. 98. 산업기사】

전동기 축의 벨트 축 지름이 28[cm], 1140[rpm]에서 20[kW]를 전달하고 있다. 벨트에 작용하는 힘[kg]은?

① 약 234 ② 약 212 ③ 약 168 ④ 약 122

해설 전동기의 발생 토크 T는 $T = 0.975 \times \frac{P}{N} = 0.975 \times \frac{20 \times 10^3}{1140} = 17.11[\text{kg}\cdot\text{m}]$

벨트에 작용하는 힘은 $\therefore F = \frac{T}{r} = \frac{17.11}{0.14} = 122.2[\text{kg}]$

51 ☆ 【01. 산업기사】

효율 85[%]인 전동기에 의해 토크 40[N·m]의 부하를 속도 1500[rpm]으로 구동한다. 전동기의 입력[kW]은?

① 5.3 ② 6.3 ③ 7.4 ④ 8.4

해설 출력 $p = 2\pi n \tau = 2\pi \frac{1500}{60} \times 40 = 6283[\text{W}] = 6.283[\text{kW}]$

$\therefore$ 입력 $= \frac{6.283}{0.85} = 7.39[\text{kW}]$

52 ☆ 【03. 기사】

60[Hz], 20[극], 3상 권선형 유도전동기의 2차 주파수가 3[Hz]일 때 2차 손실이 600[W]이다. 토크[kg·m]는? (단, 기계적 손실은 무시한다)

① 약 35.5 ② 약 32.5 ③ 약 31.5 ④ 약 30.5

해설
$$s = \frac{f_2}{f_1} = \frac{3}{60} = 0.05$$
$$P_2 = \frac{P_{c2}}{s} = \frac{600}{0.05} = 12,000[\text{W}] = 12[\text{kW}]$$
$$\therefore T = \frac{1}{9.8} \cdot \frac{P_2}{\omega_s} = \frac{P_2}{9.8 \times \frac{2\pi N_s}{60}} = 0.975 \frac{P_2}{N_s} = 0.975 \frac{P_2}{\frac{120f}{p}} = 0.975 \times \frac{12 \times 10^3}{\frac{120 \times 60}{20}} = 32.5[\text{kg}\cdot\text{m}]$$

답 49. ② 50. ④ 51. ③ 52. ②

유사문제

유사문제 원문 및 해설 : 동일출판사 홈페이지≫고객센터≫자료실

01. 3상 유도 진동기를 불평형 전압으로 운전하면 토크와 전류는 어떻게 되는가?
답 토크는 감소, 전류 증가

02. 유도 전동기의 회전력을 T라 하고 전동기에 가해지는 단자 전압을 V_1[V]라고 할 때 T와 V_1과의 관계는?
답 $T = kV^2$

03. 일정 주파수의 전원에서 운전 중인 3상 유도 전동기의 전원 전압이 80[%]로 되었다고 하면 부하의 토크는 약 몇 [%]로 되는가?
답 $(0.8)^2 = 0.64$ 즉, 64[%]

04. 50[Hz], 4극 20[HP]인 3상 유도 전동기가 있다. 전부하시의 회전수가 1450[rpm]일 때 회전력 [kg·m]은 얼마인가? 단, 1[HP]은 736[W]로 한다.
답 $T = 0.975 \times \dfrac{20 \times 736}{1450} = 9.85$ [kg·m]

05. 4극 60[Hz]인 3상 유도 전동기를 입력 100[kW], 효율 90[%]로 정격 운전할 때의 토크[kg·m]는?
답 48.75[kg·m]

06. 20극, 11.4[kW], 60[Hz], 3상 유도 전동기의 슬립이 5[%]일 때 2차 동손이 0.6[kW]이다. 전부하 토크[N·m]는?
답 318[N·m]

07. 8극 60[Hz], 3상 권선형 유도 전동기의 전부하시의 2차 주파수가 3[Hz], 2차 동손이 500[W]라면 발생 토크는 약 몇 [kg·m]인가? 단, 기계손은 무시한다.
답 10.8[kg·m]

08. 6극 60[Hz]인 3상 유도 전동기가 95.5[N·m]의 토크를 내고 운전하고 있다. 동기 와트[W]를 구하면?
답 약 12×10^3[W]

09. 60[Hz], 6극 10[kW]인 유도 전동기가 슬립 5[%]로 운전할 때 2차의 동손이 500[W]이다. 이 전동기의 전부하 시의 토크[kg·m]는 얼마인가?
답 약 8.5[kg·m]

최대 토크

53 ★ 【91. 96. 산업기사】
상수 $r_1 = 0.1[\Omega]$, $r_2' = 0.2[\Omega]$, $X_1 = X_2' = 0.2[\Omega]$인 유도 전동기의 최대 토크를 내는 슬립[%]은?
① 60 ② 49 ③ 40 ④ 39

답 53. ②

해설) $s_t = \dfrac{r_2'}{\sqrt{r_1^2+(X_1+X_2')^2}} = \dfrac{0.2}{\sqrt{0.1^2+(0.2+0.2)^2}} \times 100 = 48.5[\%]$

★ 【82. 89. 산업기사】
54 4극 60[Hz]인 3상 유도 전동기가 있다. 2차 1상의 저항이 0.01[Ω], $s=1$일 때 2차 1상의 리액턴스가 0.04[Ω]이라면 이 전동기는 몇 [rpm]에서 최대 토크가 발생하겠는가?

① 1300　　　② 1350　　　③ 1400　　　④ 1450

해설) 최대 토크를 발생하는 슬립 s_t는
$$s_t = \dfrac{r_2'}{\sqrt{r_1^2+(x_1+x_2')^2}} \fallingdotseq \dfrac{r_2}{x_2} = \dfrac{0.01}{0.04} = 0.25$$
$\therefore N_t = (1-s_t)N_s = (1-s_t)\dfrac{120f}{p} = (1-0.25)\times\dfrac{120\times60}{4} = 0.75\times1800 = 1350[\text{rpm}]$

★★★★ 【70. 78. 86. 91. 94. 95. 96. 99. 산업기사】
55 권선형 유도 전동기에서 2차 저항을 변화시켜 속도를 제어하는 경우 최대 토크는?
① 최대 토크가 생기는 점의 슬립에 비례한다.
② 최대 토크가 생기는 점의 슬립에 반비례한다.
③ 2차 저항에만 비례한다.
④ 항상 일정하다.

해설) 3상 유도 전동기의 최대 토크의 크기는 항상 일정하고 다만 최대 토크가 발생하는 슬립점이 2차 회로의 저항에 비례해서 이동할 뿐이다.

유사문제

01. 유도 전동기의 1차 상수는 무시하고 2차 상수 $Z_e = 0.2+j0.4[\Omega]$이라면 이 전동기가 최대 토크를 발생할 때의 슬립은?

답) $s_t = \dfrac{r_2'}{\sqrt{r_1^2+(X_1+X_2')^2}} \fallingdotseq \dfrac{r_2'}{X_2'} = \dfrac{r_2}{X_2} = \dfrac{0.2}{0.4} = 0.5$

02. 3상 유도 전동기의 최대 토크 T_m, 최대 토크를 발생하는 슬립 s_t, 2차 저항 R_2'와의 관계는?

답) $T_m = $ 일정, $s_t \propto R_2$

03. 유도 전동기의 최대 토크를 발생하는 슬립을 s_t, 최대 출력을 발생하는 슬립을 s_p라 하면 대소 관계는?

답) $s_p < s_t$

04. 3상 유도 전동기에 있어서 $V_1[V]$, $f_1[Hz]$일 때 최대 토크가 T_{m1}이었다. V_2, f_2로 운전할 때의 최대 토크 T_{m2}는 어떻게 되는가? 단, 1차 저항은 무시한다고 본다.

답) $\left(\dfrac{f_1 V_2}{f_2 V_1}\right)^2 \cdot T_{m1}$

답) 54. ②　55. ④

원선도

56 ★ 【85. 95. 산업기사】
유도 전동기의 원선도에서 구할 수 없는 것은?

① 1차 입력 ② 1차 동손 ③ 동기 와트 ④ 기계적 출력

해설, 원선도에서는 기계적 동력이 구해지고 출력은 기계적 동력에서 기계적 손실을 빼야 한다.

57 ★★★★★ 【80. 82. 83. 84. 94. 96. 01. 기사, 85. 96. 00. 03. 05. 20. 산업기사, ⊕ : 95. 기사】
3상 유도 전동기의 원선도를 그리는 데 옳지 않은 시험은?

① 저항 측정 ② 무부하 시험 ③ 구속 시험 ④ 슬립 측정

해설, 슬립은 원선도 상에서 구할 수 있다.

58 ☆ 【70. 산업기사】
유도 전동기의 특성 산정에 사용되는 다이어그램은?

① 블론델 다이어그램 ② 헤일랜드 다이어그램
③ 벡터 다이어그램 ④ 블록 다이어그램

해설, 유도 전동기의 1차 부하 전류의 벡터의 자취가 항상 반 원주 위에 있는 것을 이용하여, 간이 등가 회로의 해석에 이용한 것을 헤일랜드 원선도라 한다.

59 ★ 【76. 96. 산업기사】
유도 전동기 원선도의 제작에 필요한 자료 중 지정에 의하여 계산하는 것은?

① 1차 권선의 저항 ② 여자 전류의 역률각
③ 정격 전압에 있어서 단락 전류 ④ 정격 전압에 있어서 여자 전류

해설, 다른 것은 계기로 직접 측정할 수 있으나 ③은 정격 전압을 가하면 단락 전류가 너무 크므로, 정격 전류와 같은 전류를 통하는 임피던스 전압을 가하여 얻는 전류로 계산에 의하여 구하여진다. 이것이 원선도에서 구한 모든 특성이 실제와 다르게 되는 원인 중의 하나이다.

60 ★★★ 【93. 기사, 84. 90. 93. 01. 25. 산업기사】
유도 전동기 원선도에서 원의 지름은? 단, E를 1차 전압, r은 1차로 환산한 저항, x를 1차로 환산한 누설 리액턴스라 한다.

① rE에 비례 ② rxE에 비례 ③ $\frac{E}{r}$에 비례 ④ $\frac{E}{x}$에 비례

해설, 유도 전동기는 일정값의 리액턴스와 부하에 의하여 변하는 저항(r_2'/s)의 직렬 회로라고 생각되므로 부하에 의하여 변화하는 전류 벡터의 궤적, 즉 원선도의 지름은 전압에 비례하고 리액턴스에 반비례한다.

답, 56. ④ 57. ④ 58. ② 59. ③ 60. ④

61 그림과 같은 3상 유도 전동기의 원선도에서 P점과 같은 부하 상태로 운전할 때 2차 효율은?

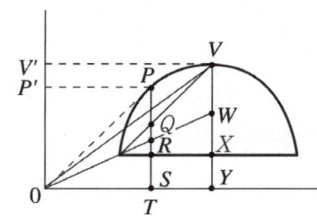

① $\dfrac{PQ}{PR}$　② $\dfrac{PQ}{PT}$　③ $\dfrac{PR}{PT}$　④ $\dfrac{PR}{PS}$

해설　$\eta_2 = \dfrac{P}{P_2} = \dfrac{PQ}{PR}$

62 다음은 3상 유도 전동기 원선도이다. 역률[%]은 얼마인가?

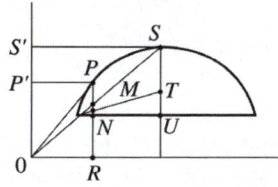

① $\dfrac{OS'}{OS}\times 100$　② $\dfrac{SS'}{OS}\times 100$　③ $\dfrac{OP'}{OP}\times 100$　④ $\dfrac{OS'}{OP}\times 100$

해설　역률 $\cos\theta_2 = \dfrac{OP'}{OP}\times 100$

유사문제

∥유사문제 원문 및 해설 : 동일출판사 홈페이지≫고객센터≫자료실

01. 유도 전동기의 원선도 작성에 필요한 회로 정수를 측정하는 데 필요하지 않은 시험은?
　답　부하 시험

02. 3상 유도 전동기의 원선도를 그리는 데 필요치 않은 실험은 어느 것인가?
　답　정격 부하 시의 전동기 회전 속도 측정

03. 그림과 같은 3상 유도 전동기의 원선도에서 H 점이 전부하점이라면, 이 전동기의 전부하 효율은? 단, ON : 무부하 전류이다.

답　$\eta = \dfrac{P}{P_1} = \dfrac{HR}{HM}$

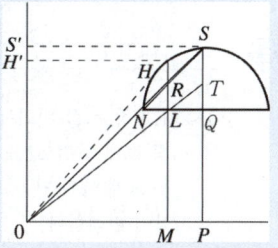

답　61. ①　62. ③

비례추이

63 ★★☆ 【83. 88. 98. 00. 01. 산업기사】
유도 전동기의 토크 속도 곡선이 비례 추이(proportional shifting)한다는 것은 그 곡선이 무엇에 비례해서 이동하는 것을 말하는가?

① 슬립
② 회전수
③ 공급 전압
④ 2차 합성 저항

[해설] 권선형 유도 전동기에서 2차 저항이 증가하면 토크 곡선 등이 슬립이 증가하는 방향으로 2차 저항에 비례하며 이동한다. 즉 같은 토크에서 2차 저항과 슬립은 비례하는데, 이를 비례 추이라 한다.

64 ★★ 【86. 93. 97. 12. 25. 산업기사】
3상 권선형 유도 전동기의 2차 회로에 저항을 삽입하는 목적이 아닌 것은?

① 속도는 줄어지지만 최대 토크를 크게 하기 위하여
② 속도 제어를 하기 위하여
③ 기동 토크를 크게 하기 위하여
④ 기동 전류를 줄이기 위하여

[해설] 기동 저항을 접속하면, 기동시에 2차 회로에 적당한 저항을 갖게 하여 필요한 기동 토크를 얻고, 기동 전류를 억제하고 상승에 따라 외부 저항을 점차로 감소하여 최후에 슬립링에서 단락하여 양호한 운전 상태의 특성을 얻는다.

65 ★★★☆ 【69. 85. 기사, 91. 98. 99. 03. 05. 11. 산업기사】
3상 유도 전동기의 특성 중 비례 추이할 수 없는 것은?

① 토크 ② 출력 ③ 1차 입력 ④ 2차 전류

[해설] 비례 추이할 수 있는 특성은 1차 전류, 2차 전류, 역률, 동기 와트 등이고, 할 수 없는 것은 출력 외에 2차 동손, 효율 등이다.

66 ★★ 【91. 96. 11. 12. 산업기사】
3상 유도 전동기의 2차 저항을 2배로 하면 2배로 되는 것은?

① 토크 ② 전류 ③ 역률 ④ 슬립

[해설] $\dfrac{r_2}{s_m} = \dfrac{r_2 + R_s}{s_t}$

① 2차 저항 r_2를 변화해도 최대 토크는 변화하지 않는다.
② r_2를 크게 하면 s_m도 커진다.
③ r_2를 크게 하면 기동 전류는 감소하고 기동 토크는 증가한다. 그러므로 최대 토크를 내는 슬립만 2차 저항에 비례한다.

63. ④ 64. ① 65. ② 66. ④

67 비례 추이와 관계가 있는 전동기는?

① 동기 전동기　　　　　　② 3상 유도 전동기
③ 단상 유도 전동기　　　　④ 정류자 전동기

해설 3상 권선형 유도 전동기에서 비례 추이를 이용하여 기동과 속도 제어를 하며, 이를 2차 저항법이라 한다.

68 유도 전동기 토크 특성 곡선에서 2차 저항이 최대인 것은?

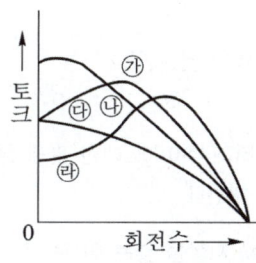

① 라　　② 다　　③ 나　　④ 가

해설 토크는 비례 추이를 하므로 저항이 클수록 최대 토크를 발생하는 슬립점이 점점 왼쪽으로 이동한다. ㉰는 최대 토크가 s의 (-)쪽(역전)에 이동한 것이므로 2차 저항이 가장 크다.

69 유도 전동기의 슬립이 커지면 커지는 것은?

① 회전수　　② 권수비　　③ 2차 효율　　④ 2차 주파수

해설 유도 전동기의 회전자 주파수는 슬립에 비례한다.
∴ $f_2 = sf_1$

70 3상 유도 전동기에서 2차측 저항을 2배로 하면 그 최대 토크는 몇 배로 되는가?

① 2배　　② $\sqrt{2}$배　　③ 1/2배　　④ 변하지 않는다.

해설 최대 토크는 2차 저항에 무관하며, 최대 토크를 발생하는 슬립만 2차 저항에 비례한다.

71 전부하로 운전하고 있는 60[Hz], 4극 권선형 유도 전동기의 전부하 속도 1728[rpm] 2차 1상 저항 0.02[Ω]이다. 2차 회로의 저항을 3배로 할 때 회전수[rpm]는?

① 1264　　② 1356　　③ 1584　　④ 1765

해설 $N_s = \dfrac{120f}{p} = \dfrac{120 \times 60}{4} = 1800[\text{rpm}]$, $s_1 = \dfrac{N_s - N}{N_s} = \dfrac{1800 - 1728}{1800} = 0.04$

답 67. ② 68. ② 69. ④ 70. ④ 71. ③

r_2를 3배로 하면 비례 추이의 원리로 슬립 s_2도 3배가 된다.
$$\frac{r_2}{s_1} = \frac{R}{s_2} = \frac{3r_2}{s_2}, \quad s_2 = \frac{3r_2}{r_2}s_1 = \frac{3 \times 0.02}{0.02} \times 0.04 = 0.12$$
$$\therefore N_2 = (1-0.12) \times 1800 = 1584[\text{rpm}]$$

유사문제

01. 유도 전동기에서 비례 추이 하지 않는 것은?
　답 효율

02. 유도 전동기에서 비례 추이 하지 않는 것은?
　답 2차 효율

03. 다음은 권선형 유도 전동기에서 '비례 추이'에 대한 관계 설명이다. 이 중 옳지 않은 것은?
　답 저항 r_2를 삽입하면 최대 토크가 변한다.

04. 권선형 유도 전동기의 기동 시 2차 저항을 넣는 이유는?
　답 기동전류 감소와 토크 증대

2차 삽입저항의 크기

72 슬립 5[%]인 유도 전동기의 등가 부하 저항은 2차 저항의 몇 배인가?
① 19　　② 20　　③ 29　　④ 40

해설 $R' = r_2'\left(\frac{1}{s}-1\right) = r_2'\left(\frac{1}{0.05}-1\right) = 19\,r_2'$

73 1차(고정자측) 1상당 저항이 $r_1[\Omega]$, 리액턴스 $x_1[\Omega]$이고 1차에 환산한 2차측(회전자측) 1상당 저항은 $r_2'[\Omega]$, 리액턴스 $x_2'[\Omega]$이 되는 권선형 유도 전동기가 있다. 2차 회로는 Y로 접속되어 있으며, 비례 추이를 이용하여 최대 토크로 기동시키려고 하면 2차에 1상당 얼마의 외부 저항(1차에 환산한 값)을 연결하면 되는가?

① $\dfrac{r_2'}{\sqrt{r_1^2 + (x_1+x_2')^2}}$　　② $\sqrt{r_1^2 + (x_1+x_2')^2} - r_2'$

③ $\sqrt{(r_1+r_2')^2 + (x_1+x_2')^2}$　　④ $\sqrt{r_1^2 + (x_1+x_2)^2} + r_2'$

답 72. ①　73. ②

해설 $s_t = \dfrac{r_2'}{\sqrt{r_1^2+(x_1+x_2')^2}}$, $T_m = \dfrac{m_1 V_1^2}{2r_1 + \sqrt{r_1^2+(x_1+x_2')^2}}$

기동 시에는 $s=1$이므로 기동 저항을 R_s'라고 하면

$\dfrac{r_2'}{s_t} = \dfrac{r_2'+R_s'}{s}$ ∴ $\dfrac{r_2'}{s_t} = \dfrac{r_2+R_s'}{1}$

$r_2'+R_s' = \sqrt{r_1^2+(x_1+x_2')^2}$ ∴ $R_s' = \sqrt{r_1^2+(x_1+x_2')^2} - r_2'$

74 ★★★☆ 【76. 77. 기사, 83. 91. 00. 02. 11. 16. 산업기사】

권선형 3상 유도 전동기가 있다. 1차 및 2차 합성 리액턴스는 1.5[Ω]이고, 2차 회전자는 Y결선이며, 매상의 저항은 0.3[Ω]이다. 기동 시에 있어서의 최대 토크 발생을 위하여 삽입해야 하는 매상당 외부 저항[Ω]은 얼마인가? 단, 1차 저항은 무시한다.

① 1.5   ② 1.2   ③ 1   ④ 0.8

해설 1차 저항 $r_1 = 0$이므로

$R_s' = \sqrt{r_1^2+(x_1+x_2')^2} - r_2' = \sqrt{(x_1+x_2')^2} - r_2'$

$x_1'+x_2 = 1.5[Ω]$, $r_2 = 0.3[Ω]$이므로

∴ $R_s = \sqrt{(x_1+x_2')^2} - r_2 = \sqrt{(1.5)^2} - 0.3 = 1.2[Ω]$

75 ☆ 【01. 산업기사】

4극 60[Hz], 3상 직권 유도 전동기에서 전부하 회전수는 1600[rpm]이다. 지금 동일 토크의 1200[rpm]으로 회전하려면 2차 회로에 몇 [Ω]의 외부저항을 삽입하면 되는가? 단, 2차는 Y결선이고, 각 상의 저항은 r_2이다.

① r_2 ② $2r_2$ ③ $3r_2$ ④ $4r_2$

해설 $s_1 = \dfrac{N_s-N_1}{N_s} = \dfrac{1800-1600}{1800} = 0.11$

$s_2 = \dfrac{N_s-N_2}{N_s} = \dfrac{1800-1200}{1800} = 0.33$

따라서 비례추이에 의해서 $\dfrac{r_2}{s_1} = \dfrac{r_2+R_s}{s_2}$, $\dfrac{r_2}{0.11} = \dfrac{r_2+R_s}{0.33}$

∴ $R_s = \dfrac{(0.33-0.11)r_2}{0.11} = 2r_2$

76 ☆ 【94. 산업기사】

4극 50[Hz] 권선형 3상 유도 전동기가 있다. 전부하에서 슬립이 4[%]이다. 전부하 토크를 내고 1200[rpm]으로 회전시키려면 2차 회로에 몇 [Ω]의 저항을 넣어야 하는가? 단, 2차 회로는 성형으로 접속하고 매상의 저항은 0.35[Ω]이다.

① 1.2   ② 1.4   ③ 0.2   ④ 0.4

답 74. ② 75. ② 76. ②

해설 $\dfrac{r_2}{s_1} = \dfrac{r_2+R}{s_2}$ $s_2 = \dfrac{N_s-N}{N_s} = \dfrac{1500-1200}{1500} = 0.2$

$N_s = \dfrac{120f}{P} = \dfrac{120\times 50}{4} = 1500[\text{rpm}]$, $R = r_2\left(\dfrac{s_2}{s_1}-1\right) = 0.35\left(\dfrac{0.2}{0.04}-1\right) = 1.4$

77 ★ 【93. 99. 산업기사】
4극 10[HP], 200[V], 60[Hz]의 3상 유도 전동기가 35[kg·m]의 부하를 걸고 슬립 3[%]로 회전하고 있다. 여기에 같은 부하 토크로 1.2[Ω]의 저항 3개를 Y결선으로 하여 2차에 삽입하니 1530[rpm]으로 되었다. 2차 권선의 저항[Ω]은 얼마인가?

① 0.3   ② 0.4   ③ 0.5   ④ 0.6

해설 $N_s = \dfrac{120f}{P} = \dfrac{120\times 60}{4} = 1800[\text{rpm}]$

$s' = (1800-1530)/1800 = 0.15$

$\dfrac{r_2}{s} = \dfrac{r_2+R}{s'}$, $\dfrac{r_2}{0.03} = \dfrac{r_2+1.2}{0.15}$

$\therefore r_2 = \dfrac{s}{s'-s}R = \dfrac{0.03}{0.15-0.03}\times 1.2 = 0.3[\Omega]$

78 ★ 【93. 00. 산업기사】
전부하 슬립 2[%], 1상의 저항이 0.1[Ω]인 3상 권선형 유도 전동기의 슬립링을 거쳐서 2차의 외부에 저항을 삽입하여 그 기동 토크를 전부하 토크와 같게 하고자 한다. 이 저항값[Ω]은?

① 5.0   ② 4.9   ③ 4.8   ④ 4.7

해설 기동 시 $s'=1$에서 전부하 토크를 발생시키는 데 필요한 외부 저항 R은

$\dfrac{r_2}{s} = \dfrac{r_2+R}{s'}$, $\dfrac{0.1}{0.02} = \dfrac{0.1+R}{1}$

$\therefore R = \dfrac{0.1}{0.02}-0.1 = 4.9[\Omega]$

79 ☆ 【97. 산업기사】
3상 권선형 유도 전동기(4극 60[Hz])의 전부하 회전수가 1746[rpm]일 때 전부하 토크와 같은 크기로 기동시키려면 회전자 회로의 각 상에 삽입할 저항[Ω]의 크기는? 단, 회전자 1상의 저항은 0.06[Ω]이다.

① 2.42   ② 1.94   ③ 0.94   ④ 1.46

해설 $N_s = \dfrac{120f}{p} = \dfrac{120\times 60}{4} = 1800[\text{rpm}]$, $s = \dfrac{N_s-N}{N_s} = \dfrac{1800-1746}{1800} = 0.03$

비례 추이의 원리에 의해서 $\dfrac{r_2'}{s} = \dfrac{r_2'+R}{s'}$ 이므로

$\therefore R = \dfrac{s'}{s}r_2' - r_2' = r_2'\left(\dfrac{1}{s}-1\right) = 0.06\left(\dfrac{1}{0.03}-1\right) = 1.94[\Omega]$

답 77. ① 78. ② 79. ②

80 ★★☆ 【91. 기사, 80. 82. 90. 산업기사】
슬립 s_t에서 최대 토크를 발생하는 3상 유도 전동기에서 2차 1상의 저항을 r_2라 하면 최대 토크로 기동하기 위한 2차 1상의 외부로부터 가해주어야 할 저항은?

① $\dfrac{1-s_t}{s_t}r_2$ ② $\dfrac{1+s_t}{s_t}r_2$ ③ $\dfrac{r_2}{1-s_t}$ ④ $\dfrac{r_2}{s_t}$

해설) 기동 시의 슬립과 2차 저항을 s_s, r_{2s}, 저항을 접속하지 않았을 때의 것을 s_t, r_2라 하면

$$\dfrac{r_2}{s_t}=\dfrac{r_{2s}}{s_s}$$

기동 시 $s_s=1$에서 전부하 토크를 발생시키는 데 필요한 외부 저항 R은

$$\dfrac{r_2}{s_t}=\dfrac{r_2+R}{1}, \quad \therefore R=\dfrac{r_2}{s_t}-r_2=\dfrac{1-s_t}{s_t}r_2$$

81 ★★★ 【77. 81. 82. 84. 89. 00. 산업기사】
출력 22[kW], 8극 60[Hz]인 권선형 3상 유도 전동기의 전부하 회전자가 855[rpm]이라고 한다. 같은 부하 토크로 2차 저항 r_2를 4배로 하면 회전 속도[rpm]는?

① 720 ② 730 ③ 740 ④ 750

해설) $N_s=\dfrac{120\times 60}{8}=900[\text{rpm}]$, $s_1=\dfrac{900-855}{900}=0.05$

부하 토크가 일정하므로 전동기의 발생 토크도 같다.
따라서 r_2를 4배로 하면 비례 추이의 원리로 슬립 s_2도 4배로 된다.

$$\dfrac{r_2}{0.05}=\dfrac{4r_2}{s_2} \quad \therefore s_2=4s_1=4\times 0.05=0.2$$

$$\therefore N_2=(1-s_2)N_s=(1-0.2)\times 900=720[\text{rpm}]$$

82 ★ 【83. 88. 16. 산업기사】
6극 60[Hz]인 3상 권선형 유도 전동기가 1140[rpm]의 정격 속도로 회전할 때 1차측 단자를 전환해서 상회전 방향을 반대로 바꾸어 역전 제동을 하는 경우 그 제동 토크를 전부하 토크와 같게 하기 위한 2차 삽입 저항은 몇 $R[\Omega]$인가? 단, 회전자 1상의 저항은 0.005[Ω], Y결선이다.

① 0.19 ② 0.27 ③ 0.38 ④ 0.5

해설) $N_s=\dfrac{120f}{p}=\dfrac{120\times 60}{6}=1200[\text{rpm}]$, $s=\dfrac{N_s-N}{N_s}=\dfrac{1200-1140}{1200}=0.05$

역전 제동할 때에 슬립 s'는

$$s'=\dfrac{N_s-(-N)}{N_s}=\dfrac{1200-(-1140)}{1200}=1.95$$

$s'=1.95$에서 전부하 토크를 발생시키는 데 필요한 2차 삽입 저항 R은

$$\dfrac{r_2}{s}=\dfrac{r_2+R}{s'}, \quad \dfrac{0.005}{0.05}=\dfrac{0.005+R}{1.95}$$

$$\therefore R=\dfrac{0.005}{0.05}\times 1.95-0.005=0.19[\Omega]$$

답) 80. ① 81. ① 82. ①

유사문제

유사문제 원문 및 해설 : 동일출판사 홈페이지 ≫ 고객센터 ≫ 자료실

01. 2차 1상의 권선 저항이 0.3[Ω]이고 2차측으로 환산한 1차와 2차 1상의 리액턴스의 합이 1.6[Ω]인 3상 권선형 유도 전동기가 있다. 기동 시에 최대 토크를 발생하게 하는 2차 삽입 저항 R_s[Ω]는? 단, 1차 권선 저항은 무시하는 것으로 한다.

답 $R_s = \sqrt{(x_1' + x_2)^2 - r_2} = \sqrt{(1.6)^2} - 0.3 = 1.3$[Ω]

02. 6극, 60[Hz], 220[V], 10[kW], 1140[rpm]으로 회전하는 3상 권선형 유도 전동기의 1차 및 2차 1상의 임피던스가 각각 $Z_1 = 0.2 + j\,0.2$[Ω], $Z_2 = 0.03 + j\,0.05$[Ω]이다. 이 전동기에서 기동시 최대 토크를 발생시키기 위하여 2차 1상에 삽입하여야 할 저항[Ω]은? 단, 권수비는 $a = 2$이다.

답 0.327[Ω]

03. 전부하로 운전하고 있는 50[Hz], 4극의 권선형 유도 전동기가 있다. 전부하 속도를 1440[rpm]에서 1000[rpm]으로 변화시키자면 2차에 몇 [Ω]의 저항을 넣어야 하는가? 단, 1440[rpm] 때의 2차 저항은 0.02[Ω]이다.

답 0.145[Ω]

04. 6극 60[Hz], 3상 권선형 유도 전동기의 전부하 시의 회전수는 1152[rpm]이다. 지금 회전수 900[rpm]에서 전부하 토크를 발생하려면 회전자에 투입해야 할 외부 저항[Ω]은 얼마인가? 단, 회전자는 Y결선이고 각 상 저항 $R_2 = 0.03$[Ω]이다.

답 0.1575[Ω]

05. 3상 권선형 12극 60[Hz], 150[kW]의 유도 전동기가 있다. 슬립링을 단락하고 운전하여 전부하 출력 150[kW]을 낼 때의 속도는 582[rpm]이다. 이를 2차 삽입 저항을 넣어 510[rpm]까지 낮추고 같은 토크를 내게 하는 2차 삽입 저항(1상당)[Ω]은? 단, 2차 권선의 저항은 슬립링 간에 측정하여 0.02[Ω]이다.

답 0.04 [Ω]

06. 6극 3상 권선형 유도 전동기를 동일 토크로 운전할 때 60[Hz]의 전원에서 2차측에 0.3[Ω]의 저항을 Y로 삽입하면 500[rpm]으로 회전하고 0.2[Ω]을 삽입하면 700[rpm]이 된다. 회전수를 550[rpm]으로 하려면 외부 저항을 매상 몇 [Ω]으로 하면 되는가?

답 약 0.275[Ω]

07. 4극 60[Hz]의 3상 유도 전동기에 어떤 부하를 걸었을 때의 슬립이 3[%]이었다. 같은 부하 토크로 여기에 1.2[Ω]의 저항 3개를 Y로 접속하여 2차에 삽입하니 1530[rpm]이 되었다. 2차 권선의 저항[Ω]은?

답 $r_2 = \dfrac{s}{s'-s}R = \dfrac{0.03}{0.15-0.03} \times 1.2 = 0.3$[Ω]

08. 3상 권선형 유도 전동기의 전부하 슬립이 5[%], 2차 1상의 저항이 1[Ω]이다. 이 전동기의 기동 토크를 전부하 토크와 같도록 하려면 외부에서 2차에 삽입할 저항[Ω]은?

답 19[Ω]

09. 어떤 60[Hz]용 6극 3상 권선형 유도 전동기의 전부하 회전수는 1140[rpm]이다. 이 전동기를 동일 공급 전압에서 전부하 토크로 기동하려면 2차 회로에 몇 [Ω]의 외부 저항을 삽입하면 되는가? 단, 회전자 권선은 Y결선이고, 2단자 간의 저항은 0.1[Ω]이다.

답 0.95[Ω]

10. 6극 50[Hz], 3상 권선형 유도 전동기에서 전부하 회전수는 960[rpm]이다. 지금 동일 토크의 750[rpm]으로 하려면, 2차 회로에 몇 [Ω]의 외부 저항을 삽입하면 되는가? 단, 2차 회로는 Y결선이고, 각 상의 저항은 r_2이다.

답 $5.52r_2$[Ω]

11. 3상 권선인 유도 전동기의 전부하 슬립이 5[%], 2차 1상의 저항 0.5[%]이다. 이 전동기의 기동 토크를 전부하 토크와 같도록 하려면 외부에서 2차에 삽입할 저항은 몇 [Ω]인가?

답 9.5[Ω]

12. 8극 50[Hz]의 3상 유도 전동기가 있다. 매분 600회전으로 최대 토크를 발생한다고 한다. 최대 토크로 가동시키기 위해서는 회전자 각상 저항의 몇 배의 저항을 삽입하면 좋은가?(단, 여기서 회전자는 Y결선이다.)

답 4배

13. 60[Hz]의 전원에서 슬립 5[%]로 운전하고 있는 4극 3상 권선형 유도 전동기의 회전자 1상의 저항은 0.05[Ω]이다. 외부에서 회전자 각 상에 0.05[Ω]의 저항을 삽입하여 운전하면 회전 속도[rpm]는? 단, 부하 토크는 저항 삽입 전, 후에 변동 없이 일정하다.

답 1620[rpm]

14. 60[Hz], 100[kW], 6극 3상 권선형 유도 전동기의 슬립링간의 저항은 0.02[Ω]이고, 슬립링을 단락하고 전부하로 운전할 때의 속도는 1152[rpm]이라 한다. 이 전동기의 슬립링간에 0.05[Ω]의 저항 3개를 Y로 연결하여 운전하면 출력은 몇 [kW]로 되는가?

답 79.2[kW]

유도 전동기의 출력

83 ★ 【85. 92. 05. 산업기사】
어떤 유도 전동기가 부하 시 슬립 $s = 5$[%]에서 한 상당 10[A]의 전류를 흘리고 있다. 한 상에 대한 회전자 유효 저항이 0.1[Ω]일 때 3상 회전자 출력은 얼마인가?

① 190[W]　　② 570[W]　　③ 620[W]　　④ 830[W]

해설
$R' = \dfrac{1-s}{s}r_2' = \dfrac{1-0.05}{0.05} \times 0.1 = 1.9[\Omega]$

$\therefore P = 3(I_1')^2 R' = 3 \times (10)^2 \times 1.9 = 570[W]$

답 83. ②

84 ★☆ 【81. 산업기사, ⊕ : 84. 기사】
4극 60[Hz], 220[V]의 3상 농형 유도 전동기가 있다. 운전 시의 입력 전류 9[A], 역률 85[%](지상), 효율 80[%], 슬립 5[%]이다. 회전 속도[rpm]와 출력[kW]은 얼마인가?

① 1700, 2.43 ② 1710, 2.33 ③ 1720, 2.23 ④ 1730, 2.13

해설 $N_s = \dfrac{120f}{p} = \dfrac{120 \times 60}{4} = 1800 [\text{rpm}]$
∴ $N = (1-s)N_s = (1-0.05) \times 1800 = 1710 [\text{rpm}]$
$P = \sqrt{3}\, VI\cos\theta \cdot \eta = \sqrt{3} \times 220 \times 9 \times 0.85 \times 0.8 = 2332[\text{W}] ≒ 2.33[\text{kW}]$

---

85 ★ 【80. 93. 03. 산업기사】
10[kW], 3상 200[V] 유도 전동기(효율 및 역률 각각 85[%])의 전부하 전류[A]는?

① 20 ② 40 ③ 60 ④ 80

해설 $P = \sqrt{3}\, VI\cos\theta \cdot \eta$ 식에서
∴ $I = \dfrac{P}{\sqrt{3}\, V\cos\theta \cdot \eta} = \dfrac{10 \times 10^3}{\sqrt{3} \times 200 \times 0.85 \times 0.85} = 40[\text{A}]$

---

86 ★☆ 【97. 03. 기사, 78. 산업기사】
단자 전압 200[V], 전류 50[A], 15[kW]를 소비하는 3상 유도 전동기의 역률[%]은?

① 86.6 ② 57.7 ③ 66.6 ④ 82.2

해설 $P = \sqrt{3}\, VI\cos\theta$ ∴ $\cos\theta = \dfrac{P}{\sqrt{3}\, VI} = \dfrac{15 \times 10^3}{\sqrt{3} \times 200 \times 50} = 0.866 = 86.6[\%]$

---

87 ★★ 【83. 91. 95. 11. 산업기사】
3상 유도 전동기에 직결된 펌프가 있다. 펌프 출력은 100[HP], 효율 74.6[%], 전동기의 효율과 역률은 94[%]와 90[%]라고 하면 전동기의 입력[kVA]은?

① 95.74 ② 104.4 ③ 111.1 ④ 118.2

해설 $P = \dfrac{[\text{HP}] \times 0.746}{\eta_p} = \dfrac{100 \times 0.746}{0.746} = 100[\text{kW}]$
전동기의 피상 전력 $P_1 = \dfrac{P}{\eta_m \cos\theta} = \dfrac{100}{0.94 \times 0.9} = 118.2[\text{kVA}]$

---

88 ★ 【87. 기사】
10분간은 100[kW]의 부하이고, 50분간은 20[kW]의 부하로 반복되는 유도 전동기의 2승 평균법에 의한 등가적 연속 출력은 약 몇 [kW]인가?

① 45 ② 50 ③ 30 ④ 35

해설 $P_a = \sqrt{\dfrac{P_1^2 t_1 + P_2^2 t_2 + \cdots + P_n^2 t_n}{\tau}} = \sqrt{\dfrac{100^2 \times 10 + 20^2 \times 50}{60}} = \sqrt{2000} = 45[\text{kW}]$

답 84. ② 85. ② 86. ① 87. ④ 88. ①

유사문제

01. 단자 전압 200[V], 전류 50[A], 역률 86[%], 효율 84[%]인 3상 유도 전동기는 몇 마력[HP] 전동기인가? 단, 1마력은 746[W]이다.

답 $P = \sqrt{3} \, VI\cos\theta \cdot \eta = \sqrt{3} \times 200 \times 50 \times 0.86 \times 0.84 / 746 = 16.77 \, [\text{HP}]$

02. 4극 3상 유도 전동기가 있다. 전원 전압 200[V]로 전부하를 걸었을 때 전류는 21.5[A]였다. 이 전동기의 전출력은 몇 [W]인가? 단, 전부하 역률 86[%], 효율 85[%]이다.

답 $P = \sqrt{3} \, VI\cos\theta \cdot \eta = \sqrt{3} \times 200 \times 21.5 \times 0.86 \times 0.85 = 5444.2 \, [\text{W}]$

03. 150[kW]의 직류 발전기를 3상 유도 전동기로 운전할 때 발전기의 효율이 90[%], 전동기의 효율이 91[%], 역률이 88[%]라면 전동기의 입력[kVA]은?

답 $P_1 = \dfrac{P}{\eta_m \cos\theta} = \dfrac{166.67}{0.91 \times 0.88} = 208.34 \, [\text{kVA}]$

04. 20분간은 80[kW]의 부하이고 40분간은 20[kW]의 부하로 반복되는 유도 전동기의 제곱 평균법에 의한 등가적인 연속 출력은 대략 몇 [kW]인가?

답 $P_a = \sqrt{\dfrac{P_1^2 t_1 + P_2^2 t_2 + \cdots + P_n^2 t_n}{\tau}} = 48.989 \fallingdotseq 49 \, [\text{kW}]$

05. 3상 유도 전동기에 직결된 직류 발전기가 있다. 이 발전기에 100[kW]의 부하를 걸었을 때 발전기 효율은 80[%], 전동기의 효율과 역률은 95[%]와 90[%]라고 하면, 전동기의 입력[kVA]은?

답 146.2[kVA]

기동법

89 유도 전동기의 기동에서 Y-△ 기동은 대략 몇 [kW] 범위의 전동기에서 이용되는가?
① 5[kW] 이하 ② 5~15[kW] 정도
③ 15[kW] 이상 ④ 용량에 관계없이 이용이 가능하다.

해설 Y-△ 기동은 대략 5~15[kW] 범위의 전동기의 기동에 이용되고 있다.

90 농형 유도 전동기의 기동에 있어 다음 중 옳지 않은 방법은?
① Y-△ 기동 ② 2차 저항에 의한 기동
③ 전 전압 기동 ④ 단권 변압기에 의한 기동

해설 2차 저항에 의한 기동법은 권선형 유도 전동기의 기동법이다.

답 89. ② 90. ②

91 ★☆ 【85. 기사, 95. 산업기사】
유도 전동기의 1차 접속을 △에서 Y로 바꾸면 기동 시의 1차 전류는?

① $\frac{1}{3}$ 로 감소 ② $\frac{1}{\sqrt{3}}$ 로 감소 ③ $\sqrt{3}$ 배로 증가 ④ 3배로 증가

[해설] 선간 전압을 V, 기동 시의 1상 임피던스를 Z라 하면 선전류 I는
Y결선의 경우 $I_Y = \frac{V}{\sqrt{3}Z}$, △결선의 경우 $I_\triangle = \frac{\sqrt{3}V}{Z}$

$\therefore \frac{I_Y}{I_\triangle} = \frac{\frac{V}{\sqrt{3}Z}}{\frac{\sqrt{3}V}{Z}} = \frac{1}{3}$, $\therefore I_Y = \frac{1}{3}I_\triangle$

즉, △에서 Y로 바꾸면 권선 내의 전류는 1/3이 된다.

92 ★☆ 【70. 90. 96. 산업기사】
유도 전동기의 기동법으로 사용되지 않는 것은?

① 단권 변압기형 기동 보상기법 ② 2차 저항 조정에 의한 기동법
③ Y-△ 기동법 ④ 1차 저항 조정에 의한 기동법

[해설] 유도 전동기의 기동법
① 전 전압 기동기(5[kW] 이하의 소형) ② Y-△(5~15[kW] 정도)
③ 리액터 기동(기동 전류를 제한하고자 할 때) ④ 기동 보상기(15[kW] 이상)

93 ★ 【93. 기사, 09. 산업기사】
유도 전동기의 기동 계급은?

① 16종 ② 19종 ③ 23종 ④ 26종

[해설] 알파벳 26자 중 I, O, Q, W, X, Y, Z의 7자를 제외한 19종

94 ☆ 【03. 산업기사】
권선형 유도 전동기의 회전자 권선의 접속을 원심력 개폐기에 의해서 직렬 또는 병렬로 바꾸어 속도를 제어하는 방법은?

① 게르게스법 ② 2차 여자법 ③ 2차 저항법 ④ 주파수 변환법

[해설] 3상 권선형 전동기의 기동법으로는 기동 저항기(starter)법, 게르게스(Gerges)법 등이 있다.

95 ☆ 【25. 기사, 78. 03. 산업기사】
유도 전동기에서 게르게스(Görges) 현상이 생기는 슬립은 대략 얼마인가?

① 0.25 ② 0.5 ③ 0.7 ④ 0.8

[해설] 게르게스 현상이란 3상 유도 전동기의 2차 회로 중 1선이 단선된 경우에 약간의 과부하 상태에서도 슬립 $S=0.5$ 부근에서 가속되지 않는 현상을 말한다.

답 91. ① 92. ④ 93. ② 94. ① 95. ②

96 ★★ 【91. 기사, 67. 01. 산업기사】
크로우링 현상은 다음의 어느 것에서 일어나는가?
① 농형 유도 전동기 ② 직류 직권 전동기
③ 회전 변류기 ④ 3상 변압기

해설) 크로우링 현상이란 유도 전동기에 있어서 정지 상태로부터 동기 속도의 수 분의 1인 저속도까지 가속하고, 그 이상은 가속하지 않는(안정하기는 하지만) 이상한 운전 상태.

97 ★★ 【83. 90. 96. 99. 산업기사】
소형 유도 전동기의 슬롯을 사구(skew slot)로 하는 이유는?
① 토크 증가 ② 게르게스 현상의 방지
③ 크로우링 현상의 방지 ④ 제동 토크의 증가

해설) 크로우링 현상을 경감시키기 위해서 회전자의 슬롯을 고정자 또는 회전자의 1슬롯 피치 정도 축방향에 대해서 경사시켜서 해결하는 일이 많다. 이와 같은 슬롯을 사구라 한다.

98 ★★★★★ 【86. 90. 98. 00. 01. 기사】
9차 고조파에 의한 기자력의 회전 방향 및 속도는 기본파 회전 자계와 비교할 때 다음 중 적당한 것은?
① 기본파의 역방향이고 9배의 속도 ② 기본파와 역방향이고 1/9배의 속도
③ 기본파와 동방향이고 9배의 속도 ④ 회전 자계를 발생하지 않는다.

해설) $F_9 = 0(F_\omega = 0,\ \omega = 3n)$
즉, 9차 고조파는 회전 자계를 발생하지 않는다.

99 ★★ 【78. 00. 기사】
교류 전동기에서 기본파 회전 자계와 같은 방향으로 회전하는 공간 고조파 회전 자계의 고조파 차수 h를 구하면? 단, m은 상수, n은 정의 정수이다.
① $h = nm$ ② $h = 2nm$ ③ $h = 2nm + 1$ ④ $h = 2nm - 1$

해설) $h = 2nm + 1$, 즉 3상의 경우, 제7, 13차, …등은 기본파와 같은 방향이고 $h = 2nm - 1$, 즉 5, 11, 17차, …등은 기본파와 반대 방향으로 회전한다.

100 ★★★★★ 【77. 85. 88. 99. 기사, 70. 88. 산업기사】
유도 전동기를 기동하기 위하여 △를 Y로 전환했을 때 토크는 몇 배가 되는가?
① $\frac{1}{3}$배 ② $\frac{1}{\sqrt{3}}$배 ③ $\sqrt{3}$배 ④ 3배

해설) △에서 Y로 전환하면 1상에 가해지는 전압은 $\frac{1}{\sqrt{3}}$배가 되므로 토크는 그 제곱, 즉 1/3이 된다.

답) 96. ① 97. ③ 98. ④ 99. ③ 100. ①

101 ★★★☆ 【85. 92. 12. 기사, 75. 80. 92. 97. 산업기사, ⊕ : 70. 산업기사】
3상 유도 전동기가 경부하로 운전 중 1선의 퓨즈가 끊어지면 어떻게 되는가?
① 속도가 증가하여 다른 퓨즈도 녹아 떨어진다.
② 속도가 낮아지고 다른 퓨즈도 녹아 떨어진다.
③ 전류가 감소한 상태에서 회전이 계속된다.
④ 전류가 증가한 상태에서 회전이 계속된다.

[해설] 전부하로 운전하고 있는 3상 유도 전동기의 경우 1선의 퓨즈가 용단되면 단상 전동기가 되며
① 최대 토크는 50[%] 전후로 된다.
② 최대 토크를 발생하는 슬립 s는 0쪽으로 가까워진다.
③ 최대 토크 부근에서는 1차 전류가 증가한다.
만일 정지하는 경우에는 과대 전류가 흘러서 나머지 퓨즈가 용단되거나 차단기가 동작한다.
경부하에서 회전을 계속한다면
① 슬립이 2배 정도로 되고 회전수는 떨어진다.
② 1차 전류가 2배 가까이 되어서 열손실이 증가하고, 계속 운전하면 과열로 소손된다.

102 ★★☆ 【93. 기사, 77. 91. 96. 산업기사】
어느 3상 유도 전동기의 전 전압 기동 토크는 전부하 시의 1.8배이다. 전 전압의 2/3로 기동할 때 기동 토크는 전부하 시의 몇 배인가?
① 0.8배 ② 0.7배 ③ 0.6배 ④ 0.4배

[해설] $T \propto V^2$이므로 $T' \propto T \times \left(\dfrac{V_1'}{V_1}\right)^2$
∴ $T' = 1.8T \times \left(\dfrac{2}{3}\right)^2 = 0.8T$

103 ★★ 【78. 95. 산업기사, : 77. 기사, 05. 산업기사】
10[HP], 4극 60[Hz] 3상 유도 전동기의 전 전압 기동 토크가 전부하 토크의 1/3일 때, 탭 전압이 $1/\sqrt{3}$인 기동 보상기로 기동하면 그 기동 토크는 전부하 토크의 몇 배가 되겠는가?
① $3/\sqrt{3}$ 배 ② $1/3\sqrt{3}$ 배 ③ 1/9배 ④ $1/\sqrt{3}$ 배

[해설] 토크는 전압의 제곱에 비례하므로 기동 토크 T_s는
∴ $T_s = \dfrac{1}{3}T \times \left(\dfrac{1}{\sqrt{3}}\right)^2 = \dfrac{1}{3}T \times \dfrac{1}{3} = \dfrac{1}{9}T$

104 ★★☆ 【78. 기사, 82. 83. 97. 12. 산업기사】
전압 440[V]에서의 기동 토크가 전부하 토크의 212[%]인 3상 유도 전동기가 있다. 기동 토크가 100[%]되는 부하에 대해서는 기동 보상기로 전압[V]을 얼마를 공급하면 되는가?
① 약 300 ② 약 250 ③ 약 210 ④ 약 180

답 101. ④ 102. ① 103. ③ 104. ①

해설) 토크 $T \propto V^2$ ∴ $\left(\dfrac{V_x}{440}\right)^2 = \dfrac{100}{212}$

∴ $V_x = 440 \times \sqrt{\dfrac{100}{212}} = 440 \times 0.687 = 302.3 ≒ 300[V]$

★ 【79. 기사】

105 200[V], 7.5[kW], 6극 3상 농형 유도 전동기를 정격 전압으로 기동하면 기동 전류는 500[%] 흐르고, 기동 토크는 220[%]이다. 기동 전류를 300[%]로 제한하려면 기동 토크[%]는?

① 79　　　　② 92　　　　③ 108　　　　④ 132

해설) $I_s \propto V_1$, $T_s \propto V_1^2 \propto I_s^2$

$220 : T_x = 500^2 : 300^2$

∴ $T_x = \left(\dfrac{300}{500}\right)^2 \times 220 = 0.6^2 \times 220 = 79.2[\%]$

★☆ 【81. 83. 94. 산업기사】

106 220[V], 15[kW], 6극 3상 유도 전동기의 기동 전류가 380[A], 기동 토크는 150[%]이다. 지금 이 전동기에 전 전압 50[%]의 탭을 가진 기동 보상기를 사용하면 이 기동 전류[A]와 이때의 기동 토크[%]는?

① 190, 37.5　　② 190, 75　　③ 95, 37.5　　④ 95, 75

해설) 기동 전류 : $I_s = I_n \times 0.5 = 380 \times 0.5 = 190[A]$

기동 토크 : $T_s = 1.5 T_n \times (0.5)^2 = 0.375 T_n$

(∵ I_n : 전부하 전류, T_n : 전부하 토크)

★★★★☆ 【82. 89. 기사, 75. 76. 78. 82. 97. 산업기사】

107 횡축에 속도 n을, 종축에 토크 T를 취하여 전동기 및 부하의 속도 토크 특성 곡선을 그릴 때 그 교점이 안정 운전점인 경우에 성립하는 관계식은? 단, 전동기의 발생 토크를 T_M, 부하의 반항 토크를 T_L이라 한다.

① $\dfrac{dT_M}{dT_L} < \dfrac{dT_L}{dn}$　　　　② $\dfrac{dT_M}{dn} = \dfrac{dT_L}{dn} = 0$

③ $\dfrac{dT_M}{dn} = \dfrac{dT_L}{dn}$　　　　④ $\dfrac{dT_M}{dn} < \dfrac{dT_L}{dn}$

해설) 전동기에 부하를 걸고 안정하게 운전하기 위해서 그림과 같이 n이 증가할 때에는 부하 토크 T_L이 전동기 발생 토크 T_M보다 커지고, n이 감소할 때에는 이와 반대로 되지 않으면 안된다. 즉, 교점 P가 안정 운전점이 된다.
두 곡선이 만나는 교점 P에서
$\dfrac{dT_M}{dn} < \dfrac{dT_L}{dn}$ (안정 운전), $\dfrac{dT_M}{dn} > \dfrac{dT_L}{dn}$ (불안정 운전)
의 관계가 성립한다.

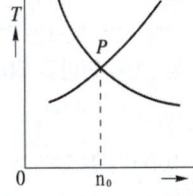

답) 105. ①　106. ①　107. ④

108 ☆【93. 산업기사】
유도 전동기 기동 보상기의 탭 전압으로 보통 사용되지 않는 전압은 정격 전압의 몇 [%] 정도인가?

① 35[%]　　② 50[%]　　③ 65[%]　　④ 80[%]

해설 기동 보상기는 2~4개의 탭(보통 50, 60, 80[%])을 용도에 따라 선택하여 사용한다.

유사문제

유사문제 원문 및 해설 : 동일출판사 홈페이지 ≫ 고객센터 ≫ 자료실

01. 보통 소형 유도 전동기의 직입 기동 전류는 정격 전류의 대략 몇 배인가?
답 6배

02. 30[kW]인 농형 유도 전동기의 기동에 가장 적당한 방법은?
답 기동 보상기에 의한 기동

03. 3상 권선형 유도 전동기의 기동법은?
답 게르게스법

04. 농형 유도 전동기의 기동법이 아닌 것은?
답 기동 저항기법

05. 3상 유도기에서 제7차 고조파에 의한 기자력의 회전 방향 및 속도와 기본파 회전 자계에 대한 관계는?
답 기본파와 같은 방향이고 1/7배의 속도

06. 제13차 고조파에 의한 기자력의 회전 자계의 회전 방향 및 속도와 기본파 회전 자계의 관계는?
답 기본파와 동방향이고, 1/13배의 속도

07. 400[V]로 기동 토크가 전부하 토크의 200[%]인 3상 유도 전동기의 단자 전압을 낮추어 전부하 토크의 150[%]로 기동하자면 단자 전압을 얼마로 낮추어야 하는가?
답 $V_s = \sqrt{\dfrac{150}{200}} \times 400 = 0.87 \times 400 = 350[V]$

08. 200[V], 7.5[kW], 6극 3상 유도 전동기가 있다. 정격 전압으로 기동할 때 기동 전류는 정격 전류의 615[%], 기동 토크는 전부하 토크의 225[%]이다. 지금 기동 토크를 전부하 토크의 1.5배로 하려면 기동 전압[V]은 얼마로 하면 되는가?
답 $V_x = \sqrt{\dfrac{150}{225}} \times 200 = 163[V]$

09. 220[V], 7.5[kW], 6극 3상 유도 전동기가 있다. 정격 전압으로 기동할 때 기동 전류는 정격 전류의 6배, 기동 토크는 전부하 토크의 2.5배이다. 지금 기동 토크를 전부하 토크의 1.5배로 하기 위해서는 기동 전압을 얼마로 하면 되는가? 또, 이때의 기동 전류[V]는 정격 전류의 몇 배인가?
답 170, 4.63배

10 10[kW] 정도의 농형 유도 전동기 기동에 가장 적당한 방법은?
답 Y-△ 기동

답 108. ①

11. 유도 전동기의 기동 방식 중 권선형에만 사용할 수 있는 방식은?
답 2차 회로의 저항 삽입

12. 3상 유도 전동기에서 제5고조파에 의한 기자력의 회전 방향 및 속도가 기본파 회전 자계에 대한 관계는?
답 기본파와 역방향이고 1/5배의 속도

속도 제어 및 제동법

109 ★ 【02. 기사】
소형 선풍기용 전동기의 속도 조정은?
① 전압 조정   ② 극수 변환   ③ 주파수 조정   ④ 2차 저항 가감

110 ★☆ 【85. 88. 95. 15. 산업기사】
권선형 유도 전동기의 저항 제어법의 장점은?
① 부하에 대한 속도 변동이 크다.
② 구조가 간단하며 제어 조작이 용이하다.
③ 역률이 좋고 운전 효율이 양호하다.
④ 전부하로 장시간 운전하여도 온도 상승이 적다.

해설) 권선형 유도 전동기의 저항 제어법의 장단점은 다음과 같다.
　(1) 장점
　　① 기동용 저항기를 겸한다.
　　② 구조가 간단하여 제어 조작이 용이하고 내구성이 풍부하다.
　(2) 단점
　　① 속도 변화의 [%]와 같은 [%]의 효율을 희생하기 때문에 운전 효율이 나쁘다.
　　　즉, 2차 회로의 효율 $\eta_2 = P/P_2 = (1-s)$이다.
　　② 부하에 대한 속도 변동이 크다.
　　③ 부하가 적을 때는 광범위한 속도 조정이 곤란하다.
　　④ 제어용 저항은 전부하에서 장시간 운전해도 위험한 온도가 되지 않을 만큼의 충분한 크기가 필요하므로 가격이 비싸다.

111 ☆ 【94. 산업기사】
공급 전원에 이상이 없는 3상 농형 유도 전동기가 기동이 되지 않는 경우를 설명한 것 중 틀린 것은?
① 공극의 불균형
② 1선 단선에 의한 단상 기동
③ 기동의 단선, 단락
④ 3상 전원의 상회전 방향이 반대로 될 때

답 109. ①　110. ②　111. ④

112 ★★ 【79. 기사, 91. 98. 산업기사】
3상 유도 전동기의 전원 주파수를 변화하여 속도를 제어하는 경우, 전동기의 출력 P와 주파수 f와의 관계는?

① $P \propto f$ ② $P \propto \dfrac{1}{f}$ ③ $P \propto f^2$ ④ P는 f에 무관

[해설] $P = \omega \tau = 2\pi n \tau$ 에서 $P \propto n$
$n = (1-s)n_s = (1-s)\dfrac{2f}{P}$ 에서 $n \propto f$
∴ $P \propto n \propto f$

113 ★ 【87. 93. 산업기사】
3상 유도 전동기의 설명 중 틀린 것은?
① 전부하 전류에 대한 무부하 전류의 비는 용량이 작을수록 극수가 많을수록 크다.
② 회전자의 속도가 증가할수록 회전자측에 유기되는 기전력은 감소한다.
③ 회전자 속도가 증가할수록 회전자 권선의 임피던스는 증가한다.
④ 전동기의 부하가 증가하면 슬립은 증가한다.

[해설] 회전자 속도가 증가할수록 슬립 s가 작아지므로 회전자 권선의 임피던스는 작아진다.
$Z_{2s} = r_a + jsx_2$

114 ★★☆ 【97. 기사, 88. 95. 99. 산업기사】
유도 전동기의 제동 방법 중 슬립의 범위를 1~2 사이로 하여 3선 중 2선의 접속을 바꾸어 제동하는 방법은?
① 역상 제동   ② 직류 제동
③ 단상 제동   ④ 회생 제동

[해설] 3상 유도 전동기를 운전 중 급히 정지시킬 경우 1차측 3선 중 2선을 바꾸어 접속해서 회전자의 방향을 반대로 하면 유도 전동기는 그 순간에 강력한 유도 제동기가 된다. 이것을 역상 제동기라 한다.

115 ★☆ 【87. 91. 95. 산업기사】
유도 전동기의 속도 제어법 중 저항 제어와 무관한 것은?
① 농형 유도 전동기   ② 비례 추이
③ 속도 제어가 간단하고 원활함   ④ 속도 조정 범위가 적다.

[해설] (1) 농형 유도 전동기의 속도 제어법
① 주파수를 바꾸는 방법 ② 극수를 바꾸는 방법 ③ 전원 전압을 바꾸는 방법
(2) 권선형 유도 전동기
① 2차 저항을 제어하는 방법 ② 2차 여자법 등이 있다.

답 112. ① 113. ③ 114. ① 115. ①

116 ★★★★【84. 92. 99. 02. 03. 07. 09. 12. 산업기사】
유도 전동기의 속도 제어법이 아닌 것은?
① 2차 저항법　　　　　　　② 2차 여자법
③ 1차 저항법　　　　　　　④ 주파수 제어법

해설　(1) 농형 유도 전동기의 속도 제어법
　　　　① 주파수를 바꾸는 방법　② 극수를 바꾸는 방법　③ 전원 전압을 바꾸는 방법
　　　(2) 권선형 유도 전동기
　　　　① 2차 저항을 제어하는 방법　② 2차 여자법 등이 있다.

117 ☆【00. 산업기사】
유도 전동기의 속도 제어 방식으로 잘못 나타내진 것은?
① 1차 주파수 제어 방식　　　② 정지 셀비우스 방식
③ 정지 레오나드 방식　　　　④ 2차 저항 제어 방식

해설　정지 레오나드 방식은 사이리스터를 이용한 직류 전동기의 속도 제어 방식이다.

118 ★★【96. 01. 05. 기사】
다음 중 농형 유도 전동기에 주로 사용되는 속도 제어법은?
① 저항 제어법　　　　　　　② 2차 여자법
③ 종속 접속법(concatenation)　④ 극수 변환법

해설　농형 유도 전동기의 속도 제어법
　　　① 주파수를 바꾸는 방법　② 극수를 바꾸는 방법　③ 전원전압을 바꾸는 방법이 있다.

119 ☆【93. 산업기사】
유도 전동기와 분권 정류자 전동기(SM)를 직결하여 유도 전동기의 2차 전력을 SM에서 기계적 에너지로 변환해서 주전동기에 공급하여 정출력 특성을 나타내는 속도 제어 방식은 무슨 방식인가?
① 세르비어스 방식　　　　　② 일그너 방식
③ 크레머 방식　　　　　　　④ 전자 커플링 방식

해설　크레머(Kramer) 방식 : 유도 전동기와 직류 전동기를 기계적으로 직결하고 전기적으로는 유도 전동기의 2차 출력을 실리콘 정류기로 정류하여 직류 전동기의 입력으로서 가하도록 접속한 방식

120 ★【90. 96. 산업기사】
회전자 전압 변화에 의한 속도 제어 중 크레머 방식과 세르비우스 방식이 다른 점은?
① 유도 발전기　　　　　　　② 회전 변류기
③ 정류기　　　　　　　　　　④ 속도 조정용 계자 저항기

해설　세르비우스 방식에서는 유도 발전기가 사용된다. 크레머 방식은 주전동기와 보조기와의 연결을 기계적 방법으로 하는 것을 말하고 세르비우스 방식은 전기적 방법으로 연결하는 것을 말한다.

답　116. ③　117. ③　118. ④　119. ③　120. ①

121 유도 전동기와 직결된 전기 동력계(다이나모메터)의 부하 전류를 증가하면 유도 전동기의 속도는?

① 증가한다.　　② 감소한다.
③ 변함이 없다.　　④ 동기 속도로 회전한다.

122 3상 권선형 유도 전동기의 속도 제어를 위해서 2차 여자법을 사용하고자 할 때 그 방법은?

① 1차 권선에 가해 주는 전압과 동일한 전압을 회전자에 가한다.
② 직류 전압을 3상 일괄해서 회전자에 가한다.
③ 회전자 기전력과 같은 주파수의 전압을 회전자에게 가한다.
④ 회전자에 저항을 넣어 그 값을 변화시킨다.

[해설] 2차 주파수 sf와 같은 주파수의 전압을 발생시켜 슬립링을 통하여 회전자 권선에 공급하여, s를 변환시키는 방법이 2차 여자법이다.

123 다음 그림의 sE_2는 권선형 3상 유도 전동기의 2차 유기 전압이고 E_c는 2차 여자법에 의한 속도 제어를 하기 위하여 외부에서 회전자 슬립에 가한 슬립 주파수의 전압이다. 여기서 E_c의 작용 중 옳은 것은?

① 역률을 향상시킨다.
② 속도를 강하게 한다.
③ 속도를 상승하게 한다.
④ 역률과 속도를 떨어뜨린다.

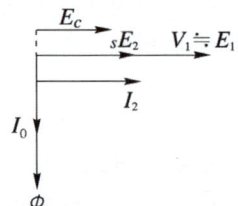

[해설] 권선형 유도 전동기의 2차 여자법에 의한 속도 제어에서 슬립 주파수의 전압을 2차 유기 전압과 같은 방향으로 가하면 속도가 상승하고, 반대 방향으로 가하면 속도가 감소한다.

124 일정 토크 부하에 알맞은 유도 전동기의 주파수 제어에 의한 속도 제어 방법을 사용할 때 공급 전압과 주파수는 어떤 관계를 유지하여야 하는가?

① 공급 전압이 항상 일정하여야 한다.
② 공급 전압과 주파수는 반비례되어야 한다.
③ 공급 전압과 주파수는 비례되어야 한다.
④ 공급 전압의 제곱에 반비례하는 주파수를 공급하여야 한다.

[해설] $E = 4.44 f w \phi_m \propto f$ 즉, 공급전압과 주파수는 비례되어야 한다.

[답] 121. ②　122. ③　123. ③　124. ③

125 60[Hz]인 3상 8극 및 2극의 유도 전동기를 차동 종속으로 접속하여 운전할 때의 무부하 속도[rpm]는?

① 3600　　② 1200　　③ 900　　④ 720

[해설] 차동 종속 $N = \dfrac{120f}{p_1 - p_2} = \dfrac{120 \times 60}{8 - 2} = 1200$[rpm]

126 권선형 유도 전동기 2대를 직렬 종속으로 운전하는 경우 그 동기 속도는 어떤 전동기의 속도와 같은가?

① 두 전동기 중 적은 극수를 갖는 전동기와 같은 전동기
② 두 전동기 중 많은 극수를 갖는 전동기와 같은 전동기
③ 두 전동기의 극수의 합과 같은 극수를 갖는 전동기
④ 두 전동기의 극수의 차와 같은 극수를 갖는 전동기

[해설] 직렬 종속법인 경우 그 운전 조건에서 동기 속도는 $N_s = \dfrac{120f}{p_1 + p_2}$

127 극수 p_1, p_2의 두 3상 유도 전동기를 종속 접속하였을 때 이 전동기의 동기 속도는 어떻게 되는가? 단, 전원 주파수는 f_1[Hz]이고 직렬 종속이다.

① $\dfrac{120f_1}{p_1}$　　② $\dfrac{120f_1}{p_2}$

③ $\dfrac{120f_1}{p_1 + p_2}$　　④ $\dfrac{120f_1}{p_1 \times p_2}$

[해설] 직렬 종속법인 경우 그 운전 조건에서 동기 속도는 $N_s = \dfrac{2f}{p_1 + p_2}$[rps] = $\dfrac{120f}{p_1 + p_2}$[rpm]

128 선박의 전기추진용 전동기의 속도 제어에 가장 알맞은 것은?

① 주파수 변화에 의한 제어　　② 극수 변화에 의한 제어
③ 1차 회전에 의한 제어　　④ 2차 저항에 의한 제어

[해설] 주파수 변화에 의한 제어는 전동기에 가해지는 전원 주파수를 바꾸어 속도를 제어하는 방법으로서 원동기의 속도 제어에 의해 전용 발전기의 주파수를 변화시키는 것으로 선박의 전기 추진용 전동기, 포트 모터의 속도제어 등에 적합하다.

125. ②　126. ③　127. ③　128. ①

129 ★★★★★ 【92. 94. 98. 00. 기사, 79. 83. 산업기사, ㊗ : 67. 산업기사】
인견 공업에 쓰이는 포트 모터(pot motor)의 속도 제어는?
① 주파수 변화에 의한 제어 ② 극수 변환에 의한 제어
③ 1차 회전에 의한 제어 ④ 저항에 의한 제어

해설) 주파수 변환기 또는 전용 발전기를 구동하는 전동기의 속도를 조정하여 포트 모터의 전원 주파수를 변환한다.

130 ★★★★ 【91. 92. 97. 00. 기사】
반도체 사이리스터에 의한 속도 제어에서 제어되지 않는 것은?
① 토크 ② 전압 ③ 위상 ④ 주파수

131 ★ 【92. 기사】
다음 ( )에 알맞은 말을 보기에서 골라 순서대로 쓰시오.
"인견용 포트 모터 운전의 (①)에는 유도 주파수 변환기가 사용된다. 이 경우 50[Hz]로부터 160[Hz]를 얻으려면 8극으로 하고 회전자를 회전 자계와 (②)로 (③)[rpm]으로 회전하면 된다."

| 보기 | a) 1320 | b) 3200 | c) 전원 | d) 시점 | e) 직교 | f) 반대 |

① d, e, b ② c, e, a ③ d, f, b ④ c, f, a

 ① 회전 시 주파수 $f' = sf \rightarrow s = \dfrac{f'}{f} = \dfrac{160}{50} = 3.2$
슬립이 1보다 크므로 회전자의 회전방향은 회전자계와 반대이다.
② 회전수 $N = (1-s)N_s = (1-3.2)N_s = 2.2N_s$
문제의 보기에서 회전수는 1320[rpm], 3200[rpm] 둘 중 하나이다.
㉠ 전동기 속도 1320[rpm]인 경우 - 회전자계 속도 $N_s = \dfrac{N}{1-s} = \dfrac{1320}{2.2} = 600$[rpm]
극수 $p = \dfrac{120}{N_s}f = \dfrac{120}{600} \times 50 = 10$극
㉡ 전동기 속도 3200[rpm]인 경우 - 회전자계 속도 $N_s = \dfrac{N}{1-s} = \dfrac{3200}{2.2} = 1454.55$[rpm]
극수 $p = \dfrac{120}{N_s}f = \dfrac{120}{1454.55} \times 50 ≒ 4.125$극
극수는 소수가 나올 수 없으므로 전동기 속도는 1320[rpm]이다.

132 ☆ 【92. 산업기사】
반도체 사이리스터(thyristor)를 사용하여 전압 위상 제어로 그 평균값을 제어하여 속도 제어를 하며, 간단하여 널리 사용되는 것은?
① 전압 제어 ② 2차 저항법 ③ 역상 제동 ④ 1차 저항법

해설) 속도 제어에서 전압 제어란 아마추어에 가하는 전압을 변화시켜서 제어한다.

답) 129. ① 130. ① 131. ④ 132. ①

133 유도 전동기의 속도 제어법에서 역률이 높은 순서로 써 보면 다음과 같다. 옳은 것은?

> A : 1차 전압 제어, B : 2차 저항 제어, C : 극수 변화, D : 주파수 제어법

① CDAB　　　② DCAB　　　③ CDBA　　　④ ABCD

해설 주파수 제어법 → 극수 변환 → 1차 전압 제어법 → 2차 저항 제어법

134 유도기를 전기적으로 제동하는 방법을 적은 것이다. 원리적으로 회전체의 에너지를 열로 변환하여 제동하는 방법이 아닌 것은?

① 발전 제동　　　　　　② 유도 브레이크법
③ 역상 및 단상 제동　　　④ 회생 제동

해설 회생 제동은 유도 전동기를 전원에 접속하고 동기 속도 이상으로 운전하여 유도 발전기로 동작시켜 그 발생 전력을 전원에 반환하면서 제동하는 방법으로, 마찰에 의한 마모나 발열이 없이 전력이 회수되므로 유리하다.

135 유도 전동기의 동작 특성에서 제동기로 쓰이는 슬립의 영역은?

① $1 \sim 2$　　　② $0 \sim 1$　　　③ $0 \sim -1$　　　④ $-1 \sim -2$

해설 유도 전동기의 동작 특성에서 슬립의 영역은
유도 전동기의 동작 범위 $1 > s > 0$
유도 제동기의 동작 범위 $s > 1$
유도 발전기의 동작 범위 $s < 0$

136 유도 전동기의 슬립(slip) s의 범위는?

① $1 > s > 0$　　② $0 > s > -1$　　③ $0 > s > 1$　　④ $-1 < s < 1$

해설 유도 전동기 슬립의 범위 $0 < s < 1$
유도 발전기 슬립의 범위 $s < 0$
제동기 슬립의 범위 $s > 1$

137 유도 전동기의 1차 전압 변화에 의한 속도 제어에서 SCR을 사용하는 경우 변화시키는 것은?

① 위상각　　　② 주파수　　　③ 역상분 토크　　　④ 전압의 최댓값

해설 유도 전동기의 1차측에 사이리스터를 접속하고 전압이 1[Hz] 동안 주기마다 위상각이 변하는 것에 의해 전압을 바꾸는 방법으로 2차 저항에서의 손실이 커서 효율이 나쁘다.

133. ②　134. ④　135. ①　136. ①　137. ①

유사문제

01. 16극과 8극의 유도 전동기를 병렬 종속법으로 속도 제어할 때, 전원 주파수가 60[Hz]인 경우 무부하 속도 n_0는?

답 $N = \dfrac{2 \times 120f}{p_1 + p_2} = \dfrac{2 \times 120 \times 60}{16+8} = \dfrac{14400}{24} = 600[\text{rpm}]$

02. 8극과 4극 2개의 유도 전동기를 종속법에 의한 직렬 종속법으로 속도 제어를 할 때 전원 주파수가 60[Hz]인 경우 무부하 속도[rpm]는?

답 $N = \dfrac{120f}{p_1 + p_2} = \dfrac{120 \times 60}{8+4} = 600[\text{rpm}]$

03. 3상 유도 전동기의 속도를 제어시키고자 한다. 적합하지 않은 방법은?

답 전 전압법

04. 유도 전동기의 회전자에 슬립 주파수의 전압을 공급하여 속도 제어를 하는 방법은?

답 2차 여자법

역률 개선

138 【85. 기사, 84. 산업기사, ㉮ : 84. 산업기사】
역률 90[%], 300[kW]의 전동기를 95[%]로 개선하는 데 필요한 콘덴서의 용량[kVA]은?

① 약 20　　② 약 30　　③ 약 40　　④ 약 50

해설 $\cos\theta_1 = 0.9$, $\cos\theta_2 = 0.95$

$$Q = P(\tan\theta_1 - \tan\theta_2) = P\left(\dfrac{\sqrt{1-\cos^2\theta_1}}{\cos\theta_1} - \dfrac{\sqrt{1-\cos^2\theta_2}}{\cos\theta_2}\right)$$
$$= 300 \times \left(\dfrac{\sqrt{1-0.9^2}}{0.9} - \dfrac{\sqrt{1-0.95^2}}{0.95}\right) = 300 \times (0.484 - 0.33) = 46.2[\text{kVA}]$$

139 【81. 94. 산업기사】
역률 $\cos\theta_2$, 입력 P_1[kW]인 3상 유도 전동기에 x[kVA]의 콘덴서를 병렬로 접속해서 역률을 $\cos\theta_1$로 개선할 때, 콘덴서의 용량[kVA]은? 단, 콘덴서의 손실은 무시한다.

① $X = \left(\dfrac{\cos\theta_1}{\sqrt{1-\cos^2\theta_1}} - \dfrac{\cos\theta_2}{\sqrt{1-\cos^2\theta_2}}\right)P_1$　　② $X = \left(\dfrac{\cos\theta_2}{\sqrt{1-\cos^2\theta_2}} - \dfrac{\cos\theta_1}{\sqrt{1-\cos^2\theta_1}}\right)P_1$

③ $X = \left(\dfrac{\sqrt{1-\cos^2\theta_2}}{\cos\theta_2} - \dfrac{\sqrt{1-\cos^2\theta_1}}{\cos\theta_1}\right)P_1$　　④ $X = \left(\dfrac{\sqrt{1-\cos^2\theta_1}}{\cos\theta_1} - \dfrac{\sqrt{1-\cos^2\theta_2}}{\cos\theta_2}\right)P_1$

답 138. ④　139. ③

해설 콘덴서의 용량을 X라고 하면
$$X = P_1(\tan\theta_2 - \tan\theta_1) = P_1\left(\frac{\sqrt{1-\cos^2\theta_2}}{\cos\theta_2} - \frac{\sqrt{1-\cos^2\theta_1}}{\cos\theta_1}\right)$$

140 ☆ 【91. 산업기사】
1500[kW], 6000[V], 60[Hz]의 3상 부하의 역률은 65[%](뒤짐)이다. 이 때 이 부하의 무효분[kVar]은?

① 1754 ② 2308 ③ 0.76 ④ 0.65

해설 유효 전력 $P = \sqrt{3}\, VI\cos\theta$
$I = \dfrac{P}{\sqrt{3}\, V\cos\theta} = \dfrac{1500\times 10^3}{\sqrt{3}\times 6000\times 0.65} = 222.06[A]$
피상 전력 $P_a = \sqrt{3}\, VI = \sqrt{3}\times 6000\times 222.06\times 10^{-3}$
$= 2307.7[kVA]$
무효 전력 $P_r = \sqrt{P_a^2 - P^2} = \sqrt{2307.7^2 - 1500^2} = 1753.7[kVar]$

특수 유도기

141 ★★★★★ 【80. 87. 89. 93. 00. 05. 07. 09. 기사, 82. 83. 86. 91. 96. 01. 11. 산업기사】
권선형 유도 전동기와 직류 분권 전동기와의 유사한 점 두 가지는?
① 정류자가 있다. 저항으로 속도 조정이 된다.
② 속도 변동률이 작다. 저항으로 속도 조정이 된다.
③ 속도 변동률이 작다. 토크가 전류에 비례한다.
④ 속도가 가변, 기동 토크가 기동 전류에 비례한다.

142 ★★★ 【95. 99. 11. 기사, 75. 97. 12. 산업기사】
3상 서보 모터에 평형 2상 전압을 가하여 동작시킬 때의 속도-토크 특성 곡선에서 최대 토크가 발생하는 슬립 s는?
① $0.05 < s < 0.2$ ② $0.2 < s < 0.8$
③ $0.8 < s < 1$ ④ $1 < s < 2$

143 ★★ 【03. 07. 08 11. 기사】
다음 중 서보 모터가 갖추어야 할 조건이 아닌 것은?
① 기동 토크가 클 것 ② 토크 속도 곡선이 수하 특성을 가질 것
③ 회전자를 굵고 짧게할 것 ④ 전압이 0이 되었을 때 신속하게 정지할 것

해설 서보 모터는 속응성이 좋고, 회전자의 관성 모멘트가 적어야 하므로 회전자의 직경을 작게 해야 한다.

답 140. ① 141. ② 142. ② 143. ③

144 2중 농형 전동기가 보통 농형 전동기에 비해서 다른 점은?

① 기동 전류가 크고, 기동 토크도 크다.
② 기동 전류가 적고, 기동 토크도 적다.
③ 기동 전류는 적고, 기동 토크는 크다.
④ 기동 전류는 크고, 기동 토크는 적다.

해설, 2중 농형 유도 전동기는 저항이 크고 리액턴스가 작은 기동용 농형 권선과 저항이 작고 리액턴스가 큰 운전용 농형 권선을 가진 것으로 보통 농형에 비하여 기동 전류가 작고 기동 토크가 크다.

145 2중 농형 전동기의 슬립 s에 대한 부하 전류 I, 토크 T의 곡선은?

① 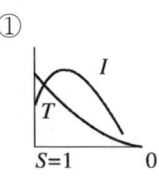 ② 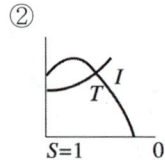 ③ 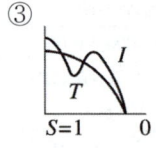 ④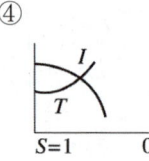

해설, 2중 농형 유도 전동기의 토크 특성은 회전자 외측 도체와 내측 도체의 토크 특성을 합성해서 얻을 수 있다. 외측 도체는 급격히 감소하는 토크 특성(τ_a)을 내측 도체는 일반 저저항 토크 특성(τ_b)을 가진다.

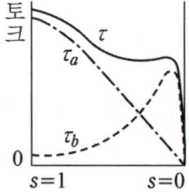

146 2중 농형 유도 전동기에서 외측(회전자 표면에 가까운 쪽) 슬롯에 사용되는 전선으로 적당한 것은?

① 누설 리액턴스가 작고 저항이 커야 한다.
② 누설 리액턴스가 크고 저항이 작아야 한다.
③ 누설 리액턴스가 작고 저항이 작아야 한다.
④ 누설 리액턴스가 크고 저항이 커야 한다.

해설, 2중 농형으로 되어 있는 농형 권선 중 바깥쪽 도체에는 황동 또는 구리, 니켈 합금과 같은 특수 합금, 즉 저항이 높은 도체가 사용되고, 안쪽의 도체에는 저항이 낮은 전기동이 사용된다.

147 유도 발전기의 장점을 열거한 것이다. 옳지 않은 것은?

① 농형 회전자를 사용할 수 있으므로 구조가 간단하고 가격이 싸다.
② 선로에 단락이 생기면 여자가 없어지므로 동기 발전기에 비해 단락 전류가 적다.
③ 공극이 크고 역률이 동기기에 비해 좋다.
④ 유도 발전기는 여자기로서 동기 발전기가 필요하다.

해설, 유도 발전기는 동기기에 비하여 공극이 매우 작으며 효율, 역률이 나쁘다.

답 144. ③ 145. ③ 146. ① 147. ③

148 ★★ 【87. 95. 기사】
비동기 발전기의 이점이 아닌 것은?
① 동기 속도 이외의 임의의 속도로 운전할 수 있다.
② 동기 탈조의 현상이 없어 안정하다.
③ 선로 전압으로 여자되기 때문에 선로 단락의 경우에는 여자가 없어지므로 단락 전류는 감소한다.
④ 기동 운전이 동기기에 비해서 복잡하다.

해설) 비동기 발전기의 장점은 ①, ②, ③ 이외에 기동, 운전이 동기기에 비하여 비교적 간단하다. 단점으로는 여자 회로의 리액턴스가 주파수 변환의 영향을 받아서 여자의 크기에 변동을 발생하고 불안정하다는 점이다.

149 ★★ 【95. 97. 기사】
3상 유도 전압 조정기에서 1차 1상에 가해지는 전압을 V_1[V], 권수비를 a라 하면 전압의 조정 범위는?
① aV_1 ② $2aV_1$ ③ $V_1/2a$ ④ V_1/a

해설) $a = \dfrac{V_1}{V_2}$ ∴ $V_2 = \dfrac{V_1}{a}$

150 ★☆ 【85. 93. 99. 산업기사】
정격 2차 전류 I_2, 조정 전압 E_2일 때 3상 유도 전압 조정기 출력[kVA]은?
① $2E_2 I_2 \times 10^{-3}$
② $\sqrt{3}\, E_2 I_2 \times 10^{-3}$
③ $3E_2 I_2 \times 10^{-3}$
④ $E_2 I_2 \times 10^{-3}$

151 ★★ 【03. 기사, 93. 98. 00. 01. 산업기사】
3상 유도 전압 조정기의 동작 원리는?
① 회전 자계에 의한 유도 작용을 이용하여 2차 전압의 위상 전압의 조정에 따라 변화한다.
② 교번 자계의 전자 유도 작용을 이용한다.
③ 충전된 두 물체 사이에 작용하는 힘
④ 두 전류 사이에 작용하는 힘

해설) 3상 유도 전압 조정기의 2차측을 구속하고 1차측에 전압을 공급하면, 2차 권선에 기전력이 유기되는데, 2차 권선의 각상 단자를 각각 1차측의 각상 단자에 적당하게 접속하면 3상 전압을 조정할 수 있다.

152 ★☆ 【89. 93. 98. 산업기사】
분로 권선 및 직렬 권선 1상에 유도되는 기전력을 각각 E_1, E_2[V]라 할 때 회전자를 0°에서 180°까지 돌릴 때 3상 유도 전압 조정기 출력측 선간 전압의 조정 범위는?
① $(E_1 \pm E_2)/\sqrt{3}$ ② $\sqrt{3}(E_1 \pm E_2)$ ③ $\sqrt{3}(E_1 - E_2)$ ④ $\sqrt{3}(E_1 + E_2)$

해설) 출력 회로의 선간 전압을 $\sqrt{3}(E_1 \pm E_2)$의 범위에 걸쳐 연속적으로 조정할 수가 있다.

답) 148. ④ 149. ④ 150. ② 151. ① 152. ②

153 3상 전압 조정기의 원리는 어느 것을 응용한 것인가?

① 3상 동기 발전기 ② 3상 변압기
③ 3상 유도 전동기 ④ 3상 교류자 전동기

해설 3상 유도 전압 조정기는 권선형 3상 유도 전동기의 1차 권선 P와, 2차 권선 S를 3상 성형 단권 변압기와 같이 접속하고, 회전자를 구속한 상태로 두고 사용하는 것과 같다.

154 선로 용량 6600[kVA]의 회로에 사용하는 6600 ± 660[V]의 3상 유도 전압 조정기의 정격 용량[kVA]은 얼마인가?

① 300 ② 600 ③ 900 ④ 1200

해설 정격 용량을 P라 하면 $P = \sqrt{3}\, E_2 I_2 \times 10^{-3}$[kVA]이므로

$$\therefore P = \sqrt{3} \times 660 \times \frac{6600 \times 10^3}{\sqrt{3}(6600+660)} \times 10^{-3}$$
$$= 6600 \times \frac{660}{6600+660} = 6600 \times \frac{660}{7260} = 600 [\text{kVA}]$$

155 220 ± 100[V], 5[kVA]의 3상 유도 전압 조정기의 정격 2차 전류는 몇 [A]인가?

① 13.1 ② 22.7 ③ 28.8 ④ 50

해설 $\therefore I_2 = \dfrac{P}{\sqrt{3}\, V_2} = \dfrac{5 \times 10^3}{\sqrt{3} \times 100} = 28.8[\text{A}]$

156 단상 유도 전압 조정기의 1차 전압 100[V], 2차 100 ± 30[V], 2차 전류는 50[A]이다. 이 조정 정격은 몇 [kVA]인가?

① 1.5 ② 3.5 ③ 15 ④ 50

해설 단상 유도 전압 조정기의 용량은
$P = $ 부하 용량 $\times \dfrac{\text{승압 전압}}{\text{고압측 전압}} = 130 \times 50 \times \dfrac{30}{130} \times 10^{-3} = 1.5[\text{kVA}]$

157 단상 유도 전압 조정기의 1차 권선과 2차 권선의 축 사이 각도를 α라 하고, 양 권선의 축이 일치할 때 2차 권선의 유기 전압을 E_2, 전원 전압을 V_1, 부하측의 전압을 V_2라고 하면 임의의 각 α일 때 V_2를 나타내는 식은?

① $V_2 = V_1 + E_2 \cos\alpha$ ② $V_2 = V_1 - E_2 \cos\alpha$
③ $V_2 = E_2 + V_1 \cos\alpha$ ④ $V_2 = E_2 - V_1 \cos\alpha$

답 153. ③ 154. ② 155. ③ 156. ① 157. ①

158 단상 유도 전압 조정기에서 1차 전원 전압을 V_1이라 하고 2차의 유도 전압을 E_2라고 할 때 부하 단자 전압을 연속적으로 가변할 수 있는 조정 범위는?

① $0 \sim V_1$까지
② $V_1 + E_2$까지
③ $V_1 - E_2$까지
④ $V_1 + E_2$에서 $V_1 - E_2$까지

해설 $V_2 = V_1 + E_2 \cos\alpha$에서 단상 유도 전압 조정기의 1차 권선을 0°에서 180°까지 돌리면 $\cos\alpha$는 -1에서 1까지 변화하므로 V_2는 $V_1 + E_2$에서 $V_1 - E_2$까지 조정될 수 있다.

159 200 ± 200[V], 자기 용량 3[kVA]인 단상 유도 전압 조정기가 있다. 최대 출력[kVA]은?

① 2   ② 4   ③ 6   ④ 8

해설 단상 유도 전압 조정기의 1차 전압 $V_1 = 200$[V], 2차 전압 $V_2 = 200 \pm 200$[V]이다.

유도 전압 조정기의 용량 = 부하 용량 × $\dfrac{\text{승압 전압}}{\text{고압측 전압}}$, $3 = $ 부하 용량 × $\dfrac{200}{400}$

∴ 부하 용량 $= \dfrac{3}{\frac{200}{400}} = 6$[kVA]

160 단상 유도 전압 조정기에 부하를 걸었을 때, 발생하는 토크 방향은?

① 뒤진 역률일 때 강압 방향
② 앞선 역률일 때 강압 방향
③ 역률 1일 때 승압 방향
④ 역률 1일 때 강압 방향

161 단상 유도 전압 조정기에서 단락 권선의 직접적인 역할은?

① 누설 리액턴스로 인한 전압 강하 방지
② 역률 보상
③ 용량 증대
④ 고조파 방지

해설 2차 권선의 누설 리액턴스는 특히 $\alpha = 90°$에서 매우 크므로 큰 전압 강하가 생겨 전압 변동률이 커지게 되므로 이를 방지하기 위해서 1차 권선과 직각 방향으로 단락 권선을 감는다.

162 단상 유도 전압 조정기와 3상 유도 전압 조정기의 비교 설명으로 옳지 않은 것은?

① 모두 회전자와 고정자가 있으며 한편에 1차 권선을, 다른 편에 2차 권선을 둔다.
② 모두 입력 전압과 이에 대응한 출력 전압 사이에 위상차가 있다.
③ 단상 유도 전압 조정기에는 단락 코일이 필요하나 3상에서는 필요 없다.
④ 모두 회전자의 회전각에 따라 조정된다.

해설 단상 유도 전압 조정기는 입력 전압과 출력 전압의 위상차가 없다.

답 158. ④ 159. ③ 160. ① 161. ① 162. ②

163 ★ 【00. 기사】
다음 술어 중 유도 전압 조정기와 관련이 없는 것은? 단, 유도 전압 조정기는 단상, 3상 모두를 말한다.
① 위상의 연속 변화
② 분로 권선
③ 유도 전압은 $V_s = V_{sm}\sin\theta$
④ 직렬 권선

해설 유도 전압은 $V_s = V_{sm}\cos\theta$

164 ★★ 【85. 87. 92. 95. 산업기사】
1차 전압과 2차 전압간의 위상이 같도록 설계된 유도 전압 조정기는?
① 3상 유도 전압 조정기
② 대각 유도 전압 조정기
③ 단상 유도 전압 조정기
④ 회전 변류기

유사문제
▫유사문제 원문 및 해설 : 동일출판사 홈페이지≫고객센터≫자료실

01. 농형 전동기의 결점인 것은?
답 기동 kVA가 크고, 기동 토크가 작다.

02. 유도 전압 조정기에서 2차 회로의 전압을 V_2, 조정 전압을 E_2, 직렬 권선 전류를 I_2라 하면 3상 유도 전압 조정기의 정격 출력은?
답 $P = \sqrt{3}\,E_2 I_2 \times 10^{-3}$[kVA]

03. 유도 전압 조정기의 1차 전압 110[V], 2차 조정 전압 160[V]일 때 2차 전류는 50[A]이다. 이 유도 전압 조정기의 정격 용량[kVA]은?
답 $P = E_2 I_2 \times 10^{-3}$[kVA] $= 160 \times 50 \times 10^{-3} = 8$[kVA]

04. 단상 유도 전압 조정기에는 1차 권선과 직각 방향으로 단락 권선을 설치한다. 다음은 이 단락 권선의 설치 목적 및 작용을 열거한 것이다. 옳지 않은 것은?
답 $\alpha = 90°$에서 2차 기자력이 전부 남아 있다.

05. 단상 유도 전압 조정기에 대한 설명 중 옳지 않은 것은?
답 회전 자계에 의한 유도 작용을 한다.

06. 단상 유도 전압 조정기의 단락 권선의 역할은?
답 전압 강하 경감

07. 유도 전압 조정기의 설명을 옳게 한 것은?
답 3상 유도 전압 조정기에는 단락 권선이 필요 없다.

08. 최근 제어 계통에는 유도 전동기의 변형이 많이 사용되고 있다. 이와 같은 계통에서 작은 회전력 또는 운동을 전기적으로 전송키 위한 자동 동기화 기계가 아닌 것은?
답 셀비어스(scherbius)

답 163. ③ 164. ②

09. 2중 농형 유도 전동기와 디프 슬롯 농형 유도 전동기를 비교한 것이다. 잘못된 것은?
    답 역률은 2중농형쪽이 양호하다.

10. 3상 유도 전압 조정기의 특징이 아닌 것은?
    답 가격이 용량에 비해 싸다.

11. 10[kVA], 조정 전압 200[V]인 3상 유도 전압 조정기의 2차 정격 전류[A]는 약 얼마인가?
    답 29[A]

12. 1차 100[V], 2차 최대 130[V], 2차 정격 50[A]인 단상 유도 전압 조정기의 정격[kVA]은?
    답 $P = E_{20} I_2 \times 10^{-3}$ [kVA] $= 130 \times 50 \times 10^{-3} = 6.5$ [kVA]

13. 단상 유도 전압 조정기의 권선이 아닌 것은?
    답 유도 권선

14. 단상 유도 전압 조정기에 단락 권선을 1차 권선과 수직으로 놓는 이유는?
    답 2차 권선의 누설 리액턴스 강하를 방지

15. 리액터의 인덕턴스의 조정 방법이 아닌 것은?
    답 철심에 공극을 두면 자기 저항이 대단히 적어져서 전류, 전압에 의한 철의 투자율의 변화가 줄어들어 자화 특성이 선형에 멀어진다.

단상 유도 전동기

165 ★★ 【98. 99. 기사】
단상 유도 전동기의 특성은 다음과 같다. 틀린 것은?
① 무부하에서 완전히 동기 속도로 되지 않고 조금 슬립이 있다.
② 동기 속도에서는 토크가 부(-)로 된다.
③ 슬립이 1일 때 토크가 영, 즉 기동 토크가 없다.
④ 2차 저항을 바꾸어도 최대 토크에는 변화가 없다.

해설 2차 저항의 값이 변화하면 최대 토크의 발생 슬립뿐만 아니라 최대 토크까지 변한다.

166 ★★ 【76. 95. 기사】
2회전 자계설로 단상 유도 전동기를 설명하는 경우 정방향 회전 자계에 대한 회전자의 슬립이 s이면 역방향 회전 자계에 대한 회전자 슬립은?
① $1+s$　　　② s　　　③ $1-s$　　　④ $2-s$

해설 단상 유도 전동기가 슬립 s로 회전하면 회전 주파수는 정상분 전동기에서는 $(1-s)f$이고 역상분 전동기에서는 $f+(1-s)f = (2-s)f$가 된다. 따라서 회전자 권선은 sf와 $(2-s)f$되는 주파수의 기전력을 유기한다.

답 165. ④ 166. ④

★☆ 【77. 89. 01. 산업기사】

167 4줄의 출구선이 나와 있는 분상 기동형 단상 유도 전동기가 있다. 이 전동기를 그림(도면)과 같이 결선했을 때 시계 방향으로 회전한다면, 반시계 방향으로 회전시키고자 할 경우 어느 결선이 옳은가?

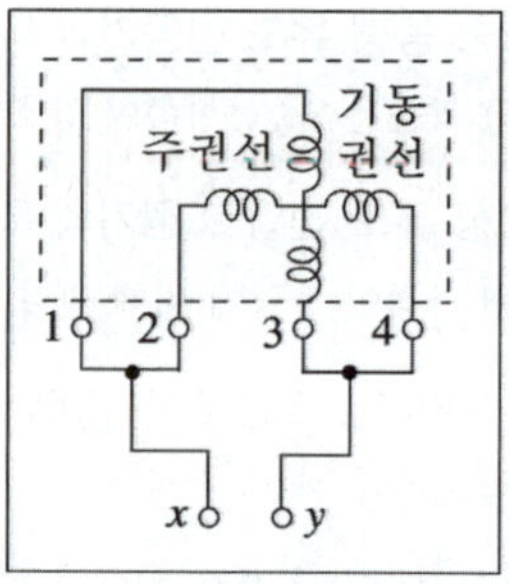

① 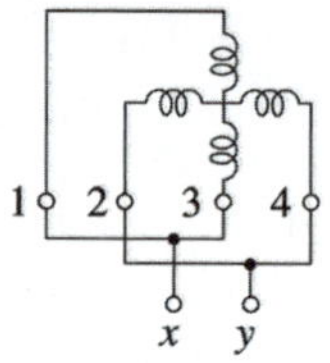
② 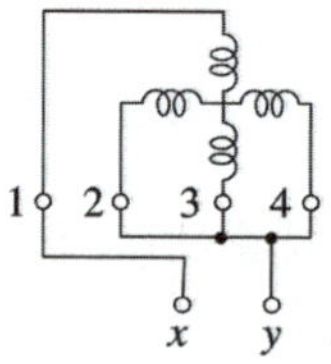
③ 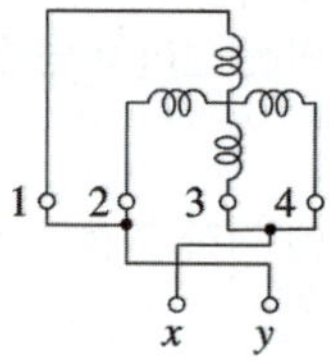
④ 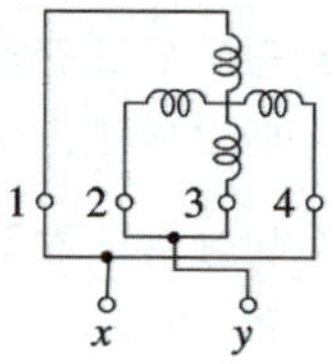

해설 운전 권선이나 기동 권선 중 1개만을 전원에 대하여 반대로 연결하면 된다.

★☆ 【83. 기사, 98. 산업기사】

168 저항 분상 기동형 단상 유도 전동기의 기동 권선의 저항 R 및 리액턴스 X의 주권선에 대한 대소 관계는?

① R : 대, X : 대　　② R : 대, X : 소
③ R : 소, X : 대　　④ R : 소, X : 소

해설 기동 권선에 흐르는 전류의 위상을 주권선에 흐르는 전류의 위상보다 앞서게 하기 위하여 저항은 크고 리액턴스는 작게 하여야 한다.

★★ 【84. 89. 기사, 09. 산업기사】

169 브러시를 이동하여 회전 속도를 제어하는 전동기는?

① 직류 직권 전동기　　② 단상 직권 전동기
③ 반발 전동기　　④ 반발 기동형 단상 유도 전동기

해설 토크 발생은 고정자에 권선을 따로 설치한 것과 브러시의 위치를 바꾸는 방법의 두 종류가 있다.

★★★★★ 【86. 87. 91. 00. 기사, 86. 91. 97. 98. 산업기사, ㈜ : 77. 기사】

170 단상 유도 전동기의 기동 방법 중 가장 기동 토크가 작은 것은 어느 것인가?

① 반발 기동형　　② 반발 유도형
③ 콘덴서 분상형　　④ 분상 기동형

해설 기동 토크는 ①-②-③-④의 순이다.

답 167. ④ 168. ② 169. ③ 170. ④

171 ★★ 【83. 98. 기사】
단상 유도 전동기를 기동 장치의 종류에 의해 분류하면 대략 다음과 같다. 그 중 다음 도면의 $(R+I)$ 곡선과 같은 큰 기동 토크 특성을 가지는 것은?

① 분상 기동 전동기
② 콘덴서 기동 전동기
③ 반발 기동 전동기
④ 반발 유도 전동기

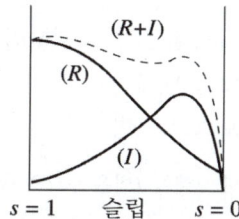

해설 ▶ 반발 유도 전동기의 토크 속도 특성은 반발 전동기의 토크와 유도 전동기의 토크와의 합성 토크와 동일

유사문제

01. 단상 유도 전동기의 특성을 나타낸 설명이 아닌 것은?
답 $\dfrac{r_2}{s}$ 의 비가 일정하면 최대 토크는 일정하다.

02. 단상 유도 전동기를 기동 토크가 큰 순서로 배열한 것은?
답 ① 반발 기동형 ② 반발 유도형 ③ 콘덴서 기동형 ④ 셰이딩 코일형

03. 단상 유도 전동기의 특징이 아닌 것은?
답 권선형 회전자는 비례 추이를 한다. 그러나 저항이 증가함에 따라 최대 토크는 줄어들고 어느 값 이상에서 역토크가 생긴다.

04. 단상 유도 전동기를 2전동기설(회전 자계설)로 고찰한 등가 회로에서 1차의 환산된 2차 저항을 R_2라 하면, 역상 전동기의 발생 동력을 표시한 저항의 값은? 단, 정상 전동기의 슬립을 s라 한다.
답 $\dfrac{s-1}{2-s} \cdot R_2$

05. 그림에서 단상 유도 전동기의 슬립과 토크의 관계는?

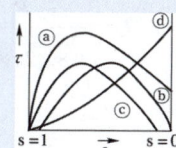

답 ⓒ

06. 단상 유도 전동기의 기동 방법 중 기동 토크가 큰 것은?
답 반발 기동형

07. 단상 유도 전동기의 기동에 브러시를 필요로 하는 것은?
답 반발 기동형

08. 콘덴서 전동기(condenser motor)의 특징이 아닌 것은?
답 소음 증가

답 171. ④

시험 및 측정

172 유도 전동기의 슬립을 측정하려고 한다. 다음 중 슬립의 측정법이 아닌 것은?
① 직류 밀리볼트계 법
② 수화기 법
③ 스트로보스코프 법
④ 프로니 브레이크 법

해설 프로니 브레이크법은 토크의 측정법이다.

173 유도 전동기의 슬립(slip)을 측정하려고 한다. 다음 중 슬립의 측정법은 어느 것인가?
① 직류 밀리볼트계법
② 동력계법
③ 보조 발전기법
④ 프로니 브레이크법

해설 슬립 측정 방법
① DC 밀리볼트계법 ② 수화기법 ③ 스트로보스코프법

174 6극 30[kW], 380[V], 60[Hz]의 정격을 가진 어떤 3상 유도 전동기의 구속 시험 결과 선간 전압 50[V] 선전류 60[A], 3상 입력 2.5[kW]이고 또, 단자 간의 직류 저항은 0.18[Ω]이었다. 이 전동기를 정격 전압으로 기동하는 경우 기동 토크[kg · m]는?
① 약 72   ② 약 117   ③ 약 702   ④ 약 1149

해설 동기 각속도를 ω_s[rad/s], 기동 시의 2차 입력을 P_2[W]라 하면 기동 토크 T_s는
$T_s = P_2/9.8\omega_s$, $\omega_0 = 2\pi \times 60/3 = 40\pi$
전력은 전압의 제곱에 비례하고, 2차 입력 P_2는 $P_2 = P_1 - 3I_1^2 r_1$이므로
$P_2 = (V_1/V_s)^2 \cdot (P_s - 3I_s^2 r_1) = (380/50)^2 \cdot (2.5 \times 10^3 - 3 \times 60^2 \times 0.18/2) = 88,257.3[W]$
$\therefore T_s = \dfrac{P_2}{9.8 \times 2\pi \times \dfrac{N_s}{60}} = 0.975 \dfrac{P_2}{N_s} = 0.975 \times \dfrac{88,257.3}{1200} = 71.71[kg \cdot m] ≒ 72[kg \cdot m]$

175 교류 타코메터(AC tachometer)의 제어 권선전압 $e(t)$와 회전각 θ의 관계는?
① $\theta \propto e(t)$
② $\dfrac{d\theta}{dt} \propto e(t)$
③ $\theta \cdot e(t) =$ 일정
④ $\dfrac{d\theta}{dt} \cdot e1(t) =$ 일정

해설 제어 권선전압은 회전각 속도에 비례한다. $\therefore e(t) \propto \dfrac{d\theta}{dt}$

답 172. ④ 173. ① 174. ① 175. ②

176 무부하 전동기는 역률이 낮지만 부하가 늘면 역률이 커지는 이유는?
① 전류 증가
② 효율 증가
③ 전압 감소
④ 2차 저항 증가

177 유도 전동기의 보호 방식에 따른 종류가 아닌 것은?
① 방진형
② 방수형
③ 전개형
④ 방폭형

해설 회전기의 보호 방식에 전개형이란 없다.

178 유도 전동기의 소음 중 전기적인 소음이 아닌 것은?
① 고조파 자속에 의한 진동음
② 슬립 비트 음
③ 기본파 자속에 의한 진동음
④ 팬 음

해설 유도 전동기의 소음을 계통적으로 분류하여 보면 다음과 같다.
① 전기적 소음 : 기본파 자속에 의한 진동음, 고조파 자속에 의한 진동음, 슬립 비트 음
② 기계적 소음 : 언밸런스에 의한 진동음, 베어링 음, 브러시 음
③ 통풍음 : 팬 음, 덕트 음

179 3상 유도 전동기에 불평형 3상 전압을 가한 경우 다음 전동기의 특성 중 옳은 것은?
① 영상 전압은 거의 고려할 필요가 없다.
② 영상 전압은 고려하여야 한다.
③ 정상 전압과 역상 전압에 의한 회전 자계의 방향은 같다.
④ 직렬 운전 상태에서 역상분은 제동 작용을 하지 않는다.

해설 불평형 전압이 가해져도 중성점이 접지되어 있지 않으므로 영상분은 존재하지 않는다. 정상분과 역상분의 회전 자계는 서로 반대 방향으로 회전하나 정상분에 의한 토크가 더 크므로 전동기는 정상분 전동기의 회전 방향으로 회전한다.

176. ① 177. ③ 178. ④ 179. ①

손실 및 효율

180 ☆ 【97. 산업기사】
3상 농형 유도 전동기의 효율은 약 몇 [%]인가?
① 60 ② 70 ③ 85 ④ 100

181 ★★★★★ 【83. 기사, 78. 82. 83. 91. 94. 96. 98. 11. 16. 산업기사】
유도 전동기에서 인가 전압이 일정하고 주파수가 정격값에서 수[%] 감소할 때 다음 현상 중 해당되지 않는 것은?
① 동기 속도가 감소한다.
② 철손이 증가한다.
③ 누설 리액턴스가 증가한다.
④ 효율이 나빠진다.

[해설] 누설 리액턴스는 주파수에 비례하므로($X=2\pi fL$) 주파수가 감소하면 누설 리액턴스는 감소한다.

유사문제
∥유사문제 원문 및 해설 : 동일출판사 홈페이지≫고객센터≫자료실

01. 50[Hz]로 설계된 3상 유도 전동기를 60[Hz]에 사용하는 경우 단자 전압을 110[%]로 올리면 다음과 같은 점에서 지장 없이 사용할 수 있다. 이 중 옳지 못한 것은?
답 온도 상승 증가

전기자 권선법

182 ★ 【11. 기사, 82. 산업기사】
6극의 3상 유도 전동기가 있다. 총 슬롯 수는 72이고 매극 매상 슬롯에 분포하고 코일 간격 75[%]의 단절권으로 하면 권선 계수는 얼마인가?
① 약 0.980 ② 약 0.920
③ 약 0.891 ④ 약 0.887

[해설] 1극 1상의 슬롯 수 : $q=\dfrac{Z}{3p}=\dfrac{72}{3\times 6}=4$

한 슬롯간 전기각 : $\alpha=180°\times\dfrac{6}{72}=15°$

분포권 계수 : $k_{d1}=\dfrac{\sin\dfrac{q\alpha}{2}}{q\sin\dfrac{\alpha}{2}}=\dfrac{\sin\left(\dfrac{4\times 15°}{2}\right)}{4\sin\dfrac{15°}{2}}=\dfrac{0.5}{4\times 0.1305}=0.960$

답 180. ③ 181. ③ 182. ④

단절권 계수 : $k_{p1} = \sin\dfrac{\beta\pi}{2} = \sin(0.75 \times 90) = \sin 67.5° = 0.924$

∴ 권선 계수 : $k_{w1} = k_{d1} \times k_{p1} = 0.960 \times 0.924 = 0.887$

183 ★☆ 【92. 97. 산업기사, ㉕ : 94. 산업기사】

3상 4극 유도 전동기가 있다. 고정자의 슬롯 수가 24라면 슬롯과 슬롯 사이의 전기각은 얼마인가?

① 20° ② 30° ③ 40° ④ 60°

[해설] 기하각 $\alpha° = \dfrac{\text{전기각}}{p/2} = \dfrac{2\theta_e}{p}$, $\alpha° = \dfrac{360°}{24} = 15°$, $\theta_e = \dfrac{p\alpha°}{2} = \dfrac{4 \times 15°}{2} = 30°$

유사문제

▎유사문제 원문 및 해설 : 동일출판사 홈페이지 » 고객센터 » 자료실

01. 4극 고정자 홈수 48인 3상 유도 전동기의 홈 간격을 전기각으로 표시하면?
  답 15°

02. 중소 용량의 3상 유도 전동기용 과부하 보호로서 가장 적당한 것은?
  답 노퓨즈 브레이커

03. 다음과 같은 전동력 응용 기계에서 GD^2의 값이 작은 것에 바람직한 장치는 어느 것인가?
  답 엘리베이터

답 183. ②

CHAPTER 05 교류 정류자기

1 교류 정류자 전동기의 분류

1) 속도 기전력

$$E = \frac{1}{\sqrt{2}} \frac{p}{a} Zn\phi_m = \frac{p}{a} Z \frac{N}{60} \phi \, [\text{V}]$$

2) 상수에 의한 분류
① 단상식 : 직권 전동기, 보상 직권 전동기, 반발 전동기, 보상 반발 전동기, 분권 전동기, 반발 유도 전동기
② 3상식 : 직권 전동기, 분권 전동기, 보상 유도 전동기

3) 특성에 의한 분류
① 정류자형 저주파 발전기
② 정류자형 주파수 변환기
③ 자동 진상기

2 단상 직권 정류자 전동기

① 계자극의 자속이 정현적으로 교번하므로 철손을 줄이기 위하여 전기자뿐만 아니라 계자 부분까지 성층 철심으로 한다.
② 전기자 및 계자 권선의 리액턴스 강하 때문에 역률에 따라서 출력이 매우 저하한다. 그러므로 계자 권선의 권수를 작게 하여 인덕턴스를 작게 한다(약계자, 강전기자형).
③ 전기자 권선수를 크게 하면 전기자 반작용이 커지기 때문에 정류가 곤란해지고 전기자 리액턴스 강하가 커져서 역률에 따라 출력이 저하한다. 대책으로 보상 권선을 설치한다.
④ 전기자 코일과 정류자편 사이의 접속에 고저항의 도선을 사용하여 단락 전류를 제한한다.
⑤ 단상 직권 정류자 전동기는 회전 속도에 비례하는 기전력이 전류와 동상으로 유기되어 속도가 증가할수록 역률이 개선되므로 회전속도를 증가시킨다.

3 - 3상 직권 정류자 전동기

1) 중간 변압기를 사용하는 주요한 이유 [출제] 산업 2번
① 전원 전압의 크기에 관계없이 정류에 알맞게 회전자 전압을 선택할 수 있다.
② 중간 변압기의 권수비를 바꾸어 전동기의 특성을 조정할 수 있다.
③ 직권 특성이기 때문에 경부하에서는 속도가 매우 상승하나 중간 변압기를 사용, 그 철심을 포화하도록 하면 그 속도 상승을 제한할 수 있다.

4 - 교류 분권 정류자 전동기

교류 분권 정류자 전동기는 토크의 변화에 대한 속도의 변화가 매우 작아 분권 특성의 정속도 전동기인 동시에 교류 가변 속도 전동기로서 널리 사용된다. [출제] 산업 2번, 기사 3번

5 - 3상 분권 정류자 전동기

시라게 전동기 : 브러시 이동으로 속도제어가 가능하다. [출제] 산업 3번, 기사 1번

CHAPTER 05 출제예상문제_교류 정류자기

속도 기전력

01 ★★★☆ 【86. 98. 99. 기사, 91. 산업기사】
교류 정류자기의 전기자 기전력은 회전으로 발생하는 기전력으로서 속도 기전력이라고도 하는데 그 식은 다음 것 중 어느 것인가?

① $E = \dfrac{a}{p} Z \dfrac{N}{60} \phi$ ② $E = \dfrac{1}{a} Z \dfrac{60}{N} \phi$

③ $E = \dfrac{p}{a} Z \dfrac{N}{60} \phi$ ④ $E = \dfrac{p}{a} \times \dfrac{N}{60Z} \phi$

해설 $E = \dfrac{1}{\sqrt{2}} \dfrac{p}{a} Zn\phi_m = \dfrac{p}{a} Z \dfrac{N}{60} \phi [V]$

02 ★ 【88. 기사】
교류 정류자기에서 갭의 자속 분포가 정현파로 $\Phi_m = 0.14$[Wb], $p = 2$, $a = 1$, $Z = 200$, $n = 20$[rps]일 때 브러시축이 자극축과 30°일 때의 속도 기전력 E_s[V]는?

① 약 200   ② 약 400   ③ 약 600   ④ 약 800

해설 $E_s = \dfrac{1}{\sqrt{2}} \cdot \dfrac{p}{a} Zn\phi_m \sin\theta = \dfrac{1}{\sqrt{2}} \times \dfrac{2}{1} \times 200 \times 20 \times 0.14 \times \sin 30° = 396[V]$

03 ★ 【92. 기사】
전부하 시에 있어서의 전류가 0.88[A], 역률이 89[%], 속도가 7000[rpm]의 6000[cps], 115[V], 2극 단상 직권 전동기가 있다. 회전자와 직권 계자 권선과의 실효 저항의 합은 58[Ω]이다. 전부하 시에 있어서의 속도 기전력을 구하시오. 단, 계자의 자속은 정현파 변화를 하고 브러시는 중성축에 놓여 있다.

① 41.5[V]   ② 51.4[V]   ③ 4.5[V]   ④ 45.1[V]

해설 $P = VI\cos\theta - I^2(R_s + R_f)$
   $= 115 \times 0.88 \times 0.89 - 0.88^2 (58) = 90.1 - 44.9 = 45.2[W]$
$E_s = \dfrac{P}{I} = \dfrac{45.2}{0.88} = 51.4[V]$

답 1. ③ 2. ② 3. ②

04 도체수 Z, 내부 회로 대수 a인 교류 정류자 전동기의 1내부 회로의 유효 권수 w_a는? 단, 분포권 계수는 $2/\pi$라고 한다.

① $w_a = \dfrac{Z}{2a\pi}$ ② $w_a = \dfrac{Z}{4a\pi}$ ③ $w_a = \dfrac{Z}{2a}$ ④ $w_a = \dfrac{aZ}{2}$

[해설] 1내부 회로의 권수는 $\dfrac{Z}{2a} \times \dfrac{1}{2} = \dfrac{Z}{4a}$, 권선 계수(분포권 계수)가 $2/\pi$이므로

$\therefore w_a = \dfrac{2}{\pi} \times \dfrac{Z}{4a} = \dfrac{Z}{2a\pi}$

유사문제

01. 단상 직권 정류자 전동기에서 주자속의 최댓값을 ϕ_m, 쌍극수를 p, 회전자의 병렬 회로수를 $2a$, 회전자의 전도체수를 Z, 회전자의 속도를 n[rpm]이라 하면 속도 기전력의 실효값 E_r[V]는? 단, 주자속은 정현파 변화를 한다.

[답] $E_r = \dfrac{1}{\sqrt{2}} \dfrac{p}{a} Z \dfrac{n}{60} \phi_m$

단상 교류 정류자기

05 직류·교류 양용에 사용되는 만능 전동기는?

① 직권 정류자 전동기   ② 복권 전동기
③ 유도 전동기   ④ 동기 전동기

[해설] 단상 직권 정류자 전동기(단상 직권 전동기)는 교·직 양용으로 사용할 수 있으며, 만능 전동기라고도 불린다.

06 교류 단상 직권 전동기의 구조를 설명하는 것 중 옳은 것은?

① 역률 개선을 위해 고정자와 회전자의 자로를 성층 철심으로 한다.
② 정류 개선을 위해 강계자 약전기자형으로 한다.
③ 전기자 반작용을 줄이기 위해 약계자 강전기자형으로 한다.
④ 역률 및 정류 개선을 위해 약계자 강전기자형으로 한다.

[해설] 교류 단상 직권 전동기는 역률을 좋게 하고 정류 개선을 위해 약계자 강전기자형으로 한다.

[답] 4.① 5.① 6.④

07 단상 직권 정류자 전동기의 회전 속도를 높이는 이유는?

① 리액턴스 강하를 크게 한다.
② 전기자에 유도되는 역기전력을 적게 한다.
③ 역률을 개선한다.
④ 토크를 증가시킨다.

해설) 단상 직권 정류자 전동기는 회전 속도에 비례하는 기전력이 전류와 동상으로 유기되어 속도가 증가할수록 역률이 개선되므로 회전속도를 증가시킨다.

08 단상 정류자 전동기에서 전기자 권선수를 계자 권선수에 비하여 특히 크게 하는 이유는?

① 전기자 반작용을 작게 하기 위하여
② 리액턴스 전압을 작게 하기 위하여
③ 토크를 크게 하기 위하여
④ 역률을 좋게 하기 위하여

해설) 단상 정류자 전동기에서는 약계자, 강전기자형으로 하여 역률을 좋게 하고 변압기 기전력을 작게 한다.

09 다음은 직류 직권 전동기를 교류 단상 정류자 전동기로 사용하기 위하여 교류를 가했을 때 발생하는 문제점을 열거한 것이다. 옳지 않은 것은?

① 효율이 나빠진다.
② 역률이 떨어진다.
③ 정류가 불량하다.
④ 계자 권선이 필요 없다.

해설) 직류 직권 전동기는 교류 전원을 사용할 수 있으나 자극은 철 덩어리로 되어 있기 때문에 철손이 크고, 계자 권선 및 전기자 권선의 인덕턴스 때문에 역률이 나쁘다. 또한 브러시에 의해 단락된 전기자 코일 내에 큰 기전력이 유기되어 정류가 불량하다는 단점이 있다.

10 다음은 직권 정류자 전동기의 브러시에 의하여 단락되는 코일 내의 변압기 전압(e_t)과 리액턴스 전압(e_r)의 크기가 부하 전류의 변화에 따라 어떻게 변화하는가를 설명한 것이다. 옳은 것은?

① e_t는 I가 증가하면 감소한다.
② e_t는 I가 증가하면 증가한다.
③ e_r는 I가 증가하면 감소한다.
④ e_r는 I가 증가하면 증가한다.

해설) 변압기 전압 e_t는 자속 Φ, 즉 부하 전류 I의 증가와 함께 증가하지만 리액턴스 전압 e_r은 부하 전류 I에 관계없이 일정하다.

답) 7. ③ 8. ④ 9. ④ 10. ②

11 다음은 단상 정류자 전동기에서 보상 권선과 저항 도선의 작용을 설명한 것이다. 옳지 않은 것은?

① 저항 도선은 변압기 기전력에 의한 단락 전류를 작게 한다.
② 변압기 기전력을 크게 한다.
③ 역률을 좋게 한다.
④ 전기자 반작용을 제거해 준다.

해설 › 저항 도선은 변압기 기전력에 의한 단락 전류를 작게 하여 정류를 좋게 하며 또한 보상 권선은 전기자 반작용을 상쇄하여 역률을 좋게 하고 변압기 기전력을 작게 해서 정류 작용을 개선한다.

12 단상 정류자 전동기에 보상 권선을 사용하는 가장 큰 이유는?

① 정류 개선
② 기동 토크 조절
③ 속도 제어
④ 역률 개선

해설 › 단상 직권 전동기의 보상 권선은 직류 직권 전동기와 달리 전기자 반작용으로 생기는 필요 없는 자속을 상쇄하도록 하여, 무효 전력의 증대에 따르는 역률의 저하를 방지한다.

13 다음 용도에서 단상 교류 정류자 전동기의 직권형이 가장 적합한 부하는?

① 전기 시계용
② 선풍기용
③ 펌프용
④ 전동 공구용

14 단상 정류자 전동기의 일종인 단상 반발 전동기에 해당되는 것은?

① 시라게 전동기
② 아트킨손형 전동기
③ 단상 직권 정류자 전동기
④ 반발 유도 전동기

해설 › 단상 반발 전동기에는 아트킨손형 전동기, 톰슨 전동기, 데리 전동기가 있다.

15 3상 직권 정류자 전동기의 효율, 역률이 가장 좋은 속도 영역은?

① 저속, 저속
② 동기 속도, 저속
③ 저속, 동기 속도 이상
④ 동기 속도, 동기 속도 이상

답 11. ② 12. ④ 13. ④ 14. ② 15. ④

유사문제

▮유사문제 원문 및 해설 : 동일출판사 홈페이지≫고객센터≫자료실

01. 교류 정류자 전동기의 설명 중 틀린 것은?
　답 정류 작용은 직류기와 같이 간단히 해결된다.

02. 단상 직권 정류자 전동기는 그 전기자 권선의 권선수를 계자 권수에 비해서 특히 많게 하고 있다. 다음은 그 이유를 설명한 것이다. 옳지 않은 것은?
　답 변압기 기전력을 크게 하기 위하여

03. 단상 정류자 전동기의 일종인 단상 반발 전동기에 해당되지 않는 것은 어느 것인가?
　답 시라게 전동기

04. 단상 직권 정류자 전동기에 있어서의 보상 권선의 효과는 다음과 같다. 이 중 틀린 것은?
　답 제동 효과가 있다.

05. 만능 전동기는?
　답 단상 직권 전동기

3상 교류 정류자기

★☆ 【11. 기사, 95. 05. 산업기사】

16 3상 직권 정류자 전동기에 중간(직렬)변압기가 쓰이고 있는 이유가 아닌 것은?
① 정류자 전압의 조정
② 회전자 상수의 감소
③ 경부하때 속도의 이상 상승 방지
④ 실효 권수비 선정 조정

해설　중간 변압기를 사용하는 이유는 다음과 같다.
① 전원 전압의 크기에 관계없이 회전자 전압을 정류 작용에 맞는 값으로 선정할 수 있다.
② 중간 변압기의 권수비를 바꾸어서 전동기의 특성을 조정할 수 있다.
③ 철심을 포화시켜 속도의 상승을 억제할 수 있다.

★★★★ 【82. 83. 90. 기사, 98. 00. 산업기사】

17 교류 분권 정류자 전동기는 다음 중 어느 때에 가장 적당한 특성을 가지고 있는가?
① 속도의 연속 가감과 정속도 운전을 아울러 요하는 경우
② 속도를 여러 단으로 변화시킬 수 있고 각 단에서 정속도 운전을 요하는 경우
③ 부하 토크에 관계없이 완전 일정 속도를 요하는 경우
④ 무부하와 전부하의 속도 변화가 적고 거의 일정 속도를 요하는 경우

답 16. ② 17. ①

해설 ▶ 교류 분권 정류자 전동기는 토크의 변화에 대한 속도의 변화가 매우 작아 분권 특성의 정속도 전동기인 동시에 교류 가변 속도 전동기로서 널리 사용된다.

18 ☆ 【97. 산업기사】
분권 정류자 전동기의 전압 정류 개선법에 도움이 되지 않는 것은?
① 보상 권선
② 보극 설치
③ 저저항 리드
④ 저항 브러시

19 ★☆ 【11. 기사, 01. 04. 10. 산업기사】
교류 전동기에서 브러시 이동으로 속도 변화가 편리한 것은?
① 시라게 전동기
② 농형 전동기
③ 동기 전동기
④ 2중 농형 전동기

해설 ▶ 시라게 전동기는 브러시 이동으로 간단히 원활하게 속도 제어가 된다.

20 ☆ 【03. 산업기사】
브러시의 위치를 바꾸어서 회전 방향을 바꿀 수 있는 전기 기계가 아닌 것은?
① 톰슨형 반발 전동기
② 3상 직권 정류자 전동기
③ 시라게 전동기
④ 정류자형 주파수 변환기

21 ☆ 【99. 산업기사】
시라게(Schrage) 전동기의 특성과 가장 비슷한 직류 전동기는?
① 분권 전동기
② 직권 전동기
③ 차동 복권 전동기
④ 가동 복권 전동기

해설 ▶ 시라게 전동기는 3상 분권 정류자 전동기이므로 직류 분권 전동기와 특성이 비슷한 정속도 전동기이다.

유사문제

01. 속도 변화에 편리한 교류 전동기는?
    답 시라게 전동기

02. 3상 직권 정류자 전동기의 중간 변압기의 사용 목적은?
    답 실효 권수비의 조정

답 18. ③ 19. ① 20. ④ 21. ①

서보모터

22 자동 제어 장치에 쓰이는 서보 모터의 특성을 나타내는 것 중 옳지 않은 것은?
① 발생 토크는 입력 신호에 비례하고 그 비가 클 것
② 시동 토크는 크나, 회전부의 관성 모멘트가 작고 전기적 시정수가 짧을 것
③ 빈번한 시동, 정지, 역전 등의 가혹한 상태에 견디도록 견고하고 큰 돌입 전류에 견딜 것
④ 직류 서보 모터에 비하여 교류 서보 모터의 시동 토크가 매우 크다.

[해설] 직류 서보 모터는 속응성을 높이기 위하여 일반 전동기에 비하여 전기자는 가늘고 길게 하며 공극의 자속 밀도를 크게 한 것으로 자동 제어 장치에 사용되는 것은 특수 직류기이다.

23 스태핑 모터의 특징 중 잘못된 것은?
① 모터에 가동부분이 없으므로 보수가 용이하고 신뢰성이 높다.
② 피드백이 필요치 않아 제어계가 간단하고 염가이다.
③ 회전각 오차는 스태핑마다 누적되지 않는다.
④ 모터의 회전각과 속도는 펄스 수에 반비례한다.

[해설] 스태핑 모터의 회전각과 속도는 펄스 수에 비례한다.

24 다음 중 DC 서보 모터의 기계적 시정수를 나타낸 것은? 단, R은 권선의 저항, J는 관성 모멘트, K_e는 서보 유기 전압 정수, K_f는 서보 모터의 도체 정수이다.

① $\dfrac{K_e K_f}{JR}$ ② $\dfrac{JR}{K_e K_f}$ ③ $\dfrac{K_e R}{JK_f}$ ④ $\dfrac{JK_f}{K_e R}$

25 2상 서보 모터를 구동하는 데 필요한 2상 전압을 얻는 방법에서 일반적으로 널리 쓰이는 방법은?
① 여자 권선에 콘덴서를 삽입하는 방법
② 증폭기 내에서 위상을 조정하는 방법
③ T결선 변압기를 이용하는 방법
④ 2상 전원을 직접 이용하는 방법

[해설] 2상 서보 전동기는 시간에 따라 변하는 신호를 운동으로 변환하는 곳에 사용되며, **증폭기 내에서 위상을 조정하여 구동에 필요한 2상 전압을 얻는다.**

[답] 22. ④ 23. ④ 24. ② 25. ②

26 제어용 기기에 요구되는 일반적 조건으로 해당되지 않은 것은?

① 기동, 정지, 역전을 자유로이 할 수 있을 것
② 기동시에 전류와 토크를 조정할 수 있을 것
③ 회전 속도 및 토크를 조정할 수 있을 것
④ 경부하를 방지할 수 있을 것

유사문제

01. 서보 모터(servo motor)에 관한 다음 기술 중 옳은 것은?
답 기동 토크가 크다.

02. 직류 서보 모터와 교류 2상 서보 모터의 비교에서 잘못된 것은?
답 교류식은 회전 부분의 마찰이 크다.

03. 2상 서보 모터의 특성 중 옳지 않은 것은?
답 제어 권선 전압 V_c가 0일 때 기동할 것

정류자 주파수 변환기

27 4극 60[Hz]의 정류자 주파수 변환기가 1440[rpm]으로 회전할 때의 주파수는 몇 [Hz]인가?

① 8 ② 10 ③ 12 ④ 15

[해설] $N_s = \dfrac{120f}{p} = \dfrac{120 \times 60}{4} = 1800[\text{rpm}]$, $s = \dfrac{N_s - N}{N_s} = \dfrac{1800 - 1440}{1800} = 0.2$

$\therefore f_2 = sf_1 = 0.2 \times 60 = 12[\text{Hz}]$

28 정류자형 주파수 변환기의 설명 중 틀린 것은?

① 정류자 위에는 한 개의 자극마다 전기각 $\dfrac{2\pi}{3}$ 간격으로 3조의 브러시가 있다.
② 3차 권선을 설치하여 1차 권선과 조정권선을 회전자에, 2차 권선을 고정자에 설치하였다.
③ 3개의 슬립링은 회전자 권선을 3등분한 점에 각각 접속되어 있다.
④ 용량이 큰 것은 정류작용을 좋게 하기 위해 보상권선과 보극권선을 고정자에 설치한다.

[해설] 정류자형 주파수 변환기는 정류자와 3개의 슬립링을 갖추고 있다.

답 26. ④ 27. ③ 28. ②

CHAPTER 06 정류기

1. 회전 변류기

1) 전압비

$$\frac{E_a}{E_d} = \frac{1}{\sqrt{2}} \sin \frac{\pi}{m}$$

출제 산업 3번, 기사 1번

여기서, E_a : 교류측 전압 (슬립 링 사이의 전압)[V]
 E_d : 직류측 전압[V]

2) 전류비

$$\frac{I_l}{I_d} = \frac{2\sqrt{2}}{m \cos\theta}$$

출제 산업 8번

여기서, I_l : 교류측 선전류[A], I_d : 직류측 전류[A]

3) 회전 변류기의 기동   출제 산업 2번, 기사 3번
① 교류측 기동법
② 기동 전동기에 의한 기동법
③ 직류측 기동법

4) 회전 변류기의 전압 조정법
① 직렬 리액턴스에 의한 방법
② 유도 전압 조정기를 사용하는 방법
③ 부하시 전압 조정 변압기를 사용하는 방법
④ 동기 승압기에 의한 방법

5) 회전 변류기의 난조원인 및 방지대책

(1) 난조 원인
① 브러시의 위치가 중성점보다 늦은 위치에 있을 때   출제 산업 1번, 기사 3번
② 직류측 부하가 급변하는 경우

③ 교류측 주파수가 주기적으로 변동하는 경우
④ 역률이 몹시 나쁜 경우
⑤ 전기자 회로의 저항이 리액턴스에 비하여 큰 경우

(2) 난조의 방지대책
① 제동 권선의 작용을 강하게 할 것
② 전기자 저항에 비하여 리액턴스를 크게 할 것
③ 허용되는 범위 내에서 자극수를 적게 하고 기하학적 각도와 전기각의 차를 적게 한다.
등이 있다.

2 전력용 반도체 소자

1) 반도체

(1) 순수(진성) 반도체

4족(가)있는 원소를 말한다. 반도체로 사용하는 원소 Si, Ge로 불순물을 혼합하지 않는 원소이며, 최외각 전자의 수가 4개인 원소이다.

(2) 불순물 반도체
① N(Negative)형 반도체 : 4족 원소(Si, Ge) + 5족 원소(P, As, Sb)
   최외각전자 4개인 Si 원소에 최외각전자 5개인 As을 첨가한 외인성 반도체를 말한다.
② P(positive)형 반도체 : 4족 원소(Si, Ge) + 3족 원소(B, Ga, In)
   최외각전자 4개인 Si 원소에 최외각전자 3개인 In를 첨가한 외인성 반도체를 말한다.

2) 다이오드

(1) PN 접합 다이오드

PN 접합 다이오드

그림은 PN 접합 다이오드를 나타낸 것이다. PN접합 다이오드는 애노드와 캐소드의 두 단자로 되어 있으며, 애노드에 (+), 캐소드에 (-)를 가할 때 순방향 바이어스로 도통상태가 된다.

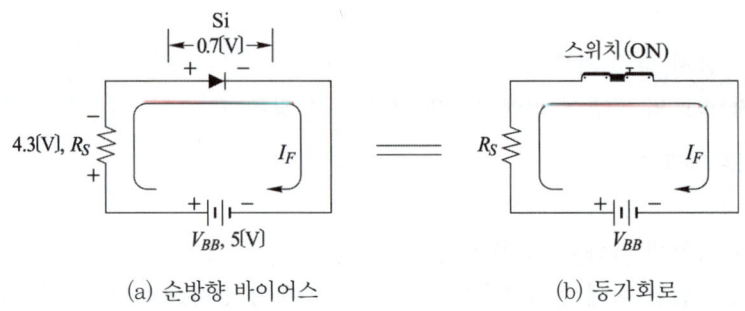

(a) 순방향 바이어스 (b) 등가회로

그림은 순방향 바이어스에서 PN접합 다이오드가 순방향 바이어스에서의 도통 상태를 나타낸 것으로 스위치 ON 상태와 같다.

도통상태를 OFF하려면 애노드에 (-), 캐소드에 (+)를 가하면 역방향 바이어스로 OFF가 된다.

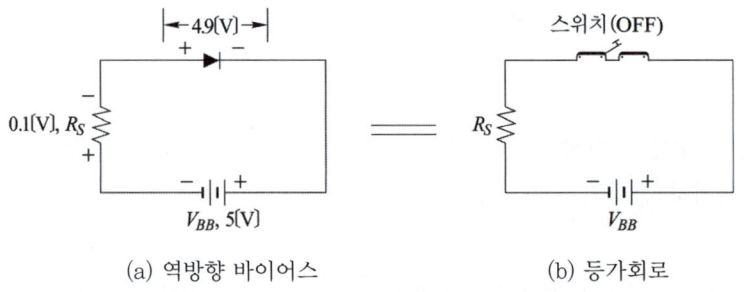

(a) 역방향 바이어스 (b) 등가회로

그림은 역방향 바이어스상태를 나타낸 것으로 스위치 OFF 상태와 같다.
이러한 기능을 정류기능이라 하며, 정류기 등에 사용된다.

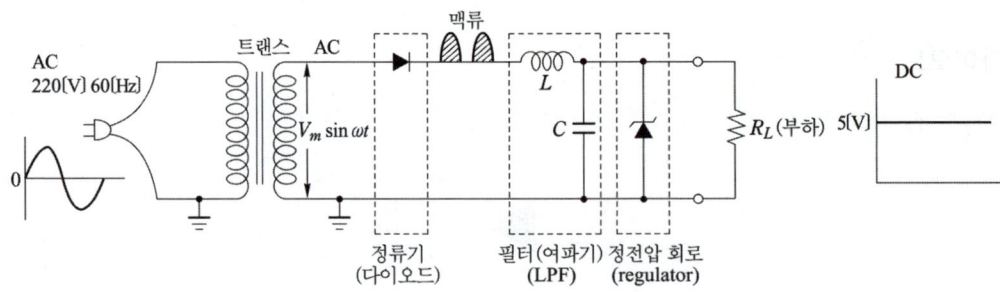

정류회로의 개략도

(2) 실리콘 정류기의 특성 출제 산업 2번
　① 역내전압이 크다. 출제 기사 5번
　② 전류 밀도가 크다(게르마늄의 2~3배, 셀렌의 500~1000배).
　③ 온도에 의한 영향이 작다(최고 허용 온도 140~200[℃]).

④ 효율은 가장 좋다(99[%]).
⑤ 대용량 정류기에 적합하다.

(3) 기능

① 순방향 도통 상태
   양극의 전압이 음극에 비하여 높을때는 전압을 약간만 증가시켜도 전류가 크게 증가한다. 즉, 다이오드의 저항이 매우 낮은 상태가 되며 이 상태를 순방향 도통상태라고 한다.

② 역방향 저지상태
   양극의 전압이 음극에 비하여 낮을때에는 상당한 큰 전압이 걸려도 전류가 흐르지 않는다. 즉, 다이오드의 저항이 매우 큰 상태가 되며 이 상태를 역방향 저지상태라고 한다.

③ 누설전류
   역방향 저지상태에서 역방향으로(음극에서 양극으로) 보통 수십[mA] 정도의 전류가 흐르는 경우가 있으며 이 전류를 누설전류라고 한다.

④ 다이오드의 정격전류
   다이오드가 파괴되지 않고 순방향으로 통과 시킬 수 있는 전류의 최댓값

⑤ 다이오드의 정격전압
   다이오드가 견딜 수 있는 최대 역전압

3) 사이리스터

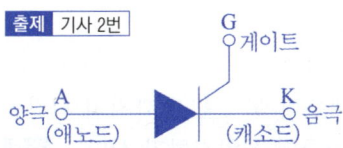

다이오드는 회로의 주변 상황에 따라 순방향으로 전압이 가해지면 도통하고 역방향으로 전압이 가해지면 도통하지 않는 수동적인 소자로 사용자가 임의로 ON, OFF시킬 수 없다.
반면, 사이리스터는 사용자가 원하는 시점에 도통시킬 수 있는 소자이다.
사이리스터는 여러 가지 종류가 있으나 그중 SCR(silicon controlled rectifier)이 대표적이다.

(1) 기능

① 순방향 저지상태 : 순방향 전압이 SCR에 인가되어도 SCR은 다이오드처럼 바로 도통하는 것이 아니고 SCR을 점호하기 전까지는 계속 불통상태에 머물러 있으며 이러한 상태를 순방향 저지 상태라 한다.

② SCR에 순방향 전압이 인가되어 있을 때 게이트 단자에 전류를 흘리면 SCR은 도통된다. 그러나 역전압이 걸려 있는 상태에서는 게이트 단자에 전류를 흘려도 SCR은 도통되지 않는다.

③ SCR은 일단 도통된 후 게이트 전류를 차단시켜도 계속 도통상태를 유지한다.

④ SCR의 소호 : 소자에 역전압이 걸려 흐르던 전류가 멈추면 소호된다. 그리고 일단 소호가 되고 나면 다시 순방향 전압이 가해져도 게이트를 통해 점호하기 전까지는 다시 도통하지 않는다. 출제 산업 5번, 기사 4번

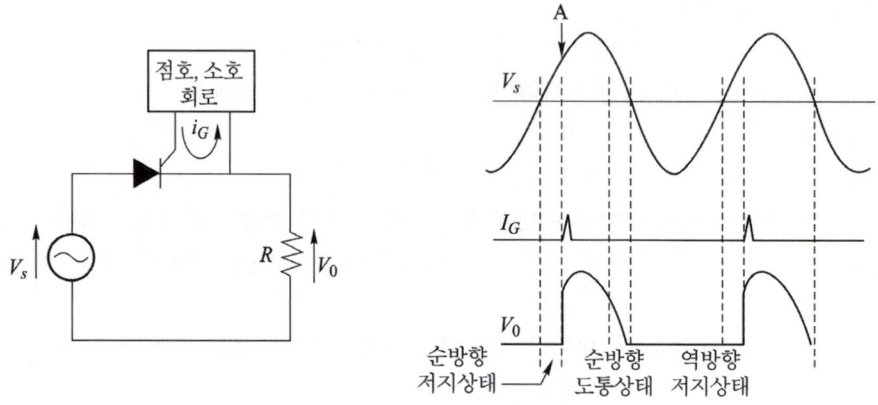

사이리스터의 동작

출제 산업 1번, 기사 3번

⑤ 래칭전류 : SCR이 ON되기 위하여 애노드에서 캐소드쪽으로 흘러야 할 최소 전류
⑥ 유지전류 : ON된 후에 ON 상태를 유지하기 위한 최소전류로서 래칭전류보다 작다.

(2) SCR의 특징   출제 기사 2번
① 아크가 생기지 않으므로 열의 발생이 적다.
② 과전압에 약하다.
③ 열용량이 적어 고온에 약하다.
④ 게이트 신호를 인가할 때부터 도통할 때까지의 시간이 짧다.
⑤ 전류가 흐르고 있을 때 양극의 전압강하가 작다.   출제 산업 2번, 기사 3번
⑥ 정류기능을 갖는 단일방향성 3단자 소자이다.   출제 기사 1번
⑦ 역률각 이하에서는 제어가 되지 않는다.

4) GTO(gate turn off thyristor)

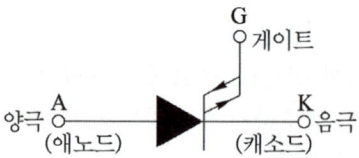

SCR은 도통 시점을 임의로 조절하는 것이 가능 하지만 소호시키는 시점은 제어 할 수 없다. 따라서, 이러한 단점을 보완한 것이 GTO로서 게이트에 흐르는 전류를 점호할 때의 전류와 반대방향의 전류를 흐르게 함으로서 임의로 GTO를 소호시킬 수 있다.

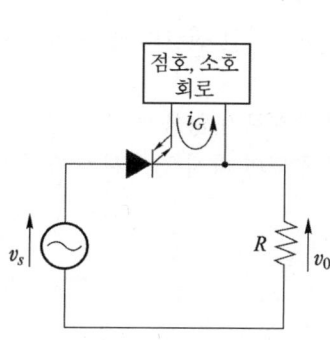
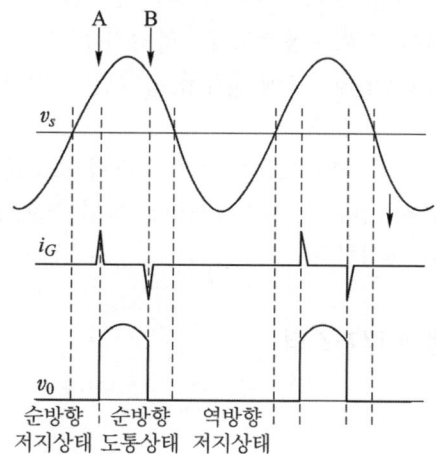

GTO의 동작

5) TRIAC(trielectrode AC switch)

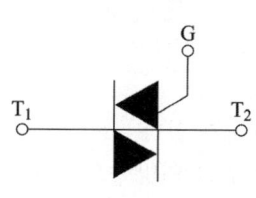
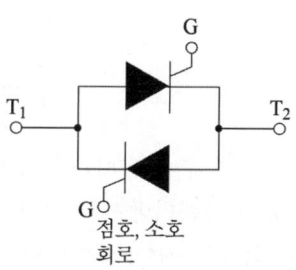

(a) 기호　　　　　　　(b) 등가 역병렬 SCR

TRIAC

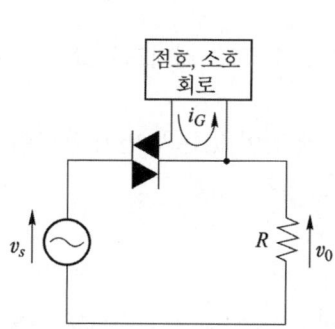
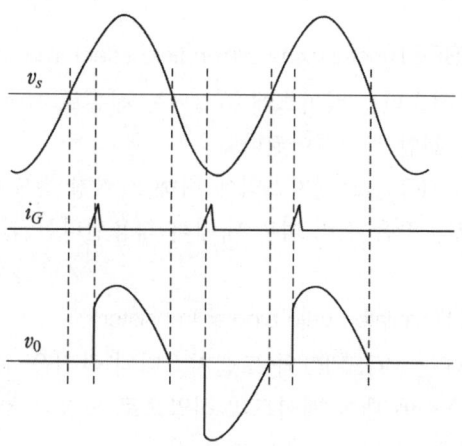

TRIAC의 동작

① SCR은 한 방향으로만 도통할 수 있는 데 반하여 이 소자는 양방향으로 도통할 수 있다.
② TRIAC은 기능상으로 2개의 SCR을 역병렬 접속한 것과 같다.
③ TRIAC의 게이트에 전류를 흘리면 ㄱ 상황에서 어느 방향이건 전압이 높은 쪽에서 낮은 쪽으로 도통한다.
④ 일단 도통하면 SCR과 같이 그 방향으로 전류가 더 이상 흐르지 않을때 까지 계속 도통한다. 따라서, 전류 방향이 바뀌려고 하면 소호되고 일단 소호되면 다시 점호시킬 때까지 차단 상태를 유지한다.

6) 전력용 트랜지스터

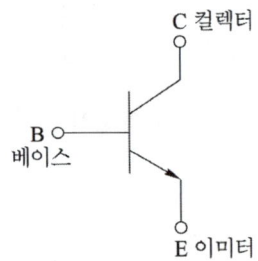

npn형 트랜지스터

① 트랜지스터는 그 구성에 따라 npn형과 pnp형 두 가지가 있다.
② 도통시 전류는 컬렉터에서 이미터 쪽으로만 흐를 수 있고 역방향으로는 흐를 수 없다.
③ 전압-전류 특성은 베이스 전류의 크기에 따라 달라진다.
④ 트랜지스터의 도통상태를 유지하기 위해서는 계속 베이스 전류를 흐르게 하고 있어야 한다.

즉, 이 점이 트랜지스터가 SCR, GTO와 다른 점이다.

7) MOSFET(metal oxide silicon field effect transistor)

트랜지스터는 베이스에 주입되는 전류로 제어되는 반면 MOSFET은 게이트와 소스 사이에 걸리는 전압으로 제어된다.
MOSFET은 트랜지스터에 비해 스위칭 속도가 매우 빠른 이점이 있는 반면에 용량이 적어서 비교적 작은 전력 범위 내에서 적용된다는 한계가 있다.

8) IGBT(insulated gate bipolar transistor)

IGBT는 MOSFET와 트랜지스터의 장점을 취한 것으로서
① 소스에 대한 게이트의 전압으로 도통과 차단을 제어한다.
② 게이트 구동전력이 매우 낮다.
③ 스위칭 속도는 FET와 트랜지스터의 중간정도로 빠른편에 속한다.
④ 용량은 일반 트랜지스터와 동등한 수준이다.

9) 각종 반도체 소자의 비교

명칭		단자	신호	응용 예
사이리스터	역저지 사이리스터			
	SCR	3단자	게이트 신호	정류기 인버터
	LASCR		빛 또는 게이트 신호	정지스위치 및 응용 스위치
	GTO		게이트 신호 on, off	초퍼 직류 스위치
	SCS	4단자		
	쌍방향 사이리스터			
	SSS	2단자	과전압 또는 전압상승률	조광장치, 교류 스위치
	TRIAC	3단자	게이트 신호	조광장치, 교류 스위치
	역도통 사이리스터		게이트 신호	직류 효과
다이오드		2단자		정류기
트랜지스터		3단자		증폭기

3 정류회로

1) 단상 반파정류회로

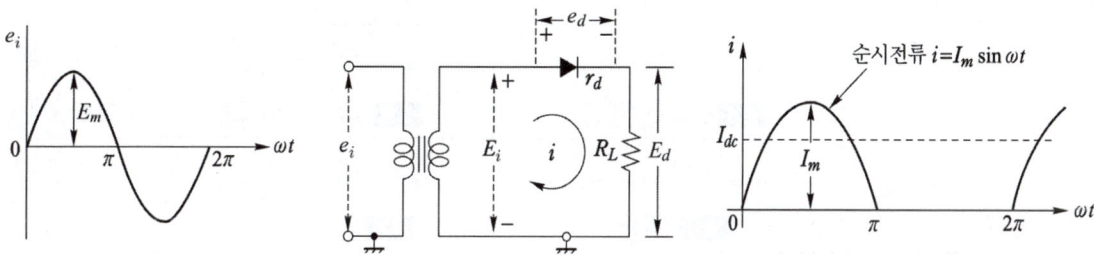

① 구간 $0 < \omega t < \pi$에서는 순시전류 $i = I_m \sin \omega t$가 부하에 흐른다.
② 구간 $\pi < \omega t < 2\pi$에서는 순시전류 $i = 0$이 된다.
  (단, $I_m = E_m / (r_d + R_L)$, r_d : 다이오드 순방향저항, $v_i = E_m \sin \omega t$)

반파 정류회로로서 교류전압을 인가하면 입력의 파형이 출력과 같이 반파로 정류되어 출력된다. 이 크기는 $E_d = 0.45 E_i$의 관계가 있으며, 여기서 E_d는 직류전압, E_i는 교류전압을 나타낸다.

2) 단상 전파정류회로

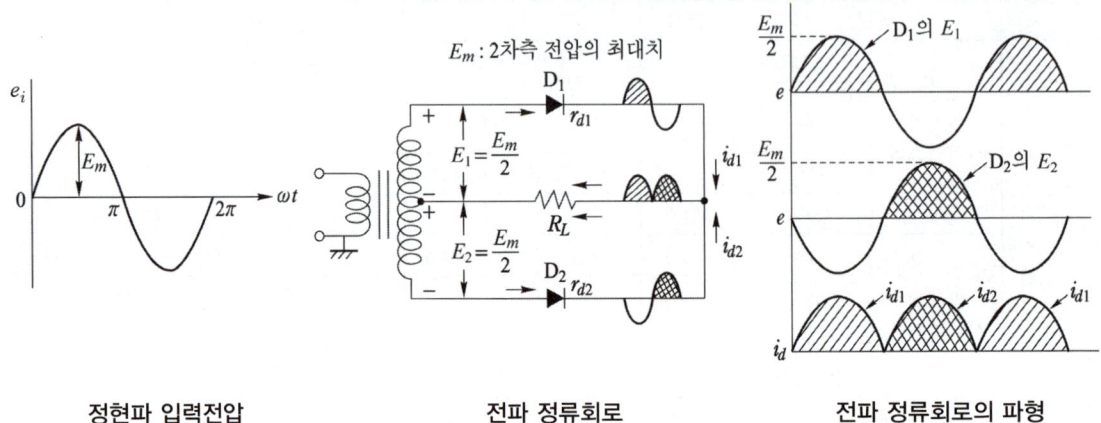

| 정현파 입력전압 | 전파 정류회로 | 전파 정류회로의 파형 |

정현파 입력이 들어왔을 때 처음 +반주기 동안에는 다이오드 D_1이 도통하여 i_{d1}의 전류가 부하저항 R_L에 흐르고 다음에 반전되어 두 번째 +반주기 동안에는 다이오드 D_2가 도통하며 i_{d2}의 전류가 부하저항 R_L에 흐른다. R_L에는 전주기(2π) 동안에 파형이 나오므로 전파정류라 한다.

전파정류는 $E_d = 0.9 E_i$의 관계가 있으며, 여기서 E_d는 직류전압, E_i는 교류전압을 나타낸다.

출제 산업 6번, 기사 3번

다이오드와 SCR의 비교

	반파정류	전파정류
다이오드	$E_d = \dfrac{\sqrt{2} E_i}{\pi} = 0.45 E_i$ 출제 산업 15번, 기사 3번	$E_d = \dfrac{2\sqrt{2} E_i}{\pi} = 0.9 E_i$ 출제 산업 14번, 기사 12번
SCR	$E_d = \dfrac{\sqrt{2} E_i}{2\pi}(1+\cos\alpha)$ 출제 기사 2번	$E_d = \dfrac{\sqrt{2} E_i}{\pi}(1+\cos\alpha)$ 출제 산업 5번, 기사 1번
효율	40.6[%] 출제 산업 1번	81.2[%]
PIV	\multicolumn{2}{c}{$PIV = E_d \times \pi$}

※ SCR 제어의 경우 역률각 이하에서는 제어되지 않는다.   출제 산업 5번, 기사 8번

3) 다상 정류

$$E_d = \frac{\sqrt{2} \sin \dfrac{\pi}{m}}{\dfrac{\pi}{m}} \cdot E_i$$ 출제 산업 5번, 기사 3번

4) 전력변환

① 사이클로 컨버터 : AC 전력을 증폭 출제 산업 1번, 기사 3번

사이클로 컨버터란 정지 사이리스터 회로에 의해 전원 주파수와 다른 주파수의 전력으로 변환시키는 직접 회로 장치이다.

② 쵸퍼 : DC 전력증폭 출제 산업 1번
③ 인버터 : 직류를 교류로 변환 출제 산업 2번
④ 컨버터 : 교류를 직류로 변환

5) 맥동률

① 맥동률 $= \sqrt{\dfrac{실효값^2 - 평균값^2}{평균값^2}} \times 100 = \dfrac{교류분}{직류분} \times 100 [\%]$ 출제 기사 3번

정류상수를 크게 했을 경우 맥동주파수는 높으나 맥동률은 감소한다. 출제 산업 3번, 기사 3번

② 단상 전파 : 48[%] 출제 산업 4번, 기사 2번
③ 3상 반파 : 17[%] 출제 산업 1번

6) PIV (첨두 역전압)

① 단상 반파 정류 회로 : $PIV = \sqrt{2}\,E = \pi E_d$
② 단상 전파 정류 회로 : $PIV = 2\sqrt{2}\,E = \pi E_d$ 출제 산업 12번, 기사 13번

여기서, E : 교류전압(실효값), E_d : 직류전압

4 수은정류기

1) 아크 전압 강하

① 음극 강하 : 약 10[V] 정도
② 양극 강하 : 약 4~7[V] 정도
③ 양광주 강하 : 약 0.05~0.3[V/cm]×아크 길이

이상의 3가지 강하를 합한 아크 전압은 16~30[V] 정도이다.

2) 이상 현상

① 역호 출제 산업 5번
② 이상 전압
③ 통호
④ 실호

3) 역호의 발생 원인

밸브 작용이 상실되는 현상
① 내부 잔존 가스 압력의 상승
② 화성 불충분
③ 양극의 수은 방울의 부착
④ 양극 표면의 불순물의 부착
⑤ 양극 재료의 불량
⑥ 전류, 전압의 과대 출제 산업 4번, 기사 1번
⑦ 증기 밀도의 과대

4) 역호의 방지 방법

① 정류기를 과부하로 되지 않도록 할 것
② 냉각 장치에 주의하여 과열, 과냉을 피할 것 출제 산업 2번
③ 진공도를 충분히 높게 할 것
④ 양극 재료의 선택에 주의할 것
⑤ 양극에 직접 수은 증기가 접촉되지 않도록 양극부의 유리를 구부린다.
⑥ 철제 수은 정류자에서는 그리드를 설치하고 이것을 부전위하여 역호를 저지시킨다.

5) 효율 출제 산업 1번

수은 정류기의 효율 η는

$$\eta = \frac{E_d I_d}{E_d I_d + E_a I_d} \times 100 = \frac{E_d}{E_d + E_a} \times 100 = \frac{1}{1 + \frac{E_a}{E_d}} \times 100 [\%]$$

여기서, E_d : 직류측 전압, E_a : 아크 전압, I_d : 직류측 전류

E_a의 값은 E_d, I_d에 관계 없이 거의 일정하기 때문에 수은 정류기의 효율은 E_d가 높을수록 좋아지고 부하 변동에 대한 효율의 변화는 매우 작다.

CHAPTER 06 출제예상문제_정류기

회전 변류기

01 ★★★ 【91. 01. 03. 기사, 83. 97. 산업기사】
회전 변류기의 직류측 전압을 조정하려는 방법이 아닌 것은?
① 동기 승압기에 의한 방법직렬
② 유도 전압 조정기를 사용하는 방법
③ 리액턴스에 의한 방법
④ 여자 전류를 조정하는 방법

해설 회전 변류기는 교류측과 직류측의 전압비가 일정하므로 직류측 여자 전류를 가감하여 직류 전압을 조정할 수 없다. 따라서 직류 전압을 조정하기 위해서는 슬립링에 가해지는 교류 전압을 조정하여야 한다. 이 방법은 다음과 같다.
① 직렬 리액턴스에 의한 방법
② 유도 전압 조정기를 사용하는 방법
③ 부하 시 전압 조정 변압기를 사용하는 방법
④ 동기 승압기를 사용하는 방법

02 ★★★☆ 【89. 97. 99. 기사, 83. 산업기사】
회전 변류기의 난조의 원인이 아닌 것은?
① 직류측 부하의 급격한 변화
② 역률이 매우 나쁠 때
③ 교류측 전원 주파수의 주기적 변화
④ 브러시 위치가 전기적 중성축보다 앞설 때

해설 회전 변류기의 난조의 원인은 다음과 같다.
① 브러시의 위치가 중성점보다 늦은 위치에 있을 때
② 직류측 부하가 급변하는 경우
③ 교류측 주파수가 주기적으로 변동하는 경우
④ 역률이 몹시 나쁜 경우
⑤ 전기자 회로의 저항이 리액턴스에 비하여 큰 경우

또한 난조의 방지법으로는
① 제동 권선의 작용을 강하게 할 것
② 전기자 저항에 비하여 리액턴스를 크게 할 것
③ 허용되는 범위 내에서 자극수를 적게 하고 기하학적 각도와 전기각의 차를 적게 한다.
등이 있다.

03 ☆ 【83. 산업기사】
정격 전압 250[V], 1000[kW]인 6상 회전 변류기의 교류측에 250[V]의 전압을 가할 때, 직류측의 유도 기전력은 몇 [V]인가? 단, 교류측 역률은 100[%]이고 손실은 무시한다.
① 약 815
② 약 747
③ 약 707
④ 약 684

답 1. ④ 2. ④ 3. ③

해설 m상 회전 변류기의 교류측과 직류측의 전압비는

$$\frac{E_a}{E_d} = \frac{1}{\sqrt{2}}\sin\frac{\pi}{m} = \frac{1}{\sqrt{2}}\sin\frac{\pi}{6} \text{ (6상이므로)}$$

$$\therefore E_d = \frac{E_a}{\frac{1}{\sqrt{2}}\sin\frac{\pi}{6}} = \frac{250}{\frac{1}{\sqrt{2}} \times \frac{1}{2}} = 2\sqrt{2} \times 250 = 707[\text{V}]$$

04 ★★ 【79. 기사, 86. 91. 산업기사】

단중 중권 6상 회전 변류기의 직류측 전압 E_d와 교류측 슬립링간의 기전력 E_a에 대해 옳은 식은?

① $E_a = \dfrac{1}{2\sqrt{2}}E_d$ ② $E_a = 2\sqrt{2}\,E_d$

③ $E_a = \dfrac{3}{2\sqrt{2}}E_d$ ④ $E_a = \dfrac{1}{\sqrt{2}}E_d$

해설 m상 회전 변류기의 교류측 E_a와 직류측 E_d의 전압비는

$\dfrac{E_a}{E_d} = \dfrac{1}{\sqrt{2}}\sin\dfrac{\pi}{m}$ 에서 $m=6$이므로

$\therefore E_a = \dfrac{1}{\sqrt{2}}\sin\dfrac{\pi}{6}E_d = \dfrac{1}{2\sqrt{2}}E_d[\text{V}]$

05 ★☆ 【83. 97. 산업기사, ⊕ : 76. 산업기사】

회전 변류기의 교류측 선전류를 I_a, 직류측 선전류를 I_d라 하면 I_d/I_a의 전류비는? 단, 손실은 없으며, 역률은 1이고, m은 상수이다.

① $\dfrac{2\sqrt{2}}{m}$ ② $2\sqrt{2}$ ③ $\dfrac{2\sqrt{2}}{3m}$ ④ $\dfrac{m}{2\sqrt{2}}$

해설 $\cos\theta = 1$이므로 $\dfrac{I_d}{I_a} = \dfrac{m\cos\theta}{2\sqrt{2}} = \dfrac{m \times 1}{2\sqrt{2}} = \dfrac{m}{2\sqrt{2}}$

06 ★★☆ 【85. 97. 산업기사, ⊕ : 78. 82. 83. 산업기사】

6상 회전 변류기의 정격 출력이 2000[kW]이고 직류측 정격 전압이 1000[V]이다. 교류측 입력 전류는? 단, 역률 및 효율은 전부 100[%]이고 $\cos\theta = 1$이다.

① 약 471[A]   ② 약 667[A]
③ 약 943[A]   ④ 약 1633[A]

해설 $I_d = \dfrac{P_d}{E_d} = \dfrac{2000 \times 10^3}{1000} = 2000[\text{A}]$, $\dfrac{I_a}{I_d} = \dfrac{2\sqrt{2}}{m\cos\theta}$에서

$\therefore I_a = \dfrac{2\sqrt{2}}{m\cos\theta}I_d = \dfrac{2\sqrt{2} \times 2000}{6 \times 1} = 942.8[\text{A}]$

답 4. ① 5. ④ 6. ③

유사문제

01. 회전 변류기에서 직류측의 전압 E_d[V]와 교류측 전압의 실효값을 E_a[V]라 하면 교류, 직류의 전압비 $\dfrac{E_a}{E_d}$는?

답 $\dfrac{1}{\sqrt{2}}$

02. 6상 회전 변류기에서 직류 600[V]를 얻으려면 슬립링 사이의 교류 전압을 몇 [V]로 하여야 하겠는가?

답 $E_a = \dfrac{1}{\sqrt{2}} \sin \dfrac{\pi}{6} \cdot E_d = \dfrac{1}{\sqrt{2}} \times \dfrac{1}{2} \times 600 = 212.16$[V]

03. 6상 회전 변류기의 교류측 전압 E_d와 직류측 전압 E_a의 실효값과의 비 $\dfrac{E_d}{E_a}$는?

답 $\dfrac{E_d}{E_a} = 2\sqrt{2}$

04. 회전 변류기의 교류측 선로 전류와 직류측 선로 전류의 실효값과의 비는 다음 중 어느 것인가? 단, m은 상수이다.

답 $\dfrac{I_a}{I_d} = \dfrac{2\sqrt{2}}{m \cos\theta}$

05. 6상 회전 변류기의 직류측 선전류가 600[A]일 때 교류측 선전류의 크기는? 단, 역률 및 효율은 모두 100[%]이다.

답 $I_l = \dfrac{2\sqrt{2}}{m \cos\theta} I_d = \dfrac{2\sqrt{2}}{6} \times 600 = 200\sqrt{2}$

06. 회전 변류기의 직류측 전압 조정 방법에 속하지 않는 것은?

답 저항 조정

07. 회전 변류기의 전압 제어에 쓰이지 않는 것은?

답 계자 저항기

수은 정류기

★★ 【85. 90. 91. 98. 산업기사】

07 일반적으로 전철이나 화학용과 같이 비교적 용량이 큰 수은 정류기용 변압기의 2차측 결선 방식으로 쓰이는 것은?

① 6상 2중 성형　　② 3상 반파　　③ 3상 전파　　④ 3상 크로즈파

해설 수은 정류기의 직류측 전압은 맥동이 있으므로 맥동을 적게 하기 위하여 상수를 6상 또는 12상을 사용한다. 특히 대용량의 경우는 보통 6상식이 쓰인다.

답 7. ①

08 ★★☆ 【82. 83. 89. 91. 00. 20. 산업기사】
수은 정류기에 있어서 정류기의 밸브 작용이 상실되는 현상을 무엇이라 하는가?

① 점호 ② 역호 ③ 실호 ④ 통호

[해설] 운전 중에 아크가 쉬고 있는 양극은 음극에 대하여 부전위로 된다. 이 부전위를 역전압이라 하며, 부전위로 있는 동안에 어떤 원인으로 양극에 음극점이 생기면 이 양극에서 전자가 방출하여 밸브 작용을 잃고 마는데, 이러한 현상을 역호라 한다.

09 ★☆ 【80. 81. 83. 산업기사】
6상식 수은 정류기의 무부하 시에 있어서의 직류측 전압은 얼마인가? 단, 교류측 전압은 E [V], 격자 제어 위상각 및 아크 전압 강하를 무시한다.

① $\dfrac{3\sqrt{2}E}{\pi}$ ② $\dfrac{6(\sqrt{3}-1)E}{\pi}$ ③ $\dfrac{\sqrt{2}\pi E}{3}$ ④ $\dfrac{3\sqrt{6}E}{\pi}$

[해설] 일반적으로 상수 m, 각 상의 전압이 E일 때의 직류측 전압 E_{d0}는 전류 무제어의 경우에
$E_{d0} = (\sqrt{2}E\sin\dfrac{\pi}{m})/\dfrac{\pi}{m}$ 로 표시된다($m=6$일 때).

$\therefore E_{d0} = \dfrac{\sqrt{2}E\sin\dfrac{\pi}{6}}{\dfrac{\pi}{6}} = \sqrt{2}E \times \dfrac{1}{2} \times \dfrac{6}{\pi} = \dfrac{3\sqrt{2}E}{\pi} = 1.35E$

10 ★ 【85. 92. 산업기사】
3상 수은 정류기의 직류측 전압 E_d와 교류측 전압 E의 비 $\dfrac{E_d}{E}$는?

① 0.855 ② 1.02 ③ 1.17 ④ 1.86

[해설] $E_d = \dfrac{\sqrt{2}E\sin\dfrac{\pi}{m}}{\dfrac{\pi}{m}}$ [V]에서 $\therefore \dfrac{E_d}{E} = \dfrac{\sqrt{2}\sin\dfrac{\pi}{m}}{\dfrac{\pi}{m}} = \dfrac{\sqrt{2}\sin\dfrac{\pi}{3}}{\dfrac{\pi}{3}} = \dfrac{\sqrt{2}\times\dfrac{\sqrt{3}}{2}}{\dfrac{\pi}{3}} = 1.17$

11 ☆ 【91. 산업기사】
수은 정류기의 전압과 효율과의 관계는?

① 전압이 높아짐에 따라 효율은 떨어진다.
② 전압이 높아짐에 따라 효율은 좋아진다.
③ 전압과 효율은 무관하다.
④ 어느 전압 이하에서 전압에 관계없이 일정하다.

[해설] 수은 정류기의 효율 η는
$\eta = \dfrac{E_d I_d}{E_d I_d + E_a I_d} \times 100 = \dfrac{E_d}{E_d + E_a} \times 100 = \dfrac{1}{1+\dfrac{E_a}{E_d}} \times 100$ [%]

여기서, E_d : 직류측 전압, E_a : 아크 전압, I_d : 직류측 전류

[답] 8. ② 9. ① 10. ③ 11. ②

E_a의 값은 E_d, I_d에 관계 없이 거의 일정하기 때문에 수은 정류기의 효율은 E_d가 높을수록 좋아지고 부하 변동에 대한 효율의 변화는 매우 작다.

12 ★★★ 【97. 기사, 80. 82. 83. 89. 산업기사】
수은 정류기의 역호 발생의 큰 원인은?

① 내부 저항의 저하 ② 전원 주파수의 저하
③ 전원 전압의 상승 ④ 과부하 전류

[해설] 역호의 발생 원인은 다음과 같다.
① 내부 잔존 가스 압력의 상승 ② 화성 불충분 ③ 양극의 수은 물방울 부착
④ 양극 표면의 불순물 부착 ⑤ 양극 재료의 불량 ⑥ 전류, 전압의 과대
⑦ 증기 밀도의 과대

13 ★ 【94. 99. 산업기사】
수은 정류기의 역호 방지법에 대하여 옳은 것은?

① 정류기를 어느 정도 과부하로 운전할 것
② 냉각 장치에 주의하여 과냉각하지 말 것
③ 진공도를 적당히 할 것
④ 양극 부분에 항상 열을 가열할 것

[해설] 역호의 방지법
① 정류기를 과부하로 되지 않도록 할 것
② 냉각 장치에 주의하여 과냉, 과열을 피할 것
③ 진공도를 충분히 높게 할 것
④ 양극에 직접 수은 증기가 부착되지 않게 할 것
⑤ 양극의 바로 앞에 그리드를 설치하여 이것을 부전위로 하여 역호를 저지시킨다.

14 ★★ 【95. 98. 기사】
6상 수은 정류기의 점호극의 수는?

① 1 ② 3 ③ 6 ④ 12

15 ★ 【95. 기사】
직류 5[V], 10000[A]의 전원을 얻으려 한다. 다음 정류 방식 중 가장 적합한 방식은?

① 수은 정류기 ② 실리콘 정류기 ③ 단극 발전기 ④ 셀렌 정류기

16 ★★ 【93. 97. 기사】
3상 수은 정류기의 직류 부하 전류(평균)에 100[A]되는 1상 양극 전류 실효값[A]은?

① $\dfrac{100\sqrt{3}}{\pi}$ ② $\dfrac{100}{\sqrt{3}}$ ③ $100\sqrt{3}$ ④ $\dfrac{100}{3}$

답 12. ④ 13. ② 14. ① 15. ① 16. ②

해설 1상의 양극 전류는 100[A]가 $\frac{2\pi}{3}$ 사이에만 흐르고 나머지 $\frac{4\pi}{3}$는 흐르지 않으므로

$$I_{rms} = \sqrt{\frac{(100^2 \times \frac{2\pi}{3})}{2\pi}} = \frac{100}{\sqrt{3}} [A]$$

★ 【93. 기사】
17 600[V] 철조 수은 정류기를 A, 1500[V] 철조 수은 정류기를 B, 600[V] 회전 변류기를 C, 1500[V] 회전 변류기를 D라 할 때 종합효율이 좋은 것부터 나열하면?
① C-A-B-D
② B-D-A-C
③ A-B-D-C
④ D-C-B-A

해설 각 기의 100[%] 부하에 대한 효율은
600[V] 철조 수은 정류기 : 94.5[%], 1,500[V] 철조 수은 정류기 : 97[%]
600[V] 회전 변류기 : 93.5[%], 1,500[V] 회전 변류기 : 95[%]

☆ 【96. 산업기사】
18 유리제 수은 정류기의 장점이 아닌 것은?
① 효율이 높다.
② 용기를 대지와 절연할 필요가 없다.
③ 진공 장치가 필요 없다.
④ 기계적, 열적으로 강하다.

해설 유리제 수은 정류기
장점 : ① 냉각수가 필요 없다. ② 진공 장치가 필요 없다. ③ 운전 보수가 용이하다.
④ 효율이 높다. ⑤ 시설비가 싸다.
단점 : ① 기계적으로 약하다. ② 수리가 곤란하다.
③ 단관 용량, 과부하 내량이 작고 대용량의 것을 제작할 수 없다.

유사문제
▪유사문제 원문 및 해설 : 동일출판사 홈페이지≫고객센터≫자료실

01. 유리제 단상 수은 정류기용 변압기 2차측의 각 상 기전력을 100[V], 전호 강하를 10[V]라고 한다. 내부 저항 0.004[Ω], 2[V]의 축전지 50개를 부하로 하여 외부 저항 0.5[Ω]과 직렬 접속한다. 변압기 임피던스를 무시할 때 부하 전류의 최대 순시값[A]은?
답 $E_{in} = 2E_m - v_a = 282.8 - 10 = 272.8[V]$

02. 수은 정류기 이상 현상 또는 전기적 고장이 아닌 것은?
답 점호

03. 수은 정류기의 역호를 방지하기 위해 운전상 주의할 사항으로 맞지 않는 것은?
답 냉각 장치에 유의하고 과열되면 급히 냉각시킨다.

04. 다음에서 수은 정류기의 역호의 발생 원인이 아닌 것은?
답 주파수 상승

답 17. ② 18. ④

반도체 정류기

19 ★ 【03. 기사】
전압을 일정하게 유지하기 위해서 이용되는 다이오드는?
① 정류용 다이오드　　　　② 버랙터 다이오드
③ 바리스터 다이오드　　　④ 제너 다이오드

해설
- 정류용 다이오드 : AC를 DC로 정류
- 버랙터 다이오드 : 정전 용량이 전압에 따라 변화하는 소자
- 바리스터 다이오드 : 과도 전압, 이상 전압에 대한 회로 보호용으로 사용되는 소자
- 제너 다이오드 : 정전압 회로용 소자

20 ★ 【90. 05. 기사】
다음 중 SCR의 기호가 맞는 것은 어느 것인가? 단, A는 anode의 약자, K는 cathode의 약자이며 G는 gate의 약자이다.

① 　② 　③ 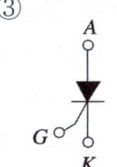　④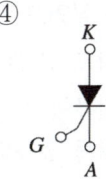

해설　① 다이오드(Diode)　③ SCR(Silicon Controlled Rectifier)

21 ★ 【94. 98. 산업기사】
반도체 정류기에서 필요하지 않은 것은?
① 정류용 변압기　② 냉각 장치　③ 전압 조정 요소　④ 여호 전원

22 ★★★★ 【82. 83. 92. 97. 03. 11. 18. 25. 기사】
다음과 같은 반도체 정류기 중에서 역방향 내전압이 가장 큰 것은?
① 실리콘 정류기　　　　② 게르마늄 정류기
③ 셀렌 정류기　　　　　④ 아산화동 정류기

해설　실리콘 정류기의 역방향 내전압은 500~1000[V] 정도이다.

23 ★ 【98. 00. 산업기사】
실리콘 다이오드의 특성에서 잘못된 것은?
① 전압 강하가 크다.　　② 정류비가 크다.
③ 허용 온도가 높다.　　④ 역내전압이 크다.

답　19. ④　20. ③　21. ④　22. ①　23. ①

해설 ▸ 실리콘 정류기의 특성은
① 역내전압이 크다.
② 전류 밀도가 크다(게르마늄의 2~3배, 셀렌의 500~1000배).
③ 온도에 의한 영향이 작다(최고 허용 온도 140~200[℃]).
④ 효율은 가장 좋다(99[%]).
⑤ 대용량 정류기에 적합하다.

★★★☆ 【82. 83. 98. 기사, 01. 05. 산업기사】
24 SCR(실리콘 정류 소자)의 특징이 아닌 것은?

① 아크가 생기지 않으므로 열의 발생이 적다.
② 과전압에 약하다.
③ 게이트에 신호를 인가할 때부터 도통할 때까지의 시간이 짧다.
④ 전류가 흐르고 있을 때의 양극 전압 강하가 크다.

해설 ▸ SCR의 순방향 전압 강하는 보통 1.5[V] 이하로 적다.

★★★★ 【89. 99. 01. 기사, 84. 91. 산업기사】
25 SCR의 설명으로 적당하지 않은 것은?

① 게이트 전류(I_G)로 통전 전압을 가변시킨다.
② 주전류를 차단하려면 게이트 전압을 (0) 또는 (-)로 해야 한다.
③ 게이트 전류의 위상각으로 통전 전류의 평균값을 제어시킬 수 있다.
④ 대전류 제어 정류용으로 이용된다.

해설 ▸ SCR는 게이트에 (+)의 트리거 펄스가 인가되면 통전 상태로 되어 정류 작용이 개시되고, 일단 통전이 시작되면 게이트 전류를 차단해도 주전류(애노드 전류)는 차단되지 않는다. 이 때에 이를 차단하려면 애노드 전압을 (0) 또는 (-)로 해야 한다.

★★ 【91. 00. 기사】
26 SCR의 특성에 대한 설명으로 잘못된 것은?

① 브레이크 오버(break over) 전압은 게이트 바이어스 전압이 역으로 증가함에 따라서 감소된다.
② 부성 저항의 영역을 갖는다.
③ 양극과 음극간에 바이어스 전압을 가하면 pn 다이오드의 역방향 특성과 비슷하다.
④ 브레이크 오버 전압 이하의 전압에서도 역포화 전류와 비슷한 낮은 전류가 흐른다.

해설 ▸ SCR은 순방향 게이트 전류의 크기가 증가하면 순방향 브레이크오버 전압이 감소되어 도통하게 된다.

★ 【03. 기사】
27 SCR의 설명 중 옳지 않은 것은?

① 스위칭 소자이다.
② P-N-P-N 소자이다.
③ 쌍방향성 사이리스터이다.
④ 직류, 교류, 전력 제어용으로 사용한다.

해설 ▸ SCR은 단일 방향성 3단자 소자이다.

답 24. ④ 25. ② 26. ① 27. ③

28 2방향성 3단자 사이리스터는 어느 것인가? 【88. 94. 98. 03. 05. 12. 25. 기사, 25. 산업기사】

① SCR ② SSS ③ SCS ④ TRIAC

해설) SCR : 1방향성 3단자, SSS : 2방향성 2단자
SCS : 1방향성 4단자, TRIAC : 2방향성 3단자

29 다음 사이리스터 중 3단자 사이리스터가 아닌 것은? 【88. 97. 01. 05. 기사】

① SCR ② GTO ③ TRIAC ④ SCS

해설) SCR, GTO, TRIAC은 3단자 사이리스터이며 SCS는 1방향성 4단자 사이리스터이다.

30 SCS(silicon controlled switch)의 특징이 아닌 것은? 【98. 산업기사】

① 게이트 전극이 2개이다.
② 직류 제어 소자이다.
③ 쌍방향으로 대칭적인 부성 저항 영역을 갖는다.
④ AC의 ⊕, ⊖ 전파기간 중 트리거용 펄스를 얻을 수 있다.

31 사이리스터(thyristor)의 기본 동작 원리 중 양극 전위가 (−), 음극 전위가 (+), 게이트 조건이 OFF이고, 특성 조건이 누설 전류가 급증하였을 때 사이리스터의 상태는? 【83. 기사, 82. 83. 97. 산업기사】

① OFF ② ON ③ ON→OFF ④ OFF→ON

32 사이리스터(thyristor)에서는 게이트 전류가 흐르면 순방향의 저지 상태에서 ☐ 상태로 된다. 게이트 전류를 가하여 도통 완료까지의 시간을 ☐ 시간이라고 하나 이 시간이 길면 ☐ 시의 ☐ 이 많고 사이리스터 소자가 파괴되는 수가 있다. 다음 ☐ 안에 알맞은 말의 순서는? 【83. 86. 98. 08. 12. 기사, 90. 산업기사】

① 온, 턴온, 스위칭, 전력 손실
② 온, 턴온, 전력 손실, 스위칭
③ 스위칭, 온, 턴온, 전력 손실
④ 턴온, 스위칭, 온, 전력 손실

33 직류에서 교류로 변환하는 기기는? 【01. 산업기사】

① 인버터 ② 사이클로 컨버터 ③ 초퍼 ④ 회전 변류기

해설) 인버터는 직류를 교류로 변환하는 역변환 장치이다.

답) 28. ④ 29. ④ 30. ② 31. ① 32. ① 33. ①

34 다음은 다이리스터의 래칭(latching) 전류에 관한 설명이다. 옳은 것은?

① 게이트를 개방한 상태에서 사이리스터 도통 상태를 유지하기 위한 최소 전류
② 게이트 전압을 인가한 후에 급히 제거한 상태에서 도통 상태가 유지되는 최소의 순전류
③ 사이리스터의 게이트를 개방한 상태에서 전압이 상승하면 급히 증가하게 되는 순전류
④ 사이리스터가 턴온하기 시작하는 전류

해설) 게이트 개방 상태에서 SCR이 도통되고 있을 때 그 상태를 유지하기 위한 최소의 순전류를 유지 전류(holding current)라고 하고, 턴온되려고 할 때는 이 이상의 순전류가 필요하고, 확실히 턴온시키기 위해서 필요한 최소의 순전류를 래칭 전류라 한다.

35 사이클로 컨버터(cycloconverter)란?

① 실리콘 양방향성 소자이다.
② 제어 정류기를 사용한 주파수 변환기이다.
③ 직류 제어 소자이다.
④ 전류 제어 소자이다.

해설) 사이클로 컨버터란 정지 사이리스터 회로에 의해 전원 주파수와 다른 주파수의 전력으로 변환시키는 직접 회로 장치이다.

36 반도체 사이리스터로 속도 제어를 할 수 없는 제어는?

① 정지형 레너드 제어 ② 일그너 제어
③ 초퍼 제어 ④ 인버터 제어

해설) 일그너 제어는 플라이 휠을 사용하며, 전동기 부하가 급변해도 공급 전원의 전력변동이 적어서 압연기나 권상기에 사용된다.

37 SCR을 이용한 인버터 회로에서 SCR이 도통 상태에 있을 때 부하 전류가 20[A] 흘렀다. 게이트 동작 범위 내에서 전류를 $\frac{1}{2}$로 감소시키면 부하 전류는 몇 [A]가 흐르는가?

① 0 ② 10 ③ 20 ④ 40

해설) SCR이 일단 ON 상태로 되면 전류가 유지 전류 이상으로 유지되는 한 게이트 전류의 유무에 관계없이 항상 일정하게 흐른다.

답) 34. ④ 35. ② 36. ② 37. ③

38 단상 반파 정류 회로에 환류 다이오드(free-wheeling diode)를 사용할 경우에 대한 설명 중 해당되지 않는 것은?
① 유도성 부하에 잘 사용된다.
② 부하 전류의 평활화를 꾀할 수 있다.
③ pn 다이오드의 역바이어스 전압이 부하에 따라 변한다.
④ 저항 R에 소비되는 전력이 약간 증가한다.

해설) 환류 다이오드는 부하와 병렬로 접속되어 다이오드가 off될 때 유도성 부하전류의 통로를 만드는 다이오드로 부하전류를 평활화하고 다이오드의 역바이어스 전압을 부하에 관계없이 일정하게 유지시킨다.

39 다이오드를 사용한 정류 회로에서 여러 개를 직렬로 연결하여 사용할 경우 얻는 효과는?
① 다이오드를 과전류로부터 보호
② 다이오드를 과전압으로부터 보호
③ 부하 출력의 맥동률 감소
④ 전력 공급의 증대

해설) 다이오드 직렬 연결 : 과전압 방지
다이오드 병렬 연결 : 과전류 방지

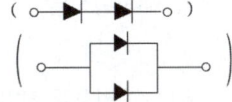

40 사이리스터가 기계적인 스위치보다 유효한 특성이 될 수 없는 것은?
① 내충격성
② 소형 경량
③ 무소음
④ 고온에 강하다

해설) 열용량이 적으므로 온도 상승에 약하다.

유사문제

01. 사이리스터 명칭에 관한 설명 중 틀린 것은?
답) TRIAC은 2극 쌍방향 사이리스터이다.

02. SCR의 설명 중 옳지 않은 것은?
답) 이온이 소멸되는 시간이 길다.

03. 교류 전력을 교류로 변환하는 것은?
답) 사이크로 컨버터

04. 반도체 사이리스터에 의한 제어는 어느 것을 변화시키는가?
답) 위상각

답) 38. ③ 39. ② 40. ④

05. 직류 전압을 직접 제어하는 것은?
    답 초퍼형 인버터

06. 다음 중 교류를 직류로 변환하는 전기 기기가 아닌 것은?
    답 단극 발전기

07. 실리콘 정류기의 최고 허용 온도[℃]는?
    답 40~200[℃]

08. 다이오드를 사용한 정류 회로에서 과대한 부하 전류에 의해 다이오드가 파손될 우려가 있을 때의 조치로서 적당한 것은?
    답 다이오드를 병렬로 추가한다.

09. 다음은 SCR에 관한 설명이다. 적당하지 않은 것은?
    답 직류 전압만을 제어한다.

10. SCR에서?
    답 게이트의 전류를 증가시키면 브레이크 오버 전압도 감소한다.

11. 사이리스터를 이용한 교류 전압 제어 방식은?
    답 위상 제어 방식

12. 다음 □ 안을 보기에서 골라 그 번호를 기입 순서대로 나열하시오.
    "inverter 자체에 의한 전압 조정법은 ⓐ 의 ⓑ 기술을 응용한 것으로 일반적으로 전압이 ⓒ 일수록 고조파 함유량이 ⓓ 되지만 직류 전압이 ⓔ 하기 때문에 출력 전압이 ⓕ 하여도 전류 능력이 ⓖ 되는 결점이 ⓗ "
    보기 ① 없다 ② switching ③ 저 ④ 크게 ⑤ 부정 ⑥ 사이리스터(thyristor) ⑦ 고
        ⑧ 적게 ⑨ 일정 ⑩ 저하 ⑪ 증대 ⑫ 있다
    답 ⑥-②-③-④-⑨-⑩-⑩-①

13. 사이리스터 인버터의 점호 회로는?
    답 멀티바이브레이터 이용 회로

단상 반파 정류

★★ 【91. 99. 기사】
41 단상 200[V]의 교류 전압을 점호각 60°로 반파 정류를 하여 저항 부하에 공급할 때의 직류 전압[V]은?
① 97.5　　② 86.4　　③ 75.5　　④ 67.5

답 41. ④

해설 　무유도 부하일 때

$$E_d = \frac{1}{2\pi}\int_\alpha^\pi \sqrt{2}\,E\sin\theta \cdot d\theta = \frac{1+\cos\alpha}{\sqrt{2}\,\pi}E[\text{V}]$$

$$E_d = \frac{1+\cos 60°}{\sqrt{2}\,\pi}\times 200 = 67.5[\text{V}]$$

42 ★★☆ 【83. 기사, 81. 82. 88. 산업기사】
그림은 일반적인 반파 정류 회로이다. 변압기 2차 전압의 실효값을 $E[\text{V}]$라 할 때 직류 전류 평균값은? 단, 정류기의 전압 강하는 무시한다.

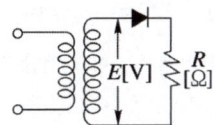

① $\dfrac{E}{R}$　　② $\dfrac{1}{2}\dfrac{E}{R}$　　③ $\dfrac{2\sqrt{2}\,E}{\pi R}$　　④ $\dfrac{\sqrt{2}\,E}{\pi R}$

해설 　무부하 직류 전압 E_{d0}는

$$E_{d0} = \frac{1}{2\pi}\int_0^\pi \sqrt{2}\,E\sin\theta \cdot d\theta = \frac{\sqrt{2}\,E}{\pi}$$

정류기 내의 전압 강하 e를 무시하면 직류 전압 평균값 E_d는
　$E_d ≒ E_{d0}$
따라서 직류 전류 평균값 I_d는

$$\therefore I_d = \frac{E_d}{R} = \frac{E_{d0}}{R} = \frac{\frac{\sqrt{2}}{\pi}E}{R} = \frac{\sqrt{2}\,E}{\pi R}[\text{A}]$$

여기서, E : 변압기 2차 상전압(실효값), R : 부하 저항

43 ★ 【98. 기사】
그림의 단상 반파 정류 회로에서 $v = \sqrt{2}\,V\sin\theta$라 할 때 직류 전압 e_d의 평균값은?

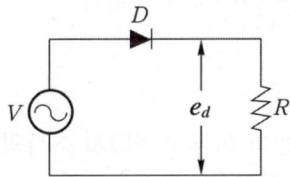

① $\sqrt{2}\,V$　　② V　　③ $\dfrac{2\sqrt{2}}{\pi}V$　　④ $\dfrac{\sqrt{2}}{\pi}V$

해설 　$E_d = \dfrac{1}{T}\int_0^T v(t)dt = \dfrac{1}{2\pi}\int_0^\pi \sqrt{2}\,V\sin\theta d\theta$

$\qquad = \dfrac{\sqrt{2}\,V}{2\pi}[-\cos\theta]_0^\pi$

$\qquad = \dfrac{\sqrt{2}\,V}{2\pi}[-\cos\pi -(-\cos 0°)] = \dfrac{\sqrt{2}\,V}{\pi}$

답　42. ④　43. ④

44 단상 반파 정류 회로에서 변압기 2차 전압의 실효값을 E[V]라 할 때 직류 전류 평균값[A]은 얼마인가? 단, 정류기의 전압 강하는 e[V]이다.

① $\left(\dfrac{\sqrt{2}}{\pi}E - e\right)/R$ ② $\dfrac{1}{2} \cdot \dfrac{E-e}{R}$

③ $\dfrac{2\sqrt{2}}{\pi} \cdot \dfrac{E}{R}$ ④ $\dfrac{\sqrt{2}}{\pi} \cdot \dfrac{E-e}{R}$

해설 무부하 직류 전압 E_{d0}는

$$E_{d0} = \dfrac{1}{2\pi}\int_0^\pi \sqrt{2}E\sin\theta \cdot d\theta = \dfrac{\sqrt{2}}{\pi}E = 0.45E[V]$$

정류기 내의 전압 강하(수은 정류기에서는 아크 전압 강하)를 e_a라 하면 직류 전압 평균값 E_d는

$$E_d = E_{d0} - e_a [V]$$

따라서 직류 전류 평균값 I_d는

$$\therefore I_d = \dfrac{E_d}{R} = \dfrac{E_{d0} - e_a}{R} = \dfrac{\dfrac{\sqrt{2}}{\pi}E - e_a}{R} = \dfrac{0.45E - e_a}{R}[A]$$

단, E: 변압기 2차 상전압(실효값)[V], R: 부하 저항[Ω]

45 그림의 단상 반파 정류 회로에서 R에 흐르는 직류 전류[A]는?
단, $V = 100$[V], $R = 10\sqrt{2}$[Ω]이다.

① 2.28
② 3.2
③ 4.5
④ 7.07

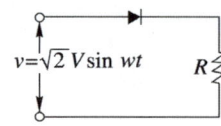

해설 $E_d = \dfrac{\sqrt{2}}{\pi}E = 0.45E[V]$

$\therefore I_d = \dfrac{E_d}{R} = \dfrac{0.45E}{R} = \dfrac{0.45 \times 100}{10\sqrt{2}} = 3.18 \fallingdotseq 3.2[A]$

46 위상 제어를 하지 않은 단상 반파 정류 회로에서 소자의 전압 강하를 무시할 때 직류 평균값 E_d는? 단, E: 직류 권선의 상전압(실효값)이다.

① $0.45E$ ② $0.90E$ ③ $1.17E$ ④ $1.46E$

해설 직류 평균값 E_d는

$$E_d = \dfrac{1}{2\pi}\int_\alpha^\pi \sqrt{2}E\sin\theta \cdot d\theta = \dfrac{(1+\cos\alpha)}{\sqrt{2}\pi} \cdot E[V]$$

위상 제어를 일으키지 않을 경우($\alpha = 0$)

$$\therefore E_d = \dfrac{\sqrt{2}}{\pi}E = 0.45E[V]$$

답 44. ① 45. ② 46. ①

47 ☆ 【83. 20. 산업기사】
단상 반파 정류 회로인 경우 정류 효율은 몇 [%]인가?

① 12.6   ② 40.6   ③ 60.6   ④ 81.2

[해설] $\eta = \dfrac{(I_m/\pi)^2 R}{(I_m/2)^2 R} \times 100 = \dfrac{4}{\pi^2} \times 100 = 40.6[\%]$

48 ★★★★☆ 【89. 기사, 78. 81. 82. 83. 88. 89. 97. 11. 산업기사】
반파 정류 회로에서 직류 전압 200[V]를 얻는 데 필요한 변압기 2차 상전압을 구하여라. 단, 부하는 순저항, 변압기 내 전압 강하를 무시하면 정류기 내의 전압 강하는 50[V]로 한다.

① 68   ② 113   ③ 333   ④ 555

[해설] $E = \dfrac{\pi}{\sqrt{2}}(E_d + e_a) = \dfrac{\pi}{\sqrt{2}}(200+50) = 555[V]$

49 ★★ 【93. 98. 기사】
전원 200[V], 부하 20[Ω]인 단상 반파 정류 회로의 부하 전류[A]는?

① 125   ② 4.5   ③ 17   ④ 8.2

[해설] $I_d = \dfrac{E_d}{R} = \dfrac{\sqrt{2}}{\pi} \times \dfrac{E}{R} = \dfrac{0.45E}{R} = \dfrac{0.45 \times 200}{20} = 4.5[A]$

유사문제

■ 유사문제 원문 및 해설 : 동일출판사 홈페이지≫고객센터≫자료실

01. 단상 반파 정류 회로에서 입력에 교류 실효값 100[V]를 정류하면 직류 평균 전압은 몇 [V]인가? 단, 정류기 전압 강하는 무시한다.

답 $E_d = \dfrac{\sqrt{2}}{\pi} E = 0.45 \times 100 = 45[V]$

02. 반파 정류 회로에서 입력이 최댓값 E_m의 교류 정현파라면 저항 부하 양단의 전압 실효값은? 단, 정류기의 전압 강하는 무시한다.

답 $\dfrac{1}{2} E_m$

03. 단상 반파 정류로 직류 전압 150[V]를 얻으려면 변압기 2차 권선의 상전압 V_s를 몇 [V]로 결정하면 되는가? 단, 부하는 무유도 저항이고, 정류 회로 및 변압기 내의 전압 강하는 무시한다.

답 $E_s = \dfrac{\pi}{\sqrt{2}} E_d = \dfrac{\pi}{\sqrt{2}} \times 150 = 333[V]$

답 47. ②   48. ④   49. ②

04. $e = \sqrt{2}\,V\sin\theta$[V]의 단상 전압을 SCR 한 개로 반파 정류하여 부하에 전력을 공급하는 경우 $\alpha = 60°$에서 점호하면 직류분 전압[V]은?

답 $E_{d\,60} = \dfrac{\sqrt{2}\,V}{2\pi}\left(1+\dfrac{1}{2}\right) = 0.338\,V$[V]

05. 반파 정류 회로에서 직류 전압 200[V]를 얻는 데 필요한 변압기 2차 전압은? 단, 부하는 순저항이고 정류기의 전압 강하는 15[V]로 한다.

답 $E = \dfrac{\pi}{\sqrt{2}}(E_d + e_d) = \dfrac{\pi}{\sqrt{2}}(200+15) \fallingdotseq 478$[V]

06. 단상 반파 정류에서 얻을 수 있는 직류 전압 e_d의 평균값은? 단, $v = \sqrt{2}\,V\sin\omega t$이며 정류기 내의 전압 강하는 무시한다.

답 $E_d = \dfrac{\sqrt{2}}{\pi}E = 0.45E$[V]

07. 반파 정류 회로에서 직류 전압 200[V]를 얻는 데 필요한 변압기 2차 전압은 약 얼마인가? 단, 부하는 순저항이고 정류기의 전압 강하는 10[V]로 한다.

답 $E = \dfrac{\pi}{\sqrt{2}}(E_d + e_a) = \dfrac{\pi}{\sqrt{2}}(200+10) = 466$[V]

단상 전파 정류

50 ★★ 【93. 20. 기사, 90. 98. 03. 12. 산업기사】
전원 전압 100[V]인 단상 전파 제어 정류에서 점호각이 30°일 때 직류 평균 전압[V]은?

① 84   ② 87   ③ 92   ④ 98

해설 $E_d = \dfrac{\sqrt{2}\,E}{\pi}(1+\cos\alpha) = \dfrac{\sqrt{2}\times 100}{3.14}\left(1+\dfrac{\sqrt{3}}{2}\right) = 84$[V]

51 ★★★☆ 【92. 97. 98. 기사 ⊕ : 05. 산업기사】
단상 브리지 전파 정류 회로의 저항 부하의 전압이 100[V]이면 전원 전압[V]은?

① 111   ② 141   ③ 100   ④ 90

해설 $E_d = \dfrac{2\sqrt{2}}{\pi}E = 0.90E$에서 $E = \dfrac{E_d}{0.9} = \dfrac{100}{0.9} = 111$[V]

답 50. ① 51. ①

52 ★★☆ 【77. 83. 90. 97. 99. 산업기사】
그림에서 V를 교류 전압 v의 실효값이라고 할 때 단상 전파 정류에서 얻을 수 있는 직류 전압 e_d의 평균값[V]은?

① 2
② 1.5
③ 1
④ 0.9

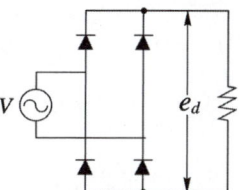

해설 브리지 정류 회로이므로 단상 전파 정류 회로이다.
부하 양단의 직류 전압 e_d의 평균값은
$$E_{dc} = \frac{2}{\pi}E_m = \frac{2}{\pi} \times \sqrt{2}E$$
$$= 0.636 \times \sqrt{2}E = 0.912E[V]$$

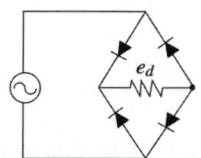

53 ★ 【85. 89. 산업기사】
그림과 같은 정류 회로는 다음 중 어느 것에 해당되는가?

① 삼상 전파 회로
② 단상 전파 회로
③ 삼상 반파 회로
④ 단상 반파 회로

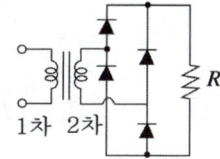

해설 브리지 정류 회로이므로 단상 전파 정류 회로이다.

54 ★★ 【85. 92. 기사】
그림의 회로에서 저항 부하에 전류를 흘릴 때 부하측의 파형은?

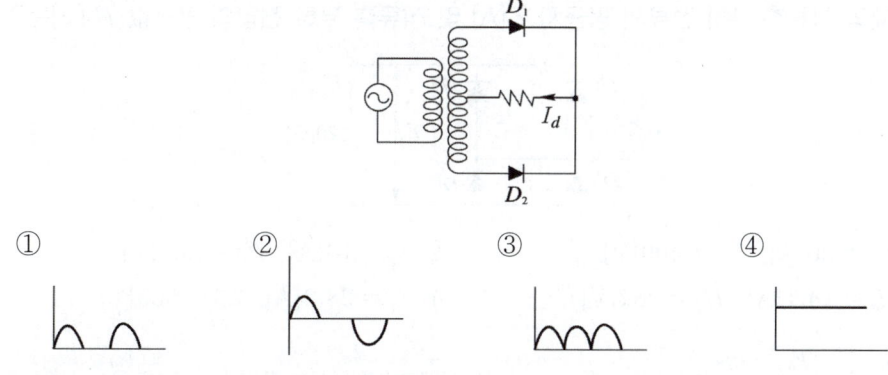

해설 ① 정류파(반파) ③ 정류파(전파) ④ 직류

답 52. ④ 53. ② 54. ③

★★ 【85. 97. 기사】
55 다음 회로에서 직류 전압의 평균값은?

① 49.4[V]
② 49.5[V]
③ 70[V]
④ 99[V]

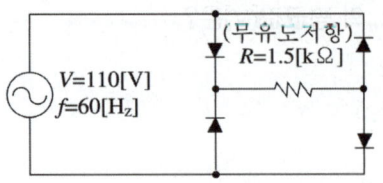

해설 직류 전압의 평균값 e_{dc}는
$$E_{dc} = \frac{2}{\pi}E_m = \frac{2}{\pi} \cdot \sqrt{2}E = 0.9E = 0.9 \times 110 = 99[V]$$

★★★★ 【82. 83. 97. 99. 기사】
56 그림과 같은 정류 회로에서 정현파 교류 전원을 가할 때 가동 코일형 전류계의 지시(평균값)는? 단, 전원 전류의 최댓값은 I_m이다.

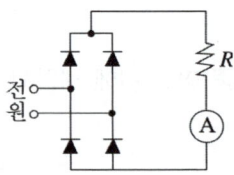

① $I_m/\sqrt{2}$ ② $\frac{2}{\pi}I_m$ ③ $\frac{I_m}{\pi}$ ④ $\frac{I_m}{2\sqrt{2}}$

해설 $E_d = \frac{2}{\pi}E_m$에서 ∴ $I_d = \frac{E_d}{R} = \frac{2}{\pi}\frac{E_m}{R} = \frac{2}{\pi}I_m[A]$

★★★☆ 【94. 기사, 83. 91. 93. 95. 98. 05. 산업기사 ⊕ : 14. 기사】
57 그림의 단상 전파 정류 회로에서 교류측 공급 전압 628sin314t[V] 직류측 부하 저항 20[Ω]일 때의 직류측 부하 전류의 평균치 I_d[A] 및 직류측 부하 전압의 평균값 E_d[V]는?

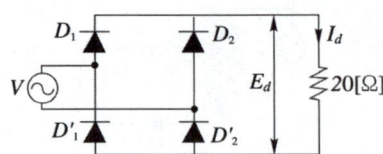

① $I_d = 20[A]$, $E_d = 400[V]$
② $I_d = 10[A]$, $E_d = 200[V]$
③ $I_d = 14.1[A]$, $E_d = 282[V]$
④ $I_d = 28.2[A]$, $E_d = 565[V]$

해설 $E = \frac{E_m}{\sqrt{2}} = \frac{628}{\sqrt{2}} = 444[V]$, $E_d = \frac{2\sqrt{2}}{\pi}E = 0.9E = 0.9 \times 444 = 400[V]$
$I = \frac{E}{R} = \frac{444}{20} = 22.2[A]$, $I_d = \frac{2\sqrt{2}}{\pi}I = 0.9 \times 22.2 = 20[A]$

답 55. ④ 56. ② 57. ①

58 그림에서 밀리암페어계의 지시를 구하면? 단, 밀리암페어계는 가동 코일형이라 하고 정류기의 저항은 무시한다.

① 2.5[mA]　② 1.8[mA]
③ 1.2[mA]　④ 0.8[mA]

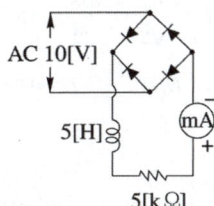

해설) 전류계는 가동 코일형이므로 직류 평균값을 가리킨다. 이와 같은 단상 전파 정류 회로의 직류 평균값 I_d는 다음 식과 같고 리액턴스에는 무관하다.

$I_d = \dfrac{E_d}{R}$[A], $E_d = \dfrac{2\sqrt{2}}{\pi}E = 0.9E = 0.9 \times 10 = 9$[V]

∴ $I_d = \dfrac{E_d}{R} = \dfrac{9}{5000} = 1.8 \times 10^{-3}$[A] = 1.8[mA]

59 권수비가 1:2인 변압기(이상 변압기로 한다)를 사용하여 교류 100[V]의 입력을 가했을 때 전파 정류하면 출력 전압의 평균값은?

① $400\sqrt{2}/\pi$　② $300\sqrt{2}/\pi$　③ $600\sqrt{2}/\pi$　④ $200\sqrt{2}/\pi$

해설) $E_{dc} = \dfrac{2\sqrt{2}}{\pi}E = \dfrac{2\sqrt{2}}{\pi} \times 200 = \dfrac{400\sqrt{2}}{\pi}$[V]

60 단상 정류로 직류 전압 100[V]를 얻으려면 반파 및 전파 정류인 경우 각각 권선 상전압 E_s는 약 얼마로 하여야 하는가?

① 222[V], 314[V]　　② 314[V], 222[V]
③ 111[V], 222[V]　　④ 222[V], 111[V]

해설) (반파) $E_d = 0.45E$ ∴ $E = \dfrac{E_d}{0.45} = \dfrac{100}{0.45} = 222$

(전파) $E_d = 0.9E$ ∴ $E = \dfrac{E_d}{0.9} = \dfrac{100}{0.9} = 111$

61 단상 전파 정류 회로에서 교류측 공급 전압 $628\sin 314t$[V], 직류측 부하 저항 20[Ω]일 때 직류측 전압의 평균값은?

① 약 200
② 약 400
③ 약 600
④ 약 800

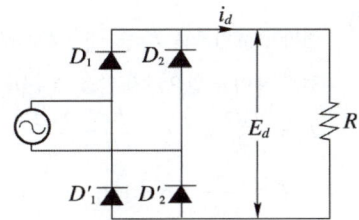

답 58. ②　59. ①　60. ④　61. ②

[해설] $E = \dfrac{E_m}{\sqrt{2}} = \dfrac{628}{\sqrt{2}} = 444[V]$

$\therefore E_d = \dfrac{2\sqrt{2}}{\pi}E = 0.9E = 0.9 \times 444 ≒ 400[V]$

62 ★ 【86. 기사】

그림과 같은 단상 전파 정류 회로에서 부하측에 인덕턴스 L을 삽입하면 다음과 같은 효과가 있다. 여기서 틀린 것은?

① L이 클수록 e_R, i_d는 평활한 직류에 가까워진다.
② $L = \infty$에서는 완전한 직류로 된다.
③ E_{d0}, I_d에는 변화가 없다.
④ E_{d0}에는 변화가 있다.

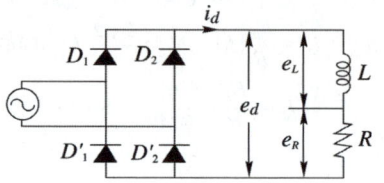

63 ★★★★ 【88. 91. 98. 99. 기사】

그림과 같은 단상 전파 제어 회로에서 전원 전압은 2300[V]이고 부하 저항은 2.3[Ω], 출력 부하는 2300[kW]이다. 사이리스터의 최대 전류값은?

① 450[A]
② 707[A]
③ 1000[A]
④ 2000[A]

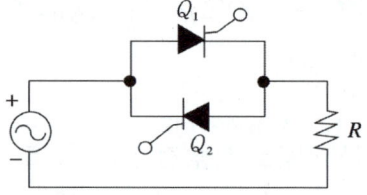

[해설] $P_0 = R_0 I_{R0}^2$, $2300 \times 10^3 = 2.3 I_{R0}^2$

$\therefore I_{R0} = 1000[A]$

64 ★★★ 【86. 88. 98. 05. 기사】

그림과 같은 정류 회로에서 I_a(실효값)의 값은?

① $1.11 I_d$
② $0.707 I_d$
③ I_d
④ $\sqrt{\dfrac{\pi - \alpha}{\pi}} \cdot I_d$

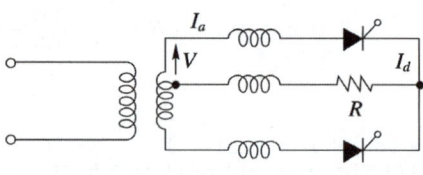

[해설] 전파 정류이므로 $E_d = \dfrac{2\sqrt{2}}{\pi} E \cos\alpha [V]$

점호 제어를 일으키지 않을 경우($\alpha = 0$)라면 $\cos\alpha = 1$이므로

$E_d = \dfrac{2\sqrt{2}}{\pi}E$, $I_d = \dfrac{E_d}{R} = \dfrac{2\sqrt{2}}{\pi} \cdot \dfrac{E}{R} = \dfrac{2\sqrt{2}}{\pi}I_s$

$\therefore I_s = \dfrac{\pi}{2\sqrt{2}}I_d = 1.11 I_d$

답 62. ④ 63. ③ 64. ①

65 그림과 같은 단상 전파 제어 회로에서 점호각이 α일 때 출력 전압의 전파 평균값을 나타내는 식은?

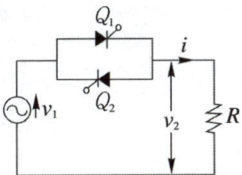

① $\dfrac{\sqrt{2}\,V_1}{\pi}(1-\cos\alpha)$ ② $\dfrac{\sqrt{2}\,V_1}{\pi}(1+\cos\alpha)$

③ $\dfrac{\pi}{\sqrt{2}\,V_1}(1-\cos\alpha)$ ④ $\dfrac{\pi}{\sqrt{2}\,V_1}(1+\cos\alpha)$

해설 $E_d = \dfrac{\sqrt{2}\,E}{2\pi}(1+\cos\alpha)$ (반파), $E_d = \dfrac{\sqrt{2}\,E}{\pi}(1+\cos\alpha)$ (전파)

66 그림과 같은 단상 전파 제어 회로에서 전원 전압의 최댓값이 2300[V]이다. 저항 2.3[Ω] 리액턴스 2.3[Ω]인 부하에 전력을 공급하고자 한다. 최대 전력은?

① 약 1.15[kW]
② 약 1.62[kW]
③ 약 1150[kW]
④ 약 1626[kW]

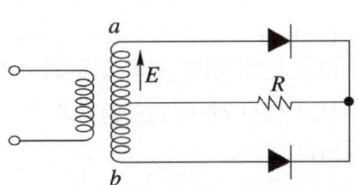

해설 $P_{\max} = i^2 R = \left(\dfrac{V_m}{\sqrt{R^2+X^2}}\right)^2 R = \left(\dfrac{2300}{\sqrt{2.3^2+2.3^2}}\right)^2 \times 2.3 \times 10^{-3} = 1150[\text{kW}]$

67 그림과 같은 단상 전파 정류에서 직류 전압 100[V]를 얻는 데 필요한 변압기 2차 한 상의 전압은 약 얼마인가? 단, 부하는 순저항으로 하고 변압기 내의 전압 강하는 무시하고 정류기의 전압 강하는 10[V]로 한다.

① 156[V]
② 144[V]
③ 122[V]
④ 100[V]

해설 직류 평균 전압 E_d는 $E_d = \dfrac{2\sqrt{2}\,E}{\pi} - e_a[\text{V}]$에서 2차 상전압을 구하면

∴ $E = \dfrac{\pi}{2\sqrt{2}}(E_d + e_a) = \dfrac{\pi}{2\sqrt{2}}(100+10) = 122[\text{V}]$

답 65. ② 66. ③ 67. ③

68 ★★☆ 【83. 기사, 83. 98. 00. 산업기사】
오른쪽 그림과 같이 4개의 소자를 전부 사이리스터를 사용한 대칭 브리지 회로에서 사이리스터의 점호각을 α라 하고 부하의 인덕턴스 $L=0$일 때의 전압 평균값을 나타낸 식은?

① $E_{d0}\cos\alpha$
② $E_{d0}\sin\alpha$
③ $E_{d0}\dfrac{1+\cos\alpha}{2}$
④ $E_{d0}\dfrac{1-\cos\alpha}{2}$

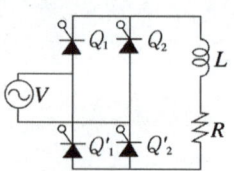

[해설]
$$E_{d0} = \frac{2}{2\pi}\int_0^\pi \sqrt{2}E\sin\theta d\theta = \frac{\sqrt{2}E}{\pi}[-\cos\theta]_0^\pi = \frac{\sqrt{2}E}{\pi}(1+1) = \frac{2\sqrt{2}E}{\pi}$$
$$E_{d\alpha} = \frac{1}{\pi}\int_\alpha^\pi \sqrt{2}E\sin\theta d\theta = \frac{\sqrt{2}E}{\pi}[-\cos\theta]_\alpha^\pi = \frac{\sqrt{2}E}{\pi}(1+\cos\alpha)$$
$$= \frac{2\sqrt{2}E}{\pi}\left(\frac{1+\cos\alpha}{2}\right) = E_{d0}\left(\frac{1+\cos\alpha}{2}\right)$$

69 ★★☆ 【83. 84. 03. 기사, 90. 산업기사】
오른쪽 그림과 같은 단상 전파 제어 회로의 전원 전압의 최댓값이 2300[V]이다. 저항 2.3[Ω], 유도 리액턴스가 2.3[Ω]인 부하에 전력을 공급하고자 한다. 제어 범위는?

① $\dfrac{\pi}{4} \leq \alpha \leq \pi$
② $\dfrac{\pi}{2} \leq \alpha \leq \pi$
③ $0 \leq \alpha \leq \pi$
④ $0 \leq \alpha \leq \dfrac{\pi}{2}$

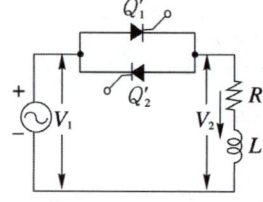

[해설] $\alpha=\pi$에서 출력 $P=0$
$\alpha=\varphi=\tan^{-1}\dfrac{X_L}{R}=\tan^{-1}\dfrac{2.3}{2.3}=\dfrac{\pi}{4}$에서 $P=P_{\max}$
∴ 제어 범위는 $\dfrac{\pi}{4}\leq\alpha\leq\pi$이다.

70 ★★★★★ 【83. 85. 89. 98. 00. 기사, 83. 88. 97. 99. 산업기사】
그림과 같은 단상 전파 제어 회로에서 부하의 역률각 ϕ가 60°의 유도 부하일 때 제어각 α를 0°에서 180°까지 제어하는 경우에 전압 제어가 불가능한 범위는?

① $\alpha \leq 30°$
② $\alpha \leq 60°$
③ $\alpha \leq 90°$
④ $\alpha \leq 120°$

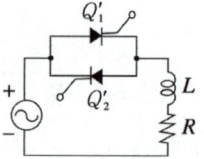

답 68. ③ 69. ① 70. ②

71 단상 50[Hz], 전파 정류 회로에서 변압기의 2차 상전압 100[V], 수은 정류기의 전호 강하 15[V]에서 회로 중의 인덕턴스는 무시한다. 외부 부하로서 기전력 60[V], 내부 저항 0.2[Ω]의 축전지를 연결할 때 평균 출력을 구하여라.

① 5625 ② 7425 ③ 8385 ④ 9205

해설 직류 평균 전압 E_d는 $E_d = \dfrac{2\sqrt{2}}{\pi}E - e_a = \dfrac{2\sqrt{2}}{\pi} \times 100 - 15 = 75\text{[V]}$

평균 부하 전류 I_d는 $I_d = \dfrac{E_d - 60}{0.2} = \dfrac{75 - 60}{0.2} = 75\text{[A]}$

평균 출력 P_0는 $\therefore P_0 = E_d I_d = 75 \times 75 = 5625\text{[W]}$

72 정류기에서 부하 전류가 연속하는 경우 직류 전압의 평균치는 $E_d = \dfrac{2\sqrt{2}}{\pi} E \cdot \cos\alpha$로 주어진다. 이때 $\cos\alpha$를 무엇이라 하는가? 단, E는 교류 전압 실효값이며, 정류기는 전파 정류, 유도 부하이다.

① 왜형률 ② 맥동률 ③ 격자율 ④ 파형률

해설 부하 전류가 연속하는 경우 직류 전압의 평균값 E_d는

$$E_d = \dfrac{1}{\pi}\int_0^{\pi+a} \sqrt{2}\,E\sin\theta \cdot d\theta = \dfrac{2\sqrt{2}}{\pi}E \cdot \cos\alpha\text{[V]}$$

직류 전류의 평균값 I_d는

$$I_d = \dfrac{E_d}{R} = \dfrac{2\sqrt{2}}{\pi} \cdot \dfrac{E}{R} \cdot \cos\alpha\text{[A]}$$

여기서 $\cos\alpha$를 격자율, $(1-\cos\alpha)$를 제어율이라고 한다.

유사문제

∥유사문제 원문 및 해설 : 동일출판사 홈페이지≫고객센터≫자료실

01. 단상 전파 정류 회로에서 교류 전압 $v = \sqrt{2}\,V\sin\theta\text{[V]}$인 정현파 전압 e_d에 대하여 직류 전압의 평균값 $E_{d0}\text{[V]}$는 얼마인가?

답 $E_{d0} = 0.90\,V$

02. 단상 전파 정류에서 공급 전압이 E일 때 무부하 직류 전압의 평균값은?

답 $0.90E$

03. 그림과 같은 정류 회로는 다음 중 어느 것에 해당되는가?

답 단상 전파 회로

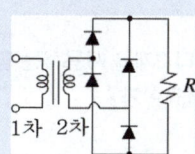

답 71. ① 72. ③

04. 1000[V]의 단상 교류를 전파 정류에서 150[A]의 직류를 얻는 정류기의 교류측 전류는 몇 [A]인가?

답 $I = \dfrac{\pi}{2\sqrt{2}} I_d = \dfrac{\pi}{2\sqrt{2}} \times 150 = 166.5[A]$

05. 그림에서 가동 코일형 밀리암페어계의 지시는 얼마인가? 단, 정류기의 내부 저항은 무시하는 것으로 한다.

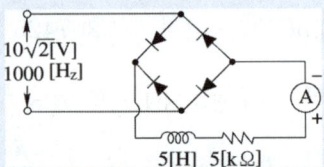

답 $I_d = \dfrac{E_d}{R} = \dfrac{12.74}{5 \times 10^3} = 2.548[mA]$

06. 브리지 정류회로에서 V(전원 전압의 실효값)=100[V], 점호각 $\alpha = 30°$일 때 부하 시의 직류 전압 $E_{d\alpha}$는?

▷ $E_{d\alpha} = 85$

07. 권수비 3인 이상 변압기를 사용하여 교류 100[V]의 입력을 가했을 때, 전파 정류하면 출력측 직류 전압의 평균값은 몇 [V]인가?

답 $E_{dc} = \dfrac{2}{\pi} E_m = \dfrac{2}{\pi} \cdot \sqrt{2} E = \dfrac{2\sqrt{2}}{\pi} E = \dfrac{2\sqrt{2}}{\pi} \times 300 = \dfrac{600\sqrt{2}}{\pi}$ [V]

08. 단상 전파 정류로 직류 전압 100[V]를 얻으려면 변압기 2차 권선의 상전압 V_s를 몇 [V]로 결정하면 되는가?

답 $V_s = \dfrac{\pi}{2\sqrt{2}} V_d = \dfrac{3.14 \times 100}{2\sqrt{2}} = 111[V]$

09. 단상 브리지 정류 회로로 직류 전압 100[V]를 얻으려면 변압기 2차 전압 E_s를 몇 [V]로 결정하면 되는가? 단, 부하는 무유도 저항이고 정류 회로 및 변압기 내의 전압 강하는 무시한다.

답 $E_s = \dfrac{\pi E_d}{2\sqrt{2}} = \dfrac{3.14 \times 100}{2\sqrt{2}} \fallingdotseq 111[V]$

10. 단상 브리지 정류 회로에서 저항 부하에 인가되는 전압이 200[V]이면 전원 전압[V]은?

답 $E = \dfrac{E_d}{0.9} = \dfrac{200}{0.9} = 222.22[V]$

11. 단상 전파 정류에 있어서 직류 전압 100[V]를 얻는 데 필요한 변압기 2차 상전압[V]은? 단, 부하는 순저항으로 하고 변압기 내의 전압 강하는 무시하고 정류기의 전압 강하는 20[V]로 한다.

답 $E = \dfrac{\pi}{2\sqrt{2}} (E_d + v_a) = \dfrac{\pi}{2\sqrt{2}} (100 + 20) \fallingdotseq 133[V]$

12. 전파정류회로에서 공급전압 $V = 200\sqrt{2} \sin 377t$[V], 부하저항 20[Ω]일 때 직류 부하 전압값은?

답 $E_d = \dfrac{2\sqrt{2}}{\pi} E = 0.90E = 0.90 \times 200 = 180[V]$

13. 사이리스터 2개를 사용하는 단상 전파 정류 회로에서 직류 전압 100[V]를 얻으려면 몇 [V]의 교류 전압이 필요한가?

답 111[V]

14. 정류기의 단상 전파 정류에 있어서 직류 전압 100[V]를 얻는 데 필요한 2차 상전압[V]을 구하면? 단, 부하는 순저항으로 하고 변압기 내의 전압 강하는 무시하며 전호 강하를 15[V]로 한다.
   답 약 128[V]

15. 2개의 SCR로 단상 전파 정류를 하여 $\sqrt{2} \times 100$[V]의 직류 전압을 얻는 데 필요한 1차측 교류 전압은 몇 [V]인가?
   답 157[V]

16. 그림과 같이 SCR을 이용하여 교류 전력을 제어할 때 전압 제어가 가능한 범위는? 단, α : 부하 시의 제어각, r : 부하 임피던스각이다.
   답 $\alpha > r$

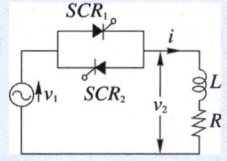

PIV (첨두 역전압)

73 ★★ 【92. 97. 03. 기사】
피크 역전압 5000[V]에 견딜 수 있는 정류 회로 소자를 이용하여 얻어지는 무부하 직류 전압(평균값)은 3상 브리지 정류일 때 약 몇 [V]인가?
① 2388 ② 3183 ③ 4775 ④ 1591

해설 $PIV = \sqrt{2}E = 5000$
3상 전파 정류의 평균값 $= \dfrac{3\sqrt{2}}{\pi}E = 1.35E = 1.35 \times \dfrac{5000}{\sqrt{2}} \fallingdotseq 4773[V]$

74 ★ 【88. 기사】
입력 100[V]의 단상 교류를 SCR 4개를 사용하여 브리지 제어 정류하려 한다. 이 때 사용할 1개 SCR의 최대 역전압(내압)은 약 몇 [V] 이상이어야 하는가?
① 25 ② 100 ③ 142 ④ 200

해설 다이오드에 걸리는 최대 역전압[PIV]은 입력 전압의 최댓값 $\sqrt{2}\,V$이다.
∴ $PIV = \sqrt{2}\,V = \sqrt{2} \times 100 = 141.4[V]$

75 ★★★★☆ 【88. 94. 기사, 82. 83. 86. 91. 99. 산업기사】
반파 정류 회로에서 직류 전압 100[V]를 얻는 데 필요한 변압기의 역전압 첨두값[V]은? 단, 부하는 순저항으로 하고 변압기 내의 전압 강하는 무시하며 정류기 내의 전압 강하를 15[V]로 한다.
① 약 181 ② 약 361 ③ 약 512 ④ 약 722

답 73. ③ 74. ③ 75. ②

해설 $E = \dfrac{\pi}{\sqrt{2}}(E_d + v_a) = \dfrac{\pi}{\sqrt{2}}(100+15) = 255.4[V]$

$\therefore E_{in} = \sqrt{2}\,E = \sqrt{2} \times 255.4 = 361.1[V]$

76 ★★★★★ 【77. 89. 90. 93. 00. 18. 기사】
사이리스터 2개를 사용한 단상 전파 정류 회로에서 직류 전압 100[V]를 얻으려면 1차에 몇 [V]의 교류 전압이 필요하며, PIV가 몇 [V]인 다이오드를 사용하면 되는가?

① 111, 222 ② 111, 314 ③ 166, 222 ④ 166, 314

해설 $E_d = \dfrac{2}{\pi}E_m$

$E_m = \dfrac{\pi}{2}E_d = \dfrac{3.14}{2} \times 100 = 157$

$\therefore V_{rms} = \dfrac{E_m}{\sqrt{2}} = \dfrac{157}{\sqrt{2}} \fallingdotseq 111[V]$

$\therefore PIV = 2E_m = 2 \times 157 = 314[V]$

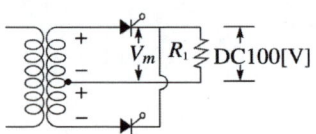

77 ☆ 【84. 산업기사】
다음 그림과 같이 SCR을 이용한 단상 전파 정류 회로에서 각 SCR에 걸리는 역전압 첨두값 [V]은? 단, SCR의 순방향 전압 강하는 무시한다.

① 약 565.7
② 약 346.4
③ 약 282.8
④ 약 141.4

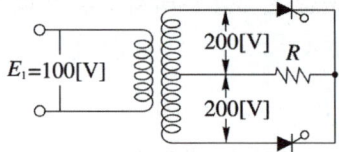

해설 $E_{d0} \dfrac{2\sqrt{2}}{\pi}E = \dfrac{2\sqrt{2} \times 200}{3.14} = 180[V]$, $E_{in} = 2\sqrt{2}\,E = 2\sqrt{2} \times 200 = 565.7[V]$

78 ★★★☆ 【89. 97. 기사, 81. 82. 84. 산업기사】
그림과 같은 단상 전파 정류 회로에서 첨두 역전압[V]은 얼마인가? 단, 변압기 2차측 a, b간 전압은 200[V]이고 정류기의 전압 강하는 20[V]이다.

① 20
② 200
③ 262
④ 282

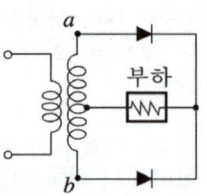

해설 $E_{d0} = 2\sqrt{2}\,E/\pi = 2\sqrt{2} \times 100/3.14 = 90[V]$, $E_d = 90 - 20 = 70[V]$

$\therefore PIV = 2\sqrt{2}\,E - e_a = 2\sqrt{2} \times 100 - 20 = 262[V]$

답 76. ② 77. ① 78. ③

79 ★ 【83. 00. 03. 산업기사】

그림과 같은 단상 전파 정류 회로를 사용하여 직류 전압 100[V]를 얻으려고 한다. 회로에 사용한 D_1, D_2는 몇 [V]의 PIV인 다이오드를 사용해야 하는가? 단, 부하는 무유도 저항이고 정류 회로 및 변압기 내의 전압 강하는 무시한다.

① 314
② 222
③ 111
④ 100

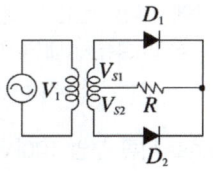

[해설] 상전압 $E_s = \dfrac{\pi E_d}{2\sqrt{2}} = \dfrac{3.14 \times 100}{2\sqrt{2}} ≒ 111[V]$

∴ 역전압 첨두값 $PIV = 2\sqrt{2} E_s = 2 \times 1.414 \times 111 = 313.9 ≒ 314[V]$

유사문제

▮유사문제 원문 및 해설 : 동일출판사 홈페이지≫고객센터≫자료실

01. 단상 반파 정류 회로에서 순저항 부하에 걸리는 직류 전압의 크기가 200[V]이다. 다이오드에 걸리는 최대 역전압의 크기[V]는?
[답] $PIV = \sqrt{2} E_s = \sqrt{2} \times 444 = 628[V]$

02. 순저항 부하 단상 반파 정류 회로에서 V_1은 교류 100[V]이면 부하 R단에서 얻는 평균 직류 전압은 몇 [V]이며, 다이오드 D_1의 PIV(첨두 역전압)는 몇 [V]인가? 단, D_1의 전압 강하는 무시함.
[답] 45[V], 141[V]

03. 반파 정류 회로의 직류 전압이 200[V]일 때 정류기의 역방향 첨두 전압[V]은?
[답] $PIV = \sqrt{2} E = \sqrt{2} \times 444.44 = 628.5[V]$

04. 중간 탭 변압기와 2개의 정류기를 그림과 같이 사용하여 전파 정류를 한다. 변압기 출력 파형은 실효값 100[V]의 정현파이며, 부하는 저항 부하이다. 정류기에 가하여지는 역전압 첨두값은 몇 [V]인가? 단, 정류기의 내부 전압 강하는 10[V]이다.
[답] $PIV = 2\sqrt{2} E - e_a = 2\sqrt{2} \times 100 - 10 = 272.8[V]$

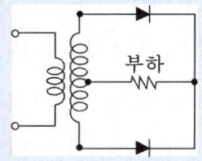

05. 2개의 사이리스터를 이용한 단상 전파 정류 회로에서 직류 전압 150[V]를 얻는 데 필요한 1차측 교류 전압[V]과 이 회로에 사용되는 다이오드의 첨두 역전압[PIV]은 얼마인가?
[답] $PIV = 2E_m = 2 \times 235.5 = 471[V]$

06. 사이리스터 2개를 사용한 단상 전파 정류 회로에서 직류 전압 100[V]를 얻으려면 1차에 약 110[V]의 교류 전압이 필요하다. 이때 PIV가 몇 [V]인 다이오드를 사용하면 되는가?
[답] $PIV = 2E_m = 2 \times 155.56 = 311.12[V]$

[답] 79. ①

07. 다이오드 2개를 이용하여 전파 정류를 하고, 순저항 부하에 전력을 공급하는 회로가 있다. 저항에 걸리는 직류분 전압이 90[V]라면 다이오드에 걸리는 최대 역전압[V]의 크기는?

답 $PIV = 2\sqrt{2}E_s = 2 \times 1.414 \times 99.9 = 282.59[V]$

08. 반파 정류 회로에서 직류 전압 110[V]를 얻는 데 필요한 변압기 역전압 첨두값을 구하면? 단, 부하는 순저항으로 하고 정류기 내의 전압 강하를 30[V]로 하며 변압기 내의 전압 강하는 무시한다.

답 $PIV = \sqrt{2}E_s = 311 \times \sqrt{2} = 440[V]$

09. 단상 반파 정류로 직류 전압 100[V]를 얻으려고 한다. 최대 역전압(peak inverse voltage : PIV) 몇 [V] 이상의 다이오드를 사용하여야 하는가?

답 314

10. 단상 반파 정류로 직류 전압 150[V]를 얻으려고 한다. 최대 역전압[PIV] 몇 [V] 이상의 다이오드를 사용하여야 하는가? 단, 정류 회로 및 변압기의 전압 강하는 무시한다.

답 약 470[V]

11. 100[V]의 정현파 단상 교류를 브리지 정류하여 저항 부하에 직류 전력을 공급하는 경우 직류 출력 전압[V]과 다이오드에 걸리는 PIV는 몇 [V]인가?

답 90, 141.4

다상 정류

80 ☆ 【85. 산업기사】
아래 그림과 같은 회로에서 V_1, A_1은 가동 철편형, V_2, A_2는 가동 코일형의 전압계, 전류계이다. 이 회로의 V_1의 지시가 220[V]일 때, A_1, A_2의 지시는 각각 약 몇 [A]인가? 단, $R = 10[\Omega]$, $E_d/E = 1.17$, $I_d/I_2 = 1.732$로 한다.

① $A_1 = 25.0[A]$, $A_2 = 15.3[A]$
② $A_1 = 25.7[A]$, $A_2 = 14.8[A]$
③ $A_1 = 14.8[A]$, $A_2 = 25.7[A]$
④ $A_1 = 15.3[A]$, $A_2 = 25.3[A]$

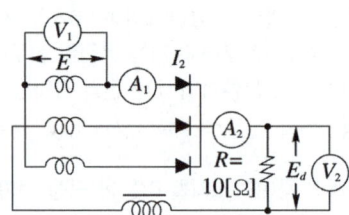

해설 가동 코일형은 맥류의 평균값, 가동 철편형은 실효값을 지시하므로 V_2는 E_d, A_2는 I_d, V_1은 E, A_1은 I_2를 지시한다.

$m = 3$일 때 $\dfrac{E_d}{E} = 1.17$이므로, $E_d = 1.17E = 1.17 \times 220 = 257.4[V]$ (V_2의 지시)

$\therefore I_d = \dfrac{E_d}{R} = \dfrac{257.4}{10} = 25.74[A]$ (A_2의 지시)

답 80. ③

$$\frac{I_d}{I_2} = 1.732 이므로$$

$$\therefore I_2 = \frac{I_d}{1.732} = \frac{25.74}{1.732} = 14.86[A] \; (A_1 의 지시)$$

81 ★★★ 【93. 97. 99. 기사】
그림과 같이 6상 반파 정류 회로에서 750[V]의 직류 전압을 얻는 데 필요한 변압기 직류 권선의 전압은?

① 약 525[V]
② 약 543[V]
③ 약 556[V]
④ 약 567[V]

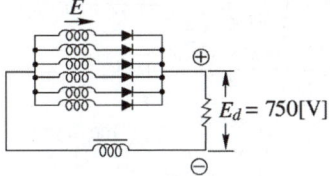

해설
$$\frac{E_d}{E} = \frac{\sqrt{2}\sin(\pi/m)}{\pi/m}$$

$$\therefore E = \frac{E_d}{\frac{\sqrt{2}\sin(\pi/m)}{(\pi/m)}} = \frac{750}{\frac{\sqrt{2}\sin(\pi/6)}{(\pi/6)}} = 555.6[V]$$

82 ★★ 【94. 99. 14. 기사】
상전압 200[V]의 3상 반파 정류 회로의 각 상에 SCR을 사용하여 위상 제어할 때 제어각이 30°이면 직류 전압[V]은? (단, 부하는 유도성이다.)

① 168   ② 203   ③ 314   ④ 628

해설
$$E_{d\pi} = \frac{1}{2\pi/3} \int_{-\pi/3+\alpha}^{\pi/3+\alpha} \sqrt{2}\, V\cos\theta d\theta = \frac{3\sqrt{6}}{2\pi} V\cos\theta$$

$$\therefore \frac{3\sqrt{6}}{2\pi} \times 200 \times \cos30° ≒ 202.67[V]$$

유사문제

01. 6상 반파 정류 회로에서 450[V]의 직류 전압을 얻는 데 필요한 변압기의 직류 권선 전압은 몇 [V]인가?

답 $E = \dfrac{E_d}{\frac{\sqrt{2}\sin(\pi/m)}{(\pi/m)}} = \dfrac{450}{\frac{\sqrt{2}\sin(\pi/6)}{(\pi/6)}} = 333.25[V]$

02. 정류 회로의 저항 강하, 리액턴스 강하, 정류 소자의 순방향 전압 강하를 무시한 경우에 P상 반파 정류, 전류 연속의 경우에 직류 전압 $E_{d\alpha}$를 표시한 것은? 단, $E_{d\alpha}$는 무부하에서 제어 지각 α일 때의 직류 전압(평균값)이다. 또 E_s는 정류기용 변압기 직류 권선의 상전압(실효)이다.

답 $\dfrac{P}{\pi}\sqrt{2} E_s \sin\dfrac{\pi}{P}\cos\alpha, \; P \geqq 2$

답 81. ③ 82. ②

맥동률

83 ★ 【82. 기사】
3상 반파 정류 회로에서 맥동률은 몇 [%]인가? 단, 부하는 저항 부하이다.
① 약 10 ② 약 17 ③ 약 28 ④ 약 40

해설) 3상 변화에서
$$I_r = \sqrt{\frac{3}{2\pi} \int_{-\pi/3}^{\pi/3} \left(\frac{\sqrt{2}\,V\cos\theta}{R}\right)^2 d\theta} = \frac{0.838 \times \sqrt{2}\,V}{R}$$
$$I_d = \frac{0.827 \times \sqrt{2}\,V}{R} \text{ 이므로}$$
$$\therefore v = \sqrt{\left(\frac{0.838}{0.827}\right)^2 - 1} \times 100 = 17[\%]$$
※ 순저항 시 맥동률
　① 단상 전파 : 48[%], ② 3상 반파 : 17[%], ③ 3상 전파 : 4[%]

84 ★★★ 【94. 96. 99. 기사, 03. 05. 산업기사】
사이리스터를 이용한 정류 회로에서 직류 전압의 맥동률이 가장 작은 정류 회로는?
① 단상 반파 정류 회로　　② 단상 전파 정류 회로
③ 3상 반파 정류 회로　　④ 3상 전파 정류 회로

85 ☆ 【83. 산업기사】
정류 회로의 상수를 크게 했을 경우 옳은 것은?
① 맥동 주파수와 맥동률이 증가한다.
② 맥동률과 맥동 주파수가 감소한다.
③ 맥동 주파수는 증가하고 맥동률은 감소한다.
④ 맥동률과 주파수는 감소하나 출력이 증가한다.

해설) 전원 주파수 : f, 맥동 주파수 : f_0 라 하면
　① 단상 반파 정류 $f_0 = f = 60[\text{Hz}]$　② 단상 전파 정류 $f_0 = 2f = 120[\text{Hz}]$
　③ 3상 반파 정류 $f_0 = 3f = 180[\text{Hz}]$　④ 3상 전파 정류 $f_0 = 6f = 360[\text{Hz}]$

86 ★★ 【93. 00. 03. 18. 기사】
어떤 정류 회로의 부하 전압이 200[V]이고 맥동률 4[%]이면 교류분은 몇 [V] 포함되어 있는가?
① 18 ② 12 ③ 8 ④ 4

해설) 맥동률 $= \dfrac{\Delta E}{E_d} \times 100[\%]$
$\therefore \Delta E = 0.04 \times 200 = 8[\text{V}]$

답) 83. ②　84. ④　85. ③　86. ③

87 사이리스터(thyristor) 단상 전파 정류 파형에서의 저항 부하 시 맥동률[%]은?

① 17　　② 48　　③ 52　　④ 83

해설 사이리스터 단상 전파 정류 회로에서 순저항 시의 맥동률은

$$v = \frac{\sqrt{(I_{rms})^2-(I_{av})^2}}{I_{av}} \times 100$$

$$= \sqrt{\left(\frac{I_{rms}}{I_{av}}\right)^2 - 1} \times 100 = \sqrt{\left[\frac{\frac{I_m}{\sqrt{2}}}{\frac{2I_m}{\pi}}\right]^2 - 1} \times 100$$

$$= \sqrt{\left(\frac{\pi}{2\sqrt{2}}\right)^2 - 1} \times 100 = \sqrt{\frac{\pi^2}{8}-1} \times 100 = 0.48 \times 100 = 48[\%]$$

※ 저항부하 시 맥동률
① 단상 전파 : 48[%], ② 3상 반파 : 17[%], ③ 3상 전파 : 4[%]

유사문제

01. 어떤 정류기의 부하 전압이 2000[V]이고 맥동률이 3[%]이면 교류분은 몇 [V] 포함되어 있는가?

답 $\triangle E = 0.03 \times 2000 = 60[V]$

인버터

88 자여식 인버터의 출력 전압의 제어법에 주로 사용되는 방식은?

① 펄스폭 방식　　② 펄스 주파수 변조 방식
③ 펄스폭 변조 방식　　④ 혼합 변조 방식

해설 자여식 인버터의 출력 전압의 제어는 주로 펄스폭 변조 방식을 적용한다.

89 인버터(inverter)의 설명에서 틀린 것은 어느 것인가?

① 타여식 인버터는 전류 보조 회로가 필요치 않다.
② 주파수나 전압의 크기는 병렬의 교류 전원에 의해서 정해진다.
③ 자여식은 병렬 전원을 갖지 않으며 전류 에너지를 정전 콘덴서나 보조 직류 전원 등으로 공급한다.
④ 자여식 인버터는 주파수 및 출력 전압을 자유로이 조정할 수 없어 자유도가 적다.

답 87. ②　88. ③　89. ④

90 그림과 같은 회로에서 전류실패(戰流失敗)가 없는 콘덴서 용량은? ★【96. 기사】

① $C_0 > 1.44 \dfrac{I}{E_1} \cdot T_{off}$

② $C_0 < 1.44 \dfrac{I}{E_1} \cdot T_{off}$

③ $C_0 = 1.44 \dfrac{E_1}{I} \cdot T_{off}$

④ $C_0 = 1.44 \dfrac{E_1}{I \cdot T_{off}}$

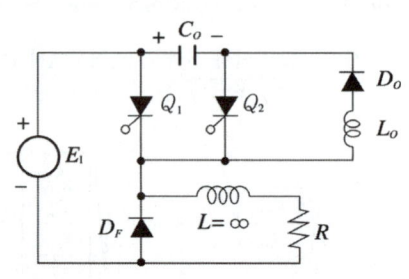

해설 Q_1에 역바이어스가 걸리는 시간 $t_c = RC_0 \log 2 = 0.693 RC_0 [\sec]$
여기서, 역바이어스 시간 t_c는 T_{off}보다 커야 하므로
∴ 콘덴서 용량 $C_0 > \dfrac{T_{off}}{0.693R} = 1.44 \dfrac{I}{E_1} \cdot T_{off}$

91 오른쪽 그림과 같은 회로에서 Q_1에 역바이어스가 걸리는 시간을 나타낸 식은? ★★【88. 99. 기사】

① $0.693 C_0/R [\sec]$

② $0.693 R/C_0 [\sec]$

③ $RC_0 [\sec]$

④ $0.693 RC_0 [\sec]$

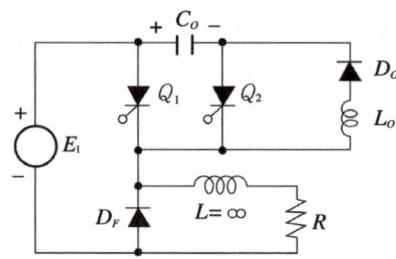

해설 역바이어스 시간은 $e_{c0} = E_1 \left(1 - 2e^{-\frac{1}{RC_0}t}\right) = 0$에서
이 식을 만족하는 $t = t_c$는
∴ $t_c = C_0 R \log_e 2 = 0.693 RC_0 [\sec]$

92 그림과 같은 직렬 인버터 회로에서 $E = 300[V]$, $R = 3[\Omega]$, $L = 40[\mu H]$, $C = 5[\mu F]$, 그리고 출력 주파수 f는 8000[Hz]이다. Q_2가 턴온(turn on)될 때의 콘덴서 전압은? ★★★【86. 97. 00. 기사】

① 141.4[V]

② 300[V]

③ 348.9[V]

④ 424.2[V]

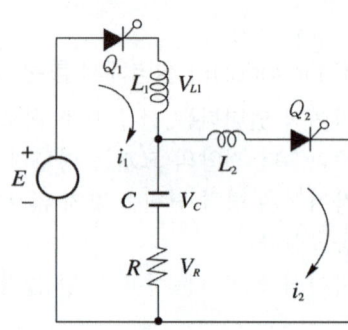

답 90. ① 91. ④ 92. ③

해설 $V_{c2} = \dfrac{Ee^{\zeta\pi/\omega_r}}{e^{\zeta\pi/\omega_r}-1}[V]$

여기서 $\zeta = \dfrac{R}{2L} = \dfrac{3\times 10^6}{2\times 40} = 37.5\times 10^3 [s-1]$

$\omega_r = \sqrt{\dfrac{1}{LC} - \dfrac{R^2}{4L^2}} = \sqrt{\dfrac{10^{12}}{40\times 5} - \dfrac{3^2 \times 10^{12}}{4\times 40^2}} = 59.95\times 10^3 [rad/s]$

∴ $V_{c2} = 348.9[V]$

☆ 【96. 산업기사】
93 인버터의 주파수가 1000[Hz]가 되려면 온·오프 주기는 몇 [ms]인가?
① 0.5　　　② 1　　　③ 5　　　④ 10

해설 [sec]=1[ms]

★ 【00. 01. 산업기사】
94 인버터(inverter)의 전력 변환은?
① 교류 → 직류로 변환　　② 직류 → 직류로 변환
③ 교류 → 교류로 변환　　④ 직류 → 교류로 변환

★ 【03. 산업기사】
95 전력용 반도체를 사용하여 직류 전압을 직접 제어하는 것은?
① 단상 인버터　　　　　② 3상 인버터
③ 초파형 인버터　　　　④ 브리지형 인버터

★ 【02. 산업기사】
96 직류 초퍼 제어 방식에서 그 방식에 속하지 않는 것은?
① 펄스 주파수 제어　　　② 펄스폭 제어
③ 순시값 제어　　　　　④ 펄스 파고 제어

답 93. ② 94. ④ 95. ③ 96. ④

MEMO

전기기사·공사기사
2016-2025

전기기기
과년도문제 및 CBT 복원문제

2016년	전기기기 _ 전기기사·공사기사	374
2017년	전기기기 _ 전기기사·공사기사	389
2018년	전기기기 _ 전기기사·공사기사	404
2019년	전기기기 _ 전기기사·공사기사	419
2020년	전기기기 _ 전기기사·공사기사	436
2021년	전기기기 _ 전기기사·공사기사	449
2022년	전기기기 _ 전기기사·공사기사	465
2023년	전기기기 _ 전기기사·공사기사 _ CBT	481
2024년	전기기기 _ 전기기사·공사기사 _ CBT	503
2025년	전기기기 _ 전기기사·공사기사 _ CBT	514

동일출판사 홈페이지에서 무료 동영상 강의를 보실 수 있습니다.
– 각 년도 4회차 문제의 동영상은 지원하지 않습니다.

2016년 전기기기_전기기사·공사기사

문제의 번호는 실제 시험문제의 번호와 같게 하였습니다.

2016년 - 1회 _전기기사·공사기사

41 정전압 계통에 접속된 동기발전기의 여자를 약하게 하면?

① 출력이 감소한다.
② 전압이 강하한다.
③ 앞선 무효전류가 증가한다.
④ 뒤진 무효전류가 증가한다.

풀이 A, B 동기발전기를 병렬 운전 중 A기의 여자를 약하게 하면 A기의 유기기전력이 저하하고 A기에는 진상 무효 전류가 흐르게 되어 역률이 개선되고, B기에는 지상무효전류가 흘러 역률이 저하한다. **답** ③

42 다이오드를 사용한 정류 회로에서 과대한 부하 전류에 의해 다이오드가 파손될 우려가 있을 때의 조치로서 적당한 것은?

① 다이오드를 병렬로 추가한다.
② 다이오드를 직렬로 추가한다.
③ 다이오드 양단에 적당한 값의 저항을 추가한다.
④ 다이오드 양단에 적당한 값의 콘덴서를 추가한다.

풀이
- 다이오드 직렬 연결 : 과전압 방지
- 다이오드 병렬 연결 : 과전류 방지

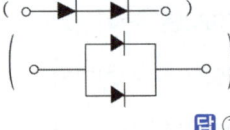

답 ①

43 직류 발전기의 외부 특성곡선에서 나타내는 관계로 옳은 것은?

① 계자전류와 단자전압
② 계자전류와 부하전류
③ 부하전류와 단자전압
④ 부하전류와 유기기전력

풀이

구 분	횡축	종축	조 건
무부하 포화 곡선	I_f	$V(=E)$	$n=$일정, $I=0$
외부 특성 곡선	I (부하전류)	V (단자전압)	$n=$일정, $R_f=$일정
내부 특성 곡선	I	E	$n=$일정, $R_f=$일정
부하 특성 곡선	I_f	V	$n=$일정, $I=$일정
계자 조정 곡선	I	I_f	$n=$일정, $V=$일정

답 ③

44 직류기의 전기자 반작용에 의한 영향이 아닌 것은?

① 자속이 감소하므로 유기기전력이 감소한다.
② 발전기의 경우 회전방향으로 기하학적 중성축이 형성된다.
③ 전동기의 경우 회전방향과 반대방향으로 기하학적 중성축이 형성된다.
④ 브러시에 의해 단락된 코일에는 기전력이 발생하므로 브러시 사이의 유기기전력이 증가한다.

풀이 전기자 반작용의 영향
① 전기적 중성축 이동
  - 발전기 : 회전 방향으로 이동
  - 전동기 : 회전 방향과 반대 방향으로 이동
② 주자속 감소
③ 정류자 편간의 불꽃 섬락 발생
④ 출력의 저하 **답** ④

45 어떤 정류기의 부하 전압이 2000[V]이고 맥동률이 3[%]이면 교류분의 진폭[V]은?

① 20 ② 30
③ 50 ④ 60

풀이 맥동률 $= \dfrac{\triangle E}{E_d} \times 100[\%]$

∴ $\triangle E = 0.03 \times 2000 = 60[V]$ **답** ④

46 3상 3300[V], 100[kVA]의 동기발전기의 정격전류는 약 몇 [A]인가?
① 17.5 ② 25
③ 30.3 ④ 33.3

풀이 정격 전류
$I = \dfrac{P}{\sqrt{3}\,V} = \dfrac{100 \times 10^3}{\sqrt{3} \times 3300} \fallingdotseq 17.5[A]$ **답** ①

47 4극 3상 유도전동기가 있다. 전원전압 200[V]로 전부하를 걸었을 때 전류는 21.5[A]이다. 이 전동기의 출력은 몇 [W]인가? (단, 전부하 역률 86[%], 효율 85[%]이다.)
① 5029 ② 5444
③ 5820 ④ 6103

풀이 출력 $P = \sqrt{3}\,VI\cos\theta \cdot \eta$
$= \sqrt{3} \times 200 \times 21.5 \times 0.86 \times 0.85$
$= 5444.2[W]$ **답** ②

48 변압비 3000/100[V]인 단상 변압기 2대의 고압측을 그림과 같이 직렬로 3300[V] 전원에 연결하고, 저압측에서 각각 5[Ω], 7[Ω]의 저항을 접속하였을 때, 고압측의 단자전압 E_1은 약 몇 [V]인가?

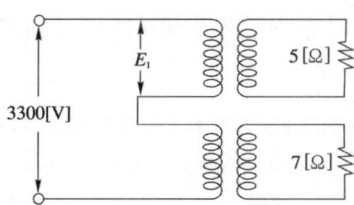

① 471 ② 660
③ 1375 ④ 1925

풀이 $E_1 = \dfrac{Z_1}{Z_1 + Z_2} \cdot E = \dfrac{5}{5+7} \times 3300 = 1375[V]$
$E_2 = \dfrac{Z_2}{Z_1 + Z_2} \cdot E = \dfrac{7}{5+7} \times 3300 = 1925[V]$ **답** ③

49 교류기에서 유기기전력의 특정 고조파분을 제거하고 또 권선을 절약하기 위하여 자주 사용되는 권선법은?
① 전절권 ② 분포권
③ 집중권 ④ 단절권

풀이 ① 기전력의 파형을 좋게 하고, 권선량을 절약하기 위해서는 단절권으로 하여야 한다.
② 단절권의 장점
 • 동량 절약
 • 자기 인덕턴스 감소
 • 특정 고조파를 제거하여 파형 개선   **답** ④

50 4극 60[Hz]의 유도전동기가 슬립 5[%]로 전부하 운전 하고 있을 때 2차 권선의 손실이 94.25[W]라고 하면 토크는 약 몇 [N·m]인가?
① 1.02 ② 2.04
③ 10.0 ④ 20.0

풀이 $N_s = \dfrac{120f}{p} = \dfrac{120 \times 60}{4} = 1800[\text{rpm}]$
$P_2 = \dfrac{P_{c2}}{s} = \dfrac{94.25}{0.05} = 1885[W]$
$\therefore \tau = 0.975\dfrac{P_2}{N_s} \times 9.8 = 0.975 \times \dfrac{1885}{1800} \times 9.8$
$= 10[\text{N·m}]$ **답** ③

51 12극의 3상 동기발전기가 있다. 기계각 15°에 대응하는 전기각은?
① 30 ② 45
③ 60 ④ 90

풀이 전기각 $\alpha_e[\text{rad}] = $ 기하학적 각도 $\alpha[\text{rad}] \times \dfrac{p}{2}$
$= 15° \times \dfrac{12}{2} = 90°$ **답** ④

52 단상 변압기에 정현파 유기기전력을 유기하기 위한 여자전류의 파형은?
① 정현파 ② 삼각파
③ 왜형파 ④ 구형파

풀이 변압기 철심에는 자기 포화 현상과 히스테리시스 현상으로 인하여 자속을 만드는 여자전류는 정현파로 될 수 없으며 고조파를 포함하는 왜형파가 된다. **답** ③

풀이 전일 효율이 최대가 되려면
$$24P_i = \sum hP_c$$
즉, 하루 중의 무부하손의 합과 하루 중의 부하손의 합이 같아야 한다. **답** ①

53 회전형전동기와 선형전동기(Linear Motor)를 비교한 설명 중 틀린 것은?

① 선형의 경우 회전형에 비해 공극의 크기가 작다.
② 선형의 경우 직접적으로 직선운동을 얻을 수 있다.
③ 선형의 경우 회전형에 비해 부하관성의 영향이 크다.
④ 선형의 경우 전원의 상 순서를 바꾸어 이동 방향을 변경한다.

풀이 리니어 모터
회전기의 회전자 접속 방향에 발생하는 전자력을 직선적인 기계 에너지로 변환시키는 장치
(1) 장점
① 모터 자체의 구조가 간단하여 신뢰성이 높고 보수가 용이하다.
② 기어, 벨트 등 동력 변환 기구가 필요 없고 직접 직선 운동이 얻어진다.
③ 마찰을 거치지 않고 추진력이 얻어진다.
④ 원심력에 의한 가속제한이 없고 고속을 쉽게 얻을 수 있다.
(2) 단점
① 회전형에 비하여 역률, 효율이 낮다.
② 저속도를 얻기 어렵다.
③ 부하관성의 영향이 크다. **답** ①

54 변압기의 전일 효율이 최대가 되는 조건은?

① 하루 중의 무부하손의 합 = 하루 중의 부하손의 합
② 하루 중의 무부하손의 합 < 하루 중의 부하손의 합
③ 하루 중의 무부하손의 합 > 하루 중의 부하손의 합
④ 하루 중의 무부하손의 합 = 2 × 하루 중의 부하손의 합

55 유도전동기를 정격상태로 사용 중, 전압이 10[%] 상승하면 다음과 같은 특성의 변화가 있다. 틀린 것은? (단, 부하는 일정 토크라고 가정한다.)

① 슬립이 작아진다.
② 효율이 떨어진다.
③ 속도가 감소한다.
④ 히스테리시스손과 와류손이 증가한다.

풀이 ① $\frac{s'}{s} = \left(\frac{V_1}{V'}\right)^2$: 슬립은 전압의 제곱에 반비례 하므로 전압이 상승하면 슬립은 작아진다.
② $\eta_2 = 1 - s$: 슬립이 작아지면 효율은 증가한다.
③ $\frac{N}{N'} = \left(\frac{V_1}{V'}\right)^2$: 속도는 전압의 제곱에 비례하므로 전압이 상승하면 속도도 상승한다.
④ 와류손은 주파수와는 무관하고 전압의 제곱에 비례하므로 와류손이 증가한다. **답** ②, ③

56 대칭 3상 권선에 평형 3상 교류가 흐르는 경우 회전자계의 설명으로 틀린 것은?

① 발생 회전자계 방향 변경 가능
② 발생 회전자계는 전류와 같은 주기
③ 발생 회전자계 속도는 동기 속도보다 늦음
④ 발생 회전자계 세기는 각 코일 최대 자계의 1.5배

풀이 회전자계는 동기 속도로 회전하므로 매분의 회전수를 N_S라 하고 극수를 P, 주파수를 f라 하면 $N_S = \frac{120f}{P}$ [rpm]가 된다. **답** ③

57 철손 1.6[kW] 전부하동손 2.4[kW]인 변압기에는 약 몇 [%] 부하에서 효율이 최대로 되는가?

① 82　　② 95
③ 97　　④ 100

풀이 변압기 효율은 $m^2 P_c = P_i$ 일 때 최대이므로

$$\therefore m = \sqrt{\frac{P_i}{P_c}} = \sqrt{\frac{1.6}{2.4}} \fallingdotseq 0.82$$

즉, 약 82[%] 부하에서 최대 효율이 된다. **답 ①**

58 동기발전기의 제동권선의 주요 작용은?

① 제동작용
② 난조 방지작용
③ 시동권선작용
④ 자려작용(自勵作用)

풀이 제동 권선의 역할
① 난조 방지
② 기동 토크 발생
③ 불평형 부하 시의 전류, 전압 파형 개선
④ 송전선의 불평형 단락 시의 이상 전압 방지 **답 ②**

59 직류기 권선법에 대한 설명 중 틀린 것은?

① 단중 파권은 균압환이 필요하다.
② 단중 중권의 병렬회로 수는 극수와 같다.
③ 저전류·고전압 출력은 파권이 유리하다.
④ 단중 파권의 유기전압은 단중 중권의 $\frac{P}{2}$ 이다.

풀이 직류기의 전기자 권선

항 목	단중 중권	단중 파권
내부 병렬회로 수 a 브러시 수 b 용 도	$a = p$ $b = p$ 저전압, 대전류	$a = 2$ $b = 2$ 고전압, 소전류
균압환	4극 이상	–

답 ①

60 스테핑 모터의 일반적인 특징으로 틀린 것은?

① 기동·정지 특성은 나쁘다.
② 회전각은 입력펄스 수에 비례한다.
③ 회전속도는 입력펄스 주파수에 비례한다.
④ 고속 응답이 좋고, 고출력의 운전이 가능하다.

풀이 스테핑 모터는
① 디지털 신호에 비례하여 일정 각도만큼 회전하는 모터이다.
② 총 회전각은 입력 펄스의 수로 정해진다.
③ 회전속도는 입력 펄스의 주파수(펄스 속도)에 비례한다.
④ 가속, 감속이 용이하며 정·역전 및 변속이 쉽다.
⑤ 스테핑 모터는 자동화설비 등에서 전기적 신호를 위치 신호로 변환시키는 데 사용된다. **답 ①**

2016년 - 2회 _ 전기기사·공사기사

41 계자 권선이 전기자에 병렬로만 연결된 직류기는?

① 분권기　② 직권기
③ 복권기　④ 타여자기

풀이 분권기(발전기)는 계자 권선이 전기자 권선에 병렬로 연결

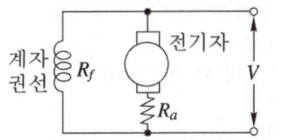

답 ①

42 정격출력 10000[kVA], 정격전압 6600[V], 정격역률 0.6인 3상 동기발전기가 있다. 동기 리액턴스 0.6[p.u]인 경우의 전압 변동률[%]은?

① 21　② 31
③ 40　④ 52

풀이

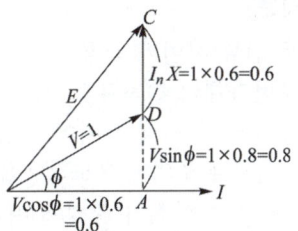

$E = \sqrt{0.6^2 + (0.8 + 0.6)^2} = 1.523$

$\epsilon = \frac{E - V}{V} \times 100 = \frac{1.523 - 1}{1} \times 100$

$= 52.3[\%]$ **답 ④**

43 직류 분권발전기에 대한 설명으로 옳은 것은?

① 단자전압이 강하하면 계자전류가 증가한다.
② 부하에 의한 전압의 변동이 타여자발전기에 비하여 크다.
③ 타여자발전기의 경우보다 외부특성 곡선이 상향(上向)으로 된다.
④ 분권권선의 접속방법에 관계없이 자기여자로 전압을 올릴 수가 있다.

풀이

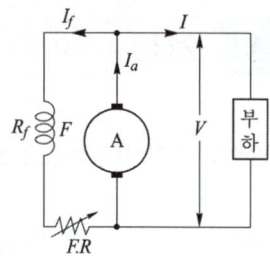

직류 분권발전기

① $V = I_f R_f$[V]이므로 단자전압이 강하하면 계자전류는 감소한다.
② 타여자발전기는 외부의 독립된 전원에 의해 여자전류가 공급되므로 전압이 거의 일정하다.
(∴ 분권발전기의 전압변동 > 타여자발전기의 전압변동)
③ 분권발전기의 부하에 의한 전압변동이 타여자발전기에 비해 크므로 타여자발전기의 경우보다 외부 특성 곡선이 하향으로 된다.
④ 분권권선의 결선을 반대로 하면 여자전류에 의해 잔류자기가 소멸되므로 발전이 불가능하다. **답 ②**

44 3상 유도전압 조정기의 동작원리 중 가장 적당한 것은?

① 두 전류 사이에 작용하는 힘이다.
② 교번자계의 전자유도작용을 이용한다.
③ 충전된 두 물체 사이에 작용하는 힘이다.
④ 회전자계에 의한 유도작용을 이용하여 2차 전압의 위상전압 조정에 따라 변화한다.

풀이 **3상 유도 전압 조정기의 원리**
분로 권선의 전압을 E_1, 회전 자속에 의하여 직렬 권선의 1상에 유도되는 기전력을 E_2(조정 전압)라고 하면 회전자와 고정자의 관계위치 변화에 따라 E_1에 대한 E_2의 위상이 변화하므로, 출력측 회로의 선간전압을 $\sqrt{3}(E_1 \pm E_2)$의 범위에서 조정할 수 있다. **답 ④**

45 정격용량 100[kVA]인 단상 변압기 3대를 △-△결선하여 300[kVA]의 3상 출력을 얻고 있다. 한 상에 고장이 발생하여 결선을 V결선으로 하는 경우 a) 뱅크용량[kVA], b) 각 변압기의 출력[kVA]은?

① a) 253, b) 126.5
② a) 200, b) 100
③ a) 173, b) 86.6
④ a) 152, b) 75.6

풀이 a) 뱅크 용량
$P_V = \sqrt{3} P_1 = \sqrt{3} \times 100 = 173.2$[kVA]
b) 각 변압기 출력
$P = \dfrac{P_V}{2} = \dfrac{173.2}{2} = 86.6$[kVA] **답 ③**

46 직류기의 전기자 반작용 결과가 아닌 것은?

① 주자속이 감소한다.
② 전기적 중성축이 이동한다.
③ 주자속에 영향을 미치지 않는다.
④ 정류자편 사이의 전압이 불균일하게 된다.

풀이 ① **전기자 반작용** : 전기자 전류에 의하여 발생한 자속이 계자에 의해 발생 되는 **주자속에 영향을 주는 현상**
② 전기자 반작용의 영향
• 전기적 중성축 이동
 - 발전기 : 회전 방향으로 이동
 - 전동기 : 회전 방향과 반대 방향으로 이동
• 주자속 감소
• 정류자 편 간의 불꽃 섬락 발생 **답 ③**

47 자극수 p, 파권, 전기자 도체수가 z인 직류발전기를 N[rpm]의 회전속도로 무부하 운전할 때 기전력이 E[V]이다. 1극 당 주자속[Wb]은?

① $\dfrac{120E}{pzN}$ ② $\dfrac{120z}{pEN}$
③ $\dfrac{120zN}{pE}$ ④ $\dfrac{120pz}{EN}$

[풀이] 직류 발전기의 유기기전력

$E = \dfrac{p}{a} z\phi \dfrac{N}{60}$ [V] 이고, 파권에서 $a=2$이므로

따라서 1극당 자속

$\phi = \dfrac{Ea}{pz\frac{N}{60}} = \dfrac{2E}{pz\frac{N}{60}} = \dfrac{120E}{pzN}$ [Wb]이다. **답** ①

48 동기발전기의 단락비를 계산하는 데 필요한 시험은?

① 부하 시험과 돌발 단락시험
② 단상 단락 시험과 3상 단락시험
③ 무부하 포화 시험과 3상 단락시험
④ 정상, 역상, 영상 리액턴스의 측정시험

[풀이]
- 무부하 시험 : 철손, 기계손
- 단락시험 : 동기 임피던스, 동기 리액턴스
- 단락비 : 무부하(포화)시험, 단락시험 **답** ③

49 SCR에 관한 설명으로 틀린 것은?

① 3단자 소자이다.
② 스위칭 소자이다.
③ 직류 전압만을 제어한다.
④ 적은 게이트 신호로 대전력을 제어한다.

[풀이] SCR은 게이트에 (+)의 트리거 펄스가 인가되면 통전 상태로 되어 정류 작용이 개시되고, 일단 통전이 시작되면 게이트 전류를 차단해도 주전류(애노드 전류)는 차단되지 않는다. 이때에 이를 차단하려면 애노드 전압을 (0) 또는 (-)로 해야 한다. 그러므로 DC 회로에서는 일단 흐르기 시작한 전류를 차단시키는 방법이 부과되지 않으면 안되지만 AC 회로에서는 애노드 전압이 반주기마다 (0) 또는 (-)가 되므로 문제가 되지 않는다. **답** ③

50 3상 유도전동기의 기동법 중 Y-△기동법으로 기동 시 1차 권선의 각 상에 가해지는 전압은 기동 시 및 운전 시 각각 정격전압의 몇 배가 가해지는가?

① $1, \dfrac{1}{\sqrt{3}}$ ② $\dfrac{1}{\sqrt{3}}, 1$
③ $\sqrt{3}, \dfrac{1}{\sqrt{3}}$ ④ $\dfrac{1}{\sqrt{3}}, \sqrt{3}$

[풀이] Y-△ 기동 방법
기동시 고정자권선을 Y로 접속하여 기동함으로써 기동전류를 감소시키고 운전속도에 가까워지면 권선을 △로 변경하여 운전하는 방식
① 결선도

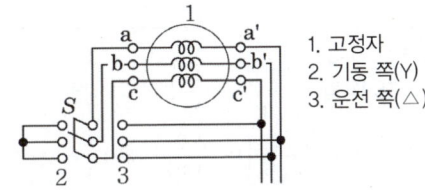

1. 고정자
2. 기동 쪽(Y)
3. 운전 쪽(△)

② 5~15[kW] 정도의 농형 유도전동기 기동에 적용
③ Y로 기동 시 전기자 권선에 가해지는 전압은 정격전압의 $1/\sqrt{3}$이므로 △ 기동 시에 비해 기동전류와 기동 토크는 1/3로 감소한다.

- 기동 시 : Y결선, 1차 권선에 가해지는 전압 $\dfrac{V}{\sqrt{3}}$
- 운전 시 : △결선, 1차 권선에 가해지는 전압 V

답 ②

51 유도전동기의 최대 토크를 발생하는 슬립을 S_t, 최대출력을 발생하는 슬립을 S_p라 하면 대소 관계는?

① $S_p = S_t$ ② $S_p > S_t$
③ $S_p < S_t$ ④ 일정치 않다.

[풀이]
- 최대 토크를 발생하는 슬립
$s_t = \dfrac{r_2'}{\sqrt{r_1^2 + (x_1+x_2')^2}} \fallingdotseq \dfrac{r_2'}{x_2}$

- 최대 출력을 발생하는 슬립
$s_p = \dfrac{r_2'}{r_2' + \sqrt{(r_1+r_2')^2 + (x_1+x_2')^2}}$
$\fallingdotseq \dfrac{r_2'}{r_2' + z}$

∴ $s_p < s_t$ **답** ③

52 단권변압기 2대를 V결선하여 선로 전압 3000[V]를 3300[V]로 승압하여 300[kVA]의 부하에 전력을 공급하려고 한다. 단권변압기 1대의 자기용량은 약 몇 [kVA]인가?

① 9.09 ② 15.72
③ 21.72 ④ 31.50

풀이   V결선

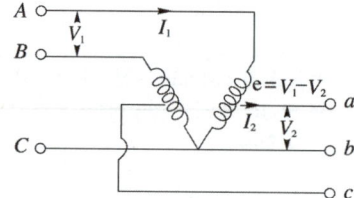

$$자기용량 = \frac{2}{\sqrt{3}}\left(1-\frac{V_1}{V_2}\right)\times 부하용량$$
$$= \frac{2}{\sqrt{3}}\left(1-\frac{3000}{3300}\right)\times 300$$
$$= 31.49[kVA]$$

따라서 단권변압기 1대의 자기용량
$$= \frac{31.49}{2} = 15.75[kVA]$$ 답 ②

53 단상 전파정류에서 공급전압이 E일 때 무부하 직류 전압의 평균값은? (단, 브리지 다이오드를 사용한 전파정류회로이다.)

① $0.90E$ ② $0.45E$
③ $0.75E$ ④ $1.17E$

풀이
- 단상 전파정류회로 :
$$E_{d0} = \frac{2}{\pi}E_m = \frac{2}{\pi}\cdot \sqrt{2}E = 0.9E$$
- 단상 반파정류회로 :
$$E_{d0} = \frac{E_m}{\pi} = \frac{\sqrt{2}}{\pi}\cdot E = 0.45E$$ 답 ①

54 3상 권선형 유도전동기의 토크 속도 곡선이 비례추이 한다는 것은 그 곡선이 무엇에 비례해서 이동하는 것을 말하는가?

① 슬립
② 회전수
③ 2차 저항
④ 공급 전압의 크기

풀이 비례추이 : 2차 저항의 크기를 변화시키면 최대 토크의 크기는 변하지 않으나 최대 토크를 발생하는 슬립점이 **2차 회로의 저항에 비례하여 이동**한다.   답 ③

55 평형 3상 회로의 전류를 측정하기 위해서 변류비 200 : 5의 변류기를 그림과 같이 접속하였더니 전류계의 지시가 1.5[A]이었다. 1차 전류는 몇 [A]인가?

① 60
② $60\sqrt{3}$
③ 30
④ $30\sqrt{3}$

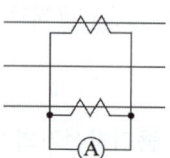

풀이 1차 전류
$$I_1 = 변류비\times I_2 = \frac{200}{5}\times 1.5 = 60[A]$$ 답 ①

56 동기 조상기의 구조상 특이점이 아닌 것은?

① 고정자는 수차발전기와 같다.
② 계자 코일이나 자극이 대단히 크다.
③ 안전 운전용 제동권선이 설치된다.
④ 전동기 축은 동력을 전달하는 관계로 비교적 굵다.

풀이 동기 조상기는 동기 전동기를 무부하로 회전시켜 직류 계자전류 I_f의 크기를 조정하여 무효전력을 지상 또는 진상으로 제어하는 기기이다.
- 과여자 : 콘덴서(C)로 작용하므로 위상이 앞선 전류가 흐른다.
- 부족여자 : 인덕턴스(L)로 작용하므로 위상이 뒤진 전류가 흐른다.   답 ④

57 정격 200[V], 10[kW] 직류 분권발전기의 전압변동률은 몇 [%]인가? (단, 전기자 및 분권계자 저항은 각각 0.1[Ω], 100[Ω]이다.)

① 2.6   ② 3.0   ③ 3.6   ④ 4.5

풀이
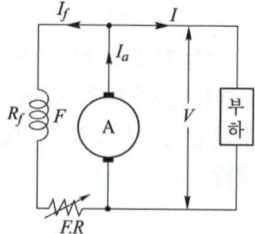

직류 분권발전기
- 계자전류 $I_f = \dfrac{V}{R_f} = \dfrac{200}{100} = 2[A]$

- 부하전류 $I = \dfrac{P}{V} = \dfrac{10000}{200} = 50[A]$
- 전기자 전류 $I_a = I + I_f = 50 + 2 = 52[A]$
- 무부하 전압
  $V_0 = V + I_a R_a = 200 + 52 \times 0.1 = 205.2[V]$

따라서 전압 변동률
$\epsilon = \dfrac{V_0 - V_n}{V_n} \times 100 = \dfrac{205.2 - 200}{200} \times 100$
$= 2.6[\%]$ 답 ①

58 VVVF(Variable Voltage Variable Frequency) 는 어떤 전동기의 속도 제어에 사용 되는가?

① 동기 전동기
② 유도전동기
③ 직류 복권 전동기
④ 직류 타여자 전동기

풀이 유도전동기 속도제어법에는 극수변환, 전원주파수를 변화하는 방법(VVVF에 의한 속도제어), 2차 여자법, 1차 전압제어, 2차 저항제어법 등이 있다. 답 ②

59 3300/200[V], 10[kVA]인 단상변압기의 2차를 단락하여 1차측에 300[V]를 가하니 2차에 120[A]의 전류가 흘렀다. 이 변압기의 임피던스 전압 및 %임피던스 강하는 약 얼마인가?

① 125[V], 3.8[%]
② 125[V], 3.5[%]
③ 200[V], 4.0[%]
④ 200[V], 4.2[%]

풀이
- 1차 정격 전류
  $I_{1n} = \dfrac{P}{V_1} = \dfrac{10 \times 10^3}{3300} = 3.03[A]$
- 1차 단락전류
  $I_{1s} = \dfrac{1}{a} I_{2s} = \dfrac{200}{3300} \times 120 = 7.27[A]$
- 2차를 1차로 환산한 등가 누설 임피던스
  $Z_{21} = \dfrac{V_s'}{I_{1s}} = \dfrac{300}{7.27} = 41.26[\Omega]$

따라서 임피던스 전압
$V_s = I_{1n} Z_{21} = 3.03 \times 41.26 ≒ 125[V]$
%임피던스 강하
$\%Z = \dfrac{V_s}{V_{1n}} \times 100 = \dfrac{125}{3300} \times 100 ≒ 3.8[\%]$ 답 ①

60 그림은 단상 직권 정류자 전동기의 개념도이다. C를 무엇이라고 하는가?

① 제어권선
② 보상권선
③ 보극권선
④ 단층권선

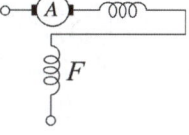

풀이 A : 전기자
C : 보상권선
F : 계자권선 답 ②

2016년 - 3회 _ 전기기사

41 정격 출력이 7.5[kW]의 3상 유도전동기가 전부하 운전에서 2차 저항손이 300[W]이다. 슬립은 약 몇 [%]인가?

① 3.85 ② 4.61
③ 7.51 ④ 9.42

풀이 $P_2 = P + P_{c2} = 7500 + 300 = 7800[W]$
$s = \dfrac{P_{c2}}{P_2} \times 100 = \dfrac{300}{7800} \times 100 ≒ 3.85[\%]$ 답 ①

42 직류 분권 발전기를 병렬운전을 하기 위해서는 발전기 용량 P와 정격전압 V는?

① P와 V 모두 달라도 된다.
② P는 같고, V는 달라도 된다.
③ P와 V가 모두 같아야 한다.
④ P는 달라도 V는 같아야 한다.

풀이 직류 발전기의 병렬 운전 조건은 다음과 같다.
① 전압의 크기와 극성이 같을 것
② 외부 특성 곡선이 어느 정도 수하 특성일 것(단, 직권 특성과 과복권 특성은 균압선을 설치할 것)
③ 각 발전기의 부하전류를 그 정격 전류의 백분율로 표시한 외부 특성 곡선이 거의 같을 것. 그러므로, 직류 분권 발전기를 병렬 운전하려면 정격 전압 V는 같아야 하지만 용량 P는 달라도 된다. 답 ④

43 권선형 유도전동기 기동 시 2차측에 저항을 넣는 이유는?

① 회전수 감소
② 기동전류 증대
③ 기동 토크 감소
④ 기동전류 감소와 기동 토크 증대

풀이 권선형 유도전동기의 기동법 : 2차 저항법
- 기동 시 2차 회로에 저항을 크게 하면 비례추이에 의해서 큰 기동 토크를 얻을 수 있고 기동전류도 억제할 수 있다.
- 속도 상승에 따라 외부 저항을 점차로 감소시키면 저항손의 증대를 막고, 운전 시 양호한 특성을 갖게 할 수 있다.
- 기동 시 2차 권선 자체의 저항을 크게 하면 운전 상태에서의 특성이 나쁘게 되므로, 슬립링을 통하여 외부에 기동저항기를 접속한다. **답 ④**

44 변압기에서 철손을 구할 수 있는 시험은?

① 유도시험   ② 단락시험
③ 부하시험   ④ 무부하시험

풀이 변압기의 시험

시험의 종류	측정 항목
개방회로 (무부하) 시험	무부하전류, 히스테리시스손, 와류손, 여자 어드미턴스, 철손
단락 시험	동손, 임피던스 와트, 임피던스 전압

답 ④

45 권선형 유도전동기의 2차권선의 전압 sE_2와 같은 위상의 전압 E_c를 공급하고 있다. E_c를 점점 크게 하면 유도전동기의 회전방향과 속도는 어떻게 변하는가?

① 속도는 회전자계와 같은 방향으로 동기속도까지만 상승한다.
② 속도는 회전자계와 반대 방향으로 동기속도까지만 상승한다.
③ 속도는 회전자계와 같은 방향으로 동기속도 이상으로 회전할 수 있다.
④ 속도는 회전자계와 반대 방향으로 동기속도 이상으로 회전할 수 있다.

풀이 (1) 3상 교류 전압을 공급하여 회전자계가 발생하면, 회전자는 회전자계보다 느리게 회전자계와 같은 방향으로 회전한다.
(2) 2차 여자법
① 유도전동기의 회전자 권선에 2차 기전력(sE_2)과 동일 주파수의 전압(E_c)을 슬립링을 통해 공급하여 그 크기를 조절함으로써 속도를 제어하는 방법으로 권선형 전동기에 한하여 이용된다.
② $I_2 = \dfrac{sE_2 \pm E_c}{r_2}$ 에서 정토크 부하의 경우 I_2는 일정하므로 슬립 주파수의 전압 E_c의 크기에 따라 s가 변하게 되고 속도가 변하게 된다.
- E_c를 sE_2와 같은 방향으로 가하면 합성 2차 전압은 $sE_2 + E_c$가 되므로 E_c만으로 부하 토크에 상당하는 2차 전류를 올릴 수 있다면 $sE_2 = 0$이 되어 전동기는 부하를 건 상태에서 동기 속도로 회전된다.
- 계속 E_c를 증가시키면 sE_2가 일정하게 되기 위해서 sE_2는 (−)의 값이 되어야 하므로 s는 (−)가 되고 동기 속도보다 높은 속도가 된다. **답 ③**

46 주파수 60[Hz], 슬립 0.2인 경우 회전자 속도가 720[rpm]일 때 유도전동기의 극수는?

① 4   ② 6   ③ 8   ④ 12

풀이 $N = (1-s)\dfrac{120f}{p}$ 이므로

$$\therefore p = (1-s)\dfrac{120f}{N_s} = (1-0.2) \times \dfrac{120 \times 60}{720}$$

$= 8[극]$ **답 ③**

47 단락비가 큰 동기기에 대한 설명으로 옳은 것은?

① 안정도가 높다.
② 기계가 소형이다.
③ 전압 변동률이 크다.
④ 전기자 반작용이 크다.

풀이 단락비가 큰 기계(철기계)의 특징
① 동기 임피던스가 적다.
($K_s = \dfrac{1}{Z_s}$ 에서 동기 임피던스가 적어진다.)
② 반작용 리액턴스 x_a가 적다.
($Z_s = r_a + j(x_a + x_l)$에서 Z_s가 적다는 것은 반작용 리액턴스 x_a가 적다는 것을 의미한다.)

③ 계자 기자력이 크다(전기자 기자력에 비해 상대적으로 계자 기자력이 크므로 전기자 반작용에 의한 영향이 적게 되고, 전압 변동률이 양호해진다).
④ 기계의 중량이 크다(계자 기자력이 크다는 것은 계자 권회수가 많고 계자철심 즉, 회전자의 직경이 크게 되므로 기계의 중량이 큰 철기계를 의미한다).
⑤ 과부하 내량이 증대되고, 안정도가 높은 반면에 기계의 가격이 상승한다. **답** ①

48 유도전동기의 1차 전압 변화에 의한 속도 제어 시 SCR을 사용하여 변화시키는 것은?
① 토크 ② 전류
③ 주파수 ④ 위상각

풀이 유도전동기의 1차측에 사이리스터를 접속하고 전압이 1[Hz] 동안 주기마다 위상각이 변하는 것에 의해 전압을 바꾸는 방법으로 2차 저항에서의 손실이 커서 효율이 나쁘다. **답** ④

49 비철극형 3상 동기발전기의 동기 리액턴스 $X_s = 10[\Omega]$, 유도기전력 $E = 6000[V]$, 단자전압 $V = 5000[V]$, 부하각 $\delta = 30°$일 때 출력은 몇 [kW]인가?
(단, 전기자 권선저항은 무시한다.)
① 1500 ② 3500
③ 4500 ④ 5500

풀이 비철극형 3상 발전기의 출력
$P ≒ \dfrac{3EV}{x_s}\sin\delta = \dfrac{3 \times 6000 \times 5000}{10} \times \sin 30° \times 10^{-3}$
$= 4500[kW]$ **답** ③

50 3상 유도전동기 원선도에서 역률[%]을 표시하는 것은?
① $\dfrac{\overline{OS'}}{\overline{OS}} \times 100$
② $\dfrac{\overline{SS'}}{\overline{OS}} \times 100$
③ $\dfrac{\overline{OP'}}{\overline{OP}} \times 100$
④ $\dfrac{\overline{OS}}{\overline{OP}} \times 100$

풀이 역률 $\cos\theta = \dfrac{\overline{OP'}}{\overline{OP}} \times 100$ **답** ③

51 상수 m, 매극 매상당 슬롯수 q인 동기발전기에서 n차 고조파분에 대한 분포계수는?
① $(\dfrac{q\sin n\pi}{mq})/(\sin\dfrac{n\pi}{m})$
② $(\sin\dfrac{n\pi}{m})/(q\sin\dfrac{n\pi}{mq})$
③ $(\sin\dfrac{\pi}{2m})/(q\sin\dfrac{n\pi}{2mq})$
④ $(\sin\dfrac{n\pi}{2m})/(q\sin\dfrac{n\pi}{2mq})$

풀이 분포권 계수 K_d
(여기서, q : 매극 매상당 슬롯수, m : 상수)
$K_d = \dfrac{\sin\dfrac{\pi}{2m}}{q\sin\dfrac{\pi}{2mq}}$ (기본파)

$K_{dn} = \dfrac{\sin\dfrac{n\pi}{2m}}{q\sin\dfrac{n\pi}{2mq}}$ (n차 고조파) **답** ④

52 유도전동기 1극의 자속 및 2차 도체에 흐르는 전류와 토크와의 관계는?
① 토크는 1극의 자속과 2차 유효전류의 곱에 비례한다.
② 토크는 1극의 자속과 2차 유효전류의 제곱에 비례한다.
③ 토크는 1극의 자속과 2차 유효전류의 곱에 반비례한다.
④ 토크는 1극의 자속과 2차 유효전류의 제곱에 반비례한다.

풀이 토크 $\tau = k\phi I_2\cos\theta_2[N \cdot m]$ 이므로
토크는 1극의 자속 ϕ와
2차 유효전류 $I_2\cos\theta_2$의 곱에 비례한다. **답** ①

53 동기 전동기의 기동법 중 자기동법(self-starting method)에서 계자권선을 저항을 통해서 단락시키는 이유는?

① 기동이 쉽다.
② 기동 권선으로 이용한다.
③ 고전압의 유도를 방지한다.
④ 전기자 반작용을 방지한다.

풀이 자기동법은 제동권선을 기동권선으로 하여 기동 토크를 얻는 방법으로 보통 기동 시에는 계자 권선 중에 고전압이 유도되어 절연을 파괴하므로 방전 저항을 접속하여 단락 상태로 기동한다. **답 ③**

54 슬롯수 36의 고정자 철심이 있다. 여기에 3상 4극의 2층권으로 권선할 때 매극 매상의 슬롯 수와 코일 수는?

① 3과 18
② 9와 36
③ 3과 36
④ 8과 18

풀이
- 매극매상슬롯수 $= \dfrac{\text{총슬롯수}}{\text{상수}\times\text{극수}} = \dfrac{36}{3\times 4} = 3$
- 코일수 $= \dfrac{\text{총슬롯수}\times\text{층수}}{2} = \dfrac{36\times 2}{2} = 36$ **답 ③**

55 3단자 사이리스터가 아닌 것은?

① SCR ② GTO ③ SCS ④ TRIAC

풀이 각 종 반도체 소자의 비교
① 방향성
- 양방향성(쌍방향성) 소자 : DIAC, TRIAC, SSS
- 역저지(단방향성) 소자 : SCR, LASCR, GTO, SCS

② 극(단자) 수
- 2극(단자) 소자 : DIAC, SSS, Diode
- 3극(단자) 소자 : SCR, LASCR, GTO, TRIAC
- **4극(단자) 소자 : SCS** **답 ③**

56 단상 변압기를 병렬 운전할 경우 부하전류의 분담은?

① 용량에 비례하고 누설 임피던스에 비례
② 용량에 비례하고 누설 임피던스에 반비례
③ 용량에 반비례하고 누설 리액턴스에 비례
④ 용량에 반비례하고 누설 리액턴스의 제곱에 비례

풀이 변압기 병렬운전 시 부하 분담은 누설 임피던스에 역비례하며, 변압기의 용량에 비례한다.

$$\dfrac{I_a}{I_b} = \dfrac{P_A}{P_B} \cdot \dfrac{\%Z_b}{\%Z_a}$$

여기서, I_a, I_b : 각 변압기의 분담 전류
P_A, P_B : A, B 변압기의 용량
$\%Z_a$, $\%Z_b$: A, B 변압기의 %임피던스 **답 ②**

57 6극 직류발전기의 정류자 편수가 132, 유기기전력이 210[V], 직렬도체수가 132개이고 중권이다. 정류자 편간 전압은 약 몇 [V]인가?

① 4 ② 9.5 ③ 12 ④ 16

풀이 $e_{sa} = \dfrac{pE}{K} = \dfrac{6\times 210}{132} = 9.55[V]$

여기서, e_{sa} : 정류자 편간 전압,
E : 유기 기전력,
K : 정류자 편수,
p : 극수 **답 ②**

58 직류발전기의 전기자 반작용의 영향이 아닌 것은?

① 주자속이 증가한다.
② 전기적 중성축이 이동한다.
③ 정류작용에 악영향을 준다.
④ 정류자편 사이의 전압이 불균일하게 된다.

풀이 ① 전기자 반작용 : 전기자 전류에 의하여 발생한 자속이 계자에 의해 발생 되는 주자속에 영향을 주는 현상
② 전기자 반작용의 영향
- 전기적 중성축 이동
  - 발전기 : 회전 방향으로 이동
  - 전동기 : 회전 방향과 반대 방향으로 이동
- 주자속 감소
- 정류자 편간의 불꽃 섬락 발생 **답 ①**

59 3000[V]의 단상 배전선 전압을 3300[V]로 승압하는 단권 변압기의 자기용량은 약 몇[kVA]인가? (단, 여기서 부하용량은 100[kVA]이다.)

① 2.1 ② 5.3
③ 7.4 ④ 9.1

풀이 $\dfrac{부하용량}{자기용량} = \dfrac{V_h}{V_h - V_l}$ 이므로

∴ 자기용량 $= \dfrac{V_h - V_l}{V_h} \times 부하용량$

$= \dfrac{3300 - 3000}{3300} \times 100$

$= 9.09[kVA]$ 답 ④

60 변압기 운전에 있어 효율이 최대가 되는 부하는 전부하의 75[%]였다고 하면 전부하에서의 철손과 동손의 비는?

① 4 : 3 ② 9 : 16
③ 10 : 15 ④ 18 : 30

풀이 변압기 최고 효율 조건 $m^2 P_c = P_i$ 에서
$(0.75)^2 P_c = P_i$

∴ $\dfrac{P_i}{P_c} = \dfrac{(0.75)^2}{1} = \left(\dfrac{75}{100}\right)^2 = \left(\dfrac{3}{4}\right)^2 = \dfrac{9}{16}$ 답 ②

2016년 – 4회 _ 공사기사

41 8극의 3상 유도전동기가 60[Hz]의 전원에 접속되어 운전할 때 864[rpm]의 속도로 494[N·m]의 토크를 낸다. 이때 동기 와트의 값은 약 몇 [W]인가?

① 76214 ② 53215
③ 46558 ④ 34761

풀이 동기속도 $N_s = \dfrac{120f}{p} = \dfrac{120 \times 60}{8} = 900[rpm]$

슬립 $s = \dfrac{N_s - N}{N_s} = \dfrac{900 - 864}{900} = 0.04$

출력 $P_0 = 2\pi \times \dfrac{N}{60} \times T = 2\pi \times \dfrac{864}{60} \times 494$
$= 44696[W]$

따라서 동기와트
$P_2 = \dfrac{P_0}{1-s} = \dfrac{44696}{1-0.04} = 46558[W]$ 답 ③

42 3상 외철형 변압기의 3권선 A, B, C를 모두 동일한 방향으로 권선하였다. 이 변압기 계철부의 자속은 주자속의 몇 배가 되는가?

① 1/4 ② 1/2
③ 3/2 ④ $\dfrac{\sqrt{3}}{2}$

풀이

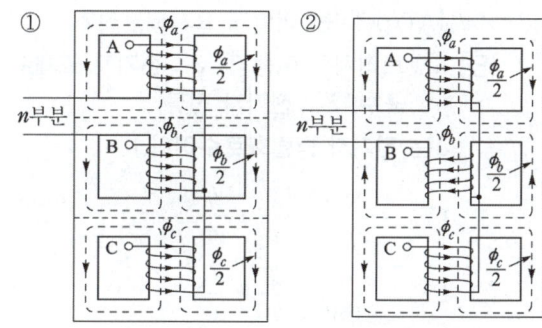

① A, B, C를 모두 동일한 방향으로 권선한 경우 :
n부분을 통하는 자속은 $\dfrac{1}{2}(\phi_a - \phi_b)$이므로

그 크기는 $\dfrac{\sqrt{3}}{2}\phi_a$이다.

② B를 A 및 C와 반대 방향으로 권선한 경우 :
n부분을 통하는 자속은 $\dfrac{1}{2}(\phi_a + \phi_b)$이므로

그 크기는 $\dfrac{1}{2}\phi_a$이다. 답 ④

43 무정전 전원장치(UPS)에 사용되고 있는 컨버터의 주된 사용 목적은?

① 교류 전압의 변화를 안정화시키기 위함이다.
② 교류 전압의 주파수를 변화시키기 위함이다.
③ 교류 전압을 직류 전압으로 변화시키기 위함이다.
④ 교류 전압을 다른 교류 전압으로 변화시키기 위함이다.

풀이 무정전 전원 장치(UPS :Uninterruptible Power Supply)
① UPS는 축전지, 정류 장치(Converter)와 역변환 장치(Inverter)로 구성되어 있으며 선로의 정전이나 입력 전원에 이상 상태가 발생하였을 경우에도 정상적으로 전력을 부하측에 공급하는 설비를 UPS라 한다.

② 기능
- 정류장치(Converter) : **교류를 직류로 변환**
- 축전지 : 정류 장치에 의해 변환된 직류 전력을 저장
- 역변환 장치(Inverter) : 직류를 사용 주파수의 교류 전압으로 변환 **답 ③**

44 직류기에서 전기자 반작용 중 감자 기자력 AT_d[AT/pole]는 어떻게 표시되는가?
(단, α : 브러시의 이동각, Z : 전기자 도체수, p : 극수, I_a : 전기자 전류, a는 전기자 병렬회로수이다.)

① $AT_d = \dfrac{180}{\alpha} \cdot \dfrac{Z}{p} \cdot \dfrac{I_a}{a}$

② $AT_d = \dfrac{\alpha}{180} \cdot \dfrac{Z}{p} \cdot \dfrac{I_a}{a}$

③ $AT_d = \dfrac{180}{90-\alpha} \cdot \dfrac{Z}{p} \cdot \dfrac{I_a}{a}$

④ $AT_d = \dfrac{90-\alpha}{180} \cdot \dfrac{Z}{p} \cdot \dfrac{I_a}{a}$

풀이 전기자 기자력
- 감자 기자력
$AT_d = \dfrac{Z}{2p} \cdot \dfrac{4\alpha}{2\pi} \cdot \dfrac{I_a}{a} = \dfrac{Z}{p} \cdot \dfrac{\alpha}{\pi} \cdot \dfrac{I_a}{a}$
$= \dfrac{\alpha}{180} \cdot \dfrac{Z}{p} \cdot \dfrac{I_a}{a}$ [AT/극]
- 교차 기자력
$AT_c = \dfrac{Z}{2p} \cdot \dfrac{2\beta}{2\pi} \cdot \dfrac{I_a}{a}$ [AT/극] **답 ②**

45 어떤 변압기의 전압 변동률은 부하역률 100[%]에서 2[%], 부하역률 80[%]에서 3[%]이다. 이 변압기의 최대 전압 변동률은 약 [%]인가?

① 3.1 ② 4.2
③ 5.1 ④ 6.2

풀이 전압 변동률 $\epsilon = p\cos\theta + q\sin\theta$ 이다.
(여기서, p : %저항 강하, q : %리액턴스 강하)
- 부하역률 100[%]일 때
$\epsilon_{100} = p\cos\theta + q\sin\theta = p \times 1 + q \times 0 = p = 2[\%]$
- 부하역률이 80[%]일 때
$\epsilon_{80} = p\cos\theta + q\sin\theta = 2 \times 0.8 + q \times 0.6 = 3[\%]$
$\to q = 2.33[\%]$

따라서 최대 전압 변동률
$\epsilon_{max} = \sqrt{p^2 + q^2} = \sqrt{2^2 + 2.33^2} = 3.1[\%]$ **답 ①**

46 3상 전원의 수전단에서 전압 3300[V], 800[A] 뒤진 역률 0.8의 전력을 공급받고 있을 때, 동기 조상기 역률을 1로 개선하고자 한다. 필요한 동기 조상기의 용량은 약 몇 [kVA] 인가?

① 785 ② 1525
③ 2744 ④ 3430

풀이 역률을 1로 개선하기 위해서는 **무효전력만큼의 동기 조상기 용량이 필요**하다.
피상전력
$P_a = \sqrt{3}\,VI = \sqrt{3} \times 3300 \times 800 \times 10^{-3}$
$= 4572.61 [kVA]$
따라서 동기 조상기의 용량
$Q_c = P_a \sin\theta = P_a \times \sqrt{1-\cos^2\theta}$
$= 4572.61 \times \sqrt{1-0.8^2}$
$\fallingdotseq 2744 [kVA]$ **답 ③**

47 단상 직권 정류자 전동기의 종류에 속하지 않는 것은?

① 직권형 ② 보상 직권형
③ 보극 직권형 ④ 유도보상 직권형

풀이 단상 정류자 전동기

직권 특성	• 단상 직권 정류자 전동기 : 직권형, 보상직권형, 유도보상직권형 • 단상 반발 전동기 : 아트킨손형 전동기, 톰슨 전동기, 데리 전동기
분권 특성	현재 실용화 되지 않고 있음

단상 직권 정류자 전동기(단상 직권 전동기)는 교·직 양용으로 사용할 수 있으며 만능 전동기라고도 불린다. **답 ③**

48 주상 변압기의 고압측에 몇 개의 탭을 만드는 이유는?

① 부하전류를 적게 하기 위하여
② 변압기의 역률을 조정하기 위하여
③ 수전점의 전압을 조정하기 위하여
④ 변압기의 철손을 조정하기 위하여

풀이 전원 전압의 변동이나 부하에 의해 변압기 2차측에 전압변동이 생긴다. 전압변동을 보상하려면 변압기의 권수비(변압비)를 바꾸어야 하는데 이를 위해 2차측에 몇 개의 탭을 설치한다. **답** ③

49 정격 부하로 운전 중인 3상 유도전동기의 전원 한 선이 단선되어 단상이 되었다. 부하가 불변일 때 선전류는 대략 몇 배인가?

① 3   ② $\frac{3}{2}$
③ $\sqrt{3}$ ④ $\frac{2}{\sqrt{3}}$

풀이 ① 전부하로 운전하고 있는 3상 유도전동기의 경우 1선의 퓨즈가 용단되면 단상 전동기가 되며
- 최대 토크는 50[%] 전후로 된다.
- 최대 토크를 발생하는 슬립 s는 0쪽으로 가까워진다.
- 최대 토크 부근에서는 1차 전류가 증가한다.
- 정지하는 경우에는 과대 전류가 흘러서 나머지 퓨즈가 용단되거나 차단기가 동작한다.

② 경부하에서 회전을 계속한다면
- 슬립이 2배 정도로 되고 회전수는 떨어진다.
- 1차 전류가 $\sqrt{3}$ 배 정도로 증가되어서 열손실이 증가하고, 계속 운전하면 과열로 소손된다. **답** ③

50 회전자 동기각속도 ω_0, 회전자 각속도 ω인 유도전동기의 2차 효율은?

① $\frac{\omega_0 - \omega}{\omega}$ ② $\frac{\omega_0 - \omega}{\omega_0}$
③ $\frac{\omega_0}{\omega}$ ④ $\frac{\omega}{\omega_0}$

풀이 2차 효율
$\eta_2 = \frac{P}{P_2} = \frac{(1-s)P_2}{P_2} = \frac{n}{n_0} = \frac{\omega}{\omega_0}$ **답** ④

51 서보 모터의 마이컴 제어에 있어 기능상 3요소에 속하지 않는 것은?

① 토크 제어   ② 속도 제어
③ 위치 제어   ④ 순서 제어

풀이 서보 모터는 시간에 따라 변하는 신호를 시간에 따라 변하는 운동으로 변환 하는데 사용되며, 기능상 3요소는 토크 제어, 속도 제어 및 위치 제어이다. **답** ④

52 10[kVA], 2000/100[V] 변압기의 1차 환산 등가 임피던스가 $6 + j8[\Omega]$일 때 %리액턴스 강하는 몇 [%]인가?

① 1.5   ② 2
③ 5   ④ 10

풀이 1차 정격전류 $I_{1n} = \frac{P}{V_1} = \frac{10 \times 10^3}{2000} = 5[A]$

$\therefore \%x = \frac{I_{1n} \cdot x}{V_{1n}} \times 100 = \frac{5 \times 8}{2000} \times 100 = 2[\%]$ **답** ②

53 정류회로에서 평활회로를 사용하는 이유는?

① 정류전압을 2배로 하기 위해
② 출력전압의 맥류분을 감소시키기 위해
③ 출력전압의 크기를 증가시키기 위해
④ 정류전압의 직류분을 감소시키기 위해

풀이 평활회로를 사용하면 출력전압의 맥류분이 감소되므로 직류에 가까워진다. **답** ②

54 권선형 유도전동기가 있다. 2차회로는 Y접속으로 되어있고 그 각 상의 저항은 0.3[Ω]이며 1차와 2차의 리액턴스의 합은 2차측에서 보면 1.5[Ω]이다. 기동 때 최대 토크를 발생시키기 위한 외부저항은 몇 [Ω]인가?
(단, 1차 권선의 저항은 무시한다.)

① 1.2   ② 1.4
③ 1.55   ④ 1.6

풀이 $R_s = \sqrt{r_1^2 + (x_1 + x_2')^2} - r_2'$
$= \sqrt{(x_1 + x_2')^2} - r_2'$
($\because$ 1차 권선의 저항은 무시, $r_1 = 0$)
$x_1' + x_2 = 1.5[\Omega]$, $r_2 = 0.3[\Omega]$이므로
$\therefore R_s = \sqrt{(x_1 + x_2')^2} - r_2 = \sqrt{(1.5)^2} - 0.3$
$= 1.2[\Omega]$ **답** ①

55 8극 900[rpm] 동기발전기로 병렬 운전하는 극수 6의 교류 발전기의 회전수는 몇 [rpm]인가?

① 900 ② 1000
③ 1200 ④ 1400

풀이 8극 동기발전기의 동기속도 및 주파수

동기속도 $N_s = \dfrac{120f}{p} = \dfrac{120f}{8} = 900[\text{rpm}]$

→ 주파수 $f = \dfrac{8 \times 900}{120} = 60[\text{Hz}]$

동기발전기 병렬 운전시 주파수는 동일해야 하므로 6극 교류발전기의 회전수 N_s'는

$N_s' = \dfrac{120 \times 60}{6} = 1200[\text{rpm}]$ **답** ③

56 3상 동기발전기의 각 상의 유기기전력에서 제3고조파를 제거할 수 있는 $\dfrac{\text{코일간격}}{\text{극간격}}$은?
(단, 전기자 권선은 단절권으로 한다.)

① 0.11 ② 0.33
③ 0.67 ④ 1.34

풀이
- 제n고조파에 대한 단절 계수(코일 간격/극 간격)

$K_{pn} = \sin\dfrac{n\beta\pi}{2}$ 이므로 제3고조파에 대한 단절 계수

$K_{p3} = \sin\dfrac{3\beta\pi}{2}$ 이다.

- $\sin\theta$의 값이 0이 되기 위해서는 $\theta = 0, \pi, 2\pi, \cdots$가 되어야 한다.
- $\dfrac{3\beta\pi}{2}(=\theta)$가 $0, \pi, 2\pi, \cdots$ 이 되기 위한 β는 0, 0.67, 1.33, … 이나 이 중에서 **1보다 작고 가장 가까운 $\beta = 0.67$**이 제일 적당하다. **답** ③

57 380[V], 60[Hz], 4극, 10[kW]인 3상 유도전동기의 전부하 슬립이 3[%]이다. 전원 전압을 10[%] 낮추는 경우 전부하 슬립은 약 [%]인가?

① 2.8 ② 3.7
③ 4.1 ④ 5.0

풀이 공급 전압이 10[%] 저하된 경우의 전부하 슬립을 s'라 하면

$s' = s \times \left(\dfrac{V_1}{V_1'}\right)^2 = s \times \left(\dfrac{V_1}{V_1 \times 0.9}\right)^2$

$= 0.03 \times \left(\dfrac{380}{380 \times 0.9}\right)^2 = 0.037 = 3.7[\%]$ **답** ②

58 직류 직권전동기를 정격전압에서 전부하전류 100[A]로 운전할 때, 부하 토크가 1/2로 감소하면 그 부하전류는 약 몇 [A]인가?
(단, 자기포화는 무시한다.)

① 60 ② 71 ③ 80 ④ 91

풀이 직권 전동기의 토크(T)는 자로가 포화되지 않은 범위 안에서는 전기자 전류(I_a)의 제곱에 비례하므로 토크가 1/2로 되면

$\dfrac{T'}{T} = \dfrac{T/2}{T} = \dfrac{{I_a'}^2}{I_a^2}$

$\therefore I_a' = \sqrt{(1/2)} \times I_a = \sqrt{(1/2)} \times 100$
$= 70.71[\text{A}]$ **답** ②

59 변압기에 사용되는 절연유의 특성이 아닌 것은?

① 응고점이 높아야 한다.
② 인화점이 높아야 한다.
③ 냉각효과가 커야 한다.
④ 고온에서 산화되지 않아야 한다.

풀이 변압기 절연유의 구비조건
① 절연저항 및 절연내력이 클 것
② 비열 및 열전도율이 크며 점도가 용도에 따라 적당히 낮을 것
③ 인화점은 130[℃] 이상 높고 응고점은 −30[℃] 이하로 낮을 것
④ 열팽창 계수가 작고 증발로 인한 감소량이 적을 것
⑤ 화학적으로 안정하여 열화 변질되지 않으며 기기를 침식시키지 말 것 **답** ①

60 변압기의 병렬운전 조건이 아닌 것은?

① 극성이 같아야 한다.
② 권수비가 같아야 한다.
③ 3상식에서는 상회전 방향 및 위상 변위가 같아야 한다.
④ %저항강하 및 %리액턴스 강하는 같지 않아도 된다.

풀이 변압기 병렬 운전 조건
① 각 변압기의 극성이 같을 것
② 권수비 및 2차 정격 전압이 같을 것
③ 각 변압기의 퍼센트 임피던스 강하가 같으며 저항과 리액턴스비가 같을 것
④ 상회전 방향이 같을 것
⑤ 위상 변위가 같아야 한다. **답** ④

2017년 전기기기_전기기사·공사기사

문제의 번호는 실제 시험문제의 번호와 같게 하였습니다.

2017년 - 1회 _ 전기기사·공사기사

41 그림과 같은 회로에서 전원전압의 실효치 200[V], 점호각 30°일 때 출력전압은 약 몇 [V]인가? (단, 정상 상태이다.)

① 157.8
② 168.0
③ 177.8
④ 187.8

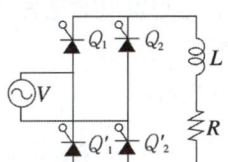

$$E_{d\alpha} = \frac{2\sqrt{2}E}{\pi}\left(\frac{1+\cos\alpha}{2}\right)$$
$$= \frac{2\sqrt{2}\times 200}{\pi}\times\left(\frac{1+\cos 30°}{2}\right)$$
$$= 168.0[V]$$

답 ②

42 분권발전기의 회전 방향을 반대로 하면 일어나는 현상은?

① 전압이 유기된다.
② 발전기가 소손된다.
③ 잔류자기가 소멸된다.
④ 높은 전압이 발생한다.

풀이 역회전에 의하여 잔류 자기에 의한 기전력의 극성이 반대로 된다. 따라서 분권 회로의 여자 전류가 반대로 흘러서 잔류 자기를 소멸시키기 때문에 발전불능이 된다.

답 ③

43 극수가 24일 때, 전기각 180°에 해당되는 기계각은?

① 7.5°
② 15°
③ 22.5°
④ 30°

풀이 기하학적 각도
$$\alpha[\text{rad}] = \text{전기각 } \alpha_e[\text{rad}]\times\frac{2}{p}$$
$$= 180°\times\frac{2}{24} = 15°$$

답 ②

44 단락비가 큰 동기기의 특징으로 옳은 것은?

① 안정도가 떨어진다.
② 전압 변동률이 크다.
③ 선로 충전용량이 크다.
④ 단자 단락 시 단락전류가 적게 흐른다.

풀이 철기계(단락비가 큰 기계)의 특징
① 동기 임피던스가 적다.
② 반작용 리액턴스 x_a가 적다.
③ 계자 기자력이 크다.
④ 기계의 중량이 크다.
⑤ 과부하 내량이 증대되고, 송전선의 충전 용량이 큰 여유가 있는 기계이나 반면에 기계의 가격이 상승한다.
즉, 단락비가 큰 동기기는 부피가 커지며 값이 비싸고, 철손, 기계손 등의 고정손이 커서 효율은 나빠지나 전압 변동률이 작고 안정도 및 선로 충전 용량이 커지는 이점이 있다.

답 ③

45 단상 직권 정류자 전동기에서 보상권선과 저항도선의 작용을 설명한 것 중 틀린 것은?

① 보상권선은 역률을 좋게 한다.
② 보상권선은 변압기의 기전력을 크게 한다.
③ 보상권선은 전기자 반작용을 제거해 준다.
④ 저항도선은 변압기 기전력에 의한 단락전류를 작게 한다.

풀이 저항 도선은 변압기 기전력에 의한 단락전류를 작게 하여 정류를 좋게 하며 또한 보상 권선은 전기자 반작용을 상쇄하여 역률을 좋게 하고 변압기 기전력을 작게 해서 정류 작용을 개선한다.

답 ②

46 5[kVA], 3000/200[V]의 변압기의 단락시험에서 임피던스 전압 120[V], 동손 150[W]라 하면 %저항 강하는 약 몇 [%]인가?

① 2
② 3
③ 4
④ 5

풀이 %저항 강하

$$p = \frac{I_{1n}r}{V_{1n}} \times 100 = \frac{I_{1n}^2 r}{V_{1n}I_{1n}} \times 100$$
$$= \frac{P_c}{VA} \times 100 = \frac{150}{5000} \times 100 = 3[\%]$$

답 ②

47 변압기의 규약 효율 산출에 필요한 기본요건이 아닌 것은?

① 파형은 정현파를 기준으로 한다.
② 별도의 지정이 없는 경우 역률은 100[%] 기준이다.
③ 부하손은 40[℃]를 기준으로 보정한 값을 사용한다.
④ 손실은 각 권선에 대한 부하손의 합과 무부하손의 합이다.

풀이 변압기의 규약 효율 산출 : 별도의 지정이 없는 경우 역률은 100[%], 온도는 75[℃]를 기준 **답** ③

48 직류기에 보극을 설치하는 목적은?

① 정류 개선 ② 토크의 증가
③ 회전수 일정 ④ 기동토크의 증가

풀이 주자극 사이의 중성점에 소자극을 설치한 것을 보극 또는 정류극이라 하며, 전기자 전류에 의해 필요한 정류 전압을 얻어 리액턴스 전압을 상쇄시키므로 정류가 잘 되고 중성점의 이동을 막을 수 있다. **답** ①

49 슬립 s_t에서 최대 토크를 발생하는 3상 유도전동기에 2차측 한 상의 저항을 r_2라 하면 최대 토크로 기동하기 위한 2차측 한 상에 외부로부터 가해 주어야 할 저항[Ω]은?

① $\frac{1-s_t}{s_t}r_2$ ② $\frac{1+s_t}{s_t}r_2$
③ $\frac{r_2}{1-s_t}$ ④ $\frac{r_2}{s_t}$

풀이 기동시의 슬립과 2차 저항을 s_s, r_{2s}, 저항을 접속하지 않았을 때의 것을 s_t, r_2라 하면

$$\frac{r_2}{s_t} = \frac{r_{2s}}{s_s}$$

기동 시 $s_s = 1$에서 전부하 토크를 발생시키는 데 필요한 외부 저항 R은

$$\frac{r_2}{s_t} = \frac{r_2 + R}{1}$$
$$\therefore R = \frac{r_2}{s_t} - r_2 = \frac{1-s_t}{s_t}r_2$$

답 ①

50 어떤 단상변압기의 2차 무부하 전압이 240[V]이고, 정격 부하 시의 2차 단자전압이 230[V]이다. 전압 변동률은 약 몇 [%]인가?

① 4.35 ② 5.15
③ 6.65 ④ 7.35

풀이 2차 무부하 전압을 V_{20}, 정격 부하 시의 2차 단자전압을 V_{2n}라 하면 전압 변동률 ϵ은

$$\therefore \epsilon = \frac{V_{20} - V_{2n}}{V_{2n}} \times 100$$
$$= \frac{240 - 230}{230} \times 100 = \frac{10}{230} \times 100$$
$$= 4.35[\%]$$

답 ①

51 4극, 3상 동기기가 48개의 슬롯을 가진다. 전기자 권선 분포 계수 K_d를 구하면 약 얼마인가?

① 0.923 ② 0.945
③ 0.957 ④ 0.969

풀이 매극 매상당 슬롯 수

$$q = \frac{\text{총 슬롯 수}}{\text{상극} \times \text{극수}} = \frac{48}{3 \times 4} = 4$$

$$\therefore K_d = \frac{\sin\frac{\pi}{2m}}{q\sin\frac{\pi}{2mq}} = \frac{\sin\frac{\pi}{2 \times 3}}{4 \times \sin\frac{\pi}{2 \times 3 \times 4}}$$
$$= 0.957$$

답 ③

52 유도전동기의 안정 운전의 조건은? (단, T_m : 전동기 토크, T_L : 부하 토크, n : 회전수)

① $\frac{dT_m}{dn} < \frac{dT_L}{dn}$ ② $\frac{dT_m}{dn} = \frac{dT_L^2}{dn}$
③ $\frac{dT_m}{dn} > \frac{dT_L}{dn}$ ④ $\frac{dT_m}{dn} \neq \frac{dT_L^2}{dn}$

풀이

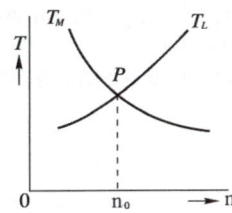

전동기에 부하를 걸고 안정하게 운전하기 위해서 그림과 같이 n이 증가할 때에는 부하 토크 T_L이 전동기 발생 토크 T_M보다 커지고, n이 감소할 때에는 이와 반대로 되지 않으면 안 된다. 즉, 교점 P가 안정 운전점이 된다.

두 곡선이 만나는 교점 P에서

$\dfrac{dT_M}{dn} < \dfrac{dT_L}{dn}$ (안정 운전)

$\dfrac{dT_M}{dn} > \dfrac{dT_L}{dn}$ (불안정 운전)

의 관계가 성립한다. 답 ①

53 사이리스터에서 게이트 전류가 증가하면?

① 순방향 저지전압이 증가한다.
② 순방향 저지전압이 감소한다.
③ 역방향 저지전압이 증가한다.
④ 역방향 저지전압이 감소한다.

풀이 SCR은 순방향 게이트 전류의 크기가 증가하면 순방향 브레이크오버 전압이 감소되어 도통하게 된다.
① 순방향 저지상태 : 순방향 전압이 SCR에 인가되어도 SCR은 다이오드처럼 바로 도통하는 것이 아니고 SCR을 점호하기 전까지는 계속 불통 상태에 머물러 있으며 이러한 상태를 순방향 저지 상태라 한다.
② SCR에 순방향 전압이 인가되어 있을 때 게이트 단자에 전류를 흘리면 SCR은 도통된다. 그러나 역전압이 걸려 있는 상태에서는 게이트 단자에 전류를 흘려도 SCR은 도통되지 않는다.
③ SCR은 일단 도통된 후 게이트 전류를 차단시켜도 계속 도통 상태를 유지한다.
④ SCR의 소호 : 소자에 역전압이 걸려 흐르던 전류가 멈추면 소호된다. 그리고 일단 소호가 되고 나면 다시 순방향 전압이 가해져도 게이트를 통해 점호하기 전까지는 다시 도통하지 않는다. 답 ②

54 일반적인 농형 유도전동기에 비하여 2중 농형 유도전동기의 특징으로 옳은 것은?

① 손실이 적다.
② 슬립이 크다.
③ 최대 토크가 크다.
④ 기동 토크가 크다.

풀이 2중 농형 유도전동기는 저항이 크고 리액턴스가 작은 기동용 농형 권선(외측 도체)과 저항이 작고 리액턴스가 큰 운전용 농형 권선(내측 도체)을 가진 것으로 보통 농형에 비하여 기동 전류가 작고 기동 토크가 크다.

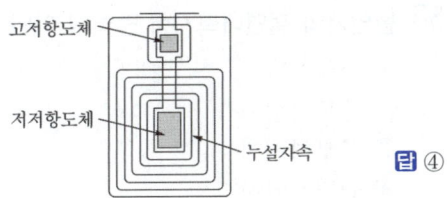

답 ④

55 60[Hz]인 3상 8극 및 2극의 유도전동기를 차동종속으로 접속하여 운전할 때의 무부하속도 [rpm]는?

① 720 ② 900
③ 1000 ④ 1200

풀이 차동 종속
$N = \dfrac{120f}{p_1 - p_2} = \dfrac{120 \times 60}{8-2} = 1200[\text{rpm}]$ 답 ④

56 원통형 회전자를 가진 동기발전기는 부하각 δ가 몇 도일 때 최대 출력을 낼 수 있는가?

① 0° ② 30°
③ 60° ④ 90°

풀이
• 돌극형은 부하각 $\delta = 60°$ 부근에서 최대 출력이 되고, 정격 운전 시는 20° 부근이다.
• 비돌극기(원통형 회전자)는 $\delta = 90°$에서 최대가 된다. 답 ④

57 직류발전기의 병렬운전에 있어서 균압선을 붙이는 발전기는?

① 타여자발전기
② 직권발전기와 분권발전기
③ 직권발전기와 복권발전기
④ 분권발전기와 복권발전기

풀이 균압선의 목적은 병렬 운전을 안정하게 하기 위하여 설치하는 것으로 일반적으로 **직권 및 복권 발전기에서는** 직권 계자 코일에 흐르는 전류에 의하여 병렬 운전이 불안정하게 되므로 **균압선을 설치**하여 직권 계자 코일에 흐르는 전류를 분류하게 한다.   답 ③

나타나지 않기 때문에 **막대한 과도 전류가 흐르고, 수 초 후에는** 전기자 반작용 리액턴스에 의해 단락전류는 점차 감소되어 **영구 단락전류값에 이르게 된다.**
답 ③

58 변압기의 절연내력시험 방법이 아닌 것은?
① 가압시험
② 유도시험
③ 무부하시험
④ 충격전압시험

풀이 ① 절연 내력 시험은 정격 주파수의 고전압에 대한 절연의 안정 여부를 확인하는 시험으로, 변압기 절연 내력 시험에는 가압시험, 충격 전압 시험, 유도 시험 등이 있다.
② 권선 저항 측정, **무부하 시험**, 단락 시험 등은 **변압기 등가 회로 작성에 필요한 시험**이다.   답 ③

2017년 2회 _ 전기기사·공사기사

41 3상 변압기를 병렬 운전하는 경우 불가능한 조합은?
① △ − Y와 Y − △
② △ − △와 Y − Y
③ △ − Y와 △ − Y
④ △ − Y와 △ − △

풀이 **3상 변압기의 병렬 운전의 결선 조합**

병렬 운전 가능	병렬 운전 불가능
△−△와 △−△	△−△와 △−Y
Y−Y와 Y−Y	△−△와 Y−△
Y−△와 Y−△	△−Y와 Y−Y
△−Y와 △−Y	Y−△와 Y−Y
△−△와 Y−Y	
△−Y와 Y−△	

※ 이유 : **3개의** △, 3개의 Y는 2차 간에 정격 전압이 다르며 30°의 변위가 생겨 **순환 전류가 흐른다.**
답 ④

59 직류발전기의 유기기전력이 230[V], 극수가 4, 정류자 편수가 162인 정류자 편간 평균전압은 약 몇 [V]인가? (단, 권선법은 중권이다.)
① 5.68   ② 6.28
③ 9.42   ④ 10.2

풀이 $e_{sa} = \dfrac{pE}{K} = \dfrac{4 \times 230}{162} = 5.68[V]$

여기서, e_{sa} : 정류자 편간 전압
E : 유기 기전력
K : 정류자 편수
p : 극수   답 ①

42 3상 직권 정류자 전동기에 중간(직렬)변압기가 쓰이고 있는 이유가 아닌 것은?
① 정류자 전압의 조정
② 회전자 상수의 감소
③ 실효 권수비 선정 조정
④ 경부하 때 속도의 이상 상승 방지

풀이 중간 변압기를 사용하는 이유는 다음과 같다.
① 전원 전압의 크기에 관계없이 **회전자 전압을 정류 작용에 맞는 값으로 선정**할 수 있다.
② 중간 변압기의 **권수비를 바꾸어서 전동기의 특성을 조정**할 수 있다.
③ 철심을 포화시켜 **속도의 상승을 억제**할 수 있다.
답 ②

60 동기발전기의 단자 부근에서 단락이 일어났다고 하면 단락전류는 어떻게 되는가?
① 전류가 계속 증가한다.
② 큰 전류가 증가와 감소를 반복한다.
③ 처음에는 큰 전류이나 점차 감소한다.
④ 일정한 큰 전류가 지속적으로 흐른다.

풀이 평형 3상 전압을 유기하고 있는 발전기의 단자를 갑자기 단락하면 **단락 초기에** 전기자 반작용이 순간적으로

43 정류회로에 사용되는 환류 다이오드(free wheeling diode)에 대한 설명으로 틀린 것은?

① 순저항 부하의 경우 불필요하게 된다.
② 유도성 부하의 경우 불필요하게 된다.
③ 환류 다이오드 동작 시 부하출력 전압은 0[V]가 된다.
④ 유도성 부하의 경우 부하전류의 평활화에 유용하다.

풀이 환류 다이오드는 부하와 병렬로 접속되어 다이오드가 off 될 때 유도성 부하전류의 통로를 만드는 다이오드로 부하전류를 평활화하고 다이오드의 역바이어스 전압을 부하에 관계없이 일정하게 유지시킨다. **답** ②

44 직류 분권전동기를 무부하로 운전 중 계자회로에 단선이 생긴 경우 발생하는 현상으로 옳은 것은?

① 역전한다.
② 즉시 정지한다.
③ 과속도로 되어 위험하다.
④ 무부하이므로 서서히 정지한다.

풀이 $n = k\dfrac{V - I_a R_a}{\phi}$ 에서 계자 회로가 단선되면 자속 ϕ 가 0이 되므로 과속도로 되어 위험하다. **답** ③

45 변압기에 있어서 부하와는 관계없이 자속만을 발생시키는 전류는?

① 1차 전류   ② 자화 전류
③ 여자 전류 ④ 철손 전류

풀이 여자전류 $\dot{I_0} = \dot{I_\phi} + \dot{I_i}$
- $\dot{I_\phi}$ (자화 전류) : 자속을 유지하는 전류
- $\dot{I_i}$ (철손 전류) : 철손을 공급하는 전류 **답** ②

46 직류전동기의 규약효율을 나타낸 식으로 옳은 것은?

① $\dfrac{출력}{입력} \times 100[\%]$

② $\dfrac{입력}{입력 + 손실} \times 100[\%]$

③ $\dfrac{출력}{출력 + 손실} \times 100[\%]$

④ $\dfrac{입력 - 손실}{입력} \times 100[\%]$

풀이 규약 효율
① 전동기 $\eta = \dfrac{입력 - 손실}{입력} \times 100[\%]$
② 발전기 $\eta = \dfrac{출력}{출력 + 손실} \times 100[\%]$ **답** ④

47 직류전동기에서 정속도(constant speed) 전동기라고 볼 수 있는 전동기는?

① 직권전동기
② 타여자전동기
③ 화동복권전동기
④ 차동복권전동기

풀이 타여자 전동기나 분권 전동기와 같이 속도 변동률이 적은 전동기를 정속도 전동기라 하며, 이러한 정속도 특성을 분권 특성이라고도 한다. **답** ②

48 단상 유도전동기의 기동방법 중 기동토크가 가장 큰 것은?

① 반발 기동형
② 분상 기동형
③ 세이딩 코일형
④ 콘덴서 분상 기동형

풀이 기동 토크는 반발 기동형 > 콘덴서 분상 기동형 > 분상 기동형 > 세이딩 코일형의 순이다. **답** ①

49 부흐홀츠 계전기에 대한 설명으로 틀린 것은?

① 오동작의 가능성이 많다.
② 전기적 신호로 동작한다.
③ 변압기의 보호에 사용된다.
④ 변압기의 주탱크와 콘서베이터를 연결하는 관중에 설치한다.

풀이 부흐홀츠 계전기는 변압기의 내부 고장으로 발생하는 기름의 분해 가스 증기 또는 유류를 이용하여 부저를 움직여 계전기의 접점을 닫는 것이므로 변압기의 주 탱크와 콘서베이터와의 연결관 도중에 설치한다.

답 ②

50 직류기에서 정류 코일의 자기 인덕턴스를 L이라 할 때 정류 코일의 전류가 정류주기 T_c 사이에 I_c에서 $-I_c$로 변한다면 정류 코일의 리액턴스 전압[V]의 평균값은?

① $L\dfrac{T_c}{2I_c}$ ② $L\dfrac{I_c}{2T_c}$
③ $L\dfrac{2I_c}{T_c}$ ④ $L\dfrac{I_c}{T_c}$

풀이 정류주기 사이에서의 전류의 변화는
$I_c - (-I_c) = 2I_c$ 이므로
$\therefore e_L = L\dfrac{di}{dt} = L\dfrac{2I_c}{T_c}$ [V]

답 ③

51 일반적인 전동기에 비하여 리니어 전동기(linear motor)의 장점이 아닌 것은?

① 구조가 간단하여 신뢰성이 높다.
② 마찰을 거치지 않고 추진력이 얻어진다.
③ 원심력에 의한 가속제한이 없고 고속을 쉽게 얻을 수 있다.
④ 기어, 벨트 등 동력 변환기구가 필요 없고 직접 원운동이 얻어진다.

풀이 리니어 모터
회전기의 회전자 접속 방향에 발생하는 전자력을 직선적인 기계 에너지로 변환시키는 장치
(1) 장점
  ① 모터 자체의 구조가 간단하여 신뢰성이 높고 보수가 용이하다.
  ② 기어, 벨트 등 동력 변환 기구가 필요 없고 직접 직선 운동이 얻어진다.
  ③ 마찰을 거치지 않고 추진력이 얻어진다.
  ④ 원심력에 의한 가속제한이 없고 고속을 쉽게 얻을 수 있다.
(2) 단점
  ① 회전형에 비하여 역률, 효율이 낮다.
  ② 저속도를 얻기 어렵다.
  ③ 부하관성의 영향이 크다.

답 ④

52 주파수가 정격보다 3[%] 감소하고 동시에 전압이 정격보다 3[%] 상승된 전원에서 운전되는 변압기가 있다. 철손이 fB_m^2 에 비례한다면 이 변압기 철손은 정격상태에 비하여 어떻게 달라지는가? (단, f : 주파수, B_m : 자속밀도 최대치이다.)

① 약 8.7[%] 증가
② 약 8.7[%] 감소
③ 약 9.4[%] 증가
④ 약 9.4[%] 감소

풀이 철손 $P_i = kfB_m^2 = kf\left(k'\dfrac{V}{f}\right)^2$
감소한 주파수 $f' = 0.97f$,
상승된 전압 $V' = 1.03V$ 이므로
이때의 철손을 P_i'라고 하면
$P_i' = \dfrac{V'^2}{f'} = \dfrac{1.03^2 V^2}{0.97f} = \dfrac{1.0609}{0.97}P_i = 1.094P_i$
즉, 철손은 9.4[%] $(1.094 - 1 = 0.094)$ 증가한다.

답 ③

53 교류정류자기에서 갭의 자속분포가 정현파로 $\phi_m = 0.14$[Wb], $p=2$, $a=1$, $Z=200$, $N=1200$[rpm]인 경우 브러시 축이 자극 축과 30°라면 속도 기전력의 실효값 E_s는 약 몇 [V]인가?

① 160 ② 400
③ 560 ④ 800

풀이 $E_s = \dfrac{1}{\sqrt{2}} \cdot \dfrac{p}{a} Z \dfrac{N}{60} \phi_m \sin\theta$
$= \dfrac{1}{\sqrt{2}} \times \dfrac{2}{1} \times 200 \times \dfrac{1200}{60} \times 0.14 \times \sin30°$
$= 396$ [V]

답 ②

54 직류를 다른 전압의 직류로 변환하는 전력변환기기는?

① 초퍼
② 인버터
③ 사이클로 컨버터
④ 브리지형 인버터

풀이 초퍼는 DC를 DC로 변환하는 것으로 일정 입력 전원전압으로부터 초퍼된(짧게 자른) 부하전압을 만들며 전원으로부터 부하를 연결 혹은 단절하는 다이리스터 온/오프 스위치이다. **답** ①

55 와전류 손실을 패러데이 법칙으로 설명한 과정 중 틀린 것은?

① 와전류가 철심으로 흘러 발열
② 유기전압 발생으로 철심에 와전류가 흐름
③ 시변 자속으로 강자성체 철심에 유기전압 발생
④ 와전류 에너지 손실량은 전류 경로 크기에 반비례

풀이 도체에 코일을 감고 교류전류 i를 흐르게 하면 도체 단면을 통과하는 자속이 변하게 되어 전자유도에 의한 맴돌이 형태의 유도전류가 흐르게 되는데 이 맴돌이 전류를 와전류라고 하며, 와전류에 의한 전력손실을 와전류 손실이라고 한다.

와류손 $P_e = \delta_e(tfk_fB_m)^2$ [W/kg]

여기서, δ_e : 재료에 의한 정수
f : 주파수[Hz],
B_m : 자속 밀도의 최댓값 [Wb/m²]
t : 철판의 두께[m]
k_f : 파형률 **답** ④

56 역률 0.85의 부하 350[kW]에 50[kW]를 소비하는 동기전동기를 병렬로 접속하여 합성 부하의 역률을 0.95로 개선하려면 전동기의 진상 무효전력은 약 몇 [kVar]인가?

① 68　　② 72
③ 80　　④ 85

풀이
• 역률개선 전 유효전력
  $P = 350 + 50 = 400$ [kW]
• 역률개선 전 무효전력
  $P_r = \dfrac{350}{0.85} \times \sqrt{1-0.85^2} = 216.91$ [kVar]
• 개선 후 역률
  $\cos\theta = \dfrac{P}{\sqrt{P^2+(P_r-Q)^2}}$
  $= \dfrac{400}{\sqrt{400^2+(216.91-Q)^2}} = 0.95$

따라서 진상 무효전력
$Q = 216.91 - \sqrt{\left(\dfrac{400}{0.95}\right)^2 - 400^2}$
$\fallingdotseq 85$ [kVar] **답** ④

57 변압기의 무부하시험, 단락시험에서 구할 수 없는 것은?

① 철손　　② 동손
③ 절연내력　　④ 전압 변동률

풀이 변압기의 시험
① 개방 회로 시험(**무부하 시험**)으로 측정할 수 있는 항목
 • 무부하전류　• 히스테리시스손
 • 와류손　• 여자 어드미턴스
 • **철손**
② **단락 시험**으로 측정할 수 있는 항목
 • 임피던스 와트(**전부하 동손**)
 • 임피던스 전압(**전압강하**) **답** ③

58 3상 동기발전기의 단락곡선이 직선으로 되는 이유는?

① 전기자 반작용으로
② 무부하 상태이므로
③ 자기포화가 있으므로
④ 누설 리액턴스가 크므로

풀이 단락전류는 전기자 저항을 무시하면 동기리액턴스에 의해 그 크기가 결정된다. 즉, 동기리액턴스에 의해 흐르는 전류는 90° 늦은 전류가 크게 흐르게 되며, 이 전류에 의한 전기자 반작용이 감자 작용이 되므로 3상 단락곡선은 직선이 된다. **답** ①

59 정격출력 5000[kVA], 정격전압 3.3[kV], 동기임피던스가 매상 1.8[Ω]인 3상 동기발전기의 단락비는 약 얼마인가?

① 1.1　　② 1.2
③ 1.3　　④ 1.4

풀이 단락전류
$I_s = \dfrac{E}{Z_s} = \dfrac{V/\sqrt{3}}{Z_s} = \dfrac{3300}{\sqrt{3} \times 1.8} = 1058.48$ [A]

정격 전류

$$I_n = \frac{P}{\sqrt{3}\,V} = \frac{5000 \times 10^3}{\sqrt{3} \times 3300} = 874.77[A]$$

$$\therefore \text{단락비 } K_s = \frac{I_s}{I_n} = \frac{1058.48}{874.77} = 1.2$$

답 ②

60 동기기의 회전자에 의한 분류가 아닌 것은?

① 원통형 ② 유도자형
③ 회전계자형 ④ 회전전기자형

풀이 동기기 회전자에 의한 분류
① 회전 계자형 : 전기자를 고정자로 하고 계자극을 회전자로 한 것
② 회전 전기자형 : 계자극을 고정자로 한 것으로 특수 용도 및 극히 소용량에 적용
③ 유도자형 : 계자극과 전기자를 함께 고정시키고 그 중앙에 유도자라고 하는 권선이 없는 회전자를 갖춘 것으로 수백~수만 [Hz] 정도의 고주파 발전기로 사용된다.

답 ①

2017년 — 3회 _ 전기기사

41 3상 유도기에서 출력의 변환 식으로 옳은 것은?

① $P_0 = P_2 + P_{2c} = \dfrac{N}{N_s}P_2 = (2-s)P_2$

② $(1-s)P_2 = \dfrac{N}{N_s}P_2 = P_0 - P_{2c}$
   $= P_0 - sP_2$

③ $P_0 = P_2 - P_{2c} = P_2 - sP_2$
   $= \dfrac{N}{N_s}P_2 = (1-s)P_2$

④ $P_0 = P_2 + P_{2c} = P_2 + sP_2$
   $= \dfrac{N}{N_s}P_2 = (1+s)P_2$

풀이 ① 출력(P_0) = 2차 입력(P_2) − 2차 동손(P_{c2})에서
$P_{c2} = sP_2$ 이므로
$P_0 = P_2 - P_{c2} = P_2 - sP_2 = (1-s)P_2$

② 2차 효율 $\eta_2 = \dfrac{P_0}{P_2} = (1-s) = \dfrac{N}{N_s}$ 이므로
$\therefore P_0 = P_2 - P_{c2} = P_2 - sP_2$
$= \dfrac{N}{N_s}P_2 = (1-s)P_2$

답 ③

42 변압기의 보호방식 중 비율차동계전기를 사용하는 경우는?

① 고조파 발생을 억제하기 위하여
② 과여자 전류를 억제하기 위하여
③ 과전압 발생을 억제하기 위하여
④ 변압기 상간 단락 보호를 위하여

풀이 비율 차동 계전기는 변압기 내부 고장(상간 단락 등)에 대한 보호 장치로 변압기 1차 전류와 2차 전류의 차 전류가 일정 비율 이상으로 되면 동작하는 계전기이다.

답 ④

43 다이오드 2개를 이용하여 전파정류를 하고, 순저항 부하에 전력을 공급하는 회로가 있다. 저항에 걸리는 직류분 전압이 90[V]라면 다이오드에 걸리는 최대 역전압[V]의 크기는?

① 90   ② 242.8
③ 254.5   ④ 282.8

풀이 상전압 $E_s = \dfrac{\pi E_d}{2\sqrt{2}} = \dfrac{\pi \times 90}{2\sqrt{2}} = \dfrac{90}{0.9} = 100[V]$

따라서 역전압 첨두값
PIV $= 2\sqrt{2}\,E_s = 2\sqrt{2} \times 100 ≒ 282.8[V]$

답 ④

44 동기전동기에 대한 설명으로 옳은 것은?

① 기동 토크가 크다.
② 역률조정을 할 수 있다.
③ 가변속 전동기로서 다양하게 응용된다.
④ 공극이 매우 작아 설치 및 보수가 어렵다.

풀이 동기 전동기의 특징
[장점]
① 속도가 일정불변이다.
② 항상 역률 1로 운전할 수 있다.
③ 여자 전류를 가감하여 역률을 조정할 수 있다.
④ 유도전동기에 비하여 효율이 좋다.
[단점]
① 보통 구조의 것은 기동 토크가 적고 속도 조정을 할 수 없다.
② 난조를 일으킬 염려가 있다.
③ 여자용의 직류 전원을 필요로 하여 설비비가 많이 든다.

답 ②

45 농형 유도전동기에 주로 사용되는 속도 제어법은?

① 극수 제어법 ② 종속 제어법
③ 2차 여자 제어법 ④ 2차 저항 제어법

풀이
① 농형 유도전동기의 속도 제어법
- 주파수를 바꾸는 방법
- **극수를 바꾸는 방법**
- 전원전압을 바꾸는 방법

② 권선형 유도전동기의 속도 제어법
- 2차 여자 제어법
- 2차 저항 제어법
- 종속 제어법

답 ①

46 3상 권선형 유도전동기에서 2차측 저항을 2배로 하면 그 최대 토크는 어떻게 되는가?

① 불변이다.
② 2배 증가한다.
③ $\frac{1}{2}$ 로 감소한다.
④ $\sqrt{2}$ 배 증가한다.

풀이
- 최대 토크는 2차 저항에 무관($T_m \propto \frac{V^2}{2x_2}$)
- 최대 토크를 발생하는 슬립만 2차 저항에 비례

$(s_m ≒ ± \frac{r_2}{x_2})$

답 ①

47 직류전동기의 전기자전류가 10[A]일 때 5[kg·m]의 토크가 발생하였다. 이 전동기의 계자 자속이 80[%]로 감소되고, 전기자 전류가 12[A]로 되면 토크는 약 몇 [kg·m]인가?

① 5.2 ② 4.8
③ 4.3 ④ 3.9

풀이
변경 전 $\tau = \frac{PZ}{2\pi a}\phi I_a = k\phi I_a$

변경 후 $\tau' = \frac{PZ}{2\pi a}\phi' I_a' = k\phi' I_a' = k\phi \times 0.8 I_a'$

토크는 전기자 전류에 비례($\tau \propto I_a$)하므로

$\therefore \tau' = \frac{0.8 I_a'}{I_a} \times \tau = \frac{0.8 \times 12}{10} \times 5$
$= 4.8 [kg·m]$

답 ②

48 일반적인 변압기의 무부하손 중 효율에 가장 큰 영향을 미치는 것은?

① 와전류손
② 유전체손
③ 히스테리시스손
④ 여자전류 저항손

풀이

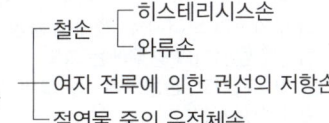

- 무부하손은 히스테리시스손과 와류손의 합인 철손이라고 해도 무방하다.
- 변압기의 **히스테리시스손은** 와류손보다 3~4배 정도 크다.

답 ③

49 전기자 총 도체수 152, 4극, 파권인 직류발전기가 전기자 전류를 100[A]로 할 때 매 극당 감자 기자력[AT/극]은 얼마인가?
(단, 브러시의 이동각은 10°이다.)

① 33.6 ② 52.8
③ 105.6 ④ 211.2

풀이 $Z=152$, $p=4$, $a=2$(파권), $I_a=100[A]$,
$\alpha=10°$이므로 감자 기자력 AT_d은

$AT_d = \frac{I_a Z}{2ap} \cdot \frac{2\alpha}{180} = \frac{100 \times 152}{2 \times 2 \times 4} \cdot \frac{2 \times 10}{180}$
$= 105.6 [AT/극]$

답 ③

50 정격전압, 정격주파수가 6600/220[V], 60[Hz], 와류손이 720[W]인 단상변압기가 있다. 이 변압기를 3300[V], 50[Hz]의 전원에 사용하는 경우 와류손은 약 몇 [W]인가?

① 120 ② 150
③ 180 ④ 200

풀이 와류손은 주파수(f)와는 무관하고 전압(V)의 제곱에 비례하므로

$\therefore P_e' = P_e \times \left(\frac{V'}{V}\right)^2 = 720 \times \left(\frac{3300}{6600}\right)^2$
$= 180 [W]$

답 ③

51 보극이 없는 직류발전기에서 부하의 증가에 따라 브러시의 위치를 어떻게 하여야 하는가?

① 그대로 둔다.
② 계자극의 중간에 놓는다.
③ 발전기의 회전 방향으로 이동시킨다.
④ 발전기의 회전 방향과 반대로 이동시킨다.

풀이 보극을 가지고 있지 않는 직류기에서는 정류를 잘 되게 하기 위하여 브러시를 전기적 중성축으로 이동시켜야 하는데 **발전기의 경우에는 그의 회전 방향으로 브러시를 이동**시키고, 전동기에서는 그의 회전과는 반대 방향으로 이동시킨다. **답** ③

52 반발기동형 단상유도전동기의 회전방향을 변경하려면?

① 전원의 2선을 바꾼다.
② 주권선의 2선을 바꾼다.
③ 브러시의 접속선을 바꾼다.
④ 브러시의 위치를 조정한다.

풀이 반발 기동 유도전동기는 기동시에는 반발 전동기로서 동작시키고 일정 속도에 달하면 정류자 세그먼트(segment)를 단락하여 유도전동기로서 동작하는 전동기이며, 브러시 이동만으로 기동, 정지, 속도 제어가 가능하다. **답** ④

53 동기발전기의 단락비가 1.2이면 이 발전기의 %동기임피던스(p.u)는?

① 0.12   ② 0.25
③ 0.52   ④ 0.83

풀이 단락비 $K_s = \dfrac{1}{\%Z_s}$ 이므로

%동기임피던스 $\%Z_s = \dfrac{1}{K_s} = \dfrac{1}{1.2} = 0.83$ **답** ④

54 직류전동기의 속도제어 방법이 아닌 것은?

① 계자 제어법
② 전압 제어법
③ 주파수 제어법
④ 직렬 저항 제어법

풀이 직류 전동기의 속도 제어법 비교

구 분	제어 특성	특 징
계자 제어법	• 정출력 제어	• 속도 제어 범위가 좁다.
전압 제어법	• 정토크 제어 – 워드 레오나드 방식 – 일그너 방식	• 제어 범위가 넓다. • 손실이 매우 적다. • 정역 운전이 가능 • 설비가 많이든다.
직렬 저항법		• 효율이 나쁘다.

답 ③

55 다음 ( ) 안에 옳은 내용을 순서대로 나열한 것은?

SCR에서는 게이트 전류가 흐르면 순방향의 저지상태에서 ( ) 상태로 된다. 게이트 전류를 가하여 도통 완료까지의 시간을 ( ) 시간이라 하고 이 시간이 길면 ( )시의 ( )이 많고 소자가 파괴된다.

① 온(On), 턴온(Turn on), 스위칭, 전력손실
② 온(On), 턴온(Turn on), 전력손실, 스위칭
③ 스위칭, 온(On), 턴온(Turn on), 전력손실
④ 턴온(Turn on), 스위칭, 온(On), 전력손실

풀이 사이리스터를 확실히 턴온시키기 위해 필요한 최소한의 순전류를 래칭전류라 하고, 게이트가 개방되어 도통되고 있는 상태를 유지하기 위한 최소의 순전류를 유지전류라고 한다. **답** ①

56 동기발전기의 안정도를 증진시키기 위한 대책이 아닌 것은?

① 속응 여자 방식을 사용한다.
② 정상 임피던스를 작게 한다.
③ 역상·영상 임피던스를 작게 한다.
④ 회전자의 플라이 휠 효과를 크게 한다.

풀이 동기발전기의 안정도 증진법
① 동기 임피던스를 작게 한다.
② 속응 여자 방식을 채택한다.
③ 회전자에 플라이 휠을 설치하여 관성 모멘트를 크게 한다.

④ 정상 임피던스는 작고, 영상, 역상 임피던스를 크게 한다.
⑤ 단락비를 크게 한다.
⑥ 동기 탈조 계전기를 사용한다. 답 ③

57 비돌극형 동기발전기 한 상의 단자전압을 V, 유기기전력을 E, 동기 리액턴스를 X_s, 부하각이 δ이고 전기자저항을 무시할 때 한 상의 최대 출력[W]은?

① $\dfrac{EV}{X_s}$ ② $\dfrac{3EV}{X_s}$

③ $\dfrac{E^2V}{X_s}\sin\delta$ ④ $\dfrac{EV^2}{X_s}\sin\delta$

풀이 비돌극기의 출력은 다음과 같다.
$$P = \dfrac{EV}{Z_s}\sin(\alpha+\delta) - \dfrac{V^2}{Z_s}\sin\alpha$$
전기자 저항 r_a는 매우 작으므로 이것을 무시하고 $Z_s \fallingdotseq x_s$, $\alpha \fallingdotseq 0$이라 하면
$P \fallingdotseq \dfrac{EV}{x_s}\sin\delta$ [W]이다.
여기서 $\sin\delta = 1$일 때 최대 출력이되므로
따라서
비돌극형 동기발전기 한 상의 최대 출력 $P_{\max}$은
$P_{\max} = \dfrac{EV}{X_s}\sin\delta = \dfrac{EV}{X_s}\times 1 = \dfrac{EV}{X_s}$ [W] 답 ①

58 60[Hz]의 3상 유도전동기를 동일전압으로 50[Hz]에 사용할 때 ⓐ 무부하전류, ⓑ 온도상승, ⓒ 속도는 어떻게 변하겠는가?

① ⓐ $\dfrac{60}{50}$으로 증가, ⓑ $\dfrac{60}{50}$으로 증가, ⓒ $\dfrac{50}{60}$으로 감소

② ⓐ $\dfrac{60}{50}$으로 증가, ⓑ $\dfrac{50}{60}$으로 감소, ⓒ $\dfrac{50}{60}$으로 감소

③ ⓐ $\dfrac{50}{60}$으로 감소, ⓑ $\dfrac{60}{50}$으로 증가, ⓒ $\dfrac{50}{60}$으로 감소

④ ⓐ $\dfrac{50}{60}$으로 감소, ⓑ $\dfrac{60}{50}$으로 증가, ⓒ $\dfrac{60}{50}$으로 증가

풀이 ⓐ 여자 전류는 $I_0 \propto \dfrac{V}{f}$ 이므로 $\dfrac{60}{50}$ 으로 증가한다.

ⓑ 히스테리시스손 $P_h \propto \dfrac{1}{f}$ 이므로 온도 상승은 $\dfrac{60}{50}$ 으로 증가한다.

ⓒ 속도는 $N \propto f$ 이므로 $\dfrac{50}{60}$ 으로 감소한다. 답 ①

59 3000/200[V] 변압기의 1차 임피던스가 225[Ω]이면 2차 환산 임피던스는 약 몇 [Ω]인가?

① 1.0 ② 1.5
③ 2.1 ④ 2.8

풀이 권수비 $a = \dfrac{E_1}{E_2} = \dfrac{3000}{200} = 15$
따라서 2차 환산 임피던스
$Z_2 = \dfrac{1}{a^2}Z_1 = \dfrac{1}{15^2}\times 225 = 1[\Omega]$ 답 ①

60 60[Hz], 1328/230[V]의 단상변압기가 있다.
무부하전류 $I = 3\sin\omega t + 1.1\sin(3\omega t + a_3)$ [A]
이다. 지금 위와 똑같은 변압기 3대로 Y-△ 결선하여 1차에 2300[V]의 평형전압을 걸고 2차를 무부하로 하면 △회로를 순환하는 전류(실효치)는 약 몇 [A]인가?

① 0.77 ② 1.10
③ 4.48 ④ 6.35

풀이 Y-△결선이므로 제3고조파 전류는 선로에 흐를 수 없고, 2차 △회로 내부에 순환 전류로 흐르게 된다. 그 크기는 권수비를 곱하여 2차로 환산한 값이며, 실효값으로 표시하면 $\dfrac{1.1}{\sqrt{2}} \times \dfrac{1328}{230} = 4.49$[A]이다.
답 ③

2017년 - 4회 _ 공사기사

41 역률 1에서 출력 2[kW]와 8[kW]에서 효율이 96[%]가 되는 단상 변압기가 있다. 출력 8[kW], 역률 1에 있어서의 동손(P_c), 철손(P_i)은 약 몇 [W]인가?

① $P_c = 266$, $P_i = 67$
② $P_c = 276$, $P_i = 68$
③ $P_c = 286$, $P_i = 69$
④ $P_c = 296$, $P_i = 70$

풀이 철손을 P_i, 출력 8[kW]와 2[kW]일 때의 동손을 각각 P_c와 P_c'라고 하면
동손은 부하의 제곱에 비례하므로
$$P_c' = \left(\frac{2}{8}\right)^2 P_c = \left(\frac{1}{4}\right)^2 P_c \text{ 이다.}$$
$$\eta = \frac{2000}{2000 + P_i + \left(\frac{1}{4}\right)^2 P_c} = 0.96 \quad \cdots\cdots ①$$
$$= \frac{8000}{8000 + P_i + P_c} = 0.96 \quad \cdots\cdots ②$$
①, ②를 정리하면
$P_i + \frac{1}{16}P_c = 83.3$, $P_i + P_c = 333.3$이므로
∴ $P_c ≒ 266$ [W], $P_i ≒ 67$ [W] **답** ①

42 수은 정류기의 역호가 발생하는 가장 큰 원인은?

① 전원전압의 상승
② 내부저항의 저하
③ 전원주파수의 저하
④ 전압과 전류의 과대

풀이 역호는 밸브 작용이 상실되는 현상으로 발생 원인은 다음과 같다.
  ① 내부 잔존 가스 압력의 상승
  ② 양극의 수은 방울의 부착
  ③ 양극 표면의 불순물의 부착
  ④ 양극 재료의 불량
  ⑤ 전류, 전압의 과대
  ⑥ 증기 밀도의 과대 **답** ④

43 교류 발전기의 동기 임피던스는 철심이 포화하면 어떻게 되는가?

① 증가한다.
② 관계없다.
③ 감소한다.
④ 증가, 감소가 불명확하다.

풀이 변화하는 것은 동기 리액턴스 중의 전기자 반작용이다. 철심이 포화하면 기자력은 생겨도 반작용 자속은 충분히 생기지 않는다고 생각된다. 즉, 철심이 포화하면 동기 임피던스는 감소한다. **답** ③

44 60[Hz]용에서 3600[rpm]의 고속기이므로 원심력을 작게 하기 위하여 회전자 직경을 작게 하고 축 방향으로 길게 한 원통형 회전자를 사용한 발전기는?

① 엔진 발전기
② 디젤 발전기
③ 풍력 터빈 발전기
④ 증기(가스) 터빈 발전기

풀이 터빈 발전기는 회전수가 1800∼3600[rpm]정도의 고속 기계이므로 회전자는 지름을 작게 하고 축 방향으로 길게 하여 원심력을 작게 해야 한다. **답** ④

45 직류 직권전동기가 있다. 공급 전압이 100[V], 전기자 전류가 4[A]일 때 회전속도는 1500[rpm]이다. 여기서 공급전압을 80[V]로 낮추었을 때 같은 전기자전류에 대하여 회전속도는 얼마로 되는가? (단, 전기자 권선 및 계자 권선의 전저항은 0.5[Ω]이다.)

① 986   ② 1042
③ 1125 ④ 1194

풀이 속도는 역기전력에 비례하므로
• 처음의 역기전력 $E_c = 100 - 0.5 \times 4 = 98$[V]
• 전압을 낮추었을 때 역기전력
  $E_c' = 80 - 0.5 \times 4 = 78$[V]
• $E_c \propto N$이므로
  $98 : 78 = 1500 : N'$
∴ $N' = \frac{78}{98} \times 1500 = 1193.88$[rpm] **답** ④

46 3300[V], 60[Hz]용 변압기의 와류손이 360[W]이다. 이 변압기를 2750[V], 50[Hz]에서 사용할 때 변압기의 와류손은 약 몇 [W]가 되는가?

① 200 ② 225
③ 250 ④ 275

풀이 와류손은 주파수와는 무관하고 전압의 제곱에 비례하므로

$$P_e' = P_e \times \left(\frac{V'}{V}\right)^2 = 360 \times \left(\frac{2750}{3300}\right)^2 = 250[W]$$

답 ③

47 직류 분권 전동기의 전체 도체수는 100, 단중 중권이며 자극수는 4, 자속수는 극당 0.628[Wb]이다. 부하를 걸어 전기자에 5[A]가 흐르고 있을 때의 토크는 약 몇 [N·m]인가?

① 12.5 ② 25
③ 50   ④ 100

풀이 중권이므로 내부 회로수 $a = p = 4$이다.

$$\therefore \tau = \frac{pZ\phi I_a}{2\pi a} = \frac{4 \times 100 \times 0.628 \times 5}{2\pi \times 4} \fallingdotseq 50[N \cdot m]$$

답 ③

48 직류발전기에서 자속을 끊어 기전력을 유기시키는 부분을 무엇이라 하는가?

① 계자   ② 계철
③ 전기자   ④ 정류자

풀이 ① 계자(Field magnet)
전기자를 통과하는 자속을 만드는 부분으로 자극과 계철로 구성되어 있다.
② 전기자(Armature)
기전력을 유기하는 부분으로 철심과 전기자 권선으로 되어 있다. 이 전기자 권선부분이 계자에서 만들어지는 자속을 쇄교하여(끊어) 기전력을 유기한다(만든다).
③ 정류자(Commutator)
전기자에 의해 발전된 기전력을 직류로 변환하는 부분으로 브러시와 접촉하는 정류자편이 모여 있다.
④ 브러시(Brush)
내부회로와 외부회로를 전기적으로 연결하는 부분이며, 탄소 브러시, 흑연 브러시, 금속브러시가 있다. 일반적으로 양호한 정류를 얻기 위해서는 탄소 브러시를 사용하는데 이유는 접촉 저항이 크기 때문이다.
이 중 전기자, 계자, 정류자를 직류기의 주요 3요소라고 한다.

답 ③

49 두 동기발전기의 유도기전력이 1000[V], 위상차 90°, 동기 리액턴스 100[Ω]일 경우 유효순환전류는 약 몇 [A]인가?

① 5   ② 7
③ 10 ④ 20

풀이 위상의 차가 생기면 동기화 전류(유효순환전류)가 흐른다. 유효순환전류 I_c 는

$$I_c = \frac{2E\sin\frac{\delta}{2}}{2Z_s} = \frac{2 \times 1000 \times \sin\frac{90}{2}}{2 \times 100} = 7[A]$$

답 ②

50 7.5[kW], 6극, 200[V]용 3상 유도전동기가 있다. 정격 전압으로 기동하면 기동전류는 정격전류의 615[%]이고, 기동 토크는 전부하 토크의 225[%]이다. 지금 기동 토크를 전부하 토크의 1.5배로 하기 위하여 기동전압을 약 몇 [V]로 하면 되는가?

① 133 ② 143
③ 153 ④ 163

풀이 $T \propto V^2$이므로 $156 : 225 = V^2 : 200^2$

$$\therefore V = \sqrt{\frac{150}{225}} \times 200 = 163[V]$$

답 ④

51 3상 동기발전기의 매극 매상의 슬롯수가 3일 때 분포권 계수는?

① $6\sin\frac{\pi}{18}$ ② $3\sin\frac{\pi}{9}$

③ $\dfrac{1}{6\sin\dfrac{\pi}{18}}$ ④ $\dfrac{1}{3\sin\dfrac{\pi}{18}}$

풀이 분포권 계수 $K_d = \dfrac{\sin\dfrac{n\pi}{2m}}{q\sin\dfrac{n\pi}{2mq}}$ 에서

고조파 차수 $n=1$, 상수 $m=3$,
매극 매상의 슬롯수 $q=3$이므로

$$\therefore K_d = \frac{\sin\frac{\pi}{6}}{3\sin\frac{\pi}{2\times 3\times 3}} = \frac{\frac{1}{2}}{3\sin\frac{\pi}{18}} = \frac{1}{6\sin\frac{\pi}{18}}$$

답 ③

52 회전계자형 동기발전기에 대한 설명으로 틀린 것은?
① 대용량의 경우에도 전류는 작다.
② 전기자권선은 전압이 높고 결선이 복잡하다.
③ 계자극은 기계적으로 튼튼하게 만들기 쉽다.
④ 계자회로는 직류의 저압회로이며 소요전력도 적다.

풀이 회전 계자형을 사용하는 이유
① 전기자 권선은 전압이 높고 결선이 복잡하며, 대용량으로 되면 전류도 커지고, 3상 권선의 경우에는 4개의 도선을 인출하여야 한다.
② 계자 회로는 직류의 저압 회로이므로 소요 동력도 작으며, 인출 도선이 2개만 있어도 되기 때문이다.
③ 계자극은 기계적으로 튼튼하게 만드는 데 용이하기 때문이다.
④ 고장시의 과도 안정도를 높이기 위하여 회전자의 관성을 크게 하기 쉽기 때문이기도 하다.

답 ①

53 변압기의 부하가 증가할 때의 현상으로서 틀린 것은?
① 동손이 증가한다.
② 온도가 상승한다.
③ 철손이 증가한다.
④ 여자전류는 변함없다.

풀이 철손은 무부하손이므로 부하 변화와 상관없이 일정하다.

답 ③

54 정격속도 1732[rpm]의 직류직권전동기의 부하토크가 $\frac{3}{4}$으로 되었을 때의 속도는 약 몇 [rpm]인가? (단, 자기 포화는 무시한다.)
① 1155
② 1550
③ 1750
④ 2000

풀이 직류직권전동기는 $\tau \propto I_a^2 \propto \frac{1}{N^2}$ 이므로

$$\frac{\tau}{\tau'} = \frac{N'^2}{N^2} \rightarrow \frac{\tau}{\frac{3}{4}\tau} = \frac{N'^2}{1732^2}$$

$$\therefore N' = \sqrt{\frac{4}{3}\times(1732)^2} \fallingdotseq 2000[\text{rpm}]$$

답 ④

55 보호계전기 구성요소의 기본원리에 속하지 않는 것은?
① 광전관
② 전자 흡인
③ 전자 유도
④ 정지형 스위칭 회로

풀이 광전 효과를 이용하여 빛의 변화를 전류의 변화로 바꾸는 것을 광전관이라 하며, 보호계전기의 기본원리와는 무관하다.

답 ①

56 교류분권 정류자 전동기는 어느 때에 가장 적당한 특성을 갖고 있는가?
① 부하 토크에 관계없이 완전 일정속도를 요하는 경우
② 속도의 연속 가감과 정속도 운전을 아울러 요하는 경우
③ 무부하와 전부하의 속도변화가 적고 거의 일정속도를 요하는 경우
④ 속도를 여러 단으로 변화시킬 수 있고 각 단에서 정속도 운전을 요하는 경우

풀이 교류 분권 정류자 전동기는 토크의 변화에 대한 속도의 변화가 매우 작아 분권 특성의 정속도 전동기인 동시에 교류 가변 속도 전동기로서 널리 사용된다.

답 ②

57 단상 직권 정류자 전동기의 회전 속도를 높이는 이유는?

① 역률을 개선한다.
② 토크를 증가시킨다.
③ 리액턴스 강하를 크게 한다.
④ 전기자에 유도되는 역기전력을 적게 한다.

풀이 단상 직권 정류자 전동기는 회전 속도에 비례하는 기전력이 전류와 동상으로 유기되어 속도가 증가할수록 역률이 개선되므로 회전속도를 증가시킨다. **답** ①

58 농형유도전동기의 결점인 것은?

① 기동 [kVA]가 크고 기동토크가 크다.
② 기동 [kVA]가 작고 기동토크가 적다.
③ 기동 [kVA]가 작고 기동토크가 크다.
④ 기동 [kVA]가 크고 기동토크가 적다.

풀이 농형유도전동기는 기동시 기동 전류가 크게 흐르므로 권선형에 비해 기동 [kVA] 커지게 된다. 반면 기동 토크는 작다. **답** ④

59 그림과 같은 정류회로에서 전류계의 지시 값은 약 몇 [mA]인가? (단, 전류계는 가동 코일형이고 정류기 저항은 무시한다.)

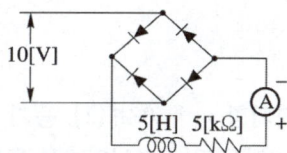

① 1.8
② 4.5
③ 6.4
④ 9.0

풀이 그림은 전파 정류 회로이며, 전류계는 가동 코일형이므로 직류 평균값을 가리킨다.
- 직류전압
$$E_d = \frac{2\sqrt{2}}{\pi}E = 0.9E = 0.9 \times 10 = 9[V]$$
- 직류전류
$$I_d = \frac{E_d}{R} = \frac{9}{5000} = 1.8 \times 10^{-3}[A] = 1.8[mA]$$
(∵ 직류 회로에서 코일의 리액턴스 $X_L = 0$) **답** ①

60 3상 유도전동기의 슬립이 $s < 0$인 경우를 설명한 것으로 틀린 것은?

① 동기속도 이상이다.
② 유도발전기로 사용된다.
③ 속도를 증가시키면 출력이 증가한다.
④ 유도전동기 단독으로 동작이 가능하다.

풀이
- 슬립 $s = \dfrac{n_s - n}{n_s}$ 이므로 회전자의 회전 속도(n)가 동기속도(n_s)보다 클 때 $s < 0$이 된다.
- 외부에서 유도전동기의 회전자를 동기속도 이상으로 회전시키면 유도전동기는 유도발전기로 동작되며 이것을 비동기발전기라고 한다. **답** ④

2018년 전기기기_전기기사·공사기사

문제의 번호는 실제 시험문제의 번호와 같게 하였습니다.

2018년 - 1회 _ 전기기사·공사기사

41 단상 직권 정류자 전동기의 전기자 권선과 계자 권선에 대한 설명으로 틀린 것은?
① 계자권선의 권수를 적게 한다.
② 전기자 권선의 권수를 크게 한다.
③ 변압기 기전력을 적게 하여 역률 저하를 방지한다.
④ 브러시로 단락되는 코일 중의 단락전류를 많게 한다.

풀이 단상 직권 정류자 전동기의 정류작용
브러시로 단락되는 코일에는 인덕턴스에 의한 유도기전력 외에 교번 자속의 기전력이 유도되고, 단락전류가 크므로 정류 작용은 직류기의 경우보다 어렵다. 이것을 개선하기 위하여 브러시 접촉 저항이 어느 정도 큰 것을 사용하여 저항 정류를 하고, 또 대형은 보극을 설치하거나 전기자 코일과 정류자편 사이에 도선을 고저항으로 하여 단락전류를 제한하기도 한다.
답 ④

42 단상 직권전동기의 종류가 아닌 것은?
① 직권형
② 아트킨손형
③ 보상직권형
④ 유도보상직권형

풀이 단상 정류자 전동기

직권특성	• 단상 직권전동기 : 직권형, 보상직권형, 유도보상직권형 • 단상 반발 전동기 : 아트킨손형 전동기, 톰슨 전동기, 데리 전동기
분권특성	현재 실용화되지 않고 있음

단상 직권 정류자 전동기(단상 직권전동기)는 교·직 양용으로 사용할 수 있으며 만능 전동기라고도 불린다.
답 ②

43 동기조상기의 여자전류를 줄이면?
① 콘덴서로 작용
② 리액터로 작용
③ 진상전류로 됨
④ 저항손의 보상

풀이 동기 조상기는 무효전력을 지상 또는 진상으로 제어하는 기기이다.
① **과여자로 운전** : 콘덴서로 작용해서 송전 선로의 역률을 양호하게 하고, 전압 강하를 보상
② **부족 여자로 운전** : 리액터로 작용하여 발전기의 자기 여자 작용으로 일어나는 단자전압의 이상 상승을 방지
답 ②

44 권선형 유도전동기에서 비례추이에 대한 설명으로 틀린 것은? (단, s_m은 최대토크 시 슬립이다.)
① r_2를 크게 하면 s_m은 커진다.
② r_2를 삽입하면 최대 토크가 변한다.
③ r_2를 크게 하면 기동 토크도 커진다.
④ r_2를 크게 하면 기동전류는 감소한다.

풀이 비례추이 : 2차 저항의 크기를 변화시키면 최대 토크의 크기는 변하지 않으나 최대 토크를 발생하는 슬립점이 2차 회로의 저항에 비례하여 이동한다.
답 ②

45 전기자저항 $r_a = 0.2[\Omega]$, 동기 리액턴스 $x_s = 20[\Omega]$인 Y결선의 3상 동기발전기가 있다. 3상 중 1상의 단자전압 $V = 4400[V]$, 유도기전력 $E = 6600[V]$이다. 부하각 $\delta = 30°$라고 하면 발전기의 출력은 약 몇 [kW]인가?
① 2178
② 3251
③ 4253
④ 5532

풀이 $P = 3\dfrac{EV}{Z_s}\sin\delta = 3 \times \dfrac{6600 \times 4400}{\sqrt{0.2^2 + 20^2}} \times \sin30° \times 10^{-3}$
$\fallingdotseq 2178\,[\text{kW}]$
답 ①

46 반도체 정류기에 적용된 소자 중 첨두 역방향 내전압이 가장 큰 것은?

① 셀렌 정류기
② 실리콘 정류기
③ 게르마늄 정류기
④ 아산화동 정류기

풀이 실리콘 정류기의 역방향 내전압은 500~1000[V] 정도이다. **답** ②

47 동기전동기에서 전기자 반작용을 설명한 것 중 옳은 것은?

① 공급전압보다 앞선 전류는 감자작용을 한다.
② 공급전압보다 뒤진 전류는 감자작용을 한다.
③ 공급전압보다 앞선 전류는 교차자화작용을 한다.
④ 공급전압보다 뒤진 전류는 교차자화작용을 한다.

풀이 동기 전동기의 경우 전기자 반작용

역률	부하	전류와 전압과의 위상	작 용
역률 1	저항	E와 I_a가 동상인 경우	교차 자화 작용 (횡축 반작용)
뒤진 역률 0	유도성 부하	E보다 I_a가 $\pi/2$ 앞서는 경우	감자 작용 (직축 반작용)
앞선 역률 0	용량성 부하	E보다 I_a가 $\pi/2$ 뒤지는 경우	증자 작용 (자화 작용)

답 ①

48 변압기 결선방식 중 3상에서 6상으로 변환할 수 없는 것은?

① 2중 성형
② 환상 결선
③ 대각 결선
④ 2중 6각 결선

풀이
- 3상에서 2상을 얻는 방법 : 스코트(Scott) 결선, 메이어 결선, 우드 브리지 결선
- **3상에서 6상을 얻는 방법 : 환상 결선**, 2중 3각 결선, **2중 성형 결선, 대각 결선**, 포크 결선   **답** ④

49 실리콘 제어정류기(SCR)의 설명 중 틀린 것은?

① P-N-P-N 구조로 되어 있다.
② 인버터 회로에 이용될 수 있다.
③ 고속도의 스위치 작용을 할 수 있다.
④ 게이트에 (+)와 (-)의 특성을 갖는 펄스를 인가하여 제어한다.

풀이 SCR는 게이트에 (+)의 트리거 펄스가 인가되면 통전 상태로 되어 정류 작용이 개시되고, 일단 통전이 시작되면 게이트 전류를 차단해도 주전류(애노드 전류)는 차단되지 않는다. 이때 이를 차단하려면 애노드 전압을 (0) 또는 (-)로 해야 한다.   **답** ④

50 직류발전기가 90[%] 부하에서 최대효율이 된다면 이 발전기의 전부하에 있어서 고정손과 부하손의 비는?

① 1.1
② 1.0
③ 0.9
④ 0.81

풀이
① 직류 분권 전동기가 최대 효율이 되는 것은 고정손과 부하손이 서로 같은 경우이다.
② 지금 전부하전류를 I[A]라고 하면 문제의 조건에서 $P_k = (0.9I)^2 R_a$ 이므로
(단, P_k : 고정손, R_a : 전기자 회로의 저항)
따라서 전부하인 경우의 고정손과 부하손의 비율은 다음과 같다.

$$\frac{P_k}{I^2 R_a} = \frac{(0.9I)^2 R_a}{I^2 R_a} = 0.9^2 = 0.81$$ **답** ④

51 150[kVA]의 변압기의 철손이 1[kW], 전부하동손이 2.5[kW]이다. 역률 80[%]에 있어서의 최대효율은 약 몇 [%]인가?

① 95
② 96
③ 97.4
④ 98.5

풀이 변압기 효율은 $m^2 P_c = P_i$ 일 때 최대이므로

$$m^2 \times 2.5 = 1 \rightarrow m = \sqrt{\frac{1}{2.5}} = 0.632$$

즉, 63.2 [%] 부하에서 최대 효율이 된다.

$$\therefore \eta_{\max} = \frac{mVI\cos\theta}{mVI\cos\theta + P_i + m^2 P_c} \times 100$$

$$= \frac{0.632 \times 150 \times 0.8}{0.632 \times 150 \times 0.8 + 1 + 1} \times 100$$

$$= 97.43[\%]$$ **답** ③

52 정격 부하에서 역률 0.8(뒤짐)로 운전될 때, 전압 변동률이 12[%]인 변압기가 있다. 이 변압기에 역률 100[%]의 정격 부하를 걸고 운전할 때의 전압 변동률은 약 몇 [%]인가? (단, %저항강하는 %리액턴스강하의 1/12이라고 한다.)

① 0.909　　② 1.5
③ 6.85　　　④ 16.18

풀이 전압 변동률
$$\epsilon = p\cos\theta + q\sin\theta = 0.8p + 0.6q = 12[\%]$$
(여기서, p : %저항 강하, q : %리액턴스 강하)
$$q = 12p$$
(%저항강하 p는 %리액턴스강하 q의 1/12)이므로
$$0.8p + 0.6 \times 12p = 8p = 12$$
$$p = \frac{12}{8} = 1.5[\%]$$
그런데 $\cos\theta = 1$일 때 $\sin\theta = 0$이므로 역률 100[%]의 전압 변동률 ϵ_{100}은
$$\therefore \epsilon_{100} = p\cos\theta + q\sin\theta = p \times 1 + q \times 0$$
$$= 1.5[\%]$$
답 ②

53 권선형 유도전동기 저항제어법의 단점 중 틀린 것은?

① 운전 효율이 낮다.
② 부하에 대한 속도 변동이 작다.
③ 제어용 저항기는 가격이 비싸다.
④ 부하가 적을 때는 광범위한 속도 조정이 곤란하다.

풀이 권선형 유도전동기의 저항 제어법의 장단점
[장점]
① 기동용 저항기를 겸한다.
② 구조가 간단하여 제어 조작이 용이하고 내구성이 풍부하다.
[단점]
① 속도 변화의[%]와 같은[%]의 효율을 희생하기 때문에 운전 효율이 나쁘다.
즉, 2차 회로의 효율 $\eta_2 = P/P_2 = (1-s)$이다.
② **부하에 대한 속도 변동이 크다.**
③ 부하가 적을 때는 광범위한 속도 조정이 곤란하다.
④ 제어용 저항은 전부하에서 장시간 운전해도 위험한 온도가 되지 않을 만큼의 충분한 크기가 필요하므로 가격이 비싸다.
답 ②

54 부하 급변 시 부하각과 부하 속도가 진동하는 난조 현상을 일으키는 원인이 아닌 것은?

① 전기자 회로의 저항이 너무 큰 경우
② 원동기의 토크에 고조파가 포함된 경우
③ 원동기의 조속기 감도가 너무 예민한 경우
④ 자속의 분포가 기울어져 자속의 크기가 감소한 경우

풀이 난조 방지법으로는 제동 권선을 사용하는 것이 적당하다.

원인	대책
원동기의 조속기 감도가 지나치게 예민한 경우	조속기를 적당히 조정
원동기의 토크에 고조파 토크가 포함된 경우	디젤 기관 등에 생기는 문제로 회전부의 플라이휠 효과를 적당히 선정
전기자 회로의 저항이 상당히 큰 경우	회로의 저항을 작게 하거나 리액턴스를 삽입
부하가 맥동할 때	회전부의 플라이휠 효과를 적당히 선정

답 ④

55 단상변압기 3대를 이용하여 3상 △-Y 결선을 했을 때 1차와 2차 전압의 각변위(위상차)는?

① 0°　　② 60°
③ 150°　④ 180°

풀이 ① 각변위라 함은 1차 유기전압을 기준으로 하고 이에 대한 2차 유기전압의 뒤진 각을 말한다.
② △-Y결선을 했을 때 1, 2차 선간전압 사이에는 -30° 또는 150°의 각변위가 있다.
답 ③

56 권선형 유도전동기의 전부하 운전 시 슬립이 4[%]이고 2차 정격 전압이 150[V]이면 2차 유도기전력은 몇 [V]인가?

① 9　　② 8
③ 7　　④ 6

풀이 슬립 s로 회전 시 2차 유기기전력을 E_2', 정지 시의 2차 유기기전력을 E_2라 하면
$$E_2' = sE_2 = 0.04 \times 150 = 6[V]$$
답 ④

57 3상 유도전동기의 슬립이 s일 때 2차 효율[%]은?

① $(1-s) \times 100$ ② $(2-s) \times 100$
③ $(3-s) \times 100$ ④ $(4-s) \times 100$

풀이 2차 효율
$$\eta_2 = \frac{P_0}{P_2} \times 100 = \frac{(1-s)P_2}{P_2} \times 100$$
$$= (1-s) \times 100 = \frac{N}{N_s} \times 100$$
(여기서 P_0 : 기계적 출력, P_2 : 2차 입력) **답** ①

58 직류전동기의 회전수를 $\frac{1}{2}$로 하자면 계자자속을 어떻게 해야 하는가?

① $\frac{1}{4}$로 감소시킨다.
② $\frac{1}{2}$로 감소시킨다.
③ 2배로 증가시킨다.
④ 4배로 증가시킨다.

풀이 직류 전동기의 회전수
$n = K\frac{V - I_a R_a}{\Phi} \propto \frac{1}{\Phi}$ 이므로 n을 $\frac{1}{2}$로 하자면
자속 Φ는 2배가 되어야 한다. **답** ③

59 사이리스터 2개를 사용한 단상 전파정류회로에서 직류전압 100[V]를 얻으려면 PIV가 약 몇 [V]인 다이오드를 사용하면 되는가?

① 111 ② 141
③ 222 ④ 314

풀이

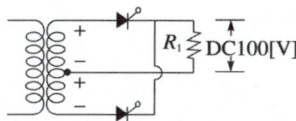

단상 전파정류회로에서 직류전압 E_d는
$E_d = 0.9E$ [V]
실효값 $E = \frac{E_d}{0.9} = \frac{100}{0.9} ≒ 111$ [V]
∴ PIV $= 2\sqrt{2}E = 2\sqrt{2} \times 111$
$= 314$ [V] **답** ④

60 교류발전기의 고조파 발생을 방지하는 방법으로 틀린 것은?

① 전기자 반작용을 크게 한다.
② 전기자 권선을 단절권으로 감는다.
③ 전기자 슬롯을 스큐 슬롯으로 한다.
④ 전기자 권선의 결선을 성형으로 한다.

풀이 고조파 발생을 방지하기 위해서는 전기자 반작용을 작게 하여야 한다. **답** ①

2018년 - 2회 _ 전기기사·공사기사

41 동기발전기의 전기자권선을 분포권으로 하면 어떻게 되는가?

① 난조를 방지한다.
② 기전력의 파형이 좋아진다.
③ 권선의 리액턴스가 커진다.
④ 집중권에 비하여 합성 유기기전력이 증가한다.

풀이 분포권의 특징
① 분포권은 집중권에 비하여 합성 유기 기전력이 감소한다.
② 기전력의 고조파가 감소하여 파형이 좋아진다.
③ 권선의 누설 리액턴스가 감소한다.
④ 전기자 권선에 의한 열을 고르게 분포시켜 과열을 방지한다. **답** ②

42 부하전류가 2배로 증가하면 변압기의 2차측 동손은 어떻게 되는가?

① $\frac{1}{4}$로 감소한다.
② $\frac{1}{2}$로 감소한다.
③ 2배로 증가한다.
④ 4배로 증가한다.

풀이 $P_c = I^2 R \propto I^2$ 이므로, 부하전류가 2배로 증가하면 동손은 4배로 증가한다. **답** ④

43 동기전동기에서 출력이 100[%]일 때 역률이 1이 되도록 계자전류를 조정한 다음에 공급전압 V 및 계자전류 I_f를 일정하게 하고, 전부하 이하에서 운전하면 동기전동기의 역률은?

① 뒤진 역률이 되고, 부하가 감소할수록 역률은 낮아진다.
② 뒤진 역률이 되고, 부하가 감소할수록 역률은 좋아진다.
③ 앞선 역률이 되고, 부하가 감소할수록 역률은 낮아진다.
④ 앞선 역률이 되고, 부하가 감소할수록 역률은 좋아진다.

풀이 동기전동기의 부하특성곡선에 의하여
① 전부하 이하에서는 과여자로 되므로 앞선 역률로 되고, 부하가 감소할수록 역률은 낮아진다.
② 전부하 이상에서는 부족여자로 되므로 뒤진 역률로 되고, 과부하가 될수록 역률은 낮아진다.

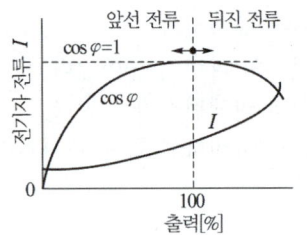

답 ③

44 유도기전력의 크기가 서로 같은 A, B 2대의 동기발전기를 병렬 운전할 때, A발전기의 유기기전력 위상이 B보다 앞설 때 발생하는 현상이 아닌 것은?

① 동기화력이 발생한다.
② 고조파 무효순환전류가 발생된다.
③ 유효전류인 동기화전류가 발생된다.
④ 전기자 동손을 증가시키며 과열의 원인이 된다.

풀이 ① 기전력의 위상이 다른 경우에는 위상차를 처음 상태로 돌리려고 작용하는 유효 전류인 동기화 전류가 흐른다.
② 무효순환전류가 발생하는 경우는 기전력의 크기가 서로 다를 때이다.

답 ②

45 직류기의 철손에 관한 설명으로 틀린 것은?

① 성층철심을 사용하면 와전류손이 감소한다.
② 철손에는 풍손과 와전류손 및 저항손이 있다.
③ 철에 규소를 넣게 되면 히스테리시스손이 감소한다.
④ 전기자 철심에는 철손을 작게 하기위해 규소강판을 사용한다.

풀이
총 손실 ─ 무부하손 ─ 철 손 ─ 히스테리시스손
                         └ 와류손
              ─ 기계손 ─ 풍손
                         └ 베어링 마찰손
       └ 부하손 ─ 전기자 저항손
              ─ 브러시손
              ─ 표류 부하손

즉, 철손에는 히스테리시스손과 와류손이 있다.

답 ②

46 직류 분권발전기의 극수 4, 전기자 총 도체수 600으로 매분 600 회전할 때 유기기전력이 220[V]라 한다. 전기자 권선이 파권일 때 매극당 자속은 약 몇 [Wb]인가?

① 0.0154 ② 0.0183
③ 0.0192 ④ 0.0199

풀이 유기기전력 $E = \dfrac{pZ}{a}\phi\dfrac{N}{60}$에서
$p=4$, $Z=600$, $N=600$, $E=220$, $a=2$(파권)이므로
$\therefore \phi = \dfrac{60aE}{pZN} = \dfrac{60 \times 2 \times 220}{4 \times 600 \times 600}$
$= 0.0183$[Wb]

답 ②

47 어떤 정류회로의 부하전압이 50[V]이고 맥동률 3[%]이면 직류 출력전압에 포함된 교류분은 몇 [V]인가?

① 1.2 ② 1.5
③ 1.8 ④ 2.1

풀이 맥동률 $= \dfrac{\triangle E}{E_d} \times 100 [\%]$

$\therefore \triangle E = 0.03 \times 50 = 1.5 [V]$ **답** ②

48 3상 수은 정류기의 직류 평균 부하전류가 50[A]가 되는 1상 양극 전류 실효값은 약 몇 [A]인가?

① 9.6 ② 17
③ 29 ④ 87

풀이 1상의 양극 전류는 50[A]가 $\dfrac{2\pi}{3}$ 사이에만 흐르고

나머지 $\dfrac{4\pi}{3}$는 흐르지 않으므로

$I_{rms} = \sqrt{\dfrac{(50^2 \times \dfrac{2\pi}{3})}{2\pi}} = \dfrac{50}{\sqrt{3}} \fallingdotseq 29[A]$ **답** ③

49 그림은 동기발전기의 구동 개념도이다. 그림에서 2를 발전기라 할 때 3의 명칭으로 적합한 것은?

① 전동기
② 여자기
③ 원동기
④ 제동기

풀이 여자기 구동방식

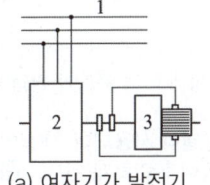 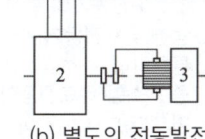

(a) 여자기가 발전기 (b) 별도의 전동발전기 사용
축안에 연결

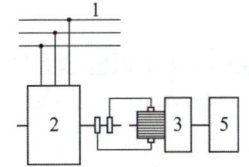

여기서, 1 : 모선
2 : 발전기
3 : 여자기
4 : 전동기
5 : 원동기

(c) 여자기 전용의 원동기 사용

답 ②

50 유도전동기의 2차 회로에 2차 주파수와 같은 주파수로 적당한 크기와 적당한 위상의 전압을 외부에서 가해주는 속도제어법은?

① 1차 전압 제어
② 2차 저항 제어
③ 2차 여자 제어
④ 극수 변환 제어

풀이 2차 여자 제어법 : 유도전동기의 2차 회로(회전자 권선)에 2차 기전력과 같은 주파수의 전압을 가해 그 크기를 조절함으로써 속도를 제어하는 방법 **답** ③

51 변압기의 1차측을 Y결선, 2차측을 △결선으로 한 경우 1차와 2차 간의 전압의 위상차는?

① 0° ② 30°
③ 45° ④ 60°

풀이
- Y결선에서 선간전압은 상전압에 비해 크기가 $\sqrt{3}$ 배이고 위상은 30° 앞선다.
- △결선에서 선간전압은 상전압과 크기와 위상이 같다.

따라서, Y-△결선 시 1차 선간전압은 2차 선간전압보다 30° 위상이 앞선다. **답** ②

52 이상적인 변압기의 무부하에서 위상관계로 옳은 것은?

① 자속과 여자전류는 동위상이다.
② 자속은 인가전압 보다 90° 앞선다.
③ 인가전압은 1차 유기기전력 보다 90° 앞선다.
④ 1차 유기기전력과 2차 유기기전력의 위상은 반대이다.

풀이 이상적인 변압기
① 자속은 인가전압보다 90° 뒤지고, 여자전류와는 동위상이다.
② 인가전압과 공급전압의 크기는 같고, 방향은 반대이다.
③ 1차 유기기전력과 2차 유기기전력은 동위상이다.

답 ①

53 정격출력 50[kW], 4극 220[V], 60[Hz]인 3상 유도전동기가 전부하 슬립 0.04, 효율 90[%]로 운전되고 있을 때 다음 중 틀린 것은?

① 2차 효율 = 96[%]
② 1차 입력 = 55.56[kW]
③ 회전자 입력 = 47.9[kW]
④ 회전자 동손 = 2.08[kW]

풀이 ① 2차 효율 = $1-s = 1-0.04 = 0.96 = 96$[%]
② 1차 입력 = $\dfrac{P_o}{\eta} = \dfrac{50}{0.9} = 55.56$[kW]
③ 회전자입력 = $\dfrac{P_o}{1-s} = \dfrac{50}{1-0.04} = 52.08$[kW]
④ 회전자동손 = $sP_2 = 0.04 \times 52.08 = 2.08$[kW]

답 ③

54 저항부하를 갖는 정류회로에서 직류분 전압이 200[V]일 때 다이오드에 가해지는 첨두역전압(PIV)의 크기는 약 몇 [V]인가?

① 346 ② 628
③ 692 ④ 1038

풀이

다이오드		PIV
반파 정류	$E_d = \dfrac{\sqrt{2}\,E_i}{\pi} = 0.45 E_i$	$PIV = E_d \times \pi$
전파 정류	$E_d = \dfrac{2\sqrt{2}\,E_i}{\pi} = 0.9 E_i$	

(여기서, E_d는 직류전압, E_i는 교류전압을 나타낸다.)
따라서 첨두역전압(PIV) = $E_d \times \pi = 200 \times \pi$
≒ 628[V]

답 ②

55 3상 변압기를 1차 Y, 2차 △로 결선하고 1차에 선간전압 3300[V]를 가했을 때의 무부하 2차 선간전압은 몇 [V]인가? (단, 전압비는 30 : 1 이다.)

① 63.5 ② 110
③ 173 ④ 190.5

풀이 ① 1차는 Y결선이므로
상전압 $E_1 = \dfrac{V_1}{\sqrt{3}} = \dfrac{3300}{\sqrt{3}}$[V]
2차는 △결선이므로
상전압(E_2)과 선간전압(V_2)이 같다.

② 권수비 $a = \dfrac{E_1}{E_2} = 30$ 이므로
$V_2 = E_2 = \dfrac{1}{a}E_1 = \dfrac{1}{30} \times \dfrac{3300}{\sqrt{3}}$
$= 63.51$[V]

답 ①

56 직류발전기의 유기기전력과 반비례하는 것은?

① 자속 ② 회전수
③ 전체 도체수 ④ 병렬 회로수

풀이 유기기전력 $E = p\phi n \times \dfrac{Z}{a}$[V]
여기서, n : 회전수 [rps], a : 내부 병렬회로 수
Z : 총 도체 수, p : 극수 [극]
ϕ : 매 극당 자속 [Wb]이므로
유기기전력(E)과 병렬회로수(a)는 반비례한다. **답** ④

57 일반적인 3상 유도전동기에 대한 설명 중 틀린 것은?

① 불평형 전압으로 운전하는 경우 전류는 증가하나 토크는 감소한다.
② 원선도 작성을 위해서는 무부하시험, 구속시험, 1차 권선저항 측정을 하여야 한다.
③ 농형은 권선형에 비해 구조가 견고하며 권선형에 비해 대형전동기로 널리 사용된다.
④ 권선형 회전자의 3선 중 1선이 단선되면 동기속도의 50[%]에서 더이상 가속되지 못하는 현상을 게르게스 현상이라 한다.

풀이 농형 유도전동기의 특성
① 농형 유도전동기는 권선형에 비해 구조가 간단하며 튼튼하다.
② 중·소형 유도전동기에 널리 사용되며, 대형이 되면 기동토크가 작아 기동이 곤란하게 된다. **답** ③

58 변압기 보호장치의 주된 목적이 아닌 것은?

① 전압 불평형 개선
② 절연내력 저하 방지
③ 변압기 자체 사고의 최소화
④ 다른 부분으로의 사고 확산 방지

풀이 변압기 보호 장치는 전압 불평형 개선과는 관계가 없다. 답 ①

59 직류기에서 기계각의 극수가 P인 경우 전기각과의 관계는 어떻게 되는가?

① 전기각 $\times 2P$ ② 전기각 $\times 3P$
③ 전기각 $\times \dfrac{2}{P}$ ④ 전기각 $\times \dfrac{3}{P}$

풀이 기하학적 각도

$\alpha[\text{rad}]$ = 전기각 $\alpha_e[\text{rad}] \times \dfrac{2}{P}$ 답 ③

60 3상 권선형 유도전동기의 전부하 슬립 5[%], 2차 1상의 저항 0.5[Ω]이다. 이 전동기의 기동 토크를 전부하 토크와 같도록 하려면 외부에서 2차에 삽입할 저항[Ω]은?

① 8.5 ② 9
③ 9.5 ④ 10

풀이 기동 시 $s' = 1$에서 전부하 토크를 발생시키는 데 필요한 외부 저항 R은

$\dfrac{r_2}{s} = \dfrac{r_2 + R}{s'} \rightarrow \dfrac{0.5}{0.05} = \dfrac{0.5 + R}{1}$

$\therefore R = \dfrac{0.5}{0.05} - 0.5 = 9.5[\Omega]$ 답 ③

2018년 - 3회 _ 전기기사

41 3상 직권 정류자전동기에 중간 변압기를 사용하는 이유로 적당하지 않은 것은?

① 중간 변압기를 이용하여 속도 상승을 억제할 수 있다.
② 회전자 전압을 정류작용에 맞는 값으로 선정할 수 있다.
③ 중간 변압기를 사용하여 누설 리액턴스를 감소할 수 있다.
④ 중간 변압기의 권수비를 바꾸어 전동기 특성을 조정할 수 있다.

풀이 3상 직권 정류자 전동기의 중간 변압기는 고정자 권선과 회전자 권선 사이에 직렬로 접속되며 이 중간 변압기를 사용하는 주요한 이유는 다음과 같다.
① 전원 전압의 크기에 관계없이 정류에 알맞은 회전자 전압을 선택할 수 있다.
② 중간 변압기의 권수비를 바꾸어 전동기의 특성을 조정할 수 있다.
③ 직권 특성이기 때문에 경부하에서는 속도가 매우 상승하나 중간 변압기를 사용, 그 철심을 포화하도록 하면 그 속도 상승을 제한할 수 있다. 답 ③

42 변압기의 권수를 N이라고 할 때 누설리액턴스는?

① N에 비례한다.
② N^2에 비례한다.
③ N에 반비례한다.
④ N^2에 반비례한다.

풀이 변압기의 누설 리액턴스

$L = \dfrac{\mu A N^2}{l} \propto N^2$

여기서, L : 인덕턴스 [H],
A : 철심의 단면적 [m²]
N : 코일의 권수 [회],
l : 자로의 길이 [m] 답 ②

43 직류기의 온도상승 시험 방법 중 반환부하법의 종류가 아닌 것은?

① 카프법 ② 홉킨슨법
③ 스코트법 ④ 블론델법

풀이 ① 반환 부하법
- 블론델법 : 발전기와 전동기의 무부하손을 보조 전동기에 의하여 보급하고, 동손을 승압기에 의하여 공급하는 방법
- 홉킨슨법 : 전손실이 기계적으로 공급되는 방법
- 카프법 : 전손실을 전기적으로 공급하는 방법
② 스코트법은 3상에서 2상의 전원을 얻는 결선방법이다. 답 ③

44 단상 직권 정류자전동기에서 보상권선과 저항 도선의 작용을 설명한 것으로 틀린 것은?

① 역률을 좋게 한다.
② 변압기 기전력을 크게 한다.
③ 전기자 반작용을 감소시킨다.
④ 저항도선은 변압기 기전력에 의한 단락전류를 적게 한다.

풀이 저항도선은 변압기 기전력에 의한 단락전류를 작게 하여 정류를 좋게 하며 또한 보상권선은 전기자 반작용을 상쇄하여 역률을 좋게 하고 변압기 기전력을 작게해서 정류작용을 개선한다. **답** ②

45 일반적인 변압기의 손실 중에서 온도상승에 관계가 가장 적은 요소는?

① 철손 ② 동손
③ 와류손 ④ 유전체손

풀이 유전체손은 절연물 중에서 발생하는 손실로 그 값이 매우 적어 일반적으로 무시한다. **답** ④

46 직류발전기의 병렬 운전에서 부하 분담의 방법은?

① 계자전류와 무관하다.
② 계자전류를 증가하면 부하분담은 감소한다.
③ 계자전류를 증가하면 부하분담은 증가한다.
④ 계자전류를 감소하면 부하분담은 증가한다.

풀이 직류 발전기의 병렬운전에서 부하의 분담
- 직류 발전기의 계자 조정기를 조정하면 계자전류를 변화시킬 수 있다.
- 계자전류를 증가시키면 부하분담이 증가하고, 계자전류를 감소시키면 부하분담이 감소한다. **답** ③

47 1차 전압 6600[V], 2차 전압 220[V], 주파수 60[Hz], 1차 권수 1000회의 변압기가 있다. 최대 자속은 약 몇 [Wb]인가?

① 0.020 ② 0.025
③ 0.030 ④ 0.032

풀이 최대 자속
$$\phi_m = \frac{E_1}{4.44 f N_1} = \frac{6600}{4.44 \times 60 \times 1000}$$
$$= 0.025[\text{Wb}]$$
답 ②

48 역률 100[%]일 때의 전압 변동률 ϵ은 어떻게 표시되는가?

① %저항 강하 ② %리액턴스 강하
③ %서셉턴스 강하 ④ %임피던스 강하

풀이 전압 변동률 $\epsilon = p\cos\theta + q\sin\theta$에서
(여기서, p : %저항 강하, q : %리액턴스 강하)
역률 100[%]일 경우
$\cos\theta = 1$, $\sin\theta = 0$이므로
$\therefore \epsilon = p\cos\theta + q\sin\theta = p \times 1 + q \times 0 = p$
즉, 전압 변동률 = %저항 강하이다. **답** ①

49 3상 농형 유도전동기의 기동 방법으로 틀린 것은?

① Y-△ 기동
② 전전압 기동
③ 리액터 기동
④ 2차 저항에 의한 기동

풀이 농형 유도전동기의 기동법
① 전 전압 기동기 (5[kW] 이하의 소형)
② Y-△ (5~15[kW] 정도)
③ 리액터 기동 (기동 전류를 제한하고자 할 때)
④ 기동 보상기 (15[kW] 이상)
2차 저항에 의한 기동은 권선형 유도전동기의 기동법이다. **답** ④

50 직류 복권발전기의 병렬 운전에 있어 균압선을 붙이는 목적은 무엇인가?

① 손실을 경감한다.
② 운전을 안정하게 한다.
③ 고조파의 발생을 방지한다.
④ 직권계자 간의 전류증가를 방지한다.

풀이 직권 및 복권발전기는 직권 계자 코일에 흐르는 전류에 의해 병렬운전이 불안정하게 되므로, 안정된 병렬운전을 위한 균압선을 설치해야 한다. **답** ②

51 2방향성 3단자 사이리스터는 어느 것인가?

① SCR ② SSS
③ SCS ④ TRIAC

풀이
① SCR : 1방향성 3단자
② SSS : 2방향성 2단자
③ SCS : 1방향성 4단자
④ **TRIAC : 2방향성 3단자**   **답** ④

52 15[kVA], 3000/200[V] 변압기의 1차측 환산 등가 임피던스가 $5.4+j6[\Omega]$일 때, %저항강하 p와 %리액턴스강하 q는 각각 약 몇 [%]인가?

① $p=0.9,\ q=1$ ② $p=0.7,\ q=1.2$
③ $p=1.2,\ q=1$ ④ $p=1.3,\ q=0.9$

풀이
① %저항강하(p)
$$I_{1n}=\frac{P}{V}=\frac{15\times 10^3}{3000}=5[A]$$
$$p=\frac{I_{1n}r}{V_{1n}}\times 100=\frac{5\times 5.4}{3000}\times 100=0.9[\%]$$
② %리액턴스강하(q)
$$q=\frac{I_{1n}x}{V_{1n}}\times 100=\frac{5\times 6}{3000}\times 100=1[\%]$$ **답** ①

53 유도전동기의 2차 여자제어법에 대한 설명으로 틀린 것은?

① 역률을 개선할 수 있다.
② 권선형 전동기에 한하여 이용된다.
③ 동기속도의 이하로 광범위하게 제어할 수 있다.
④ 2차 저항손이 매우 커지며 효율이 저하된다.

풀이
• **2차 여자제어법**이란 유도전동기의 회전자 권선에 2차 기전력(sE_2)과 동일 주파수의 전압(E_c)을 슬립링을 통해 공급하여 그 크기를 조절함으로써 속도를 제어 하는 방법으로 **권선형 전동기에 한하여 이용**된다.
• 2차 여자제어법에 의하면 전동기의 속도는 **동기 속도의 상하로 상당히 넓은 제어가 행하여지고 역률의 개선**도 할 수 있게 된다.   **답** ④

54 직류발전기를 3상 유도전동기에서 구동하고 있다. 이 발전기에 55[kW]의 부하를 걸 때 전동기의 전류는 약 몇 [A]인가? (단, 발전기의 효율은 88[%], 전동기의 단자전압은 400[V], 전동기의 효율은 88[%], 전동기의 역률은 82[%]로 한다.)

① 125 ② 225
③ 325 ④ 425

풀이 전동기의 출력(P_o)은 발전기의 입력(P_i)과 같으므로
$$P_o=P_i=\frac{P_G}{\eta_G}=\frac{55}{0.88}=62.5[kW]$$
(여기서 P_G : 발전기의 출력, η_G : 발전기의 효율)
$$\therefore I_M=\frac{P_o}{\sqrt{3}\,V\cos\theta_M\eta_M}$$
$$=\frac{62.5\times 10^3}{\sqrt{3}\times 400\times 0.82\times 0.88}\fallingdotseq 125[A]$$ **답** ①

55 동기기의 기전력의 파형 개선책이 아닌 것은?

① 단절권 ② 집중권
③ 공극 조정 ④ 자극 모양

풀이 **고조파 기전력을 소거하는 방법**은 다음과 같다.
① 매극 매상의 슬롯수 q를 크게 한다.
② 부정수(不整數) 슬롯권을 채용한다.
③ **단절권 및 분포권으로 한다**.
④ 반폐 슬롯을 사용한다.
⑤ 전기자 철심을 스큐 슬롯으로 한다.
⑥ 공극의 길이를 크게 한다.
⑦ Y결선을 한다.   **답** ②

56 유도자형 동기발전기의 설명으로 옳은 것은?

① 전기자만 고정되어 있다.
② 계자극만 고정되어 있다.
③ 회전자가 없는 특수 발전기이다.
④ 계자극과 전기자가 고정되어 있다.

풀이 **유도자형 발전기는 계자극과 전기자를 함께 고정시키고 그 중앙에 유도자라고 하는 권선이 없는 회전자를 갖춘 것으로 주로 수백~수만[Hz] 정도의 고주파 발전기로 쓰인다.**   **답** ④

57 200[V], 10[kW]의 직류 분권전동기가 있다. 전기자저항은 0.2[Ω], 계자저항은 40[Ω]이고 정격전압에서 전류가 15[A]인 경우 5[kg·m]의 토크를 발생한다. 부하가 증가하여 전류가 25[A]로 되는 경우 발생 토크[kg·m]는?

① 2.5 ② 5
③ 7.5 ④ 10

풀이
① 계자전류 $I_f = \dfrac{V}{r_f} = \dfrac{200}{40} = 5[A]$
② 정격전류 $I = 15[A]$인 경우
전기자 전류 $I_a = I - I_f = 15 - 5 = 10[A]$
③ 정격전류 $I' = 25[A]$인 경우
전기자 전류 $I_a' = I' - I_f = 25 - 5 = 20[A]$
④ 직류 분권전동기의 토크(τ)와 전기자 전류(I_a)는 비례하므로 $\dfrac{\tau}{5} = \dfrac{20}{10}$
∴ $\tau = \dfrac{20}{10} \times 5 = 10[\text{kg}\cdot\text{m}]$ 　답 ④

58 50[Ω]의 계자저항을 갖는 직류 분권발전기가 있다. 이 발전기의 출력이 5.4[kW]일 때 단자전압은 100[V], 유기기전력은 115[V]이다. 이 발전기의 출력이 2[kW]일 때 단자전압이 125[V]라면 유기기전력은 약 몇 [V]인가?

① 130 ② 145
③ 152 ④ 159

풀이

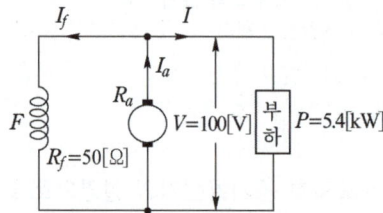

① 발전기의 출력 $P = 5.4[\text{kW}]$, 단자전압 $V = 100[V]$, 유기기전력 $E = 115[V]$인 경우
• 부하전류 $I = \dfrac{P}{V} = \dfrac{5.4 \times 10^3}{100} = 54[A]$
• 계자전류 $I_f = \dfrac{V}{R_f} = \dfrac{100}{50} = 2[A]$
• 유기기전력
$E = V + I_a R_a = V + (I + I_f) \cdot R_a$
$= 100 + (54 + 2) \times R_a = 115[V]$

전기자 저항 $R_a = \dfrac{115 - 100}{56} \fallingdotseq 0.27[A]$
② 발전기의 출력 $P = 2[\text{kW}]$, 단자전압 $V = 125[V]$인 경우
• 부하전류 $I = \dfrac{P}{V} = \dfrac{2 \times 10^3}{125} = 16[A]$
• 계자전류 $I_f = \dfrac{V}{R_f} = \dfrac{125}{50} = 2.5[A]$
∴ 유기기전력
$E = V + I_a R_a = V + (I + I_f) R_a$
$= 125 + (16 + 2.5) \times 0.27$
$= 130[V]$ 　답 ①

59 돌극형 동기발전기에서 직축 동기 리액턴스를 X_d, 횡축 동기 리액턴스를 X_q라 할 때의 관계는?

① $X_d < X_q$ ② $X_d > X_q$
③ $X_d = X_q$ ④ $X_d \ll X_q$

풀이
• 돌극형(철극기)에서는 직축이 횡축에 비하여 공극(air gap)이 작으므로 **직축(동기) 리액턴스 x_d가 횡축(동기) 리액턴스 x_q보다 크다.** ($x_d > x_q$)
• 비철극기에서는 공극이 일정하므로 $x_d = x_q = x_s$로 된다. 　답 ②

60 10극 50[Hz] 3상 유도전동기가 있다. 회전자도 3상이고 회전자가 정지할 때 2차 1상간의 전압이 150[V]이다. 이것을 회전자계와 같은 방향으로 400[rpm]으로 회전시킬 때 2차 전압은 몇 [V]인가?

① 50 ② 75
③ 100 ④ 150

풀이
• 회전자계 속도
$N_s = \dfrac{120f}{P} = \dfrac{120 \times 50}{10} = 600[\text{rpm}]$
• 슬립
$s = \dfrac{N_s - N}{N_s} = \dfrac{600 - 400}{600} = 0.333$
따라서 회전 시 2차 전압
$E_{2s} = sE_2 = 0.333 \times 150 \fallingdotseq 50[V]$ 　답 ①

2018년 - 4회 _ 공사기사

41 3상 유도전동기의 슬립 범위를 1~2로 하여 3선 중 2선의 접속을 바꾸어 제동하는 방법은?

① 회생제동 ② 단상제동
③ 역상제동 ④ 직류제동

풀이 ① 회생 제동 : 전동기에 전원을 접속한 상태에서 전동기에 유기되는 역기전력을 전원 전압보다 높게 하여 회전 운동 에너지로 발생되는 전력을 전원 측에 반환하면서 제동하는 방법이다.
② 단상 제동 : 권선형 유도전동기의 1차측을 단상교류로 여자하고 2차측에 적당한 크기의 저항을 넣으면 전동기의 회전과는 역방향의 토크가 발생되므로 제동된다.
③ 역상 제동 : 1차측 3선 중 2선을 바꾸어 접속해서 역토크를 발생시켜 급정지시키는 방법으로 역전제동 또는 플러깅(plugging)이라고 한다.
④ 직류 제동 : 전동기를 전원에서 분리한 후 1차 권선(고정자 권선)에 직류 전류를 흘려 제동 토크를 얻는 방법이다. **답** ③

42 다음 그림은 어떤 전동기의 1차측 결선도인가?

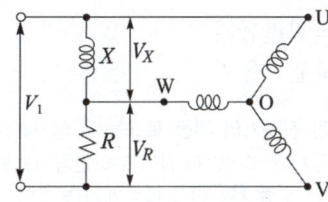

① 콘덴서 전동기
② 반발 유도전동기
③ 모노사이클릭 기동전동기
④ 반발기동 단상 유도전동기

풀이 모노사이클릭 기동형은 3상 농형 전동기의 3상 권선에 저항과 리액턴스를 적당하게 접속하고 단상 전원에 접속하여 불평형 3상 교류를 각 권선에 흘려서 기동하는 방법이다. **답** ③

43 극수가 4극이고 전기자 권선이 단중 중권인 직류 발전기의 전기자 전류가 40[A]이면 전기자 권선의 각 병렬회로에 흐르는 전류[A]는?

① 4 ② 6
③ 8 ④ 10

풀이 중권에서 전기자 병렬회로수(a)는 극수(p)와 같다.
∴ $i_a = \dfrac{I_a}{a(=p)} = \dfrac{40}{4} = 10[A]$
여기서, I_a : 전기자에서 외부에 흐르는 전류
i_a : 병렬회로에 흐르는 전류 **답** ④

44 누설변압기의 설명 중 틀린 것은?

① 2차 전류가 증가하면 누설자속이 증가한다.
② 리액턴스가 크기 때문에 전압 변동률이 크다.
③ 2차 전류가 증가하면 2차 전압강하가 증가한다.
④ 누설자속이 증가하면, 주자속은 증가하여 2차 유도기전력이 증가한다.

풀이 누설변압기는 2차 전류가 증가하려 하면 1차 및 2차 누설자속이 증가하여 2차 유기기전력이 감소하고 전압강하는 증대되어 2차 전류는 감소하게 되는 특성이 있다. **답** ④

45 직류기에 있어서 불꽃 없는 정류를 얻는 데 가장 유효한 방법은?

① 보극과 보상권선
② 보극과 탄소 브러시
③ 탄소 브러시와 보상권선
④ 자기포화와 브러시의 이동

풀이 양호한 정류를 얻는 조건
① 리액턴스 전압을 작게 한다. $\left(e_L = L\dfrac{2I_c}{T_c}\right)$
② 단절권 채용으로 자기 인덕턴스를 작게 한다.
③ 고속을 피하여 정류 주기를 길게 한다.
④ 저항 정류로서 탄소 브러시를 사용한다.
⑤ 전압 정류로서 보극을 설치한다. **답** ②

46 3상 유도전동기의 2차 효율을 나타내는 것은? (단, 동기속도는 N_s, 회전수는 N이다.)

① $\dfrac{N_s}{N}$ ② $\dfrac{N}{N_s}$
③ $\dfrac{N_s - N}{N}$ ④ $\dfrac{N_s - N}{N_s}$

풀이 2차 효율
$$\eta_2 = \dfrac{P}{P_2} = \dfrac{(1-s)P_2}{P_2} = 1-s = \dfrac{N}{N_s}$$
답 ②

47 직류발전기의 단자전압을 조정하려면 어느 것을 조정하여야 하는가?

① 기동저항 ② 계자저항
③ 방전저항 ④ 전기자저항

풀이 직류발전기의 단자전압은 일반적으로 회전수는 일정하게 유지하고 계자저항을 가감함으로써 조정한다.
답 ②

48 톰슨형 단상 반발전동기의 설명 중 틀린 것은?

① 동기속도 이상으로 회전할 수 없다.
② 운전 중 정류자를 모두 단락하면 단상유도전동기가 된다.
③ 회전방향을 바꾸려면 브러시를 반대 방향으로 이동시킨다.
④ 브러시의 위치 조정으로 기동 토크는 전부하 토크의 약 400~500[%] 정도가 된다.
답 ①

49 차동 복권발전기를 분권발전기로 하려면 어떻게 하여야 하는가?

① 분권계자를 단락시킨다.
② 직권계자를 단락시킨다.
③ 분권계자를 단선시킨다.
④ 직권계자를 단선시킨다.

풀이 아래와 같이 직권 계자 권선을 단락시키면 분권발전기로 사용이 가능하다.

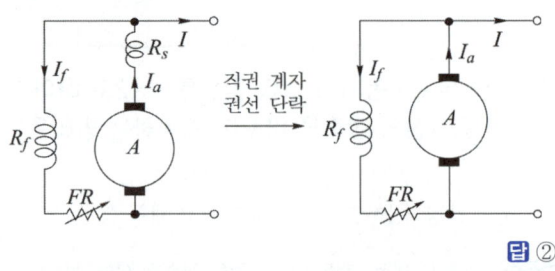

답 ②

50 3상 유도전동기의 회전자 입력이 P_2, 슬립이 s일 때 2차 동손을 나타내는 식은?

① $(1-s)P_2$ ② sP_2
③ $\dfrac{P_2}{s}$ ④ $\dfrac{(1-s)P_2}{s}$

풀이 회전자 입력
$$P_2 = I_2^2 \cdot \dfrac{r_2}{s} = \dfrac{P_c}{s}$$
따라서 회전시 2차 동손 P_{2c}은
$P_{2c} = sP_2$
답 ②

51 기동토크가 가장 큰 직류전동기는?

① 직권전동기 ② 분권전동기
③ 복권전동기 ④ 타여자전동기

풀이 직권 전동기의 기동 토크는 I_a의 자승에 비례하므로 전동차나 크레인과 같이 부하변동이 심하고 기동 토크가 큰 것을 요구하는 용도에 적당하다.
답 ①

52 60[Hz], 6300/210[V], 15[kVA]의 단상변압기에 있어서 임피던스 전압은 185[V], 임피던스 와트는 250[W]이다. 이 변압기를 5[kVA], 지상역률 0.8의 부하를 건 상태에서의 전압 변동률은 약 몇 [%]인가?

① 0.89 ② 0.93
③ 0.95 ④ 0.80

풀이 정격 출력일 때의 % 임피던스 강하, % 저항 강하, % 리액턴스 강하를 z, p, q 라 하면

$$z = \frac{I_{1n}z}{V_{1n}} \times 100 = \frac{V_s}{V_{1n}} \times 100$$
$$= \frac{185}{6300} \times 100 = 2.94[\%]$$
$$p = \frac{I_{1n}r}{V_{1n}} \times 100 = \frac{P_c}{kVA} \times 100$$
$$= \frac{250}{15 \times 10^3} \times 100 = 1.67[\%]$$
$$q = \sqrt{z^2 - p^2} = 2.42[\%]$$

출력 5[kVA]일 때의 % 저항 강하, % 리액턴스 강하를 각각 p', q'라 하면
$$p' = \frac{5}{15}p, \ q' = \frac{5}{15}q$$
$$\therefore \epsilon' = p'\cos\theta + q'\sin\theta$$
$$= \frac{5}{15}p\cos\theta + \frac{5}{15}q\sin\theta$$
$$= \frac{1}{3}(1.67 \times 0.8 + 2.42 \times 0.6)$$
$$= 0.93[\%]$$
답 ②

53
변압기의 권수비 $a = 6600/220$, 철심의 단면적 0.02[m²], 최대 자속밀도 1.2[Wb/m²]일 때 1차 유도기전력은 약 몇 [V]인가? (단, 주파수는 60[Hz]이다.)

① 1407　　② 3521
③ 42198　　④ 49814

풀이 최대자속 $\phi_m = B_m A$[Wb]이므로
1차 유도기전력 E
$$E = 4.44f\phi_m N_1 = 4.44fB_m AN_1$$
$$= 4.44 \times 60 \times 1.2 \times 0.02 \times 6600$$
$$\fallingdotseq 42198[V]$$
답 ③

54
동기발전기를 회전계자형으로 사용하는 이유 중 틀린 것은?

① 기전력의 파형을 개선한다.
② 계자극은 기계적으로 튼튼하게 만들기 쉽다.
③ 전기자권선은 전압이 높고 결선이 복잡하다.
④ 계자회로는 직류의 저압회로이며, 소요전력이 적다.

풀이 ① 동기기를 회전 계자형으로 하는 이유
- 전기자 권선은 전압이 높고 결선이 복잡하며, 대용량으로 되면 전류도 커지고, 3상 권선의 경우에는 4개의 도선을 인출하여야 한다.
- 계자 회로는 직류의 저압 회로이므로 소요 동력도 작으며, 인출 도선이 2개만 있어도 되기 때문이다.
- 계자극은 기계적으로 튼튼하게 만드는 데 용이하기 때문이다.
- 고장 시의 과도 안정도를 높이기 위하여 회전자의 관성을 크게 하기 쉽기 때문이기도 하다.
② 기전력의 파형을 개선하기 위해서는 전기자 권선을 단절권 및 분포권으로 한다.
답 ①

55
변압기의 습기를 제거하여 절연을 향상시키는 건조법이 아닌 것은?

① 열풍법　　② 단락법
③ 진공법　　④ 건식법

풀이 변압기의 건조법
① **열풍법** : 송풍기와 전열기에 의하여 열풍을 공급하여 건조하는 방법
② **단락법** : 변압기의 1차 권선 또는 2차 권선을 단락한 후 다른 권선에 임피던스 전압의 약 20[%]에 해당하는 전압을 인가하고 이때 흐르는 단락전류에 의한 동손에 의하여 가열 건조하는 방법
③ **진공법** : 변압기를 탱크에 넣어서 밀폐하고 이 속으로 보일러에서 발생한 증기를 보내서 가열하는 한편 진공펌프로 탱크 내의 공기를 빼고, 절연물 속의 습기를 증발 건조시키는 방법
답 ④

56
6극, 30[kW], 380[V], 60[Hz]의 정격을 가진 Y결선 3상 유도전동기의 구속시험 결과 선간 전압 50[V], 선전류 60[A], 3상 입력 2.5[kW]이고 또 단자 간의 직류 저항은 0.18[Ω]이었다. 이 전동기를 정격전압으로 기동하는 경우 기동 토크는 약 몇 [kg·m]인가?

① 72　　② 117
③ 702　　④ 1149

풀이
- 전력은 전압의 제곱에 비례($P \propto V^2$)하고,
2차 입력 $P_2 = P_1 - 3I_1^2 r_1$이므로
$$P_2 = \left(\frac{V_1}{V_s}\right)^2 \cdot (P_s - 3I_s^2 r_1)$$
$$= \left(\frac{380}{50}\right)^2 \times \left(2.5 \times 10^3 - 3 \times 60^2 \times \frac{0.18}{2}\right)$$
$$= 88257.28[W]$$

• 동기속도

$$N_s = \frac{120f}{p} = \frac{120 \times 60}{6} = 1200\,[\text{rpm}]$$

따라서 기동 토크 T_s는

$$T_s = 0.975\frac{P_2}{N_s} = 0.975 \times \frac{88257.28}{1200}$$
$$\fallingdotseq 72\,[\text{kg} \cdot \text{m}]$$

답 ①

57 전동기 제어에 많이 사용되는 인버터를 입력전원의 형태로 구분한 것은?

① 구형파, PWM 인버터
② 전압원, 전류원 인버터
③ 전압원, 사인파 PWM 인버터
④ 히스테리시스, 공간 벡터 인버터

풀이 ① 입력전원의 형태에 따른 분류
  • 전압원 인버터
  • 전류원 인버터
③ 제어방법에 의한 분류
  • PWM 인버터
  • PAM 인버터
② 파형에 의한 분류
  • 구형파 인버터
  • 정현파 인버터

답 ②

58 저항 부하의 단상 반파 정류회로에서 맥동률은 약 얼마인가?

① 0.48 ② 1.11
③ 1.21 ④ 1.41

풀이

정류 종류	단상 반파	단상 전파	3상 반파	3상 전파
맥동률[%]	121	48	17.7	4.04
정류 효율	40.5	81.1	96.7	99.8
맥동 주파수	f	$2f$	$3f$	$6f$

답 ③

59 △결선 변압기의 1대가 고장으로 V결선으로 할 때 공급전력은 고장 전 전력에 대하여 몇 [%]인가?

① 86.6 ② 75
③ 66.7 ④ 57.7

풀이 1대의 단상 변압기 용량을 P_1이라 하면 그 출력비는

$$\frac{\text{V결선의 출력}}{\triangle\text{결선의 출력}} = \frac{\sqrt{3}\,P_1}{3P_1} \times 100 = 57.7\,[\%]$$

답 ④

60 3상 동기발전기의 전기자권선을 2중 성형결선으로 했을 때 발전기의 용량[VA]은?

① $\sqrt{3}\,EI$ ② $2\sqrt{3}\,EI$
③ $3EI$ ④ $6EI$

풀이 3상 접속법과 선간전압, 선전류, 피상전력의 관계

	선간전압	선전류	피상 전력
성형	$2\sqrt{3}\,E$	I	$\sqrt{3}\times 2\sqrt{3}\,E\times I = 6EI$
△형	$2E$	$\sqrt{3}\,I$	$\sqrt{3}\times 2E\times \sqrt{3}\,I = 6EI$
지그재그 성형	$3E$	I	$\sqrt{3}\times 3E\times I = 5.19EI$
2중 성형	$\sqrt{3}\,E$	$2I$	$\sqrt{3}\times \sqrt{3}\,E\times 2I = 6EI$
2중 △형	E	$2\sqrt{3}\,I$	$\sqrt{3}\times E\times 2\sqrt{3}\,I = 6EI$
지그재그 △형	$\sqrt{3}\,E$	$\sqrt{3}\,I$	$\sqrt{3}\times \sqrt{3}\,E\times \sqrt{3}\,I = 5.19EI$

답 ④

2019년 전기기기_전기기사·공사기사

문제의 번호는 실제 시험문제의 번호와 같게 하였습니다.

2019년 - 1회 _전기기사·공사기사

41 3상 비돌극형 동기발전기가 있다. 정격출력 5000[kVA], 정격전압 6000[V], 정격역률 0.8 이다. 여자를 정격상태로 유지할 때 이 발전기의 최대 출력은 약 몇 [kVA]인가? (단, 1상의 동기 리액턴스는 0.8[P.U]이며 저항은 무시한다.)

① 7500 ② 10000
③ 11500 ④ 12500

풀이

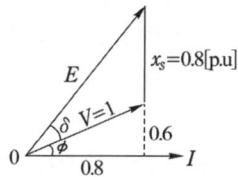

- 비돌극 발전기의 출력 $P = \dfrac{EV}{x_s}\sin\delta$ 에서
  $\sin\delta = 1$일 때 최대출력이 되므로
  비돌극 발전기의 최대출력
  $P_{\max} = \dfrac{EV}{x_s}\sin\delta = \dfrac{EV}{x_s} \times 1 = \dfrac{EV}{x_s}$
- 단위법으로 그린 1상의 벡터도는 다음과 같으므로
  $E = \sqrt{0.8^2 + (0.6+0.8)^2} = 1.61[P.U]$
  $P_{\max} = \dfrac{EV}{x_s} = \dfrac{1.61 \times 1}{0.8} \fallingdotseq 2[P.U]$
  $\therefore P_{\max} = 2 \times 5000 = 10000[kVA]$

답 ②

42 다음 ( )에 알맞은 것은?

직류발전기에서 계자권선이 전기자에 병렬로 연결된 직류기는 (ⓐ) 발전기라 하며, 전기 자권선과 계자권선이 직렬로 접속된 직류기는 (ⓑ) 발전기라 한다.

① ⓐ 분권, ⓑ 직권
② ⓐ 직권, ⓑ 분권
③ ⓐ 복권, ⓑ 분권
④ ⓐ 자여자, ⓑ 타여자

풀이
- 분권 발전기 : 계자권선이 전기자(전기자 권선)에 병렬로 연결된 직류 발전기

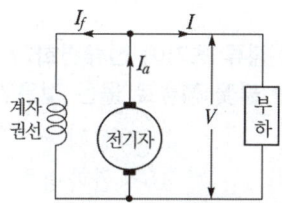

- 직권 발전기 : 전기자 권선과 계자 권선이 직렬로 접속된 직류 발전기

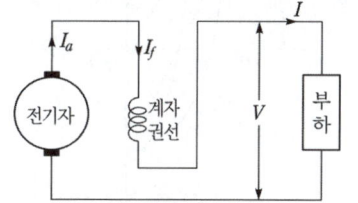

답 ①

43 직류기의 손실 중에서 기계손으로 옳은 것은?
① 풍손 ② 와류손
③ 표류 부하손 ④ 브러시의 전기손

풀이

총손실	무부하손	철손 : 히스테리시스손, 와류손
		기계손 : 풍손, 베어링 마찰손, 브러시 마찰손
	부하손	전기자 저항손 $P_c = I_a^2 R$[W]
		브러시 전기손
		표류 부하손 : 권선 이외 부분의 누설 자속에 의해 발생

답 ①

44 1차 전압 6600[V], 2차 전압 220[V], 주파수 60[Hz], 1차 권수 1200회인 경우 변압기의 최대 자속[Wb]은?

① 0.36 ② 0.63
③ 0.012 ④ 0.021

풀이 1차 유기기전력 $E_1 = 4.44 f \phi_m N_1$[V]이므로

따라서 최대 자속
$$\phi_m = \frac{E_1}{4.44fN_1} = \frac{6600}{4.44 \times 60 \times 1200}$$
$$\fallingdotseq 0.021[\text{Wb}]$$
답 ④

45 직류발전기의 정류 초기에 전류변화가 크며 이때 발생되는 불꽃 정류로 옳은 것은?

① 과정류   ② 직선정류
③ 부족정류 ④ 정현파정류

풀이

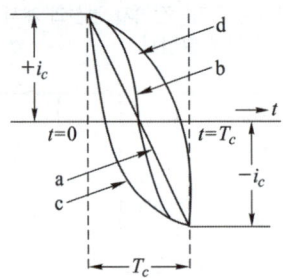

정류곡선
① a(직선정류) : 전류가 직선적으로 균등하게 변환(불꽃이 발생하지 않음)
② b(정현파정류) : 정류 개시 및 종료 시 불꽃이 발생하지 않음
③ c(과정류) : 정류 초기에 브러시 앞쪽에서 불꽃 발생
④ d(부족정류) : 정류 종료 시 브러시 뒤쪽에서 불꽃 발생
답 ①

46 3상 유도전동기의 속도제어법으로 틀린 것은?

① 1차 저항법 ② 극수 제어법
③ 전압 제어법 ④ 주파수 제어법

풀이 ① 농형 유도전동기의 속도 제어법
- 주파수 제어법 • 극수 제어법
- 전압 제어법
② 권선형 유도전동기의 속도 제어법
- 2차 여자 제어법 • 2차 저항 제어법
- 종속 제어법
답 ①

47 60[Hz]의 변압기에 50[Hz]의 동일전압을 가했을 때의 자속밀도는 60[Hz] 때와 비교하였을 경우 어떻게 되는가?

① $\frac{5}{6}$로 감소   ② $\frac{6}{5}$으로 증가

③ $\left(\frac{5}{6}\right)^{1.6}$로 감소   ④ $\left(\frac{6}{5}\right)^2$으로 증가

풀이 $E = 4.44fN\phi_m$, $\phi_m = B_m A$에서 전압이 일정한 경우 B_m는 f에 반비례하므로 $50B_{50} = 60B_{60}$
$$\therefore B_{50} = \frac{6}{5}B_{60}$$
답 ②

48 3상 유도전동기의 기동법 중 전전압 기동에 대한 설명으로 틀린 것은?

① 기동 시에 역률이 좋지 않다.
② 소용량으로 기동 시간이 길다.
③ 소용량 농형 전동기의 기동법이다.
④ 전동기 단자에 직접 정격전압을 가한다.

풀이 **전전압 기동법**
- 전동기에 별도의 기동장치를 두지 않고 정격전압을 가하여 기동하는 방식으로 **기동시간이 짧고** 용량이 적은 유도전동기에 적합하다.
- 기동 전류는 정격 전류의 4~6배 정도 흐르게 된다.
답 ②

49 2대의 변압기로 V결선하여 3상 변압하는 경우 변압기 이용률은 약 몇 [%]인가?

① 57.8   ② 66.6
③ 86.6   ④ 100

풀이 V결선에는 변압기 2대를 사용하였으므로 그 정격 출력의 합은 $2VI$가 된다.
이용률 $= \frac{\sqrt{3}\,VI}{2VI} = \frac{\sqrt{3}}{2} = 0.866(86.6[\%])$
답 ③

50 동기발전기의 전기자 권선법 중 집중권인 경우 매극 매상의 홈(slot) 수는?

① 1개 ② 2개
③ 3개 ④ 4개

풀이 ① 집중권 : 매극 매상의 슬롯 수가 1개
② 분포권 : 매극 매상의 슬롯 수가 2개 이상
답 ①

51 유도전동기의 속도 제어를 인버터 방식으로 사용하는 경우 1차 주파수에 비례하여 1차 전압을 공급하는 이유는?

① 역률을 제어하기 위해
② 슬립을 증가시키기 위해
③ 자속을 일정하게 하기 위해
④ 발생토크를 증가시키기 위해

풀이 주파수 변환법
① 인버터 시스템을 사용하여 주파수를 변환시켜 속도를 제어하는 방법
② 자속을 일정하게 유지하기 위하여 $\frac{V_1}{f}$ 를 일정하게 하여야 한다.   **답** ③

52 3상 유도전압조정기의 원리를 응용한 것은?

① 3상 변압기
② 3상 유도전동기
③ 3상 동기발전기
④ 3상 교류자전동기

풀이 3상 유도 전압 조정기는 권선형 3상 유도전동기의 1차 권선(회전자)과 2차 권선(고정자)을 3상 성형 단권 변압기와 같이 접속하고, 회전자를 구속한 상태로 두고 사용하는 것과 같다.   **답** ②

53 정류회로에서 상의 수를 크게 했을 경우 옳은 것은?

① 맥동 주파수와 맥동률이 증가한다.
② 맥동률과 맥동 주파수가 감소한다.
③ 맥동 주파수는 증가하고 맥동률은 감소한다.
④ 맥동률과 주파수는 감소하나 출력이 증가한다.

풀이

정류 종류	단상 반파	단상 전파	3상 반파	3상 전파
맥동률[%]	121	48	17.7	4.04
정류 효율	40.5	81.1	96.7	99.8
맥동 주파수	f	$2f$	$3f$	$6f$

정류 회로에서 상의 수를 크게 했을 경우 맥동 주파수는 높으나 맥동률은 감소한다.   **답** ③

54 동기전동기의 위상특성곡선(V곡선)에 대한 설명으로 옳은 것은?

① 출력을 일정하게 유지할 때 부하전류와 전기자전류의 관계를 나타낸 곡선
② 역률을 일정하게 유지할 때 계자전류와 전기자전류의 관계를 나타낸 곡선
③ 계자전류를 일정하게 유지할 때 전기자전류와 출력 사이의 관계를 나타낸 곡선
④ 공급전압 V와 부하가 일정할 때 계자전류의 변화에 대한 전기자전류의 변화를 나타낸 곡선

풀이 위상 특성 곡선이란 단자전압과 부하를 일정하게 유지하고, 여자 전류를 변화시킬 경우 계자전류와 전기자전류와의 관계를 표시한 것으로 그 형상이 V자와 같으므로 V곡선이라고도 한다.
- 계자전류가 역률 1일 때 보다 크면, 앞선 전기자 전류가 흐른다.
- 계자전류가 역률 1일 때 보다 작으면, 뒤진 전기자 전류가 흐른다.

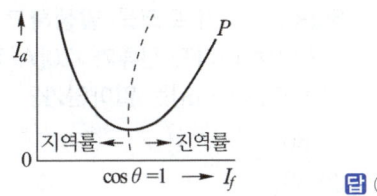

답 ④

55 유도전동기의 기동 시 공급하는 전압을 단권변압기에 의해서 일시 강하시켜서 기동전류를 제한하는 기동방법은?

① Y-△기동
② 저항기동
③ 직접기동
④ 기동 보상기에 의한 기동

풀이 기동 보상기법
① 3상 단권변압기를 이용하여 전동기에 인가되는 기동전압을 감소시킴으로써 기동전류를 감소시키는 기동방식
② 15[kW] 이상의 농형 유도전동기 기동에 적용
③ 3개의 탭(50, 60, 80[%])을 용도에 따라 선택한다.   **답** ④

56 그림과 같은 회로에서 V(전원전압의 실효치) $= 100[V]$, 점호각 $\alpha = 30°$인 때의 부하 시의 직류전압 $E_{d\alpha}[V]$는 약 얼마인가?
(단, 전류가 연속하는 경우이다.)

① 90
② 86
③ 77.9
④ 100

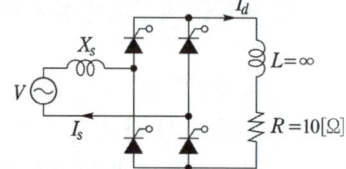

풀이 유도 부하인 경우 인덕턴스 $L = \infty$에서 전류파형은 완전히 평활하게 된다.
따라서 직류 전압의 평균치 $E_{d\alpha}$는
$$E_{d\alpha} = \frac{2\sqrt{2}\,V}{\pi}\cos\alpha = \frac{2\sqrt{2}\times 100}{\pi} \times \cos 30°$$
$$= 77.9[V]$$
답 ③

57 직류 분권전동기가 전기자 전류 100[A]일 때 50[kg·m]의 토크를 발생하고 있다. 부하가 증가하여 전기자 전류가 120[A]로 되었다면 발생 토크[kg·m]는 얼마인가?

① 60   ② 67
③ 88   ④ 160

풀이 분권 전동기의 토크
$T = \dfrac{pZ\phi I_a}{2\pi a} \propto I_a$이므로 $\dfrac{50}{T'} = \dfrac{100}{120}$
$\therefore T' = \dfrac{120}{100} \times 50 = 60[kg\cdot m]$
답 ①

58 비례추이와 관계있는 전동기로 옳은 것은?

① 동기전동기
② 농형 유도전동기
③ 단상정류자전동기
④ 권선형 유도전동기

풀이 비례추이란 2차 회로 저항의 크기를 조정함으로써 그 크기를 제어할 수 있는 요소를 말하며, 비례추이는 2차 저항의 크기를 변화시킬 수 있는 권선형 유도전동기에서 사용된다.
답 ④

59 동기발전기의 단락비가 적을 때의 설명으로 옳은 것은?

① 동기 임피던스가 크고 전기자 반작용이 작다.
② 동기 임피던스가 크고 전기자 반작용이 크다.
③ 동기 임피던스가 작고 전기자 반작용이 작다.
④ 동기 임피던스가 작고 전기자 반작용이 크다.

풀이 단락비 K_s가 작은 기계(동기계)
- 동기 임피던스가 크다. ($K_s \propto \dfrac{1}{Z_s}$)
- 전압 변동률이 크다.
- 전기자 반작용이 크다.
- 출력이 작다.
- 과부하 내량이 작고 안정도가 낮다.
답 ②

60 3/4 부하에서 효율이 최대인 주상변압기의 전부하 시 철손과 동손의 비는?

① 8 : 4   ② 4 : 8
③ 9 : 16 ④ 16 : 9

풀이 변압기 최대 효율은 "철손 = 동손"일 때 발생한다.
즉, $P_i = m^2 P_c = \left(\dfrac{3}{4}\right)^2 P_c$ 이므로
$\therefore \dfrac{P_i}{P_c} = \dfrac{\left(\dfrac{3}{4}\right)^2}{1} = \left(\dfrac{3}{4}\right)^2 = \dfrac{9}{16}$
답 ③

2019년 - 2회 _ 전기기사·공사기사

41 단상 변압기의 병렬운전 시 요구사항으로 틀린 것은?

① 극성이 같을 것
② 정격출력이 같을 것
③ 정격전압과 권수비가 같을 것
④ 저항과 리액턴스의 비가 같을 것

[풀이] 단상 변압기의 병렬운전 조건
① 각 변압기의 **극성이 같을 것**
② **권수비 및 2차 정격 전압이 같을 것**
③ 각 변압기의 퍼센트 임피던스 강하가 같으며 **저항과 리액턴스비가 같을 것** 답 ②

42 변압기의 누설 리액턴스를 나타낸 것은?
(단, N은 권수이다.)
① N에 비례
② N^2에 반비례
③ N^2에 비례
④ N에 반비례

[풀이] 인덕턴스 $L = \dfrac{\mu A N^2}{l} \propto N^2$ 이므로
누설 리액턴스(ωL)도 N^2배가 된다. 답 ③

43 유도전동기로 동기전동기를 기동하는 경우, 유도전동기의 극수는 동기전동기의 극수보다 2극 적은 것을 사용하는 이유로 옳은 것은? (단, s는 슬립이며 N_s는 동기속도이다.)

① 같은 극수의 유도전동기는 동기속도보다 sN_s 만큼 늦으므로
② 같은 극수의 유도전동기는 동기속도보다 sN_s 만큼 빠르므로
③ 같은 극수의 유도전동기는 동기속도보다 $(1-s)N_s$ 만큼 늦으므로
④ 같은 극수의 유도전동기는 동기속도보다 $(1-s)N_s$ 만큼 빠르므로

[풀이] 유도전동기의 회전 속도는 $N = (1-s)N_s$ 이고, 동기전동기의 회전 속도는
$N_s = \dfrac{120f}{p} = sN_s + (1-s)N_s$ 이다.
따라서 **유도전동기가 동기 전동기의 회전 속도에 비해 sN_s 만큼 늦으므로** 동기 전동기보다 2극 적은 것을 사용하여 기동 시 동기 속도에 이르게 하여야 한다. 답 ①

44 동기발전기에 회전계자형을 사용하는 경우에 대한 이유로 틀린 것은?
① 기전력의 파형을 개선한다.
② 전기자가 고정자이므로 고압 대전류용에 좋고, 절연하기 쉽다.
③ 계자가 회전자지만 저압 소용량의 직류이므로 구조가 간단하다.
④ 전기자보다 계자극을 회전자로 하는 것이 기계적으로 튼튼하다.

[풀이] ① 동기기를 회전 계자형으로 하는 이유
• 전기자 권선은 전압이 높고 결선이 복잡하며, 대용량으로 되면 전류도 커지고, 3상 권선의 경우에는 4개의 도선을 인출하여야 한다.
• 계자 회로는 직류의 저압 회로이므로 소요 동력도 작으며, 인출 도선이 2개만 있어도 되기 때문이다.
• 계자극은 기계적으로 튼튼하게 만드는 데 용이하기 때문이다.
• 고장 시의 과도 안정도를 높이기 위하여 회전자의 관성을 크게 하기 쉽기 때문이기도 하다.
② **기전력의 파형을 개선**하기 위해서는 전기자 권선을 **단절권 및 분포권**으로 한다. 답 ①

45 정격전압 220[V], 무부하 단자전압 230[V], 정격출력이 40[kW]인 직류 분권발전기의 계자 저항이 22[Ω], 전기자 반작용에 의한 전압강하가 5[V]라면 전기자 회로의 저항[Ω]은 약 얼마인가?
① 0.026
② 0.028
③ 0.035
④ 0.042

[풀이]
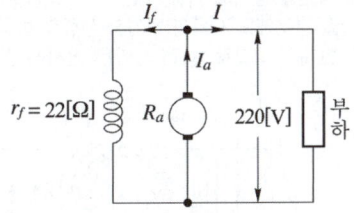

분권발전기
• 부하전류 $I = \dfrac{P}{V} = \dfrac{40 \times 10^3}{220} = 181.82[A]$
• 계자전류 $I_f = \dfrac{V}{r_f} = \dfrac{220}{22} = 10[A]$
• 전기자 전류 $I_a = I + I_f = 181.82 + 10 = 191.82[A]$
• 유기기전력 $E = V + I_a R_a + e_a [V]$
$\therefore R_a = \dfrac{E - V - e_a}{I_a} = \dfrac{230 - 220 - 5}{191.82} = 0.026[\Omega]$ 답 ①

46 3상 동기발전기의 매극 매상의 슬롯 수를 3이라 할 때 분포권 계수는?

① $6\sin\dfrac{\pi}{18}$ ② $3\sin\dfrac{\pi}{36}$

③ $\dfrac{1}{6\sin\dfrac{\pi}{18}}$ ④ $\dfrac{1}{12\sin\dfrac{\pi}{18}}$

풀이

분포권 계수 $K_d = \dfrac{\sin\dfrac{n\pi}{2m}}{q\sin\dfrac{n\pi}{2mq}}$ 에서

고조파 차수 $n = 1$, 상수 $m = 3$,
매극 매상의 슬롯 수 $q = 3$이므로

∴ $K_d = \dfrac{\sin\dfrac{\pi}{6}}{3\sin\dfrac{\pi}{2\times3\times3}} = \dfrac{\dfrac{1}{2}}{3\sin\dfrac{\pi}{18}} = \dfrac{1}{6\sin\dfrac{\pi}{18}}$

답 ③

47 가정용 재봉틀, 소형공구, 영사기, 치과의료용, 엔진 등에 사용하고 있으며, 교류, 직류 양쪽 모두에 사용되는 만능 전동기는?

① 전기 동력계
② 3상 유도전동기
③ 차동 복권전동기
④ 단상 직권정류자전동기

풀이 **단상 직권 정류자 전동기**

직류 직권 전동기에 가해 주는 직류 전압을 그림과 같이 바꿀 경우에도 자속과 전기자 전류의 방향이 동시에 모두 반대가 되므로, 회전 방향은 변하지 않는다.

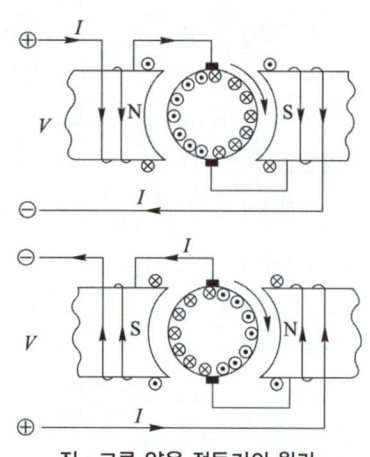

직·교류 양용 전동기의 원리

따라서 이 직류 직권 전동기에 교류 전압을 가해 주어도 전동기는 항상 같은 방향의 토크를 발생하고, 회전을 같은 방향으로 계속한다. 직·교류 양용 전동기는 이와 같은 원리를 이용한 전동기로서 단상 직권 정류자 전동기 또는 만능 전동기라고도 불린다. **답** ④

48 동기발전기의 병렬 운전 중 위상차가 생기면 어떤 현상이 발생하는가?

① 무효 횡류가 흐른다.
② 무효 전력이 생긴다.
③ 유효 횡류가 흐른다.
④ 출력이 요동하고 권선이 가열된다.

풀이 병렬운전 조건이 다른 경우

병렬운전 조건	다른 경우 흐르는 전류
기전력의 크기가 같을 것	무효 순환전류
기전력의 위상이 같을 것	동기화 전류(유효횡류)
기전력의 주파수가 같을 것	동기화 전류
기전력의 파형이 같을 것	고주파 무효 순환전류

답 ③

49 전력용 변압기에서 1차에 정현파 전압을 인가하였을 때, 2차에 정현파 전압이 유기되기 위해서는 1차에 흘러들어가는 여자전류는 기본파 전류 외에 주로 몇 고조파 전류가 포함되는가?

① 제2고조파 ② 제3고조파
③ 제4고조파 ④ 제5고조파

풀이 변압기 철심에는 자기포화현상과 히스테리시스 현상으로 인하여, 자속을 만드는 여자전류는 정현파로 될 수 없으며 고조파를 포함하는 왜형파가 된다. 따라서 1차에 흘러들어가는 여자전류는 기본파 전류 외에 제3 고조파 전류가 포함되어 있다. **답** ②

50 변압기에서 사용되는 변압기유의 구비조건으로 틀린 것은?

① 점도가 높을 것
② 응고점이 낮을 것
③ 인화점이 높을 것
④ 절연 내력이 클 것

풀이 변압기의 기름으로서 갖추어야 할 조건
① 절연저항 및 절연내력이 클 것
② 절연 재료 및 금속에 화학 작용을 일으키지 않을 것
③ 인화점이 높고, 응고점이 낮을 것
④ 점도가 낮고, 비열이 커서 냉각 효과가 클 것
⑤ 고온에서도 석출물이 생기거나 산화하지 않을 것
⑥ 열전도율이 클 것
⑦ 열 팽창계수가 작고 증발로 인한 감소량이 적을 것
답 ①

51 스텝 각이 2°, 스테핑 주파수(pulse rate)가 1800[pps]인 스테핑 모터의 축속도[rps]는?

① 8 ② 10
③ 12 ④ 14

풀이 ① 1펄스 당 스텝각이 2°이고,
1초당 입력펄스가 1800[pps]이므로,
1초당 스텝각은 2° × 1800 = 3600° 이다.
② 전동기 1회전당 회전 각도는 360° 이므로 스태핑 전동기의 회전속도는
$\frac{3600°}{360°} = 10$[rps]이다. **답** ②

52 직류기에 관련된 사항으로 잘못 짝 지어진 것은?

① 보극 – 리액턴스 전압 감소
② 보상권선 – 전기자 반작용 감소
③ 전기자 반작용 – 직류전동기 속도 감소
④ 정류기간 – 전기자 코일이 단락되는 기간

풀이 ① 전기자 반작용은 전기자 전류에 의하여 발생한 자속이 계자에 의해 발생되는 주자속에 영향을 주어 주자속이 감소되는 현상이다.
② $E = k\phi n$ 에서 $n = \frac{E}{k\phi} \propto \frac{1}{\phi}$ 이므로
전기자 반작용에 의해 자속이 감소되면, 직류발전기의 유기기전력이 감소하고 직류전동기의 속도는 증가한다. **답** ③

53 단상 유도전동기의 토크에 대한 2차 저항을 어느 정도 이상으로 증가시킬 때 나타나는 현상으로 옳은 것은?

① 역회전 가능
② 최대토크 일정
③ 기동토크 증가
④ 토크는 항상(+)

답 전항 정답

54 그림은 전원전압 및 주파수가 일정할 때의 다상 유도전동기의 특성을 표시하는 곡선이다. 1차 전류를 나타내는 곡선은 몇 번 곡선인가?

① (1)
② (2)
③ (3)
④ (4)

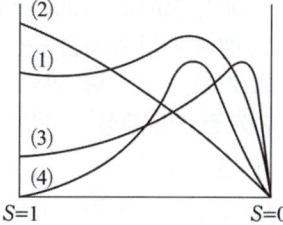

풀이 (1) 토크, (2) 1차 전류, (3) 역률, (4) 출력 **답** ②

55 직류발전기의 외부 특성곡선에서 나타내는 관계로 옳은 것은?

① 계자전류와 단자전압
② 계자전류와 부하전류
③ 부하전류와 단자전압
④ 부하전류와 유기기전력

풀이 직류발전기의 특성곡선

구 분	횡축	종축	조 건
무부하 포화 곡선	I_f	$V(=E)$	n=일정, $I=0$
외부 특성 곡선	I (부하전류)	V (단자전압)	n=일정, R_f=일정
내부 특성 곡선	I	E	n=일정, R_f=일정
부하 특성 곡선	I_f	V	n=일정, I=일정
계자 조정 곡선	I	I_f	n=일정, V=일정

답 ③

56 동기전동기가 무부하 운전 중에 부하가 걸리면 동기전동기의 속도는?

① 정지한다.
② 동기속도와 같다.
③ 동기속도보다 빨라진다.
④ 동기속도 이하로 떨어진다.

풀이 동기전동기의 특성
- 항상 동기속도로 운전된다.
- 항상 역률 1로 운전할 수 있다.
- 필요 시 앞선 전류를 통할 수 있다.
- 유도전동기에 비하여 효율이 좋다.   **답** ②

57 100[V], 10[A], 1500[rpm]인 직류 분권발전기의 정격 시의 계자전류는 2[A]이다. 이 때 계자회로에는 10[Ω]의 외부저항이 삽입되어 있다. 계자권선의 저항[Ω]은?

① 20
② 40
③ 80
④ 100

풀이 $V = I_f(R_f + R)$

$\therefore R_f = \dfrac{V}{I_f} - R = \dfrac{100}{2} - 10 = 40[\Omega]$

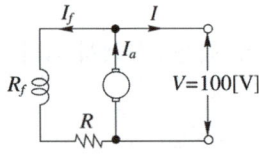

답 ②

58 50[Hz]로 설계된 3상 유도전동기를 60[Hz]에 사용하는 경우 단자전압을 110[%]로 높일 때 일어나는 현상으로 틀린 것은?

① 철손불변
② 여자전류감소
③ 온도상승증가
④ 출력이 일정하면 유효전류 감소

풀이 주파수는 $\dfrac{60[\text{Hz}]}{50[\text{Hz}]} = 1.2$배 상승하고 단자전압은 1.1배 상승한다고 하면

① 철손은 $fB^2 \propto f\left(\dfrac{V}{f}\right)^2 = \dfrac{V^2}{f} = \dfrac{1.1^2}{1.2} ≒ 1$이므로 불변하고, 유효전류는 $I_w \propto \dfrac{1}{V} = \dfrac{1}{1.1} ≒ 0.9$로 감소한다.

② 여자 전류는 $I_0 \propto \dfrac{V}{f}$이므로 $\dfrac{1.1}{1.2} ≒ 0.9$배로 감소한다.

③ 역률은 $\dfrac{I_0}{I_w}$의 함수이므로 불변한다.

④ 여자 전류 감소, 철손 불변, 유효전류 감소에서 손실은 일정하거나 다소 감소하고, 속도가 증가하므로 냉각팬의 효과도 증가하여 온도 상승은 감소한다.

답 ③

59 상전압 200[V]의 3상 반파정류회로의 각 상에 SCR을 사용하여 정류제어할 때 위상각을 $\dfrac{\pi}{6}$로 하면 순 저항부하에서 얻을 수 있는 직류전압[V]은?

① 90
② 180
③ 203
④ 234

풀이 3상 반파정류회로의 평균전압 $E_{d\pi}$은

$E_{d\pi} = \dfrac{3\sqrt{6}}{2\pi}V\cos\theta = 1.17V\cos\theta$

$= 1.17 \times 200 \times \cos\dfrac{\pi}{6} ≒ 203[\text{V}]$ **답** ③

60 직류기발전기에서 양호한 정류(整流)를 얻는 조건으로 틀린 것은?

① 정류주기를 크게 할 것
② 리액턴스 전압을 크게 할 것
③ 브러시의 접촉저항을 크게 할 것
④ 전기자 코일의 인덕턴스를 작게 할 것

풀이 양호한 정류를 얻는 조건
① 리액턴스 전압을 작게 한다. $\left(e_L = L\dfrac{2I_c}{T_c}\right)$
② 단절권 채용으로 자기 인덕턴스를 작게 한다.
③ 고속을 피하여 정류 주기를 길게 한다.
④ 저항 정류로서 접촉저항이 큰 탄소 브러시를 사용한다.
⑤ 전압 정류로서 보극을 설치한다.   **답** ②

2019년 - 3회 _ 전기기사

41 단상 유도전동기의 특징을 설명한 것으로 옳은 것은?

① 기동 토크가 없으므로 기동장치가 필요하다.
② 기계손이 있어도 무부하 속도는 동기속도보다 크다.
③ 권선형은 비례추이가 불가능하며, 최대 토크는 불변이다.
④ 슬립은 $0 > s > -1$이고 2보다 작고 0이 되기 전에 토크가 0이 된다.

풀이 단상 유도전동기의 특징
① 기동 토크가 없으므로 기동 장치가 필요하다.
② 슬립이 2보다 작고 0이 되기 전에 토크가 0이 된다.
③ 기계손이 없어도 무부하 속도는 동기 속도보다 작다.
④ 비례추이가 불가능하며, 2차 저항을 증가하면 최대 토크는 감소하고 어느 값 이상에서는 역 토크가 생긴다.
답 ①

42 동기발전기의 돌발 단락 시 발생되는 현상으로 틀린 것은?

① 큰 과도전류가 흘러 권선 소손
② 단락전류는 전기자 저항으로 제한
③ 코일 상호간 큰 전자력에 의한 코일 파손
④ 큰 단락전류 후 점차 감소하여 지속 단락전류 유지

풀이 평형 3상 전압을 유기하고 있는 발전기의 단자를 갑자기 단락하면 단락 초기에 전기자 반작용이 순간적으로 나타나지 않기 때문에 막대한 과도 전류가 흐르고, 수 초 후에는 전기자 반작용 리액턴스에 의해 단락전류는 점차 감소되어 영구 단락전류값에 이르게 된다.

- 돌발 단락전류 $i_s = \dfrac{E}{x_l}$ [A]
- 영구(지속) 단락전류 $I_s = \dfrac{E}{x_a + x_l} = \dfrac{E}{x_s}$ [A]

(여기서, x_l : 누설 리액턴스,
x_a : 전기자 반작용 리액턴스,
x_s : 동기 리액턴스)

즉, 전기자 반작용 리액턴스는 단락전류가 흐른 뒤에 작용하므로 돌발 단락전류를 제한하는 것은 누설 리액턴스이다.
답 ②

43 SCR의 특징으로 틀린 것은?

① 과전압에 약하다.
② 열용량이 적어 고온에 약하다.
③ 전류가 흐르고 있을 때의 양극 전압강하가 크다.
④ 게이트에 신호를 인가할 때부터 도통할 때까지의 시간이 짧다.

풀이 SCR의 특징
① 아크가 생기지 않으므로 열의 발생이 적다.
② 과전압에 약하다.
③ 열용량이 적어 고온에 약하다.
④ 게이트 신호를 인가할 때부터 도통할 때까지의 시간이 짧다.
⑤ 전류가 흐르고 있을 때 양극의 전압강하가 작다.
⑥ 정류기능을 갖는 단일방향성 3단자 소자이다.
⑦ 역률각 이하에서는 제어가 되지 않는다.
답 ③

44 몰드변압기의 특징으로 틀린 것은?

① 자기 소화성이 우수하다.
② 소형 경량화가 가능하다.
③ 건식 변압기에 비해 소음이 적다.
④ 유입 변압기에 비해 절연레벨이 낮다.

답 전항 정답

45 터빈 발전기의 냉각을 수소냉각방식으로 하는 이유로 틀린 것은?

① 풍손이 공기 냉각 시의 약 1/10로 줄어든다.
② 열전도율이 좋고 가스 냉각기의 크기가 작아진다.
③ 절연물의 산화작용이 없으므로 절연열화가 작아서 수명이 길다.
④ 반폐형으로 하기 때문에 이물질의 침입이 없고 소음이 감소한다.

풀이 ① 수소 냉각 발전기의 장점
- 비중이 공기의 약 7[%]로 가볍고 풍손은 공기의 약 1/10로 감소
- 열전도율은 공기의 약 6.7배, 비열은 약 14배로 열전도성이 좋고, 공기 냉각 발전기에 비하여 약 25[%]의 출력이 증가
- 가스 냉각기가 적어도 된다.
- 코로나 발생전압이 높고 절연물의 수명이 길어진다.
- 전폐형으로 하기 때문에 이물질의 침입이 없고 소음이 적다.

② 수소 냉각 발전기의 단점
- 공기와 적당히 혼합하면 폭발할 우려가 있다.
- 폭발 예방을 위한 부속설비가 필요하며 설비가 증가

답 ④

46 유도전동기의 회전속도를 N[rpm], 동기속도를 N_s[rpm]이라하고 순방향 회전자계의 슬립을 s라고하면, 역방향 회전자계에 대한 회전자 슬립은?

① $s-1$ ② $1-s$
③ $s-2$ ④ $2-s$

풀이 단상 유도전동기가 슬립 s로 회전하면 회전 주파수는 정상분 전동기에서는 $(1-s)f$이고 역상분 전동기에서는 $f+(1-s)f=(2-s)f$가 된다.

답 ④

47 직류발전기에 직결한 3상 유도전동기가 있다. 발전기의 부하 100[kW], 효율 90[%]이며 전동기 단자전압 3300[V], 효율 90[%], 역률 90[%]이다. 전동기에 흘러들어가는 전류는 약 몇 [A]인가?

① 2.4 ② 4.8
③ 19 ④ 24

풀이

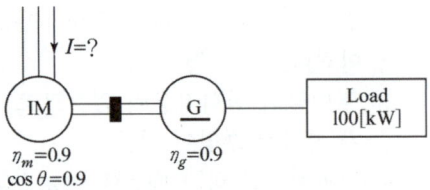

- 직류발전기 입력 $P_g = \dfrac{P_L}{\eta_g} = \dfrac{100}{0.9} = 111.11$[kW]
- 3상 유도전동기의 출력(P_o)은 직류발전기의 입력(P_g)과 같으므로 3상 유도전동기의 입력

$$P_i = \dfrac{P_o}{\eta_m} = \dfrac{111.11}{0.9} = 123.46[\text{kW}]$$

따라서 전동기에 흘러들어가는 전류 I는

$$I = \dfrac{P_i}{\sqrt{3}\,V\cos\theta} = \dfrac{123.46 \times 10^3}{\sqrt{3} \times 3300 \times 0.9} = 24[\text{A}]$$

답 ④

48 유도발전기의 동작 특성에 관한 설명 중 틀린 것은?

① 병렬로 접속된 동기발전기에서 여자를 취해야 한다.
② 효율과 역률이 낮으며 소출력의 자동수력 발전기와 같은 용도에 사용된다.
③ 유도발전기의 주파수를 증가하려면 회전속도를 동기속도 이상으로 회전시켜야 한다.
④ 선로에 단락이 생긴 경우에는 여자가 상실되므로 단락전류는 동기발전기에 비해 적고 지속시간도 짧다.

풀이 유도발전기의 특성
유도발전기는 단독으로 발전할 수는 없으므로 반드시 동기발전기가 있는 전원에 접속해서 운전하여야 한다. 이 발전기의 주파수는 전원의 주파수로 정하고 회전 속도에는 관계없으나 출력은 거의 상대 속도$(n-n_s)$와 비례하기 때문에 출력을 증가하려면 속도를 증가시켜야 한다.
(1) 장점
 ① 동기발전기에 비해 가격이 싸다.
 ② 기동과 취급이 간단하며 고장이 적다.
 ③ 동기발전기와 같이 동기화 할 필요가 없으며 난조 등의 이상 현상도 생기지 않는다.
 ④ 선로에 단락이 생긴 경우에는 여자가 상실되므로 단락전류는 동기기에 비해 적으며 지속 시간도 짧다.
(2) 단점
 ① 병렬로 운전되는 동기기에서 여자 전류를 취해야 한다.
 ② 공극의 치수가 작기 때문에 운전 시 주의해야 한다.
 ③ 효율과 역률이 낮다.

답 ③

49 단상 변압기를 병렬 운전하는 경우 각 변압기의 부하분담이 변압기의 용량에 비례하려면 각각의 변압기의 %임피던스는 어느 것에 해당되는가?

① 어떠한 값이라도 좋다.
② 변압기 용량에 비례하여야 한다.
③ 변압기 용량에 반비례하여야 한다.
④ 변압기 용량에 관계없이 같아야 한다.

풀이 변압기 병렬 운전 시 부하 분담은 누설임피던스에 역비례하며, 변압기의 용량에 비례한다.
$$\frac{I_a}{I_b} = \frac{P_A}{P_B} \cdot \frac{\%Z_b}{\%Z_a}$$
여기서, I_a, I_b : 각 변압기의 분담 전류
P_A, P_B : A, B 변압기의 용량
$\%Z_a$, $\%Z_b$: A, B 변압기의 %임피던스
답 ③

50 그림은 여러 직류전동기의 속도 특성곡선을 나타낸 것이다. 1부터 4까지 차례로 옳은 것은?

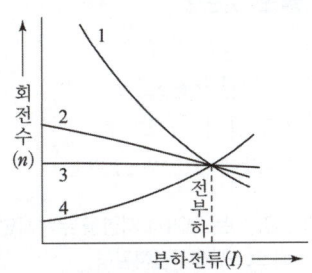

① 차동복권, 분권, 가동복권, 직권
② 직권, 가동복권, 분권, 차동복권
③ 가동복권, 차동복권, 직권, 분권
④ 분권, 직권, 가동복권, 차동복권

풀이 직류 전동기의 속도 특성곡선

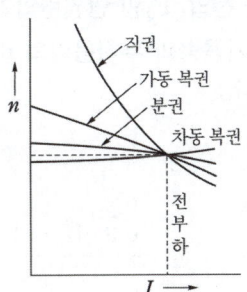

답 ②

51 전력변환기기로 틀린 것은?
① 컨버터 ② 정류기
③ 인버터 ④ 유도전동기

풀이 전력변환기기에는 사이클로 컨버터, 쵸퍼, 인버터, 컨버터, 변압기 등이 있으며, 유도전동기는 전기에너지를 운동에너지로 변환하는 기기이다. **답** ④

52 농형 유도전동기에 주로 사용되는 속도제어법은?
① 극수 변환법
② 종속 접속법
③ 2차 저항제어법
④ 2차 여자제어법

풀이 ① 농형 유도전동기의 속도 제어법
• 주파수를 바꾸는 방법
• 극수를 바꾸는 방법
• 전원전압을 바꾸는 방법이 있다.
② 권선형 유도전동기의 속도 제어법
• 2차여자 제어법
• 2차저항 제어법
• 종속 제어법
답 ①

53 정격전압 100[V], 정격전류 50[A]인 분권발전기의 유기기전력은 몇 [V]인가? (단, 전기자 저항 0.2[Ω], 계자전류 및 전기자 반작용은 무시한다.)
① 110 ② 120
③ 125 ④ 127.5

풀이 계자전류(I_f)를 무시하면 전기자전류 I_a는
$I_a = I + I_f = 50 + 0 = 50[A]$
$\therefore E = V + I_a R_a = 100 + 50 \times 0.2 = 110[V]$

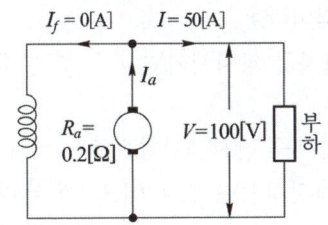

답 ①

54 그림과 같은 변압기 회로에서 부하 R_2에 공급되는 전력이 최대로 되는 변압기의 권수비 a는?

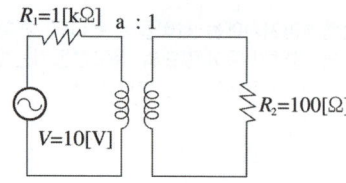

① $\sqrt{5}$ ② $\sqrt{10}$
③ 5 ④ 10

풀이 전원측 저항과 부하측 저항이 같을 때 부하 전력이 최대가 되므로 $R_1 = a^2 R_2$일 때 부하에 공급되는 전력이 최대로 된다.

$\therefore a = \sqrt{\dfrac{R_1}{R_2}} = \sqrt{\dfrac{1000}{100}} = \sqrt{10}$ **답** ②

55 변압기의 백분율 저항강하가 3[%], 백분율 리액턴스 강하가 4[%]일 때 뒤진 역률 80[%]인 경우의 전압 변동률[%]은?

① 2.5 ② 3.4
③ 4.8 ④ -3.6

풀이 전압 변동률
$\epsilon = p\cos\theta + q\sin\theta = 3 \times 0.8 + 4 \times 0.6$
$= 4.8[\%]$ **답** ③

56 정류자형 주파수변환기의 회전자에 주파수 f_1의 교류를 가할 때 시계방향으로 회전자계가 발생하였다. 정류자 위의 브러시 사이에 나타나는 주파수 f_c를 설명한 것 중 틀린 것은? (단, n : 회전자의 속도, n_s : 회전자계의 속도, s : 슬립이다.)

① 회전자를 정지시키면 $f_c = f_1$인 주파수가 된다.
② 회전자를 반시계방향으로 $n = n_s$의 속도로 회전시키면 $f_c = 0$[Hz]가 된다.
③ 회전자를 반시계방향으로 $n < n_s$의 속도로 회전시키면 $f_c = sf_1$[Hz]가 된다.
④ 회전자를 시계방향으로 $n < n_s$의 속도로 회전시키면 $f_c < f_1$[Hz]가 된다.

풀이 정류자형 주파수 변환기
① 회전자가 정지하고 있는 경우 정류자 상의 브러시 사이에 나타나는 전압 E_c의 주파수 f_c는 슬립링에 가해진 전원용 주파수 f_1과 같다.
② 회전자의 외부에서 힘을 가하여 Φ와 반대방향으로 속도 $n = n_s$로 회전시 E_c의 주파수 f_c는 0이 되어 직류 전압이 된다.
③ 회전자의 속도 $n < n_s$의 경우 E_c의 주파수 $f_c = sf_1$[Hz]가 된다.
④ 회전자를 Φ와 같은 방향의 속도 n으로 회전시 E_c의 주파수 $f_c = f_1 + f$[Hz]이다.
즉, 전원의 주파수 f_1을 임의의 주파수 $f_1 + f$로 변환할 수 있다.   **답** ④

57 동기발전기의 3상 단락곡선에서 단락전류가 계자전류에 비례하여 거의 직선이 되는 이유로 가장 옳은 것은?

① 무부하 상태이므로
② 전기자 반작용으로
③ 자기포화가 있으므로
④ 누설 리액턴스가 크므로

풀이 단락전류(I_s)는 전기자 저항을 무시하면 동기 리액턴스에 의해 그 크기가 결정된다.
$I_s = \dfrac{E}{Z_s} = \dfrac{E}{\sqrt{r_a^2 + x_s^2}} \fallingdotseq \dfrac{E}{jx_s}$

따라서 단락전류는 동기 리액턴스에 의해 지상의 전류가 흐르게 되어, 전기자 반작용이 감자 작용이 되므로 3상 단락곡선은 직선이 된다.   **답** ②

58 1차 전압 V_1, 2차 전압 V_2인 단권변압기를 Y결선했을 때, 등가용량과 부하용량의 비는? (단, $V_1 > V_2$이다.)

① $\dfrac{V_1 - V_2}{\sqrt{3}\, V_1}$ ② $\dfrac{V_1 - V_2}{V_1}$

③ $\dfrac{V_1^2 - V_2^2}{\sqrt{3}\, V_1 V_2}$ ④ $\dfrac{\sqrt{3}\,(V_1 - V_2)}{2 V_1}$

풀이 단권 변압기의 3상 결선

결선방식	단상	Y 결선
자기 용량 / 부하 용량	$\dfrac{V_H - V_L}{V_H}$	$\dfrac{V_H - V_L}{V_H}$

결선방식	△ 결선	Y 결선
자기 용량 / 부하 용량	$\dfrac{V_H^2 - V_L^2}{\sqrt{3}\,V_H V_L}$	$\dfrac{1}{0.866}\left(\dfrac{V_H - V_L}{V_H}\right)$

답 ②

59 변압기의 보호에 사용되지 않는 것은?

① 온도계전기
② 과전류계전기
③ 임피던스계전기
④ 비율차동계전기

풀이
- 변압기 보호에 사용되는 계전기는 과전류 계전기, 차동 계전기, 부흐홀쯔 계전기, 압력 계전기, 지락 방향 계전기 등이 사용된다.
- 거리(임피던스) 계전기는 선로 보호용 계전기로 전압 및 전류를 입력량으로 하여 전류의 전압에 대한 비의 함수가 예정치 이하일 때 동작한다. 이 비는 계전기에서 본 임피던스라고 하며 임피던스는 송전선 거리의 전기적 척도이므로 거리 계전기라고 한다.

답 ③

60 E를 전압, r을 1차로 환산한 저항, x를 1차로 환산한 리액턴스라고 할 때 유도전동기의 원선도에서 원의 지름을 나타내는 것은?

① $E \cdot r$
② $E \cdot x$
③ $\dfrac{E}{x}$
④ $\dfrac{E}{r}$

풀이 유도전동기는 일정값의 리액턴스와 부하에 의하여 변하는 저항($\dfrac{r_2'}{s}$)의 직렬 회로라고 생각되므로 부하에 의하여 변화하는 전류 벡터의 궤적, 즉 원선도의 지름은 전압에 비례하고 리액턴스에 반비례한다. 답 ③

2019년 4회 _ 공사기사

41 평형 3상 교류가 대칭 3상 권선에 인가된 경우 회전자계에 대한 설명으로 틀린 것은?

① 발생 회전자계 방향 변경 가능
② 발생 회전자계는 전류와 같은 주기
③ 발생 회전자계 속도는 동기속도보다 늦음
④ 발생 회전자계 세기는 각 코일 최대 자계의 1.5배

풀이 회전자계는 동기 속도로 회전하므로 매 분의 회전수를 N_S라 하고 극수를 p, 주파수를 f라 하면 $N_S = \dfrac{120f}{p}$ [rpm]가 된다. 답 ③

42 3상 변압기 2대를 병렬운전 하고자 할 때 병렬운전이 불가능한 결선방식은?

① △-Y와 Y-△
② △-Y와 Y-Y
③ △-Y와 △-Y
④ △-△와 Y-Y

풀이 3상 변압기의 병렬 운전의 결선 조합

병렬 운전 가능	병렬 운전 불가능
△-△와 △-△	△-△와 △-Y
Y-Y와 Y-Y	△-△와 Y-△
Y-△와 Y-△	△-Y와 Y-Y
△-Y와 △-Y	Y-△와 Y-Y
△-△와 Y-Y	
△-Y와 Y-△	

※ 이유 : 3개의 △, 3개의 Y는 2차 간에 정격 전압이 다르며 30°의 변위가 생겨 순환 전류가 흐른다.

답 ②

43 분상 기동형 단상 유도전동기의 전원 측에 연결할 수 있는 가장 적합한 변압기의 결선은?

① 환상 결선
② 대각 결선
③ 포크 결선
④ 스코트 결선

풀이
- 3상-2상 간의 상수 변환 : 스코트 결선 (T 결선), 메이어 결선, 우드 브리지 결선
- 3상-6상 간의 상수 변환 : 환상 결선, 2중 3각 결선, 2중 성형 결선, 대각 결선, 포크 결선

답 ④

44 철손 1.6[kW], 전부하 동손 2.4[kW]인 변압기에는 약 몇 [%]부하에서 효율이 최대로 되는가?

① 82 ② 95
③ 97 ④ 100

풀이 변압기 효율은 $m^2 P_c = P_i$일 때 최대이므로
$$\therefore m = \sqrt{\frac{P_i}{P_c}} = \sqrt{\frac{1.6}{2.4}} \fallingdotseq 0.82$$
즉, 약 82[%] 부하에서 최대 효율이 된다. **답** ①

45 3상 동기기에서 단자전압 V, 내부 유기전압 E, 부하각이 δ일 때, 한 상의 출력은? (단, 전기자 저항은 무시하며, 누설 리액턴스는 x_s이다.)

① $\dfrac{EV}{x_s^2}\sin\delta$ ② $\dfrac{EV}{x_s}\cos\delta$

③ $\dfrac{EV}{x_s}\sin\delta$ ④ $\dfrac{EV^2}{x_s}\cos\delta$

풀이 비돌극기의 출력 $P = \dfrac{EV}{Z_s}\sin(\alpha+\delta) - \dfrac{V^2}{Z_s}\sin\alpha$
전기자 저항 r_a는 매우 작으므로
이것을 무시하고 $Z_s \fallingdotseq x_s$, $\alpha \fallingdotseq 0$이라 하면
$P \fallingdotseq \dfrac{EV}{x_s}\sin\delta$ [W]이다. **답** ③

46 직류발전기에서 전기자반작용에 대한 설명으로 틀린 것은?

① 전기자 중성축이 이동하여 주자속이 증가하고 기전력을 상승시킨다.
② 직류발전기에 미치는 영향으로는 중성축이 이동되고 정류자 편간의 불꽃 섬락이 일어난다.
③ 전기자 전류에 의한 자속이 계자 자속에 영향을 미치게 하여 자속 분포를 변화시키는 것이다.
④ 전기자권선에 전류가 흘러서 생긴 기자력은 계자 기자력에 영향을 주어서 자속의 분포가 기울어진다.

풀이 ① 전기자 반작용 : 전기자 전류에 의하여 발생한 자속이 계자에 의해 발생 되는 주자속에 영향을 주는 현상
② 전기자 반작용의 영향
- 전기적 중성축 이동
  - 발전기 : 회전 방향으로 이동
  - 전동기 : 회전 방향과 반대 방향으로 이동
- 주자속 감소
- 정류자 편간의 불꽃 섬락 발생
- 전압강하 발생 **답** ①

47 유도전동기의 제동법으로 틀린 것은?

① 3상 제동 ② 회생제동
③ 발전제동 ④ 역상제동

풀이 유도전동기의 제동법
① 회생 제동 : 유도전동기를 유도발전기로 동작시켜 그 발생 전력을 전원에 반환하면서 제동하는 방법
② 발전 제동 : 전동기를 전원으로부터 분리한 후 1차 측에 직류전원을 공급하여 발전기로 동작시킨 후 발생된 전력을 저항에서 열로 소비시키는 방법
③ 역전 제동 : 회전중인 전동기의 1차 권선 3단자 중 임의의 2단자의 접속을 바꾸면 역방향의 토크가 발생되어 제동하는 방법으로 이 방법은 급속하게 정지시키고자 하는 경우에 사용된다.
④ 단상 제동 : 권선형 유도전동기의 1차 측을 단상교류로 여자하고 2차 측에 적당한 크기의 저항을 넣으면 전동기의 회전과는 역방향의 토크가 발생되므로 제동된다. **답** ①

48 200[V] 3상 유도전동기의 전부하 슬립이 3[%]이다. 공급전압이 20[%] 떨어졌을 때의 전부하 슬립[%]은 약 얼마인가?

① 2.3 ② 3.3
③ 3.7 ④ 4.7

풀이 공급 전압이 20[%] 저하된 경우의 전부하 슬립을 s'라 하면
$$s' = s \times \left(\frac{V_1}{V_1{'}}\right)^2 = s \times \left(\frac{V_1}{V_1 \times 0.8}\right)^2$$
$$= 0.03 \times \left(\frac{200}{200 \times 0.8}\right)^2 = 0.047$$
$$= 4.7[\%]$$
답 ④

49 스테핑 모터에 대한 설명으로 틀린 것은?

① 위치제어를 하는 분야에 주로 사용된다.
② 입력된 펄스 신호에 따라 특정 각도만큼 회전하도록 설계된 전동기이다.
③ 스텝 각이 클수록 1회전 당 스텝 수가 많아지고 축 위치의 정밀도는 높아진다.
④ 양 방향 회전이 가능하고 설정된 여러 위치에 정지하거나 해당 위치로부터 기동할 수 있다.

풀이 ① 스테핑 모터는 디지털 신호에 비례하여 일정 각도만큼 회전하는 모터로 그 총 회전각은 입력 펄스의 수로 정해지며, 회전속도는 입력 펄스의 주파수(펄스 속도)에 비례한다. 스테핑 모터는 자동화설비 등에서 전기적 신호를 위치 신호로 변환시키는 데 사용된다.
② 모터가 회전하는 일정한 각도를 스텝각 이라고 하며, 스텝 각을 작게 하면 1회전 당 스텝수가 많아지므로 축 위치의 정밀도를 향상시킬 수 있다.

답 ③

50 직류 분권발전기의 정격전압 200[V], 정격출력 10[kW], 이때의 계자전류는 2[A], 전압 변동률을 4[%]라고 한다. 발전기의 무부하 전압 [V]은?

① 208   ② 210
③ 220   ④ 228

풀이 전압 변동률
$$\epsilon = \frac{V_0 - V_n}{V_n} \times 100 = \left(\frac{V_0}{V_n} - 1\right) \times 100 [\%]$$ 이므로
무부하 전압
$$V_0 = \left(1 + \frac{\epsilon}{100}\right) \times V_n = \left(1 + \frac{4}{100}\right) \times 200 = 208 [V]$$

답 ①

51 동기발전기에서 기전력의 파형을 좋게 하고 누설 리액턴스를 감소시키기 위하여 채택한 권선법은?

① 집중권   ② 분포권
③ 단절권   ④ 전절권

풀이 분포권의 특징
① 분포권은 집중권에 비하여 합성 유기 기전력이 감소한다.
② 기전력의 고조파가 감소하여 파형이 좋아진다.
③ 권선의 누설 리액턴스가 감소한다.
④ 전기자 권선에 의한 열을 고르게 분포시켜 과열을 방지한다.

답 ②

52 직류 분권전동기의 정격전압이 300[V], 전부하 전기자 전류 50[A], 전기자 저항 0.3[Ω]이다. 이 전동기의 기동전류를 전부하전류의 130[%]로 제한시키기 위한 기동저항 값은 약 몇 [Ω]인가?

① 4.3   ② 4.8
③ 5.0   ④ 5.5

풀이

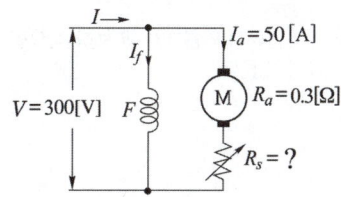

- 기동전류는 정격 전류의 1.3배(130[%])이므로
  기동전류 $I_s = I_a \times 1.3 = 50 \times 1.3 = 65[A]$
- $R_a + R_s = \dfrac{V}{I_s} = \dfrac{300}{65} = 4.6[\Omega]$

따라서 기동저항
$R_s = 4.6 - R_a = 4.6 - 0.3 = 4.3[\Omega]$

답 ①

53 SCR에 턴오프(turn-off)되는 조건은?

① 게이트에 역방향 전류를 흘린다.
② 게이트에 역방향의 전압을 인가한다.
③ 게이트의 순방향 전류를 0으로 한다.
④ 애노드 전류를 유지전류 이하로 한다.

풀이 • SCR는 게이트에 (+)의 트리거 펄스가 인가되면 통전 상태로 되어 정류 작용이 개시되고, 일단 통전이 시작되면 게이트 전류를 차단해도 주전류(애노드 전류)는 차단되지 않는다. 이 때 이를 차단하려면 애노드 전압을 (0) 또는 (-)로 해야 한다.
• 유지전류는 ON된 후에 ON 상태를 유지하기 위한 최소전류로서 래칭전류보다 작다.

답 ④

54 동기전동기의 위상특성곡선으로 옳은 것은? (단, P를 출력, I_f를 계자전류, I_a를 전기자전류, $\cos\theta$를 역률로 한다.)

① $P-I_a$ 곡선, I_f는 일정
② I_f-I_a 곡선, P는 일정
③ $P-I_f$ 곡선, I_a는 일정
④ I_f-I_a 곡선, $\cos\theta$는 일정

풀이 위상 특성 곡선이란 **단자전압과 부하를 일정**하게 유지하고, 여자 전류를 변화시킬 경우 **여자 전류(I_f)와 전기자 전류(I_a)와의 관계**를 표시한 것으로 V곡선이라고도 한다.

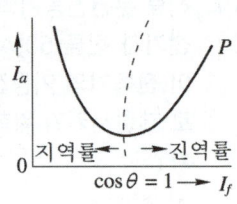

- 계자전류가 역률 1일 때 보다 크면 앞선 전기자 전류가 흐른다.
- 계자전류가 역률 1일 때 보다 작으면 뒤진 전기자 전류가 흐른다. **답** ②

55 변압기의 동손은 부하전류의 몇 제곱에 비례하는가?

① 0.5　　② 1
③ 2　　　④ 4

풀이 $P_c = I^2 R \propto I^2$ 이므로 동손은 부하의 제곱에 비례한다. **답** ③

56 동기전동기의 토크와 공급전압과의 관계로 옳은 것은?

① 무관　　② 정비례
③ 반비례　　④ 2승에 비례

풀이 입력 $P_2 = \dfrac{EV}{Z_s}\sin\delta$

토크 $T = 0.975 \times \dfrac{P_2}{N_s} = 0.975 \times \dfrac{1}{N_s} \times \dfrac{EV}{Z_s}\sin\delta$

∴ $T \propto V$(공급전압) **답** ②

57 무부하에서 자기 여자로 전압을 확립하지 못하는 직류발전기는?

① 분권발전기　　② 직권발전기
③ 타여자발전기　　④ 차동복권발전기

풀이 직류 직권 발전기

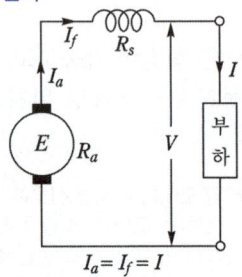

- 계자와 전기자가 직렬로 연결되어 있으므로 부하전류 $I = I_f = I_a$이다.
- **무부하** 즉, $I=0$이면 계자전류 $I_f = 0$이므로 **유기기전력** $E = 0$이 된다. **답** ②

58 3권선 변압기에 대한 설명으로 틀린 것은?

① 3차 권선에서 발전소 내부의 전력을 다른 계통으로 공급할 수 있다.
② Y–Y–△ 결선을 하여 제3고조파 전압에 의한 파형의 변형을 방지한다.
③ 3차 권선에 조상기를 접속하여 송전선의 전압조정과 역률을 개선한다.
④ 3차 권선에 2차 권선의 주파수와 다른 주파수를 얻을 수 있으므로 유도기의 속도제어에 사용된다.

풀이 ① 변압기는 크기가 다른 **동일 주파수**의 전압과 전류의 교류전력으로 변환시키는 기기이다.
② Y–Y–△의 3권선 변압기의 제3차 권선(△)의 용도
- 소내용 전력공급
- 조상설비 설치
- 제3고조파 억제　　**답** ④

59 권선형 유도전동기의 2차측 저항을 2배로 하면 최대 토크 값은 어떻게 되는가?

① 3배로 된다.　　② 2배로 된다.
③ 1/2로 된다.　　④ 변하지 않는다.

풀이 최대 토크($T_m \propto \dfrac{V^2}{2x_2}$)는 2차 저항에 무관하며, 최대 토크를 발생하는 슬립($s_m \fallingdotseq \pm \dfrac{r_2}{x_2}$)만 2차 저항에 비례한다. **답** ④

60 3상 직권 정류자 전동기의 특성에 관한 설명으로 틀린 것은?

① 펌프, 공작기계 등 기동 토크가 크고 속도 제어범위가 크게 요구되는 곳에 사용된다.
② 직권특성의 변속도 전동기이며, 토크는 전류의 제곱에 비례하기 때문에 기동 토크가 대단히 크다.
③ 역률은 저속도에서는 좋지 않으나 동기속도 근처나 그 이상에서는 대단히 양호하며 거의 100[%] 이다.
④ 효율은 저속도에서도 좋지만 고속도에서는 거의 일정하며, 동기속도 근처에서는 가장 좋지 못한 동일한 정격의 3상 유도전동기에 비해 앞선다.

풀이 3상 직권 정류자 전동기의 특성
① 송풍기, 펌프, 공작 기계 등 기동 토크가 크고 속도 제어 범위가 크게 요구되는 곳에 사용된다.
② 직권특성의 변속도 전동기이며, 토크는 거의 전류의 제곱에 비례하기 때문에 기동 토크가 대단히 크다.
③ 역률은 저속도에서 좋지 않으나 동기속도 근처나 그 이상에서는 대단히 양호하며 거의 100[%]이다.
④ 효율은 저속도에서는 별로 좋지 않고 고속도 근처에서 가장 좋지만, 동일한 정격의 3상 유도전동기에 비하면 뒤진다. **답** ④

2020년 전기기기_전기기사·공사기사

문제의 번호는 실제 시험문제의 번호와 같게 하였습니다

2020년 - 1,2회 _ 전기기사·공사기사

41 단상 유도전동기의 기동 시 브러시를 필요로 하는 것은?

① 분상 기동형
② 반발 기동형
③ 콘덴서 분상 기동형
④ 셰이딩 코일 기동형

[풀이] 반발 기동 유도전동기는 기동 시에는 반발 전동기로서 동작시키고 일정 속도에 달하면 정류자 세그먼트(segment)를 단락하여 유도전동기로서 동작하는 전동기이며, 브러시 이동만으로 기동, 정지, 속도제어가 가능하다. **답 ②**

42 전원전압이 100[V]인 단상 전파정류제어에서 점호각이 30°일 때 직류 평균전압은 약 몇 [V]인가?

① 54 ② 64
③ 84 ④ 94

[풀이]

	단상 반파정류	단상 전파정류
SCR	$E_d = \dfrac{\sqrt{2}E}{2\pi}(1+\cos\alpha)$	$E_d = \dfrac{\sqrt{2}E}{\pi}(1+\cos\alpha)$

단상 전파정류의 직류 평균전압

$E_d = \dfrac{\sqrt{2}E}{\pi}(1+\cos\alpha) = \dfrac{\sqrt{2}\times 100}{\pi}(1+\cos 30°)$

$= \dfrac{100\sqrt{2}}{\pi}\left(1+\dfrac{\sqrt{3}}{2}\right) = 84[V]$

[별해] 단상 전파정류파

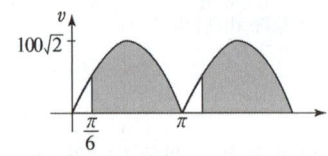

$v_{dc} = \dfrac{1}{\pi}\int_{\pi/6}^{\pi} v\,d(\omega t) = \dfrac{1}{\pi}\int_{\pi/6}^{\pi} 100\sqrt{2}\,\sin\omega t\,d(\omega t)$

$= \dfrac{100\sqrt{2}}{\pi}[-\cos\omega t]_{\pi/6}^{\pi} = \dfrac{100\sqrt{2}}{\pi}\left(-\cos\pi + \cos\dfrac{\pi}{6}\right)$

$= \dfrac{100\sqrt{2}}{\pi}\left(1+\dfrac{\sqrt{3}}{2}\right) = 84[V]$

답 ③

43 3선 중 2선의 전원 단자를 서로 바꾸어서 결선하면 회전방향이 바뀌는 기기가 아닌 것은?

① 회전변류기
② 유도전동기
③ 동기전동기
④ 정류자형 주파수 변환기

[풀이] 정류자형 주파수 변환기는 유도전동기의 2차 여자를 행하기 위한 교류여자기로서 사용되며, 슬립링을 통하여 3상 교류전압을 인가하면 회전자계가 생기고 이것이 상회전 방향의 동기속도로 회전한다.
이 회전자계의 방향은 회전자의 회전여부나 그 속도 및 방향에 전혀 관계가 없다. **답 ④**

44 단상 유도전동기의 분상 기동형에 대한 설명으로 틀린 것은?

① 보조권선은 높은 저항과 낮은 리액턴스를 갖는다.
② 주권선은 비교적 낮은 저항과 높은 리액턴스를 갖는다.
③ 높은 토크를 발생시키려면 보조권선에 병렬로 저항을 삽입한다.
④ 전동기가 기동하여 속도가 어느 정도 상승하면 보조권선을 전원에서 분리해야 한다.

[풀이] 분상 기동형 단상 유도 전동기
① 주권선은 상당히 작은 저항과 큰 리액턴스를 갖는다.
② 기동권선은 큰 저항과 작은 리액턴스를 갖으며, 원심력 스위치가 있다.
③ 더 높은 기동토크를 발생시키려면 기동권선 내에 직렬저항을 접속하거나 주권선 내에 직렬 유도성 리액턴스를 접속한다.
④ 전동기가 기동하여 속도가 어느 정도 상승하면 원심

력 스위치에 의해 기동권선은 분리된다.

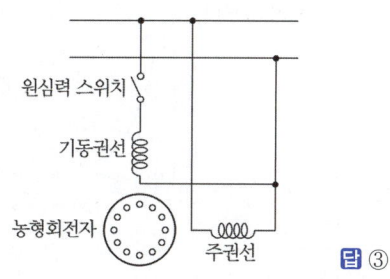

답 ③

③ 복권기 : 직권계자권선은 직렬로 연결, 분권계자권선은 병렬로 연결
④ 타여자기 : 계자권선이 별도의 외부 여자전원에 연결

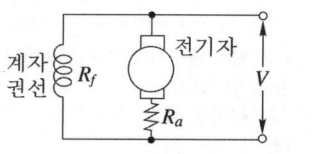

답 ①

45
변압기의 %Z가 커지면 단락전류는 어떻게 변화하는가?

① 커진다. ② 변동없다.
③ 작아진다. ④ 무한대로 커진다.

풀이 단락전류 $I_s = \dfrac{100}{\%Z} I_n$[A]이므로,
%Z가 커지면 단락전류는 작아지게 된다. 답 ③

46
정격전압 6600[V]인 3상 동기발전기가 정격출력(역률 = 1)으로 운전할 때 전압변동률이 12[%]이었다. 여자전류와 회전수를 조정하지 않은 상태로 무부하 운전하는 경우 단자전압[V]은?

① 6433 ② 6943
③ 7392 ④ 7842

풀이 전압변동률
$\epsilon = \dfrac{V_0 - V_n}{V_n} \times 100 = \left(\dfrac{V_0}{V_n} - 1\right) \times 100$[%]
따라서, 무부하 단자전압
$V_0 = \left(1 + \dfrac{\epsilon}{100}\right) V_n = (1 + 0.12) \times 6600$
$= 7392$[V] 답 ③

47
계자 권선이 전기자에 병렬로만 연결된 직류기는?

① 분권기 ② 직권기
③ 복권기 ④ 타여자기

풀이 ① **분권기**(발전기) : 계자권선이 전기자 권선에 **병렬로 연결**
② 직권기 : 계자권선이 전기자 권선에 직렬로 연결

48
3상 20000[kVA]인 동기발전기가 있다. 이 발전기는 60[Hz]일 때는 200[rpm], 50[Hz]일 때는 약 167[rpm]으로 회전한다. 이 동기발전기의 극수는?

① 18극 ② 36극
③ 54극 ④ 72극

풀이 동기속도 $N_s = \dfrac{120f}{P}$[rpm]이므로
극수 $P = \dfrac{120f}{N_s} = \dfrac{120 \times 60}{200} = 36$극 답 ②

49
1차 전압 6600[V], 권수비 30인 단상변압기로 전등부하에 30[A]를 공급할 때의 입력[kW]은? (단, 변압기의 손실은 무시한다.)

① 4.4 ② 5.5
③ 6.6 ④ 7.7

풀이 1차전류 $I_1 = \dfrac{I_2}{a} = \dfrac{30}{30} = 1$[A]
별도의 조건이 없을 시,
전등 부하의 역률 $\cos\theta = 1$이므로
입력 $P_1 = V_1 I_1 \cos\theta = 6600 \times 1 \times 1 \times 10^{-3}$
$= 6.6$[kW] 답 ③

50
스텝 모터에 대한 설명으로 틀린 것은?

① 가속과 감속이 용이하다.
② 정·역 및 변속이 용이하다.
③ 위치제어 시 각도 오차가 작다.
④ 브러시 등 부품수가 많아 유지보수 필요성이 크다.

풀이 스텝모터의 장·단점
[장점]
① 다른 서보모터와 달리 위치 및 속도를 검출하기 위한 장치가 필요 없다.
② 다른 디지털 기기와의 인터페이스가 쉽다.
③ 가속, 감속이 용이하며 정·역전 및 변속이 쉽다.
④ 속도제어 범위가 광범위하며, 초저속에서 큰 토크를 얻을 수 있다.
⑤ 위치제어를 할 때 각도 오차가 적고 누적되지 않는다.
⑥ 정지하고 있을 때 그 위치를 유지해 주는 토크가 크다.
⑦ 브러시, 슬립 링 등이 없고 부품수가 적기 때문에 유지 보수의 필요성이 적다.

[단점]
① 분해 조립, 또는 정지위치가 한정된다.
② 효율이 서보모터에 비해 나쁘다.
③ 마찰 부하의 경우 위치 오차가 크다.
④ 오버슈트 및 진동의 문제가 있다.
⑤ 대용량의 대형기는 만들기 어렵다. **답** ④

51 출력이 20[kW]인 직류발전기의 효율이 80[%]이면 전 손실은 약 몇 [kW]인가?
① 0.8
② 1.25
③ 5
④ 45

풀이 효율 $\eta = \dfrac{P}{P+P_l} \times 100$ 이므로
(여기서, P : 출력, P_l : 손실)
전 손실 $P_l = \dfrac{P}{\dfrac{\eta}{100}} - P = \dfrac{20}{0.8} - 20 = 5[kW]$ **답** ③

52 동기전동기의 공급 전압과 부하를 일정하게 유지하면서 역률을 1로 운전하고 있는 상태에서 여자 전류를 증가시키면 전기자 전류는?
① 앞선 무효전류가 증가
② 앞선 무효전류가 감소
③ 뒤진 무효전류가 증가
④ 뒤진 무효전류가 감소

풀이 위상 특성곡선이란 단자전압과 부하를 일정하게 유지하고, 여자전류를 변화시킬 경우 여자전류와 전기자 전류와의 관계를 표시한 것으로 그 형상이 V자와 같으므로 V곡선이라고도 한다.
• 계자전류가 역률 1일 때보다 크면, 앞선 전기자 전류가 흐른다.
• 계자전류가 역률 1일 때보다 작으면, 뒤진 전기자 전류가 흐른다.

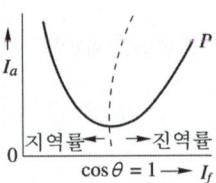

답 ①

53 전압변동률이 작은 동기발전기의 특성으로 옳은 것은?
① 단락비가 크다.
② 속도변동률이 크다.
③ 동기 리액턴스가 크다.
④ 전기자 반작용이 크다.

풀이 단락비가 큰 기계(철기계)의 특징
① 동기 임피던스가 적다.
  ($K_s = \dfrac{1}{Z_s}$에서 동기 임피던스가 적어진다).
② 반작용 리액턴스 x_a가 적다.
  ($Z_s = r_a + j(x_a + x_l)$에서 Z_s가 적다는 것은 반작용 리액턴스 x_a가 적다는 것을 의미한다.)
③ 계자 기자력이 크다.(전기자 기자력에 비해 상대적으로 계자 기자력이 크므로 전기자 반작용에 의한 영향이 적게 되고, 전압변동률이 양호해진다.)
④ 기계의 중량이 크다.(계자 기자력이 크다는 것은 계자 권회수가 많고 계자철심 즉, 회전자의 직경이 크게 되므로 기계의 중량이 큰 철기계를 의미한다.)
⑤ 과부하 내량이 증대되고, 안정도가 높은 반면 기계의 가격이 상승한다. **답** ①

54 직류발전기에 $P[N \cdot m/s]$의 기계적 동력을 주면 전력은 몇 [W]로 변환되는가? (단, 손실은 없으며, i_a는 전기자 도체의 전류, e는 전기자 도체의 유도기전력, Z는 총 도체수이다.)
① $P = i_a e Z$
② $P = \dfrac{i_a e}{Z}$
③ $P = \dfrac{i_a Z}{e}$
④ $P = \dfrac{eZ}{i_a}$

풀이
• 단자전압 $E = e \times \dfrac{Z}{a}$
• 전류 $I = a \times i_a$
• 전력 $P = EI = e \times \dfrac{Z}{a} \times a \times i_a = i_a e Z$ **답** ①

55 도통(on) 상태에 있는 SCR을 차단(off) 상태로 만들기 위해서는 어떻게 하여야 하는가?

① 게이트 펄스전압을 가한다.
② 게이트 전류를 증가시킨다.
③ 게이트 전압이 부(-)가 되도록 한다.
④ 전원전압의 극성이 반대가 되도록 한다.

풀이 SCR는 게이트에 (+)의 트리거 펄스가 인가되면 통전 상태로 되어 정류 작용이 개시되고, 일단 통전이 시작되면 게이트 전류를 차단해도 주전류(애노드 전류)는 차단되지 않는다. 이 때에 이를 **차단하려면 애노드 전압을 (0) 또는 (-)로 해야 한다.** **답** ④

56 직류전동기의 워드레오나드 속도제어 방식으로 옳은 것은?

① 전압제어 ② 저항제어
③ 계자제어 ④ 직병렬제어

풀이 직류전동기의 속도제어법 비교

구 분	제어 특성	특 징
계자제어법	• 정출력 제어	• 속도제어범위가 좁다.
전압제어법	• 정토크 제어 - 워드 레오나드 방식 - 일그너 방식	• 제어범위가 넓다. • 손실이 매우 적다. • 정역운전이 가능 • 설비비가 많이든다.
직렬저항법		• 효율이 나쁘다.

답 ①

57 단권변압기의 설명으로 틀린 것은?

① 분로권선과 직렬권선으로 구분된다.
② 1차 권선과 2차 권선의 일부가 공통으로 사용된다.
③ 3상에는 사용할 수 없고 단상으로만 사용한다.
④ 분로권선에서 누설자속이 없기 때문에 전압변동률이 작다.

풀이 단권변압기를 Y결선, △결선, V결선, 변연장 △결선 등으로 하면 **3상에서도 사용할 수 있다.** **답** ③

58 유도전동기를 정격상태로 사용 중, 전압이 10[%] 상승할 때 특성변화로 틀린 것은? (단, 부하는 일정 토크라고 가정한다.)

① 슬립이 작아진다.
② 역률이 떨어진다.
③ 속도가 감소한다.
④ 히스테리시스손과 와류손이 증가한다.

풀이 ① $\dfrac{s'}{s} = \left(\dfrac{V_1}{V'}\right)^2$

슬립은 전압의 제곱에 반비례하므로 전압이 상승하면 슬립은 작아진다.

② $\cos\theta = \dfrac{P}{\sqrt{3}\,VI}$

역률은 전압에 반비례하므로 전압이 상승하면 역률은 떨어진다.

③ $\dfrac{N}{N'} = \left(\dfrac{V_1}{V'}\right)^2$

속도는 전압의 제곱에 비례하므로 **전압이 상승하면 속도도 상승한다.**

④ 와류손은 주파수와는 무관하고 전압의 제곱에 비례하므로 와류손이 증가한다. **답** ③

59 단자전압 110[V], 전기자 전류 15[A], 전기자 회로의 저항 2[Ω], 정격속도 1800[rpm]으로 전부하에서 운전하고 있는 직류 분권전동기의 토크는 약 몇 [N·m]인가?

① 6.0 ② 6.4
③ 10.08 ④ 11.14

풀이 역기전력
$E_c = V - R_a I_a = 110 - 2 \times 15 = 80[\text{V}]$

따라서 토크
$\tau = 0.975\dfrac{P}{N} \times 9.8 = 0.975\dfrac{E_c I_a}{N} \times 9.8$
$= 0.975 \times \dfrac{80 \times 15}{1800} \times 9.8 \fallingdotseq 6.4[\text{N} \cdot \text{m}]$ **답** ②

60 용량 1[kVA], 3000/200[V]의 단상변압기를 단권변압기로 결선해서 3000/3200[V]의 승압기로 사용할 때 그 부하용량[kVA]은?

① $\dfrac{1}{16}$ ② 1
③ 15 ④ 16

풀이 부하 용량 = $\dfrac{V_h}{V_h - V_l} \times$ 자기 용량

$= \dfrac{3200}{3200 - 3000} \times 1 = 16 [\text{kVA}]$ 답 ④

2020년 3회 _ 전기기사·공사기사

41 정격전압 120[V], 60[Hz]인 변압기의 무부하 입력 80[W], 무부하 전류 1.4[A]이다. 이 변압기의 여자 리액턴스는 약 몇 [Ω]인가?

① 97.6 ② 103.7
③ 124.7 ④ 180

풀이
- 여자전류
$I_0 = \sqrt{I_i^2 + I_\phi^2}$ [A]
- 철손전류
$I_i = \dfrac{P_i}{V_1} = \dfrac{80}{120} = 0.67$ [A]
- 자화전류
$I_\phi = \sqrt{I_0^2 - I_i^2} = \sqrt{1.4^2 - 0.67^2} = 1.23$ [A]
∴ 여자 리액턴스
$x_0 = \dfrac{V_1}{I_\phi} = \dfrac{120}{1.23} = 97.6 [\Omega]$

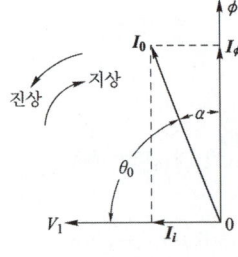 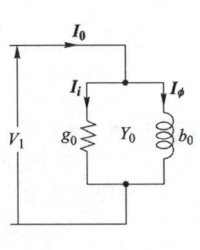

답 ①

42 서보모터의 특징에 대한 설명으로 틀린 것은?

① 발생토크는 입력신호에 비례하고, 그 비가 클 것
② 직류 서보모터에 비하여 교류 서보모터의 시동 토크가 매우 클 것
③ 시동 토크는 크나 회전부의 관성모멘트가 작고, 전기적 시정수가 짧을 것
④ 빈번한 시동, 정지, 역전 등의 가혹한 상태에 견디도록 견고하고, 큰 돌입전류에 견딜 것

풀이 서보 모터의 특징
① 기동 토크가 크다.
② 회전자 관성 모멘트가 작다.
③ 제어권선 전압이 0에서는 기동해서는 안되고, 곧 정지해야 한다.
④ **직류 서보 모터의 기동 토크가 교류 서보 모터보다 크다.**
⑤ 속응성이 좋다. 시정수가 짧다. 기계적 응답이 좋다.
⑥ 회전자 팬에 의한 냉각효과를 기대할 수 없다.

답 ②

43 3상 변압기 2차측의 E_W상만을 반대로 하고 Y-Y 결선을 한 경우, 2차 상전압이 $E_U = 70$ [V], $E_V = 70$[V], $E_W = 70$[V]라면 2차 선간전압은 약 몇 [V]인가?

① $V_{U-V} = 121.2[\text{V}]$, $V_{V-W} = 70[\text{V}]$, $V_{W-U} = 70[\text{V}]$
② $V_{U-V} = 121.2[\text{V}]$, $V_{V-W} = 210[\text{V}]$, $V_{W-U} = 70[\text{V}]$
③ $V_{U-V} = 121.2[\text{V}]$, $V_{V-W} = 121.2[\text{V}]$, $V_{W-U} = 70[\text{V}]$
④ $V_{U-V} = 121.2[\text{V}]$, $V_{V-W} = 121.2[\text{V}]$, $V_{W-U} = 121.2[\text{V}]$

풀이 E_W상만을 반대로 할 경우
$V_{U-V} = E_U - E_V = 70\angle 0° - 70\angle -120°$
$= 70 - 70\left(-\dfrac{1}{2} - j\dfrac{\sqrt{3}}{2}\right) = 121.2[\text{V}]$
$V_{V-W} = E_V + E_W = -E_U = 70[\text{V}]$
$V_{W-U} = -E_W - E_U = E_V = 70[\text{V}]$

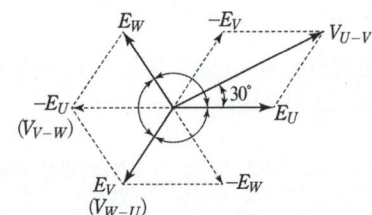

답 ①

44 극수 8, 중권 직류기의 전기자 총 도체 수 960, 매극 자속 0.04[Wb], 회전수 400[rpm]이라면 유기기전력은 몇 [V]인가?

① 256 ② 327
③ 425 ④ 625

풀이 중권이므로 $a = p = 8$

$$\therefore E = \frac{p}{a} Z\phi \frac{N}{60} = \frac{8}{8} \times 960 \times 0.04 \times \frac{400}{60}$$
$$= 256[V]$$

답 ①

45 3상 유도전동기에서 2차측 저항을 2배로 하면 그 최대토크는 어떻게 변하는가?

① 2배로 커진다. ② 3배로 커진다.
③ 변하지 않는다. ④ $\sqrt{2}$ 배로 커진다.

풀이
- 최대 토크는 2차 저항에 무관 ($T_m \propto \frac{V^2}{2x_2}$)
- 최대 토크를 발생하는 슬립만 2차 저항에 비례

($s_m \fallingdotseq \pm \frac{r_2}{x_2}$)

답 ③

46 동기전동기에 일정한 부하를 걸고 계자전류를 0[A]에서부터 계속 증가시킬 때 관련 설명으로 옳은 것은? (단, I_a는 전기자전류이다.)

① I_a는 증가하다가 감소한다.
② I_a가 최소일 때 역률이 1이다.
③ I_a가 감소상태일 때 앞선 역률이다.
④ I_a가 증가상태일 때 뒤진 역률이다.

풀이

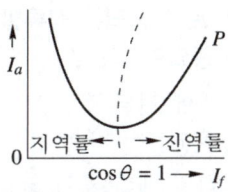

위상 특성곡선이란 단자전압과 부하를 일정하게 유지하고, 여자전류를 변화시킬 경우 여자전류와 전기자 전류와의 관계를 표시한 것으로 그 형상이 V자와 같으므로 V곡선이라고도 한다.
- 전기자 전류가 최소일 때 역률이 1이다.
- 계자전류가 역률 1일 때보다 크면, 앞선 전기자 전류가 흐른다.
- 계자전류가 역률 1일 때보다 작으면, 뒤진 전기자 전류가 흐른다.

답 ②

47 3[kVA], 3000/200[V]의 변압기의 단락시험에서 임피던스전압 120[V], 동손 150[W]라 하면 %저항 강하는 몇 [%]인가?

① 1 ② 3
③ 5 ④ 7

풀이 %저항강하 p는

$$p = \frac{I_{1n}r}{V_{1n}} \times 100 = \frac{I_{1n}^2 r}{V_{1n} I_{1n}} \times 100$$
$$= \frac{P_c}{P_a} \times 100 = \frac{150}{3000} \times 100 = 5[\%]$$

답 ③

48 정격출력 50[kW], 4극 220[V], 60[Hz]인 3상 유도전동기가 전부하 슬립 0.04, 효율 90[%]로 운전되고 있을 때 다음 중 틀린 것은?

① 2차 효율 = 92[%]
② 1차 입력 = 55.56[kW]
③ 회전자 동손 = 2.08[kW]
④ 회전자 입력 = 52.08[kW]

풀이 ① 2차 효율 $= 1 - s = 1 - 0.04 = 0.96 = 96[\%]$

② 1차 입력 $= \frac{P_o}{\eta} = \frac{50}{0.9} = 55.56[kW]$

③ 회전자 동손 $= sP_2 = 0.04 \times 52.08 = 2.08[kW]$

④ 회전자 입력 $= \frac{P_o}{1-s} = \frac{50}{1-0.04}$
$= 52.08[kW]$

답 ①

49 단상 유도전동기를 2전동기설로 설명하는 경우 정방향 회전자계의 슬립이 0.2이면, 역방향 회전자계의 슬립은 얼마인가?

① 0.2 ② 0.8
③ 1.8 ④ 2.0

풀이 정방향 회전자계의 슬립을 s라고 하면 역방향 회전자계의 슬립 s_b는

$$s_b = \frac{N_s - (-N)}{N_s} = \frac{N_s + N_s - N_s + N}{N_s}$$

$$= 2 - \frac{N_s - N}{N_s} = 2 - s$$
$$\therefore s_b = 2 - s = 2 - 0.2 = 1.8$$
답 ③

50 직류 가동복권발전기를 전동기로 사용하면 어느 전동기가 되는가?

① 직류 직권전동기
② 직류 분권전동기
③ 직류 가동복권전동기
④ 직류 차동복권전동기

풀이 직류 가동복권발전기를 전동기로 사용하면, 직권 계자 코일에 흐르는 전류의 방향이 반대로 되어 분권 권선과 기자력의 방향이 반대가 되므로 **직류 차동 복권 전동기**가 된다.
답 ④

51 동기발전기를 병렬운전 하는데 필요하지 않은 조건은?

① 기전력의 용량이 같을 것
② 기전력의 파형이 같을 것
③ 가전력의 크기가 같을 것
④ 기전력의 주파수가 같을 것

풀이 동기발전기의 병렬운전 조건은 다음과 같다.
① **기전력의 크기**가 같을 것
② **기전력의 위상**이 같을 것
③ **기전력의 주파수**가 같을 것
④ 기전력의 파형이 같을 것
⑤ 상회전 방향이 같을 것
답 ①

52 IGBT(Insulated Gate Bipolar Transistor)에 대한 설명으로 틀린 것은?

① MOSFET와 같이 전압제어 소자이다.
② GTO 사이리스터와 같이 역방향 전압저지 특성을 갖는다.
③ 게이트와 에미터 사이의 입력 임피던스가 매우 낮아 BJT보다 구동하기 쉽다.
④ BJT처럼 on-drop이 전류에 관계없이 낮고 거의 일정하며, MOSFET보다 훨씬 큰 전류를 흘릴 수 있다.

풀이 IGBT(Insulated Gate Bipolar Transistor)
IGBT는 MOSFET와 트랜지스터의 장점을 취한 것으로서
① 소스에 대한 게이트의 전압으로 도통과 차단을 제어한다.
② 게이트 구동전력이 매우 낮다.
③ 스위칭 속도는 FET와 트랜지스터의 중간정도로 빠른편에 속한다.
④ 용량은 일반 트랜지스터와 동등한 수준이다.
⑤ MOSFET과 같이 **입력 임피던스가 매우 높아** BJT보다 구동하기 쉽다.
답 ③

53 유도전동기에서 공급 전압의 크기가 일정하고 전원 주파수만 낮아질 때 일어나는 현상으로 옳은 것은?

① 철손이 감소한다.
② 온도상승이 커진다.
③ 여자전류가 감소한다.
④ 회전속도가 증가한다.

풀이 ① 히스테리시스손 $P_h \propto \dfrac{1}{f}$ 이므로 철손은 증가한다.
② **주파수가 감소하면 철손이 증가**하여 전동기 온도는 상승하나 **전동기속도**($N_s = \dfrac{120f}{p}$)**는 감소**한다. 그 결과 전동기에 부착되어 있는 **냉각 fan의 효과가 감소**하게 되어 **전동기의 온도는 더욱 상승**하게 된다.
③ 여자전류는 $I_0 \propto \dfrac{V}{f}$ 이므로 증가한다.
④ 속도는 $N \propto f$ 이므로 감소한다.
답 ②

54 용접용으로 사용되는 직류발전기의 특성 중에서 가장 중요한 것은?

① 과부하에 견딜 것
② 전압변동률이 적을 것
③ 경부하일 때 효율이 좋을 것
④ 전류에 대한 전압특성이 수하특성일 것

풀이 전기 기계 중 아크 부하의 전원으로 쓰이는 기계는 반드시 정전류 특성이 있어야 하므로. 전류가 증가하면 전압이 저하하는 **수하 특성을 가져야 한다**.
답 ④

55 동작모드가 그림과 같이 나타나는 혼합브리지는?

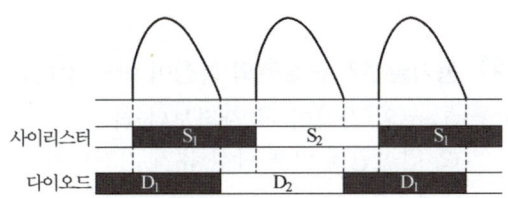

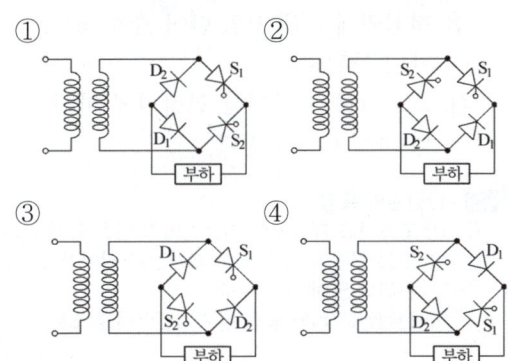

풀이 (1) 전파정류회로의 동작모드

입력 정현파 $v = V_m \sin\omega t \begin{cases} 0 \leq \omega t < \pi \\ \pi \leq \omega t < 2\pi \end{cases}$

① $0 \leq \omega t < \pi$

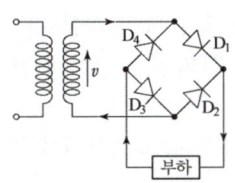

(동작모드 : D_1, D_3)

② $\pi \leq \omega t < 2\pi$

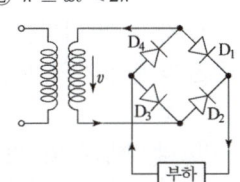

(동작모드 : D_2, D_4)

(2) 문제의 그림에서 사이리스터(S)와 다이오드(D)의 동작모드는 다음과 같다.

$\begin{cases} 0 \leq \omega t < \pi : S_1, D_1 \\ \pi \leq \omega t < 2\pi : S_2, D_2 \end{cases}$

주어진 각 항의 동작모드

① $\begin{cases} 0 \leq \omega t < \pi : S_1, D_1 \\ \pi \leq \omega t < 2\pi : S_2, D_2 \end{cases}$

② $\begin{cases} 0 \leq \omega t < \pi : S_1, D_2 \\ \pi \leq \omega t < 2\pi : S_2, D_1 \end{cases}$

③ $\begin{cases} 0 \leq \omega t < \pi : S_1, S_2 \\ \pi \leq \omega t < 2\pi : D_1, D_2 \end{cases}$

④ $\begin{cases} 0 \leq \omega t < \pi : D_1, D_2 \\ \pi \leq \omega t < 2\pi : S_1, S_2 \end{cases}$

따라서 정답은 ①이다. **답** ①

56 동기발전기에 설치된 제동권선의 효과로 틀린 것은?

① 난조방지
② 과부하 내량의 증대
③ 송전선의 불평형 단락 시 이상전압 방지
④ 불평형 부하 시의 전류, 전압파형의 개선

풀이 제동권선의 역할
① 난조방지
② 기동 토크 발생
③ 불평형부하 시의 전류, 전압파형 개선
④ 송전선의 불평형 단락 시의 이상전압 방지 **답** ②

57 3300/220[V] 변압기 A, B의 정격용량이 각각 400[kVA], 300[kVA]이고, %임피던스 강하가 각각 2.4[%]와 3.6[%]일 때 그 2대의 변압기에 걸 수 있는 합성 부하용량은 몇 [kVA]인가?

① 550
② 600
③ 650
④ 700

풀이 $m = \dfrac{P_A}{P_B} = \dfrac{(kVA)_A}{(kVA)_B} = \dfrac{400}{300} = \dfrac{4}{3}$

$\dfrac{P_a}{P_b} = \dfrac{(kVA)_A}{(kVA)_B} = m \times \dfrac{(\%I_B Z_B)}{(\%I_A Z_A)} = \dfrac{4}{3} \times \dfrac{3.6}{2.4} = 2$

$P_b = \dfrac{P_a}{2} = \dfrac{400}{2} = 200[kVA]$

따라서, 합성 용량 $= 400 + 200 = 600[kVA]$ **답** ②

58 동기기의 전기자 저항을 r, 전기자 반작용 리액턴스를 X_a, 누설 리액턴스를 X_ℓ라고 하면 동기 임피던스를 표시하는 식은?

① $\sqrt{r^2 + \left(\dfrac{X_a}{X_\ell}\right)^2}$
② $\sqrt{r^2 + X_\ell^2}$
③ $\sqrt{r^2 + X_a^2}$
④ $\sqrt{r^2 + (X_a + X_\ell)^2}$

풀이 동기 임피던스는 전기자저항과 전기자 반작용 리액턴스, 누설 리액턴스의 합으로 표현된다.
이때 전기자 반작용 리액턴스와 누설 리액턴스의 합을 동기 리액턴스라 한다.

$$Z_s = r_a + jx_s[\Omega], \quad x_s = x_a + x_l[\Omega]$$
$$Z_s = r_a + jx_s = r_a + j(x_a + x_l)$$
$$= \sqrt{r_a^2 + (x_a + x_l)^2}\,[\Omega]$$

여기서, x_a : 전기자 반작용 리액턴스,
x_l : 누설 리액턴스

답 ④

59 단상 유도전동기에 대한 설명으로 틀린 것은?

① 반발 기동형 : 직류전동기와 같이 정류자와 브러시를 이용하여 기동한다.
② 분상 기동형 : 별도의 보조권선을 사용하여 회전자계를 발생시켜 기동한다.
③ 커패시터 기동형 : 기동전류에 비해 기동토크가 크지만, 커패시터를 설치해야 한다.
④ 반발 유도형 : 기동 시 농형권선과 반발전동기의 회전자 권선을 함께 이용하나 운전 중에는 농형권선만을 이용한다.

풀이 반발 유도형 전동기는 농형 권선과 반발전동기의 권선을 가지며, 기동 시 뿐만 아니라 운전 중에도 권선을 함께 이용한다.

답 ④

60 직류전동기의 속도제어법이 아닌 것은?

① 계자 제어법 ② 전력 제어법
③ 전압 제어법 ④ 저항 제어법

풀이 직류전동기의 속도제어법 비교

구 분	제어 특성	특 징
계자제어법	• 정출력 제어	• 속도제어범위가 좁다.
전압제어법	• 정토크 제어 – 워드 레오나드 방식 – 일그너 방식	• 제어범위가 넓다. • 손실이 매우 적다. • 정역운전이 가능 • 설비가 많이든다.
직렬저항법		• 효율이 나쁘다.

답 ②

2020년 - 4회 _ 전기기사·공사기사

41 동기발전기 단절권의 특징이 아닌 것은?

① 코일 간격이 극 간격보다 작다.
② 전절권에 비해 합성 유기 기전력이 증가한다.
③ 전절권에 비해 코일 단이 짧게 되므로 재료가 절약된다.
④ 고조파를 제거해서 전절권에 비해 기전력의 파형이 좋아진다.

풀이 단절권의 특징
① 고조파를 제거하여 기전력의 파형을 좋게 한다.
② 코일 단부가 짧게 되어 기계전체 길이가 축소된다.
③ 구리의 양이 적게 든다.
④ 전절권에 비해 합성 유기기전력이 감소한다.

답 ②

42 3상 변압기의 병렬운전 조건으로 틀린 것은?

① 각 군의 임피던스가 용량에 비례할 것
② 각 변압기의 백분율 임피던스 강하가 같을 것
③ 각 변압기의 권수비가 같고 1차와 2차의 정격전압이 같을 것
④ 각 변압기의 상회전 방향 및 1차와 2차 선간전압의 위상 변위가 같을 것

풀이 ① 각 변압기의 임피던스가 정격용량에 반비례할 것
즉, 부하는 각 변압기의 내부 임피던스(%임피던스 강하)에 반비례하여 분담된다.
② 3상 변압기 병렬운전 조건
  • 각 변압기의 극성이 같을 것
  • 권수비 및 2차 정격전압이 같을 것
  • 각 변압기의 퍼센트 임피던스 강하가 같으며 저항과 리액턴스비가 같을 것
  • 상회전방향이 같을 것
  • 위상 변위가 같을 것

답 ①

43 210/105[V]의 변압기를 그림과 같이 결선하고 고압측에 200[V]의 전압을 가하면 전압계의 지시는 몇 [V]인가? (단, 변압기는 가극성이다.)

① 100
② 200
③ 300
④ 400

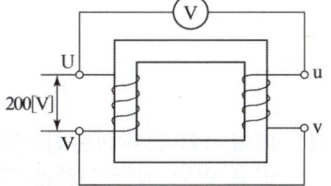

풀이 고압 측 전압을 V_1, 저압 측 전압을 V_2 라고 하면,
$$V_2 = \frac{1}{a}V_1 = \frac{105}{210} \times 200 = 100[V]$$
따라서 가극성인 경우
$$V = V_1 + V_2 = 200 + 100 = 300[V]$$
답 ③

44 직류기의 권선을 단중 파권으로 감으면 어떻게 되는가?

① 저압 대전류용 권선이다.
② 균압환을 연결해야 한다.
③ 내부 병렬 회로수가 극수만큼 생긴다.
④ 전기자 병렬 회로수가 극수에 관계없이 언제나 2이다.

풀이

권 선 항목	중권	파권
내부 병렬회로 수 a	$a = p$	$a = 2$
브러시 수 b	$b = p$	$b = 2$
용 도	저전압, 대전류	고전압, 소전류
균압환	4극 이상	–

답 ④

45 2상 교류 서보모터를 구동하는 데 필요한 2상 전압을 얻는 방법으로 널리 쓰이는 방법은?

① 2상 전원을 직접 이용하는 방법
② 환상 결선 변압기를 이용하는 방법
③ 여자권선에 리액터를 삽입하는 방법
④ 증폭기 내에서 위상을 조정하는 방법

풀이 2상 서보 전동기는 시간에 따라 변하는 신호를 운동으로 변환하는 곳에 사용되며, 증폭기 내에서 위상을 조정하여 구동에 필요한 2상 전압을 얻는다.

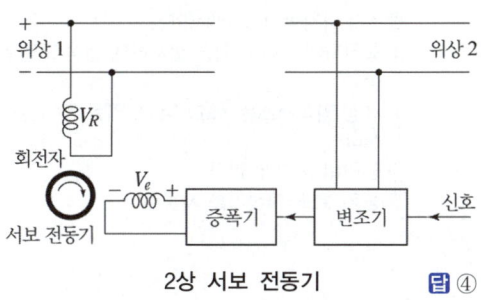

2상 서보 전동기 **답** ④

46 4극, 중권, 총 도체 수 500, 극당 자속이 0.01 [Wb]인 직류발전기가 100[V]의 기전력을 발생시키는데 필요한 회전수는 몇 [rpm]인가?

① 800
② 1000
③ 1200
④ 1600

풀이 유기기전력 $E = \frac{pZ}{a}\phi\frac{N}{60}[V]$ 이므로,
(여기서, p : 극수, ϕ : 매극당 자속[Wb]
N : 회전수[rpm], Z : 총 도체수
a : 내부 병렬회로수)
$$100 = \frac{4 \times 500}{4} \times 0.01 \times \frac{N}{60}[V] \; (\because 중권 : a = p)$$
$$\therefore N = \frac{60 \times 100}{500 \times 0.01} = 1200[rpm]$$
답 ③

47 3상 분권 정류자전동기에 속하는 것은?

① 톰슨 전동기
② 데리 전동기
③ 시라게 전동기
④ 애트킨슨 전동기

풀이 ① 단상 반발 전동기 : 톰슨 전동기, 데리 전동기, 애트킨슨 전동기
② 3상 분권 정류자 전동기 : 시라게 전동기 **답** ③

48 동기기의 안정도를 증진시키는 방법이 아닌 것은?

① 단락비를 크게 할 것
② 속응여자방식을 채용할 것
③ 정상 리액턴스를 크게 할 것
④ 영상 및 역상 임피던스를 크게 할 것

풀이 동기발전기의 안정도 증진법
① 동기 임피던스를 작게 한다.

② 속응여자방식을 채택한다.
③ 회전자에 플라이 휠을 설치하여 관성 모멘트를 크게 한다.
④ 정상 임피던스는 작고, 영상, 역상 임피던스를 크게 한다.
⑤ 단락비를 크게 한다.
⑥ 동기 탈조 계전기를 사용한다.   **답** ③

49
3상 유도전동기의 기계적 출력 P[kW], 회전수 N[rpm]인 전동기의 토크[N·m]는?

① $0.46\dfrac{P}{N}$ ② $0.855\dfrac{P}{N}$
③ $975\dfrac{P}{N}$ ④ $9549.3\dfrac{P}{N}$

풀이 토크 $\tau = \dfrac{P}{\omega} = \dfrac{P \times 10^3}{2\pi \times \dfrac{N}{60}} = 9549.3\dfrac{P}{N}$ [N·m]   **답** ④

50
취급이 간단하고 기동시간이 짧아서 섬과 같이 전력계통에서 고립된 지역, 선박 등에 사용되는 소용량 전원용 발전기는?

① 터빈 발전기 ② 엔진 발전기
③ 수차 발전기 ④ 초전도 발전기

풀이 엔진 발전기
① 디젤 기관 또는 가스 기관과 같은 왕복 기관으로 운전되는 발전기로, 저속이며 비교적 소용량의 것이 많다.
② 취급이 간단하고 기동 시간이 짧으므로 예비 전원 및 벽지 또는 낙도의 전력용 전원 등으로 사용된다.   **답** ②

51
단면적 10[cm²]인 철심에 200회의 권선을 감고, 이 권선에 60[Hz], 60[V]인 교류전압을 인가하였을 때 철심의 최대자속밀도는 약 몇 [Wb/m²]인가?

① 1.126×10^{-3} ② 1.126
③ 2.252×10^{-3} ④ 2.252

풀이 유기기전력 $E = 4.44 f \Phi_m N$[V]에서
$\Phi_m = \dfrac{E}{4.44 fN}$[Wb]이므로

따라서 최대자속밀도
$B_m = \dfrac{\Phi_m}{A} = \dfrac{E}{4.44 fNA}$
$= \dfrac{60}{4.44 \times 60 \times 200 \times 10 \times 10^{-4}}$
$= 1.126$[Wb/m²]   **답** ②

52
평형 6상 반파정류회로에서 297[V]의 직류전압을 얻기 위한 입력측 각 상전압은 약 몇 [V]인가? (단, 부하는 순수 저항부하이다.)

① 110 ② 220
③ 380 ④ 440

풀이 상수 m인 다상 정류인 경우
$\dfrac{E_d}{E} = \dfrac{\sqrt{2}\sin\dfrac{\pi}{m}}{\dfrac{\pi}{m}}$

$\therefore E = \dfrac{\dfrac{\pi}{m}}{\sqrt{2}\sin\dfrac{\pi}{m}} E_d = \dfrac{\dfrac{\pi}{6}}{\sqrt{2}\sin\dfrac{\pi}{6}} \times 297 = 220$[V]   **답** ②

53
전력의 일부를 전원측에 반환할 수 있는 유도전동기의 속도제어법은?

① 극수변환법
② 크레머 방식
③ 2차 저항 가감법
④ 세르비우스 방식

풀이 2차 여자 제어
권선형 유도전동기의 2차 회로에 2차 주파수 f_2와 같은 주파수로 적당한 크기와 위상의 전압을 외부에서 가하는 것을 2차 여자라고 하며 이 방법에는 크레머 방식과 세르비우스 방식이 있다.
① 크레머 방식 : 유도 전동기와 직류 전동기를 기계적으로 직결하고, 또 전기적으로는 유도 전동기의 2차 출력을 실리콘 정류기로 정류하여 직류 전동기의 입력으로 가하도록 접속한 것이다.
② 세르비우스 방식 : 2차 저항 손실에 해당하는 전력을 전원에 반환하는 방식으로 전동발전기 대신 사이리스터를 사용한 것을 정지 세르비우스 방식이라고 한다.   **답** ④

54 직류발전기를 병렬운전 할 때 균압모선이 필요한 직류기는?

① 직권발전기, 분권발전기
② 복권발전기, 직권발전기
③ 복권발전기, 분권발전기
④ 분권발전기, 단극발전기

풀이 균압선의 목적은 병렬운전을 안정하게 하기 위하여 설치하는 것으로 일반적으로 직권 및 복권 발전기에서는 직권 계자 코일에 흐르는 전류에 의하여 병렬운전이 불안정하게 되므로, 균압선을 설치하여 직권 계자 코일에 흐르는 전류를 분류하게 한다. **답** ②

55 전부하로 운전하고 있는 50[Hz], 4극의 권선형 유도전동기가 있다. 전부하에서 속도를 1440[rpm]에서 1000[rpm]으로 변환시키자면 2차에 약 몇 [Ω]의 저항을 넣어야 하는가? (단, 2차 저항은 0.02[Ω]이다.)

① 0.147 ② 0.18
③ 0.02   ④ 0.024

풀이 • 회전자계의 속도
$$N_s = \frac{120f}{p} = \frac{120 \times 50}{4} = 1500[\text{rpm}]$$
• 변환 전 속도를 N_1, 슬립을 s_1라고 하면
$$s_1 = \frac{N_s - N_1}{N_s} = \frac{1500 - 1440}{1500} = 0.04$$
• 변환 후 속도를 N_2, 슬립을 s_2라고 하면
$$s_2 = \frac{N_s - N_2}{N_s} = \frac{1500 - 1000}{1500} = 0.333$$
• 비례추이에 의해 삽입할 2차 외부저항 R은
$$\frac{r_2}{s_1} = \frac{r_2 + R}{s_2} \rightarrow \frac{0.02}{0.04} = \frac{0.02 + R}{0.333}$$
$$\therefore R = \frac{0.02}{0.04} \times 0.333 - 0.02 ≒ 0.147[Ω]$$ **답** ①

56 권선형 유도전동기 2대를 직렬종속으로 운전하는 경우 그 동기속도는 어떤 전동기의 속도와 같은가?

① 두 전동기 중 적은 극수를 갖는 전동기
② 두 전동기 중 많은 극수를 갖는 전동기
③ 두 전동기의 극수의 합과 같은 극수를 갖는 전동기
④ 두 전동기의 극수의 합의 평균과 같은 극수를 갖는 전동기

풀이 종속 접속법
① 직렬 종속법 : $N = \frac{120f}{p_1 + p_2}[\text{rpm}]$
② 차동 종속법 : $N = \frac{120f}{p_1 - p_2}[\text{rpm}]$
③ 병렬 종속법 : $N = \frac{2 \times 120f}{p_1 + p_2}[\text{rpm}]$ **답** ③

57 GTO 사이리스터의 특징으로 틀린 것은?

① 각 단자의 명칭은 SCR 사이리스터와 같다.
② 온(On) 상태에서는 양방향 전류특성을 보인다.
③ 온(On) 드롭(Drop)은 약 2~4[V]가 되어 SCR 사이리스터 보다 약간 크다.
④ 오프(Off) 상태에서는 SCR 사이리스터처럼 양방향 전압저지능력을 갖고 있다.

풀이 GTO(gate turn off thyristor)
① GTO는 게이트에 흐르는 전류를 점호할 때와 반대로 흐르게 함으로써 소자를 소호시킬 수 있다.
② 온(On) 상태에서는 SCR과 같이 단방향 전류특성을 보인다.
③ 오프(Off) 상태에서는 SCR과 같이 양방향 전압저지 능력을 갖고 있다.

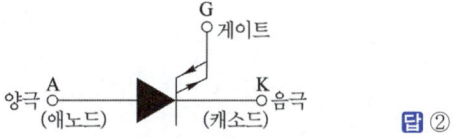

답 ②

58 포화되지 않은 직류발전기의 회전수가 4배로 증가되었을 때 기전력을 전과 같은 값으로 하려면 자속을 속도 변화 전에 비해 얼마로 하여야 하는가?

① $\frac{1}{2}$ ② $\frac{1}{3}$
③ $\frac{1}{4}$ ④ $\frac{1}{8}$

풀이 직류발전기의 유기기전력 $E = k\Phi N$ 에서 회전수 N이 4배로 되면, 자속(여자) Φ는 $\frac{1}{4}$배로 되어야 E가 일정하게 된다. **답** ③

59 동기발전기의 단자부근에서 단락 시 단락전류는?

① 서서히 증가하여 큰 전류가 흐른다.
② 처음부터 일정한 큰 전류가 흐른다.
③ 무시할 정도의 작은 전류가 흐른다.
④ 단락된 순간은 크나, 점차 감소한다.

풀이 평형 3상 전압을 유기하고 있는 발전기의 단자를 갑자기 단락하면 **단락 초기에** 전기자 반작용이 순간적으로 나타나지 않기 때문에 **막대한 과도전류가 흐르고, 수 초 후에는** 전기자 반작용 리액턴스에 의해 단락전류는 점차 감소되어 **영구 단락전류값에 이르게 된다.**

답 ④

60 단권변압기에서 1차 전압 100[V], 2차 전압 110[V]인 단권변압기의 자기용량과 부하용량의 비는?

① $\dfrac{1}{10}$ ② $\dfrac{1}{11}$
③ 10   ④ 11

풀이 $\dfrac{\text{자기 용량}}{\text{부하 용량}} = \dfrac{V_H - V_L}{V_H} = \dfrac{110 - 100}{110} = \dfrac{1}{11}$

답 ②

2021년 전기기기_전기기사·공사기사

문제의 번호는 실제 시험문제의 번호와 같게 하였습니다.

2021년 - 1회_ 전기기사·공사기사

41 전류계를 교체하기 위해 우선 변류기 2차측을 단락시켜야 하는 이유는?

① 측정오차 방지
② 2차측 절연 보호
③ 2차측 과전류 보호
④ 1차측 과전류 방지

풀이 변류기(CT)의 2차 회로를 개방하면 1차 전류가 모두 여자전류가 되어 **2차 권선에 매우 높은 전압이 유기되므로 절연이 파괴될 우려가 있고**, 또 철심 중의 자속이 급격히 증가하여 철손이 증가하므로 열이 발생하여 소손될 염려가 있으므로 CT의 2차측을 개방하면 안된다. **답** ②

42 BJT에 대한 설명으로 틀린 것은?

① Bipolar Junction Thyristor의 약자이다.
② 베이스 전류로 컬렉터 전류를 제어하는 전류제어 스위치이다.
③ MOSFET, IGBT 등의 전압제어 스위치보다 훨씬 큰 구동전력이 필요하다.
④ 회로기호 B, E, C는 각각 베이스(Base), 에미터(Emitter), 컬렉터(Collector)이다.

풀이 양극성 접합 트렌지스터(BJT ; Bipolar Junction Transistor)는 간단히 트랜지스터라고 부른다. **답** ①

43 사이클로 컨버터(Cyclo Converter)에 대한 설명으로 틀린 것은?

① DC-DC buck 컨버터와 동일한 구조이다.
② 출력주파수가 낮은 영역에서 많은 장점이 있다.
③ 시멘트공장의 분쇄기 등과 같이 대용량 저속 교류전동기 구동에 주로 사용된다.
④ 교류를 교류로 직접변환하면서 전압과 주파수를 동시에 가변하는 전력변환기이다.

풀이 사이클로 컨버터란 정지 사이리스터 회로에 의해 **전원 주파수(AC)와 다른 주파수의 전력(AC)으로 변환시키는** 집적 회로 장치이다. **답** ①

44 단상 변압기 2대를 병렬 운전할 경우, 각 변압기의 부하전류를 I_a, I_b, 1차측으로 환산한 임피던스를 Z_a, Z_b, 백분율 임피던스 강하를 z_a, z_b, 정격용량을 P_{an}, P_{bn}이라 한다. 이때 부하 분담에 대한 관계로 옳은 것은?

① $\dfrac{I_a}{I_b} = \dfrac{Z_a}{Z_b}$

② $\dfrac{I_a}{I_b} = \dfrac{P_{bn}}{P_{an}}$

③ $\dfrac{I_a}{I_b} = \dfrac{z_b}{z_a} \times \dfrac{P_{an}}{P_{bn}}$

④ $\dfrac{I_a}{I_b} = \dfrac{Z_a}{Z_b} \times \dfrac{P_{an}}{P_{bn}}$

풀이 변압기 병렬운전시 **부하 분담은 누설임피던스에 역비례하며, 변압기의 용량에 비례한다.**

$$\dfrac{I_a}{I_b} = \dfrac{P_A}{P_B} \cdot \dfrac{\%Z_b}{\%Z_a}$$

여기서, I_a, I_b : 각 변압기의 분담 전류
P_A, P_B : A, B 변압기의 용량
$\%Z_a$, $\%Z_b$: A, B 변압기의 %임피던스 **답** ③

45 극수 4이며 전기자 권선은 파권, 전기자 도체수가 250인 직류발전기가 있다. 이 발전기가 1200[rpm]으로 회전할 때 600[V]의 기전력을 유기하려면 1극당 자속은 몇 [Wb]인가?

① 0.04
② 0.05
③ 0.06
④ 0.07

풀이 직류발전기의 유기기전력 $E = \dfrac{p}{a}z\phi\dfrac{N}{60}$[V]이고,

파권에서 $a = 2$이므로 1극당 자속(ϕ)은

$$\phi = \dfrac{Ea}{pz\dfrac{N}{60}} = \dfrac{600 \times 2}{4 \times 250 \times \dfrac{1200}{60}} = 0.06[Wb]$$ **답** ③

46 직류발전기의 전기자 반작용에 대한 설명으로 틀린 것은?

① 전기자 반작용으로 인하여 전기적 중성축을 이동시킨다.
② 정류자 편간 전압이 불균일하게 되어 섬락의 원인이 된다.
③ 전기자 반작용이 생기면 주자속이 왜곡되고 증가하게 된다.
④ 전기자 반작용이란, 전기자 전류에 의하여 생긴 자속이 계자에 의해 발생되는 주자속에 영향을 주는 현상을 말한다.

풀이 ① 전기자 반작용 : 전기자 전류에 의하여 발생한 자속이 계자에 의해 발생 되는 주자속에 영향을 주는 현상
② 전기자 반작용의 영향
  • 전기적 중성축 이동
    – 발전기 : 회전방향으로 이동
    – 전동기 : 회전방향과 반대방향으로 이동
  • 주자속 감소
  • 정류자 편간의 불꽃 섬락 발생   **답** ③

47 발전기 회전자에 유도자를 주로 사용하는 발전기는?

① 수차발전기   ② 엔진발전기
③ 터빈발전기   ④ 고주파발전기

풀이 유도자형 발전기는 계자극과 전기자를 함께 고정시키고 그 중앙에 유도자라고 하는 권선이 없는 회전자를 갖춘 것으로 주로 수백~수만[Hz] 정도의 고주파 발전기로 쓰인다.   **답** ④

48 기전력(1상)이 E_o이고 동기임피던스(1상)가 Z_s인 2대의 3상 동기발전기를 무부하로 병렬 운전시킬 때 각 발전기의 기전력 사이에 δ_s의 위상차가 있으면 한쪽 발전기에서 다른 쪽 발전기로 공급되는 1상당의 전력[W]은?

① $\dfrac{E_o}{Z_s}\sin\delta_s$ ② $\dfrac{E_o}{Z_s}\cos\delta_s$

③ $\dfrac{E_o^2}{2Z_s}\sin\delta_s$ ④ $\dfrac{E_o^2}{2Z_s}\cos\delta_s$

풀이 수수 전력 $P = E_0 I_s \cos\dfrac{\delta_s}{2} = E_0 \dfrac{E_s}{2Z_s}\cos\dfrac{\delta_s}{2}$
$= \dfrac{E_0^2}{2Z_s}\sin\delta_s \fallingdotseq \dfrac{E_0^2}{2x_s}\sin\delta_s$

단, I_s : 순환 전류,
$E_s = E_A - E_B$, $E_0 = E_A = E_B$ **답** ③

49 60[Hz], 6극의 3상 권선형 유도전동기가 있다. 이 전동기의 정격 부하시 회전수는 1140[rpm]이다. 이 전동기를 같은 공급전압에서 전부하 토크로 기동하기 위한 외부저항은 몇 [Ω]인가? (단, 회전자 권선은 Y결선이며 슬립링 간의 저항은 0.1[Ω]이다.)

① 0.5   ② 0.85   ③ 0.95   ④ 1

풀이 • 회전자계 속도 $N_s = \dfrac{120f}{p} = \dfrac{120\times60}{6} = 1200$[rpm]
• 슬립 $s = \dfrac{N_s - N}{N_s} = \dfrac{1200 - 1140}{1200} = 0.05$
• 슬립링 사이의 저항이 0.1[Ω]이므로,
회전자 1상의 저항 $r_2 = \dfrac{0.1}{2} = 0.05$[Ω]
(∵ 슬립링은 각 상 권선의 선단에 위치함)
• 기동 시 $s' = 1$이므로 전부하 토크로 기동하기 위한 외부저항 R은
$\dfrac{r_2}{s} = \dfrac{r_2 + R}{s'} \rightarrow \dfrac{0.05}{0.05} = \dfrac{0.05 + R}{1}$
∴ $R = \dfrac{0.05}{0.05} - 0.05 = 0.95$[Ω]   **답** ③

50 3상 권선형 유도전동기 기동 시 2차측에 외부 가변저항을 넣는 이유는?

① 회전수 감소
② 기동전류 증가
③ 기동토크 감소
④ 기동전류 감소와 기동토크 증가

풀이 권선형 유도전동기의 기동법 : 2차 저항법
• 기동 시 2차 회로에 저항을 크게 하면 비례추이에 의해서 큰 기동 토크를 얻을 수 있고 기동전류도 억제할 수 있다.
• 속도 상승에 따라 외부저항을 점차로 감소시키면 저항손의 증대를 막고, 운전 시 양호한 특성을 갖게 할 수 있다.
• 기동 시 2차 권선 자체의 저항을 크게 하면 운전상태에서의 특성이 나쁘게 되므로, 슬립링을 통하여 외부에 기동저항기를 접속한다.   **답** ④

51 1차 전압은 3300[V]이고 1차측 무부하 전류는 0.15[A], 철손은 330[W]인 단상 변압기의 자화 전류는 약 몇 [A]인가?

① 0.112 ② 0.145
③ 0.181 ④ 0.231

풀이 철손전류
$$I_w = \frac{P_i}{V_1} = \frac{330}{3300} = \frac{1}{10} = 0.1[A]$$
따라서, 자화전류
$$I_u = \sqrt{I_0^2 - I_w^2} = \sqrt{0.15^2 - 0.1^2} ≒ 0.112[A]$$ 답 ①

52 유도전동기의 안정 운전의 조건은? (단, T_m: 전동기 토크, T_L: 부하 토크, n: 회전수)

① $\frac{dT_m}{dn} < \frac{dT_L}{dn}$ ② $\frac{dT_m}{dn} = \frac{dT_L^2}{dn}$

③ $\frac{dT_m}{dn} > \frac{dT_L}{dn}$ ④ $\frac{dT_m}{dn} \neq \frac{dT_L^2}{dn}$

풀이 전동기에 부하를 걸고 안정하게 운전하기 위해서 그림과 같이 n이 증가할 때에는 부하 토크 T_L이 전동기 발생 토크 T_M보다 커지고, n이 감소할 때에는 이와 반대로 되지 않으면 안된다. 즉, 교점 P가 안정 운전점이 된다. 두 곡선이 만나는 교점 P에서
$\frac{dT_M}{dn} < \frac{dT_L}{dn}$ (안정 운전)
$\frac{dT_M}{dn} > \frac{dT_L}{dn}$ (불안정 운전)
의 관계가 성립한다.

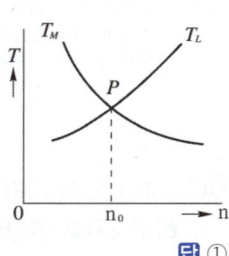

답 ①

53 전압이 일정한 모선에 접속되어 역률 1로 운전하고 있는 동기전동기를 동기조상기로 사용하는 경우 여자전류를 증가시키면 이 전동기는 어떻게 되는가?

① 역률은 앞서고, 전기자 전류는 증가한다.
② 역률은 앞서고, 전기자 전류는 감소한다.
③ 역률은 뒤지고, 전기자 전류는 증가한다.
④ 역률은 뒤지고, 전기자 전류는 감소한다.

풀이 위상특성곡선(V곡선)

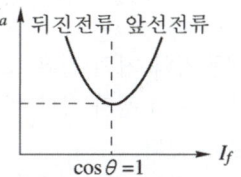

① 전압, 주파수, 출력이 일정할 때 계자(여자) 전류 I_f (횡축)와 전기자 전류 I_a (종축)의 관계를 나타내는 곡선(V 곡선)을 위상 특성 곡선이라 한다.
② 역률이 1인 경우 전기자 전류가 최소로 된다.
③ 부족여자(여자전류를 감소)로 운전하면 뒤진 전류가 흘러 일종의 리액터로 작용한다.
④ 과여자(여자전류를 증가)로 운전하면 앞선 전류가 흘러 일종의 콘덴서로 작용한다. 답 ①

54 직류기에서 계자자속을 만들기 위하여 전자석의 권선에 전류를 흘리는 것을 무엇이라 하는가?

① 보극 ② 여자
③ 보상권선 ④ 자화작용

풀이 여자(勵磁): 자속을 발생시키기 위해 계자권선(전자석의 권선)에 전류를 흘리는 것 답 ②

55 동기리액턴스 $X_s = 10[\Omega]$, 전기자 권선저항 $r_a = 0.1[\Omega]$, 3상 중 1상의 유도기전력 $E = 6400[V]$, 단자전압 $V = 4000[V]$, 부하각 $\delta = 30°$ 이다. 비철극기인 3상 동기발전기의 출력은 약 몇 [kW]인가?

① 1280 ② 3840
③ 5560 ④ 6650

풀이 3상 비철극기(비돌극기)의 출력
$$P = 3\frac{EV}{x_s}\sin\delta = 3 \times \frac{6400 \times 4000}{10} \times \sin30° \times 10^{-3}$$
$$= 3840[kW]$$ 답 ②

56 히스테리시스 전동기에 대한 설명으로 틀린 것은?

① 유도전동기와 거의 같은 고정자이다.
② 회전자 극은 고정자 극에 비하여 항상 각도 δ_h만큼 앞선다.
③ 회전자가 부드러운 외면을 가지므로 소음이 적으며, 순조롭게 회전시킬 수 있다.
④ 구속 시부터 동기속도만을 제외한 모든 속도 범위에서 일정한 히스테리시스 토크를 발생한다.

풀이 히스테리시스 전동기
① 고정자는 유동전동기의 고정자와 동일하며, 회전자는 매끄러운 원통형으로 구성된다.
② 히스테리시스로 인해 회전자 극은 고정자 극에 비하여 항상 각도 δ_h만큼 뒤진다.

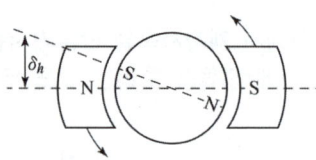

③ 히스테리시스 토크는 주파수 및 속도와 무관하게 일정하며, 구속 시부터 동기속도만을 제외한 모든 속도범위에서 일정한 히스테리시스 토크를 발생한다.

답 ②

57 단자전압 220[V], 부하전류 50[A]인 분권발전기의 유도기전력은 몇 [V]인가? (단, 여기서 전기자 저항은 0.2[Ω]이며, 계자전류 및 전기자 반작용은 무시한다.)

① 200　　② 210
③ 220　　④ 230

풀이 분권 발전기

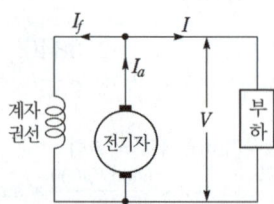

계자전류 $I_f = 0$, 부하전류 $I = 50$[A]
전기자 저항 $R_a = 0.2$[Ω]인 경우,
전기자 전류 $I_a = I + I_f = 50 + 0 = 50$[A]
∴ $E = V + I_a R_a = 220 + 50 \times 0.2 = 230$[V]

답 ④

58 단상 유도전압조정기에서 단락권선의 역할은?

① 철손 경감　　② 절연 보호
③ 전압강하 경감　　④ 전압조정 용이

풀이 2차 권선의 누설 리액턴스에 의해 매우 큰 전압강하가 발생하므로 이를 방지하기 위해 1차 권선과 직각 방향으로 단락권선을 감는다.

답 ③

59 3상 유도전동기에서 회전자가 슬립 s로 회전하고 있을 때 2차 유기전압 E_{2s} 및 2차 주파수 f_{2s}와 s와의 관계는? (단, E_2는 회전자가 정지하고 있을 때 2차 유기기전력이며 f_1은 1차 주파수이다.)

① $E_{2s} = sE_2$, $f_{2s} = sf_1$
② $E_{2s} = sE_2$, $f_{2s} = \dfrac{f_1}{s}$
③ $E_{2s} = \dfrac{E_2}{s}$, $f_{2s} = \dfrac{f_1}{s}$
④ $E_{2s} = (1-s)E_2$, $f_{2s} = (1-s)f_1$

풀이 슬립 $s = \dfrac{N_s - N}{N_s}$에서

N_s(회전자계속도) $- N$(회전자속도) $= sN_s$(상대속도)
즉, 회전자가 슬립 s로 회전하고 있는 경우에 회전자와 회전자계의 상대 속도는 회전자가 정지($N=0$)하고 있을 때의 s배이기 때문에, 이 경우에 대한 2차 유도 기전력 E_{2s} 및 주파수 f_{2s}도 정지할 때의 s배가 된다.
($E_{2s} = sE_2$, $f_{2s} = sf_1$)

답 ①

60 3300/220[V]의 단상 변압기 3대를 △-Y결선 하고 2차측 선간에 15[kW]의 단상 전열기를 접속하여 사용하고 있다. 결선을 △-△로 변경하는 경우 이 전열기의 소비전력은 몇 [kW]로 되는가?

① 5　　② 12
③ 15　　④ 21

풀이
- 전력은 전압의 제곱에 비례($P \propto V^2$)한다.
- △-Y결선을 △-△결선으로 하면 상전압(2차측 전압)은 $\dfrac{1}{\sqrt{3}}$배가 되므로 전력은 $\left(\dfrac{1}{\sqrt{3}}\right)^2$이 된다.

∴ $P = 15 \times \left(\dfrac{1}{\sqrt{3}}\right)^2 = 5$[kW]

답 ①

2021년 - 2회 _ 전기기사·공사기사

41 부하전류가 크지 않을 때 직류 직권전동기 발생 토크는? (단, 자기회로가 불포화인 경우이다.)

① 전류에 비례한다.
② 전류에 반비례한다.
③ 전류의 제곱에 비례한다.
④ 전류의 제곱에 반비례한다.

풀이 직류직권 전동기의 토크

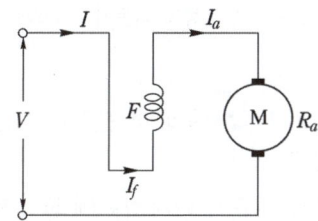

① 토크 $T = \dfrac{pz\phi I_a}{2\pi a} = K\phi I_a [N \cdot m]$ (단, $K = \dfrac{pz}{2\pi a}$)

② 직권 전동기의 토크 특성
- 부하전류가 적어 철심의 자기포화가 되지 않는 경우 $I_a = I_f \propto \phi$ 이므로 $T = K I_a^2 [N \cdot m]$
- 부하전류가 증가하여 철심이 자기포화 된 경우 철심이 자기포화 되면 자속 ϕ는 일정하므로 $T = K I_a [N \cdot m]$ **답** ③

42 동기전동기에 대한 설명으로 틀린 것은?

① 동기전동기는 주로 회전계자형이다.
② 동기전동기는 무효전력을 공급할 수 있다.
③ 동기전동기는 제동권선을 이용한 기동법이 일반적으로 많이 사용된다.
④ 3상 동기전동기의 회전방향을 바꾸려면 계자권선 전류의 방향을 반대로 한다.

풀이 (1) 3상 동기전동기의 회전방향을 바꾸려면 3선 중 2선의 전원 단자를 서로 바꾸어서 결선하여야 한다.
(2) 동기전동기의 특징
 [장점]
 ① 속도가 일정불변이다.
 ② 항상 역률 1로 운전할 수 있다.
 ③ 여자전류를 가감하여 역률을 조정할 수 있다.
 ④ 유도전동기에 비하여 효율이 좋다.

[단점]
① 보통 구조의 것은 기동 토크가 적고 속도 조정을 할 수 없다.
② 난조를 일으킬 염려가 있다.
③ 여자용의 직류 전원을 필요로 하여 설비비가 많이 든다. **답** ④

43 동기발전기에서 동기속도와 극수와의 관계를 옳게 표시한 것은?
(단, N : 동기속도, P : 극수이다.)

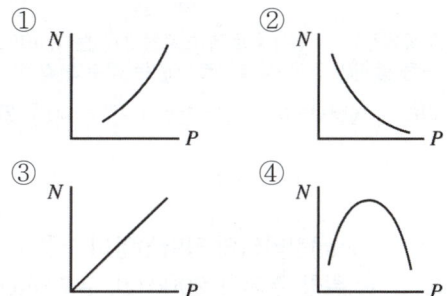

풀이 동기속도 $N = \dfrac{120f}{p} \propto \dfrac{1}{p}$

즉, 동기속도(N)와 극수(p)는 서로 반비례하는 관계이다. **답** ②

44 어떤 직류전동기가 역기전력 200[V], 매분 1200회전으로 토크 158.76[N·m]를 발생하고 있을 때의 전기자 전류는 약 몇 [A]인가? (단, 기계손 및 철손은 무시한다.)

① 90
② 95
③ 100
④ 105

풀이 토크 $\tau = 0.975 \dfrac{P}{N} = 0.975 \dfrac{E_c I_a}{N} [kg \cdot m]$

$158.76 = 0.975 \times \dfrac{200 \times I_a}{1200} \times 9.8$ 에서

전기자전류 $I_a = \dfrac{158.76 \times 1200}{0.975 \times 200 \times 9.8} ≒ 100[A]$ **답** ③

45 일반적인 DC 서보모터의 제어에 속하지 않는 것은?

① 역률제어
② 토크제어
③ 속도제어
④ 위치제어

풀이 서보 모터는 빈번하게 변화하는 위치나 속도의 명령에 대해서 충실하게 추종할 수 있도록 설계된 모터로 **역률 제어기능은 여기에 속하지 않는다.** **답** ①

46 극수가 4극이고 전기자권선이 단중 중권인 직류발전기의 전기자전류가 40[A]이면 전기자권선의 각 병렬회로에 흐르는 전류[A]는?

① 4 ② 6
③ 8 ④ 10

풀이 직류발전기 각 병렬회로에 흐르는 전류는 I/a이고, **단중 중권인 경우 병렬회로수(a)는 극수와 같다.**
따라서, 병렬회로에 흐르는 전류 $= \dfrac{40}{4} = 10[A]$ **답** ④

47 부스트(Boost)컨버터의 입력전압이 45[V]로 일정하고, 스위칭 주기가 20[kHz], 듀티비(Duty ratio)가 0.6, 부하저항이 10[Ω]일 때 출력전압은 몇 [V]인가? (단, 인덕터에는 일정한 전류가 흐르고 커패시터 출력전압의 리플성분은 무시한다.)

① 27 ② 67.5
③ 75 ④ 112.5

풀이 부스트 컨버터의 전달비 G_V는 $G_V = \dfrac{V_o}{V_i} = \dfrac{1}{1-D}$
여기서, V_o : 출력전압, V_i : 입력전압, D : 듀티비
∴ $V_o = \dfrac{V_i}{1-D} = \dfrac{45}{1-0.6} = 112.5[V]$ **답** ④

48 8극, 900[rpm] 동기발전기와 병렬 운전하는 6극 동기발전기의 회전수는 몇 [rpm]인가?

① 900 ② 1000
③ 1200 ④ 1400

풀이 동기발전기 회전수 $N_s = \dfrac{120f}{p}$[rpm]이고, 병렬운전이므로 주파수가 같아야 한다.
즉, $N_s \propto \dfrac{1}{p}$이므로
∴ $N_s = \dfrac{8}{6} \times 900 = 1200$[rpm] **답** ③

49 단상 정류자전동기의 일종인 단상 반발전동기에 해당되는 것은?

① 시라게전동기
② 반발유도전동기
③ 아트킨손형 전동기
④ 단상 직권 정류자전동기

풀이 ① 단상 정류자 전동기

직권특성	• 단상 직권전동기 : 직권형, 보상직권형, 유도보상직권형 • **단상 반발 전동기 : 아트킨손형 전동기, 톰슨 전동기, 데리 전동기**
분권특성	현재 실용화 되지 않고 있음

② 3상 분권 정류자 전동기 : 시라게 전동기 **답** ③

50 변압기 단락시험에서 변압기의 임피던스 전압이란?

① 1차 전류가 여자전류에 도달했을 때의 2차측 단자전압
② 1차 전류가 정격전류에 도달했을 때의 2차측 단자전압
③ 1차 전류가 정격전류에 도달했을 때의 변압기 내의 전압강하
④ 1차 전류가 2차 단락전류에 도달했을 때의 변압기 내의 전압강하

풀이 변압기 2차측을 단락하고 1차측에 정격 주파수의 전압을 가하여 1차 전류를 측정한다. 전압을 서서히 증가시켜 **1차 전류가 정격전류와 같게 될 때 1차에 가한 전압을 임피던스 전압이라 하며, 변압기 내의 전압강하를 의미한다.** 또한 이때의 입력을 임피던스와트(전부하 동손)라고 한다. **답** ③

51 10[kW], 3상 380[V] 유도전동기의 전부하 전류는 약 몇 [A]인가? (단, 전동기의 효율은 85[%], 역률은 85[%]이다.)

① 15 ② 21
③ 26 ④ 36

풀이 유도전동기의 전부하 전류
$I = \dfrac{P}{\sqrt{3}\,V\cos\theta\,\eta} = \dfrac{10 \times 10^3}{\sqrt{3} \times 380 \times 0.85 \times 0.85} \fallingdotseq 21[A]$ **답** ②

52 와전류 손실을 패러데이 법칙으로 설명한 과정 중 틀린 것은?

① 와전류가 철심 내에 흘러 발열 발생
② 유도기전력 발생으로 철심에 와전류가 흐름
③ 와전류 에너지 손실량은 전류밀도에 반비례
④ 시변 자속으로 강자성체 철심에 유도기전력 발생

풀이 도체에 코일을 감고 교류전류 i를 흐르게 하면 도체 단면을 통과하는 자속이 변하게 되어 전자유도에 의한 맴돌이 형태의 유도전류가 흐르게 되는데 이 맴돌이 전류를 와전류라고 하며, 와전류에 의한 전력손실을 와전류 손실이라고 한다.

와류손 $P_e = \delta_e (t f k_f B_m)^2$ [W/kg]

여기서, δ_e : 재료에 의한 정수, f : 주파수[Hz],
B_m : 자속밀도의 최댓값 [Wb/m²]
t : 철판의 두께[m], k_f : 파형률

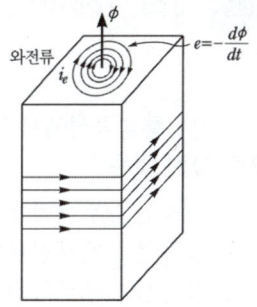

답 ③

53 변압기의 주요시험 항목 중 전압변동률 계산에 필요한 수치를 얻기 위한 필수적인 시험은?

① 단락시험 ② 내전압시험
③ 변압비시험 ④ 온도상승시험

풀이 ① 전압변동률 $\epsilon = p\cos\theta + q\sin\theta$
(여기서, p : %저항강하, q : %리액턴스강하)
② 변압기의 단락시험으로 백분율 저항강하, 백분율 리액턴스 강하 등을 구할 수 있다.   답 ①

54 2전동기설에 의하여 단상 유도전동기의 가상적 2개의 회전자 중 정방향에 회전하는 회전자 슬립이 s이면 역방향에 회전하는 가상적 회전자의 슬립은 어떻게 표시되는가?

① $1+s$ ② $1-s$
③ $2-s$ ④ $3-s$

풀이 단상 유도전동기

• 정방향 회전자의 슬립 : $s = \dfrac{N_s - N}{N_s}$

• 역방향 회전자의 슬립 :
$s_b = \dfrac{N_s - (-N)}{N_s} = \dfrac{N_s + N_s - (N_s - N)}{N_s}$
$= 2 - \dfrac{N_s - N}{N_s} = 2 - s$ 답 ③

55 3상 농형 유도전동기의 전전압 기동토크는 전부하토크의 1.8배이다. 이 전동기에 기동보상기를 사용하여 기동전압을 전전압의 2/3로 낮추어 기동하면, 기동토크는 전부하토크 T와 어떤 관계인가?

① $3.0T$ ② $0.8T$
③ $0.6T$ ④ $0.3T$

풀이 • 3상 농형 유도전동기의 토크는 전압의 제곱에 비례($T \propto V^2$)한다.
• 전부하토크를 T라고 하면, 전전압 기동토크 $T_s = 1.8T$이다.
• 기동전압을 전전압의 2/3로 낮추었을 때의 기동토크를 T_s'라고 하면

$\dfrac{T_s}{T_s'} = \dfrac{V^2}{\left(\dfrac{2}{3}V\right)^2}$

$\therefore T_s' = \dfrac{4}{9}T_s = \dfrac{4}{9} \times 1.8T = 0.8T$ 답 ②

56 변압기에서 생기는 철손 중 와류손(Eddy Current Loss)은 철심의 규소강판 두께와 어떤 관계에 있는가?

① 두께에 비례
② 두께의 2승에 비례
③ 두께의 3승에 비례
④ 두께의 $\dfrac{1}{2}$승에 비례

풀이 와류손 $P_e = K_e (t \cdot f \cdot K_f \cdot B_m)^2$

여기서, t : 철심의 두께[m], f : 주파수[Hz]
K_f : 파형률 $\left(\dfrac{실효치}{평균치} = 1.11\right)$
B_m : 최대 자속밀도[Wb/m²]   답 ②

57 50[Hz], 12극의 3상 유도전동기가 10[HP]의 정격출력을 내고 있을 때, 회전수는 약 몇 [rpm]인가? (단, 회전자 동손은 350[W]이고, 회전자 입력은 회전자 동손과 정격 출력의 합이다.)

① 468　　② 478
③ 488　　④ 500

풀이
- 2차 입력 $P_2 = P + P_{c2} = 10 \times 746 + 350 = 7810[W]$
  (∵ 1[HP] = 746[W])
- 회전자 동손 $P_{c2} = sP_2$ 이므로
  슬립 $s = \dfrac{P_{c2}}{P_2} = \dfrac{350}{7810} = 0.955$
- 회전속도
  $N = (1-s)N_s = (1-s)\dfrac{120f}{p}$
  $= (1-0.955) \times \dfrac{120 \times 50}{12} = 478[rpm]$　**답** ②

58 변압기의 권수를 N이라고 할 때 누설리액턴스는?

① N에 비례한다.
② N^2에 비례한다.
③ N에 반비례한다.
④ N^2에 반비례한다.

풀이 변압기의 누설리액턴스 $L = \dfrac{\mu A N^2}{l} \propto N^2$
여기서, L : 인덕턴스 [H], A : 철심의 단면적 [m²]
N : 코일의 권수 [회], l : 자로의 길이 [m]　**답** ②

59 동기발전기의 병렬운전 조건에서 같지 않아도 되는 것은?

① 기전력의 용량　② 기전력의 위상
③ 기전력의 크기　④ 기전력의 주파수

풀이 병렬운전 조건이 다른 경우

병렬운전 조건	다른 경우 흐르는 전류
기전력의 크기가 같을 것	무효 순환전류
기전력의 위상이 같을 것	동기화 전류(유효횡류)
기전력의 주파수가 같을 것	동기화 전류
기전력의 파형이 같을 것	고주파 무효 순환전류

답 ①

60 다이오드를 사용하는 정류회로에서 과대한 부하전류로 인하여 다이오드가 소손될 우려가 있을 때 가장 적절한 조치는 어느 것인가?

① 다이오드를 병렬로 추가한다.
② 다이오드를 직렬로 추가한다.
③ 다이오드 양단에 적당한 값의 저항을 추가한다.
④ 다이오드 양단에 적당한 값의 커패시터를 추가한다.

풀이
- 다이오드 직렬 연결 : 과전압 방지
- 다이오드 병렬 연결 : 과전류 방지

답 ①

2021년 - 3회 _ 전기기사

41 직류발전기의 특성곡선에서 각 축에 해당하는 항목으로 틀린 것은?

① 외부특성곡선 : 부하전류와 단자전압
② 부하특성곡선 : 계자전류와 단자전압
③ 내부특성곡선 : 무부하전류와 단자전압
④ 무부하특성곡선 : 계자전류와 유도기전력

풀이

구 분	횡축	종축	조 건
무부하 포화곡선	I_f	$V(=E)$	n=일정, I=0
외부 특성곡선	I	V	n=일정, R_f=일정
내부 특성곡선	I	E	n=일정, R_f=일정
부하 특성곡선	I_f	V	n=일정, I=일정
계자조정 곡선	I	I_f	n=일정, V=일정

(단, V : 단자전압, E : 유기기전력, I : 부하전류, I_f : 계자전류)　**답** ③

42 3상 변압기를 병렬 운전하는 조건으로 틀린 것은?

① 각 변압기의 극성이 같을 것
② 각 변압기의 %임피던스 강하가 같을 것
③ 각 변압기의 1차와 2차 정격전압과 변압비가 같을 것
④ 각 변압기의 1차와 2차 선간전압의 위상 변위가 다를 것

풀이 변압기 병렬운전 조건
① 각 변압기의 극성이 같을 것
② 권수비 및 2차 정격전압이 같을 것
③ 각 변압기의 퍼센트 임피던스 강하가 같으며 저항과 리액턴스비가 같을 것
④ 상회전 방향이 같을 것
⑤ 위상 변위가 같아야 한다.   **답** ④

43 직류 직권전동기에서 분류 저항기를 직권권선에 병렬로 접속해 여자전류를 가감시켜 속도를 제어하는 방법은?

① 저항 제어   ② 전압 제어
③ 계자 제어   ④ 직·병렬 제어

풀이 직권 전동기의 속도제어
① 계자 제어법
그림 (a)와 같이 계자 권선에 병렬로 접속한 저항 R_f를 조정해서 계자 전류를 변화시키는 방법과 그림 (b)와 같이 계자 권선의 중간에 내놓은 탭 접속을 바꾸어 계자를 조정하는 방법이 있다.

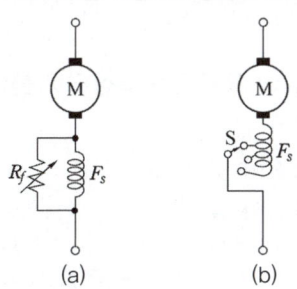

② 직렬 저항 제어법
전기자 회로에 저항을 넣어서 속도를 저하시키는 방법으로 효율이 나쁜 것이 결점이지만 직·병렬 제어법과 병용하여 많이 사용되는 방법이다.

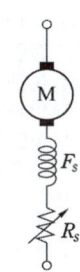

③ 직·병렬 제어법
전압 제어법의 일종으로 정격이 같은 전동기를 직·병렬 접속하여 전동기에 인가되는 전압을 조정하여 속도를 제어하는 방법으로 이것만으로는 속도의 변화가 원활하지 못하므로 저항 제어법을 병용한다.

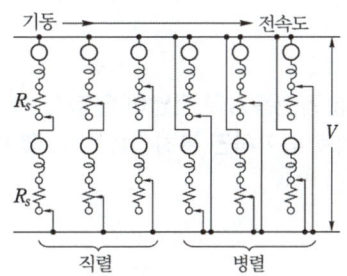

답 ③

44 60[Hz], 600[rpm]의 동기전동기에 직결된 기동용 유도전동기의 극수는?

① 6   ② 8   ③ 10   ④ 12

풀이 극수 $p = \dfrac{120f}{N_s} = \dfrac{120 \times 60}{600} = \dfrac{7200}{600} = 12$극

동기전동기를 직결된 유도전동기로 기동하는 경우, 유도전동기는 동기속도보다 sN_s 만큼 느리므로, **실제의 극수 보다 2극 적은 것을 사용**하여야 한다. 따라서 10극이다.   **답** ③

45 다이오드를 사용한 정류회로에서 다이오드를 여러 개 직렬로 연결하면 어떻게 되는가?

① 전력공급의 증대
② 출력전압의 맥동률을 감소
③ 다이오드를 과전류로부터 보호
④ 다이오드를 과전압으로부터 보호

풀이
• 다이오드 직렬 연결 : 과전압 방지
• 다이오드 병렬 연결 : 과전류 방지

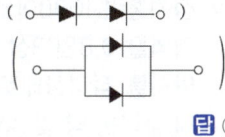

답 ④

46 4극 60[Hz]인 3상 유도전동기가 있다. 1725[rpm]으로 회전하고 있을 때, 2차 기전력의 주파수[Hz]는?

① 2.5   ② 5   ③ 7.5   ④ 10

풀이
- 회전자계속도 $N_s = \dfrac{120f}{p} = \dfrac{120 \times 60}{4} = 1800[\text{rpm}]$
- 슬립 $s = \dfrac{N_s - N}{N_s} = \dfrac{1800 - 1725}{1800} = 0.042$
- $\therefore f_2 = s f_1 = 0.042 \times 60 = 2.5[\text{Hz}]$ **답 ①**

47 직류 분권전동기의 전압이 일정할 때 부하토크가 2배로 증가하면 부하전류는 약 몇 배가 되는가?
① 1 ② 2
③ 3 ④ 4

풀이 토크 $\tau = \dfrac{p\phi z I_a}{2\pi a} = K\phi I_a \propto I_a$ (부하전류)
(∵ 단자 전압이 일정하므로 ϕ는 일정)
부하토크와 부하전류는 비례관계이므로, 부하전류도 2배가 된다. **답 ②**

48 유도전동기의 슬립을 측정하려고 한다. 다음 중 슬립의 측정법이 아닌 것은?
① 수화기법
② 직류밀리볼트계법
③ 스트로보스코프법
④ 프로니브레이크법

풀이
- 슬립의 측정
  ① 회전계법 ② 직류 밀리볼트계법
  ③ 수화기법 ④ 스트로보스코프
- 프로니브레이크법은 소형 전동기의 토크 측정법이다. **답 ④**

49 정격출력 10000[kVA], 정격전압 6600[V], 정격역률 0.8인 3상 비돌극 동기발전기가 있다. 여자를 정격상태로 유지할 때 이 발전기의 최대 출력은 약 몇 [kW] 인가? (단, 1상의 동기 리액턴스를 0.9[pu]라 하고 저항은 무시한다.)
① 17089 ② 18889
③ 21259 ④ 23619

풀이
- 비돌극 발전기의 출력 $P = \dfrac{EV}{x_s}\sin\delta$ 에서 $\sin\delta = 1$일 때 최대 출력이 되므로

비돌극 발전기의 최대 출력
$P_{\max} = \dfrac{EV}{x_s}\sin\delta = \dfrac{EV}{x_s} \times 1 = \dfrac{EV}{x_s}$

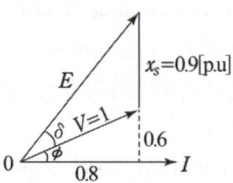

- 단위법으로 그린 1상의 벡터도는 다음과 같으므로
$E = \sqrt{0.8^2 + (0.6+0.9)^2} = 1.7[\text{p.u}]$
$P_{\max} = \dfrac{EV}{x_s} = \dfrac{1.7 \times 1}{0.9} = 1.8889[\text{p.u}]$
$\therefore P_{\max} = 1.8889 \times 10000 = 18889[\text{kVA}]$ **답 ②**

50 단상 반파정류회로에서 직류전압의 평균값 210[V]를 얻는데 필요한 변압기 2차 전압의 실효값은 약 몇 [V] 인가? (단, 부하는 순 저항이고, 정류기의 전압강하 평균값은 15[V]로 한다.)
① 400 ② 433
③ 500 ④ 566

풀이 단상 반파정류의 직류전압
$E_d = \dfrac{2\sqrt{2}}{2\pi}E - e = 0.45E - e[\text{V}]$
따라서 실효값
$E = \dfrac{E_d + e}{0.45} = \dfrac{210 + 15}{0.45} = 500[\text{V}]$ **답 ③**

51 변압기유에 요구되는 특성으로 틀린 것은?
① 점도가 클 것
② 응고점이 낮을 것
③ 인화점이 높을 것
④ 절연 내력이 클 것

풀이 변압기의 기름으로서 갖추어야 할 조건은
① 절연내력이 클 것
② 절연 재료 및 금속에 화학 작용을 일으키지 않을 것
③ 인화점이 높고, 응고점이 낮을 것
④ **점도가 낮고**, 비열이 커서 냉각효과가 클 것
⑤ 고온에서도 석출물이 생기거나 산화하지 않을 것
답 ①

52 100[kVA], 2300/115[V], 철손 1[kW], 전부하 동손 1.25[kW]의 변압기가 있다. 이 변압기는 매일 무부하로 10시간, $\frac{1}{2}$ 정격부하 역률 1에서 8시간, 전부하 역률 0.8(지상)에서 6시간 운전하고 있다면 전일효율은 약 몇 [%]인가?

① 93.3 ② 94.3
③ 95.3 ④ 96.3

풀이 $P_a = 100$ [kVA], 철손 $P_i = 1$ [kW], 전부하 동손 $P_c = 1.25$[kW]이므로,
- 전일 출력 :
$$\Sigma(h \times mP_a\cos\theta) = \left(8 \times \frac{1}{2} \times 100 \times 1\right) + (6 \times 100 \times 0.8)$$
$$= 880[kWh]$$
- 전일 철손 :
$$24P_i = 24 \times 1 = 24[kWh]$$
- 전일 동손 :
$$\Sigma(h \times m^2 P_c) = \left[8 \times \left(\frac{1}{2}\right)^2 \times 1.25\right] + (6 \times 1.25)$$
$$= 10[kWh]$$

따라서 전일효율
$$\eta = \frac{\Sigma(h \times mP_a\cos\theta)}{\Sigma(h \times mP_a\cos\theta) + 24P_i + \Sigma(h \times m^2 P_c)} \times 100$$
$$= \frac{880}{880 + 24 + 10} \times 100 = 96.28 \, [\%]$$
답 ④

53 3상 유도전동기에서 고조파 회전자계가 기본파 회전방향과 역방향인 고조파는?

① 제3고조파 ② 제5고조파
③ 제7고조파 ④ 제13고조파

풀이 고조파 차수 h (3상인 경우)
- 기본파와 같은 방향으로 회전 :
$h = 2nm + 1$(제7, 13차, …)
- 기본파와 반대 방향으로 회전 :
$h = 2nm - 1$(제5, 11, 17차, …)
- 회전자계를 발생하지 않음 :
$h = 3n$(제3, 9차, …)

단, m은 상수, n은 정의 정수
답 ②

54 직류 분권전동기의 기동 시에 정격전압을 공급하면 전기자 전류가 많이 흐르다가 회전속도가 점점 증가함에 따라 전기자 전류가 감소하는 원인은?

① 전기자반작용의 증가
② 전기자권선의 저항증가
③ 브러시의 접촉저항증가
④ 전동기의 역기전력상승

풀이
- 역기전력 $E_c = V - I_a R_a$[V]
- 역기전력 E_c는 회전속도에 비례($E_c = k_1 \Phi n$)하므로, 전동기의 속도가 증가하면 역기전력도 증가하게 되어 전기자 전류 I_a는 감소하게 된다.
(∵ 단자전압 V와 전기자저항 R_a는 일정)
답 ④

55 변압기의 전압변동률에 대한 설명으로 틀린 것은?

① 일반적으로 부하변동에 대하여 2차 단자전압의 변동이 작을수록 좋다.
② 전부하 시와 무부하 시의 2차 단자전압이 서로 다른 정도를 표시하는 것이다.
③ 인가전압이 일정한 상태에서 무부하 2차 단자전압에 반비례한다.
④ 전압변동률은 전등의 광도, 수명, 전동기의 출력 등에 영향을 미친다.

풀이 전압변동률 $\epsilon = \frac{V_{2o} - V_{2n}}{V_{2n}} \times 100$

여기서, V_{2o} : 무부하 시 2차 단자전압
V_{2n} : 정격부하 시 2차 단자전압
답 ③

56 1상의 유도기전력이 6000[V]인 동기발전기에서 1분간 회전수를 900[rpm]에서 1800[rpm]으로 하면 유도기전력은 약 몇 [V]인가?

① 6000 ② 12000
③ 24000 ④ 36000

풀이 유도기전력 $e = Blv = Bl \cdot \pi Dn (\because v = \pi Dn)$
(여기서, B : 자속밀도, l : 도체의 길이,
v : 회전자 주변속도, D : 전기자의 직경,
n : 회전수)

즉, 유도기전력과 속도는 비례($e \propto n$)하므로,
$$\frac{6000}{e} = \frac{900}{1800}$$
$$\therefore e = 6000 \times \frac{1800}{900} = 12000[V]$$
답 ②

57 변압기 내부고장 검출을 위해 사용하는 계전기가 아닌 것은?

① 과전압 계전기 ② 비율차동 계전기
③ 부흐홀츠 계전기 ④ 충격 압력 계전기

풀이
① 변압기 내부고장 검출용 계전기 : 차동계전기, 비율차동계전기, 압력계전기, 브흐홀쯔계전기, 가스검출계전기
② 단락보호용 계전기 : 과전류계전기, 과전압계전기, 부족전압 계전기, 단락방향계전기, 선택단락계전기, 거리계전기
답 ①

58 권선형 유도전동기의 2차 여자법 중 2차 단자에서 나오는 전력을 동력으로 바꿔서 직류전동기에 가하는 방식은?

① 회생방식 ② 크레머방식
③ 플러깅방식 ④ 세르비우스방식

풀이 크레머(Kramer) 방식 : 유도전동기와 직류전동기를 기계적으로 직결하고 전기적으로는 유도전동기의 2차 출력을 실리콘 정류기로 정류하여 직류전동기의 입력으로서 가하도록 접속한 방식
답 ②

59 동기조상기의 구조상 특징으로 틀린 것은?

① 고정자는 수차발전기와 같다.
② 안전 운전용 제동권선이 설치된다.
③ 계자 코일이나 자극이 대단히 크다.
④ 전동기 축은 동력을 전달하는 관계로 비교적 굵다.

풀이 동기조상기는 동기전동기를 무부하로 회전시켜 직류 계자전류 I_f의 크기를 조정하여 무효전력을 지상 또는 진상으로 제어하는 기기이다.
- 과여자 : 콘덴서(C)로 작용하므로, 위상이 앞선 전류가 흐른다.
- 부족여자 : 인덕턴스(L)로 작용하므로, 위상이 뒤진 전류가 흐른다.
답 ④

60 75[W] 이하의 소출력 단상 직권정류자 전동기의 용도로 적합하지 않은 것은?

① 믹서 ② 소형공구
③ 공작기계 ④ 치과의료용

풀이
- 단상 직권 정류자전동기는 교류, 직류 양용에 사용되므로 교직 양용전동기라고도 하며, 소출력 단상 직권 정류자전동기는 가정용 믹서, 소형공구, 영사기, 믹서, 의료 기구용 등에 사용된다.
- 3상 직권 정류자전동기는 송풍기, 펌프, 공작기계 등 기동 토크가 크고 속도제어 범위가 크게 요구되는 곳에 사용된다.
답 ③

2021년 · 4회 _ 공사기사

41 반도체 소자 중 3단자 사이리스터가 아닌 것은?

① SCS ② SCR
③ GTO ④ TRIAC

풀이 각종 반도체 소자의 비교
① 방향성
- 양방향성(쌍방향성) 소자 : DIAC, TRIAC, SSS
- 역저지(단방향성) 소자 : SCR, LASCR, GTO, SCS
② 극(단자) 수
- 2극(단자) 소자 : DIAC, SSS, Diode
- 3극(단자) 소자 : SCR, LASCR, GTO, TRIAC
- 4극(단자) 소자 : SCS
답 ①

42 전파 정류회로와 반파 정류회로를 비교한 내용으로 틀린 것은? (단, 다이오드를 이용한 정류회로이고, 저항부하인 경우이다.)

① 반파 정류회로는 변압기 철심의 포화를 일으킨다.
② 반파 정류회로의 회로구조는 전파 정류회로와 비교하여 간단하다.
③ 반파 정류회로는 전파 정류회로에 비해 출력전압 평균값을 높게 할 수 있다.
④ 전파 정류회로는 반파 정류회로에 비해 출력전압 파형의 리플성분을 감소시킨다.

풀이
- 반파 정류회로의 평균값 : $\dfrac{V_m}{\pi}$
- 전파 정류회로의 평균값 : $\dfrac{2V_m}{\pi}$

따라서 전파 정류회로의 평균값이 반파 정류회로의 평균값 보다 2배 더 높다.
답 ③

43 25°의 스텝 각을 갖는 스테핑 모터에 초(s)당 500개의 펄스를 가했을 때 회전속도는 약 몇 [r/s]인가?

① 20   ② 35
③ 50   ④ 125

풀이 ① 1펄스 당 스텝각이 25°이고,
1초당 입력펄스가 500[pps]이므로,
1초당 스텝각은 25° × 500 = 12500° 이다.
② 전동기 1회전당 회전 각도는 360° 이므로
스태핑 전동기의 회전속도는
$$\frac{1초당 스텝각}{전동기 1회전당 회전각도} = \frac{12500°}{360°} ≒ 35[rps]$$

답 ②

44 △결선 변압기의 한 대가 고장으로 제거되어 V 결선으로 전력을 공급할 때, 고장 전 전력에 대하여 몇 [%]의 전력을 공급할 수 있는가?

① 57.7   ② 66.7
③ 75.0   ④ 81.6

풀이 1대의 단상 변압기 용량을 P_1이라 하면 그 출력비는
$$\frac{V결선의 출력}{△결선의 출력} = \frac{\sqrt{3}P_1}{3P_1} = \frac{\sqrt{3}}{3}$$
$$= 0.577 = 57.7[\%]$$

답 ①

45 3상 전원을 이용하여 2상 전압을 얻고자 할 때 사용하는 결선 방법은?

① 환상 결선   ② Fork 결선
③ Scott 결선   ④ 2중 3각 결선

풀이 • 3상에서 2상을 얻는 방법 : 스코트(Scott) 결선, 메이어 결선, 우드 브리지 결선
• 3상에서 6상을 얻는 방법 : Fork 결선, 환상 결선, 2중 3각 결선

답 ③

46 변압기의 등가회로 상수를 결정하는데 필요하지 않은 시험은?

① 단락시험   ② 개방시험
③ 구속시험   ④ 저항측정

풀이 ① 변압기 등가회로 작성 시
• 권선의 저항을 알아야 하고(권선저항측정)
• 철손을 측정하는 무부하 시험(개방 시험)
• 동손을 측정하는 단락 시험이 필요하다.
② 구속시험은 유도전동기의 등가회로 작성에 필요하다.

답 ③

47 3상 유도전동기의 제3고조파에 의한 기자력의 회전방향 및 회전속도와 기본파 회전자계에 대한 관계로 옳은 것은?

① 고조파는 0으로 공간에 나타나지 않는다.
② 기본파와 역방향이고 3배의 속도로 회전한다.
③ 기본파와 같은 방향이고 3배의 속도로 회전한다.
④ 기본파와 같은 방향이고 $\frac{\omega}{3}$의 속도로 회전한다.

풀이 고조파 차수 h(3상인 경우)
• $h = 2nm + 1$(제7, 13차, …) :
기본파와 같은 방향으로, $1/h$의 속도로 회전
• $h = 2nm - 1$(제5, 11, 17차, …) :
기본파와 반대 방향으로, $1/h$의 속도로 회전
• $h = 3n$(제3, 9차, …) : 기본파에 대해 영상이므로 회전자계를 발생하지 않음
단, m은 상수, n은 정의 정수

답 ①

48 회전 전기자형 회전변류기에 관한 설명으로 틀린 것은?

① 회전자는 회전자계의 방향과 반대로 회전한다.
② 직류측 전압을 변경하려면 여자전류를 가감하여 조정한다.
③ 기계적 출력을 발생할 필요가 없으므로 축과 베어링은 작아도 된다.
④ 3상 교류는 슬립링을 통하여 회전자에 공급하며 회전자에 있는 정류자의 브러시에서 직류가 출력된다.

풀이 ① 회전 변류기에서 직류 전압을 제어하려면 다른 외부 장치를 사용해야 한다.
② 직류 전압을 조정하는 실제적인 방법으로는 교류 전압을 조절하여 얻는데, 다음과 같은 방법들이 있다.
• 동기 승압기에 의한 방법

- 유도 전압 조정기에 의한 방법
- 전력 공급 변압기의 단자 변환
- 직렬 리액터에 의한 방법
- 파형의 변화에 의한 방법 **답 ②**

하여 기동 저항을 삽입하고 비례 추이의 특성을 이용하여 속도-토크 특성을 변화시켜 가면서 기동하는 방식을 택한다.
- 2차 저항 기동법 : 비례 추이 특성을 이용 **답 ④**

49 전부하전류 1[A], 역률 85[%], 속도 7500[rpm]이고 전압과 주파수가 100[V], 60[Hz]인 2극 단상 직권정류자전동기가 있다. 전기자와 직권 계자 권선의 실효저항의 합이 40[Ω]이라 할 때 전부하시 속도기전력[V]은? (단, 계자자속은 정현적으로 변하며 브러시는 중성축에 위치하고 철손은 무시한다.)

① 34 ② 45
③ 53 ④ 64

풀이 출력(P) = 입력 − 손실 = $VI\cos\theta - I^2(R_s + R_f)$
$= 100 \times 1 \times 0.85 - 1^2 \times 40 = 85 - 40$
$= 45[W]$

따라서 속도 기전력 $E_s = \dfrac{P}{I} = \dfrac{45}{1} = 45[V]$ **답 ②**

50 직류 직권전동기에서 회전수가 n일 때 토크 T는 무엇에 비례하는가?

① n^2 ② n
③ $\dfrac{1}{n}$ ④ $\dfrac{1}{n^2}$

풀이
- 직류 직권 전동기 속도 $n = k\dfrac{E_c}{\phi}$[rpm]에서 자기 포화를 무시하면 속도 n은
$n \propto \dfrac{1}{\phi} \propto \dfrac{1}{I_a}$ ($\because I_a = I = I_f \propto \phi$)
- 토크 $T = \dfrac{PZ}{2\pi}\phi\dfrac{I_a}{a} = \dfrac{PZ}{2\pi a}\phi I_a = k_2\phi I_a$ 에서
ϕ는 I_a에 비례하므로, $T \propto k_2 I_a^2$ 이다.
$\therefore T \propto I_a^2 \propto \dfrac{1}{n^2}$ **답 ④**

51 3상 권선형 유도전동기의 기동법은?

① 분상기동법 ② 반발기동법
③ 커패시터기동법 ④ 2차 저항기동법

풀이
- 권선형 유도전동기의 기동법 : 2차측의 슬립링을 통

52 돌극형 동기발전기에서 직축 동기리액턴스 X_d와 횡축 동기리액턴스 X_q의 관계로 옳은 것은?

① $X_d < X_q$ ② $X_d \ll X_q$
③ $X_d = X_q$ ④ $X_d > X_q$

풀이 돌극형(철극기)에서는 직축이 횡축에 비하여 공극(air gap)이 작으므로 직축(동기) 리액턴스 X_d가 횡축(동기) 리액턴스 X_q보다 크다.($X_d > X_q$)
그러나 비철극기에서는 공극이 일정하므로 $X_d = X_q = X_s$로 된다. **답 ④**

53 동일 용량의 변압기 두 대를 사용하여 13200[V]의 3상식 간선에서 380[V]의 2상 전력을 얻으려면 T좌 변압기의 권수비는 약 얼마로 해야 되는가?

① 28 ② 30
③ 32 ④ 34

풀이
- 주좌 변압기의 권수비 $a_M = \dfrac{n_1}{n_2} = \dfrac{13200}{380}$
- T좌 변압기의 권수비 a_T는
$a_T = a_M \times \dfrac{\sqrt{3}}{2} = \dfrac{13200}{380} \times \dfrac{\sqrt{3}}{2} = 30$ **답 ②**

54 그림은 직류전동기의 속도특성 곡선이다. 가동복권전동기의 특성곡선은?

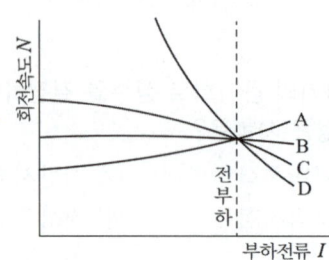

① A ② B ③ C ④ D

풀이 A : 차동복권전동기, B : 분권전동기
C : 가동복권전동기, D : 직권전동기 **답** ③

55 유도자형 고주파발전기의 특징이 아닌 것은?

① 회전자 구조가 견고하여 고속에서도 잘 견딘다.
② 상용 주파수보다 낮은 주파수로 회전하는 발전기이다.
③ 상용 주파수보다 높은 주파수의 전력을 발생하는 동기발전기이다.
④ 극수가 많은 동기발전기를 고속으로 회전시켜서 고주파 전압을 얻는 구조이다.

풀이 고주파 발전기에는 유도자형이 널리 사용되고 있으며, 유도자형 발전기는 계자극과 전기자를 함께 고정시키고 그 중앙에 유도자라고 하는 권선이 없는 회전자를 갖춘 것으로 주로 수백~수만[Hz] 정도의 고주파 발전기로 쓰인다. **답** ②

56 직류기의 전기자 반작용 중 교차자화작용을 근본적으로 없애는 실제적인 방법은?

① 보극 설치
② 브러시의 이동
③ 계자전류 조정
④ 보상권선 설치

풀이 ① 전기자 반작용 : 전기자 전류에 의하여 발생한 자속이 계자에 의해 발생 되는 주자속에 영향을 주는 현상
② 전기자 반작용의 방지대책

보극과 보상권선 설치	보극 → 중성축 부근의 전기자 반작용 상쇄
	보상권선 → 대부분의 전기자 반작용 상쇄 : 가장 유효한 방법

답 ④

57 그림과 같은 3상 유도전동기의 원선도에서 P점과 같은 부하상태로 운전할 때 2차 효율은? (단, $\overline{PQ}$는 2차 출력, $\overline{QR}$는 2차 동손, $\overline{RS}$는 1차 동손, $\overline{ST}$는 철손이다.)

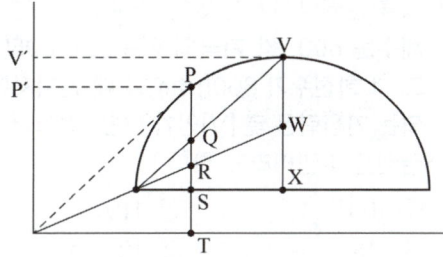

① $\dfrac{\overline{PQ}}{\overline{PR}}$ ② $\dfrac{\overline{PQ}}{\overline{PT}}$ ③ $\dfrac{\overline{PR}}{\overline{PT}}$ ④ $\dfrac{\overline{PR}}{\overline{PS}}$

풀이
- $\overline{ST}$: 철손
- $\overline{RS}$: 1차 동손
- $\overline{QR}$: 2차 동손
- $\overline{PQ}$: 출력
- 2차 입력 = 출력 + 2차 동손
  = $\overline{PQ} + \overline{QR} = \overline{PR}$
- ∴ 2차 효율 $\eta_2 = \dfrac{출력}{2차입력} = \dfrac{\overline{PQ}}{\overline{PR}}$ **답** ①

58 6극, 30[kW], 380[V], 60[Hz]의 정격을 가진 Y결선 3상 유도전동기의 구속시험 결과 선간전압 50[V], 선전류 60[A], 3상 입력 2.5[kW], 단자간의 직류 저항은 0.18[Ω]이었다. 이 전동기를 정격전압으로 기동하는 경우 기동 토크는 약 몇 [N·m]인가?

① 71.7
② 115.53
③ 702.33
④ 1405.32

풀이
- 전력은 전압의 제곱에 비례($P \propto V^2$)하고, 2차 입력 $P_2 = P_1 - 3I_1^2 r_1$이므로

$$P_2' = \left(\dfrac{V_1}{V_s}\right)^2 \cdot (P_s - 3I_s^2 r_1)$$

$$= \left(\dfrac{380}{50}\right)^2 \times \left(2.5 \times 10^3 - 3 \times 60^2 \times \dfrac{0.18}{2}\right)$$

$$= 88257.28[W]$$

- 동기속도

$$N_s = \dfrac{120f}{p} = \dfrac{120 \times 60}{6} = 1200[rpm]$$

따라서 기동 토크 T_s는

$$T_s = \dfrac{P_o}{2\pi\dfrac{N}{60}} = \dfrac{(1-s)P_2'}{2\pi\dfrac{(1-s)N_s}{60}} = \dfrac{P_2'}{2\pi\dfrac{N_s}{60}}$$

$$= \dfrac{88257.28}{2\pi \times \dfrac{1200}{60}} ≒ 702.33[N\cdot m]$$ **답** ③

59 직류 분권발전기가 있다. 극수는 6, 전기자 도체수는 600, 각 자극의 자속은 0.005[Wb]이고 그 회전수가 800[rpm]일 때 전기자에 유기되는 기전력은 몇 [V]인가? (단, 여기서 전기자 권선은 파권이라고 한다.)

① 100   ② 110
③ 115   ④ 120

풀이 파권이므로 $a = p = 2$

$$\therefore E = \frac{p}{a} Z \phi \frac{N}{60} = \frac{6}{2} \times 600 \times 0.005 \times \frac{800}{60} = 120[V]$$

답 ④

60 정격용량 10,000[kVA], 정격전압 6,000[V], 1상의 동기임피던스가 3[Ω]인 3상 동기발전기가 있다. 이 발전기의 단락비는 약 얼마인가?

① 1.0   ② 1.2
③ 1.4   ④ 1.6

풀이 단락전류

$$I_s = \frac{E}{Z_s} = \frac{V/\sqrt{3}}{Z_s} = \frac{6000}{\sqrt{3} \times 3} = 1154.7[A]$$

정격 전류

$$I_n = \frac{P}{\sqrt{3}\, V} = \frac{10000 \times 10^3}{\sqrt{3} \times 6000} = 962.25[A]$$

$$\therefore \text{단락비} \quad K_s = \frac{I_s}{I_n} = \frac{1154.7}{962.25} = 1.2$$

답 ②

2022년 전기기기_전기기사·공사기사

문제의 번호는 실제 시험문제의 번호와 같게 하였습니다.

2022년 - 1회 _ 전기기사·공사기사

41 SCR을 이용한 단상 전파 위상제어 정류회로에서 전원전압은 실효값이 220[V], 60[Hz]인 정현파이며, 부하는 순 저항으로 10[Ω]이다. SCR의 점호각 a를 60°라 할 때 출력전류의 평균값 [A]은?

① 7.54   ② 9.73   ③ 11.43   ④ 14.86

풀이

	단상 반파정류	단상 전파정류
SCR	$E_d = \dfrac{\sqrt{2}E}{2\pi}(1+\cos\alpha)$	$E_d = \dfrac{\sqrt{2}E}{\pi}(1+\cos\alpha)$

단, 저항 부하인 경우이다.
단상 전파정류의 직류 평균전압
$E_d = \dfrac{\sqrt{2}E}{\pi}(1+\cos\alpha) = \dfrac{\sqrt{2}\times 220}{\pi}(1+\cos 60°)$
$= 148.55[V]$
따라서 출력전류의 평균값
$I_d = \dfrac{E_d}{R} = \dfrac{148.55}{10} = 14.86[V]$ **답 ④**

42 직류발전기가 90[%] 부하에서 최대효율이 된다면 이 발전기의 전부하에 있어서 고정손과 부하손의 비는?

① 0.81   ② 0.9   ③ 1.0   ④ 1.1

풀이 최대효율은 $P_i(\text{고정손}) = m^2 P_c(\text{부하손})$일 때이므로
$\therefore \dfrac{P_i}{P_c} = m^2 = 0.9^2 = 0.81$
여기서, P_i : 철손(고정손), P_c : 동손(가변손, 부하손)
m : 부하율   **답 ①**

43 정류기의 직류측 평균전압이 2000[V]이고 리플률이 3[%]일 경우, 리플전압의 실효값[V]은?

① 20   ② 30   ③ 50   ④ 60

풀이 리플(맥동)률 $= \dfrac{\triangle E}{E_d} \times 100$
$= \dfrac{\triangle E}{2000} \times 100 = 3[\%]$
$\therefore \triangle E = \dfrac{3}{100} \times 2000 = 60[V]$ **답 ④**

44 단상 직권 정류자전동기에서 보상권선과 저항도선의 작용에 대한 설명으로 틀린 것은?

① 보상권선은 역률을 좋게 한다.
② 보상권선은 변압기의 기전력을 크게 한다.
③ 보상권선은 전기자 반작용을 제거해 준다.
④ 저항도선은 변압기 기전력에 의한 단락전류를 작게 한다.

풀이 저항도선은 변압기 기전력에 의한 단락전류를 작게 하여 정류를 좋게 하며 또한 **보상권선**은 전기자반작용을 상쇄하여 역률을 좋게 하고 **변압기 기전력을 작게** 해서 정류작용을 개선한다.   **답 ②**

45 비돌극형 동기발전기 한 상의 단자전압을 V, 유도기전력을 E, 동기리액턴스를 X_s, 부하각이 δ이고, 전기자저항을 무시할 때 한 상의 최대출력[W]은?

① $\dfrac{EV}{X_s}$ ② $\dfrac{3EV}{X_s}$

③ $\dfrac{E^2 V}{X_s}$ ④ $\dfrac{EV^2}{X_s}$

풀이 비돌극기의 출력
$P = \dfrac{EV}{Z_s}\sin(\alpha+\delta) - \dfrac{V^2}{Z_s}\sin\alpha$
전기자저항 r_a는 매우 작으므로 이것을 무시하고, $Z_s \fallingdotseq x_s$, $\alpha \fallingdotseq 0$이라 하면
$P \fallingdotseq \dfrac{EV}{x_s}\sin\delta[W]$
이다. 여기서 $\sin\delta=1$일 때 최대 출력이 되므로, 비돌극형 동기발전기 한 상의 최대 출력 $P_{\max}$은
$P_{\max} = \dfrac{EV}{X_s}\sin\delta = \dfrac{EV}{X_s} \times 1 = \dfrac{EV}{X_s}[W]$ **답 ①**

46 3상 동기발전기에서 그림과 같이 1상의 권선을 서로 똑같이 2조로 나누어 그 1조의 권선전압을 E[V], 각 권선의 전류를 I[A]라 하고 지그재그 Y형(Zigzag Star)으로 결선하는 경우 선간전압[V], 선전류[A] 및 피상전력[VA]은?

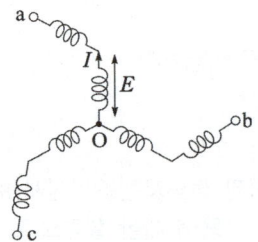

① $3E$, I, $\sqrt{3}\times 3E\times I = 5.2EI$
② $\sqrt{3}E$, $2I$, $\sqrt{3}\times \sqrt{3}E\times 2I = 6EI$
③ E, $2\sqrt{3}I$, $\sqrt{3}\times E\times 2\sqrt{3}I = 6EI$
④ $\sqrt{3}E$, $\sqrt{3}I$,
$\sqrt{3}\times \sqrt{3}E\times \sqrt{3}I = 5.2EI$

풀이 3상 접속법과 선간전압, 선전류, 피상 전력의 관계

	선간전압	선전류	피상 전력
성형	$2\sqrt{3}E$	I	$\sqrt{3}\times 2\sqrt{3}E\times I = 6EI$
△형	$2E$	$\sqrt{3}I$	$\sqrt{3}\times 2E\times \sqrt{3}I = 6EI$
지그재그 성형	$3E$	I	$\sqrt{3}\times 3E\times I = 5.19EI$
2중 성형	$\sqrt{3}E$	$2I$	$\sqrt{3}\times \sqrt{3}E\times 2I = 6EI$
2중 △형	E	$2\sqrt{3}I$	$\sqrt{3}\times E\times 2\sqrt{3}I = 6EI$
지그재그 △형	$\sqrt{3}E$	$\sqrt{3}I$	$\sqrt{3}\times \sqrt{3}E\times \sqrt{3}I$ $= 5.19EI$

답 ①

47 다음 중 비례추이를 하는 전동기는?
① 동기 전동기
② 정류자 전동기
③ 단상 유도전동기
④ 권선형 유도전동기

풀이 비례추이란 2차 회로 저항의 크기를 조정함으로써 그 크기를 제어할 수 있는 요소를 말하며, 비례추이는 2차 저항의 크기를 변화시킬 수 있는 **권선형 유도전동기에서 사용**된다. **답** ④

48 단자전압 200[V], 계자저항 50[Ω], 부하전류 50[A], 전기자저항 0.15[Ω], 전기자 반작용에 의한 전압강하 3[V]인 직류 분권발전기가 정격속도로 회전하고 있다. 이때 발전기의 유도기전력은 약 몇 [V]인가?
① 211.1 ② 215.1
③ 225.1 ④ 230.1

풀이 분권 발전기

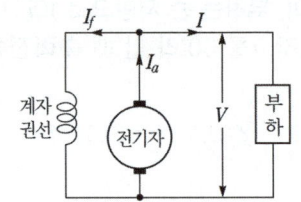

분권발전기에서 단자전압 $V = I_f R_f$ 이므로
- 계자전류 $I_f = \dfrac{V}{R_f} = \dfrac{200}{50} = 4$[A]
- 전기자 전류 $I_a = I + I_f = 50 + 4 = 54$[A]
전기자 저항 $R_a = 0.15$[Ω]이므로
유기기전력 $E = V + I_a R_a + e = 200 + 54\times 0.15 + 3$
$= 211.1$[V] **답** ①

49 동기기의 권선법 중 기전력의 파형을 좋게 하는 권선법은?
① 전절권, 2층권 ② 단절권, 집중권
③ 단절권, 분포권 ④ 전절권, 집중권

풀이 [단절권의 장점]
① 고조파를 제거하여 기전력의 **파형을 좋게 한다**.
② 코일 끝부분의 길이가 단축되어 기계 전체의 길이가 축소된다.
③ 구리의 양이 적게 든다.
[분포권의 장점]
① 기전력의 고조파가 감소하여 **파형이 좋아진다**.
② 권선의 누설 리액턴스가 감소한다.
③ 전기자 권선에 의한 열을 고르게 분포시켜 과열을 방지한다. **답** ③

50 변압기에 임피던스전압을 인가할 때의 입력은?
① 철손 ② 와류손
③ 정격용량 ④ 임피던스와트

[풀이] 단락 시험에서 정격 전류를 흘릴 때의 전압이 임피던스 전압이며 이때의 입력이 임피던스 와트로서 부하손을 나타낸다. 답 ④

51
불꽃 없는 정류를 하기 위해 평균 리액턴스 전압(A)과 브러시 접촉면 전압강하(B) 사이에 필요한 조건은?

① A > B　② A < B
③ A = B　④ A, B에 관계없다.

[풀이] 양호한(불꽃 없는) 정류를 얻는 방법
불꽃 없는 정류를 위한 조건 : 평균 리액턴스 전압(A) < 브러시 접촉면 전압강하(B)
① 전압 정류 : 보극 설치
② 저항 정류 : 접촉저항이 큰 탄소 브러시를 사용
③ 리액턴스(L)를 적게 하여 리액턴스 전압을 낮게 한다. : 단절권 채택
④ 정류주기(T_c)를 길게 한다. : 회전속도를 낮춘다.
답 ②

52
유도전동기 1극의 자속 Φ, 2차 유효전류 $I_2\cos\theta_2$, 토크 τ의 관계로 옳은 것은?

① $\tau \propto \Phi \times I_2\cos\theta_2$
② $\tau \propto \Phi \times (I_2\cos\theta_2)^2$
③ $\tau \propto \dfrac{1}{\Phi \times I_2\cos\theta_2}$
④ $\tau \propto \dfrac{1}{\Phi \times (I_2\cos\theta_2)^2}$

[풀이] 토크 $\tau = k\Phi I_2\cos\theta_2 [\text{N} \cdot \text{m}]$ 이므로 토크는 1극의 자속 Φ와 2차 유효전류 $I_2\cos\theta_2$의 곱에 비례한다. 답 ①

53
회전자가 슬립 s로 회전하고 있을 때 고정자와 회전자의 실효 권수비를 α라 하면 고정자 기전력 E_1과 회전자 기전력 E_{2s}의 비는?

① $s\alpha$　② $(1-s)\alpha$
③ $\dfrac{\alpha}{s}$　④ $\dfrac{\alpha}{1-s}$

[풀이]
• 전동기 정지 시 권수비 : $\dfrac{E_1}{E_2} = \alpha \rightarrow E_2 = \dfrac{E_1}{\alpha}$

• 슬립 s로 운전 시 권수비 : $E_2' = sE_2 = \dfrac{sE_1}{\alpha}$

∴ $\dfrac{E_1}{E_2'} = \dfrac{E_1}{sE_1/\alpha} = \dfrac{\alpha}{s}$
답 ③

54
직류 직권전동기의 발생 토크는 전기자 전류를 변화시킬 때 어떻게 변하는가?
(단, 자기포화는 무시한다.)

① 전류에 비례한다.
② 전류에 반비례한다.
③ 전류의 제곱에 비례한다.
④ 전류의 제곱에 반비례한다.

[풀이] 직류직권 전동기의 토크

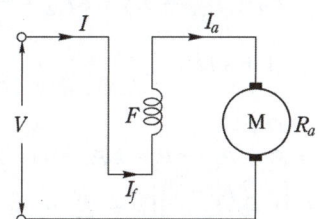

① 토크 $T = \dfrac{pZ\phi I_a}{2\pi a} = K\phi I_a [\text{N} \cdot \text{m}]$ (단, $K = \dfrac{pZ}{2\pi a}$)
② 직권 전동기의 토크 특성
• 부하전류가 적어 철심의 자기포화가 되지 않는 경우 $I_a = I_f \propto \phi$ 이므로 $T = KI_a^2 [\text{N} \cdot \text{m}]$
• 부하전류가 증가하여 철심이 자기포화 된 경우 철심이 자기포화 되면 자속 ϕ는 일정하므로 $T = KI_a [\text{N} \cdot \text{m}]$
답 ③

55
동기발전기의 병렬운전 중 유도기전력의 위상차로 인하여 발생하는 현상으로 옳은 것은?

① 무효전력이 생긴다.
② 동기화전류가 흐른다.
③ 고조파 무효순환전류가 흐른다.
④ 출력이 요동하고 권선이 가열된다.

[풀이] 병렬운전 조건이 다른 경우

병렬운전 조건	다른 경우 흐르는 전류
기전력의 크기가 같을 것	무효 순환전류
기전력의 위상이 같을 것	동기화 전류(유효횡류)
기전력의 주파수가 같을 것	동기화 전류
기전력의 파형이 같을 것	고조파 무효 순환전류

답 ②

56 3상 유도기의 기계적 출력(P_o)에 대한 변환식으로 옳은 것은? (단, 2차 입력은 P_2, 2차 동손은 P_{c2}, 동기속도는 N_s, 회전자속도는 N, 슬립은 s 이다.)

① $P_o = P_2 + P_{2c} = \dfrac{N}{N_s} P_2 = (2-s) P_2$

② $(1-s)P_2 = \dfrac{N}{N_s} P_2 = P_o - P_{2c}$
$\qquad = P_o - sP_2$

③ $P_o = P_2 - P_{2c} = P_2 - sP_2 = \dfrac{N}{N_s} P_2$
$\qquad = (1-s)P_2$

④ $P_o = P_2 + P_{2c} = P_2 + sP_2 = \dfrac{N}{N_s} P_2$
$\qquad = (1+s)P_2$

풀이
- $P_{2c} = sP_2$
- $P_o = P_2 - P_{2c} = P_2 - sP_2 = (1-s)P_2$
$\quad = \left[1 - \left(\dfrac{N_s - N}{N_s}\right)\right] P_2 = \dfrac{N}{N_s} P_2$ **답** ③

57 변압기의 등가회로 구성에 필요한 시험이 아닌 것은?

① 단락시험 ② 부하시험
③ 무부하시험 ④ 권선저항 측정

풀이 변압기 등가회로 작성에 필요한 시험에는 권선저항 측정, 무부하시험, 단락시험 등이 있다. **답** ②

58 단권변압기 두 대를 V결선하여 전압을 2000[V]에서 2200[V]로 승압한 후 200[kVA]의 3상 부하에 전력을 공급하려고 한다. 이때 단권변압기 1대의 용량은 약 몇 [kVA]인가?

① 4.2 ② 10.5
③ 18.2 ④ 21

풀이 V결선

$\dfrac{\text{자기용량}}{\text{부하용량}} = \dfrac{2}{\sqrt{3}}\left(1 - \dfrac{V_1}{V_2}\right)$

$\therefore$ 자기용량 $= \dfrac{2}{\sqrt{3}}\left(1 - \dfrac{V_1}{V_2}\right) \times$ 부하용량
$= \dfrac{2}{\sqrt{3}}\left(1 - \dfrac{2000}{2200}\right) \times 200 \fallingdotseq 21[\text{kVA}]$

따라서,
단권변압기 1대의 자기용량 $= \dfrac{21}{2} = 10.5[\text{kVA}]$

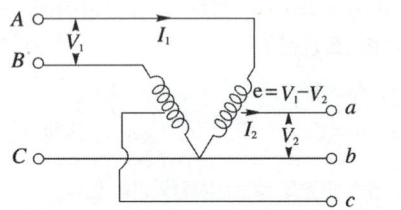

답 ②

59 권수비 $a = \dfrac{6600}{220}$, 주파수 60[Hz], 변압기의 철심 단면적 0.02[m²], 최대자속밀도 1.2[Wb/m²]일 때 변압기의 1차측 유도기전력은 약 몇 [V]인가?

① 1407 ② 3521
③ 42198 ④ 49814

풀이 변압기의 1차측 유도기전력 E_1은
$E_1 = 4.44 f \Phi_m N_1 = 4.44 \times 60 \times 1.2 \times 0.02 \times 6600$
$\fallingdotseq 42198[\text{V}]$ **답** ③

60 회전형전동기와 선형전동기(Linear Motor)를 비교한 설명으로 틀린 것은?

① 선형의 경우 회전형에 비해 공극의 크기가 작다.
② 선형의 경우 직접적으로 직선운동을 얻을 수 있다.
③ 선형의 경우 회전형에 비해 부하관성의 영향이 크다.
④ 선형의 경우 전원의 상 순서를 바꾸어 이동 방향을 변경한다.

풀이 리니어 모터(Linear Motor)
회전기의 회전자 접속 방향에 발생하는 전자력을 직선적인 기계 에너지로 변환시키는 장치
[장점]
① 모터 자체의 구조가 간단하여 신뢰성이 높고 보수가 용이하다.

② 기어, 벨트 등 동력 변환 기구가 필요 없고 직접 직선 운동이 얻어진다.
③ 마찰을 거치지 않고 추진력이 얻어진다.
④ 원심력에 의한 가속제한이 없고 고속을 쉽게 얻을 수 있다.
[단점]
① 회전형에 비하여 역률, 효율이 낮다.
② 저속도를 얻기 어렵다.
③ 부하관성의 영향이 크다. **답 ①**

2022년 - 2회 _ 전기기사·공사기사

41 단상 변압기의 무부하 상태에서 $V_1 = 200\sin(\omega t + 30°)$[V]의 전압이 인가되었을 때 $I_o = 3\sin(\omega t + 60°) + 0.7\sin(3\omega t + 180°)$[A]의 전류가 흘렀다. 이때 무부하손은 약 몇 [W]인가?

① 150
② 259.8
③ 415.2
④ 512

풀이 주파수가 다른 전압과 전류 사이의 전력은 0이 되므로 기본파에 의한 전력만을 계산하면, 무부하손 P_0는

$P_0 = 200\sin(\omega t + 30°) \times 3\sin(\omega t + 60°)$

$= \dfrac{200}{\sqrt{2}} \times \dfrac{3}{\sqrt{2}} \times \cos(60° - 30°)$

$= 259.8$[W] **답 ②**

42 직류기의 다중 중권 권선법에서 전기자 병렬 회로수 a와 극수 P 사이의 관계로 옳은 것은? (단, m은 다중도이다.)

① $a = 2$
② $a = 2m$
③ $a = P$
④ $a = mP$

풀이

항목\권선	단중 중권	단중 파권
내부 병렬회로 수 a	$P(mP)$	$2(2m)$
브러시 수 b	P	2
용도	저전압, 대전류	고전압, 소전류
균압환	4극 이상	–

여기서, P : 극수, m : 다중도 **답 ④**

43 단상 직권 정류자 전동기의 전기자 권선과 계자 권선에 대한 설명으로 틀린 것은?

① 계자권선의 권수를 적게 한다.
② 전기자 권선의 권수를 크게 한다.
③ 변압기 기전력을 적게 하여 역률 저하를 방지한다.
④ 브러시로 단락되는 코일 중의 단락전류를 크게 한다.

풀이 단상 직권 정류자 전동기의 정류작용
브러시로 단락되는 코일에는 인덕턴스에 의한 유도 기전력 외에 교번 자속의 기전력이 유도되고, 단락전류가 크므로 정류 작용은 직류기의 경우보다 어렵다. 이것을 개선하기 위하여 브러시 접촉저항이 어느 정도 큰 것을 사용하여 저항 정류를 하고, 또 대형은 보극을 설치하거나 전기자 코일과 정류자편 사이에 도선을 고저항으로 하여 단락전류를 제한하기도 한다. **답 ④**

44 전부하시의 단자전압이 무부하시의 단자전압보다 높은 직류발전기는?

① 분권발전기
② 평복권발전기
③ 과복권발전기
④ 차동복권발전기

풀이 복권발전기의 외부특성곡선

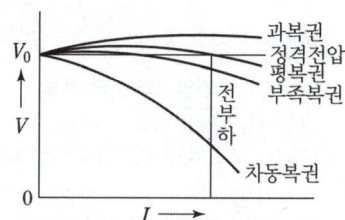

- 가동 복권 발전기에서 직권 계자 권선의 기자력을 더 많게 하여 부하 전류 증대에 따른 전압 강하보다 부하시의 전압을 더 크게 하여 전압 변동률을 (−)로 설계한 발전기를 과복권 발전기라 한다.
- 전압변동률 = $\dfrac{\text{무부하 전압} - \text{정격전압}}{\text{정격전압}} \times 100$[%]

답 ③

45 슬립 s_t에서 최대 토크를 발생하는 3상 유도전동기에 2차측 한 상의 저항을 r_2라 하면 최대 토크로 기동하기 위한 2차측 한 상에 외부로부터 가해 주어야 할 저항[Ω]은?

① $\dfrac{1-s_t}{s_t}r_2$ ② $\dfrac{1+s_t}{s_t}r_2$

③ $\dfrac{r_2}{1-s_t}$ ④ $\dfrac{r_2}{s_t}$

풀이
- 기동 시의 슬립과 2차 저항을 s_s, r_{2s}, 저항을 접속하지 않았을 때의 것을 s_t, r_2라 하면 $\dfrac{r_2}{s_t}=\dfrac{r_{2s}}{s_s}$
- 기동 시 $s_s=1$에서 전부하 토크를 발생시키는 데 필요한 외부저항 R은 $\dfrac{r_2}{s_t}=\dfrac{r_2+R}{1}$

∴ $R=\dfrac{r_2}{s_t}-r_2=\dfrac{1-s_t}{s_t}r_2$ **답 ①**

46 단상 변압기를 병렬 운전할 경우 부하전류의 분담은?

① 용량에 비례하고 누설 임피던스에 비례
② 용량에 비례하고 누설 임피던스에 반비례
③ 용량에 반비례하고 누설 리액턴스에 비례
④ 용량에 반비례하고 누설 리액턴스의 제곱에 비례

풀이 변압기 병렬운전 시의 부하분담 $\dfrac{I_a}{I_b}=\dfrac{P_A}{P_B}\cdot\dfrac{\%Z_b}{\%Z_a}$

여기서, I_a, I_b : 각 변압기의 분담 전류,
P_A, P_B : A, B 변압기의 용량
$\%Z_a$, $\%Z_b$: A, B 변압기의 %임피던스

따라서 변압기 병렬운전 시 부하 분담은 누설 임피던스에 반비례하며, 변압기의 용량에 비례한다. **답 ②**

47 스텝 모터(step motor)의 장점으로 틀린 것은?

① 회전각과 속도는 펄스 수에 비례한다.
② 위치제어를 할 때 각도 오차가 적고 누적된다.
③ 가속, 감속이 용이하며 정·역전 및 변속이 쉽다.
④ 피드백 없이 오픈 루프로 손쉽게 속도 및 위치제어를 할 수 있다.

풀이 스텝모터의 장·단점
[장점]
① 다른 서보모터와 달리 위치 및 속도를 검출하기 위한 장치가 필요 없다.
② 다른 디지털 기기와의 인터페이스가 쉽다.
③ 가속, 감속이 용이하며 정·역전 및 변속이 쉽다.
④ 속도제어 범위가 광범위하며, 초저속에서 큰 토크를 얻을 수 있다.
⑤ 위치제어를 할 때 각도 오차가 적고 누적되지 않는다.
⑥ 정지하고 있을 때 그 위치를 유지해 주는 토크가 크다.
⑦ 브러시, 슬립 링 등이 없고 부품수가 적기 때문에 유지 보수의 필요성이 적다.
[단점]
① 분해 조립, 또는 정지위치가 한정된다.
② 효율이 서보모터에 비해 나쁘다.
③ 마찰 부하의 경우 위치 오차가 크다.
④ 오버슈트 및 진동의 문제가 있다.
⑤ 대용량의 대형기는 만들기 어렵다. **답 ②**

48 380[V], 60[Hz], 4극, 10[kW]인 3상 유도전동기의 전부하 슬립이 4[%]이다. 전원전압을 10[%] 낮추는 경우 전부하 슬립은 약 몇 [%]인가?

① 3.3 ② 3.6
③ 4.4 ④ 4.9

풀이 공급전압이 10[%] 저하된 경우의 전부하 슬립과 전압을 s', V'라 하면
$$s'=s\times\left(\dfrac{V_1}{V_1'}\right)^2=s\times\left(\dfrac{V_1}{V_1\times 0.9}\right)^2$$
$$=0.04\times\left(\dfrac{380}{380\times 0.9}\right)^2=0.049=4.9[\%]$$ **답 ④**

49 직류 분권전동기에서 정출력 가변속도의 용도에 적합한 속도제어법은?

① 계자제어 ② 저항제어
③ 전압제어 ④ 극수제어

풀이 직류전동기의 속도제어법 비교

구 분	제어 특성	특 징
계자 제어법	• 정출력제어	• 속도제어범위가 좁다.
전압 제어법	• 정토크 제어 – 워드 레오나드 방식 – 일그너 방식	• 제어범위가 넓다. • 손실이 매우 적다. • 정역운전이 가능 • 설비비가 많이 든다.

구분	제어 특성	특 징
직렬 저항법		• 효율이 나쁘다.

답 ①

50 직류 분권전동기의 전기자전류가 10[A]일 때 5[N·m]의 토크가 발생하였다. 이 전동기의 계자의 자속이 80[%]로 감소되고, 전기자전류가 12[A]로 되면 토크는 약 몇 [N·m]인가?

① 3.9 ② 4.3
③ 4.8 ④ 5.2

풀이 변경 전 토크
$T = \frac{Pz\phi I_a}{2\pi a} = k\phi I_a = k\phi \times 10 = 5[N·m]$에서
$k\phi = \frac{5}{I_a} = \frac{5}{10} = 0.5$
따라서 변경 후의 토크
$T' = k\phi' I_a' = k\phi \times 0.8 \times I_a'$
$= 0.5 \times 0.8 \times 12 = 4.8[N·m]$

답 ③

51 3상 권선형 유도전동기의 기동 시 2차측 저항을 2배로 하면 최대토크 값은 어떻게 되는가?

① 3배로 된다. ② 2배로 된다.
③ 1/2로 된다. ④ 변하지 않는다.

풀이
• 최대 토크는 2차 저항에 무관($T_m \propto \frac{V^2}{2x_2}$)
• 최대 토크를 발생하는 슬립만 2차 저항에 비례
($s_m \risingdotseq \pm \frac{r_2}{x_2}$)
즉 **최대토크는 2차 저항과 무관**하며, 최대토크를 발생하는 슬립이 2차 저항과 비례하는 관계가 있다.

답 ④

52 권수비가 a인 단상변압기 3대가 있다. 이것을 1차에 △, 2차에 Y로 결선하여 3상 교류평형 회로에 접속할 때 2차측의 단자전압을 V[V], 전류를 I[A]라고 하면 1차측의 단자전압 및 선전류는 얼마인가? (단, 변압기의 저항, 누설리액턴스, 여자전류는 무시한다.)

① $\frac{aV}{\sqrt{3}}$[V], $\frac{\sqrt{3}I}{a}$[A]

② $\sqrt{3}aV$[V], $\frac{I}{\sqrt{3}a}$[A]

③ $\frac{\sqrt{3}V}{a}$[V], $\frac{aI}{\sqrt{3}}$[A]

④ $\frac{V}{\sqrt{3}a}$[V], $\sqrt{3}aI$[A]

풀이 ① 권수비 $a = \frac{I_2}{I_1} = \frac{V_1}{V_2}$에서

	전압	전류
1차측 → 2차측	$V_2 = \frac{1}{a}V_1$	$I_2 = aI_1$
2차측 → 1차측	$V_1 = aV_2$	$I_1 = \frac{1}{a}I_2$

② △결선과 Y결선의 비교

결선법	전압	전류
△결선	$V_p = V_l$	$I_p = \frac{I_l}{\sqrt{3}}$
Y결선	$V_p = \frac{V_l}{\sqrt{3}}$	$I_p = I_l$

여기서, V_p : 상전압, I_p : 상전류,
V_l : 선간전압, I_l : 선전류

따라서,

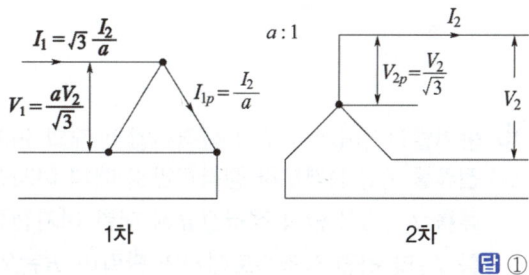

1차   2차

답 ①

53 3상 전원전압 220[V]를 3상 반파정류회로의 각 상에 SCR을 사용하여 정류제어 할 때 위상각을 60°로 하면 순 저항부하에서 얻을 수 있는 출력전압 평균값은 약 몇 [V]인가?

① 128.65 ② 148.55
③ 257.3   ④ 297.1

답 전항정답

54 유도자형 동기발전기의 설명으로 옳은 것은?

① 전기자만 고정되어 있다.
② 계자극만 고정되어 있다.
③ 회전자가 없는 특수 발전기이다.
④ 계자극과 전기자가 고정되어 있다.

풀이 유도자형 발전기는 계자극과 전기자를 함께 고정시키고 그 중앙에 유도자라고 하는 권선이 없는 회전자를 갖춘 것으로 주로 수백~수만[Hz] 정도의 고주파 발전기로 쓰인다. **답** ④

55 3상 동기발전기의 여자전류 10[A]에 대한 단자전압이 $1000\sqrt{3}$ [V], 3상 단락전류가 50[A]인 경우 동기임피던스는 몇 [Ω]인가?

① 5   ② 11
③ 20   ④ 34

풀이 동기임피던스

$$Z_s = \frac{E_n}{I_s} = \frac{V_n}{\sqrt{3}\,I_s} = \frac{1000\sqrt{3}}{\sqrt{3}\times 50} = 20[\Omega]$$

여기서, E_n : 정격 상전압[V]
I_s : 3상 단락 전류[A]
V_n : 정격 단자 전압[V]   **답** ③

56 동기발전기에서 무부하 정격전압일 때의 여자전류를 I_{f0}, 정격부하 정격전압일 때의 여자전류를 I_{f1}, 3상 단락 정격전류에 대한 여자전류를 I_{fs}라 하면 정격속도에서의 단락비 K는?

① $K = \dfrac{I_{fs}}{I_{f0}}$ ② $K = \dfrac{I_{f0}}{I_{fs}}$

③ $K = \dfrac{I_{fs}}{I_{f1}}$ ④ $K = \dfrac{I_{f1}}{I_{fs}}$

풀이 단락비 $K_s = \dfrac{\text{무부하에서 정격전압을 유기하는 데 필요한 계자전류}}{\text{정격전류와 같은 3상 단락전류를 흘리는 데 필요한 계자전류}}$

$= \dfrac{I_{f0}}{I_{fs}} = \dfrac{I_s}{I_n}$ **답** ②

57 변압기의 습기를 제거하여 절연을 향상시키는 건조법이 아닌 것은?

① 열풍법   ② 단락법
③ 진공법   ④ 건식법

풀이 변압기의 건조법
① 열풍법 : 송풍기와 전열기에 의하여 열풍을 공급하여 건조하는 방법
② 단락법 : 변압기의 1차 권선 또는 2차 권선을 단락한 후 다른 권선에 임피던스 전압의 약 20[%]에 해당하는 전압을 인가하고 이때 흐르는 단락전류에 의한 동손에 의하여 가열 건조하는 방법
③ 진공법 : 변압기를 탱크에 넣어서 밀폐하고 이 속으로 보일러에서 발생한 증기를 보내서 가열하는 한편 진공펌프로 탱크 내의 공기를 빼고, 절연물 속의 습기를 증발 건조시키는 방법

건식법은 변압기 냉각방식의 한 종류로 공랭식과 풍냉식이 있다.   **답** ④

58 극수 20, 주파수 60[Hz]인 3상 동기발전기의 전기자권선이 2층 중권, 전기자 전 슬롯 수 180, 각 슬롯 내의 도체 수 10, 코일피치 7슬롯인 2중 성형결선으로 되어 있다. 선간전압 3300[V]를 유도하는데 필요한 기본파 유효자속은 약 몇 [Wb]인가? (단, 코일피치와 자극피치의 비 $\beta = \dfrac{7}{9}$ 이다.)

① 0.004   ② 0.062
③ 0.053   ④ 0.07

풀이 유기기전력 $E = 4.44 K_w f W \phi$ [V]
여기서, K_w : 권선계수 ($K_w = K_d \times K_p$)
K_d : 분포계수, K_p : 단절계수, f : 주파수
W : 한 상당 권수, ϕ : 자속

① 분포권 계수(K_d)
- 매극 매상 당 슬롯 수
$$q = \frac{\text{총슬롯수}}{\text{상수}\times\text{극수}} = \frac{180}{3\times 20} = 3$$
- 분포권 계수
$$K_d = \frac{\sin\dfrac{\pi}{2m}}{q\sin\dfrac{\pi}{2mq}} = \frac{\sin\dfrac{\pi}{2\times 3}}{3\sin\dfrac{\pi}{2\times 3\times 3}} = 0.96$$

② 단절권 계수(K_p)
$$K_p = \sin\frac{\beta\pi}{2} = \sin\left(\frac{7}{9}\times\frac{\pi}{2}\right) = 0.94$$

③ 한 상당 권수(W)
$$W = \frac{180 \times 10}{3 \times 2} \times \frac{1}{2} = 150$$
∴ 자속 $\phi = \frac{E}{4.44 K_w f W} = \frac{E}{4.44 K_d K_p f W}$
$= \frac{3300/\sqrt{3}}{4.44 \times 0.96 \times 0.94 \times 60 \times 150}$
$= 0.053 [Wb]$　　　　　　　답 ③

59 2방향성 3단자 사이리스터는 어느 것인가?
① SCR　　② SSS
③ SCS　　④ TRIAC

풀이 각종 반도체 소자의 비교
① 방향성
  • 양방향성(쌍방향성) 소자 : DIAC, TRIAC, SSS
  • 역저지(단방향성) 소자 : SCR, LASCR, GTO, SCS
② 극(단자) 수
  • 2극(단자) 소자 : DIAC, SSS, Diode
  • 3극(단자) 소자 : SCR, LASCR, GTO, TRIAC
  • 4극(단자) 소자 : SCS　　　　답 ④

60 일반적인 3상 유도전동기에 대한 설명으로 틀린 것은?
① 불평형 전압으로 운전하는 경우 전류는 증가하나 토크는 감소한다.
② 원선도 작성을 위해서는 무부하시험, 구속시험, 1차 권선저항 측정을 하여야 한다.
③ 농형은 권선형에 비해 구조가 견고하며 권선형에 비해 대형전동기로 널리 사용된다.
④ 권선형 회전자의 3선 중 1선이 단선되면 동기속도의 50[%]에서 더 이상 가속되지 못하는 현상을 게르게스현상이라 한다.

풀이 농형 유도전동기의 특성
① 농형 유도전동기는 권선형에 비해 구조가 간단하며 튼튼하다.
② 중, 소형 유도전동기에 널리 사용되며, 대형이 되면 기동 토크가 작아 기동이 곤란하게 된다.　　답 ③

2022년 - 3회 _ 전기기사 (CBT 복원)

41 직류발전기의 극수가 8, 전기자 도체수가 400을 단중 파권으로 하였을 때 매극의 자속수가 0.01[Wb]이면 600[rpm]때의 기전력은 얼마인가?
① 130　　② 160
③ 180　　④ 200

풀이 파권 이므로 $a = 2$이다.
∴ $E = \frac{pZ}{a} \Phi \frac{N}{60} = \frac{8 \times 400}{2} \times 0.01 \times \frac{600}{60} = 160[V]$
여기서, p : 극수, Z : 총도체수, a : 병렬회로수,
Φ : 매극 당 자속수[Wb], N : 회전수[rpm]
답 ②

42 동기전동기의 특징에 대한 설명으로 틀린 것은?
① 난조를 일으킬 염려가 없다.
② 회전속도가 일정하다.
③ 제동권선이 필요하다.
④ 직류전원이 필요하다.

풀이 동기전동기의 특징
① 장점
  • 속도가 일정불변이다.
  • 항상 역률 1로 운전할 수 있다.
  • 필요시 앞선 전류를 통할 수 있다.
  • 유도전동기에 비하여 효율이 좋다.
② 단점
  • 보통 구조의 것은 기동 토크가 적고 속도 조정을 할 수 없다.
  • 난조를 일으킬 염려가 있다.
  • 여자용의 직류 전원을 필요로 하여 설비비가 많이 든다.　　답 ①

43 60[Hz], 4극, 3상 권선형 유도전동기의 회전자가 슬립 0.1로 회전할 때 회전자 주파수는 몇 [Hz]인가?
① 6　　② 54
③ 60　　④ 600

풀이 유도전동기의 회전자 주파수
$f_2 = sf_1 = 0.1 \times 60 = 6[Hz]$ 답 ①

44 정격이 같은 2대의 단상변압기 1000[kVA]의 임피던스 전압은 각각 8[%]와 7[%]이다. 이것을 병렬로 하면 몇 [kVA]의 부하를 걸 수가 있는가?

① 1865 ② 1870
③ 1875 ④ 1880

풀이 $\dfrac{P_a}{Z_a} = \dfrac{P_b}{Z_b} = \dfrac{P_a + P_b}{Z_a + Z_b}$ 이므로 $\dfrac{P_a}{7} = \dfrac{P_b}{8} = \dfrac{P}{15}$

임피던스가 작은 변압기 즉 P_a가 큰 부하를 분담하나 자기용량까지만 분담할 수 있다.

∴ $P = P_b \times \dfrac{15}{8} = 1000 \times \dfrac{15}{8} = 1875[kVA]$ 답 ③

45 단상 유도전압조정기의 양 권선이 일치할 때 직렬 권선의 전압이 150[V], 전원전압이 220[V]일 경우 1차와 2차 권선의 축 사이의 각도가 30°이면, 양 권선이 일치할 때 2차측 유기전압이 150[V], 전원전압이 220[V]일 경우 부하 측 전압은 약 몇 [V]인가?

① 370 ② 350
③ 220 ④ 150

풀이 단상 유도전압조정기

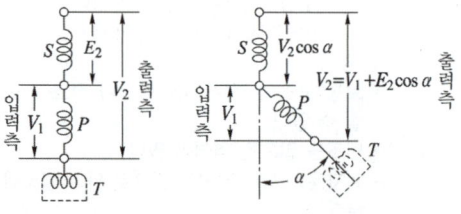

P : 분로권선, S : 직렬권선, T : 단락 권선

∴ $V_2 = V_1 + E_2 \cos\alpha = 220 + 150 \times \cos 30°$
  $= 350[V]$ 답 ②

46 변압기 결선방식 중 3상에서 6상으로 변환할 수 없는 것은?

① 환상 결선 ② 2중 3각 결선
③ 포크 결선 ④ 우드 브리지 결선

풀이 ① 3상-2상간의 상수 변환
• 스코트 결선(T결선)
• 메이어 결선
• 우드 브리지 결선
② 3상-6상간의 상수 변환
• 환상 결선 • 2중 3각 결선
• 2중 성형 결선
• 대각 결선 • 포크 결선 답 ④

47 3상 유도전동기가 경부하에서 운전 중 1선의 퓨즈가 잘못되어 용단 되었을 때는?

① 속도가 증가하여 다른 선의 퓨즈도 용단된다.
② 속도가 늦어져서 다른 선의 퓨즈도 용단된다.
③ 전류가 감소하여 운전이 얼마 동안 계속된다.
④ 전류가 증가하여 운전이 얼마 동안 계속된다.

풀이 ① 전부하로 운전하고 있는 3상 유도전동기의 경우 1선의 퓨즈가 용단되면 단상 전동기가 되며
• 최대 토크는 50[%] 전후로 된다.
• 최대 토크를 발생하는 슬립 s는 0쪽으로 가까워진다.
• 최대 토크 부근에서는 1차 전류가 증가한다. 만일 정지하는 경우에는 과대 전류가 흘러서 나머지 퓨즈가 용단되거나 차단기가 동작한다.
② 경부하에서 회전을 계속한다면
• 슬립이 2배 정도로 되고 회전수는 떨어진다.
• 1차 전류가 2배 가까이 되어서 **열손실이 증가하고, 계속 운전하면 과열로 소손**된다. 답 ④

48 동기전동기가 무부하 운전 중에 부하가 걸리면 동기전동기의 속도는?

① 정지한다.
② 동기속도와 같다.
③ 동기속도보다 빨라진다.
④ 동기속도 이하로 떨어진다.

풀이 동기전동기의 특성
• 항상 동기속도로 운전된다.
• 항상 역률 1로 운전할 수 있다.
• 필요 시 앞선 전류를 통할 수 있다.
• 유도전동기에 비하여 효율이 좋다. 답 ②

49 정격이 10[HP], 200[V]인 직류분권전동기가 있다. 전부하전류는 46[A], 전기자저항은 0.25[Ω], 계자저항은 100[Ω]이며, 브러시 접촉에 의한 전압강하는 2[V], 철손과 마찰손을 합쳐 380[W]이다. 표유부하손을 정격출력의 1[%]라 한다면 이 전동기의 효율[%]은?
(단, 1[HP] = 746[W]이다.)

① 84.5   ② 82.5
③ 80.2   ④ 78.5

풀이 분권전동기

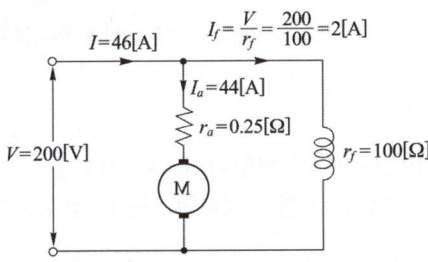

① 입력 $= VI = 200 \times 46 = 9200$[VA]
② 손실 = 철손 + 마찰손 + 동손 + 표유부하손
   $= 380 + 972 + 74.6 = 1426.6$[W]
- 철손 + 마찰손 = 380[W]
- 동손 = 전기자 손실 + 계자 손실 + 브러시 접촉면의 손실
   $= 484 + 400 + 88 = 972$[W]
  - 전기자 손실 $= I_a^2 r_a = 44^2 \times 0.25 = 484$[W]
  - 계자 손실 $= I_f^2 r_f = 2^2 \times 100 = 400$[W]
  - 브러시 접촉면의 손실 $= eI_a = 2 \times 44 = 88$[W]
- 표유부하손 $= 10 \times 746 \times 0.01 = 74.6$[W]

따라서 효율
$\eta = \dfrac{입력 - 손실}{입력} \times 100 = \dfrac{9200 - 1426.6}{9200} \times 100$
$\fallingdotseq 84.5[\%]$ **답** ①

50 3상 유도전동기의 원선도 작성에 필요한 시험이 아닌 것은?

① 저항측정   ② 슬립측정
③ 무부하시험   ④ 구속시험

풀이
- 원선도 작성에 필요한 시험
  ① 저항측정 ② 무부하 시험(no load test)
  ③ 구속시험 (lock test)
- 원선도에서 구할 수 있는 항목
  ① 전부하 전류 ② 역률 ③ 효율 ④ 슬립
  ⑤ 최대출력/정격출력 ⑥ 토크
슬립은 원선도 상에서 구할 수 있다.   **답** ②

51 극수가 24일 때, 전기각 180°에 해당되는 기계각은?

① 7.5°   ② 15°
③ 22.5°   ④ 30°

풀이 기하학적 각도 α[rad] = 전기각 α_e[rad] $\times \dfrac{2}{p}$
$= 180° \times \dfrac{2}{24} = 15°$ **답** ②

52 동기기의 3상 단락곡선이 직선이 되는 이유로 가장 알맞은 것은?

① 누설리액턴스가 크므로
② 자기포화가 있으므로
③ 무부하 상태이므로
④ 전기자 반작용으로

풀이 단락전류는 전기자 저항을 무시하면 동기리액턴스에 의해 그 크기가 결정된다. 즉, 동기리액턴스에 의해 흐르는 전류는 90° 늦은 전류가 크게 흐르게 되며, 이 전류에 의한 전기자 반작용이 감자 작용이 되므로 3상 단락곡선은 직선이 된다.   **답** ④

53 같은 정격 전압에서 변압기의 주파수만 높으면 가장 많이 증가하는 것은?

① 여자전류   ② 온도상승
③ 철손   ④ %임피던스

풀이 정격 전압에서 주파수만 증가하면 철손, 여자 전류, 온도 상승은 주파수에 반비례하므로 감소하지만 %임피던스, 즉 %리액턴스는 주파수에 비례하므로 증가한다.   **답** ④

54 1[MVA], 3300[V], 동기 임피던스 6[Ω] 2대의 3상 교류 발전기를 병렬운전 중 한 발전기의 계자를 강화해서 두 유도기전력(상전압) 사이에 210[V]의 전압차가 생기게 했을 때 두 발전기 사이에 흐르는 무효횡류는?

① 17.5[A]   ② 20[A]
③ 15.5[A]   ④ 14[A]

풀이 무효횡류
$I_c = \dfrac{E_1 - E_2}{2Z_s} = \dfrac{E_c}{2Z_s} = \dfrac{210}{2 \times 6} = \dfrac{210}{12} = 17.5$[A]   **답** ①

55 동기발전기의 회전자 둘레를 2배로 하면 회전자 주변속도는 몇 배가 되는가?

① 1
② 2
③ 4
④ 8

풀이 회전자 주변속도 $v = \pi D n_s$ [m/s]에서 $v \propto \pi D$이므로 회전자 둘레(πD)를 2배로 하면 주변속도도 2배로 된다.

답 ②

56 농형 유도전동기에 주로 사용되는 속도 제어법은?

① 극수 제어법
② 2차여자 제어법
③ 2차저항 제어법
④ 종속 제어법

풀이 ① 농형 유도 전동기의 속도 제어법
  • 주파수를 바꾸는 방법 • 극수를 바꾸는 방법
  • 전원전압을 바꾸는 방법이 있다.
② 권선형 유도 전동기의 속도 제어법
  • 2차여자 제어법 • 2차저항 제어법
  • 종속 제어법

답 ①

57 유도전동기의 2차 여자 시에 2차주파수와 같은 주파수의 전압 E_c를 2차에 가한 경우 옳은 것은? (단. sE_2는 유도기의 2차 유도기전력이다.)

① E_c를 sE_2와 반대위상으로 가하면 속도는 증가한다.
② E_c를 sE_2보다 90° 위상을 빠르게 가하면 역률은 개선된다.
③ E_c를 sE_2와 같은 위상으로 $E_c < sE_2$의 크기로 가하면 속도는 증가한다.
④ E_c를 sE_2와 같은 위상으로 $E_c = sE_2$의 크기로 가하면 동기속도 이상으로 회전한다.

풀이 유도전동기의 2차 회로에 2차 전압 sE_2보다 90° 빠른 위상차를 갖는 슬립주파수의 기전력 E_c를 외부에서 공급하면 앞선 전류가 흐르게 되어 역률을 개선할 수 있다. 이와 같이 역률개선을 목적으로 슬립주파수의 2차 여자 전압을 공급하는 발전기를 진상기라고 한다.

답 ②

58 직류기의 전기자 반작용 결과가 아닌 것은?

① 주자속이 감소한다.
② 전기적 중성축이 이동한다.
③ 주자속에 영향을 미치지 않는다.
④ 정류자편 사이의 전압이 불균일하게 된다.

풀이 전기자 반작용 : 전기자 권선에 흐르는 전류에 의한 자속이 계자에서 만든 주자속에 영향을 미치는 현상을 전기자 반작용이라고 하며, 그 영향은 다음과 같다.
① 전기적 중성축 이동
  • 발전기 : 회전 방향으로 이동
  • 전동기 : 회전 방향과 반대 방향으로 이동
② 주자속 감소
③ 정류자 편간의 불꽃섬락이 발생하여 정류 불량 발생

답 ③

59 3000/200[V] 변압기의 1차 임피던스가 225[Ω]이면 2차 환산 임피던스는 약 몇 [Ω]인가?

① 1.0
② 1.5
③ 2.1
④ 2.8

풀이 권수비 $a = \dfrac{E_1}{E_2} = \dfrac{3000}{200} = 15$

따라서, 2차 환산 임피던스
$Z_2 = \dfrac{1}{a^2} Z_1 = \dfrac{1}{15^2} \times 225 = 1 [\Omega]$

답 ①

60 동기발전기에 회전계자형을 사용하는 경우에 대한 이유로 틀린 것은?

① 기전력의 파형을 개선한다.
② 전기자가 고정자이므로 고압 대전류용에 좋고, 절연하기 쉽다.
③ 계자가 회전자지만 저압 소용량의 직류이므로 구조가 간단하다.
④ 전기자보다 계자극을 회전자로 하는 것이 기계적으로 튼튼하다.

풀이 회전계자형 동기발전기는 전기자를 고정자로 하고 계자극을 회전자로 한 것으로 회전계자형을 사용하는 이유로는
  • 전기자 권선은 전압이 높고 결선이 복잡하며, 대용량으로 되면 전류도 커지고, 3상 권선의 경우에는 4개의 도선을 인출하여야 한다.
  • 계자 회로는 직류의 저압 회로이므로 소요 동력도 작으며, 인출 도선이 2개만 있어도 되기 때문이다.

- 계자극은 기계적으로 튼튼하게 만드는 데 용이하기 때문이다.
- 고장시의 과도 안정도를 높이기 위하여 회전자의 관성을 크게 하기 쉽기 때문이기도 하다.

그러나 기전력의 파형을 개선하기 위해서는 전기자 권선을 단절권 및 분포권으로 하여야 한다. 답 ①

풀이 직권 전동기의 토크(T)는 자로가 포화되지 않은 범위 안에서는 전기자 전류(I_a)의 제곱에 비례하므로 토크가 1/4로 되면

$$\frac{T'}{T} = \frac{\frac{1}{4}T}{T} \propto \frac{I_a'^2}{I_a^2} \rightarrow \left(\frac{I_a'}{I_a}\right)^2 = \frac{1}{4}$$

$$\therefore I_a' = \sqrt{\frac{1}{4}} \times I_a = \frac{1}{2} \times 50 = 25[A]$$

답 ①

2022년 – 4회 _ 공사기사 (CBT 복원)

41 유도전동기를 60[Hz], 600[rpm]인 동기전동기에 직결하여 동기전동기를 기동하는 경우 유도전동기의 적당한 극수는?

① 4극　　② 8극
③ 10극　　④ 12극

풀이 $p = \frac{120f}{N_s} = \frac{120 \times 60}{600} = \frac{7200}{600} = 12극$

같은 극수인 경우, 유도 전동기의 속도는 동기 전동기의 속도 보다 sN_s 만큼 느리므로, 실제의 극수보다 2극 적은 것을 사용하여야 한다.
따라서 유도전동기의 적당한 극수는 10극이다. 답 ③

42 직류 분권 전동기가 있다. 단자 전압이 215[V], 전기자 전류가 50[A], 전기자의 전저항이 0.1[Ω], 회전 속도 1500[rpm]일 때 발생 토크[kg·m]를 구하여라.

① 6.82[kg·m]　　② 6.68[kg·m]
③ 68.2[kg·m]　　④ 66.8[kg·m]

풀이 토크 $\tau = 0.975\frac{P}{N} = 0.975 \times \frac{(215 - 50 \times 0.1) \times 50}{1500}$
$= 6.82[kg \cdot m]$

답 ①

43 정격 전압에서 전 부하로 운전하는 직류 직권 전동기의 부하전류가 50[A]이다. 부하토크가 $\frac{1}{4}$로 감소하면 부하전류는 약 몇 [A]인가?
(단, 자기포화는 무시한다.)

① 25　　② 35
③ 45　　④ 50

44 동기 각속도 ω_0, 회전자 각속도 ω인 유도 전동기의 2차 효율은?

① $\frac{\omega_0 - \omega}{\omega}$　　② $\frac{\omega_0 - \omega}{\omega_0}$
③ $\frac{\omega_0}{\omega}$　　④ $\frac{\omega}{\omega_0}$

풀이 출력 $P = (1-s)P_2$
유도전동기 속도 $n = (1-s)n_0$
따라서 2차 효율 $\eta_2 = \frac{P}{P_2} = \frac{(1-s)P_2}{P_2} = \frac{n}{n_0} = \frac{\omega}{\omega_0}$

답 ④

45 다이오드를 사용한 정류회로에서 다이오드를 여러 개 직렬로 연결하면?

① 고조파전류를 감소시킬 수 있다.
② 출력전압의 맥동률을 감소시킬 수 있다.
③ 입력전압을 증가시킬 수 있다.
④ 부하전류를 증가시킬 수 있다.

풀이 다이오드를 직렬 연결하면 입력전압을 증가시킬 수 있으며, 다이오드를 과전압으로부터 보호할 수 있다.
- 다이오드 직렬 연결 : 과전압 방지
- 다이오드 병렬 연결 : 과전류 방지

답 ③

46 유도전동기의 2차 회로에 2차 주파수와 같은 주파수로 적당한 크기와 위상 전압을 외부에 가하는 속도제어법은?

① 1차 전압제어　　② 극수 변환제어
③ 2차 저항제어　　④ 2차 여자제어

풀이 2차 여자제어법 : 유도전동기의 2차 회로(회전자 권선)에 2차 기전력과 같은 주파수의 전압을 가해 그 크기를 조절함으로써 속도를 제어하는 방법 **답** ④

47 어떤 변압기의 부하 역률이 60[%]일 때 전압 변동률이 최대라고 한다. 지금 이 변압기의 부하 역률이 100[%]일 때 전압 변동률을 측정했더니 3[%]였다. 이 변압기의 부하 역률 80[%]에서의 전압 변동률은 몇 [%]인가?

① 4.8 ② 5.0
③ 6.2 ④ 6.4

풀이 부하 역률 100[%]일 때 $\epsilon_{100} = p = 3[\%]$
최대 전압 변동률 $\epsilon_{\max}$는 부하 역률 $\cos\theta_m$일 때이므로
$\cos\theta_m = \dfrac{p}{\sqrt{p^2+q^2}} = 0.6, \dfrac{3}{\sqrt{3^2+q^2}} = 0.6$
∴ $q = 4[\%]$
부하 역률이 80[%]일 때
∴ $\epsilon_{80} = p\cos\theta + q\sin\theta = 3 \times 0.8 + 4 \times 0.6$
$= 4.8[\%]$ **답** ①

48 단상 전파정류에서 전원 전류의 최댓값이 I_m일 때 무부하 직류전압의 평균값은 얼마인가?

① $\dfrac{2}{\pi^2}I_m$ ② $\dfrac{2}{\pi}I_m$
③ $\dfrac{4}{\pi^2}I_m$ ④ $\dfrac{4}{\pi}I_m$

풀이 $E_d = \dfrac{2}{\pi}E_m$에서
∴ $I_d = \dfrac{E_d}{R} = \dfrac{2}{\pi}\dfrac{E_m}{R} = \dfrac{2}{\pi}I_m[A]$ **답** ②

49 일반적인 농형 유도전동기에 비하여 2중 농형 유도전동기의 특징으로 옳은 것은?

① 손실이 적다. ② 슬립이 크다.
③ 최대 토크가 크다. ④ 기동 토크가 크다.

풀이 2중 농형 유도전동기는 저항이 크고 리액턴스가 작은 기동용 농형 권선(외측도체)과 저항이 작고 리액턴스가 큰 운전용 농형 권선(내측도체)을 가진 것으로 보통 농형에 비하여 기동전류가 작고 기동 토크가 크다.

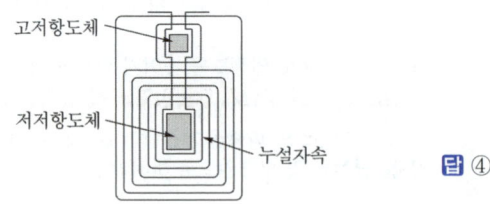

답 ④

50 직류분권전동기를 무부하로 운전 중 계자회로에 단선이 생긴 경우 발생하는 현상으로 옳은 것은?

① 역전한다.
② 즉시 정지한다.
③ 과속도로 되어 위험하다.
④ 무부하이므로 서서히 정지한다.

풀이 $n = k\dfrac{V - I_a R_a}{\phi}$에서 계자 회로가 단선되면 자속 ϕ가 0이 되므로 과속도로 되어 위험하다. **답** ③

51 동기발전기의 병렬운전 중 여자전류를 증가시키면 그 발전기는?

① 전압이 높아진다. ② 출력이 커진다.
③ 역률이 좋아진다. ④ 역률이 나빠진다.

풀이 동기발전기의 병렬운전
• 여자가 강한(기전력이 높은) 발전기에는
$\dfrac{\pi}{2}$ 뒤진(지상) 전류가 흘러 역률이 저하
• 여자가 약한(기전력이 낮은) 발전기에는
$\dfrac{\pi}{2}$ 앞선(진상) 전류가 흘러 역률이 상승 **답** ④

52 직류기에서 정류 코일의 자기 인덕턴스를 L이라 할 때 정류 코일의 전류가 정류주기 T_c 사이에 I_c에서 $-I_c$로 변한다면 정류 코일의 리액턴스 전압[V]의 평균값은?

① $L\dfrac{T_c}{2I_c}$ ② $L\dfrac{I_c}{2T_c}$
③ $L\dfrac{2I_c}{T_c}$ ④ $L\dfrac{I_c}{T_c}$

풀이 정류주기 사이에서의 전류의 변화는 $I_c - (-I_c) = 2I_c$ 이므로

$$\therefore e_L = L\frac{di}{dt} = L\frac{2I_c}{T_c}[V]$$

답 ③

53 동기전동기의 기동법 중 자기동법에서 계자권선을 단락하는 이유는?

① 고전압의 유도를 방지한다.
② 전기자 반작용을 방지한다.
③ 기동 권선으로 이용한다.
④ 기동이 쉽다.

풀이 자기동법은 제동권선을 기동권선으로 하여 기동 토크를 얻는 방법으로 보통 기동 시에는 계자권선 중에 고전압이 유도되어 절연을 파괴하므로 방전 저항을 접속하여 단락 상태로 기동한다.   **답** ①

54 정격 출력 10000[kVA], 정격전압 6600[V], 정격 역률 0.6인 3상 동기발전기가 있다. 동기 리액턴스 0.6[p.u]인 경우의 전압변동률[%]은?

① 21   ② 31
③ 40   ④ 52

풀이
$E = \sqrt{0.6^2 + (0.8+0.6)^2}$
$= 1.523$
$\epsilon = \dfrac{E-V}{V} \times 100$
$= \dfrac{1.523-1}{1} \times 100$
$= 52.3[\%]$

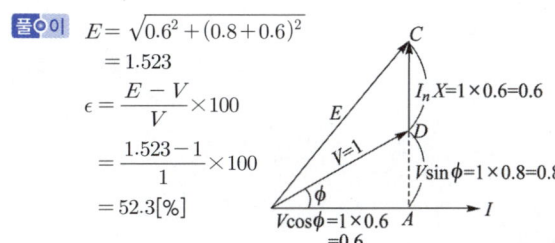

답 ④

55 부하급변 시 부하각과 부하속도가 진동하는 난조현상을 일으키는 원인이 아닌 것은?

① 전기자회로의 저항이 너무 큰 경우
② 원동기의 토크에 고조파가 포함된 경우
③ 원동기의 조속기 감도가 너무 예민한 경우
④ 자속의 분포가 기울어져 자속의 크기가 감소한 경우

풀이 난조방지법으로는 제동권선을 사용하는 것이 적당하다.

원인	대책
원동기의 조속기 감도가 지나치게 예민한 경우	조속기를 적당히 조정
원동기의 토크에 고조파 토크가 포함된 경우	디젤 기관 등에 생기는 문제로 회전부의 플라이휠 효과를 적당히 선정
전기자 회로의 저항이 상당히 큰 경우	회로의 저항을 작게 하거나 리액턴스를 삽입
부하가 맥동할 때	회전부의 플라이휠 효과를 적당히 선정

답 ④

56 일정 전압으로 운전하고 있는 직류발전기의 손실이 $\alpha + \beta I^2$으로 표시될 때 효율이 최대가 되는 전류는? 단, α, β는 정수이다.

① $\dfrac{\alpha}{\beta}$ ② $\dfrac{\beta}{\alpha}$

③ $\sqrt{\dfrac{\alpha}{\beta}}$ ④ $\sqrt{\dfrac{\beta}{\alpha}}$

풀이 손실 $\alpha + \beta I^2$ 중에서 α는 부하전류에 관계없는 고정손이고, βI^2는 전류의 제곱에 비례하는 가변손이다. 최대 효율 조건은 고정손 = 가변손이므로, 즉 $\alpha = \beta I^2$이 되는 부하전류 I는 $I = \sqrt{\dfrac{\alpha}{\beta}}$에서 최대 효율이 된다.   **답** ③

57 기동장치를 갖는 단상 유도전동기가 아닌 것은?

① 2중 농형   ② 분상기동형
③ 반발기동형 ④ 셰이딩코일형

풀이 **2중 농형 유도 전동기**
① 회전자의 농형권선을 내외 이중으로 설치한 것
② 도체
 • 외측도체 : 저항이 높은 황동 또는 동니켈 합금의 도체를 사용
 • 내측도체 : 저항이 낮은 전기동 사용
③ 기동시에는 저항이 높은 외측 도체로 흐르는 전류에 의해 큰 기동 토오크를 얻고 기동완료 후에는 저항이 적은 내측 도체로 전류가 흘러 우수한 운전 특성을 얻는 전동기로서 별도의 기동장치가 필요 없다.

답 ①

58 이상적인 변압기의 무부하에서 위상관계로 옳은 것은?

① 자속과 여자전류는 동위상이다.
② 자속은 인가전압 보다 90° 앞선다.
③ 인가전압은 1차 유기기전력 보다 90° 앞선다.
④ 1차 유기기전력과 2차 유기기전력의 위상은 반대이다.

풀이 이상적인 변압기
① 자속은 인가전압보다 90° 뒤지고, 여자전류와는 동위상이다.
② 인가전압과 공급전압의 크기는 같고, 방향은 반대이다.
③ 1차 유기기전력과 2차 유기기전력은 동위상이다.

답 ①

59 3상 유도전동기의 회전자 입력이 P_2, 슬립이 s일 때 2차 동손을 나타내는 식은?

① $(1-s)P_2$
② sP_2
③ $\dfrac{P_2}{s}$
④ $\dfrac{(1-s)P_2}{s}$

풀이 2차 동손 P_{2c}

$$P_{2c} = I_2^2 r_2 = I_2 r_2 \cdot \dfrac{sE_2}{\sqrt{r_2^2+(sx_2)^2}}$$
$$= sE_2 I_2 \dfrac{r_2}{\sqrt{r_2^2+(sx_2)^2}}$$
$$= sE_2 I_2 \cos\theta_2 = sP_2$$

답 ②

60 3상 6극 슬롯수 54의 동기발전기가 있다. 어떤 전기자 코일의 두 변이 제1슬롯과 제8슬롯에 들어 있다면 단절권계수는 약 얼마인가?

① 0.9397
② 0.8367
③ 0.7306
④ 0.6451

풀이 단절권계수 $K_{pn} = \sin\dfrac{n\beta\pi}{2}$ (n : 고조파의 차수)

$\beta = \dfrac{\text{권선간격}}{\text{자극간격}} = \dfrac{7}{9}$ 이므로

($\because$ 권선간격 $= 8-1 = 7$, 자극간격 $= \dfrac{54}{6} = 9$)

$\therefore K_{p1} = \sin\dfrac{\frac{7}{9}\pi}{2} = \sin\dfrac{\frac{7}{9}\times 180}{2} = 0.9397$

답 ①

2023년 전기기기_전기기사·공사기사_CBT 복원문제

문제의 번호는 실제 시험문제의 번호와 같게 하였습니다.

2023년 - 1회 _ 전기기사

41 변압기 내부고장 검출을 위해 사용하는 계전기가 아닌 것은?
① 과전압 계전기
② 비율차동 계전기
③ 부흐홀츠 계전기
④ 충격 압력 계전기

풀이 ① 변압기 내부고장 검출용 계전기 : 차동계전기, 비율차동계전기, 압력계전기, 브흐홀쯔계전기, 가스검출계전기
② 단락보호용 계전기 : 과전류계전기, 과전압계전기, 부족전압 계전기, 단락방향계전기, 선택단락계전기, 거리계전기   **답** ①

42 외분권 차동복권발전기의 단자전압 V는? (단, Φ_s[Wb] : 직권계자권선에 의한 자속, Φ_f[Wb] : 분권계자의 자속, R_a[Ω] : 전기자의 저항, R_s[Ω] : 직권계자저항, I_a[A] : 전기자의 전류, I[A] : 부하전류, n[rps] : 속도, $k = \dfrac{PZ}{a}$ 이며 자기회로의 포화현상과 전기자 반작용은 무시한다.)

① $V = k(\Phi_f + \Phi_s)n - I_a R_a - IR_s$[V]
② $V = k(\Phi_f - \Phi_s)n - I_a R_a - IR_s$[V]
③ $V = k(\Phi_f + \Phi_s)n - I_a(R_a + R_s)$[V]
④ $V = k(\Phi_f - \Phi_s)n - I_a(R_a + R_s)$[V]

풀이 단자전압
$V = E - I_a(R_a + R_s)$[V] $= k\Phi n - I_a(R_a + R_s)$[V]
$\left(\because E = \dfrac{pZ}{a}\Phi n = k\Phi n\right)$
$= k(\Phi_f - \Phi_s)n - I_a(R_a + R_s)$[V]
(∵ 차동복권이므로 분권계자와 직권계자의 자속이 반대, $\Phi = \Phi_f - \Phi_s$)   **답** ④

43 동기전동기에서 전기자 반작용을 설명한 것 중 옳은 것은?
① 공급전압보다 앞선 전류는 감자작용을 한다.
② 공급전압보다 뒤진 전류는 감자작용을 한다.
③ 공급전압보다 앞선 전류는 교차자화작용을 한다.
④ 공급전압보다 뒤진 전류는 교차자화작용을 한다.

풀이 동기전동기의 전기자 반작용
① 전압과 전류가 동상인 전류 : 횡축반작용(교차자화작용)
② 진상(앞선)인 전류 : 직축반작용(감자작용)
③ 지상(뒤진)인 전류 : 직축반작용(증자작용)   **답** ①

44 3상 동기발전기의 각 상의 유기기전력에서 제3고조파를 제거할 수 있는 $\beta = \dfrac{\text{코일간격}}{\text{극간격}}$ 은? (단, 전기자 권선은 단절권으로 한다.)
① 0.11
② 0.33
③ 0.67
④ 1.34

풀이 • 제n고조파에 대한 단절 계수(코일 간격/극 간격)
$K_{pn} = \sin\dfrac{n\beta\pi}{2}$ 이므로 제3고조파에 대한 단절 계수 $K_{p3} = \sin\dfrac{3\beta\pi}{2}$ 이다.
• $\sin\theta$의 값이 0이 되기 위해서는 $\theta = 0, \pi, 2\pi, \cdots$ 가 되어야 한다.
• $\dfrac{3\beta\pi}{2}(=\theta)$가 $0, \pi, 2\pi, \cdots$ 이 되기 위한 β는 0, 0.67, 1.33, … 이나, 이 중에서 1보다 작고 가장 가까운 $\beta = 0.67$이 제일 적당하다.   **답** ③

45 100[HP], 600[V], 1200[rpm]의 직류분권전동기가 있다. 분권계자저항이 400[Ω], 전기자저항이 0.22[Ω]이고 정격부하에서의 효율이 90[%]일 때 전부하 시의 역기전력은 약 몇 [V]인가?
① 550
② 570
③ 590
④ 610

풀이 전동기의 입력을 P라고 하면
$$P = \frac{100 \times 746}{0.9} = 82888[\text{W}]$$
선부하전류 I는 $I = \frac{82888}{600} = 138[\text{A}]$
계자전류 I_f는 $I_f = \frac{600}{400} = 1.5[\text{A}]$
전기자 전류 I_a는
$I_a = I - I_f = 138 - 1.5 = 136.5[\text{A}]$
따라서 역기전력 E는
$\therefore E = V - I_a R_a = 600 - 136.5 \times 0.22$
$\fallingdotseq 570[\text{V}]$

답 ②

46 반작용 전동기의 용도에 가장 적합한 것은?
① 전기 시계
② 선풍기
③ 펌프
④ 엘리베이터

풀이 반작용 전동기는 자극만 있고 여자권선이 없는 회전자를 가진 일종의 동기전동기로서 출력은 작고 역률이 낮지만 직류전원을 필요로 하지 않으므로 구조가 간단하여 전기시계 및 각종 측정장치용으로 사용된다.

답 ①

47 단상 유도 전압 조정기의 1차 전압 100[V], 2차 100±30[V], 2차 전류는 50[A]이다. 이 조정 정격은 몇 [kVA]인가?
① 1.5
② 3.5
③ 15
④ 50

풀이 단상 유도 전압 조정기의 용량은
$$P = 부하 용량 \times \frac{승압 전압}{고압측 전압}$$
$= 130 \times 50 \times \frac{30}{130} \times 10^{-3} = 1.5[\text{kVA}]$

답 ①

48 부하 급변시 부하각과 부하 속도가 진동하는 난조 현상을 일으키는 원인이 아닌 것은?
① 원동기의 조속기 감도가 너무 예민한 경우
② 자속의 분포가 기울어져 자속의 크기가 감소한 경우
③ 전기자 회로의 저항이 너무 큰 경우
④ 원동기의 토크에 고조파가 포함된 경우

풀이 난조 방지법으로는 제동 권선을 사용하는 것이 적당하다.

원인	대책
원동기의 조속기 감도가 지나치게 예민한 경우	조속기를 적당히 조정
원동기의 토크에 고조파 토크가 포함된 경우	디젤 기관 등에 생기는 문제로 회전부의 플라이휠 효과를 적당히 선정
전기자 회로의 저항이 상당히 큰 경우	회로의 저항을 작게 하거나 리액턴스를 삽입
부하가 맥동할 때	회전부의 플라이휠 효과를 적당히 선정

답 ②

49 사이리스터를 이용한 교류전압제어 방식은?
① 위상제어 방식
② 레오나드 방식
③ 초퍼 방식
④ TRC(time ratio control) 방식

풀이 사이리스터의 점호각(α)을 조정하여 정류전압(E_d)을 가감하는 것을 위상제어 방식이라고 한다.

답 ①

50 3상 유도전동기의 원선도를 그리는 데 필요하지 않은 시험은?
① 슬립측정시험
② 구속시험
③ 무부하시험
④ 저항측정시험

풀이 원선도 작성에 필요한 시험은 변압기 특성 시험과 같으며, 저항 측정, 무부하시험, 구속시험이 있다. 슬립은 원선도 상에서 구할 수 있다.

답 ①

51 3상 유도전동기의 리액터 기동의 리액터 대신 저항을 넣어 기동하는 방식은?
① 콘돌퍼 방식
② 1차 저항 방식
③ 소프트 스타터 방식
④ Y-△ 방식

풀이 1차 저항 기동방식
리액터 기동방식에 리액터 대신에 저항기를 사용한 것으로서 전동기의 전원측에 직렬로 저항을 접속하고 전원전압을 낮게 감압하여 기동한 후 서서히 저항을 감소시켜 가속하고 전속도에 도달하면 이를 단락하는 방법이다.
이 방식은 주로 소용량 전동기를 기동할 때 기계적 충격을 완화하기 위해 사용하는 경우가 많다.
그러나 다른 방식에 비하여 기동효율이 떨어지며, 기동전류가 감소하는 비율보다도 기동토크의 감소율이 큰 관계로 무부하 또는 경부하 기동에 사용된다. 　답 ②

52 동기발전기를 회전계자형으로 사용하는 이유 중 틀린 것은?

① 기전력의 파형을 개선한다.
② 계자극은 기계적으로 튼튼하게 만들기 쉽다.
③ 전기자권선은 전압이 높고 결선이 복잡하다.
④ 계자회로는 직류의 저압회로이며, 소요전력이 적다.

풀이 ① 동기기를 회전 계자형으로 하는 이유
- 전기자 권선은 전압이 높고 결선이 복잡하며, 대용량으로 되면 전류도 커지고, 3상 권선의 경우에는 4개의 도선을 인출하여야 한다.
- 계자 회로는 직류의 저압 회로이므로 소요 동력도 작으며, 인출 도선이 2개만 있어도 되기 때문이다.
- 계자극은 기계적으로 튼튼하게 만드는 데 용이하기 때문이다.
- 고장 시의 과도 안정도를 높이기 위하여 회전자의 관성을 크게 하기 쉽기 때문이기도 하다.
② 기전력의 파형을 개선하기 위해서는 전기자 권선을 단절권 및 분포권으로 한다. 　답 ①

53 어떤 직류 발전기의 유기 기전력이 206[V]이다. 이것에 1.25[Ω]의 부하 저항을 연결하였을 때의 단자 전압은 195[V]이었다. 전기자 저항은 몇 [Ω]인가?

① 0.0321　　② 0.0424
③ 0.0705　　④ 0.0894

풀이 $I = \dfrac{V}{R} = \dfrac{195}{1.25} = 156[A]$, $E = V + Ir_a[V]$이므로

∴ $r_a = \dfrac{E-V}{I} = \dfrac{206-195}{156} = 0.0705[\Omega]$ 　답 ③

54 직류 분권 전동기가 있다. 단자 전압이 215[V], 전기자 전류가 50[A], 전기자의 전저항이 0.1[Ω], 회전 속도 1500[rpm]일 때 발생 토크[kg·m]를 구하여라.

① 6.82[kg·m]　　② 6.68[kg·m]
③ 68.2[kg·m]　　④ 66.8[kg·m]

풀이 역기전력
$E_c = V - I_a r_a = 215 - 50 \times 0.1 = 210[V]$
따라서 토크
$\tau = 0.975 \dfrac{P}{N} = 0.975 \dfrac{E_c I_a}{N} = 0.975 \times \dfrac{210 \times 50}{1500}$
$= 6.82[\text{kg} \cdot \text{m}]$ 　답 ①

55 유도전동기에서 권선형 회전자에 비해 농형 회전자의 특성이 아닌 것은?

① 구조가 간단하고 효율이 좋다.
② 견고하고 보수가 용이하다.
③ 대용량에서 기동이 용이하다.
④ 중, 소형 전동기에 사용된다.

풀이 농형 유도전동기의 특성
① 농형 유도전동기는 권선형에 비해 구조가 간단하며 튼튼하다.
② 중, 소형 유도전동기에 널리 사용되며, 대형이 되면 기동 토크가 작아 기동이 곤란하게 된다. 　답 ③

56 전원 주파수와 다른 주파수의 전력으로 변환시키는 장치는?

① 쵸퍼　　② 사이클로 컨버터
③ 인버터　　④ 컨버터

풀이 사이클로 컨버터란 정지 사이리스터 회로에 의해 전원 주파수와 다른 주파수의 전력으로 변환시키는 집적 회로 장치이다. 　답 ②

57 3상 유도전동기에서 2차측 저항을 2배로 하면 그 최대 토크는 어떻게 되는가?

① 2배로 된다.　　② $\dfrac{1}{2}$로 줄어든다.
③ $\sqrt{2}$ 배가 된다.　　④ 변하지 않는다.

풀이
- 최대 토크는 2차 저항에 무관($T_m \propto \dfrac{V^2}{2x_2}$)
- 최대 토크를 발생하는 슬립만 2차 저항에 비례

  ($s_m \fallingdotseq \pm \dfrac{r_2}{x_2}$)

답 ④

58 변압기 단락시험에서 변압기의 임피던스 전압이란?

① 1차 전류가 여자전류에 도달했을 때의 2차 측 단자전압
② 1차 전류가 정격전류에 도달했을 때의 2차 측 단자전압
③ 1차 전류가 정격전류에 도달했을 때의 변압기 내의 전압강하
④ 1차 전류가 2차 단락전류에 도달했을 때의 변압기 내의 전압강하

풀이 변압기 2차측을 단락하고 1차측에 정격 주파수의 전압을 가하여 1차 전류를 측정한다. 전압을 서서히 증가시켜 **1차 전류가 정격전류와 같게 될 때 1차에 가한 전압을 임피던스 전압이라 하며, 변압기 내의 전압강하를 의미한다.** 또한 이때의 입력을 임피던스와트(전부하 동손)라고 한다.

답 ③

59 스테핑 모터의 특징을 설명한 것으로 옳지 않은 것은?

① 위치제어를 할 때 각도 오차가 적고 누적되지 않는다.
② 속도제어 범위가 좁으며 초저속에서 토크가 크다.
③ 정지하고 있을 때 그 위치를 유지해주는 토크가 크다.
④ 가속, 감속이 용이하며 정·역전 및 변속이 쉽다.

풀이 스텝모터의 장·단점
[장점]
① 다른 서보모터와 달리 위치 및 속도를 검출하기 위한 장치가 필요 없다.
② 다른 디지털 기기와의 인터페이스가 쉽다.
③ 가속, 감속이 용이하며 정·역전 및 변속이 쉽다.
④ **속도제어 범위가 광범위하며**, 초저속에서 큰 토크를 얻을 수 있다.
⑤ 위치제어를 할 때 각도 오차가 적고 누적되지 않는다.
⑥ 정지하고 있을 때 그 위치를 유지해주는 토크가 크다.
⑦ 브러시, 슬립 링 등이 없고 부품수가 적기 때문에 유지 보수의 필요성이 적다.
[단점]
① 분해 조립, 또는 정지위치가 한정된다.
② 효율이 서보모터에 비해 나쁘다.
③ 마찰 부하의 경우 위치 오차가 크다.
④ 오버슈트 및 진동의 문제가 있다.
⑤ 대용량의 대형기는 만들기 어렵다.

답 ②

60 3상 권선형 유도전동기의 2차 회로의 한 상이 단선된 경우에 약간의 과부하 상태에서도 슬립이 50[%]인 곳에서 운전이 되는 것을 무엇이라 하는가?

① 차동기 운전　② 자기여자
③ 게르게스 현상　④ 난조

풀이 **게르게스 현상**이란 3상 권선형 유도전동기의 2차 회로 중 1선이 단선된 경우에 약간의 과부하 상태에서도 슬립 $s = 0.5$ 부근에서 가속되지 않는 현상을 말한다.

답 ③

2023년 - 1회 _ 공사기사

41 직류발전기의 전기자 권선법 중 단중 파권과 단중 중권을 비교했을 때 단중 파권에 해당하는 것은?

① 고전압 대전류　② 저전압 소전류
③ 고전압 소전류　④ 저전압 대전류

풀이 중권과 파권의 비교

구분	중권(병렬권)	파권(직렬권)
전기자 병렬회로 수 a	$p\ (a=mp)$	$2\ (a=2m)$
브러시 수 b	p	2
용도	저전압, 대전류	고전압, 소전류
균압접속	4극 이상이면 균압접속을 하여야 한다.	균압접속은 필요 없다.

여기서, m : 다중도

답 ③

42 직류발전기의 유기기전력과 반비례하는 것은?

① 자속 ② 회전수
③ 전체 도체수 ④ 병렬 회로수

풀이 유기기전력 $E = p\phi n \times \dfrac{Z}{a}$ [V]

여기서, n : 회전수[rps], a : 내부 병렬회로 수
Z : 총 도체 수, p : 극수[극]
ϕ : 매 극당 자속[Wb]이므로
유기기전력(E)과 병렬회로수(a)는 반비례한다.

답 ④

43 다음 ( )안에 알맞은 내용은?

> 직류전동기의 회전속도가 위험한 상태가 되지 않으려면 직권 전동기는 (㉠) 상태로, 분권전동기는 (㉡) 상태가 되지 않도록 하여야 한다.

① ㉠ 무부하, ㉡ 무여자
② ㉠ 무여자, ㉡ 무부하
③ ㉠ 무여자, ㉡ 경부하
④ ㉠ 무부하, ㉡ 경부하

풀이

종류	위험상태
직권 전동기	무부하 ($\because n \propto \dfrac{1}{I}$)
분권 전동기	무여자 ($\because n \propto \dfrac{1}{I_f}$)

직권 전동기는 무부하, 분권 전동기는 무여자가 되면 속도(n)가 고속이 되어 위험상태가 된다. **답 ①**

44 일반적인 직류전동기의 정격표시 용어로 틀린 것은?

① 연속정격 ② 중시간정격
③ 반복정격 ④ 단시간정격

풀이
① **연속 정격** : 하루 24시간을 계속 운전해도 무리하지 않을 정도의 부하양의 한도
② **반복정격** : 주기적으로 반복하는 부하에 적합한 정격
③ **단시간 정격** : 짧은 시간 즉 10분, 30분, 60분 90분 간에 온도 상승 한도를 초과하지 않고, 그 밖의 제한 조건 내에서 운전할 수 있는 정격
④ **공칭 정격** : 전동차 등에 사용하는 정격으로 제시한 정격 용량보다 2배 정도의 부하를 증가해도 무리 없이 운전될 수 있는 여유 있는 정격 **답 ②**

45 동기전동기에서 감자작용을 할 때는 어떤 경우인가?

① 공급전압보다 앞선 전류가 흐를 때
② 공급전압보다 뒤진 전류가 흐를 때
③ 공급전압과 동상전류가 흐를 때
④ 공급전압에 상관없이 전류가 흐를 때

풀이 동기 전동기의 경우 전기자 반작용

역률	부하	전류와 전압과의 위상	작 용
역률 1	저항	V와 I_a가 동상인 경우	교차 자화 작용 (횡축 반작용)
뒤진 역률 0	유도성 부하	V보다 I_a가 $\pi/2$ 앞서는 경우	감자 작용 (직축 반작용)
앞선 역률 0	용량성 부하	V보다 I_a가 $\pi/2$ 뒤지는 경우	증자 작용 (자화 작용)

답 ①

46 직류 분권전동기의 속도제어 방법 중 계자제어방식에 대한 설명으로 옳지 않은 것은?

① 조정폭이 좁다.
② 계자 저항기에 흐르는 전류가 적기 때문에 전력손실이 적고, 조작이 간편하다.
③ 계자권선과 병렬 연결된 저항을 조절해서 조정한다.
④ 정출력 제어이다.

풀이 ① 직류 전동기의 속도제어

전압 제어 (V)	효율이 좋다.	• 정토크 제어 • 광범위 속도제어 • 일그너 방식(부하가 급변하는 곳) • 워드레너드 방식 • 직병렬 제어
계자 제어 (ϕ)	효율이 좋다.	• 정출력 제어 • 세밀하고 안정된 속도제어 • 속도 조정 범위 좁다.
저항 제어 (R_a)	효율이 나쁘다.	• 속도 조정 범위 좁다.

② 계자 제어는 계자와 직렬 연결된 저항을 조절해서 조정한다.

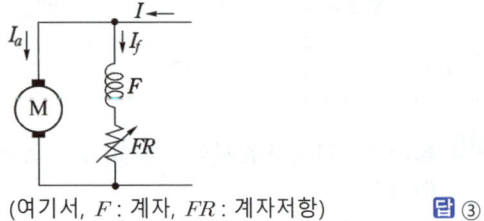

(여기서, F : 계자, FR : 계자저항) **답** ③

47 비돌극형 회전자를 가진 동기발전기는 부하각 δ가 몇 도일 때 최대 출력을 낼 수 있는가?

① $0°$ ② $45°$
③ $90°$ ④ $120°$

풀이
- 돌극형은 부하각 $\delta = 60°$ 부근에서 최대 출력이 되고, 정격 운전 시는 $20°$ 부근이다.
- 비돌극기(원통형 회전자)는 $\delta = 90°$에서 최대가 된다. **답** ③

48 동기발전기의 무부하 포화곡선은 그림 중 어느 것인가? (단, V는 단자전압, I_f는 여자전류이다.)

① ㉮
② ㉯
③ ㉰
④ ㉱

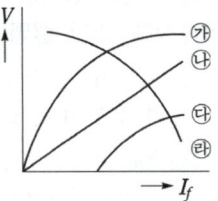

풀이 ㉮ 무부하 포화 곡선 ㉯ 단락 곡선
㉰ 전부하 포화 곡선 ㉱ 외부 특성 곡선 **답** ①

49 누설변압기의 설명 중 틀린 것은?

① 2차 전류가 증가하면 누설자속이 증가한다.
② 리액턴스가 크기 때문에 전압 변동률이 크다.
③ 2차 전류가 증가하면 2차 전압강하가 증가한다.
④ 누설자속이 증가하면, 주자속은 증가하여 2차 유도기전력이 증가한다.

풀이 누설변압기는 2차 전류가 증가하려 하면 1차 및 2차 누

설자속이 증가하여 2차 유기기전력이 감소하고 전압강하는 증대되어 2차 전류는 감소하게 되는 특성이 있다. **답** ④

50 전력용 변압기에서 1차에 정현파 전압을 인가하였을 때, 2차에 정현파 전압이 유기되기 위해서는 1차에 흘러들어가는 여자전류는 기본파 전류 외에 주로 몇 고조파 전류가 포함되는가?

① 제2고조파 ② 제3고조파
③ 제4고조파 ④ 제5고조파

풀이 변압기 철심에는 자기포화현상과 히스테리시스 현상으로 인하여, 자속을 만드는 여자전류는 정현파로 될 수 없으며 고조파를 포함하는 왜형파가 된다. 따라서 1차에 흘러들어가는 여자전류는 기본파 전류 외에 제3고조파 전류가 포함되어 있다. **답** ②

51 단상변압기 3대로 $\triangle - Y$ 결선을 할 때, 2차 선간전압(V_2)과 1차 선간전압(V_1)의 위상차는?

① 1차 선간전압이 2차 선간전압보다 $30°$ 앞선다.
② 1차 선간전압이 2차 선간전압 보다 $30°$ 뒤진다.
③ 2차 선간전압이 1차 선간전압 보다 $60°$ 앞선다.
④ 2차 선간전압이 1차 선간전압 보다 $60°$ 뒤진다.

풀이 ① △결선
- $V_l(V_1) = V_p \angle 0°$, $I_l = \sqrt{3} I_p \angle -30°$
② Y결선
- $V_l(V_2) = \sqrt{3} V_p \angle 30°$, $I_l = I_p$

따라서 V_1이 V_2보다 $30°$ 뒤진다. **답** ②

52 6극인 유도전동기의 토크가 τ이다. 극수를 12극으로 변환하였다면 변환한 후의 토크는?

① τ ② 2τ
③ $\dfrac{\tau}{2}$ ④ $\dfrac{\tau}{4}$

풀이
$\tau = 0.975 \dfrac{P_2}{N_s} = 0.975 \dfrac{P_2}{\dfrac{120}{p}f}$ [kg·m] 이므로,

$\tau \propto p$(극수)이다.
극수가 6극에서 12극으로 2배 증가하였으므로,
토크도 2배가 증가하게 된다. 답 ②

53 비례추이와 관계있는 전동기로 옳은 것은?

① 동기전동기
② 농형 유도전동기
③ 단상정류자전동기
④ 권선형 유도전동기

풀이 비례추이란 2차 회로 저항의 크기를 조정함으로써 그 크기를 제어할 수 있는 요소를 말하며, 비례추이는 2차 저항의 크기를 변화시킬 수 있는 권선형 유도전동기에서 사용된다. 답 ④

54 VVVF(Variable Voltage Variable Frequency)는 어떤 전동기의 속도 제어에 사용되는가?

① 동기전동기
② 유도전동기
③ 직류 복권전동기
④ 직류 타여자전동기

풀이 유도전동기 속도제어법에는 극수변환, 전원주파수를 변화하는 방법(VVVF에 의한 속도제어), 2차 여자법, 1차 전압제어, 2차 저항제어법 등이 있다. 답 ②

55 유도 전동기의 속도 제어법이 아닌 것은?

① 2차 저항법   ② 2차 여자법
③ 1차 저항법   ④ 주파수 제어법

풀이
• 농형 유도 전동기의 속도 제어법은
① 주파수를 바꾸는 방법
② 극수를 바꾸는 방법
③ 전원 전압을 바꾸는 방법
• 권선형 유도 전동기는
① 2차 저항을 제어하는 방법
② 2차 여자법 등이 있다. 답 ③

56 단상 유도전압조정기의 2차 전압이 100±30 [V]이고, 직렬권선의 전류가 6[A]인 경우 정격 용량은 몇 [VA]인가?

① 780   ② 420
③ 312   ④ 180

풀이 단상 유도 전압 조정기의 용량

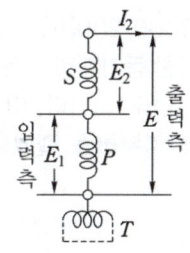

$P = E_2$(조정전압)$\times I_2 = 30 \times 6 = 180$[VA] 답 ④

57 다음 ( ) 안에 옳은 내용을 순서대로 나열한 것은?

> SCR에서는 게이트 전류가 흐르면 순방향의 저지상태에서 (   ) 상태로 된다.
> 게이트 전류를 가하여 도통 완료까지의 시간을 (   ) 시간이라 하고 이 시간이 길면 (   )시의 (   ) 이 많고 소자가 파괴된다.

① 온(On), 턴온(Turn on), 스위칭, 전력손실
② 온(On), 턴온(Turn on), 전력손실, 스위칭
③ 스위칭, 온(On), 턴온(Turn on), 전력손실
④ 턴온(Turn on), 스위칭, 온(On), 전력손실

풀이 사이리스터를 확실히 턴온시키기 위해 필요한 최소한의 순전류를 래칭전류라 하고, 게이트가 개방되어 도통되고 있는 상태를 유지하기 위한 최소의 순전류를 유지전류라고 한다. 답 ①

58 입력전압이 220[V]일 때 3상 전파제어정류회로에서 얻을 수 있는 직류 전압은 몇 [V]인가? (단, 최대전압은 점호각 $\alpha = 0$일 때이고, 3상에서 선간전압으로 본다.)

① 152   ② 198
③ 297   ④ 317

풀이

$$E_{d\pi} = \frac{2}{2\pi/6}\int_0^{\pi/6} \sqrt{6}\,V\cos\theta d\theta = \frac{3\sqrt{6}}{\pi}V$$

$$= \frac{3\sqrt{6}}{\pi}\cdot\frac{V_l}{\sqrt{3}} = \frac{3\sqrt{2}}{\pi}V_l = \frac{6\sqrt{2}}{2\pi}V_l$$

$$= 1.35\,V_l\,[V]$$

$$\therefore E_{d\pi} = 1.35\,V_l = 1.35\times 220 = 297\,[V]$$

답 ③

59 5[kVA], 2000/200[V]의 단상변압기가 있다. 2차로 환산한 등가저항과 등가 리액턴스는 각각 0.14[Ω], 0.16[Ω]이다. 이 변압기에 역률 0.8 (뒤짐)의 정격부하를 걸었을 때의 전압변동률 [%]은?

① 0.026 ② 0.26
③ 2.6   ④ 26

풀이
- 2차측 정격전류

$$I_{2n} = \frac{P}{V_2} = \frac{5000}{200} = 25\,[A]$$

- %저항 강하

$$p = \frac{I_{2n}\,r_2}{V_{2n}}\times 100 = \frac{25\times 0.14}{200}\times 100 = 1.75\,[\%]$$

- %리액턴스 강하

$$q = \frac{I_{2n}\,x_2}{V_{2n}}\times 100 = \frac{25\times 0.16}{200}\times 100 = 2\,[\%]$$

따라서 전압 변동률

$$\epsilon = p\cos\theta + q\sin\theta = 1.75\times 0.8 + 2\times 0.6$$
$$= 2.6\,[\%]$$

답 ③

60 정격 용량 1000[kVA]인 교류 발전기가 뒤진 역률 0.75, 출력 600[kW]의 유도전동기에 전력을 공급하고 있다. 이 발전기가 정격 용량을 초과하지 않는 범위에서 추가로 역률 100[%], 60[W] 백열전구 몇 등을 최대로 켤 수 있겠는가? 단, 유도전동기의 효율은 0.88이다.

① 1924개 ② 1934개
③ 1944개 ④ 1953개

풀이 유도 전동기의 유효 전력을 P_m[kW], 무효 전력을 Q_m[kVar], 전구의 소비 전력을 P_l[kW]라 하면

$$P_m = \frac{600}{0.88} = 681.82$$

$$Q_m = \frac{681.82}{0.75}\sin\phi = 757\sqrt{1-0.75^2} = 601.31$$

$$(P_m + P_l)^2 + Q_m^2 = 1000^2$$

$$\rightarrow P_l = \sqrt{1000^2 - 601.31^2} - 681.82 = 117.2\,[kW]$$

$$\therefore 전구의 개수 = \frac{117.2\times 10^3}{60} = 1953.33 \rightarrow 1953개$$

답 ④

2023년 - 2회 _ 전기기사

41 직류기의 전기자에 일반적으로 사용되는 전기자 권선법은?

① 2층권   ② 개로권
③ 환상권   ④ 단층권

풀이 직류기의 전기자 권선법으로 **이층권**, 고상권, 폐로권을 채택한다. **답** ①

42 대형 직류 전동기의 토크를 측정하는데 가장 적당한 방법은?

① 전기 동력계
② 와전류 제동기
③ 프로니 브레이크법
④ 앰플리다인

풀이
- 전기 동력계 : 대형 전동기 및 수차 등의 출력이나 토크 측정
- 와전류 제동기 : 소형의 전동기 토크 측정
- 프로니 브레이크 법 : 소형의 전동기 토크 측정
- 앰플리다인 : 증폭기 **답** ①

43 단상 직권전동기의 종류가 아닌 것은?

① 직권형   ② 아트킨손형
③ 보상직권형   ④ 유도보상직권형

풀이 ① 단상 정류자 전동기

직권특성	• 단상 직권전동기 : 직권형, 보상직권형, 유도보상직권형 • **단상 반발 전동기 : 아트킨손형** 전동기, 톰슨 전동기, 데리 전동기
분권특성	현재 실용화 되지 않고 있음

② 3상 분권 정류자 전동기 : 시라게 전동기 **답** ②

44 특수전동기에 대한 설명 중 틀린 것은?

① 릴럭턴스 동기전동기는 릴럭턴스 토크에 의해 동기속도로 회전한다.
② 히스테리시스전동기의 고정자는 유도전동기 고정자와 동일하다.
③ 스테퍼전동기 또는 스텝모터는 피드백 없이 정밀 위치 제어가 가능하다.
④ 선형 유도전동기의 동기속도는 극수에 비례한다.

풀이 선형 유도전동기(Linear Induction Motor)의 속도
  $v = 2f\tau$ [rpm] (여기서, τ[m] : 극 피치)
  따라서, 선형 유도전동기의 속도는 극수와 무관하다.
  답 ④

45 3상 동기발전기의 전기자권선을 2중 성형결선으로 했을 때 발전기의 용량[VA]은?

① $\sqrt{3}EI$ ② $2\sqrt{3}EI$
③ $3EI$ ④ $6EI$

풀이 3상 접속법과 선간전압, 선전류, 피상전력의 관계

	선간전압	선전류	피상 전력
성형	$2\sqrt{3}E$	I	$\sqrt{3} \times 2\sqrt{3}E \times I = 6EI$
Δ형	$2E$	$\sqrt{3}I$	$\sqrt{3} \times 2E \times \sqrt{3}I = 6EI$
지그재그 성형	$3E$	I	$\sqrt{3} \times 3E \times I = 5.19EI$
2중 성형	$\sqrt{3}E$	$2I$	$\sqrt{3} \times \sqrt{3}E \times 2I = 6EI$
2중 Δ형	E	$2\sqrt{3}I$	$\sqrt{3} \times E \times 2\sqrt{3}I = 6EI$
지그재그 Δ형	$\sqrt{3}E$	$\sqrt{3}I$	$\sqrt{3} \times \sqrt{3}E \times \sqrt{3}I = 5.19EI$

답 ④

46 전압비 3300/105[V],
1차 누설 임피던스 $Z_1 = 12 + j13$[Ω],
2차 누설 임피던스 $Z_2 = 0.015 + j0.013$[Ω]
의 변압기가 있다.
1차로 환산한 등가 임피던스[Ω]는?

① $12.015 + j13.013$
② $26.82 + j25.84$
③ $0.027 + j0.026$
④ $11,854.154 + j12,841.997$

풀이 권수비 $a = \dfrac{3300}{105} = 31.43$

- $r' = r_1 + r_2' = r_1 + a^2 r_2 = 12 + 0.015 \times 31.43^2$
  $= 26.82$[Ω]
- $x' = x_1 + x_2' = x_1 + a^2 x_2 = 13 + 0.013 \times 31.43^2$
  $= 25.84$[Ω]
- $\therefore Z' = r' + x' = 26.82 + j25.84$
  $= \sqrt{(26.82)^2 + (25.84)^2} = 37.24$[Ω] **답** ②

47 변압기 단락시험에서 변압기의 임피던스 전압이란?

① 1차 전류가 여자전류에 도달했을 때의 2차 측 단자전압
② 1차 전류가 정격전류에 도달했을 때의 2차 측 단자전압
③ 1차 전류가 정격전류에 도달했을 때의 변압기 내의 전압강하
④ 1차 전류가 2차 단락전류에 도달했을 때의 변압기 내의 전압강하

풀이 변압기 2차측을 단락하고 1차측에 정격 주파수의 전압을 가하여 1차 전류를 측정한다. 전압을 서서히 증가시켜 **1차 전류가 정격전류와 같게 될 때 1차에 가한 전압을 임피던스 전압이라 하며, 변압기 내의 전압강하를 의미한다.** 또한 이때의 입력을 임피던스와트(전부하 동손)라고 한다. **답** ③

48 권선형 유도전동기와 직류분권전동기와의 유사한 점 두 가지는?

① 정류자가 있다. 저항으로 속도 조정이 된다.
② 속도변동률이 작다. 토크가 전류에 비례한다.
③ 속도가 가변, 기동 토크가 기동전류에 비례한다.
④ 속도변동률이 작다. 저항으로 속도 조정이 된다.

풀이
- 권선형 유도전동기 속도제어 : 2차 저항제어법
- 직류분권전동기 속도제어 : 직렬저항제어법 **답** ④

49 변압기의 1차측을 Y결선, 2차측을 △결선으로 한 경우 1차와 2차 간의 전압의 위상차는?

① 0° ② 30°
③ 45° ④ 60°

풀이
- Y결선에서 선간전압은 상전압에 비해 크기가 $\sqrt{3}$ 배이고 위상은 30° 앞선다.
- △결선에서 선간전압은 상전압과 크기와 위상이 같다.

따라서, Y-△결선 시 1차 선간전압은 2차 선간전압보다 30° 위상이 앞선다. **답 ②**

50 50[Hz]로 설계된 3상 유도전동기를 60[Hz]에 사용하는 경우 단자전압을 110[%]로 높일 때 일어나는 현상으로 틀린 것은?

① 철손불변
② 여자전류감소
③ 온도상승증가
④ 출력이 일정하면 유효전류 감소

풀이 주파수는 $\frac{60[\text{Hz}]}{50[\text{Hz}]} = 1.2$배 상승하고 단자전압은 1.1배 상승한다고 하면

① 철손은 $fB^2 \propto f\left(\frac{V}{f}\right)^2 = \frac{V^2}{f} = \frac{1.1^2}{1.2} \fallingdotseq 1$이므로 불변하고, 유효전류는 $I_w \propto \frac{1}{V} = \frac{1}{1.1} \fallingdotseq 0.9$로 감소한다.

② 여자 전류는 $I_0 \propto \frac{V}{f}$이므로 $\frac{1.1}{1.2} \fallingdotseq 0.9$배로 감소한다.

③ 역률은 $\frac{I_0}{I_w}$의 함수이므로 불변한다.

④ 여자 전류 감소, 철손 불변, 유효전류 감소에서 손실은 일정하거나 다소 감소하고, 속도가 증가하므로 냉각팬의 효과도 증가하여 온도 상승은 감소한다. **답 ③**

51 유도전동기의 토크 속도 곡선이 비례추이 한다는 것은 그 곡선이 무엇에 비례해서 이동하는 것을 말하는가?

① 슬립 ② 회전 수
③ 공급전압 ④ 2차 합성저항

풀이 권선형 유도전동기에서 2차 저항이 증가하면 토크 곡선 등이 슬립이 증가하는 방향으로 2차 저항에 비례하며 이동한다. 즉 같은 토크에서 2차 저항과 슬립은 비례하는데, 이를 비례 추이라 한다. **답 ④**

52 3상 농형 유도전동기의 기동방법으로 틀린 것은?

① Y-△ 기동
② 2차 저항에 의한 기동
③ 전전압 기동
④ 리액터 기동

풀이 농형 유도전동기의 기동법
① 전 전압 기동기(5[kW] 이하의 소형)
② Y-△(5~15[kW] 정도)
③ 리액터 기동 (기동 전류를 제한하고자 할 때)
④ 기동 보상기(15[kW] 이상)

2차 저항에 의한 기동은 권선형 유도전동기의 기동법이다. **답 ②**

53 일반적인 전동기에 비하여 리니어 전동기(linear motor)의 장점이 아닌 것은?

① 구조가 간단하여 신뢰성이 높다.
② 마찰을 거치지 않고 추진력이 얻어진다.
③ 원심력에 의한 가속제한이 없고 고속을 쉽게 얻을 수 있다.
④ 기어, 벨트 등 동력 변환기구가 필요 없고 직접 원운동이 얻어진다.

풀이 리니어 모터란 회전기의 회전자 접속 방향에 발생하는 전자력을 직선적인 기계 에너지로 변환시키는 장치로서 다음과 같은 장·단점을 가지고 있다.
① 장점
  - 모터 자체의 구조가 간단하여 신뢰성이 높고 보수가 용이하다.
  - 기어, 벨트 등 동력 변환 기구가 필요 없고 직접 직선 운동이 얻어진다.
  - 마찰을 거치지 않고 추진력이 얻어진다.
  - 원심력에 의한 가속제한이 없고 고속을 쉽게 얻을 수 있다.
② 단점
  - 회전형에 비하여 역률, 효율이 낮다.
  - 저속도를 얻기 어렵다.
  - 부하관성의 영향이 크다. **답 ④**

54 동기 조상기의 계자를 과여자로 해서 운전 할 경우 틀린 것은?

① 콘덴서로 작용한다.
② 위상이 뒤진 전류가 흐른다.
③ 송전선의 역률을 좋게 한다.
④ 송전선의 전압강하를 감소시킨다.

풀이 동기 조상기는 동기 전동기를 무부하로 회전시켜 직류 계자전류 I_f의 크기를 조정하여 무효전력을 지상 또는 진상으로 제어하는 기기이다.
- 과여자 : 콘덴서(C)로 작용하므로, **위상이 앞선 전류가 흐른다.**
- 부족여자 : 인덕턴스(L)로 작용하므로, 위상이 뒤진 전류가 흐른다. **답** ②

55 자기 누설 변압기의 특징은?

① 전압 변동률이 크다.
② 단락 전류가 크다.
③ 역률이 좋다.
④ 무부하손이 적다.

풀이 누설 변압기는 누설 리액턴스가 크므로 **전압 변동률이 대단히 크며**, 역률도 낮다. 아크용, 방전등, 용접기 등의 기동시에 높은 전압이 필요하고, 사용시에 낮은 전압과 일정하고 큰 전류가 필요한 부하에 사용한다. **답** ①

56 동기 리액턴스 $x_s = 10[\Omega]$, 전기자 권선 저항 $r_a = 0.1[\Omega]$, 유도 기전력 $E = 6400[V]$, 단자 전압 $V = 4000[V]$, 부하각 $\delta = 30°$이다. 3상 동기 발전기의 출력[kW]은? 단, 1상 값이다.

① 1280 ② 3840
③ 5560 ④ 6650

풀이 동기 발전기 1상의 출력
$P = \dfrac{EV}{x_s}\sin\delta = \dfrac{6400 \times 4000}{10} \times \sin 30 \times 10^{-3}$
$= 1280[kW]$ **답** ①

57 그림과 같은 단상 브리지 정류회로(혼합 브리지)에서 직류 평균전압[V]은? (단, E는 교류측 실효치전압, α는 점호제어각이다.)

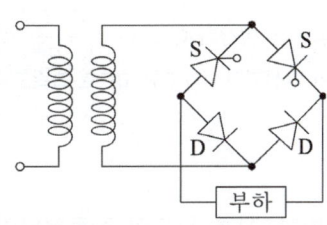

① $\dfrac{2\sqrt{2}E}{\pi}\left(\dfrac{1+\cos\alpha}{2}\right)$

② $\dfrac{\sqrt{2}E}{\pi}\left(\dfrac{1+\cos\alpha}{2}\right)$

③ $\dfrac{2\sqrt{2}E}{\pi}\left(\dfrac{1-\cos\alpha}{2}\right)$

④ $\dfrac{\sqrt{2}E}{\pi}\left(\dfrac{1-\cos\alpha}{2}\right)$

풀이 혼합브리지에서 직류 평균전압 $E_{d\alpha}$은
$E_{d\alpha} = \dfrac{1}{2\pi}\int_0^{2\pi} e_d\, d\theta$
$= \dfrac{1}{\pi}\int_\alpha^{\pi+\alpha} \sqrt{2}E\sin\omega t\, d(\omega t)$
$= \dfrac{2\sqrt{2}E}{\pi}\left(\dfrac{1+\cos\alpha}{2}\right)$ **답** ①

58 반도체 정류기에 적용된 소자 중 첨두 역방향 내전압이 가장 큰 것은?

① 셀렌 정류기
② 실리콘 정류기
③ 게르마늄 정류기
④ 아산화동 정류기

풀이 실리콘 정류기의 역방향 내전압은 500~1000[V] 정도이다. **답** ②

59 직류 분권 전동기를 무부하로 운전 중 계자 회로에 단선이 생겼다. 다음 중 옳은 것은?

① 즉시 정지한다.
② 과속도로 되어 위험하다.
③ 역전한다.
④ 무부하이므로 서서히 정지한다.

풀이 직류 분권 발전기 속도 $n = k\dfrac{V - I_a R_a}{\phi}$ 이므로 계자 회로가 단선되면 ϕ가 0이 되므로 과속도로 되어 위험하다.
답 ②

60 단상반파 정류 회로의 직류전압이 220[V]일 때 정류기의 역방향 첨두전압은 약 몇 [V]인가?

① 691 ② 628
③ 536 ④ 314

풀이 PIV (첨두역전압)
단상 반파 정류 회로 : PIV $= \sqrt{2}E = \pi E_d$
∴ PIV $= \pi \times 220 = 691.15$[V]
답 ①

2023년 - 2회 _ 공사기사

41 3상 유도전동기에서 회전자가 슬립 s로 회전하고 있을 때 2차 유기전압 E_{2s} 및 2차 주파수 f_{2s}와 s와의 관계는? (단, E_2는 회전자가 정지하고 있을 때 2차 유기기전력이며 f_1은 1차 주파수이다.)

① $E_{2s} = sE_2, \ f_{2s} = sf_1$
② $E_{2s} = sE_2, \ f_{2s} = \dfrac{f_1}{s}$
③ $E_{2s} = \dfrac{E_2}{s}, \ f_{2s} = \dfrac{f_1}{s}$
④ $E_{2s} = (1-s)E_2, \ f_{2s} = (1-s)f_1$

풀이 슬립 $s = \dfrac{N_s - N}{N_s}$ 에서
N_s(회전자계속도) $- N$(회전자속도) $= sN_s$ (상대속도)
즉, 회전자가 슬립 s로 회전하고 있는 경우에 회전자와 회전자계의 상대 속도는 회전자가 정지($N = 0$)하고 있을 때의 s배이기 때문에, 이 경우에 대한 2차 유도 기전력 E_{2s} 및 주파수 f_{2s}도 정지할 때의 s배가 된다.
($E_{2s} = sE_2, \ f_{2s} = sf_1$)
답 ①

42 철심의 단면적이 100[cm²]이고 철심의 최대 자속밀도가 1.4[Wb/m²]인 변압기가 있다. 주파수는 60[Hz], 1차가 6300[V], 2차가 210[V]라고 할 때 각 권선의 권수는 얼마인가? (단, 철심의 점적률은 90[%]이며, 이상변압기라고 한다.)

① 1차 : 1777, 2차 : 61
② 1차 : 1877, 2차 : 63
③ 1차 : 1977, 2차 : 65
④ 1차 : 2077, 2차 : 67

풀이
- $V_1 = 4.44 f N_1 \phi_m \rightarrow$
  $N_1 = \dfrac{V_1}{4.44 f \phi_m} = \dfrac{6300}{4.44 \times 60 \times 1.4 \times 0.01 \times 0.9} \fallingdotseq 1877$
- $V_2 = 4.44 f N_2 \phi_m \rightarrow$
  $N_2 = \dfrac{V_2}{4.44 f \phi_m} = \dfrac{210}{4.44 \times 60 \times 1.4 \times 0.01 \times 0.9} \fallingdotseq 63$

(여기서, $\phi_m = B_m \times A \times$점적률)
답 ②

43 전기자 총 도체수 500, 6극, 중권의 직류전동기가 있다. 전기자 전 전류가 100[A]일 때의 발생 토크는 약 몇 [kg·m]인가? (단, 1극당 자속수는 0.01[Wb]이다.)

① 8.12 ② 9.54
③ 10.25 ④ 11.58

풀이 토크 $\tau = \dfrac{pZ\phi I_a}{2\pi a}$[N·m] $\times \dfrac{1}{9.8}$[kg·m]
$= \dfrac{6 \times 500 \times 0.01 \times 100}{2\pi \times 6} \times \dfrac{1}{9.8}$
$= 8.12$[kg·m]
답 ①

44 전기자저항 0.1[Ω], 직권계자 권선저항 0.2[Ω]의 직권 직류전동기에 200[V]를 가하였더니 부하전류가 20[A]이었다. 이때 전동기의 속도는 약 몇 [rpm]인가? (단, 기계정수는 2.61이다.)

① 1,288 ② 1,388
③ 1,488 ④ 1,520

풀이 직류 직권 전동기의 속도
$N = K\dfrac{V - I_a(R_a + R_s)}{I_a}$[rps] $\times 60$[rpm]이므로
$V = 200$[V], $I_a = 20$[A], $R_a = 0.1$[Ω],

$R_s = 0.2[\Omega]$, $K=2.61$를 대입하면,
$$\therefore N = 2.61 \times \frac{200-20\times(0.1+0.2)}{20} \times 60$$
$$\fallingdotseq 1,520[\text{rpm}]$$
답 ④

45 10[kVA], 2000/100[V] 변압기에서 1차에 환산한 등가 임피던스는 $6.2+j7[\Omega]$이다. 이 변압기의 퍼센트 리액턴스 강하는?

① 3.5   ② 0.175
③ 0.35 ④ 1.75

풀이 1차 정격전류
$$I_{1n} = \frac{P_n}{V_{1n}} = \frac{10\times 10^3}{2000} = 5[\text{A}]$$
%리액턴스 강하
$$q = \frac{I_{1n}x}{V_{1n}}\times 100 = \frac{5\times 7}{2000}\times 100 = 1.75[\%]$$
답 ④

46 직류 복권 발전기를 병렬 운전할 때 반드시 필요한 것은?

① 과부하 계전기
② 균압선
③ 용량이 같을 것
④ 외부 특성 곡선이 일치할 것

풀이 복권 발전기는 직권 계자 권선이 있으므로 균압선 없이는 안정된 병렬 운전을 할 수 없다.
답 ②

47 반파 정류 회로에서 직류 전압 100[V]를 얻는 데 필요한 변압기의 역전압 첨두값[V]은? 단, 부하는 순저항으로 하고 변압기 내의 전압 강하는 무시하며 정류기 내의 전압 강하를 15[V]로 한다.

① 약 181   ② 약 361
③ 약 512   ④ 약 722

풀이 $E = \frac{\pi}{\sqrt{2}}(E_d + v_a) = \frac{\pi}{\sqrt{2}}(100+15) = 255.4[\text{V}]$
$\therefore E_{in} = \sqrt{2}\,E = \sqrt{2}\times 255.4 = 361.1[\text{V}]$
답 ②

48 1차 전압 V_1, 2차 전압 V_2인 단권 변압기를 V 결선했을 때 변압기 용량(등가 용량)과 2차측 출력(부하 용량)과의 비는?

① $\frac{2}{\sqrt{3}} \times \frac{V_1 - V_2}{V_1}$

② $\frac{\sqrt{3}}{2} \times \frac{V_1 - V_2}{V_1}$

③ $\frac{1}{2} \times \frac{V_1 - V_2}{V_1}$

④ $\frac{1}{\sqrt{3}} \times \frac{V_1 - V_2}{V_1}$

풀이

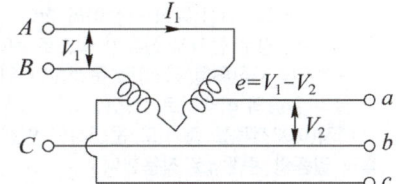

그림과 같은 단권변압기의 V결선에서
변압기 1대의 등가용량은 $eI_1 = (V_1 - V_2)I_1$,
2대로서는 $2eI_1 = 2(V_1 - V_2)I_1$,
이때 3상 부하 용량은 손실을 무시하면 $\sqrt{3}\,V_1 I_1$
$$\therefore \frac{\text{변압기 용량}}{\text{2차측 출력}} = \frac{2(V_1 - V_2)I_1}{\sqrt{3}\,V_1 I_1} = \frac{2}{\sqrt{3}} \times \frac{V_1 - V_2}{V_1}$$
$$= \frac{1}{0.866}\left(1 - \frac{V_2}{V_1}\right)$$
답 ①

49 동기전동기에서 난조를 방지하기 위하여 자극면에 설치하는 권선은?

① 제동권선   ② 계자권선
③ 전기자권선 ④ 보상권선

풀이 제동권선은 회전 자극 표면에 설치한 유도전동기의 농형 권선과 같은 권선으로서 회전자가 동기 속도로 회전하고 있는 동안에는 전압을 유도하지 않으므로 아무런 작용이 없다. 그러나 조금이라도 동기 속도를 벗어나면 전기자 자속을 끊어 전압이 유도되어 단락 전류가 흐르므로 동기 속도로 되돌아가게 된다. 즉, 진동 에너지를 열로 소비하여 진동을 방지한다. 이 제동 권선은 난조 방지에 쓰인다.
답 ①

50 동기 전동기의 전기자 전류가 최소일 때 역률은?

① 0 ② 0.707
③ 0.866 ④ 1

풀이 위상특성곡선(V곡선)

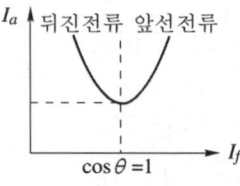

① 전압, 주파수, 출력이 일정할 때 계자(여자) 전류 I_f(횡축)와 전기자 전류 I_a(종축)의 관계를 나타내는 곡선(V 곡선)을 위상 특성 곡선이라 한다.
② 역률이 1인 경우 전기자 전류가 최소로 된다.
③ 부족여자(여자전류를 감소)로 운전하면 뒤진 전류가 흘러 일종의 리액터로 작용한다.
④ 과여자(여자전류를 증가)로 운전하면 앞선 전류가 흘러 일종의 콘덴서로 작용한다. **답** ④

51 변압기의 2차측 부하 임피던스 Z가 20[Ω]일 때 1차측에서 보아 18[kΩ]이 되었다면 이 변압기의 권수비는 얼마인가? 단, 변압기의 임피던스는 무시한다.

① 3 ② 30
③ $\frac{1}{3}$ ④ $\frac{1}{30}$

풀이 $a^2 Z_2 = Z_1$
$\therefore a = \sqrt{\frac{Z_1}{Z_2}} = \sqrt{\frac{18,000}{20}} = 30$ **답** ②

52 정격출력 10,000[kVA], 정격전압이 6600[V], 동기 임피던스가 매상 3.6[Ω]인 3상 동기발전기의 단락비는?

① 1.3 ② 1.25
③ 1.21 ④ 1.15

풀이 단락전류 $I_s = \frac{V}{\sqrt{3}\,Z_s} = \frac{6600}{\sqrt{3}\times 3.6} = 1058.5[A]$

정격전류 $I_n = \frac{P}{\sqrt{3}\,V} = \frac{10,000\times 10^3}{\sqrt{3}\times 6600} = 874.8[A]$

$\therefore$ 단락비 $K_s = \frac{I_s}{I_n} = \frac{1058.5}{874.8} = 1.21$ **답** ③

53 직류 복권 발전기의 병렬 운전에 있어 균압선을 붙이는 목적은 무엇인가?

① 운전을 안정하게 한다.
② 손실을 경감한다.
③ 전압의 이상 상승을 방지한다.
④ 고조파의 발생을 방지한다.

풀이 복권 발전기는 직권 계자 권선이 있으므로 균압선 없이는 안정된 병렬 운전을 할 수 없다. **답** ①

54 어느 변압기의 백분율 저항 강하가 2[%], 백분율 리액턴스 강하가 3[%]일 때 역률(지역률) 80[%]인 경우의 전압 변동률[%]은?

① −0.2 ② 3.4
③ 0.2 ④ −3.4

풀이 뒤진 역률(지역률)이므로
$\epsilon = p\cos\theta + q\sin\theta$
$= 2\times 0.8 + 3\times 0.6 = 3.4[\%]$ **답** ②

55 2중 농형 전동기가 보통 농형 전동기에 비해서 다른 점은?

① 기동 전류가 크고, 기동 토크도 크다.
② 기동 전류가 적고, 기동 토크도 적다.
③ 기동 전류는 적고, 기동 토크는 크다.
④ 기동 전류는 크고, 기동 토크는 적다.

풀이 2중 농형 유도 전동기는 저항이 크고 리액턴스가 작은 기동용 농형 권선과 저항이 작고 리액턴스가 큰 운전용 농형 권선을 가진 것으로 보통 농형에 비하여 기동 전류가 작고 기동 토크가 크다. **답** ③

56 단상반파 정류 회로의 직류전압이 220[V]일 때 정류기의 역방향 첨두전압은 약 몇 [V]인가?

① 691 ② 628
③ 536 ④ 314

풀이 PIV(첨두역전압)
단상 반파 정류 회로 : $PIV = \sqrt{2}E = \pi E_d$
∴ $PIV = \pi \times 220 = 691.15[V]$ **답** ①

57 일반적인 전동기에 비하여 리니어 전동기(linear motor)의 장점이 아닌 것은?

① 구조가 간단하여 신뢰성이 높다.
② 마찰을 거치지 않고 추진력이 얻어진다.
③ 원심력에 의한 가속제한이 없고 고속을 쉽게 얻을 수 있다.
④ 기어, 벨트 등 동력 변환기구가 필요 없고 직접 원운동이 얻어진다.

풀이 리니어 모터란 회전기의 회전자 접속 방향에 발생하는 전자력을 직선적인 기계 에너지로 변환시키는 장치로서 다음과 같은 장·단점을 가지고 있다.
① 장점
 • 모터 자체의 구조가 간단하여 신뢰성이 높고 보수가 용이하다.
 • 기어, 벨트 등 동력 변환 기구가 필요 없고 직접 직선 운동이 얻어진다.
 • 마찰을 거치지 않고 추진력이 얻어진다.
 • 원심력에 의한 가속제한이 없고 고속을 쉽게 얻을 수 있다.
② 단점
 • 회전형에 비하여 역률, 효율이 낮다.
 • 저속도를 얻기 어렵다.
 • 부하관성의 영향이 크다. **답** ④

58 그림과 같은 단상 브리지 정류회로(혼합 브리지)에서 직류 평균전압[V]은? (단, E는 교류측 실효치전압, α는 점호제어각이다.)

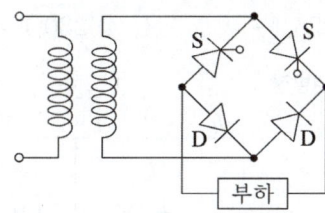

① $\dfrac{2\sqrt{2}E}{\pi}\left(\dfrac{1+\cos\alpha}{2}\right)$
② $\dfrac{\sqrt{2}E}{\pi}\left(\dfrac{1+\cos\alpha}{2}\right)$
③ $\dfrac{2\sqrt{2}E}{\pi}\left(\dfrac{1-\cos\alpha}{2}\right)$
④ $\dfrac{\sqrt{2}E}{\pi}\left(\dfrac{1-\cos\alpha}{2}\right)$

풀이 혼합브리지에서 직류 평균전압 $E_{d\alpha}$은
$E_{d\alpha} = \dfrac{1}{2\pi}\int_0^{2\pi} e_d\, d\theta = \dfrac{1}{\pi}\int_\alpha^{\pi+\alpha} \sqrt{2}E\sin\omega t\, d(\omega t)$
$= \dfrac{2\sqrt{2}E}{\pi}\left(\dfrac{1+\cos\alpha}{2}\right)$ **답** ①

59 변압기 단락시험에서 변압기의 임피던스 전압이란?

① 1차 전류가 여자전류에 도달했을 때의 2차측 단자전압
② 1차 전류가 정격전류에 도달했을 때의 2차측 단자전압
③ 1차 전류가 정격전류에 도달했을 때의 변압기 내의 전압강하
④ 1차 전류가 2차 단락전류에 도달했을 때의 변압기 내의 전압강하

풀이 변압기 2차측을 단락하고 1차측에 정격 주파수의 전압을 가하여 1차 전류를 측정한다. 전압을 서서히 증가시켜 **1차 전류가 정격전류와 같게 될 때 1차에 가한 전압을 임피던스 전압**이라 하며, 변압기 내의 전압강하를 의미한다. 또한 이때의 입력을 임피던스와트(전부하 동손)라고 한다. **답** ③

60 직류기의 전기자에 일반적으로 사용되는 전기자 권선법은?

① 2층권 ② 개로권
③ 환상권 ④ 단층권

풀이 직류기의 전기자 권선법으로 **이층권**, 고상권, 폐로권을 채택한다. **답** ①

2023년 - 3회 _ 전기기사

41 스텝 모터에 대한 설명 중 틀린 것은?
① 가속과 감속이 용이하다.
② 정·역전 및 변속이 용이하다.
③ 위치제어 시 각도 오차가 작다.
④ 브러시 등 부품수가 많아 유지보수 필요성이 크다.

풀이 스텝모터의 장·단점
[장점]
① 다른 서보모터와 달리 위치 및 속도를 검출하기 위한 장치가 필요 없다.
② 다른 디지털 기기와의 인터페이스가 쉽다.
③ 가속, 감속이 용이하며 정·역전 및 변속이 쉽다.
④ 속도제어 범위가 광범위하며, 초저속에서 큰 토크를 얻을 수 있다.
⑤ 위치제어를 할 때 각도오차가 적고 누적되지 않는다.
⑥ 정지하고 있을 때 그 위치를 유지해 주는 토크가 크다.
⑦ 브러시, 슬립 링 등이 없고 **부품수가 적기 때문에 유지 보수의 필요성이 적다.**
[단점]
① 분해 조립, 또는 정지 위치가 한정된다.
② 효율이 서보 모터에 비해 나쁘다.
③ 마찰 부하의 경우 위치 오차가 크다.
④ 오버슈트 및 진동의 문제가 있다.
⑤ 대용량의 대형기는 만들기 어렵다. **답** ④

42 Y결선한 변압기의 2차측에 사이리스터 6개로 결선 3상 전파정류회로를 구성했을 때 직류 평균 전압은? (단, E는 교류 측 상전압, α는 점호제어각이다.)
① $\dfrac{6\sqrt{2}}{2\pi}E\cos\alpha[V]$
② $\dfrac{3\sqrt{6}}{2\pi}E\cos\alpha[V]$
③ $\dfrac{3\sqrt{6}}{\pi}E\cos\alpha[V]$
④ $\dfrac{3\sqrt{3}}{2\pi}E\cos\alpha[V]$

풀이 3상 전파제어 정류회로
$$E_{d\alpha} = \dfrac{2}{2\pi/3}\int_{-\pi/3+\alpha}^{\pi/3+\alpha}\sqrt{2}E\cos\theta d\theta$$
$$= \dfrac{3\sqrt{6}}{\pi}E\cos\alpha[V]$$ **답** ③

43 다음 ( ) 안에 옳은 내용을 순서대로 나열한 것은?

> SCR에서는 게이트 전류가 흐르면 순방향의 저지상태에서 ( )상태로 된다. 게이트 전류를 가하여 도통 완료까지의 시간을 ( )시간 이라하고 이 시간이 길면 ( )시의 ( ) 이 많고 소자가 파괴된다.

① 온(On), 턴온(Turn on), 스위칭, 전력손실
② 온(On), 턴온(Turn on), 전력손실, 스위칭
③ 스위칭, 온(On), 턴온(Turn on), 전력손실
④ 턴온(Turn on), 스위칭, 온(On), 전력손실

풀이 SCR에서는 게이트 전류가 흐르면 순방향의 저지상태에서 **온(On)**상태로 된다. 게이트 전류를 가하여 도통 완료까지의 시간을 **턴온(Turn on)**시간이라 하고 이 시간이 길면 **스위칭** 시의 **전력손실**이 많고 소자가 파괴된다. **답** ①

44 단자전압 200[V], 계자저항 50[Ω], 부하전류 50[A], 전기자저항 0.15[Ω], 전기자 반작용에 의한 전압강하 3[V]인 직류 분권발전기가 정격 속도로 회전하고 있다. 이때 발전기의 유도기전력은 약 몇 [V]인가?
① 211.1   ② 215.1
③ 225.1   ④ 230.1

풀이 분권발전기

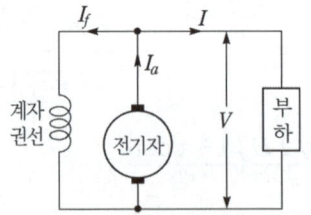

분권발전기에서 단자전압 $V = I_f R_f$ 이므로
- 계자전류 $I_f = \dfrac{V}{R_f} = \dfrac{200}{50} = 4[A]$

- 전기자 전류 $I_a = I + I_f = 50 + 4 = 54[A]$

전기자 저항 $R_a = 0.15[\Omega]$이므로
유기기전력 $E = V + I_a R_a + e = 200 + 54 \times 0.15 + 3$
$= 211.1[V]$ 　답 ①

45 전력 변환 기기가 아닌 것은?

① 변압기　　② 정류기
③ 유도전동기　④ 인버터

풀이
- 변압기 : 고전압을 저전압으로 또는 저전압을 고전압으로 변성
- 정류기 : 교류를 직류로 변환
- 유도 전동기 : 전기적 에너지를 운동에너지로 변환
- 인버터 : 직류를 교류로 변환　　답 ③

46 변압기 1차측 사용 탭이 22900[V]인 경우 2차측 전압이 360[V]였다면 2차측 전압을 약 380[V]로 하기 위해서는 1차측의 탭을 몇 [V]로 선택해야 하는가?

① 20900　　② 21900
③ 22900　　④ 23900

풀이
권수비 $a = \dfrac{N_1}{N_2} = \dfrac{E_1}{E_2}$에서

$E_2 = \dfrac{N_2}{N_1} \times E_1 \propto \dfrac{1}{N_1}$이므로

변압기 1차측 전압이 일정한 경우 2차측 전압을 승압하려면, 1차측 탭전압을 낮추어 권수를 줄여야 한다.
따라서, 2차측 전압을 380[V]으로 승압하려면,

$V_T' = \dfrac{360}{380} \times 22900 = 21694.73[V]$ 　답 ②

47 동기발전기의 단락비가 1.2이면 이 발전기의 %동기임피던스(p.u)는?

① 0.12　　② 0.25
③ 0.52　　④ 0.83

풀이
단락비 $K_s = \dfrac{1}{\%Z_s}$이므로

%동기임피던스 $\%Z_s = \dfrac{1}{K_s} = \dfrac{1}{1.2} = 0.83$ 　답 ④

48 정격속도 1732[rpm]의 직류직권전동기의 부하 토크가 $\dfrac{3}{4}$으로 되었을 때의 속도는 약 몇 [rpm]인가? (단, 자기 포화는 무시한다.)

① 1155　　② 1550
③ 1750　　④ 2000

풀이
직류직권전동기는 $\tau \propto I_a^2 \propto \dfrac{1}{N^2}$이므로

$\dfrac{\tau}{\tau'} = \dfrac{N'^2}{N^2} \rightarrow \dfrac{\tau}{\dfrac{3}{4}\tau} = \dfrac{N'^2}{1732^2}$

$\therefore N' = \sqrt{\dfrac{4}{3} \times (1732)^2} \fallingdotseq 2000[rpm]$ 　답 ④

49 그림은 단상 직권 정류자 전동기의 개념도이다. C를 무엇이라고 하는가?

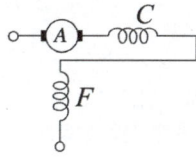

① 제어권선　　② 보상권선
③ 보극권선　　④ 단층권선

풀이 A : 전기자, C : 보상권선, F : 계자권선 　답 ②

50 이상적인 변압기의 무부하에서 위상관계로 옳은 것은?

① 자속과 여자전류는 동위상이다.
② 자속은 인가전압 보다 90° 앞선다.
③ 인가전압은 1차 유기기전력 보다 90° 앞선다.
④ 1차 유기기전력과 2차 유기기전력의 위상은 반대이다.

풀이 이상적인 변압기
① 자속은 인가전압보다 90° 뒤지고, 여자전류와는 동위상이다.
② 인가전압과 공급전압의 크기는 같고, 방향은 반대이다.
③ 1차 유기기전력과 2차 유기기전력은 동위상이다.
　답 ①

51 3000[V], 60[Hz], 8극, 100[kW]의 3상 유도 전동기가 있다. 전부하에서 2차 동손이 3.0[kW], 기계손이 2.0[kW]라고 한다. 전부하 회전수 [rpm]를 구하면?

① 674　② 774　③ 874　④ 974

풀이 2차 입력
$$P_2 = P + P_m + P_{c2} = 100 + 2.0 + 3.0 = 105[kW]$$
슬립 $s = \dfrac{P_{c2}}{P_2} = \dfrac{3.0}{105} = \dfrac{1}{35}$
$$\therefore N = (1-s)N_s = \left(1 - \dfrac{1}{35}\right) \times \dfrac{120 \times 60}{8}$$
$$= 874[rpm]$$
답 ③

52 어떤 단상변압기의 2차 무부하 전압이 240[V]이고, 정격 부하 시의 2차 단자전압이 230[V]이다. 전압 변동률은 약 몇 [%]인가?

① 4.35　② 5.15
③ 6.65　④ 7.35

풀이 2차 무부하 전압을 V_{20}, 정격 부하 시의 2차 단자전압을 V_{2n}이라 하면 전압 변동률 ϵ은
$$\therefore \epsilon = \dfrac{V_{20} - V_{2n}}{V_{2n}} \times 100$$
$$= \dfrac{240 - 230}{230} \times 100 = \dfrac{10}{230} \times 100$$
$$= 4.35[\%]$$
답 ①

53 유도전동기의 2차 효율은? (단, s는 슬립이다.)

① $1/s$　② s　③ $1-s$　④ s^2

풀이 2차 효율
$$\eta_2 = \dfrac{P}{P_2} = \dfrac{(1-s)P_2}{P_2} = 1-s = \dfrac{N}{N_s}$$
답 ③

54 동기 리액턴스 $x_s = 10[\Omega]$, 전기자 저항 $r_a = 0.1[\Omega]$인 Y결선 3상 동기발전기가 있다. 1상의 단자전압은 $V = 4000[V]$이고 유기 기전력 $E = 6400[V]$이다. 부하각 $\delta = 30°$라고 하면 발전기의 3상 출력[kW]은 약 얼마인가?

① 1250　② 2830
③ 3840　④ 4650

풀이 3상 출력
$$P = 3\dfrac{EV}{x_s}\sin\delta$$
$$= 3 \times \dfrac{6400 \times 4000}{10} \times \sin30 \times 10^{-3}$$
$$= 3840[kW]$$
답 ③

55 직류발전기의 단자전압을 조정하려면 어느 것을 조정하여야 하는가?

① 기동저항　② 계자저항
③ 방전저항　④ 전기자저항

풀이 직류 발전기의 단자전압은 일반적으로 회전수는 일정하게 유지하고 계자저항을 가감함으로 조정한다.
답 ②

56 4극 60[Hz]의 3상 유도 전동기에서 1[kW]의 동기와트에 대한 토크는 몇 [N·m]인가?

① 0.53　② 0.54
③ 5.31　④ 5.41

풀이 동기속도 $N_s = \dfrac{120f}{p} = \dfrac{120 \times 60}{4} = 1800[rpm]$
$$\therefore T = 0.975\dfrac{P}{N} \times 9.8 = 0.975 \times \dfrac{1 \times 10^3}{1800} \times 9.8$$
$$= 5.31[N \cdot m]$$
답 ③

57 1차 전압 6600[V], 2차 전압 220[V], 주파수 60[Hz], 1차 권수 1000회의 변압기가 있다. 최대 자속은 약 몇 [Wb]인가?

① 0.020　② 0.025
③ 0.030　④ 0.032

풀이 최대 자속
$$\phi_m = \dfrac{E_1}{4.44fN_1} = \dfrac{6600}{4.44 \times 60 \times 1000}$$
$$= 0.025[Wb]$$
답 ②

58 슬롯수 32, 코일 변수 64, 극수 4극인 1구 단중 중권기를 같은 극수의 2구 2중 파권기로 변경하면 단자 전압은 약 몇 배가 되는가?

① 0.5　② 1
③ 1.5　④ 2

풀이
- 중권기에서 1회로당 도체수 = $\frac{64}{4} = 16$개
  (∵ 중권에서 내부 병렬회로수는 극수와 같다.)
- 파권기에서 1회로당 도체수 = $\frac{64}{2} = 32$개
  (∵ 파권에서 내부 병렬회로수는 2 이다.)

따라서 파권의 경우 1회로당 도체 수가 중권의 2배이므로 유기기전력도 2배가 된다. 답 ②

59 정류회로에서 평활회로를 사용하는 이유는?
① 출력전압의 맥류분을 감소시키기 위해
② 출력전압의 크기를 증가시키기 위해
③ 정류전압의 직류분을 감소시키기 위해
④ 정류전압을 2배로 하기위해

풀이 평활회로 : 정류기의 출력 전압 중에 포함되는 맥류분을 감소시키기 위하여 사용되는 저역 필터로서 콘덴서와 저주파 초크 코일 또는 저항으로 구성된다. 답 ①

60 단상 반파의 정류 효율은?
① $\frac{4}{\pi^2} \times 100[\%]$
② $\frac{\pi^2}{4} \times 100[\%]$
③ $\frac{8}{\pi^2} \times 100[\%]$
④ $\frac{\pi^2}{8} \times 100[\%]$

풀이 $\eta = \frac{(I_m/\pi)^2 R}{(I_m/2)^2 R} \times 100 = \frac{4}{\pi^2} \times 100 = 40.6[\%]$ 답 ①

2023년 - 4회 _ 공사기사

41 직류 복권 발전기를 병렬 운전할 때 반드시 필요한 것은?
① 과부하 계전기
② 균압선
③ 용량이 같을 것
④ 외부 특성 곡선이 일치할 것

풀이 복권 발전기는 직권 계자 권선이 있으므로 균압선 없이는 안정된 병렬 운전을 할 수 없다. 답 ②

42 동기전동기에 설치한 제동 권선의 역할에 해당되지 않는 것은?
① 난조 방지
② 불평형부하 시의 전류와 전압 파형 개선
③ 송전선의 불평형부하 시 이상전압 방지
④ 단상 혹은 3상의 불평형부하 시 역상분에 의한 역회전의 전기자 반작용을 흡수하지 못함

풀이 제동 권선의 역할
① 난조 방지
② 기동하는 경우 유도전동기의 농형 권선으로서 기동 토크를 발생
③ 불평형부하 시의 전류 전압 파형의 개선
④ 송전선의 불평형 단락 시의 이상전압의 방지
답 ④

43 단상반파 정류회로의 직류전압이 100[V]일 때 정류기의 역방향 첨두전압은 약 몇 [V]인가?
① 691
② 628
③ 536
④ 314

풀이 단상 반파 정류회로의 첨두역전압 PIV는
∴ $PIV = \sqrt{2}E = \pi E_d = \pi \times 100 ≒ 314[V]$ 답 ④

44 병렬 운전 중의 A, B 두 동기발전기 중에서 A 발전기의 여자를 B 발전기보다 강하게 하였을 경우 B기 발전기는?
① 90° 앞선 전류가 흐른다.
② 90° 뒤진 전류가 흐른다.
③ 동기화 전류가 흐른다.
④ 부하 전류가 증가한다.

풀이 동기발전기의 병렬운전
- 유기기전력이 높은 발전기(여자전류가 높은 경우) : 지상전류가 흘러 역률이 저하
- 유기기전력이 낮은 발전기(여자전류가 낮은 경우) : 진상전류가 흘러 역률이 상승

따라서, A발전기의 여자를 강하게 하였으므로 상대적으로 B발전기의 전압은 A발전기에 비해 낮으므로 B발전기에는 90° 앞선 전류가 흐른다. 답 ①

45 그림과 같은 정류회로에서 전류계의 지시 값은 약 몇 [mA]인가? (단, 전류계는 가동코일형이고 정류기 저항은 무시한다.)

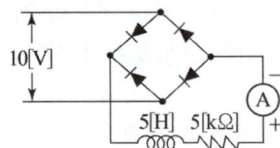

① 1.8　　　　② 4.5
③ 6.4　　　　④ 9.0

풀이 전파 정류이므로
- 직류 전압 $E_d = \dfrac{2\sqrt{2}}{\pi}E = 0.9 \times 10 = 9[V]$
- 직류 전류 $I_d = \dfrac{E_d}{R} = \dfrac{9}{5 \times 10^3} = 1.8 \times 10^{-3}[A]$
　　　　　　$= 1.8[mA]$

(∵ 직류 회로에서 코일의 리액턴스 $X_L = 0$)　**답** ①

46 전체 도체수는 100, 단중 중권이며 자극수는 4, 자속수는 극당 0.628[Wb]인 직류분권전동기가 있다. 이 전동기의 부하 시 전기자에 5[A]가 흐르고 있었다면 이때의 토크[N·m]는?

① 12.5　　　　② 25
③ 50　　　　　④ 100

풀이 $p = 4$, $Z = 100$, $\Phi = 0.628[Wb]$, $I_a = 5[A]$
단중 중권이므로 $a = p = 4$이다.
$\therefore T = \dfrac{p\phi Z I_a}{2\pi a} = \dfrac{4 \times 0.628 \times 100 \times 5}{2\pi \times 4}$
　　　　$= 49.97[N \cdot m]$　**답** ③

47 직류전동기의 정지 레오나드 속도제어 방식으로 옳은 것은?

① 전압제어　　　　② 저항제어
③ 계자제어　　　　④ 직병렬제어

풀이 **정지 워드 레오너드 방식은** 교류전원에서 SCR을 통해 변환된 직류를 위상 제어에 의해 조정하여 **단자 전압**이나 계자 전류의 평균치를 변화시켜 속도를 제어한다.　**답** ①

48 권선형 유도 전동기에서 비례추이를 하는 제량이 아닌 것은?

① 토크　　　　　② 1차 전류
③ 2차 전류　　　④ 2차 동손

풀이 1) 비례추이란 2차 회로 저항의 크기를 조정함으로써 그 크기를 제어할 수 있는 요소를 말하며 비례추이를 할 수 있는 것은 $\dfrac{r_2}{s}$의 함수로 표시된다.

2) 비례추이를 하는 제량
　① 토크 τ　② 1차 전류 I_1　③ 2차 전류 I_2
　④ 역률 $\cos\theta$　⑤ 1차 입력 P_1

3) 비례추이를 할 수 없는 것
　① 출력 P_0
　② 효율 η, η_2
　③ 2차 동손 P_{c2}　**답** ④

49 단권 변압기의 3상 결선에서 Y결선인 경우, 1차측 선간 전압 V_1, 2차측 선간 전압 V_2일 때 단권 변압기 용량/부하 용량은? 단, $V_1 > V_2$인 경우이다.

① $\dfrac{V_1 - V_2}{V_1}$　　　② $\dfrac{V_1^2 - V_2^2}{\sqrt{3}\,V_1 V_2}$

③ $\dfrac{\sqrt{3}(V_1^2 - V_2^2)}{V_1 V_2}$　④ $\dfrac{V_1 - V_2}{\sqrt{3}\,V_1}$

풀이 단권 변압기의 3상 결선에서 고압측 전압 V_h, 저압측 전압 V_l이라고 하면

결선 방식	Y결선	△결선	V결선
자기 용량 / 부하 용량	$1 - \dfrac{V_l}{V_h}$	$\dfrac{V_h^2 - V_l^2}{\sqrt{3}\,V_h V_l}$	$\dfrac{2}{\sqrt{3}}\left(1 - \dfrac{V_l}{V_h}\right)$

답 ①

50 어떤 변압기의 부하 역률이 60[%]일 때 전압 변동률이 최대라고 한다. 지금 이 변압기의 부하 역률이 100[%]일 때 전압 변동률을 측정했더니 3[%]였다. 이 변압기의 부하 역률 80[%]에서의 전압 변동률은 몇 [%]인가?

① 4.8　　　　② 5.0
③ 6.2　　　　④ 6.4

풀이 부하 역률 100[%]일 때 $\epsilon_{100} = p = 3$[%]

최대 전압 변동률 ϵ_{max}는 부하 역률 $\cos\theta_m$일 때이므로

$$\cos\theta_m = \frac{p}{\sqrt{p^2+q^2}} = 0.6, \quad \frac{3}{\sqrt{3^2+q^2}} = 0.6$$

∴ $q = 4$[%]

부하 역률이 80[%]일 때

∴ $\epsilon_{80} = p\cos\theta + q\sin\theta = 3\times 0.8 + 4\times 0.6 = 4.8$[%]

또한 최대 전압 변동률 ϵ_{max}는

∴ $\epsilon_{max} = \sqrt{p^2+q^2} = \sqrt{3^2+4^2} = 5$[%] **답** ①

51 단상 변압기를 병렬 운전하는 경우 부하 전류의 분담은 어떻게 되는가?

① 용량에 비례하고 누설 임피던스에 비례한다.
② 용량에 비례하고 누설 임피던스에 역비례한다.
③ 용량에 역비례하고 누설 임피던스에 비례한다.
④ 용량에 역비례하고 누설 임피던스에 역비례한다.

풀이 각 변압기의 임피던스가 정격 용량에 반비례 될 것. 즉 부하 분담은 내부 임피던스(퍼센트 강하)에 반비례하여 분담한다. **답** ②

52 다음은 직류 직권 전동기를 교류 단상 정류자 전동기로 사용하기 위하여 교류를 가했을 때 발생하는 문제점을 열거한 것이다. 옳지 않은 것은?

① 효율이 나빠 진다.
② 역률이 떨어 진다.
③ 정류가 불량하다.
④ 계자 권선이 필요 없다.

풀이 직류 직권 전동기는 교류 전원을 사용할 수 있으나 자극은 철 덩어리로 되어 있기 때문에 철손이 크고, 계자 권선 및 전기자 권선의 인덕턴스 때문에 역률이 나쁘다. 또한 브러시에 의해 단락된 전기자 코일 내에 큰 기전력이 유기되어 정류가 불량하다는 단점이 있다. **답** ④

53 중부하에서도 기동되도록 하고 회전계자형의 동기 전동기에 고정자인 전기자 부분이 회전자의 주위를 회전할 수 있도록 2중 베어링의 구조를 가지고 있는 전동기는?

① 유도자형 전동기
② 유도 동기 전동기
③ 초동기 전동기
④ 반작용 전동기

풀이
- 동기 전동기를 보완하여 중부하에서도 기동이 되도록 한 것이 **초동기 전동기**이다.
- 초동기 전동기는 기동 토크가 크고 기동 전류가 적은 것이 특징이며, **2중 베어링 장치**와 브레이크 밴드 등의 특수 구조가 있어 고속 운전에는 부적당하다. **답** ③

54 3상 유도전동기의 슬립이 s일 때 2차 효율[%]은?

① $(1-s)\times 100$
② $(2-s)\times 100$
③ $(3-s)\times 100$
④ $(4-s)\times 100$

풀이 2차 효율

$$\eta_2 = \frac{P_0}{P_2}\times 100 = \frac{(1-s)P_2}{P_2}\times 100$$

$$= (1-s)\times 100 = \frac{N}{N_s}\times 100$$

(여기서 P_0 : 기계적 출력, P_2 : 2차 입력) **답** ①

55 SCR을 이용한 인버터 회로에서 SCR이 도통 상태에 있을 때 부하 전류가 20[A] 흘렀다. 게이트 동작 범위 내에서 전류를 $\frac{1}{2}$로 감소시키면 부하 전류는 몇[A]가 흐르는가?

① 0
② 10
③ 20
④ 40

풀이 SCR이 일단 ON 상태로 되면 전류가 유지 전류 이상으로 유지되는 한 게이트 전류의 유무에 관계없이 항상 일정하게 흐른다. **답** ③

56 변압기 1차측 사용 탭이 22900[V]인 경우 2차측 전압이 360[V]였다면 2차측 전압을 약 380[V]로 하기 위해서는 1차측의 탭을 몇 [V]로 선택해야 하는가?

① 20900　　② 21900
③ 22900　　④ 23900

풀이 권수비 $a = \dfrac{N_1}{N_2} = \dfrac{E_1}{E_2}$ 에서

$E_2 = \dfrac{N_2}{N_1} \times E_1 \propto \dfrac{1}{N_1}$ 이므로

변압기 1차측 전압이 일정한 경우 2차측 전압을 승압하려면, 1차측 탭전압을 낮추어 권수를 줄여야 한다.
따라서, 2차측 전압을 380[V]으로 승압하려면,

$V_T' = \dfrac{360}{380} \times 22900 = 21694.73[V]$　　답 ②

57 단자전압 200[V], 계자저항 50[Ω], 부하전류 50[A], 전기자저항 0.15[Ω], 전기자 반작용에 의한 전압강하 3[V]인 직류 분권발전기가 정격속도로 회전하고 있다. 이때 발전기의 유도기전력은 약 몇 [V]인가?

① 211.1　　② 215.1
③ 225.1　　④ 230.1

풀이 분권발전기

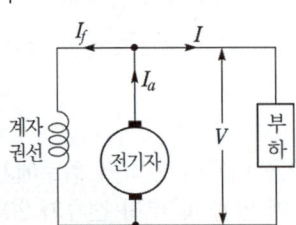

분권발전기에서 단자전압 $V = I_f R_f$ 이므로
- 계자전류 $I_f = \dfrac{V}{R_f} = \dfrac{200}{50} = 4[A]$
- 전기자 전류 $I_a = I + I_f = 50 + 4 = 54[A]$

전기자 저항 $R_a = 0.15[Ω]$이므로
유기기전력 $E = V + I_a R_a + e = 200 + 54 \times 0.15 + 3$
$= 211.1[V]$　　답 ①

58 그림은 단상 직권 정류자 전동기의 개념도이다. C를 무엇이라고 하는가?

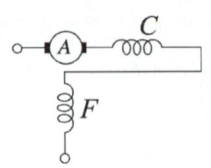

① 제어권선　　② 보상권선
③ 보극권선　　④ 단층권선

풀이 A : 전기자, C : 보상권선, F : 계자권선　　답 ②

59 직류발전기의 단자전압을 조정하려면 어느 것을 조정하여야 하는가?

① 기동저항　　② 계자저항
③ 방전저항　　④ 전기자저항

풀이 직류 발전기의 단자전압은 일반적으로 회전수는 일정하게 유지하고 계자저항을 가감함으로 조정한다.
답 ②

60 이상적인 변압기의 무부하에서 위상관계로 옳은 것은?

① 자속과 여자전류는 동위상이다.
② 자속은 인가전압 보다 90° 앞선다.
③ 인가전압은 1차 유기기전력 보다 90° 앞선다.
④ 1차 유기기전력과 2차 유기기전력의 위상은 반대이다.

풀이 이상적인 변압기
① 자속은 인가전압보다 90° 뒤지고, 여자전류와는 동위상이다.
② 인가전압과 공급전압의 크기는 같고, 방향은 반대이다.
③ 1차 유기기전력과 2차 유기기전력은 동위상이다.
답 ①

2024년 전기기기_전기기사·공사기사_CBT 복원문제

문제의 번호는 실제 시험문제의 번호와 같게 하였습니다.

2024년 - 1회_전기기사·공사기사

41 직류기에 보극을 설치하는 목적이 아닌 것은?
① 정류자의 불꽃 방지
② 브러시의 이동 방지
③ 정류 기전력의 발생
④ 난조의 방지

풀이 주자극 사이의 중성점에 소자극을 설치한 것을 **보극 또는 정류극**이라 하며, 전기자 전류에 따라 필요한 **정류 전압을 얻어** 리액턴스 전압이 상쇄되므로 **정류가 잘되고 중성점의 이동을 막을 수 있다.** **답** ④

42 변압기의 임피던스 전압이란?
① 정격전류시 2차측 단자전압이다.
② 변압기의 1차를 단락, 1차에 1차 정격전류와 같은 전류를 흐르게 하는 데 필요한 1차 전압이다.
③ 정격전류가 흐를 때의 변압기 내의 전압강하이다.
④ 변압기의 2차를 단락, 2차에 2차 정격전류와 같은 전류를 흐르게 하는 데 필요한 2차 전압이다.

풀이 **변압기의 임피던스 전압이란**, 변압기의 임피던스와 정격전류와의 곱을 말한다.($E_s = Z_{21} I_{1n}$)
즉, **정격전류에 의한 변압기 내부 전압강하**를 의미한다. **답** ③

43 동기전동기의 제동 권선의 효과는?
① 정지 시간의 단축
② 토크의 증가
③ 기동 토크의 발생
④ 과부하 내량의 증가

풀이 제동 권선의 역할
① 난조 방지
② 기동 토크 발생
③ 불평형부하 시의 전류, 전압 파형 개선
④ 송전선의 불평형 단락 시의 이상전압 방지 **답** ③

44 정격전압 220[V], 무부하 단자전압 230[V], 정격출력이 40[kW]인 직류 분권발전기의 계자저항이 22[Ω], 전기자 반작용에 의한 전압강하가 5[V]라면 전기자 회로의 저항[Ω]은 약 얼마인가?
① 0.026
② 0.028
③ 0.035
④ 0.042

풀이 분권발전기

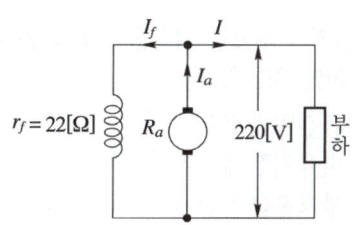

- 부하전류 $I = \dfrac{P}{V} = \dfrac{40 \times 10^3}{220} = 181.82[A]$
- 계자전류 $I_f = \dfrac{V}{r_f} = \dfrac{220}{22} = 10[A]$
- 전기자 전류 $I_a = I + I_f = 181.82 + 10 = 191.82[A]$
- 유기기전력 $E = V + I_a R_a + e_a[V]$

$\therefore R_a = \dfrac{E - V - e_a}{I_a} = \dfrac{230 - 220 - 5}{191.82} = 0.026[\Omega]$

답 ①

45 동기 조상기를 부족 여자로 사용하면?
① 리액터로 작용
② 저항손의 보상
③ 일반 부하의 뒤진 전류의 보상
④ 콘덴서로 작용

풀이 동기 조상기
- 과여자로 운전 : 선로에 앞선 전류가 흘러 일종의 콘덴서로 작용해서 보통 부하의 뒤진 전류를 보상하여 송전선로의 역률을 양호하게 하고, 전압강하를 보상한다.
- 부족 여자로 운전 : 뒤진 전류가 흘러서 일종의 리액터로 작용하여 무부하의 장거리 송전선로에 흐르는 충전 전류에 의하여 발전기의 자기 여자 작용으로 일어나는 단자전압의 이상 상승을 방지할 수 있다.

답 ①

46. 3상 전원을 이용하여 2상 전압을 얻고자 할 때 사용할 결선 방법은?

① Scott 결선　② Fork 결선
③ 환상 결선　④ 2중 3각 결선

풀이
- 3상에서 2상을 얻는 방법 : 스코트(Scott) 결선, 메이어 결선,
- 3상에서 6상을 얻는 방법 : Fork 결선, 환상 결선, 2중 3각 결선

답 ①

47. 변압기 내부고장 검출을 위해 사용하는 계전기가 아닌 것은?

① 과전압계전기
② 비율차동계전기
③ 부흐홀츠계전기
④ 충격압력계전기

풀이 변압기 내부고장 검출용 계전기 : 차동계전기, 비율차동계전기, 압력계전기, 브흐홀츠계전기, 가스검출계전기

답 ①

48. 서보모터의 특징에 대한 설명으로 틀린 것은?

① 발생토크는 입력신호에 비례하고, 그 비가 클 것
② 직류 서보모터에 비하여 교류 서보모터의 시동 토크가 매우 클 것
③ 시동 토크는 크나 회전부의 관성모멘트가 작고, 전기적 시정수가 짧을 것
④ 빈번한 시동, 정지, 역전 등의 가혹한 상태에 견디도록 견고하고, 큰 돌입전류에 견딜 것

풀이 서보 모터의 특징
① 기동 토크가 크다.
② 회전자 관성 모멘트가 작다.
③ 제어권선 전압이 0에서는 기동해서는 안되고, 곧 정지해야 한다.
④ 직류 서보 모터의 기동 토크가 교류 서보 모터보다 크다.
⑤ 속응성이 좋다. 시정수가 짧다. 기계적 응답이 좋다.
⑥ 회전자 팬에 의한 냉각효과를 기대할 수 없다.

답 ②

49. 10[kW], 3상 200[V] 유도 전동기(효율 및 역률 각각 85[%])의 전부하 전류[A]는?

① 20　② 40
③ 60　④ 80

풀이 $P = \sqrt{3}\,VI\cos\theta \cdot \eta$ 식에서

$$\therefore I = \frac{P}{\sqrt{3}\,V\cos\theta \cdot \eta} = \frac{10 \times 10^3}{\sqrt{3} \times 200 \times 0.85 \times 0.85}$$
$$= 40[A]$$

답 ②

50. 크로우링 현상은 다음의 어느 것에서 일어나는가?

① 농형 유도 전동기
② 직류 직권 전동기
③ 회전 변류기
④ 3상 변압기

풀이 크로우링 현상이란 유도 전동기에 있어서 정지 상태로부터 동기 속도의 수 분의 1인 저속도까지 가속하고, 그 이상은 가속하지 않는(안정하기는 하지만) 이상한 운전 상태를 말한다.

답 ①

51. 단락비 1.2인 발전기의 퍼센트 동기임피던스[%]는 약 얼마인가?

① 100　② 83
③ 60　④ 45

풀이 단락비 $K_s = \dfrac{1}{\%Z} \times 100$ 에서

$\%Z = \dfrac{1}{K_s} \times 100 = \dfrac{1}{1.2} \times 100 = 83[\%]$

답 ②

52 3상 유도 전동기의 2차 저항을 2배로 하면 2배로 되는 것은?

① 토크 ② 전류
③ 역률 ④ 슬립

풀이 $\dfrac{r_2}{s_m} = \dfrac{r_2 + R_s}{s_t}$

① 2차 저항 r_2를 변화해도 최대 토크는 변화하지 않는다.
② 2차 저항 r_2를 크게 하면 최대 토크 시 슬립 s_m도 커진다(비례한다).
③ r_2를 크게 하면 기동 전류는 감소하고 기동 토크는 증가한다. **답** ④

53 단자전압 220[V], 부하전류 50[A]인 분권발전기의 유도기전력은 몇 [V]인가? (단, 여기서 전기자 저항은 0.2[Ω]이며, 계자전류 및 전기자 반작용은 무시한다.)

① 200 ② 210
③ 220 ④ 230

풀이 분권 발전기

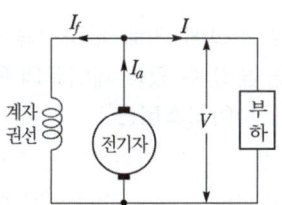

계자전류 $I_f = 0$, 부하전류 $I = 50[A]$
전기자 저항 $R_a = 0.2[\Omega]$인 경우,
전기자 전류 $I_a = I + I_f = 50 + 0 = 50[A]$
∴ $E = V + I_a R_a = 220 + 50 \times 0.2 = 230[V]$ **답** ④

54 동기발전기를 병렬운전 하는데 필요하지 않은 조건은?

① 기전력의 용량이 같을 것
② 기전력의 파형이 같을 것
③ 가전력의 크기가 같을 것
④ 기전력의 주파수가 같을 것

풀이 병렬운전 조건이 다른 경우

병렬운전 조건	다른 경우 흐르는 전류
기전력의 크기가 같을 것	무효 순환전류
기전력의 위상이 같을 것	동기화 전류(유효횡류)
기전력의 주파수가 같을 것	동기화 전류
기전력의 파형이 같을 것	고주파 무효 순환전류

답 ①

55 동기발전기에서 전기자전류와 유기기전력이 동상인 경우에 전기자반작용은?

① 증자작용 ② 감자작용
③ 편자작용 ④ 교차자화작용

풀이

전류와 전압과의 위상	작 용
I_a가 E와 동상인 경우	교차 자화 작용(횡축 반작용)
I_a가 E보다 $\pi/2$ 뒤지는 경우	감자 작용(직축 반작용)
I_a가 E보다 $\pi/2$ 앞서는 경우	증자 작용(자화 작용)

답 ④

56 슬립 6[%]인 유도전동기의 2차측 효율[%]은?

① 94 ② 84
③ 90 ④ 88

풀이 $\eta_2 = \dfrac{P}{P_2} \times 100 = \dfrac{(1-s)P_2}{P_2} \times 100$
$= (1-s) \times 100 = \dfrac{N}{N_s} \times 100$
$= (1-0.06) \times 100 = 94[\%]$ **답** ①

57 직류 직권발전기의 전기자 전류를 I_a, 계자 전류를 I_f, 부하 전류를 I라 할 때 옳은 것은?

① $I_a = I_f = I$ ② $I_a + I_f = I$
③ $I_a + I = I_f$ ④ $I + I_f = I_a$

풀이

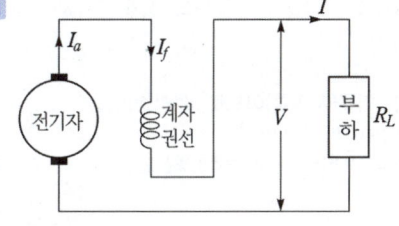

즉, $I_a = I_f = I$ **답** ①

58 단상 전파 정류 회로에서 교류측 공급 전압 $628\sin 314t$ [V], 직류측 부하 저항 20[Ω]일 때 직류측 전압의 평균값은?

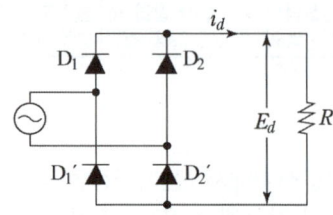

① 약 200   ② 약 400
③ 약 600   ④ 약 800

풀이 $E = \dfrac{E_m}{\sqrt{2}} = \dfrac{628}{\sqrt{2}} = 444[V]$

∴ $E_d = \dfrac{2\sqrt{2}}{\pi}E = 0.9E = 0.9 \times 444 ≒ 400[V]$ 답 ②

59 용접용으로 사용되는 직류발전기의 특성 중에서 가장 중요한 것은?

① 과부하에 견딜 것
② 전압변동률이 적을 것
③ 경부하일 때 효율이 좋을 것
④ 전류에 대한 전압특성이 수하특성일 것

풀이 전기 기계 중 아크 부하의 전원으로 쓰이는 기계는 반드시 정전류 특성이 있어야 하므로, 전류가 증가하면 전압이 저하하는 수하 특성을 가져야 한다.   답 ④

60 어떤 변압기의 백분율 저항 강하가 2[%], 백분율 리액턴스 강하가 3[%]일 때 역률(지역률) 80[%]인 경우의 전압 변동률[%]은?

① −0.2   ② 3.4
③ 0.2   ④ −3.4

풀이 뒤진 역률(지역률)이므로, 전압변동률
$\varepsilon = p\cos\theta + q\sin\theta$
$= 2 \times 0.8 + 3 \times 0.6 = 3.4[\%]$ 답 ②

2024년 - 2회 _ 전기기사·공사기사

41 전동기의 전원측에 직렬로 저항을 접속하고 전원전압을 낮게 감압하여 기동한 후 저항을 점점 줄여서 속도를 증가하고 정상속도에 도달하면 이를 단락하는 기동방식은?

① 콘돌퍼 방식
② 1차 저항 방식
③ 소프트 스타터 방식
④ Y−△ 방식

풀이 1차 저항 기동방식
리액터 기동방식에 리액터 대신에 저항기를 사용한 것으로서 전동기의 전원측에 직렬로 저항을 접속하고 전원전압을 낮게 감압하여 기동한 후 서서히 저항을 감소시켜 가속하고 전속도에 도달하면 이를 단락하는 방법이다.
이 방식은 주로 소용량 전동기를 기동할 때 기계적 충격을 완화하기 위해 사용하는 경우가 많다.
그러나 다른 방식에 비하여 기동효율이 떨어지며, 기동전류가 감소하는 비율보다도 기동토크의 감소율이 큰 관계로 무부하 또는 경부하 기동에 사용된다.   답 ②

42 게이트 조작에 의해 부하전류 이상으로 유지전류를 높일 수 있어 게이트의 턴온, 턴 오프가 가능한 사이리스터는?

① SCR   ② GTO
③ LASCR   ④ TRIAC

풀이 GTO(gate turn off thyristor)

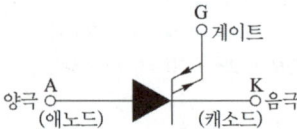

GTO는 게이트에 흐르는 전류를 점호할 때와 반대로 흐르게 함으로써 소자를 소호 시킬 수 있다.   답 ②

43 3상 동기 발전기의 각 상의 유기 기전력 중에서 제5고조파를 제거하려면 코일 간격/극 간격을 어떻게 하면 되는가?

① 0.8   ② 0.5
③ 0.7   ④ 0.6

[풀이] 제n고조파에 대한 단절 계수(코일 간격/극 간격)는 $K_{pn} = \sin n\beta\pi/2$가 된다.

따라서 제5고조파에 대해서는 $K_{p5} = \sin\dfrac{5\beta\pi}{2}$

$K_{p5} = 0$이 되므로 $\beta=0$, 0.4, 0.8, 1.2, …가 구해지나 이 중에서 1보다 작고 1에 가장 가까운 $\beta=0.8$이 제일 적당하다. 　답 ①

44 100[HP], 600[V], 1200[rpm]의 직류 분권 전동기가 있다. 분권 계자 저항 400[Ω], 전기자 저항 0.22[Ω]이고 정격 부하에서의 효율이 90[%]이면 전부하시의 역기전력은 약 몇 [V]인가? 단, 1[HP]은 746[W]이다.

① 560　② 570
③ 580　④ 590

[풀이] 전동기의 입력을 P라고 하면
$$P = \dfrac{100 \times 746}{0.9} = 82888[W]$$
전부하 전류 $I = \dfrac{82888}{600} = 138[A]$
계자 전류 $I_f = \dfrac{600}{400} = 1.5[A]$
전기자 전류
$I_a = I - I_f = 138 - 1.5 = 136.5[A]$
따라서, 역기전력
$E = V - I_a R_a = 600 - 136.5 \times 0.22 ≒ 570[V]$
　답 ②

45 직류기에서 전기자 반작용의 영향을 설명한 것으로 틀린 것은?

① 주자극의 자속이 감소한다.
② 정류자편 사이의 전압이 불균일하게 된다.
③ 국부적으로 전압이 높아져 섬락을 일으킨다.
④ 전기적 중성점이 전동기인 경우 회전방향으로 이동한다.

[풀이] 전기자 반작용의 영향
① 전기적 중성축 이동
• 발전기 : 회전 방향으로 이동
• 전동기 : 회전 방향과 반대 방향으로 이동
② 주자속 감소
③ 정류자 편간의 불꽃 섬락 발생
④ 출력의 저하 　답 ④

46 단상 변압기가 있다. 전부하에서 2차 전압은 115[V]이고, 전압 변동률은 2[%]이다. 1차 단자 전압을 구하여라. 단, 1차, 2차 권선비는 20 : 1 이다.

① 2356[V]　② 2346[V]
③ 2336[V]　④ 2326[V]

[풀이] 전압변동률 $\epsilon = \dfrac{V_0 - V_n}{V_n} \times 100[\%]$ 이므로
$V_{10} = V_{1n}\left(1 + \dfrac{\epsilon}{100}\right) = aV_{2n}\left(1 + \dfrac{\epsilon}{100}\right)$
$= 20 \times 115 \times \left(1 + \dfrac{2}{100}\right) = 2346[V]$ 　답 ②

47 직류 직권 전동기에서 벨트(belt)를 걸고 운전하면 안 되는 이유는?

① 손실이 많아진다.
② 직결하지 않으면 속도제어가 곤란하다.
③ 벨트가 벗겨지면 위험속도에 도달한다.
④ 벨트가 마모하여 보수가 곤란하다.

[풀이] 직류 직권전동기의 속도는 전류 및 자속과 반비례한다.
$(n = k\dfrac{E}{I})$
벨트가 벗겨지는 순간 무부하($I=0$)로 되어 속도가 무한대가 되므로 원심력 때문에 기계를 파괴할 염려가 있어 벨트 운전을 하지 않는다. 　답 ③

48 전동기 축의 벨트 축 지름이 28[cm], 1140[rpm]에서 20[kW]를 전달하고 있다. 벨트에 작용하는 힘 [kg]은?

① 약 122 [kg]　② 약 168 [kg]
③ 약 212 [kg]　④ 약 234 [kg]

[풀이] 전동기의 발생 토크 T는
$T = 0.975 \times \dfrac{P}{N}$ [kg·m]
$= 0.975 \times \dfrac{20000}{1140} = 17.11[kg \cdot m]$
벨트에 작용하는 힘은
$\therefore F = \dfrac{T}{r} = \dfrac{17.11}{0.14} = 122.21[kg]$ 　답 ①

49 동기발전기의 단락비를 계산하는 데 필요한 시험은?

① 부하 시험과 돌발 단락시험
② 단상 단락 시험과 3상 단락시험
③ 무부하 포화 시험과 3상 단락시험
④ 정상, 역상, 영상 리액턴스의 측정시험

풀이
- 무부하 시험 : 철손, 기계손
- 단락시험 : 동기 임피던스, 동기 리액턴스
- 단락비 : 무부하(포화)시험, 단락시험   답 ③

50 외분권 차동복권발전기의 단자전압 V는? (단, Φ_s[Wb] : 직권계자권선에 의한 자속, Φ_f[Wb] : 분권계자의 자속, R_a[Ω] : 전기자의 저항, R_s[Ω] : 직권계자저항, I_a[A] : 전기자의 전류, I[A] : 부하전류, n[rps] : 속도, $k = \dfrac{PZ}{a}$이며 자기회로의 포화현상과 전기자 반작용은 무시한다.)

① $V = k(\Phi_f + \Phi_s)n - I_a R_a - IR_s$[V]
② $V = k(\Phi_f - \Phi_s)n - I_a R_a - IR_s$[V]
③ $V = k(\Phi_f + \Phi_s)n - I_a(R_a + R_s)$[V]
④ $V = k(\Phi_f - \Phi_s)n - I_a(R_a + R_s)$[V]

풀이 단자전압
$$V = E - I_a(R_a + R_s)\text{[V]} = k\Phi n - I_a(R_a + R_s)\text{[V]}$$
$$(\because E = \frac{pZ}{a}\Phi n = k\Phi n)$$
$$= k(\Phi_f - \Phi_s)n - I_a(R_a + R_s)\text{[V]}$$
($\because$ 차동복권이므로 분권계자와 직권계자의 자속이 반대, $\Phi = \Phi_f - \Phi_s$)   답 ④

51 단상 유도 전압 조정기의 1차 전압 110[V], 2차 전압 160[V]일 때 2차 전류는 50[A]이다. 이 유도 전압 조정기의 정격 용량[kVA]은?

① 2.5   ② 5.5
③ 8   ④ 7.6

풀이 정격 용량
$$P = E_2 I_2 \times 10^{-3} \text{[kVA]}$$
$$= 160 \times 50 \times 10^{-3} = 8\text{[kVA]}$$ 답 ③

52 변압기의 전일 효율을 최대로 하기 위한 조건은?

① 전부하 시간이 짧을수록 무부하손을 적게 한다.
② 전부하 시간이 짧을수록 철손을 크게 한다.
③ 부하 시간에 관계없이 전부하 동손과 철손을 같게 한다.
④ 전부하 시간이 길수록 철손을 적게 한다.

풀이 전일 효율이 최대가 되려면 철손과 동손이 같아야 한다 ($24P_i = \sum hP_c$).
즉, 전부하 시간이 길수록 철손 P_i를 크게 하고 짧을수록 철손 P_i를 작게 한다.   답 ①

53 사이리스터를 이용한 교류전압제어 방식은?

① 위상제어 방식
② 레오나드 방식
③ 초퍼 방식
④ TRC(time ratio control) 방식

풀이 사이리스터의 점호각(α)을 조정하여 정류전압(E_d)을 가감하는 것을 위상제어 방식이라고 한다.   답 ①

54 2방향성 3단자 사이리스터는 어느 것인가?

① SCR   ② SSS
③ SCS   ④ TRIAC

풀이
① SCR : 1방향성 3단자
② SSS : 2방향성 2단자
③ SCS : 1방향성 4단자
④ TRIAC : 2방향성 3단자   답 ④

55 3000/200[V] 변압기의 1차 임피던스가 225[Ω]이면 2차 환산 임피던스는 약 몇 [Ω]인가?

① 1.0   ② 1.5
③ 2.1   ④ 2.8

풀이 권수비 $a = \dfrac{E_1}{E_2} = \dfrac{3000}{200} = 15$
따라서, 2차 환산 임피던스
$$Z_2 = \frac{1}{a^2}Z_1 = \frac{1}{15^2} \times 225 = 1\text{[Ω]}$$ 답 ①

56 서보 전동기로 사용되는 전동기와 제어방식의 종류가 아닌 것은?

① 직류기의 전압제어
② 릴럭턴스기의 전압제어
③ 유도기의 전압제어
④ 동기 기기의 주파수 제어

풀이

전동기 종류	제어 방식 종류	서보 전동기 종류
직류기	전압제어	DC 서보모터
릴럭턴스기	주파수 제어	스텝모터
유도기	전압제어	브레이크 모터, 2상 서보모터
	주파수 제어	IM 서보모터
동기기	주파수 제어	트렌지스터 모터, SM 서보모터

답 ②

57 보극이 없는 직류발전기에서 부하의 증가에 따라 브러시의 위치를 어떻게 하여야 하는가?

① 그대로 둔다.
② 계자극의 중간에 놓는다.
③ 발전기의 회전 방향으로 이동시킨다.
④ 발전기의 회전 방향과 반대로 이동시킨다.

풀이 보극을 가지고 있지 않는 직류기에서는 정류를 잘 되게 하기 위하여 브러시를 전기적 중성축으로 이동시켜야 하는데 발전기의 경우에는 그의 회전 방향으로 브러시를 이동시키고, 전동기에서는 그의 회전과 반대 방향으로 이동시킨다. **답** ③

58 4극 60[Hz]의 유도전동기가 슬립 5[%]로 전부하운전하고 있을 때 2차 권선의 손실이 94.25[W]라고 하면 토크[N·m]는?

① 1.02　② 2.04
③ 10.00　④ 20.00

풀이 회전자계 속도 $N_s = \dfrac{120f}{p} = \dfrac{120 \times 60}{4} = 1800[\text{rpm}]$,

2차 입력 $P_2 = \dfrac{P_{c2}}{s} = \dfrac{94.25}{0.05} = 1885[\text{W}]$

따라서 토크 $T = 0.975 \dfrac{P_2}{N_s} \times 9.8 = 0.975 \times \dfrac{1885}{1800} \times 9.8$
$= 10[\text{N·m}]$ **답** ③

59 3상 유도전동기의 슬립이 s일 때 2차 효율[%]은?

① $(1-s) \times 100$　② $(2-s) \times 100$
③ $(3-s) \times 100$　④ $(4-s) \times 100$

풀이 2차 효율
$\eta_2 = \dfrac{P_0}{P_2} \times 100 = \dfrac{(1-s)P_2}{P_2} \times 100$
$= (1-s) \times 100 = \dfrac{N}{N_s} \times 100$

(여기서 P_0 : 기계적 출력, P_2 : 2차 입력) **답** ①

60 전부하전류 1[A], 역률 85[%], 속도 7500[rpm]이고 전압과 주파수가 100[V], 60[Hz]인 2극 단상 직권정류자전동기가 있다. 전기자와 직권 계자권선의 실효저항의 합이 40[Ω]이라 할 때 전부하시 속도기전력[V]은? (단, 계자자속은 정현적으로 변하며 브러시는 중성축에 위치하고 철손은 무시한다.)

① 34　② 45　③ 53　④ 64

풀이 출력(P) = 입력 - 손실
$= VI\cos\theta - I^2(R_s + R_f)$
$= 100 \times 1 \times 0.85 - 1^2 \times 40$
$= 85 - 40 = 45[\text{W}]$

따라서
속도 기전력 $E_s = \dfrac{P}{I} = \dfrac{45}{1} = 45[\text{V}]$ **답** ②

2024년 - 3회 _ 전기기사·공사기사

41 직류발전기의 유기기전력과 반비례하는 것은?

① 자속　② 회전수
③ 전체 도체수　④ 병렬 회로수

풀이 유기기전력 $E = p\phi n \times \dfrac{Z}{a}[\text{V}]$

여기서, n : 회전수[rps], a : 내부 병렬회로 수
Z : 총 도체 수, p : 극수[극]
ϕ : 매 극당 자속[Wb]

이므로, 유기기전력(E)과 병렬회로수(a)는 반비례한다. **답** ④

42 비돌극형 회전자를 가진 동기발전기는 부하각 δ가 몇 도일 때 최대 출력을 낼 수 있는가?

① 0°   ② 45°
③ 90° ④ 120°

풀이
- 돌극형은 부하각 $\delta = 60°$ 부근에서 최대 출력이 되고, 정격 운전 시는 20° 부근이다.
- 비돌극기(원통형 회전자)는 $\delta = 90°$에서 최대가 된다.

답 ③

43 단상변압기 3대로 △ – Y 결선을 할 때, 2차 선간전압(V_2)과 1차 선간전압(V_1)의 위상차는?

① 1차 선간전압이 2차 선간전압보다 30° 앞선다.
② 1차 선간전압이 2차 선간전압 보다 30° 뒤진다.
③ 2차 선간전압이 1차 선간전압 보다 60° 앞선다.
④ 2차 선간전압이 1차 선간전압 보다 60° 뒤진다.

풀이
① △결선 :
  $V_l(V_1) = V_p \angle 0°$, $I_l = \sqrt{3} I_p \angle -30°$
② Y결선 :
  $V_l(V_2) = \sqrt{3} V_p \angle 30°$, $I_l = I_p$
따라서 V_1이 V_2보다 30° 뒤진다.

답 ②

44 전력용 변압기에서 1차에 정현파 전압을 인가하였을 때, 2차에 정현파 전압이 유기되기 위해서는 1차에 흘러들어가는 여자전류는 기본파 전류 외에 주로 몇 고조파 전류가 포함되는가?

① 제2고조파   ② 제3고조파
③ 제4고조파   ④ 제5고조파

풀이 변압기 철심에는 자기포화현상과 히스테리시스 현상으로 인하여, 자속을 만드는 여자전류는 정현파로 될 수 없으며 고조파를 포함하는 왜형파가 된다.
따라서 1차에 흘러들어가는 여자전류는 기본파 전류 외에 제3고조파 전류가 포함되어 있다.

답 ②

45 직류발전기의 전기자 권선법 중 단중 파권과 단중 중권을 비교했을 때 단중 파권에 해당하는 것은?

① 고전압 대전류   ② 저전압 소전류
③ 고전압 소전류   ④ 저전압 대전류

풀이 중권과 파권의 비교

구분	중권(병렬권)	파권(직렬권)
전기자 병렬회로 수 a	$p\ (a=mp)$	$2\ (a=2m)$
브러시 수 b	p	2
용도	저전압, 대전류	고전압, 소전류
균압접속	4극 이상이면 균압접속을 하여야 한다.	균압접속은 필요 없다.

여기서, m : 다중도

답 ③

46 3상 유도전동기의 속도 제어법이 아닌 것은?

① 2차 저항법   ② 2차 여자법
③ 1차 저항법   ④ 주파수 제어법

풀이
- 농형 유도 전동기의 속도 제어법은
  ① 주파수를 바꾸는 방법
  ② 극수를 바꾸는 방법
  ③ 전원 전압을 바꾸는 방법
- 권선형 유도 전동기는
  ① 2차 저항을 제어하는 방법
  ② 2차 여자법 등이 있다.

답 ③

47 반도체 소자 중 3단자 사이리스터가 아닌 것은?

① SCS   ② SCR
③ GTO   ④ TRIAC

풀이 각 종 반도체 소자의 비교
① 방향성
  - 양방향성(쌍방향성) 소자 : DIAC, TRIAC, SSS
  - 역저지(단방향성) 소자 : SCR, LASCR, GTO, SCS
② 극(단자) 수
  - 2극(단자) 소자 : DIAC, SSS, Diode
  - 3극(단자) 소자 : SCR, LASCR, GTO, TRIAC
  - 4극(단자) 소자 : SCS

답 ①

48 6극인 유도전동기의 토크가 τ이다. 극수를 12극으로 변환하였다면 변환한 후의 토크는? 단, 유도전동기의 2차 입력 및 주파수는 일정하다고 한다.

① τ ② 2τ ③ $\dfrac{\tau}{2}$ ④ $\dfrac{\tau}{4}$

풀이
- 토크 $\tau = 0.975 \dfrac{P_2}{N_s} = 0.975 \dfrac{P_2}{\dfrac{120}{p}f}$ [kg·m] 이므로, $\tau \propto p$ (극수)이다.
- 극수가 6극에서 12극으로 2배 증가하였으므로, 토크도 2배가 증가하게 된다. **답 ②**

49 동기전동기의 지상 전류는 어떤 작용을 하는가?
① 증자 작용 ② 감자 작용
③ 교차 자화 작용 ④ 아무 작용도 없음

풀이

분류	동기발전기	동기전동기
전압과 동상	교차 자화작용	교차 자화작용
진상전류	증자작용	감자 작용
지상전류	감자 작용	증자작용

답 ①

50 다음 ( )안에 알맞은 내용은?

직류전동기의 회전속도가 위험한 상태가 되지 않으려면 직권 전동기는 (㉠) 상태로, 분권전동기는 (㉡) 상태가 되지 않도록 하여야 한다.

① ㉠ 무부하, ㉡ 무여자
② ㉠ 무여자, ㉡ 무부하
③ ㉠ 무여자, ㉡ 경부하
④ ㉠ 무부하, ㉡ 경부하

풀이

종류	위험상태
직권 전동기	무부하 ($\because n \propto \dfrac{1}{I}$)
분권 전동기	무여자 ($\because n \propto \dfrac{1}{I_f}$)

직권 전동기는 무부하, 분권 전동기는 무여자가 되면 속도(n)가 고속이 되어 위험상태가 된다. **답 ①**

51 4극, 60[Hz]인 3상 유도기가 1750[rpm]으로 회전하고 있을 때 전원의 b상과 c상을 바꾸면 이때의 슬립은 약 얼마인가?
① 2.03 ② 1.97
③ 1.05 ④ 0.83

풀이
회전자계 속도 $N_s = \dfrac{120f}{p} = \dfrac{120 \times 60}{4} = 1800$[rpm]

회전 중인 유도전동기 전원의 b상과 c상을 바꾸면 전동기의 회전자가 역전하게 되며 그 때의 슬립 s는

$\therefore s = \dfrac{N_s - (-N)}{N_s} = \dfrac{1800 - (-1750)}{1800} = 1.97$ **답 ②**

52 그림은 복권발전기의 외부특성곡선이다. 이 중 과복권을 나타내는 곡선은?

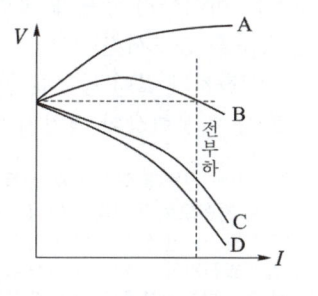

① A ② B ③ C ④ D

풀이 직류 복권 발전기의 외부특성 곡선

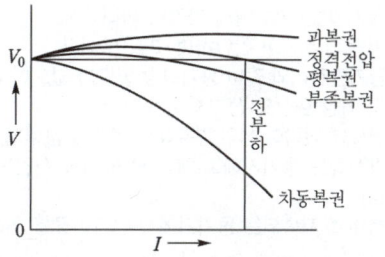

여기서, V_0: 무부하 전압, V: 단자 전압
I: 부하전류 **답 ①**

53 단상 정류자전동기의 일종인 단상 반발전동기에 해당되는 것은?
① 시라게전동기
② 반발유도전동기
③ 아트킨손형 전동기
④ 단상 직권 정류자전동기

풀이 ① 단상 정류자 전동기

직권특성	• 단상 직권전동기 : 직권형, 보상직권형, 유도보상직권형 • 단상 반발 전동기 : 아트킨손형 전동기, 톰슨 전동기, 데리 전동기
분권특성	현재 실용화 되지 않고 있음

② 3상 분권 정류자 전동기 : 시라게 전동기 **답** ③

54 유도발전기에 관한 설명 중 틀린 것은?

① 회전자속을 만들기 위해 회전자에 DC 여자전류를 공급한다.
② 유도발전기의 주파수는 전원의 주파수로 정하고 회전속도에는 관계가 없다.
③ 출력은 회전자속도와 회전자속의 상대속도에는 비례하기 때문에 출력을 증가하려면 속도를 증가시킨다.
④ 동기발전기와 같이 동기화 할 필요가 없고 난조 등 이상현상이 생기지 않는다.

풀이 유도전동기를 전원에 접속한 후 전동기로서의 회전방향과 같은 방향으로 동기속도 이상의 속도로 회전시키면 유도전동기는 발전기가 되며 이것을 유도발전기 또는 비동기발전기라고 한다. 따라서 유도발전기는 여자기로서 동기발전기가 필요하며 유도발전기의 주파수는 전원의 주파수로 정하여지고 회전속도에는 관계가 없다.
[장점]
① 동기 발전기와 달리 가격이 싸다.
② 기동과 취급이 간단하며 고장이 적다.
③ 동기발전기와 같이 동기화할 필요가 없으며 난조 등의 이상 현상도 생기지 않는다.
④ 선로에 단락이 생긴 경우에도 여자가 상실되므로 단락전류는 동기기에 비해 적으며 지속 시간도 짧다.
[단점]
① 병렬로 지속되는 동기기에서 여자전류를 취해야 한다.
② 공극의 치수가 작기 때문에 운전 시 주의해야 한다.
③ 효율과 역률이 낮다. **답** ①

55 동기 발전기의 자기 여자 현상의 방지법이 되지 않는 것은?

① 수전단에 리액턴스를 병렬로 접속한다.
② 수전단에 변압기를 병렬로 접속한다.
③ 발전기 여러 대를 모선에 병렬로 접속한다.
④ 발전기의 단락비를 적게 한다.

풀이 자기 여자 방지법
• 발전기 2대 또는 3대를 병렬로 모선에 접속한다.
• 수전단에 동기 조상기를 접속하고 이것을 부족 여자로 하여 송전선에서 지상 전류를 취하게 하면 충전전류를 그 만큼 감소시키는 것이 된다.
• 송전선로의 수전단에 변압기를 접속한다.
• 수전단에 리액턴스를 병렬로 접속한다.
• 발전기의 단락비를 크게 한다. **답** ④

56 3150/210[V]의 단상변압기 고압 측에 100[V]의 전압을 가하면 가극성 및 감극성일 때에 전압계 지시는 각각 몇 [V]인가?

① 가극성 : 106.7, 감극성 : 93.3
② 가극성 : 93.3, 감극성 : 106.7
③ 가극성 : 126.7, 감극성 : 96.3
④ 가극성 : 96.3, 감극성 : 126.7

풀이

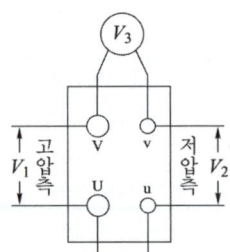

고압 측 전압을 V_1, 저압 측 전압을 V_2라고 하면,
$$V_2 = \frac{1}{a} V_1 = \frac{210}{3150} \times 100 = 6.67[V]$$
• 가극성
$V = V_1 + V_2 = 100 + 6.67 = 106.67[V]$
• 감극성
$V' = V_1 - V_2 = 100 - 6.67 = 93.33[V]$ **답** ①

57 포화하고 있지 않은 직류발전기의 회전수가 4배로 증가되었을 때 기전력을 전과 같은 값으로 하려면 여자를 속도변화 전에 비해 얼마로 하여야 하는가?

① $\frac{1}{2}$ ② $\frac{1}{3}$ ③ $\frac{1}{4}$ ④ $\frac{1}{8}$

풀이 기전력 $E = k\phi N$에서 회전수 N이 4배로 되면, 자속(여자) ϕ가 $\frac{1}{4}$배가 되어야 E가 일정하다. **답** ③

58 60[Hz], 1328/230[V]의 단상변압기가 있다. 무부하전류 $I = 3\sin\omega t + 1.1\sin(3\omega t + a_3)$[A]이다. 지금 위와 똑같은 변압기 3대로 Y-△결선하여 1차에 2300[V]의 평형전압을 걸고 2차를 무부하로 하면 △회로를 순환하는 전류(실효치)는 약 몇 [A]인가?

① 0.77 ② 1.10
③ 4.49 ④ 6.35

풀이 Y-△결선이므로 제3고조파 전류는 선로에 흐를 수 없고, 2차 △회로 내부에 순환 전류로 흐르게 된다. 그 크기는 권수비를 곱하여 2차로 환산한 값이며, 실효값으로 표시하면 $\frac{1.1}{\sqrt{2}} \times \frac{1328}{230} = 4.49$[A]이다. 답 ③

59 3상 변압기의 병렬운전 조건으로 틀린 것은?

① 각 군의 임피던스가 용량에 비례할 것
② 각 변압기의 백분율 임피던스 강하가 같을 것
③ 각 변압기의 권수비가 같고 1차와 2차의 정격전압이 같을 것
④ 각 변압기의 상회전 방향 및 1차와 2차 선간전압의 위상 변위가 같을 것

풀이 ① 각 변압기의 임피던스가 정격용량에 반비례할 것
즉, 부하는 각 변압기의 내부 임피던스(%임피던스 강하)에 반비례하여 분담된다.
② 3상 변압기 병렬운전 조건
- 각 변압기의 극성이 같을 것
- 권수비 및 2차 정격전압이 같을 것
- 각 변압기의 퍼센트 임피던스 강하가 같으며 저항과 리액턴스비가 같을 것
- 상회전방향이 같을 것
- 위상 변위가 같을 것 답 ①

60 일반적인 변압기의 무부하손 중 효율에 가장 큰 영향을 미치는 것은?

① 와전류손
② 유전체손
③ 히스테리시스손
④ 여자전류 저항손

풀이
무부하손 ┬ 철손 ┬ 히스테리시스손
          │   └ 와류손
          ├ 여자 전류에 의한 권선의 저항손
          └ 절연물 중의 유전체손

- 무부하손 중 저항손과 유전체손은 매우 적으므로 보통 히스테리시스손과 와류손의 합을 철손이라고 한다.
- 변압기의 히스테리시스손은 와류손보다 3~4배 정도 크다. 답 ③

2025년 전기기기 _전기기사·공사기사_ CBT 복원문제

문제의 번호는 실제 시험문제의 번호와 같게 하였습니다.

2025년 - 1회 _ 전기기사·공사기사

41 극수가 24일 때, 전기각 180°에 해당되는 기계각은?

① 7.5° ② 15°
③ 22.5° ④ 30°

풀이 기하학적 각도

$$\alpha[\text{rad}] = 전기각\ \alpha_e[\text{rad}] \times \frac{2}{p}$$
$$= 180° \times \frac{2}{24} = 15°$$

답 ②

42 3상 권선형 유도전동기의 전부하 슬립 5[%], 2차 1상의 저항 0.5[Ω]이다. 이 전동기의 기동 토크를 전부하 토크와 같도록 하려면 외부에서 2차에 삽입할 저항[Ω]은?

① 8.5 ② 9
③ 9.5 ④ 10

풀이 기동시 $s' = 1$에서 전부하 토크를 발생시키는 데 필요한 외부저항 R은

$$\frac{r_2}{s} = \frac{r_2 + R}{s'} \rightarrow \frac{0.5}{0.05} = \frac{0.5 + R}{1}$$
$$\therefore R = \frac{0.5}{0.05} - 0.5 = 9.5[\Omega]$$

답 ③

43 단상 직권전동기의 종류가 아닌 것은?

① 직권형 ② 아트킨손형
③ 보상직권형 ④ 유도보상직권형

풀이 단상 정류자 전동기

직권특성	• 단상 직권전동기 : 직권형, 보상직권형, 유도보상직권형 • 단상 반발 전동기 : 아트킨손형 전동기, 톰슨 전동기, 데리 전동기
분권특성	현재 실용화 되지 않고 있음

단상 직권 정류자 전동기(단상 직권전동기)는 교·직 양용으로 사용할 수 있으며 만능 전동기라고도 불린다.

답 ②

44 4극, 중권, 총 도체 수 500, 극당 자속이 0.01[Wb]인 직류발전기가 100[V]의 기전력을 발생시키는데 필요한 회전수는 몇 [rpm]인가?

① 800 ② 1000
③ 1200 ④ 1600

풀이 유기기전력 $E = \frac{pZ}{a}\phi\frac{N}{60}[V]$ 이므로,
(여기서, p : 극수, ϕ : 매극당 자속[Wb], N : 회전수[rpm], Z : 총 도체수, a : 내부 병렬회로수)

$$100 = \frac{4 \times 500}{4} \times 0.01 \times \frac{N}{60}[V]\ (\because 중권 : a = p)$$

$$\therefore N = \frac{60 \times 100}{500 \times 0.01} = 1200[\text{rpm}]$$

답 ③

45 2방향성 3단자 사이리스터는 어느 것인가?

① SCR ② SSS
③ SCS ④ TRIAC

풀이
① SCR : 1방향성 3단자
② SSS : 2방향성 2단자
③ SCS : 1방향성 4단자
④ **TRIAC : 2방향성 3단자**

답 ④

46 전압이 일정한 모선에 접속되어 역률 1로 운전하고 있는 동기전동기를 동기조상기로 사용하는 경우 부족여자로 운전하면 이 전동기는 어떻게 되는가?

① 역률은 앞서고, 전기자 전류는 증가한다.
② 역률은 앞서고, 전기자 전류는 감소한다.
③ 역률은 뒤지고, 전기자 전류는 증가한다.
④ 역률은 뒤지고, 전기자 전류는 감소한다.

풀이 위상특성곡선(V곡선)

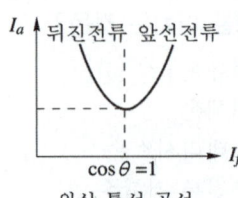

위상 특성 곡선

① 전압, 주파수, 출력이 일정할 때 계자(여자) 전류 I_f (횡축)와 전기자 전류 I_a(종축)의 관계를 나타내는 곡선(V 곡선)을 위상 특성 곡선이라 한다.
② 역률이 1인 경우 전기자 전류가 최소로 된다.
③ **부족여자**(여자전류 감소)로 운전하면 **뒤진 전류가 흘러 리액터로 작용**하고, 전기자 전류는 증가한다.
④ 과여자(여자전류 증가)로 운전하면 앞선 전류가 흘러 콘덴서로 작용하고, 전기자 전류는 증가한다.

답 ③

47 교류발전기의 고조파 발생을 방지하는 방법으로 틀린 것은?

① 전기자 반작용을 크게 한다.
② 전기자 권선을 단절권으로 감는다.
③ 전기자 슬롯을 스큐 슬롯으로 한다.
④ 전기자 권선의 결선을 성형으로 한다.

풀이 고조파 기전력을 소거하는 방법
① 매극 매상의 슬롯수 q를 크게 한다.
② 부정수(不整數) 슬롯권을 채용한다.
③ **단절권** 및 분포권으로 한다.
④ 반폐 슬롯을 사용한다.
⑤ 전기자 철심을 **스큐 슬롯**으로 한다.
⑥ 공극의 길이를 크게 한다.
⑦ **Y(성형)결선**을 한다.

답 ①

48 변압기에서 사용되는 변압기유의 구비조건으로 틀린 것은?

① 점도가 높을 것
② 응고점이 낮을 것
③ 인화점이 높을 것
④ 절연내력이 클 것

풀이 변압기의 기름으로서 갖추어야 할 조건
① 절연저항 및 절연내력이 클 것
② 절연재료 및 금속에 화학 작용을 일으키지 않을 것
③ 인화점이 높고, 응고점이 낮을 것
④ **점도가 낮고**, 비열이 커서 냉각효과가 클 것
⑤ 고온에서도 석출물이 생기거나 산화하지 않을 것
⑥ 열전도율이 클 것
⑦ 열 팽창계수가 작고 증발로 인한 감소량이 적을 것

답 ①

49 다음 중 3상 권선형 유도전동기의 기동법은?

① 분상기동법
② 반발기동법
③ 커패시터기동법
④ 2차 저항기동법

풀이 • 권선형 유도전동기의 기동법 : 2차측의 슬립링을 통하여 기동 저항을 삽입하고 **비례추이의 특성을 이용**하여 속도−토크 특성을 변화시켜 가면서 기동하는 방식을 택한다.
• 2차 저항 기동법 : 비례추이 특성을 이용

답 ④

50 직류발전기의 전기자 반작용의 영향이 아닌 것은?

① 주자속이 증가한다.
② 전기적 중성축이 이동한다.
③ 정류작용에 악영향을 준다.
④ 정류자편 사이의 전압이 불균일하게 된다.

풀이 ① 전기자 반작용 : 전기자 전류에 의하여 발생한 자속이 계자에 의해 발생 되는 주자속에 영향을 주는 현상
② **전기자 반작용의 영향**
• 전기적 중성축 이동
 − 발전기 : 회전방향으로 이동
 − 전동기 : 회전방향과 반대 방향으로 이동
• **주자속 감소**
• 정류자 편간의 불꽃 섬락 발생

답 ①

51 3상 동기발전기에 무부하 전압보다 90° 늦은 전기자 전류가 흐를 때 전기자 반작용은?

① 교차자화작용을 한다.
② 자기여자 작용을 한다.
③ 감자 작용을 한다.
④ 증자작용을 한다.

풀이

분류	동기발전기	동기전동기
전압과 동상	교차 자화작용	교차 자화작용
진상전류	증자작용	감자 작용
지상전류	**감자 작용**	증자작용

답 ③

52 정격부하에서 역률 0.8(뒤짐)로 운전될 때, 전압변동률이 12[%]인 변압기가 있다. 이 변압기에 역률 100[%]의 정격부하를 걸고 운전할 때의 전압변동률은 약 몇 [%]인가? (단, %저항강하는 %리액턴스강하의 1/12이라고 한다.)

① 0.909 ② 1.5
③ 6.85   ④ 16.18

풀이 전압변동률 $\epsilon = p\cos\theta + q\sin\theta = 0.8p + 0.6q = 12[\%]$
(여기서, p : %저항강하, q : %리액턴스강하)
$q = 12p$(%저항강하 p는 %리액턴스강하 q의 1/12)이므로
$0.8p + 0.6 \times 12p = 8p = 12$
$p = \dfrac{12}{8} = 1.5[\%]$
그런데 $\cos\theta = 1$일 때 $\sin\theta = 0$이므로,
역률 100[%]의 전압변동률 ϵ_{100}은
∴ $\epsilon_{100} = p\cos\theta + q\sin\theta = p \times 1 + q \times 0 = 1.5[\%]$
답 ②

53 역률이 가장 좋은 전동기는?

① 농형유도전동기
② 반발기동전동기
③ 동기전동기
④ 교류정류자전동기

풀이 동기전동기는 계자전류를 가감하여 전기자 전류의 크기와 위상을 조정할 수 있다.
(역률을 1로 개선할 수 있다.) **답** ③

54 변압기의 등가회로 구성에 필요한 시험이 아닌 것은?

① 단락시험 ② 부하시험
③ 무부하시험 ④ 권선저항 측정

풀이 변압기 등가회로 작성에 필요한 시험에는 권선저항 측정, 무부하시험, 단락시험 등이 있다. **답** ②

55 우리나라 발전소에 설치되어 3상 교류를 발생하는 발전기는?

① 동기발전기 ② 분권발전기
③ 직권발전기 ④ 복권발전기

풀이 대부분의 발전소(화력, 원자력, 수력 등)에 사용되는 3상 교류발전기는 동기 발전기이다. **답** ①

56 210/105[V]의 변압기를 그림과 같이 결선하고 고압측에 200[V]의 전압을 가하면 전압계의 지시는 몇 [V]인가? (단, 변압기는 가극성이다.)

① 100
② 200
③ 300
④ 400

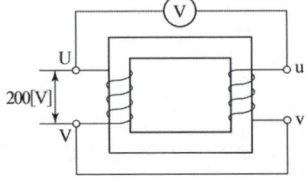

풀이 고압 측 전압을 V_1, 저압 측 전압을 V_2 라고 하면,
$V_2 = \dfrac{1}{a}V_1 = \dfrac{105}{210} \times 200 = 100[V]$
따라서 가극성인 경우
$V = V_1 + V_2 = 200 + 100 = 300[V]$ **답** ③

57 단자전압 110[V], 전기자 전류 15[A], 전기자 회로의 저항 2[Ω], 정격속도 1800[rpm]으로 전부하에서 운전하고 있는 직류 분권전동기의 토크는 약 몇 [N·m]인가?

① 6.0   ② 6.4
③ 10.08 ④ 11.14

풀이 역기전력 $E_c = V - R_aI_a = 110 - 2 \times 15 = 80[V]$
따라서 토크 $\tau = 0.975\dfrac{P}{N} \times 9.8 = 0.975\dfrac{E_cI_a}{N} \times 9.8$
$= 0.975 \times \dfrac{80 \times 15}{1800} \times 9.8$
$≒ 6.4[N \cdot m]$ **답** ②

58 전기자 권선을 슬롯에 배치하는 방법 중 다음 그림과 같은 방법은?

① 고상권
② 파권
③ 환상권
④ 중권

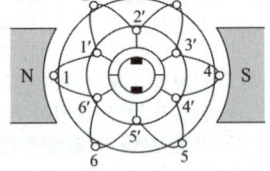

풀이 환상권은 환상철심에 연속된 고리모양으로 권선을 감는 방식으로 구조가 단순하여 제작이 용이하나, 효율이 낮아 현재에는 거의 사용하지 않는다. **답** ③

59 무정전 전원장치(UPS)에 사용되고 있는 컨버터의 주된 사용 목적은?

① 교류 전압의 변화를 안정화시키기 위함이다.
② 교류 전압의 주파수를 변화시키기 위함이다.
③ 교류 전압을 직류 전압으로 변화시키기 위함이다.
④ 교류 전압을 다른 교류 전압으로 변화시키기 위함이다.

풀이 무정전 전원 장치(UPS : Uninterruptible Power Supply)
① UPS는 축전지, 정류 장치(Converter)와 역변환 장치(Inverter)로 구성되어 있으며 선로의 정전이나 입력 전원에 이상 상태가 발생하였을 경우에도 정상적으로 전력을 부하측에 공급하는 설비를 UPS라 한다.
② 기능
• 정류장치(Converter) : 교류를 직류로 변환
• 축전지 : 정류 장치에 의해 변환된 직류 전력을 저장
• 역변환 장치(Inverter) : 직류를 사용 주파수의 교류 전압으로 변환   **답** ③

60 원통형 회전자를 가진 동기발전기는 부하각 δ가 몇 도일 때 최대 출력을 낼 수 있는가?

① 0°   ② 30°
③ 60°   ④ 90°

풀이
• 돌극형은 부하각 $\delta = 60°$ 부근에서 최대 출력이 되고, 정격 운전 시는 20° 부근이다.
• 비돌극기(원통형 회전자)는 $\delta = 90°$에서 최대가 된다.   **답** ④

2025년 - 2회 _ 전기기사·공사기사

41 직류발전기에서 양호한 정류를 얻기 위한 방법이 아닌 것은?

① 보상 권선을 설치한다.
② 보극을 설치한다.
③ 브러시의 접촉저항을 크게 한다.
④ 리액턴스 전압을 크게 한다.

풀이 양호한 정류를 얻는 조건
① 리액턴스 전압을 작게 한다. $\left(e_L = L\dfrac{2I_c}{T_c}\right)$
② 단절권 채용으로 자기 인덕턴스를 작게 한다.
③ 고속을 피하여 정류 주기를 길게 한다.
④ 저항 정류로서 탄소 브러시를 사용한다.
⑤ 전압 정류로서 보극을 설치한다.   **답** ④

42 3상 유도전동기의 기계적 출력 P[kW], 회전수 N[rpm]인 전동기의 토크[kg·m]는?

① $716\dfrac{P}{N}$ ② $956\dfrac{P}{N}$
③ $975\dfrac{P}{N}$ ④ $0.01625\dfrac{P}{N}$

풀이 토크 $\tau = \dfrac{1}{9.8} \cdot \dfrac{P}{\omega} = \dfrac{1}{9.8} \cdot \dfrac{P \times 10^3}{2\pi \times \dfrac{N}{60}}$

$= 975\dfrac{P}{N}$[kg·m]   **답** ③

43 IGBT(Insulated Gate Bipolar Transistor)에 대한 설명으로 틀린 것은?

① MOSFET와 같이 전압제어 소자이다.
② GTO 사이리스터와 같이 역방향 전압저지 특성을 갖는다.
③ 게이트와 에미터 사이의 입력 임피던스가 매우 낮아 BJT보다 구동하기 쉽다.
④ BJT처럼 on-drop이 전류에 관계없이 낮고 거의 일정하며, MOSFET보다 훨씬 큰 전류를 흘릴 수 있다.

풀이 IGBT(Insulated Gate Bipolar Transistor)
IGBT는 MOSFET와 트랜지스터의 장점을 취한 것으로서
① 소스에 대한 게이트의 전압으로 도통과 차단을 제어한다.
② 게이트 구동전력이 매우 낮다.
③ 스위칭 속도는 FET와 트랜지스터의 중간정도로 빠른편에 속한다.
④ 용량은 일반 트랜지스터와 동등한 수준이다.
⑤ MOSFET과 같이 입력 임피던스가 매우 높아 BJT보다 구동하기 쉽다.   **답** ③

44 일정 전압 및 일정 파형에서 주파수가 상승하면 변압기 철손은 어떻게 변하는가?

① 증가한다.
② 감소한다.
③ 불변이다.
④ 증가와 감소를 반복한다.

풀이 정격전압이 일정할 때
- 와류손 : 주파수와 무관
$$P_e = \sigma_e(tfB_m)^2 = K\left(f \cdot \frac{V}{f}\right)^2 = KV^2$$
- 히스테리시스손 : 주파수와 반비례
$$P_h = \sigma_h fB_m^2 = Kf\left(\frac{V}{f}\right)^2 = K\frac{V^2}{f}$$

따라서, 일정 전압 및 일정 파형에서 주파수가 상승하면 와전류손은 일정, 히스테리시스손은 감소하므로 결국 철손은 감소한다. **답** ②

45 유도전동기의 동작원리로 옳은 것은?

① 전자유도와 플레밍의 왼손 법칙
② 전자유도와 플레밍의 오른손 법칙
③ 정전유도와 플레밍의 왼손 법칙
④ 정전유도와 플레밍의 오른손 법칙

풀이 유도전동기의 원리 : 전자 유도 작용에 의한 2차 전류와 회전자속 사이에 플레밍의 왼손법칙이 작용하여 전자력이 발생한다. **답** ①

46 동기발전기의 병렬운전 조건에서 같지 않아도 되는 것은?

① 기전력의 용량
② 기전력의 위상
③ 기전력의 크기
④ 기전력의 주파수

풀이 병렬운전 조건이 다른 경우

병렬운전 조건	다른 경우 흐르는 전류
기전력의 크기가 같을 것	무효 순환전류
기전력의 위상이 같을 것	동기화 전류(유효횡류)
기전력의 주파수가 같을 것	동기화 전류
기전력의 파형이 같을 것	고주파 무효 순환전류

답 ①

47 제어 정류기 중 특정 고조파를 제거할 수 있는 방법은?

① 대칭각 제어기법
② 소호각 제어기법
③ 대칭 소호각 제어기법
④ 펄스폭 변조 제어기법

풀이 펄스폭 변조(PWM)에서 선택적 고조파 제거(SHE-PWM)는 특정 차수 고조파가 0이 되도록 스위칭 각도를 선택하여 고조파를 제거하는 방법이다. **답** ④

48 동기전동기의 용도가 아닌 것은?

① 크레인 ② 분쇄기
③ 압축기 ④ 송풍기

풀이 대용량인 것은 시멘트 공장의 분쇄기나 각종 압연기와 송풍기, 제지용 쇄목기, 소형기의 것은 전기 시계 등에 사용된다. 크레인의 운전용 전동기로는 3상 권선형 유도 전동기가 사용된다. **답** ①

49 전원 주파수와 다른 주파수의 전력으로 변환시키는 장치는?

① 쵸퍼 ② 사이클로 컨버터
③ 인버터 ④ 컨버터

풀이 사이클로 컨버터란 정지 사이리스터 회로에 의해 전원 주파수와 다른 주파수의 전력으로 변환시키는 집적 회로 장치이다. **답** ②

50 410/82의 단상변압기 U-u를 연결하고, U-V에 400[V]의 전압을 가했다면 감극성일 때, V-v의 전압은 몇 [V]인가? (단, U-V는 고압측, u-v는 저압측이다.)

① 80 ② 320
③ 400 ④ 620

풀이 고압측 전압을 V_1, 저압측 전압을 V_2라고 하면
$$V_2 = \frac{1}{a}V_1 = \frac{82}{410} \times 400 = 80[V]$$
감극성이므로
$$V = V_1 - V_2 = 400 - 80 = 320[V]$$

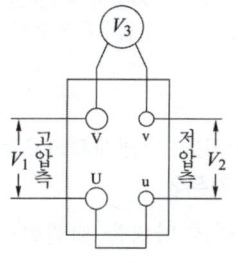

답 ②

51 3상 동기발전기의 전기자권선을 2중 성형결선으로 했을 때 발전기의 용량[VA]은?

① $\sqrt{3}EI$ ② $2\sqrt{3}EI$
③ $3EI$ ④ $6EI$

풀이 3상 접속법과 선간전압, 선전류, 피상전력의 관계

	선간전압	선전류	피상 전력
성형	$2\sqrt{3}E$	I	$\sqrt{3}\times2\sqrt{3}E\times I=6EI$
Δ형	$2E$	$\sqrt{3}I$	$\sqrt{3}\times2E\times\sqrt{3}I=6EI$
지그재그 성형	$3E$	I	$\sqrt{3}\times3E\times I=5.19EI$
2중 성형	$\sqrt{3}E$	$2I$	$\sqrt{3}\times\sqrt{3}E\times2I=6EI$
2중 Δ형	E	$2\sqrt{3}I$	$\sqrt{3}\times E\times2\sqrt{3}I=6EI$
지그재그 Δ형	$\sqrt{3}E$	$\sqrt{3}I$	$\sqrt{3}\times\sqrt{3}E\times\sqrt{3}I$ $=5.19EI$

답 ④

52 동기 전동기의 여자전류를 증가하면 어떤 현상이 생기나?

① 전기자 전류의 위상이 앞선다.
② 난조가 생긴다.
③ 토크가 증가한다.
④ 앞선 무효 전류가 흐르고 유도 기전력은 높아진다.

풀이 위상특성곡선(V곡선)

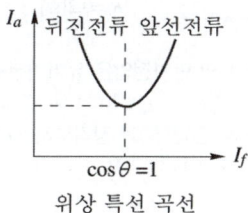

위상 특성 곡선

① 전압, 주파수, 출력이 일정할 때 계자(여자) 전류 I_f (횡축)와 전기자 전류 I_a(종축)의 관계를 나타내는 곡선(V 곡선)을 위상 특성 곡선이라 한다.
② 역률이 1인 경우 전기자 전류가 최소로 된다.
③ 부족여자(여자전류를 감소)로 운전하면 뒤진 전류가 흘러 일종의 리액터로 작용한다.
④ 과여자(여자전류를 증가)로 운전하면 앞선 전류가 흘러 일종의 콘덴서로 작용한다.

답 ①

53 그림과 같이 발전기가 회전할 때 전기자 반작용에 대한 보상 대책으로 보극과 보상권선의 관계에 대해 옳은 것은?(단, A는 위쪽 보극, B는 아래쪽 보극, X는 N극의 보상권선, Y는 S극의 보상권선이다.)

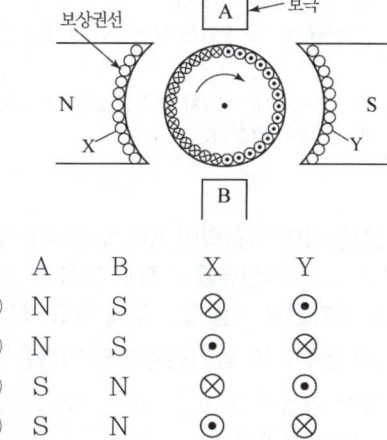

	A	B	X	Y
①	N	S	⊗	⊙
②	N	S	⊙	⊗
③	S	N	⊗	⊙
④	S	N	⊙	⊗

풀이
- 보상권선 : 계자극에 홈을 파고 권선을 감아 전기자와 직렬로 연결하여 반대방향의 전류를 흘려주어 전기자 반작용을 상쇄
- 보극 : 중성축 부분의 전기자 반작용을 상쇄하기 위하여 전기자에서 발생하는 자속과 반대방향의 자속을 발생시켜 전기자 반작용을 상쇄

답 ④

54 스텝각이 2°, 스테핑 주파수(pulse rate)가 1800 [pps]인 스테핑 모터의 축속도[rps]는?

① 8   ② 10   ③ 12   ④ 14

풀이 ① 1펄스 당 스텝각이 2°이고,
1초당 입력펄스가 1800[pps]이므로,
1초당 스텝각은 2°× 1800 = 3600°이다.
② 전동기 1회전 당 회전각도는 360°이므로
스테핑전동기의 회전속도는 $\frac{3600°}{360°}=10$[rps]이다.

답 ②

55 다음은 단권 변압기를 설명한 것이다. 틀린 것은?

① 소형에 적합하다.
② 누설 자속이 적다.
③ 손실이 적고 효율이 좋다.
④ 재료가 절약되어 경제적이다.

풀이 단권 변압기는 소형뿐만 아니라 대형에도 널리 사용된다. 답 ①

56 변압기의 1차측을 Y결선, 2차측을 △결선으로 한 경우 1차와 2차 간의 전압의 위상차는?

① 0°   ② 30°   ③ 45°   ④ 60°

풀이
- Y결선에서 선간전압은 상전압에 비해 크기가 $\sqrt{3}$ 배이고 위상은 30° 앞선다.
- △결선에서 선간전압은 상전압과 크기와 위상이 같다.

따라서, Y-△결선 시 1차 선간전압은 2차 선간전압보다 30° 위상이 앞선다. 답 ②

57 동기전동기에서 출력이 100[%]일 때 역률이 1이 되도록 계자전류를 조정한 다음에 공급전압 V 및 계자전류 I_f를 일정하게 하고, 전부하 이하에서 운전하면 동기전동기의 역률은?

① 뒤진 역률이 되고, 부하가 감소할수록 역률은 낮아진다.
② 뒤진 역률이 되고, 부하가 감소할수록 역률은 좋아진다.
③ 앞선 역률이 되고, 부하가 감소할수록 역률은 낮아진다.
④ 앞선 역률이 되고, 부하가 감소할수록 역률은 좋아진다.

풀이

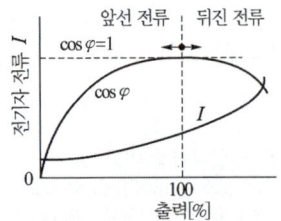

동기전동기의 부하특성곡선에 의하여
① 전부하 이하에서는 과여자로 되므로 앞선 역률로 되고, 부하가 감소할수록 역률은 낮아진다.

② 전부하 이상에서는 부족여자로 되므로 뒤진 역률로 되고, 과부하가 될수록 역률은 낮아진다. 답 ③

58 동기발전기를 회전계자형으로 사용하는 이유 중 틀린 것은?

① 기전력의 파형을 개선한다.
② 계자극은 기계적으로 튼튼하게 만들기 쉽다.
③ 전기자권선은 전압이 높고 결선이 복잡하다.
④ 계자회로는 직류의 저압회로이며, 소요전력이 적다.

풀이 ① 동기기를 회전 계자형으로 하는 이유
- 전기자 권선은 전압이 높고 결선이 복잡하며, 대용량으로 되면 전류도 커지고, 3상 권선의 경우에는 4개의 도선을 인출하여야 한다.
- 계자 회로는 직류의 저압 회로이므로 소요 동력도 작으며, 인출 도선이 2개만 있어도 되기 때문이다.
- 계자극은 기계적으로 튼튼하게 만드는 데 용이하기 때문이다.
- 고장 시의 과도 안정도를 높이기 위하여 회전자의 관성을 크게 하기 쉽기 때문이기도 하다.

② 기전력의 파형을 개선하기 위해서는 전기자 권선을 단절권 및 분포권으로 한다. 답 ①

59 정격 5[kW], 100[V], 50[A], 1500[rpm]의 타여자 직류발전기가 있다. 계자전압 50[V], 계자전류 5[A], 전기자저항 0.2[Ω]이고 브러시에서 전압강하는 2[V]이다. 무부하 시와 정격부하 시의 전압차는 몇 [V]인가?

① 12   ② 10
③ 8   ④ 6

풀이

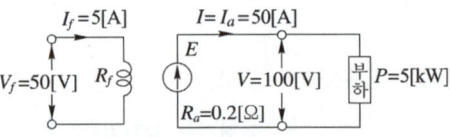

무부하 시의 단자전압은 유기기전력과 같으므로
$E = V + I_a R_a + e_b = 100 + 50 \times 0.2 + 2 = 112[V]$
무부하 시 전압(E)과 정격부하 시 전압(V)의 차는
$e = E - V = 112 - 100 = 12[V]$ 답 ①

60 직류 직권전동기를 교류용으로 사용하기 위한 대책이 아닌 것은?

① 계자는 성층 철심, 원통형 고정자 적용
② 계자권선수 감소, 전기자 권선수 증대
③ 보상 권선 설치, 브러시 접촉저항 증대
④ 정류자편 감소, 전기자 크기 감소

[풀이] 직류 직권전동기는 교류 전원을 사용할 수 있으나 자극은 철 덩어리로 되어 있기 때문에 철손이 크고, 계자권선 및 전기자 권선의 인덕턴스 때문에 역률이 나쁘며, 브러시에 의해 단락된 전기자 코일 내에 큰 기전력이 유기되어 정류가 불량하다는 단점이 있다. 이러한 문제점을 해결하기 위해서
① 전기자뿐만 아니라 계자에도 성층철심을 사용하고 원통형 회전자로 하여야 한다.
② 역률이 대단히 낮아지므로 계자권선의 권수를 적게 하고 반면에 전기자 권선수를 크게 한다.
   따라서, 동일한 정격의 직류기에 비해 전기자가 커지고 정류자편의 수도 많아진다.
③ 전기자 권선수가 많아지게 됨에 따라 전기자 반작용이 커지므로 이에 대한 대책으로 보상권선을 설치하여야 한다.
④ 정류작용이 직류기에 비해 어려우므로 이것을 개선하기 위하여 접촉저항이 큰 브러시를 사용하여 저항 정류를 하여야 한다.   답 ④

2025년 - 3회 _ 전기기사·공사기사

41 주파수 60[Hz], 슬립 0.2인 경우 회전자 속도가 720[rpm]일 때 유도전동기의 극수는?

① 4   ② 6
③ 8   ④ 12

[풀이] $N=(1-s)N_s$ 에서
$N_s = \dfrac{N}{1-s} = \dfrac{720}{1-0.2} = 900$ [rpm]
$\therefore p = \dfrac{120f}{N_s} = \dfrac{120 \times 60}{900} = 8$ [극]   답 ③

42 단상반파 정류회로의 직류전압이 100[V]일 때 정류기의 역방향 첨두전압은 약 몇 [V]인가?

① 691   ② 628
③ 536   ④ 314

[풀이] 단상 반파 정류회로의 첨두역전압 PIV는
$\therefore \text{PIV} = \sqrt{2}E = \pi E_d = \pi \times 100 ≒ 314$ [V]   답 ④

43 동기전동기의 전기자 전류가 최소일 때 역률은?

① 0   ② 0.707
③ 0.866   ④ 1

[풀이] 역률 1에서 전기자 전류가 최소가 된다.

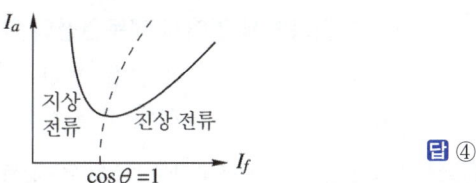

답 ④

44 직류전동기의 워드레오나드 속도제어 방식으로 옳은 것은?

① 전압제어   ② 저항제어
③ 계자제어   ④ 직병렬제어

[풀이] 직류전동기의 속도제어법 비교

구 분	제어 특성	특 징
계자제어법	• 정출력 제어	• 속도제어범위가 좁다.
전압제어법	• 정토크 제어 – 워드 레오나드 방식 – 일그너 방식	• 제어범위가 넓다. • 손실이 매우 적다. • 정역운전이 가능 • 설비비가 많이든다.
직렬저항법		• 효율이 나쁘다.

답 ①

45 유기 기전력 210[V], 단자 전압 200[V]인 5[kW] 분권 발전기의 계자 저항이 500[Ω]이면 그 전기자 저항[Ω]은?

① 0.2   ② 0.4
③ 0.6   ④ 0.8

[풀이]

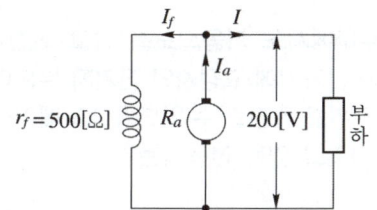

$$I_f = \frac{V}{r_f} = \frac{200}{500} = 0.4[A], \quad I = \frac{P}{V} = \frac{5 \times 10^3}{200} = 25[A]$$

전기자 전류 I_a는 $I_a = I + I_f$이므로

$$I_a = 25 + 0.4 = 25.4[A]$$

또한 $V = E - I_a R_a$ 식에서

$$\therefore R_a = \frac{E-V}{I_a} = \frac{210-200}{25.4} = \frac{10}{25.4} ≒ 0.4[\Omega]$$

답 ②

46 3상 동기전동기에 있어서 제동권선의 역할은?

① 효율 향상   ② 역률 개선
③ 난조 방지   ④ 출력 증가

풀이 제동권선은 회전 자극 표면에 설치한 유도전동기의 농형 권선과 같은 권선으로서 회전자가 동기 속도로 회전하고 있는 동안에는 전압을 유도하지 않으므로 아무런 작용이 없다. 그러나 조금이라도 동기 속도를 벗어나면 전기자 자속을 끊어 전압이 유도되어 단락 전류가 흐르므로 동기 속도로 되돌아가게 된다. 즉, 진동 에너지를 열로 소비하여 진동을 방지한다.
이 제동권선은 난조 방지에 쓰인다.

답 ③

47 다음은 직류 직권 전동기를 교류 단상 정류자 전동기로 사용하기 위하여 교류를 가했을 때 발생하는 문제점을 열거한 것이다. 옳지 않은 것은?

① 효율이 나빠진다.
② 역률이 떨어진다.
③ 정류가 불량하다.
④ 계자 권선이 필요 없다.

풀이 직류 직권 전동기는 교류 전원을 사용할 수 있으나 자극은 철 덩어리로 되어 있기 때문에 철손이 크고, 계자 권선 및 전기자 권선의 인덕턴스 때문에 역률과 효율이 나쁘다. 또한 브러시에 의해 단락된 전기자 코일 내에 큰 기전력이 유기되어 정류가 불량하다는 단점이 있다.

답 ④

48 중부하에서도 기동되도록 하고 회전계자형의 동기 전동기에 고정자인 전기자 부분이 회전자의 주위를 회전할 수 있도록 2중 베어링의 구조를 가지고 있는 전동기는?

① 유도자형 전동기
② 유도 동기 전동기
③ 초동기 전동기
④ 반작용 전동기

풀이
- 동기 전동기를 보완하여 중부하에서도 기동이 되도록 한 것이 초동기 전동기이다.
- 초동기 전동기는 기동 토크가 크고 기동 전류가 적은 것이 특징이며, 2중 베어링 장치와 브레이크 밴드 등의 특수 구조가 있어 고속 운전에는 부적당하다.

답 ③

49 히스테리시스손과 관계가 없는 것은?

① 최대 자속밀도
② 철심의 재료
③ 회전수
④ 철심용 규소 강판의 두께

풀이 ① 히스테리시스손 $P_h = K_h f B_m^2$
여기서, B_m : 최대 자속 밀도[Wb/m²]
K_h : 히스테리시스 계수, f : 주파수[Hz]
② 와류손 $P_e = K_e(t \cdot f \cdot K_f \cdot B_m)^2$
여기서, K_e : 재료에 따라 정해지는 상수
t : 철심의 두께[m]
K_f : 파형률 $\left(\frac{실효치}{평균치} = 1.11\right)$

따라서 철심용 규소강판의 두께(t)는 와류손과 관계가 있다.

답 ④

50 전체 도체수는 100, 단중 중권이며 자극수는 4, 자속수는 극당 0.628[Wb]인 직류분권전동기가 있다. 이 전동기의 부하 시 전기자에 5[A]가 흐르고 있었다면 이때의 토크[N·m]는?

① 12.5   ② 25
③ 50   ④ 100

풀이 $p = 4, Z = 100, \Phi = 0.628[Wb], I_a = 5[A]$
단중 중권이므로 $a = p = 4$이다.

$$\therefore T = \frac{p\phi Z I_a}{2\pi a} = \frac{4 \times 0.628 \times 100 \times 5}{2\pi \times 4}$$
$$= 49.97[N \cdot m]$$

답 ③

51 철심의 단면적이 100[cm²]이고 철심의 최대 자속밀도가 1.4[wb/m²]인 변압기가 있다. 주파수는 60[Hz], 1차가 6300[V], 2차가 210[V]라고 할 때 각 권선의 권수는 얼마인가? (단, 철심의 점적률은 90[%]이며, 이상변압기라고 한다.)

① 1차 : 1777, 2차 : 61
② 1차 : 1877, 2차 : 63
③ 1차 : 1977, 2차 : 65
④ 1차 : 2077, 2차 : 67

풀이
- $V_1 = 4.44fN_1\phi_m \rightarrow$
  $N_1 = \dfrac{V_1}{4.44f\phi_m} = \dfrac{6300}{4.44 \times 60 \times 1.4 \times 0.01 \times 0.9} \approx 1877$
- $V_2 = 4.44fN_2\phi_m \rightarrow$
  $N_2 = \dfrac{V_2}{4.44f\phi_m} = \dfrac{210}{4.44 \times 60 \times 1.4 \times 0.01 \times 0.9} \approx 63$

(여기서, $\phi_m = B_m \times A \times 점적률$) **답** ②

52 전기자저항 0.1[Ω], 직권계자 권선저항 0.2[Ω]의 직권 직류전동기에 200[V]를 가하였더니 부하전류가 20[A]이었다. 이때 전동기의 속도는 약 몇 [rpm]인가? (단, 기계정수는 2.61이다.)

① 1,288   ② 1,388
③ 1,488   ④ 1,520

풀이 직류 직권 전동기의 속도
$N = K\dfrac{V - I_a(R_a + R_s)}{I_a}$ [rps] $\times 60$[rpm]이므로
$V = 200$[V], $I_a = 20$[A], $R_a = 0.1$[Ω], $R_s = 0.2$[Ω], $K = 2.61$를 대입하면,
$\therefore N = 2.61 \times \dfrac{200 - 20 \times (0.1 + 0.2)}{20} \times 60$
$\approx 1,520$[rpm] **답** ④

53 단권 변압기의 3상 결선에서 Y결선인 경우, 1차측 선간 전압 V_1, 2차측 선간 전압 V_2일 때 단권 변압기 용량/부하 용량은? 단, $V_1 > V_2$ 인 경우이다.

① $\dfrac{V_1 - V_2}{V_1}$ ② $\dfrac{V_1^2 - V_2^2}{\sqrt{3}\,V_1 V_2}$

③ $\dfrac{\sqrt{3}(V_1^2 - V_2^2)}{V_1 V_2}$ ④ $\dfrac{V_1 - V_2}{\sqrt{3}\,V_1}$

풀이 단권 변압기의 3상 결선에서 고압측 전압 V_h, 저압측 전압 V_l이라고 하면

결선 방식	Y결선	△결선	V결선
자기 용량 / 부하 용량	$1 - \dfrac{V_l}{V_h}$	$\dfrac{V_h^2 - V_l^2}{\sqrt{3}\,V_h V_l}$	$\dfrac{2}{\sqrt{3}}\left(1 - \dfrac{V_l}{V_h}\right)$

답 ①

54 자속 밀도를 0.6[Wb/m²], 도체의 길이를 0.3[m], 속도를 10[m/s]라 할 때, 도체 양단에 유기되는 기전력은?

① 0.9[V]   ② 1.8[V]
③ 9[V]   ④ 18[V]

풀이 유기기전력 $e = Blv = 0.6 \times 0.3 \times 10 = 1.8$[V] **답** ②

55 반도체 정류기에 적용된 소자 중 첨두 역방향 내전압이 가장 큰 것은?

① 셀렌 정류기
② 실리콘 정류기
③ 게르마늄 정류기
④ 아산화동 정류기

풀이 실리콘 정류기의 역방향 내전압은 500~1000[V] 정도로 가장 크다. **답** ②

56 유도 전동기에서 게르게스(Görges) 현상이 생기는 슬립은 대략 얼마인가?

① 0.25   ② 0.5
③ 0.7   ④ 0.8

풀이 게르게스 현상이란 3상 유도 전동기의 2차 회로 중 1선이 단선된 경우에 약간의 과부하 상태에서도 슬립 $s = 0.5$ 부근에서 가속되지 않는 현상을 말한다. **답** ②

57 50[Hz]로 설계된 3상 유도전동기를 60[Hz]에 사용하는 경우 단자전압을 110[%]로 높일 때 일어나는 현상으로 틀린 것은?

① 철손불변
② 여자전류 감소
③ 온도상승 증가
④ 출력이 일정하면 유효전류 감소

풀이 주파수는 $\dfrac{60[\text{Hz}]}{50[\text{Hz}]} = 1.2$배 상승하고 단자전압은 1.1배 상승한다고 하면

① 철손은 $fB^2 \propto f\left(\dfrac{V}{f}\right)^2 = \dfrac{V^2}{f} = \dfrac{1.1^2}{1.2} \fallingdotseq 1$이므로 불변하고, 유효전류는 $I_w \propto \dfrac{1}{V} = \dfrac{1}{1.1} \fallingdotseq 0.9$로 감소한다.

② 여자 전류는 $I_0 \propto \dfrac{V}{f}$이므로 $\dfrac{1.1}{1.2} \fallingdotseq 0.9$배로 감소한다.

③ 역률은 $\dfrac{I_0}{I_w}$의 함수이므로 불변한다.

④ 여자 전류 감소, 철손 불변, 유효전류 감소에서 손실은 일정하거나 다소 감소하고, 속도가 증가하므로 냉각팬의 효과도 증가하여 온도 상승은 감소한다.

답 ③

58 3상 권선형 유도전동기에서 2차측 저항을 2배로 하면 그 최대 토크는 어떻게 되는가?

① 불변이다.
② 2배 증가한다.
③ $\dfrac{1}{2}$로 감소한다.
④ $\sqrt{2}$배 증가한다.

풀이
- 최대 토크는 2차 저항에 무관 ($T_m \propto \dfrac{V^2}{2x_2}$)
- 최대 토크를 발생하는 슬립만 2차 저항에 비례 ($s_m \fallingdotseq \pm \dfrac{r_2}{x_2}$)

답 ①

59 동기조상기의 여자전류를 줄이면?

① 콘덴서로 작용
② 리액터로 작용
③ 진상전류로 됨
④ 저항손의 보상

풀이 동기 조상기는 무효전력을 지상 또는 진상으로 제어하는 기기이다.
① 과여자로 운전 : 콘덴서로 작용해서 송전 선로의 역률을 양호하게 하고, 전압 강하를 보상

② 부족 여자로 운전 : 리액터로 작용하여 발전기의 자기 여자 작용으로 일어나는 단자전압의 이상 상승을 방지

답 ②

60 유도전동기에서 권선형 회전자에 비해 농형 회전자의 특성이 아닌 것은?

① 구조가 간단하고 효율이 좋다.
② 견고하고 보수가 용이하다.
③ 대용량에서 기동이 용이하다.
④ 중, 소형 전동기에 사용된다.

풀이 농형 유도전동기의 특성
① 농형 유도전동기는 권선형에 비해 구조가 간단하며 튼튼하다.
② 중, 소형 유도전동기에 널리 사용되며, 대형이 되면 기동 토크가 작아 기동이 곤란하게 된다.

답 ③

전기산업기사 · 공사산업기사
2016-2025

전기기기
과년도문제 및 CBT 복원문제

2016년	전기기기 _ 전기산업기사·공사산업기사	526
2017년	전기기기 _ 전기산업기사·공사산업기사	542
2018년	전기기기 _ 전기산업기사·공사산업기사	558
2019년	전기기기 _ 전기산업기사·공사산업기사	573
2020년	전기기기 _ 전기산업기사·공사산업기사	588
2021년	전기기기 _ 전기산업기사·공사산업기사 _ CBT	599
2022년	전기기기 _ 전기산업기사·공사산업기사 _ CBT	614
2023년	전기기기 _ 전기산업기사·공사산업기사 _ CBT	628
2024년	전기기기 _ 전기산업기사·공사산업기사 _ CBT	643
2025년	전기기기 _ 전기산업기사·공사산업기사 _ CBT	654

동일출판사 홈페이지에서 무료 동영상 강의를 보실 수 있습니다.
– 각 년도 4회차 문제의 동영상은 지원하지 않습니다.

2016년 전기기기_전기산업기사·공사산업기사

문제의 번호는 실제 시험문제의 번호와 같게 하였습니다.

2016년 - 1회 _ 전기산업기사·공사산업기사

41 교류 정류자 전동기의 설명 중 틀린 것은?
① 정류 작용은 직류기와 같이 간단히 해결된다.
② 구조가 일반적으로 복잡하여 고장이 생기기 쉽다.
③ 기동 토크가 크고 기동장치가 필요 없는 경우가 많다.
④ 역률이 높은 편이며 연속적인 속도 제어가 가능하다.

풀이 교류 정류자기는 직류기와 같이 정류자를 가지고 있는 회전자와 유도기와 같은 고정자로 구성되어 있으며, 정류 작용 문제가 직류기보다 더욱 곤란하기 때문에 출력에 제한을 받는다. **답** ①

42 직류 분권전동기의 계자저항을 운전 중에 증가시키면?
① 전류는 일정 ② 속도는 감소
③ 속도는 일정 ④ 속도는 증가

풀이 직류 분권 전동기의 속도 $n = K\dfrac{V - I_a R_a}{\phi}$[rps]이므로 계자 저항을 증가하면 여자 전류(계자 자속)는 감소하여, 속도는 증가하게 된다. **답** ④

43 역률 80[%](뒤짐)로 전부하 운전 중인 3상 100[kVA], 3000/200[V] 변압기의 저압측 선전류의 무효분은 몇 [A]인가?
① 100 ② $80\sqrt{3}$
③ $100\sqrt{3}$ ④ $500\sqrt{3}$

풀이 출력 $P = \sqrt{3} V_2 I_2$ 식에서,
저압측 선전류
$$I_2 = \dfrac{P}{\sqrt{3} V_2} = \dfrac{100 \times 10^3}{\sqrt{3} \times 200} = \dfrac{1000}{2\sqrt{3}} [A]$$

따라서 무효 전류
$$I_c = I_2 \sin\theta = \dfrac{1000}{2\sqrt{3}} \times \sqrt{1 - 0.8^2}$$
$$= 100\sqrt{3} [A]$$
답 ③

44 권선형 유도전동기에서 2차 저항을 변화시켜서 속도제어를 하는 경우 최대 토크는?
① 항상 일정하다
② 2차 저항에만 비례한다.
③ 최대 토크가 생기는 점의 슬립에 비례한다.
④ 최대 토크가 생기는 점의 슬립에 반비례한다.

풀이
① 최대 토크 $T_m \propto \dfrac{V^2}{2x_2}$: 2차 저항과 무관
② 최대 토크를 발생하는 슬립 $s_m \fallingdotseq \pm \dfrac{r_2}{x_2}$: 2차 저항에 비례 **답** ①

45 3상 유도전동기로서 작용하기 위한 슬립 s의 범위는?
① $s \geq 1$ ② $0 < s < 1$
③ $-1 \leq s \leq 0$ ④ $s = 0$ 또는 $s = 1$

풀이 슬립의 범위
• 유도전동기 : $0 < s < 1$
• 유도 발전기 : $s < 0$
• 제동기 : $s > 1$ **답** ②

46 변압기유 열화방지 방법 중 틀린 것은?
① 밀봉방식 ② 흡착제방식
③ 수소봉입방식 ④ 개방형 콘서베이터

풀이 절연유 열화의 원인은 절연유의 온도 상승과 공기와의 접촉에 의해 발생하며 기름의 열화 방지로는 콘서베이터, 브리더, 질소 봉입이 있다. **답** ③

47 스텝 모터(step motor)의 장점이 아닌 것은?

① 가속, 감속이 용이하며 정·역전 및 변속이 쉽다.
② 위치제어를 할 때 각도 오차가 있고 누적된다.
③ 피드백 루프가 필요 없이 오픈 루프로 손쉽게 속도 및 위치제어를 할 수 있다.
④ 디지털 신호를 직접 제어할 수 있으므로 컴퓨터 등 다른 디지털 기기와 인터페이스가 쉽다.

풀이 스텝모터의 장·단점
[장점]
① 다른 서보모터와 달리 위치 및 속도를 검출하기 위한 장치가 필요 없다.
② 다른 디지털 기기와의 인터페이스가 쉽다.
③ 가속, 감속이 용이하며 정·역전 및 변속이 쉽다.
④ 속도제어 범위가 광범위하며, 초저속에서 큰 토크를 얻을 수 있다.
⑤ 위치제어를 할 때 각도오차가 적고 누적되지 않는다.
⑥ 정지하고 있을 때 그 위치를 유지해 주는 토크가 크다.
⑦ 브러시, 슬립 링 등이 없고 부품수가 적기 때문에 유지 보수의 필요성이 적다.
[단점]
① 분해 조립, 또는 정지 위치가 한정된다.
② 효율이 서보모터에 비해 나쁘다.
③ 마찰 부하의 경우 위치 오차가 크다.
④ 오버슈트 및 진동의 문제가 있다.
⑤ 대용량의 대형기는 만들기 어렵다. **답** ②

48 동기기의 과도 안정도를 증가시키는 방법이 아닌 것은?

① 속응 여자 방식을 채용한다.
② 동기화 리액턴스를 크게 한다.
③ 동기 탈조 계전기를 사용 한다.
④ 발전기의 조속기 동작을 신속히 한다.

풀이 동기기의 안정도 증진법
① 동기화 리액턴스를 작게 할 것
② 회전자의 플라이휠 효과를 크게 할 것
③ 속응 여자 방식을 채용할 것
④ 발전기의 조속기 동작을 신속히 할 것
⑤ 동기 탈조 계전기를 사용할 것 **답** ②

49 직류기에서 전기자 반작용이란 전기자 권선에 흐르는 전류로 인하여 생긴 자속이 무엇에 영향을 주는 현상인가?

① 감자 작용만을 하는 현상
② 편자 작용만을 하는 현상
③ 계자극에 영향을 주는 현상
④ 모든 부분에 영향을 주는 현상

풀이 ① 전기자 반작용 : 전기자 전류에 의한 자속이 공극을 지나 주자극에 들어가 계자자속에 영향을 미치는 현상
② 전기자 반작용의 방지대책

보극과 보상권선을 설치한다	보극 → 중성측 부근의 전기자 반작용 상쇄
	보상권선 → 대부분의 전기자 반작용 상쇄 : 가장 유효한 방법

답 ③

50 3상 유도전동기의 동기속도는 주파수와 어떤 관계가 있는가?

① 비례한다.
② 반비례한다.
③ 자승에 비례한다.
④ 자승에 반비례한다.

풀이 유도전동기의 동기속도 $N_s = \dfrac{120}{p}f$[rpm]이므로 슬립과 극수가 일정하다면, 동기속도(N_s)는 주파수(f)에 비례하는 관계에 있다. **답** ①

51 3단자 사이리스터가 아닌 것은?

① SCR   ② GTO
③ SCS   ④ TRIAC

풀이 각종 반도체 소자의 비교
① 방향성
  • 양방향성(쌍방향성) 소자 : DIAC, TRIAC, SSS
  • 역저지(단방향성) 소자 : SCR, LASCR, GTO
② 극(단자) 수
  • 2극(단자) 소자 : DIAC, SSS, Diode
  • 3극(단자) 소자 : SCR, LASCR, GTO, TRIAC
  • 4극(단자) 소자 : SCS **답** ③

52 60[Hz], 4극 유도전동기의 슬립이 4[%]인 때의 회전수[rpm]는?

① 1728　　② 1738
③ 1748　　④ 1758

풀이 유도전동기의 회전수
$$N = (1-s)N_s = (1-s)\frac{120f}{p}$$
$$= (1-0.04) \times \frac{120 \times 60}{4}$$
$$= 1728[\text{rpm}]$$
답 ①

53 비례추이와 관계가 있는 전동기는?

① 동기 전동기
② 정류자 전동기
③ 3상 농형 유도전동기
④ 3상 권선형 유도전동기

풀이 비례추이는 2차 회로의 저항을 변화시킬 수 없는 농형 유도전동기에서는 응용할 수 없으며, 2차 회로의 저항을 가감할 수 있는 **3상 권선형 유도전동기**의 기동 토크 가감과 속도 제어에 이용하고 있다. 답 ④

54 200[kVA]의 단상변압기가 있다. 철손이 1.6[kW]이고 전부하 동손이 2.5[kW]이다. 이 변압기의 역률이 0.8일 때 전부하시의 효율은 약 몇 [%]인가?

① 96.5　　② 97.0
③ 97.5　　④ 98.0

풀이 전부하 효율
$$\eta = \frac{P_a \cos\theta}{P_a \cos\theta + P_i + P_c} \times 100$$
$$= \frac{200 \times 0.8}{200 \times 0.8 + 1.6 + 2.5} \times 100 = 97.5[\%]$$
답 ③

55 변압기의 전부하 동손이 270[W], 철손이 120[W]일 때 최고 효율로 운전하는 출력은 정격출력의 약 몇 [%]인가?

① 66.7　　② 44.4
③ 33.3　　④ 22.5

풀이 최대 효율이 나타나는 부하
$$m = \sqrt{\frac{P_i}{P_c}} = \sqrt{\frac{120}{270}} = 0.667$$
∴ 정격 출력의 66.7[%]에서 최대 효율이 발생한다. 답 ①

56 단상 반파정류로 직류전압 150[V]를 얻으려고 한다. 최대 역전압(Peak Inverse Voltage)이 약 몇 [V] 이상의 다이오드를 사용하여야 하는가? (단, 정류회로 및 변압기의 전압강하는 무시한다.)

① 약 150[V]　　② 약 166[V]
③ 약 333[V]　　④ 약 470[V]

풀이 단상 반파 정류 회로의 첨두 역전압
$$\text{PIV} = \sqrt{2}E = \pi E_d = \pi \times 150$$
$$\fallingdotseq 471[\text{V}]$$
답 ④

57 동기 전동기의 자기동법에서 계자권선을 단락하는 이유는?

① 기동이 쉽다.
② 기동권선으로 이용한다.
③ 고전압의 유도를 방지한다.
④ 전기자 반작용을 방지한다.

풀이 동기 전동기의 기동시에 계자권선 중에 고전압이 유도되어 절연을 파괴하므로 방전 저항을 접속하여 **단락 상태로 기동**한다. 이때 계자권선은 일종의 단상 2차 권선으로서 토크를 발생하기 때문에 계자권선의 저항값의 3~7배 정도의 방전 저항을 사용한다. 답 ③

58 직류직권 전동기에서 토크 T와 회전수 N과의 관계는?

① $T \propto N$　　② $T \propto N^2$
③ $T \propto \dfrac{1}{N}$　　④ $T \propto \dfrac{1}{N^2}$

풀이 직류 직권 전동기 속도 $N = k\dfrac{E_c}{\phi}[\text{rpm}]$에서 자기 포화를 무시하면 속도 N은
$$N \propto \frac{1}{\phi} \propto \frac{1}{I_a} \ (\because I_a = I = I_f \propto \phi)$$

토크 $T = \dfrac{PZ}{2\pi}\Phi\dfrac{I_a}{a} = \dfrac{PZ}{2\pi a}\Phi I_a = k_2 \Phi I_a$ 에서
ϕ는 I_a에 비례하므로
$\therefore T \propto I_a^2 \propto \dfrac{1}{N^2}$

답 ④

59 직류발전기 중 무부하일 때보다 부하가 증가한 경우에 단자전압이 상승하는 발전기는?

① 직권발전기 ② 분권발전기
③ 과복권발전기 ④ 차동복권발전기

풀이 직류 복권 발전기의 외부특성 곡선

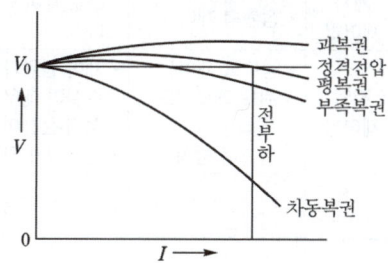

여기서, V_0 : 무부하 전압, V : 단자 전압,
I : 부하전류

답 ③

60 3상 교류 발전기의 기전력에 대하여 $\dfrac{\pi}{2}$[rad] 뒤진 전기자 전류가 흐르면 전기자 반작용은?

① 증자작용을 한다.
② 감자작용을 한다.
③ 횡축 반작용을 한다.
④ 교차 자화작용을 한다.

풀이 동기발전기의 전기자 반작용

역률	부하	전류와 전압과의 위상	작 용
역률 1	저항	I_a가 E와 동상인 경우	교차 자화 작용 (횡축 반작용)
뒤진 역률 0	유도성 부하	I_a가 E보다 $\pi/2$ 뒤지는 경우	감자 작용 (직축 반작용)
앞선 역률 0	용량성 부하	I_a가 E보다 $\pi/2$ 앞서는 경우	증자 작용 (자화 작용)

여기서, I_a : 전기자 전류
E : 유기 기전력

답 ②

2016년 - 2회 _ 전기산업기사·공사산업기사

41 6600/210[V], 10[kVA] 단상 변압기의 퍼센트 저항 강하는 1.2[%], 리액턴스 강하는 0.9[%]이다. 임피던스 전압[V]은?

① 99 ② 81
③ 65 ④ 37

풀이 퍼센트 저항 강하 $p = 1.2$[%], 퍼센트 리액턴스 강하 $q = 0.9$[%]이므로 퍼센트 임피던스 강하 z는
$z = \sqrt{p^2 + q^2} = \sqrt{1.2^2 + 0.9^2} = 1.5$[%]
$z = \dfrac{V_s}{V_{1n}} \times 100$[%]이므로
따라서 임피던스 전압
$V_s = \dfrac{zV_{1n}}{100} = \dfrac{1.5 \times 6600}{100} = 99$[V]

답 ①

42 변압기 1차측 공급전압이 일정할 때, 1차 코일 권수를 4배로 하면 누설 리액턴스와 여자전류 및 최대 자속은? (단, 자로는 포화상태가 되지 않는다.)

① 누설 리액턴스= 16,
   여자 전류= $\dfrac{1}{4}$, 최대 자속= $\dfrac{1}{16}$

② 누설 리액턴스= 16,
   여자 전류= $\dfrac{1}{16}$, 최대 자속= $\dfrac{1}{4}$

③ 누설 리액턴스= $\dfrac{1}{16}$,
   여자 전류= 4, 최대 자속= 160

④ 누설 리액턴스= 16,
   여자 전류= $\dfrac{1}{16}$, 최대 자속= 4

풀이 ① 누설 리액턴스
   인덕턴스 $L = \dfrac{\mu A N^2}{l} \propto N^2 = 4^2 = 16$배이므로
   누설 리액턴스(ωL)도 16배가 된다.
② 여자 전류
   자로에 자기 포화가 없으므로 최대 자속은 여자전류와 권수의 곱, 즉 기자력에 비례한다.
   $\Phi_m \propto I_0 N_1$
   권수가 $4N_1$일 때의 여자 전류를 $I_0{'}$라고 하면

$$\frac{I_0' \times 4N_1}{I_0 \times N_1} = \frac{\Phi_m'}{\Phi_m} = \frac{1}{4}$$

$$\therefore I_0' = \left(\frac{1}{4}\right)^2 I_0 = \frac{1}{16} I_0$$

③ 최대 자속

$$V_1 = E_1 = 4.44 f N_1 \Phi_m \rightarrow \Phi_m = \frac{V_1}{4.44 f N_1}$$

V_1와 f는 일정하고, 권수만을 4배로 하여 $4N_1$으로 했을 때의 최대 자속을 Φ_m'라고 하면

$$\therefore \Phi_m' = \frac{V_1}{4.44 f \times 4N_1} = \frac{1}{4}\Phi_m$$

즉, 누설 리액턴스는 16배, 최대 자속 밀도는 $\frac{1}{16}$배, 여자전류는 $\frac{1}{4}$배로 감소된다. 　　　답 ②

43 2대의 같은 정격의 타여자 직류발전기가 있다. 그 정격은 출력 10[kW], 전압 100[V], 회전속도 1500[rpm]이다. 이 2대를 카프법에 의해서 반환부하시험을 하니 전원에서 흐르는 전류는 22[A]이었다. 이 결과에서 발전기의 효율은 약 몇 [%]인가? (단, 각 기의 계자저항손은 각각 200[W]라고 한다.)

① 88.5　　② 87
③ 80.6　　④ 76

풀이
- 발전기 2대의 손실
  $VI_0 = 100 \times 22 = 2200[W] = 2.2[kW]$
- 발전기 1대의 계자 저항손
  $R_f I_f^2 = 200[W] = 0.2[kW]$

따라서 발전기의 효율 η_g는

$$\eta_g = \frac{VI}{VI + \frac{1}{2}VI_0 + R_f I_f^2} \times 100$$

$$= \frac{10}{10 + \frac{1}{2} \times 2.2 + 0.2} \times 100$$

$$= 88.5[\%]$$　　　답 ①

44 직류전동기의 발전제동 시 사용하는 저항의 주된 용도는?

① 전압강하　　② 전류의 감소
③ 전력의 소비　　④ 전류의 방향전환

풀이 발전 제동 : 전동기를 전원으로부터 분리한 후 1차측에 직류전원을 공급하여 발전기로 동작시킨 후 **발생된 전력을 저항에서 열로 소비시키는 방법** 　　답 ③

45 직류전동기의 속도제어 방법에서 광범위한 속도 제어가 가능하며, 운전효율이 가장 좋은 방법은?

① 계자제어　　② 전압제어
③ 직렬 저항제어　　④ 병렬 저항제어

풀이 직류 전동기의 속도 제어법 비교

구 분	제어 특성	특 징
계자 제어법	• 정출력 제어	• 속도 제어 범위가 좁다.
전압 제어법	• 정토크 제어 - 워드 레오나드 방식 - 일그너 방식	• 제어 범위가 넓다. • 손실이 매우 적다. • 정역 운전이 가능 • 설비비가 많이든다.
직렬 저항법		• 효율이 나쁘다.

답 ②

46 동기발전기의 병렬운전에서 일치하지 않아도 되는 것은?

① 기전력의 크기　　② 기전력의 위상
③ 기전력의 극성　　④ 기전력의 주파수

풀이 **동기발전기의 병렬 운전 조건**은 다음과 같다.
　① 기전력의 크기가 같을 것
　② 기전력의 위상이 같을 것
　③ 기전력의 주파수가 같을 것
　④ 기전력의 파형이 같을 것
　⑤ 상회전 방향이 같을 것 　　답 ③

47 100[kVA], 6000/200[V], 60[Hz]이고 %임피던스 강하 3[%]인 3상 변압기의 저압측에 3상 단락이 생겼을 경우의 단락전류는 약 몇 [A]인가?

① 5650　　② 9623
③ 17000　　④ 75000

풀이 단락전류 $I_s = \frac{100}{\%Z}I_n = \frac{100}{3} \times \frac{100 \times 10^3}{\sqrt{3} \times 200}$
　　　 $\fallingdotseq 9623[A]$ 　　답 ②

48 코일 피치와 자극 피치의 비를 β라 하면 기본파 기전력에 대한 단절계수는?

① $\sin\beta\pi$　　② $\cos\beta\pi$
③ $\sin\dfrac{\beta\pi}{2}$　　④ $\cos\dfrac{\beta\pi}{2}$

풀이 단절계수
- $K_p = \sin\dfrac{\beta\pi}{2}$ (기본파)
- $K_{pn} = \sin\dfrac{n\beta\pi}{2}$ (n차 고조파)　　**답** ③

49 구조가 회전 계자형으로 된 발전기는?

① 동기발전기　　② 직류발전기
③ 유도발전기　　④ 분권발전기

풀이 회전계자방식은 동기발전기의 회전자에 의한 분류로 전기자를 고정자로 하고 계자극을 회전자로 한 방식이다.　　**답** ①

50 8극 6[Hz]의 유도전동기가 부하를 연결하고 864[rpm]으로 회전할 때 54.134[kg·m]의 토크를 발생 시 동기와트는 약 몇 [kW]인가?

① 48　　② 50
③ 52　　④ 54

풀이
$N_s = \dfrac{120f}{p} = \dfrac{120 \times 6}{8} = 90$[rpm]

$T = 0.975\dfrac{P}{N} = 0.975\dfrac{P_2}{N_s}$[kg·m]이므로

$\therefore P_2 = 1.026 N_s T$
$= 1.026 \times 90 \times 54.134 \times 10^{-3}$
$\fallingdotseq 5$[kW]　　**답** 전항 정답

51 화학공장에서 선로의 역률은 앞선 역률 0.7이었다. 이 선로에 동기 조상기를 병렬로 결선해서 과여자로 하면 선로의 역률은 어떻게 되는가?

① 뒤진 역률이며 역률은 더욱 나빠진다.
② 뒤진 역률이며 역률은 더욱 좋아진다.
③ 앞선 역률이며 역률은 더욱 좋아진다.
④ 앞선 역률이며 역률은 더욱 나빠진다.

풀이 동기 조상기의 운전
- 과여자 : 선로에 앞선 전류가 흘러 일종의 콘덴서로 작용
- 부족 여자 : 뒤진 전류가 흘러서 일종의 리액터로 작용

따라서 앞선 역률인 경우 과여자로 하면 선로의 역률은 더욱 진상이 되어 역률은 더 나빠진다.　　**답** ④

52 전기설비 운전 중 계기용 변류기(CT)의 고장 발생으로 변류기를 개방할 때 2차 측을 단락해야 하는 이유는?

① 2차 측의 절연 보호
② 1차 측의 과전류 방지
③ 2차 측의 과전류 보호
④ 계기의 측정 오차 방지

풀이 변류기의 2차측을 개방하면 1차 전류가 모두 여자 전류가 되어 2차 권선에 매우 높은 전압이 유기되어 절연이 파괴되고 소손될 우려가 있으므로, 변류기 2차측 기기를 교체하고자 하는 경우에는 반드시 변류기 2차측을 단락시켜야 한다.　　**답** ①

53 유도전동기에서 인가전압이 일정하고 주파수가 정격 값에서 수 [%] 감소할 때 나타나는 현상 중 틀린 것은?

① 철손이 증가한다.
② 효율이 나빠진다.
③ 동기 속도가 감소한다.
④ 누설 리액턴스가 증가한다.

풀이 ① 철손은 히스테리시스손(P_h)과 와전류손(P_e)의 합이므로
- $P_e = k_2 B^2 f^2 = k_3 E^2$: 전압이 일정하면, 와류손은 주파수와 무관
- $P_h = k_4 B^{1.6} f = k_5 E^{1.6} f^{-0.6}$: 전압이 일정하면, 히스테리시스손은 주파수에 반비례

따라서 전압이 일정하고 주파수가 낮아지면 철손은 증가한다.
② 주파수가 낮아져서 철손이 증가하면 효율은 나빠진다.
③ 동기속도 $N_s = \dfrac{120f}{p}$[rpm]이므로 주파수(f)가 감소하면 동기속도도 감소한다.
④ 누설 리액턴스는 주파수에 비례하므로($X = 2\pi f L$) 주파수가 감소하면 누설 리액턴스는 감소한다.　　**답** ④

54 정격전압 200[V], 전기자 전류 100[A]일 때 1000[rpm]으로 회전하는 직류 분권전동기가 있다. 이 전동기의 무부하 속도는 약 몇 [rpm]인가? (단, 전기자 저항은 0.15[Ω]이고 전기자 반작용은 무시한다.)

① 981
② 1081
③ 1100
④ 1180

풀이 $I_a = 50[A]$일 때의 역기전력
$$E_c = V - I_a R_a = 200 - (100 \times 0.15) = 185[V]$$
$I_a = 0$일 때의 역기전력
$$E_{c0} = 200[V] (\because I_a = 0)$$
전기자 반작용을 무시하면 $E = k\phi N$에서 ϕ=일정
$E \propto N$ 이므로 $E_{c0} : E_c = N_0 : N$
$200 : 185 = N_0 : 1000$
따라서 무부하 속도
$$N_0 = \frac{200}{185} \times 1000 ≒ 1081[rpm]$$
답 ②

55 유도전동기에서 여자전류는 극수가 많아지면 정격 전류에 대한 비율이 어떻게 변하는가?

① 커진다.
② 불변이다.
③ 적어진다.
④ 반으로 줄어든다.

풀이 동일한 용량의 기계라도 극수가 증가할수록 역률은 낮아지게 되는데, 이것은 **극수가 증가**하면 매극매상의 도체수가 적게 되어서 **여자 전류의 비율이 커지기 때문이다.**
답 ①

56 브러시를 이동하여 회전속도를 제어하는 전동기는?

① 반발 전동기
② 단상 직권전동기
③ 직류 직권전동기
④ 반발기동형 단상유도전동기

풀이 **반발 전동기는 브러시 이동만으로 기동, 정지, 속도 제어가 가능**하다.
답 ①

57 단상 유도전동기를 기동 토크가 큰 것부터 낮은 순서로 배열한 것은?

① 모노사이클릭형 → 반발 유도형 → 반발 기동형 → 콘덴서 기동형 → 분상 기동형
② 반발 기동형 → 반발 유도형 → 모노사이클릭형 → 콘덴서 기동형 → 분상 기동형
③ 반발 기동형 → 반발 유도형 → 콘덴서 기동형 → 분상 기동형 → 모노사이클릭형
④ 반발 기동형 → 분상 기동형 → 콘덴서 기동형 → 반발 유도형 → 모노사이클릭형

풀이 단상 유도전동기에서 기동 토크가 큰 것부터 순서로 배열하면
반발 기동형 > 반발 유도형 > 콘덴서 기동형 > 분상 기동형 > 셰이딩 코일형 > 모노사이클릭형
답 ③

58 일정한 부하에서 역률 1로 동기전동기를 운전하는 중 여자를 약하게 하면 전기자 전류는?

① 진상전류가 되고 증가한다.
② 진상전류가 되고 감소한다.
③ 지상전류가 되고 증가한다.
④ 지상전류가 되고 감소한다.

풀이

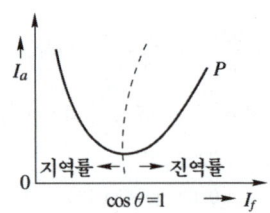

위상 특성 곡선(V곡선)에서 보는 바와 같이 **여자전류 (I_f)를 감소**시키면 **역률은 뒤지고 전기자 전류는 증가**한다.
답 ③

59 4극 7.5[kW], 200[V], 60[Hz]인 3상 유도전동기가 있다. 전부하에서의 2차 입력이 7950[W]이다. 이 경우의 2차 효율은 약 몇 [%]인가? (단, 기계손은 130[W]이다.)

① 92
② 94
③ 96
④ 98

> **풀이** 2차 입력 $P_2 = P_0 + P_{c2} + P_m$ 에서
> $P_{c2} = P_2 - P_0 - P_m = 7950 - 7500 - 130 = 320[W]$
> 2차 동손 $P_{c2} = sP_2$ 에서
> 슬립 $s = \dfrac{P_{c2}}{P_2} = \dfrac{320}{7950} = 0.04$
> 따라서 2차 효율
> $\eta_2 = 1 - s = 1 - 0.04 = 0.96 = 96[\%]$ **답** ③

60 직류기의 전기자권선 중 중권 권선에서 뒤 피치가 앞 피치보다 큰 경우를 무엇이라 하는가?
① 진권 ② 쇄권
③ 여권 ④ 장절권

> **풀이** • 진권 : 권선의 진행 방향은 시계 방향의 방사형이며, 후절(뒤 피치)이 전절(앞 피치)보다 크다.
> • 누권(역진권) : 권선 방향은 반시계 방향으로 감겨지게 되고 후절(뒤 피치)이 전절(앞 피치)보다 적다.
> **답** ①

2016년 - 3회 _ 전기산업기사

41 3상 동기발전기를 병렬운전 하는 경우 필요한 조건이 아닌 것은?
① 회전수가 같다. ② 상회전이 같다.
③ 발생 전압이 같다. ④ 전압 파형이 같다.

> **풀이** 동기발전기의 병렬 운전 조건은 다음과 같다.
> ① 기전력의 크기가 같을 것
> ② 기전력의 위상이 같을 것
> ③ 기전력의 주파수가 같을 것
> ④ 기전력의 파형이 같을 것
> ⑤ 상회전 방향이 같을 것 **답** ①

42 변압기의 절연유로서 갖추어야 할 조건이 아닌 것은?
① 비열이 커서 냉각 효과가 클 것
② 절연저항 및 절연내력이 적을 것
③ 인화점이 높고 응고점이 낮을 것
④ 고온에서도 석출물이 생기거나 산화하지 않을 것

> **풀이** 변압기의 기름으로서 갖추어야 할 조건
> ① 절연내력이 클 것
> ② 절연 재료 및 금속에 화학 작용을 일으키지 않을 것
> ③ 인화점이 높고, 응고점이 낮을 것
> ④ 점도가 낮고, 비열이 커서 냉각 효과가 클 것
> ⑤ 고온에서도 석출물이 생기거나 산화하지 않을 것
> **답** ②

43 단상유도전압조정기의 1차 권선과 2차 권선의 축 사이의 각도를 α라 하고 양 권선의 축이 일치할 때 2차 권선의 유기전압을 E_2, 전원전압을 V_1, 부하 측의 전압을 V_2라고 하면 임의의 각 α일 때의 V_2는?
① $V_2 = V_1 + E_2\cos\alpha$
② $V_2 = V_1 - E_2\cos\alpha$
③ $V_2 = V_1 + E_2\sin\alpha$
④ $V_2 = V_1 - E_2\sin\alpha$

> **풀이** 단상 유도 전압 조정기
>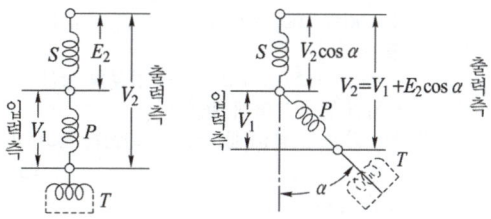
> P : 분로권선, S : 직렬 권선, T : 단락권선 **답** ①

44 6극 60[Hz]의 3상 권선형 유도전동기가 1140[rpm]의 정격속도로 회전할 때 1차측 단자를 전환해서 상회전 방향을 반대로 바꾸어 역전제동을 하는 경우 제동토크를 전부하 토크와 같게 하기 위한 2차 삽입저항 $R[\Omega]$은? (단, 회전자 1상의 저항은 0.005[Ω], Y결선이다.)
① 0.19 ② 0.27
③ 0.38 ④ 0.5

> **풀이** • 회전자계의 속도
> $N_s = \dfrac{120f}{p} = \dfrac{120 \times 60}{6} = 1200[\text{rpm}]$
> • 정회전 시 슬립
> $s = \dfrac{N_s - N}{N_s} = \dfrac{1200 - 1140}{1200} = 0.05$

- 역전 제동할 때에 슬립

$$s' = \frac{N_s - (-N)}{N_s} = \frac{1200 - (-1140)}{1200} = 1.95$$

- $s' = 1.95$에서 전부하 토크를 발생시키는데 필요한 2차 삽입 저항 R은

$$\frac{r_2}{s} = \frac{r_2 + R}{s'} \rightarrow \frac{0.005}{0.05} = \frac{0.005 + R}{1.95}$$

$$\therefore R = \frac{0.005}{0.05} \times 1.95 - 0.005 = 0.19[\Omega]$$

답 ①

45 브러시리스 모터(BLDC)의 회전자 위치 검출을 위해 사용하는 것은?

① 홀(Hall) 소자
② 리니어 스케일
③ 회전형 엔코더
④ 회전형 디코더

풀이 브러시리스(BLDC) 모터의 회전자 위치를 검출하는 센서
① Resolver
② Hall sensor : 가장 많이 사용
③ Encoder : 회전자의 회전 각도를 더욱 정밀하게 검출
  - 브러시리스(BLDC) 모터의 효율을 향상
  - 정밀 위치 제어에 활용
따라서 답은 ① 홀(hall)소자, ③ 회전형 엔코더이다.

답 ①, ③

46 전기자저항이 0.04[Ω]인 직류분권발전기가 있다. 단자전압 100[V], 회전속도 1000[rpm]일 때 전기자 전류는 50[A]라 한다. 이 발전기를 전동기로 사용할 때 전동기의 회전속도는 약 몇 [rpm]인가? (단, 전기자 반작용은 무시한다.)

① 759
② 883
③ 894
④ 961

풀이
- 발전기로 사용할 때
유기기전력 $E = V + I_a R_a = K\phi N$ 이므로

$$K\phi = \frac{V + I_a R_a}{N} = \frac{100 + (50 \times 0.04)}{1000} = 0.102$$

- 전동기로 사용할 때
역기전력 $E' = V - I_a R_a = K\phi N'$ 이므로
따라서 전동기의 회전속도

$$N' = \frac{V - I_a R_a}{K\phi} = \frac{100 - (50 \times 0.04)}{0.102}$$

$$\approx 961[rpm]$$

답 ④

47 유도 발전기에 대한 설명으로 틀린 것은?

① 공극이 크고 역률이 동기기에 비해 좋다.
② 병렬로 접속된 동기기에서 여자전류를 공급받아야 한다.
③ 농형 회전자를 사용할 수 있으므로 구조가 간단하고 가격이 싸다.
④ 선로에 단락이 생기면 여자가 없어지므로 동기기에 비해 단락전류가 작다.

풀이 유도기를 전동기로서의 회전 방향과 같은 방향으로 동기 속도 이상의 속도로 회전시키면 발전기가 되는데, 이것을 유도 발전기 또는 비동기발전기라고 한다.
[장점]
- 동기발전기에 비해 가격이 싸다.
- 기동과 취급이 간단하며 고장이 적다.
- 동기발전기와 같이 동기화 할 필요가 없으며 난조 등의 이상 현상도 생기지 않는다.
- 선로에 단락이 생긴 경우에는 여자가 상실되므로 단락전류는 동기기에 비해 적으며 지속 시간도 짧다.
[단점]
- 병렬로 운전되는 동기기에서 여자전류를 취해야 한다.
- 공극의 치수가 작기 때문에 운전시 주의해야 한다.
- 효율과 역률이 낮다.

답 ①

48 직류기의 전기자에 사용되지 않는 권선법은?

① 2층권
② 고상권
③ 폐로권
④ 단층권

풀이 이층권은 코일의 제작 및 권선 작업이 용이하므로 직류기에서는 거의 이층권만이 사용되고 있다. 단층권이나 환상권은 사용되지 않는다.

답 ④

49 직류 분권전동기의 정격 전압 200[V], 정격 전류 105[A], 전기자 저항 및 계자 회로의 저항이 각각 0.1[Ω] 및 40[Ω]이다. 기동 전류를 정격 전류의 150[%]로 할 때의 기동 저항은 약 몇 [Ω]인가?

① 0.46
② 0.92
③ 1.08
④ 1.21

[풀이]

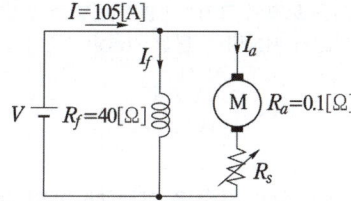

- 계자전류 $I_f = \dfrac{V}{R_f} = \dfrac{200}{40} = 5[A]$
- 기동 전류는 정격의 150[%]이므로
  기동전류 $= 105 \times 1.5 = 157.5[A]$
- 전기자 전류
  $I_a = I - I_f = 157.5 - 5 = 152.5[A]$
- $R_a + R_s = \dfrac{V}{I_a} = \dfrac{200}{152.5} = 1.31[\Omega]$

따라서 기동저항
$R_s = 1.31 - R_a = 1.31 - 0.1 = 1.21[\Omega]$ 답 ④

50 동기발전기의 단락비를 계산하는 데 필요한 시험의 종류는?

① 동기화 시험, 3상 단락 시험
② 부하 포화 시험, 동기화 시험
③ 무부하 포화 시험, 3상 단락 시험
④ 전기자 반작용 시험, 3상 단락 시험

[풀이]

시험의 종류	산출되는 항목
무부하시험	철손, 기계손, 단락비, 여자전류
단락시험	동기임피던스, 동기리액턴스, 단락비, 임피던스 와트, 임피던스 전압

답 ③

51 변압기에서 부하에 관계없이 자속만을 만드는 전류는?

① 철손전류　② 자화전류
③ 여자전류　④ 교차전류

[풀이] 여자전류 $\dot{I}_o = \dot{I}_\phi + \dot{I}_i$

$\therefore I_o = \sqrt{I_\phi^2 + I_i^2}$

여기서, $\dot{I}_\phi$ (자화전류) : 자속을 유지하는 전류
　　　 $\dot{I}_i$ (철손전류) : 철손을 공급하는 전류 답 ②

52 변압기의 정격을 정의한 것 중 옳은 것은?

① 전부하의 경우 1차 단자전압을 정격 1차 전압이라 한다.
② 정격 2차 전압은 명판에 기재되어 있는 2차 권선의 단자전압이다.
③ 정격 2차 전압을 2차 권선의 저항으로 나눈 것이 정격 2차 전류이다.
④ 2차 단자 간에서 얻을 수 있는 유효전력을 [kW]로 표시한 것이 정격출력이다.

답 ②

53 저항부하를 갖는 단상 전파제어 정류기의 평균 출력 전압은? (단, α는 사이리스터의 점호각, V_m은 교류 입력전압의 최댓값이다.)

① $V_{dc} = \dfrac{V_m}{2\pi}(1+\cos\alpha)$
② $V_{dc} = \dfrac{V_m}{\pi}(1+\cos\alpha)$
③ $V_{dc} = \dfrac{V_m}{2\pi}(1-\cos\alpha)$
④ $V_{dc} = \dfrac{V_m}{\pi}(1-\cos\alpha)$

[풀이]

	반파정류	전파정류
다이오드	$V_d = \dfrac{\sqrt{2}\,V_i}{\pi} = 0.45 V_i$	$V_d = \dfrac{2\sqrt{2}\,V_i}{\pi} = 0.9 V_i$
SCR	$V_d = \dfrac{\sqrt{2}\,V_i}{2\pi}(1+\cos\alpha)$	$V_d = \dfrac{\sqrt{2}\,V_i}{\pi}(1+\cos\alpha)$

단, V_d는 직류전압, V_i는 교류전압의 실효값이며,
V_m는 최댓값$(=\sqrt{2}\,V_i)$이다. 답 ②

54 동기전동기의 V곡선(위상특성)에 대한 설명으로 틀린 것은?

① 횡축에 여자전류를 나타낸다.
② 종축에 전기자전류를 나타낸다.
③ V곡선의 최저점에는 역률이 0[%]이다.
④ 동일출력에 대해서 여자가 약한 경우가 뒤진 역률이다.

풀이

위상 특성 곡선

위상특성곡선(V곡선)
① 전압, 주파수, 출력이 일정할 때 계자(여자)전류 I_f (횡축)와 전기자 전류 I_a(종축)의 관계를 나타내는 곡선(V 곡선)을 위상 특성 곡선이라 한다.
② 역률이 1인 경우 전기자 전류가 최소로 된다.
③ 부족여자(여자전류를 감소)로 운전하면 뒤진 전류가 흘러 일종의 리액터로 작용한다.
④ 과여자(여자전류를 증가)로 운전하면 앞선 전류가 흘러 일종의 콘덴서로 작용한다. **답 ③**

55 10[kW], 3상, 200[V] 유도전동기의 전부하 전류는 약 몇 [A]인가? (단, 효율 및 역률 85[%]이다.)
① 60　　② 80
③ 40　　④ 20

풀이 $P = \sqrt{3}\, VI\cos\theta \cdot \eta$[kW]이므로
전부하 전류
$$I = \frac{P}{\sqrt{3}\, V\cos\theta \cdot \eta} = \frac{10 \times 10^3}{\sqrt{3} \times 200 \times 0.85 \times 0.85}$$
$\fallingdotseq 40$[A] **답 ③**

56 발전기의 종류 중 회전계자형으로 하는 것은?
① 동기발전기
② 유도 발전기
③ 직류 복권발전기
④ 직류 타여자발전기

풀이 회전계자방식은 동기발전기의 회전자에 의한 분류로 전기자를 고정자로 하고 계자극을 회전자로 한 방식이다. **답 ①**

57 단상 유도전동기에서 기동 토크가 가장 큰 것은?
① 반발 기동형　② 분상 기동형
③ 콘덴서 전동기　④ 세이딩 코일형

풀이 기동 토크의 크기 : 반발 기동형 > 반발 유도형 > 콘덴서 기동형 > 분상 기동형 **답 ①**

58 변압기 온도시험을 하는 데 가장 좋은 방법은?
① 실 부하법
② 반환 부하법
③ 단락 시험법
④ 내전압 시험법

풀이 실부하법은 전력 손실이 크기 때문에 소용량 이외에는 별로 적용되지 않는다. 반환 부하법은 동일 정격의 변압기가 2대 이상 있을 경우에 채용되며, 전력 소비가 적고 철손과 동손을 따로 공급하는 것으로 현재 가장 많이 사용하고 있다. **답 ②**

59 전기기기에 있어 와전류손(Eddy current loss)을 감소시키기 위한 방법은?
① 냉각압연
② 보상권선 설치
③ 교류전원을 사용
④ 규소강판을 성층하여 사용

풀이
• 전기 기계에 규소 강판을 사용하면 자기 저항이 크게 되어 와류손과 히스테리시스손이 감소하게 되지만 투자율이 낮아지고 기계적 강도가 감소되어 부서지기 쉽다.
• 성층하는 이유는 와류손을 적게 하기 위한 것이다. **답 ④**

60 동기발전기에서 전기자전류를 I, 유기기전력과 전기자전류와의 위상각을 θ라 하면 직축반작용을 나타내는 성분은?
① $I\tan\theta$　　② $I\cot\theta$
③ $I\sin\theta$　　④ $I\cos\theta$

풀이
• 유효분인 $I\cos\theta$는 기전력과 같은 위상의 전류 성분으로서 횡축 반작용을 한다.
• 무효분인 $I\sin\theta$는 $\pi/2$[rad]만큼 뒤지거나 앞서기 때문에 직축 반작용을 한다. **답 ③**

2016년 4회 _ 공사산업기사

41 1차 전압 3450[V], 권수비 30의 단상 변압기가 전등부하에 15[A]를 공급할 때의 입력은 약 몇 [kW]인가? (단, $\cos\theta = 1$이다.)

① 1.5 ② 1.7
③ 2.2 ④ 5.2

풀이
1차 전류 $I_1 = \dfrac{I_2}{a} = \dfrac{15}{30} = 0.5$[A]
전등 부하에서 역률 $\cos\theta = 1$이므로
입력 $P_1 = V_1 I_1 \cos\theta = 3450 \times 0.5 \times 1$
$= 1725$[W]$= 1.752$[kW] 답 ②

42 그림의 정류자형 주파수변환기의 전기자권선에 슬립링(SR)을 통해 주파수 f_1의 교류전압을 인가하고, 전기자를 회전자계 Φ와 반대 방향, 같은 속도로 회전시킬 때 브러시 간 전압(E_c)의 주파수는? (단, n_s[rps] : 회전자계의 속도)

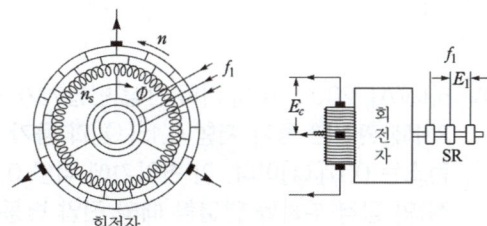

① f_1 ② 1
③ 0 ④ $n_s f_1$

풀이 정류자형 주파수 변환기
① 회전자가 정지하고 있는 경우 정류자 상의 브러시 사이에 나타나는 전압 E_c의 주파수 f_c는 슬립링에 가해진 전원용 주파수 f_1과 같다.
② 회전자의 외부에서 힘을 가하여 Φ와 반대방향으로 속도 $n = n_s$로 회전시 E_c의 주파수 f_c는 0이 되어 직류전압이 된다.
③ 회전자를 Φ와 같은 방향의 속도 n으로 회전 시 E_c의 주파수 $f_c = f_1 + f$[Hz]이다.
즉, 전원의 주파수 f_1을 임의의 주파수 $f_1 + f$로 변환할 수 있다. 답 ③

43 직류기의 전기자 권선에 있어서 m중 중권일 때 내부 병렬 회로수 a는? (단, a : 내부병렬 회로수, p : 극수이다.)

① $a = \dfrac{p}{m}$ ② $a = \dfrac{m}{p}$
③ $a = mp$ ④ $a = p - m$

풀이 중권과 파권의 비교

구분	중권(병렬권)	파권(직렬권)
전기자의 병렬 회로수(a)	$p(mp)$	$2(2m)$
브러시 수(b)	p	2
용 도	저전압, 대전류	고전압, 소전류
균압 접속	4극 이상이면 균압 접속을 하여야 한다.	균압 접속은 필요 없다.

여기서, m : 다중도 답 ③

44 MOSFET에 대한 설명으로 옳은 것은?

① on 상태에서는 높은 저항처럼 동작한다.
② BJT와 비교하여 게이트와 소스 간의 입력 임피던스가 매우 작다.
③ 소수 캐리어 소자이므로 BJT에 비해 턴온과 턴오프가 늦게 이루어진다.
④ 게이트-소스 간의 전압으로 드레인 전류를 제어하는 전압제어 스위치로 동작한다.

풀이 MOSFET
(metal oxide silicon field effect transistor)
① on상태를 유지하기 위해 제어 전압을 지속적으로 인가해야 한다.
② 게이트와 소스 사이의 입력 임피던스가 매우 크기 때문에 게이트에 흐르는 전류는 매우 작고, 따라서 구동 회로가 간단하며 구동 전력이 작다.
③ 다수 캐리어로 동작되기 때문에 캐리어의 축적 효과에 따른 축적 시간이 필요없으므로, 고속 스위칭이 가능하다.
④ 게이트와 소스의 전압으로 드레인 전류를 제어하는 전압 제어 소자이다. 답 ④

45 변압기의 철손이 전부하 동손보다 크게 설계되었다면 이 변압기의 최대효율은 어떤 부하에서 생기는가?

① 1/2 부하　② 3/4 부하
③ 전부하　④ 과부하

풀이 $P_i > P_c$ 이므로
$P_i = m^2 P_c$ 에서 최대 효율이 되므로
$m > 1$ 즉, 과부하에서 최대 효율 발생　**답** ④

46 정전압 계통에 접속된 동기발전기의 여자를 약하게 하면?

① 출력이 감소한다.
② 전압이 강하한다.
③ 지상 무효 전류가 증가한다.
④ 진상 무효 전류가 증가한다.

풀이 A, B 동기발전기를 병렬 운전 중 A기의 여자를 약하게 하면 A기의 유기기전력이 저하하고 A기에는 진상 무효 전류가 흐르게 되어 역률이 개선되고, B기에는 지상무효전류가 흘러 역률이 저하한다.　**답** ④

47 입력된 직류 전력의 크기를 변환된 다른 직류 전력으로 출력하는 전력변환장치는?

① 초퍼
② 인버터
③ 사이크로 컨버터
④ 다이오드 정류기

풀이 초퍼는 DC를 DC로 변환하는 것으로 일정 입력 전원전압으로부터 초퍼된(짧게 자른) 부하전압을 만들며 전원으로부터 부하를 연결 혹은 단절하는 다이리스터 온/오프 스위치이다.　**답** ①

48 단락사고에 대한 전동기의 과전류 보호기기가 아닌 것은?

① PF　② MC
③ OCR　④ MCCB

풀이 퓨즈와 각종 개폐기 및 차단기와의 기능비교

기능 \ 능력	회로 분리		사고 차단	
	무부하	부하	과부하	단락
퓨 즈	○			○
차단기	○	○	○	○
개폐기	○	○	○	
단로기	○			
전자 접촉기	○	○	○	

답 ②

49 동기발전기에서 고조파분을 제거하여 기전력의 파형을 개선하는 권선법은?

① 전절권　② 집중권
③ 장절권　④ 단절권

풀이 ① 단절권의 장점
- 고조파를 제거하여 기전력의 파형을 좋게 한다.
- 코일 끝부분의 길이가 단축되어 기계 전체의 길이가 축소된다.
- 구리의 양이 적게 든다.

② 분포권의 장점
- 기전력의 고조파가 감소하여 파형이 좋아진다.
- 권선의 누설 리액턴스가 감소한다.
- 전기자 권선에 의한 열을 고르게 분포시켜 과열을 방지한다.　**답** ④

50 5[kVA], 2000/200[V]의 단상 변압기가 있다. 2차에 환산한 등가 저항 0.15[Ω]과 등가 리액턴스는 0.17[Ω]이다. 이 변압기에 역률 0.8(뒤짐)의 정격 부하를 연결할 때의 전압 변동률은 약 몇 [%]인가?

① 2.8　② 3.0
③ 3.2　④ 3.4

풀이
- 2차측 정격전류
$$I_{2n} = \frac{P}{V_2} = \frac{5000}{200} = 25[A]$$

- %저항 강하
$$p = \frac{I_{2n} r_2}{V_{2n}} \times 100 = \frac{25 \times 0.15}{200} \times 100 = 1.875[\%]$$

- %리액턴스 강하
$$q = \frac{I_{2n} x_2}{V_{2n}} \times 100 = \frac{25 \times 0.17}{200} \times 100 = 2.125[\%]$$

따라서 전압 변동률
$\epsilon = p\cos\theta + q\sin\theta$
$= 1.875 \times 0.8 + 2.125 \times 0.6 = 2.8[\%]$　**답** ①

51 무부하에서 자기 여자에 의한 전압을 확립하지 못하는 특성을 가진 발전기는?

① 직권 발전기
② 분권 발전기
③ 가동복권 발전기
④ 차동 복권 발전기

풀이
- **직류 직권 발전기**는 계자와 전기자가 직렬로 연결되어 있으므로 부하전류 $I = I_f = I_a$이다.
- 무부하 즉, $I = 0$이면 계자전류 $I_f = 0$이므로 **유기기전력** $E = 0$이 된다.   답 ①

52 직류 전동기를 전 부하 전류 이하에서 동일 전류로 운전할 경우 회전수가 큰 순서대로 나열하면?

① 직권 > 차동복권 > 분권 > 화동(가동)복권
② 차동복권 > 분권 > 화동(가동)복권 > 직권
③ 직권 > 화동(가동)복권 > 분권 > 차동복권
④ 화동(가동)복권 > 분권 > 차동복권 > 직권

풀이
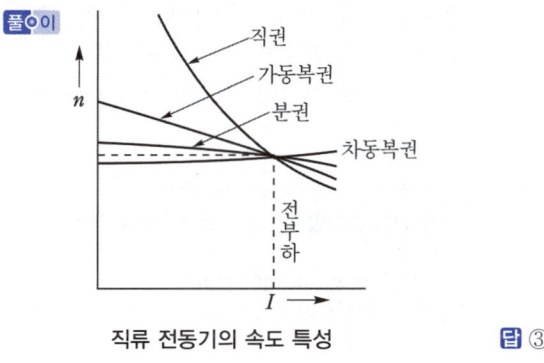
직류 전동기의 속도 특성   답 ③

53 장거리 고압송전선이나 케이블 송전선을 무부하에서 충전하는 동기발전기의 자기여자현상 방지법으로 틀린 것은?

① 수전단에 변압기를 병렬로 접속한다.
② 발전기에 콘덴서를 병렬로 접속한다.
③ 수전단에 리액턴스를 병렬로 접속한다.
④ 발전기 여러 대를 모선에 병렬로 접속한다.

풀이
① 동기발전기의 자기여자현상
 - 앞선 전류에 의해 전압이 점차 상승되어 정상 전압까지 확립되어 가는 현상이다.
 - 동기발전기에 의한 장거리 송전선을 무부하 충전하는 경우에 일어나는 현상이며, 발전기의 정격 전압보다 더욱 높은 전압으로 되어 위험해지는 경우가 있다.
② **자기 여자 방지법**
 - 발전기를 **2대 이상 병렬로 모선에 접속시킬 것**
 - 수전단에 부족 여자로 한 동기 조상기를 접속시킨다.
 - 송전 선로의 **수전단에 변압기를 접속시킨다.**
 - 수전단에 **리액턴스를 병렬로 접속**하면 되는데 부하 증가 시는 선로에서 분리시켜야 한다.   답 ②

54 3상 유도전동기의 기동법 중 전전압기동에 대한 설명으로 틀린 것은?

① 기동 시에는 역률이 좋지 않다.
② 전동기 단자에 직접 정격전압을 가한다.
③ 소용량의 농형전동기에서는 일반적으로 기동시간이 길다.
④ 소용량 농형전동기에서 보편적으로 사용되는 기동법이다.

풀이 **전전압 기동법**은 전동기에 별도의 기동장치를 두지 않고 정격전압을 가하여 기동하는 방식으로 **기동시간이 짧고 용량이 적은 유도전동기에 적합**하다. 기동 전류는 정격 전류의 4~6배 정도 흐르게 된다.   답 ③

55 그림은 복권발전기의 외부특성곡선이다. 이 중 과복권을 나타내는 곡선은?

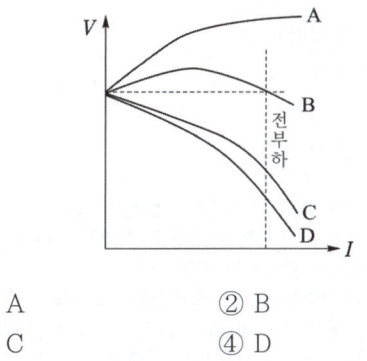

① A   ② B
③ C   ④ D

풀이 직류 복권 발전기의 외부특성 곡선

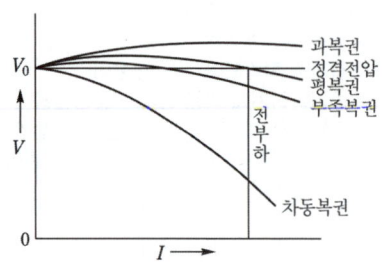

여기서, V_0 : 무부하 전압
V : 단자 전압
I : 부하전류   답 ①

56 권선비 20의 10[kVA] 변압기가 있다. 1차 저항이 3[Ω]이라면 2차로 환산한 저항은 약 몇 [Ω]인가?

① 0.0038   ② 0.0075
③ 0.38   ④ 0.749

풀이 1차를 2차로 환산 시
- $V_{21} = \dfrac{V_1}{a}$
- $I_{21} = aI_1$
- $Z_{21} = \dfrac{Z_1}{a^2}$

이므로 권수비 $a = 20$일 때 2차로 환산한 저항 R_{21}은
$R_{21} = \dfrac{R_1}{a^2} = \dfrac{3}{20^2} = 0.0075[\Omega]$ 답 ②

57 유도전동기가 정방향으로 토크가 발생하고, 슬립이 1 이상에서 동작하는 경우는?

① 감자작용
② 회생제동
③ 역상제동
④ 게르게스

풀이 ① 유도전동기의 슬립이 1 이상인 경우는 회전자의 회전 방향이 회전 자계의 회전 방향과 반대가 되어 제동기로 동작하는 경우이다.
② 역전(역상) 제동 : 회전중인 전동기의 1차 권선 3단자 중 임의의 2단자의 접속을 바꾸면 역방향의 토크가 발생되어 제동하는 방법으로 이 방법은 급속하게 정지시키고자 하는 경우에 사용된다.   답 ③

58 2차 여자에 의한 권선형 3상 유도전동기의 속도 제어에서 2차 유기전압과 반대 방향으로 슬립 주파수 전압 E_c를 크게 하면 속도는?

① 속도가 증가한다.
② 속도가 감소한다.
③ 속도의 변화는 없다.
④ 속도는 증가하나 역률이 떨어진다.

풀이 2차 여자법
① 유도전동기의 회전자 권선에 2차 기전력(sE_2)과 동일 주파수의 전압(E_c)을 슬립링을 통해 공급하여 그 크기를 조절함으로써 속도를 제어 하는 방법으로 권선형 전동기에 한하여 이용된다.
② 슬립 주파수의 전압을 2차 유기 전압과 같은 방향으로 가하면 속도가 상승하고, 반대 방향으로 가하면 속도가 감소한다.   답 ②

59 3상 동기발전기의 전기자 권선을 Y결선으로 하는 이유 중 △결선과 비교할 때 장점이 아닌 것은?

① 권선의 코로나 현상이 적다.
② 출력을 더욱 증대할 수 있다.
③ 고조파 순환전류가 흐르지 않는다.
④ 권선의 보호 및 이상전압의 방지 대책이 용이하다.

풀이 전기자 권선을 Y결선으로 하는 이유
① 중성점을 접지할 수 있으므로 권선보호 장치의 시설이 용이
② 이상전압의 방지대책이 용이
③ 권선의 불평형 및 제3고조파에 의한 순환전류가 흐르지 않는다.
④ 상전압은 선간 전압의 $\dfrac{1}{\sqrt{3}}$ 이 되어 코일의 절연이 용이하고 코로나 발생을 억제   답 ②

60 8극, 50[kW], 3300[V], 60[Hz], 3상 유도전동기의 전부하 슬립이 4[%]라고 한다. 이 슬립링 사이에 0.16[Ω]의 저항 3개를 Y로 삽입하면 전부하 토크를 발생할 때의 회전수[rpm]는? (단, 2차 각상의 저항은 0.04[Ω]이고 Y접속이다.)

① 660   ② 720
③ 750   ④ 880

풀이 2차 저항을 r_2, 전부하 슬립을 s, 외부저항을 R, 전부하 토크시의 슬립을 s'라고 하면
$$\frac{r_2}{s} = \frac{r_2 + R}{s'} \rightarrow \frac{0.04}{0.04} = \frac{0.04 + 0.16}{s'}$$ 이므로
$s' = 0.2$ 이다.
따라서 전부하 토크를 발생할 때의 회전수 N'은
$$N' = (1-s')N_s = (1-s')\frac{120f}{p}$$
$$= (1-0.2) \times \frac{120 \times 60}{8} = 720[\text{rpm}]$$

답 ②

2017년 전기기기_전기산업기사·공사산업기사

문제의 번호는 실제 시험문제의 번호와 같게 하였습니다.

2017년 - 1회 _ 전기산업기사·공사산업기사

41 450[kVA], 역률 0.85, 효율 0.9인 동기발전기의 운전용 원동기의 입력은 500[kW]이다. 이 원동기의 효율은?

① 0.75 ② 0.80
③ 0.85 ④ 0.90

풀이 발전기의 입력
$$P_G = \frac{450 \times 0.85}{0.9} = 425[kW]$$
원동기의 출력은 발전기의 입력 P_G와 같고,
원동기의 입력은 500[kW]이므로
따라서 원동기의 효율
$$\eta = \frac{출력}{입력} = \frac{425}{500} = 0.85$$
답 ③

42 다음 중 일반적인 동기전동기 난조 방지에 가장 유효한 방법은?

① 자극수를 적게 한다.
② 회전자의 관성을 크게 한다.
③ 자극면에 제동권선을 설치한다.
④ 동기리액턴스 x_x를 작게 하고 동기화력을 크게 한다.

풀이 난조 방지
① 자극수의 감소도 효과가 있으나 이것은 원동기 조건으로 정해지는 것으로서 이 목적에는 맞지 않는다.
②, ④ 회전자의 관성과 동기화력을 크게 하면 난조의 발생 방지에는 유효하나 난조가 일어난 후에는 오히려 그 정지를 저해할 우려가 있다.
③ **제동권선**은 진동 에너지를 열로 소비하여 진동을 방지하는 것으로 **난조의 발생을 억제**할 수 있다.
답 ③

43 일반적인 농형 유도전동기에 관한 설명 중 틀린 것은?

① 2차측을 개방할 수 없다.
② 2차측의 전압을 측정할 수 있다.
③ 2차 저항 제어법으로 속도를 제어할 수 없다.
④ 1차 3선 중 2선을 바꾸면 회전 방향을 바꿀 수 있다.

풀이 농형 유도전동기의 회전자
농형유도전동기의 회전자(2차측)는 그림과 같이 회전자 권선이 단락환으로 단락된 구조이므로 **2차측 전압은 측정 할 수 없다**.

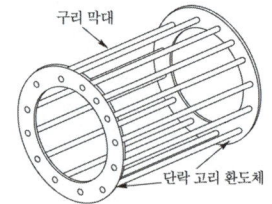

답 ②

44 sE_2는 권선형 유도전동기의 2차 유기전압이고 E_c는 외부에서 2차 회로에 가하는 2차 주파수와 같은 주파수의 전압이다. E_c가 sE_2와 반대 위상일 경우 E_c를 크게 하면 속도는 어떻게 되는가? (단, $sE_2 - E_c$는 일정하다.)

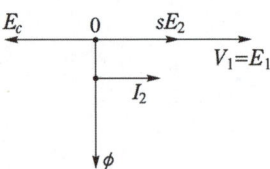

① 속도가 증가한다. ② 속도가 감소한다.
③ 속도에 관계없다. ④ 난조현상이 발생한다.

풀이 권선형 유도전동기의 2차 여자법에 의한 속도 제어
슬립 주파수의 전압(E_c)을 2차 유기 전압과 같은 방향으로 가하면 속도가 상승하고, **반대 방향으로 가하면 속도가 감소**한다.
답 ②

45 3상 유도전동기의 전원주파수와 전압의 비가 일정하고 정격속도 이하로 속도를 제어하는 경우 전동기의 출력 P와 주파수 f와의 관계는?

① $P \propto f$ ② $P \propto \dfrac{1}{f}$
③ $P \propto f^2$ ④ P는 f에 무관

풀이 ① $P = \omega\tau = 2\pi n\tau$ 에서 $P \propto n$
② $n = (1-s)n_s = (1-s)\dfrac{2f}{P}$ 에서 $n \propto f$
∴ $P \propto n \propto f$ **답** ①

46 변압기의 철심이 갖추어야 할 조건으로 틀린 것은?

① 투자율이 클 것
② 전기 저항이 작을 것
③ 성층 철심으로 할 것
④ 히스테리시스손 계수가 작을 것

풀이 변압기의 철심에는 투자율과 저항률이 크고, 히스테리시스손이 작은 규소 강판을 성층하여 사용한다. **답** ②

47 3상 유도전동기가 경부하로 운전 중 1선의 퓨즈가 끊어지면 어떻게 되는가?

① 전류가 증가하고 회전은 계속한다.
② 슬립은 감소하고 회전수는 증가한다.
③ 슬립은 증가하고 회전수는 증가한다.
④ 계속 운전하여도 열손실이 발생하지 않는다.

풀이 ① 전부하로 운전하고 있는 3상 유도전동기의 경우 1선의 퓨즈가 용단되면 단상 전동기가 되며
• 최대 토크는 50[%] 전후로 된다.
• 최대 토크를 발생하는 슬립 s는 0쪽으로 가까워진다.
• 최대 토크 부근에서는 1차 전류가 증가한다.
만일 정지하는 경우에는 과대 전류가 흘러서 나머지 퓨즈가 용단되거나 차단기가 동작한다.
② 경부하에서 회전을 계속한다면
• 슬립이 2배 정도로 되고 회전수는 떨어진다.
• 1차 전류가 2배 가까이 되어서 열손실이 증가하고, 계속 운전하면 과열로 소손된다. **답** ①

48 그림과 같이 전기자 권선에 전류를 보낼 때 회전 방향을 알기 위한 법칙 및 회전 방향은?

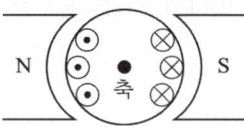

① 플레밍의 왼손법칙, 시계방향
② 플레밍의 오른손법칙, 시계방향
③ 플레밍의 왼손법칙, 반시계방향
④ 플레밍의 오른손법칙, 반시계방향

풀이 플레밍의 왼손 법칙 : 전동기의 회전 방향

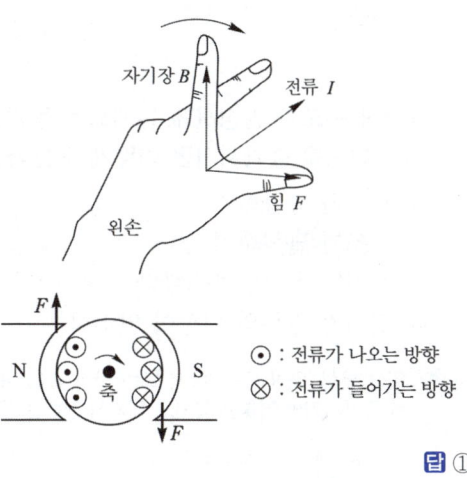

답 ①

49 단상 반파정류회로에서 평균출력전압은 전원 전압의 약 몇 [%]인가?

① 45.0 ② 66.7
③ 81.0 ④ 86.7

풀이

	다이오드	SCR
반파정류	$V_d = \dfrac{\sqrt{2}\,V_i}{\pi} = 0.45\,V_i$	$V_d = \dfrac{\sqrt{2}\,V_i}{2\pi}(1+\cos\alpha)$
전파정류	$V_d = \dfrac{2\sqrt{2}\,V_i}{\pi} = 0.9\,V_i$	$V_d = \dfrac{\sqrt{2}\,V_i}{\pi}(1+\cos\alpha)$

단, V_d는 직류전압, V_i는 교류전압의 실효값이다. **답** ①

50 1차측 권수가 1500인 변압기의 2차측에 접속한 저항 16[Ω]을 1차측으로 환산했을 때 8[kΩ]으로 되어 있다면 2차측 권수는 약 얼마인가?

① 75　　② 70
③ 67　　④ 64

풀이 권수비 $a = \dfrac{V_1}{V_2} = \dfrac{N_1}{N_2} = \dfrac{I_2}{I_1} = \sqrt{\dfrac{R_1}{R_2}}$ 이므로,

$a = \sqrt{\dfrac{R_1}{R_2}} = \sqrt{\dfrac{8000}{16}} = 10\sqrt{5}$

$\therefore N_2 = \dfrac{N_1}{a} = \dfrac{1500}{10\sqrt{5}} = 67$회　　**답** ③

51 출력과 속도가 일정하게 유지되는 동기전동기에서 여자를 증가시키면 어떻게 되는가?

① 토크가 증가한다.
② 난조가 발생하기 쉽다.
③ 유기기전력이 감소한다.
④ 전기자 전류의 위상이 앞선다.

풀이 위상 특성 곡선(V곡선)에서 보는 바와 같이 여자 전류를 증가시키면 역률은 앞서고 전기자 전류는 증가한다.

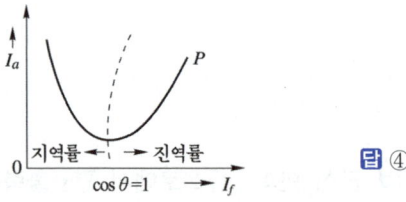

답 ④

52 다음 전자석의 그림 중에서 전류의 방향이 화살표와 같을 때 위쪽부분이 N극인 것은?

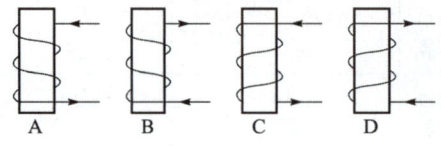

① A, B　　② B, C
③ A, D　　④ B, D

풀이 앙페르의 오른나사법칙

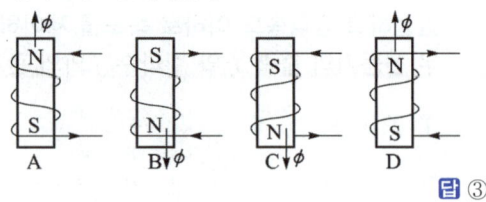

답 ③

53 동기발전기의 전기자 권선법 중 집중권에 비해 분포권이 갖는 장점은?

① 난조를 방지할 수 있다.
② 기전력의 파형이 좋아진다.
③ 권선의 리액턴스가 커진다.
④ 합성유도기전력이 높아진다.

풀이 분포권의 장점
① 기전력의 고조파가 감소하여 파형이 좋아진다.
② 권선의 누설 리액턴스가 감소된다.
③ 전기자 권선의 열을 고르게 분포시켜 과열을 방지한다.
④ 집중권에 비하여 분포권의 기전력이 낮다.　**답** ②

54 와류손이 50[W]인 3300/110[V], 60[Hz]용 단상 변압기를 50[Hz], 3000[V]의 전원에 사용하면 이 변압기의 와류손은 약 몇 [W]로 되는가?

① 25　　② 31
③ 36　　④ 41

풀이 와류손은 주파수와는 무관하고 전압의 제곱에 비례하므로

$\therefore P_e' = P_e \times \left(\dfrac{V'}{V}\right)^2 = 50 \times \left(\dfrac{3000}{3300}\right)^2$
　　　$= 41 \,[W]$　　**답** ④

55 포화하고 있지 않은 직류발전기의 회전수가 1/2로 감소되었을 때 기전력을 속도 변화 전과 같은 값으로 하려면 여자를 어떻게 해야 하는가?

① 1/2로 감소시킨다.
② 1배로 증가시킨다.
③ 2배로 증가시킨다.
④ 4배로 증가시킨다.

풀이 직류발전기의 기전력 $E = k\Phi N$이므로 속도(N)가 $\frac{1}{2}$로 감소되면 여자(Φ)는 2배 증가되어야 기전력(E)이 일정하다. **답** ③

56 교류전동기에서 브러시 이동으로 속도변화가 용이한 전동기는?

① 동기전동기
② 시라게 전동기
③ 3상 농형 유도전동기
④ 2중 농형 유도전동기

풀이 시라게 전동기는 브러시 이동으로 간단히 원활하게 속도 제어가 된다. **답** ②

57 2대의 동기발전기를 병렬 운전할 때, 무효횡류(무효순환전류)가 흐르는 경우는?

① 부하분담의 차가 있을 때
② 기전력의 위상차가 있을 때
③ 기전력의 파형에 차가 있을 때
④ 기전력의 크기에 차가 있을 때

풀이 병렬 운전 조건이 다른 경우

병렬 운전 조건	다른 경우 흐르는 전류
기전력의 크기가 같을 것	무효 순환 전류
기전력의 위상이 같을 것	동기화 전류
기전력의 주파수가 같을 것	동기화 전류
기전력의 파형이 같을 것	고주파 무효 순환 전류

답 ④

58 단상 유도전압 조정기의 1차 전압 100[V], 2차 전압 100±30[V], 2차 전류는 50[A]이다. 이 전압 조정기의 정격용량은 약 몇 [kVA]인가?

① 1.5   ② 2.6
③ 5   ④ 6.5

풀이 단상 유도 전압 조정기의 용량
$P = $ 부하용량 $\times \dfrac{\text{승압 전압}}{\text{고압측 전압}}$
$= 130 \times 50 \times \dfrac{30}{130} \times 10^{-3} = 1.5 [kVA]$ **답** ①

59 변압기의 병렬운전 조건에 해당하지 않는 것은?

① 각 변압기의 극성이 같을 것
② 각 변압기의 정격출력이 같을 것
③ 각 변압기의 백분율 임피던스 강하가 같을 것
④ 각 변압기의 권수비가 같고 1차 및 2차의 정격전압이 같을 것

풀이 병렬 운전의 조건
① 각 변압기의 극성이 같을 것
② 각 변압기의 권수비가 같고, 1차와 2차의 정격전압이 같을 것
③ 각 변압기의 %임피던스 강하가 같을 것
④ 3상식에서는 위의 조건 외에 각 변압기의 상회전 방향 및 위상 변위가 같을 것 **답** ②

60 4극 단중 파권 직류발전기의 전전류가 I[A] 일 때, 전기자 권선의 각 병렬회로에 흐르는 전류는 몇 [A]가 되는가?

① $4I$ ② $2I$
③ $I/2$ ④ $I/4$

풀이 단중 파권의 병렬회로수는 극수에 관계없이 항상 2이므로 각 병렬회로에 흐르는 전류는 $I/2$이다. **답** ③

2017년 - 2회 _ 전기산업기사·공사산업기사

41 직류기에서 전기자 반작용의 영향을 설명한 것으로 틀린 것은?

① 주자극의 자속이 감소한다.
② 정류자편 사이의 전압이 불균일하게 된다.
③ 국부적으로 전압이 높아져 섬락을 일으킨다.
④ 전기적 중성점이 전동기인 경우 회전방향으로 이동한다.

풀이 전기자 반작용의 영향
① 전기적 중성축 이동
 • 발전기 : 회전 방향으로 이동
 • 전동기 : 회전 방향과 반대 방향으로 이동

② 주자속 감소
③ 정류자 편간의 불꽃 섬락 발생
④ 출력의 저하
답 ④

42 직류 분권전동기의 공급전압의 극성을 반대로 하면 회전 방향은 어떻게 되는가?

① 반대로 된다. ② 변하지 않는다.
③ 발전기로 된다. ④ 회전하지 않는다.

풀이 공급 전압의 극성을 반대로 하면, 계자 전류와 전기자 전류의 방향이 동시에 반대로 되므로, 회전 방향은 변하지 않는다. **답** ②

43 6300/210[V], 20[kVA] 단상변압기 1차 저항과 리액턴스가 각각 15.2[Ω]과 21.6[Ω], 2차 저항과 리액턴스가 각각 0.019[Ω]과 0.028[Ω]이다. 백분율 임피던스는 약 몇 [%]인가?

① 1.86 ② 2.86
③ 3.86 ④ 4.86

풀이 권수비 $a = \dfrac{6300}{210} = 30$

- 1차측으로 환산한 저항
$r_{21} = r_1 + a^2 r_2 = 15.2 + 30^2 \times 0.019 = 32.3[\Omega]$
- 1차측으로 환산한 리액턴스
$x_{21} = x_1 + a^2 x_2 = 21.6 + 30^2 \times 0.028 = 46.8[\Omega]$

$\therefore \%Z = \dfrac{z_{21} I_{1n}}{V_{1n}} \times 100 = \dfrac{PZ}{10 V^2}$

$= \dfrac{20 \times \sqrt{32.3^2 + 46.8^2}}{10 \times 6.3^2} \fallingdotseq 2.86[\%]$ **답** ②

44 권선형 유도전동기의 속도제어 방법 중 저항제어법의 특징으로 옳은 것은?

① 효율이 높고 역률이 좋다.
② 부하에 대한 속도 변동률이 작다.
③ 구조가 간단하고 제어조작이 편리하다.
④ 전부하로 장시간 운전하여도 온도에 영향이 적다.

풀이 2차 저항 제어
① 구조가 간단하고 조작이 편리하며, 속도 제어를 원활하고 광범위하게 할 수 있다.

② 전류가 큰 2차 회로에 저항을 삽입하여 제어하므로 효율이 낮다. **답** ③

45 단상 50[Hz], 전파 정류 회로에서 변압기의 2차 상전압 100[V], 수은 정류기의 전압강하 20[V]에서 회로 중의 인덕턴스는 무시한다. 외부 부하로서 기전력 50[V], 내부 저항 0.3[Ω]의 축전지를 연결할 때 평균 출력은 약 몇 [W] 인가?

① 4556 ② 4667
③ 4778 ④ 4889

풀이 직류 평균 전압
$E_d = \dfrac{2\sqrt{2}}{\pi} E - e_a = \dfrac{2\sqrt{2}}{\pi} \times 100 - 20 = 70[V]$

평균 부하 전류
$I_d = \dfrac{E_d - 50}{0.2} = \dfrac{70 - 50}{0.3} = 66.67[A]$

따라서 평균 출력
$P_0 = E_d I_d = 70 \times 66.67 = 4667[W]$ **답** ②

46 동기발전기의 전기자 권선을 단절권으로 하는 가장 큰 이유는?

① 과열을 방지
② 기전력 증가
③ 기본파를 제거
④ 고조파를 제거해서 기전력 파형 개선

풀이 단절권의 특징
① 고조파를 제거하여 기전력의 파형을 좋게 하고
② 자기 인덕턴스 감소
③ 동량 절약
④ 유기 기전력 감소 **답** ④

47 3상 동기발전기의 여자 전류 5[A]에 대한 1상의 유기기전력이 600[V]이고 그 3상 단락 전류는 30[A]이다. 이 발전기의 동기임피던스[Ω]는?

① 10 ② 20
③ 30 ④ 40

풀이 동기임피던스
$$Z_s = \frac{E_n}{I_s} = \frac{600}{30} = 20[\Omega]$$
답 ②

48 권선형 유도전동기가 기동하면서 동기속도 이하까지 회전속도가 증가하면 회전자의 전압은?

① 증가한다. ② 감소한다.
③ 변함없다. ④ 0이 된다.

풀이
- 슬립 $s = \frac{N_s - N}{N_s}$ 이므로
  회전자 속도(N)가 증가하면 슬립은 감소한다.
- 유도전동기의 회전자 전압(2차 전압)
  $E_2' = sE_2[V]$ 이므로, 회전자의 속도가 증가함에 따라 2차 전압의 크기와 주파수는 감소되고, 2차 전류도 이에 따라 감소한다.
답 ②

49 3상 직권 정류자 전동기의 중간변압기의 사용 목적은?

① 역회전의 방지
② 역회전을 위하여
③ 전동기의 특성을 조정
④ 직권 특성을 얻기 위하여

풀이 3상 직권 정류자 전동기의 중간 변압기는 고정자 권선과 회전자 권선 사이에 직렬로 접속되며 이 중간 변압기를 사용하는 주요한 이유는 다음과 같다.
① 전원 전압의 크기에 관계없이 정류에 알맞은 회전자 전압을 선택할 수 있다.
② 중간 변압기의 권수비를 바꾸어 전동기의 특성을 조정할 수 있다.
③ 직권 특성이기 때문에 경부하에서는 속도가 매우 상승하나 중간 변압기를 사용, 그 철심을 포화하도록 하면 그 속도 상승을 제한할 수 있다.
답 ③

50 전기자 지름 0.2[m]의 직류발전기가 1.5[kW]의 출력에서 1800[rpm]으로 회전하고 있을 때 전기자 주변속도는 약 몇 [m/s]인가?

① 18.84 ② 21.96
③ 32.74 ④ 42.85

풀이 회전자 주변 속도
$$v = \pi D \frac{N_s}{60} [m/s]$$
(여기서, πD : 회전자 둘레)
$$\therefore v = \pi \times 0.2 \times \frac{1800}{60} = 18.84[m/s]$$
답 ①

51 2방향성 3단자 사이리스터는?

① SCR ② SSS
③ SCS ④ TRIAC

풀이 각 종 반도체 소자의 비교
① 방향성
- 양방향성(쌍방향성) 소자 : DIAC, TRIAC, SSS
- 역저지(단방향성) 소자 : SCR, LASCR, GTO
② 극(단자) 수
- 2극(단자) 소자 : DIAC, SSS, Diode
- 3극(단자) 소자 : SCR, LASCR, GTO, TRIAC
- 4극(단자) 소자 : SCS
답 ④

52 동기전동기의 특징으로 틀린 것은?

① 속도가 일정하다.
② 역률을 조정할 수 없다.
③ 직류전원을 필요로 한다.
④ 난조를 일으킬 염려가 있다.

풀이 동기 전동기의 특징
① 장점
- 속도가 일정, 불변이다.
- 항상 역률 1로 운전할 수 있다.
- 필요 시 앞선 전류를 통할 수 있다.
- 유도전동기에 비하여 효율이 좋다.
② 단점
- 보통 구조의 것은 기동 토크가 적고 속도 조정을 할 수 없다.
- 난조를 일으킬 염려가 있다.
- 여자용의 직류 전원을 필요로 하여 설비비가 많이 든다.
답 ②

53 정격 주파수 50[Hz]의 변압기를 일정 전압 60[Hz]의 전원에 접속하여 사용했을 때 여자전류, 철손 및 리액턴스 강하는?

① 여자전류와 철손은 $\frac{5}{6}$ 감소, 리액턴스 강하 $\frac{6}{5}$ 증가

② 여자전류와 철손은 $\frac{5}{6}$ 감소, 리액턴스 강하 $\frac{5}{6}$ 감소

③ 여자전류와 철손은 $\frac{6}{5}$ 증가, 리액턴스 강하 $\frac{6}{5}$ 증가

④ 여자전류와 철손은 $\frac{6}{5}$ 증가, 리액턴스 강하 $\frac{5}{6}$ 감소

풀이 전압이 일정할 때

① **여자전류** $I_0 = \frac{V_1}{\omega L_1} = \frac{V_1}{2\pi f L_1} \propto \frac{1}{f}$

② **철손은** 와류손은 주파수와 무관, 히스테리시스손은 주파수에 반비례($P_h \propto \frac{1}{f}$)

③ **리액턴스** $X_L = \omega L = 2\pi f L \propto f$

따라서 여자 전류와 철손은 $\frac{5}{6}$ 감소, 리액턴스 강하 $\frac{6}{5}$ 증가

답 ①

54 어떤 주상 변압기가 4/5 부하일 때 최대효율이 된다고 한다. 전부하에 있어서의 철손과 동손의 비 P_c/P_i는 약 얼마인가?

① 0.64 ② 1.56
③ 1.64 ④ 2.56

풀이 최대 효율은 철손 = 동손일 때 발생한다.

즉, $P_i = m^2 P_c = \left(\frac{4}{5}\right)^2 P_c$

∴ $\frac{P_c}{P_i} = \frac{25}{16} = 1.56$

답 ②

55 직류기의 손실 중 기계손에 속하는 것은?

① 풍손 ② 와전류손
③ 히스테리시스손 ④ 브러시의 전기손

풀이

총손실	무부하손	철손	히스테리시스손
			와류손
		기계손 : **풍손**, 베어링 마찰손, 브러시 마찰손
	부하손	전기자 저항손 $P_c = I_a^2 R$[W]
		브러시 전기손
		표유부하손 : 권선 이외 부분의 누설자속에 의해 발생

답 ①

56 직류기에서 양호한 정류를 얻는 조건으로 틀린 것은?

① 정류 주기를 크게 한다.
② 브러시의 접촉 저항을 크게 한다.
③ 전기자 권선의 인덕턴스를 작게 한다.
④ 평균 리액턴스 전압을 브러시 접촉면 전압 강하보다 크게 한다.

풀이 ① 정류 주기를 크게 하면 전류의 변화율, 즉 $\frac{di}{dt}$가 작아져서 불꽃 발생의 원인이 작아진다.
② L이 작아져도 역시 불꽃 발생의 근본 원인인 역기전력이 작아진다.
③ **리액턴스 전압**은 $e_r = -L\frac{di}{dt}$로서 이것이 **정류를 해치는 가장 큰 원인**이 되는 것이다.
④ 브러시의 접촉 저항이 크면 저항 정류가 이루어져서 양호한 정류가 이루어진다.

답 ④

57 동기전동기의 제동권선은 다음 어떤 것과 같은가?

① 직류기의 전기자
② 유도기의 농형 회전자
③ 동기기의 원통형 회전자
④ 동기기의 유도자형 회전자

풀이 제동권선은 회전 자극 표면에 설치한 유도전동기의 농형 권선과 같은 권선으로서 진동 에너지를 열로 소비하여 진동(난조)을 방지한다.

답 ②

58 권선형 3상 유도전동기의 2차 회로는 Y로 접속되고 2차 각 상의 저항은 0.3[Ω]이며 1차, 2차 리액턴스의 합은 1.5[Ω]이다. 기동 시에 최대 토크를 발생하기 위해서 삽입하여야 할 저항[Ω]은? (단, 1차 각 상의 저항은 무시한다.)

① 1.2   ② 1.5
③ 2   ④ 2.2

풀이 1차 저항 $r_1 = 0$이므로
$$R_s' = \sqrt{r_1^2 + (x_1 + x_2')^2} - r_2'$$
$$= \sqrt{(x_1 + x_2')^2} - r_2'$$
$x_1' + x_2 = 1.5[\Omega]$, $r_2 = 0.3[\Omega]$이므로
$$\therefore R_s = \sqrt{(x_1 + x_2')^2} - r_2 = \sqrt{(1.5)^2} - 0.3$$
$$= 1.2[\Omega]$$ 답 ①

59 3상 유도전압조정기의 특징이 아닌 것은?
① 분로권선에 회전자계가 발생한다.
② 입력전압과 출력전압의 위상이 같다.
③ 두 권선은 2극 또는 4극으로 감는다.
④ 1차 권선은 회전자에 감고 2차 권선은 고정자에 감는다.

풀이 3상 유도전압조정기의 입력 측 전압 E_1과 출력 측 전압 E 사이에는 위상차 α가 생긴다.

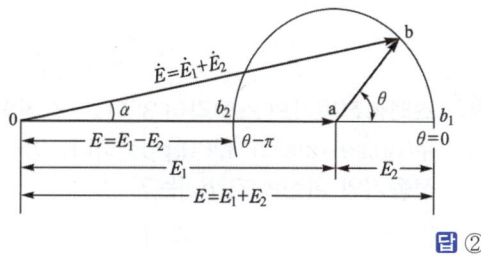

답 ②

60 변압기의 부하가 증가할 때의 현상으로서 틀린 것은?
① 동손이 증가한다.
② 온도가 상승한다.
③ 철손이 증가한다.
④ 여자전류는 변함없다.

풀이 변압기의 손실은 철손(히스테리시스손+와류손)과 동손(I^2R)이 있는데 철손은 1차 전압만 걸리면 손실이 되고 동손은 2차 전류가 흘러야 손실이 된다.
그러므로 2차 부하가 증가하면 철손은 일정하나 동손은 증가하게 된다. 답 ③

2017년 - 3회 _ 전기산업기사

41 3상 전원의 수전단에서 전압 3300[V], 전류 1000[A], 뒤진 역률 0.8의 전력을 받고 있을 때 동기조상기로 역률을 개선하여 1로 하고자 한다. 필요한 동기조상기의 용량은 약 몇 [kVA]인가?

① 1525   ② 1950
③ 3150   ④ 3429

풀이 유효전력
$$P = \sqrt{3}\, VI\cos\theta$$
$$= \sqrt{3} \times 3300 \times 1000 \times 0.8 \times 10^{-3}$$
$$= 4572.61\,[kW]$$
따라서 동기조상기 용량
$$Q = P\left(\frac{\sqrt{1-\cos^2\theta_1}}{\cos\theta_1} - \frac{\sqrt{1-\cos^2\theta_2}}{\cos\theta_2}\right)$$
$$= 4572.61 \times \left(\frac{\sqrt{1-0.8^2}}{0.8} - \frac{\sqrt{1-1^2}}{1}\right)$$
$$\fallingdotseq 3429[kVA]$$ 답 ④

42 기동장치를 갖는 단상 유도전동기가 아닌 것은?
① 2중 농형   ② 분상기동형
③ 반발기동형 ④ 셰이딩코일형

풀이 2중 농형 유도전동기
① 회전자의 농형권선을 내외 이중으로 설치한 것
② 도체
  • 외측도체 : 저항이 높은 황동 또는 동니켈 합금의 도체를 사용
  • 내측도체 : 저항이 낮은 전기동 사용
③ 기동 시에는 저항이 높은 외측 도체로 흐르는 전류에 의해 큰 기동 토크를 얻고 기동 완료 후에는 저항이 적은 내측 도체로 전류가 흘러 우수한 운전 특성을 얻는 전동기 답 ①

43 트라이액(triac)에 대한 설명으로 틀린 것은?

① 쌍방향성 3단자 사이리스터이다.
② 턴 오프 시간이 SCR보다 짧으며 급격한 전압변동에 강하다.
③ SCR 2개를 서로 반대 방향으로 병렬 연결하여 양방향 전류제어가 가능하다.
④ 게이트에 전류를 흘리면 어느 방향이든 전압이 높은 쪽에서 낮은 쪽으로 도통한다.

풀이 TRIAC(trielectrode AC switch)
① **양방향성 3단자** 사이리스터이다.
② TRIAC은 기능상으로 **2개의 SCR을 역병렬 접속**한 것과 같다.
③ TRIAC의 게이트에 전류를 흘리면 그 상항에서 **어느 방향이건 전압이 높은 쪽에서 낮은 쪽으로 도통**한다.
④ 일단 도통하면 SCR과 같이 그 방향으로 전류가 더 이상 흐르지 않을 때 까지 계속 도통한다. 따라서 전류 방향이 바뀌려고 하면 소호되고 일단 소호되면 다시 점호시킬 때까지 차단 상태를 유지한다.
답 ②

44 일반적인 직류전동기의 정격표시 용어로 틀린 것은?

① 연속정격 ② 순시정격
③ 반복정격 ④ 단시간정격

풀이 ① **연속 정격** : 하루 24시간을 계속 운전해도 무리하지 않을 정도의 부하양의 한도
② **반복정격** : 주기적으로 반복하는 부하에 적합한 정격
③ **단시간 정격** : 짧은 시간 즉 10분, 30분, 60분 90분 간에 온도 상승 한도를 초과하지 않고, 그 밖의 제한 조건 내에서 운전할 수 있는 정격
④ 공칭 정격 : 전동차 등에 사용하는 정격으로 제시한 정격 용량보다 2배 정도의 부하를 증가해도 무리 없이 운전될 수 있는 여유 있는 정격
답 ②

45 직류전동기의 속도제어 방법 중 광범위한 속도 제어가 가능하며 운전 효율이 높은 방법은?

① 계자제어
② 전압제어
③ 직렬저항제어
④ 병렬저항제어

풀이 직류 전동기의 속도 제어법 비교

구 분	제어 특성	특 징
계자 제어법	• 정출력 제어	• 속도 제어 범위가 좁다.
전압 제어법	• 정토크 제어 – 워드 레오나드 방식 – 일그너 방식	• 제어 범위가 넓다. • 손실이 매우 적다. • 정역 운전이 가능 • 설비비가 많이든다.
직렬 저항법		• 효율이 나쁘다.

답 ②

46 탭전환 변압기 1차측에 몇 개의 탭이 있는 이유는?

① 예비용 단자
② 부하 전류를 조정하기 위하여
③ 수전점의 전압을 조정하기 위하여
④ 변압기의 여자전류를 조정하기 위하여

풀이 탭(tap) 전환 변압기
전원 전압의 변동이나 부하의 변동에 따라 **변압기 2차측의 전압변동을 보상**하고 일정 전압으로 유지시키기 위하여, 고압측 1차 권선의 중앙 위치에 몇 개의 탭 단자를 두어 변압기의 권수비를 바꿀 수 있도록 설계한 변압기
답 ③

47 스테핑전동기의 스텝각이 3°이고, 스테핑 주파수(pulse rate)가 1200[pps]이다. 이 스테핑 전동기의 회전속도[rps]는?

① 10 ② 12
③ 14 ④ 16

풀이 ① 1펄스 당 스텝각이 3°이고,
1초당 입력펄스가 1200[pps]이므로,
1초당 스텝각은 3° × 1200 = 3600°이다.
② 동기 1회전 당 회전각도는 360°이므로 따라서 스테핑 전동기의 회전속도는
$\frac{3600°}{360°} = 10$[rps] 이다.
답 ①

48 직류기의 전기자 반작용의 영향이 아닌 것은?

① 주자속이 증가한다.
② 전기적 중성축이 이동한다.
③ 정류 작용에 악영향을 준다.
④ 정류자 편간전압이 상승한다.

풀이 전기자 반작용의 영향
① 전기적 중성축 이동
  • 발전기 : 회전 방향으로 이동
  • 전동기 : 회전 방향과 반대 방향으로 이동
② 주자속 감소
③ 정류자 편간의 불꽃 섬락 발생
④ 출력의 저하
답 ①

49 유도전동기 역상제동의 상태를 크레인이나 권상기의 강하 시에 이용하고 속도제한의 목적에 사용되는 경우의 제동 방법은?

① 발전제동   ② 유도제동
③ 회생제동   ④ 단상제동

풀이 유도전동기의 제동법
① 발전 제동 : 전동기를 전원으로부터 분리한 후 1차측에 직류전원을 공급하여 발전기로 동작시킨 후 발생된 전력을 저항에서 열로 소비시키는 방법
② 유도 제동 : 유도전동기 역상제동의 상태를 크레인이나 권상기의 강하 시에 이용하고 속도제한의 목적에 사용되는 경우의 제동방법
③ 회생 제동 : 유도전동기를 유도 발전기로 동작시켜 그 발생 전력을 전원에 반환하면서 제동하는 방법으로, 크레인이나 언덕길을 운전하는 긴 전기 기관차 등에 사용된다.
④ 단상 제동 : 권선형 유도전동기의 1차측을 단상교류로 여자하고 2차측에 적당한 크기의 저항을 넣으면 전동기의 회전과는 역방향의 토크가 발생되므로 제동된다.
답 ②

50 단락비가 큰 동기기의 특징 중 옳은 것은?

① 전압 변동률이 크다.
② 과부하 내량이 크다.
③ 전기자 반작용이 크다.
④ 송전선로의 충전 용량이 작다.

풀이 단락비가 큰 기계(철기계)
• 동기 임피던스가 적다. ($K_s \propto \dfrac{1}{Z_s}$)
• 전압변동률이 작다.
• 전기자 반작용이 작다.
• 출력이 크다.
• 과부하 내량이 크고 안정도가 높다.
• 자기 여자 현상이 작다.
• 극수가 많은 저속기에 적합하다.
• 송전선로의 충전용량이 크다.
답 ②

51 전류가 불연속인 경우 전원전압 220[V]인 단상 전파정류 회로에서 점호각 $\alpha = 90°$일 때의 직류 평균전압은 약 몇 [V]인가?

① 45   ② 84
③ 90   ④ 99

풀이
$$E_d = \dfrac{\sqrt{2}E}{\pi}(1+\cos\alpha)$$
$$= \dfrac{\sqrt{2}\times 220}{\pi}(1+\cos 90°) \fallingdotseq 99[V]$$
답 ④

52 변압기의 냉각방식 중 유입자냉식의 표시 기호는?

① ANAN   ② ONAN
③ ONAF   ④ OFAF

풀이
• 유입자냉식 (ONAN, OA)
• 유입풍냉식 (ONAF, FA)
• 건식밀폐자냉식 (ANAN, GA)
• 건식자냉식 (AN, AA)
• 건식풍냉식 (AF, AFA)
• 송유수냉식 (OFWF, FOW)
• 송유풍냉식 (OFAF, ODAF, FOA)
• 유입수냉식 (ONWF, OW)
답 ②

53 타여자 직류전동기의 속도제어에 사용되는 워드 레오나드(Ward Leonard) 방식은 다음 중 어느 제어법을 이용한 것인가?

① 저항제어법
② 전압제어법
③ 주파수제어법
④ 직병렬제어법

풀이 직류 전동기의 속도 제어법 비교

구 분	제어 특성	특 징
계자 제어법	• 정출력 제어	• 속도 제어 범위가 좁다.
전압 제어법	• 정토크 제어 – 워드 레오나드 방식 – 일그너 방식	• 제어 범위가 넓다. • 손실이 매우 적다. • 정역 운전이 가능 • 설비비가 많이든다.
직렬 저항법		• 효율이 나쁘다.

답 ②

54 직류발전기의 무부하 특성곡선은 다음 중 어느 관계를 표시한 것인가?

① 계자전류–부하전류
② 단자전압–계자전류
③ 단자전압–회전속도
④ 부하전류–단자전압

풀이 무부하 특성곡선
회전속도가 일정하고 무부하 상태일 경우, 계자전류(I_f)와 유도 기전력(E)과의 관계 곡선을 나타낸 것

답 ②

55 단상변압기 2대를 사용하여 3150[V]의 평형 3상에서 210[V]의 평형 2상으로 변환하는 경우에 각 변압기의 1차 전압과 2차 전압은 얼마인가?

① 주좌 변압기 : 1차 3150[V], 2차 210[V]
   T좌 변압기 : 1차 3150[V], 2차 210[V]
② 주좌 변압기 : 1차 3150[V], 2차 210[V]
   T좌 변압기 : 1차 $3150 \times \dfrac{\sqrt{3}}{2}$[V], 2차 210[V]
③ 주좌 변압기 : 1차 $3150 \times \dfrac{\sqrt{3}}{2}$[V], 2차 210[V]
   T좌 변압기 : 1차 $3150 \times \dfrac{\sqrt{3}}{2}$[V], 2차 210[V]
④ 주좌 변압기 : 1차 $3150 \times \dfrac{\sqrt{3}}{2}$[V], 2차 210[V]
   T좌 변압기 : 1차 3150[V], 2차 210[V]

풀이 ① 스코트 결선을 할 때 T좌 변압기의 권수는 전 권수의 $\dfrac{\sqrt{3}}{2}$ 점에서 택해야 한다.
② 주좌 변압기 : 1차 V_1[V], 2차 V_2[V]
   T좌 변압기 : 1차 $\dfrac{\sqrt{3}}{2} V_1$[V], 2차 V_2[V]

답 ②

56 3상 유도전동기의 속도제어법 중 2차 저항제어와 관계가 없는 것은?

① 농형 유도전동기에 이용된다.
② 토크 속도 특성의 비례추이를 응용한 것이다.
③ 2차 저항이 커져 효율이 낮아지는 단점이 있다.
④ 조작이 간단하고 속도 제어를 광범위하게 행할 수 있다.

풀이 2차 저항법 : 권선형 유도전동기에만 사용할 수 있으며, 2차 회로의 저항의 변화에 의한 토크 속도 특성의 비례추이를 응용한 기동법을 말한다.

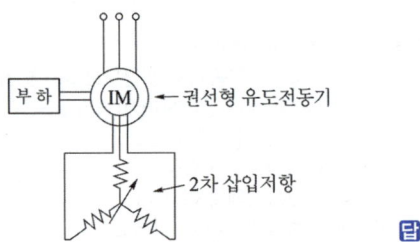

답 ①

57 용량이 50[kVA] 변압기의 철손이 1[kW]이고 전부하동손이 2[kW]이다. 이 변압기를 최대효율에서 사용하려면 부하를 약 몇 [kVA] 인가하여야 하는가?

① 25
② 35
③ 50
④ 71

풀이 최대 효율 조건
$$m = \sqrt{\dfrac{P_i}{P_c}} = \sqrt{\dfrac{1}{2}} = 0.707$$
∴ 출력 $P = 0.707 \times 50 = 35.4$[kVA]

답 ②

58 농형 유도전동기 기동법에 대한 설명 중 틀린 것은?

① 전전압 기동법은 일반적으로 소용량에 적용된다.
② Y-△ 기동법은 기동전압[V]이 $\frac{1}{\sqrt{3}}$[V]로 감소한다.
③ 리액터 기동법은 기동 후 스위치로 리액터를 단락한다.
④ 기동보상기법은 최종속도 도달 후에도 기동보상기가 계속 필요하다.

풀이 기동 보상기법
① 스위치를 기동 쪽으로 닫고 단권변압기의 탭 전압(50, 65, 80[%])을 전동기에 가하여 기동 전류를 제한 한다.
② 정상속도에 다다르면 전전압이 가해지는 동시에 기동 보상기는 회로에서 끊기게 된다. **답** ④

59 3상 반작용 전동기(reaction motor)의 특성으로 가장 옳은 것은?

① 역률이 좋은 전동기
② 토크가 비교적 큰 전동기
③ 기동용 전동기가 필요한 전동기
④ 여자권선 없이 동기속도로 회전하는 전동기

풀이 반작용 전동기는 자극만 있고 여자권선이 없는 회전자를 가진 일종의 동기전동기로서 출력은 작고 역률이 낮지만 직류전원을 필요로 하지 않으므로 구조가 간단하여 전기시계 및 각종 측정장치용으로 사용된다. **답** ④

60 2대의 3상 동기발전기를 동일한 부하로 병렬운전하고 있을 때 대응하는 기전력 사이에 60°의 위상차가 있다면 한 쪽 발전기에서 다른 쪽 발전기에 공급되는 1상당 전력은 약 몇 [kW]인가? (단, 각 발전기의 기전력(선간)은 3300[V], 동기리액턴스는 5[Ω]이고, 전기자 저항은 무시한다.)

① 181
② 314
③ 363
④ 720

풀이 동기화력

$$P_s = \frac{E^2}{2X_s}\sin\delta = \frac{\left(\frac{3300}{\sqrt{3}}\right)^2}{2\times 5}\sin 60° \times 10^{-3}$$
$$= 314.37[kW]$$

답 ②

2017년 - 4회 _ 공사산업기사

41 인버터(inverter)에 대한 설명으로 옳은 것은?

① 직류를 교류로 변환
② 교류를 교류로 변환
③ 직류를 직류로 변환
④ 교류를 직류로 변환

풀이
- 인버터 : 직류를 교류로 변환
- 사이클로 컨버터 : 교류를 교류로 변환
- 초퍼 : 직류를 직류로 변환
- 컨버터 : 교류를 직류로 변환 **답** ①

42 단상변압기 3대로 Y-Y결선을 하는 경우에 대한 설명으로 틀린 것은?

① 중성점 접지가 가능하다.
② 제3고조파 전류가 흐르며 유도장해를 일으킨다.
③ 1차측과 2차측의 각 상전압의 위상은 같다.
④ 상전압이 선간전압의 $\sqrt{3}$배이므로 절연이 용이하다.

풀이 Y-Y결선의 특징
① 장점
- 1차 전압, 2차 전압 사이에 위상차가 없다.
- 1차, 2차 모두 중성점을 접지할 수 있으며 고압의 경우 이상 전압을 감소시킬 수 있다.
- 상전압이 선간 전압의 $\frac{1}{\sqrt{3}}$배이므로 절연이 용이하여 고전압에 유리하다.
② 단점
- 제3고조파 전류의 통로가 없으므로 기전력의 파형이 제3고조파를 포함한 왜형파가 된다.
- 중성점을 접지하면 제3고조파 전류가 흘러 통신선에 유도 장해를 일으킨다. **답** ④

43 특수 동기기에 대한 설명 중 틀린 것은?

① 반작용 전동기 : 역률이 좋다.
② 동기 주파수 변환기 : 조작이 간편하고 효율이 좋다.
③ 정현파 발전기 : 부하에 관계없이 정현파 기전력을 발생한다.
④ 유도 동기 전동기 : 기동 토크와 인입 토크가 크다.

풀이 반작용 전동기는 자극만 있고 여자권선이 없는 회전자를 가진 일종의 동기전동기로서 출력은 작고 역률이 낮지만 직류전원을 필요로 하지 않으므로 구조가 간단하여 전기시계 및 각종 측정장치 용으로 사용된다.
답 ①

44 3상 4극 유도전동기가 있다. 고정자의 슬롯수가 24라면 슬롯과 슬롯 사이의 전기각은?

① 40° ② 30°
③ 20° ④ 10°

풀이 기하각 $\alpha° = \frac{360°}{24} = 15°$

또한 $\alpha° = \frac{전기각}{p/2} = \frac{2\theta_e}{p}$ 이므로

따라서 전기각 $\theta_e = \frac{p\alpha°}{2} = \frac{4 \times 15°}{2} = 30°$
답 ②

45 220/110[V], 60[Hz]인 이상적인 변압기가 있다. 변압기의 철심자속이 5×10^{-3}[Wb]일 경우 1차 및 2차 권선은 약 몇 턴으로 하여야 하는가?

① 1차 권선 : 182, 2차 권선 : 91
② 1차 권선 : 166, 2차 권선 : 83
③ 1차 권선 : 154, 2차 권선 : 77
④ 1차 권선 : 150, 2차 권선 : 75

풀이 • 1차 유기기전력 $E_1 = 4.44f\phi_m N_1$ [V] 이므로

1차 권선 $N_1 = \frac{E_1}{4.44f\phi_m}$

$= \frac{220}{4.44 \times 60 \times 5 \times 10^{-3}}$

$≒ 166$[Turn]

• 2차 유기기전력 $E_2 = 4.44f\phi_m N_2$[V]이므로

2차 권선 $N_2 = \frac{E_2}{4.44f\phi_m}$

$= \frac{110}{4.44 \times 60 \times 5 \times 10^{-3}}$

$≒ 83$[Turn]
답 ②

46 동기발전기의 전기자권선을 전절권보다 단절권으로 감으면 나타나는 현상은?

① 효율이 낮아진다.
② 권선의 동손이 증가한다.
③ 권선의 재료가 증가한다.
④ 기전력의 파형이 좋아진다.

풀이 단절권의 특징
① 고조파를 제거하여 기전력의 파형을 좋게 한다.
② 자기 인덕턴스 감소
③ 동량 절약
④ 유기 기전력 감소
답 ④

47 3상 유도전동기의 전전압 기동 토크는 전부하 시의 1.8배이다. 전전압의 2/3로 기동할 때 기동 토크는 전부하 시의 몇 [%]인가?

① 80 ② 70
③ 60 ④ 40

풀이 $T \propto V^2$ 이므로 $T' \propto T \times \left(\frac{V_1'}{V_1}\right)^2$

$T' = 1.8T \times \left(\frac{2}{3}\right)^2 = 0.8T$

따라서 전전압의 2/3로 기동할 때 기동 토크는 전부하 시보다 약 80[%]로 감소한다.
답 ①

48 동기발전기가 난조를 일으키는 원인 중 틀린 것은?

① 부하가 급격히 변화하는 경우
② 발전기의 전기자 저항이 작은 경우
③ 회전자의 관성 모멘트가 작은 경우
④ 원동기의 토크에 고조파가 포함되어 있는 경우

풀이

난조의 원인	대책
원동기의 조속기 감도가 지나치게 예민한 경우	조속기를 적당히 조정
원동기의 토크에 고조파 토크가 포함된 경우	디젤 기관 등에 생기는 문제로 회전부의 플라이휠 효과를 적당히 선정
전기자 회로의 저항이 상당히 큰 경우	회로의 저항을 작게 하거나 리액턴스를 삽입
부하가 맥동할 때	회전부의 플라이휠 효과를 적당히 선정

난조 방지법으로는 제동 권선을 사용하는 것이 적당하다.

답 ②

49 동기발전기에서 전기자전류와 유기기전력이 동상인 경우에 전기자반작용은?

① 증자작용 ② 감자작용
③ 편자작용 ④ 교차자화작용

풀이

전류와 전압과의 위상	작 용
I_a가 E와 **동상인 경우**	교차 자화 작용(횡축 반작용)
I_a가 E보다 $\pi/2$ 뒤지는 경우	감자 작용(직축 반작용)
I_a가 E보다 $\pi/2$ 앞서는 경우	증자 작용(자화 작용)

여기서, I_a : 전기자 전류, E : 유기 기전력

답 ④

50 정류방식 중에서 맥동률이 가장 작은 회로는? (단, 저항부하를 사용하였을 경우이다.)

① 단상 반파 정류회로
② 단상 전파 정류회로
③ 삼상 반파 정류회로
④ 삼상 전파 정류회로

풀이

정류 종류	단상 반파	단상 전파	3상 반파	3상 전파
맥동률[%]	121	48	17.7	4.04
정류 효율	40.5	81.1	96.7	99.8
맥동 주파수	f	$2f$	$3f$	$6f$

답 ④

51 직류전동기의 속도제어법 중 정출력 제어에 속하는 것은?

① 전압 제어법   ② 계자 제어법
③ 2차 저항 제어법 ④ 전기자 저항 제어법

풀이 속도 제어 $n = K'\dfrac{E_C}{\phi} = K'\dfrac{V - I_a R_a}{\phi}$ [rps]

전압 제어 (V)	효율이 좋다.	• 정토크 제어 • 광범위 속도제어 • 일그너 방식 (부하가 급변하는 곳) • 워드레너드 방식 • 직병렬 제어
계자 제어 (ϕ)	효율이 좋다.	• **정출력 제어** • 세밀하고 안정된 속도 제어 • 속도 조정 범위 좁다.
저항 제어 (R_a)	효율이 나쁘다.	• 속도 조정 범위 좁다.

답 ②

52 직류기의 특성에 대한 설명으로 옳은 것은?

① 직권전동기에서는 부하가 줄면 속도가 감소한다.
② 분권전동기는 부하에 따라 속도가 많이 변화한다.
③ 전차용 전동기에는 차동복권전동기가 적합하다.
④ 분권전동기의 운전 중 계자회로가 단선되면 위험속도가 된다.

풀이 분권 전동기는 계자 회로가 단선이 되면 자속 ϕ가 0이 되어 경부하시에는 원심력에 의해 기계가 파괴될 정도의 과속도에 도달할 수 있으므로 주의하여야 한다.

답 ④

53 변압기의 임피던스 전압이란?

① 변압기 1차를 단락하고 2차에 저전압을 인가하여 2차 전류가 정격전류와 같도록 조정했을 때의 1차 전압
② 변압기 2차를 단락하고 1차에 저전압을 인가하여 2차 전류가 정격전류와 같도록 조정했을 때의 1차 전압
③ 변압기 2차를 단락하고 1차에 저전압을 인가하여 1차 전류가 정격전류와 같도록 조정했을 때의 1차 전압
④ 변압기 2차를 단락하고 1차에 저전압을 인가하여 1차 전류가 정격전류와 같도록 조정했을 때의 2차 전압

[풀이]
- 변압기 2차를 단락하고 1차에 저전압을 가하여 1차 단락전류를 측정한다. 이때 1차 단락전류가 1차 정격전류와 같게 될 때 1차에 가한 전압을 임피던스 전압이라 한다.
- 임피던스 전압은 변압기 내의 전압강하를 의미하며, 이때 입력을 임피던스 와트(전부하 동손)라 한다.

답 ③

54
200[V] 3상 유도전동기의 전부하 슬립이 0.06이다. 공급전압이 10[%] 저하된 경우의 전부하 슬립은 약 얼마인가?

① 0.074 ② 0.067
③ 0.054 ④ 0.049

[풀이] 공급 전압이 10[%] 저하된 경우의 전부하 슬립을 s'라 하면

$$s' = s \times \left(\frac{V_1}{V_1'}\right)^2 = s \times \left(\frac{V_1}{V_1 \times 0.9}\right)^2$$
$$= 0.06 \times \left(\frac{200}{200 \times 0.9}\right)^2 = 0.074$$

답 ①

55
그림과 같이 공급전압 $V = 200\sqrt{2}\sin 377t$ [V], 부하저항 $20[\Omega]$일 때 직류부하전압의 평균값은 약 몇 [V]인가? (단, $V = V_1 = V_2$이다.)

① 60
② 120
③ 180
④ 240

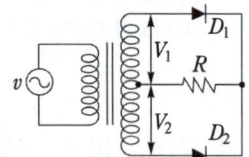

[풀이] 단상 전파정류회로의 직류전압
$$E_d = \frac{2\sqrt{2}}{\pi}E = 0.9E = 0.9 \times 200 = 180[V]$$

답 ③

56
직류전동기의 실측효율을 측정하는 방법이 아닌 것은?

① 블론델법을 사용하는 방법
② 보조 발전기를 사용하는 방법
③ 전기 동력계를 사용하는 방법
④ 프로니 브레이크를 사용하는 방법

[풀이] ① 직류기의 온도시험 방법
  - 실부하법
  - 반환부하법 : 브론델법, 카프법, 홉킨스법
② 블론델법은 발전기와 전동기의 무부하손을 보조 전동기에 의하여 보급하고, 동손을 승압기에 의하여 공급하는 방법으로 규약효율을 측정하기 위한 손실 측정 방법의 하나이다.

답 ①

57
다음 동기기 중 슬립링을 사용하지 않는 기기는?

① 동기발전기
② 동기전동기
③ 유도자형 고주파발전기
④ 고정자 회전기동형 동기전동기

[풀이] 유도자형 발전기는 계자극과 전기자를 함께 고정시키고 그 중앙에 유도자라고 하는 권선이 없는 회전자를 갖춘 것으로 슬립링이 없다. 주로 수백~수만[Hz] 정도의 고주파 발전기로 쓰인다.

답 ③

58
어떤 변압기의 전부하 동손이 270[W], 철손이 120[W]일 때 이 변압기를 최고효율로 운전하는 출력은 정격출력의 약 몇 [%]가 되는가?

① 22.5 ② 33.3
③ 44.4 ④ 66.7

[풀이] 최대 효율이 나타나는 부하
$$m = \sqrt{\frac{P_i}{P_c}} = \sqrt{\frac{120}{270}} = 0.667$$
∴ 정격 출력의 66.7[%]에서 최대 효율이 발생한다.

답 ④

59
유도전동기의 회전력 발생 요소 중 제곱에 비례하는 요소는?

① 슬립 ② 2차 기전력
③ 2차 권선저항 ④ 2차 임피던스

[풀이] 토크 $\tau = K_0 \dfrac{sE_2^2 r_2}{r_2^2 + (sx_2)^2}$에서 r_2, x_2는 일정

∴ $\tau \propto E_2^2$ (2차 기전력)

답 ②

60 직류기에서 정류를 좋게 하기 위한 방법이 아닌 것은?

① 보상권선을 설치하여 전기자 반작용을 보상한다.
② 보극을 설치하여 정류 전압을 얻어 리액턴스 전압을 보상한다.
③ 저항 정류를 위하여 브러시의 접촉 저항이 큰 것을 선정한다.
④ 자속변화를 줄이기 위하여 자극편의 모양을 좋게 하고 전기자 교차 기자력에 대한 자기저항을 적게 하여 반작용 자속을 늘린다.

풀이 정류를 좋게 하는 방법
 ① 보극을 설치한다.
 ② 브러시 접촉 저항을 크게 한다.
 ③ 자속 분포를 줄이고 자기적으로 포화시킨다.
 ④ 보상 권선을 설치한다.   **답** ④

2018년 전기기기_전기산업기사·공사산업기사

문제의 번호는 실제 시험문제의 번호와 같게 하였습니다.

2018년 - 1회 _ 전기산업기사·공사산업기사

41 유도전동기의 출력과 같은 것은?
① 출력 = 입력전압 - 철손
② 출력 = 기계출력 - 기계손
③ 출력 = 2차 입력 - 2차 저항손
④ 출력 = 입력전압 - 1차 저항손

풀이
- 기계적 출력 = 기계출력 - 기계손
- 전기적 출력 = 2차 입력 - 2차 저항손

문제에서 명확한 조건이 제시되지 않았으므로 두 경우 모두 인정한다. **답 ②, ③**

42 75[W] 이하의 소출력으로 소형 공구, 영사기, 치과 의료용 등에 널리 이용되는 전동기는?
① 단상 반발전동기
② 영구자석 스텝 전동기
③ 3상 직권 정류자전동기
④ 단상 직권 정류자전동기

풀이 단상 직권 정류자 전동기를 간단히 단상 직권 전동기라고도 하며 이것은 가정용 미싱, 소형 공구, 영사기, 믹서, 치과 의료용 엔진 등에 사용된다. 교류, 직류 양용에 사용되기 때문에 교직 양용 전동기 또는 만능 전동기(universal motor)라고 한다. **답 ④**

43 직류발전기를 병렬 운전할 때 균압선이 필요한 직류발전기는?
① 분권발전기, 직권발전기
② 분권발전기, 복권발전기
③ 직권발전기, 복권발전기
④ 분권발전기, 단극발전기

풀이 균압선의 목적은 병렬 운전을 안정하게 하기 위하여 설치하는 것으로 일반적으로 직권 및 복권 발전기에서는 직권 계자 코일에 흐르는 전류에 의하여 병렬 운전이 불안정하게 되므로, 균압선을 설치하여 직권 계자 코일에 흐르는 전류를 분류하게 한다. **답 ③**

44 병렬 운전하고 있는 2대의 3상 동기발전기 사이에 무효순환전류가 흐르는 경우는?
① 부하의 증가
② 부하의 감소
③ 여자전류의 변화
④ 원동기의 출력변화

풀이
① 동기발전기의 병렬 운전에서는 한쪽의 계자전류(=여자전류)를 증대시켜 유기 기전력을 크게 하면 무효순환전류가 흘러 계자를 크게 한 발전기의 역률이 낮아지고 다른 발전기의 역률은 좋아진다.
② 병렬 운전 조건이 다른 경우

병렬 운전 조건	다른 경우 흐르는 전류
기전력의 크기가 같을 것	무효 순환 전류
기전력의 위상이 같을 것	동기화 전류(유효횡류)
기전력의 주파수가 같을 것	동기화 전류
기전력의 파형이 같을 것	고주파 무효 순환 전류

답 ③

45 전압이나 전류의 제어가 불가능한 소자는?
① SCR
② GTO
③ IGBT
④ Diode

풀이 다이오드는 회로의 주변 상황에 따라 순방향으로 전압이 가해지면 도통하고 역방향으로 전압이 가해지면 도통하지 않는 수동적인 소자로서 사용자가 임의로 ON, OFF시킬 수 없다. 따라서 다이오드는 전압이나 전류의 제어가 곤란하다. **답 ④**

46 전기자저항이 각각 $R_A = 0.1[\Omega]$과 $R_B = 0.2[\Omega]$인 100[V], 10[kW]의 두 분권발전기의 유기기전력을 같게 해서 병렬 운전하여, 정격전압으로 135[A]의 부하전류를 공급할 때 각 기기의 분담전류는 몇 [A]인가?

① $I_A = 80$, $I_B = 55$
② $I_A = 90$, $I_B = 45$
③ $I_A = 100$, $I_B = 35$
④ $I_A = 110$, $I_B = 25$

풀이 병렬운전이므로 두 분권발전기의 단자전압은 같아야 한다.
$$V = E_A - I_A R_A = E_B - I_B R_B$$
$$= E_A - 0.1 I_A = E_B - 0.2 I_B$$
문제의 조건에서 $E_A = E_B$
$0.1 I_A = 0.2 I_B$ ……… ①
부하전류 I는
$I_A + I_B = 135$ ……… ②
식 ①, ②로부터 $2I_B + I_B = 135$
$\therefore I_A = 90[A]$, $I_B = 45[A]$ **답 ②**

47 다이오드를 사용한 정류회로에서 여러 개를 병렬로 연결하여 사용할 경우 얻는 효과는?

① 인가전압 증가
② 다이오드의 효율 증가
③ 부하 출력의 맥동률 감소
④ 다이오드의 허용전류 증가

풀이 • 다이오드 직렬연결 : 입력전압 증가, 과전압으로부터 보호
• 다이오드 병렬연결 : 허용전류 증가, 과전류로부터 보호

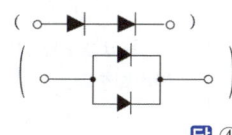

답 ④

48 △결선 변압기의 한 대가 고장으로 제거되어 V결선으로 공급할 때 공급할 수 있는 전력은 고장 전 전력에 대하여 몇 [%]인가?

① 57.7
② 66.7
③ 75.0
④ 86.6

풀이 1대의 단상변압기 용량을 P_1이라 하면 그 출력비는
$$\frac{V결선의\ 출력}{\triangle결선의\ 출력} = \frac{\sqrt{3}P_1}{3P_1} = \frac{\sqrt{3}}{3}$$
$$= 0.577 = 57.7[\%]$$ **답 ①**

49 변압기의 2차를 단락한 경우에 1차 단락전류 I_{s1}은? (단, V_1 : 1차 단자전압, Z_1 : 1차 권선의 임피던스, Z_2 : 2차 권선의 임피던스, a : 권수비, Z : 부하의 임피던스)

① $I_{s1} = \dfrac{V_1}{Z_1 + a^2 Z_2}$
② $I_{s1} = \dfrac{V_1}{Z_1 + a Z_2}$
③ $I_{s1} = \dfrac{V_1}{Z_1 - a Z_2}$
④ $I_{s1} = \dfrac{V_1}{Z_1 + Z_2 + Z}$

풀이 변압기의 단락전류
① 1차 단락전류 $I_{1s} = \dfrac{V_1}{Z_1 + Z_2'} = \dfrac{V_1}{Z_1 + a^2 Z_2}$ [A]
$$I_{1s} = \frac{100}{\%Z} \times I_n [A]$$
② 2차 단락전류 $I_{2s} = a I_{1s}$ [A]
여기서, 1차측 임피던스 $Z_1 = r_1 + jx_1 [\Omega]$
2차를 1차로 환산한 임피던스
$Z_2' = a^2 Z_2 = a^2 (r_2 + jx_2)$
$= r_2' + jx_2' [\Omega]$) **답 ①**

50 직류 분권전동기에서 단자전압 210[V], 전기자전류 20[A], 1500[rpm]으로 운전할 때 발생 토크는 약 몇 [N·m]인가? (단, 전기자저항은 0.15[Ω]이다.)

① 13.2
② 26.4
③ 33.9
④ 66.9

풀이 $V = 210[V]$, $I_a = 20[A]$, $N = 1500[rpm]$, $r_a = 0.15[\Omega]$이므로
$E = V - I_a R_a = 210 - (20 \times 0.15) = 207[V]$
$\therefore \tau = 0.975 \dfrac{P}{N} \times 9.8 = 0.975 \dfrac{E \cdot I_a}{N} \times 9.8$
$= 0.975 \times \dfrac{207 \times 20}{1500} \times 9.8 ≒ 26.4[N \cdot m]$ **답 ②**

51 220[V], 50[kW]인 직류 직권전동기를 운전하는데 전기자 저항(브러시의 접촉저항 포함)이 0.05[Ω]이고 기계적 손실이 1.7[kW], 표유손이 출력의 1[%]이다. 부하전류가 100[A]일 때의 출력은 약 몇 [kW]인가?

① 14.5　　② 16.7
③ 18.2　　④ 19.6

풀이 직류 직권전동기의 역기전력
$E_c = V - (R_a + R_s)I = 220 - 0.05 \times 100 = 215[V]$
출력 $P = E_c I = 215 \times 100 = 21500[W] = 21.5[kW]$
출력 = 입력 - 손실이므로
∴ $P' = 21.5 - 1.7 - (21.5 \times 0.01) = 19.6[kW]$ **답** ④

52 60[Hz], 12극, 회전자의 외경 2[m]인 동기발전기에 있어서 회전자의 주변속도는 약 몇 [m/s]인가?

① 43　　② 62.8
③ 120　　④ 132

풀이 동기속도
$N_s = \dfrac{120f}{p} = \dfrac{120 \times 60}{12} = 600[rpm]$
따라서 회전자의 주변속도
$v = \pi D \cdot \dfrac{N_s}{60} = \pi \times 2 \times \dfrac{600}{60} = 62.8[m/s]$ **답** ②

53 변압기의 등가회로를 작성하기 위하여 필요한 시험은?

① 권선저항측정, 무부하시험, 단락시험
② 상회전시험, 절연내력시험, 권선저항측정
③ 온도상승시험, 절연내력시험, 무부하시험
④ 온도상승시험, 절연내력시험, 권선저항측정

풀이 등가 회로 작성 시
• 권선의 저항을 알아야 하고(권선저항측정)
• 철손을 측정하는 무부하 시험
• 동손을 측정하는 단락 시험이 필요하다. **답** ①

54 직류 타여자발전기의 부하전류와 전기자전류의 크기는?

① 전기자전류와 부하전류가 같다.
② 부하전류가 전기자전류보다 크다.
③ 전기자전류가 부하전류보다 크다.
④ 전기자전류와 부하전류는 항상 0이다.

풀이 타여자 발전기는 외부에서 계자권선 F에 직류 전원을 공급하므로 잔류 자기가 없어도 되며, 전기자전류(I_a)와 부하전류(I)의 크기가 같다.

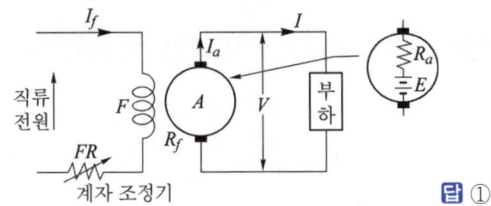

답 ①

55 유도전동기의 특성에서 토크와 2차 입력 및 동기속도의 관계는?

① 토크는 2차 입력과 동기속도의 곱에 비례한다.
② 토크는 2차 입력에 반비례하고, 동기속도에 비례한다.
③ 토크는 2차 입력에 비례하고, 동기속도에 반비례한다.
④ 토크는 2차 입력의 자승에 비례하고, 동기속도의 자승에 반비례한다.

풀이 토크 $\tau = \dfrac{P_2}{2\pi N_s}$

즉, 토크는 2차 입력(P_2)에 비례하고 동기속도(N_s)에 반비례한다. **답** ③

56 농형 유도전동기의 속도제어법이 아닌 것은?

① 극수변환　　② 1차 저항변환
③ 전원전압변환　　④ 전원주파수변환

풀이 유도전동기의 속도 제어법
① 농형 유도전동기의 속도 제어법
• 주파수를 바꾸는 방법
• 극수를 바꾸는 방법
• 전원전압을 바꾸는 방법

② 권선형 유도전동기의 속도 제어법
- 2차여자 제어법
- 2차저항 제어법
- 종속 제어법

답 ②

57 220[V], 60[Hz], 8극, 15[kW]의 3상 유도전동기에서 전부하 회전수가 864[rpm]이면 이 전동기의 2차 동손은 몇 [W]인가?

① 435   ② 537
③ 625   ④ 723

풀이
- 회전자계속도
$$N_s = \frac{120f}{P} = \frac{120 \times 60}{8} = 900[rpm]$$
- 슬립 $s = \frac{N_s - N}{N_s} = \frac{900 - 864}{900} = 0.04$
- 출력 $P_0 = (1-s)P_2$ 이므로,
$$P_2 = \frac{P_0}{1-s} = \frac{15 \times 10^3}{1-0.04} = 15625[W]$$
따라서
$$P_{c2} = sP_2 = 0.04 \times 15625 = 625[W]$$

답 ③

58 2대의 동기발전기가 병렬 운전하고 있을 때 동기화 전류가 흐르는 경우는?

① 부하분담에 차가 있을 때
② 기전력의 크기에 차가 있을 때
③ 기전력의 위상에 차가 있을 때
④ 기전력의 파형에 차가 있을 때

풀이 병렬 운전 조건과 조건이 다른 경우 흐르는 전류

병렬 운전 조건	다른 경우 흐르는 전류
기전력의 크기가 같을 것	무효 순환 전류
기전력의 위상이 같을 것	동기화 전류(유효횡류)
기전력의 주파수가 같을 것	동기화 전류
기전력의 파형이 같을 것	고주파 무효 순환 전류

답 ③

59 선박추진용 및 전기자동차용 구동전동기의 속도 제어로 가장 적합한 것은?

① 저항에 의한 제어
② 전압에 의한 제어
③ 극수 변환에 의한 제어
④ 전원주파수에 의한 제어

풀이 주파수에 변화에 의한 제어
① 전동기에 가해지는 전원 주파수를 바꾸어 속도를 제어하는 방법이다.
② 원동기의 속도 제어에 의해 전용 발전기 주파수를 변화시키는 것으로 선박의 전기 추진용 전동기, 포트 모터의 속도제어 등에 적합하다.

답 ④

60 변압기에서 권수가 2배가 되면 유기기전력은 몇 배가 되는가?

① 1   ② 2
③ 4   ④ 8

풀이 유기기전력 $E_1 = 4.44fw_1\Phi_m$ 이므로 기전력과 권수는 비례한다.($E \propto w$)
따라서 권수가 2배가 되면 유기기전력은 2배가 된다.

답 ②

2018년 - 2회 _ 전기산업기사·공사산업기사

41 3상 전원에서 2상 전원을 얻기 위한 변압기의 결선방법은?

① △   ② T
③ Y   ④ V

풀이 3상-2상간의 상수 변환
① 스코트 결선(T결선)
② 메이어 결선
③ 우드 브리지 결선

답 ②

42 직류 직권전동기의 운전상 위험속도를 방지하는 방법 중 가장 적합한 것은?

① 무부하 운전한다.
② 경부하 운전한다.
③ 무여자 운전한다.
④ 부하와 기어를 연결한다.

풀이 직권 전동기는 무부하(무여자) 상태($I=0$, 즉 $\phi=0$)가 되면 속도가 급격히 상승하여 원심력으로 파괴될 우려가 있다. 그러므로, 직권 전동기로 다른 기계를 운전하려면, 반드시 직결하거나 기어(gear)를 사용하여야 한다.

답 ④

43 권선형 유도전동기의 설명으로 틀린 것은?

① 회전자의 3개의 단자는 슬립링과 연결되어 있다.
② 기동할 때에 회전자는 슬립링을 통하여 외부에 가감저항기를 접속한다.
③ 기동할 때에 회전자에 적당한 저항을 갖게 하여 필요한 기동 토크를 갖게 한다.
④ 전동기 속도가 상승함에 따라 외부저항을 점점 감소시키고 최후에는 슬립링을 개방한다.

풀이 권선형 유도전동기는 시동특성을 좋게 하기 위하여 기동 시에 외부저항을 사용하고, 가속을 종료하면 슬립링 간을 단락시키는 동시에 브러시를 슬립링에서 분리시킨다. **답** ④

44 단상 반파정류회로에서 평균직류전압 200[V]를 얻는 데 필요한 변압기 2차 전압은 약 몇 [V]인가? (단, 부하는 순저항이고 정류기의 전압 강하는 15[V]로 한다.)

① 400 ② 478
③ 512 ④ 642

풀이 단상 반파 정류
$$E_d = \frac{\sqrt{2}}{\pi}E - e = 0.45E - e\,[V]$$
$$\therefore E = \frac{E_d + e}{0.45} = \frac{200 + 15}{0.45} \fallingdotseq 478\,[V]$$
답 ②

45 유도전동기의 슬립 s의 범위는?

① $1 < s < 0$ ② $0 < s < 1$
③ $-1 < s < 1$ ④ $-1 < s < 0$

풀이 슬립의 범위
- 유도전동기 : $0 < s < 1$
- 유도 발전기 : $s < 0$
- 제동기 : $s > 1$

답 ②

46 정격 전압에서 전 부하로 운전하는 직류 직권 전동기의 부하전류가 50[A]이다. 부하토크가 반으로 감소하면 부하전류는 약 몇 [A]인가? (단, 자기포화는 무시한다.)

① 25 ② 35 ③ 45 ④ 50

풀이 직권 전동기의 토크(T)는 자로가 포화되지 않은 범위 안에서는 전기자 전류(I_a)의 제곱에 비례하므로 토크가 1/2로 되면
$$\frac{T'}{T} = \frac{\frac{1}{2}T}{T} \propto \frac{I_a'^2}{I_a^2} \rightarrow \left(\frac{I_a'}{I_a}\right)^2 = \frac{1}{2}$$
$$\therefore I_a' = \sqrt{\frac{1}{2}} \times I_a = \sqrt{\frac{1}{2}} \times 50 \fallingdotseq 35\,[A]$$
답 ②

47 단상변압기를 병렬 운전하는 경우 부하전류의 분담에 관한 설명 중 옳은 것은?

① 누설 리액턴스에 비례한다.
② 누설 임피던스에 비례한다.
③ 누설 임피던스에 반비례한다.
④ 누설 리액턴스의 제곱에 반비례한다.

풀이 변압기 병렬운전 시 부하 분담은 누설 임피던스에 역비례하며, 변압기의 용량에 비례한다.
$$\frac{I_a}{I_b} = \frac{P_A}{P_B} \cdot \frac{\%Z_b}{\%Z_a}$$
여기서,
I_a, I_b : 각 변압기의 분담 전류
P_A, P_B : A, B 변압기의 용량
$\%Z_a$, $\%Z_b$: A, B 변압기의 %임피던스
답 ③

48 3상 동기기에서 제동권선의 주 목적은?

① 출력 개선 ② 효율 개선
③ 역률 개선 ④ 난조 방지

풀이 제동 권선의 역할
① 난조 방지
② 기동 토크 발생
③ 불평형 부하시의 전류, 전압 파형 개선
④ 송전선의 불평형 단락 시의 이상전압 방지 **답** ④

49 단상 유도전압조정기의 원리는 다음 중 어느 것을 응용한 것인가?

① 3권선 변압기
② V 결선 변압기
③ 단상 단권변압기
④ 스콧 결선(T 결선) 변압기

풀이 단상 유도전압조정기는 직렬권선에 대한 분로권선의 위치를 연속적으로 바꾸는 단상 단권변압기의 일종이다. 구조는 유도전동기와 비슷하며 고정자와 회전자로 구성되어 있다.

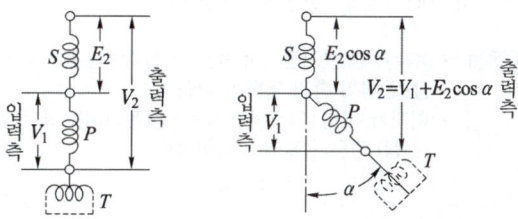

P : 분로 권선, S : 직렬 권선, T : 단락 권선
⟨단상 유도 전압 조정기⟩

답 ③

50 유도전동기의 속도제어 방식으로 틀린 것은?

① 크레머 방식
② 일그너 방식
③ 2차 저항제어 방식
④ 1차 주파수제어 방식

풀이
- 농형 유도전동기의 속도 제어법
  ① 주파수를 바꾸는 방법
  ② 극수를 바꾸는 방법
  ③ 전원 전압을 바꾸는 방법
- 권선형 유도전동기의 속도 제어법
  ① 2차 저항을 제어하는 방법
  ② 2차 여자법(크레머 방식, 셀비어스 방식) 등이 있다.

일그너 방식은 직류전동기의 속도제어 방식이다.

답 ②

51 4극, 60[Hz]의 정류자 주파수 변환기가 1440 [rpm]으로 회전할 때의 주파수는 몇 [Hz]인가?

① 8   ② 10
③ 12   ④ 15

풀이 동기속도 $N_s = \dfrac{120f}{p} = \dfrac{120 \times 60}{4} = 1800[\text{rpm}]$

슬립 $s = \dfrac{N_s - N}{N_s} = \dfrac{1800 - 1440}{1800} = 0.2$

$\therefore f_2 = sf_1 = 0.2 \times 60 = 12[\text{Hz}]$

답 ③

52 직류전동기의 속도제어법 중 광범위한 속도제어가 가능하며 운전효율이 좋은 방법은?

① 병렬 제어법   ② 전압 제어법
③ 계자 제어법   ④ 저항 제어법

풀이 직류 전동기의 속도 제어법 비교

구 분	제어 특성	특 징
계자 제어법	• 정출력 제어	• 속도 제어 범위가 좁다.
전압 제어법	• 정토크 제어 - 워드 레오나드 방식 - 일그너 방식	• 제어 범위가 넓다. • 손실이 매우 적다. • 정역 운전이 가능 • 설비비가 많이든다.
직렬 저항법		• 효율이 나쁘다.

답 ②

53 교류 단상 직권전동기의 구조를 설명한 것 중 옳은 것은?

① 역률 및 정류개선을 위해 약계자 강전기자형으로 한다.
② 전기자 반작용을 줄이기 위해 약계자 강전기자형으로 한다.
③ 정류개선을 위해 강계자 약전기자형으로 한다.
④ 역률개선을 위해 고정자와 회전자의 자로를 성층철심으로 한다.

풀이 교류 단상 직권전동기의 구조
① 철손을 감소시키기 위하여 전기자와 계자에도 성층철심을 사용하고 원통형 회전자로 한다.
② 전기자 반작용에 대한 대책으로 보상 권선을 설치하여야 한다.
③ 정류작용을 개선하기 위하여
  • 브러시 접촉 저항이 큰 것을 사용(저항정류)
  • 보극을 설치
④ 역률을 좋게 하고 정류 개선을 위해 약계자 강전기자형으로 한다.

답 ①

54 변압기 단락시험과 관계없는 것은?

① 전압 변동률   ② 임피던스 와트
③ 임피던스 전압 ④ 여자 어드미턴스

풀이 변압기의 시험

시험의 종류	측정 항목
개방회로 (무부하) 시험	무부하 전류, 히스테리시스손, 와류손, **여자 어드미턴스**, 철손
단락 시험	동손, 임피던스 와트, 임피던스 전압

답 ④

55 전기자 저항이 0.3[Ω]인 분권발전기가 단자전압 550[V]에서 부하전류가 100[A]일 때 발생하는 유도기전력[V]은? (단, 계자전류는 무시한다.)

① 260 ② 420
③ 580 ④ 750

풀이 전기자 전류 $I_a = I_f + I$에서 '계자전류는 무시한다.'고 하였으므로 $I_a = I$이다.

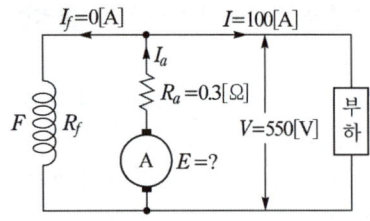

따라서 유기기전력
$E = V + I_a R_a = 550 + 100 \times 0.3 = 580$ [V]   **답** ③

56 동기기의 단락전류를 제한하는 요소는?

① 단락비
② 정격 전류
③ 동기 임피던스
④ 자기 여자 작용

풀이 동기발전기의 영구(지속) 단락전류 $I_s = \dfrac{E_0}{Z_s}$ [A]

따라서 영구(지속) 단락전류는 동기 임피던스(Z_s)에 의해 제한된다.   **답** ③

57 병렬운전 중인 A, B 두 동기발전기 중 A발전기의 여자를 B발전기보다 증가시키면 A발전기는?

① 동기화 전류가 흐른다.
② 부하 전류가 증가한다.
③ 90° 진상 전류가 흐른다.
④ 90° 지상 전류가 흐른다.

풀이
- 여자가 강한(기전력이 높은) 발전기에는 90° 뒤진(지상) 전류가 흘러 역률이 저하
- 여자가 약한(기전력이 낮은) 발전기에는 90° 앞선(진상) 전류가 흘러 역률이 상승   **답** ④

58 3상 동기발전기가 그림과 같이 1선 지락이 발생하였을 경우 단락전류 I_0를 구하는 식은? (단, E_a는 무부하 유기기전력의 상전압, Z_0, Z_1, Z_2는 영상, 정상, 역상 임피던스이다.)

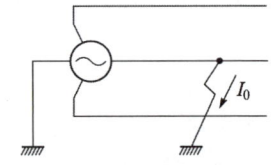

① $\dot{I}_0 = \dfrac{3\dot{E}_a}{\dot{Z}_0 \times \dot{Z}_1 \times \dot{Z}_2}$

② $\dot{I}_0 = \dfrac{\dot{E}_a}{\dot{Z}_0 \times \dot{Z}_1 \times \dot{Z}_2}$

③ $\dot{I}_0 = \dfrac{3\dot{E}_a}{\dot{Z}_0 + \dot{Z}_1 + \dot{Z}_2}$

④ $\dot{I}_0 = \dfrac{3\dot{E}_a}{\dot{Z}_0 + \dot{Z}_1^2 + \dot{Z}_2^3}$

풀이 지락전류를 물어야 하나 단락전류로 물었으므로 전항이 정답으로 처리됨

- 1선 지락전류 $\dot{I}_0 = \dfrac{3\dot{E}_a}{\dot{Z}_0 + \dot{Z}_1 + \dot{Z}_2}$ [A]

답 전항 정답

59 유도전동기의 동기 와트에 대한 설명으로 옳은 것은?

① 동기속도에서 1차 입력
② 동기속도에서 2차 입력
③ 동기속도에서 2차 출력
④ 동기속도에서 2차 동손

풀이
- 동기 와트란 슬립 s, 토크 T를 발생하며 회전하는 유도전동기가 같은 토크 T를 발생하며 동기 속도로 회전하는 것으로 가정하는 때의 출력 P_2를 말한다.
- 2차 입력(동기 와트) P_2, 회전 각속도 ω, 동기 각속도 ω_s라 하면

$$T = \frac{P}{\omega} = \frac{P_2(1-s)}{\omega_s(1-s)} = \frac{P_2}{\omega_s}$$

$\therefore P_2 = \omega_s T$ [동기 와트] **답** ②

60 임피던스 전압강하 4[%]의 변압기가 운전 중 단락되었을 때 단락전류는 정격전류의 몇 배가 흐르는가?

① 15　　② 20
③ 25　　④ 30

풀이 단락 전류

$$I_{1s} = \frac{100}{\%Z} I_{1n} = \frac{100}{4} \times I_{1n} = 25 I_{1n}$$

답 ③

2018년 - 3회 _ 전기산업기사

41 3상 Y결선, 30[kW], 460[V], 60[Hz] 정격인 유도전동기의 시험결과가 다음과 같다. 이 전동기의 무부하시 1상당 동손은 약 몇 [W]인가? (단, 소수점이하는 무시한다.)

| 무부하시험 : 인가전압 460[V], 전류 32[A] |
| 소비전력 : 4600[W] |
| 직류시험 : 인가전압 12[V], 전류 60[A] |

① 102　　② 104
③ 106　　④ 108

풀이

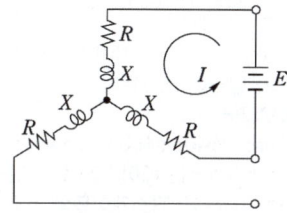

직류 전원하에서의 리액턴스는 단락(0)상태이므로 $I = \frac{E}{2R}$ [A]이다.

그러므로 1상당 저항 R은

$$R = \frac{E}{2I} = \frac{12}{2 \times 60} = 0.1 [\Omega]$$

따라서 무부하 시 1상당 동손 P_c는

$P_c = I^2 R = 32^2 \times 0.1 = 102.4$ [W] **답** ①

42 임피던스 강하가 4[%]인 변압기가 운전 중 단락되었을 때 그 단락전류는 정격전류의 몇 배인가?

① 15　　② 20
③ 25　　④ 30

풀이 단락전류

$$I_{1s} = \frac{100}{\%Z} I_{1n} = \frac{100}{4} \times I_{1n} = 25 I_{1n}$$

답 ③

43 3상 유도전동기의 특성에 관한 설명으로 옳은 것은?

① 최대 토크는 슬립과 반비례한다.
② 기동 토크는 전압의 2승에 비례한다.
③ 최대 토크는 2차 저항과 반비례한다.
④ 기동 토크는 전압의 2승에 반비례한다.

풀이
- 최대토크

$$T_m = K_0 \frac{E_2^2}{2x_2} \text{(2차측 리액턴스에 반비례)}$$

- 토크 $T \propto k\Phi I_2$에서
  $\Phi \propto V_1$ 또는 $I_2 \propto V_1$이므로
  $\therefore T \propto k V_1^2$ (전압의 2승에 비례) **답** ②

44 3상 유도전동기의 속도제어법이 아닌 것은?

① 극수변환법　　② 1차 여자제어
③ 2차 저항제어　　④ 1차 주파수제어

풀이 유도전동기의 속도 제어법
① 농형 유도전동기
- **주파수**를 바꾸는 방법
- **극수**를 바꾸는 방법
- 전원 전압을 바꾸는 방법
② 권선형 유도전동기
- **2차 저항**을 제어하는 방법
- 2차 여자법 등이 있다.　　**답** ②

45 3상 유도전동기의 출력이 10[kW], 전부하 때의 슬립이 5[%]라 하면 2차 동손은 약 몇 [kW]인가?

① 0.426　　② 0.526
③ 0.626　　④ 0.726

풀이 2차 입력
$$P_2 = \frac{P}{1-s} = \frac{10}{1-0.05} = 10.526[kW]$$
따라서 2차 동손
$$P_{c2} = sP_2 = 0.05 \times 10.526 = 0.526[kW]$$ **답** ②

46 직류발전기의 전기자 권선법 중 단중 파권과 단중 중권을 비교했을 때 단중 파권에 해당하는 것은?

① 고전압 대전류　　② 저전압 소전류
③ 고전압 소전류　　④ 저전압 대전류

풀이 중권과 파권의 비교

구분	중권(병렬권)	파권(직렬권)
전기자 병렬회로 수 a	$p\ (a=mp)$	$2\ (a=2m)$
브러시 수 b	p	2
용도	저전압, 대전류	고전압, 소전류
균압접속	4극 이상이면 균압접속을 하여야 한다.	균압접속은 필요 없다.

여기서, m : 다중도   **답** ③

47 일반적으로 전철이나 화학용과 같이 비교적 용량이 큰 수은 정류기용 변압기의 2차측 결선 방식으로 쓰이는 것은?

① 3상 반파
② 3상 전파
③ 3상 크로스파
④ 6상 2중 성형

풀이 수은 정류기의 직류측 전압은 맥동이 있으므로 맥동을 적게 하기 위하여 상수를 6상 또는 12상을 사용한다. 특히 대용량의 경우는 보통 6상식이 쓰인다.   **답** ④

48 자기용량 3[kVA], 3000/100[V]의 단권변압기를 승압기로 연결하고 1차측에 3000[V]를 가했을 때 그 부하용량[kVA]은?

① 76　② 85　③ 93　④ 94

풀이

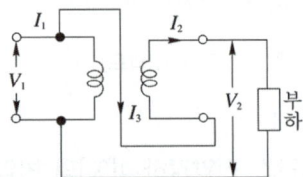

$$V_2 = V_1 + \frac{100}{3000}V_1 = 3000 + \frac{100}{3000} \times 3000$$
$$= 3100[V]$$

$\dfrac{\text{자기 용량}}{\text{부하 용량}} = \dfrac{V_2 - V_1}{V_2}$ 이므로

부하 용량 $= \dfrac{V_2}{V_2 - V_1} \times$ 자기 용량
$$= \frac{3100}{3100-3000} \times 3 = 93[kVA]$$ **답** ③

49 SCR에 관한 설명으로 틀린 것은?

① 3단자 소자이다.
② 전류는 애노드에서 캐소드로 흐른다.
③ 소형의 전력을 다루고 고주파 스위칭을 요구하는 응용분야에 주로 사용된다.
④ 도통 상태에서 순방향 애노드전류가 유지 전류 이하로 되면 SCR은 차단상태로 된다.

풀이 ① SCR의 특징
- 정류기능을 갖는 단일방향성 3단자 소자이다.
- 전류가 흐르고 있을 때 양극의 전압강하가 작다.
- 역률각 이하에서는 제어가 되지 않는다.
- 전류는 애노드에서 캐소드로 흐른다.
- 도통된 후 게이트 전류를 차단 시켜도 계속 도통 상태를 유지한다.
- 도통상태에서 순방향 애노드 전류가 유지전류 이하로 되거나, 소자에 역전압이 걸려 흐르던 전류가 멈추면 소호된다.

② MOSFET
(metal oxide silicon field effect transistor) 트랜지스터는 베이스에 주입되는 전류로 제어되는 반면 MOSFET은 게이트와 소스 사이에 걸리는 전압으로 제어되며, 트랜지스터에 비해 스위칭 속도가 매우 빠른 이점이 있는 반면에 용량이 적어서 비교적 작은 전력 범위 내에서 적용된다.   **답** ③

50 직류 분권전동기의 기동 시에는 계자저항기의 저항 값은 어떻게 설정하는가?

① 끊어 둔다.
② 최대로 해 둔다.
③ 0(영)으로 해 둔다.
④ 중위(中位)로 해 둔다.

풀이 계자전류

$$I_f = \frac{V}{R_f + R_{FR}}[A]$$

토크
$$\tau = K\phi I_a [\text{kg} \cdot \text{m}]$$

회전속도
$$N = K\frac{V - I_a R_a}{\phi}[\text{rpm}]$$

따라서 기동 시 계자저항을 최소로 하여 계자전류를 크게 하면 자속이 커지므로 기동 토크가 크게 되고 속도는 저속으로 된다. **답 ③**

51 공급전압이 일정하고 역률 1로 운전하고 있는 동기전동기의 여자전류를 증가시키면 어떻게 되는가?

① 역률은 뒤지고 전기자 전류는 감소한다.
② 역률은 뒤지고 전기자 전류는 증가한다.
③ 역률은 앞서고 전기자 전류는 감소한다.
④ 역률은 앞서고 전기자 전류는 증가한다.

풀이 동기전동기의 위상 특성 곡선(V곡선)에서 보는 바와 같이 여자 전류를 증가시키면 역률은 앞서고 전기자 전류는 증가한다.

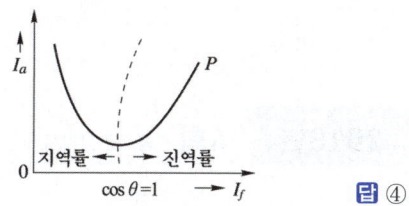

답 ④

52 동기발전기의 단락비나 동기 임피던스를 산출하는 데 필요한 특성곡선은?

① 부하 포화곡선과 3상 단락곡선
② 단상 단락곡선과 3상 단락곡선
③ 무부하 포화곡선과 3상 단락곡선
④ 무부하 포화곡선과 외부특성곡선

풀이

시험의 종류	측정항목
무부하 시험	철손, 기계손
단락 시험	동기임피던스, 동기리액턴스
무부하(포화) 시험, 단락 시험	단락비

답 ③

53 변압기의 내부고장에 대한 보호용으로 사용되는 계전기는 어느 것이 적당한가?

① 방향계전기   ② 온도계전기
③ 접지계전기   ④ 비율차동계전기

풀이 변압기 내부고장 검출용 보호 계전기
① 차동 계전기(비율 차동 계전기)
② 압력 계전기
③ 부흐홀쯔 계전기
④ 가스 검출 계전기 **답 ④**

54 직류 분권전동기 운전 중 계자권선의 저항이 증가할 때 회전속도는?

① 일정하다.   ② 감소한다.
③ 증가한다.   ④ 관계없다.

풀이 직류 분권발전기에서 계자저항이 증가하면, 계자전류(여자전류)가 감소하여 계자자속도 감소하게 된다. 따라서, 속도 $n = k\frac{V - I_a R_a}{\phi}$이므로, 자속($\phi$)이 감소하면 회전속도는 증가한다. **답 ③**

55 동기기의 과도 안정도를 증가시키는 방법이 아닌 것은?

① 단락비를 크게 한다.
② 속응 여자방식을 채용한다.
③ 회전부의 관성을 작게 한다.
④ 역상 및 영상임피던스를 크게 한다.

풀이 동기기의 안정도를 증진시키는 방법
① 정상 리액턴스를 작게 하고 단락비를 크게 할 것
② 회전자의 플라이휠 효과를 크게 할 것
③ 자동 전압 조정기(AVR)의 속응도를 크게 할 것. 즉, 속응 여자 방식을 채용한다.
④ 발전기의 조속기 동작을 신속히 할 것
⑤ 동기 탈조 계전기를 사용할 것 **답 ③**

56 단상 반발 유도전동기에 대한 설명으로 옳은 것은?

① 역률은 반발기동형보다 나쁘다.
② 기동토크는 반발기동형보다 크다.
③ 전부하 효율은 반발기동형보다 좋다.
④ 속도의 변화는 반발기동형보다 크다.

풀이 단상 반발 유도전동기
① 기동토크는 반발 기동형보다 작다.
② 최대 토크는 반발 기동형보다 크다.
③ 부하에 의한 속도 변화는 반발 기동형보다 크다.
④ 역률은 반발 기동형보다 좋다.
⑤ 효율은 반발 기동형이 좋다.   **답** ④

57 2중 농형 유도전동기가 보통 농형 유도전동기에 비해서 다른 점은 무엇인가?

① 기동전류가 크고, 기동토크도 크다.
② 기동전류가 적고, 기동토크도 적다.
③ 기동전류는 적고, 기동토크는 크다.
④ 기동전류는 크고, 기동토크는 적다.

풀이 2중 농형 유도전동기는 저항이 크고 리액턴스가 작은 기동용 농형 권선(외측도체)과 저항이 작고 리액턴스가 큰 운전용 농형 권선(내측도체)을 가진 것으로 보통 농형에 비하여 기동 전류가 작고 기동 토크가 크다.   **답** ③

58 직류전동기의 공급전압을 V[V], 자속을 ϕ[Wb], 전기자 전류를 I_a[A], 전기자 저항을 R_a[Ω], 속도를 N[rpm]이라 할 때 속도의 관계식은 어떻게 되는가? (단, k는 상수이다.)

① $N = k\dfrac{V+I_aR_a}{\phi}$

② $N = k\dfrac{V-I_aR_a}{\phi}$

③ $N = k\dfrac{\phi}{V+I_aR_a}$

④ $N = k\dfrac{\phi}{V-I_aR_a}$

풀이 직류 전동기 속도 $N = k\dfrac{E_c}{\phi}$[rpm]이며,

역기전력 $E_c = V - I_aR_a$ [V]이므로

∴ $N = k\dfrac{V-I_aR_a}{\phi}$ [rpm]이 된다.   **답** ②

59 유입식 변압기에 콘서베이터(conservator)를 설치하는 목적으로 옳은 것은?

① 충격 방지   ② 열화 방지
③ 통풍 장치   ④ 코로나 방지

풀이 콘서베이터는 변압기의 상부에 설치된 원통형의 유조(기름통)로서, 그 속에는 1/2 정도의 기름이 들어 있고 주변압기 외함 내의 기름과는 가는 파이프로 연결되어 있다. 변압기 부하의 변화에 따르는 호흡 작용에 의한 변압기 기름의 팽창, 수축이 콘서베이터의 상부에서 행하여지게 되므로 높은 온도의 기름이 직접 공기와 접촉하는 것을 방지하여 기름의 열화를 방지하는 것이다.   **답** ②

60 3상 반파정류회로에서 직류전압의 파형은 전원전압 주파수의 몇 배의 교류분을 포함하는가?

① 1   ② 2
③ 3   ④ 6

풀이

정류 종류	단상 반파	단상 전파	3상 반파	3상 전파
맥동률[%]	121	48	17.7	4.04
정류 효율	40.5	81.1	96.7	99.8
맥동 주파수	f	$2f$	$3f$	$6f$

답 ③

2018년 - 4회 _ 공사산업기사

41 직류에서 교류로 변환하는 기기는?

① 초퍼   ② 인버터
③ 회전 변류기   ④ 사이클로 컨버터

풀이
• 초퍼 : 직류를 직류로 변환
• 인버터 : 직류를 교류로 변환
• 컨버터 : 교류를 직류로 변환
• 회전 변류기 : 교류 전력을 직류 전력으로 변환
• 사이클로 컨버터 : 교류를 교류로 변환   **답** ②

42 직류전동기 중 부하가 변하면 속도가 심하게 변하는 전동기는?
① 직류 분권전동기
② 직류 직권전동기
③ 차동 복권전동기
④ 가동 복권전동기

풀이
- 직권 전동기에서는 $I_a = I = I_f$ 이므로 $I = I_f \propto \phi$가 된다.
- 회전 속도 $n = K\dfrac{V - I_a(R_a + R_s)}{\phi(\propto I)}$ [rps]이므로 속도는 자속(= 부하전류)에 반비례하여 증감한다.

즉 직권 전동기는 부하 전류가 변화하면 속도가 현저하게 변하는 특성이 있다. **답** ②

43 용량 P[kVA]인 동일 정격의 단상변압기 4대로 낼 수 있는 3상 최대출력용량은?
① $3P$
② $\sqrt{3}P$
③ $2\sqrt{3}P$
④ $3\sqrt{3}P$

풀이 변압기 2대로 V결선을 하면 전체 용량은 단상변압기 1대 용량의 $\sqrt{3}$ 배이므로
$P_V = \sqrt{3}P$[kVA]
단상변압기 4대로는 V결선을 2번 할 수 있으므로
∴ $P = 2P_V = 2\sqrt{3}P$[kVA] **답** ③

44 3상 유도전동기의 2차 저항을 m배로 하면 동일하게 m배로 되는 것은?
① 역률
② 전류
③ 슬립
④ 토크

풀이 $\dfrac{r_2}{s_m} = \dfrac{r_2 + R_s}{s_t} =$ 일정
① 2차 저항 r_2를 변화해도
최대 토크 $T_m = k\dfrac{E_2^2}{2x_s}$ 는
2차 저항에 무관하므로 변화하지 않는다.
② r_2를 크게 하면 $\dfrac{r_2}{s_m}$가 일정하기 위해 s_m도 커진다.
③ r_2를 크게 하면 기동 전류는 감소하고 기동 토크는 증가한다. 그러므로 최대 토크를 내는 슬립만 2차 저항에 비례한다. **답** ③

45 무부하 전동기는 역률이 낮지만 부하가 증가하면 역률이 커지는 이유는?
① 전류 증가
② 효율 증가
③ 전압 감소
④ 2차 저항 증가

풀이 무부하 상태에서의 무부하 전류는 자화전류라고도 볼 수 있으므로 유효 전류가 매우 작아 역률이 매우 낮다. 그러나 2차 측에 부하가 증가하면 유효분 전류의 증가로 인하여 1차측에서 본 역률은 점점 좋아지게 된다. **답** ①

46 변압기 여자전류에 가장 많이 포함되어 있으며, 3상 결선에서 계통의 과전압과 통신선로에 간섭을 일으키는 고조파는?
① 제2고조파
② 제3고조파
③ 제4고조파
④ 제5고조파

풀이 철심에는 자기포화 및 히스테리시스 현상이 있으므로 변압기 여자전류에는 제3고조파가 가장 많이 포함되어 있다. **답** ②

47 병렬운전을 하고 있는 두 대의 3상 동기발전기 사이에 무효 순환전류가 흐르는 경우는?
① 부하의 증가
② 부하의 감소
③ 원동기 출력의 감소
④ 기전력 크기의 변화

풀이 병렬 운전 조건이 다른 경우

병렬운전 조건	다른 경우 흐르는 전류
기전력의 크기가 같을 것	무효 순환전류
기전력의 위상이 같을 것	동기화 전류
기전력의 주파수가 같을 것	동기화 전류
기전력의 파형이 같을 것	고주파 무효 순환전류

답 ④

48 단상 직권 정류자전동기에 전기자 권선의 권수를 계자권수에 비해 많게 하는 이유가 아닌 것은?
① 역률 저하를 방지하기 위하여
② 속도 기전력을 크게 하기 위하여
③ 변압기 기전력을 크게 하기 위하여
④ 주자속을 작게 하고 토크를 증가시키기 위하여

풀이 단상 정류자 전동기는 전기자 및 계자권선의 리액턴스
강하 때문에 역률이 저하하므로 약계자, 강전기자형으
로 하여 역률을 좋게 하고 변압기 기전력을 작게 한다.
답 ③

49 자기용량 10[kVA]의 단권변압기를 그림과 같이 접속하였을 때 부하역률이 80[%]라면 부하에 몇 [kW]의 전력을 공급할 수 있는가?

① 55
② 66
③ 77
④ 88

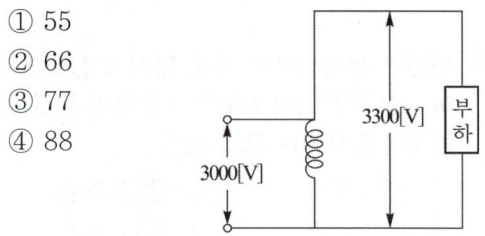

풀이 $\dfrac{\text{자기 용량}}{\text{부하 용량}} = \dfrac{V_h - V_l}{V_h}$ 에서

부하 용량 $= $ 자기 용량 $\times \left(\dfrac{V_h}{V_h - V_l}\right)$

$= 10 \times \dfrac{3300}{3300 - 3000} = 110[\text{kVA}]$

$\cos\phi = 0.8$ 이므로
공급되는 부하 전력 P 는
$\therefore P = 110 \times 0.8 = 88[\text{kW}]$
답 ④

50 동기발전기의 돌발단락전류를 제한하는 것은?

① 권선저항 ② 누설리액턴스
③ 역상리액턴스 ④ 동기리액턴스

풀이
• 동기기에서 저항은 누설 리액턴스에 비하여 작으며
전기자 반작용은 단락 전류가 흐른 뒤에 작용하므로
돌발 단락 전류를 제한하는 것은 누설 리액턴스이다.
역상 리액턴스는 역상 전류에 대응하는 것으로 3상
평형 단락이 되면 역상 전류는 흐르지 않는다.
• 동기 리액턴스 = 누설 리액턴스 + 반작용 리액턴스
답 ②

51 4극 3상 유도전동기를 60[Hz]의 전원에 접속하여 운전하고 있다. 회전자의 주파수가 3[Hz]일 때 회전자 속도[rpm]는?

① 1700 ② 1710
③ 1720 ④ 1730

풀이 회전자 주파수 $f_2 = sf_1$ 에서

슬립 $s = \dfrac{f_2}{f_1} = \dfrac{3}{60} = 0.05$

따라서 회전자 속도 N 은

$N = (1-s)\dfrac{120f}{p}$

$= (1 - 0.05) \times \dfrac{120 \times 60}{4} = 1710[\text{rpm}]$
답 ②

52 실리콘 제어정류기의 게이트 전류에 관한 설명으로 옳은 것은?

① 게이트 전류를 증가시키면 순방향 차단전압은 감소한다.
② 게이트 전류를 증가시키면 순방향 차단전압은 변함없다.
③ 게이트 전류를 감소시키면 브레이크 오버 전압은 감소한다.
④ 게이트 전류를 감소시키면 브레이크 오버 전압은 변함없다.

풀이 실리콘 제어정류기(Silicon Controlled Rectifier)
① 순방향 전압이 SCR에 인가되어도 SCR은 다이오드 처럼 바로 도통하는 것이 아니고 SCR을 점호하기 전까지는 계속 불통상태에 머물러 있으며 이러한 상태를 순방향 저지 상태라 한다.
② SCR은 순방향 게이트 전류의 크기가 증가하면 순방향 차단전압이 감소되어 도통하게 된다.
답 ①

53 직류기의 전기자 반작용에 대한 설명이 옳은 것은?

① 전기자 반작용을 방지하기 위해 보상권선의 전류 방향을 전기자 전류의 방향과 동일하게 한다.
② 전기자 반작용이란 전기자 전류에 의한 자속이 계자자속에 영향을 미쳐 공극에서의 자속분포가 변하는 현상을 말한다.
③ 전기자 반작용을 방지하기 위해 전동기의 경우 브러시를 새로운 중성점으로 회전방향과 같은 방향으로 이동시켜야 한다.
④ 전기자 반작용을 방지하기 위해 발전기의 경우 브러시를 새로운 중성점으로 회전방향과 반대 방향으로 이동시켜야 한다.

[풀이] ① 전기자 반작용 : 전기자 전류에 의하여 발생한 자속이 계자에 의해 발생 되는 주자속에 영향을 주는 현상
② 전기자 반작용의 영향
  • 전기적 중성축 이동
    – 발전기 : 회전 방향으로 이동
    – 전동기 : 회전 방향과 반대 방향으로 이동
  • 주자속 감소
  • 정류자 편간의 불꽃 섬락 발생   답 ②

54 동기발전기의 부하 포화곡선에 대한 설명 중 옳은 것은?

① 무부하시의 유기기전력과 계자전류의 관계를 나타낸 곡선
② 발전기를 정격속도로 운전하여 일정 역률, 일정 부하를 인가할 때 단자전압과 계자전류의 관계를 나타낸 곡선
③ 중성점을 제외한 전 단자를 단락하고 정격속도로 운전하여 계자전류를 0에서부터 서서히 증가시키는 경우 단락전류와 계자전류의 관계를 나타낸 곡선
④ 발전기 정격속도로 운전하고 지정된 정격전류에서 정격전압이 되도록 계자전류를 조정한 후 계자전류를 그대로 유지하면서 단자전압과 부하전류의 관계를 나타낸 곡선

[풀이]

구 분	횡축	종축	조 건
무부하 포화 곡선	I_f	$V(=E)$	$n=$일정, $I=0$
외부 특성 곡선	I	V	$n=$일정, $R_f=$일정
내부 특성 곡선	I	E	$n=$일정, $R_f=$일정
부하 특성 곡선	I_f	V	$n=$일정, $I=$일정
계자 조정 곡선	I	I_f	$n=$일정, $V=$일정

단, V : 단자전압, E : 유기 기전력, I : 부하전류, I_f : 계자전류   답 ②

55 유도전동기로 직류발전기를 회전시킬 때, 직류발전기의 부하를 증가시키면 유도전동기의 속도는?

① 증가한다.
② 감소한다.
③ 변함없다.
④ 동기속도 이상으로 회전한다.

[풀이] 직류 발전기의 부하가 증가하게 되면 유도전동기의 부하도 증가되므로 유도전동기의 속도는 감소하게 된다.   답 ②

56 △결선 변압기의 1대가 고장으로 제거되어 V결선으로 할 때 공급할 수 있는 전력은 고장 전 전력의 몇 [%]인가?

① 57.7   ② 66.7
③ 75.0   ④ 81.6

[풀이] 변압기 1대의 출력을 P_1 라고 하면
출력비 $= \dfrac{P_V}{P_\triangle} = \dfrac{\sqrt{3}P_1}{3P_1} ≒ 0.577\,(57.7[\%])$ 답 ①

57 3상 동기발전기에 평형 3상 전류가 흐를 때 전기자 반작용은 이 전류가 기전력에 대하여 (A) 때 감자작용이 되고 (B) 때 증자작용이 된다. A, B에 적당한 것은?

① A : 90° 뒤질, B : 동상일
② A : 90° 뒤질, B : 90° 앞설
③ A : 90° 앞설, B : 90° 뒤질
④ A : 90° 동상일, B : 90° 뒤질

[풀이] 동기발전기의 전기자 반작용

역률	부하	전류와 전압과의 위상	작 용
역률 1	저항	I_a가 E와 동상인 경우	교차 자화 작용 (횡축 반작용)
뒤진 역률 0	유도성 부하	I_a가 E보다 90° 뒤지는 경우	감자 작용 (직축 반작용)
앞선 역률 0	용량성 부하	I_a가 E보다 90° 앞서는 경우	증자 작용 (자화 작용)

답 ②

58 직류기의 효율이 최대가 되는 경우는?

① 고정손 = 부하손
② 전 부하동손 = 철손
③ 기계손 = 전기자 동손
④ 와류손 = 히스테리시스손

풀이 직류기의 최대 효율은 고정손(P_i)과 부하손(P_c)이 같을 경우이다.
즉, $P_i = m^2 P_c$ 이다.
(여기서, m : 부하율)

답 ①

59 변압기 절연물의 열화 정도를 파악하는 방법이 아닌 것은?

① 유전정접시험
② 절연내력시험
③ 절연저항측정시험
④ 권선저항측정시험

풀이 권선저항측정시험은 도체의 저항을 측정 하는 것으로서 절연체의 열화 정도를 파악하는 것과는 관계가 없다.

답 ④

60 4극 60[Hz]의 정류자 주파수 변환기가 1440 [rpm]으로 회전할 때의 주파수는 몇 [Hz]인가?

① 8   ② 10
③ 12   ④ 15

풀이 동기속도 $N_s = \dfrac{120f}{p} = \dfrac{120 \times 60}{4} = 1800[\text{rpm}]$

슬립 $s = \dfrac{N_s - N}{N_s} = \dfrac{1800 - 1440}{1800} = 0.2$

∴ $f_s = sf_1 = 0.2 \times 60 = 12[\text{Hz}]$

답 ③

2019년 전기기기_전기산업기사·공사산업기사

문제의 번호는 실제 시험문제의 번호와 같게 하였습니다.

2019년 - 1회 _ 전기산업기사·공사산업기사

41 정격 150[kVA], 철손 1[kW], 전부하 동손이 4[kW]인 단상변압기의 최대 효율[%]과 최대 효율 시의 부하[kVA]는? (단, 부하역률은 1이다.)

① 96.8[%], 125[kVA]
② 97[%], 50[kVA]
③ 97.2[%], 100[kVA]
④ 97.4[%], 75[kVA]

풀이 변압기 효율은 $m^2 P_c = P_i$일 때 최대이므로
$$m^2 \times 4 = 1 \rightarrow m = \sqrt{\frac{1}{4}} = \frac{1}{2}$$
즉, $150 \times \frac{1}{2} = 75$[kVA]에서 최대 효율이 된다.
따라서 최대효율 $\eta_m = \frac{75}{75 + 1 \times 2} \times 100 = 97.4$[%]
답 ④

42 사이리스터에 의한 제어는 무엇을 제어하여 출력전압을 변환시키는가?

① 토크 ② 위상각
③ 회전수 ④ 주파수

풀이 반도체 사이리스터에 의한 제어는 정류 전압의 위상각을 제어한다. **답** ②

43 전동력 응용기기에서 GD^2의 값이 적은 것이 바람직한 기기는?

① 압연기 ② 송풍기
③ 냉동기 ④ 엘리베이터

풀이 엘리베이터용 전동기는 일반적으로 성능이 높은 신뢰도를 지니며 기동 토크가 큰 것이 요구된다. 또한 사용빈도가 높으며, 마이너스 부하로부터 과부하까지 광범위하게 제어가 되어야 할 뿐만 아니라 기동 전류와 전동기의 GD^2이 작아야 하고, 소음 및 속도와 회전력의 맥동이 없어야 한다. **답** ④

44 온도 측정장치 중 변압기의 권선온도 측정에 가장 적당한 것은?

① 탐지 코일 ② dial 온도계
③ 권선온도계 ④ 봉상온도계

풀이
- 유온계 : 유(oil)온 측정장치에는 봉상온도계, 다이얼 온도계(열전대식, 저항식, 측온체식) 등이 있다.
- 권선온도계 : 변압기의 상부 온도와 부하전류에 의한 권선의 온도를 측정한다. **답** ③

45 직류 및 교류 양용에 사용되는 만능 전동기는?

① 복권전동기 ② 유도전동기
③ 동기전동기 ④ 직권 정류자전동기

풀이 직류 직권 전동기에 가해 주는 직류 전압을 그림과 같이 바꿀 경우에도 자속과 전기자 전류의 방향이 동시에 모두 반대가 되므로, 회전 방향은 변하지 않는다.

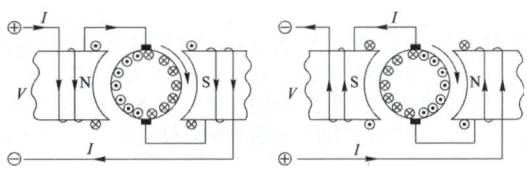

직·교류 양용 전동기의 원리

따라서, 이 직류 직권 전동기에 교류 전압을 가해 주어도 전동기는 항상 같은 방향의 토크를 발생하고, 회전을 같은 방향으로 계속한다. 직·교류 양용 전동기는 이와 같은 원리를 이용한 전동기로서 단상 직권 정류자 전동기라고 한다. **답** ④

46 어떤 변압기의 백분율 저항강하가 2[%], 백분율 리액턴스강하가 3[%]라 한다. 이 변압기로 역률(지역률)이 80[%]인 부하에 전력을 공급하고 있다. 이 변압기의 전압변동률은 몇 [%]인가?

① 2.4 ② 3.4
③ 3.8 ④ 4.0

풀이 뒤진 역률(지역률)이므로
전압 변동률 $\epsilon = p\cos\theta + q\sin\theta$
$= 2 \times 0.8 + 3 \times 0.6 = 3.4$[%] **답** ②

47 어떤 IGBT의 열용량은 0.02[J/℃], 열저항은 0.625[℃/W]이다. 이 소자에 직류 25[A]가 흐를 때 전압강하는 3[V]이다. 몇 [℃]의 온도상승이 발생하는가?

① 1.5　　② 1.7
③ 47　　④ 52

풀이 열저항 $R_\theta = \dfrac{\Delta T}{P}$[℃/W]이므로
(여기서, ΔT : 온도상승범위[℃], P : 손실[W])
따라서 $\Delta T = R_\theta \times P = 0.625 \times 25 \times 3 ≒ 47$[℃]

답 ③

48 직류전동기의 속도 제어법 중 정지 워드 레오나드 방식에 관한 설명으로 틀린 것은?

① 광범위한 속도 제어가 가능하다.
② 정토크 가변속도의 용도에 적합하다.
③ 제철용 압연기, 엘리베이터 등에 사용된다.
④ 직권전동기의 저항제어와 조합하여 사용한다.

풀이 정지 워드 레오너드 방식은 교류전원에서 SCR을 통해 변환된 직류를 위상 제어에 의해 조정하여 단자 전압이나 계자 전류의 평균치를 변화시켜 속도를 제어한다. 즉 SCR과 조합하여 사용하는 방식이다.

답 ④

49 동기전동기에서 90° 앞선 전류가 흐를 때 전기자 반작용은?

① 감자작용　　② 증자작용
③ 편자작용　　④ 교차자화작용

풀이 동기 전동기에서 전기자 전류 I_a의 위상은 공급 전압 V에 대한 위상을 말하므로 전기자 반작용을 살펴보면 공급 전압은 유기 기전력과 반대 방향이 되어 발전기의 경우와 반대로 된다.

작용	동기발전기	동기 전동기
교차 자화 작용 (횡축 반작용)	I_a가 E와 동상인 경우	I_a가 V와 동상인 경우
감자 작용 (직축 반작용)	I_a가 E보다 $\pi/2$ 뒤지는 경우	I_a가 V보다 $\pi/2$ 앞서는 경우
증자 작용 (자화 작용)	I_a가 E보다 $\pi/2$ 앞서는 경우	I_a가 V보다 $\pi/2$ 뒤지는 경우

답 ①

50 T-결선에 의하여 3300[V]의 3상으로부터 200[V], 40[kVA]의 전력을 얻는 경우 T좌 변압기의 권수비는 약 얼마인가?

① 10.2　　② 11.7
③ 14.3　　④ 16.5

풀이 주좌 변압기의 권수비를 a_M, T좌 변압기의 권수비를 a_T라 하면
$$a_T = a_M \times \dfrac{\sqrt{3}}{2} = \dfrac{3300}{200} \times \dfrac{\sqrt{3}}{2}$$
$$= 16.5 \times 0.866 ≒ 14.3$$

답 ③

51 권수비 30인 단상변압기의 1차에 6600[V]를 공급하고, 2차에 40[kW], 뒤진 역률 80[%]의 부하를 걸 때 2차 전류 I_2 및 1차 전류 I_1은 약 몇 [A]인가? (단, 변압기의 손실은 무시한다.)

① $I_2 = 145.5$, $I_1 = 4.85$
② $I_2 = 181.8$, $I_1 = 6.06$
③ $I_2 = 227.3$, $I_1 = 7.58$
④ $I_2 = 321.3$, $I_1 = 10.28$

풀이 2차 전압 $V_2 = \dfrac{V_1}{a} = \dfrac{6600}{30} = 220$[V]

2차 전류 $I_2 = \dfrac{P}{V_2 \cos\theta} = \dfrac{40 \times 10^3}{220 \times 0.8} = 227.3$[A]

따라서 1차 전류 $I_1 = \dfrac{I_2}{a} = \dfrac{227.3}{30} = 7.58$[A]

답 ③

52 일정 전압으로 운전하는 직류전동기의 손실이 $x + yI^2$으로 될 때 어떤 전류에서 효율이 최대가 되는가? (단, x, y는 정수이다.)

① $I = \sqrt{\dfrac{x}{y}}$　　② $I = \sqrt{\dfrac{y}{x}}$
③ $I = \dfrac{x}{y}$　　④ $I = \dfrac{y}{x}$

풀이 • 손실 $x + yI^2$ 중에서 x는 부하 전류에 관계없는 철손(고정손)이고, yI^2는 전류의 제곱에 비례하는 전부하 동손(가변손)이다.

- 최대 효율 조건은 고정손 = 가변손이므로
  즉, $x = yI^2$이 되는 부하전류 $I = \sqrt{\dfrac{x}{y}}$ 에서
  최대 효율이 된다. 답 ①

53 유도전동기 슬립 s의 범위는?
① $1 < s$ ② $s < -1$
③ $-1 < s < 0$ ④ $0 < s < 1$

풀이 슬립의 범위
- 유도전동기 : $0 < s < 1$
- 유도발전기 : $s < 0$
- 제동기 : $s > 1$ 답 ④

54 3상 동기발전기 각 상의 유기기전력 중 제3고조파를 제거하려면 코일간격/극간격을 어떻게 하면 되는가?
① 0.11 ② 0.33
③ 0.67 ④ 1.34

풀이
- 제n고조파에 대한 단절 계수(코일 간격/극 간격)
  $K_{pn} = \sin\dfrac{n\beta\pi}{2}$ 이므로 제3고조파에 대한 단절 계수
  $K_{p3} = \sin\dfrac{3\beta\pi}{2}$ 이다.
- $\sin\theta$의 값이 0이 되기 위해서는 $\theta = 0, \pi, 2\pi, \cdots$ 가 되어야 한다.
- $\dfrac{3\beta\pi}{2}(=\theta)$가 $0, \pi, 2\pi, \cdots$ 이 되기 위한 β는 0, 0.67, 1.33, $\cdots$ 이나 이 중에서 **1보다 작고 가장 가까운 $\beta = 0.67$**이 제일 적당하다. 답 ③

55 전기자 총 도체수 500, 6극, 중권의 직류전동기가 있다. 전기자 전 전류가 100[A]일 때의 발생 토크는 약 몇 [kg·m]인가? (단, 1극당 자속수는 0.01[Wb]이다.)
① 8.12 ② 9.54
③ 10.25 ④ 11.58

풀이 토크 $\tau = \dfrac{pZ\phi I_a}{2\pi a}[\text{N}\cdot\text{m}] \times \dfrac{1}{9.8}[\text{kg}\cdot\text{m}]$
$= \dfrac{6 \times 500 \times 0.01 \times 100}{2\pi \times 6} \times \dfrac{1}{9.8}$
$= 8.12[\text{kg}\cdot\text{m}]$ 답 ①

56 3상 유도전동기의 토크와 출력에 대한 설명으로 옳은 것은?
① 속도에 관계가 없다.
② 동일 속도에서 발생한다.
③ 최대 출력은 최대 토크보다 고속도에서 발생한다.
④ 최대 토크가 최대 출력보다 고속도에서 발생한다.

풀이 속도 상승 시 출력이 토크보다 나중에 최댓값에 도달하므로, 최대 출력은 최대 토크보다 고속도에서 발생한다.

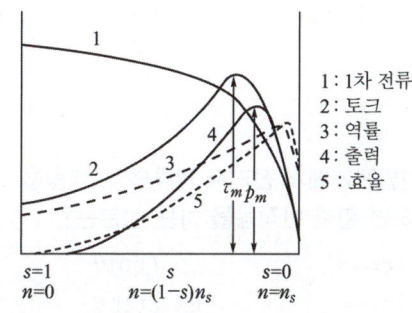

3상 유도전동기 속도 특성 곡선 답 ③

57 단자전압 220[V], 부하전류 48[A], 계자전류 2[A], 전기자 저항 0.2[Ω]인 직류분권발전기의 유도기전력[V]은? (단, 전기자 반작용은 무시한다.)
① 210 ② 220
③ 230 ④ 240

풀이 유기기전력
$E = V + I_a R_a = V + (I + I_f)R_a$
$= 220 + (48 + 2) \times 0.2 = 230[\text{V}]$

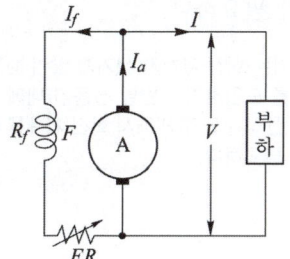

답 ③

58 200[kW], 200[V]의 직류 분권발전기가 있다. 전기자 권선의 저항이 0.025[Ω]일 때 전압변동률은 몇 [%]인가?

① 6.0 ② 12.5
③ 20.5 ④ 25.0

풀이 무부하 단자 전압 V_0는

$$V_0 = V_n + R_a I_a = 200 + 0.025 \times \frac{200 \times 10^3}{200}$$
$$= 225[V]$$

따라서 전압 변동률

$$\epsilon = \frac{V_0 - V_n}{V_n} \times 100 = \frac{225 - 200}{200} \times 100$$
$$= 12.5[\%]$$

답 ②

59 동기발전기에서 전기자 전류를 I, 역률을 $\cos\theta$라 하면 횡축 반작용을 하는 성분은?

① $I\cos\theta$ ② $I\cot\theta$
③ $I\sin\theta$ ④ $I\tan\theta$

풀이
- 유효분 $I\cos\theta$는 기전력과 같은 위상의 전류 성분으로서 횡축 반작용을 한다.
- 무효분 $I\sin\theta$는 π/2[rad]만큼 뒤지거나 앞서기 때문에 직축 반작용을 한다.

답 ①

60 단상 유도전동기와 3상 유도전동기를 비교했을 때 단상 유도전동기의 특징에 해당되는 것은?

① 대용량이다.
② 중량이 작다.
③ 역률, 효율이 좋다.
④ 기동장치가 필요하다.

풀이 단상 유도전동기는 회전 자계가 생기지 않기 때문에 정류자와 브러시를 도입하거나 반발 전동기 내에 분상형과 같은 보조권선의 수단에 의해서 회전 자계를 발생하는 기동장치가 필요하다.

답 ④

2019년 - 2회 _ 전기산업기사 · 공사산업기사

41 단상변압기 3대를 이용하여 △-△결선하는 경우에 대한 설명으로 틀린 것은?

① 중성점을 접지할 수 없다.
② Y-Y결선에 비해 상전압이 선간전압의 $\frac{1}{\sqrt{3}}$ 배이므로 절연이 용이하다.
③ 3대 중 1대에서 고장이 발생하여도 나머지 2대로 V결선하여 운전을 계속할 수 있다.
④ 결선 내에 순환전류가 흐르나 외부에는 나타나지 않으므로 통신장애에 대한 염려가 없다.

풀이 ① △-△결선의 특징
- 제3고조파 전류가 △결선 내를 순환하므로 정현파 교류 전압을 유기하여 기전력의 파형이 왜곡되지 않는다.
- 1상분이 고장이 나면 나머지 2대로써 V결선 운전이 가능하다.
- 각 변압기의 상전류가 선전류의 $\frac{1}{\sqrt{3}}$이 되어 대전류에 적당하다.

② Y-Y결선의 특징
- 1차 전압, 2차 전압 사이에 위상차가 없다.
- 1차, 2차 모두 중성점을 접지할 수 있으며 고압의 경우 이상 전압을 감소시킬 수 있다.
- 상전압이 선간 전압의 $\frac{1}{\sqrt{3}}$ 배이므로 절연이 용이하여 고전압에 유리하다.

답 ②

42 누설 변압기에 필요한 특성은 무엇인가?

① 수하특성 ② 정전압특성
③ 고저항특성 ④ 고임피던스특성

풀이 누설 변압기
① 아크등, 네온관등, 전기 용접기 등은 부하 변화에 관계없이 2차 전류가 일정해야 할 필요가 있는데, 이러한 특성을 갖도록 누설 자속을 특히 크게 만든 변압기를 정전류 변압기 또는 누설 변압기라고 한다.
② 2차 전류가 증가하려고 하면 누설 자속이 증가하고 2차 유기기전력이 감소하여 전류의 변화를 방지하는데 이러한 특성을 수하특성이라고 한다.

답 ①

43 권선형 유도전동기의 저항제어법의 장점은?

① 부하에 대한 속도 변동이 크다.
② 역률이 좋고, 운전효율이 양호하다.
③ 구조가 간단하며, 제어조작이 용이하다.
④ 전부하로 장시간 운전하여도 온도 상승이 적다.

풀이 권선형 유도전동기의 저항 제어법의 장 · 단점은 다음과 같다.
[장점]
① 기동용 저항기를 겸한다.
② 구조가 간단하여 제어 조작이 용이하고 내구성이 풍부하다.
[단점]
① 속도 변화의[%]와 같은[%]의 효율을 희생하기 때문에 운전 효율이 나쁘다.
즉, 2차 회로의 효율 $\eta_2 = P/P_2 = (1-s)$ 이다.
② 부하에 대한 속도 변동이 크다.
③ 부하가 적을 때는 광범위한 속도 조정이 곤란하다.
④ 제어용 저항은 전부하에서 장시간 운전해도 위험한 온도가 되지 않을 만큼의 충분한 크기가 필요하므로 가격이 비싸다. **답** ③

44 권선형 유도전동기에서 비례추이를 할 수 없는 것은?

① 토크   ② 출력
③ 1차 전류   ④ 2차 전류

풀이
• 비례 추이 할 수 있는 것 : 토크, 1차 전류, 2차 전류, 역률, 동기 와트 등
• 비례 추이 할 수 없는 것 : 출력, 2차 동손, 효율 등 **답** ②

45 직류발전기에서 기하학적 중성축과 각도 θ 만큼 브러시의 위치가 이동되었을 때 감자기자력 [AT/극]은? (단, $K = \dfrac{I_a Z}{2Pa}$)

① $K\dfrac{\theta}{\pi}$ ② $K\dfrac{2\theta}{\pi}$
③ $K\dfrac{3\theta}{\pi}$ ④ $K\dfrac{4\theta}{\pi}$

풀이 직류 발전기의 전기자 기자력

• 감자기자력 $AT_d = \dfrac{I_a Z}{2Pa} \cdot \dfrac{2\alpha}{\pi}$ [AT/극]

• 교차 기자력 $AT_c = \dfrac{I_a Z}{2Pa} \cdot \dfrac{\beta}{\pi}$ [AT/극]

(여기서 α : 기하학적 중성축에서 브러시가 이동한 각도, $\beta : 180° - 2\alpha$) **답** ②

46 동기발전기의 단락시험, 무부하시험에서 구할 수 없는 것은?

① 철손   ② 단락비
③ 동기 리액턴스   ④ 전기자 반작용

풀이
• 무부하 시험에서는 철손, 기계손 등을 구할 수 있다.
• 단락 시험에서는 동기 임피던스, 동기 리액턴스 등을 구할 수 있다.
• 단락비 산출에는 무부하(포화) 시험과 단락(3상) 시험이 필요하다. **답** ④

47 자극수 4, 전기자 도체수 50, 전기자저항 0.1 [Ω]의 중권 타여자전동기가 있다. 정격전압 105[V], 정격전류 50[A]로 운전하던 것을 전압 106[V] 및 계자회로를 일정히 하고 무부하로 운전했을 때 전기자전류가 10[A]이라면 속도 변동률[%]은? (단, 매극의 자속은 0.05[Wb]라 한다.)

① 3   ② 5
③ 6   ④ 8

풀이 ① 부하 시
• 유기기전력
$E = V - I_a R_a = 105 - 50 \times 0.1 = 100$[V]
• 유기 기전력 $E = \dfrac{pZ}{a}\Phi\dfrac{N}{60}$[V]에서 회전속도
$N = \dfrac{aE \times 60}{pZ\Phi} = \dfrac{4 \times 100 \times 60}{4 \times 50 \times 0.05} = 2400$[rpm]

② 무부하 시
• 유기기전력
$E_0 = V_0 - I_0 R_a = 106 - 10 \times 0.1 = 105$[V]
• 회전속도
$N_0 = \dfrac{aE_0 \times 60}{pZ\Phi} = \dfrac{4 \times 105 \times 60}{4 \times 50 \times 0.05} = 2520$[rpm]

따라서 속도 변동률
$= \dfrac{N_0 - N}{N} \times 100[\%] = \dfrac{2520 - 2400}{2400} \times 100$
$= 5[\%]$ **답** ②

48 직류 직권전동기의 속도 제어에 사용되는 기기는?

① 초퍼
② 인버터
③ 듀얼 컨버터
④ 사이클로 컨버터

풀이
- AC-DC 컨버터(위상제어정류기) : 직류 전동기의 속도 제어
- DC-AC 인버터 : 교류 전동기의 속도 제어
- DC-DC 컨버터(직류초퍼회로) : 직류 전동기의 속도 제어
- AC-AC 컨버터(사이클로컨버터) : 가변 주파수, 가변 출력 전압 발생

답 ①

49 6극 유도전동기의 고정자 슬롯(slot)홈 수가 36이라면 인접한 슬롯 사이의 전기각은?

① 30°
② 60°
③ 120°
④ 180°

풀이
기하각 $\alpha° = \dfrac{360°}{36} = 10°$

또한 $\alpha° = \dfrac{전기각}{p/2} = \dfrac{2\theta_e}{p}$ 이므로

따라서 전기각 $\theta_e = \dfrac{p\alpha°}{2} = \dfrac{6 \times 10°}{2} = 30°$

답 ①

50 다음은 직류 발전기의 정류곡선이다. 이 중에서 정류 말기에 정류의 상태가 좋지 않은 것은?

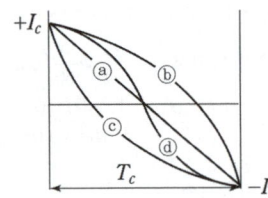

① ⓐ
② ⓑ
③ ⓒ
④ ⓓ

풀이
ⓐ (직선정류) : 전류가 직선적으로 균등하게 변환
ⓑ (부족정류) : 정류 말기에 브러시 뒤쪽에서 **불꽃 발생**
ⓒ (과정류) : 정류 초기에 브러시 앞쪽에서 불꽃 발생
ⓓ (정현파 정류) : 불꽃 발생 안 함

답 ②

51 동기 주파수변환기의 주파수 f_1 및 f_2 계통에 접속되는 양극을 P_1, P_2라 하면 다음 어떤 관계가 성립되는가?

① $\dfrac{f_1}{f_2} = P_2$
② $\dfrac{f_1}{f_2} = \dfrac{P_2}{P_1}$
③ $\dfrac{f_1}{f_2} = \dfrac{P_1}{P_2}$
④ $\dfrac{f_2}{f_1} = P_1 \cdot P_2$

풀이

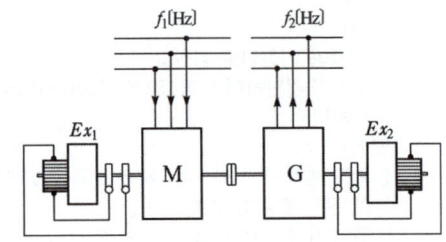

동기 주파수 변환기는 동기전동기와 동기발전기를 직결하여 주파수를 변환하는 것으로, 주파수가 다른 2개의 송전 계통을 연결하여 전력을 수수(授受)하고자 하는 경우 또는 전원 주파수와 다른 주파수를 필요로 하는 경우 사용한다. 동기 주파수 변환기는 다음의 관계가 있다.

$N_s = \dfrac{120f_1}{P_1} = \dfrac{120f_2}{P_2}$ 이므로 $\dfrac{f_1}{P_1} = \dfrac{f_2}{P_2}$

$\therefore \dfrac{f_1}{f_2} = \dfrac{P_1}{P_2}$

답 ③

52 직류전압의 맥동률이 가장 작은 정류회로는? (단, 저항부하를 사용한 경우이다.)

① 단상전파
② 단상반파
③ 3상반파
④ 3상전파

풀이

정류 종류	단상반파	단상전파	3상반파	3상전파
맥동률[%]	121	48	17.7	4.04
정류 효율	40.5	81.1	96.7	99.8
맥동 주파수	f	$2f$	$3f$	$6f$

답 ④

53 단락비가 큰 동기발전기에 대한 설명 중 틀린 것은?

① 효율이 나쁘다.
② 계자전류가 크다.
③ 전압변동률이 크다.
④ 안정도와 선로 충전용량이 크다.

풀이 단락비가 큰 기계(철기계)
- 동기 임피던스가 적다.($K_s \propto \dfrac{1}{Z_s}$)
- 전압변동률이 작다.
- 전기자 반작용이 작다.
- 출력이 크다.
- 과부하 내량이 크고 안정도가 높다.
- 자기 여자 현상이 작다.
- 송전선로의 충전용량이 크다.
- 철손, 기계손 등의 고정손이 커서 효율이 나쁘다.
- 극수가 많은 저속기에 적합하다.　　답 ③

54 직류 분권발전기가 운전 중 단락이 발생하면 나타나는 현상으로 옳은 것은?

① 과전압이 발생한다.
② 계자저항선이 확립된다.
③ 큰 단락전류로 소손된다.
④ 작은 단락전류가 흐른다.

풀이
- 직류 분권발전기를 운전 중 서서히 단락상태로 하면 초기의 큰 단락전류에 의한 전압강하에 의해 단자전압이 감소하며, 계자 전류 및 자속도 감소하여 유기 기전력이 감소한다.
- 유기기전력이 감소하면 단자전압은 더욱 감소되므로 결국 매우 작은 단락 전류에 머무르게 된다.　답 ④

55 직류전동기의 속도제어 방법에서 광범위한 속도제어가 가능하며, 운전효율이 가장 좋은 방법은?

① 계자제어
② 전압제어
③ 직렬 저항제어
④ 병렬 저항제어

풀이 직류 전동기의 속도 제어법 비교

구 분	제어 특성	특 징
계자 제어법	• 정출력 제어	• 속도 제어 범위가 좁다.
전압 제어법	• 정토크 제어 - 워드 레오나드 방식 - 일그너 방식	• 제어 범위가 넓다. • 손실이 매우 적다. • 정역 운전이 가능 • 설비비가 많이든다.
직렬 저항법		• 효율이 나쁘다.

답 ②

56 동기발전기의 권선을 분포권으로 하면?

① 난조를 방지한다.
② 파형이 좋아진다.
③ 권선의 리액턴스가 커진다.
④ 집중권에 비하여 합성 유도 기전력이 높아진다.

풀이 분포권의 특징
① 분포권은 집중권에 비하여 합성 유기 기전력이 감소한다.
② 기전력의 고조파가 감소하여 파형이 좋아진다.
③ 권선의 누설 리액턴스가 감소한다.
④ 전기자 권선에 의한 열을 고르게 분포시켜 과열을 방지한다.　　답 ②

57 어떤 변압기의 부하역률이 60[%]일 때 전압변동률이 최대라고 한다. 지금 이 변압기의 부하역률이 100[%]일 때 전압변동률을 측정했더니 3[%]였다. 이 변압기의 부하역률이 80[%]일 때 전압변동률은 몇 [%]인가?

① 2.4　② 3.6　③ 4.8　④ 5.0

풀이 전압 변동률 $\epsilon = p\cos\theta + q\sin\theta$ 이다.
(여기서, p : %저항강하, q : %리액턴스 강하)
- 부하 역률 100[%]일 때
$\epsilon_{100} = p\cos\theta + q\sin\theta = p \times 1 + q \times 0 = p = 3[\%]$
- 최대 전압 변동률 ϵ_{max}을 부하 역률 $\cos\theta_m$ 일 때라고 하면
$\cos\theta_m = \dfrac{p}{\sqrt{p^2+q^2}} = \dfrac{3}{\sqrt{3^2+q^2}} = 0.6$
$q = 4[\%]$
- 따라서 부하역률이 80[%]일 때의 전압 변동률은
$\epsilon_{80} = p\cos\theta + q\sin\theta = 3 \times 0.8 + 4 \times 0.6 = 4.8[\%]$

답 ③

58 그림은 복권발전기의 외부특성곡선이다. 이 중 과복권을 나타내는 곡선은?

① A
② B
③ C
④ D

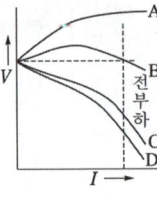

풀이 A : 과복권
B : 평복권
C : 부족복권
D : 차동복권   답 ①

59 200[V]의 배전선 전압을 220[V]로 승압하여 30[kVA]의 부하에 전력을 공급하는 단권변압기가 있다. 이 단권변압기의 자기용량은 약 몇 [kVA]인가?

① 2.73   ② 3.55
③ 4.26   ④ 5.25

풀이 $\dfrac{\text{자기 용량}}{\text{부하 용량}} = \dfrac{V_h - V_l}{V_h}$ 이므로

∴ 자기 용량 $= \dfrac{V_h - V_l}{V_h} \times$ 부하 용량

$= \dfrac{220 - 200}{220} \times 30 = 2.73 [\text{kVA}]$ 답 ①

60 유도전동기에서 공간적으로 본 고정자에 의한 회전자계와 회전자에 의한 회전자계는?

① 항상 동상으로 회전한다.
② 슬립만큼의 위상각을 가지고 회전한다.
③ 역률각만큼의 위상각을 가지고 회전한다.
④ 항상 180°만큼의 위상각을 가지고 회전한다.

풀이 • 고정자에 의한 회전자계 : N_s(동기속도)[rpm]
• 회전자(전동기) 속도 : $N = (1-s)N_s$[rpm]
• 고정자의 회전 자계와 회전자 사이의 상대 속도 : sN_s[rpm]
• 회전자에 의한 회전자계
  = 회전자속도 + 상대속도
  $= (1-s)N_s + sN_s = N_s$[rpm]
따라서 회전자에 의한 회전자계는 고정자가 만드는 회전자계와 같은 방향, 동상으로 회전한다.   답 ①

2019년 - 3회 _ 전기산업기사

41 동기발전기에 회전계자형을 사용하는 이유로 틀린 것은?

① 기전력의 파형을 개선한다.
② 계자가 회전자이지만 저전압 소용량의 직류이므로 구조가 간단하다.
③ 전기자가 고정자이므로 고전압 대전류용에 좋고 절연이 쉽다.
④ 전기자보다 계자극을 회전자로 하는 것이 기계적으로 튼튼하다.

풀이 ① 동기기를 회전 계자형으로 하는 이유
• 전기자 권선은 전압이 높고 결선이 복잡하며, 대용량으로 되면 전류도 커지고, 3상 권선의 경우에는 4개의 도선을 인출하여야 한다.
• 계자 회로는 직류의 저압 회로이므로 소요 동력도 작으며, 인출 도선이 2개만 있어도 되기 때문이다.
• 계자극은 기계적으로 튼튼하게 만드는 데 용이하기 때문이다.
• 고장 시의 과도 안정도를 높이기 위하여 회전자의 관성을 크게 하기 쉽기 때문이기도 하다.
② 기전력의 파형을 개선하기 위해서는 전기자 권선을 단절권 및 분포권으로 한다.   답 ①

42 60[Hz], 12극, 회전자 외경 2[m]의 동기발전기에 있어서 자극면의 주변속도[m/s]는 약 얼마인가?

① 34   ② 43
③ 59   ④ 63

풀이 동기속도
$N_s = \dfrac{120f}{p} = \dfrac{120 \times 60}{12} = 600$[rpm]
따라서 회전자의 주변속도
$v = \pi D \cdot \dfrac{N_s}{60} = \pi \times 2 \times \dfrac{600}{60} ≒ 63$[m/s]   답 ④

43 단상 전파정류회로를 구성한 것으로 옳은 것은?

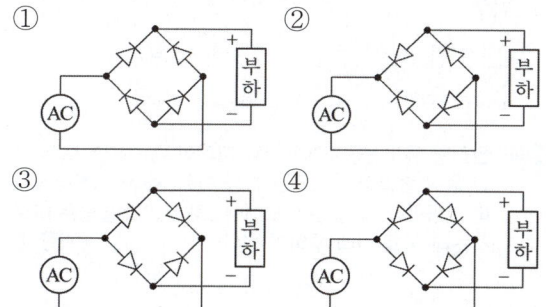

풀이

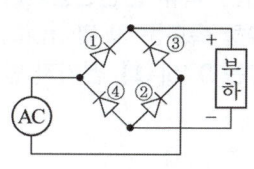 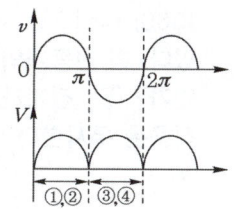

답 ①

44 동기전동기의 전기자반작용에서 전기자전류가 앞서는 경우 어떤 작용이 일어나는가?

① 증자작용 ② 감자작용
③ 횡축반작용 ④ 교차자화작용

풀이 동기 전동기에서 전기자 전류 I_a의 위상은 공급전압 V에 대한 위상을 말하므로 전기자 반작용을 살펴보면 공급 전압은 유기 기전력과 반대 방향이 되어 발전기의 경우와 반대로 된다.

작 용	동기발전기	동기 전동기
교차자화작용 (횡축 반작용)	전압과 전류가 동상인 경우	전압과 전류가 동상인 경우
감자작용 (직축반작용)	전압보다 전류가 $\pi/2$ 뒤지는 경우 (지상)	전압보다 전류가 $\pi/2$ 앞서는 경우 (진상)
증자작용 (자화작용)	전압보다 전류가 $\pi/2$ 앞서는 경우 (진상)	전압보다 전류가 $\pi/2$ 뒤지는 경우 (지상)

답 ②

45 3상 유도전동기의 원선도 작성에 필요한 기본량이 아닌 것은?

① 저항 측정 ② 슬립 측정
③ 구속 시험 ④ 무부하 시험

풀이 원선도 작성에 필요한 시험은 변압기 특성 시험과 같으며 저항 측정, 무부하 시험, 구속 시험이 있다. 답 ②

46 유도전동기 원선도에서 원의 지름은? (단, E를 1차 전압, r는 1차로 환산한 저항, x를 1차로 환산한 누설 리액턴스라 한다.)

① rE에 비례 ② rxE에 비례
③ $\dfrac{E}{r}$에 비례 ④ $\dfrac{E}{x}$에 비례

풀이 유도전동기는 일정값의 리액턴스와 부하에 의하여 변하는 저항(r_2'/s)의 직렬 회로라고 생각되므로 부하에 의하여 변화하는 전류 벡터의 궤적, 즉 원선도의 지름은 전압에 비례하고 리액턴스에 반비례한다. 답 ④

47 단상 직권정류자전동기에 관한 설명 중 틀린 것은? (단, A : 전기자, C : 보상권선, F : 계자권선이라 한다.)

① 직권형은 A와 F가 직렬로 되어 있다.
② 보상 직권형은 A, C 및 F가 직렬로 되어 있다.
③ 단상 직권정류자전동기에서는 보극권선을 사용하지 않는다.
④ 유도 보상 직권형은 A와 F가 직렬로 되어 있고 C는 A에서 분리한 후 단락되어 있다.

풀이 ① 단상 직권정류자 전동기의 종류

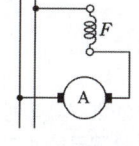 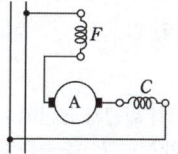 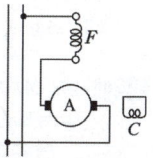

(a) 직권형 (b) 보상 직권형 (c) 유도 보상 직권형

② 단상 직권정류자 전동기는 브러시로 단락되는 코일에 단락 전류가 커져 정류가 곤란해지므로 보극을 설치한다. 답 ③

48 PN 접합 구조로 되어 있고 제어는 불가능하나 교류를 직류로 변환하는 반도체 정류 소자는?

① IGBT
② 다이오드
③ MOSFET
④ 사이리스터

풀이 PN접합 다이오드는 사용자가 임의로 ON, OFF시킬 수 없어 제어가 불가능하며, 단지 교류를 직류로 변환하는 데 사용된다. **답** ②

49 3상 분권정류자전동기의 설명으로 틀린 것은?

① 변압기를 사용하여 전원전압을 낮춘다.
② 정류자권선은 저전압 대전류에 적합하다.
③ 부하가 가해지면 슬립의 발생 소요 토크는 직류전동기와 같다.
④ 특성이 가장 뛰어나고 널리 사용되고 있는 전동기는 시라게 전동기이다.

풀이 3상 분권 정류자 전동기
① 정류자 권선은 구조상 저전압, 대전류에 적합하기 때문에 변압기를 사용하여 전원 전압을 낮추고 동시에 이 전압을 제어하기 위하여 탭을 설치한다.
② 시라게 전동기의 특성이 가장 뛰어나고 가장 널리 사용되고 있다. **답** ③

50 유도전동기의 회전자에 슬립 주파수의 전압을 공급하여 속도를 제어하는 방법은?

① 2차 저항법
② 2차 여자법
③ 직류 여자법
④ 주파수 변환법

풀이 2차 여자법
① 유도전동기의 회전자 권선에 2차 기전력(sE_2)과 동일 주파수의 전압(E_c)을 슬립링을 통해 공급하여 그 크기를 조절함으로써 속도를 제어 하는 방법으로 권선형 전동기에 한하여 이용된다.
② 슬립 주파수의 전압을 2차 유기전압과 같은 방향으로 가하면 속도가 상승하고, 반대 방향으로 가하면 속도가 감소한다. **답** ②

51 권선형 유도전동기의 속도-토크 곡선에서 비례추이는 그 곡선이 무엇에 비례하여 이동하는가?

① 슬립
② 회전수
③ 공급전압
④ 2차 저항

풀이 권선형 유도전동기에서 2차 저항이 증가하면 토크 곡선 등이 슬립이 증가하는 방향으로 2차 저항에 비례하며 이동한다. 즉 같은 토크에서 2차 저항과 슬립은 비례하는데 이를 비례 추이라 한다. **답** ④

52 정격전압 200[V], 전기자 전류 100[A]일 때 1000[rpm]으로 회전하는 직류 분권전동기가 있다. 이 전동기의 무부하 속도는 약 몇 [rpm]인가? (단, 전기자 저항은 0.15[Ω], 전기자 반작용은 무시한다.)

① 981
② 1081
③ 1100
④ 1180

풀이 $I_a = 100$[A]일 때의 역기전력
$$E = V - I_a R_a = 200 - (100 \times 0.15) = 185[V]$$
$I_a = 0$일 때의 역기전력 $E_0 = 200$[V]
전기자 반작용을 무시하면
$E = k\phi N \propto N (\because \phi = 일정)$
$$\frac{N}{N_0} = \frac{E}{E_0} \rightarrow \frac{185}{200} = \frac{1000}{N_0}$$
$$\therefore N_0 = 1000 \times \frac{200}{185} = 1081[rpm]$$ **답** ②

53 이상적인 변압기에서 2차를 개방한 벡터도 중 서로 반대 위상인 것은?

① 자속, 여자전류
② 입력전압, 1차 유도기전력
③ 여자전류, 2차 유도기전력
④ 1차 유도기전력, 2차 유도기전력

풀이 이상적인 변압기
① 자속은 인가전압보다 90° 뒤지고, 여자전류와는 동위상이다.
② 인가전압과 공급전압의 크기는 같고, 방향은 반대이다.
③ 1차 유기기전력과 2차 유기기전력은 동위상이다. **답** ②

54 동일 정격의 3상 동기발전기 2대를 무부하로 병렬 운전하고 있을 때, 두 발전기의 기전력 사이에 30°의 위상차가 있으면 한 발전기에서 다른 발전기에 공급되는 유효전력은 몇 [kW]인가? (단, 각 발전기의(1상의) 기전력은 1000[V], 동기 리액턴스는 4[Ω]이고, 전기자 저항은 무시한다.)

① 62.5
② 62.5×$\sqrt{3}$
③ 125.5
④ 125.5×$\sqrt{3}$

풀이 유효전력
$$P = \frac{E^2}{2x_s}\sin\delta = \frac{1000^2}{2\times 4}\times \sin 30° = 62500[W]$$
$$= 62.5[kW]$$
답 ①

55 정격전압 6000[V], 용량 5000[kVA]의 Y결선 3상 동기발전기가 있다. 여자전류 200[A]에서의 무부하 단자전압 6000[V], 단락전류 600[A]일 때, 이 발전기의 단락비는 약 얼마인가?

① 0.25
② 1
③ 1.25
④ 1.5

풀이 정격 전류 $I_n = \frac{P}{\sqrt{3}\,V} = \frac{5000\times 10^3}{\sqrt{3}\times 6000} = 481.23[A]$

정격 전류(481.23[A])와 같은 단락전류를 통하는 데 필요한 여자 전류 I_f''는

$$I_f'' = 200 \times \frac{481.23}{600} = 160.41[A]$$

∴ 단락비 $K_s = \frac{I_f'}{I_f''} = \frac{200}{160.41} = 1.25$
답 ③

56 2대의 변압기로 V결선하여 3상 변압하는 경우 변압기 이용률[%]은?

① 57.8
② 66.6
③ 86.6
④ 100

풀이 V결선에는 변압기 2대를 사용하였으므로 그 정격 출력의 합은 $2VI$가 된다.
따라서 이용률 = $\frac{\sqrt{3}\,VI}{2VI} = \frac{\sqrt{3}}{2} = 0.866 = 86.6[\%]$
답 ③

57 어떤 단상변압기의 2차 무부하전압이 240[V]이고 정격부하 시의 2차 단자전압이 230[V]이다. 전압 변동률은 약 몇 [%]인가?

① 2.35
② 3.35
③ 4.35
④ 5.35

풀이 2차 무부하 전압을 V_{20}, 정격 부하시의 2차 단자 전압을 V_{2n}라 하면 전압 변동률 ϵ은
$$\therefore \epsilon = \frac{V_{20}-V_{2n}}{V_{2n}}\times 100 = \frac{240-230}{230}\times 100$$
$$= 4.35[\%]$$
답 ③

58 다음은 직류 발전기의 정류 곡선이다. 이 중에서 정류 초기에 정류의 상태가 좋지 않은 것은?

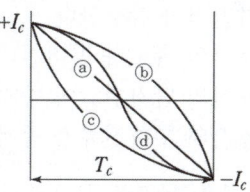

① ⓐ
② ⓑ
③ ⓒ
④ ⓓ

풀이
ⓐ (직선정류) : 전류가 직선적으로 균등하게 변환
ⓑ (부족정류) : 정류 말기에 브러시 뒤쪽에서 불꽃 발생
ⓒ (과정류) : 정류 초기에 브러시 앞쪽에서 불꽃 발생
ⓓ (정현파 정류) : 불꽃 발생 안 함.
답 ③

59 직류기의 전기자에 일반적으로 사용되는 전기자 권선법은?

① 2층권
② 개로권
③ 환상권
④ 단층권

풀이 직류기의 전기자 권선법으로 이층권, 고상권, 폐로권을 채택한다.
답 ①

60 3300/200[V], 50[kVA]인 단상변압기의 %저항, %리액턴스를 각각 2.4[%], 1.6[%]라 하면 이때의 임피던스 전압은 약 몇 [V]인가?

① 95
② 100
③ 105
④ 110

풀이 $p = 2.4[\%]$, $q = 1.6[\%]$이므로
%임피던스 $z = \sqrt{p^2 + q^2} = \sqrt{2.4^2 + 1.6^2} = 2.88[\%]$
%임피던스 $z = \dfrac{V_s}{V_{1n}} \times 100$이므로
$\therefore V_s = \dfrac{zV_{1n}}{100} = \dfrac{2.88 \times 3300}{100} = 95[V]$ **답** ①

2019년 - 4회 _ 공사산업기사

41 직류전동기의 부하가 증가할 때 나타나는 현상으로 틀린 것은?

① 역기전력이 감소한다.
② 전동기의 속도가 떨어진다.
③ 전동기의 단자전압이 증가한다.
④ 전동기의 부하전류가 증가한다.

풀이 전동기가 정격속도로 회전하면 공급된 단자전압과 반대방향으로 기전력을 유기하는데, 이 기전력을 역기전력(E_c)이라고 한다.
- 역기전력 $E_c = \dfrac{p}{a}z\phi n$
- 단자 전압 $V = E_c + I_aR_a$

① 전동기의 기계적 부하가 증가하면 전동기의 속도(n)가 감소하게 된다.
② 역기전력 E_c는 회전 속도에 비례$\left(E_c = \dfrac{p}{a}z\phi n\right)$하므로 전동기의 기계적 부하가 증가하여 속도가 감소하면 역기전력도 감소하게 된다.
③ 역기전력 E_c가 감소하게 되면 전기자 전류 I_a가 증가하게 된다. $\left(I_a = \dfrac{V-E_c}{R_a}\right)$
④ 이때 전동기의 공급전압(단자 전압 V)는 일정하다. **답** ③

42 전기자권선과 계자권선이 병렬로만 연결된 직류기는?

① 직권   ② 분권
③ 복권   ④ 타여자

풀이 분권기(발전기) : 계자권선이 전기자 권선에 병렬로 연결

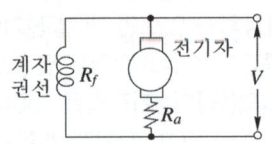

답 ②

43 동기전동기의 기동법으로 옳은 것은?

① 자기기동법, 직류초퍼법
② 계자제어법, 저항제어법
③ 자기기동법, 기동전동기법
④ 직류초퍼법, 기동전동기법

풀이 동기 전동기는 동기 속도 이외에는 토크를 발생할 수 없으므로 **자기동법과 기동 전동기법으로 기동 토크를 얻어야 한다.**
- 자기동법 : 제동권선을 기동 권선으로 하여 기동 토크를 얻는 방법
- 기동 전동기법 : 기동용 전동기에 의해 기동하는 방법
답 ③

44 3상 유도전동기의 기계적 출력 $P[kW]$, 슬립 $s[\%]$로 운전할 때 2차 동손[kW]은?

① $\left(\dfrac{1-s}{s}\right)P$ ② $\left(\dfrac{s}{1-s}\right)P$
③ $\left(\dfrac{1+s}{s}\right)P$ ④ $\left(\dfrac{s}{1+s}\right)P$

풀이 출력 $P = (1-s)P_2 \rightarrow P_2 = \dfrac{P}{(1-s)}$
따라서 2차 동손
$P_{c2} = sP_2 = s \cdot \dfrac{P}{1-s} = \left(\dfrac{s}{1-s}\right)P$ **답** ②

45 3상 권선형 유도전동기의 속도제어를 위해서 2차 여자법을 사용하고자 할 때 그 방법은?

① 직류 전압을 3상 일괄해서 회전자에 가한다.
② 회전자에 저항을 넣어 그 값을 변화시킨다.
③ 회전자 기전력과 같은 주파수의 전압을 회전자에 가한다.
④ 1차 권선에 가해주는 전압과 동일한 전압을 회전자에 가한다.

풀이
- 2차 여자법이란 유도전동기의 회전자 권선에 2차 기전력(sE_2)과 동일 주파수의 전압(E_c)을 슬립링을 통해 공급하여 그 크기를 조절함으로써 속도를 제어하는 방법으로 권선형 전동기에 한하여 이용된다.
- 2차 여자법에 의하면 전동기의 속도는 동기속도의 상하로 상당히 넓은 제어가 행하여지고 역률의 개선도 할 수 있게 된다.   답 ③

46 1차 전압과 2차 전압 사이의 위상이 같도록 설계된 유도전압조정기는?

① 회전변류기
② 3상 유도전압조정기
③ 대각 유도전압조정기
④ 단상 유도전압조정기

풀이 3상 유도전압조정기는 전압 조정으로 인해 2차의 위상각에 변화가 생기며, 이 위상각의 변화가 생기지 않도록 설계된 3상 유도전압조정기를 대각 유도전압조정기라고 한다.   답 ③

47 전력변환기 중 정류기, 위상제어정류기, 초퍼로 구동할 수 있는 회전기기는?

① 유도전동기   ② 동기전동기
③ 직류전동기   ④ 리니어전동기

풀이 ① 정류기는 AC를 DC로 변환하는 것이다.
② 초퍼는 DC를 DC로 변환하는 것으로 일정 입력 전원전압으로부터 초퍼된(짧게 자른) 부하전압을 만들어 전원으로부터 부하를 연결 혹은 단절하는 사이리스터 온/오프 스위치이다.
즉, 정류기와 초퍼로 직류 전동기를 구동할 수 있다.   답 ③

48 %임피던스 강하가 4[%]인 변압기가 운전 중 단락되었을 때 단락전류는 정격전류의 몇 배가 흐르는가?

① 15   ② 20
③ 25   ④ 30

풀이 단락 전류
$I_{1s} = \frac{100}{\%Z} I_{1n} = \frac{100}{4} \times I_{1n} = 25 I_{1n}$ 답 ③

49 비례추이와 관계가 있는 전동기는?

① 동기전동기
② 정류자 전동기
③ 3상 농형 유도전동기
④ 3상 권선형 유도전동기

풀이 비례추이는 2차 회로의 저항을 변화시킬 수 없는 농형 유도전동기에서는 응용할 수 없으며, 2차 회로의 저항을 가감할 수 있는 3상 권선형 유도전동기의 기동 토크 가감과 속도 제어에 이용하고 있다.   답 ④

50 단상 전파정류회로에서 출력전압의 맥동률은 약 얼마인가? (단, 저항부하일 경우이다.)

① 0.17   ② 0.34
③ 0.48   ④ 0.90

풀이 저항부하일 경우의 맥동률

정류 종류	단상 반파	단상 전파	3상 반파	3상 전파
맥동률[%]	121	48	17.7	4.04
정류 효율	40.5	81.1	96.7	99.8
맥동 주파수	f	$2f$	$3f$	$6f$

답 ③

51 3상 동기발전기의 여자전류 5[A]에 대한 1상의 유기기전력이 600[V]이고 3상 단락전류는 30 A]이다. 이 발전기의 동기임피던스[Ω]는 얼마인가?

① 2   ② 3   ③ 20   ④ 30

풀이 동기임피던스 $Z_s = \frac{E_n}{I_s} = \frac{600}{30} = 20[\Omega]$ 답 ③

52 병렬운전을 하고 있는 두 대의 3상 동기발전기 사이에 무효순환전류가 흐르는 것은 두 발전기의 기전력이 어떠할 때인가?

① 기전력의 위상이 다를 때
② 기전력의 파형이 다를 때
③ 기전력의 크기가 다를 때
④ 기전력의 주파수가 다를 때

풀이 병렬 운전 조건이 다른 경우

병렬 운전 조건	다른 경우 흐르는 전류
기전력의 크기(여자전류)가 같을 것	무효 순환 전류
기전력의 위상이 같을 것	동기화 전류
기전력의 주파수가 같을 것	동기화 전류
기전력의 파형이 같을 것	고주파 무효 순환 전류

답 ③

53 단권변압기의 고압측 전압을 V_1[V], 저압측 전압을 V_2[V], 단권변압기의 자기용량을 P_n[kVA]이라 하면 부하용량[kVA]은?

① $\dfrac{V_2 - V_1}{V_1} P_n$ ② $\dfrac{V_2 - V_1}{V_2} P_n$

③ $\dfrac{V_1}{V_1 - V_2} P_n$ ④ $\dfrac{V_2}{V_1 - V_2} P_n$

풀이
$\dfrac{\text{자기 용량 (등가 용량)}}{\text{부하 용량}} = \dfrac{V_H - V_L}{V_H}$

따라서 부하 용량 $= \dfrac{V_H}{V_H - V_L} \times$ 자기 용량
$= \dfrac{V_1}{V_1 - V_2} P_n$

답 ③

54 동기발전기의 부하에 커패시터를 설치하여 앞서는 전류가 흐르고 있을 때 발생하는 현상으로 옳은 것은?

① 편자 작용   ② 속도 상승
③ 단자전압 강하   ④ 단자전압 상승

풀이 ① 동기기의 전기자 반작용

동기발전기	동기 전동기	작 용
전압과 전류가 동상인 경우		교차 자화 작용 (횡축 반작용)
지상전류인 경우	진상전류인 경우	감자 작용 (직축 반작용)
진상전류인 경우	지상전류인 경우	**증자 작용** (자화 작용)

② 동기발전기의 유기기전력
$E = 4.44 K_w fW\phi \propto \phi$

따라서 **진상 전류가** 흐르면 증자작용으로 인해 자속(ϕ)이 증가하여 **전압이 상승**하게 된다.

답 ④

55 1732/200[V] 단상변압기의 고압측에서 여자전류는 $i_o = 3\sin\omega t + 0.8\sin(3\omega t + \alpha)$[A]로 표시된다. 이 변압기 3대를 Y-△결선하여 고압측에 $\sqrt{3} \times 1732 ≒ 3000$[V]를 가할 때 저압측 무부하 △결선 내 순환전류의 실효값은 약 몇 [A]인가?

① 2.85   ② 3.44
③ 4.89   ④ 6.93

풀이
• 1차 전류에 포함된 제3고조파 전류의 실효값
$I_1 = \dfrac{0.8}{\sqrt{2}}$

• 권수비 $a = \dfrac{V_1}{V_2} = \dfrac{1732}{200} = 8.66$

따라서 2차 △결선 내 순환전류 I_2는
$I_2 = aI_1 = 8.66 \times \dfrac{0.8}{\sqrt{2}} = 4.89$ [A]

답 ③

56 단상 직권 정류자 전동기의 원리와 같은 전동기는?

① 직류 직권전동기
② 직류 분권전동기
③ 직류 가동복권전동기
④ 직류 차동복권전동기

풀이 ① 직류 직권 전동기에 가해 주는 직류 전압을 그림과 같이 바꿀 경우에도 자속과 전기자 전류의 방향이 동시에 모두 반대가 되므로, 회전 방향은 변하지 않는다.

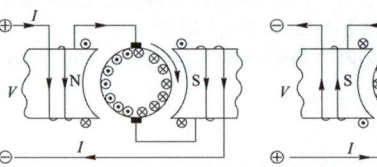

직 · 교류 양용 전동기의 원리

따라서 이 직류 직권 전동기에 교류 전압을 가해 주어도 전동기는 항상 같은 방향의 토크를 발생하고, 회전을 같은 방향으로 계속한다. 직 · 교류 양용 전동기는 이와 같은 원리를 이용한 전동기로서 단상 직권 정류자 전동기라고 한다.

② **단상 직권 정류자 전동기(단상 직권 전동기)**는 가정용 미싱, 소형 공구, 영사기, 믹서, 치과 의료용 엔진 등에 사용하고, 교류, 직류 양용에 사용되기 때문에 교직 양용 전동기 또는 만능 전동기(universal motor)라고 한다.

답 ①

57 변압기의 철손이 P_i[kW], 전부하동손이 P_c [kW]일 때, 정격출력의 $\frac{1}{m}$인 부하를 걸었을 때 전손실[kW]은?

① $P_i + P_c(\frac{1}{m})$ ② $P_i + (\frac{1}{m})^2 P_c$
③ $(P_i + P_c)(\frac{1}{m})^2$ ④ $P_i(\frac{1}{m}) + P_c$

풀이 철손은 부하에 관계없이 일정하고, 동손은 $I_2^2 r$로서 부하 전류의 제곱에 비례하므로 $\frac{1}{m}$로 부하가 감소하면 P_i는 일정, P_c는 $\left(\frac{1}{m}\right)^2$으로 감소한다.
따라서
$$\frac{1}{m} \text{부하효율} = \frac{\frac{1}{m} V_2 I_2 \cos\theta}{\frac{1}{m} V_2 I_2 \cos\theta + P_i + \left(\frac{1}{m}\right)^2 P_c} \text{이므로}$$
전손실은 $P_i + \left(\frac{1}{m}\right)^2 P_c$ 이다. **답** ②

58 교류기에서 분포권이란 매극 매상의 홈(slot) 수가 몇 개인 것을 말하는가?

① 1개 이상 ② 2개 이상
③ 3개 이상 ④ 4개 이상

풀이 ① 집중권 : 매극 매상의 슬롯 수가 1개
② 분포권 : 매극 매상의 슬롯 수가 2개 이상 **답** ②

59 2중 농형 유도전동기에서 외측(회전자 표면에 가까운 쪽) 슬롯에 사용되는 전선에 대한 설명으로 적합한 것은?

① 누설 리액턴스가 작고 저항이 커야 한다.
② 누설 리액턴스가 크고 저항이 커야 한다.
③ 누설 리액턴스가 작고 저항이 작아야 한다.
④ 누설 리액턴스가 크고 저항이 작아야 한다.

풀이 2중 농형 유도전동기는 저항이 크고 리액턴스가 작은 기동용 농형 권선(외측 도체)과 저항이 작고 리액턴스가 큰 운전용 농형 권선(내측 도체)을 가진 것으로 보통 농형에 비하여 기동 전류가 작고 기동 토크가 크다.

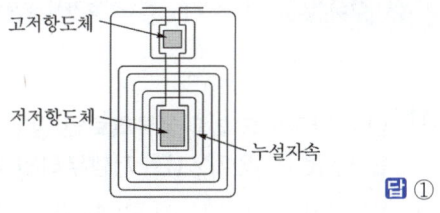

답 ①

60 유도전동기의 회전력에 대하여 옳게 설명한 것은?

① 단자전압에 비례
② 단자전압과 관계없음
③ 단자전압 2승에 비례
④ 단자전압 3승에 비례

풀이 $T \propto K\phi I$에서 $\phi \propto V$, $I \propto V$이므로
$T \propto V^2$, 혹은 $T \propto I^2$ **답** ③

2020년 전기기기_전기산업기사·공사산업기사

문제의 번호는 실제 시험문제의 번호와 같게 하였습니다.

2020년 - 1, 2회 _ 전기산업기사·공사산업기사

41 단상 다이오드 반파정류회로인 경우 정류 효율은 약 몇 [%]인가? (단, 저항부하인 경우이다.)

① 12.6 ② 40.6
③ 60.6 ④ 81.2

풀이

정류 종류	단상 반파	단상 전파	3상 반파	3상 전파
맥동률[%]	121	48	17.7	4.04
정류 효율	40.5	81.1	96.7	99.8
맥동 주파수	f	$2f$	$3f$	$6f$

답 ②

42 직류발전기의 병렬운전에서 균압모선을 필요로 하지 않는 것은?

① 분권발전기
② 직권발전기
③ 평복권발전기
④ 과복권발전기

풀이 직권 계자권선이 있는 발전기(직권 발전기, 복권 발전기)의 병렬운전 시에는 안정한 운전을 하기 위해서는 균압 모선이 필요하다. **답** ①

43 3상 유도전동기의 전원측에서 임의의 2선을 바꾸어 접속하여 운전하면?

① 즉각 정지된다.
② 회전방향이 반대가 된다.
③ 바꾸지 않았을 때와 동일하다.
④ 회전방향은 불변이나 속도가 약간 떨어진다.

풀이 3상 유도전동기의 경우 임의의 2선의 접속을 반대로 하면 회전 계자의 회전방향이 반대로 되어 운전한다. 이러한 특성을 이용하여 승강기 등의 왕복운동을 하는 부하에 사용한다.

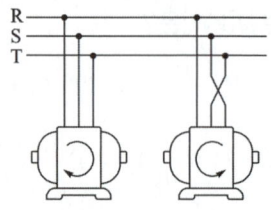

답 ②

44 직류 분권전동기의 정격전압 220[V], 정격전류 105[A], 전기자저항 및 계자회로의 저항이 각각 0.1[Ω] 및 40[Ω]이다. 기동전류를 정격전류의 150[%]로 할 때의 기동저항은 약 몇 [Ω]인가?

① 0.46 ② 0.92 ③ 1.21 ④ 1.35

풀이

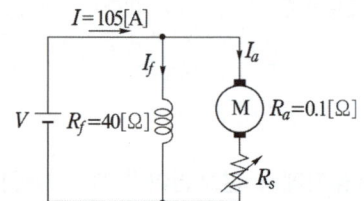

- 계자전류 $I_f = \dfrac{V}{R_f} = \dfrac{220}{40} = 5.5[A]$
- 기동전류는 정격의 150[%]이므로
  기동전류 $= 105 \times 1.5 = 157.5[A]$
- 전기자 전류
  $I_a = I - I_f = 157.5 - 5.5 = 152[A]$
- $R_a + R_s = \dfrac{V}{I_a} = \dfrac{220}{152} ≒ 1.45[Ω]$

따라서 기동저항
$R_s = 1.45 - R_a = 1.45 - 0.1 = 1.35[Ω]$ **답** ④

45 전기자저항과 계자저항이 각각 0.8[Ω]인 직류 직권전동기가 회전수 200[rpm], 전기자전류 30[A]일 때 역기전력은 300[V]이다. 이 전동기의 단자전압을 500[V]로 사용한다면 전기자전류가 위와 같은 30[A]로 될 때의 속도[rpm]는? (단, 전기자 반작용, 마찰손, 풍손 및 철손은 무시한다.)

① 200 ② 301 ③ 452 ④ 500

[풀이] ① 전기자 반작용을 무시하면 $E = k\phi \dfrac{N}{60}$ 이고, 전류는 같으므로 자속 ϕ는 일정하다. 따라서, 속도는 역기전력에 비례$(E \propto N)$한다.
② 단자전압 500[V], 전기자전류 30[A]일 때
- 역기전력
$$E_0 = V - I_a(r_a + r_f) = 500 - (0.8 + 0.8) \times 30 = 452[V]$$
- $\dfrac{E}{E_0} = \dfrac{N}{N_0} \rightarrow \dfrac{300}{452} = \dfrac{200}{N_0}$

$\therefore N_0 = 200 \times \dfrac{452}{300} = 301.3[rpm]$ 답 ②

46 수은 정류기에 있어서 정류기의 밸브작용이 상실되는 현상을 무엇이라고 하는가?
① 통호   ② 실호
③ 역호   ④ 점호

[풀이] 운전 중에 아크가 쉬고 있는 양극은 음극에 대하여 부전위로 된다. 이 부전위를 역전압이라 하며, 부전위로 있는 동안에 어떤 원인으로 양극에 음극점이 생기면 이 양극에서 전자가 방출하여 밸브 작용을 잃고 마는데, 이러한 현상을 역호라 한다. 답 ③

47 3상 유도전동기의 전원주파수와 전압의 비가 일정하고 정격속도 이하로 속도를 제어하는 경우 전동기의 출력 P와 주파수 f와의 관계는?
① $P \propto f$ ② $P \propto \dfrac{1}{f}$
③ $P \propto f^2$ ④ P는 f에 무관

[풀이]
- $P = \omega\tau = 2\pi n\tau$ 에서 $P \propto n$
- $n = (1-s)n_s = (1-s)\dfrac{2f}{p}$ 에서 $n \propto f$ (극수 p는 일정)

$\therefore P \propto n \propto f$ 답 ①

48 SCR에 대한 설명으로 옳은 것은?
① 증폭기능을 갖는 단방향성 3단자 소자이다.
② 제어기능을 갖는 양방향성 3단자 소자이다.
③ 정류기능을 갖는 단방향성 3단자 소자이다.
④ 스위칭기능을 갖는 양방향성 3단자 소자이다.

[풀이] SCR은 정류기능을 갖는 단일방향성 3단자 소자로, 일단 도통된 후 게이트 전류를 차단시켜도 계속 도통상태를 유지한다.

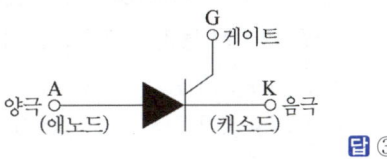

답 ③

49 유도전동기의 주파수가 60[Hz]이고 전부하에서 회전수가 매분 1164회이면 극수는? (단, 슬립은 3[%]이다.)
① 4   ② 6
③ 8   ④ 10

[풀이] 유도전동기의 속도
$$N = (1-s)N_s = (1-s)\dfrac{120f}{p}[rpm]$$
$\therefore p = (1-s)\dfrac{120f}{N} = (1-0.03) \times \dfrac{120 \times 60}{1164}$
$= 6[극]$ 답 ②

50 동기기의 과도 안정도를 증가시키는 방법이 아닌 것은?
① 속응 여자방식을 채용한다.
② 동기 탈조계전기를 사용한다.
③ 동기화 리액턴스를 작게 한다.
④ 회전자의 플라이휠 효과를 작게 한다.

[풀이] ① 과도 안정도
부하의 급변, 선로의 개폐, 접지, 단락 등의 고장 또는 기타의 원인에 의해서 운전 상태가 급변하여도 계통이 안정을 유지하는 정도를 말한다.
② 동기기의 안정도 증진법
- 동기화 리액턴스를 작게 할 것
- 회전자의 플라이휠 효과를 크게 할 것
- 속응여자방식을 채용할 것
- 발전기의 조속기 동작을 신속히 할 것
- 동기 탈조 계전기를 사용할 것 답 ④

51 전압비 3300/110[V], 1차 누설 임피던스 $Z_1 = 12 + j13[\Omega]$, 2차 누설 임피던스 $Z_2 = 0.015 + j0.013[\Omega]$인 변압기가 있다. 1차로 환산된 등가 임피던스[Ω]는?

① 22.7+j25.5 ② 24.7+j25.5
③ 25.5+j22.7 ④ 25.5+j24.7

풀이 권수비 $a = \dfrac{3300}{110} = 30$

① 1차로 환산한 저항
$r' = r_1 + r_2' = r_1 + a^2 r_2$
$= 12 + 30^2 \times 0.015 = 25.5[\Omega]$

② 1차로 환산한 리액턴스
$x' = x_1 + x_2' = x_1 + a^2 x_2$
$= 13 + 30^2 \times 0.013 = 24.7[\Omega]$

$\therefore Z' = r' + jx' = 25.5 + j24.7[\Omega]$ **답** ④

52 동기발전기의 단자 부근에서 단락이 발생되었을 때 단락전류에 대한 설명으로 옳은 것은?

① 서서히 증가한다.
② 발전기는 즉시 정지한다.
③ 일정한 큰 전류가 흐른다.
④ 처음은 큰 전류가 흐르나 점차 감소한다.

풀이 평형 3상 전압을 유기하고 있는 발전기의 단자를 갑자기 단락하면 단락 초기에 전기자 반작용이 순간적으로 나타나지 않기 때문에 막대한 과도전류가 흐르고, 그 후 전기자 반작용이 나타나기 시작하여 단락전류가 서서히 감소하고 수 초 후에는 영구 단락전류값에 이르게 된다. **답** ④

53 어떤 공장에 뒤진 역률 0.8인 부하가 있다. 이 선로에 동기조상기를 병렬로 결선해서 선로의 역률을 0.95로 개선하였다. 개선 후 전력의 변화에 대한 설명으로 틀린 것은?

① 피상전력과 유효전력은 감소한다.
② 피상전력과 무효전력은 감소한다.
③ 피상전력은 감소하고 유효전력은 변화가 없다.
④ 무효전력은 감소하고 유효전력은 변화가 없다.

풀이 역률이 개선되면 유효전력은 변화가 없고, 피상전력과 무효전력은 감소한다.

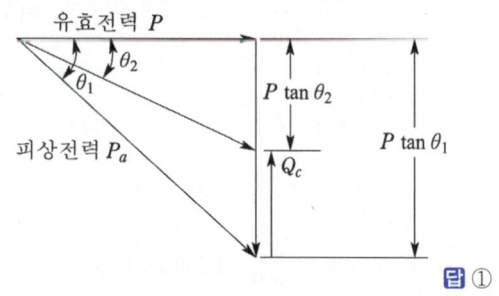

답 ①

54 기동 시 정류자의 불꽃으로 라디오의 장해를 주며 단락장치의 고장이 일어나기 쉬운 전동기는?

① 직류 직권전동기
② 단상 직권전동기
③ 반발기동형 단상유도전동기
④ 셰이딩코일형 단상유도전동기

풀이 반발기동형 유도전동기 : 기동시에 반발 전동기로서 기동하고 기동 후 원심력 개폐기로 정류자를 자동적으로 단락하여 농형 회전자로 하는 방법으로서 기동 시 정류자에서 발생하는 불꽃으로 라디오의 장해를 줄 수 있다. **답** ③

55 8극, 유도기전력 100[V], 전기자전류 200[A]인 직류발전기의 전기자권선을 중권에서 파권으로 변경했을 경우의 유도기전력과 전기자전류는?

① 100[V], 200[A]
② 200[V], 100[A]
③ 400[V], 50[A]
④ 800[V], 25[A]

풀이 ① 유기기전력
• 중권($a = p$)
$E = \dfrac{p}{a} z\phi n$에서 8극, 유도기전력 100[V]이면,
$100 = \dfrac{8}{8} \times z\phi n \rightarrow z\phi n = 100$

• 파권($a = 2$)
$\therefore E = \dfrac{p}{a} z\phi n = \dfrac{8}{2} \times 100 = 400[V]$

② 전기자 전류
  • 중권($a=p$)
  전기자 전류 $I_a = 200[A]$일 때,
  각 권선에 흐르는 전류 $i_a = \dfrac{200}{a} = \dfrac{200}{8} = 25[A]$
  • 파권($a=2$)
  ∴ $I_a = ai_a = 2 \times 25 = 50[A]$ 답 ③

56 8극, 50[kW], 3300[V], 60[Hz]인 3상 권선형 유도전동기의 전부하 슬립이 4[%]라고 한다. 이 전동기의 슬립링 사이에 0.16[Ω]의 저항 3개를 Y로 삽입하면 전부하 토크를 발생할 때의 회전수[rpm]는? (단, 2차 각 상의 저항은 0.04[Ω]이고, Y접속이다.)

① 660 ② 720
③ 750 ④ 880

 풀이

$\dfrac{r_2}{s} = \dfrac{r_2 + R}{s'} \rightarrow \dfrac{0.04}{0.04} = \dfrac{0.04 + 0.16}{s'}$
$s' = 0.2$
회전자계속도 $N_s = \dfrac{120f}{p} = \dfrac{120 \times 60}{8} = 900[rpm]$
∴ $N = (1-s)N_s = (1-0.2) \times 900 = 720[rpm]$ 답 ②

57 임피던스 강하가 5[%]인 변압기가 운전 중 단락되었을 때 그 단락전류는 정격전류의 몇 배인가?

① 20 ② 25
③ 30 ④ 35

풀이 단락전류 $I_{1s} = \dfrac{100}{\%Z} I_n = \dfrac{100}{5} \times I_n = 20 I_n$ 답 ①

58 변압기의 임피던스 와트와 임피던스 전압을 구하는 시험은?

① 부하시험 ② 단락시험
③ 무부하시험 ④ 충격전압시험

풀이 변압기의 단락시험으로 임피던스 와트(전부하 동손), 임피던스 전압(전압강하)를 측정하여 %저항강하, %리액턴스 강하 및 전압변동률을 계산할 수 있다. 답 ②

59 변압기에서 1차 측의 여자 어드미턴스를 Y_0라고 한다. 2차 측으로 환산한 여자 어드미턴스 Y_0'을 옳게 표현한 식은? (단, 권수비를 a라고 한다.)

① $Y_0' = a^2 Y_0$ ② $Y_0' = a Y_0$
③ $Y_0' = \dfrac{Y_0}{a^2}$ ④ $Y_0' = \dfrac{Y_0}{a}$

풀이 1차측에서 2차측으로 환산

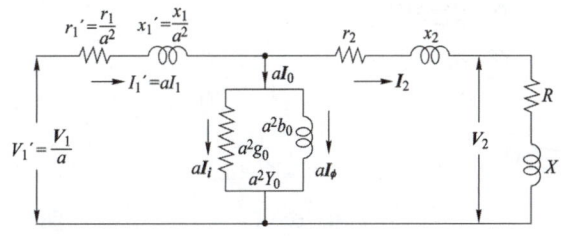

• 전압 $V_1' = \dfrac{V_1}{a}$
• 전류 $I_1' = a I_1$, 여자 전류 $I_0' = a I_0$
• 임피던스 $Z_1' = \dfrac{Z_1}{a^2} = \dfrac{r_1 + jx_1}{a^2}$
• 여자 어드미턴스 $Y_0' = a^2 Y_0 = a^2(g_0 - jb_0)$ 답 ①

60 3상 동기기의 제동권선을 사용하는 주목적은?

① 출력이 증가한다. ② 효율이 증가한다.
③ 역률을 개선한다. ④ 난조를 방지한다.

풀이 제동 권선의 역할
① 난조 방지
② 기동 토크 발생
③ 불평형 부하시의 전류, 전압 파형 개선
④ 송전선의 불평형 단락시의 이상 전압 방지 답 ④

2020년 3회 _ 전기산업기사 · 공사산업기사

41 돌극형 동기발전기에서 직축 리액턴스 X_d와 횡축 리액턴스 X_q는 그 크기 사이에 어떤 관계가 있는가?

① $X_d = X_q$ ② $X_d > X_q$
③ $X_d < X_q$ ④ $2X_d = X_q$

풀이 돌극형(철극기)에서는 직축이 횡축에 비하여 공극(air gap)이 작으므로 **직축(동기) 리액턴스 X_d가 횡축(동기) 리액턴스 X_q보다 크다.($X_d > X_q$)**
그러니 비철극기에서는 공극이 일정하므로 $X_d = X_q = X_s$로 된다. **답** ②

42 어떤 정류기의 출력전압 평균값이 2000[V]이고 맥동률이 3[%]이면 교류분은 몇 [V] 포함되어 있는가?

① 20 ② 30
③ 60 ④ 70

풀이 맥동률 $= \dfrac{\Delta E}{E_d} \times 100[\%]$이므로,
$\Delta E = 0.03 \times 2000 = 60[V]$ **답** ③

43 직류기에서 전류용량이 크고 저전압 대전류에 가장 적합한 브러시 재료는?

① 탄소질 ② 금속 탄소질
③ 금속 흑연질 ④ 전기 흑연질

풀이 ① 탄소질 브러시 : 탄소질 브러시는 불순물이 적은 탄소 분말을 원료로 한 것인데, 질이 치밀하고 단단하며 다소 연마성이 있는 특성의 것을 성형 소결한 것으로, 전류 용량이 적고 주로 소형기에 사용된다.
② 전기 흑연 브러시 : 전기 흑연질 브러시는 불순물이 적은 탄소를 전기로에서 열처리하여 흑연화하여 성형 소결한 것으로, 전류 용량이 작은 소형기에 주로 사용된다.
③ **금속 흑연 브러시** : 동의 미세한 가루와 흑연 분말을 혼합 소결한 것으로, **전류 용량이 큰 저전압 대전류의 기계에 사용**된다. **답** ③

44 동기발전기 종류 중 회전계자형의 특징으로 옳은 것은?

① 고주파 발전기에 사용
② 극소용량, 특수용으로 사용
③ 소요전력이 크고 기구적으로 복잡
④ 기계적으로 튼튼하여 가장 많이 사용

풀이 동기기를 회전 계자형으로 하는 이유
- 전기자 권선은 전압이 높고 결선이 복잡하며, 대용량으로 되면 전류도 커지고, 3상 권선의 경우에는 4개의 도선을 인출하여야 한다.
- 계자 회로는 직류의 저압 회로이므로 소요 동력도 작으며, 인출 도선이 2개만 있어도 되기 때문이다.
- 계자극은 기계적으로 튼튼하게 만드는 데 용이하기 때문이다.
- 고장 시의 과도 안정도를 높이기 위하여 회전자의 관성을 크게 하기 쉽기 때문이기도 하다. **답** ④

45 전압비 a인 단상변압기 3대를 1차 △결선, 2차 Y결선으로 하고 1차에 선간전압 V[V]를 가했을 때 무부하 2차 선간전압[V]은?

① $\dfrac{V}{a}$ ② $\dfrac{a}{V}$
③ $\sqrt{3}\,\dfrac{V}{a}$ ④ $\sqrt{3}\,\dfrac{a}{V}$

풀이
- 1차 △결선 : 전압비 $a = \dfrac{E_1}{E_2}$이고,
△결선 시 '선간전압 = 상전압'이므로,
2차 상전압 $E_2 = \dfrac{E_1}{a} = \dfrac{V}{a}$
- 2차 Y결선 : Y결선이므로 선간전압은 상전압의 $\sqrt{3}$ 배이다.
따라서, 무부하 2차 선간전압 $= \sqrt{3}\,E_2 = \sqrt{3}\,\dfrac{V}{a}$[V] **답** ③

46 단상 및 3상 유도전압조정기에 대한 설명으로 옳은 것은?

① 3상 유도전압조정기에는 단락권선이 필요 없다.
② 3상 유도전압조정기의 1차와 2차 전압은 동상이다.
③ 단락권선은 단상 및 3상 유도전압조정기 모두 필요하다.
④ 단상 유도전압조정기의 기전력은 회전자계에 의해서 유도된다.

풀이 **3상 유도전압조정기**의 직렬권선에 의한 기전력은 회전자계의 위치에 관계없이 1차 부하전류에 의한 분로권선의 기자력에 의하여 소멸되므로 **단락 권선이 필요 없다**. **답** ①

47 12극과 8극인 2개의 유도전동기를 종속법에 의한 직렬접속법으로 속도제어할 때 전원주파수가 60[Hz]인 경우 무부하 속도 N_0는 몇 [rps]인가?

① 5 ② 6
③ 200 ④ 360

풀이 직렬 종속법
$$N_0 = \frac{120f}{p_1+p_2} = \frac{120 \times 60}{12+8} = 360[\text{rpm}] = 6[\text{rps}]$$ **답** ②

48 인버터에 대한 설명으로 옳은 것은?

① 직류를 교류로 변환
② 교류를 교류로 변환
③ 직류를 직류로 변환
④ 교류를 직류로 변환

풀이
- 컨버터 (converter) : 교류 → 직류
- 인버터(Inverter) : 직류 → 교류
- 초퍼 : DC → DC로 변환 **답** ①

49 직류전동기의 역기전력에 대한 설명으로 틀린 것은?

① 역기전력은 속도에 비례한다.
② 역기전력은 회전방향에 따라 크기가 다르다.
③ 역기전력이 증가할수록 전기자 전류는 감소한다.
④ 부하가 걸려 있을 때에는 역기전력은 공급전압보다 크기가 작다.

풀이
- 역기전력 $E_c = V - I_a R_a \rightarrow I_a = \frac{V-E_c}{R_a}$:
역기전력이 증가할수록 전기자 전류는 감소하고, 부하가 걸려 있을 때는 공급전압(V)보다 크기가 작다.
- 속도 $n = k\frac{E_c}{\phi} = k\frac{V-I_a R_a}{\phi}$:
역기전력의 크기는 속도에 비례하며, 회전방향과는 관계 없다. **답** ②

50 유도전동기의 실부하법에서 부하로 쓰이지 않는 것은?

① 전동발전기
② 전기동력계
③ 프로니 브레이크
④ 손실을 알고 있는 직류발전기

풀이
- 실부하법에는 전기동력계법, 프로니 브레이크법 등이 있다.
- 전동 발전기는 교류를 직류로 변환하는 전기기기이다. **답** ①

51 직류기의 구조가 아닌 것은?

① 계자 권선 ② 전기자 권선
③ 내철형 철심 ④ 전기자 철심

풀이 ① 직류기의 주요 3요소는 계자, 전기자, 정류자이다.
- 계자 : 자속을 만드는 부분으로 계자 철심과 계자 권선, 계철, 자극 등으로 구성되어 있다.
- 전기자 : 기전력을 유기하는 부분으로 전기자 철심과 전기자 권선으로 되어 있다.
- 정류자 : 발생한 기전력을 직류로 변환하는 부분이다.
② 내철형은 변압기 철심의 형태에 따른 분류이다. **답** ③

52 30[kW]의 3상 유도전동기에 전력을 공급할 때 2대의 단상변압기를 사용하는 경우 변압기의 용량은 약 몇 [kVA]인가? (단, 전동기의 역률과 효율은 각각 84[%], 86[%]이고 전동기 손실은 무시한다.)

① 17 ② 24
③ 51 ④ 72

풀이 ① 변압기 1대의 용량을 P_1[kVA]라고 하면,
V결선의 용량 $P_V = \sqrt{3} P_1$[kVA]
② 전동기 출력을 P[kW]라고 하고, 전동기의 입력을 P_i[kVA]라고 하면
$$P_i = \frac{P}{\cos\theta \times \eta} = P_V[\text{kVA}]$$
(∵ 전동기 입력 = 변압기 출력)
$$P_V = \sqrt{3} P_1 = \frac{P}{\cos\theta \times \eta}[\text{kVA}]$$
$$\therefore P_1 = \frac{P}{\sqrt{3}\cos\theta\eta} = \frac{30}{\sqrt{3} \times 0.84 \times 0.86} \fallingdotseq 24[\text{kVA}]$$
답 ②

53 3상 6극 슬롯 수 54의 동기발전기가 있다. 어떤 전기자 코일의 두 변이 제 1슬롯과 제 8슬롯에 들어있다면 단절권 계수는 약 얼마인가?

① 0.9397
② 0.9567
③ 0.9837
④ 0.9117

풀이
- 극 간격 $= \dfrac{\text{총 슬롯수}}{\text{극수}} = \dfrac{54}{6} = 9$
- 슬롯으로 표시된 코일 피치는 $8 - 1 = 7$이므로
- 극 간격으로 표시한 코일 피치
  $\beta = \dfrac{\text{코일간격}}{\text{극간격}} = \dfrac{7}{9}$이고,
  $K_{pn} = \sin\dfrac{n\beta\pi}{2}$ (n : 고조파의 차수)이므로
  따라서 단절권계수
  $K_{p1} = \sin\dfrac{7\pi}{2\times 9} = \sin\dfrac{21.98}{18} = \sin 1.221 = 0.9397$

답 ①

54 부흐홀츠 계전기로 보호되는 기기는?

① 변압기
② 발전기
③ 유도전동기
④ 회전변류기

풀이 부흐홀쯔 계전기는 변압기의 내부고장으로 발생하는 기름의 분해 가스 증기 또는 유류를 이용하여 부저를 움직여 계전기의 접점을 닫는 것이므로 변압기의 주탱크와 콘서베이터와의 연결관 도중에 설치한다. **답** ①

55 변압기의 효율이 가장 좋을 때의 조건은?

① 철손 = 동손
② 철손 = $\dfrac{1}{2}$동손
③ $\dfrac{1}{2}$철손 = 동손
④ 철손 = $\dfrac{2}{3}$동손

풀이 최대 효율은 고정손인 철손과 가변손인 동손이 같게 될 때 발생한다. **답** ①

56 직류전동기 중 부하가 변하면 속도가 심하게 변하는 전동기는?

① 분권 전동기
② 직권 전동기
③ 자동 복권 전동기
④ 가동 복권 전동기

풀이
- 직권전동기는 전기자와 계자가 직렬로 접속되어 있으므로, $I_a = I = I_f \propto \phi$ 이다.
- 회전속도 $n = K\dfrac{V - I_a(R_a + R_s)}{\phi}$ [rps]이므로 속도는 자속에 반비례하여 증감한다.
- 즉, 직권전동기는 부하전류가 변화하면 속도가 현저하게 변하는 특성이 있다. **답** ②

57 1차 전압 6900[V], 1차 권선 3000회, 권수비 20의 변압기가 60[Hz]에 사용할 때 철심의 최대 자속[Wb]은?

① 0.76×10^{-4}
② 8.63×10^{-3}
③ 80×10^{-3}
④ 90×10^{-3}

풀이 1차 유기기전력 $E_1 = 4.44 f \phi_m N_1$ [V]

$\therefore \phi_m = \dfrac{E_1}{4.44 f N_1} = \dfrac{6900}{4.44 \times 60 \times 3000}$
$= 0.00863 = 8.63 \times 10^{-3}$ [Wb] **답** ②

58 표면을 절연 피막처리 한 규소강판을 성층하는 이유로 옳은 것은?

① 절연성을 높이기 위해
② 히스테리시스손을 작게 하기 위해
③ 자속을 보다 잘 통하게 하기 위해
④ 와전류에 의한 손실을 작게 하기 위해

풀이
- 전기 기계에 규소 강판을 사용하면 자기 저항이 크게 되어 와류손과 히스테리시스손이 감소하게 되지만 투자율이 낮아지고 기계적 강도가 감소되어 부서지기 쉽다.
- 성층하는 이유는 와류손을 적게 하기 위한 것이다. **답** ④

59 단상 유도전동기 중 기동토크가 가장 작은 것은?

① 반발 기동형
② 분상 기동형
③ 쉐이딩 코일형
④ 커패시터 기동형

풀이 단상 유도전동기에서 기동 토크가 큰 것부터 순서로 배열하면
반발 기동형 > 반발 유도형 > 콘덴서 기동형 > 분상 기동형 > 셰이딩 코일형 > 모노사이클릭형 **답** ③

60 동기기의 전기자 권선법으로 적합하지 않은 것은?

① 중권 ② 2층권
③ 분포권 ④ 환상권

풀이 환상권은 환상철심의 안팎으로 권선을 감은 것으로 현재에는 거의 사용하지 않는다. **답 ④**

2020년 - 4회 _ 전기산업기사·공사산업기사

41 직류 타여자발전기의 부하전류와 전기자전류의 크기는?

① 부하전류가 전기자전류보다 크다.
② 전기자전류가 부하전류보다 크다.
③ 전기자전류와 부하전류가 같다.
④ 전기자전류와 부하전류는 항상 0이다.

풀이 타여자 발전기는 외부에서 계자권선 F에 직류 전원을 공급하므로 잔류 자기가 없어도 되며, 전기자 전류(I_a)와 부하전류(I)의 크기가 같다.

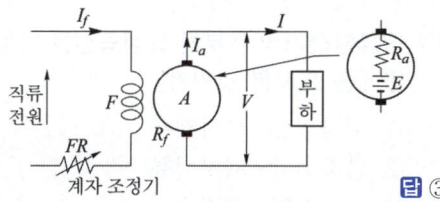

답 ③

42 직류분권전동기 기동 시 계자 저항기의 저항값은?

① 최대로 해 둔다.
② 0(영)으로 해 둔다.
③ 중간으로 해 둔다.
④ 1/3로 해 둔다.

풀이 $\tau = K\Phi I_a$, $I_f = \dfrac{V}{R_f + R_{FR}}$ 이므로 기동 토크를 크게 하려면 자속을 크게 해 놓은 것이 좋으므로 여자전류가 클수록 좋다. 따라서 계자권선과 직렬로 되어 있는 계자 저항(R_{FR})을 0으로 해 둔다.

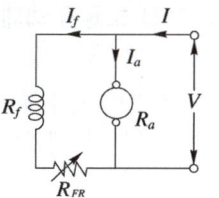

답 ②

43 직류기에서 양호한 정류를 얻는 조건으로 틀린 것은?

① 정류 주기를 크게 한다.
② 브러시의 접촉저항을 크게 한다.
③ 전기자 권선의 인덕턴스를 작게 한다.
④ 평균 리액턴스 전압을 브러시 접촉면 전압 강하보다 크게 한다.

풀이 ① 정류 주기를 크게 하면 전류의 변화율, 즉 $\dfrac{di}{dt}$가 작아져서 불꽃 발생의 원인이 작아진다.
② L이 작아져도 역시 불꽃 발생의 근본 원인인 역기전력이 작아진다.
③ 리액턴스 전압은 $e_r = -L\dfrac{di}{dt}$로서 이것이 정류를 해치는 가장 큰 원인이 되는 것이다.
④ 브러시의 접촉저항이 크면 저항 정류가 이루어져서 양호한 정류가 이루어진다. **답 ④**

44 3상 직권 정류자 전동기의 중간변압기의 사용 목적은?

① 역회전의 방지
② 역회전을 위하여
③ 전동기의 특성을 조정
④ 직권 특성을 얻기 위하여

풀이 3상 직권 정류자 전동기의 중간 변압기는 고정자 권선과 회전자 권선 사이에 직렬로 접속되며 이 중간 변압기를 사용하는 주요한 이유는 다음과 같다.
① 전원전압의 크기에 관계없이 정류에 알맞은 회전자 전압을 선택할 수 있다.
② 중간 변압기의 권수비를 바꾸어 전동기의 특성을 조정할 수 있다.
③ 직권 특성이기 때문에 경부하에서는 속도가 매우 상승하나 중간 변압기를 사용, 그 철심을 포화하도록 하면 그 속도 상승을 제한할 수 있다. **답 ③**

45 변압기의 전일 효율을 최대로 하기 위한 조건은?

① 전부하 시간이 길수록 철손을 적게 한다.
② 전부하 시간과 관계없이 전부하 철손과 동손을 같게 한다.
③ 전부하 시간이 짧을수록 철손을 크게 한다.
④ 전부하 시간이 짧을수록 무부하 손을 적게 한다.

풀이 전일 효율이 최대가 되려면,
$$24P_i = \sum h P_c$$
$$\therefore P_i = (\sum h/24) P_c$$
즉, 전부하 시간이 길수록 철손 P_i를 크게 하고 짧을수록 철손(무부하손) P_i를 작게 한다. **답** ④

46 유도전동기의 특성에서 토크와 2차 입력 및 동기속도의 관계는?

① 토크는 2차 입력에 비례하고, 동기속도에 반비례 한다.
② 토크는 2차 입력과 동기속도의 곱에 비례 한다.
③ 토크는 2차 입력에 반비례하고, 동기속도에 비례 한다.
④ 토크는 2차 입력의 자승에 비례하고, 동기속도의 자승에 반비례 한다.

풀이 토크 $\tau = \dfrac{P_2}{2\pi n_s}$
즉, 토크 τ는 2차 입력 P_2에 비례하고 동기속도 n_s에 반비례한다. **답** ①

47 3상 동기발전기에 무부하 전압보다 90° 늦은 전기자 전류가 흐를 때 전기자 반작용은?

① 교차자화작용을 한다.
② 자기여자 작용을 한다.
③ 감자 작용을 한다.
④ 증자작용을 한다.

풀이

분 류	동기발전기	동기전동기
전압과 동상	교차 자화작용	교차 자화작용
진상전류	증자작용	감자 작용
지상전류	감자 작용	증자작용

답 ③

48 직류기에서 전기자 반작용이란 전기자 권선에 흐르는 전류로 인하여 생긴 자속이 무엇에 영향을 주는 현상인가?

① 모든 부분에 영향을 주는 현상
② 계자극에 영향을 주는 현상
③ 감자 작용만을 하는 현상
④ 편자 작용만을 하는 현상

풀이 ① 전기자 반작용 : 전기자 전류에 의하여 발생한 자속이 계자에 의해 발생 되는 주자속에 영향을 주는 현상
② 전기자 반작용의 방지대책

보극과 보상권선 설치	보극 → 중성축 부근의 전기자 반작용 상쇄
	보상권선 → 대부분의 전기자 반작용 상쇄 : 가장 유효한 방법

답 ②

49 직류발전기의 무부하 특성곡선은 다음 중 어느 관계를 표시한 것인가?

① 계자전류−부하전류
② 단자전압−계자전류
③ 단자전압−회전속도
④ 부하전류−단자전압

풀이 무부하 특성곡선
회전속도가 일정하고 무부하 상태일 경우, 계자전류(I_f)와 유도 기전력(E)과의 관계 곡선을 나타낸 것 **답** ②

50 다음 중 무부하 특성곡선이 존재하지 않는 발전기는?

① 직류 직권 발전기
② 직류분권발전기
③ 직류 차동복권 발전기
④ 직류 가동복권 발전기

풀이
- 무부하 특성곡선은 계자전류와 전압과의 관계 곡선이다.
- 직류 직권 발전기는 전기자와 계자권선이 직렬로 접속되어 있어 $I = I_f = I_a$가 된다.

따라서 직권발전기는 무부하에서 계자전류 I_f가 0이 되므로 발전할 수 없고 무부하특성 곡선은 존재하지 않는다. 답 ①

---

51 와류손이 3[kW]인 3300/110[V], 60[Hz]용 단상변압기를 50[Hz], 3000[V]의 전원에 사용하면 이 변압기의 와류손은 약 몇 [kW]로 되는가?

① 1.7 ② 2.1
③ 2.3 ④ 2.5

풀이 와류손은 주파수와는 무관하고 전압의 제곱에 비례하므로

$$\therefore P_e' = P_e \times \left(\frac{V'}{V}\right)^2 = 3 \times \left(\frac{3000}{3300}\right)^2 ≒ 2.5[kW]$$

답 ④

---

52 220[V], 3상 유도전동기의 전부하 슬립이 6[%]이다. 공급전압이 10[%] 저하된 경우의 전부하 슬립은 어떻게 되는가?

① 0.074 ② 0.067
③ 0.054 ④ 0.049

풀이 공급전압이 10[%] 저하된 경우의 전부하 슬립을 s'라 하면

$$s' = s \times \left(\frac{V_1}{V_1'}\right)^2 = s \times \left(\frac{V_1}{V_1 \times 0.9}\right)^2$$
$$= 0.06 \times \left(\frac{220}{220 \times 0.9}\right)^2 = 0.074[\%]$$

답 ①

---

53 다음은 직류발전기의 정류곡선이다. 이 중에서 정류 말기에 정류의 상태가 좋지 않은 것은?

① ⓐ
② ⓑ
③ ⓒ
④ ⓓ

풀이
ⓐ (직선정류) : 전류가 직선적으로 균등하게 변환
ⓑ (부족정류) : 정류 말기에 브러시 뒤쪽에서 불꽃 발생
ⓒ (과정류) : 정류 초기에 브러시 앞쪽에서 불꽃 발생
ⓓ (정현파 정류) : 불꽃 발생 안함 답 ②

---

54 직류 분권발전기를 역회전하면?

① 발전되지 않는다.
② 정회전 때와 마찬가지다.
③ 과대전압이 유기된다.
④ 섬락이 일어난다.

풀이 직류 분권발전기를 역회전하면 잔류 자기에 의한 기전력의 극성이 반대로 되므로, 분권 회로의 계자전류가 반대로 흘러 잔류 자기를 소멸시키기 때문에 발전되지 않는다. 답 ①

---

55 3상 동기발전기의 전기자 권선을 Y결선으로 하는 이유로서 적당하지 않은 것은?

① 고조파 순환 전류가 흐르지 않는다.
② 이상전압 방지의 대책이 용이하다.
③ 전기자 반작용이 감소한다.
④ 코일의 코로나, 열화 등이 감소된다.

풀이 3상 동기발전기의 전기자 권선을 Y결선으로 하면
① 권선의 불평형 및 제3고조파(그 배수 포함) 등에 의한 순환 전류가 흐르지 않는다.
② 중성점을 이용할 수 있으므로 권선 보호장치의 시설이나 중성점접지에 의한 이상전압의 방지 대책이 용이하다.
③ 상전압이 낮기 때문에 코일의 코로나, 열화 등이 작다. 그러나 동일 전압에 대하여 상전압이 낮기 때문에 발전기 권선의 전류는 커진다고 볼 수 있다.

답 ③

---

56 동기전동기의 특징으로 틀린 것은?

① 속도가 일정하다.
② 역률을 조정할 수 없다.
③ 직류전원을 필요로 한다.
④ 난조를 일으킬 염려가 있다.

풀이 동기전동기의 특징
① 장점
- 속도가 일정, 불변이다.
- 항상 **역률 1로 운전할 수 있다.**
- 필요시 앞선 전류를 통할 수 있다.
- 유도전동기에 비하여 효율이 좋다.

② 단점
- 보통 구조의 것은 기동 토크가 적고 속도 조정을 할 수 없다.
- 난조를 일으킬 염려가 있다.
- 여자용의 직류 전원을 필요로 하여 설비비가 많이 든다.

답 ②

57 직류기에서 전기자 반작용을 방지하기 위한 보상권선의 전류방향은?

① 계자전류의 방향과 같다.
② 계자전류방향과 반대이다.
③ 전기자 전류방향과 같다.
④ 전기자 전류방향과 반대이다.

풀이 보상권선은 전기자 전류의 기전력을 상쇄하기 위하여 주자극의 자극편에 슬롯을 만들어 그림과 같이 전기자 전류와 반대 방향으로 전류가 흐르게 한다. 보상권선을 설치하면 브러시를 기하학적 중성축에 놓는다.

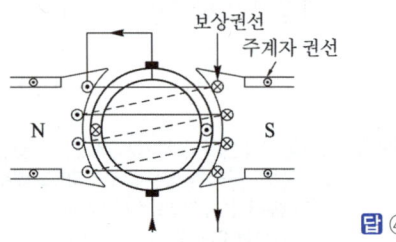

답 ④

58 3상 유도전동기의 원선도를 그리는 데 필요하지 않은 시험은?

① 슬립측정   ② 구속시험
③ 무부하 시험   ④ 저항측정

풀이 ① 원선도 작성에 필요한 시험은
- 저항 측정 • 무부하 시험 • 구속 시험이 있다.

② 유도 전동기의 **원선도에서 구할 수 있는 항목**
- 전부하 전류 • 역률 • 효율 • 슬립
- 최대출력/정격출력 • 정·동토크/전부하토크

답 ①

59 9000[kVA], 6000[V]인 3상 교류 발전기의 % 동기 임피던스가 80[%]이다. 이 발전기의 동기 임피던스는 몇 [Ω]인가?

① 3.0   ② 3.2
③ 3.4   ④ 3.6

풀이 $\%Z = \dfrac{ZP}{10V^2}$ 이므로

$Z = \dfrac{10V^2 \times \%Z}{P} = \dfrac{10 \times 6^2 \times 80}{9000} = 3.2[\Omega]$

답 ②

60 3상 유도전동기에서 비례추이를 하지 않는 것은?

① 효율   ② 역률
③ 1차 전류   ④ 동기 와트

풀이
- 비례 추이 할 수 있는 것 : 1차 전류, 2차 전류, 역률, 동기 와트 등
- **비례 추이 할 수 없는 것** : 출력, 2차 동손, 효율 등

답 ①

2021년 전기기기_전기산업기사·공사산업기사_CBT 복원문제

문제의 번호는 실제 시험문제의 번호와 같게 하였습니다.

2021년 - 1회 _전기산업기사·공사산업기사

41 8극, 50[kW], 3300[V], 60[Hz], 3상 유도전동기의 전부하 슬립이 4[%]라고 한다. 이 슬립링 사이에 0.16[Ω]의 저항 3개를 Y로 삽입하면 전부하 토크를 발생할 때의 회전수[rpm]는? (단, 2차 각상의 저항은 0.04[Ω]이고 Y접속이다.)

① 660　② 720
③ 750　④ 880

풀이 2차 저항을 r_2, 전부하 슬립을 s, 외부저항을 R, 전부하 토크시의 슬립을 s'라고 하면
$$\frac{r_2}{s} = \frac{r_2 + R}{s'} \rightarrow \frac{0.04}{0.04} = \frac{0.04 + 0.16}{s'}$$ 이므로
$s' = 0.2$ 이다.
따라서 전부하 토크를 발생할 때의 회전수 N'은
$$N' = (1-s')N_s = (1-s')\frac{120f}{p}$$
$$= (1-0.2) \times \frac{120 \times 60}{8} = 720[rpm]$$　**답** ②

42 그림과 같은 6상 반파 정류 회로에서 450[V]의 직류 전압을 얻는 데 필요한 변압기의 직류 권선 전압은 몇 [V]인가?

① 333
② 348
③ 356
④ 375

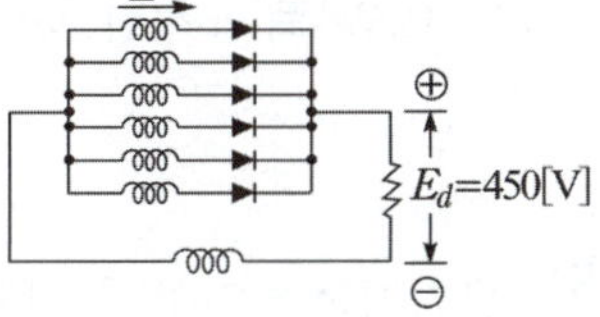

풀이 $$\frac{E_d}{E} = \frac{\sqrt{2}\sin\pi/m}{\pi/m}$$
$$\therefore E = \frac{E_d}{\frac{\sqrt{2}\sin(\pi/m)}{(\pi/m)}} = \frac{450}{\frac{\sqrt{2}\sin(\pi/6)}{(\pi/6)}}$$
$$= 333.25[V]$$　**답** ①

43 200±200[V], 자기 용량 3[kVA]인 단상 유도 전압조정기가 있다. 최대 출력[kVA]은?

① 2　② 4
③ 6　④ 8

풀이 단상 유도 전압조정기의 1차 전압 $V_1 = 200[V]$, 2차 전압 $V_2 = 200 \pm 200[V]$이다.
유도 전압조정기의 용량 = 부하용량 × $\frac{\text{승압 전압}}{\text{고압측 전압}}$
$3 = \text{부하용량} \times \frac{200}{400}$
$\therefore \text{부하용량} = \frac{3}{\frac{200}{400}} = 6[kVA]$　**답** ③

44 직류 직권 전동기의 전원 극성을 반대로 하면?

① 회전 방향이 변하지 않는다.
② 회전 방향이 변한다.
③ 속도가 증가된다.
④ 발전기로 된다.

풀이 직류 직권 전동기는 계자 권선과 전기자 권선이 직렬로 연결되어 있으므로 전원 극성을 반대로 하면 전기자 전류와 여자 전류의 방향이 모두 반대로 되므로 회전 방향은 변하지 않는다.　**답** ①

45 6극 직류발전기의 정류자 편수가 132, 단자 전압이 220[V], 직렬 도체수가 132개이고 중권이다. 정류자 편간 전압[V]은?

① 10　② 20
③ 30　④ 40

풀이 e_{sa} : 정류자 편간 전압, E : 유기 기전력, K : 정류자 편수, p : 극수라 하면,
$$e_{sa} = \frac{pE}{K} = \frac{6 \times 220}{132} = 10[V]$$　**답** ①

46 포화하고 있지 않은 직류발전기의 회전수가 1/2로 감소되었을 때 기전력을 속도 변화 전과 같은 값으로 하려면 여자를 어떻게 해야 하는가?

① 1/2로 감소시킨다.
② 1배로 증가시킨다.
③ 2배로 증가시킨다.
④ 4배로 증가시킨다.

풀이 직류발전기의 기전력 $E = k\Phi N$ 이므로 속도(N)가 $\frac{1}{2}$로 감소되면 여자(Φ)는 2배 증가되어야 기전력(E)이 일정하다. **답** ③

47 전기자 저항이 0.3[Ω]이며, 단자 전압이 210[V], 부하 전류가 95[A], 계자 전류가 5[A]인 직류 분권 발전기의 유기 기전력[V]은?

① 180 ② 230
③ 240 ④ 250

풀이 분권 발전기

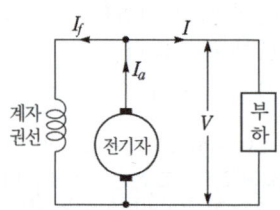

전기자 전류 $I_a = I + I_f = 95 + 5 = 100[A]$
따라서 유기기전력
$E = V + I_a R_a$
$= 210 + 100 \times 0.3 = 240[V]$ **답** ③

48 그림과 같은 회로에서 Q_1에 역바이어스가 걸리는 시간을 나타낸 식은?

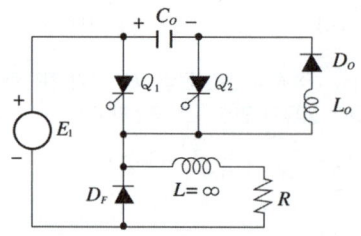

① $0.693 C_0/R[\sec]$ ② $0.693 R/C_0[\sec]$
③ $RC_0[\sec]$ ④ $0.693 RC_0[\sec]$

풀이 역바이어스 시간은 $e_{c0} = E_1\left(1 - 2e^{-\frac{1}{RC_0}t}\right) = 0$ 에서
이 식을 만족하는 $t = t_c$는
$\therefore t_c = C_0 R \log_e 2 = 0.693 RC_0[\sec]$ **답** ④

49 6극 60[Hz] Y결선 3상 동기발전기의 극당 자속이 0.16[Wb], 회전수 1200[rpm], 1상의 권수 186, 권선 계수 0.96이면 단자전압은?

① 13183[V] ② 12254[V]
③ 26366[V] ④ 27456[V]

풀이 코일의 유기기전력 E는
$E = 4.44 f W k_w \phi = 4.44 \times 60 \times 186 \times 0.96 \times 0.16$
$= 7610.94[V]$
단자전압은 선간전압이므로
$\therefore V = \sqrt{3} E = \sqrt{3} \times 7610.94 = 13183[V]$ **답** ①

50 변압기의 정격을 정의한 것 중 옳은 것은?

① 전부하의 경우 1차 단자전압을 정격 1차 전압이라 한다.
② 정격 2차 전압은 명판에 기재되어 있는 2차 권선의 단자전압이다.
③ 정격 2차 전압을 2차 권선의 저항으로 나눈 것이 정격 2차 전류이다.
④ 2차 단자 간에서 얻을 수 있는 유효전력을 [kW]로 표시한 것이 정격출력이다. **답** ②

51 유기기전력 210[V], 단자전압 200[V]인 5[kW] 분권 발전기의 계자저항이 500[Ω]이면 그 전기자 저항[Ω]은?

① 0.2 ② 0.4
③ 0.6 ④ 0.8

풀이

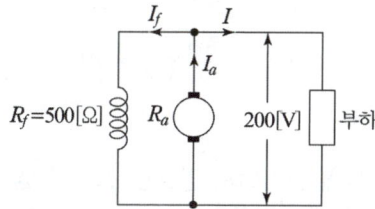

$I_f = \dfrac{V}{R_f} = \dfrac{200}{500} = 0.4[A]$, $I = \dfrac{P}{V} = \dfrac{5\times 10^3}{200} = 25[A]$

전기자 전류 I_a는 $I_a = I + I_f$이므로

$I_a = 25 + 0.4 = 25.4[A]$

또한, $V = E - I_a R_a$ 식에서

$\therefore R_a = \dfrac{E-V}{I_a} = \dfrac{210-200}{25.4} = \dfrac{10}{25.4} ≒ 0.4[\Omega]$ **답 ②**

52 2회전 자계설로 단상 유도 전동기를 설명하는 경우 정방향 회전자계에 대한 회전자의 슬립이 s이면 역방향 회전자계에 대한 회전자 슬립은?

① $1 + s$ ② s
③ $1 - s$ ④ $2 - s$

풀이 단상 유도 전동기가 슬립 s로 회전하면 회전 주파수는 정상분 전동기에서는 $(1-s)f$이고 역상분 전동기에서는 $f + (1-s)f = (2-s)f$가 된다. 따라서 회전자 권선은 sf와 $(2-s)f$ 되는 주파수의 기전력을 유기한다. **답 ④**

53 3000[V], 1500[kVA], 동기 임피던스 3[Ω]인 동일 정격의 두 동기발전기를 병렬 운전하던 중 한 쪽 계자 전류가 증가해서 각 상 유도 기전력 사이에 300[V]의 전압차가 발생했다면 두 발전기 사이에 흐르는 무효횡류는 몇[A]인가?

① 20   ② 30   ③ 40   ④ 50

풀이 무효횡류 $I_c = \dfrac{E_c}{2Z_s} = \dfrac{300}{2\times 3} = 50[A]$ **답 ④**

54 실리콘 다이오드의 특성에서 잘못된 것은?
① 전압강하가 크다.
② 정류비가 크다.
③ 허용온도가 높다.
④ 역내전압이 크다.

풀이 실리콘 정류기의 특성
① 역내전압이 크다.
② 전류 밀도가 크다.
   (게르마늄의 2~3배, 셀렌의 500~1000배)
③ 온도에 의한 영향이 작다.
   (최고 허용 온도 140~200[℃])
④ 효율은 가장 좋다.(99[%])
⑤ 대용량 정류기에 적합하다. **답 ①**

55 농형 유도전동기의 속도제어법이 아닌 것은?
① 극수변환   ② 1차 저항변환
③ 전원전압변환   ④ 전원주파수변환

풀이 유도전동기의 속도제어법
① 농형 유도전동기의 속도제어법
  • 주파수를 바꾸는 방법
  • 극수를 바꾸는 방법
  • 전원전압을 바꾸는 방법
② 권선형 유도전동기의 속도제어법
  • 2차여자 제어법
  • 2차저항 제어법
  • 종속 제어법 **답 ②**

56 정격 부하에서 역률 0.8(뒤짐)로 운전될 때, 전압 변동률이 12[%]인 변압기가 있다. 이 변압기에 역률 100[%]의 정격 부하를 걸고 운전할 때의 전압 변동률은 약 몇 [%]인가? (단, %저항강하는 %리액턴스강하의 1/12이라고 한다.)

① 0.909   ② 1.5
③ 6.85   ④ 16.18

풀이 전압 변동률
$\epsilon = p\cos\theta + q\sin\theta = 0.8p + 0.6q = 12[\%]$
(여기서, p : %저항 강하, q : %리액턴스 강하)
$q = 12p$
($\because$ %저항강하 p는 %리액턴스강하 q의 1/12)
이므로
$0.8p + 0.6 \times 12p = 8p = 12$
$p = \dfrac{12}{8} = 1.5[\%]$

그런데 $\cos\theta = 1$일 때 $\sin\theta = 0$이므로 역률 100[%]의 전압 변동률 ϵ_{100}은
$\therefore \epsilon_{100} = p\cos\theta + q\sin\theta = p\times 1 + q\times 0$
$= 1.5[\%]$ **답 ②**

57 직류 분권 발전기의 무부하 포화 곡선이 $V = \dfrac{940I_f}{33+I_f}$ 이고, I_f는 계자 전류[A], V는 무부하 전압[V]으로 주어질 때 계자 회로의 저항이 20[Ω]이면 몇[V]의 전압이 유기되는가?

① 140 ② 160 ③ 280 ④ 300

풀이
$V = \dfrac{940I_f}{33+I_f}$
계자권선의 저항이 20[Ω]이므로
$V = I_f R_f = 20I_f \rightarrow I_f = \dfrac{V}{20}$
이 식을 윗 식에 대입하면
$V = \dfrac{940 \times \dfrac{V}{20}}{33 + \dfrac{V}{20}}$
$\left(33 + \dfrac{V}{20}\right)V = 940 \times \dfrac{V}{20} \rightarrow 33 + \dfrac{V}{20} = 47$
∴ $V = 280$[V]   **답** ③

58 3상 권선형 유도 전동기에서 1차와 2차간의 상수비, 권수비가 β, α이고 2차 전류가 I_2일 때 1차 1상으로 환산한 I_2'는?

① $\dfrac{\alpha}{I_2\beta}$ ② $\alpha\beta I_2$
③ $\dfrac{\beta I_2}{\alpha}$ ④ $\dfrac{I_2}{\beta\alpha}$

풀이
• 1차 유도기전력 $E_1 = 4.44k_{w1}w_1f\phi$[V]
• 2차 유도기전력 $E_2 = 4.44k_{w2}w_2f\phi$[V]
따라서 1차 1상으로 환산한 I_2'는
$I_2' = I_1 = \dfrac{m_2k_{w2}w_2}{m_1k_{w1}w_1}I_2 = \dfrac{1}{\alpha\beta}I_2$
(여기서, 권수비 $\alpha = \dfrac{k_{w1}w_1}{k_{w2}w_2}$, 상수비 $\beta = \dfrac{m_1}{m_2}$)
답 ④

59 임피던스 강하가 5[%]인 변압기가 운전 중 단락되었을 때 그 단락 전류는 정격 전류의 몇 배인가?

① 15배 ② 20배
③ 25배 ④ 30배

풀이 단락 전류
$I_{1s} = \dfrac{100}{\%Z}I_{1n} = \dfrac{100}{5} \times I_{1n} = 20I_{1n}$ **답** ②

60 직류 발전기에서 양호한 정류를 얻기 위한 방법이 아닌 것은?

① 보상 권선을 설치한다.
② 보극을 설치한다.
③ 브러시의 접촉저항을 크게 한다.
④ 리액턴스 전압을 크게 한다.

풀이 양호한 정류를 얻는 방법
불꽃없는 정류를 위한 조건 : 브러시 접촉면 전압강하 > 평균 리액턴스 전압
① 보상 권선을 설치하여 전기자 반작용 억제.
② 전압 정류 : 보극 설치
③ 저항 정류 : 접촉저항이 큰 탄소 브러시를 사용
④ 리액턴스(L)를 적게 하여 리액턴스 전압을 낮게 한다. : 단절권 채택
⑤ 정류주기(T_c)를 길게 한다. : 회전속도를 낮춘다.
답 ④

2021년 - 2회 _ 전기산업기사·공사산업기사

41 가동 복권 발전기의 내부 결선을 바꾸어 분권 발전기로 하자면?

① 내분권 복권형으로 해야 한다.
② 외분권 복권형으로 해야 한다.
③ 분권 계자를 단락시킨다.
④ 직권 계자를 단락시킨다.

풀이 복권 발전기

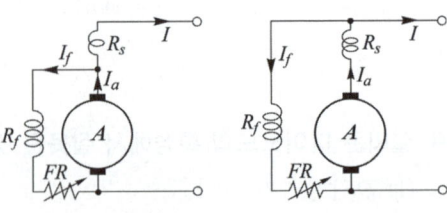

(a) 복권 (내분권)   (b) 복권 (외분권)

① 복권 발전기의 직권 계자 권선을 단락시키면, 분권 발전기로 운전할 수 있다.

② 외분권, 내분권들은 어느 것이나 복권 발전기의 일종이다. 답 ④

42 유도 전동기를 기동하기 위하여 △를 Y로 전환했을 때 토크는 몇 배가 되는가?

① $\frac{1}{3}$배 ② $\frac{1}{\sqrt{3}}$배
③ $\sqrt{3}$배 ④ 3배

풀이 ① 유도 전동기의 토크는 전압의 제곱에 비례
  ($\tau \propto V^2$)
② △에서 Y로 환환 시 1상에 가해지는 전압은
  $\frac{1}{\sqrt{3}}$ 배로 감소
따라서, 토크 $\tau \propto \left(\frac{1}{\sqrt{3}}\right)^2 = \frac{1}{3}$배 답 ①

43 2차 저항과 2차 리액턴스가 0.04[Ω], 0.06[Ω]인 3상 유도전동기의 슬립이 4[%]일 때 1차 부하전류가 10[A]이었다면 기계적 출력은 약 몇 [kW]인가? (단, 권선비 $\alpha=2$, 상수비 $\beta=1$이다.)

① 0.57 ② 0.85
③ 1.15 ④ 1.35

풀이 $r_2 = 0.04[\Omega]$이므로
$r_2' = \alpha^2 \beta r_2 = 2^2 \times 1 \times 0.04 = 0.16[\Omega]$
기계적 출력을 대표하는 부하 저항의 1차 환산값 R'은
$R' = \frac{1-s}{s}r_2' = \frac{1-0.04}{0.04} \times 0.16 = 3.84[\Omega]$
$\therefore P = 3(I_1')^2 R' = 3 \times 10^2 \times 3.84 = 1,152[W]$
  $= 1.152[kW]$ 답 ③

44 T-결선에 의하여 3300[V]의 3상으로부터 200[V], 40[kVA]의 전력을 얻는 경우 T좌 변압기의 권수비는 약 얼마인가?

① 16.5 ② 14.3
③ 11.7 ④ 10.2

풀이 주좌 변압기의 권수비를 a_M,
  T좌 변압기의 권수비를 a_T라 하면
$a_T = a_M \times \frac{\sqrt{3}}{2} = \frac{3300}{200} \times \frac{\sqrt{3}}{2}$
  $= 16.5 \times 0.866 = 14.3$ 답 ②

45 터빈발전기의 냉각을 수소 냉각방식으로 하는 이유가 아닌 것은?

① 풍손이 공기냉각시의 약 1/10로 줄어든다.
② 동일기계일 때 공기냉각 시 보다 정격 출력이 약 25[%] 증가한다.
③ 수분, 먼지 등이 없어 코로나에 의한 손상이 없다.
④ 비열은 공기의 약 10배이고 열전도율은 약 15배로 된다.

풀이 ① 수소 냉각 발전기의 장점
• 비중이 공기의 약 7[%]로 가볍고 풍손은 공기의 약 1/10로 감소
• 열전도율은 공기의 약 6.7배, 비열은 약 14배로 열전도성이 좋고, 공기냉각 발전기에 비해 약 25[%]의 출력이 증가
• 가스 냉각기가 적어도 된다.
• 코로나 발생전압이 높고 절연물의 수명이 길어진다.
• 공기에 비해 대류율이 1.3배이고 운전 중 소음이 적다.
② 수소 냉각 발전기의 단점
• 공기와 적당히 혼합하면 폭발할 우려가 있다.
• 폭발 예방을 위한 부속설비가 필요하며 설비비가 증가 답 ④

46 교류 정류자기에서 갭의 자속 분포가 정현파로 $\Phi_m = 0.14[Wb]$, $p = 2$, $a = 1$, $Z = 200$, $N = 1200[rpm]$인 경우 브러시 축이 자극 축과 30°라면 속도 기전력의 실효값 E_s는 약 몇 [V]인가?

① 160 ② 400 ③ 560 ④ 800

풀이 $E_s = \frac{1}{\sqrt{2}} \cdot \frac{p}{a} Zn\phi_m \sin\theta$
  $= \frac{1}{\sqrt{2}} \times \frac{2}{1} \times 200 \times 20 \times 0.14 \times \sin 30°[V]$
  $= 396[V]$ 답 ②

47 단락비가 큰 동기발전기에 대한 설명 중 틀린 것은?

① 효율이 나쁘다.
② 계자전류가 크다.
③ 전압변동률이 크다.
④ 안정도와 선로 충전용량이 크다.

풀이 단락비가 큰 기계(철기계)
- 동기 임피던스가 적다. ($K_s \propto \dfrac{1}{Z_s}$)
- **전압변동률이 작다.**
- 전기자 반작용이 작다.
- 출력이 크다.
- 과부하 내량이 크고 안정도가 높다.
- 자기 여자 현상이 작다.
- 송전선로의 충전용량이 크다.
- 철손, 기계손 등의 고정손이 커서 효율이 나쁘다.
- 극수가 많은 저속기에 적합하다. **답** ③

48 전기자 저항이 0.3[Ω]인 분권발전기가 단자전압 550[V]에서 부하전류가 100[A]일 때 발생하는 유도기전력[V]은? (단, 계자전류는 무시한다.)

① 260　　② 420
③ 580　　④ 750

풀이

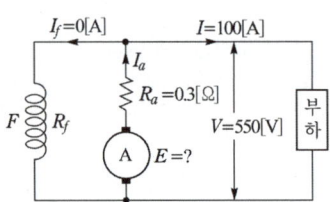

전기자 전류 $I_a = I_f + I$ 에서 '계자전류는 무시한다.'고 하였으므로 $I_a = I = 100$ [A] 이다.
따라서 유기기전력
$E = V + I_a R_a = 550 + 100 \times 0.3 = 580$ [V] **답** ③

49 유도전동기의 보호 방식에 따른 종류가 아닌 것은?

① 방진형　　② 방수형
③ 전개형　　④ 방폭형

풀이 회전기의 보호 방식에 전개형은 없다. **답** ③

50 전압변동률이 작은 동기발전기는?

① 동기 리액턴스가 크다.
② 전기자 반작용이 크다.
③ 단락비가 크다.
④ 자기여자작용이 크다.

풀이 단락비가 큰 기계(철기계)
- 동기 임피던스가 적다. ($K_s \propto \dfrac{1}{Z_s}$)
- **전압 변동률이 작다.**
- 전기자 반작용이 작다.
- 출력이 크다.
- 과부하 내량이 크고 안정도가 높다.
- 자기 여자 현상이 작다.
- 극수가 많은 저속기에 적합하다. **답** ③

51 동기발전기에서 동기속도와 극수와의 관계를 표시한 것은 어느 것인가?
단, N : 동기속도, P : 극수

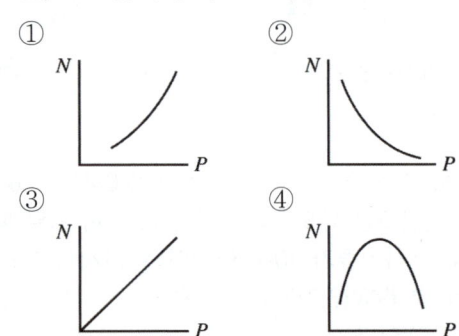

풀이 동기속도 $N = \dfrac{120f}{P} \propto \dfrac{1}{P}$
즉, 동기속도(N)와 극수(P)는 반비례하는 관계이다. **답** ②

52 8극 60[Hz], 3상 권선형 유도 전동기의 전부하 시의 2차 주파수가 3[Hz], 2차 동손이 500[W]라면 발생 토크는 약 몇 [kg·m]인가? 단, 기계손은 무시한다.

① 10.4　　② 10.8
③ 11.1　　④ 12.5

풀이
- 슬립 $s = \dfrac{f_2}{f_1} = \dfrac{3}{60} = 0.05$
- 2차 입력 $P_2 = \dfrac{P_{c2}}{s} = \dfrac{500}{0.05} = 10,000$[W]
- 회전자 속도 $N_s = \dfrac{120f}{p} = \dfrac{120 \times 60}{8} = 900$[rpm]

$\therefore T = 0.975 \dfrac{P}{N} = 0.975 \dfrac{(1-s)P_2}{(1-s)N_s} = 0.975 \dfrac{P_2}{N_s}$
$= 0.975 \times \dfrac{10,000}{900} = 10.83$[kg·m] **답** ②

53 직류 발전기의 부하 포화 곡선은 다음 어느 것의 관계인가?

① 단자 전압과 부하 전류
② 출력과 부하 전력
③ 단자 전압과 계자 전류
④ 부하 전류와 계자 전류

풀이 부하 포화 곡선은 정격 속도에서 부하 전류를 정격값으로 유지했을 때 계자 전류와 단자 전압과의 관계를 나타내는 곡선이다. **답** ③

54 권선형 유도전동기의 속도제어 방법 중 저항제어법의 특징으로 옳은 것은?

① 효율이 높고 역률이 좋다.
② 부하에 대한 속도변동률이 작다.
③ 구조가 간단하고 제어조작이 편리하다.
④ 전부하로 장시간 운전하여도 온도에 영향이 적다.

풀이 2차 저항 제어
권선형 유도전동기에만 사용할 수 있으며, 2차 회로의 저항의 변화에 의한 토크 속도 특성의 비례추이를 응용한 기동법을 말한다.

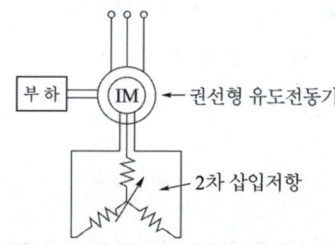

① 구조가 간단하고 조작이 편리하며, 속도제어를 원활하고 광범위하게 할 수 있다.
② 전류가 큰 2차 회로에 저항을 삽입하여 제어하므로 효율이 낮다. **답** ③

55 소형 유도 전동기의 슬롯을 사구(skew slot)로 하는 이유는?

① 토크 증가
② 게르게스 현상의 방지
③ 크로우링 현상의 방지
④ 제동 토크의 증가

풀이 ① 크로우링 현상은 유도전동기에 있어서 정지상태로부터 동기속도의 수 분의 1인 저속도까지 가속하고, 안정하기는 하지만 그 이상은 가속하지 않는 현상을 크로우링 현상이라 한다.
② 크로우링 현상을 경감시키기 위해서 회전자의 슬롯을 고정자 또는 회전자의 1슬롯 피치 정도 축방향에 대해서 경사 시키는데, 이와 같은 슬롯을 사구라 한다. **답** ③

56 정격 출력 6[kW], 전압 100[V]의 직류 분권 전동기를 전기 동력계로 시험하였더니 전기 동력계의 저울이 10[kg]을 가리켰다. 이 전동기의 출력 P[kW]와 토크 τ는 몇 [kg·m]인가? 단, 동력계의 암의 길이는 0.4[m], 전동기의 회전수는 1600[rpm]이다.

① $P=6$, $\tau=3.7$
② $P=6.56$, $\tau=4$
③ $P=4.2$, $\tau=3.7$
④ $P=7.4$, $\tau=4$

풀이
• 전기 동력계에 의한 전동기의 토크
$\tau = WL = 10 \times 0.4 = 4$[kg·m]
• 전동기의 출력
토크 $\tau = 0.975 \dfrac{P}{N}$[kg·m] 이므로
$\therefore P = \dfrac{N \cdot \tau}{0.975} = \dfrac{1600 \times 4}{0.975} \times 10^{-3} = 6.56$[kW] **답** ②

57 일정 전압으로 운전하고 있는 직류 발전기의 손실이 $\alpha + \beta I^2$으로 표시될 때 효율이 최대가 되는 전류는? 단, α, β는 정수이다.

① $\dfrac{\alpha}{\beta}$
② $\dfrac{\beta}{\alpha}$
③ $\sqrt{\dfrac{\alpha}{\beta}}$
④ $\sqrt{\dfrac{\beta}{\alpha}}$

풀이 손실 $\alpha + \beta I^2$ 중에서
α는 부하 전류에 관계없는 고정손이고,
βI^2는 전류의 제곱에 비례하는 가변손이다.
최대 효율 조건은 고정손 = 가변손이므로,
즉 $\alpha = \beta I^2$이 되는 부하 전류 $I = \sqrt{\dfrac{\alpha}{\beta}}$ 에서 최대 효율이 된다. **답** ③

58 정격 전압 6000[V], 용량 5000[kVA]의 3상 동기 발전기에 있어서 여자 전류 200[A]에 상당하는 무부하 단자 전압은 6000[V]이고, 단락 전류는 600[A]이다. 이 발전기의 단락비 및 동기 리액턴스(per unit, [p.u])는?

① 단락비 1.25, 동기 리액턴스 0.80
② 단락비 1.25, 동기 리액턴스 5.77
③ 단락비 0.80, 동기 리액턴스 1.25
④ 단락비 0.17, 동기 리액턴스 5.77

풀이 정격전류 $I_n = \dfrac{P}{\sqrt{3}\,V_n} = \dfrac{5000\times 10^3}{\sqrt{3}\times 6000} = 481.13[A]$

① 단락 시의 유도기전력 $E_n = \dfrac{V_n}{\sqrt{3}}$은 동기임피던스 강하 $I_s Z_s$와 같으므로,

$E_n = \dfrac{V_n}{\sqrt{3}} = I_s Z_s = \dfrac{6000}{\sqrt{3}} = 600 Z_s [V]$

$Z_s = \dfrac{6000}{\sqrt{3}\times 600} = 5.77[\Omega]$

② 동기 임피던스 (p.u 법)

$Z_s' = \dfrac{I_n Z_s}{E_n} = \dfrac{481.13\times 5.77}{6000/\sqrt{3}} = 0.80[p.u]$

단락비

$K_s = \dfrac{100}{\%Z_s} = \dfrac{100}{Z_s'\times 100} = \dfrac{100}{0.8\times 100} = 1.25$ **답** ①

59 슬립 5[%]인 유도전동기의 기계적 출력을 대표하는 부하저항은 2차 저항의 몇 배인가?

① 19   ② 20
③ 29   ④ 40

풀이 $R = r_2'\left(\dfrac{1}{s}-1\right) = r_2'\left(\dfrac{1}{0.05}-1\right) = 19 r_2'$ **답** ①

60 직류 분권전동기의 정격전압 220[V], 정격전류 105[A], 전기자저항 및 계자회로의 저항이 각각 0.1[Ω] 및 40[Ω]이다. 기동전류를 정격전류의 150[%]로 할 때의 기동저항은 약 몇 [Ω]인가?

① 0.46   ② 0.92
③ 1.21   ④ 1.35

풀이

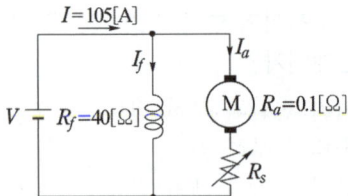

- 계자전류 $I_f = \dfrac{V}{R_f} = \dfrac{220}{40} = 5.5[A]$
- 기동전류는 정격의 150[%]이므로
  기동전류 $= 105\times 1.5 = 157.5[A]$
- 전기자 전류 $I_a = I - I_f = 157.5 - 5.5 = 152[A]$
- $R_a + R_s = \dfrac{V}{I_a} = \dfrac{220}{152} \fallingdotseq 1.45[\Omega]$

따라서 기동저항
$R_s = 1.45 - R_a = 1.45 - 0.1 = 1.35[\Omega]$ **답** ④

2021년 - 3회 _ 전기산업기사

41 출력이 20[kW]인 직류발전기의 효율이 80[%]이면 손실[kW]은 얼마인가?

① 1   ② 2   ③ 5   ④ 8

풀이 효율 $\eta = \dfrac{P}{P+P_l}\times 100$이므로

(여기서, P : 출력, P_l : 손실)

전 손실 $P_l = \dfrac{P}{\dfrac{\eta}{100}} - P = \dfrac{20}{0.8} - 20 = 5[kW]$ **답** ③

42 단상 직권 정류자 전동기에서 주자속의 최대치를 ϕ_m, 자극수를 P, 전기자 병렬회로수를 a, 전기자 전 도체수를 Z, 전기자의 속도를 N [rpm]이라 하면 속도 기전력의 실효값 E_r[V]은? (단, 주자속은 정현파이다.)

① $E_r = \sqrt{2}\,\dfrac{P}{a} Z \dfrac{N}{60} \phi_m$

② $E_r = \dfrac{1}{\sqrt{2}}\,\dfrac{P}{a} Z N \phi_m$

③ $E_r = \dfrac{P}{a} Z \dfrac{N}{60} \phi_m$

④ $E_r = \dfrac{1}{\sqrt{2}}\,\dfrac{P}{a} Z \dfrac{N}{60} \phi_m$

풀이
$$E_r = P\phi n \frac{Z}{a} = P \frac{\phi_m}{\sqrt{2}} \frac{N}{60} \cdot \frac{Z}{a}$$
$$= \frac{1}{\sqrt{2}} \frac{P}{a} Z \frac{N}{60} \phi_m [V]$$
답 ④

43 스테핑전동기의 스텝각이 3°이고, 스테핑주파수(pulse rate)가 1200[pps]이다. 이 스테핑전동기의 회전속도[rps]는?

① 10 ② 12
③ 14 ④ 16

풀이
① 1펄스 당 스텝각이 3°이고,
1초당 입력펄스가 1200[pps]이므로,
1초당 스텝각은 3° × 1200 = 3600° 이다.
② 동기 1회전 당 회전각도는 360° 이므로
따라서 스태핑전동기의 회전속도는
$\frac{3600°}{360°} = 10[rps]$ 이다.
답 ①

44 포화하고 있지 않은 직류 발전기의 회전수가 $\frac{1}{2}$로 감소되었을 때 기전력을 전과 같은 값으로 하자면 여자를 속도 변화 전에 비해 얼마로 해야 하는가?

① $\frac{1}{2}$배 ② 1배
③ 2배 ④ 4배

풀이
직류 발전기의 유기기전력 $E = \frac{pz}{a}\phi N[V]$에서
회전수 N이 $\frac{1}{2}$배 감소하면,
자속 $\phi (\propto I_f : $여자전류$)$는 2배로 증가하여야 E가 일정하다.
답 ③

45 IGBT(Insulated Gate Bipolar Transistor)에 대한 설명으로 틀린 것은?

① MOSFET와 같이 전압제어 소자이다.
② GTO 사이리스터와 같이 역방향 전압저지 특성을 갖는다.
③ 게이트와 에미터 사이의 입력 임피던스가 매우 낮아 BJT보다 구동하기 쉽다.
④ BJT처럼 on-drop이 전류에 관계없이 낮고 거의 일정하며, MOSFET보다 훨씬 큰 전류를 흘릴 수 있다.

풀이 **IGBT(Insulated Gate Bipolar Transistor)**
IGBT는 MOSFET와 트랜지스터의 장점을 취한 것으로서
① 소스에 대한 게이트의 전압으로 도통과 차단을 제어한다.
② 게이트 구동전력이 매우 낮다.
③ 스위칭 속도는 FET와 트랜지스터의 중간정도로 빠른편에 속한다.
④ 용량은 일반 트랜지스터와 동등한 수준이다.
⑤ MOSFET과 같이 입력 임피던스가 매우 높아 BJT보다 구동하기 쉽다.
답 ③

46 변압기의 온도시험을 하는 데 가장 좋은 방법은?

① 실부하법 ② 반환 부하법
③ 단락 시험법 ④ 내전압법

풀이 실부하법은 전력 손실이 크기 때문에 소용량 이외에는 별로 적용되지 않는다. 반환 부하법은 동일 정격의 변압기가 2대 이상 있을 경우에 채용되며, 전력 소비가 적고 철손과 동손을 따로 공급하는 것으로 현재 가장 많이 사용하고 있다.
답 ②

47 권수비가 1 : 2인 변압기(이상 변압기로 한다)를 사용하여 교류 100[V]의 입력을 가했을 때 전파 정류하면 출력 전압의 평균값은?

① $400\sqrt{2}/\pi$ ② $300\sqrt{2}/\pi$
③ $600\sqrt{2}/\pi$ ④ $200\sqrt{2}/\pi$

풀이
$$E_{dc} = \frac{2\sqrt{2}}{\pi} E = \frac{2\sqrt{2}}{\pi} \times 200 = \frac{400\sqrt{2}}{\pi}[V]$$
답 ①

48 비돌극형 동기 발전기의 단자 전압(1상)을 V, 유도 기전력(1상)을 E, 동기 리액턴스를 x_s, 부하각을 δ라고 하면 1상의 출력은 대략 얼마인가?

① $\frac{E^2 V}{x_s}\sin\delta$ ② $\frac{EV^2}{x_s}\sin\delta$
③ $\frac{EV}{x_s}\sin\delta$ ④ $\frac{EV}{x_s}\cos\delta$

풀이 비돌극기의 출력은 다음과 같다.
$$P = \frac{EV}{Z_s}\sin(\alpha+\delta) - \frac{V^2}{Z_s}\sin\alpha$$
전기자저항 r_a는 매우 작으므로 이것을 무시하고 $Z_s \fallingdotseq x_s$, $\alpha \fallingdotseq 0$이라 하면
$$\therefore P \fallingdotseq \frac{EV}{x_s}\sin\delta [\text{W}]$$
답 ③

49 2대의 3상 동기 발전기를 병렬 운전하여 역률 0.8, 1000[A]의 부하 전류를 공급하고 있다. 각 발전기의 유효 전류는 같고, A기의 전류가 667[A]일 때 B기의 전류는 몇[A]인가?

① 약 385   ② 약 405
③ 약 435   ④ 약 455

풀이
- 부하전류의 유효분
  $I' = I\cos\theta = 1000 \times 0.8 = 800\,[\text{A}]$
- I_A, I_B의 유효분 $I_A' = I_B' = \frac{I'}{2} = \frac{800}{2} = 400[\text{A}]$
- A기의 역률 $\cos\theta_1 = \frac{I_A'}{I_A} = \frac{400}{667} \fallingdotseq 0.6$
- I_B의 무효분
  $I_B\sin\theta_2 = I\sin\theta - I_A\sin\theta_1$
  $= 1000 \times \sqrt{1-0.8^2} - 667 \times \sqrt{1-0.6^2}$
  $= 66[\text{A}]$

따라서 $I_B = \sqrt{(I_B\sin\theta_2)^2 + (I_B')^2}$
$= \sqrt{66^2 + 400^2} \fallingdotseq 405[\text{A}]$
답 ②

50 변압기에서 2차를 1차로 환산한 등가회로의 부하 소비전력 $P_2[\text{W}]$는, 실제의 부하의 소비전력 $P_2[\text{W}]$에 대하여 어떠한가? 단, a는 변압비이다.

① a배   ② a^2배
③ $1/a$ ④ 변함없다

풀이 등가회로의 부하전력이나 실제의 부하전력에는 변함이 없다.
답 ④

51 권선형 유도전동기에서 2차 저항을 변화시켜서 속도제어를 하는 경우 최대 토크는?

① 항상 일정하다.
② 2차 저항에만 비례한다.
③ 최대 토크가 생기는 점의 슬립에 비례한다.
④ 최대 토크가 생기는 점의 슬립에 반비례한다.

풀이
① 최대 토크 $T_m \propto \frac{V^2}{2x_2}$:
  2차 저항과 무관(항상 일정)
② 최대 토크를 발생하는 슬립 $s_m \fallingdotseq \pm\frac{r_2}{x_2}$:
  2차 저항에 비례
답 ①

52 부하에 관계없이 변압기에 흐르는 전류로서 자속만을 만드는 것은?

① 1차 전류   ② 철손 전류
③ 여자전류   ④ 자화 전류

풀이 여자전류 $\dot{I_o} = \dot{I_\phi} + \dot{I_i} = \sqrt{I_\phi^2 + I_i^2}$
- $\dot{I_\phi}$ (자화전류) : 자속을 유지하는 전류
- $\dot{I_i}$ (철손전류) : 철손을 공급하는 전류
답 ④

53 2000/100[V], 10[kVA] 변압기의 1차 환산 등가 임피던스가 $6.2 + j7[\Omega]$이라면 % 임피던스 강하는 약 몇 [%]인가?

① 2.35   ② 2.5
③ 7.25   ④ 7.5

풀이 1차 정격전류 $I_{1n} = \frac{P_n}{V_1} = \frac{10 \times 10^3}{2000} = 5[\text{A}]$
$$\therefore \%Z = \frac{I_{1n}Z_1}{V_{1n}} \times 100 = \frac{5 \times \sqrt{6.2^2 + 7^2}}{2000} \times 100$$
$= 2.35[\%]$
답 ①

54 자동제어장치에 쓰이는 서보 모터(servo motor)의 특성을 나타내는 것 중 틀린 것은?

① 빈번한 시동, 정지, 역전 등의 가혹한 상태에 견디도록 견고하고 큰 돌입 전류에 견딜 것
② 시동 토크는 크나, 회전부의 관성 모멘트가 작고 전기적 시정수가 짧을 것
③ 발생 토크는 입력신호(入力信號)에 비례하고 그 비가 클 것
④ 직류 서보 모터에 비하여 교류 서보 모터의 시동 토크가 매우 클 것

풀이 서보 모터의 특징
① 기동 토크가 크다.
② 회전자 관성 모멘트가 작다.
③ 제어권선 전압이 0에서는 기동해서는 안되고, 곧 정지해야 한다.
④ **직류 서보 모터의 기동 토크가 교류 서보 모터보다 크다.**
⑤ 속응성이 좋다. 시정수가 짧다. 기계적 응답이 좋다.
⑥ 회전자 팬에 의한 냉각효과를 기대할 수 없다.
답 ④

55 단상 반파정류로 직류전압 150[V]를 얻으려고 한다. 최대 역전압(Peak Inverse Voltage)이 약 몇 [V] 이상의 다이오드를 사용하여야 하는가? (단, 정류회로 및 변압기의 전압강하는 무시한다.)

① 약 150[V]   ② 약 166[V]
③ 약 333[V]   ④ 약 470[V]

풀이 단상 반파 정류회로의 첨두 역전압
$PIV = \sqrt{2}E = \pi E_d = \pi \times 150 ≒ 471[V]$
답 ④

56 동기조상기를 부족여자로 사용하면?

① 리액터로 작용
② 저항손의 보상
③ 일반 부하의 뒤진 전류를 보상
④ 콘덴서로 작용

풀이 **동기조상기는** 동기전동기를 무부하로 회전시켜 직류 계자전류 I_f 의 크기를 조정하여 무효전력을 지상 또는 진상으로 제어하는 기기이다.
• **과여자**(진역률) : 콘덴서 작용
• **부족여자**(지역률) : **리액터로 작용**

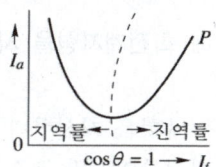

답 ①

57 3상 유도 전동기의 원선도 작성에 필요한 시험이 아닌 것은?

① 저항측정   ② 슬립측정
③ 무부하시험   ④ 구속시험

풀이 ① 원선도 작성에 필요한 시험
• 저항 측정   • 무부하 시험   • 구속 시험이 있다.
② 유도 전동기의 원선도에서 구할 수 있는 항목
• 전부하 전류   • 역률   • 효율   • 슬립
• 최대출력/정격출력   • 토크
즉, 슬립은 원선도 상에서 구할 수 있다.
답 ②

58 다음 중 옳은 것은?

① 전차용 전동기는 차동 복권 전동기이다.
② 분권 전동기의 운전 중 계자 회로만이 단선되면 위험 속도가 된다.
③ 직권 전동기에서는 부하가 줄면 속도가 감소한다.
④ 분권 전동기는 부하에 따라 속도가 많이 변한다.

풀이 분권 전동기 속도 $N = K\dfrac{V - I_a R_a}{\Phi}$ 에서 단선되는 순간 Φ 가 0이 되기 때문에 위험속도가 된다.
답 ②

59 220[V], 3상 유도 전동기의 전부하 슬립이 4[%]이다. 공급 전압이 10[%] 저하된 경우의 전부하 슬립[%]은?

① 4   ② 5
③ 6   ④ 7

풀이 공급 전압이 10[%] 저하된 경우의 전부하 슬립을 s'라 하면
$s' = s \times \left(\dfrac{V_1}{V_1'}\right)^2 = s \times \left(\dfrac{V_1}{V_1 \times 0.9}\right)^2$
$= 0.04 \times \left(\dfrac{220}{220 \times 0.9}\right)^2 = 0.05 = 5[\%]$
답 ②

60 2[kVA], 3000/100[V]의 단상변압기의 철손이 200[W]이면 1차에 환산한 여자 컨덕턴스[℧]는?

① 66.6×10^{-3} ② 22.2×10^{-6}
③ 22×10^{-2} ④ 2×10^{-6}

풀이 여자 컨덕턴스
$g_0 = \dfrac{P_i}{(V_1')^2} = \dfrac{200}{3000^2} = 22.2 \times 10^{-6}[℧]$
답 ②

2021년 - 4회 _ 공사산업기사

41 유도전동기의 2차 동손을 P_c, 2차 입력을 P_2, 슬립을 s라 할 때 이들 사이의 관계는?

① $s = P_c / P_2$ ② $s = P_2 / P_c$
③ $s = P_2 \cdot P_c$ ④ $s = P_2 + P_c$

풀이
- 2차 저항손 $P_{c2} = I_2^2 r_2$
- 회전 시 2차 전류 $I_2 = \dfrac{E_2'}{Z_2'} = \dfrac{sE_s}{\sqrt{r_2^2 + (sx_2)^2}}$

즉, $P_{c2} = I_2^2 r_2 = I_2 r_2 \dfrac{sE_s}{\sqrt{r_2^2 + (sx_2)^2}}$

$= sE_2 I_2 \cos\theta = sP_2 \left(\because \cos\theta = \dfrac{r_2}{\sqrt{r_2^2 + (sx_2)^2}}\right)$

$\therefore s = \dfrac{P_c}{P_2}$ 또는 $P_c = sP_2$ **답 ①**

42 정류자형 주파수변환기의 설명 중 틀린 것은?

① 유도전동기를 2차여자법으로 속도제어 하는데 사용하지만 유도기의 역률을 개선할 수는 없다.
② 회전자는 3상 회전변류기의 전기자와 거의 같은 구조이며 정류자와 3개의 슬립링이 있다.
③ 소용량이고 가장 간단한 것은 회전자만으로 고정자는 없다.
④ 외부에서 회전력을 공급하는데 회전방향과 속도에 따라 다양한 주파수를 얻을 수 있는 전기기계이다.

풀이 정류자형 주파수 변환기를 이것과 동일 전원에 접속하여 슬립 s로 운전하고 있는 권선형 유도전동기와 조합시키면 유도전동기의 2차 여자를 행할 수 있으므로 전동기의 속도제어와 역률의 개선을 할 수 있다. **답 ①**

43 인버터(inverter)에 대한 설명으로 옳은 것은?

① 직류를 교류로 변환
② 교류를 교류로 변환
③ 직류를 직류로 변환
④ 교류를 직류로 변환

풀이
- 인버터 : 직류를 교류로 변환
- 사이클로 컨버터 : 교류를 교류로 변환
- 초퍼 : 직류를 직류로 변환
- 컨버터 : 교류를 직류로 변환 **답 ①**

44 권선형 유도전동기에 한하여 이용되고 있는 속도제어법은?

① 1차 전압제어법, 2차 저항제어법
② 1차 주파수제어법, 1차 전압제어법
③ 2차 여자제어법, 2차 저항제어법
④ 2차 여자제어법, 극수변환법

풀이
① 농형 유도전동기의 속도 제어법
- 주파수를 바꾸는 방법
- 극수를 바꾸는 방법
- 전원 전압을 바꾸는 방법
② 권선형 유도전동기의 속도 제어법
- 2차 저항을 제어하는 방법
- 2차 여자법 등이 있다. **답 ③**

45 전기자 총 도체수 500, 6극, 중권의 직류전동기가 있다. 전기자 전 전류가 100[A]일 때의 발생 토크는 약 몇 [kg·m]인가? (단, 1극당 자속수는 0.01[Wb]이다.)

① 8.12 ② 9.54
③ 10.25 ④ 11.58

풀이 토크 $\tau = \dfrac{pZ\phi I_a}{2\pi a}[\text{N} \cdot \text{m}] \times \dfrac{1}{9.8}[\text{kg} \cdot \text{m}]$

$= \dfrac{6 \times 500 \times 0.01 \times 100}{2\pi \times 6} \times \dfrac{1}{9.8}$

$= 8.12[\text{kg} \cdot \text{m}]$ **답 ①**

46 동기발전기에 회전계자형을 사용하는 이유로 틀린 것은?

① 기전력의 파형을 개선한다.
② 계자가 회전자이지만 저전압 소용량의 직류이므로 구조가 간단하다.
③ 전기자가 고정자이므로 고전압 대전류용에 좋고 절연이 쉽다.
④ 전기자보다 계자극을 회전자로 하는 것이 기계적으로 튼튼하다.

풀이 ① 동기기를 회전 계자형으로 하는 이유
- 전기자 권선은 전압이 높고 결선이 복잡하며, 대용량으로 되면 전류도 커지고, 3상 권선의 경우에는 4개의 도선을 인출하여야 한다.
- 계자 회로는 직류의 저압 회로이므로 소요 동력도 작으며, 인출 도선이 2개만 있어도 되기 때문이다.
- 계자극은 기계적으로 튼튼하게 만드는 데 용이하기 때문이다.
- 고장 시의 과도 안정도를 높이기 위하여 회전자의 관성을 크게 하기 쉽기 때문이기도 하다.

② 기전력의 파형을 개선하기 위해서는 전기자 권선을 단절권 및 분포권으로 한다. **답** ①

47 교류 전동기에서 브러시의 이동으로 속도변화가 가능한 것은?

① 농형 전동기 ② 2중 농형 전동기
③ 동기 전동기 ④ 시라게 전동기

풀이 시라게 전동기는 3상 분권 정류자 전동기로서 직류 분권 전동기와 비슷한 정속도 특성을 가지며, 브러시 이동으로 간단하게 속도 제어를 할 수 있다. **답** ④

48 단상 50[Hz], 전파 정류 회로에서 변압기의 2차 상전압 100[V], 수은 정류기의 전압강하 20[V]에서 회로 중의 인덕턴스는 무시한다. 외부 부하로서 기전력 50[V], 내부 저항 0.3[Ω]의 축전지를 연결할 때 평균 출력은 약 몇 [W]인가?

① 4556 ② 4667
③ 4778 ④ 4889

풀이 직류 평균 전압
$$E_d = \frac{2\sqrt{2}}{\pi}E - e_a = \frac{2\sqrt{2}}{\pi} \times 100 - 20 = 70[V]$$
평균 부하 전류
$$I_d = \frac{E_d - 50}{0.2} = \frac{70-50}{0.3} = 66.67[A]$$
따라서 평균 출력
$$P_0 = E_d I_d = 70 \times 66.67 = 4667[W]$$ **답** ②

49 3상 전원에서 2상 전압을 얻고자 할 때 다음 결선 중 맞는 것은?

① 포크 결선 ② 환상 결선
③ Scott 결선 ④ 대각 결선

풀이
- 3상 전원을 이용하여 2상 전압을 얻는 방법으로는 스코트 결선(T결선), 메이어 결선, 우드브릿지 결선이 있다.
- ①, ②, ④는 3상 전원을 이용하여 6상 전압을 얻고자 할 때 사용하는 결선이다. **답** ③

50 단상 및 3상 유도전압조정기에 대한 설명으로 옳은 것은?

① 3상 유도전압조정기에는 단락권선이 필요 없다.
② 3상 유도전압조정기의 1차와 2차 전압은 동상이다.
③ 단락권선은 단상 및 3상 유도전압조정기 모두 필요하다.
④ 단상 유도전압조정기의 기전력은 회전자계에 의해서 유도된다.

풀이 3상 유도전압조정기의 직렬권선에 의한 기전력은 회전자계의 위치에 관계없이 1차 부하전류에 의한 분로권선의 기자력에 의하여 소멸되므로 단락 권선이 필요 없다. **답** ①

51 MOSFET에 대한 설명으로 옳은 것은?

① on 상태에서는 높은 저항처럼 동작한다.
② BJT와 비교하여 게이트와 소스 간의 입력 임피던스가 매우 작다.
③ 소수 캐리어 소자이므로 BJT에 비해 턴온과 턴오프가 늦게 이루어진다.
④ 게이트-소스 간의 전압으로 드레인 전류를 제어하는 전압제어 스위치로 동작한다.

풀이 MOSFET
(metal oxide silicon field effect transistor)
① on상태를 유지하기 위해 제어 전압을 지속적으로 인가해야 한다.
② 게이트와 소스 사이의 입력 임피던스가 매우 크기 때문에 게이트에 흐르는 전류는 매우 작고, 따라서 구동 회로가 간단하며 구동 전력이 작다.
③ 다수 캐리어로 동작되기 때문에 캐리어의 축적 효과에 따른 축적 시간이 필요 없으므로, 고속 스위칭이 가능하다.
④ 게이트와 소스의 전압으로 드레인 전류를 제어하는 전압 제어 소자이다. **답** ④

52 3상 유도전동기로서 작용하기 위한 슬립 s의 범위는?

① $s \geq 1$ ② $0 < s < 1$
③ $-1 \leq s \leq 0$ ④ $s = 0$ 또는 $s = 1$

풀이 슬립의 범위
- 유도전동기 : $0 < s < 1$
- 유도 발전기 : $s < 0$
- 제동기 : $s > 1$

답 ②

53 75[W] 이하의 소 출력으로 소형 공구, 영사기, 치과의료용 등에 널리 이용되는 전동기는?

① 단상 반발 전동기
② 3상 직권정류자 전동기
③ 영구자석 스텝전동기
④ 단상 직권정류자 전동기

풀이 ① 직류 직권 전동기에 가해 주는 직류 전압을 그림과 같이 바꿀 경우에도 자속과 전기자 전류의 방향이 동시에 모두 반대가 되므로, 회전 방향은 변하지 않는다.

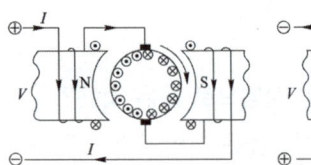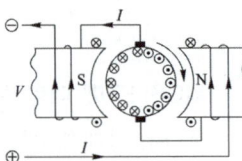

직 · 교류 양용 전동기의 원리

따라서 이 직류 직권 전동기에 교류 전압을 가해 주어도 전동기는 항상 같은 방향의 토크를 발생하고, 회전을 같은 방향으로 계속한다. 직 · 교류 양용 전동기는 이와 같은 원리를 이용한 전동기로서 단상 직권 정류자 전동기라고 한다.

② 단상 직권 정류자 전동기(단상 직권 전동기)는 가정용 미싱, 소형 공구, 영사기, 믹서, 치과 의료용 엔진 등에 사용하고, 교류, 직류 양용에 사용되기 때문에 교직 양용 전동기 또는 만능 전동기(universal motor)라고 한다.

답 ④

54 직류 분권 전동기의 단자전압과 계자전류는 일정히 하고, 2배의 속도로 2배의 토크를 발생하는 데 필요한 전력은 처음 전력의 몇 배인가?

① 불변 ② 2배
③ 4배 ④ 8배

풀이 전력 $P = w\tau = 2\pi \times \dfrac{N}{60} \times \tau \propto N\tau$ 이므로
변경 후의 전력 $P' = 2N \times 2\tau = 4N\tau = 4P$

답 ③

55 유도전동기에서 공간적으로 본 고정자에 의한 회전자계와 회전자에 의한 회전자계는?

① 항상 동상으로 회전한다.
② 슬립만큼의 위상각을 가지고 회전한다.
③ 역률각만큼의 위상각을 가지고 회전한다.
④ 항상 180°만큼의 위상각을 가지고 회전한다.

풀이
- 고정자에 의한 회전자계 : N_s (동기속도)[rpm]
- 회전자(전동기) 속도 : $N = (1-s)N_s$ [rpm]
- 고정자의 회전 자계와 회전자 사이의 상대 속도 : sN_s [rpm]
- 회전자에 의한 회전자계
  = 회전자속도 + 상대속도
  = $(1-s)N_s + sN_s = N_s$ [rpm]

따라서 회전자에 의한 회전자계는 고정자가 만드는 회전자계와 같은 방향, 동상으로 회전한다.

답 ①

56 직류기의 전기자 반작용의 영향이 아닌 것은?

① 주자속이 증가한다.
② 전기적 중성축이 이동한다.
③ 정류 작용에 악영향을 준다.
④ 정류자 편간전압이 상승한다.

풀이 전기자 반작용의 영향
① 전기적 중성축 이동
  - 발전기 : 회전 방향으로 이동
  - 전동기 : 회전 방향과 반대 방향으로 이동
② 주자속 감소
③ 정류자 편간의 불꽃 섬락 발생
④ 출력의 저하

답 ①

57 다이오드를 사용한 정류회로에서 여러 개를 병렬로 연결하여 사용할 경우 얻는 효과는?

① 인가전압 증가
② 다이오드의 효율 증가
③ 부하 출력의 맥동률 감소
④ 다이오드의 허용전류 증가

풀이
- **다이오드 직렬연결**: 입력전압 증가, 과전압으로부터 보호
- **다이오드 병렬연결**: 허용전류 증가, 과전류로부터 보호

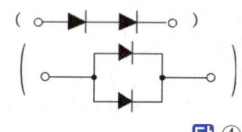

답 ④

58 6300/210[V], 20[kVA] 단상변압기 1차 저항과 리액턴스가 각각 15.2[Ω]과 21.6[Ω], 2차 저항과 리액턴스가 각각 0.019[Ω]과 0.028[Ω]이다. 백분율 임피던스는 약 몇 [%]인가?

① 1.86 ② 2.87
③ 3.86 ④ 4.86

풀이
권수비 $a = \frac{6300}{210} = 30$

- 1차측으로 환산한 저항
  $r_{21} = r_1 + a^2 r_2 = 15.2 + 30^2 \times 0.019 = 32.3[\Omega]$
- 1차측으로 환산한 리액턴스
  $x_{21} = x_1 + a^2 x_2 = 21.6 + 30^2 \times 0.028 = 46.8[\Omega]$

$\therefore \%Z = \frac{z_{21} I_{1n}}{V_{1n}} \times 100 = \frac{PZ}{10 V^2}$

$= \frac{20 \times \sqrt{32.3^2 + 46.8^2}}{10 \times 6.3^2} \fallingdotseq 2.87[\%]$

답 ②

59 단권변압기의 3상 결선에서 △결선인 경우, 1차측 선간전압 V_1, 2차측 선간전압 V_2일 때 단권변압기의 자기용량/부하용량은?
(단, $V_1 > V_2$인 경우이다.)

① $\frac{V_1 - V_2}{V_1}$
② $\frac{V_1^2 - V_2^2}{\sqrt{3} \, V_1 V_2}$
③ $\frac{\sqrt{3}(V_1^2 - V_2^2)}{V_1 V_2}$
④ $\frac{V_1 - V_2}{\sqrt{3} \, V_1}$

풀이 △결선에서 고압측 전압 V_h, 저압측 전압 V_l이라고 하면

$\frac{자기 용량 (등가 용량)}{부하 용량} = \frac{V_h^2 - V_l^2}{\sqrt{3} \, V_h V_l} = \frac{V_1^2 - V_2^2}{\sqrt{3} \, V_1 V_2}$

답 ②

60 단상 유도전동기의 기동 토크가 큰 순서로 되어 있는 것은?

① 반발 기동, 분상 기동, 콘덴서 기동
② 분상 기동, 반발 기동, 콘덴서 기동
③ 반발 기동, 콘덴서 기동, 분상 기동
④ 콘덴서 기동, 분상 기동, 반발 기동

풀이 단상 유도전동기에서 기동 토크가 큰 것부터 순서로 배열하면
반발 기동형 > 반발 유도형 > 콘덴서 기동형 > 분상 기동형 > 셰이딩 코일형 > 모노사이클릭형

답 ③

2022년 전기기기_전기산업기사·공사산업기사_CBT 복원문제

문제의 번호는 실제 시험문제의 번호와 같게 하였습니다.

2022년 - 1회 _ 전기산업기사·공사산업기사

41 직류전동기의 속도제어법 중 정지 워드 레오나드 방식에 관한 설명으로 틀린 것은?
① 광범위한 속도제어가 가능하다.
② 정토크 가변속도의 용도에 적합하다.
③ 제철용압연기, 엘리베이터 등에 사용된다.
④ 직권전동기의 저항제어와 조합하여 사용한다.

풀이 정지 워드 레오너드 방식은 교류전원에서 SCR을 통해 변환된 직류를 위상제어에 의해 조정하여 단자전압이나 계자전류의 평균치를 변화시켜 속도를 제어한다. 즉 SCR과 조합하여 사용하는 방식이다. **답** ④

42 정격전압에서 전 부하로 운전하는 직류 직권전동기의 부하전류가 50[A]이다. 부하토크가 반으로 감소하면 부하전류는 약 몇 [A]인가? (단, 자기포화는 무시한다.)
① 25   ② 35
③ 45   ④ 50

풀이 직권전동기의 토크(T)는 자로가 포화되지 않은 범위 안에서는 전기자 전류(I_a)의 제곱에 비례하므로 토크가 1/2로 되면,

$$\frac{T'}{T} = \frac{\frac{1}{2}T}{T} \propto \frac{I_a'^2}{I_a^2} \rightarrow \left(\frac{I_a'}{I_a}\right)^2 = \frac{1}{2}$$

$$\therefore I_a' = \sqrt{\frac{1}{2}} \times I_a = \sqrt{\frac{1}{2}} \times 50 \fallingdotseq 35[A]$$ **답** ②

43 동기발전기에 회전 계자형을 사용하는 경우가 많다. 그 이유에 적합하지 않은 것은?
① 전기자가 고정자이므로 고압 대전류용에 좋고 절연이 쉽다.
② 계자가 회전자이지만 저압소용량의 직류이므로 구조가 간단하다.
③ 전기자보다 계자극을 회전자로 하는 것이 기계적으로 튼튼하다.
④ 기전력의 파형을 개선한다.

풀이 동기발전기에 회전 계자형을 사용하는 이유
① 전기자 권선은 전압이 높고 결선이 복잡하며, 대용량으로 되면 전류도 커지고, 3상 권선의 경우에는 4개의 도선을 인출하여야 한다.
② 계자 회로는 직류의 저압 회로이므로 소요 동력도 작으며, 인출 도선이 2만 있어도 되기 때문이다.
③ 계자극은 기계적으로 튼튼하게 만드는 데 용이하기 때문이다.
④ 고장 시의 과도 안정도를 높이기 위하여 회전자의 관성을 크게 하기 쉽기 때문이기도 하다.
동기발전기에서 기전력의 파형을 개선하기 위해서는 전기자 권선에 단절권과 분포권을 사용하여야 한다. **답** ④

44 3상 유도전동기의 2차 저항을 m배로 하면 동일하게 m배로 되는 것은?
① 역률   ② 전류
③ 슬립   ④ 토크

풀이 $\dfrac{r_2}{s_m} = \dfrac{r_2 + R_s}{s_t}$
① 2차 저항 r_2를 변화해도 최대 토크는 변화하지 않는다.
② r_2'를 크게 하면 s_m도 커진다.
③ r_2'를 크게 하면 기동전류는 감소하고 기동 토크는 증가한다.
그러므로 최대 토크를 내는 슬립만 2차 저항에 비례한다. **답** ③

45 동기전동기의 기동법 중 자기동법(self-starting method)에서 계자권선을 저항을 통해서 단락시키는 이유는?
① 기동이 쉽다.
② 기동 권선으로 이용한다.
③ 고전압의 유도를 방지한다.
④ 전기자 반작용을 방지한다.

풀이 자기동법은 제동권선을 기동권선으로 하여 기동 토크를 얻는 방법으로 보통 기동 시에는 계자권선 중에 고전압이 유도되어 절연을 파괴하므로 방전 저항을 접속하여 단락 상태로 기동한다. 답 ③

46 그림의 단상전파 정류회로에서 교류측 공급전압 $628\sin 314t$[V], 직류측 부하저항 $20[\Omega]$일 때의 직류측 부하전류의 평균치 I_d[A] 및 직류측 부하전압의 평균치 E_d[V]는?

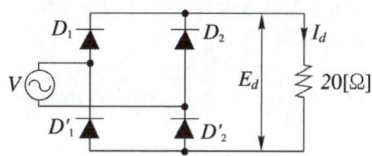

① $I_d = 20$, $E_d = 400$
② $I_d = 10$, $E_d = 200$
③ $I_d = 14.1$, $E_d = 282$
④ $I_d = 28.2$, $E_d = 565$

풀이 • 교류전압의 실효값
$$E = \frac{E_m}{\sqrt{2}} = \frac{628}{\sqrt{2}} = 444[V]$$
• 직류전압
$$E_d = \frac{2\sqrt{2}}{\pi}E = 0.9E = 0.9 \times 444 = 400[V]$$
• 직류 전류
$$I_d = \frac{E_d}{R} = \frac{400}{20} = 20[A]$$
답 ①

47 정격전압 6000[V], 용량 5000[kVA]의 3상 동기발전기에서 여자전류가 200[A]일 때 무부하 단자전압이 6000[V], 단락전류는 500[A]이었다. 동기 리액턴스는 약 몇 $[\Omega]$인가?

① 8.65 ② 7.26
③ 6.93 ④ 5.77

풀이 동기 리액턴스
$$X_s = \frac{V_n}{\sqrt{3}I_s} = \frac{6000}{\sqrt{3} \times 500} = 6.93[\Omega]$$
답 ③

48 직류 직권전동기의 운전상 위험속도를 방지하는 방법 중 가장 적합한 것은?

① 무부하 운전한다.
② 경부하 운전한다.
③ 무여자 운전한다.
④ 부하와 기어를 연결한다.

풀이 직권전동기는 무부하(무여자) 상태($I=0$, 즉 $\phi=0$)가 되면 속도가 급격히 상승하여 원심력으로 파괴될 우려가 있다. 그러므로, 직권전동기로 다른 기계를 운전하려면, 반드시 직결하거나 기어(gear)를 사용하여야 한다. 답 ④

49 다음 권선법 중 직류기에서 주로 사용되는 것은?

① 폐로권, 환상권, 이층권
② 폐로권, 고상권, 이층권
③ 개로권, 환상권, 단층권
④ 개로권, 고상권, 이층권

풀이 • 4코일의 제작 및 권선 작업이 용이하므로 직류기에서는 거의 이층권만이 사용되고 있다.
• 직류기의 전기자 권선법으로는 단절권, 2층권, 고상권, 폐로권을 채택하며, 전절권, 단층권, 환상권, 개로권은 사용되지 않는다. 답 ②

50 2대의 동기발전기가 병렬운전하고 있을 때 동기화 전류가 흐르는 경우는?

① 기전력의 크기에 차가 있을 때
② 기전력의 위상에 차가 있을 때
③ 부하분담에 차가 있을 때
④ 기전력의 파형에 차가 있을 때

풀이 병렬운전 조건이 다른 경우

병렬운전 조건	다른 경우 흐르는 전류
기전력의 크기가 같을 것	무효 순환전류
기전력의 위상이 같을 것	동기화 전류
기전력의 주파수가 같을 것	동기화 전류
기전력의 파형이 같을 것	고조파 무효 순환전류

답 ②

51 직류기의 정류 작용에서 전압 정류를 하고자 한다. 어떻게 하여야 하는가?
① 계자를 이동시킨다.
② 보극을 설치한다.
③ 탄소 브러시를 단락시킨다.
④ 환상 권선을 분리시킨다.

풀이 전압 정류는 보극을 설치하여 정류 코일 내에 유기되는 리액턴스 전압과 반대 방향으로 정류 전압을 유기시켜 양호한 정류를 할 수 있다. 탄소 브러시의 사용은 저항 정류의 역할을 함 **답** ②

52 변압기의 부하전류 및 전압은 일정하고, 주파수가 낮아지면?
① 철손이 증가
② 철손이 감소
③ 동손이 증가
④ 동손이 감소

풀이 부하전류가 일정하면 동손 $I^2 r$는 변화가 없다. 또, 철손은 거의 히스테리시스손과 와전류손의 합이다. 그런데 와전류손과 히스테리시스손을 P_e, P_h라 하면
$$P_e = k_1 B^2 f^2, \quad P_h = k_2 B^{1.6} f$$
$$E = k_3 Bf, \quad B = \frac{E}{k_3 f}$$
$$\therefore P_e = k_4 E^2, \quad P_h = k_5 E^{1.6} f^{-0.6}$$
그러므로 동일 전압에서 f(주파수)가 감소하면 철손은 증가한다. **답** ①

53 전압이 일정한 모선에 접속되어 역률 100[%]로 운전하고 있는 동기전동기의 여자전류를 증가시키면 역률과 전기자전류는 어떻게 되는가?
① 뒤진 역률이 되고 전기자 전류는 증가한다.
② 뒤진 역률이 되고 전기자 전류는 감소한다.
③ 앞선 역률이 되고 전기자 전류는 증가한다.
④ 앞선 역률이 되고 전기자 전류는 감소한다.

풀이
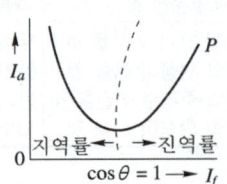
① 여자전류(I_f)를 증가시키면 역률은 앞서고 전기자전류(I_a)는 증가한다.
② 여자전류(I_f)를 감소시키면 역률은 뒤지고 전기자전류(I_a)는 증가한다. **답** ③

54 전부하에서 동손 100[W], 철손 50[W]인 변압기가 최대 효율[%]을 나타내는 부하는?
① 50
② 67
③ 70
④ 86

풀이 최대 효율은 철손과 동손이 같을 때이므로
$$P_i = m^2 P_c$$
$$\therefore m = \sqrt{\frac{P_i}{P_c}} = \sqrt{\frac{50}{100}} = 0.7 = 70[\%]$$
답 ③

55 220[V], 50[kW]인 직류 직권전동기를 운전하는데 전기자저항(브러시의 접촉저항 포함)이 0.05[Ω]이고 기계적 손실이 1.7[kW], 표유손이 출력의 1[%]이다. 부하전류가 100[A]일 때의 출력은 약 몇 [kW]인가?
① 14.5
② 16.7
③ 18.2
④ 19.6

풀이 직류 직권전동기의 역기전력
$$E_c = V - (R_a + R_s)I = 220 - 0.05 \times 100 = 215[V]$$
출력 $P = E_c I = 215 \times 100 = 21500[W] = 21.5[kW]$
출력 = 입력 − 손실이므로,
$$\therefore P' = 21.5 - 1.7 - (21.5 \times 0.01) = 19.6[kW]$$
답 ④

56 용량 40[kVA], 3200/200[V]인 3상 변압기 2차 측에 3상 단락이 생겼을 경우 단락전류는 약 몇 [A]인가? (단, %임피던스 전압은 4[%]이다.)
① 1887
② 2887
③ 3243
④ 3558

풀이 $I_s = \frac{100}{\%Z} I_n = \frac{100}{4} \times \frac{40 \times 10^3}{\sqrt{3} \times 200} \fallingdotseq 2887[A]$ **답** ②

57 제13차 고조파에 의한 회전자계의 회전방향과 속도를 기본파 회전자계와 비교할 때 옳은 것은?

① 기본파와 반대방향이고, 1/13의 속도
② 기본파와 동일방향이고, 1/13의 속도
③ 기본파와 동일방향이고, 13배의 속도
④ 기본파와 반대방향이고, 13배의 속도

풀이
① 고조파의 차수 h (3상인 경우)
- 기본파와 같은 방향으로 회전 :
  $h = 2nm + 1$(제7, 13차, …)
- 기본파와 반대 방향으로 회전 :
  $h = 2nm - 1$(제5, 11, 17차, …)
- 회전자계를 발생하지 않음 : $h = 3n$(제3, 9차, …)
  (단, m은 상수, n은 정의 정수)
② $1/h$(h : 고조파 차수)의 속도로 회전 답 ②

58 동기발전기의 돌발 단락전류를 주로 제한하는 것은?

① 동기 리액턴스
② 누설 리액턴스
③ 권선 저항
④ 동기 임피던스

풀이
- 동기기에서 저항은 누설 리액턴스에 비하여 작으며 전기자 반작용은 단락전류가 흐른 뒤에 작용하므로 돌발 단락전류를 제한하는 것은 누설 리액턴스이다. 역상 리액턴스는 역상전류에 대응하는 것으로 3상 평형 단락이 되면 역상전류는 흐르지 않는다.
- 동기 리액턴스 = 누설 리액턴스 + 반작용 리액턴스 답 ②

59 유도전동기의 부하를 증가시키면 역률은?

① 좋아진다.
② 나빠진다.
③ 변함이 없다.
④ 1이 된다.

풀이 유도전동기는 자기회로에 공극이 있기 때문에 여자전류가 전부하전류의 20~50[%]에 이른다. 그리고 무부하 상태에서는 유효 전류가 매우 적기 때문에 무부하전류≒자화 전류로 보아도 좋다. 따라서, 무부하전류는 역률이 매우 낮다. 그러나 2차측에 부하가 증가하면 유효분 전류의 증가로 인하여 1차측에서 본 역률은 점점 좋아지게 된다. 답 ①

60 기동장치를 갖는 단상 유도전동기가 아닌 것은?

① 2중 농형
② 분상기동형
③ 반발기동형
④ 셰이딩코일형

풀이 2중 농형 유도전동기
① 회전자의 농형권선을 내외 이중으로 설치한 것
② 도체
- 외측도체 : 저항이 높은 황동 또는 동니켈 합금의 도체를 사용
- 내측도체 : 저항이 낮은 전기동 사용
③ 기동 시에는 저항이 높은 외측 도체로 흐르는 전류에 의해 큰 기동 토크를 얻고 기동완료 후에는 저항이 적은 내측 도체로 전류가 흘러 우수한 운전 특성을 얻는 전동기 답 ①

2022년 - 2회 _ 전기산업기사·공사산업기사

41 브흐홀쯔 계전기로 보호되는 기기는?

① 변압기
② 발전기
③ 유도전동기
④ 회전 변류기

풀이 브흐홀쯔 계전기는 변압기의 내부고장으로 발생하는 기름의 분해 가스 증기 또는 유류를 이용하여 부저를 움직여 계전기의 접점을 닫는 것이므로 변압기의 주탱크와 콘서베이터와의 연결관 도중에 설치한다. 답 ①

42 전기자 지름 0.2[m]의 직류발전기가 1.5[kW]의 출력에서 1800[rpm]으로 회전하고 있을 때 전기자 주변속도는 약 몇 [m/s]인가?

① 18.84
② 21.96
③ 32.74
④ 42.85

풀이
회전자 주변 속도 $v = \pi D \dfrac{N_s}{60}$[m/s]
(여기서, πD : 회전자 둘레)
∴ $v = \pi \times 0.2 \times \dfrac{1800}{60} = 18.84$[m/s] 답 ①

43 3상 유도전동기의 전전압 기동 토크는 전부하 시의 1.8배이다. 전전압의 2/3로 기동할 때 기동 토크는 전부하시보다 약 몇 [%] 감소하는가?

① 80　　② 70
③ 60　　④ 40

풀이 $T \propto V^2$ 이므로 $T' \propto T \times \left(\dfrac{V_1'}{V_1}\right)^2$

$T' = 1.8T \times \left(\dfrac{2}{3}\right)^2 = 0.8T$

따라서 전전압의 2/3로 기동할 때 기동 토크는 전부하시보다 약 80[%]로 감소한다.　**답** ①

44 3상 권선형 유도전동기에서 토크 τ, 1차 전류 I_1, 역률 $\cos\theta$, 2차 동손 P_{2c}, 효율 η, 출력 P_o 라 할 때 비례추이하는 량으로 조합된 것은?

① I_1, $\cos\theta$, P_o　　② τ, P_{2c}, P_o
③ P_{2c}, η, P_o　　④ τ, I_1, $\cos\theta$

풀이 비례 추이할 수 있는 특성은 1차 전류, 2차 전류, 역률, 동기 와트 등이고, 할 수 없는 것은 출력 외에 2차 동손, 효율 등이다.　**답** ④

45 변압기 단락시험과 관계없는 것은?

① 전압변동률　　② 임피던스 와트
③ 임피던스 전압　　④ 여자 어드미턴스

풀이 변압기의 시험

시험의 종류	측정 항목
개방 회로 시험 (무부하 시험)	무부하전류, 히스테리시스손, 와류손, 여자 어드미턴스, 철손
단락 시험	동손, 임피던스 와트, 임피던스 전압

답 ④

46 5[kVA], 3300/210[V], 단상변압기의 단락시험에서 임피던스 전압 120[V], 동손 150[W]라 하면 퍼센트 저항강하는 몇 [%]인가?

① 2　　② 3
③ 4　　④ 5

풀이 %저항강하

$p = \dfrac{I_{1n}r}{V_{1n}} \times 100 = \dfrac{I_{1n}^2 r}{V_{1n}I_{1n}} \times 100$

$= \dfrac{P_c}{\text{kVA}} \times 100 = \dfrac{150}{5000} \times 100 = 3[\%]$　**답** ②

47 사이클로 컨버터(cycloconverter)란?

① AC → AC로 바꾸는 장치이다.
② AC → DC로 바꾸는 장치이다.
③ DC → DC로 바꾸는 장치이다.
④ DC → AC로 바꾸는 장치이다.

풀이 사이클로 컨버터란 정지 사이리스터 회로에 의해 전원 주파수와 다른 주파수의 전력으로 변환시키는 집적 회로 장치이다.　**답** ①

48 다음 시험 중 변압기의 절연내력 시험을 하기 위한 것은?

A : 온도상승시험,	B : 유도시험,
C : 가압시험,	D : 단락시험,
E : 충격전압시험,	F : 권선저항측정시험

① B, C, E　　② A, B, E
③ B, E, F　　④ D, E, F

풀이
- 변압기의 절연내력 시험 : 유도 시험, 가압 시험, 충격 전압시험
- 변압기 등가회로 작성에 필요한 시험 : 권선 저항 측정, 무부하 시험, 단락 시험　**답** ①

49 단상변압기 3대를 Y-△결선해서 3상 20000[V]를 3000[V]로 내려서 3000[kW], 역률 80[%]의 부하에 전력을 공급할 때 변압기 1대의 정격용량 [kVA]은?

① 1250　　② 1767
③ 2500　　④ 3750

풀이 $P = 3P_1$[kVA]이므로
(단, P : 3상 변압기의 용량,
　P_1 : 단상변압기 1대의 용량)
변압기 1대의 정격용량 P_1은

$$P_1 = \frac{P[\text{kVA}]}{3} = \frac{P'[\text{kW}]}{3 \times \cos\theta} = \frac{3000}{3 \times 0.8}$$
$$= 1250[\text{kVA}]$$

답 ①

50 전압비가 무부하에서는 15 : 1, 정격부하에서는 15.5 : 1인 변압기의 전압변동률[%]은?

① 2.2 ② 2.6
③ 3.3 ④ 3.5

풀이
$\dfrac{V_1}{V_{20}} = 15$, $\dfrac{V_1}{V_{2n}} = 15.5$

$\therefore V_{20} = \dfrac{V_1}{15}$, $V_{2n} = \dfrac{V_1}{15.5}$

그러므로 전압변동률 ϵ은

$\therefore \epsilon = \dfrac{V_{20} - V_{2n}}{V_{2n}} \times 100 = \left(\dfrac{V_{20}}{V_{2n}} - 1\right) \times 100$

$= \left(\dfrac{\frac{V_1}{15}}{\frac{V_1}{15.5}} - 1\right) \times 100 = \left(\dfrac{15.5}{15} - 1\right) \times 100$

$= 3.33[\%]$

답 ③

51 직류기의 손실 중 기계손에 속하는 것은?

① 브러시의 전기손 ② 와전류손
③ 풍손 ④ 전기자 권선동손

풀이

총손실	무부하손	철손	히스테리시스손
			와류손
		기계손 : 풍손, 베어링 마찰손, 브러시 마찰손	
	부하손	전기자저항손 $P_c = I_a^2 R$[W]	
		브러시 전기손	
	표유부하손 : 권선 이외 부분의 누설자속에 의해 발생		

답 ③

52 선박의 전기추진용 전동기의 속도제어에 가장 알맞은 것은?

① 주파수 변화에 의한 제어
② 극수 변환에 의한 제어
③ 1차 회전에 의한 제어
④ 2차 저항에 의한 제어

풀이 주파수 변화에 의한 제어는 전동기에 가해지는 전원 주파수를 바꾸어 속도를 제어하는 방법으로서 원동기의 속도제어에 의해 전용 발전기의 주파수를 변화시키는 것으로 선박의 전기 추진용 전동기, 포터 모터의 속도제어 등에 적합하다.

답 ①

53 유도전동기의 동기 와트를 설명한 것은?

① 동기속도 하에서 2차 입력을 말함
② 동기속도 하에서 1차 입력을 말함
③ 동기속도 하에서 2차 출력을 말함
④ 동기속도 하에서 2차 동손을 말함

풀이
- 슬립 s, 토크 T를 발생하며 회전하는 유도전동기가 같은 토크 T를 발생하며 동기속도로 회전하는 것으로 가정하는 때의 출력 P_2를 말한다.
- 2차 입력(동기 와트) P_2, 회전 각속도 ω, 동기 각속도 ω_s라 하면

$T = \dfrac{P}{\omega} = \dfrac{P_2(1-s)}{\omega_s(1-s)} = \dfrac{P_2}{\omega_s}$

$\therefore P_2 = \omega_s T$ [동기 와트]

답 ①

54 100[kW], 230[V] 자여자식 분권 발전기에서 전기자 회로 저항이 0.05[Ω]이고 계자 회로저항이 57.5[Ω]이다. 이 발전기가 정격 전압 전부하에서 운전할 때 유기 전압을 계산하면?

① 232[V] ② 242[V]
③ 252[V] ④ 262[V]

풀이
부하전류 $I = \dfrac{100 \times 10^3}{230} = 434.78$[A]

계자전류 $I_f = \dfrac{230}{57.5} = 4$[A]

전기자 전류 $I_a = I + I_f$이므로
유기기전력 $E = V + I_a R_a = V + (I + I_f) R_a$
$= 230 + (434.78 + 4) \times 0.05$
$= 251.94$[V]

답 ③

55 A, B 2대의 동기발전기를 병렬운전 중 계통 주파수를 바꾸지 않고 B기의 역률을 좋게 하는 것은?

① A기의 여자전류를 증대
② A기의 원동기 출력을 증대
③ B기의 여자전류를 증대
④ B기의 원동기 출력을 증대

풀이
- 동기발전기의 병렬운전에서 여자의 변화는 역률의 변화로 나타난다.
- A기의 여자를 증가하면, A기의 역률은 낮아지고, B기의 역률은 좋아진다. **답** ①

56 3상 동기발전기의 단락곡선이 직선으로 되는 이유는?

① 전기자 반작용으로
② 무부하 상태이므로
③ 자기포화가 있으므로
④ 누설 리액턴스가 크므로

풀이 단락전류는 전기자저항을 무시하면 동기리액턴스에 의해 그 크기가 결정된다. 즉, 동기리액턴스에 의해 흐르는 전류는 90° 늦은 전류가 크게 흐르게 되며, 이 전류에 의한 전기자 반작용이 감자 작용이 되므로 3상 단락곡선은 직선이 된다. **답** ①

57 100[kW], 230[V] 자여자식 분권 발전기에서 전기자 회로 저항이 0.05[Ω]이고 계자 회로저항이 57.5[Ω]이다. 이 발전기가 정격 전압 전부하에서 운전할 때 유기 전압을 계산하면?

① 232[V]   ② 242[V]
③ 252[V]   ④ 262[V]

풀이 $I = \dfrac{100 \times 10^3}{230} = 434.7[A]$, $I_f = \dfrac{230}{57.5} = 4[A]$,
$I_a = I + I_f$이므로
$\therefore E = V + I_a R_a = V + (I + I_f)R_a$
$= 230 + (434.7 + 4) \times 0.05 = 251.93[V]$ **답** ③

58 다이오드를 사용한 단상전파정류회로에서 100[A]의 직류를 얻으려고 한다. 이때 정류기의 교류측 전류는 약 몇 [A]인가?

① 111   ② 167
③ 222   ④ 278

풀이 $I_d = 2\dfrac{\sqrt{2}}{\pi}I = 0.9I$이므로
$\therefore I = \dfrac{I_d}{0.9} = \dfrac{100}{0.9} ≒ 111[A]$가 된다. **답** ①

59 다음 중 변압기유가 갖추어야 할 조건으로 옳은 것은?

① 절연내력이 낮을 것
② 인화점이 높을 것
③ 비열이 적어 냉각효과가 클 것
④ 응고점이 높을 것

풀이 변압기의 기름으로서 갖추어야 할 조건
① 절연저항 및 절연내력이 클 것(30[kV]/2.5[mm] 이상)
② 절연 재료 및 금속에 화학 작용을 일으키지 않을 것
③ 인화점이 높고(130[℃] 이상), 응고점이 낮을 것 (-30[℃] 이하)
④ 점도가 낮고(유동성이 풍부), 비열이 커서 냉각효과가 클 것
⑤ 고온에서도 석출물이 생기거나 산화하지 않을 것
⑥ 열전도율이 클 것
⑦ 열 팽창계수가 작고 증발로 인한 감소량이 적을 것
답 ②

60 경부하로 회전중인 3상 농형 유도전동기에서 전원의 3선중 1선이 개방되면 3상 전동기는?

① 개방시 바로 정지한다.
② 속도가 급상승한다.
③ 회전을 계속한다.
④ 일정시간 회전 후 정지한다.

풀이 전부하로 운전하고 있는 3상 유도전동기의 경우 1선의 퓨즈가 용단되면 단상 전동기가 되며
① 최대 토크는 50[%] 전후로 된다.
② 최대 토크를 발생하는 슬립 s는 0쪽으로 가까워진다.
③ 최대 토크 부근에서는 1차 전류가 증가한다.
만일 정지하는 경우에는 과대 전류가 흘러서 나머지 퓨즈가 용단되거나 차단기가 동작한다.
경부하에서 회전을 계속한다면
① 슬립이 2배 정도로 되고 회전수는 떨어진다.
② 1차 전류가 2배 가까이 되어서 열손실이 증가하고, 계속 운전하면 과열로 소손된다. **답** ③

2022년 3회 _ 전기산업기사

41 다음에서 게이트에 의한 턴온(turn-on)을 이용하지 않는 소자는?

① DIAC ② SCR
③ GTO   ④ TRAIC

풀이 각 종 반도체 소자의 비교
① 방향성
- 양방향성(쌍방향성) 소자 : DIAC, TRIAC, SSS
- 역저지(단방향성) 소자 : SCR, LASCR, GTO, SCS

② 극(단자) 수
- 2극(단자) 소자 : DIAC, SSS, Diode
- 3극(단자) 소자 : SCR, LASCR, GTO, TRIAC
- 4극(단자) 소자 : SCS

DIAC는 2극(단자) 양방향성(쌍방향성) 소자로 게이트가 없으므로, 게이트에 의한 턴온을 이용하지 않는다.

답 ①

42 직류분권전동기 운전 중 계자권선의 저항이 증가할 때 회전속도는?

① 일정하다.   ② 감소한다.
③ 증가한다.   ④ 관계없다.

풀이 직류분권발전기에서 계자저항이 증가하면, 계자전류(여자전류)가 감소하여 계자자속도 감소하게 된다. 따라서 속도 $n = k\dfrac{V-I_aR_a}{\phi}$ 이므로 자속(ϕ)이 감소하면 회전속도는 증가한다.

답 ③

43 그림과 같은 변압기 회로에서 부하 R_2에 공급되는 전력이 최대로 되는 변압기의 권수비 a는?

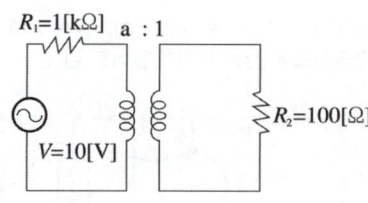

① $\sqrt{5}$ ② $\sqrt{10}$
③ 5   ④ 10

풀이 전원측 저항과 부하 측 저항이 같을 때 부하전력이 최대가 되므로 $R_1 = a^2 R_2$일 때 부하에 공급되는 전력이 최대로 된다.

$$\therefore a = \sqrt{\dfrac{R_1}{R_2}} = \sqrt{\dfrac{1000}{100}} = \sqrt{10}$$

답 ②

44 6극, 200[V], 10[kW]의 3상 유도전동기가 960[rpm]으로 회전하고 있을 때의 회전자 기전력의 주파수는? (단, 전원의 주파수는 60[Hz]이다.)

① 12[Hz]   ② 8[Hz]
③ 6[Hz]   ④ 4[Hz]

풀이 동기속도 $N_s = \dfrac{120f}{p} = \dfrac{120 \times 60}{6} = 1200\text{[rpm]}$

슬립 $s = \dfrac{N_s - N}{N_s} = \dfrac{1200 - 960}{1200} = 0.2$ 이므로

회전자 기전력의 주파수
$f' = sf = 0.2 \times 60 = 12\text{[Hz]}$

답 ①

45 직류분권전동기에서 단자전압 210[V], 전기자전류 20[A], 1500[rpm]으로 운전할 때 발생 토크는 약 몇 [N·m]인가?
(단, 전기자저항은 0.15[Ω]이다.)

① 13.2   ② 26.4
③ 33.9   ④ 66.9

풀이 $V = 210\text{[V]}$, $I_a = 20\text{[A]}$, $N = 1500\text{[rpm]}$,
$r_a = 0.15\text{[Ω]}$이므로
$E = V - I_a R_a = 210 - (20 \times 0.15) = 207\text{[V]}$

$\therefore \tau = 0.975\dfrac{P}{N} \times 9.8 = 0.975 \dfrac{E \cdot I_a}{N} \times 9.8$

$= 0.975 \times \dfrac{207 \times 20}{1500} \times 9.8 ≒ 26.4\text{[N·m]}$

답 ②

46 3상 동기발전기의 단락비를 산출하는 데 필요한 시험은?

① 외부특성시험과 3상 단락시험
② 돌발단락시험과 부하시험
③ 무부하 포화시험과 3상 단락시험
④ 대칭분의 리액턴스 측정시험

풀이

시험의 종류	산출 되는 항목
무부하 시험	철손, 기계손, 단락비, 여자전류
단락시험	동기임피던스, 동기리액턴스, 단락비, 임피던스 와트, 임피던스 전압

답 ③

47 4극 7.5[kW], 200[V], 60[Hz]인 3상 유도전동기가 있다. 전부하에서의 2차 입력이 7950[W]이다. 이 경우의 2차 효율은 약 몇 [%]인가? (단, 기계손은 130[W]이다.)

① 92 ② 94
③ 96 ④ 98

풀이 2차 입력 $P_2 = P_0 + P_{c2} + P_m$에서
$P_{c2} = P_2 - P_0 - P_m = 7950 - 7500 - 130 = 320[W]$
2차 동손 $P_{c2} = sP_2$에서
슬립 $s = \dfrac{P_{c2}}{P_2} = \dfrac{320}{7950} = 0.04$
따라서 2차 효율
$\eta_2 = 1 - s = 1 - 0.04 = 0.96 = 96[\%]$

답 ③

48 유도전동기의 2차 효율은? (단, s는 슬립이다.)

① $1/s$ ② s
③ $1-s$ ④ s^2

풀이 2차 효율
$\eta_2 = \dfrac{P}{P_2} = \dfrac{(1-s)P_2}{P_2} = 1 - s = \dfrac{N}{N_s}$

답 ③

49 1[kg·m]의 회전력으로 매분 1000회전하는 직류 전동기의 출력[kW]은 다음의 어느 것에 가장 가까운가?

① 0.1 ② 1
③ 2   ④ 5

풀이 $P = 1.026 N\tau = 1.026 \times 1000 \times 1 = 1026[W] \fallingdotseq 1[kW]$

답 ②

50 20극, 360[rpm]의 3상 동기 발전기가 있다. 전 슬롯수 180, 2층권 각 코일의 권수 4, 전기자 권선은 성형으로, 단자 전압 6600[V]인 경우 1극의 자속[Wb]은 얼마인가? 단, 권선 계수는 0.9라 한다.

① 0.0375 ② 0.3751
③ 0.0662 ④ 0.6621

풀이 $E = 4.44 k_w f W \phi$[V]식을 이용한다.
1상의 기전력은
$E = \dfrac{6600}{\sqrt{3}} = 3810.6$ [V]
$f = \dfrac{pN_s}{120} = \dfrac{20 \times 360}{120} = 60$ [Hz]
$W = \dfrac{180 \times 4}{3} = 240$
$\therefore \phi = \dfrac{3810.6}{4.44 \times 0.9 \times 60 \times 240} = 0.0662$ [Wb]

답 ③

51 3000/200[V] 변압기의 1차 임피던스가 225[Ω]이면 2차 환산 임피던스는 약 몇 [Ω]인가?

① 1.0 ② 1.5
③ 2.1 ④ 2.8

풀이 권수비 $a = \dfrac{E_1}{E_2} = \dfrac{3000}{200} = 15$
따라서 2차 환산 임피던스
$Z_2 = \dfrac{1}{a^2} Z_1 = \dfrac{1}{15^2} \times 225 = 1[\Omega]$

답 ①

52 직류발전기에 있어서 계자 철심에 잔류자기가 없어도 발전되는 직류기는?

① 분권발전기   ② 직권 발전기
③ 타여자 발전기 ④ 복권 발전기

풀이 타여자 발전기는 외부에서 계자권선 F에 직류 전원을 공급하므로 잔류 자기가 없어도 된다.

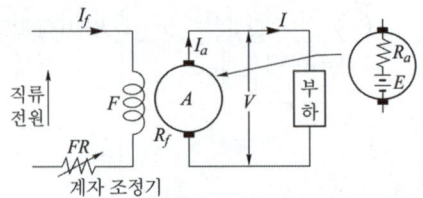

답 ③

53 다음 중 대형직류전동기의 토크를 측정하는데 가장 적당한 방법은?

① 와전류 제동기법
② 프로니 브레이크 법
③ 전기동력계법
④ 반환 부하법

풀이 와전류 제동기와 프로니 브레이크법은 소형의 전동기 토크를 측정하는 데 적합하고, 반환 부하법은 온도 시험을 하는 방법이다. **답** ③

54 변압기의 손실비와 최대 효율을 나타내는 부하 전류와의 관계는?

① 손실비가 커지면 부하전류가 적어진다.
② 손실비가 커지면 부하전류가 많아진다.
③ 손실비가 커지면 그 제곱에 비례하여 부하 전류가 커진다.
④ 부하전류는 손실비에 관계없다.

풀이 손실비 $LR = \dfrac{P_c}{P_i}$, 최고 효율은 $m^2 P_c = P_i$

즉 $m = \sqrt{\dfrac{P_i}{P_c}}$ 일 때 발생

그러므로 손실비가 크다는 것은 P_c가 P_i에 비해 크다는 것을 의미하며 또한 m이 적다는 것을 의미하므로 부하전류가 적어진다는 것을 의미함. **답** ①

55 3상 권선형 유도전동기의 2차 회로의 한상이 단선된 경우에 부하가 약간 커지면 슬립이 50[%]인 곳에서 운전이 되는 것을 무엇이라 하는가?

① 차동기 운전
② 자기여자
③ 게르게스 현상
④ 난조

풀이 게르게스 현상이란 3상 권선형 유도전동기의 2차 회로 중 1선이 단선된 경우에 약간의 과부하 상태에서도 슬립 $s = 0.5$ 부근에서 가속되지 않는 현상을 말한다. **답** ③

56 직류기의 다중 중권 권선법에서 전기자 병렬회로수(a)와 극수(P)와의 관계는? (단, 다중도는 m이다.)

① $a = 2$
② $a = 2m$
③ $a = P$
④ $a = mP$

풀이 중권과 파권의 비교

구분	중권(병렬권)	파권(직렬권)
전기자의 병렬회로수(a)	$P(mP)$	$2(2m)$
브러시 수(b)	P	2
용도	저전압, 대전류	고전압, 소전류
균압접속	4극 이상이면 균압접속을 하여야 한다.	균압접속은 필요 없다.

여기서, m : 다중도 **답** ④

57 직류분권전동기의 단자전압과 계자전류를 일정하게 하고 2배의 속도로 2배의 토크를 발생하는 데 필요한 전력은 처음 전력의 몇 배인가?

① 불변
② 2배
③ 4배
④ 8배

풀이 $P = w\tau = 2\pi \times \dfrac{N}{60} \times \tau \propto N\tau$ 이므로
$P' = 2N \times 2\tau = 4N\tau$ **답** ③

58 정류자형 주파수변환기의 회전자에 주파수 f_1의 교류를 가할 때 시계방향으로 회전자계가 발생하였다. 정류자 위의 브러시 사이에 나타나는 주파수 f_c를 설명한 것 중 틀린 것은? (단, n : 회전자의 속도, n_s : 회전자계의 속도, s : 슬립이다.)

① 회전자를 정지시키면 $f_c = f_1$인 주파수가 된다.
② 회전자를 반시계방향으로 $n = n_s$의 속도로 회전시키면 $f_c = 0$[Hz]가 된다.
③ 회전자를 반시계방향으로 $n < n_s$의 속도로 회전시키면 $f_c = sf_1$[Hz]가 된다.
④ 회전자를 시계방향으로 $n < n_s$의 속도로 회전시키면 $f_c < f_1$[Hz]가 된다.

풀이 정류자형 주파수 변환기
① 회전자가 정지하고 있는 경우 정류자 상의 브러시 사이에 나타나는 전압 E_c의 주파수 f_c는 슬립링에 가해진 전원용 주파수 f_1과 같다.
② 회전자의 외부에서 힘을 가하여 Φ와 반대방향으로 속도 $n=n_s$로 회전시 E_c의 주파수 f_c는 0이 되어 직류 전압이 된다.
③ 회전자의 속도 $n<n_s$의 경우 E_c의 주파수 $f_c=sf_1$[Hz]가 된다.
④ 회전자를 Φ와 같은 방향의 속도 n으로 회전시 E_c의 주파수 $f_c=f_1+f$[Hz]이다.
즉, 전원의 주파수 f_1을 임의의 주파수 f_1+f로 변환할 수 있다. **답** ④

59 3300/220[V] 변압기 A, B의 정격용량이 각각 400[kVA], 300[kVA]이고, %임피던스 강하가 각각 2.4[%]와 3.6[%]일 때 그 2대의 변압기에 걸 수 있는 합성 부하용량은 몇 [kVA]인가?
① 550　　② 600
③ 650　　④ 700

풀이
$$m=\frac{P_A}{P_B}=\frac{(kVA)_A}{(kVA)_B}=\frac{400}{300}=\frac{4}{3}$$
$$\frac{P_a}{P_b}=\frac{(kVA)_A}{(kVA)_B}=m\times\frac{(\%I_BZ_B)}{(\%I_AZ_A)}=\frac{4}{3}\times\frac{3.6}{2.4}=2$$
$$P_b=\frac{P_a}{2}=\frac{400}{2}=200[kVA]$$
따라서, 합성 용량 $=400+200=600[kVA]$ **답** ②

60 변압기 결선방법 중 3상 전원을 이용하여 2상 전압을 얻고자 할 때 사용할 결선 방법은?
① Fork 결선
② Scott 결선
③ 환상 결선
④ 2중 3각 결선

풀이
· 3상 전원을 이용하여 2상 전압을 얻는 방법으로는 스코트 결선(T결선), 메이어 결선, 우드브릿지 결선이 있다.
· ①, ③, ④는 3상 전원을 이용하여 6상 전압을 얻고자 할 때 사용하는 결선이다. **답** ②

2022년 - 4회 _ 공사산업기사

41 동기전동기에서 전기자 반작용을 설명한 것 중 옳은 것은?
① 공급전압보다 앞선 전류는 감자작용을 한다.
② 공급전압보다 뒤진 전류는 감자작용을 한다.
③ 공급전압보다 앞선 전류는 교차자화작용을 한다.
④ 공급전압보다 뒤진 전류는 교차자화작용을 한다.

풀이 동기전동기의 전기자 반작용
① 전압과 전류가 동상인 전류 : 횡축반작용(교차자화작용)
② 진상(앞선)인 전류 : 직축반작용(감자작용)
③ 지상(뒤진)인 전류 : 직축반작용(증자작용) **답** ①

42 브러시의 위치를 이동시켜 회전방향을 역회전시킬 수 있는 단상 유도전동기는?
① 반발기동형 전동기
② 세이딩코일형 전동기
③ 분상기동형 전동기
④ 콘덴서 전동기

풀이 단상 반발전동기는 브러시 이동으로 속도제어 및 역전이 가능하다. **답** ①

43 4극 고정자 홈수 48인 3상 유도전동기의 홈 간격을 전기각으로 표시하면 어떻게 되는가?
① 3.75°　　② 7.5°
③ 15°　　④ 30°

풀이 전기각$(\alpha)=\dfrac{180°}{슬롯수/극수}=\dfrac{180}{48/4}=15°$ **답** ③

44 동기전동기의 특징에 대한 설명으로 틀린 것은?
① 난조를 일으킬 염려가 없다.
② 회전속도가 일정하다.
③ 제동권선이 필요하다.
④ 직류전원이 필요하다.

풀이 동기 전동기의 특징
① 장점
- 속도가 일정불변이다.
- 항상 역률 1로 운전할 수 있다.
- 필요 시 앞선 전류를 통할 수 있다.
- 유도 전동기에 비하여 효율이 좋다.

② 단점
- 보통 구조의 것은 기동 토크가 적고 속도 조정을 할 수 없다.
- 난조를 일으킬 염려가 있다.
- 여자용의 직류 전원을 필요로 하여 설비비가 많이 든다. **답** ①

45 변압기의 철손과 전부하 동손을 같게 설계하면 최대 효율은?

① 전부하시
② $\frac{3}{2}$ 부하시
③ $\frac{2}{3}$ 부하시
④ $\frac{1}{2}$ 부하시

풀이 부하 전류 I_2, 철손을 P_i, 동손을 $I_2^2 r$ 라 하면 효율은

$$\eta = \frac{V_2 I_2 \cos\phi}{V_2 I_2 \cos\phi + P_i + I_2^2 r} = \frac{V_2 \cos\phi}{V_2 \cos\phi + P_i/I_2 + I_2 r}$$

에서 효율 η가 최대로 되는 조건은
분모 $V_2 \cos\phi + P_i/I_2 + I_2 r$ 가 최소일 때이다.
따라서 최소의 정리에 의하여

$$\frac{d}{dI_2}(V_2 \cos\phi + P_i/I_2 + I_2 r) = 0$$ 을 만족하면 되므로

$$-\frac{P_i}{I_2^2} + r = 0 \quad \therefore \ P_i = I_2^2 r$$

즉, 동손과 철손이 같을 때 효율은 최대가 된다. **답** ①

46 동기전동기의 전기자 전류가 최소일 때 역률은?

① 0
② 0.707
③ 0.866
④ 1

풀이 역률 1에서 전기자 전류가 최소가 된다.

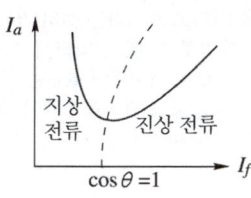

답 ④

47 교류전압제어기를 전원과 부하회로에 연결된 조광기에 교류 실효전압을 변화시켜서 사용할 수 있는 소자 중 가장 적합한 것은?

① 파워 트랜지스터(Power Transister)
② 트라이액(Triac)
③ 모스 에프이티(MOS-FET)
④ 다이오드(Diode)

풀이 TRIAC은 기능상 2개의 SCR을 역병렬접속한 것으로 양방향으로 도통할 수 있어 교류 실효전압을 변화시켜서 부하를 제어하는 데 적합하다. **답** ②

48 직류전동기의 정출력 제어를 위한 속도제어법은?

① 워드 레오너드 제어법
② 전압제어법
③ 계자제어법
④ 전기자저항 제어법

풀이 속도제어 $n = K' \frac{E_C}{\phi} = K' \frac{V - I_a R_a}{\phi}$ [rps]

전압 제어 (V)	효율이 좋다.	• 정토크 제어 • 광범위 속도제어 • 일그너 방식 (부하가 급변하는 곳) • 워드레너드 방식 • 직병렬 제어
계자 제어 (ϕ)	효율이 좋다.	• 정출력 제어 • 세밀하고 안정된 속도제어 • 속도 조정 범위 좁다.
저항 제어 (R_a)	효율이 나쁘다.	• 속도 조정 범위 좁다.

답 ③

49 동기발전기의 전기자 권선법 중 집중권인 경우 매극 매상의 틈(slot) 수는?

① 1개
② 2개
③ 3개
④ 4개

풀이
- 집중권(concentrated winding) : 매극, 매상의 슬롯 수가 1개
- 분포권(distributed winding) : 매극, 매상당 슬롯 수가 2개 이상

답 ①

50 스텝 모터에 대한 설명 중 틀린 것은?

① 가속과 감속이 용이하다.
② 정·역전 및 변속이 용이하다.
③ 위치제어 시 각도 오차가 작다.
④ 브러시 등 부품수가 많아 유지 보수 필요성이 크다.

풀이 스텝모터의 장·단점
[장점]
① 다른 서보모터와 달리 위치 및 속도를 검출하기 위한 장치가 필요 없다.
② 다른 디지털 기기와의 인터페이스가 쉽다.
③ 가속, 감속이 용이하며 정·역전 및 변속이 쉽다.
④ 속도제어 범위가 광범위하며, 초저속에서 큰 토크를 얻을 수 있다.
⑤ 위치제어를 할 때 각도 오차가 적고 누적되지 않는다.
⑥ 정지하고 있을 때 그 위치를 유지해 주는 토크가 크다.
⑦ 브러시, 슬립 링 등이 없어 부품수가 적기 때문에 유지 보수의 필요성이 적다.

[단점]
① 분해 조립, 또는 정지 위치가 한정된다.
② 효율이 서보모터에 비해 나쁘다.
③ 마찰 부하의 경우 위치 오차가 크다.
④ 오버슈트 및 진동의 문제가 있다.
⑤ 대용량의 대형기는 만들기 어렵다.   **답** ④

51 수백[Hz]~20000[Hz] 정도의 고주파 발전기에 쓰이는 회전자형은?

① 농형   ② 유도자형
③ 회전전기자형 ④ 회전계자형

풀이 고주파 발전기에는 회전자의 구조에 따라서 돌극형, 원통극형, 유도자형의 3종류가 있다.
유도자형 발전기는 계자극과 전기자를 함께 고정시키고 그 중앙에 유도자라고 하는 권선이 없는 회전자를 갖춘 것으로 주로 수백~수만[Hz] 정도의 고주파 발전기로 쓰인다.   **답** ②

52 3상 유도전동기에서 회전자가 슬립 s로 회전하고 있을 때 2차 유기전압 E_{2s} 및 2차 주파수 f_{2s}와 s와의 관계는? (단, E_2는 회전자가 정지하고 있을 때 2차 유기기전력이며 f_1은 1차 주파수이다.)

① $E_{2s} = sE_2,\ f_{2s} = sf_1$
② $E_{2s} = sE_2,\ f_{2s} = \dfrac{f_1}{s}$
③ $E_{2s} = \dfrac{E_2}{s},\ f_{2s} = \dfrac{f_1}{s}$
④ $E_{2s} = (1-s)E_2,\ f_{2s} = (1-s)f_1$

풀이 회전자가 슬립 s로 회전하고 있는 경우에 2차 도체와 회전자계 상대 속도는 회전자가 정지하고 있을 때의 s배이기 때문에, 이 경우에 대한 2차 유도 기전력 E_{2s} 및 주파수 f_{2s}도 정지할 때의 s배가 된다.
($E_{2s} = sE_2,\ f_{2s} = sf_1$)   **답** ①

53 직류 발전기를 병렬 운전할 때 균압선을 설치하여 병렬 운전하는 발전기는?

① 분권 발전기
② 타여자기
③ 복권 발전기
④ 단극 발전기

풀이 직권계자가 있는 직류 직권 발전기와 직류 복권 발전기는 안정된 병렬 운전을 하기 위하여 균압선을 설치해야 한다.   **답** ③

54 다음 중 GTO의 특징이 아닌 것은?

① 전류회로가 반드시 필요하다.
② 전압-전류 특성은 SCR과 거의 같다.
③ +게이트전류로 턴 온 된다.
④ -게이트전류로 턴 오프 된다.

풀이 GTO(gate turn off thyristor)

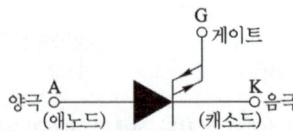

SCR은 도통 시점을 임의로 조절하는 것이 가능하지만 소호시키는 시점은 제어할 수 없다. 따라서, 이러한 단점을 보완한 것이 GTO로서 게이트에 흐르는 전류를 점호할 때의 전류와 반대 방향의 전류를 흐르게 함으로서 임의로 GTO를 소호시킬 수 있다.   **답** ①

55 동기전동기의 공급전압, 주파수 및 부하를 일정하게 유지하고 여자전류만을 변화시키면?

① 출력이 변화한다.
② 토크가 변화한다.
③ 각속도가 변화한다.
④ 부하각이 변화한다.

풀이 동기전동기의 출력 $P = \dfrac{VE}{x_s}\sin\delta$ 이다.
위상 특성 곡선에서 V, P, x_s가 일정할 경우
- 여자가 증가하여 E가 커지면 부하각 δ가 감소
- 여자가 감소하여 E가 작아지면 부하각 δ가 증가
따라서 여자전류만을 변화시키면 부하각이 변화한다.

답 ④

56 3상 동기발전기에서 권선 피치와 자극 피치의 비를 $\dfrac{13}{15}$의 단절권으로 하였을 때의 단절권계수는?

① $\sin\dfrac{13}{15}\pi$
② $\sin\dfrac{13}{30}\pi$
③ $\sin\dfrac{15}{26}\pi$
④ $\sin\dfrac{15}{13}\pi$

풀이 단절권계수
$K_s = \sin\dfrac{\beta\pi}{2} = \sin\left(\dfrac{13}{15}\times\dfrac{\pi}{2}\right) = \sin\dfrac{13}{30}\pi$

답 ②

57 동기발전기의 병렬운전 시 동기화력은 부하각 δ와 어떠한 관계인가?

① $\tan\delta$에 비례
② $\cos\delta$에 비례
③ $\sin\delta$에 반비례
④ $\cos\delta$에 반비례

풀이 동기화력은 부하각 δ의 미소 변동에 대한 출력(P)의 변화율이므로
$P_s = \dfrac{dP}{d\delta} = \dfrac{d}{d\delta}\cdot\dfrac{E^2}{2x_s}\sin\delta$
$= \dfrac{E^2}{2x_s}\cos\delta$[W/rad]이므로
동기화력 P_s는 $\cos\delta$에 비례관계이다.

답 ②

58 직류기의 정류작용에서 전압 정류의 역할을 하는 것은?

① 탄소
② 보상권선
③ 보극
④ 리액턴스 전압

풀이
- 전압정류 : 보극을 설치하여 정류 코일 내에 유기되는 리액턴스 전압과 반대 방향으로 정류 전압을 유기시켜 양호한 정류를 얻는 방법
- 저항정류 : 접촉 저항이 큰 탄소 브러시를 사용하여 정류 코일의 단락 전류를 억제해서 양호한 정류를 얻는 방법

답 ③

59 100[V]를 120[V]로 승압하는 단권변압기의 자기용량[kVA]은? (단, 부하용량은 6[kVA]이다.)

① 1
② 3.3
③ 5
④ 10

풀이 $\dfrac{\text{자기 용량}}{\text{부하 용량}} = \dfrac{V_2 - V_1}{V_2}$에서
자기 용량 $= \dfrac{V_2 - V_1}{V_2}\times$부하 용량
$= \dfrac{120 - 100}{120}\times 6 = 1$[kVA]

답 ①

60 단상변압기에 정현파 유기기전력을 유기하기 위한 여자전류의 파형은?

① 정현파
② 삼각파
③ 왜형파
④ 구형파

풀이 변압기 철심에는 자기 포화 현상과 히스테리시스 현상으로 인하여 자속을 만드는 여자전류는 정현파로 될 수 없으며 고조파를 포함하는 왜형파가 된다.

답 ③

2023년 전기기기_전기산업기사·공사산업기사_CBT 복원문제

문제의 번호는 실제 시험문제의 번호와 같게 하였습니다.

2023년 - 1회 _ 전기산업기사·공사산업기사

41 송전선로에 접속된 동기조상기의 설명으로 옳은 것은?

① 과여자로 해서 운전하면 앞선전류가 흐르므로 리액터 역할을 한다.
② 과여자로 해서 운전하면 뒤진전류가 흐르므로 콘덴서 역할을 한다.
③ 부족여자로 해서 운전하면 앞선전류가 흐르므로 리액터 역할을 한다.
④ 부족여자로 해서 운전하면 송전선로의 자기여자작용에 의한 전압상승을 방지한다.

풀이 • 과여자 운전 : 콘덴서 작용 – 역률 개선
• 부족 여자 운전 : 리액터 작용 – 이상 전압의 상승 억제
답 ④

42 직류분권발전기를 역회전하면?

① 발전되지 않는다.
② 정회전 때와 마찬가지다.
③ 과대전압이 유기된다.
④ 섬락이 일어난다.

풀이 직류분권발전기를 역회전하면 잔류자기에 의한 기전력의 극성이 반대로 되고, 분권 회로의 여자전류가 반대로 흘러서 잔류자기를 소멸시키기 때문에 발전 불능이 된다.
답 ①

43 다음 중 전기기계에 있어서 히스테리시스손을 감소시키기 위하여 어떻게 하는 것이 가장 좋은가?

① 성층 철심 사용   ② 규소 강판 사용
③ 보극 설치   ④ 보상 권선 설치

풀이 • 전기 기계에 규소강판을 사용하면 자기 저항이 크게 되어 와류손과 히스테리시스손이 감소하게 되지만 투자율이 낮아지고 기계적 강도가 감소되어 부서지기 쉽다.
• 성층하는 이유는 와류손을 적게 하기 위한 것이다.
답 ②

44 동기기의 전기자 권선법 중 단절권과 분포권을 사용하는 이유 중 가장 중요한 목적은?

① 높은 전압을 얻기 위해서
② 일정한 주파수를 얻기 위해서
③ 좋은 파형을 얻기 위해서
④ 효율을 좋게 하기 위해서

풀이 • 단절권의 장점
  ① 고조파를 제거하여 기전력의 파형을 좋게 한다.
  ② 코일 끝부분의 길이가 단축되어 기계 전체의 길이가 축소된다.
  ③ 구리의 양이 적게 든다.
• 분포권의 장점
  ① 기전력의 고조파가 감소하여 파형이 좋아진다.
  ② 권선의 누설 리액턴스가 감소한다.
  ③ 전기자 권선에 의한 열을 고르게 분포시켜 과열을 방지한다.
답 ③

45 직류기에 있어서 불꽃 없는 정류를 얻는 데 가장 유효한 방법은?

① 보극과 보상권선
② 보극과 탄소 브러시
③ 탄소 브러시와 보상권선
④ 자기포화와 브러시의 이동

풀이 양호한 정류를 얻는 조건
① 리액턴스 전압을 작게 한다. $\left(e_L = L\dfrac{2I_c}{T_c}\right)$
② 단절권 채용으로 자기 인덕턴스를 작게 한다.
③ 고속을 피하여 정류 주기를 길게 한다.
④ 저항 정류로서 탄소 브러시를 사용한다.
⑤ 전압 정류로서 보극을 설치한다.
답 ②

46 직류전동기 중 부하가 변하면 속도가 심하게 변하는 전동기는?

① 직류 분권전동기   ② 직류 직권전동기
③ 차동 복권전동기   ④ 가동 복권전동기

풀이
- 직권 전동기에서는 $I_a = I = I_f$ 이므로 $I = I_f \propto \phi$가 된다.
- 회전 속도 $n = K\dfrac{V - I_a(R_a + R_s)}{\phi(\propto I)}$ [rps]이므로 속도는 자속(= 부하전류)에 반비례하여 증감한다.

즉 직권 전동기는 부하 전류가 변화하면 속도가 현저하게 변하는 특성이 있다. **답** ②

47 직류 및 교류 양용에 사용되는 만능 전동기는?

① 복권전동기
② 유도전동기
③ 동기전동기
④ 직권 정류자전동기

풀이 직류 직권 전동기에 가해 주는 직류 전압을 그림과 같이 바꿀 경우에도 자속과 전기자 전류의 방향이 동시에 모두 반대가 되므로, 회전 방향은 변하지 않는다.

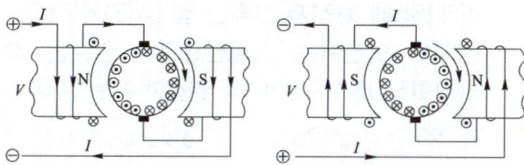

직·교류 양용 전동기의 원리

따라서, 이 직류 직권 전동기에 교류 전압을 가해 주어도 전동기는 항상 같은 방향의 토크를 발생하고, 회전을 같은 방향으로 계속한다. 직·교류 양용 전동기는 이와 같은 원리를 이용한 전동기로서 단상 직권 정류자 전동기라고 한다. **답** ④

48 변압기의 표유부하손이란?

① 동손, 철손
② 부하전류 중 누전에 의한 손실
③ 권선 이외 부분의 누설자속에 의한 손실
④ 무부하 시 여자전류에 의한 동손

풀이

총손실	무부하손 (철손)	와류손 : 와전류에 의해 발생
		히스테리시스손 : 잔류 자기와 보자력에 의해 발생
	부하손	전부하 동손 : 권선에 의해 발생
		표유부하손 : 권선 이외 부분의 누설자속에 의해 발생

답 ③

49 단락비가 큰 동기기는?

① 안정도가 높다.
② 전압변동률이 크다.
③ 기계가 소형이다.
④ 전기자 반작용이 크다.

풀이 단락비가 큰 기계(철기계)
- 동기 임피던스가 적다. ($K_s \propto \dfrac{1}{Z_s}$)
- 전압변동률이 작다.
- 전기자 반작용이 작다.
- 출력이 크다.
- 과부하 내량이 크고 **안정도가 높다**.
- 자기 여자 현상이 작다.
- 극수가 많은 저속기에 적합하다. **답** ①

50 3상 동기발전기를 병렬운전 하는 경우 필요한 조건이 아닌 것은?

① 회전수가 같다.
② 상회전이 같다.
③ 발생 전압이 같다.
④ 전압 파형이 같다.

풀이 동기발전기의 병렬 운전 조건은 다음과 같다.
① 기전력의 크기가 같을 것
② 기전력의 위상이 같을 것
③ 기전력의 주파수가 같을 것
④ 기전력의 파형이 같을 것
⑤ 상회전 방향이 같을 것 **답** ①

51 동기전동기의 위상특성곡선(V곡선)에 대한 설명으로 옳은 것은?

① 출력을 일정하게 유지할 때 부하전류와 전기자전류의 관계를 나타낸 곡선
② 역률을 일정하게 유지할 때 계자전류와 전기자전류의 관계를 나타낸 곡선
③ 계자전류를 일정하게 유지할 때 전기자전류와 출력 사이의 관계를 나타낸 곡선
④ 공급전압 V와 부하가 일정할 때 계자전류의 변화에 대한 전기자전류의 변화를 나타낸 곡선

풀이

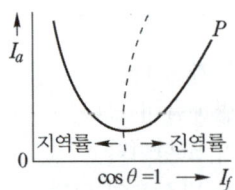

위상 특성 곡선이란 **단자전압과 부하를 일정하게 유지**하고, 여자 전류를 변화시킬 경우 **계자전류와 전기자 전류와의 관계를 표시**한 것으로 그 형상이 V자와 같으므로 V곡선이라고도 한다.
- 계자전류가 역률 1일 때 보다 크면, 앞선 전기자 전류가 흐른다.
- 계자전류가 역률 1일 때 보다 작으면, 뒤진 전기자 전류가 흐른다. **답** ④

52
1차측 권수가 1500인 변압기의 2차측에 접속한 저항 16[Ω]을 1차측으로 환산했을 때 8[kΩ]으로 되어있다면 2차측 권수는 약 얼마인가?

① 75 ② 70
③ 67 ④ 64

풀이

권수비 $a = \dfrac{V_1}{V_2} = \dfrac{N_1}{N_2} = \dfrac{I_2}{I_1} = \sqrt{\dfrac{R_1}{R_2}}$ 이므로

$a = \sqrt{\dfrac{R_1}{R_2}} = \sqrt{\dfrac{8000}{16}} = 10\sqrt{5}$

$\therefore N_2 = \dfrac{N_1}{a} = \dfrac{1500}{10\sqrt{5}} = 67$회   **답** ③

53
변압기의 절연유로서 갖추어야 할 조건이 아닌 것은?

① 비열이 커서 냉각 효과가 클 것
② 절연저항 및 절연내력이 적을 것
③ 인화점이 높고 응고점이 낮을 것
④ 고온에서도 석출물이 생기거나 산화하지 않을 것

풀이 변압기의 기름으로서 갖추어야 할 조건
① 절연내력이 클 것
② 절연 재료 및 금속에 화학 작용을 일으키지 않을 것
③ 인화점이 높고, 응고점이 낮을 것
④ 점도가 낮고, 비열이 커서 냉각 효과가 클 것
⑤ 고온에서도 석출물이 생기거나 산화하지 않을 것   **답** ②

54
6상 회전 변류기의 정격 출력이 2000[kW]이고 직류측 정격 전압이 1000[V]이다. 교류측 입력 전류는? 단, 역률 및 효율은 전부 100[%]이고 $\cos\theta = 1$이다.

① 약 471[A]   ② 약 667[A]
③ 약 943[A]   ④ 약 1633[A]

풀이

$I_d = \dfrac{P_d}{E_d} = \dfrac{2000 \times 10^3}{1000} = 2000[A]$

$\dfrac{I_a}{I_d} = \dfrac{2\sqrt{2}}{m\cos\theta}$ 이므로

$\therefore I_a = \dfrac{2\sqrt{2}}{m\cos\theta} I_d = \dfrac{2\sqrt{2}\times 2000}{6\times 1} = 942.8[A]$ **답** ③

55
220[V], 6극, 60[Hz], 10[kW]인 3상 유도전동기의 회전자 1상의 저항은 0.1[Ω], 리액턴스는 0.5[Ω]이다. 정격전압을 가했을 때 슬립이 4[%]일 때 회전자 전류는 몇 [A]인가? (단, 고정자와 회전자는 △결선으로서 권수는 각각 300회와 150회이며, 각 권선계수는 같다.)

① 27   ② 36   ③ 43   ④ 52

풀이 $k_{w1} = k_{w2}$라 하면

권수비 $a = \dfrac{w_1}{w_2} = \dfrac{300}{150} = 2$

2차 유기전압 $E_2 = \dfrac{E_2'}{a} \fallingdotseq \dfrac{V_1}{a} = \dfrac{220}{2} = 110[V]$

회전자 전류 $I_2 = \dfrac{sE_2}{\sqrt{r_2^2 + (sx_2)^2}}$

$= \dfrac{0.04 \times 110}{\sqrt{0.1^2 + (0.04\times 0.5)^2}}$

$= 43[A]$ **답** ③

56
3상 유도전동기의 원선도를 그리는 데 필요하지 않은 시험은?

① 슬립측정   ② 구속시험
③ 무부하 시험   ④ 저항측정

풀이 ① 원선도 작성에 필요한 시험은
  • 저항 측정 • 무부하 시험 • 구속 시험이 있다.
② 유도 전동기의 원선도에서 구할 수 있는 항목
  • 전부하 전류 • 역률 • 효율 • 슬립
  • 최대출력/정격출력 • 정·동토크/전부하토크   **답** ①

57 다음 유도전동기 기동법 중 권선형 유도전동기에 가장 적합한 기동법은?

① Y-△ 기동법   ② 기동보상기법
③ 전전압기동법 ④ 2차 저항법

풀이
- 권선형 유도전동기의 기동법 : 2차 측의 슬립링을 통하여 기동저항을 삽입하고 비례 추이의 특성을 이용하여 속도-토크 특성을 변화시켜 가면서 기동하는 방식을 택한다.
- 2차 저항 기동법 : 비례 추이 특성을 이용 답 ④

58 스테핑모터에 대한 설명 중 틀린 것은?

① 회전속도는 스테핑 주파수에 반비례한다.
② 총 회전각도는 스텝각과 스텝수의 곱이다.
③ 분해능은 스텝각에 반비례한다.
④ 펄스구동방식의 전동기이다.

풀이 스테핑 모터는 디지털 신호에 비례하여 일정각도 만큼 회전하는 모터로 그 총 회전각은 입력 펄스의 수로 정해지며, 회전속도는 입력 펄스의 주파수(펄스 속도)에 비례한다. 스테핑 모터는 자동화설비 등에서 전기적 신호를 위치 신호로 변환시키는 데 사용된다. 답 ①

59 교류전압제어기를 전원과 부하회로에 연결된 조광기에 교류 실효전압을 변화시켜서 사용할 수 있는 소자 중 가장 적합한 것은?

① 파워 트랜지스터(Power Transister)
② 트라이액(Triac)
③ 모스 에프이티(MOS-FET)
④ 다이오드(Diode)

풀이 TRIAC은 기능상 2개의 SCR을 역병렬접속한 것으로 양방향으로 도통할 수 있어 교류 실효전압을 변화시켜서 부하를 제어하는 데 적합하다. 답 ②

60 3300/210[V], 5[kVA] 단상변압기의 퍼센트 저항 강하 2.4[%], 퍼센트 리액턴스 강하 1.8[%]이다. 임피던스 와트[W]는?

① 320   ② 240
③ 120   ④ 90

풀이
$$\%R = \frac{I_n \cdot R}{V_n} \times 100 = \frac{P_s}{P_n} \times 100 \text{에서}$$
$$\therefore P_s = \frac{\%R \cdot P_n}{100} = \frac{2.4 \times 5 \times 10^3}{100} = 120[W]$$ 답 ③

2023년 - 2회 _ 전기산업기사·공사산업기사

41 변압기의 임피던스 전압이란?

① 정격전류 시 2차 측 단자전압이다.
② 변압기의 1차를 단락, 1차에 1차 정격전류와 같은 전류를 흐르게 하는 데 필요한 1차 전압이다.
③ 변압기 내부 임피던스와 정격전류와의 곱인 내부 전압강하이다.
④ 변압기의 2차를 단락, 2차에 2차 정격전류와 같은 전류를 흐르게 하는 데 필요한 2차 전압이다.

풀이 변압기의 임피던스 전압이란, 변압기의 임피던스와 정격전류와의 곱을 말한다. ($E_s = I_n \cdot Z$)
즉, 정격전류에 의한 변압기 내부 전압강하를 의미한다. 답 ③

42 정격전압이 일정하고 일정한 파형에서 주파수가 상승하면 변압기 철손은 어떻게 변하는가?

① 불변이다.
② 감소한다.
③ 증가한다.
④ 어떤 기간 동안 증가한다.

풀이
- 히스테리시스손
$$P_h = \sigma_h f B_m^2 = Kf\left(\frac{V}{f}\right)^2 = K\frac{V^2}{f}$$
- 와류손
$$P_e = \sigma_e (tfB_m)^2 = K\left(f \cdot \frac{V}{f}\right)^2 = KV^2$$

정격전압이 일정하고 주파수가 상승하면 와전류손은 일정, 히스테리시스손은 감소하므로 결국 철손은 감소한다. 답 ②

43 IGBT(Insulated Gate Bipolar Transistor)에 대한 설명으로 틀린 것은?

① MOSFET와 같이 전압제어 소자이다.
② GTO 사이리스터와 같이 역방향 전압저지 특성을 갖는다.
③ 게이트와 에미터 사이의 입력 임피던스가 매우 낮아 BJT보다 구동하기 쉽다.
④ BJT처럼 on-drop이 전류에 관계없이 낮고 거의 일정하며, MOSFET보다 훨씬 큰 전류를 흘릴 수 있다.

풀이 IGBT(Insulated Gate Bipolar Transistor)
IGBT는 MOSFET와 트랜지스터의 장점을 취한 것으로서
① 소스에 대한 게이트의 전압으로 도통과 차단을 제어한다.
② 게이트 구동전력이 매우 낮다.
③ 스위칭 속도는 FET와 트랜지스터의 중간정도로 빠른편에 속한다.
④ 용량은 일반 트랜지스터와 동등한 수준이다.
⑤ MOSFET과 같이 입력 임피던스가 매우 높아 BJT보다 구동하기 쉽다. **답** ③

44 전부하에서 동손 100[W], 철손 50[W]인 변압기가 최대 효율[%]을 나타내는 부하는?

① 50 ② 67
③ 70 ④ 86

풀이 최대 효율은 철손과 동손이 같을 때이므로 $P_i = m^2 P_c$

$\therefore m = \sqrt{\dfrac{P_i}{P_c}} = \sqrt{\dfrac{50}{100}} = 0.7 = 70[\%]$ **답** ③

45 3상 직권 정류자 전동기의 중간 변압기는 고정자 권선과 회전자 권선 사이에 직렬로 접속되는데 이 중간 변압기를 사용하는 중요한 이유는?

① 경부하시 속도의 급상승 방지를 위하여
② 주파수 변동으로 속도를 조정하기 위하여
③ 회전자 상수를 감소하기 위하여
④ 역회전을 방지하기 위하여

풀이 중간 변압기를 사용하는 주요한 이유
① 전원전압의 크기에 관계없이 정류에 알맞게 회전자 전압을 선택할 수 있다.
② 중간 변압기의 권수비를 바꾸어 전동기의 특성을 조정할 수 있다.
③ 직권 특성이기 때문에 경부하에서는 속도가 매우 상승하나 중간 변압기를 사용, 그 철심을 포화하도록 하면 그 속도 상승을 제한할 수 있다. **답** ①

46 PWM 인버터에서 나타나는 고조파의 영향이 아닌 것은?

① 손실
② 기계적인 마찰과 관성
③ 소음과 진동
④ 토크맥동

풀이 기계적인 마찰은 고조파의 영향이 아니라 기계적인 원인에 의해 발생하는 것이다. **답** ②

47 유도전동기의 속도제어 방식으로 틀린 것은?

① 크레머 방식
② 일그너 방식
③ 2차 저항제어 방식
④ 1차 주파수제어 방식

풀이
• 농형 유도전동기의 속도 제어법
  ① 주파수를 바꾸는 방법
  ② 극수를 바꾸는 방법
  ③ 전원 전압을 바꾸는 방법
• 권선형 유도전동기의 속도 제어법
  ① 2차 저항을 제어하는 방법
  ② 2차 여자법(크레머 방식, 셀비어스 방식) 등이 있다.

일그너 방식은 직류전동기의 속도제어 방식이다. **답** ②

48 직류분권발전기가 있다. 극당 자속 0.01[Wb], 도체수 400, 회전수 600[rpm]인 6극 직류기의 유도기전력[V]은? 단, 병렬회로수는 2이다.

① 160 ② 140
③ 120 ④ 100

풀이 조건에서 병렬회로수는 2라고 하였으므로

유도기전력 $E = \dfrac{P}{a} Z\phi \dfrac{N}{60} = \dfrac{6}{2} \times 400 \times 0.01 \times \dfrac{600}{60}$
$= 120[V]$ **답** ③

49 동기발전기의 단락비나 동기 임피던스를 산출하는 데 필요한 특성곡선은?

① 부하 포화곡선과 3상 단락곡선
② 단상 단락곡선과 3상 단락곡선
③ 무부하 포화곡선과 3상 단락곡선
④ 무부하 포화곡선과 외부특성곡선

풀이

시험의 종류	측정항목
무부하 시험	철손, 기계손
단락 시험	동기임피던스, 동기리액턴스
무부하(포화) 시험, 단락 시험	단락비

답 ③

50 불평형 전압 상태에서 3상 유도전동기를 운전하면 토크와 입력은 어떻게 되는가?

① 토크가 감소하고 입력도 감소한다.
② 토크는 감소하고 입력은 증가한다.
③ 토크는 증가하고 입력은 감소한다.
④ 토크가 증가하고 입력은 증가한다.

풀이 전압이 불평형이 되면 불평형 전류가 흘러 전류는 증가하나 토크는 감소한다. 답 ②

51 다음 기기 중 공장에서 역률을 개선하려고 할 때 쓰이는 기기가 아닌 것은?

① 동기조상기
② 콘덴서용 직렬리액터
③ 전력용 콘덴서
④ 회전변류기

풀이
- 동기조상기 및 전력용 콘덴서를 사용하여 역률을 개선할 수 있으며, 전력용 콘덴서에는 방전 코일과 직렬 리액터를 부속으로 설치하여야 한다.
- 회전 변류기는 교류전력을 직류전력으로 바꾸는 회전기기이다. 답 ④

52 서보 모터가 갖추어야 할 조건이 아닌 것은?

① 기동 토크가 클 것
② 관성 모멘트가 클 것
③ 가감속이 용이할 것
④ 토크 속도곡선이 수하특성을 가질 것

풀이 서보 모터는 기동 토크는 크고, 회전자의 관성 모멘트는 적어야 한다. 답 ②

53 동기발전기에서 전기자 전류를 I, 유기기전력과 전기자 전류와의 위상각을 θ라 하면 횡축반작용을 하는 성분은?

① $I\cot\theta$ ② $I\tan\theta$
③ $I\sin\theta$ ④ $I\cos\theta$

풀이 유효분 $I\cos\theta$는 기전력과 같은 위상의 전류 성분으로서 횡축반작용을 하며, 무효분 $I\sin\theta$는 $\pi/2$[rad]만큼 뒤지거나 앞서기 때문에 직축반작용을 한다. 답 ④

54 직류전동기의 회전수를 1/2로 줄이려면, 계자 자속을 몇 배로 하여야 하는가? (단, 전압과 전류 등은 일정하다.)

① 1   ② 2
③ 3   ④ 4

풀이 회전수 $n = K\dfrac{V-I_aR_a}{\Phi}$이므로, n을 $\dfrac{1}{2}$로 하면 자속 Φ는 2배가 되어야 한다. 답 ②

55 단상변압기를 병렬 운전하는 경우 부하전류의 분담에 관한 설명 중 옳은 것은?

① 누설 리액턴스에 비례한다.
② 누설 임피던스에 비례한다.
③ 누설 임피던스에 반비례한다.
④ 누설 리액턴스의 제곱에 반비례한다.

풀이 변압기 병렬운전 시 부하 분담은 누설 임피던스에 역비례하며, 변압기의 용량에 비례한다.

$$\frac{I_a}{I_b} = \frac{P_A}{P_B} \cdot \frac{\%Z_b}{\%Z_a}$$

여기서, I_a, I_b : 각 변압기의 분담 전류
P_A, P_B : A, B 변압기의 용량
$\%Z_a$, $\%Z_b$: A, B 변압기의 %임피던스 **답** ③

56 단상 다이오드 반파정류회로인 경우 정류 효율은 약 몇 [%]인가? (단, 저항부하인 경우이다.)

① 12.6 ② 40.5
③ 60.6 ④ 81.2

풀이

정류 종류	단상 반파	단상 전파	3상 반파	3상 전파
맥동률[%]	121	48	17.7	4.04
정류 효율	40.5	81.1	96.7	99.8
맥동 주파수	f	$2f$	$3f$	$6f$

답 ②

57 직류기의 전기자권선 중 중권 권선에서 뒤 피치가 앞 피치보다 큰 경우를 무엇이라 하는가?

① 진권 ② 쇄권
③ 여권 ④ 장절권

풀이
- 진권 : 권선의 진행 방향은 시계 방향의 방사형이며, 후절(뒤 피치)이 전절(앞 피치)보다 크다.
- 누권(역진권) : 권선 방향은 반시계 방향으로 감겨지게 되고 후절(뒤 피치)이 전절(앞 피치)보다 적다.

답 ①

58 단자전압 100[V], 전기자 전류 10[A], 전기자 회로 저항 1[Ω], 회전수 1800[rpm]으로 전부하 운전하고 있는 직류 전동기의 토크는 약 몇 [kg·m]인가?

① 0.049 ② 0.49
③ 49 ④ 490

풀이 $E = V - I_a R_a = 100 - 10 \times 1 = 90[V]$

$$\therefore \tau = 0.975 \frac{P}{N} = 0.975 \frac{EI_a}{N} = 0.975 \times \frac{90 \times 10}{1800}$$
$$= 0.49[kg \cdot m]$$

답 ②

59 어떤 변압기의 단락시험에서 %저항강하 1.5[%]와 %리액턴스강하 3[%]를 얻었다. 부하역률이 80[%] 앞선 경우의 전압변동률[%]은?

① -0.6 ② 0.6
③ -3.0 ④ 3.0

풀이 앞선 역률이므로, 전압변동률
$\epsilon = p\cos\theta - q\sin\theta = 1.5 \times 0.8 - 3 \times 0.6$
$= -0.6[\%]$

답 ①

60 220[V], 3상 유도전동기의 전부하 슬립이 6[%]이다. 공급전압이 10[%] 저하된 경우의 전부하 슬립은 어떻게 되는가?

① 0.074 ② 0.067
③ 0.054 ④ 0.049

풀이 공급전압이 10[%] 저하된 경우의 전부하 슬립을 s'라 하면

$$s' = s \times \left(\frac{V_1}{V_1'}\right)^2 = s \times \left(\frac{V_1}{V_1 \times 0.9}\right)^2$$
$$= 0.06 \times \left(\frac{220}{220 \times 0.9}\right)^2 = 0.074[\%]$$

답 ①

2023년 - 3회 _ 전기산업기사

41 직류기의 전기자에 일반적으로 사용되는 전기자 권선법은?

① 2층권 ② 개로권
③ 환상권 ④ 단층권

풀이 직류기의 전기자 권선법으로 이층권, 고상권, 폐로권을 채택한다. **답** ①

42 직류기에서 전기자 반작용을 방지하기 위한 보상권선의 전류방향은?

① 계자전류의 방향과 같다.
② 계자전류방향과 반대이다.
③ 전기자 전류방향과 같다.
④ 전기자 전류방향과 반대이다.

풀이 보상권선은 전기자 전류의 기전력을 상쇄하기 위하여 주자극의 자극편에 슬롯을 만들어 그림과 같이 전기자 전류와 반대 방향으로 전류가 흐르게 한다. 보상권선을 설치하면 브러시를 기하학적 중성축에 놓는다.

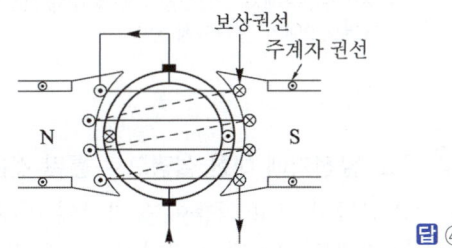

답 ④

43 직류 발전기의 병렬 운전 조건 중 잘못된 것은?

① 단자 전압이 같을 것
② 외부 특성이 같을 것
③ 극성을 같게 할 것
④ 유도 기전력이 같을 것

풀이 병렬 운전 조건
① 정격 전압 및 극성이 같을 것
② 외부 특성 곡선이 어느 정도 수하 특성일 것
③ 용량이 같으면 각 발전기의 외부 특성 곡선이 같을 것
④ 용량이 다를 경우[%] 부하 전류로 나타낸 외부 특성 곡선이 거의 일치할 것

답 ④

44 3상 동기발전기의 전기자 권선을 Y결선으로 하는 이유로서 적당하지 않은 것은?

① 고조파 순환 전류가 흐르지 않는다.
② 이상전압 방지의 대책이 용이하다.
③ 전기자 반작용이 감소한다.
④ 코일의 코로나, 열화 등이 감소된다.

풀이 3상 동기발전기의 전기자 권선을 Y결선으로 하면
① 권선의 불평형 및 제3고조파(그 배수 포함) 등에 의한 순환 전류가 흐르지 않는다.
② 중성점을 이용할 수 있으므로 권선 보호장치의 시설이나 중성점접지에 의한 이상전압의 방지 대책이 용이하다.
③ 상전압이 낮기 때문에 코일의 코로나, 열화 등이 작다. 그러나 동일 전압에 대하여 상전압이 낮기 때문에 발전기 권선의 전류는 커진다고 볼 수 있다.

답 ③

45 여자 전류 및 단자 전압이 일정한 비돌극형 동기 발전기 출력과 부하각 δ와의 관계를 나타낸 것은? (단, 전기자 저항은 무시한다.)

① δ에 비례
② δ에 반비례
③ $\cos\delta$에 비례
④ $\sin\delta$에 비례

풀이 비돌극형 발전기의 출력
$P = \dfrac{EV}{x_s}\sin\delta$ [W]이므로 $P \propto \sin\delta$

답 ④

46 변압기의 무부하 시험으로 구할 수 없는 것은?

① 무부하 전류
② 동손
③ 철손
④ 여자 임피던스

풀이
• 변압기 무부하 시험은 무부하 전류, 히스테리시스손, 와류손 등을 구할 수 있다.
• 동손은 단락 시험으로 구할 수 있다.

답 ②

47 어느 변압기의 무유도 전부하의 효율은 95[%], 전압 변동률은 3[%]라 한다. 이 변압기에 최대 효율을 발생 할 수 있는 무유도 부하가 인가되었을 때의 최대 효율[%]은?

① 약 93
② 약 95
③ 약 97
④ 약 99

풀이 무유도 전부하 출력을 1이라 하고, 이때의 동손 및 철손의 정격 출력에 대한 비를 P_c, P_i라고 하면

$\eta = \dfrac{1}{1+P_c+P_i}$ 에서 $1+P_c+P_i = \dfrac{1}{\eta}$

즉 $P_c + P_i = \dfrac{1}{\eta} - 1 = \dfrac{1}{0.95} - 1 = 0.05$

전압 변동률 $\epsilon = \dfrac{V_0 - V_n}{V_n} = \dfrac{IR}{V_n} = \dfrac{I^2R}{V_n I} = \dfrac{P_c}{P}$ 에서

전부하 출력 $P=1$일 때 $\epsilon = P_c = 0.03$

∴ $P_i = 0.05 - P_c = 0.05 - 0.03 = 0.02$

m 부하의 경우, 최대 효율이 된다고 하면

$m^2 P_c = P_i$, $m = \sqrt{\dfrac{P_i}{P_c}} = \sqrt{\dfrac{0.02}{0.03}} = 0.82$

따라서 무유도 부하의 최대 효율

$\eta_m = \dfrac{0.82}{0.82 + 0.02 \times 2} \times 100 ≒ 95[\%]$

답 ②

48 변압기에서 철심의 자속밀도 $B = 1.2[\text{Wb/m}^2]$ 인 경우 히스테리시스손과 와류손은 각각 최대 자속 밀도의 몇 승에 비례하는가?

① 히스테리시스손 : 1.6, 와류손 : 1.6
② 히스테리시스손 : 1.6, 와류손 : 2
③ 히스테리시스손 : 2, 와류손 : 1.6
④ 히스테리시스손 : 1, 와류손 : 1

풀이
① 히스테리시스손
- $B = 1.2[\text{Wb/m}^2]$ 인 경우 $P_h \propto fB_m^{1.6}$
- $B = 1.2 \sim 1.5[\text{Wb/m}^2]$ 인 경우 $P_h \propto fB_m^2$

② 와류손 $P_e \propto f^2 B_m^2$
여기서, f : 주파수[Hz],
B_m : 최대 자속 밀도[Wb/m²] **답** ②

49 용량 1[kVA], 3000/200[V]의 단상변압기를 단권변압기로 결선해서 3000/3200[V]의 승압기로 사용할 때 그 부하용량[kVA]은?

① $\dfrac{1}{16}$ ② 1 ③ 15 ④ 16

풀이
부하 용량 $= \dfrac{V_h}{V_h - V_l} \times$ 자기 용량
$= \dfrac{3200}{3200 - 3000} \times 1 = 16[\text{kVA}]$ **답** ④

50 전동기가 입력 20[kW]로 운전하여 23[HP]의 동력을 발생하고 있을 때 전동기의 손실은 몇 [kW]인가?

① 0.87 ② 1.15
③ 2.84 ④ 3.0

풀이
- 1[HP] = 746[W]
- 손실 = 입력 - 손실 = 20 - (23 × 0.746)
  = 2.84[kW] **답** ③

51 6극인 유도전동기의 토크가 τ이다. 극수를 12극으로 변환하였다면 변환한 후의 토크는? 단, 유도전동기의 2차 입력 및 주파수는 일정하다고 한다.

① τ ② 2τ ③ $\dfrac{\tau}{2}$ ④ $\dfrac{\tau}{4}$

풀이
- 토크 $\tau = 0.975 \dfrac{P_2}{N_s} = 0.975 \dfrac{P_2}{\dfrac{120}{p}f}$ [kg·m] 이므로,

$\tau \propto p$ (극수)이다.
- 극수가 6극에서 12극으로 2배 증가하였으므로, 토크도 2배가 증가하게 된다. **답** ②

52 유도 발전기에 대한 설명으로 틀린 것은?

① 공극이 크고 역률이 동기기에 비해 좋다.
② 병렬로 접속된 동기기에서 여자전류를 공급받아야 한다.
③ 농형 회전자를 사용할 수 있으므로 구조가 간단하고 가격이 싸다.
④ 선로에 단락이 생기면 여자가 없어지므로 동기기에 비해 단락전류가 작다.

풀이 유도기를 전동기로서의 회전 방향과 같은 방향으로 동기 속도 이상의 속도로 회전시키면 발전기가 되는데, 이것을 유도 발전기 또는 비동기발전기라고 한다.
[장점]
- 동기발전기에 비해 가격이 싸다.
- 기동과 취급이 간단하며 고장이 적다.
- 동기발전기와 같이 동기화 할 필요가 없으며 난조 등의 이상 현상도 생기지 않는다.
- 선로에 단락이 생긴 경우에는 여자가 상실되므로 단락전류는 동기기에 비해 적으며 지속 시간도 짧다.

[단점]
- 병렬로 운전되는 동기기에서 여자전류를 취해야 한다.
- 공극의 치수가 작기 때문에 운전시 주의해야 한다.
- 효율과 역률이 낮다. **답** ①

53 4극 3상 유도전동기를 60[Hz]의 전원에 접속하여 운전하고 있다. 회전자의 주파수가 3[Hz]일 때 회전자 속도[rpm]는?

① 1700 ② 1710
③ 1720 ④ 1730

풀이 회전자 주파수 $f_2 = sf_1$에서
슬립 $s = \dfrac{f_2}{f_1} = \dfrac{3}{60} = 0.05$
따라서 회전자 속도 N은
$N = (1-s)\dfrac{120f}{p} = (1-0.05) \times \dfrac{120 \times 60}{4}$
$= 1710[\text{rpm}]$ **답** ②

54 회전 중인 유도전동기의 제동법이 아닌 것은?

① 회생 제동　② 발전 제동
③ 역상 제동　④ 3상 제동

풀이 유도전동기의 제동법
① **회생 제동** : 유도전동기를 유도발전기로 동작시켜 그 발생 전력을 전원에 반환하면서 제동하는 방법
② **발전 제동** : 전동기를 전원으로부터 분리한 후 1차 측에 직류전원을 공급하여 발전기로 동작시킨 후 발생된 전력을 저항에서 열로 소비시키는 방법
③ **역전 제동** : 회전 중인 전동기의 1차 권선 3단자 중 임의의 2단자의 접속을 바꾸면 역방향의 토크가 발생되어 제동하는 방법으로 이 방법은 급속하게 정지시키고자 하는 경우에 사용된다.
④ **단상 제동** : 권선형 유도전동기의 1차 측을 단상교류로 여자하고 2차 측에 적당한 크기의 저항을 넣으면 전동기의 회전과는 역방향의 토크가 발생 되므로 제동된다. **답 ④**

55 단상 다이오드 반파정류회로인 경우 정류 효율은 약 몇 [%]인가? (단, 저항부하인 경우이다.)

① 12.6　② 40.6　③ 60.6　④ 81.2

풀이

정류 종류	단상 반파	단상 전파	3상 반파	3상 전파
맥동률[%]	121	48	17.7	4.04
정류 효율	40.5	81.1	96.7	99.8
맥동 주파수	f	$2f$	$3f$	$6f$

답 ②

56 다음 중 GTO의 특징이 아닌 것은?

① 전류회로가 반드시 필요하다.
② 전압-전류 특성은 SCR과 거의 같다.
③ +게이트전류로 턴 온 된다.
④ -게이트전류로 턴 오프 된다.

풀이 GTO(gate turn off thyristor)

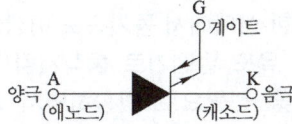

SCR은 도통 시점을 임의로 조절하는 것이 가능하지만 소호시키는 시점은 제어할 수 없다. 따라서, 이러한 단점을 보완한 것이 GTO로서 게이트에 흐르는 전류를 점호할 때의 전류와 반대 방향의 전류를 흐르게 함으로서 임의로 GTO를 소호시킬 수 있다. **답 ①**

57 교류 전동기에서 브러시의 이동으로 속도변화가 가능한 것은?

① 농형 전동기　② 2중 농형 전동기
③ 동기 전동기　④ 시라게 전동기

풀이 **시라게 전동기**는 3상 분권 정류자 전동기로서 직류 분권 전동기와 비슷한 정속도 특성을 가지며, **브러시 이동으로 간단하게 속도 제어를 할 수 있다**. **답 ④**

58 중부하에서도 기동되도록 하고 회전계자형의 동기 전동기에 고정자인 전기자 부분이 회전자의 주위를 회전할 수 있도록 2중 베어링의 구조를 가지고 있는 전동기는?

① 유도자형 전동기　② 유도 동기 전동기
③ 초동기 전동기　④ 반작용 전동기

풀이
- 동기 전동기를 보완하여 중부하에서도 기동이 되도록 한 것이 초동기 전동기이다.
- **초동기 전동기**는 기동 토크가 크고 기동 전류가 적은 것이 특징이며, **2중 베어링 장치**와 브레이크 밴드 등의 특수 구조가 있어 고속 운전에는 부적당하다. **답 ③**

59 단상변압기의 병렬운전 조건 중 옳지 않은 것은?

① 권수비와 1, 2차의 정격전압이 같을 것
② 권선의 저항과 누설 리액턴스의 비가 같을 것
③ %저항 강하 및 리액턴스 강하가 같을 것
④ 출력이 같을 것

풀이 단상변압기의 병렬운전 조건
① 각 변압기의 **극성이 같을 것**
② 각 변압기의 **권수비가 같고, 1차, 2차의 정격 전압이 같을 것**
③ 각 변압기의 **%임피던스 강하가 같을 것** **답 ④**

60 50[Hz] 12극의 3상 유도전동기가 정격전압으로 정격출력 10[HP]를 발생하며 회전하고 있다. 이때의 회전수는 약 몇 [rpm]인가? (단, 회전자 동손은 350[W], 회전자 입력은 출력과 회전자 동손과의 합이다.)

① 468　② 478
③ 485　④ 500

풀이
- 2차 입력
$$P_2 = P + P_{c2} = 10 \times 746 + 350 = 7810[W]$$
- 2차 효율
$$\eta_2 = (1-s) = \frac{P}{P_2} \times 100 = \frac{7460}{7810} \times 100 = 0.955$$
- 동기속도
$$N_s = \frac{120f}{p} = \frac{120 \times 50}{12} = 500[rpm]$$
따라서 회전속도
$$N = (1-s)N_s = 0.955 \times 500 = 478[rpm]$$ 답 ②

2023년 4회 _ 공사산업기사

41 직류 분권 발전기의 전기자 권선을 단중 중권으로 감으면?

① 병렬 회로수는 항상 2이다.
② 높은 전압, 작은 전류에 적당하다.
③ 균압선이 필요 없다.
④ 브러시 수는 극수와 같아야 한다.

풀이 중권과 파권의 비교

구분	중권(병렬권)	파권(직렬권)
전기자 병렬회로 수 a	$p\ (a=mp)$	$2\ (a=2m)$
브러시 수 b	p	2
용도	저전압, 대전류	고전압, 소전류
균압접속	4극 이상이면 균압접속을 하여야 한다.	균압접속은 필요 없다.

여기서, m : 다중도 답 ④

42 단상 직권 정류자 전동기에서 주자속의 최대치를 ϕ_m, 자극수를 P, 전기자 병렬회로수를 a, 전기자 전 도체수를 Z, 전기자의 속도를 N[rpm]이라 하면 속도 기전력의 실효값 E_r[V]은? (단, 주자속은 정현파이다.)

① $E_r = \sqrt{2}\,\dfrac{P}{a}Z\dfrac{N}{60}\phi_m$

② $E_r = \dfrac{1}{\sqrt{2}}\dfrac{P}{a}ZN\phi_m$

③ $E_r = \dfrac{P}{a}Z\dfrac{N}{60}\phi_m$

④ $E_r = \dfrac{1}{\sqrt{2}}\dfrac{P}{a}Z\dfrac{N}{60}\phi_m$

풀이
$$E_r = P\phi n \frac{Z}{a} = P\frac{\phi_m}{\sqrt{2}}\frac{N}{60}\cdot\frac{Z}{a}$$
$$= \frac{1}{\sqrt{2}}\frac{P}{a}Z\frac{N}{60}\phi_m[V]$$ 답 ④

43 부하 전류가 50[A]일 때 단자 전압이 100[V]인 직류 직권 발전기의 부하 전류가 70[A]로 되면 단자 전압은 몇 [V]가 되겠는가? 단, 전기자 저항 및 직권 계자 권선의 저항은 각각 0.10[Ω]이고, 전기자 반작용과 브러시의 접촉 저항 및 자기 포화는 모두 무시한다.

① 110   ② 114
③ 140   ④ 104

풀이 전기자 전류 I_a, 부하 전류 I, 단자 전압 V, 유기 기전력 E, 전기자 저항 R_a, 직권 계자 저항 R_s라고 하면, 직권 발전기에서는 다음의 관계가 있다.
$$E = V + (R_a + R_s)I_a = V + (R_a + R_s)I$$
그러므로, $I = 50$ [A]일 때의 유기 기전력을 E_{50}이라 하면
$$E_{50} = 100 + (0.10 + 0.10) \times 50 = 110[V]$$
그런데, 직권 발전기에 있어서 자로가 불포화일 때, 유기 기전력의 크기는 부하 전류에 비례하기 때문에 부하 전류 70 [A]일 때의 유기 기전력을 E_{70}이라 하면
$$E_{70}/E_{50} = 70/50 = 1.4$$
$$\therefore E_{70} = 1.4 \times E_{50} = 1.4 \times 110 = 154[V]$$
이 때의 단자 전압을 V_{70}이라 하면
$$\therefore V_{70} = E_{70} - (R_a + R_s) \times 70 = 154 - 0.20 \times 70$$
$$= 140\ [V]$$ 답 ③

44 유도전동기의 제동법 중 유도전동기를 전원에 접속한 상태에서 동기속도 이상의 속도로 운전하여 유도 발전기로 동작시킴으로써 그 발생 전력을 전원으로 반환하면서 제동하는 방법은?

① 발전제동   ② 회생제동
③ 역상제동   ④ 단상제동

풀이
① 발전 제동 : 전동기를 전원으로부터 분리한 후 1차측에 직류전원을 공급하여 발전기로 동작시킨 후 발생된 전력을 저항에서 열로 소비시키는 방법
② 회생 제동 : 유도 전동기를 유도 발전기로 동작시켜 그 발생 전력을 전원에 반환하면서 제동하는 방법
③ 역상(역전) 제동 : 회전중인 전동기의 1차 권선 3단자 중 임의의 2단자의 접속을 바꾸면 역방향의 토크가 발생되어 제동하는 방법으로 이 방법은 급속하게 정지 시키고자 하는 경우에 사용된다.
④ 단상 제동 : 권선형 유도전동기의 1차측을 단상교류로 여자하고 2차측에 적당한 크기의 저항을 넣으면 전동기의 회전과는 역방향의 토크가 발생되므로 제동된다. **답** ②

45 스테핑전동기의 스텝각이 18°이고, 스테핑주파수(pulse rate)가 6000[pps]이다. 이 스테핑전동기의 회전속도[rps]는?
① 300   ② 400
③ 500   ④ 600

풀이
① 1펄스 당 스텝각이 18°이고,
1초당 입력펄스가 6000[pps]이므로,
1초당 스텝각은 18° × 6000 = 108000° 이다.
② 동기 1회전 당 회전각도는 360° 이므로
따라서 스태핑전동기의 회전속도는
$\frac{108000°}{360°} = 300$[rps] 이다. **답** ①

46 용접용으로 사용되는 직류발전기의 특성 중에서 가장 중요한 것은?
① 과부하에 견딜 것
② 전압변동률이 적을 것
③ 경부하일 때 효율이 좋을 것
④ 전류에 대한 전압특성이 수하특성일 것

풀이 전기 기계 중 아크 부하의 전원으로 쓰이는 기계는 반드시 정전류 특성이 있어야 하므로, 전류가 증가하면 전압이 저하하는 수하 특성을 가져야 한다. **답** ④

47 동기발전기의 돌발 단락전류를 제한하는 것은?
① 누설 리액턴스   ② 역상 리액턴스
③ 권선 저항   ④ 동기 리액턴스

풀이
• 동기기에서 저항은 누설 리액턴스에 비하여 작으며 전기자 반작용은 단락 전류가 흐른 뒤에 작용하므로 돌발 단락 전류를 제한하는 것은 누설 리액턴스이다.
• 동기 리액턴스 = 누설 리액턴스 + 반작용 리액턴스 **답** ①

48 동기발전기를 병렬운전 하는데 필요하지 않은 조건은?
① 기전력의 용량이 같을 것
② 기전력의 파형이 같을 것
③ 가전력의 크기가 같을 것
④ 기전력의 주파수가 같을 것

풀이 동기발전기의 병렬운전 조건은 다음과 같다.
① 기전력의 크기가 같을 것
② 기전력의 위상이 같을 것
③ 기전력의 주파수가 같을 것
④ 기전력의 파형이 같을 것
⑤ 상회전 방향이 같을 것 **답** ①

49 3상 동기기에서 제동권선의 주목적은?
① 출력 개선   ② 효율 개선
③ 역률 개선   ④ 난조 방지

풀이 제동 권선의 역할
① 난조 방지
② 기동 토크 발생
③ 불평형 부하시의 전류, 전압 파형 개선
④ 송전선의 불평형 단락 시의 이상전압 방지 **답** ④

50 다음 중 변압기유가 갖추어야 할 조건으로 옳은 것은?
① 절연내력이 낮을 것
② 인화점이 높을 것
③ 비열이 적어 냉각효과가 클 것
④ 응고점이 높을 것

풀이 변압기의 기름으로서 갖추어야 할 조건
① 절연 저항 및 절연내력이 클 것 (30[kV]/2.5[mm] 이상)
② 절연재료 및 금속에 화학작용을 일으키지 않을 것
③ 인화점이 높고(130[℃] 이상), 응고점이 낮을 것 (-30[℃] 이하)

④ 점도가 낮고(유동성이 풍부), 비열이 커서 냉각 효과가 클 것
⑤ 고온에서도 석출물이 생기거나 산화하지 않을 것
⑥ 열전도율이 클 것
⑦ 열 팽창계수가 작고 증발로 인한 감소량이 적을 것

답 ②

51 3상 전원에서 2상 전원을 얻기 위한 변압기의 결선방법은?

① △결선 ② T결선
③ Y결선 ④ V결선

풀이 3상-2상간의 상수 변환
① 스코트 결선(T결선)
② 메이어 결선
③ 우드 브리지 결선

답 ②

52 3상 변압기를 1차 Y, 2차 △로 결선하고 1차에 선간전압 3300[V]를 가했을 때의 무부하 2차 선간전압은 몇 [V]인가? (단, 전압비는 30 : 1 이다.)

① 63.5 ② 110
③ 173 ④ 190.5

풀이 ① 1차는 Y결선이므로
상전압 $E_1 = \dfrac{V_1}{\sqrt{3}} = \dfrac{3300}{\sqrt{3}}$ [V]
2차는 △결선이므로
상전압(E_2)과 선간전압(V_2)이 같다.
② 권수비 $a = \dfrac{E_1}{E_2} = 30$ 이므로
$V_2 = E_2 = \dfrac{1}{a}E_1 = \dfrac{1}{30} \times \dfrac{3300}{\sqrt{3}}$
$= 63.51$[V]

답 ①

53 비례추이와 관계가 있는 전동기는?

① 동기 전동기
② 정류자 전동기
③ 3상 농형 유도전동기
④ 3상 권선형 유도전동기

풀이 • 3상 권선형 유도 전동기의 회전자 외부에 접속시킨 저항의 크기를 조정하면 토크는 그대로 유지하면서 저항에 비례하여 슬립(속도)이 이동하게 되는 현상을 비례추이라 한다.
• 비례추이는 2차 회로의 저항을 변화시킬 수 없는 농형 유도전동기에서는 응용할 수 없으며, 2차 회로의 저항을 가감할 수 있는 3상 권선형 유도전동기의 기동 토크 가감과 속도 제어에 이용하고 있다.

답 ④

54 유도 발전기에 대한 설명으로 틀린 것은?

① 공극이 크고 역률이 동기기에 비해 좋다.
② 병렬로 접속된 동기기에서 여자전류를 공급받아야 한다.
③ 농형 회전자를 사용할 수 있으므로 구조가 간단하고 가격이 싸다.
④ 선로에 단락이 생기면 여자가 없어지므로 동기기에 비해 단락전류가 작다.

풀이 유도기를 전동기로서의 회전 방향과 같은 방향으로 동기 속도 이상의 속도로 회전시키면 발전기가 되는데, 이것을 유도 발전기 또는 비동기발전기라고 한다.
[장점]
• 동기발전기에 비해 가격이 싸다.
• 기동과 취급이 간단하며 고장이 적다.
• 동기발전기와 같이 동기화 할 필요가 없으며 난조 등의 이상 현상도 생기지 않는다.
• 선로에 단락이 생긴 경우에는 여자가 상실되므로 단락전류는 동기기에 비해 적으며 지속 시간도 짧다.
[단점]
• 병렬로 운전되는 동기기에서 여자전류를 취해야 한다.
• 공극의 치수가 작기 때문에 운전시 주의해야 한다.
• 효율과 역률이 낮다.

답 ①

55 직류 전압을 직접 제어하는 것은?

① 단상 인버터
② 브리지형 인버터
③ 초퍼형 인버터
④ 3상 인버터

풀이 초퍼는 DC를 DC로 변환하는 것으로 일정 입력 전원전압으로부터 초퍼된(짧게 자른) 부하전압을 만들며 전원으로부터 부하를 연결 혹은 단절하는 다이리스터 온/오프 스위치이다.

답 ③

56 다음 중 SCR의 기호가 맞는 것은 어느 것인가? 단, A는 anode의 약자, K는 cathode의 약자이며 G는 gate의 약자이다.

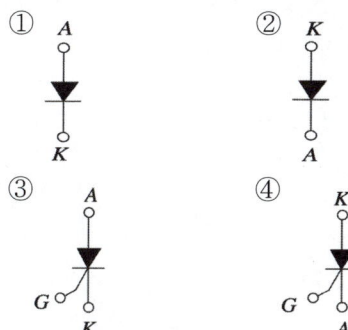

풀이 ① 다이오드(Diode)
③ SCR(Silicon Controlled Rectifier)   **답** ③

57 단상 반파정류회로에서 평균출력전압은 전원 전압의 약 몇 [%]인가?

① 45.0 ② 66.7
③ 81.0 ④ 86.7

풀이

	다이오드	SCR
반파 정류	$V_d = \dfrac{\sqrt{2}\,V_i}{\pi} = 0.45\,V_i$	$V_d = \dfrac{\sqrt{2}\,V_i}{2\pi}(1+\cos\alpha)$
전파 정류	$V_d = \dfrac{2\sqrt{2}\,V_i}{\pi} = 0.9\,V_i$	$V_d = \dfrac{\sqrt{2}\,V_i}{\pi}(1+\cos\alpha)$

단, V_d는 직류전압, V_i는 교류전압의 실효값이다.   **답** ①

58 3상 유도기발전기의 전류 파형 중 t_5에서 발생하는 자계의 모양으로 옳은 것은?

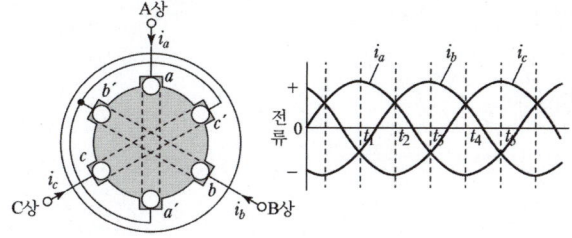

풀이

답 ④

59 전압이 일정한 모선에 접속되어 역률 1로 운전하고 있는 동기전동기를 동기조상기로 사용하는 경우 여자전류를 ㉠ 증가, ㉡ 감소시키면 이 전동기는 어떻게 되는가?

① ㉠ 지상, ㉡ 지상
② ㉠ 지상, ㉡ 진상
③ ㉠ 진상, ㉡ 지상
④ ㉠ 진상, ㉡ 진상

풀이 ① 동기조상기는 동기전동기를 무부하로 회전시켜 직류 계자전류 I_f의 크기를 조정하여 무효전력을 지상 또는 진상으로 제어하는 기기이다.
② 동기 조상기의 운전($\cos\theta = 1$)
 • 과여자(여자전류를 증가) : 선로에 앞선 전류(진상)가 흘러 일종의 콘덴서로 작용
 • 부족여자(여자전류를 감소) : 뒤진 전류(지상)가 흘러서 일종의 리액터로 작용   **답** ③

60 1차 전압 100[V], 2차 전압 110[V]인 단권변압기의 자기용량과 부하용량의 비는?

① $\sqrt{3}$
② $\dfrac{1}{11}$
③ $\dfrac{\sqrt{3}}{11}$
④ 1

풀이 $\dfrac{\text{자기 용량}}{\text{부하 용량}} = \dfrac{V_H - V_L}{V_H} = \dfrac{110 - 100}{110} = \dfrac{1}{11}$ **답** ②

2024년 전기기기_전기산업기사·공사산업기사_CBT 복원문제

문제의 번호는 실제 시험문제의 번호와 같게 하였습니다.

2024년 - 1회 _ 전기산업기사·공사산업기사

41 단상 직권 정류자 전동기에서 주자속의 최대치를 ϕ_m, 자극수를 P, 전기자 병렬회로수를 a, 전기자 전 도체수를 Z, 전기자의 속도를 N [rpm]이라 하면 속도 기전력의 실효값 E_r[V]은? (단, 주자속은 정현파이다.)

① $E_r = \sqrt{2}\dfrac{P}{a}Z\dfrac{N}{60}\phi_m$

② $E_r = \dfrac{1}{\sqrt{2}}\dfrac{P}{a}ZN\phi_m$

③ $E_r = \dfrac{P}{a}Z\dfrac{N}{60}\phi_m$

④ $E_r = \dfrac{1}{\sqrt{2}}\dfrac{P}{a}Z\dfrac{N}{60}\phi_m$

풀이 기전력의 실효값

$E_r = P\phi n\dfrac{Z}{a} = P\dfrac{\phi_m}{\sqrt{2}}\dfrac{N}{60}\cdot\dfrac{Z}{a}$

$= \dfrac{1}{\sqrt{2}}\dfrac{P}{a}Z\dfrac{N}{60}\phi_m$[V]

답 ④

42 변압기유로 쓰이는 절연유에 요구되는 특성이 아닌 것은?

① 응고점이 낮을 것
② 절연 내력이 클 것
③ 인화점이 높을 것
④ 점도가 클 것

풀이 변압기의 기름으로서 갖추어야 할 조건은
① 절연 내력이 클 것
② 절연 재료 및 금속에 화학 작용을 일으키지 않을 것
③ 인화점이 높고, 응고점이 낮을 것
④ **점도가 낮고,** 비열이 커서 냉각 효과가 클 것
⑤ 고온에서도 석출물이 생기거나 산화하지 않을 것

답 ④

43 다음 중 전기기계에 있어서 히스테리시스손을 감소시키기 위하여 어떻게 하는 것이 가장 좋은가?

① 성층 철심 사용
② 규소 강판 사용
③ 보극 설치
④ 보상 권선 설치

풀이
- 전기 기계에 규소강판을 사용하면 자기 저항이 크게 되어 와류손과 히스테리시스손이 감소하게 되지만 투자율이 낮아지고 기계적 강도가 감소되어 부서지기 쉽다.
- 성층하는 이유는 와류손을 적게 하기 위한 것이다.

답 ②

44 1차측 권수가 1500인 변압기의 2차측에 접속한 저항 16[Ω]을 1차측으로 환산했을 때 8[kΩ]으로 되어있다면 2차측 권수는 약 얼마인가?

① 75
② 70
③ 67
④ 64

풀이 권수비 $a = \dfrac{V_1}{V_2} = \dfrac{N_1}{N_2} = \dfrac{I_2}{I_1} = \sqrt{\dfrac{R_1}{R_2}}$ 이므로

$a = \sqrt{\dfrac{R_1}{R_2}} = \sqrt{\dfrac{8000}{16}} = 10\sqrt{5}$

$\therefore N_2 = \dfrac{N_1}{a} = \dfrac{1500}{10\sqrt{5}} = 67회$

답 ③

45 동기발전기 종류 중 회전계자형의 특징으로 옳은 것은?

① 고주파 발전기에 사용
② 극소용량, 특수용으로 사용
③ 소요전력이 크고 기구적으로 복잡
④ 기계적으로 튼튼하여 가장 많이 사용

풀이 동기기를 회전 계자형으로 하는 이유
- 전기자 권선은 전압이 높고 결선이 복잡하며, 대용량으로 되면 전류도 커지고, 3상 권선의 경우에는 4개의 도선을 인출하여야 한다.
- 계자 회로는 직류의 저압 회로이므로 소요 동력도 작으며, 인출 도선이 2개만 있어도 되기 때문이다.
- 계자극은 기계적으로 튼튼하게 만드는 데 용이하기 때문이다.

- 고장 시의 과도 안정도를 높이기 위하여 회전자의 관성을 크게 하기 쉽기 때문이기도 하다. 답 ④

$$\therefore T = \frac{p\phi n \frac{z}{a} I_a}{2\pi n} = \frac{P\phi z I_a}{2\pi a} = \frac{4 \times 0.628 \times 100 \times 5}{2\pi \times 4}$$
$$= 49.97 [N \cdot m]$$ 답 ③

46 직류에서 교류로 변환하는 기기는?
① 초퍼 ② 인버터
③ 회전 변류기 ④ 사이클로 컨버터

풀이
- 초퍼 : 직류를 직류로 변환
- 인버터 : 직류를 교류로 변환
- 컨버터 : 교류를 직류로 변환
- 회전 변류기 : 교류 전력을 직류 전력으로 변환
- 사이클로 컨버터 : 교류를 교류로 변환 답 ②

47 직류 분권전동기의 공급 전압의 극성을 반대로 하면 회전방향은 어떻게 되는가?
① 변하지 않는다.
② 반대로 된다.
③ 발전기로 된다.
④ 회전하지 않는다.

풀이 공급 전압의 극성을 반대로 하면 계자 전류와 전기자 전류의 방향이 동시에 반대로 되므로 회전 방향은 변하지 않는다.

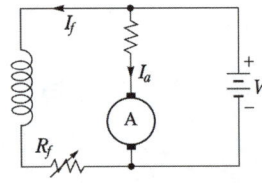 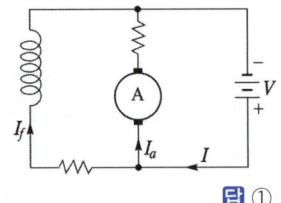

답 ①

48 직류분권전동기의 전체 도체수는 100이고, 단중 중권이며 자극수는 4, 자속수는 극당 0.628 [Wb]이다. 부하를 걸어 전기자에 5[A]가 흐르고 있을 때의 토크는 약 몇 [N·m]인가?
① 15 ② 25
③ 50 ④ 100

풀이 $p = 4$, $z = 100$, $\phi = 0.628[Wb]$, $I_a = 5[A]$
단중 중권이므로 $a = p = 4$이다.
$$P = EI_a = p\phi n \frac{z}{a} I_a = 2\pi n T$$

49 동기발전기의 병렬운전에 필요하지 않은 조건은?
① 기전력의 주파수가 같을 것
② 기전력의 위상이 같을 것
③ 임피던스 및 상회전방향과 각 변위가 같을 것
④ 기전력의 크기가 같을 것

풀이 동기발전기의 병렬운전 조건은 다음과 같다.
① 기전력의 크기가 같을 것
② 기전력의 위상이 같을 것
③ 기전력의 주파수가 같을 것
④ 기전력의 파형이 같을 것
⑤ 상회전방향이 같을 것 답 ③

50 직류기의 손실 중 기계손에 속하는 것은?
① 브러시의 전기손 ② 와전류손
③ 풍손 ④ 전기자 권선동손

풀이

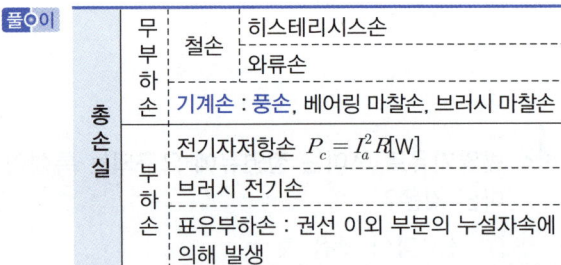

답 ③

51 동기기의 전기자 권선법이 아닌 것은?
① 중권 ② 2층권
③ 분포권 ④ 전절권

풀이 코일 간격이 극 간격과 같은 것을 전절권이라 하고, 극 간격보다 작은 것을 단절권이라 한다. 단절권은 고조파를 제거하고 기전력의 파형을 좋게 하고, 코일 단부가 짧게 되어 동(Cu)의 양이 적게 드는 이점이 있어, 동기기에는 단절권을 사용하며 전절권은 사용하지 않는다.

답 ④

52 변류기의 수리 및 점검 시 변류기 2차측 절연보호를 위해 조치하여야 하는 방법은?

① 변류기 1차측 단자를 개방
② 변류기 2차측 단자를 개방
③ 변류기 1차측 단자를 단락
④ 변류기 2차측 단자를 단락

풀이 변류기의 2차 측을 개방하면 1차 전류가 모두 여자전류가 되어 2차 권선에 매우 높은 전압이 유기되어 절연이 파괴되고 소손될 우려가 있으므로 변류기 2차 측 기기를 교체하고자 하는 경우에는 반드시 변류기 2차 측을 단락시켜야 한다. **답** ④

53 전기기기에 있어 와전류손(Eddy current loss)을 감소시키기 위한 방법은?

① 냉각압연
② 보상권선 설치
③ 교류전원을 사용
④ 규소강판을 성층하여 사용

풀이
- 와류손 : 성층 철심 사용(자속에 의한 와전류를 흐르지 못하도록 성층(적층)한 철심 사용)
- 히스테리시스손 : 규소 강판 사용(히스테리시스 면적을 감소시키기 위해 순철에 규소를 첨가한 재질로 변경) **답** ④

54 동기전동기의 위상특성곡선(V곡선)에 대한 설명으로 옳은 것은?

① 출력을 일정하게 유지할 때 부하전류와 전기자전류의 관계를 나타낸 곡선
② 역률을 일정하게 유지할 때 계자전류와 전기자전류의 관계를 나타낸 곡선
③ 계자전류를 일정하게 유지할 때 전기자전류와 출력 사이의 관계를 나타낸 곡선
④ 공급전압 V와 부하가 일정할 때 계자전류의 변화에 대한 전기자전류의 변화를 나타낸 곡선

풀이 위상 특성 곡선이란 단자전압과 부하를 일정하게 유지하고, 여자 전류를 변화시킬 경우 계자전류와 전기자전류와의 관계를 표시한 것으로 그 형상이 V자와 같으므로 V곡선이라고도 한다.

- 계자전류가 역률 1일 때 보다 크면, 앞선 전기자 전류가 흐른다.
- 계자전류가 역률 1일 때 보다 작으면, 뒤진 전기자 전류가 흐른다.

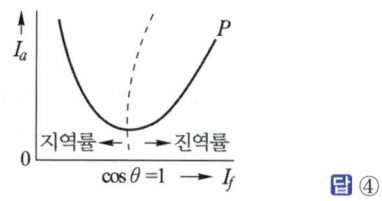

답 ④

55 정류방식 중에서 맥동률이 가장 작은 회로는? (단, 저항부하를 사용하였을 경우이다.)

① 단상 반파 정류회로
② 단상 전파 정류회로
③ 삼상 반파 정류회로
④ 삼상 전파 정류회로

풀이

정류 종류	단상 반파	단상 전파	3상 반파	3상 전파
맥동률[%]	121	48	17.7	4.04
정류 효율	40.5	81.1	96.7	99.8
맥동 주파수	f	$2f$	$3f$	$6f$

답 ④

56 동기전동기에서 제동권선의 역할에 해당되지 않는 것은?

① 기동 토크를 발생한다.
② 난조 방지작용을 한다.
③ 전기자 반작용을 방지한다.
④ 급격한 부하의 변화로 인한 속도의 요동을 방지한다.

풀이 제동 권선의 역할
① 난조 방지
② 기동하는 경우 유도전동기의 농형 권선으로서 기동 토크를 발생
③ 불평형부하시의 전류 전압 파형의 개선
④ 송전선의 불평형 단락시의 이상전압의 방지 **답** ③

57 3상 권선형 유도 전동기의 2차 회로에 저항을 삽입하는 목적이 아닌 것은?

① 속도는 줄어지지만 최대 토크를 크게 하기 위하여
② 속도 제어를 하기 위하여
③ 기동 토크를 크게 하기 위하여
④ 기동 전류를 줄이기 위하여

풀이
- 최대 토크 $T_m \propto \dfrac{V^2}{2x_2}$: 2차 저항에 무관
- 최대 토크를 발생하는 슬립 $s_m ≒ \pm \dfrac{r_2}{x_2}$: 2차 저항에 비례

따라서, 3상 유도 전동기의 최대 토크의 크기는 2차저항 r_2와 슬립 s에 관계없이 항상 일정하고 다만 최대 토크가 발생하는 슬립점이 2차 회로의 저항에 비례해서 이동할 뿐이다. **답** ①

58 3상 유도 전동기의 원선도 작성에 필요한 시험이 아닌 것은?

① 저항 측정 ② 슬립 측정
③ 구속 시험 ④ 무부하 시험

풀이
① 원선도 작성에 필요한 시험은
  • 저항 측정 • 무부하 시험 • 구속 시험이 있다.
② 유도 전동기의 원선도에서 구할 수 있는 항목
  • 전부하 전류 • 역률 • 효율 • 슬립
  • 최대출력/정격출력 • 토크
즉, 슬립은 원선도 상에서 구할 수 있다. **답** ②

59 다음은 직류발전기의 정류곡선이다. 이 중에서 정류 말기에 정류의 상태가 좋지 않은 것은?

① ⓐ
② ⓑ
③ ⓒ
④ ⓓ

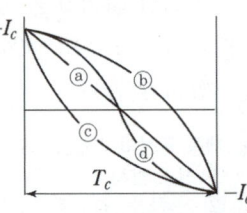

풀이
ⓐ (직선정류) : 전류가 직선적으로 균등하게 변환
ⓑ (부족정류) : 정류 말기에 브러시 뒤쪽에서 불꽃 발생
ⓒ (과정류) : 정류 초기에 브러시 앞쪽에서 불꽃 발생
ⓓ (정현파 정류) : 불꽃 발생 안함 **답** ②

60 3상 농형 유도전동기 기동법 중 옳은 것은?

① Y-△ 기동을 한다.
② 콘덴서를 이용하여 기동한다.
③ 2차 회로에 저항을 넣어 기동한다.
④ 기동저항기법을 사용한다.

풀이 농형 유도전동기의 기동법
① 전 전압 기동기(5[kW] 이하의 소형)
② Y-△ 기동(5~15[kW] 정도)
③ 리액터 기동(기동전류를 제한하고자 할 때)
④ 기동 보상기(15[kW] 이상) **답** ①

2024년 - 2회 _ 전기산업기사·공사산업기사

41 교류 정류자기에서 갭의 자속 분포가 정현파로 $\phi_m = 0.14[\text{Wb}]$, $p=2$, $a=1$, $Z=200$, $n=20[\text{rps}]$일 때 브러시축이 자극축과 30°일 때의 속도 기전력 $E_s[\text{V}]$는?

① 약 200 ② 약 400
③ 약 600 ④ 약 800

풀이
$$E_s = \dfrac{1}{\sqrt{2}} \cdot \dfrac{p}{a} Zn\phi_m \sin\theta$$
$$= \dfrac{1}{\sqrt{2}} \times \dfrac{2}{1} \times 200 \times 20 \times 0.14 \times \sin 30°$$
$$= 396[\text{V}]$$ **답** ②

42 총 도체 수 200, 단중파권으로 자극 수 4, 매극당 자속 수 3.14[Wb]의 부하를 가하여 전기자에 3[A]가 흐르고 있는 직류 분권전동기의 토크는 몇 [N·m]인가?

① 600 ② 500
③ 400 ④ 300

풀이 자극 $p=4$, 총도체 수 $Z=200$, 자속 수 $\phi=3.14[\text{Wb}]$, 전기자 전류 $I_a=3[\text{A}]$, 파권이므로 내부 회로 수 $a=2$이다.

$$\therefore \tau = \dfrac{pZ\phi I_a}{2\pi a} = \dfrac{4 \times 200 \times 3.14 \times 3}{2\pi \times 2}$$
$$≒ 600[\text{N·m}]$$

43 3상 유도전압 조정기의 동작원리 중 가장 적당한 것은?

① 두 전류 사이에 작용하는 힘이다.
② 교번자계의 전자유도작용을 이용한다.
③ 충전된 두 물체 사이에 작용하는 힘이다.
④ 회전자계에 의한 유도작용을 이용하여 2차 전압의 위상전압 조정에 따라 변화한다.

풀이 3상 유도 전압 조정기의 원리
분로 권선의 전압을 E_1, 회전 자속에 의하여 직렬 권선의 1상에 유도되는 기전력을 E_2(조정 전압)라고 하면 회전자와 고정자의 관계위치 변화에 따라 E_1에 대한 E_2의 위상이 변화하므로, 출력측 회로의 선간전압을 $\sqrt{3}(E_1 \pm E_2)$의 범위에서 조정할 수 있다.

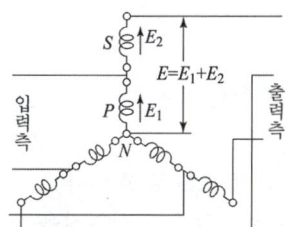 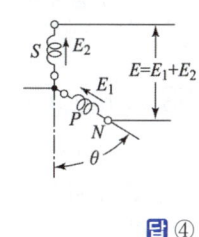

답 ④

44 다음의 정류회로 중 가장 큰 출력값을 갖는 회로는?

① 단상 반파 정류회로
② 3상 반파 정류회로
③ 단상 전파 정류회로
④ 3상 전파 정류회로

풀이
• 단상 반파 정류 : $E_d = \dfrac{\sqrt{2}}{\pi}E = 0.45E$

• 3상 반파 정류 : $E_d = \dfrac{3\sqrt{3}}{\sqrt{2}\pi}E = 1.17E$

• 단상 전파 정류 : $E_d = \dfrac{2\sqrt{2}}{\pi}E = 0.9E$

• 3상 전파 정류 : $E_d = 2.34E$

답 ④

45 변압기 단락시험에서 계산할 수 있는 것은?

① 백분율 전압강하, 백분율 리액턴스강하
② 백분율 저항강하, 백분율 리액턴스강하
③ 백분율 전압강하, 여자 어드미턴스
④ 백분율 리액턴스강하, 여자 어드미턴스

풀이 변압기 단락시험으로부터 구할 수 있는 항목
• 권선의 저항
• 권선의 임피던스
• 권선의 누설리액턴스
• 백분율 저항강하
• 백분율 리액턴스 강하

답 ②

46 변압기의 원리는?

① 전자유도 작용을 이용
② 정전유도 작용을 이용
③ 자기유도 작용을 이용
④ 플레밍의 오른손 법칙을 이용

풀이 변압기는 전자 유도 작용을 이용하여 교류 전압과 전류의 크기를 변성하는 장치로 2개 이상의 전기회로와 1개 이상의 공통 자기회로로 이루어져 있다.

답 ①

47 75[kVA], 6000/200[V]의 단상변압기의 %임피던스 강하가 4[%]이다. 1차 단락전류[A]는?

① 512.5   ② 412.5
③ 312.5   ④ 212.5

풀이
$I_{1s} = \dfrac{100}{\%Z} \times I_{1n} = \dfrac{100}{4} \times \dfrac{75 \times 10^3}{6000}$
$= 312.5[A]$

답 ③

48 3000[V], 60[Hz], 8극, 100[kW]의 3상 유도전동기가 있다. 전부하에서 2차 동손이 3.0[kW], 기계손이 2.0[kW]라고 한다. 전부하 회전수[rpm]를 구하면?

① 674   ② 774
③ 874   ④ 974

풀이 2차 입력
$P_2 = P + P_m + P_{c2} = 100 + 2.0 + 3.0 = 105[kW]$

슬립 $s = \dfrac{P_{c2}}{P_2} = \dfrac{3.0}{105} = \dfrac{1}{35}$

$\therefore N = (1-s)N_s = (1-s) \times \dfrac{120f}{p}$
$= \left(1 - \dfrac{1}{35}\right) \times \dfrac{120 \times 60}{8} = 874[rpm]$

답 ③

49 유기 기전력 210[V], 단자 전압 200[V]인 5[kW] 분권 발전기의 계자 저항이 500[Ω]이면 그 전기자 저항[Ω]은?

① 0.2 ② 0.4
③ 0.6 ④ 0.8

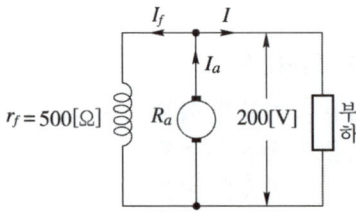

계자전류 $I_f = \dfrac{V}{r_f} = \dfrac{200}{500} = 0.4[A]$

부하전류 $I = \dfrac{P}{V} = \dfrac{5 \times 10^3}{200} = 25[A]$

전기자 전류 $I_a = I + I_f$ 이므로
$I_a = 25 + 0.4 = 25.4[A]$

또한 $V = E - I_a R_a$ 식에서
$\therefore R_a = \dfrac{E-V}{I_a} = \dfrac{210-200}{25.4} = \dfrac{10}{25.4} \fallingdotseq 0.4[\Omega]$ 답 ②

50 교류 전동기에서 브러시의 이동으로 속도변화가 가능한 것은?

① 농형전동기 ② 2중 농형전동기
③ 동기전동기 ④ 시라게 전동기

시라게 전동기는 3상 분권 정류자 전동기로서 직류분권전동기와 비슷한 정속도 특성을 가지며, 2조의 브러시를 이동시켜 간단하게 속도제어를 할 수 있다. 답 ④

51 입력된 직류 전력의 크기를 변환된 다른 직류 전력으로 출력하는 전력변환장치는?

① 초퍼
② 인버터
③ 사이크로 컨버터
④ 다이오드 정류기

초퍼는 DC를 DC로 변환하는 것으로 일정 입력 전원전압으로부터 초퍼된(짧게 자른) 부하전압을 만들며 전원으로부터 부하를 연결 혹은 단절하는 다이리스터 온/오프 스위치이다. 답 ①

52 3상 전원의 수전단에서 전압 3300[V], 전류 1000[A], 뒤진 역률 0.8의 전력을 받고 있을 때 동기조상기로 역률을 개선하여 1로 하고자 한다. 필요한 동기조상기의 용량은 약 몇 [kVA]인가?

① 1525 ② 1950
③ 3150 ④ 3429

• 부하의 무효전력
$Q_L = \sqrt{3}\,VI\sin\theta$
$= \sqrt{3} \times 3300 \times 1000 \times \sqrt{1-0.8^2} \times 10^{-3}$
$= 3429.46[\text{kVar}]$

• 역률이 1이 되려면 무효전력 $Q = 0[\text{kVar}]$이 되어야 하므로 동기조상기의 용량 Q_c는
진상 무효전력 $Q_c = Q_L = 3429.46[\text{kVA}]$ 답 ④

53 SCR에 관한 설명으로 틀린 것은?

① 3단자 소자이다.
② 전류는 애노드에서 캐소드로 흐른다.
③ 소형의 전력을 다루고 고주파 스위칭을 요구하는 응용분야에 주로 사용된다.
④ 도통 상태에서 순방향 애노드전류가 유지전류 이하로 되면 SCR은 차단상태로 된다.

① SCR의 특징
• 정류기능을 갖는 단일방향성 3단자 소자이다.
• 전류가 흐르고 있을 때 양극의 전압강하가 작다.
• 역률각 이하에서는 제어가 되지 않는다.
• 전류는 애노드에서 캐소드로 흐른다.
• 도통된 후 게이트 전류를 차단 시켜도 계속 도통상태를 유지한다.
• 도통상태에서 순방향 애노드 전류가 유지전류 이하로 되거나, 소자에 역전압이 걸려 흐르던 전류가 멈추면 소호된다.
② 소형의 전력을 다루고 고주파 스위칭을 요구하는 응용분야에 주로 사용되는 소자는 MOSFET이다. 답 ③

54 탭전환 변압기 1차측에 몇 개의 탭이 있는 이유는?

① 예비용 단자
② 부하 전류를 조정하기 위하여
③ 수전점의 전압을 조정하기 위하여
④ 변압기의 여자전류를 조정하기 위하여

풀이 탭(tap) 전환 변압기
전원 전압의 변동이나 부하의 변동에 따라 **변압기 2차 측의 전압변동을 보상**하고 일정 전압으로 유지시키기 위하여, 고압측 1차 권선의 중앙 위치에 몇 개의 탭 단자를 두어 변압기의 권수비를 바꿀 수 있도록 설계한 변압기
답 ③

55 권선형 유도전동기에서 비례추이를 할 수 없는 것은?
① 토크
② 출력
③ 1차 전류
④ 2차 전류

풀이
- 비례추이 할 수 있는 것 : 토크, 1차 전류, 2차 전류, 역률, 동기 와트 등
- 비례추이 할 수 없는 것 : 기계적 출력, 2차 동손, 효율 등

답 ②

56 유도전동기의 실부하법에서 부하로 쓰이지 않는 것은?
① 전동발전기
② 전기동력계
③ 프로니 브레이크
④ 손실을 알고 있는 직류발전기

풀이
- 실부하법에는 전기동력계법, 프로니 브레이크법 등이 있다.
- 전동 발전기는 교류를 직류로 변환하는 전기기기이다.

답 ①

57 3상 유도전동기의 2차 저항을 m배로 하면 동일하게 m배로 되는 것은?
① 역률
② 전류
③ 슬립
④ 토크

풀이 $\dfrac{r_2}{s_m} = \dfrac{r_2 + R_s}{s_t} =$ 일정

① 2차 저항 r_2를 변화해도 최대 토크 $T_m = k\dfrac{E_2^2}{2x_s}$는 2차 저항에 무관하므로 **변화하지 않는다**.

② r_2를 크게 하면 $\dfrac{r_2}{s_m}$가 일정하기 위해 s_m도 커진다.

③ r_2를 크게 하면 기동 전류는 감소하고 기동 토크는 증가한다.

그러므로 **최대 토크를 내는 슬립만 2차 저항에 비례**한다.

답 ③

58 극수는 6, 회전수가 1200[rpm]인 교류발전기와 병렬운전하는 극수가 8인 교류발전기의 회전수[rpm]는?
① 1200
② 900
③ 750
④ 520

풀이
- 동기발전기의 **병렬운전 조건은 주파수가 같아야 한다.**
- 동기발전기의 회전수 $N_s = \dfrac{120f}{p}$에서 주파수가 일정하면 $N_s \propto \dfrac{1}{p}$이므로

$\therefore N_s = \dfrac{6}{8} \times 1200 = 900$[rpm]

답 ②

59 다음 중 권선형 유도전동기의 2차 여자 제어법으로 사용되는 제어 방식은?
① 세르비우스 방식
② 플러깅 방식
③ 발전 방식
④ 회생 방식

풀이
- 2차 여자법이란 유도전동기의 회전자 권선에 2차 기전력(sE_2)과 동일 주파수의 전압(E_c)을 슬립링을 통해 공급하여 그 크기를 조절함으로써 속도를 제어하는 방법으로 권선형 전동기에 한하여 이용된다.
- **2차 여자 제어법에는** 크래머(kramer) 방법과 **세르비우스**(scherbious) 방식이 있다.

답 ①

60 가동 복권 발전기의 내부 결선을 바꾸어 분권 발전기로 하자면?
① 내분권 복권형으로 해야 한다.
② 외분권 복권형으로 해야 한다.
③ 분권 계자를 단락시킨다.
④ 직권 계자를 단락시킨다.

풀이

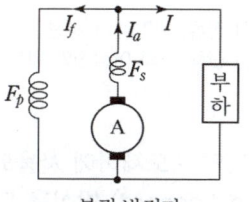

복권 발전기

직권 계자 권선 F_s을 단락시킨다. 외분권, 내분권들은 어느 것이나 복권 발전기의 일종이다.

답 ④

2024년 - 3회 _ 전기산업기사·공사산업기사

41 전기자저항과 계자저항이 각각 0.8[Ω]인 직류 직권전동기가 회전수 200[rpm], 전기자전류 30[A]일 때 역기전력은 300[V]이다. 이 전동기의 단자전압을 500[V]로 사용한다면 전기자 전류가 위와 같은 30[A]로 될 때의 속도[rpm]는? (단, 전기자 반작용, 마찰손, 풍손 및 철손은 무시한다.)

① 200 ② 301
③ 452 ④ 500

풀이
① 전기자 반작용을 무시하면 $E = k\phi \dfrac{N}{60}$ 이고,
전류는 같으므로 자속 ϕ는 일정하다.
따라서, 속도는 역기전력에 비례 ($E \propto N$) 한다.
② 단자전압 500[V], 전기자전류 30[A]일 때
 • 역기전력
  $E_0 = V - I_a(r_a + r_f) = 500 - (0.8 + 0.8) \times 30$
  $= 452[V]$
 • $\dfrac{E}{E_0} = \dfrac{N}{N_0}$ → $\dfrac{300}{452} = \dfrac{200}{N_0}$

∴ $N_0 = 200 \times \dfrac{452}{300} = 301.3[rpm]$ **답 ②**

42 3상 동기기의 제동권선을 사용하는 주 목적은?

① 출력이 증가한다.
② 효율이 증가한다.
③ 역률을 개선한다.
④ 난조를 방지한다.

풀이 제동권선의 역할
① 난조방지
② 기동 토크 발생
③ 불평형부하 시의 전류, 전압파형 개선
④ 송전선의 불평형 단락 시의 이상전압 방지 **답 ④**

43 타여자 직류전동기의 속도제어에 사용되는 워드 레오나드(Ward Leonard) 방식은 다음 중 어느 제어법을 이용한 것인가?

① 저항제어법 ② 전압제어법
③ 주파수제어법 ④ 직병렬제어법

풀이 직류 전동기의 속도 제어법 비교

구 분	제어 특성	특 징
계자 제어법	• 정출력 제어	• 속도 제어 범위가 좁다.
전압 제어법	• 정토크 제어 – 워드 레오나드 방식 – 일그너 방식	• 제어 범위가 넓다. • 손실이 매우 적다. • 정역 운전이 가능 • 설비비가 많이든다.
직렬 저항법		• 효율이 나쁘다.

답 ②

44 동기발전기의 병렬운전에서 기전력의 위상이 다른 경우, 동기화력(P_s)을 나타낸 식은? (단, P : 수수전력, δ : 상차각 이다.)

① $P_s = \dfrac{dP}{d\delta}$ ② $P_s = \int P d\delta$
③ $P_s = P \times \cos\delta$ ④ $P_s = \dfrac{P}{\cos\delta}$

풀이 동기화력은 상차각 δ의 미소변동에 대한 출력(P)의 변화율이므로
$P_s = \dfrac{dP}{d\delta} = \dfrac{d}{d\delta} \cdot \dfrac{E^2}{2x_s}\sin\delta = \dfrac{E^2}{2x_s}\cos\delta [W]$ **답 ①**

45 전기자 총 도체수 500, 6극, 중권의 직류전동기가 있다. 전기자 전 전류가 100[A]일 때의 발생 토크는 약 몇 [kg·m]인가? (단, 1극당 자속수는 0.01[Wb]이다.)

① 8.12 ② 9.54
③ 10.25 ④ 11.58

풀이 토크 $\tau = \dfrac{pZ\phi I_a}{2\pi a}[N \cdot m] \times \dfrac{1}{9.8}[kg \cdot m]$
$= \dfrac{6 \times 500 \times 0.01 \times 100}{2\pi \times 6} \times \dfrac{1}{9.8}$
$= 8.12[kg \cdot m]$ **답 ①**

46 동기조상기를 부족여자로 사용하면?

① 리액터로 작용
② 저항손의 보상
③ 일반 부하의 뒤진 전류를 보상
④ 콘덴서로 작용

풀이 동기조상기는 동기전동기를 무부하로 회전시켜 직류 계자전류 I_f의 크기를 조정하여 무효전력을 지상 또는 진상으로 제어하는 기기이다.
- 과여자(진역률) : 콘덴서로 작용
- 부족여자(지역률) : 리액터로 작용

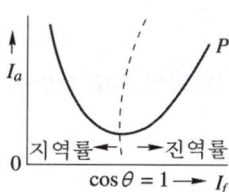

답 ①

47 슬립 5[%]인 유도전동기의 기계적 출력을 대표하는 부하저항은 2차 저항의 몇 배인가?

① 19 ② 20
③ 29 ④ 40

풀이 부하저항
$R = r_2'\left(\dfrac{1}{s}-1\right) = r_2'\left(\dfrac{1}{0.05}-1\right) = 19r_2'$

답 ①

48 3상 동기발전기가 그림과 같이 1선 지락이 발생하였을 경우 지락전류 I_0를 구하는 식은? (단, E_a는 무부하 유기기전력의 상전압, Z_0, Z_1, Z_2는 영상, 정상, 역상 임피던스이다.)

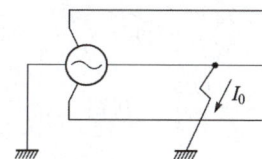

① $\dot{I_0} = \dfrac{3\dot{E_a}}{\dot{Z_0} \times \dot{Z_1} \times \dot{Z_2}}$

② $\dot{I_0} = \dfrac{\dot{E_a}}{\dot{Z_0} \times \dot{Z_1} \times \dot{Z_2}}$

③ $\dot{I_0} = \dfrac{3\dot{E_a}}{\dot{Z_0} + \dot{Z_1} + \dot{Z_2}}$

④ $\dot{I_0} = \dfrac{3\dot{E_a}}{\dot{Z_0} + \dot{Z_1^2} + \dot{Z_2^3}}$

풀이 1선 지락전류 $\dot{I_0} = \dfrac{3\dot{E_a}}{\dot{Z_0} + \dot{Z_1} + \dot{Z_2}}$[A]

답 ③

49 직류기의 전기자 반작용의 영향이 아닌 것은?
① 주자속이 증가한다.
② 전기적 중성축이 이동한다.
③ 정류 작용에 악영향을 준다.
④ 정류자 편간전압이 상승한다.

풀이 전기자 반작용의 영향
① 전기적 중성축 이동
  - 발전기 : 회전 방향으로 이동
  - 전동기 : 회전 방향과 반대 방향으로 이동
② 주자속 감소
③ 정류자 편간의 불꽃 섬락 발생
④ 출력의 저하

답 ①

50 직류전동기의 속도제어 방법에서 광범위한 속도 제어가 가능하며, 운전효율이 가장 좋은 방법은?
① 계자제어   ② 전압제어
③ 직렬 저항제어 ④ 병렬 저항제어

풀이 직류 전동기의 속도 제어법 비교

구 분	제어 특성	특 징
계자 제어법	• 정출력 제어	• 속도 제어 범위가 좁다.
전압 제어법	• 정토크 제어 – 워드 레오나드 방식 – 일그너 방식	• 제어 범위가 넓다. • 손실이 매우 적다. • 정역 운전이 가능 • 설비비가 많이든다.
직렬 저항법		• 효율이 나쁘다.

답 ②

51 계자저항 100[Ω], 계자전류 2[A], 전기자 저항이 0.2[Ω]이고, 무부하 정격속도로 회전하고 있는 직류 분권발전기가 있다. 이때의 유기기전력[V]은?

① 196.2 ② 200.4
③ 220.5 ④ 320.2

풀이

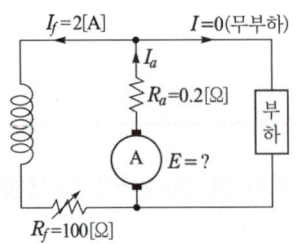

단자전압 V는 계자 회로의 전압강하와 같으므로
$V = R_f I_f = 100 \times 2 = 200 [\text{V}]$
$E = V + I_a R_a$ 식에서 $I_a = I_f$ 이므로 (∵ 무부하)
∴ 유기기전력
$E = V + I_f R_a = 200 + 2 \times 0.2 = 200.4 [\text{V}]$ **답 ②**

52 단상 유도전동기를 기동 토크가 큰 것부터 낮은 순서로 배열한 것은?

① 모노사이클릭형 → 반발 유도형 → 반발 기동형 → 콘덴서 기동형 → 분상 기동형
② 반발 기동형 → 반발 유도형 → 모노사이클릭형 → 콘덴서 기동형 → 분상 기동형
③ 반발 기동형 → 반발 유도형 → 콘덴서 기동형 → 분상 기동형 → 모노사이클릭형
④ 반발 기동형 → 분상 기동형 → 콘덴서 기동형 → 반발 유도형 → 모노사이클릭형

풀이 단상 유도전동기에서 기동 토크가 큰 것부터 순서로 배열하면
반발 기동형 > **반발 유도형** > **콘덴서 기동형** > **분상 기동형** > 셰이딩 코일형 > **모노사이클릭형** **답 ③**

53 직류기에서 양호한 정류를 얻는 조건으로 틀린 것은?

① 정류 주기를 크게 한다.
② 브러시의 접촉 저항을 크게 한다.
③ 전기자 권선의 인덕턴스를 작게 한다.
④ 평균 리액턴스 전압을 브러시 접촉면 전압강하보다 크게 한다.

풀이 ① 정류 주기를 크게 하면 전류의 변화율, 즉 $\dfrac{di}{dt}$가 작아져서 불꽃 발생의 원인이 작아진다.
② L이 작아져도 역시 불꽃 발생의 근본 원인인 역기전력이 작아진다.

③ 리액턴스 전압은 $e_r = -L\dfrac{di}{dt}$로서 이것이 **정류를 해치는 가장 큰 원인**이 되는 것이다.
④ 브러시의 접촉 저항이 크면 저항 정류가 이루어져서 양호한 정류가 이루어진다. **답 ④**

54 직류 직권전동기의 속도 제어에 사용되는 기기는?

① 초퍼   ② 인버터
③ 듀얼 컨버터   ④ 사이클로 컨버터

풀이
• AC-DC 컨버터(위상제어정류기) : 직류 전동기의 속도 제어
• DC-AC 인버터 : 교류 전동기의 속도 제어
• DC-DC 컨버터(**직류초퍼회로**) : **직류 전동기의 속도 제어**
• AC-AC 컨버터(사이클로컨버터) : 가변 주파수, 가변 출력 전압 발생 **답 ①**

55 정격 전압을 $E[\text{V}]$, 정격 전류를 $I[\text{A}]$, 동기 임피던스를 $Z_s[\Omega]$이라 할 때 퍼센트 동기 임피던스 Z_s'는? 이때, $E[\text{V}]$는 선간전압이다.

① $\dfrac{I \cdot Z_s}{\sqrt{3}E} \times 100$ ② $\dfrac{I \cdot Z_s}{3E} \times 100$

③ $\dfrac{\sqrt{3} \cdot I \cdot Z_s}{E} \times 100$ ④ $\dfrac{I \cdot Z_s}{E} \times 100$

풀이 % 동기 임피던스 Z_s'는
∴ $Z_s' = \dfrac{IZ_s}{E_n} \times 100[\%] = \dfrac{IZ_s}{E/\sqrt{3}} \times 100[\%]$
$= \dfrac{\sqrt{3}IZ_s}{E} \times 100[\%]$ **답 ③**

56 유도전동기의 동기 와트에 대한 설명으로 옳은 것은?

① 동기속도에서 1차 입력
② 동기속도에서 2차 입력
③ 동기속도에서 2차 출력
④ 동기속도에서 2차 동손

풀이 • 동기 와트란 슬립 s, 토크 T를 발생하며 회전하는 유도전동기가 같은 토크 T를 발생하며 동기 속도로 회전하는 것으로 가정하는 때의 출력 P_2를 말한다.

- 2차 입력(동기 와트) P_2, 회전 각속도 ω, 동기 각속도 ω_s라 하면

$$T = \frac{P}{\omega} = \frac{P_2(1-s)}{\omega_s(1-s)} = \frac{P_2}{\omega_s}$$

∴ $P_2 = \omega_s T$ [동기 와트] 답 ②

57 동기기에서 동기 임피던스 값과 실용상 같은 것은? (단, 전기자 저항은 무시한다.)

① 전기자 누설 리액턴스
② 동기 리액턴스
③ 유도 리액턴스
④ 등가 리액턴스

풀이 동기 임피던스 $Z_s = r + jx_s [\Omega]$에서 일반적으로 전기자 저항 r은 매우 적으므로 무시하면 $Z_s ≒ x_s$ 즉, "동기임피던스 = 동기리액턴스" 라고 한다. 답 ②

58 정격전압 1차 6600[V], 2차 220[V]의 단상변압기 두 대를 승압기로 V결선하여 6300 [V]의 3상 전원에 접속한다면 승압된 전압[V]은?

① 6410
② 6460
③ 6510
④ 6560

풀이 승압된 전압

$$E_2 = E_1\left(1 + \frac{1}{n}\right) = 6300\left(1 + \frac{220}{6600}\right)$$
$$= 6510 [V]$$ 답 ③

59 유기기전력 210[V], 단자전압 200[V]인 5[kW] 분권 발전기의 계자저항이 500[Ω]이면 그 전기자 저항[Ω]은?

① 0.2
② 0.4
③ 0.6
④ 0.8

풀이

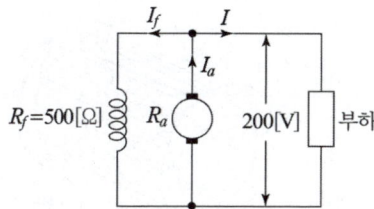

$$I_f = \frac{V}{R_f} = \frac{200}{500} = 0.4 [A]$$

$$I = \frac{P}{V} = \frac{5 \times 10^3}{200} = 25 [A]$$

전기자 전류 I_a는 $I_a = I + I_f$이므로
$I_a = 25 + 0.4 = 25.4 [A]$
또한, $V = E - I_a R_a$ 식에서

$$∴ R_a = \frac{E - V}{I_a} = \frac{210 - 200}{25.4}$$
$$= \frac{10}{25.4} ≒ 0.4 [\Omega]$$ 답 ②

60 변압기의 내부고장에 대한 보호용으로 사용되는 계전기는 어느 것이 적당한가?

① 방향계전기
② 과전류계전기
③ 접지계전기
④ 비율차동계전기

풀이 변압기 내부고장 검출용 보호 계전기
① 차동 계전기(비율 차동 계전기)
② 압력 계전기
③ 부흐홀쯔 계전기
④ 가스 검출 계전기 답 ④

2025년 전기기기_전기산업기사·공사산업기사_CBT 복원문제

문제의 번호는 실제 시험문제의 번호와 같게 하였습니다.

2025년 - 1회 _ 전기산업기사·공사산업기사

41 8극, 유도기전력 100[V], 전기자전류 200[A]인 직류발전기의 전기자권선을 중권에서 파권으로 변경했을 경우의 유도기전력과 전기자전류는?

① 100[V], 200[A]   ② 200[V], 100[A]
③ 400[V], 50[A]   ④ 800[V], 25[A]

풀이 ① 유기기전력
- 중권($a=p$)
  $E=\frac{p}{a}z\phi n$에서 8극, 유도기전력 100[V]이면,
  $100=\frac{8}{8}\times z\phi n \rightarrow z\phi n=100$
- 파권($a=2$)
  ∴ $E=\frac{p}{a}z\phi n=\frac{8}{2}\times 100=400[V]$

② 전기자 전류
- 중권($a=p$)
  전기자 전류 $I_a=200[A]$일 때,
  각 권선에 흐르는 전류 $i_a=\frac{200}{a}=\frac{200}{8}=25[A]$
- 파권($a=2$)
  ∴ $I_a=ai_a=2\times 25=50[A]$ **답** ③

42 3상 유도전동기에 불평형 3상 전압을 가한 경우 다음 전동기의 특성 중 옳은 것은?

① 영상분 전압은 존재하지 않는다.
② 영상 전압을 고려하여야 한다.
③ 정상 전압과 역상 전압에 의한 회전자계의 방향은 같다.
④ 정상 운전 상태에서 역상분은 제동 작용을 하지 않는다.

풀이 불평형 전압이 가해져도 중성점이 접지되어 있지 않으므로 영상분은 존재하지 않는다. 정상분과 역상분의 회전자계는 서로 반대방향으로 회전하나 정상분에 의한 토크가 더 크므로 전동기는 정상분 회전자계의 회전방향으로 회전한다.   **답** ①

43 동기발전기에 회전계자형을 사용하는 이유로 틀린 것은?

① 기전력의 파형을 개선한다.
② 계자가 회전자이지만 저전압 소용량의 직류이므로 구조가 간단하다.
③ 전기자가 고정자이므로 고전압 대전류용에 좋고 절연이 쉽다.
④ 전기자보다 계자극을 회전자로 하는 것이 기계적으로 튼튼하다.

풀이 ① 동기기를 회전 계자형으로 하는 이유
- 전기자 권선은 전압이 높고 결선이 복잡하며, 대용량으로 되면 전류도 커지고, 3상 권선의 경우에는 4개의 도선을 인출하여야 한다.
- 계자 회로는 직류의 저압 회로이므로 소요 동력도 작으며, 인출 도선이 2개만 있어도 되기 때문이다.
- 계자극은 기계적으로 튼튼하게 만드는 데 용이하기 때문이다.
- 고장 시의 과도 안정도를 높이기 위하여 회전자의 관성을 크게 하기 쉽기 때문이기도 하다.

② 기전력의 파형을 개선하기 위해서는 전기자 권선을 단절권 및 분포권으로 한다.   **답** ①

44 일반적인 농형 유도전동기에 관한 설명 중 틀린 것은?

① 2차 측을 개방할 수 없다.
② 2차 측의 전압을 측정할 수 있다.
③ 2차 저항 제어법으로 속도를 제어할 수 없다.
④ 1차 3선 중 2선을 바꾸면 회전방향을 바꿀 수 있다.

풀이 농형 유도전동기의 회전자

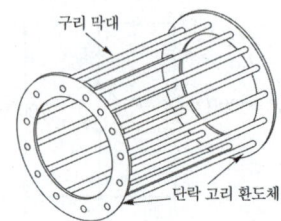

농형유도전동기의 회전자(2차 측)는 그림과 같이 회전자 권선이 단락환으로 단락된 구조이므로 **2차 측 전압은 측정할 수 없다.** 답 ②

45
어떤 IGBT의 열용량은 0.02[J/℃], 열저항은 0.625[℃/W]이다. 이 소자에 직류 25[A]가 흐를 때 전압강하는 3[V]이다. 몇 [℃]의 온도상승이 발생하는가?

① 1.5　　② 1.7
③ 47　　④ 52

풀이 열저항 $R_\theta = \dfrac{\Delta T}{P}$[℃/W]이므로,
(여기서, ΔT : 온도상승범위[℃], P : 손실[W])
따라서 $\Delta T = R_\theta \times P = 0.625 \times 25 \times 3$
　　　　　 $\fallingdotseq 47$[℃]　　답 ③

46
단상 유도전압조정기의 원리는 다음 중 어느 것을 응용한 것인가?

① 3권선 변압기
② V결선 변압기
③ 단상 단권변압기
④ 스콧트결선(T결선) 변압기

풀이 **단상 유도전압조정기**는 직렬권선에 대한 분로권선의 위치를 연속적으로 바꾸는 **단상 단권변압기의 일종**이다. 구조는 유도전동기와 비슷하며 고정자와 회전자로 구성되어 있다.

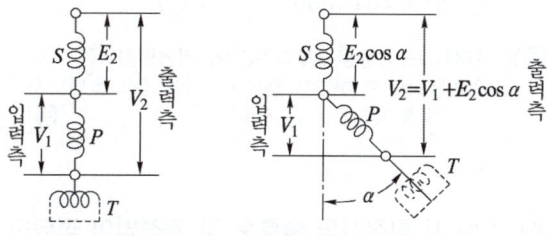

P : 분로권선, S : 직렬권선, T : 단락 권선
〈단상 유도전압조정기〉　　답 ③

47
직류 분권 발전기의 전압확립에 대한 내용으로 틀린 것은?

① 잔류자기에 의해 초기 전압이 발생한다.
② 전압이 상승하면 여자전류도 증가한다.
③ 자기포화가 되면 전압 증가가 느려진다.
④ 회전 방향은 전압 형성에 영향을 주지 않는다.

풀이 자여자 발전기의 전압 확립
① 자여자 발전기에는 잔류자기가 있어 발전기를 회전시키면 소량의 전압이 발생하고, 이 전압이 계자에 전류를 흘려 보내 자속을 증가시켜 전압이 점차 높아진다.
그러나 계자 철심이 자기포화 상태에 이르면 자속 증가가 제한되면서 전압 상승도 서서히 멈추고 일정한 값으로 안정된다.
② **회전방향을 반대로 하면 잔류자기를 소멸시켜 발전이 불가능**하다. 즉 전압이 확립되지 않는다.　답 ④

48
3상 동기전동기에 있어서 제동 권선의 역할은?

① 효율을 좋게　　② 역률을 개선
③ 난조를 방지　　④ 출력을 증가

풀이 제동 권선은 회전 자극 표면에 설치한 유도전동기의 농형 권선과 같은 권선으로서 회전자가 동기속도로 회전하고 있는 동안에는 전압을 유도하지 않으므로 아무런 작용이 없다. 그러나 조금이라도 동기속도를 벗어나면 전기자 자속을 끊어 전압이 유도되어 단락전류가 흐르므로 동기속도로 되돌아가게 된다. 즉, 진동 에너지를 열로 소비하여 진동을 방지한다. 이 **제동 권선은 난조 방지에 쓰인다.**　답 ③

49
동기발전기의 병렬운전에 필요한 조건이 아닌 것은?

① 기전력의 주파수가 같을 것
② 기전력의 위상이 같을 것
③ 임피던스 및 상회전방향과 각 변위가 같을 것
④ 기전력의 크기가 같을 것

풀이 **동기발전기의 병렬운전 조건**은 다음과 같다.
① 기전력의 크기가 같을 것
② 기전력의 위상이 같을 것
③ 기전력의 주파수가 같을 것
④ 기전력의 파형이 같을 것
⑤ 상회전방향이 같을 것　　답 ③

50 동기기의 과도 안정도를 증가시키는 방법이 아닌 것은?

① 속응 여자방식을 채용한다.
② 동기 탈조계전기를 사용한다.
③ 동기화 리액턴스를 작게 한다.
④ 회전자의 플라이휠 효과를 작게 한다.

풀이 ① 과도 안정도
부하의 급변, 선로의 개폐, 접지, 단락 등의 고장 또는 기타의 원인에 의해서 운전 상태가 급변하여도 계통이 안정을 유지하는 정도를 말한다.
② 동기기의 안정도 증진법
- 동기화 리액턴스를 작게 할 것
- 회전자의 플라이휠 효과를 크게 할 것
- 속응여자방식을 채용할 것
- 발전기의 조속기 동작을 신속히 할 것
- 동기 탈조 계전기를 사용할 것 **답** ④

51 다음 중 2방향성 3단자 사이리스터는 어느 것인가?

① TRIAC   ② SCR
③ SCS   ④ SSS

풀이 각 종 반도체 소자의 비교
① 방향성
- 양방향성(쌍방향성) 소자 : DIAC, TRIAC, SSS
- 역저지(단방향성) 소자 : SCR, LASCR, GTO
② 극(단자) 수
- 2극(단자) 소자 : DIAC, SSS, Diode
- 3극(단자) 소자 : SCR, LASCR, GTO, TRIAC
- 4극(단자) 소자 : SCS **답** ①

52 코일피치와 자극피치의 비를 β라 하면 기본파 기전력에 대한 단절계수는?

① $\sin\beta\pi$ ② $\cos\beta\pi$
③ $\sin\dfrac{\beta\pi}{2}$ ④ $\cos\dfrac{\beta\pi}{2}$

풀이 단절계수
- $K_p = \sin\dfrac{\beta\pi}{2}$ (기본파)
- $K_{pn} = \sin\dfrac{n\beta\pi}{2}$ (n차 고조파) **답** ③

53 변압기의 결선 중에서 1차에 제3고조파가 있을 때 2차에 제3고조파 전압이 외부로 나타나는 결선은?

① Y-Y   ② Y-△
③ △-Y   ④ △-△

풀이 △결선이 포함된 변압기에서는 제3고조파가 순환전류가 되어 소멸되나, Y결선만 있는 변압기에서는 제3고조파가 나타난다. **답** ①

54 스테핑전동기의 스텝각이 3°이고, 스테핑주파수(pulse rate)가 1200[pps]이다. 이 스테핑전동기의 회전속도[rps]는?

① 10   ② 12
③ 14   ④ 16

풀이
- 1펄스 당 스텝각이 3°이고, 1초당 입력펄스가 1200[pps]이므로,
  1초당 스텝각 : 3° × 1200 = 3600°
- 전동기 1회전 당 회전각도 : 360°

따라서 스태핑전동기의 회전속도 : $\dfrac{3600°}{360°} = 10[rps]$ **답** ①

55 교류전압제어기를 전원과 부하회로에 연결된 조광기에 교류 실효전압을 변화시켜서 사용할 수 있는 소자 중 가장 적합한 것은?

① 파워 트랜지스터(Power Transister)
② 트라이액(Triac)
③ 모스 에프이티(MOS-FET)
④ 다이오드(Diode)

풀이 TRIAC은 기능상 2개의 SCR을 역병렬접속한 것으로 양방향으로 도통할 수 있어 교류 실효전압을 변화시켜 부하를 제어하는 데 적합하다. **답** ②

56 기동 시 회전자의 슬롯수 및 권선법이 적당하지 않은 경우 정격속도보다 낮은 속도에서 안정운전이 되는 현상을 무엇이라 하는가?

① 난조   ② 게르게스
③ 크로우링   ④ 자기여자

풀이 균일하지 않은 슬롯 부분의 자기 저항 차이 때문에 공극의 퍼미언스가 일정하지 않고 위치에 따라 변하기 때문에 공극내 자속분포에는 많은 고조파 성분이 있으며 이로 인해 유도전동기에 있어서 정지상태로부터 동기속도의 수 분의 1인 저속도까지 가속하고, 안정하기는 하지만 그 이상은 가속하지 않는 이상한 운전 상태가 발생될 수 있으며 이러한 현상을 크로우링 현상이라 한다.

답 ③

57 3상 권선형 유도 전동기의 2차 회로에 저항을 삽입하는 목적이 아닌 것은?

① 속도는 줄어지지만 최대 토크를 크게 하기 위하여
② 속도 제어를 하기 위하여
③ 기동 토크를 크게 하기 위하여
④ 기동 전류를 줄이기 위하여

풀이
- 최대 토크 $T_m \propto \dfrac{V^2}{2x_2}$: 2차 저항에 무관
- 최대 토크를 발생하는 슬립 $s_m ≒ ±\dfrac{r_2}{x_2}$
  : 2차 저항에 비례

따라서, 3상 유도 전동기의 최대 토크의 크기는 2차저항 r_2와 슬립 s에 관계없이 항상 일정하고 다만 최대 토크가 발생하는 슬립점이 2차 회로의 저항에 비례해서 이동할 뿐이다.

답 ①

58 포화하고 있지 않은 직류발전기의 회전수가 1/2로 감소되었을 때 기전력을 속도 변화 전과 같은 값으로 하려면 여자를 어떻게 해야 하는가?

① 1/2로 감소시킨다.
② 1배로 증가시킨다.
③ 2배로 증가시킨다.
④ 4배로 증가시킨다.

풀이 직류발전기의 기전력 $E = k\Phi N$ 이므로 속도(N)가 $\dfrac{1}{2}$로 감소되면 여자(Φ)는 2배 증가되어야 기전력(E)이 일정하다.

답 ③

59 어떤 변압기의 부하역률이 60[%]일 때 전압변동률이 최대라고 한다. 지금 이 변압기의 부하역률이 100[%]일 때 전압변동률을 측정했더니 3[%]였다. 이 변압기의 부하역률이 80[%]일 때 전압변동률은 몇 [%]인가?

① 2.4
② 3.6
③ 4.8
④ 5.0

풀이 전압변동률 $\epsilon = p\cos\theta + q\sin\theta$ 이다.
(여기서, p : %저항강하, q : %리액턴스강하)
- 부하역률 100[%]일 때
  $\epsilon_{100} = p\cos\theta + q\sin\theta = p×1 + q×0 = p = 3[\%]$
- 최대 전압변동률 $\epsilon_{\max}$을 부하역률 $\cos\theta_m$ 일 때라고 하면,
  $\cos\theta_m = \dfrac{p}{\sqrt{p^2+q^2}} = \dfrac{3}{\sqrt{3^2+q^2}} = 0.6$, $q = 4[\%]$
- 따라서, 부하역률이 80[%]일 때의 전압변동률은
  $\epsilon_{80} = p\cos\theta + q\sin\theta = 3×0.8 + 4×0.6 = 4.8[\%]$

답 ③

60 단상 유도전압조정기에서 단락권선의 역할은?

① 철손 경감
② 절연 보호
③ 전압강하 경감
④ 전압조정 용이

풀이 2차 권선의 누설 리액턴스에 의해 매우 큰 전압강하가 발생하므로 이를 방지하기 위해 1차 권선과 직각 방향으로 단락권선을 감는다.

답 ③

2025년 - 2회 _ 전기산업기사·공사산업기사

41 교류 전동기에서 브러시의 이동으로 속도변화가 가능한 것은?

① 농형 전동기
② 2중 농형 전동기
③ 동기 전동기
④ 시라게 전동기

풀이 시라게 전동기는 3상 분권 정류자 전동기로서 직류 분권 전동기와 비슷한 정속도 특성을 가지며, 브러시 이동으로 간단하게 속도 제어를 할 수 있다.

답 ④

42 3상 유도전동기의 동기속도는 주파수와 어떤 관계가 있는가?

① 비례하다.
② 반비례한다.
③ 자승에 비례한다.
④ 자승에 반비례한다.

풀이 유도전동기의 동기속도 $N_s = \frac{120}{p}f$[rpm]이므로 슬립과 극수가 일정하다면, 동기속도(N_s)는 주파수(f)에 비례하는 관계에 있다. **답** ①

43 직류전동기 중 부하가 변하면 속도가 심하게 변하는 전동기는?

① 분권전동기
② 직권전동기
③ 차동 복권전동기
④ 가동 복권전동기

풀이
• 직권 전동기에서는 $I_a = I = I_f$ 이므로 $I = I_f \propto \phi$ 가 된다.
• 회전 속도 $n = K \frac{V - I_a(R_a + R_s)}{\phi(\propto I)}$ [rps]이므로 속도는 자속(= 부하전류)에 반비례하여 증감한다.

즉 직권 전동기는 부하 전류가 변화하면 속도가 현저하게 변하는 특성이 있다. **답** ②

44 직류발전기의 전기자에 대한 설명 중 잘못된 것은?

① 전기자 권선은 대전류인 경우 평각동선을 사용한다.
② 전기자 권선은 소전류인 경우 연동환선을 사용한다.
③ 소형기에는 반폐 슬롯을 사용한다.
④ 중형 및 대형기에는 가지형 슬롯을 사용한다.

풀이

(a) 가지형 슬롯 (소형 직류기)
(b) 개방형 슬롯 (중소형 직류기)
(c) 쐐기 고정형 개방 슬롯 (일반 직류기)
(d) 반폐 슬롯 (고속 직류기)
(e) 반폐 슬롯 (고속 직류기)

중형 및 대형기에는 개방 슬롯, 쐐기 넣는 슬롯이 사용되며, 소형기에는 가지 모양 슬롯, 반폐 슬롯이 사용된다. **답** ④

45 유도전동기의 제동법이 아닌 것은?

① 회생 제동
② 발전제동
③ 역전 제동
④ 3상 제동

풀이 유도전동기의 제동법
① 회생 제동 : 유도전동기를 유도발전기로 동작시켜 그 발생전력을 전원에 반환하면서 제동하는 방법
② 발전제동 : 전동기를 전원으로부터 분리한 후 1차 측에 직류전원을 공급하여 발전기로 동작시킨 후 발생된 전력을 저항에서 열로 소비시키는 방법
③ 역전 제동 : 회전중인 전동기의 1차 권선 3단자 중 임의의 2단자의 접속을 바꾸면 역방향의 토크가 발생되어 제동하는 방법으로 이 방법은 급속하게 정지시키고자 하는 경우에 사용된다.
④ 단상 제동 : 권선형 유도전동기의 1차 측을 단상교류로 여자하고 2차 측에 적당한 크기의 저항을 넣으면 전동기의 회전과는 역방향의 토크가 발생되므로 제동된다. **답** ④

46 송전선로에 접속된 동기조상기의 설명으로 옳은 것은?

① 과여자로 해서 운전하면 앞선전류가 흐르므로 리액터 역할을 한다.
② 과여자로 해서 운전하면 뒤진전류가 흐르므로 콘덴서 역할을 한다.
③ 부족여자로 해서 운전하면 앞선전류가 흐르므로 리액터 역할을 한다.
④ 부족여자로 해서 운전하면 송전선로의 자기여자작용에 의한 전압상승을 방지한다.

풀이
• 과여자 운전 : 콘덴서 작용 – 역률 개선
• 부족 여자 운전 : 리액터 작용 – 이상 전압의 상승 억제 **답** ④

47 변압기 결선방식 중 3상에서 2상으로 변환할 수 없는 것은?

① 스코트 결선   ② 메이어 결선
③ 우드 브리지 결선   ④ 포크 결선

풀이
- 3상에서 2상을 얻는 방법 : 스코트(Scott) 결선, 메이어 결선, 우드 브리지 결선
- **3상에서 6상을 얻는 방법** : 환상결선, 2중 3각 결선, 2중 성형결선, 대각결선, **포크 결선**   답 ④

48 단상 정류자전동기에 보상권선을 사용하는 이유는?

① 정류개선   ② 기동 토크조절
③ 속도제어   ④ 역률개선

풀이 **단상 직권전동기의 보상 권선**은 직류 직권전동기와 달리 전기자 반작용으로 생기는 필요 없는 자속을 상쇄하도록 하여, 무효전력의 증대에 따르는 **역률의 저하를 방지**한다.   답 ④

49 직류기에 탄소 브러시를 사용하는 주된 이유는?

① 고유저항이 작기 때문에
② 접촉저항이 작기 때문에
③ 접촉저항이 크기 때문에
④ 고유저항이 크기 때문에

풀이 저항정류 : **접촉저항이 큰 탄소 브러시를 사용**하여 정류 코일의 단락전류를 억제해서 양호한 정류를 얻는 방법   답 ③

50 변압기의 정격을 정의한 것 중 옳은 것은?

① 전부하의 경우 1차 단자전압을 정격 1차 전압이라 한다.
② 정격 2차 전압은 명판에 기재되어 있는 2차 권선의 단자전압이다.
③ 정격 2차 전압을 2차 권선의 저항으로 나눈 것이 정격 2차 전류이다.
④ 2차 단자 간에서 얻을 수 있는 유효전력을 [kW]로 표시한 것이 정격출력이다.

풀이 ① 정격 1차 전압은 무부하의 경우이다.
③ 정격 2차 전류는 정격 피상전력을 정격 2차 전압으로 나눈 것이다.
④ 정격 출력은 피상전력을 [kVA]로 표시한다.   답 ②

51 직류 발전기의 전압 변동률이 (−)값으로 표시되는 발전기는?

① 과복권 발전기
② 부족복권 발전기
③ 평복권 발전기
④ 차동복권 발전기

풀이
- 전압변동률 = $\dfrac{\text{무부하 전압} - \text{정격전압}}{\text{정격전압}} \times 100[\%]$
- 타여자, 분권 및 부족 복권 발전기는 정격 전압이 무부하 전압 보다 작으므로 전압 변동률이 (+)가 되고, **과복권 발전기는** 정격전압이 더 크므로 (−)가 된다.

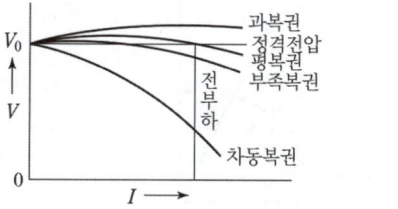

답 ①

52 sE_2는 권선형 유도전동기의 2차 유기전압이고 E_c는 외부에서 2차 회로에 가하는 2차 주파수와 같은 주파수의 전압이다. E_c가 sE_2와 반대 위상일 경우 E_c를 크게 하면 속도는 어떻게 되는가? (단, $sE_2 - E_c$는 일정하다.)

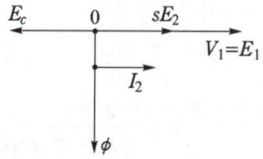

① 속도가 증가한다.
② 속도가 감소한다.
③ 속도에 관계없다.
④ 난조현상이 발생한다.

풀이 권선형 유도전동기의 2차 여자법에 의한 속도제어
슬립 주파수의 전압(E_c)을 2차 유기전압(sE_2)과 같은 방향으로 가하면 속도가 상승하고, **반대 방향으로 가하면 속도가 감소**한다.   답 ②

53 다음 그림은 변압기 여자 회로에 흐르는 전류의 벡터도이다. C는 어떤 전류인가?

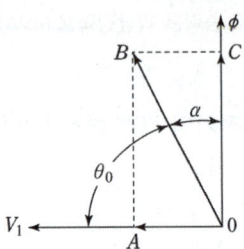

① 1차 전류
② 철손 전류
③ 여자전류
④ 자화 전류

풀이 여자전류 $\dot{I}_o = \dot{I}_\phi + \dot{I}_i = \sqrt{I_\phi^2 + I_i^2}$

- $\dot{I}_\phi$ (자화전류) : 자속을 유지하는 전류
- $\dot{I}_i$ (철손전류) : 철손을 공급하는 전류

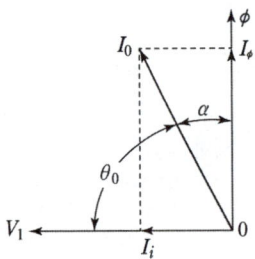

답 ④

54 3상 교류 발전기의 기전력에 대하여 $\frac{\pi}{2}$[rad] 뒤진 전기자 전류가 흐르면 전기자 반작용은?

① 횡축반작용을 한다.
② 교차 자화작용을 한다.
③ 증자작용을 한다.
④ 감자작용을 한다.

풀이 동기발전기의 전기자 반작용

역률	부하	전류와 전압과의 위상	작 용
역률 1	저항	I_a가 E와 동상인 경우	교차 자화작용 (횡축반작용)
뒤진 역률 0	유도성 부하	I_a가 E보다 $\pi/2$ 뒤지는 경우	감자 작용 (직축반작용)
앞선 역률 0	용량성 부하	I_a가 E보다 $\pi/2$ 앞서는 경우	증자작용 (자화작용)

여기서, I_a : 전기자 전류, E : 유기기전력
답 ④

55 동기점검등의 세 램프가 모두 꺼질 때의 상태로 옳은 것은?

① 위상과 주파수가 일치하지 않음
② 전압의 크기만 맞음
③ 전압, 주파수, 위상이 모두 일치
④ 전압과 위상이 일치하지 않음

풀이 동기점검등
(1) 발전기나 비상전원을 계통에 병입하기 전에 해당 발전기의 출력이 계통 전원과 주파수, 위상이 일치하는지 육안으로 확인하기 위한 장치로 주로 병렬운전 조건 확인과 병입 시점 판단에 사용된다.
(2) 작동
 ① 주파수 차이, 램프 깜박임
 ② 위상 차이, 램프 교대로 깜박임
 ③ 전압 차이가 클수록 램프가 밝아짐
 ④ 전압, 위상, 주파수 일치, 램프 모두 꺼짐
답 ③

56 단상 3권선 변압기가 있다. 1차 전압은 66[kV], 2차 전압은 11[kV], 3차 전압은 6.6[kV]이다. 2차에 10000[kVA], 유도 역률 80[%]의 부하가, 3차에 6000[kVar]의 진상 무효전력이 걸렸을 때 1차의 역률은 약 얼마인가? (단 주어지지 않은 조건은 무시한다.)

① 0.6
② 0.8
③ 0.9
④ 1

풀이
- 2차측 유효전력
 $P_2 = P_{a2}\cos\theta = 10,000 \times 0.8 = 8000$[kW]
 2차측 무효전력(지상)
 $P_{r2} = P_{a2}\sin\theta = 10,000 \times \sqrt{1-0.8^2} = 6000$[kVar]
- 3차측 무효전력(진상) $P_{r3} = -6000$[kVar]
- 1차측에서 보는 전체 부하는 2차와 3차의 합이므로
 $P_{a1} = \sqrt{P_2^2 + (P_{r2}+P_{r3})^2}$
 $= \sqrt{8000^2 + (6000-6000)^2}$
 $= 8000$[kVA]
 따라서 역률 $\cos\theta = \dfrac{P}{P_{a1}} = \dfrac{8000}{8000} = 1$
답 ④

57 20[kVA]의 단상변압기가 역률 1일 때 전부하 효율이 97[%]이다. 3/4 부하일 때 이 변압기는 최고 효율을 나타낸다. 전부하에서 철손(P_i)과 동손(P_c)은 각각 몇 [W]인가?

① $P_i = 222,\ P_c = 396$
② $P_i = 232,\ P_c = 3860$
③ $P_i = 242,\ P_c = 376$
④ $P_i = 252,\ P_c = 356$

풀이 최대 효율

$$\eta_m = \frac{\text{최대 효율 시의 출력}}{\text{최대 효율 시의 출력} + \text{철손} + \text{동손}} \times 100$$

$$0.97 = \frac{20 \times 10^3}{20 \times 10^3 + P_i + P_c}$$

$$P_i + P_c = \frac{20 \times 10^3}{0.97} - 20 \times 10^3 = 618[\text{W}] \cdots\cdots ①$$

$$P_i = \left(\frac{3}{4}\right)^2 P_c = 0.563 P_c \cdots\cdots ②$$

$$0.563 P_c + P_c = 618$$

$$\therefore P_c = \frac{618}{1.563} \fallingdotseq 396[\text{W}]$$

P_c의 값을 식 ①에 대입하면

$396 + P_i = 618$

$\therefore P_i = 618 - 396 = 222[\text{W}]$　　**답** ①

58 제5차 고조파에 의한 회전자계의 회전방향과 속도를 기본파 회전자계와 비교할 때 옳은 것은?

① 기본파와 반대방향이고, 1/5의 속도
② 기본파와 동일방향이고, 1/5의 속도
③ 기본파와 동일방향이고, 5배의 속도
④ 기본파와 반대방향이고, 5배의 속도

풀이 ① 고조파의 차수 h (3상인 경우)
 • 기본파와 같은 방향으로 회전 :
　$h = 2nm + 1$(제7, 13차, ⋯)
 • 기본파와 반대 방향으로 회전 :
　$h = 2nm - 1$(제5, 11, 17차, ⋯)
 • 회전자계를 발생하지 않음 : $h = 3n$(제3, 9차, ⋯)
　　(단, m은 상수, n은 정의 정수)
② $1/h$(h : 고조파 차수)의 속도로 회전　　**답** ①

59 극수 4이며 전기자 권선은 파권, 전기자 도체수가 250인 직류발전기가 있다. 이 발전기가 1200[rpm]으로 회전할 때 600[V]의 기전력을 유기하려면 1극당 자속은 몇 [Wb]인가?

① 0.04　　② 0.05
③ 0.06　　④ 0.07

풀이 직류발전기의 유기기전력 $E = \frac{p}{a} z \phi \frac{N}{60}$[V] 이고,

파권에서 $a = 2$ 이므로

따라서, 1극당 자속

$$\phi = \frac{Ea}{pz\frac{N}{60}} = \frac{600 \times 2}{4 \times 250 \times \frac{1200}{60}} = 0.06[\text{Wb}]$$　**답** ③

60 60[Hz]의 전원에서 슬립 5[%]로 운전하고 있는 4극 3상 권선형 유도 전동기의 회전자 1상의 저항은 0.05[Ω]이다. 외부에서 회전자 각 상에 0.05[Ω]의 저항을 삽입하여 운전하면 회전 속도[rpm]는? (단, 부하 토크는 저항 삽입 전, 후에 변동 없이 일정하다.)

① 810　　② 870
③ 1620　　④ 1741

풀이 • 외부에 저항을 삽입할 경우의 슬립

$$\frac{r_2}{s} = \frac{r_2 + R}{s'} \rightarrow \frac{0.05}{0.05} = \frac{0.05 + 0.05}{s'}$$

$s' = 0.1$

 • 저항을 삽입 후 전동기의 회전속도

$$N = (1 - s')N_s = (1 - s') \times \frac{120f}{p}$$

$$= (1 - 0.1) \times \frac{120 \times 60}{4} = 1620\,[\text{rpm}]$$　**답** ③

2025년 - 3회 _ 전기산업기사·공사산업기사

41 2단자 쌍방향 스위칭 소자로서, 임계전압 이상에서 양방향 모두 도통하는 특성을 가지며 TRIAC 점호용으로 사용되는 것은?

① SCR　　② DIAC
③ TRIAC　　④ 제너 다이오드

풀이 DIAC(Diode for Alternating Current)
- 2단자 쌍방향 스위치 소자로 게이트가 없다.
- TRIAC의 게이트 트리거 소자로 주로 사용된다.

각 종 반도체 소자의 비교
① 방향성
 - 양방향성(쌍방향성) 소자 : DIAC, TRIAC, SSS
 - 역저지(단방향성) 소자 : SCR, LASCR, GTO, SCS
② 극(단자) 수
 - 2극(단자) 소자 : DIAC, SSS, Diode
 - 3극(단자) 소자 : SCR, LASCR, GTO, TRIAC
 - 4극(단자) 소자 : SCS **답** ②

42 A, B 2대의 동기발전기를 병렬운전 중 계통 주파수를 바꾸지 않고 B기의 역률을 좋게 하는 것은?
① A기의 여자전류를 증대
② A기의 원동기 출력을 증대
③ B기의 여자전류를 증대
④ B기의 원동기 출력을 증대

풀이
- 동기발전기의 병렬운전에서 여자의 변화는 역률의 변화로 나타난다.
- A기의 여자를 증가하면, A기의 역률은 낮아지고, B기의 역률은 좋아진다.
- A기의 여자를 감소하면, A기의 역률은 좋아지고, B기의 역률은 낮아진다. **답** ①

43 유도전동기 원선도에서 원의 지름은? (단, E를 1차 전압, r는 1차로 환산한 저항, x를 1차로 환산한 누설 리액턴스라 한다.)
① rE에 비례 ② rxE에 비례
③ $\dfrac{E}{r}$에 비례 ④ $\dfrac{E}{x}$에 비례

풀이 유도전동기는 일정값의 리액턴스와 부하에 의하여 변하는 저항(r_2'/s)의 직렬회로라고 생각되므로 부하에 의하여 변화하는 전류 벡터의 궤적, 즉 원선도의 지름은 전압에 비례하고 리액턴스에 반비례한다. **답** ④

44 스테핑모터에 대한 설명 중 틀린 것은?
① 회전속도는 스테핑 주파수에 반비례한다.
② 총 회전각도는 스텝각과 스텝수의 곱이다.
③ 분해능은 스텝각에 반비례한다.
④ 펄스구동방식의 전동기이다.

풀이 스테핑 모터는 디지털 신호에 비례하여 일정각도 만큼 회전하는 모터로 그 총 회전각은 입력 펄스의 수로 정해지며, 회전속도는 입력 펄스의 주파수(펄스 속도)에 비례한다. 스테핑 모터는 자동화설비 등에서 전기적 신호를 위치 신호로 변환시키는 데 사용된다. **답** ①

45 단락사고에 대한 전동기의 과전류 보호기기가 아닌 것은?
① PF ② MC
③ OCR ④ MCCB

풀이 퓨즈와 각종 개폐기 및 차단기와의 기능비교

기능\능력	회로 분리		사고 차단	
	무부하	부하	과부하	단락
퓨 즈	○			○
차단기	○	○	○	○
개폐기	○	○	○	
단로기	○			
전자 접촉기	○	○		

답 ②

46 동일한 용량 2대의 단상 변압기를 V결선하여 3상으로 운전하고 있다. 단상 변압기 2대의 용량에 대한 3상 V결선시 변압기 용량의 비인 변압기 이용률은 약 몇 [%]인가?
① 57.7 ② 70.7
③ 80.1 ④ 86.6

풀이 V결선에는 변압기 2대를 사용하였으므로 그 정격출력의 합은 $2VI$ 가 된다.
따라서
이용률 $= \dfrac{\sqrt{3}\,VI}{2VI} = \dfrac{\sqrt{3}}{2} = 0.866 = 86.6[\%]$ **답** ④

47 3상 직권 정류자 전동기의 중간 변압기는 고정자 권선과 회전자 권선 사이에 직렬로 접속되는데 이 중간 변압기를 사용하는 중요한 이유는?
① 경부하시 속도의 급상승 방지를 위하여
② 주파수 변동으로 속도를 조정하기 위하여
③ 회전자 상수를 감소하기 위하여
④ 역회전을 방지하기 위하여

풀이 중간 변압기를 사용하는 주요한 이유
① 전원전압의 크기에 관계없이 정류에 알맞게 회전자 전압을 선택할 수 있다.
② 중간 변압기의 권수비를 바꾸어 전동기의 특성을 조정할 수 있다.
③ 직권 특성이기 때문에 경부하에서는 속도가 매우 상승하나 중간 변압기를 사용, 그 철심을 포화하도록 하면 그 속도 상승을 제한할 수 있다. **답** ①

48 3상 동기발전기에서 그림과 같이 1상의 권선을 서로 똑같은 2조로 나누어서 그 1조의 권선전압을 E[V], 각 권선의 전류를 I[A]라 하고 2중 Y형(double star)으로 결선한 경우 선간전압[V], 선전류[A], 피상전력[VA]은?

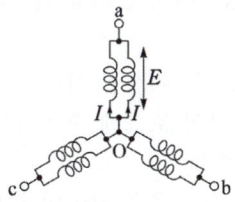

① $3E$, I, $5.19EI$
② $\sqrt{3}E$, $2I$, $6EI$
③ E, $2\sqrt{3}I$, $6EI$
④ $\sqrt{3}E$, $\sqrt{3}I$, $5.19EI$

풀이 2개의 권선이 병렬연결이므로 한상의 전압과 임피던스는 1개의 권선상태에 비해 전압은 동일, 임피던스는 1/2, Y결선이므로
• 선간전압 $= \sqrt{3}E$
• 선전류 $= \dfrac{\text{상전압}}{\text{임피던스}} = \dfrac{E}{\frac{Z}{2}} = 2I$
• 피상전력 $P_a = \sqrt{3}V_l I_l = \sqrt{3} \times \sqrt{3}E \times 2I = 6EI$ **답** ②

49 220[V], 60[Hz], 8극, 15[kW]의 3상 유도전동기에서 전부하 회전수가 864[rpm]이면 이 전동기의 2차 동손은 몇 [W]인가?
① 435　　② 537
③ 625　　④ 723

풀이
• 회전자계속도 $N_s = \dfrac{120f}{P} = \dfrac{120 \times 60}{8} = 900$[rpm]
• 슬립 $s = \dfrac{N_s - N}{N_s} = \dfrac{900 - 864}{900} = 0.04$
• 출력 $P_0 = (1-s)P_2$ 이므로
$P_2 = \dfrac{P_0}{1-s} = \dfrac{15 \times 10^3}{1-0.04} = 15625$[W]
따라서 $P_{c2} = sP_2 = 0.04 \times 15625 = 625$[W] **답** ③

50 유도전동기의 회전력 발생 요소 중 제곱에 비례하는 요소는?
① 슬립　　② 2차 권선저항
③ 2차 임피던스　　④ 2차 기전력

풀이 $\tau = K_0 \dfrac{sE_2^2 r_2}{r_2^2 + (sx_2)^2}$ 에서 r_2, x_2는 일정하므로,
$\tau \propto E_2^2$ 이다.
(여기서, s : 슬립, r_2 : 2차 권선 저항,
　x_2 : 2차 권선 리액턴스,
　E_2 : 2차 기전력) **답** ④

51 IGBT(Insulated Gate Bipolar Transistor)에 대한 설명으로 틀린 것은?
① MOSFET와 같이 전압제어 소자이다.
② GTO 사이리스터와 같이 역방향 전압저지 특성을 갖는다.
③ 게이트와 에미터 사이의 입력 임피던스가 매우 낮아 BJT보다 구동하기 쉽다.
④ BJT처럼 on-drop이 전류에 관계없이 낮고 거의 일정하며, MOSFET보다 훨씬 큰 전류를 흘릴 수 있다.

풀이 IGBT(Insulated Gate Bipolar Transistor)
IGBT는 MOSFET와 트랜지스터의 장점을 취한 것으로서
① 소스에 대한 게이트의 전압으로 도통과 차단을 제어한다.
② 게이트 구동전력이 매우 낮다.
③ 스위칭 속도는 FET와 트랜지스터의 중간정도로 빠른편에 속한다.
④ 용량은 일반 트랜지스터와 동등한 수준이다.
⑤ MOSFET과 같이 입력 임피던스가 매우 높아 BJT보다 구동하기 쉽다. **답** ③

52 권수비가 1 : 2인 변압기(이상 변압기로 한다)를 사용하여 교류 100[V]의 입력을 가했을 때 전파 정류하면 출력 전압의 평균값은?

① $400\sqrt{2}/\pi$ ② $300\sqrt{2}/\pi$
③ $600\sqrt{2}/\pi$ ④ $200\sqrt{2}/\pi$

풀이 $E_{dc} = \dfrac{2\sqrt{2}}{\pi}E = \dfrac{2\sqrt{2}}{\pi} \times 200 = \dfrac{400\sqrt{2}}{\pi}$[V] 답 ①

53 주파수 50[Hz], 슬립 0.2인 경우의 회전자 속도가 600[rpm]일 때에 3상 유도전동기의 극수는?

① 4 ② 8
③ 12 ④ 16

풀이 회전자 속도 $N = (1-s)N_s$에서

$N_s = \dfrac{N}{1-s} = \dfrac{600}{1-0.2} = 750$[rpm]

또한 회전자계의 속도 $N_s = \dfrac{120f}{p}$ 이므로

∴ $p = \dfrac{120f}{N_s} = \dfrac{120 \times 50}{750} = 8$[극] 답 ②

54 단상변압기 2대를 사용하여 3150[V]의 평형 3상에서 210[V]의 평형 2상으로 변환하는 경우에 각 변압기의 1차 전압과 2차 전압은 얼마인가?

① 주좌 변압기 : 1차 3150[V], 2차 210[V]
  T좌 변압기 : 1차 3150[V], 2차 210[V]

② 주좌 변압기 : 1차 3150[V], 2차 210[V]
  T좌 변압기 : 1차 $3150 \times \dfrac{\sqrt{3}}{2}$[V], 2차 210[V]

③ 주좌 변압기 : 1차 $3150 \times \dfrac{\sqrt{3}}{2}$[V], 2차 210[V]
  T좌 변압기 : 1차 $3150 \times \dfrac{\sqrt{3}}{2}$[V], 2차 210[V]

④ 주좌 변압기 : 1차 $3150 \times \dfrac{\sqrt{3}}{2}$[V], 2차 210[V]
  T좌 변압기 : 1차 3150[V], 2차 210[V]

풀이 ① 스코트(T) 결선은 단상변압기 2대를 사용하여 3상 전원에서 2상 전압을 얻는 결선방식으로, T좌 변압기의 권수는 전 권수의 $\dfrac{\sqrt{3}}{2}$점에서 택해야 한다.

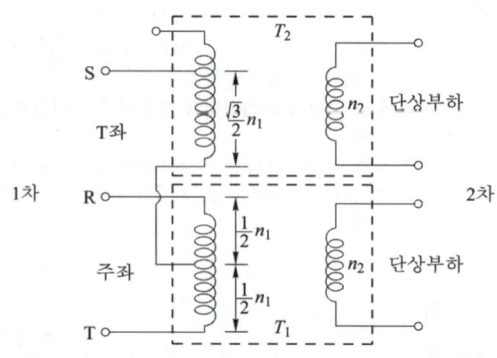

② 주좌 변압기 : 1차 V_1[V], 2차 V_2[V]
  T좌 변압기 : 1차 $\dfrac{\sqrt{3}}{2}V_1$[V], 2차 V_2[V] 답 ②

55 동기전동기에서 난조를 일으키는 원인이 아닌 것은?

① 회전자의 관성이 작다.
② 원동기의 토크에 고조파 토크를 포함하는 경우이다.
③ 전기자 회로의 저항이 작다.
④ 원동기의 조속기의 감도가 너무 예민하다.

풀이 난조 발생의 원인
난조 방지에 대한 대책으로는 제동 권선이 적당하며 난조에 대한 원인 및 대책은 다음과 같다.
① 원동기의 조속기 감도가 지나치게 예민한 경우
  방지대책 : 조속기를 적당히 조정하면 충분히 방지할 수 있다.
② 원동기의 토크에 고조파 토크가 포함된 경우
  방지대책 : 디젤 기관 등에 생기는 문제로 회전부의 플라이휠 효과를 적당히 선정하면 방지할 수 있다.
③ 전기자 회로의 저항이 상당히 큰 경우
  방지대책 : 회로의 저항을 작게 하거나 리액턴스를 삽입하면 방지할 수 있다.
④ 부하가 맥동할 때
  방지대책 : 회전부의 플라이휠 효과를 적당히 선정하면 방지할 수 있다. 답 ③

56 전류가 불연속인 경우 전원전압 220[V]인 단상전파정류회로에서 점호각 $\alpha = 90°$일 때의 직류 평균 전압은 약 몇 [V]인가?

① 45 ② 84
③ 90 ④ 99

풀이 직류 평균전압

$$E_d = \frac{\sqrt{2}E}{\pi}(1+\cos\alpha)$$
$$= \frac{\sqrt{2}\times 220}{\pi}(1+\cos 90°) = 99[V]$$

답 ④

57 자기 용량 20[kVA]의 단권 변압기를 사용하여 배전선 전압 6000[V]를 6600[V]로 승압할 때 역률 80[%]의 부하를 몇 [kW]까지 걸 수 있는가?

① 220 ② 196
③ 176 ④ 156

풀이

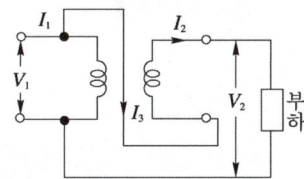

$$\frac{\text{자기 용량}}{\text{부하 용량}} = \frac{V_2 - V_1}{V_2} \text{이므로}$$

부하 용량 $= \dfrac{V_2}{V_2 - V_1} \times$자기 용량

$$= \frac{6600}{6600-6000}\times 20 = 220[kVA]$$

∴ $220 \times 0.8 = 176\,[kW]$

답 ③

58 200[kW], 200[V]의 직류분권발전기가 있다. 전기자 권선의 저항이 0.025[Ω]일 때 전압변동률은 몇 [%]인가?

① 6.0 ② 12.5
③ 20.5 ④ 25.0

풀이 무부하 단자전압

$$V_0 = V_n + R_a I_a = 200 + 0.025 \times \frac{200\times 10^3}{200} = 225[V]$$

따라서 전압변동률

$$\epsilon = \frac{V_0 - V_n}{V_n}\times 100 = \frac{225-200}{200}\times 100 = 12.5[\%]$$

답 ②

59 인버터에 대한 설명으로 옳은 것은?

① 직류를 교류로 변환
② 교류를 교류로 변환
③ 직류를 직류로 변환
④ 교류를 직류로 변환

풀이
- 컨버터 (converter) : 교류 → 직류
- 인버터(Inverter) : 직류 → 교류
- 초퍼 : DC → DC로 변환

답 ①

60 3000[V], 1500[kVA], 동기 임피던스 3[Ω]인 동일 정격의 두 동기발전기를 병렬 운전하던 중 한 쪽 계자 전류가 증가해서 각 상 유도 기전력 사이에 300[V]의 전압차가 발생했다면 두 발전기 사이에 흐르는 무효횡류는 몇[A]인가?

① 20 ② 30
③ 40 ④ 50

풀이 무효횡류 $I_c = \dfrac{E_1 - E_2}{2Z_s} = \dfrac{E_c}{2Z_s} = \dfrac{300}{2\times 3} = 50[A]$

답 ④

MEMO

전기기사시리즈 3
전기기기

발　　　행	/ 2025년 12월 30일
저　　　자	/ 검정연구회
펴 낸 이	/ 정 창 희
펴 낸 곳	/ 동일출판사
주　　　소	/ 서울시 강서구 곰달래로31길7 (2층)
전　　　화	/ 02) 2608-8250
팩　　　스	/ 02) 2608-8265
등록번호	/ 제109-90-92166호

저자와의
협의에
따라
인지생략

ISBN 978-89-381-1736-6 13560
값 / 22,000원

이 책은 저작권법에 의해 저작권이 보호됩니다. 동일출판사 발행인의 승인자료 없이 무단 전재하거나 복제하는 행위는 저작권법 제136조에 의해 5년 이하의 징역 또는 5,000만원 이하의 벌금에 처하거나 이를 병과(倂科)할 수 있습니다.